浙江海洋大學 ZHEJIANG OCEAN UNIVERSITY | 国家自然科学基金（51879236，51109118） | 浙江省自然科学基金（LHY21E090003，LY14E090001） 联合资助

海岛水利工程实践与研究

王亚军　汪明元　可建伟　余　炜◎著

中国建筑工业出版社

图书在版编目（CIP）数据

海岛水利工程实践与研究 / 王亚军等著. — 北京：
中国建筑工业出版社，2023.11
ISBN 978-7-112-29295-0

Ⅰ. ①海… Ⅱ. ①王… Ⅲ. ①水利工程 - 舟山 Ⅳ.
①TV

中国国家版本馆 CIP 数据核字（2023）第 202828 号

本书介绍了当前舟山全岛在水利工程方面的最新成就，总结了近 15 年来岛内水工结构实践与科学探索方面的代表性研究成果，并阐述了相关成果在岛内水利工程领域的应用实例。主要内容包括新型水工材料本构模型，海岛环境中主要的坝工结构以及相关的静动力学问题和多物理场力学行为，海岛地下储蓄水系统的营造与优化等。

本书可供水利工程研究工作者在水工结构工程设计计算中应用参考，也可以作为高等院校土木及水利工程专业的研究生教材，还可供其他相关专业技术人员参考。

责任编辑：辛海丽
责任校对：张 颖
校对整理：赵 菲

海岛水利工程实践与研究
王亚军 汪明元 可建伟 余 炜 著
*
中国建筑工业出版社出版、发行（北京海淀三里河路 9 号）
各地新华书店、建筑书店经销
国排高科（北京）信息技术有限公司制版
建工社（河北）印刷有限公司印刷
*
开本：787 毫米 × 1092 毫米 1/16 印张：30½ 字数：681 千字
2023 年 11 月第一版 2023 年 11 月第一次印刷
定价：**99.00** 元
ISBN 978-7-112-29295-0
（41887）

如有内容及印装质量问题，请联系本社读者服务中心退换
电话：（010）58337283 QQ：2885381756
（地址：北京海淀三里河路 9 号中国建筑工业出版社 604 室 邮政编码：100037）

前　言

我自 2009 年至今投身于舟山岛内水利行业的实践、研究与教学以来，深切感受到了舟山水利工程之鲜明个性，迫切希望将自己所见所闻所为与同行分享，特别是可以把岛内各具特色的水利科学问题介绍给大家。

与我国内陆大山大水迥异的是，舟山群岛陆域狭窄、流域分散，由此岛内建设者们更加专注于水利工程小品的创作，所谓治水如烹小鲜，于青山碧海间对各类堤、坝、闸、涵、渠、河、洞匠心打磨，精雕细琢，而且这许多工程，无论是布局规划、结构选型还是材料制成，在诸多方面都极具创造性，充分反映了舟山水利行业众多前辈们勇于探索、敢于实践、求真务实的优秀精神气质。开展海岛水利工程建设，必须面对更为复杂、恶劣的自然环境以及颇为有限的物质资源条件，因此许多工程的规划、设计与运维均需要对规范做不同程度的突破，某些挡蓄设施甚至要颠覆传统的修造思想，向海而为、临海而作、入海而据，这其间，战台风、斗海浪、征软基、驭断层处处彰显了岛内水利工程建设者们为民求水、为国戍海的万丈豪情！

有感于上述，故此尽个人所能以舟山群岛水利工程实践为背景总结相关成果，集成《海岛水利工程实践与研究》一书，以求教于水利及海洋工程界的前辈同仁们。

本书是在国家自然科学基金（51879236，51109118）、浙江省自然科学基金（LHY21E090003，LY14E090001）联合资助下完成的，从事相关研究工作期间，得到了清华大学水沙科学与水利水电工程国家重点实验室张楚汉院士、金峰教授、李庆斌教授、王进廷教授、胡昱副教授以及浙江大学知名学者澳籍专家张我华教授（Mr. W H ZHANG）等许多专家老师的指导与帮助，长江水利委员会长江科学院水利部岩土力学与工程重点实验室甘孝清教授级高工、董志宏教授级高工为本书作了全文审核，舟山市水利勘测设计院练伟工程师、浙江元坤工程咨询有限公司沈杰工程师等专家为本书提供了大量信息，我的研究生陈晓阳、付雨晨、吴建民等协助书稿插图的整理，我的夫人代丽娟女士完成了书稿文字校对工作，在此一并表示诚谢。

由于理论与研究水平所限，书中不足及谬误之处在所难免，敬请读者批评指正。

王亚军

2023 年 8 月于浙江海洋大学

目 录

第 1 章
绪 论

1.1 山、水相逢话舟山

东海之滨，有群山环翠，钱塘之末，望海定波宁。

这里是舟山，伟大祖国的东部前哨。这里拥有中国最多的海上岛屿，总数达到 2085 个，由此形成的小流域面积达到 1000km^2[1-3]。

这里还是中国的“东部水塔”，1100～1700mm 的年平均降雨量，浸润了 180 万 km^2 的东部国土面积[4-6]。

水注定是舟山灵秀的源泉，舟山也因水而闻名天下。

舟山 2444km 的海岸线让这个海天之乡千山润泽、四季常青[7-9]。

习近平总书记于 2020 年在舟山考察，再一次强调了舟山作为国内大循环穿针引线的重要角色[10-11]。

水，是舟山发展乃至于生存的第一要素！

而舟山又是淡水资源极度缺乏的地区。虽然当前有 1034 座山塘水库，但总体调蓄水功能较低、修造年代久远、病险水工建筑物居多！工程型缺水已成为制约舟山发展最突出的问题[12-14]。

蓄纳百川之水，通达四海之渠，是盘活舟山这个大棋局的关键！2020 年习近平总书记舟山行之后，地方政府积极推进并完成了包括大沙调蓄、五山水利、河库联网以及安澜防护等一系列水利民生项目，为舟山开源节流、行洪排涝、库坝升级、实现舟山水网的强筋健骨开了一个好头[15-17]，为实现舟山在 21 世纪第三个十年内的经济腾飞奠定了重要基础；而舟山水利人也正秉承新时代大禹精神，通江达海，筑坝通渠，在舟山这一方热土上描绘着一幅幅壮美的山水画卷。

1.2 舟山水资源分布

以 2085 个海岛为坐标基点，舟山拥有国内其他地区少有的丰富的山地丘陵资源[18-20]，但舟山全境除海拔最高的黄杨尖山（503.6m）以外，再无大型山脉，加之与大陆隔绝，舟山并无充沛的过境客水，水资源总体来自于降水补给，依据岛内现有的调蓄能力，多年平均水资源总量接近6192亿m^3，人均水资源拥有量为707m^3，约占全国人均水资源量的35%，属水资源紧缺地区[21-24]。

受海洋季风影响，舟山境内全年60%～70%的降水均集中在6—9月间，加之水资源年际变化大，极容易出现连续丰、枯水年，老旧水利工程设施调蓄能力有限，现实中采取内陆地区常见的以丰补枯手段难度极大[25-27]。特别是在舟山港成为世界级大港之后，区域内的水资源供给和经济社会发展增速越加不匹配。

舟山当前水库蓄水总库容虽有1.4亿m^3，但仍有极大的扩容空间，在现有小流域良性开发条件下，尚有不少于1亿m^3的地表库容水资源禀赋可供利用[28-29]，在我国大力支持水利基础设施建设的大战略环境下，舟山水利工程开发已成为拉动地区经济的又一引擎。

想办法留住、蓄住、存住丰足的降水资源，是舟山水利工程规划建设的重心。在习近平总书记"两山"理论指导下，境内依山傍海的1000多平方千米的小流域资源立体开发后劲十足。开发舟山水资源的过程中，做好"山"文章是一个重要抓手。水资源开发向地下拓展、创新性地建设海岛地下储蓄洞库，是进一步激活舟山降水资源、更好地调和区域内水资源供给和经济社会发展的关键性思路[30-31]。在构建并连通具有舟山海岛特色的地上地下空间立体式水资源网络的过程中，舟山水工实践还会为我国在水科学与水工程领域形成一系列颠覆性科研成果带来绝佳的契机！

1.3 舟山水利工程发展

水利工程的开发与建设，是把舟山降水资源留住、蓄住、存住的保障，也是实现舟山社会发展与经济腾飞的关键！中华人民共和国成立以来，境内兴修水闸834座，并相继建成了小（2）型以上的水库209座，其中中型水库1座，水库大坝坝型绝大多数为土坝，其占比为95.5%，少数为混凝土重力坝、拱坝、面板堆石坝，占比为4.5%（图1.3-1～图1.3-6）。截至当前，舟山水利工程建设总投资已超过7亿元[32]。

图1.3-1 虹桥水库

图1.3-2 展茅平地水库

图 1.3-3 黄金湾水库

图 1.3-4 南洞水库

图 1.3-5 岑港水库

图 1.3-6 长春岭水库

向西去，金塘外岛是舟山沟通大陆、向外辐射区位效应以及连接“陆上丝绸”与“海上丝绸”的咽喉，是甬舟海陆大通道的中枢，这里同样也是舟山水利工程网络较为密集之所，包括弹湖山、化城寺、西堠、龙王塘、石潭岭等库区。这些镶嵌在舟山群岛上的水利工程设施，有如玉盘撒珠，还似天河倒溅，给舟山人民带来了希望和繁荣。

舟山水利工程发展已经有了一个好的开头，但仍需看到不足：现有水利工程设施相当多的始建于 20 世纪 60—70 年代，有些甚至于更早，运行至今，库坝系统病害问题均较为突出。

摸清舟山水利工程的家底，用好这一笔宝贵的“水”财富，并且进一步开新源、兴强库、优化水环境、发展水经济，将涉及一系列让舟山这颗祖国的东部明珠更加鲜活、灵动的重要学术问题。

本书将以实践中舟山各典型水利工程实施的代表性科学问题探究为主线，展示自中华人民共和国成立以来舟山水工领域的主要科学技术成就，全书将尽最大努力覆盖舟山水工领域的热点问题，以飨读者[33-37]。

1.4 本书框架及内容简介

本书除绪论外包括六大专题，共七章，总结了中华人民共和国成立以来舟山水利工程实践中代表性的土石坝、面板坝、重力坝、拱坝及地下储水洞库等工程案例及相关热点科学问题。

第 2 章介绍水工实践中与水利学科相关的材料科学问题，重点探讨高强水工混凝土与海相土两大类水工材料以及与其对应的广义本构理论。

第 3 章介绍舟山土石坝工程中包括近场施工扰动、库区钻爆开挖以及库坝系统交通穿线等代表性水利科学问题。

第 4 章结合随机渗流力学模型及广义可靠度理论探讨海岛水文地质条件下的舟山面板坝抗渗安全问题。

第 5 章介绍舟山代表性重力坝的抗震安全及动力敏感性问题，重点探讨重力坝复杂材料分区在非确知地震波形激励下的动力学行为。

第 6 章介绍舟山海岛型拱坝结构整体安全性能分析与评价，核心内容是主体结构与地质环境中潜在缺陷对库坝系统运行响应的反馈研究。

第 7 章介绍舟山临海地区地下储水洞库工程动态开挖与支护的性态演化、断面开挖构型研究以及断面开挖方量优选。

参考文献

[1] 余凤荣，赵春芳，童亿勤，等. 基于水足迹理论的舟山群岛新区水资源评价[J]. 宁波大学学报(理工版), 2020, 33(4): 109-115.

[2] 张俊娥，高季章. 国内外海岛水资源的开发利用[J]. 宁波大学学报(理工版), 2012, 22(1): 39-42.

[3] 陈竽舟，李博. 边远海岛水资源开发利用模式研究[J]. 水资源保护, 2017, 33(1): 57-61.

[4] 侯婷，龚浩哲. 浙东海岛地区近 64 年降水变化规律分析[J]. 浙江水利科技, 2020, 229: 20-21, 33.

[5] 梁霄，王小军，张旭，等. 浙东沿海地区水资源开发与水安全保障研究[C]. 中国水利学会 2019 学术年会论文集，水资源, 2019: 413-417.

[6] 王晨，莫曜，朱玲. 舟山市雨水利用改进措施[J]. 浙江水利科技, 2010, 20: 90-92.

[7] 赵新. 舟山市海岛水资源及其开发利用现状[J]. 海洋信息, 1998, 6: 11-12.

[8] 茹志明，刘海飞，丁禹. 舟山市海洋水库建设的可行性初探[J]. 海洋开发与管理, 2021, 11: 67-72.

[9] 梅斌，胡勇. 舟山黄金湾调节水库二期工程建设条件分析[J]. 河南水利与南水北调, 2012, 18: 104-105.

[10] 刘美华, 黄波. 论“两山”理论指导下的浙江生态经济模式[J]. 山西广播电视大学学报, 2022, 127: 84-88.

[11] 徐鹤群. 一网碧水润浙东[N]. 中国水利报, 2021-07-20, 2: 1-2.

[12] 金祖聿, 程祖德. 试论发展舟山水利基础产业[J]. 人民珠江, 1998, 1: 57-59.

[13] 张利娟. 舟山本岛供水系统原水优化调度研究[D]. 浙江: 浙江大学, 2011: 1-10.

[14] 周国平, 姚月伟, 叶勇. 在舟山群岛新区建设中提升防汛减灾能力的思考[J]. 中国防汛抗旱, 2012, 22(1): 60-61, 74.

[15] 翁益松, 可建伟, 徐梦茜. 舟山岛地下水库建设可行性分析[J]. 浙江水利科技, 2019, 226: 77-80.

[16] 陈松华. 海岛地区提高水资源保障能力对策探析-以舟山市为例[J]. 浙江水利科技, 2010, 167: 16-18.

[17] 范波芹, 陈筱飞, 刘志伟. 浙江水资源规划引导空间均衡发展的实践思考[J]. 水利发展研究, 2014, 9: 33-38.

[18] 季扬沁, 陆瑜琦, 尤仲杰. 区域资源环境承载力视角下全球海洋中心城市绿色发展评价研究[J]. 中共宁波市委党校学报, 2022, 44(245): 116-128.

[19] 魏婧, 郑雄伟, 马海波, 等. 调蓄水库在舟山市大陆引水工程中的作用与规模探讨[J]. 浙江水利科技, 2017, 213: 24-27.

[20] 许红燕. 舟山群岛地下水资源量及地下水水质评价[J]. 浙江水利科技, 2014, 192: 66-68.

[21] 陈华, 王垚峰, 秦旭宝. 提高舟山群岛新区供水保障能力的思考[J]. 中国水利, 2015, 6: 42-44.

[22] 赵军. 对舟山海岛供水状况的分析与预测[J]. 浙江统计. 2000, 8: 33-34.

[23] 魏婧, 郑雄伟, 马海波. 海岛地区水资源短缺解决方案比较研究-以舟山群岛为例[J]. 中国农村水利水电. 2016, 6: 54-63.

[24] 陈成金, 程祖德. 论海岛水资源开发配置保护管理[C]. 中国水利学会 1999 年优秀论文集, 水资源, 1999: 318-321.

[25] 许红燕, 黄志珍. 舟山市水资源分析评价[J]. 水文. 2014, 34(3): 87-91.

[26] 丁春梅. 浙江省水资源可持续利用研究[D]. 浙江: 浙江大学, 2005: 3-31.

[27] 周佳恒, 黄会斐. 舟山市创建节水型城市规划要点[J]. 浙江建筑, 2010, 27(5): 5-7, 16.

[28] 程祖德, 王阁文. 舟山岛水资源管理探讨[J]. 浙江水利科技, 1996, 3: 12-14.

[29] 鲍维巨. 舟山市海岛节水农业现状与思考[J]. 上海农业科技, 2007, 2: 16.

[30] 刘立军, 赵红弟, 楼越平. 舟山岛水资源可持续利用方案分析[J]. 中国农村水利水电, 2007, 5: 109-114.

[31] 邵伟才, 郑雄伟, 娄潇聪, 等. 舟山群岛新区多源供水模式研究[J]. 水利水电技术,

2016, 47(1): 17-20.

[32] 虞定武, 毛广明. 舟山市水库存在问题及对策探讨[J]. 浙江水利科技, 2003, 3: 65-66.

[33] 严乾, 王亚军, 王友博, 等. 舟山地区面板灌砌石坝抗震安全评价研究[J]. 水利发电, 2018, 44(5): 50-52, 93.

[34] 孙卓麒, 练伟, 汪明元, 等. 浅析下游近坝区动态开挖影响下的库坝系统安全性能[J]. 中国水运, 2022, (7): 26-28.

[35] YAN Qian, WU Di, WANG You-bo, et al. Seismic Behaviors on CFGRD[J]. Earth and Environmental Science, 2019, 304: 1-6.

[36] 严乾, 可建伟, 王亚军, 等. 舟山海堤安全稳定分析[J]. 人民珠江, 2018, 39(9): 47-50, 55.

[37] 修海峰, 王亚军. 预应力管桩施工对海塘的整体影响分析[J]. 中国水运. 2021, (5): 89-90, 98.

| 第 2 章

水工材料科学问题研究

水利工程开发建设首先需要关注并解决的是材料科学问题。大部分水利工程设施都具有体系庞大、材料构成复杂的特点，而且结构与材料安全不仅涉及结构宏观稳定，还与材料的细观劣化密切相关[1-2]。材料细观劣化诱发的局部破坏在外部作用影响下，会对水利工程设施的整体安全运行造成灾难性影响。同时，用于结构分析计算的许多工程力学概念外延并不明确，而且各类构筑及填筑材料的各向异性及非线性特征还伴随客观存在的随机本质[3]，在同样具有随机性甚至于模糊性的外部作用影响下，结构及材料的灾害响应研究成为一个极其复杂的系统课题[4-6]。

2.1 高强水工混凝土材料损伤力学问题研究

本节研究将基于一级配高强水工混凝土材料的宏观多轴压缩试验，并结合离线高能 CT 扫描细观物理试验，探究高强水工混凝土材料的多尺度广义损伤力学行为。

2.1.1 试验材料及试件加工

研究所用材料均直接取自我国西南某水电现场，粗骨料为一级配（5～20mm）玄武岩，具体配合比如图 2.1-1 所示。

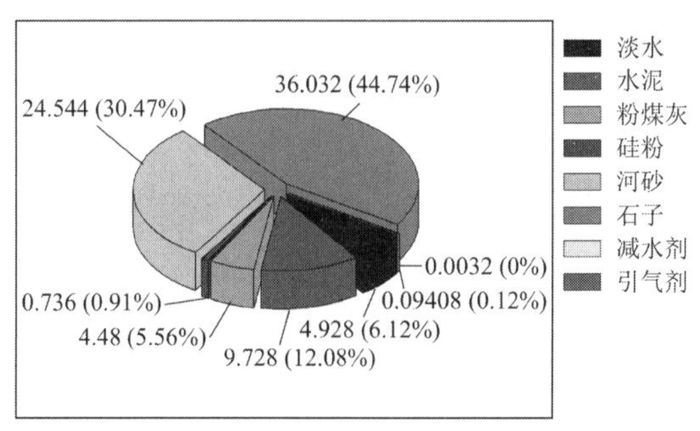

图 2.1-1 高强水工混凝土组分

研究浇筑了两类尺寸的试件，即：10cm × 10cm × 40cm 及 15cm × 15cm × 15cm，如

图 2.1-2 所示。

图 2.1-2　高强水工混凝土试件

同时，为获得有效的科学数据，研究还对上述试件进行切割加工处理，形成两类最终的试验试块，其尺寸分别为 10cm × 10cm × 30cm 及 15cm × 15cm × 5cm。

2.1.2　多轴受压静载试验

研究所用加载设备为美国instron油压伺服加载设备，并采用全自动wavematrix实时智能测试平台对试验数据进行全程采集与处理（图 2.1-3）。

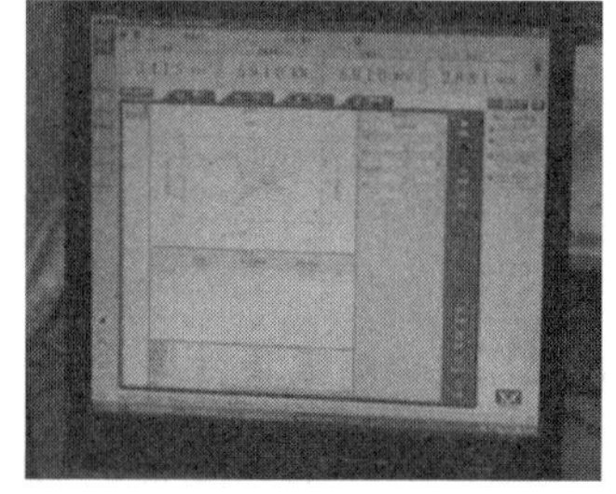

图 2.1-3　试验加载系统界面

通过对高强水工混凝土试件作应变控制的多轴受压静载试验，量测、记录试验过程中该类材料的应力、应变及加载，获取相应持时内材料物理力学指标的全曲线，相应的研究成果是探索高强水工混凝土材料与结构损伤积累及损伤演化过程的基础。为获得完整的工程材料加载过程曲线，试验借助多组高灵敏度的引伸仪对加载主轴作形变导引，通过控制应变加载速率的方法对试件做静载加压（图 2.1-4）。

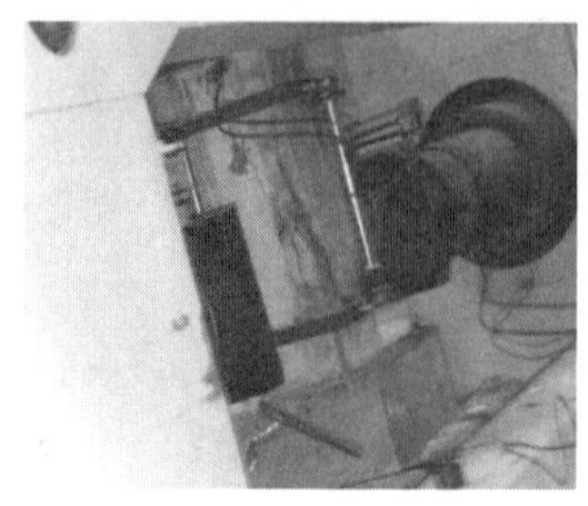

图 2.1-4　高灵敏度引伸仪安装

对于单轴试验，研究采用一种主轴加载速率，即$\dot{\varepsilon}_1 = 200\text{usn/min}$，试件主轴加载面面积为 100mm × 100mm，加载方向标距长度为 200mm，此处 usn 代表测试微应变，一个测试微应变等于 10^{-6} 线应变。对于双轴试验，试件主轴及水平轴加载面面积分别为 150mm × 5mm 及 150mm × 5mm，研究基于主轴$\dot{\varepsilon}_1$及水平轴$\dot{\varepsilon}_2$的加载速率作了专门的组合设计，即$\dot{\varepsilon}_1 \sim \dot{\varepsilon}_2 = 100 \sim 100\text{usn/min}$；$\dot{\varepsilon}_1 \sim \dot{\varepsilon}_2 = 100 \sim 150\text{usn/min}$；$\dot{\varepsilon}_1 \sim \dot{\varepsilon}_2 = 100 \sim 200\text{usn/min}$；$\dot{\varepsilon}_1 \sim \dot{\varepsilon}_2 = 150 \sim 75\text{usn/min}$；$\dot{\varepsilon}_1 \sim \dot{\varepsilon}_2 = 150 \sim 100\text{usn/min}$；$\dot{\varepsilon}_1 \sim \dot{\varepsilon}_2 = 150 \sim 150\text{usn/min}$；$\dot{\varepsilon}_1 \sim \dot{\varepsilon}_2 = 200 \sim 100\text{usn/min}$；$\dot{\varepsilon}_1 \sim \dot{\varepsilon}_2 = 200 \sim 150\text{usn/min}$。

试验过程中的量测内容主要包括加载持时（s）、位移（mm）、引伸仪位置（mm）、多轴载荷P_1（N）及P_2（N）、多轴压缩应变ε_1（mm/mm）及ε_2（mm/mm）、多轴压缩应力σ_1（MPa）及σ_2（MPa），加载系统可供直接输出的数据图表主要包括$\sigma_1 \sim \varepsilon_1$、$P \sim \varepsilon_1$、$\sigma_2 \sim \varepsilon_2$、$P_2 \sim \varepsilon_2$。

试验加载至材料破坏时，试块中孕育的裂变特征如图 2.1-5 所示。

图 2.1-5　发生损伤裂变的试块

2.1.3　宏观广义损伤力学本构模型

基于上述试验研究分析发现，在单轴受压静载条件下，一级配高强水工混凝土材料的全应力应变关系曲线服从如公式(2.1-1)所示的分段非线性本构方程[7]。

$$\sigma = \begin{cases} \left[1 - A_1\left(\dfrac{\varepsilon}{\varepsilon_{\mathrm{f}}}\right)^{B_1}\right]E_0\varepsilon & 0 \leqslant \varepsilon \leqslant \varepsilon_{\mathrm{f}} \\ \left[\dfrac{A_2}{C\left(\dfrac{\varepsilon}{\varepsilon_{\mathrm{f}}} - 1\right)^{B_2} + \dfrac{\varepsilon}{\varepsilon_{\mathrm{f}}}}\right]E_0\varepsilon & \varepsilon > \varepsilon_{\mathrm{f}} \end{cases} \tag{2.1-1}$$

式中，ε_{f}为材料试验所得峰值应变；A_1、A_2、B_1均可根据实测曲线边界条件获得，称为材料常数；B_2、C描述实测曲线形状，称为曲线参数。

由公式(2.1-1)可知，本构方程须在$\varepsilon=\varepsilon_f$处连续，同时还可引入如下两个边界条件，

$$\sigma|_{\varepsilon=\varepsilon_f}=\sigma_f \tag{2.1-2}$$

$$\left.\frac{d\sigma}{d\varepsilon}\right|_{\varepsilon=\varepsilon_f}=0 \tag{2.1-3}$$

由 $\sigma|_{\varepsilon=\varepsilon_f}=\left\{\left[1-A_1\left(\frac{\varepsilon}{\varepsilon_f}\right)^{B_1}\right]E_0\varepsilon\right\}\Big|_{\varepsilon=\varepsilon_f}$ 得：$A_1=\frac{E_0\varepsilon_f-\sigma_f}{E_0\varepsilon_f}$

$=(1-A_1)E_0\varepsilon_f$

$=\sigma_f$

由 $\sigma|_{\varepsilon=\varepsilon_f}=\left\{\left[\frac{A_2}{C\left(\frac{\varepsilon}{\varepsilon_f}-1\right)^{B_2}+\frac{\varepsilon}{\varepsilon_f}}\right]E_0\varepsilon\right\}_{\varepsilon=\varepsilon_f}$ 得：$A_2=\frac{\sigma_f}{E_0\varepsilon_f}$

$=A_2E_0\varepsilon_f$

$=\sigma_f$

由 $\left.\frac{d\sigma}{d\varepsilon}\right|_{\varepsilon=\varepsilon_f}=\left.\frac{d\left\{\left[1-A_1\left(\frac{\varepsilon}{\varepsilon_f}\right)^{B_1}\right]E_0\varepsilon\right\}}{d\varepsilon}\right|_{\varepsilon=\varepsilon_f}$ 得：$B_1=\frac{\sigma_f}{E_0\varepsilon_f-\sigma_f}$

$=E_0[1-A_1(B_1+1)]$

$=0$

此外，研究还采用如公式(2.1-4)所示的损伤变量与应力-应变关系，

$$\sigma=E_0(1-\Omega)\varepsilon \tag{2.1-4}$$

综合上述可得到一级配高强水工混凝土材料的常规损伤力学发展方程如下：

$$\Omega=\begin{cases}A_1\left(\dfrac{\varepsilon}{\varepsilon_f}\right)^{B_1} & 0\leqslant\varepsilon\leqslant\varepsilon_f\\ 1-\dfrac{A_2}{C\left(\dfrac{\varepsilon}{\varepsilon_f}-1\right)^{B_2}+\dfrac{\varepsilon}{\varepsilon_f}} & \varepsilon>\varepsilon_f\end{cases} \tag{2.1-5}$$

在双轴受压静载条件下，一级配高强水工混凝土材料的全应力-应变关系曲线及应力路径如图 2.1-6 所示。

依据试验研究结果，在双轴受压静载条件下，一级配高强水工混凝土材料的$\varepsilon\sim\sigma$曲线峰值显著提高（10MPa 以上），表明在双轴压缩加载路径下，混凝土的强度有所提高，故对于重要水工结构的材料性能测试，宜采用多轴试验对承载机理进行揭示，因为实际结构的工作环境复杂，单一的加载路径无法全面反映结构与材料的真实力学性态。在图 2.1-6（a）基础上，提取双轴峰值强度f_{c_1}、f_{c_2}，对双轴主应力归一化，形成新的主空间$\sigma_2/f_{c_2}\sim\sigma_1/f_{c_1}$，并对该主空间作如式(2.1-6)、式(2.1-7)的坐标转换，得到图 2.1-6（b）所示坐标系统$N(\sigma)_2\sim N(\sigma)_1$下的应力路径，以反映材料承载过程及强度衰减[7]。

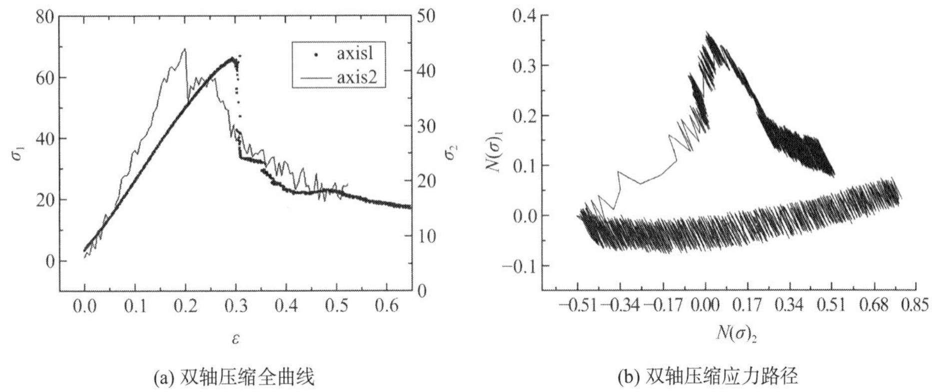

(a) 双轴压缩全曲线　　(b) 双轴压缩应力路径

图 2.1-6　高强水工混凝土材料双轴受压静载本构曲线

$$\left.\begin{aligned}N'(\sigma)_2 &= \sigma_2/f_{c_2}\cos\alpha + \sigma_1/f_{c_1}\sin\alpha\\ N'(\sigma)_1 &= \sigma_1/f_{c_1}\cos\alpha - \sigma_2/f_{c_2}\sin\alpha\end{aligned}\right\} \tag{2.1-6}$$

$$\left.\begin{aligned}N(\sigma)_2 &= N'(\sigma)_2 + \delta\\ N(\sigma)_1 &= N'(\sigma)_1\end{aligned}\right\} \tag{2.1-7}$$

此时高强水工混凝土材料的应力路径表现为：加载初期，细观裂纹尚未大范围萌生，结构较为完整、材料刚度较大，即局部损伤较小，结构材料自承能力较强，此时材料的围压和大主应力关系与单轴加载极为相似；加载后期，细观裂纹开始大范围萌生，并在局部贯穿成为宏观裂纹，局部损伤累积，结构完整性下降，材料刚度减弱，此时材料的围压逐渐发挥作用，弥补材料因损伤增加而出现的自承能力下降，在加载后期应力路径沿围压主轴向出现峰值，这是单轴加载工况所不具备的。根据样本加载应力路径，可获得材料各阶段的真实应力状态，进而将损伤度指标定义为[8]：

$$\varpi_i = \frac{|\sigma_{m_i}|\tan\varphi_i + c_i}{|\bar{\sigma}_i|^{\frac{1}{\lambda}}} \tag{2.1-8}$$

式中，变量应在各个高斯点上($i = 1,2,\cdots$)上赋值，其中λ为一材料参数，经大量数据分析，建议取为 1.2；c、φ分别表示材料黏聚力和内摩擦角，σ_{m_i}、$\bar{\sigma}_i$分别表示材料在高斯点i处的静水压力及应力偏量，分别按照式(2.1-9)和式(2.1-10)计算。

$$\sigma_m = \frac{1}{3}\sigma_{ii} \quad (i = 1,2,3) \tag{2.1-9}$$

$$\begin{aligned}\overline{\sigma} &= |\sigma|\frac{\varepsilon_f}{|\varepsilon_{pmax}|}\\ &= \begin{cases}\left|\left[1 - A_1\left(\dfrac{|\varepsilon_{pmax}|}{\varepsilon_f}\right)^{B_1}\right]E_0|\varepsilon_{pmax}|\right|\dfrac{\varepsilon_f}{|\varepsilon_{pmax}|} & 0 \leqslant \varepsilon \leqslant \varepsilon_f\\ \left|\left[\dfrac{A_2}{C\left(\dfrac{|\varepsilon_{pmax}|}{\varepsilon_f} - 1\right)^{B_2} + \dfrac{|\varepsilon_{pmax}|}{\varepsilon_f}}\right]E_0|\varepsilon_{pmax}|\right|\dfrac{\varepsilon_f}{|\varepsilon_{pmax}|} & \varepsilon > \varepsilon_f\end{cases}\end{aligned} \tag{2.1-10}$$

式中，$\varepsilon_{\mathrm{pmax}}$为材料的各高斯点处的大主应变。

研究针对“降半型分布”“秋千型分布”及“组合秋千型分布”三种广义损伤形式，分别建立广义损伤发展方程隶属度函数[9]：

$$\Omega^*{}_i = \begin{cases} 1 & 0 < \varpi_i \leqslant 0.6 \\ \dfrac{1.5 - \varpi_i}{1.5 - 0.6} & 0.6 < \varpi_i \leqslant 1.5 \\ 0 & 1.5 < \varpi_i \end{cases} \tag{2.1-11}$$

$$\Omega^*{}_i = \begin{cases} 1 & 0 < \varpi_i \leqslant 0.44 \\ 1.5 - \mathrm{e}^{-(\ln \varpi_i)^2} & 0.44 < \varpi_i \leqslant 2.33 \\ 1 & \varpi_i > 2.33 \end{cases} \tag{2.1-12}$$

$$\Omega_i^* = \begin{cases} 1 & 0 < \varpi_i \leqslant 0.44 \\ 1.5 - \mathrm{e}^{-(\ln \varpi_i)^2} & 0.44 < \varpi_i \leqslant 1 \\ 1.5 - \varpi_i & 1 < \omega_i \leqslant 1.5 \\ 0.996 - \mathrm{e}^{-2(\ln(\varpi_i - 0.45))^2} & \varpi_i > 1.5 \end{cases} \tag{2.1-13}$$

考虑指标c、φ的随机特征，即二者的方差分别为δ_{c}^2、δ_{φ}^2，则广义损伤发展方程的方差按照公式(2.1-14)计算：

$$\delta_{\Omega^*}^2 \approx \left(\frac{\partial \Omega^*}{\partial c}\right)^2 \delta_{\mathrm{c}}^2 + \left(\frac{\partial \Omega^*}{\partial \varphi}\right)^2 \delta_{\varphi}^2 \tag{2.1-14}$$

其中，损伤度指标偏导分别为：

$$\frac{\partial \varpi_i}{\partial c_i} = |\bar{\sigma}_i|^{-\frac{1}{\lambda}} \tag{2.1-15}$$

$$\frac{\partial \varpi_i}{\partial \varphi_i} = \frac{|\sigma_{\mathrm{m}_i}| \sec^2 \varphi_i}{|\bar{\sigma}_i|^{\frac{1}{\lambda}}} \tag{2.1-16}$$

以组合秋千分布为例，广义损伤发展方程偏导函数可由式(2.1-17)、式(2.1-18)计算[10]：

$$\frac{\partial \Omega_i^*}{\partial c_i} = \begin{cases} 0 & 0 < \varpi_i \leqslant 0.44 \\ 2\mathrm{e}^{-(\ln \varpi_i)^2} \dfrac{\ln \varpi_i}{\varpi_i} \dfrac{\partial \varpi_i}{\partial c_i} & 0.44 < \varpi_i \leqslant 1 \\ -\dfrac{\partial \varpi_i}{\partial c_i} & 1 < \omega_i \leqslant 1.5 \\ 4\mathrm{e}^{-2[\ln(\varpi_i - 0.45)]^2} \dfrac{\ln(\varpi_i - 0.45)}{\varpi_i - 0.45} \dfrac{\partial \varpi_i}{\partial c_i} & \varpi_i > 1.5 \end{cases} \tag{2.1-17}$$

$$\frac{\partial \Omega_i^*}{\partial \varphi_i} = \begin{cases} 0 & 0 < \varpi_i \leqslant 0.44 \\ 2\mathrm{e}^{-(\ln \varpi_i)^2} \dfrac{\ln \varpi_i}{\varpi_i} \dfrac{\partial \varpi_i}{\partial \varphi_i} & 0.44 < \varpi_i \leqslant 1 \\ -\dfrac{\partial \varpi_i}{\partial \varphi_i} & 1 < \omega_i \leqslant 1.5 \\ 4\mathrm{e}^{-2[\ln(\varpi_i - 0.45)]^2} \dfrac{\ln(\varpi_i - 0.45)}{\varpi_i - 0.45} \dfrac{\partial \varpi_i}{\partial \varphi_i} & \varpi_i > 1.5 \end{cases} \tag{2.1-18}$$

进一步考虑材料的渗流场-应力场-损伤场多场耦合条件，可得在未解耦情况下的广义损伤失效概率统一模型如公式(2.1-19)所示：

$$F_{\Omega\mathrm{P}} = \iint \Omega(\omega) P(p) \,\mathrm{d}\omega \,\mathrm{d}p \tag{2.1-19}$$

式中，$P(p)$为渗透压力劈裂广义损伤概率模型。

引入渗流场-应力场-损伤场多场耦合概率矩阵：

$$[F]_{\mathrm{P}}^{\Omega} = \begin{bmatrix} F_{\Omega\Omega} & F_{\Omega\mathrm{P}} \\ F_{\mathrm{P}\Omega} & F_{\mathrm{PP}} \end{bmatrix} \tag{2.1-20}$$

则解耦后广义损伤及渗压劈裂概率列阵为：

$$\begin{aligned} \begin{Bmatrix} \Omega' \\ P' \end{Bmatrix} &= \iint [F]_{\mathrm{P}}^{\Omega} \begin{Bmatrix} \Omega(\omega) \\ P(p) \end{Bmatrix} \mathrm{d}\omega' \,\mathrm{d}p' \\ &= \iint \begin{bmatrix} F_{\Omega\Omega} & F_{\Omega\mathrm{P}} \\ F_{\mathrm{P}\Omega} & F_{\mathrm{PP}} \end{bmatrix} \begin{Bmatrix} \Omega(\omega) \\ P(p) \end{Bmatrix} \mathrm{d}\omega' \,\mathrm{d}p' \end{aligned} \tag{2.1-21}$$

解耦后的广义积分变量列阵为：

$$\begin{Bmatrix} \omega' \\ p' \end{Bmatrix} = [\Lambda]_{\mathrm{p}}^{\omega} \begin{Bmatrix} \omega \\ p \end{Bmatrix} = \begin{bmatrix} \rho_{\omega\omega} & \rho_{\omega\mathrm{p}} \\ \rho_{\mathrm{p}\omega} & \rho_{\mathrm{pp}} \end{bmatrix} \begin{Bmatrix} \omega \\ p \end{Bmatrix} \tag{2.1-22}$$

式中，$[\Lambda]_{\mathrm{p}}^{\omega}$为损伤渗压相关矩阵。

2.1.4　细观广义损伤力学本构模型

在单双轴静载试验基础上，研究基于高能 CT 扫描，可获知前述各损伤试块的损伤断裂分布及断口特征，为仿真分析提供原始参数，如裂纹的长度、倾角、裂变材料密度等。

为实现上述目的，专门研究设计了数据及图像处理仿真程序，通过三维重构及计算（图 2.1-7），所得数据及图像可实现与其他通用仿真软件的无缝连接[11]。

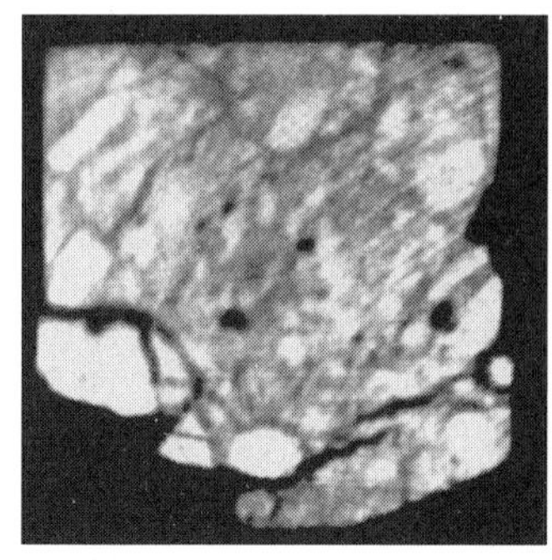
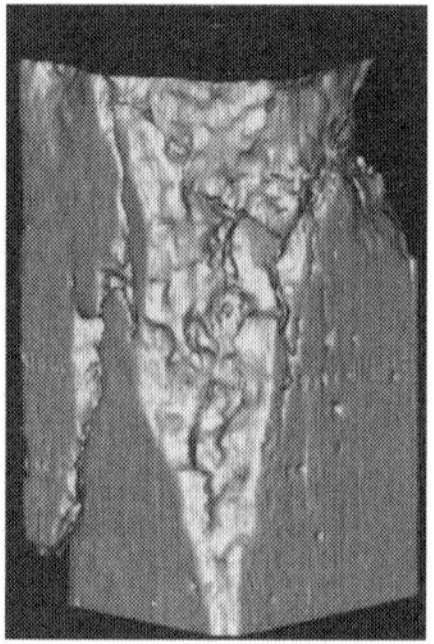

图 2.1-7　高强水工混凝土材料损伤裂变三维重构仿真

借助高能 CT 扫描，研究可获知前述各试块的细观损伤断裂分布及断口特征，并获得如细观裂纹的长度、宽度、倾角、裂变材料密度等原始参数，特别是，这些参数均具有如上广义损伤分布的特征。由此可建立细观广义损伤力学下高强水工混凝土材料的主损伤变量通式[12]：

$$\Omega=\Omega(L_1,L_2,\theta_1,\theta_2,N_1,N_2) \tag{2.1-23}$$

式中，L_1、L_2、θ_1、θ_2、N_1、N_2分别表示试块的两个独立表面的裂纹长度、裂纹方位角和裂纹条数。

借助统计分析还可得到裂纹长度、裂纹方位角和裂纹条数的随机特征值，据此可得各向异性广义主损伤变量[13]：

$$E_i^*=(1-\Omega_i)^2E_i \tag{2.1-24}$$

$$\upsilon_{ij}^*=\frac{1-\Omega_i}{1-\Omega_j}\upsilon_{ij} \tag{2.1-25}$$

$$G_{ij}^*=\frac{2(1-\Omega_i)^2\left(1-\Omega_j\right)^2}{(1-\Omega_i)^2+\left(1-\Omega_j\right)^2}G_{ij} \tag{2.1-26}$$

式中，E_i、υ_{ij}及G_{ij}为各向异性材料常数。

$\Omega_i(i=1,2,3)$是各向异性广义损伤张量的主值,借助高能CT扫描由式(2.1-11)～式(2.1-13)决定。

由上可得细观广义损伤本构关系矩阵D^*[14]：

$$D^*=\begin{bmatrix} d_{11}^* & d_{12}^* & d_{13}^* & & & \\ d_{21}^* & d_{22}^* & d_{23}^* & & & \\ d_{31}^* & d_{32}^* & d_{33}^* & & & \\ & & & G_{32}^* & & \\ & & & & G_{13}^* & \\ & & & & & G_{12}^* \end{bmatrix} \tag{2.1-27}$$

其中，

$$d_{ii}^*=\frac{E_i^*(1-\upsilon_{ik}^*\upsilon_{ki}^*)}{\Delta}\quad i\neq k \tag{2.1-28}$$

$$d_{ij}^*=\frac{E_i^*\left(\upsilon_{ji}^*+\upsilon_{ki}^*+\upsilon_{jk}^*\right)}{\Delta}\quad i\neq j,\ j\neq k,\ k\neq i \tag{2.1-29}$$

$$\Delta=1-\upsilon_{12}^*\upsilon_{21}^*-\upsilon_{32}^*\upsilon_{23}^*-\upsilon_{13}^*\upsilon_{31}^*-2\upsilon_{21}^*\upsilon_{32}^*\upsilon_{13}^* \tag{2.1-30}$$

2.2 高强水工混凝土材料热力学问题研究

水工混凝土在服役过程中的热力学性能直接决定了水利工程设施的运行安全。与水工混凝土热力学性能密切相关的绝热温升、时变弹性模量及徐变等内容，是本节研究的重点[15]。

2.2.1 高强水工混凝土的绝热温升计算方法

研究选取了如式(2.2-1)及式(2.2-2)所示的成都勘测设计研究院（以下简称成勘院）及长

江科学院（以下简称长科院）两种绝热温升模型，对高强水工混凝土材料的热力学性能进行对比分析：

$$T = T_0 \times \left(1 - e^{-at^b}\right) \tag{2.2-1}$$

$$T = \frac{T_0 \times t}{d + t} \tag{2.2-2}$$

式中，t为混凝土的龄期时间（d）；T_0为混凝土的最终绝热温升温度（℃）；T为龄期t天时混凝土的绝热温升值（℃）；a、b、d为与混凝土特性相关的试验参数，且无量纲。

经数据拟合研究，获得高强水工混凝土材料的绝热温升参数如表 2.2-1 所示[16]。

高强水工混凝土绝热温升参数　　表 2.2-1

编号	成勘院温升参数			长科院温升参数	
	T_0	a	b	T_0	d
$C_{180}40$	26.3	0.254	0.886	23.98	1.15
$C_{180}35$	25.7	0.287	0.873	21.97	1.13
$C_{180}30$	25	0.256	0.917	19.75	1.28
$C_{90}50$	28.5	0.332	0.894	33.18	1.39

2.2.2　高强水工混凝土的时变弹性模量计算方法

水工混凝土在服役过程中经常需要考虑自身弹性模量随龄期的变化，此即为时变弹性模量，研究将采用复合指数形式对高强水工混凝土的时变弹性模量进行表达，具体按公式(2.2-3)计算[17]：

$$E(\tau) = E_0\left[1 - e^{(-f_1\tau^{g_1})}\right] \tag{2.2-3}$$

式中，E_0为混凝土的最终弹性模量（Pa）；τ为表示龄期（d）；f_1、g_1为试验参数，常数无量纲；E为龄期为τ时混凝土的时变弹性模量值，具体拟合参数如表 2.2-2 所示。

高强水工混凝土变形性能试验及理论分析结果（$C_{180}40$）　　表 2.2-2

	龄期/d	抗拉弹性模量/MPa	抗压弹性模量/MPa	组合弹性模量/MPa	拟合参数
$C_{180}40$	7	2.33×10^{10}	2.93×10^{10}	2.63×10^{10}	$E_0 = 4.17377 \times 10^{10}$
	28	2.80×10^{10}	3.47×10^{10}	3.13×10^{10}	$a = f_1 = 0.5$
	90	3.30×10^{10}	4.07×10^{10}	3.69×10^{10}	$b = g_1 = 0.31463$
	180	3.37×10^{10}	4.14×10^{10}	3.76×10^{10}	
	365	3.59×10^{10}	4.44×10^{10}	4.02×10^{10}	

2.2.3　高强水工混凝土的徐变模型

服役期水工混凝土的徐变$C(t,\tau)$对材料以及结构物的力学行为有关键性影响，本次研究采用朱伯芳院士理论公式(2.2-4)对高强水工混凝土材料的徐变进行分析计算[18]，其中，τ为龄期，$t-\tau$为加载持时：

$$C(t,\tau)=\left[A_0+A_1\cdot\tau^{(-A_2)}\right]\cdot\left[1-\mathrm{e}^{-m_1\cdot(t-\tau)}\right]+\left[B_0+B_1\cdot\tau^{(-B_2)}\right]\cdot\left[1-\mathrm{e}^{-m_2\cdot(t-\tau)}\right]+D\cdot\mathrm{e}^{(-m_3\cdot\tau)}\cdot\left[1-\mathrm{e}^{-m_3\cdot(t-\tau)}\right] \tag{2.2-4}$$

式中，第一、二项为可复徐变，第三项为不可复徐变，A_0、A_1、A_2、B_0、B_1、B_2、m_1、m_2为待定常数，由试验数据拟合计算后获得。此外，上式中，徐变分为两段进行计算，即早期可复徐变和后期不可复徐变，式中的参数通过复合三段指数函数分别对各个龄期进行拟合分析获取，具体研究结果见表 2.2-3。

7d 龄期高强水工混凝土徐变分析结果（$C_{180}40$）　　表 2.2-3

可复徐变持时/d	可复徐变度/$10^{-6}MPa^{-1}$	拟合参数		不可复徐变持时/d	不可复徐变度/$10^{-6}MPa^{-1}$	拟合参数	
3	4	A_0	1.99	90	13.1	D	17.31437
7	6.9	A_1	19.81	120	13.7	m_3	0.02545
10	8.2	A_2	0.703	150	14.1		
15	9.1	B_0	3.97	200	14.5		
30	10.4	B_1	11.89				
45	11.3	B_2	1.495				
60	12.1	m_1	0.0892				
		m_2	0.10801				

2.2.4 温度场-应力场-损伤场多场耦合数学模型

研究还将考虑高强水工混凝土的温度场-应力场-损伤场多场耦合问题，这一科学问题涉及大部分水利工程设施常见的工作环境与条件，有很重要的研究意义。

对于高强水工混凝土这类各向异性材料而言，须引入各向异性积累硬化和各向异性损伤的概念，可以将高强水工混凝土的自由能看作热力学势函数的形式，并假定为公式(2.2-5)所示通式：

$$W=W(\{\varepsilon_\mathrm{e}\},\{\Omega\},\{\gamma\},T) \tag{2.2-5}$$

式中，$\{\Omega\}$为各向异性主损伤矢量列阵，作为各向异性损伤材料的内部状态变量，它与各向同性材料的损伤变量Ω对应，且能从各向异性的损伤张量求得；$\{\gamma\}$为各向异性积累硬化矢量，作为各向异性的内部的状态变量它与各向同性材料的积累硬化参数γ对应，用以描述材料内部微观结构变形的内凛状态。

根据热力学第二定律，熵力的积分为自由能，则定义熵函数为公式(2.2-6)中的S，从而将自由能表示为公式(2.2-7)：

$$\rho=\int T\,\mathrm{d}S \tag{2.2-6}$$

$$W=\int\rho\{\sigma\}\,\mathrm{d}\{\varepsilon_\mathrm{e}\} \tag{2.2-7}$$

本次研究首先考虑温度损伤变量作为熵状态函数与混凝土材料强度之间的关系，进而建立损伤演化方程，同时假定混凝土材料强度服从 Weibull 分布如公式(2.2-8)所示：

$$\varpi(\varepsilon)=\frac{\tau}{\varepsilon_0}\left(\frac{\varepsilon}{\varepsilon_0}\right)^{\tau-1}\mathrm{e}^{-\left(\frac{\varepsilon}{\varepsilon_0}\right)^{\tau}} \tag{2.2-8}$$

考虑混凝土材料的连续损伤特性，将使用公式(2.2-9)表示损伤演化方程[19]：

$$D=\int_0^{\varepsilon}\varpi(\varepsilon)\,\mathrm{d}\varepsilon=\int_0^{\varepsilon}\frac{\tau}{\varepsilon_0}\left(\frac{\varepsilon}{\varepsilon_0}\right)^{\tau-1}\mathrm{e}^{-\left(\frac{\varepsilon}{\varepsilon_0}\right)^{\tau}}\mathrm{d}\varepsilon=1-\mathrm{e}^{-\left(\frac{\varepsilon}{\varepsilon_0}\right)^{\tau}} \tag{2.2-9}$$

这里的形状参数采用关于温差梯度的二次函数并借助公式(2.2-10)计算：

$$\tau=A\left(\frac{\Delta T}{\Delta t}\right)^2+B\left(\frac{\Delta T}{\Delta t}\right)+C \tag{2.2-10}$$

其他参数同前。

2.3　海相土力学问题研究

舟山地处东海，区域内最为常见且可广泛应用于工程建设的，便是各类海相岩土体，探究海相土力学问题，是保证各类水利工程设施安全的基础。本节研究将探讨舟山海相砂土及海相黏土的静动力学行为。

2.3.1　舟山海相砂土静动力学行为

本节研究针对的是舟山海域内特有的两类海相砂土[20]，土样分别来自乌石塘海区（MS1）及东沙海区（MS2），取土点分别位于地表以下 6m 及 4m。经实验室粒径分析：乌石塘海相土（MS1）的平均粒径$d_{50}=3.30\mathrm{mm}$，不均匀系数$C_\mathrm{u}=3.339$，曲率系数$C_\mathrm{C}=0.6183$；东沙海相土（MS2）的平均粒径$d_{50}=1.45\mathrm{mm}$，不均匀系数$C_\mathrm{u}=1.2017$，曲率系数$C_\mathrm{C}=0.9515$，两类海相砂土的连续性都比较差，且属均匀性土（图 2.3-1）。

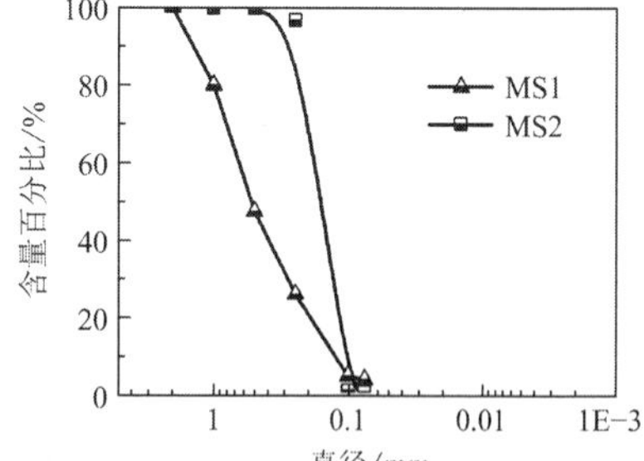

图 2.3-1　舟山海相砂土级配曲线

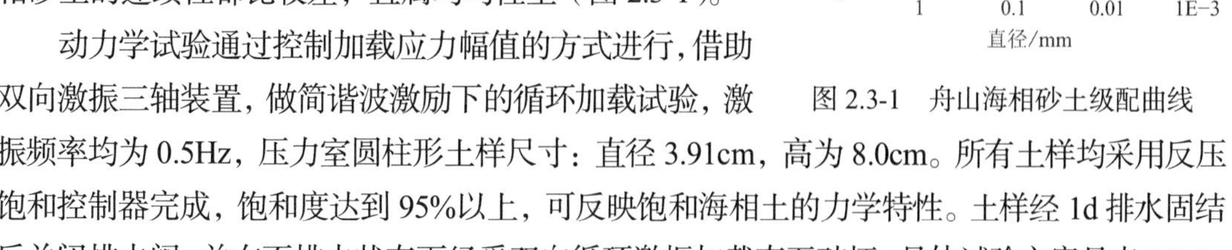
动力学试验通过控制加载应力幅值的方式进行，借助双向激振三轴装置，做简谐波激励下的循环加载试验，激振频率均为 0.5Hz，压力室圆柱形土样尺寸：直径 3.91cm，高为 8.0cm。所有土样均采用反压饱和控制器完成，饱和度达到 95%以上，可反映饱和海相土的力学特性。土样经 1d 排水固结后关闭排水阀，并在不排水状态下经受双向循环激振加载直至破坏。具体试验方案见表 2.3-1。

循环双向激振三轴试验参数　　**表 2.3-1**

土样编号	围压/kPa	激振频率/Hz	循环激振幅值/kN	初始固结比k_c^0
MS1-1	100	0.5	0.05	1
MS1-2	100	0.5	0.06	1

续表

土样编号	围压/kPa	激振频率/Hz	循环激振幅值/kN	初始固结比k_c^0
MS1-3	100	0.5	0.07	1
MS1-4	100	0.5	0.08	1
MS2-1	100	0.5	0.05	1
MS2-2	100	0.5	0.06	1
MS2-3	100	0.5	0.07	1
MS2-4	100	0.5	0.08	1

海洋环境中，由于海面波浪、风场作用，水上、水下构筑物与海相地基土始终处于循环动载影响之下，结构体系的安全很大程度上取决于海相土的抗液化能力[21]。为安全计，海相土料一出现液化便认为构筑物失效，在此之前统称为初始液化过程。在模拟波浪载荷的循环激振作用下，舟山两类代表性海相土初始液化过程的特征截然不同（图 2.3-2～图 2.3-5）。因海相土液化判别基于激振应变ε_d发育过程[22]，令τ为加载持时，各级激振幅值作用下，舟山海相粗砂（MS1）应变过程曲线ε_d-τ不存在明显的增益拐点，但ε_d从曲线上某一临界位置开始，在喇叭状有限区域内振荡而不超越，喇叭口张开处便是该临界位置。令u_d为激振孔隙水压，孔压曲线u_d-τ上与此临界位置的对应值u_L就是海相土的激振初始液化孔压门槛值；以东沙海相土（MS2）为代表的舟山海相细砂，ε_d-τ曲线具有明显拐点，u_d-τ曲线上与此拐点对应时刻的u_d值急速攀升，该处的u_d值即为u_L。

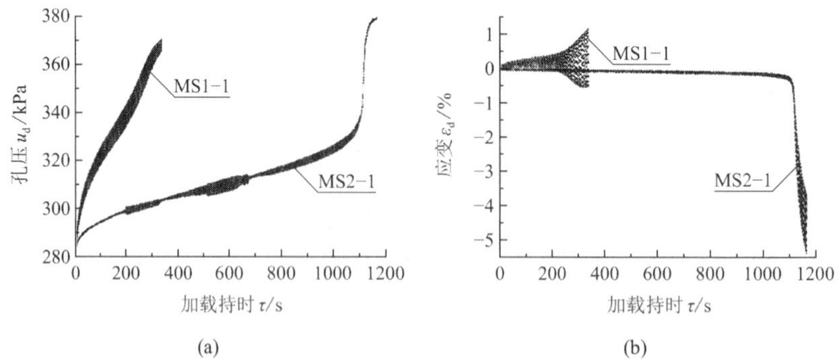

图 2.3-2 有效围压 100kPa 激振幅值 0.05kN 条件下的动孔隙水压及动应变分布

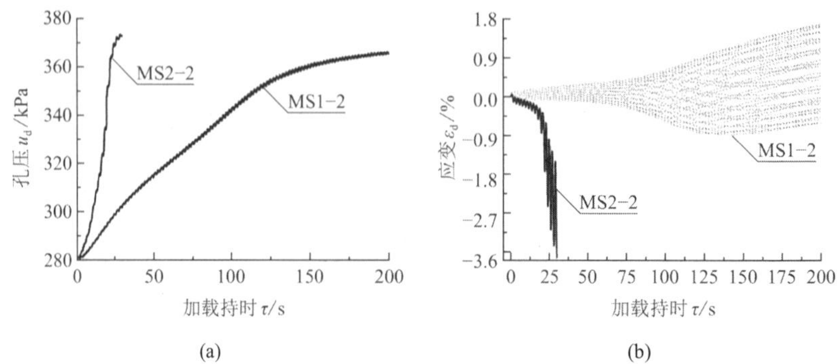

图 2.3-3 有效围压 100kPa 激振幅值 0.06kN 条件下的动孔隙水压及动应变分布

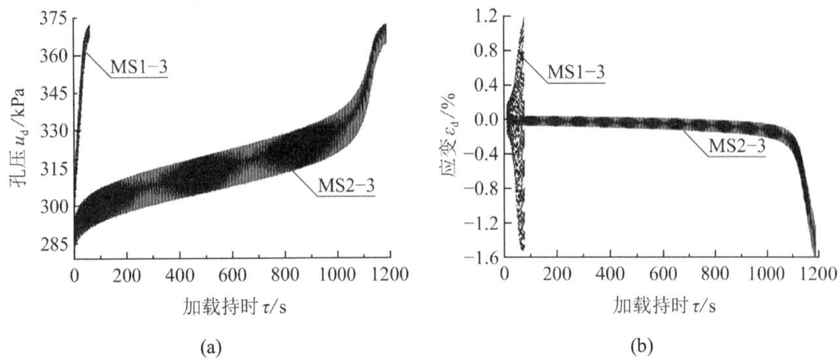

图 2.3-4　有效围压 100kPa 激振幅值 0.07kN 条件下的动孔隙水压及动应变分布

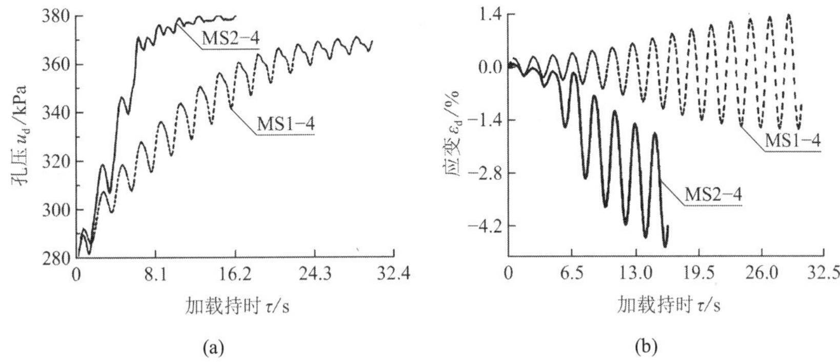

图 2.3-5　有效围压 100kPa 激振幅值 0.08kN 条件下的动孔隙水压及动应变分布

令N_L为激振初始液化循环周数，A_{p_0}为循环激振加载幅值，σ_L'为初始液化偏应力，ε_L为液化应变，分别就两类海相土建立四个主要参数N_L、u_L、σ_L'及ε_L与A_{p_0}之间的关系曲线。

以乌石塘海相土为代表的舟山海相粗砂，N_L、u_L、σ_L'及ε_L均随加载幅值增加而减小；而u_L、σ_L'及ε_L均随N_L增加而增加，即该类海相土高周激振液化失效由较大的u_L值引起，低周液化产生时海相土可承受的液化偏应力较小；此类海相土的液化应变随激振加载幅值增加会出现变号，高周激振循环诱发的海相土液化失效产生于压缩变形下的正应变，较小的激振幅值便可引发此类液化；低周循环下，海相土 MS1 液化破坏则产生于拉应变的扩展，此时的激振幅值较大（图 2.3-6）。

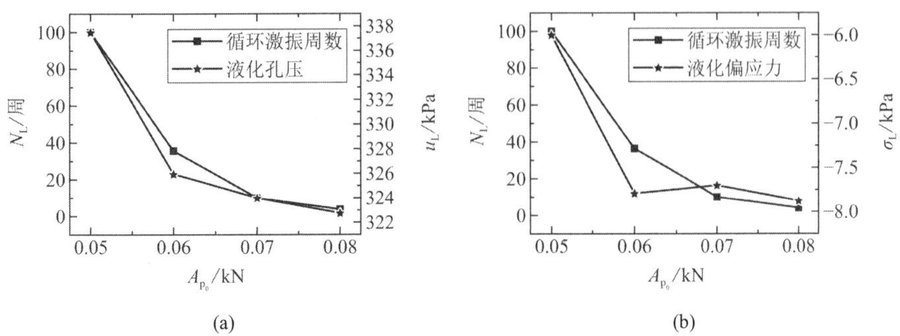

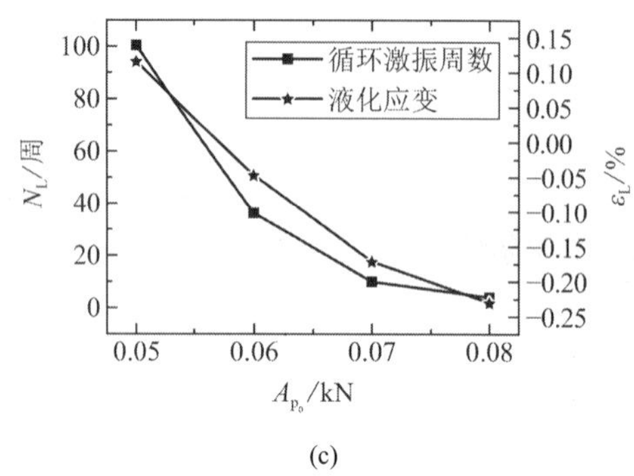

(c)

图 2.3-6　变幅值循环激振加载下 MS1 初始液化特征曲线

以东沙海相砂土（MS2）为代表的海相细砂受循环激振荷载作用，表现出的力学性态与 MS1 截然不同，随激振幅值增加，土料激振初始液化循环周数N_L呈现波动，但只就液化偏应力σ_L'与N_L关系而言，海相土在σ_L'较小时可以承受高周循环加载；反之，若只可承受低周循环激振，则该激振幅值下对应的必是较大的σ_L'。MS2 液化完全由拉应变引起（图 2.3-7），表明舟山海相细砂诱发液化的细观机理是：颗粒间距增大、粒间接触数大幅削减。

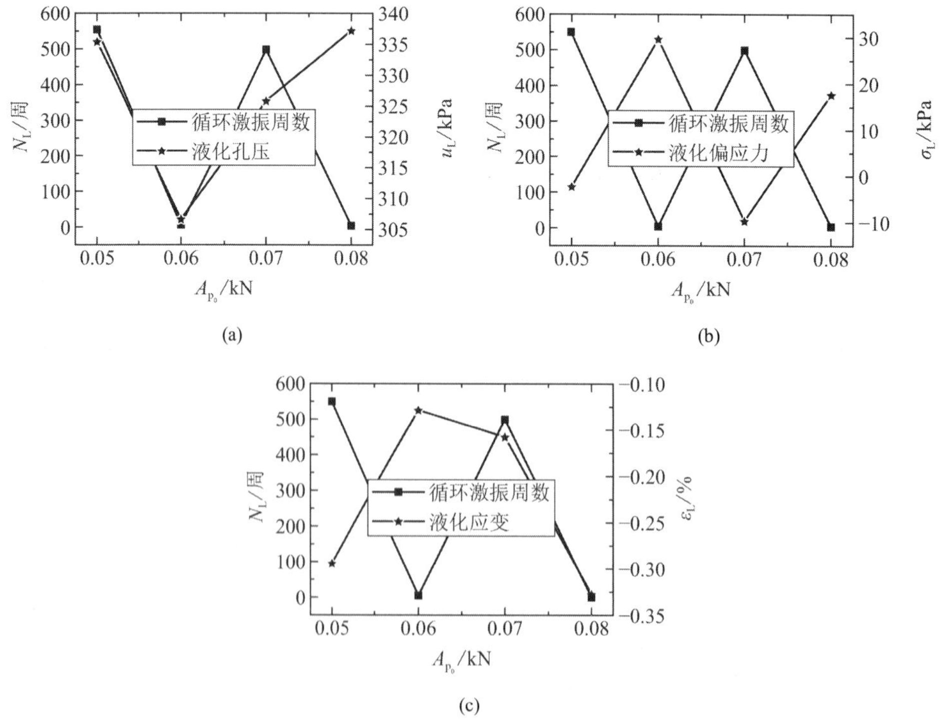

(c)

图 2.3-7　变幅值循环激振加载下 MS2 初始液化特征曲线

2.3.2　舟山海相黏土静动力学行为

本节研究针对的是舟山海域岱山海区特有的海相软黏土[23]，这类海相土是区域内水利工程设施修造最为可靠的、可资源化利用的材料。研究所用材料采用原状采样技术

（图 2.3-8），可最大限度地减少对海相软黏土静动力学性能的扰动及影响。

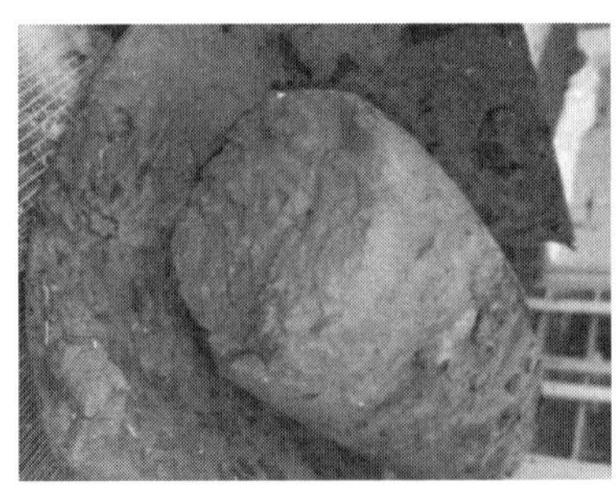

图 2.3-8　原状海相软黏土

经物理性能研究分析发现，这类海相土的含水量介于 34%～46%之间，平均含水量为 39.86%；天然密度变化范围比较小，基本在 1.80～1.93 之间；其天然孔隙比较大，基本在 1 左右，细观孔隙较丰富，密实度相对较低；液限介于 35%～49%之间，平均值为 42%；海相土的塑性指数分布范围为 13～29，大部分材料的塑性指数大于17。

本节研究将利用动力三轴仪系统，对比探索 10^{-6}～10^{-3} 应变范围内舟山岱山海区海相软黏土在不同围压下的动弹性模量和阻尼比。

根据图 2.3-9 提供的舟山岱山海区内海相岩土地质层的划分[24]，研究用土样处于水动力过渡区，所以就该类材料做单向正弦波循环激振加载，并依据海域内波浪荷载周期[25]，取激振频率为 0.1Hz。本次研究共分 11 级循环加载，相应的激振动应变幅值ε_d分别为 0.05%、0.1%、0.2%、0.3%、0.4%、0.5%、0.6%、0.7%、0.8%、0.9%、1%，各级加载循环次数N均为 100次。

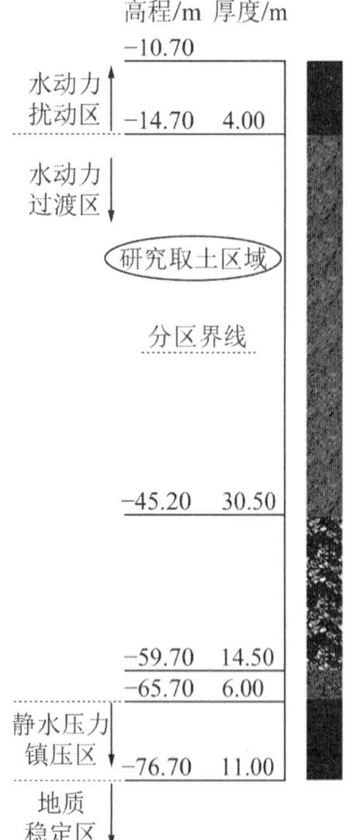

图 2.3-9　海底钻孔地质柱状图

为量化海相软黏土循环动力加载过程中力学性能的演化，基于实测滞回曲线定义动弹性模量E_d[26]：

$$E_d[\sigma_{ad}(\tau),\varepsilon_{ad}(\tau)]=\frac{\sigma_{ad_{max}}(\tau)-\sigma_{ad_{min}}(\tau)}{\varepsilon_{ad_{max}}(\tau)-\varepsilon_{ad_{min}}(\tau)} \tag{2.3-1}$$

式中，$\sigma_{ad}(\tau)$、$\varepsilon_{ad}(\tau)$分别为轴向动应力和轴向动应变；$\sigma_{ad_{max}}$、$\sigma_{ad_{min}}$分别为各滞回圈上动应力的最大值和最小值；$\varepsilon_{ad_{max}}(\tau)$、$\varepsilon_{ad_{min}}(\tau)$分别为与之对应的动应变最大值和最小值。

数据均采集于实测滞回曲线，而滞回曲线又依赖于各动力学参数时程曲线，故$\sigma_{ad_{max}}(\tau)$、$\sigma_{ad_{min}}(\tau)$、$\varepsilon_{ad_{max}}(\tau)$及$\varepsilon_{ad_{min}}(\tau)$均为关于时域$\tau$的函数，动弹性模量则是关于时域

的泛函。

相应地，将阻尼比D[27]定义如下：

$$D[A_L(\tau),A_T(\tau)]=\frac{A_L(\tau)}{4\pi A_T(\tau)} \tag{2.3-2}$$

式中，$A_L(\tau)$、$A_T(\tau)$分别为滞回圈面积和滞回圈顶点至原点连线与横轴所围成的直角三角形面积，也均是关于时域τ的函数，阻尼比也是关于时域的泛函。

图 2.3-10 是围压为 100kPa、200kPa、300kPa 第 5 级循环加载下动应力、动应变及动孔压时程关系曲线。由图可见，动应力随动孔压的累积而衰减，并渐趋于某一稳定区间内振荡；此时动孔压则呈累积趋势，并最终收敛于某一稳定值；应变控制循环加载过程中，动应变始终于激振幅值之间振荡。

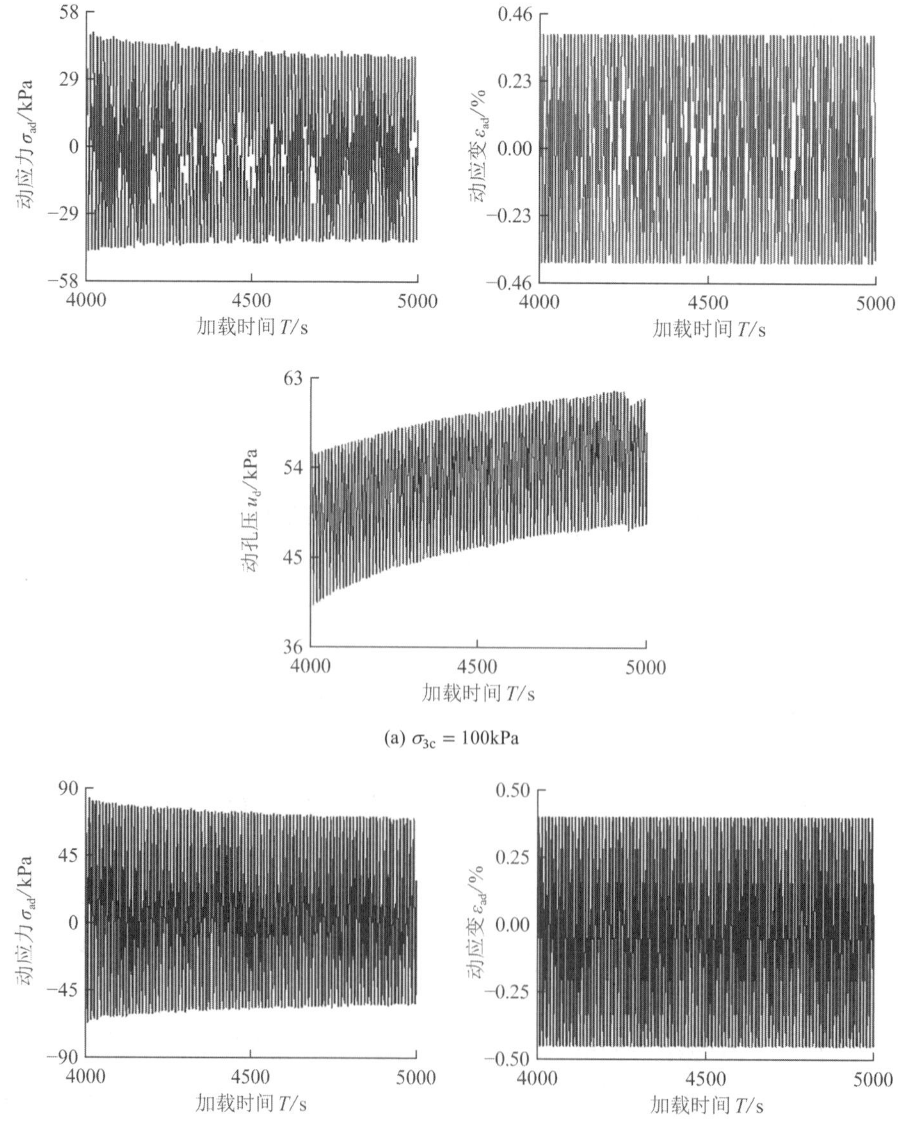

(a) $\sigma_{3c}=100\text{kPa}$

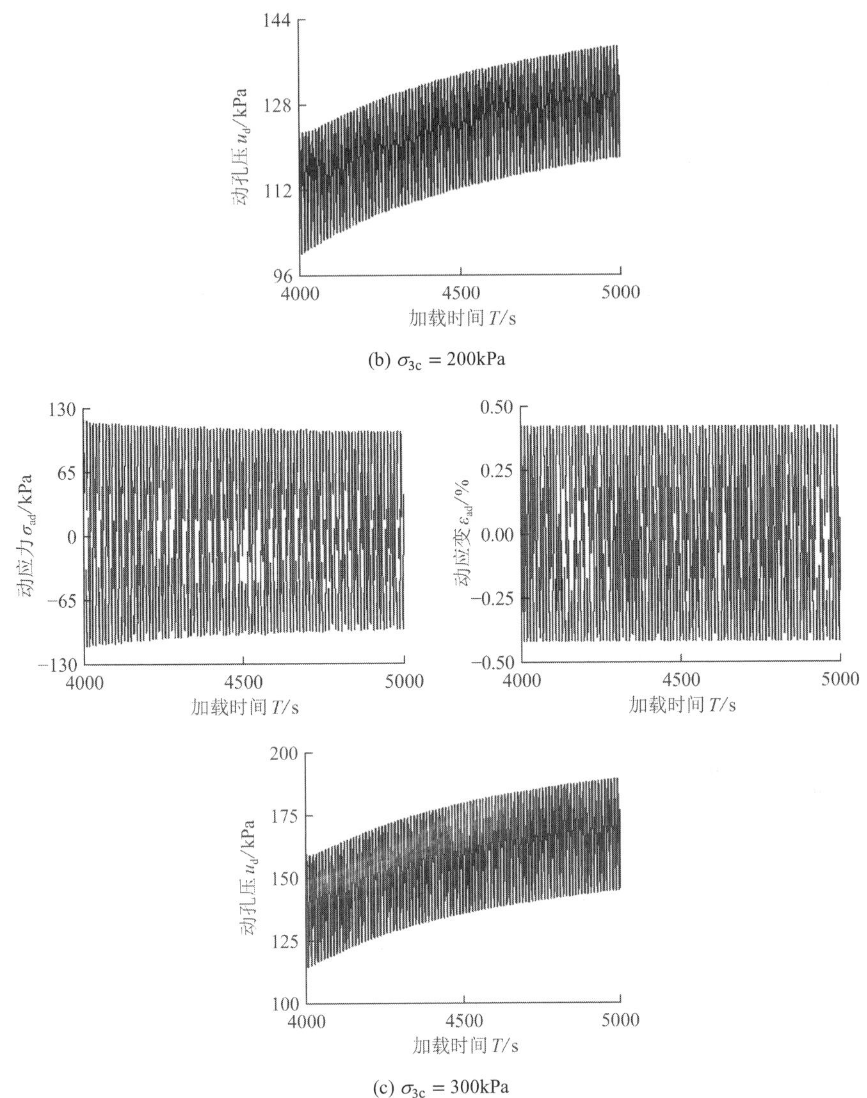

(b) $\sigma_{3c} = 200$kPa

(c) $\sigma_{3c} = 300$kPa

图 2.3-10　海相软黏土动应力、动应变及动孔压时程曲线

图 2.3-11 为应变控制循环加载条件下舟山岱山海相软黏土各级滞回曲线（取自各级加载的第 1 圈滞回曲线），滞回曲线绕原点顺时针旋转即为各级加载的排序。其中，q为动偏应力，即任一时刻土样轴向承载的动应力增量；ε_{ad}为轴向动应变。可见，各级滞回曲线峰值动偏应力先增大后减小，随着动应变的拉压交替、土样变形累积扩展，相应的滞回曲线表现为：轴线被逐渐拉伸，其斜率逐渐减小，根据公式(2.3-1)可判定，海相土样表现出显著的应变软化特征。

图 2.3-12 为不同围压下动弹性模量–循环次数（E_d-N）曲线。随着各级加载应变激振幅值的增加，对应的动弹性模量与该级加载过程中循环次数N关系曲线渐趋为一条平滑直线，其他加载工况结果也如此。故推断：各级加载对应的动弹性模量可由一离散性较低的量值代表，而此量值可简单取为该级加载对应各循环动弹性模量的平均值。同样，对于阻尼比也采用此方法来确定，图 2.3-13 即为不同围压各级加载下阻尼比 – 循环次数（D-N）的关系曲线。

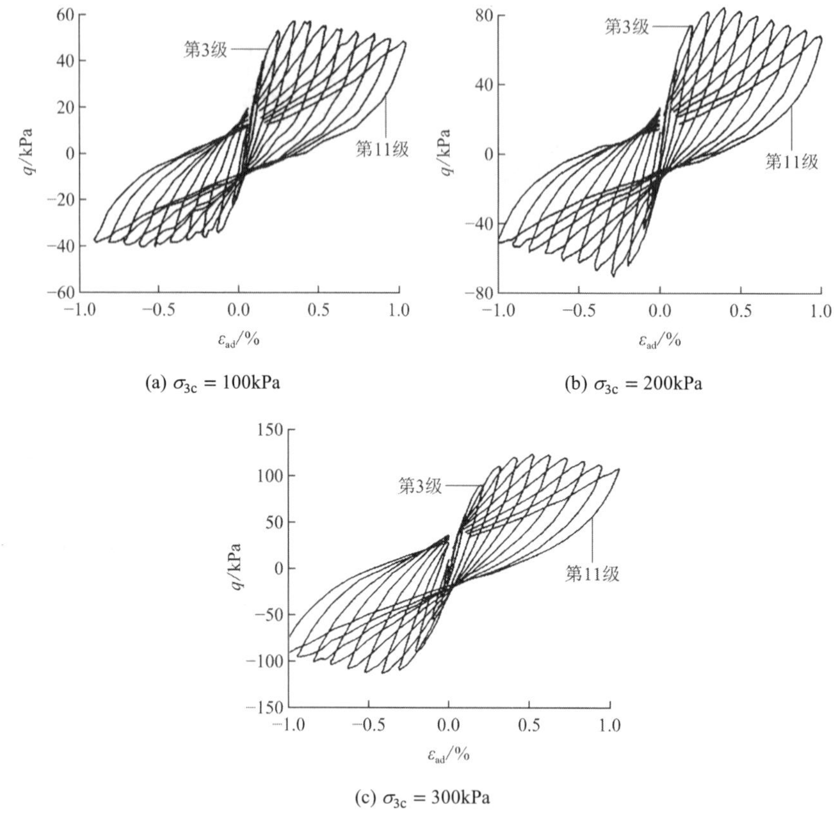

(a) $\sigma_{3c}=100$kPa (b) $\sigma_{3c}=200$kPa (c) $\sigma_{3c}=300$kPa

图 2.3-11 各围压下海相软黏土滞回曲线

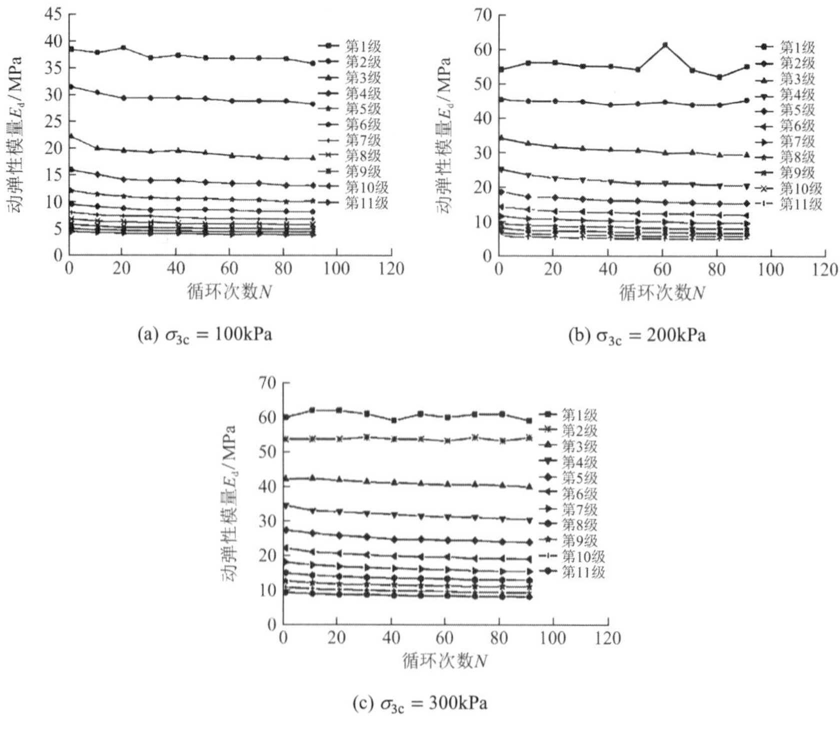

(a) $\sigma_{3c}=100$kPa (b) $\sigma_{3c}=200$kPa (c) $\sigma_{3c}=300$kPa

图 2.3-12 不同围压下海相软黏土E_d-N曲线

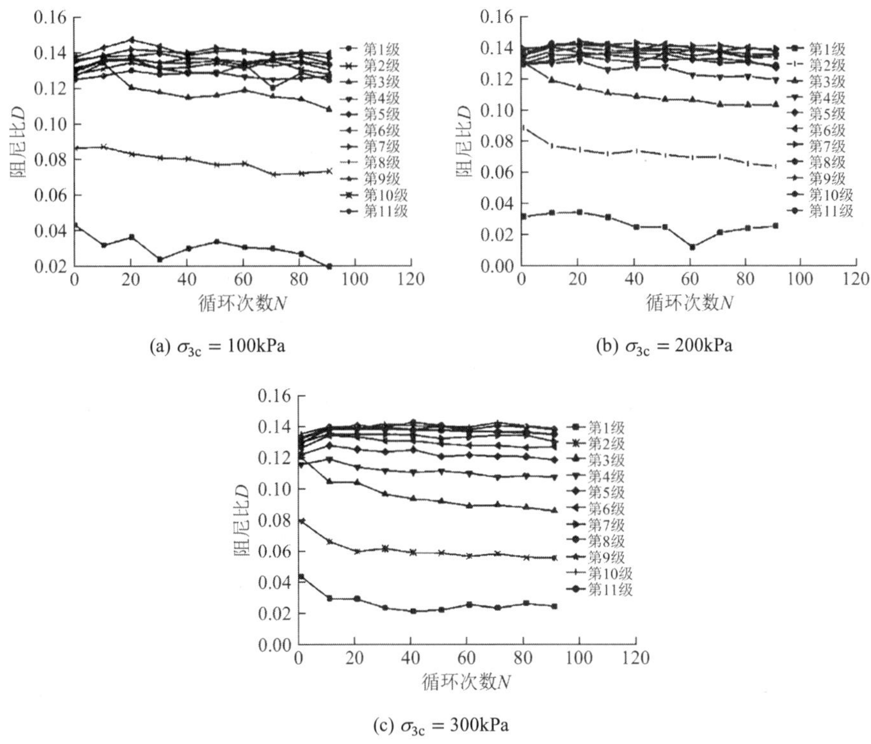

(a) $\sigma_{3c} = 100\text{kPa}$　　(b) $\sigma_{3c} = 200\text{kPa}$

(c) $\sigma_{3c} = 300\text{kPa}$

图 2.3-13　不同围压下海相软黏土D-N曲线

图 2.3-14 为不同围压下E_d-ε_d关系曲线，用以揭示动刚度与围压及应变激振幅值之间的关系。可见土样动弹模量值随围压增大而增加，即土样的动刚度相应增大；随着动应变幅值逐渐增大，E_d逐渐减小，即发生应变软化现象。还可发现，在循环初期，即动应变幅值$\varepsilon_d < 0.4\%$时，曲线比较陡峭，E_d的衰减速率较快；当动应变幅值$\varepsilon_d > 0.4\%$时，曲线渐趋平缓，E_d衰减速率也逐渐趋近于 0，总体上E_d呈收敛趋势。

不同围压下D-ε_d曲线如图 2.3-15 所示，当动应变幅值$\varepsilon_d < 0.4\%$时，阻尼比随动应变幅值的增大而快速增长，当$\varepsilon_d > 0.4\%$时曲线呈收敛趋势。这是由于随着动应变幅值的增大土样破坏，颗粒间接触点数量达到极限，能量消耗趋于稳定。此外，围压对阻尼比的影响较为复杂（图 2.3-15）。动力加载早期，动应变激振幅值较小，而土样本身的动应变累积水平也较低，此时原状土样的结构还未发生根本性变化，骨架土颗粒间相互的滚爬、剪破发生率较低，土样阻尼比性能的变化主要来自其体积变形引起的继承性阻尼发育，即：围压越大，原状土样骨架越密实、紧致，各类孔隙与间断越少，动力波在穿越土体时越少有翻转回旋，这样土样整体对动力波能量的消耗也越小，原状密实土样阻尼比保持较低水平；围压越小，原状土样骨架越松散，动力波在穿越土体时，需要在松散土骨架间的孔隙和间断中徘徊回转多次才可穿越到下一空间，而这期间已消耗了较多能量，故原状松散土样阻尼比保持较高水平。动力加载后期，动应变激振幅值增大，土样本身的动应变累积水平也相应增高，此时原状土样的结构已逐渐破坏，土骨架已然发生塑性剪切变形，而这种变形趋势又因土样原状性质而异：原状密实土样土颗粒间距本来很小，进一步的加载携带的能量只能消耗于大量土颗粒间频繁的相互剪破、翻越和滚爬，大量的能量消耗诱发的塑性剪切变形需要存在于更大的空间中，土样不断地向四周扩张，此时的围压已不足以限制消耗了较大能量的土样塑性剪切变形，所以土样开始变得越来越膨松，阻尼比也越来越大，公式(2.3-2)正好定量化地解释了这一系列的力学过程；而原状松散土样则不同，其土颗粒间距较大，早期较低的动应变激振幅值对应的动力波能量不足以促成土颗粒间距的变化，所以只能在孔隙与间断之间翻转回旋，其早期加载吸纳了较大的能量，阻尼比要较原状密实土样高，但随着后期动应变激振幅值增大，动力波足以促成土颗粒滑移、间距缩小，特别是这种变形发生在原状松散的土样空间中不需要消耗很大的能量，但土颗粒之间却变得越来越紧凑，土样越来越密实，相应的阻尼比也有减小的趋势，式(2.3-2)同样可以解释这一力学过程。试验结论与软土的客观物理力学性质及物理模型完全吻合，试验结果是可靠的。

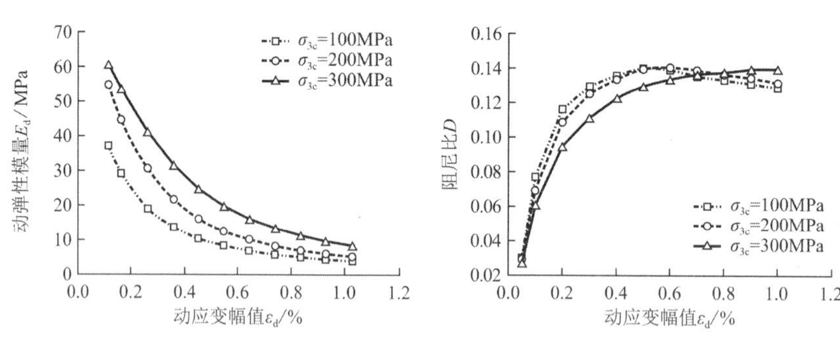

图 2.3-14　不同围压下海相软黏土 E_d-ε_d关系曲线

图 2.3-15　不同围压下海相软黏土 D-ε_d曲线

由于试验仪器的限制，许多情况下初始动弹性模量E_i不能直接获得，因此本研究建议采用试验数据数值拟合获得初始动弹性模量E_i。根据试验结果可建立如图 2.3-16 所示的不同围压下E_d^{-1}-ε_d曲线，E_d^{-1}为动弹性模量倒数。经分析得知：该曲线上的实测数据点服从双曲线分布，可用下式表示：

$$E_d^{-1} = a + b\varepsilon_d + c\varepsilon_d^2 \tag{2.3-3}$$

式中，a、b、c为拟合参数，由式(2.3-3)可推出ε_d为 0 时土样的初始动弹性模量E_i。不同围压下初始动弹性模量及其相关参数见表 2.3-2。

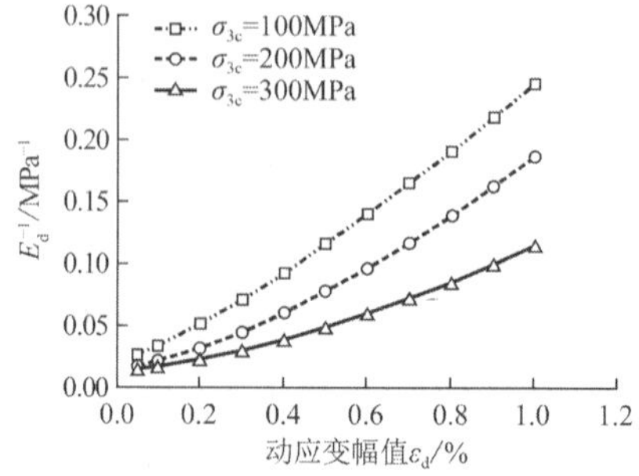

图 2.3-16　不同围压下海相软黏土E_d^{-1}-ε_d曲线

不同围压下初始动弹性模量及相关参数　　表 2.3-2

σ_{3c}/kPa	a/MPa^{-1}	b/MPa^{-1}	c/MPa^{-1}	E_i/MPa
100	0.01702	0.16773	0.06244	58.75
200	0.01274	0.08617	0.08938	78.49
300	0.01368	0.04259	0.05994	73.10

海相土动力学计算分析要面对复杂的非线性问题，但有一种实用的方法即等效线性化方法，可使计算成本大为降低，而在用等效线性化方法分析土的非线性动力特性时，必须用到表示海相土动力性能的 2 条曲线，即E_d/E_i与动应变关系曲线以及D/D_{max}与动应变关系曲线[28]。海相土动力学计算分析结果的准确性很大程度上依赖于这些曲线的可靠性。

本次研究对舟山岱山海区海相软黏土材料的实测数据进行研究后发现，围压对海相软黏土的E_d/E_i模型有显著影响（图 2.3-17），究其原因在于：海底原状土承受较大的水压及初始地应力，不同地层土体的刚度相差较大，而围压可反映出原状土的这种力学特性，不同围压下原状土样的E_d/E_i也必然会有较大差异，围压越大，土样早期刚度越大，后期刚度衰减越慢，基于此本次研究建立了海相软黏土修正Hardin-Drnevich模型，如公式(2.3-4)所示：

$$\frac{E_d}{E_i}=\frac{1}{1+A_1\left(\frac{\varepsilon_d}{\varepsilon_{Er}}\right)^{B_1}} \tag{2.3-4}$$

式中，A_1、B_1均为土类性质有关的曲线形状参数；ε_{Er}为模量参考应变，又因围压对动弹性模量的影响是通过原状土的动性应变性能演化来展现的，因此建立模量参考应变与围压关系，如式(2.3-5)所示。

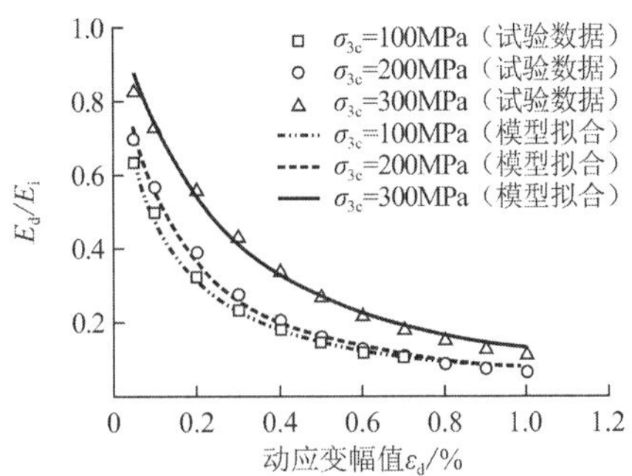

图 2.3-17　海相软黏土不同围压下E_d/E_i-ε_d曲线

$$\varepsilon_{Er}=\frac{1}{1+\left(\frac{\sigma_{3c}}{\sigma_{Er}}\right)^{c}} \tag{2.3-5}$$

式中，σ_{Er}为模量参考围压；c为拟合参数。

通过数值拟合得$\sigma_{Er}=34.35$kPa，$c=2.49571$，从而形成完整的考虑围压效应的舟山海底原状土E_d/E_i模型，模型参数见表 2.3-3。

不同围压下E_d/E_i模型试验参数　　表 2.3-3

σ_{3c}/kPa	A_1	B_1	ε_{Er}
100	0.68998	1.03906	0.06523
200	0.04726	1.14057	0.00840
300	0.02124	1.26456	0.01090

结合前述分析可知，舟山海底原状土的阻尼比受围压影响的机制及过程较为复杂。而这种复杂的围压效应可借助修正 Hardin-Drnevich 模型来体现，具体如下式所示：

$$\frac{D}{D_{\max}} = \frac{1}{1 + A_2\left(\frac{\varepsilon_d}{\varepsilon_{Dr}}\right)^{B_2}} \tag{2.3-6}$$

式中，A_2、B_2为土类性质有关的曲线形状参数；ε_{Dr}为阻尼参考应变。

由图 2.3-18 可见，在动力加载早期，模型可反映出原状土继承性阻尼发育，围压大的密实土样阻尼比较小，而围压小的松散土样阻尼比较大；动力加载后期模型反映出塑性剪切变形诱发原状密实土样的阻尼比累积增加，而原状松散土样有逐渐振密趋势导致其阻尼比减小，这与试验结论一致，说明模型是适用的。围压对阻尼比的影响也是由动应变的发展来反映的，可建立阻尼参考应变与围压关系公式(2.3-7)。

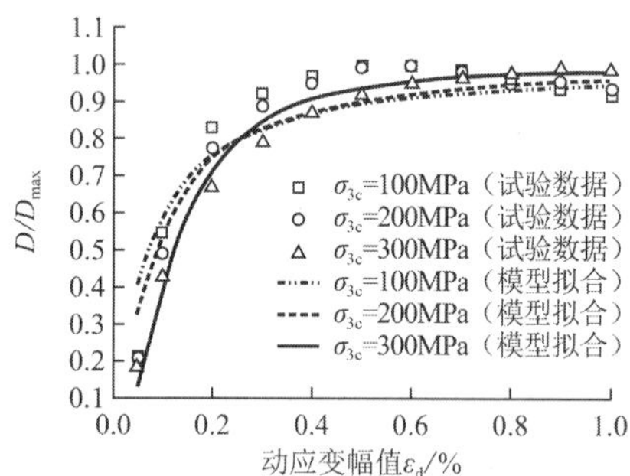

图 2.3-18　不同围压下$D/D_{\max}$-ε_d曲线

$$\varepsilon_{Dr} = \frac{\left(\frac{\sigma_{3c}}{\sigma_{Dr}}\right)^d}{1 + \left(\frac{\sigma_{3c}}{\sigma_{Dr}}\right)^d} \tag{2.3-7}$$

式中，σ_{Dr}为阻尼参考围压；d为拟合参数。

通过数值拟合得$\sigma_{Dr} = 352.63226\text{kPa}$，$d = 12.00162$，具体模型参数见表 2.3-4。

不同围压下$D/D_{\max}$模型试验参数　　表 2.3-4

σ_{3c}/kPa	A_2	B_2	ε_{Dr}
100	10.0000	−1.1	0.00872
200	294.3216	−1.3	0.00110
300	1.0000	−2.0	0.12565

2.4　水工材料广义本构理论

如前述研究展示的，以舟山水工实践为代表，水利工程与科学探索面对的问题已越来越复杂，传统的理论、方法及手段不足以完全胜任这类科学及工程问题。以材料科学与工程为基础的广义本构理论将很好地填补这一空白。

2.4.1　广义弹性本构模型

本节内容的理论基础是基于线性逼近理论的狭义随机变分原理，需要指出的是，实际中，$[\boldsymbol{K}]^{\alpha}$与$\{\boldsymbol{R}\}^{\alpha}$均为随机变量$\{\boldsymbol{X}\}=\{x_1,x_2\cdots x_{\mathrm{n}}\}$的函数，总体广义概率位移列阵$\{\overline{\boldsymbol{U}}\}^{\alpha}$也应当是$\{\boldsymbol{X}\}$的函数，即为$\{\overline{\boldsymbol{U}}\}^{\alpha}=\{\overline{\boldsymbol{U}}(\{x_1,x_2\cdots x_{\mathrm{n}}\})\}^{\alpha}$，在有限元数学模型中考虑$\{\boldsymbol{X}\}$的随机性目前已经有很多方法[29]，本节研究采用的是一次逼近理论，也就是通过在随机变量$\{\boldsymbol{X}\}$的均值处对$\{\overline{\boldsymbol{U}}\}^{\alpha}$做 Taylor 展开（一阶或二阶）[30]，本书采用一阶展式，因此，关于随机列阵$\{\boldsymbol{X}\}$的总体广义概率位移列阵的期望就是：

$$\begin{aligned}E\left[\{\overline{\boldsymbol{U}}\}^{\alpha}\right]&=E\left[\{\overline{\boldsymbol{U}}(\{x_1,x_2\cdots x_{\mathrm{n}}\})\}^{\alpha}\right]+\frac{\partial\{\overline{\boldsymbol{U}}\}^{\alpha}}{\partial\{\boldsymbol{X}\}}\cdot\{(x_1-\overline{x}_1),(x_2-\overline{x}_2)\cdots(x_{\mathrm{n}}-\overline{x}_{\mathrm{n}})\}^{\mathrm{T}}\\&=\{\overline{\boldsymbol{U}}(\{\overline{x}_1,\overline{x}_2\cdots\overline{x}_{\mathrm{n}}\}\}^{\alpha};\ (\alpha\in\{\boldsymbol{X}\}=\{x_1,x_2,\cdots,x_{\mathrm{n}}\})\end{aligned}\tag{2.4-1}$$

很明显上式是基于一次二阶矩法来实现的[31]，即认为研究对象的失效发生于均值点处的超切平面[32]。一些研究成果还提出引入关于$\{\boldsymbol{X}\}$的均方差向量如下：

$$\sum_{\{\boldsymbol{X}\}}=\begin{bmatrix}\sigma[x_1]&0&\cdots&0\\0&\sigma[x_2]&\cdots&0\\\cdots&\cdots&\cdots&\cdots\\0&0&\cdots&\sigma[x_{\mathrm{n}}]\end{bmatrix}\tag{2.4-2}$$

进而可以将$E\left[\{\overline{\boldsymbol{U}}\}^{\alpha}\right]$修正为：

$$E\left[\{\overline{\boldsymbol{U}}\}^{\alpha}\right]=E\left[\{\overline{\boldsymbol{U}}(\{x_1,x_2\cdots x_{\mathrm{n}}\})\}^{\alpha}\right]-2\sum_{\{\boldsymbol{X}\}}\mathrm{sgn}\left[\frac{\partial\{\overline{\boldsymbol{U}}\}^{\alpha}}{\partial\{\boldsymbol{X}\}}\cdot\{(x_1-\bar{x}_1),(x_2-\bar{x}_2)\cdots(x_{\mathrm{n}}-\bar{x}_{\mathrm{n}})\}^{\mathrm{T}}\right]$$

$$(\alpha\in\{\boldsymbol{X}\}=\{x_1,x_2,\cdots,x_{\mathrm{n}}\})\tag{2.4-3}$$

式中，sgn 为信号函数。

这里，$\bar{x}_i(i=1,2\cdots n)$为模型中所含随机变量的均值，而上式可以通过如下内容得到[33]：

$$E\left[\{\overline{\boldsymbol{U}}\}^{\alpha}\right]=\left[[\overline{\boldsymbol{K}}]^{\alpha}\right]^{-1}\cdot\{\bar{\overline{\boldsymbol{R}}}\}^{\alpha};\ (\alpha\in\{\boldsymbol{X}\}=\{x_1,x_2,\cdots,x_{\mathrm{n}}\})\tag{2.4-4}$$

式中，$[\overline{\boldsymbol{K}}]^{\alpha}$及$\{\bar{\overline{\boldsymbol{R}}}\}^{\alpha}$为前述的刚度矩阵及右端项相应的向量在随机变量均值$\{\overline{\boldsymbol{x}}\}$处的取值。

为了定义广位移列阵的方差，首先定义如下一种向量运算。

$$[\boldsymbol{D}] = [\boldsymbol{A}]\overset{r}{\otimes}[\boldsymbol{C}]\overset{c}{\otimes}[\boldsymbol{B}] \tag{2.4-5}$$

这里，$[\boldsymbol{A}]\overset{r}{\otimes}[\boldsymbol{C}]\overset{c}{\otimes}[\boldsymbol{B}]$表示，向量$[\boldsymbol{A}]$、$[\boldsymbol{B}]$、$[\boldsymbol{C}]$在做矩阵乘法的时候只是$[\boldsymbol{A}]$的对应$r$行与$[\boldsymbol{B}]$的对应$r$列做运算，其结果是形成一个$r \times r$阶的矩阵。基于此可以将总体广义概率位移列阵$\{\bar{\boldsymbol{U}}\}^{\alpha}$的方差表示为：

$$\mathrm{Var}\left[\{\bar{\boldsymbol{U}}\}^{\alpha}\right] = \frac{\partial\{\bar{\boldsymbol{U}}\}^{\alpha}}{\partial\{\boldsymbol{X}\}}\overset{r}{\otimes}\mathrm{Cov}\overset{c}{\otimes}\left(\frac{\partial\{\bar{\boldsymbol{U}}\}^{\alpha}}{\partial\{\boldsymbol{X}\}}\right)^{\mathrm{T}}；\ (\alpha \in \{\boldsymbol{X}\} = \{x_1, x_2, \cdots, x_{\mathrm{n}}\}) \tag{2.4-6}$$

式中，Cov为关于随机列阵$\{\boldsymbol{X}\}$的协方差矩阵。

如果将总体广义概率位移列阵在各节点处的取值表示为$\bar{U}_i^{\alpha}(i = 1,2,\cdots m)$（$m$为数值模型的节点个数），则有：

$$\begin{aligned}
\mathrm{Var}\left[\overline{U}_i^{\alpha}\right] &= E\left[\left\{E\left[\overline{U}_i^{\alpha}\right] - \overline{U}_i^{\alpha}\right\}^2\right] \\
&= E\left[\left\{\sum_{k=1}^{n}(x_k - \overline{x}_k)\left(\frac{\partial\overline{U}_i^{\alpha}}{\partial x_k}\right)\right\}^2\right] \\
&= \sum_{k=1}^{n}\sum_{l=1}^{n}\left(\frac{\partial\overline{U}_i^{\alpha}}{\partial x_k}\right)\left(\frac{\partial\overline{U}_i^{\alpha}}{\partial x_l}\right)E[(x_k - \overline{x}_k) \times (x_l - \overline{x}_l)] \\
&= \sum_{k=1}^{n}\sum_{l=1}^{n}\left(\frac{\partial\overline{U}_i^{\alpha}}{\partial x_k}\right)\left(\frac{\partial\overline{U}_i^{\alpha}}{\partial x_l}\right)\mathrm{Cov}[x_k, x_l]；\ (\alpha \in \{\boldsymbol{X}\} = \{x_1, x_2, \cdots, x_{\mathrm{n}}\})
\end{aligned} \tag{2.4-7}$$

而节点i和j的位移协方差为：

$$\begin{aligned}
\mathrm{Cov}\left[\overline{U}_i^{\alpha}, \overline{U}_j^{\alpha}\right] &= E\left[\left\{E\left[\overline{U}_i^{\alpha}\right] - \overline{U}_i^{\alpha}\right\}\left\{E\left[\overline{U}_j^{\alpha}\right] - \overline{U}_j^{\alpha}\right\}\right] \\
&= E\left[\left\{\sum_{k=1}^{n}(x_k - \overline{x}_k)\left(\frac{\partial\overline{U}_i^{\alpha}}{\partial x_k}\right)\right\}\right. \\
&\qquad \left.\left\{\sum_{l=1}^{n}(x_l - \overline{x}_l)\left(\frac{\partial\overline{U}_j^{\alpha}}{\partial x_l}\right)\right\}\right] \\
&= \sum_{k=1}^{n}\sum_{l=1}^{n}\left(\frac{\partial\overline{U}_i^{\alpha}}{\partial x_k}\right)\left(\frac{\partial\overline{U}_j^{\alpha}}{\partial x_l}\right)E[(x_k - \overline{x}_k) \times (x_l - \overline{x}_l)] \\
&= \sum_{k=1}^{n}\sum_{l=1}^{n}\left(\frac{\partial\overline{U}_i^{\alpha}}{\partial x_k}\right)\left(\frac{\partial\overline{U}_j^{\alpha}}{\partial x_l}\right)\mathrm{Cov}[x_k, x_l]；\ (\alpha \in \{\boldsymbol{X}\} = \{x_1, x_2, \cdots, x_{\mathrm{n}}\})
\end{aligned} \tag{2.4-8}$$

式中，$\frac{\partial\bar{U}_i^{\alpha}}{\partial x_k}$和$\frac{\partial\bar{U}_i^{\alpha}}{\partial x_l}$分别为总体广义概率位移列阵在节点$i$处的取值$\overline{\boldsymbol{U}}_i^{\alpha}$对随机变量$x_k$、$x_l$的偏导数在均值处的取值；$\mathrm{Cov}[x_k, x_l]$为随机变量$x_k$、$x_l$的协方差矩阵。

由上可见，计算总体广义概率位移列阵期望及方差的关键在于求偏导数$\frac{\partial\bar{U}_i^{\alpha}}{\partial x_k}$，对前述的控制方程式两端取关于随机变量$x_k$的偏导运算，则有：

$$\frac{\partial\left([\boldsymbol{K}]^{\alpha}\right)}{\partial x_k}\{\bar{\boldsymbol{U}}\}^{\alpha}+[\boldsymbol{K}]^{\alpha}\frac{\partial\left(\{\bar{\boldsymbol{U}}\}^{\alpha}\right)}{\partial x_k}=\frac{\partial\{\bar{\boldsymbol{R}}\}^{\alpha}}{\partial x_k}；(\alpha\in\{\boldsymbol{X}\}=\{x_1,x_2,\cdots,x_{\mathrm{n}}\}) \tag{2.4-9}$$

或者

$$[\boldsymbol{K}]^{\alpha}\frac{\partial\{\bar{\boldsymbol{U}}\}^{\alpha}}{\partial x_k}=\frac{\partial\{\bar{\boldsymbol{R}}\}^{\alpha}}{\partial x_k}-\frac{\partial[\boldsymbol{K}]^{\alpha}}{\partial x_k}\{\bar{\boldsymbol{U}}\}^{\alpha}；(\alpha\in\{\boldsymbol{X}\}=\{x_1,x_2,\cdots,x_{\mathrm{n}}\}) \tag{2.4-10}$$

为了程序编制方便，令：

$$\{\boldsymbol{\eta}\}^{\alpha}=\frac{\partial\{\bar{\boldsymbol{R}}\}^{\alpha}}{\partial x_k}-\frac{\partial[\boldsymbol{K}]^{\alpha}}{\partial x_k}\{\bar{\boldsymbol{U}}\}^{\alpha}；(\alpha\in\{\boldsymbol{X}\}=\{x_1,x_2,\cdots,x_{\mathrm{n}}\}) \tag{2.4-11}$$

则式(2.4-10)为：

$$[\boldsymbol{K}]^{\alpha}\frac{\partial\left(\{\bar{\boldsymbol{U}}\}^{\alpha}\right)}{\partial x_k}=\{\boldsymbol{\eta}\}^{\alpha}；(\alpha\in\{\boldsymbol{X}\}=\{x_1,x_2,\cdots,x_{\mathrm{n}}\}) \tag{2.4-12}$$

这样将随机变量的均值$\{\bar{\boldsymbol{X}}\}$及总体广义概率位移列阵的期望$E\left[\{\bar{\boldsymbol{U}}\}^{\alpha}\right]$代入式(3.2-13)，得到偏导$\frac{\partial\left(\{\bar{U}\}^{\alpha}\right)}{\partial x_k}$后即可由式(3.2-8)、式(3.2-9)得到总体广义概率位移列阵的方差及协方差。

同样，协调元的应力列阵$\{\boldsymbol{\sigma}\}^{\alpha}$也是关于随机列阵$\{\boldsymbol{X}\}$的函数，即$\{\boldsymbol{\sigma}\}^{\alpha}=\{\boldsymbol{\sigma}\}^{\alpha}$；$\alpha\in\{x_1,x_2\cdots x_{\mathrm{n}}\}$。其期望值、方差和协方差表示为：

$$E\left[\{\boldsymbol{\sigma}\}^{\alpha}\right]=\{\boldsymbol{\sigma}\}^{\alpha}\{\bar{x}_1,\bar{x}_2\cdots\bar{x}_{\mathrm{n}}\}；(\alpha\in\{\boldsymbol{X}\}=\{x_1,x_2,\cdots,x_{\mathrm{n}}\}) \tag{2.4-13}$$

$$\mathrm{Var}\left[\{\boldsymbol{\sigma}\}^{\alpha}\right]=\frac{\partial\left(\{\boldsymbol{\sigma}\}^{\alpha}\right)}{\partial\{\boldsymbol{X}\}}\overset{r}{\otimes}\mathrm{Cov}\overset{c}{\otimes}\left(\frac{\partial\left(\{\boldsymbol{\sigma}\}^{\alpha}\right)}{\partial\{\boldsymbol{X}\}}\right)^{\mathrm{T}}；(\alpha\in\{\boldsymbol{X}\}=\{x_1,x_2,\cdots,x_{\mathrm{n}}\}) \tag{2.4-14}$$

如果将任一单元i的应力表示为$\{\boldsymbol{\sigma}_i\}^{\alpha}$；$(\alpha\in\{\boldsymbol{X}\}=\{x_1,x_2,\cdots,x_{\mathrm{n}}\})$，则其对应的方差和其与另单元$j$的应力的协方差为：

$$\begin{aligned}\mathrm{Var}\left[\{\boldsymbol{\sigma}_{\mathrm{i}}\}^{\alpha}\right]&=E\left[\left\{E\left[\{\boldsymbol{\sigma}_i\}^{\alpha}\right]-\{\boldsymbol{\sigma}_i\}^{\alpha}\right\}^2\right]\\&=E\left[\left\{\sum_{k=1}^{n}(x_k-\overline{x}_k)\left(\frac{\partial\{\boldsymbol{\sigma}_i\}^{\alpha}}{\partial x_k}\right)\right\}^2\right]\\&=\sum_{k=1}^{n}\sum_{l=1}^{n}\left(\frac{\partial\{\boldsymbol{\sigma}_i\}^{\alpha}}{\partial x_k}\right)\left(\frac{\partial\{\boldsymbol{\sigma}_i\}^{\alpha}}{\partial x_l}\right)E[(x_k-\overline{x}_k)\times(x_l-\overline{x}_l)]\\&=\sum_{k=1}^{n}\sum_{l=1}^{n}\left(\frac{\partial\{\boldsymbol{\sigma}_i\}^{\alpha}}{\partial x_k}\right)\left(\frac{\partial\{\boldsymbol{\sigma}_i\}^{\alpha}}{\partial x_l}\right)\mathrm{Cov}[x_k,x_l]；(\alpha\in\{\boldsymbol{X}\}=\{x_1,x_2,\cdots,x_{\mathrm{n}}\})\end{aligned} \tag{2.4-15}$$

$$\begin{aligned}&\mathrm{Cov}\left[\{\boldsymbol{\sigma}_i\}^{\alpha},\{\boldsymbol{\sigma}_j\}^{\alpha}\right]=\\&\sum_{k=1}^{n}\sum_{l=1}^{n}\left(\frac{\partial\{\boldsymbol{\sigma}_i\}^{\alpha}}{\partial x_k}\right)\left(\frac{\partial\{\boldsymbol{\sigma}_j\}^{\alpha}}{\partial x_l}\right)\mathrm{Cov}[x_k,x_l]；(\alpha\in\{\boldsymbol{X}\}=\{x_1,x_2,\cdots,x_{\mathrm{n}}\})\end{aligned} \tag{2.4-16}$$

需要指出的是，在随机空间Ψ: $\bigcup_{\alpha\in\{X\}}\Lambda_{\alpha}\subset\Psi$；$(\alpha\in\{\boldsymbol{X}\}=\{x_1,x_2,\cdots,x_{\mathrm{n}}\})$中，维系随机应力列阵$\{\boldsymbol{\sigma}\}^{\alpha}$与广义概率位移列阵$\{\boldsymbol{U}\}^{\alpha}$关系的物理方程如下：

$$\{\boldsymbol{\sigma}\}^{\alpha}=[\boldsymbol{D}]^{\alpha}[\boldsymbol{B}]\{\boldsymbol{U}\}^{\alpha};\ (\alpha\in\{\boldsymbol{X}\}=\{x_1,x_2,\cdots,x_{\mathrm{n}}\}) \tag{2.4-17}$$

对于不同的随机物理本构模型，概率弹性系数矩阵$[\boldsymbol{D}]^{\alpha}(\alpha\in\{\boldsymbol{X}\}=\{x_1,x_2,\cdots,x_{\mathrm{n}}\})$的含义也不相同。对于弹性平面应力问题，$[\boldsymbol{D}]^{\alpha}$可以表述为如下[34]：

$$[\boldsymbol{D}]^{\alpha}=\frac{E(1-\nu)}{(1+\nu)(1-2\nu)}\begin{bmatrix}1 & \dfrac{\nu}{1-\nu} & 0\\ \dfrac{\nu}{1-\nu} & 1 & 0\\ 0 & 0 & \dfrac{1-2\nu}{2(1-\nu)}\end{bmatrix};\ (\alpha\in\{\boldsymbol{X}\}=\{x_1,x_2,\cdots,x_{\mathrm{n}}\}),$$

$$\{E,\nu\}\in\Lambda_{\alpha}{:}\left\{\{\boldsymbol{U}\}^{\alpha},[\boldsymbol{e}]^{\alpha},[\boldsymbol{\sigma}]^{\alpha},\{f\}^{\alpha}|\alpha\in\{\boldsymbol{X}\}\right\} \tag{2.4-18}$$

这样，为了得到随机应力列阵$\{\boldsymbol{\sigma}\}^{\alpha}$的方差和协方差，可以对式(3.2-18)取关于随机变量$\{\boldsymbol{X}\}$的偏导：

$$\frac{\partial\{\boldsymbol{\sigma}\}^{\alpha}}{\partial x_k}=\frac{\partial[\boldsymbol{D}]^{\alpha}}{\partial x_k}[\boldsymbol{B}]\{\boldsymbol{U}\}^{\alpha}+[\boldsymbol{D}]^{\alpha}[\boldsymbol{B}]\frac{\partial\{\boldsymbol{U}\}^{\alpha}}{\partial x_k};\ (\alpha\in\{\boldsymbol{X}\}=\{x_1,x_2,\cdots,x_{\mathrm{n}}\}) \tag{2.4-19}$$

基于前述内容，可以很方便地得到应力偏导$\frac{\partial\sigma_i^{\alpha}}{\partial x_k}$[9]，从而可以由式(3.2-16)、式(3.2-17)得到应力的方差和协方差。在这里，我们不作具体讨论，给出主应力偏导如下[35-36]：

$$\begin{pmatrix}\dfrac{\partial\sigma_1^{\alpha}}{\partial x_k}\\ \dfrac{\partial\sigma_2^{\alpha}}{\partial x_k}\end{pmatrix}=\frac{1}{2}\left(\frac{\partial\sigma_{\mathrm{x}}^{\alpha}}{\partial x_k}-\frac{\partial\sigma_{\mathrm{y}}^{\alpha}}{\partial x_k}\right)\pm\frac{\dfrac{1}{2}(\sigma_{\mathrm{x}}^{\alpha}-\sigma_{\mathrm{y}}^{\alpha})\left(\dfrac{\partial\sigma_{\mathrm{x}}^{\alpha}}{\partial x_k}-\dfrac{\partial\sigma_{\mathrm{y}}^{\alpha}}{\partial x_k}\right)+2\tau_{\mathrm{xy}}^{\alpha}\dfrac{\partial\tau_{\mathrm{xy}}^{\alpha}}{\partial x_k}}{2\sqrt{\left(\dfrac{\sigma_{\mathrm{x}}^{\alpha}-\sigma_{\mathrm{y}}^{\alpha}}{2}\right)^2+(\tau_{\mathrm{xy}}^{\alpha})^2}};$$
$$(\alpha\in\{\boldsymbol{X}\}=\{x_1,x_2,\cdots,x_{\mathrm{n}}\}) \tag{2.4-20}$$

$$\frac{\partial\tau_{\max}^{\alpha}}{\partial x_k}=\frac{\dfrac{1}{2}(\sigma_{\mathrm{x}}^{\alpha}-\sigma_{\mathrm{y}}^{\alpha})\left(\dfrac{\partial\sigma_{\mathrm{x}}^{\alpha}}{\partial x_k}-\dfrac{\partial\sigma_{\mathrm{y}}^{\alpha}}{\partial x_k}\right)+2\tau_{\mathrm{xy}}^{\alpha}\dfrac{\partial\tau_{\mathrm{xy}}^{\alpha}}{\partial x_k}}{2\sqrt{\left(\dfrac{\sigma_{\mathrm{x}}^{\alpha}-\sigma_{\mathrm{y}}^{\alpha}}{2}\right)^2+(\tau_{\mathrm{xy}}^{\alpha})^2}};\ (\alpha\in\{\boldsymbol{X}\}=\{x_1,x_2,\cdots,x_{\mathrm{n}}\}) \tag{2.4-21}$$

在得到$\frac{\partial\sigma_1^{\alpha}}{\partial x_k},\frac{\partial\sigma_2^{\alpha}}{\partial x_k},\frac{\partial\tau_{\max}^{\alpha}}{\partial x_k}$后就可以通过式(3.2-16)、式(3.2-17)获得主应力及最大主应力的方差和协方差。另外，由于水利工程中的大部分岩土体材料数学模型都需要考虑体力影响[37]，所以右端项$\{\overline{\boldsymbol{R}}\}^{\alpha}$同样是关于随机变量$\{\boldsymbol{X}\}$的函数。其中有关体力的一项在积分局部坐标下的三维展式表述为：

$$\int_{v}[\boldsymbol{N}]^{\mathrm{T}}\{\boldsymbol{f}\}^{\alpha}\,\mathrm{d}v=\int_{-1}^{1}\int_{-1}^{1}\int_{-1}^{1}[\boldsymbol{N}]^{\mathrm{T}}\{\boldsymbol{f}\}^{\alpha}\,\mathrm{d}\xi\,\mathrm{d}\eta\,\mathrm{d}\zeta;\ (\alpha\in\{\boldsymbol{X}\}=\{x_1,x_2,\cdots,x_{\mathrm{n}}\}) \tag{2.4-22}$$

为了编写程序方便，其数值积分的展式为：

$$\begin{Bmatrix} q_{xi} \\ q_{yi} \\ q_{zi} \end{Bmatrix} = \sum_{l=1}^{g}\sum_{m=1}^{g}\sum_{n=1}^{g}\rho g \begin{bmatrix} \sin\theta\cos\vartheta \\ \sin\theta\sin\vartheta \\ -\cos\theta \end{bmatrix} N_i(\xi_l,\eta_{\mathrm{m}},\zeta_{\mathrm{n}}) W_l W_{\mathrm{m}} W_{\mathrm{n}} |J| T;$$
$$\{\rho\} \in \Lambda_\alpha : \left\{ \{\boldsymbol{U}\}^\alpha, [\boldsymbol{e}]^\alpha, [\boldsymbol{\sigma}]^\alpha, \{f\}^\alpha \middle| \alpha \in \{\boldsymbol{X}\} \right\} \tag{2.4-23}$$

式中，符号如文献[34]中所讲，这里不再赘述。可见，为了得到位移及应力偏导，右端项$\{\overline{\boldsymbol{R}}\}^\alpha$的偏导也可以很方便得到。

考虑到水利工程无论是主体构筑物还是岩土地质环境中，非均质各向同性边坡体极为普遍，且对于相关区域的安全影响较大，因此必须研究在没有优势方向不连续面的情况下边坡体的局部破坏的随机本构模型。此处，采用的是随机摩尔-库仑破坏准则[38]，并且对剪切破坏和拉伸破坏分别计算失效概率。假定在岩土材料的强度特性参数中，将黏聚力和内摩擦角二者视为随机变量[39]。可以依据摩尔圆心至破坏标准线的接近度来确定破坏程度，从摩尔圆心至破坏标准线的距离以τ_{f}表示，应力圆的半径以$\tau_{\max}$表示，如图 2.4-1 所示，则剪切破坏的安全储备模型为：

$$\begin{aligned} Q_{\mathrm{s}}^\alpha &= \tau_{\mathrm{f}}^\alpha - \tau_{\max}^\alpha \\ &= c\cos\phi + \frac{1}{2}(\sigma_1^\alpha + \sigma_2^\alpha)\sin\phi - \frac{1}{2}(\sigma_1^\alpha - \sigma_2^\alpha);\ (\alpha \in \{\boldsymbol{X}\} = \{x_1, x_2, \cdots, x_{\mathrm{n}}\}) \end{aligned} \tag{2.4-24}$$

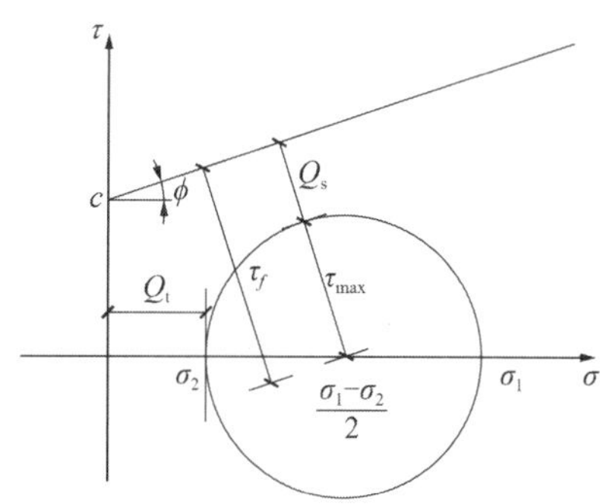

图 2.4-1　点应力状态及安全储备

对应的抗拉安全储备为

$$Q_{\mathrm{t}}^\alpha = \sigma_2^\alpha;\ (\alpha \in \{\boldsymbol{X}\} = \{x_1, x_2, \cdots, x_{\mathrm{n}}\}) \tag{2.4-25}$$

就是说若$Q_{\mathrm{s}}^\alpha \leqslant 0$或者$Q_{\mathrm{t}}^\alpha \leqslant 0$，则意味着材料应力状态超过破坏标准，结构体将发生破坏、失效。可以看出，因为主应力及强度特性均是随机变量，故Q_{s}^α、Q_{t}^α也是随机变量，即$\{Q_{\mathrm{s}}^\alpha, Q_{\mathrm{t}}^\alpha\} \in \Lambda_\alpha : \left\{ \{\boldsymbol{U}\}^\alpha, [\boldsymbol{e}]^\alpha, [\boldsymbol{\sigma}]^\alpha, \{f\}^\alpha | \alpha \in \{\boldsymbol{X}\} \right\}$，采用一次逼近理论可以得到期望及方差如下：

$$E[Q_{\mathrm{s}}] = E[c]\cos(E[\varphi]) + \frac{1}{2}(E[\sigma_1] + E[\sigma_2])\sin(E[\varphi]) - \frac{1}{2}[(E[\sigma_1] - E[\sigma_2])] \tag{2.4-26}$$

$$E[Q_{\mathrm{t}}] = E[\sigma_2] \tag{2.4-27}$$

$$
\begin{aligned}
\operatorname{Var}[Q_s] &= E\left[\{E[Q_s]-Q_s\}^2\right] \\
&= E\left[\left\{(E[c]-c)\left(\frac{\partial Q_s}{\partial c}\right)+(E[\phi]-\phi)\left(\frac{\partial Q_s}{\partial \phi}\right)+\sum_{k=1}^{n}(x_k-\bar{x}_k)\left(\frac{\partial Q_s}{\partial x_k}\right)\right\}^2\right] \\
&= E\left[\left\{\left[(E(c)-c)^2\left(\frac{\partial Q_s}{\partial c}\right)^2+(E[\phi]-\phi)^2\left(\frac{\partial Q_s}{\partial \phi}\right)^2+\right.\right.\right. \\
&\quad (E(c)-c)(E(\phi)-\phi)\left(\frac{\partial Q_s}{\partial c}\right)\left(\frac{\partial Q_s}{\partial \phi}\right)+ \\
&\quad (E(c)-c)\left(\frac{\partial Q_s}{\partial c}\right)\sum_{k=1}^{n}(x_k-\bar{x}_k)\left(\frac{\partial Q_s}{\partial x_k}\right)+ \\
&\quad (E(\phi)-\phi)\left(\frac{\partial Q_s}{\partial \phi}\right)\sum_{k=1}^{n}(x_k-\bar{x}_k)\left(\frac{\partial Q_s}{\partial x_k}\right)+ \\
&\quad \left.\left.\sum_{k=1}^{n}\sum_{l=1}^{n}\left(\frac{\partial Q_s}{\partial x_k}\right)\left(\frac{\partial Q_s}{\partial x_l}\right)(x_k-\bar{x}_k)(x_l-\bar{x}_l)\right\}\right] \\
&= \left(\frac{\partial Q_s}{\partial c}\right)^2 E\left[(E[c]-c)^2\right]+\left(\frac{\partial Q_s}{\partial \phi}\right)^2 E\left[(E[\phi]-\phi)^2\right]+ \\
&\quad \left(\frac{\partial Q_s}{\partial c}\right)\left(\frac{\partial Q_s}{\partial \phi}\right)E[(E[c]-c)(E[\phi]-\phi)]+ \\
&\quad \left(\frac{\partial Q_s}{\partial c}\right)E\left[(E[c]-c)\sum_{k=1}^{n}(x_k-\bar{x}_k)\left(\frac{\partial Q_s}{\partial x_k}\right)\right]+ \\
&\quad \left(\frac{\partial Q_s}{\partial \phi}\right)E\left[(E[\phi]-\phi)\sum_{k=1}^{n}(x_k-\bar{x}_k)\left(\frac{\partial Q_s}{\partial x_k}\right)\right]+ \\
&\quad \sum_{k=1}^{n}\sum_{l=1}^{n}\left(\frac{\partial Q_s}{\partial x_k}\right)\left(\frac{\partial Q_s}{\partial x_l}\right)E[(x_k-\bar{x}_k)(x_l-\bar{x}_l)] \\
&= \left(\frac{\partial Q_s}{\partial c}\right)^2\operatorname{Var}[c]+\left(\frac{\partial Q_s}{\partial \phi}\right)^2\operatorname{Var}[\phi]+\left(\frac{\partial Q_s}{\partial c}\right)\left(\frac{\partial Q_s}{\partial \phi}\right) \\
&\quad \operatorname{Cov}[c,\phi]+\sum_{k=1}^{n}\left(\frac{\partial Q_s}{\partial x_k}\right)\left(\frac{\partial Q_s}{\partial c}\right)\operatorname{Cov}[x_k,c]
\end{aligned}
\tag{2.4-28}
$$

$$
+\sum_{k=1}^{n}\left(\frac{\partial Q_s}{\partial x_k}\right)\left(\frac{\partial Q_s}{\partial \varphi}\right)\operatorname{Cov}[x_k,\varphi]+\sum_{k=1}^{n}\sum_{l=1}^{n}\left(\frac{\partial Q_s}{\partial x_k}\right)\left(\frac{\partial Q_s}{\partial x_l}\right)\operatorname{Cov}[x_k,x_l] \tag{2.4-29}
$$

$$
\operatorname{Var}[Q_t]=\sum_{k=1}^{n}\sum_{l=1}^{n}\left(\frac{\partial \sigma_2}{\partial x_k}\right)\left(\frac{\partial \sigma_2}{\partial x_l}\right)\operatorname{Cov}[x_k,x_l] \tag{2.4-30}
$$

式中，

$$
\begin{aligned}
&\frac{\partial Q_s}{\partial c}=\cos\phi \\
&\frac{\partial Q_s}{\partial \phi}=-c\sin\phi+\frac{1}{2}(\sigma_1+\sigma_2)\cos\phi \\
&\frac{\partial Q_s}{\partial x_k}=\frac{1}{2}(\sin\phi-1)\left(\frac{\partial \sigma_1}{\partial x_k}\right)+\frac{1}{2}(\sin\phi+1)\left(\frac{\partial \sigma_2}{\partial x_k}\right)(x_k\neq c, x\neq\phi)
\end{aligned}
\tag{2.4-31}
$$

在上述随机摩尔-库仑破坏准则的前提下可以按照极限平衡概念将安全系数构造为[40]：

$$F_s = E[\tau_f]/E[\tau_{\max}]\frac{E[c]\cos(E[\phi])+\frac{1}{2}(E[\sigma_1]+E[\sigma_2])\sin(E[\phi])}{\frac{1}{2}(E[\sigma_1]-E[\sigma_2])} \tag{2.4-32}$$

目前可靠度理论中更多的是通过可靠指标来度量结构的工作状态[41]。这里假设安全储备Q_s、Q_t的概率模型为正态分布，则可以按照下述结构随机失效的可靠指标：

$$\beta = \mu_{Q_s}/\sigma_{Q_s} \tag{2.4-33}$$

正态情况下，常规结构的失效概率可以表示为：

$$P_f = P(Z<0) = \int_{-\infty}^{0}\frac{1}{\sqrt{2\pi}\sigma_Z}\text{Exp}\left[-\frac{1}{2}\left(\frac{z-\mu_Z}{\sigma_Z}\right)^2\right]\mathrm{d}z \tag{2.4-34}$$

式中，Z为结构的功能函数。

为了实现对结构安全储备的模糊软化处理，这里同样引入关于工作状态的隶属度函数：

$$\underline{M} = \int_{\Omega}\frac{\mu_{\underline{M}}[g(X)]}{X} \tag{2.4-35}$$

式中，隶属度函数值$\mu_{\underline{M}}[g(X)]$刻画了结构隶属于“失效”工作状态的程度。

根据扩张原理、概率F的定义以及模糊随机可靠度的描述[42]，可以将边坡体局部破坏的模糊随机失效模型表示为：

$$P_f^f = \int_{-\infty}^{\infty}\frac{1}{\sqrt{2\pi}\sigma_{Q_s}}\mu_{\underline{M}}(Q_s)\text{Exp}\left[-\frac{1}{2}\left(\frac{Q_s-\mu_{Q_s}}{\sigma_{Q_s}}\right)^2\right]\mathrm{d}Q_s \tag{2.4-36}$$

为了更好地描述边坡体失效模型，这里不妨采用文献[43]中的复合安全比率的定义：

$$Rs = \frac{Q_s}{fclt1} = \frac{Q_s}{\frac{1}{2}(\sigma_1-\sigma_2)} = \frac{\tau_f-\tau_{\max}}{\tau_{\max}} = \frac{\tau_f}{\tau_{\max}}-1 \tag{2.4-37}$$

在上述基础上，本节研究引入关于边坡体安全状态$\underline{M}$论域的隶属度函数的三种模糊数学模型，分别如下：

（1）降半Γ分布

$$\mu_{\underline{M}}(Rs) = \begin{cases}1 & Rs \leqslant -0.08\\ e^{-8.66(Rs+0.08)} & Rs \geqslant -0.08\end{cases} \tag{2.4-38}$$

（2）降半正态分布

$$\mu_{\underline{M}}(Rs) = \begin{cases}1 & Rs \leqslant -0.08\\ e^{-108.3(Rs+0.08)^2} & Rs \geqslant -0.08\end{cases} \tag{2.4-39}$$

（3）降半梯形分布

$$\mu_{\underline{M}}(Rs) = \begin{cases}1 & Rs \leqslant -0.08\\ \dfrac{0.5-Rs}{0.5+0.08} & -0.08 < Rs \leqslant 0.5\\ 0 & 0.5 < Rs\end{cases} \tag{2.4-40}$$

2.4.2 广义弹脆性本构模型

水利工程实施中的岩石类材料具有典型的弹脆性力学特征，在弹脆性本构方程中引入模糊变量，是实现广义数值方法对工程科学问题宽域解题的关键性技术环节。由于模糊变量要用区间数来描述，而不是通常意义上的某个确定数值，这样使得数值模型变得更复杂，计算循环在区间上的收敛问题不易控制。现在最常用的广义数值实现方法是给出模糊量值的摄动量来处理本构方程区间数，但是这就不可避免地要部分抹杀区间数分布特征，而且模型收敛对摄动量取值敏感。考虑到变量的随机性和模糊性有时同时具备，本节研究通过直接给出本构模型模糊变量区间数分布，使之成为一个基本输入部分，而后操控程序对计算过程中该些变量的取值对照给定分布自动识别，即实现模型的模糊自适应建模，它的基本控制方程仍是随机有限元方程的直接展式，虽然程序实现过程复杂，但模型参数物理意义明确，计算过程稳定[44]。

结构或材料的损伤就其思维概念和存在描述都应当是不确定的。这种不确定性表现在“损伤”概念与定义中被忽略的模糊性和在描述损伤存在与发生时被忽略的随机性。1992年，ZhangWohua 和 Vallippan[45]最早提出了随机损伤变量和随机损伤力学的基本观念，提出并验证了随机损伤变量满足β概率分布的理论。因为在诸多的经典随机概率分布中只有β概率分布的随机变量是在[0,1]之间取值的随机自变量，而这与损伤变量在[0,1]区间内发生、发展，不论在拓扑结构上还是在度量尺度上均体现出了本质（Nature）的协调一致性。再进一步考虑随机事物存在（发生或不发生）的概率是[0,1]区间内的某个值，模糊事物存在的隶属度也是在[0,1]区间内的某个值，所有这些在[0,1]区间内度量的协调一致性为我们提出了对损伤更深刻的理解和更本质的描述与研究的启示。

各种材料或构件，其内部或表面都存在着各种原因产生的微小的缺陷（指小于 1mm 的裂纹或空隙），微缺陷的存在与扩展是导致材料或构件强度参数、使用寿命等指标降低的原因。这些导致材料或结构力学性能劣化的微观结构的变化统称为损伤。实际上，损伤是一个模糊性比较典型的概念，因而，损伤变量是一个模糊性比较明显的材料参数，即损伤所描述的概念外延并不确定，究其原因主要是损伤产生的原因比较复杂，必须从细观和微观的角度加以分析[46]，但损伤又是和材料的受力过程密不可分的，是个逐步演化的材料指标。但在实际工程中，只关注于微观和细观的概念实际意义不是很大，必须要把材料的微观损伤建立在结构微观宏观的损伤演变模型上才能够为模型分析提供有价值的帮助。可见，在建立损伤模型时，首先应该考虑损伤变量的模糊性。这种模糊性又最好是以模糊数的形式出现，所以模糊论域的构造就显得尤为重要[47]。

损伤力学定义“损伤”为微观裂缝开展演变的宏观影响以及材料变形量值的发展，总体上损伤归结为微观缺陷见之于宏观（安全）性能的过程，设有定量材料微观缺陷之具体量值ϖ，称之为损伤度指标，ϖ演变论域为Γ，即$\varpi \in \Gamma$，而模糊论域Γ是定义在模糊空间

$\Xi(\tilde{C},\tilde{L},\tilde{P})$上的，则问题归结为$\varpi$为多大才算达到“损伤”？宏观（安全）性能之模糊性已明确[48]，而微观缺陷是导致宏观改观之内因，故ϖ之演化亦是模糊的，其隶属于Γ之量值用Ω表示，Ω即为损伤变量，可见Ω为ϖ模糊泛函，亦即：

$$\Omega = \mu_{\varpi\in\Gamma}[\omega(\varpi)] = \omega_{\Gamma}(\varpi) \tag{2.4-41}$$

式中，$\mu_{\varpi\in\Gamma}$为隶属度函数表达式，即$\varpi \in \Gamma : \tilde{A} \subset \Xi(\tilde{C},\tilde{L},\tilde{P}) | \Omega \in [0,1]$；$\tilde{A}$为论域$\Gamma$上的模糊子集，其包括的参数（含$\Omega$）、外载荷、位移约束三类模糊性分别用$\tilde{C},\tilde{L},\tilde{P}$表示。

这里的关键在于损伤度指标ϖ函数模型的构造及模糊泛函Ω模型的构造。对于绝大部分岩土体弹塑性材料而言，损伤是体变及形变共同作用的结果，基于这些事实笔者定义损伤度指标为如下[49]：

$$\varpi_i = \frac{|\sigma_{\mathrm{m}_i}| \tan\varphi_i + c_i}{\sqrt[3]{|J_{3_i}|}} \quad (\text{变量应在各个高斯点}i = 1,2,\cdots\text{上赋值}) \tag{2.4-42}$$

式中，c、φ表示材料黏聚力和内摩擦角；J_{3_i}、σ_{m_i}表示材料在高斯点i处的第三应力偏量不变量及静水压力。

这个伪损伤变量ϖ的取值可以作为损伤模糊数$\tilde{A}$的模糊论域Γ，而模糊论域Γ是定义在第 2 章所建立的模糊空间$\Xi(\tilde{C},\tilde{L},\tilde{P})$上的，即$\varpi \in \Gamma : \tilde{A} \subset \Xi(\tilde{C},\tilde{L},\tilde{P})$。由此可见，损伤是体变及形变辩证统一的结果，而这对矛盾的消长是具有明显模糊性的，进而可以实现伪损伤变量的模糊化形成模糊损伤变量Ω，损伤变量Ω的形成过程就是对模糊论域Γ的$\tilde{A} \subset \Xi(\tilde{C},\tilde{L},\tilde{P})$做$\lambda$水平截集、形成模糊样本空间$V(C,L,P)_\lambda$过程，即：

$$V(C,L,P)_\lambda : \left\{ \Omega \xrightarrow{A_\lambda} \{\mu(\varpi) \geqslant \lambda | \varpi \in \Gamma\} \middle| \lambda \in [0,1] \right\} \tag{2.4-43}$$

在对ϖ模糊化构造模糊泛函的过程中，研究着重考虑材料损伤过程中三种最常见的客观现象，第一种情况下，材料产生损伤时形变相对于体变有着绝对的量级优势，这种优势伴随着两者差异增大而增大并呈线性分布（图 2.4-2）；第二种情况，即只有当损伤积聚到某一量值（0.5，即模糊域的灰色地带）时体变与形变对比才起作用，在体变发育早期，损伤是下降的，而在后期体变的增长会诱发损伤的积聚，从而损伤为上升趋势（图 2.4-3）；第三种情况下，材料的损伤关于体变及形变发育程度的演化规律和情况二基本一致，只是这里认为体变及形变两者的量级在整个模糊区间[0,1]均有效（灰色地带可以根据具体工程实测资料在模糊输出即去模糊化时做决策分析来确定）（图 2.4-4）。就以上三种情况，由于损伤模糊数$\tilde{A}$的隶属度函数形式μ取决于模糊变量，这就是损伤变量Ω的本质特征，研究分别构造了相应的模糊泛函，即降半型分布、秋千型分布及组合秋千型分布的泛函，如下所示：

降半型分布：
$$\Omega_i = \begin{cases} 1 & 0 < \varpi_i \leqslant 0.6 \\ \dfrac{1.5 - \varpi_i}{1.5 - 0.6} & 0.6 < \varpi_i \leqslant 1.5 \\ 0 & 1.5 < \varpi_i \end{cases} \tag{2.4-44}$$

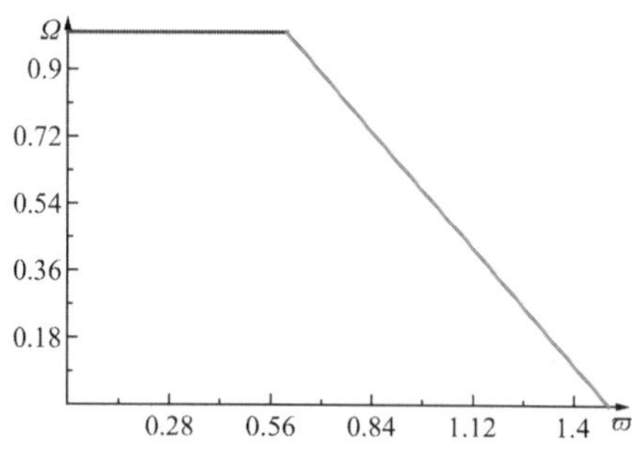

图 2.4-2　降半型分布损伤模糊数

秋千型分布：

$$\Omega_i=\begin{cases}1 & 0<\varpi_i\leqslant 0.44\\ 1.5-\mathrm{e}^{-(\ln\varpi_i)^2} & 0.44<\varpi_i\leqslant 2.33\\ 1 & \varpi_i>2.33\end{cases}\tag{2.4-45}$$

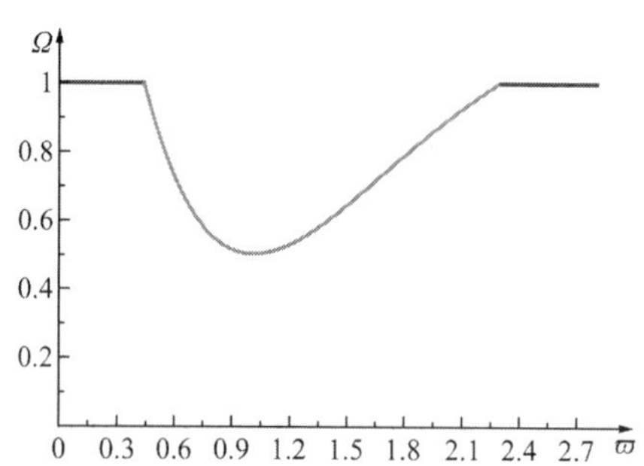

图 2.4-3　“秋千”型分布损伤模糊数

组合秋千型分布：

$$\Omega_i=\begin{cases}1 & 0<\varpi_i\leqslant 0.44\\ 1.5-\mathrm{e}^{-(\ln\varpi_i)^2} & 0.44<\varpi_i\leqslant 1\\ 1.5-\varpi_i & 1<\omega_i\leqslant 1.5\\ 0.996-\mathrm{e}^{-2(\ln(\varpi_i-0.45))^2} & \varpi_i>1.5\end{cases}\tag{2.4-46}$$

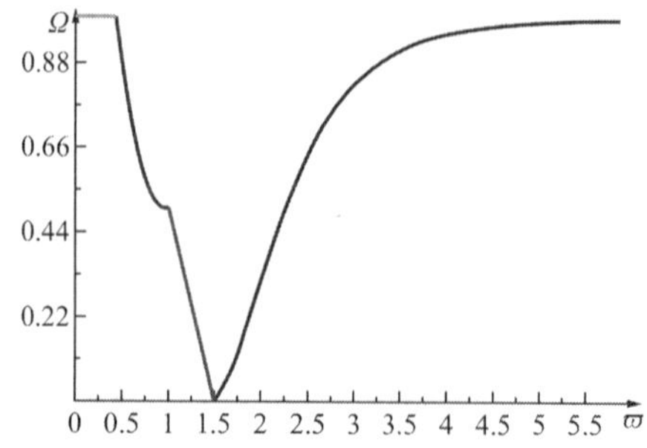

图 2.4-4　组合“秋千”型分布损伤模糊数

概括性总结上述三种模糊泛函特征，其中降半型分布描述的是在材料产生损伤时形变相对于体变有着绝对的量级优势，这种优势伴随着两者差异增大而增大并呈线性分布；秋千型分布则是认为只有当损伤积聚到某一量值（0.5）时二者的对照才起作用，在体变发育早期，损伤为下降的，当在后期体变的增长会诱发损伤的积聚，从而损伤为上升趋势；组合秋千型分布描述的损伤关于体变及形变发育程度的演化规律和秋千型分布基本一致，只是前者认为体变及形变两者的量级对照在整个模糊区间[0,1]均有效。

导致材料损伤出现的微观缺陷是随机分布的，故损伤变量Ω也具有随机性，随机损伤变量建立在随机空间Ψ上的，即：

$$\{\Omega\}\in\Lambda_\alpha:\left\{\{\boldsymbol{U}\}^\alpha,[e]^\alpha,[\sigma]^\alpha,\{f\}^\alpha|\alpha\in\{\boldsymbol{X}\}\right\};$$

$$\Psi:\bigcup_{\alpha\in\{X\}}\Lambda_\alpha\subset\Psi;\ (\alpha\in\{\boldsymbol{X}\}=\{x_1,x_2,\cdots,x_{\mathrm{n}}\})\tag{2.4-47}$$

α为随机向量$\{\boldsymbol{X}\}=\{x_1,x_2\cdots x_{\mathrm{n}}\}^{\mathrm{T}}$的随机子集，$\Lambda_\alpha$为定义在$\alpha$上的概率集合，由概率节点位移$\{\boldsymbol{U}\}^\alpha$，随机应力应变$[\boldsymbol{\sigma}]^\alpha$、$[\boldsymbol{e}]^\alpha$，概率体力$\{\boldsymbol{f}\}^\alpha$组成。

张我华教授论证了损伤变量服从β分布的可靠性[45]。即损伤变量Ω作为随机参数其概率分布函数及概率密度函数分别为如下形式：

$$F_\Omega(\Omega)=\frac{1}{B(p,q)}\int_0^\Omega\omega^{p-1}(1-\omega)^{q-1}\,\mathrm{d}\omega;\ 0\leqslant\Omega\leqslant1$$

$$f_\Omega(\Omega)=\frac{1}{B(p,q)}\Omega^{p-1}(1-\Omega)^{q-1};\ 0\leqslant\Omega\leqslant1\tag{2.4-48}$$

式中，$B(p,q)$为贝塔函数，定义为如下形式：

$$B(p,q)=\int_0^1\Omega^{p-1}(1-\Omega)^{q-1}\,\mathrm{d}\Omega\tag{2.4-49}$$

对于任意实数$p>0$，$q>0$，存在关系$B(p,q)=B(p,q)$，贝塔函数由伽玛函数确定，即$B(p,q)=\frac{\Gamma(p)\Gamma(q)}{\Gamma(p+q)}$。

针对上述问题，研究给出如下命题并证明[50]，

命题1：定义独立β分布概率空间为Ψ_1，随机矢量$\{x\}$定义域为[0,1]区间，即有$\{\boldsymbol{x}\}\sim\beta(p,q):\Psi_1|\{\boldsymbol{x}\}=[0,1]$，则$\Psi_1$在$\infty$范数意义下是一Banach空间，即完备赋范线性空间

证明：$\because$ $[\mathbf{0},\mathbf{1}]$区间上独立β分布关于线性运算封闭，即对于任意有限实数序列

$$0\leqslant a_1\leqslant1、0\leqslant a_2\leqslant1、\cdots、0\leqslant a_{\mathrm{n}}\leqslant1;\ 0\leqslant a_1+a_2+\cdots+a_{\mathrm{n}}\leqslant1\tag{2.4-50}$$

及$[\mathbf{0},\mathbf{1}]$区间上的随机矢量$\{\boldsymbol{x}\}_1$、$\{\boldsymbol{x}\}_2$、$\cdots$、$\{\boldsymbol{x}\}_{\mathrm{n}}$，若满足如下条件，

$$\{\boldsymbol{x}\}=[a_1\{\boldsymbol{x}_1\}+a_1\{\boldsymbol{x}_1\}+\cdots+a_{\mathrm{n}}\{\boldsymbol{x}_{\mathrm{n}}\}]\in[0,1]\tag{2.4-51}$$

即保证为β分布，则总有如下关系式成立，

$$E(\{\boldsymbol{x}\})=a_1E(\{\boldsymbol{x}_1\})+a_2E(\{\boldsymbol{x}_2\})+\cdots+a_{\mathrm{n}}E(\{\boldsymbol{x}_{\mathrm{n}}\});$$

$$\mathrm{Var}(\{\boldsymbol{x}\})=a_1^2\mathrm{Var}(\{\boldsymbol{x}_1\})+a_2^2\mathrm{Var}(\{\boldsymbol{x}_2\})+\cdots+a_{\mathrm{n}}^2\mathrm{Var}(\{\boldsymbol{x}_{\mathrm{n}}\})\tag{2.4-52}$$

且Ψ_1下独立β概率分布闭合（概率取值为[0,1]区间）、单调非减、概率及概率∞范数收敛于“1”

$\therefore$在∞范数意义下，$\{\boldsymbol{x}\}\sim\beta(p,q)\colon\Psi_1|\{\boldsymbol{x}\}=[0,1]$为一 Banach 空间。同时定义$\beta$概率累积分布函数向量为$\{y\}_1$。在区间[0,1]上定义服从独立$B$分布的损伤变量子集$\{\Omega\}$之隶属概率空间为$\Psi_2$，即有$\{\Omega\}\sim B\colon\Psi_2|\{\Omega\}=[0,1]$。同样易证明，在$\infty$范数意义下，$\{\Omega\}\sim B\colon\Psi_2|\{\Omega\}=[0,1]$为一 Banach 空间。同时定义$B$的概率累积分布函数向量为$\{y\}_2$。

命题 2：区间[0,1]上所定义的服从B分布的损伤变量$\{\Omega\}$之概率空间为Ψ_2与独立β分布空间Ψ_1重合之充要条件为在∞范数意义下$\{y\}_2$收敛于$\{y\}_1$，且二者自变量区间同为[0,1]

证明：必要性，

设$\left\|\{\boldsymbol{y}\}_2\right\|=\left\|\{\boldsymbol{y}\}_2\right\|_\infty=\max\limits_i\left|y_2^{(i)}\right|$，则鉴于$\Psi_2$与$\Psi_1$重合有$\left\|\{y\}_1-\{y\}_2\right\|_\infty\to0,i\to\infty$且$\max\limits_i\left|y_1^{(i)}-y_2^{(i)}\right|\geqslant\left|y_1^{(i)}-y_2^{(i)}\right|\therefore\left|y_1^{(i)}-y_2^{(i)}\right|\to0$，亦即$\lim\limits_{i\to\infty}y_2^{(i)}=y_1^{(i)}$，同时因为$\Psi_2$与$\Psi_1$重合，则二者之自变量域必然相同，因$\{y\}_1$之自变量域为[0,1]，故$\{y\}_2$之自变量域亦为[0,1]；

充分性，

若$\lim\limits_{i\to\infty}y_2^{(i)}=y_1^{(i)}$，则$\lim\limits_{i\to\infty}\max\limits_i\left|y_1^{(i)}-y_2^{(i)}\right|=0$即$\left\|\{y\}_1-\{y\}_2\right\|_\infty\to0,i\to\infty$，且二者自变量域相同，再由范数等价性知，上述结论对任意向量范数均成立。

基于上述，用[0,1]区间上β分布来模拟损伤变量的B分布在大数定律意义下是适当的。

同时根据扩张原理及随机变量的概率F的积分定义，可以将损伤变量的 CDF、PDF 修正为如下形式：

$$\begin{aligned}F_\Omega^{\mathrm{f}}(\Omega)&=\frac{1}{B(p,q)}\int_0^\Omega\omega^{p-1}(1-\omega)^{q-1}\mu_{\varpi\in\Gamma}[\omega(\varpi)]\,\mathrm{d}\omega\\&=\frac{1}{B(p,q)}\int_0^\Omega\omega^{p-1}(1-\omega)^{q-1}\omega_\Gamma(\varpi)\,\mathrm{d}\omega\end{aligned}\tag{2.4-53}$$

$$f_\Omega^{\mathrm{f}}(\Omega)=\frac{1}{B(p,q)}\Omega^{p-1}(1-\Omega)^{q-1}\mu_{\varpi\in\Gamma}[\omega(\varpi)]=\frac{1}{B(p,q)}\Omega^{p-1}(1-\Omega)^{q-1}\omega_\Gamma(\varpi)\tag{2.4-54}$$

式中，F_Ω^{f}，f_Ω^{f}分别为关于模糊随机变量Ω的广义 CDF 及 PDF，模糊泛函的形式取决于式(2.4-44)、式(2.4-45)及式(2.4-46)。

为了做模糊随机损伤可靠度分析，必须要对β分布损伤变量等非标准正态分布的变量做当量正态化[35]：

$$\mu_\Omega=\Omega-\phi^{-1}\left[F_\Omega^{\mathrm{f}}(\Omega)\right]\sigma_\Omega\sigma_\Omega=\phi\left\{\phi^{-1}\left[F_\Omega^{\mathrm{f}}(\Omega)\right]\right\}/\left(f_\Omega^{\mathrm{f}}(\Omega)\right)\tag{2.4-55}$$

式中，ϕ^{-1}、ϕ分别表示标准正态分布的分布函数反函数及标准正态分布的密度函数；μ_Ω、σ_Ω分别表示当量正态后损伤变量期望及均方差。

具体在计算时程序要在所有单元的每个高斯点计算当前的损伤状态Ω_i，并计算不同样本材料区域的$E(\Omega)$、$\mathrm{Var}(\Omega)$，还要对各材料区域的$E(\Omega)$、$\mathrm{Var}(\Omega)$进行统计分析。为了由前述内容对损伤变量进行当量正态变换，需要对贝塔分布密度函数的形状参数做反分析，在前述统计工作基础上损伤变量的期望值$E(\Omega)$及方差$\mathrm{Var}(\Omega)$存在如下关系：

$$E(\Omega)=\frac{p}{p+q}$$
$$\mathrm{Var}(\Omega)=\frac{pq}{(p+q)^2(p+q+1)} \tag{2.4-56}$$

采用拟牛顿法对形状参数p、q做反演分析不会有困难。

对损伤变量实现当量正态变换后，在应变余能等效的假设下，损伤和非损伤状态的各向同性材料特性参数的关系仍然为：

$$E^*=(1-\Omega)^2E,\ \nu^*=\nu,\ G^*=(1-\Omega)^2G \tag{2.4-57}$$

式中，E^*、ν^*、G^*、E、ν、G分别为损伤及非损伤状态下当量后的弹性参数。

本节所建模型可以对弹脆性岩石类介质进行处理，对岩石类介质所设立的可伸缩的随机变量包括 7 个，即杨氏弹模E、泊松比ν、内聚力c、内摩擦角φ（实际处理时岩石类介质凝聚为摩擦系数$f=\tan\varphi$）、重力体荷载γ、抗压强度R_c、损伤变量Ω；多孔类介质 6 个，其中不包括抗压强度R_c。

模型在实现损伤变量模糊自适应构造识别建模的同时，还应对场内材料随机参数的相关性、非正态分布做深入的分析。就多孔类介质而言，相关变量为E、ν、c、φ、γ；就岩石类介质而言，相关变量为E、ν、c、φ、γ、R_c；正态分布的随机变量包括E、ν、c、γ、R_c；对数正态分布随机变量包括φ；贝塔分布变量包括Ω。

本构关系中的弹性矩阵是模糊自适应随机损伤有限元实现的纽带，包括如下内容。

未损伤前确定性弹性矩阵：

$$[\boldsymbol{D}]=\frac{E(1-\nu)}{(1+\nu)(1-2\nu)}\begin{bmatrix} 1 & \frac{\nu}{1-\nu} & \frac{\nu}{1-\nu} & 0 & 0 & 0 \\ \frac{\nu}{1-\nu} & 1 & \frac{\nu}{1-\nu} & 0 & 0 & 0 \\ \frac{\nu}{1-\nu} & \frac{\nu}{1-\nu} & 1 & 0 & 0 & 0 \\ 0 & 0 & 0 & \frac{1-2\nu}{2\left(1-\frac{\nu}{1-\nu}\right)} & 0 & 0 \\ 0 & 0 & 0 & 0 & \frac{1-2\nu}{2\left(1-\frac{\nu}{1-\nu}\right)} & 0 \\ 0 & 0 & 0 & 0 & 0 & \frac{1-2\nu}{2\left(1-\frac{\nu}{1-\nu}\right)} \end{bmatrix} \tag{2.4-58}$$

该矩阵用来求解损伤前的应变位移列阵$\{\boldsymbol{U}\}$，进而对场内单元应力水平进行评估，为伪损伤变量的计算提供依据以实现损伤变量模糊数的自适应调整和构造。

未损伤前随机弹性矩阵：

$$[\boldsymbol{D}]_E^{\mathrm{s}}=\frac{\partial[\boldsymbol{D}]}{\partial E}=\frac{1-\nu}{(1+\nu)(1-2\nu)}\begin{bmatrix}1 & \frac{\nu}{1-\nu} & \frac{\nu}{1-\nu} & 0 & 0 & 0\\ \frac{\nu}{1-\nu} & 1 & \frac{\nu}{1-\nu} & 0 & 0 & 0\\ \frac{\nu}{1-\nu} & \frac{\nu}{1-\nu} & 1 & 0 & 0 & 0\\ 0 & 0 & 0 & \frac{1-2\nu}{2(1-\nu)} & 0 & 0\\ 0 & 0 & 0 & 0 & \frac{1-2\nu}{2(1-\nu)} & 0\\ 0 & 0 & 0 & 0 & 0 & \frac{1-2\nu}{2(1-\nu)}\end{bmatrix}$$

$$(\alpha\in\{\boldsymbol{X}\}=\{x_1,x_2,\cdots,x_{\mathrm{n}}\}),\ \{E,\nu\}\in\Lambda_\alpha:\left\{\{\boldsymbol{U}\}^\alpha,[e]^\alpha,[\sigma]^\alpha,\{f\}^\alpha|\alpha\in\{\boldsymbol{X}\}\right\}\tag{2.4-59}$$

$$[\boldsymbol{D}]_\nu^{\mathrm{s}}=\frac{\partial[\boldsymbol{D}]}{\partial\nu}=\frac{E}{(1+\nu)^2}\begin{bmatrix}\frac{2\nu(2-\nu)}{(1-2\nu)^2} & \frac{(1+2\nu^2)}{(1-2\nu)^2} & \frac{(1+2\nu^2)}{(1-2\nu)^2} & 0 & 0 & 0\\ \frac{(1+2\nu^2)}{(1-2\nu)^2} & \frac{2\nu(2-\nu)}{(1-2\nu)^2} & \frac{(1+2\nu^2)}{(1-2\nu)^2} & 0 & 0 & 0\\ \frac{(1+2\nu^2)}{(1-2\nu)^2} & \frac{(1+2\nu^2)}{(1-2\nu)^2} & \frac{2\nu(2-\nu)}{(1-2\nu)^2} & 0 & 0 & 0\\ 0 & 0 & 0 & -0.5 & 0 & 0\\ 0 & 0 & 0 & 0 & -0.5 & 0\\ 0 & 0 & 0 & 0 & 0 & -0.5\end{bmatrix}$$

$$(\alpha\in\{\boldsymbol{X}\}=\{x_1,x_2,\cdots,x_{\mathrm{n}}\}),\ \{E,\nu\}\in\Lambda_\alpha:\left\{\{\boldsymbol{U}\}^\alpha,[e]^\alpha,[\sigma]^\alpha,\{f\}^\alpha\middle|\alpha\in\{\boldsymbol{X}\}\right\}\tag{2.4-60}$$

上述两个矩阵可以对未考虑场内单元损伤发育的模型进行随机分析，评价常规情形下结构的可靠性。

确定性损伤弹性矩阵：

$$[\boldsymbol{D}^*]=\frac{E(1-\Omega)^2(1-\nu)}{(1+\nu)(1-2\nu)}\begin{bmatrix}1 & \frac{\nu}{1-\nu} & \frac{\nu}{1-\nu} & 0 & 0 & 0\\ \frac{\nu}{1-\nu} & 1 & \frac{\nu}{1-\nu} & 0 & 0 & 0\\ \frac{\nu}{1-\nu} & \frac{\nu}{1-\nu} & 1 & 0 & 0 & 0\\ 0 & 0 & 0 & \frac{1-2\nu}{2(1-\nu)} & 0 & 0\\ 0 & 0 & 0 & 0 & \frac{1-2\nu}{2(1-\nu)} & 0\\ 0 & 0 & 0 & 0 & 0 & \frac{1-2\nu}{2(1-\nu)}\end{bmatrix}$$

$$V(C,L,P)_\lambda:\left\{\Omega\xrightarrow{A_\lambda}\{\mu(\varpi)\geqslant\lambda|\varpi\in\Gamma\}|\lambda\in[0,1]\right\}\tag{2.4-61}$$

随机损伤弹性矩阵：

$$
[\boldsymbol{D}^*]_E^{\mathrm{s}}=\frac{\partial[\boldsymbol{D}^*]}{\partial E}
=\frac{(1-\Omega)^2(1-\nu)}{(1+\nu)(1-2\nu)}\begin{bmatrix}
1 & \frac{\nu}{1-\nu} & \frac{\nu}{1-\nu} & 0 & 0 & 0\\
\frac{\nu}{1-\nu} & 1 & \frac{\nu}{1-\nu} & 0 & 0 & 0\\
\frac{\nu}{1-\nu} & \frac{\nu}{1-\nu} & 1 & 0 & 0 & 0\\
0 & 0 & 0 & \frac{1-2\nu}{2(1-\nu)} & 0 & 0\\
0 & 0 & 0 & 0 & \frac{1-2\nu}{2(1-\nu)} & 0\\
0 & 0 & 0 & 0 & 0 & \frac{1-2\nu}{2(1-\nu)}
\end{bmatrix}
\tag{2.4-62}
$$

$$\{E,\nu,\Omega\}\in\{\boldsymbol{U}\}^{\mathrm{s,f}}、[\boldsymbol{e}]^{\mathrm{s,f}}、[\boldsymbol{\sigma}]^{\mathrm{s,f}}、\{\boldsymbol{f}\}^{\mathrm{s,f}}\subset O{:}\ \xi(s,f)$$

$$
[\boldsymbol{D}^*]_\nu^{\mathrm{s}}=\frac{\partial[\boldsymbol{D}^*]}{\partial \nu}
=\frac{E(1-\Omega)^2}{(1+\nu)^2}\begin{bmatrix}
\frac{2\nu(2-\nu)}{(1-2\nu)^2} & \frac{(1+2\nu^2)}{(1-2\nu)^2} & \frac{(1+2\nu^2)}{(1-2\nu)^2} & 0 & 0 & 0\\
\frac{(1+2\nu^2)}{(1-2\nu)^2} & \frac{2\nu(2-\nu)}{(1-2\nu)^2} & \frac{(1+2\nu^2)}{(1-2\nu)^2} & 0 & 0 & 0\\
\frac{(1+2\nu^2)}{(1-2\nu)^2} & \frac{(1+2\nu^2)}{(1-2\nu)^2} & \frac{2\nu(2-\nu)}{(1-2\nu)^2} & 0 & 0 & 0\\
0 & 0 & 0 & -0.5 & 0 & 0\\
0 & 0 & 0 & 0 & -0.5 & 0\\
0 & 0 & 0 & 0 & 0 & -0.5
\end{bmatrix}
\tag{2.4-63}
$$

$$\{E,\nu,\Omega\}\in\{\boldsymbol{U}\}^{\mathrm{s,f}}、[\boldsymbol{e}]^{\mathrm{s,f}}、[\boldsymbol{\sigma}]^{\mathrm{s,f}}、\{\boldsymbol{f}\}^{\mathrm{s,f}}\subset O{:}\ \xi(s,f)$$

$$
[\boldsymbol{D}^*]_\Omega^{\mathrm{s}}=\frac{\partial[\boldsymbol{D}^*]}{\partial \Omega}
=\frac{-2E(1-\Omega)(1-\nu)}{(1+\nu)(1-2\nu)}\begin{bmatrix}
1 & \frac{\nu}{1-\nu} & \frac{\nu}{1-\nu} & 0 & 0 & 0\\
\frac{\nu}{1-\nu} & 1 & \frac{\nu}{1-\nu} & 0 & 0 & 0\\
\frac{\nu}{1-\nu} & \frac{\nu}{1-\nu} & 1 & 0 & 0 & 0\\
0 & 0 & 0 & \frac{1-2\nu}{2(1-\nu)} & 0 & 0\\
0 & 0 & 0 & 0 & \frac{1-2\nu}{2(1-\nu)} & 0\\
0 & 0 & 0 & 0 & 0 & \frac{1-2\nu}{2(1-\nu)}
\end{bmatrix}
\tag{2.4-64}
$$

$$\{E,\nu,\Omega\}\in\{\boldsymbol{U}\}^{\mathrm{s,f}}、[\boldsymbol{e}]^{\mathrm{s,f}}、[\boldsymbol{\sigma}]^{\mathrm{s,f}}、\{\boldsymbol{f}\}^{\mathrm{s,f}}\subset O{:}\,\xi(s,f)$$

直接将模糊随机损伤泛函引入本构弹性矩阵便可形成广义泛函弹性矩阵，并对广义泛函弹性矩阵做模糊论域上自适应模糊识别计算，同时结合前述内容自动形成模糊输出以做后续损伤数字特征计算，

$$[\boldsymbol{D}(E,\nu,\Omega)]^*=[\boldsymbol{D}(E,\nu,\mu_{\varpi\in\Gamma}[\omega(\varpi)])]^*=\left[\boldsymbol{D}\big(E,\nu,\omega_{\Gamma}(\varpi)\big)\right]^* \tag{2.4-65}$$

$$\begin{aligned}
&=\frac{E\big(1-(\mu_{\varpi\in\Gamma}[\omega(\varpi)])\big)^2(1-\nu)}{(1+\nu)(1-2\nu)}\begin{bmatrix}1 & \frac{\nu}{1-\nu} & \frac{\nu}{1-\nu} & 0 & 0 & 0\\ \frac{\nu}{1-\nu} & 1 & \frac{\nu}{1-\nu} & 0 & 0 & 0\\ \frac{\nu}{1-\nu} & \frac{\nu}{1-\nu} & 1 & 0 & 0 & 0\\ 0 & 0 & 0 & \frac{1-2\nu}{2(1-\nu)} & 0 & 0\\ 0 & 0 & 0 & 0 & \frac{1-2\nu}{2(1-\nu)} & 0\\ 0 & 0 & 0 & 0 & 0 & \frac{1-2\nu}{2(1-\nu)}\end{bmatrix}\\
&=\frac{E\big(1-(\mu_{\varpi\in\Gamma}[\omega(\varpi)])\big)^2(1-\nu)}{(1+\nu)(1-2\nu)}[d]\\
&=\begin{cases}\dfrac{E[1-(1)]^2(1-\nu)}{(1+\nu)(1-2\nu)}[d] & 0<\varpi\leqslant 0.44\\ \dfrac{E\Big[1-\Big(1.5-\mathrm{e}^{-(\ln\varpi)^2}\Big)\Big]^2(1-\nu)}{(1+\nu)(1-2\nu)}[d] & 0.44<\varpi\leqslant 1\\ \dfrac{E[1-(1.5-\varpi)]^2(1-\nu)}{(1+\nu)(1-2\nu)}[d] & 1<\varpi\leqslant 1.5\\ \dfrac{E\Big[1-\Big(0.996-\mathrm{e}^{-2[\ln(\varpi-0.45)]^2}\Big)\Big]^2(1-\nu)}{(1+\nu)(1-2\nu)}[d] & \varpi>1.5\end{cases}
\end{aligned} \tag{2.4-66}$$

其中，矩阵$[d]$的内容为式(2.4-58)右端的形式。

通过上述分析可见，损伤变量的非确定性是随机、模糊兼而有之的。要想进一步深入、全面地分析模型的不确定性损伤演变，将损伤变量由单一的模糊空间$\varXi\big(\tilde{C},\tilde{L},\tilde{P}\big)$及随机空间$\varPsi{:}\bigcup_{\alpha\in\{\boldsymbol{X}\}}\varLambda_\alpha\subset\varPsi$；$(\alpha\in\{\boldsymbol{X}\}=\{x_1,x_2,\cdots,x_{\mathrm{n}}\})$扩展到第 2 章所建立的广义非确定性空间$O{:}\,\xi(s,f)|\{\boldsymbol{U}\}^{\mathrm{s,f}}$、$[\boldsymbol{e}]^{\mathrm{s,f}}$、$[\boldsymbol{\sigma}]^{\mathrm{s,f}}$、$\{\boldsymbol{f}\}^{\mathrm{s,f}}\subset O{:}\,\xi(s,f)$上是很有必要的，而这一点由扩张原则是不难实现的[9]。其中，$\{\boldsymbol{U}\}^{\mathrm{s,f}}$为总体模糊随机位移列阵，$[\boldsymbol{e}]^{\mathrm{s,f}}$为广义非确定应变张量，$[\boldsymbol{\sigma}]^{\mathrm{s,f}}$为模糊随机应力张量，$\{\boldsymbol{f}\}^{\mathrm{s,f}}$为广义体力矢量。在自适应模糊随机损伤分析过程中，广义功能函数梯度的建立是模型本构核心之一，首先应当对模糊随机梯度公式模糊运算，实现公式清晰化，然后再做常规的随机运算，其可以统一写为如下形式：

$$\Delta g^{\alpha}(\{\boldsymbol{X}\})=\left\{\frac{\partial g^{\alpha}}{\partial x_1},\frac{\partial g^{\alpha}}{\partial x_2}\cdots\frac{\partial g^{\alpha}}{\partial x_n}\right\}=\left\{\frac{\partial g^{\alpha}}{\partial[\boldsymbol{\sigma}]^{\alpha}}\right\}^{\mathrm{T}}\frac{\partial[\boldsymbol{\sigma}]^{\alpha}}{\partial\{\boldsymbol{X}\}}=\left(\left\{\frac{\partial g^{s,f}}{\partial[\boldsymbol{\sigma}]^{s,f}}\right\}^{\mathrm{T}}\circ[\boldsymbol{L}^1]\right)\left(\frac{\partial[\boldsymbol{\sigma}]^{s,f}}{\partial\{\boldsymbol{X}\}}\circ[\boldsymbol{L}^2]\right)$$

$$=\left(\begin{Bmatrix}\dfrac{\partial g^{s,f}}{\partial\sigma_x^{s,f}}\\ \dfrac{\partial g^{s,f}}{\partial\sigma_y^{s,f}}\\ \vdots\\ \dfrac{\partial g^{s,f}}{\partial\tau_{zx}^{s,f}}\end{Bmatrix}^{\mathrm{T}}\circ\begin{bmatrix}l_{11}^1 & l_{12}^1 & \cdots & l_{16}^1\\ & \ddots & & \\ \cdots & & & l_{66}^1\end{bmatrix}\right)\left(\begin{bmatrix}\dfrac{\partial\sigma_x^{s,f}}{\partial x_1} & \dfrac{\partial\sigma_x^{s,f}}{\partial x_2} & \cdots & \dfrac{\partial\sigma_x^{s,f}}{\partial x_n}\\ \dfrac{\partial\sigma_y^{s,f}}{\partial x_1} & \dfrac{\partial\sigma_y^{s,f}}{\partial x_2} & \cdots & \dfrac{\partial\sigma_y^{s,f}}{\partial x_n}\\ \cdots & \cdots & \ddots & \cdots\\ \dfrac{\partial\tau_{zx}^{s,f}}{\partial x_1} & \dfrac{\partial\tau_{zx}^{s,f}}{\partial x_2} & \cdots & \dfrac{\partial\tau_{zx}^{s,f}}{\partial x_n}\end{bmatrix}\circ\begin{bmatrix}l_{11}^2 & l_{12}^2 & \cdots & l_{1n}^2\\ & \ddots & & \\ \cdots & & & l_{nn}^2\end{bmatrix}\right)$$

$$\Delta g^{\alpha}(\{\boldsymbol{X}\})=\left\{\frac{\partial g^{\alpha}}{\partial\sigma_x^{\alpha}},\frac{\partial g^{\alpha}}{\partial\sigma_y^{\alpha}}\cdots\frac{\partial g^{\alpha}}{\partial\tau_{zx}^{\alpha}}\right\}\begin{bmatrix}\dfrac{\partial\sigma_x^{\alpha}}{\partial x_1} & \dfrac{\partial\sigma_x^{\alpha}}{\partial x_2} & \cdots & \dfrac{\partial\sigma_x^{\alpha}}{\partial x_n}\\ \cdots & \cdots & \ddots & \cdots\\ \dfrac{\partial\tau_{zx}^{\alpha}}{\partial x_1} & \dfrac{\partial\tau_{zx}^{\alpha}}{\partial x_2} & \cdots & \dfrac{\partial\tau_{zx}^{\alpha}}{\partial x_n}\end{bmatrix}\tag{2.4-67}$$

在对结构进行可靠度评价时，可以对不同结构下的不同的材料建立相应的数值算法。这里最主要的当然是结构功能函数形式和极限状态方程及其对应的梯度列式。

无论何种材料，功能函数的梯度都可以统一写为如下形式：

$$\begin{aligned}\Delta g^{\alpha}(\{\boldsymbol{X}\})&=\left\{\frac{\partial g^{\alpha}}{\partial x_1},\frac{\partial g^{\alpha}}{\partial x_2}\cdots\frac{\partial g^{\alpha}}{\partial x_n}\right\}=\left\{\frac{\partial g^{\alpha}}{\partial\{\boldsymbol{\sigma}\}}\right\}^{\mathrm{T}}\frac{\partial\underline{\sigma}}{\partial\{\boldsymbol{X}\}}\\&=\left\{\frac{\partial g^{\alpha}}{\partial\sigma_x},\frac{\partial g^{\alpha}}{\partial\sigma_y}\cdots\frac{\partial g^{\alpha}}{\partial\tau_{zx}}\right\}\begin{bmatrix}\dfrac{\partial\sigma_x}{\partial x_1} & \dfrac{\partial\sigma_x}{\partial x_2} & \cdots & \dfrac{\partial\sigma_x}{\partial x_n}\\ \cdots & \cdots & \ddots & \cdots\\ \dfrac{\partial\tau_{zx}}{\partial x_1} & \dfrac{\partial\tau_{zx}}{\partial x_2} & \cdots & \dfrac{\partial\tau_{zx}}{\partial x_n}\end{bmatrix}\\&=[\boldsymbol{T}]\nabla g^{\alpha}(\{\boldsymbol{Y}\});\ (\alpha\in\{\boldsymbol{X}\}=\{x_1,x_2,\cdots,x_n\})\end{aligned}\tag{2.4-68}$$

式中，$[\boldsymbol{T}]$为关于随机变量列阵$\{\boldsymbol{X}\}$及$\{\boldsymbol{Y}\}$的转换矩阵。“∘”为满足幂等、交换、结合及吸收律的一种模糊格运算，即

$$\vee\left(\frac{\partial g^{s,f}}{\partial\sigma_x^{s,f}}\wedge l_{11}^1,\frac{\partial g^{s,f}}{\partial\sigma_y^{s,f}}\wedge l_{21}^1,\cdots,\frac{\partial g^{s,f}}{\partial\tau_{zx}^{s,f}}\wedge l_{61}^1\right),\quad\vee\left(\frac{\partial\sigma_x^{s,f}}{\partial x_1}\wedge l_{11}^2,\frac{\partial\sigma_x^{s,f}}{\partial x_2}\wedge l_{21}^2,\cdots,\frac{\partial\sigma_x^{s,f}}{\partial x_n}\wedge l_{n1}^2\right)$$

从而实现损伤功能函数梯度的清晰化，其中符号∨，∧表示模糊取大取小运算。矩阵模糊格运算是比水平截集更加复杂的一种模糊输出运算，所以模糊矩阵$[\boldsymbol{L}^1][\boldsymbol{L}^2]$的构造也是相当复杂的，需要将前述模糊随机损伤变量做相应的模糊扩张。

就极限状态方程而言，对于岩石类介质包括混凝土类材料在内，可以采用四参数准则或者 Drucker-Prager 准则，对于多孔介质类如黏土等可以采用 Mohr-Coulomb 准则。

（1）四参数准则

$$g^{\alpha}[\{\boldsymbol{X}\}]=g^{\alpha}[\{\boldsymbol{\sigma}\}(\{\boldsymbol{X}\}),R_c(\{\boldsymbol{X}\})]=R_c-\left((AJ_2)/R_c+B\sqrt{J_2}+C\sigma_1+DI_1\right)-0\tag{2.4-69}$$

where $R_c = R_c(\{\boldsymbol{X}\})$；$\{\boldsymbol{\sigma}\} = \{\boldsymbol{\sigma}\}(\{\boldsymbol{X}\})$，$\{\boldsymbol{X}\} = \{x_1, x_2 \cdots x_n\}$

$$\nabla g^{\alpha}(\{\boldsymbol{X}\}) = \left\{\frac{\partial g^{\alpha}}{\partial\{\boldsymbol{\sigma}\}}\right\}^{\mathrm{T}} \frac{\partial\{\boldsymbol{\sigma}\}}{\partial\{\boldsymbol{X}\}} + \frac{\partial g^{\alpha}}{\partial R_c}\frac{\partial R_c}{\partial\{\boldsymbol{X}\}}；(\alpha \in \{\boldsymbol{X}\} = \{x_1, x_2, \cdots, x_n\}) \tag{2.4-70}$$

（2）Drucker-Prager 准则

$$g^{\alpha}[\{\boldsymbol{X}\}] = g^{\alpha}[\{\boldsymbol{\sigma}\}(\{\boldsymbol{X}\}), c(\{\boldsymbol{X}\}), \varphi(\{\boldsymbol{X}\})] = K - \left(\overline{\alpha}\sigma_m + \sqrt{J_2}\right) = 0 \tag{2.4-71}$$

where $c = c(\{\boldsymbol{X}\})$，$\varphi = \varphi(\{\boldsymbol{X}\})$，$\{\boldsymbol{X}\} = \{x_1, x_2 \cdots x_n\}$，$\sigma_m = I_1/3$，$\overline{\alpha} = 3f/\sqrt{9+12f^2}$，

$$K = 3c/\sqrt{9+12f^2}，f = \tan\varphi$$

$$\nabla g^{\alpha}(\{\boldsymbol{X}\}) = \left\{\frac{\partial g^{\alpha}}{\partial\{\boldsymbol{\sigma}\}}\right\}^{\mathrm{T}} \frac{\partial\{\boldsymbol{\sigma}\}}{\partial\{\boldsymbol{X}\}} + \frac{\partial g^{\alpha}}{\partial c}\frac{\partial c}{\partial\{\boldsymbol{X}\}} + \frac{\partial g^{\alpha}}{\partial\varphi}\frac{\partial\varphi}{\partial\{\boldsymbol{X}\}}；\quad (\alpha \in \{\boldsymbol{X}\} = \{x_1, x_2, \cdots, x_n\}) \tag{2.4-72}$$

其中，$\frac{\partial g^{\alpha}}{\partial c} = \frac{\partial K}{\partial c} = \frac{3}{\sqrt{9+12f^2}}$，$\frac{\partial g^{\alpha}}{\partial\varphi} = \frac{\partial k}{\partial\varphi} - \frac{\partial\alpha}{\partial\varphi}\sigma_m$，式中

$$\frac{\partial g^{\alpha}}{\partial\varphi} = \frac{-36\cdot c\cdot f\cdot(1+f^2)}{(9+12f^2)^{3/2}} - \sigma_m\frac{27(1+f^2)}{(9+12f^2)^{3/2}} = \frac{-9(1+f^2)(4c\cdot f + 3\sigma_m)}{(9+12f^2)^{3/2}} \tag{2.4-73}$$

（3）Mohr-Coulomb 准则

$$\begin{aligned} g^{\alpha}[\{\boldsymbol{X}\}] &= g^{\alpha}[\{\boldsymbol{\sigma}\}(\{\boldsymbol{X}\}), c(\{\boldsymbol{X}\}), \phi(\{\boldsymbol{X}\})] \\ &= c\cos\varphi - \sigma_m\sin\varphi - J_2\left[\sin\left(\frac{\pi}{3} - \theta\right) + \frac{\sin\varphi}{\sqrt{3}}\cos\left(\theta - \frac{\pi}{3}\right)\right] = 0 \end{aligned} \tag{2.4-74}$$

其中，$c = c(\{\boldsymbol{X}\})$，$\varphi = \varphi(\{\boldsymbol{X}\})$，$\{\boldsymbol{X}\} = \{x_1, x_2 \cdots x_n\}$，$\theta = \frac{1}{3}\arccos\left(\frac{3\sqrt{3}J_3}{2J_2^{3/2}}\right)$

$$\nabla g^{\alpha}(\{\boldsymbol{X}\}) = \left\{\frac{\partial g^{\alpha}}{\partial\{\boldsymbol{\sigma}\}}\right\}^{\mathrm{T}} \frac{\partial\{\boldsymbol{\sigma}\}}{\partial\{\boldsymbol{X}\}} + \frac{\partial g^{\alpha}}{\partial c}\frac{\partial c}{\partial\{\boldsymbol{X}\}} + \frac{\partial g^{\alpha}}{\partial\varphi}\frac{\partial\varphi}{\partial\{\boldsymbol{X}\}}；\quad (\alpha \in \{\boldsymbol{X}\} = \{x_1, x_2, \cdots, x_n\}) \tag{2.4-75}$$

式中

$$\frac{\partial g^{\alpha}}{\partial c} = \cos\varphi，\frac{\partial g^{\alpha}}{\partial\varphi} = -c\sin\varphi - \sigma_m\cos\varphi - J_2\frac{\cos\varphi}{\sqrt{3}}\cos\left(\theta - \frac{\pi}{3}\right) \tag{2.4-76}$$

对于应力不变量，模型可以进行分析并对其数字特征进行计算，具体如下，

第一应力不变量：$I_1 = \sigma_x + \sigma_y + \sigma_z$ (2.4-77)

第二应力不变量：$I_2 = -\sigma_x\sigma_y - \sigma_y\sigma_z - \sigma_z\sigma_x + \tau_{xy}^2 + \tau_{yz}^2 + \tau_{zx}^2$ (2.4-78)

第三应力不变量：$I_3 = \sigma_x\sigma_y\sigma_z + 2\tau_{xy}\tau_{yz}\tau_{zx} - \sigma_x\tau_{yz}^2 - \sigma_y\tau_{zx}^2 - \sigma_z\tau_{xy}^2$ (2.4-79)

偏应力：

$$S_x = \frac{1}{3}(2\sigma_x - \sigma_y - \sigma_z)，S_y = \frac{1}{3}(2\sigma_y - \sigma_z - \sigma_x)，S_z = \frac{1}{3}(2\sigma_z - \sigma_x - \sigma_y) \tag{2.4-80}$$

静水压力：$\sigma_m = \frac{1}{3}(\sigma_x + \sigma_y + \sigma_z)$ (2.4-81)

应力偏量不变量：

$$J_2 = \frac{1}{6}\left[(\sigma_x - \sigma_y)^2 + (\sigma_y - \sigma_z)^2 + (\sigma_z - \sigma_x)^2 + 6(\tau_{xy}^2 + \tau_{yz}^2 + \tau_{zx}^2)\right]$$
$$J_3 = S_x S_y S_z + 2\tau_{xy}\tau_{yz}\tau_{zx} - S_x\tau_{yz}^2 - S_y\tau_{zx}^2 - S_z\tau_{xy}^2 \tag{2.4-82}$$

主应力：

$$\sigma_1 = \sigma_m + \frac{2}{3\bar{\sigma}}\sin\left(\theta - \frac{2\pi}{3}\right),\ \sigma_2 = \sigma_m + \frac{2}{3\bar{\sigma}}\sin(\theta),\ \sigma_3 = \sigma_m + \frac{2}{3\bar{\sigma}}\sin\left(\theta + \frac{2\pi}{3}\right) \tag{2.4-83}$$

其中，$\sigma_m = s/\sqrt{3}$，$\bar{\sigma} = t\sqrt{(3/2)}$，$\theta = \frac{1}{3}\arcsin\left(\frac{-3\sqrt{6}J_3}{t^3}\right)$，式中

$$t = \frac{1}{\sqrt{3}}\left[(\sigma_x - \sigma_y)^2 + (\sigma_y - \sigma_z)^2 + (\sigma_z - \sigma_x)^2 + 6\tau_{xy}^2 + 6\tau_{yz}^2 + 6\tau_{zx}^2\right]^{1/2}$$
$$J_3 = S_x S_y S_z - S_x\tau_{yz}^2 - S_y\tau_{zx}^2 - S_z\tau_{xy}^2 + 2\tau_{xy}\tau_{yz}\tau_{zx},\ s = \frac{1}{\sqrt{3}}(\sigma_x + \sigma_y + \sigma_z) \tag{2.4-84}$$

在程序编制中需要计算主应力、偏应力、应力不变量的偏导：

$$\frac{\partial\sigma_1}{\partial\{\boldsymbol{X}\}} = \frac{\partial\sigma_m}{\partial\{\boldsymbol{X}\}} + 2/3\left(\frac{\partial\bar{\sigma}}{\partial\{\boldsymbol{X}\}}\sin\left(\theta - \frac{2\pi}{3}\right) + \bar{\sigma}\cos\left(\theta - \frac{2\pi}{3}\right)\frac{\partial\theta}{\partial\{\boldsymbol{X}\}}\right)$$
$$\frac{\partial\sigma_2}{\partial\{\boldsymbol{X}\}} = \frac{\partial\sigma_m}{\partial\{\boldsymbol{X}\}} + 2/3\left(\frac{\partial\bar{\sigma}}{\partial\{\boldsymbol{X}\}}\sin(\theta) + \bar{\sigma}\cos(\theta)\frac{\partial\theta}{\partial\{\boldsymbol{X}\}}\right) \tag{2.4-85}$$
$$\frac{\partial\sigma_3}{\partial\{\boldsymbol{X}\}} = \frac{\partial\sigma_m}{\partial\{\boldsymbol{X}\}} + 2/3\left(\frac{\partial\bar{\sigma}}{\partial\{\boldsymbol{X}\}}\sin\left(\theta + \frac{2\pi}{3}\right) + \bar{\sigma}\cos\left(\theta + \frac{2\pi}{3}\right)\frac{\partial\theta}{\partial\{\boldsymbol{X}\}}\right)$$

$$\frac{\partial\sigma_m}{\partial\{\boldsymbol{X}\}} = \frac{1}{3}\left(\frac{\partial\sigma_x}{\partial\{\boldsymbol{X}\}} + \frac{\partial\sigma_y}{\partial\{\boldsymbol{X}\}} + \frac{\partial\sigma_z}{\partial\{\boldsymbol{X}\}}\right),\ \frac{\partial\bar{\sigma}}{\partial\{\boldsymbol{X}\}} = \sqrt{\frac{3}{2}}\frac{\partial t}{\partial\{\boldsymbol{X}\}} \tag{2.4-86}$$

$$\frac{\partial S_x}{\partial\{\boldsymbol{X}\}} = \frac{1}{3}\left(2\frac{\partial\sigma_x}{\partial\{\boldsymbol{X}\}} - \frac{\partial\sigma_y}{\partial\{\boldsymbol{X}\}} - \frac{\partial\sigma_z}{\partial\{\boldsymbol{X}\}}\right)$$
$$\frac{\partial S_y}{\partial\{\boldsymbol{X}\}} = \frac{1}{3}\left(2\frac{\partial\sigma_y}{\partial\{\boldsymbol{X}\}} - \frac{\partial\sigma_z}{\partial\{\boldsymbol{X}\}} - \frac{\partial\sigma_x}{\partial\{\boldsymbol{X}\}}\right) \tag{2.4-87}$$
$$\frac{\partial S_z}{\partial\{\boldsymbol{X}\}} = \frac{1}{3}\left(2\frac{\partial\sigma_z}{\partial\{\boldsymbol{X}\}} - \frac{\partial\sigma_x}{\partial\{\boldsymbol{X}\}} - \frac{\partial\sigma_y}{\partial\{\boldsymbol{X}\}}\right)$$

$$\frac{\partial\theta}{\partial\{\boldsymbol{X}\}} = \sqrt{6}\left(-\frac{\partial J_3}{\partial\{\boldsymbol{X}\}}t + 3J_3\frac{\partial t}{\partial\{\boldsymbol{X}\}}\right)/(t^4\sqrt{1 - \frac{54J_3^2}{t^6}}) \tag{2.4-88}$$

$$\frac{\partial J_3}{\partial\{\boldsymbol{X}\}} = \frac{\partial S_x}{\partial\{\boldsymbol{X}\}}S_yS_z + \frac{\partial S_y}{\partial\{\boldsymbol{X}\}}S_zS_x + \frac{\partial S_z}{\partial\{\boldsymbol{X}\}}S_xS_y - \left(\frac{\partial S_x}{\partial\{\boldsymbol{X}\}}\tau_{yz}^2 + 2S_x\tau_{yz}\frac{\partial\tau_{yz}}{\partial\{\boldsymbol{X}\}}\right) -$$
$$\left(\frac{\partial S_y}{\partial\{\boldsymbol{X}\}}\tau_{zx}^2 + 2S_y\tau_{zx}\frac{\partial\tau_{zx}}{\partial\{\boldsymbol{X}\}}\right) - \left(\frac{\partial S_z}{\partial\{\boldsymbol{X}\}}\tau_{xy}^2 + 2S_z\tau_{xy}\frac{\partial\tau_{xy}}{\partial\{\boldsymbol{X}\}}\right) +$$
$$2\cdot\left(\frac{\partial\tau_{xy}}{\partial\{\boldsymbol{X}\}}\tau_{yz}\tau_{zx} + \frac{\partial\tau_{yz}}{\partial\{\boldsymbol{X}\}}\tau_{xy}\tau_{zx} + \frac{\partial\tau_{zx}}{\partial\{\boldsymbol{X}\}}\tau_{xy}\tau_{yz}\right) \tag{2.4-89}$$

$$\frac{\partial t}{\partial\{\boldsymbol{X}\}}=\frac{1}{2\sqrt{3}}\left[(\sigma_{x}-\sigma_{y})^{2}+(\sigma_{y}-\sigma_{z})^{2}+(\sigma_{z}-\sigma_{x})^{2}+6\tau_{xy}^{2}+6\tau_{yz}^{2}+6\tau_{zx}^{2}\right]^{\frac{1}{2}}\cdot$$
$$\left[2(\sigma_{x}-\sigma_{y})\left(\frac{\partial\sigma_{x}}{\partial\{\boldsymbol{X}\}}-\frac{\partial\sigma_{y}}{\partial\{\boldsymbol{X}\}}\right)+2(\sigma_{y}-\sigma_{z})\left(\frac{\partial\sigma_{y}}{\partial\{\boldsymbol{X}\}}-\frac{\partial\sigma_{z}}{\partial\{\boldsymbol{X}\}}\right)+\right.$$
$$\left.2(\sigma_{z}-\sigma_{x})\left(\frac{\partial\sigma_{z}}{\partial\{\boldsymbol{X}\}}-\frac{\partial\sigma_{x}}{\partial\{\boldsymbol{X}\}}\right)+12\tau_{xy}\frac{\partial\tau_{xy}}{\partial\{\boldsymbol{X}\}}+12\tau_{yz}\frac{\partial\tau_{yz}}{\partial\{\boldsymbol{X}\}}+12\tau_{zx}\frac{\partial\tau_{zx}}{\partial\{\boldsymbol{X}\}}\right] \tag{2.4-90}$$

上述模糊输出后可以形成随机损伤切线刚度矩阵的表达式如式(2.4-91)所示，

$$[\boldsymbol{k}]^{E^{*}}=\iiint_{\tau}[\boldsymbol{B}]^{T}[\boldsymbol{D}]_{E}^{*s}[\boldsymbol{B}]\,d\tau=\iiint_{\tau}[\boldsymbol{B}]^{T}\frac{\partial[\boldsymbol{D}]^{*}}{\partial E}[\boldsymbol{B}]\,d\tau$$
$$[\boldsymbol{k}]^{v^{*}}=\iiint_{\tau}[\boldsymbol{B}]^{T}[\boldsymbol{D}]_{v}^{*s}[\boldsymbol{B}]\,d\tau=\iiint_{\tau}[\boldsymbol{B}]^{T}\frac{\partial[\boldsymbol{D}]^{*}}{\partial \nu}[\boldsymbol{B}]\,d\tau$$
$$[\boldsymbol{k}]^{\Omega^{*}}=\iiint_{\tau}[\boldsymbol{B}]^{T}[\boldsymbol{D}]_{\Omega}^{*s}[\boldsymbol{B}]\,d\tau=\iiint_{\tau}[\boldsymbol{B}]^{T}\frac{\partial[\boldsymbol{D}]^{*}}{\partial \Omega}[\boldsymbol{B}]\,d\tau$$
$$\{E,\nu,\Omega\}\in\{\boldsymbol{U}\}^{s,f}、[\boldsymbol{e}]^{s,f}、[\boldsymbol{\sigma}]^{s,f}、\{\boldsymbol{f}\}^{s,f}\subset O:\xi(s,f) \tag{2.4-91}$$

在以上各项算法元素能得以实现后，便可以进一步完成模糊损伤概率及模糊损伤可靠度分析计算。

由于弹脆性材料复杂的力学行为，实际模型的破坏准则及功能函数大多为非线性的，采用验算点处的超平面来近似就比较精确[33]。达到这个目的首先要对非正态变量做当量变换，即把非正态分布用正态分布来代替，但对于代替的正态分布函数要求在设计验算点处的累计概率分布函数（CDF）值和概率密度函数（PDF）值都和原来的分布函数的 CDF 值和 PDF 值相同。

选取迭代步初值$\{\boldsymbol{X}\}^{*}=\{x_{1}^{*},x_{2}^{*},\cdots,x_{i}^{*},\cdots,x_{n}^{*}\}$，其中$x_{i}^{*}$为某种分布的相关随机变量，其对应的数字特征为$\mu_{\{\boldsymbol{X}\}^{*}}=\left\{\mu_{x_{1}^{*}},\mu_{x_{2}^{*}},\cdots,\mu_{x_{n}^{*}}\right\}$，$\sigma_{\{\boldsymbol{X}\}^{*}}=\left\{\sigma_{x_{1}^{*}},\sigma_{x_{2}^{*}},\cdots,\sigma_{x_{n}^{*}}\right\}$，一般取$x_{i}^{*}=\mu_{X_{i}}$。

这样，当量前后x_{i}^{*}不变，所以当量正态化形成数字特征有

$$\mu_{\{\boldsymbol{X}\}}'=\left\{\mu_{x_{1}'},\mu_{x_{2}'},\cdots,\mu_{x_{n}'}\right\},\ \sigma_{\{\boldsymbol{X}\}}'=\left\{\sigma_{x_{1}'},\sigma_{x_{2}'},\cdots,\sigma_{x_{n}'}\right\} \tag{2.4-92}$$

$$\begin{aligned}\sigma_{X_{i}}'&=\phi\{\phi^{-1}[F_{X_{i}}(x_{i}^{*})]\}/f_{X_{i}}(x_{i}^{*})\\ \mu_{X_{i}}'&=x_{i}^{*}-\phi^{-1}[F_{X_{i}}(x_{i}^{*})]\sigma_{X_{i}}'\end{aligned} \tag{2.4-93}$$

对于损伤变量的当量正态化要在常规有限元分析结束之后进行，首先形成β分布的初始损伤变量，在完成当量正态后形成损伤弹性矩阵式(2.4-62)、式(2.4-63)及式(2.4-64)，以便进行损伤有限元分析。

因为当量正态变换不改变随机变量的相关程度，$\rho_{X_{i}',X_{j}'}=\rho_{X_{i}^{*},X_{j}^{*}}$，所以形成当量后，协方差矩阵$[\boldsymbol{C}]_{\{\boldsymbol{X}\}}'$有如下形式[51]，

$$[\boldsymbol{C}]'_{\{\boldsymbol{X}\}}=\begin{bmatrix} D(X'_1) & & \cdots & & & \\ & & \ddots & & \mathrm{Cov}\left(X'_{i-1},X'_{j+1}\right) & \\ \vdots & & & \mathrm{Cov}\left(X'_i,X'_j\right) & & \\ & \mathrm{Cov}\left(X'_{i+1},X'_{j-1}\right) & & & \ddots & \\ & & & & \cdots & D(X'_n) \end{bmatrix}$$
$$=\begin{bmatrix} \rho_{X'_1,X'_1}\sigma'_{X_1}\sigma'_{X_1} & & \cdots & & & \\ & & \ddots & & \rho_{X'_{i-1},X'_{j+1}}\sigma'_{X_{-1i}}\sigma'_{X_{j+1}} & \\ \vdots & & & \rho_{X'_i,X'_j}\sigma'_{X_i}\sigma'_{X_j} & & \\ & \rho_{X'_{i+1},X'_{j-1}}\sigma'_{X_{i+1}}\sigma'_{X_{j-1}} & & & & \\ & & & \cdots & & \rho_{X'_n,X'_n}\sigma'_{X_n}\sigma'_{X_n} \end{bmatrix} \tag{2.4-94}$$

借助正交设计，可以构造如下矩阵，

$$[\boldsymbol{A}]=\mathrm{eigen}[\boldsymbol{C}]'_{\{\boldsymbol{X}\}}=\begin{bmatrix} a_{11} & a_{12} & \cdots & a_{1i} & & \\ a_{21} & \ddots & a_{2j} & a_{2i} & & \\ \vdots & & \ddots & \vdots & & \\ a_{i1} & & a_{ij} & a_{ii} & & \\ \vdots & & \cdots & \vdots & & \\ a_{n1} & & \cdots & a_{ni} & \ddots & a_{nn} \end{bmatrix} \tag{2.4-95}$$

其中，$[\boldsymbol{A}]$的列向量为$[\boldsymbol{C}]'_{\{\boldsymbol{X}\}}$的规格化正交特征向量。

因为当量前后x_i^*不变，继而可以形成独立正态变量$\{\boldsymbol{Y}\}$及其数字特征$E(\{\boldsymbol{Y}\})$、$D(\{\boldsymbol{Y}\})$，所以有

$$\begin{gathered} E(\{\boldsymbol{Y}\})=[\boldsymbol{A}]^{\mathrm{T}}E\left(\{\boldsymbol{X}\}'\right),\ \mu_{\underline{\boldsymbol{Y}}}=\left\{\mu_{Y_1},\mu_{Y_2},\cdots,\mu_{Y_n}\right\} \\ \mathrm{Var}(\{\boldsymbol{Y}\})=[\boldsymbol{A}]^{\mathrm{T}}[\boldsymbol{C}]'_{\{X\}}[\boldsymbol{A}],\ \sigma_{\{\boldsymbol{Y}\}}=\left\{\sigma_{Y_1},\sigma_{Y_2},\cdots,\sigma_{Y_n}\right\} \\ \{\boldsymbol{Y}\}=[\boldsymbol{A}]^{\mathrm{T}}\{\boldsymbol{X}\}^* \end{gathered} \tag{2.4-96}$$

此时，$\{\boldsymbol{Y}\}$为非标准独立正态变量；$\{\boldsymbol{Y}\}=\{Y_1,Y_2,\cdots,Y_n\}$。同时还必须要做独立正态变量的标准化，与$\{\boldsymbol{Y}\}$相对应的标准随机变量为$\{\boldsymbol{Y}\}^*=\{Y_1^*,Y_2^*,\cdots,Y_n^*\}$，即$\{\boldsymbol{Y}\}^*=[\boldsymbol{T}]\{\boldsymbol{Y}\}+\{\boldsymbol{B}\}$，其中，

$$[\boldsymbol{T}]=\begin{bmatrix} 1/\sigma_{Y_1} & & & & 0 \\ & 1/\sigma_{Y_2} & & & \\ & & \ddots & & \\ & & & 1/\sigma_{Y_{n-1}} & \\ 0 & & & & 1/\sigma_{Y_n} \end{bmatrix},\ \{\boldsymbol{B}\}=\left\{-\frac{\mu_{Y_1}}{\sigma_{Y_1}},-\frac{\mu_{Y_2}}{\sigma_{Y_2}},\cdots,-\frac{\mu_{Y_n}}{\sigma_{Y_n}}\right\}^{\mathrm{T}} \tag{2.4-97}$$

由于独立当量正态分布的数字特征$\mu_{\{\boldsymbol{Y}\}}$、$\sigma_{\{\boldsymbol{Y}\}}$会随着验算点$\{\boldsymbol{X}\}^*$变化，所以在确定新的迭代验算点$\{\boldsymbol{Y}\}^{*(k+1)}$之前要将$\{\boldsymbol{Y}\}^{*(k)}$修正为$\{\boldsymbol{Y}\}^{*(k)'}=[\boldsymbol{T}]'\{\boldsymbol{Y}\}^{*(k)}+\{\boldsymbol{B}\}'$，其中

$$[\boldsymbol{T}]'=\begin{bmatrix}\sigma_{Y_1}^{(k)}/\sigma_{Y_1}^{(k+1)} & & & & 0\\ & \sigma_{Y_2}^{(k)}/\sigma_{Y_2}^{(k+1)} & & & \\ & & \ddots & & \\ & & & \sigma_{Y_{n-1}}^{(k)}/\sigma_{Y_{n-1}}^{(k+1)} & \\ 0 & & & & \sigma_{Y_n}^{(k)}/\sigma_{Y_n}^{(k+1)}\end{bmatrix} \tag{2.4-98}$$

$$\{\boldsymbol{B}\}'=\left\{\frac{\mu_{Y_1}^{(k)}-\mu_{Y_1}^{(k+1)}}{\sigma_{Y_1}^{(k+1)}},\frac{\mu_{Y_2}^{(k)}-\mu_{Y_2}^{(k+1)}}{\sigma_{Y_2}^{(k+1)}},\cdots,\frac{\mu_{Y_n}^{(k)}-\mu_{Y_n}^{(k+1)}}{\sigma_{Y_n}^{(k+1)}}\right\}^{\mathrm{T}} \tag{2.4-99}$$

这样可以确定出迭代验算点$\{\boldsymbol{Y}\}^*$，并以$\{\boldsymbol{Y}\}^*$代入$[K]\{\boldsymbol{U}(\{\boldsymbol{Y}\}^*)\}=\{R\}$，求解出$\{\boldsymbol{U}(\{\boldsymbol{Y}\}^*)\}$，从而可以求解$\frac{\partial[\boldsymbol{K}]}{\partial\{\boldsymbol{X}\}}$、$\frac{\partial\{\boldsymbol{R}\}}{\partial\{\boldsymbol{X}\}}$，进一步可以得到位移列阵的偏导$\frac{\partial\{\boldsymbol{U}\}}{\partial\{\boldsymbol{X}\}}$，因此可以计算单元节点位移的方差、高斯点应力的方差、变异及可靠指标等内容。

在引入随机损伤弹性矩阵$[\boldsymbol{D}^*]$、$[\boldsymbol{D}^*]_E^{\mathrm{s}}$、$[\boldsymbol{D}^*]_\nu^{\mathrm{s}}$、$[\boldsymbol{D}^*]_\Omega^{\mathrm{s}}$后，可以计算获得损伤位移$\{\boldsymbol{U}^*\}$、有效应力$\{\boldsymbol{\sigma}^*\}$、应变$\{\boldsymbol{\varepsilon}^*\}$及其不变量，进一步得到“损伤切线刚度矩阵”及“损伤右端项”的偏导如下，

$$\frac{\partial[\boldsymbol{K}^*]}{\partial\{\boldsymbol{X}\}}=\sum_l\int_{\tau_l}[\boldsymbol{B}]^T\frac{\partial([\boldsymbol{D}^*])}{\partial\{\boldsymbol{X}\}}[\boldsymbol{B}]\,\mathrm{d}\tau;$$
$$\{E,\nu,\Omega\}\in\{\boldsymbol{U}\}^{\mathrm{s,f}}、[\boldsymbol{e}]^{\mathrm{s,f}}、[\boldsymbol{\sigma}]^{\mathrm{s,f}}、\{\boldsymbol{f}\}^{\mathrm{s,f}}\subset O:\xi(s,f) \tag{2.4-100}$$

$$\frac{\partial\{\boldsymbol{R}^*\}}{\partial\{\boldsymbol{X}\}}=\sum_l\int_{\tau_l}[\boldsymbol{N}]^{\mathrm{T}}\{\boldsymbol{f}^*\}\,\mathrm{d}\tau;\ \{E,\nu,\Omega\}\in\{\boldsymbol{U}\}^{\mathrm{s,f}}、[\boldsymbol{e}]^{\mathrm{s,f}}、[\boldsymbol{\sigma}]^{\mathrm{s,f}}、\{\boldsymbol{f}\}^{\mathrm{s,f}}\subset O:\xi(s,f) \tag{2.4-101}$$

并在此基础上可以得到损伤位移列阵的偏导$\partial\{\boldsymbol{U}^*\}/\partial\{\boldsymbol{X}\}$，从而可以计算出损伤应力、应变的方差、协方差等如下，

$$\mathrm{Var}\left[\overline{U}_i^{\alpha^*}\right];\ \mathrm{Var}\left[\sigma_i^{\alpha^*}\right];\ \mathrm{Var}\left[\varepsilon_i^{\alpha^*}\right];\ \alpha\in(x_1,x_2,\cdots,x_n)$$
$$\mathrm{Cov}\left[\overline{U}_i^{\alpha^*},\overline{U}_j^{\alpha^*}\right];\ \mathrm{Cov}\left[\sigma_i^{\alpha^*},\sigma_j^{\alpha^*}\right];\ \mathrm{Cov}\left[\varepsilon_i^{\alpha^*},\varepsilon_j^{\alpha^*}\right] \tag{2.4-102}$$

基于上述，研究给出了具体算法格式如下，

Step1：选取迭代步初值$\{\boldsymbol{X}\}^*=\{x_1^*,x_2^*,\cdots,x_i^*,\cdots,x_n^*\}$，其中$x_i^*$为任意分布的相关随机变量，对应的数字特征为$\mu_{\{X\}^*}=\{\mu_{x_1^*},\mu_{x_2^*},\cdots,\mu_{x_n^*}\}$，$\sigma_{\{X\}^*}=\{\sigma_{x_1^*},\sigma_{x_2^*},\cdots,\sigma_{x_n^*}\}$，一般取$x_i^*=\mu_{X_i}$。

Step2：当量正态化形成数字特征，保持当量前后x_i^*不变，

$$\mu'_{\{X\}}=\{\mu_{x'_1},\mu_{x'_2},\cdots,\mu_{x'_n}\},\ \sigma'_{\{X\}}=\{\sigma_{x'_1},\sigma_{x'_2},\cdots,\sigma_{x'_n}\} \tag{2.4-103}$$

$$\sigma'_{X_i}=\varphi\{\phi^{-1}[F_{X_i}(x_i^*)]\}/\left(f_{X_i}(x_i^*)\right);\ \mu'_{X_i}=x_i^*-\phi^{-1}[F_{X_i}(x_i^*)]\sigma'_{X_i} \tag{2.4-104}$$

Step3：形成当量后的协方差矩阵$[\boldsymbol{C}]'_{\{X\}}$。

Step4：进行正交设计$[\boldsymbol{A}]=\mathrm{eigen}([\boldsymbol{C}]'_{\{X\}})$。

Step5：形成独立正态变量$\{\boldsymbol{Y}\}$并计算其数字特征$E(\{\boldsymbol{Y}\})$、$D(\{\boldsymbol{Y}\})$。此时，$\{\boldsymbol{Y}\}$为非标准独立正态变量；$\{\boldsymbol{Y}\}=\{Y_1,Y_2,\cdots Y_n\}$。

Step6：进行独立正态变量标准化，与$\{\boldsymbol{Y}\}$相对应的标准随机变量为$\{\boldsymbol{Y}\}^*=\{Y_1^*,Y_2^*,\cdots,Y_n^*\}$，即$\{\boldsymbol{Y}\}^*=[\boldsymbol{T}]\{\boldsymbol{Y}\}+\{\boldsymbol{B}\}$，并且将$\{\boldsymbol{Y}\}^{*(k)}$修正为$\{\boldsymbol{Y}\}^{*(k)'}=[\boldsymbol{T}]'\{\boldsymbol{Y}\}^{*(k)}+\{\boldsymbol{B}\}'$。

Step7：确定迭代验算点$\{\boldsymbol{Y}\}^*$，并以$\{\boldsymbol{Y}\}^*$代入$[K]\{\boldsymbol{U}(\{\boldsymbol{Y}\}^*)\}=\{R\}$求解$\{\boldsymbol{U}(\{\boldsymbol{Y}\}^*)\}$。

Step8：求解未损伤前的$\{\boldsymbol{\sigma}\}$、σ_m、J_3等应力、应力不变量以及功能函数$g^{\alpha}[\{\boldsymbol{X}\}]$；$(\alpha\in\{\boldsymbol{X}\}=\{x_1,x_2,\cdots,x_n\})$。

Step9：求解$\frac{\partial[\boldsymbol{K}]}{\partial\{\boldsymbol{X}\}}$、$\frac{\partial\{\boldsymbol{R}\}}{\partial\{\boldsymbol{X}\}}$。

Step10：求解位移偏导

$$\frac{\partial[\{\boldsymbol{U}(\{\boldsymbol{Y}\}^*)\}]}{\partial X_i}=[\boldsymbol{K}]^{-1}\left(\frac{\partial\{\boldsymbol{R}\}}{\partial X_i}-\frac{\partial[\boldsymbol{K}]}{\partial X_i}\{\boldsymbol{U}(\{\boldsymbol{Y}\}^*)\}\right),\ (i=1,2,\cdots) \tag{2.4-105}$$

Step11：求解未损伤前的位移、应力、应变、不变量的数字特征$\mathrm{Var}\left[\overline{U_i^{\alpha}}\right]$；$\alpha\in\{x_1,x_2\cdots x_n\}$、$\mathrm{Cov}\left[\overline{U_i^{\alpha}},\overline{U_j^{\alpha}}\right]$；$\alpha\in\{x_1,x_2\cdots x_n\}$、$\mathrm{Var}[\sigma_i^{\alpha}]$；$\alpha\in(x_1,x_2\cdots x_n)$、$\mathrm{Cov}[\sigma_i^{\alpha},\sigma_j^{\alpha}]$；$\alpha\in(x_1,x_2\cdots x_n)$、$\mathrm{Var}[\varepsilon_i^{\alpha}]$；$\alpha\in(x_1,x_2\cdots x_n)$、$\mathrm{Cov}[\varepsilon_i^{\alpha},\varepsilon_j^{\alpha}]$；$\alpha\in(x_1,x_2\cdots x_n)\cdots$

Step12：求解伪损伤变量$\varpi=\frac{|\sigma_m|\tan\varphi+c}{\sqrt[3]{|J_3|}}$，其中$c$、$\varphi$由step6获得的值代入。

Step13：选择损伤变量模糊数生成器，在Step8基础上求解场内单元高斯点处服从β分布的模糊损伤变量初始值$\Omega\sim\beta(p,q)$，进而统计得到关于Ω的数字特征$E(\Omega)$，$\mathrm{Var}(\Omega)$。

Step14：由关系式(2.4-49)通过拟牛顿法反演得到分布函数的形状参数p、q，从而可按式(2.4-48)计算$F_{\Omega}(\Omega)$，$f_{\Omega}(\Omega)$。

Step15：求解模糊变量初始值$\Omega\sim\beta(p,q)$的当量正态化随机数字特征μ_{Ω}、σ_{Ω}，

$$\begin{aligned}\mu_{\Omega}&=\Omega-\phi^{-1}[F_{\Omega}(\Omega)]\sigma_{\Omega}\\ \sigma_{\Omega}&=\frac{\varphi\{\phi^{-1}[F_{\Omega}(\Omega)]\}}{f_{\Omega}(\Omega)}\end{aligned} \tag{2.4-106}$$

式中，ϕ^{-1}、ϕ分别表示标准正态分布的分布函数反函数及标准正态分布的密度函数。

Step16：修正形成损伤刚度矩阵$[\boldsymbol{k}]^{\alpha^*}$如下，

$$[\boldsymbol{k}]^{\alpha^*}=\iiint_{\tau}[\boldsymbol{B}]^{\mathrm{T}}[\boldsymbol{D}^*][\boldsymbol{B}]\,\mathrm{d}\tau;\ (\alpha\in\{X\}=\{x_1,x_2,\cdots,x_n\})$$

$$\{E,\nu,\Omega\}\in\{\boldsymbol{U}\}^{s,f}、[\boldsymbol{e}]^{s,f}、[\boldsymbol{\sigma}]^{s,f}、\{\boldsymbol{f}\}^{s,f}\subset O:\xi(s,f) \tag{2.4-107}$$

进而可以计算获得损伤位移$\{\boldsymbol{U}\}^*$、有效应力$\{\boldsymbol{\sigma}^*\}$、应变$\{\boldsymbol{\varepsilon}^*\}$等。

Step17：形成随机损伤切线刚度矩阵如下，

$$[\boldsymbol{k}]^{E^*}=\iiint_{\tau}[\boldsymbol{B}]^{\mathrm{T}}[\boldsymbol{D}^*]_E^{\mathrm{s}}[\boldsymbol{B}]\,\mathrm{d}\tau=\iiint_{\tau}[\boldsymbol{B}]^{\mathrm{T}}\frac{\partial[\boldsymbol{D}^*]}{\partial E}[\boldsymbol{B}]\,\mathrm{d}\tau$$

$$[\boldsymbol{k}]^{\upsilon^*}=\iiint_{\tau}[\boldsymbol{B}]^{\mathrm{T}}[\boldsymbol{D}^*]_{\upsilon}^{\mathrm{s}}[\boldsymbol{B}]\,\mathrm{d}\tau=\iiint_{\tau}[\boldsymbol{B}]^{\mathrm{T}}\frac{\partial[\boldsymbol{D}^*]}{\partial \boldsymbol{V}}[\boldsymbol{B}]\,\mathrm{d}\tau$$

$$[\boldsymbol{k}]^{\Omega^*}=\iiint_{\tau}[\boldsymbol{B}]^{\mathrm{T}}[\boldsymbol{D}^*]_{\Omega}^{\mathrm{s}}[\boldsymbol{B}]\,\mathrm{d}\tau=\iiint_{\tau}[\boldsymbol{B}]^{\mathrm{T}}\frac{\partial[\boldsymbol{D}^*]}{\partial \Omega}[\boldsymbol{B}]\,\mathrm{d}\tau$$

$$\{E,\nu,\Omega\}\in\{\boldsymbol{U}\}^{\mathrm{s,f}}、[\boldsymbol{e}]^{\mathrm{s,f}}、[\boldsymbol{\sigma}]^{\mathrm{s,f}}、\{\boldsymbol{f}\}^{\mathrm{s,f}}\subset O:\xi(s,f) \tag{2.4-108}$$

进而可以得到损伤位移列阵的偏导$\frac{\partial\{\boldsymbol{U}^*\}}{\partial\{\boldsymbol{X}\}}$，从而计算损伤应力、应变方差协方差等。

Step18：求解损伤功能函数梯度，

$$\begin{aligned}\nabla g^{\alpha^*}(\{\boldsymbol{Y}\}^*)&=[\boldsymbol{T}]^{-1}\nabla g^{\alpha^*}(\{\boldsymbol{Y}\})\\&=\left\{\frac{\partial g^{\alpha^*}}{\partial y_1^*},\frac{\partial g^{\alpha^*}}{\partial y_2^*},\cdots,\frac{\partial g^{\alpha^*}}{\partial y_{\mathrm{n}}^*}\right\};\ (\alpha\in\{\boldsymbol{X}\}=\{x_1,x_2,\cdots,x_{\mathrm{n}}\})\end{aligned} \tag{2.4-109}$$

Step19：求解验算点迭代方向即负梯度方向的单位矢量$\{\alpha\}$，

$$\{\alpha\}=-\frac{\nabla g^{\alpha*}(\{\boldsymbol{Y}\}^*)}{\left\|\nabla g^{\alpha*}(\{\boldsymbol{Y}\}^*)\right\|} \tag{2.4-110}$$

式中，$\|\bullet\|$为欧氏范数（Euclidean Norm），即

$$\left\|\nabla g^{\alpha*}(\{\boldsymbol{Y}\}^*)\right\|=\sqrt{\left(\frac{\partial g^{\alpha*}}{\partial y_1^*}\right)^2+\left(\frac{\partial g^{\alpha*}}{\partial y_2^*}\right)^2+\cdots+\left(\frac{\partial g^{\alpha*}}{\partial y_{\mathrm{n}}^*}\right)^2} \tag{2.4-111}$$

$\{\alpha\}$为可靠指标β关于y_i^*轴的方向余弦，它垂直于极限状态面，指向背离原点，验算迭代点沿此方向移动时$g^{\alpha*}(\{\boldsymbol{Y}\}^*)$降低最快。

Step20：求解验算迭代点移动步长d，

$$d=\frac{g^{\alpha*}(\{\boldsymbol{Y}\}^*)}{\left\|\nabla g^{\alpha*}(\{\boldsymbol{Y}\}^*)\right\|} \tag{2.4-112}$$

Step21：对$\{\boldsymbol{Y}\}^{*^{(k)}}$进行修正，为了保证第$k$次迭代$\{\boldsymbol{Y}\}^{*^{(k)}}$的坐标原点与新迭代点$\{\boldsymbol{Y}\}^{*^{(k+1)}}$之间的连线可以沿着$\{\boldsymbol{Y}\}^{*^{(k)}}$点所在曲线的梯度方向，需要将$\{\boldsymbol{Y}\}^{*^{(k)}}$修正为如下形式，

$$\{\boldsymbol{Y}\}^{*^{(k)'}}=\left\{\{\boldsymbol{Y}\}^{*^{(k)}}\right\}^{\mathrm{T}}\{\alpha\}\{\alpha\} \tag{2.4-113}$$

Step22：进而得迭代公式为，

$$\{\boldsymbol{Y}\}^{*^{(k+1)}}=\left(\left\{\{\boldsymbol{Y}\}^{*^{(k)}}\right\}^{\mathrm{T}}\{\alpha\}+\frac{g^{\alpha*}(\{\boldsymbol{Y}\}^*)}{\left\|\nabla g^{\alpha*}(\{\boldsymbol{Y}\}^*)\right\|}\right)\{\alpha\} \tag{2.4-114}$$

Step23：形成新回代验算点，

$$\{\boldsymbol{Y}\}^{(k+1)} = [\boldsymbol{T}]^{-1}\left(\{\boldsymbol{Y}\}^{2^{(k+1)}} - \{\boldsymbol{B}\}\right)$$
$$\{\boldsymbol{X}\}^{*(k+1)} = \left([\boldsymbol{A}]^T\right)^{-1}\{\boldsymbol{Y}\}^{(k+1)} \tag{2.4-115}$$

Step24：求解损伤可靠指标β^*及损伤失效概率P_f^*，

$$\beta^* = \sqrt{\left\{\{\boldsymbol{Y}\}^*\right\}^T\{\boldsymbol{Y}\}^*} = \sqrt{(y_1^*)^2 + (y_2^*)^2 + \cdots + (y_n^*)^2};\ \ P_f^* = 1 - \phi(\beta^*) \tag{2.4-116}$$

Step25：收敛判别，若$|\beta_i^* - \beta_{i-1}^*| < \varepsilon$则验算迭代停止，否则由 Step23 结果返回至 Step2 反复验算直至满足精度要求。

2.4.3　广义黏塑性本构模型

水利工程中绝大部分问题属于非线性问题，主要是材料非线性，或者是几何非线性。前者的应力应变关系（或者其他材料属性）要用比较复杂的函数关系表达，使得刚度方程的系数与所求解的问题的状态变量本身相关联，后者也称为“大应变”或“大位移”问题，它将导致刚度矩阵中出现未知量的乘积。本节主要探讨与前者相关的问题。材料非线性的数值分析问题建模途径主要是“常刚度迭代法”和“变刚度（切线刚度）迭代法”两种。“常刚度迭代法”在迭代过程中通过修改有限元方程右端项即“荷载矢量”来考虑材料非线性，“荷载矢量”由外加荷载和维持自平衡引入的广义“体荷载”组成，这种广义体荷载在整个系统内引起应力的重新分布，而不改变系统的净荷载；“变刚度（切线刚度）迭代法”考虑了刚度在材料破坏前的减小，通过定期更新总刚度矩阵和广义“体荷载”迭代相结合的方法实现计算的收敛，广义“体荷载”可以通过“黏塑性法”和“初始应力法”来获得。

在描述水利工程实施材料破坏时引入“屈服面”的完全弹塑性有限元要比用非线性弹性本构关系更合理些。应力空间中的“屈服面”可以是“随动的”或不可动的，用一个与材料强度和应力不变量有关的屈服函数F来描述。通过F的正负取值来描述塑性应变的发育开展。而材料的这种变化又以某种“关联”的方式进行，即塑性应变增量矢量方向可能与“极限破坏面”正交。“关联”流动法则使得模型数学形式得到简化，它和 von Mises 或 Tresca 破坏准则结合可以成功预测不排水黏土在屈服期间体积的变化[52]；对于 Mohr-Coulomb 破坏准则，为了消除物理上不可信的体积膨胀[53]，必须使用“非关联”流动法则，用塑性势函数G来描述非关联塑性应变发育。

基于以上黏塑性理论的随机有限元模型和通常的弹塑性模型相比优点明显。首先，由于黏塑性理论的刚度矩阵比之弹塑性问题大为简化，这就使得模型可以借助于直接偏微分法、摄动法或者随机场离散模型实现对结构的非确定性分析，而不会出现矩阵构造复杂导致算法收敛困难；其次，黏塑性随机有限元法在描述岩土材料的“非关联”流动时，塑性势的函数物理意义明确，可以就应力、应力增量、应力增量变化率对随机偏导矩阵直接求解，使得随机有限元算法的实现极为便利，可以通过广义“体荷载”及刚度矩阵的迭代求解方法的变化，对绝大多数岩土工程问题，如滑坡问题、填筑工程、基坑工程、地下洞室等，进行有效分析。

Zienkiewicz[54]提出了一种变载模型，允许材料的应力在有限“期间”内超越破坏准则，这个有限“期间”是基于 Cormeau[55]提出的伪时间步长来实现的，此时伪时间步长已经证明在数值计算过程中是绝对稳定的，它和模型采用的破坏准则有关，对于岩土工程中使用最广泛的 Mohr-Coulomb 破坏准则，伪时间步可表示为[56]：

$$\Delta t=\frac{4(1+\nu)(1-2\nu)}{E(1-2\nu+\sin^2\varphi)} \tag{2.4-117}$$

在此意义上，变载引起的黏塑性应变率可以表示为：

$$\{\dot{\boldsymbol{\varepsilon}}\}^{\mathrm{vp}}=F\frac{\partial G}{\partial\{\boldsymbol{\sigma}\}} \tag{2.4-118}$$

其中，右侧为破坏准则超越量，而这种超越是以破坏准则F的值大于零来表示的，G为塑性势函数。

通过$i=1,2,\cdots$级荷载的逐步施加来描述施工过程中水利工程中岩土体结构的逐级构建过程是一种实际、有效的可行方法，由于岩土结构主要承受体荷载，所以第i步的体荷载$\{\boldsymbol{p}_{\mathrm{b}}\}^i$是在每一个荷载增量步内，每一个伪时间步上荷载累加的结果，并且在所有高斯屈服点的单元上进行积分并累加而得到的，如公式(2.4-119)[57]所示：

$$\{\boldsymbol{p}_{\mathrm{b}}\}^i=\{\boldsymbol{p}_{\mathrm{b}}\}^{i-1}+\sum_{l}\int_{\tau_l}[\boldsymbol{B}]^{\mathrm{T}}[\boldsymbol{D}^{\mathrm{e}}]\left(\{\delta\boldsymbol{\varepsilon}\}_i^{\mathrm{vp}}\right)\mathrm{d}\tau \tag{2.4-119}$$

对于常刚度矩阵法，弹性阶段的随机本构方程的组装和前述的基本一致，重新表述如下[33]：

$$\{\boldsymbol{\sigma}\}^{\alpha}=[\boldsymbol{D}^{\mathrm{e}}]^{\alpha}\{\boldsymbol{e}\}^{\alpha}；\ (\alpha\in\{\boldsymbol{X}\}=\{x_1,x_2,\cdots,x_{\mathrm{n}}\}) \tag{2.4-120}$$

这样黏塑性随机有限元的关键就是体荷载$\{\boldsymbol{p}_{\mathrm{b}}\}^i$的偏导$\frac{\partial\{\boldsymbol{p}\}_{\mathrm{b}}}{\partial\{\boldsymbol{X}\}}$的组装，而求解$\frac{\partial\{\boldsymbol{p}\}_{\mathrm{b}}}{\partial\{\boldsymbol{X}\}}$的核心又是黏塑性应变增量$\{\delta\boldsymbol{\varepsilon}\}^{\mathrm{vp}}$的随机偏导数$\frac{\partial(\{\delta\varepsilon\}^{\mathrm{vp}})}{\partial\{\boldsymbol{X}\}}$。具体推导如下[58]：

$$\frac{\partial\left(\{\delta\varepsilon\}^{\mathrm{vp}}\right)}{\partial\{\boldsymbol{X}\}}=\frac{\partial}{\partial\{\boldsymbol{X}\}}\left[\Delta t\cdot\left(\{\dot{\varepsilon}\}_i^{\mathrm{vp}}\right)\right]=\frac{\partial(\Delta t)}{\partial\{\boldsymbol{X}\}}\left(\{\dot{\varepsilon}\}_i^{\mathrm{vp}}\right)+\Delta t\frac{\partial}{\partial\{\boldsymbol{X}\}}\left(\{\dot{\varepsilon}\}_i^{\mathrm{vp}}\right) \tag{2.4-121}$$

对于 Mohr-Coulomb 材料，

$$\frac{\partial(\Delta t)}{\partial\{\boldsymbol{X}\}}=\left\{\frac{\partial(\Delta t)}{\partial E}\frac{\partial(\Delta t)}{\partial \upsilon}\frac{\partial(\Delta t)}{\partial c}\frac{\partial(\Delta t)}{\partial \phi}\frac{\partial(\Delta t)}{\partial \gamma}\right\}^{\mathrm{T}}
=\left\{\begin{array}{c}\dfrac{-4(1+\nu)(1-2\nu)}{E^2(1-2\nu+\sin^2\phi)}\\ \dfrac{4[2(1+\nu)(1-2\nu)-(1+4\nu)(1-2\nu+\sin^2\phi)]}{E(1-2\nu+\sin^2\phi)^2}\\ 0\\ \dfrac{-4\sin(2\phi)(1+\nu)(1-2\nu)}{E(1-2\nu+\sin^2\phi)^2}\\ 0\end{array}\right\} \tag{2.4-122}$$

因为$G = G$（σ_m，J_2，J_3），则有，

$$\begin{aligned}\{\dot{\varepsilon}\}^{\mathrm{vp}} &= F\frac{\partial G}{\partial\{\boldsymbol{\sigma}\}} \\ &= F\left(\frac{\partial G}{\partial\sigma_\mathrm{m}}\frac{\partial\sigma_\mathrm{m}}{\partial\{\boldsymbol{\sigma}\}} + \frac{\partial G}{\partial J_2}\frac{\partial J_2}{\partial\{\boldsymbol{\sigma}\}} + \frac{\partial G}{\partial J_3}\frac{\partial J_3}{\partial\{\boldsymbol{\sigma}\}}\right) \\ &= F\left(DG_1[\boldsymbol{M}]_1 + DG_2[\boldsymbol{M}]_2 + DG_3[\boldsymbol{M}]_3\right)\{\boldsymbol{\sigma}\}\end{aligned} \tag{2.4-123}$$

其中，

$$\begin{gathered} DG_1 = \frac{\partial G}{\partial\sigma_\mathrm{m}}；\ DG_2 = \frac{\partial G}{\partial J_2}；\ DG_3 = \frac{\partial G}{\partial J_3}； \\ [\boldsymbol{M}]_1\{\boldsymbol{\sigma}\} = \frac{\partial\sigma_\mathrm{m}}{\partial\{\boldsymbol{\sigma}\}}；\ [\boldsymbol{M}]_2\{\boldsymbol{\sigma}\} = \frac{\partial J_2}{\partial\{\boldsymbol{\sigma}\}}；\ [\boldsymbol{M}]_3\{\boldsymbol{\sigma}\} = \frac{\partial J_3}{\partial\{\boldsymbol{\sigma}\}}\end{gathered} \tag{2.4-124}$$

$$[\boldsymbol{M}]_1 = \frac{1}{3(\sigma_\mathrm{x} + \sigma_\mathrm{y} + \sigma_\mathrm{z})}\begin{bmatrix} 1 & 1 & 1 & 0 & 0 & 0 \\ & 1 & 1 & 0 & 0 & 0 \\ & & 1 & 0 & 0 & 0 \\ & & & 0 & 0 & 0 \\ & & & & 0 & 0 \\ \text{对称} & & & & & 0 \end{bmatrix} \tag{2.4-125}$$

$$[\boldsymbol{M}]_2 = \frac{1}{3}\begin{bmatrix} 2 & -1 & -1 & 0 & 0 & 0 \\ & 2 & -1 & 0 & 0 & 0 \\ & & 2 & 0 & 0 & 0 \\ & & & 6 & 0 & 0 \\ & & & & 6 & 0 \\ \text{对称} & & & & & 6 \end{bmatrix} \tag{2.4-126}$$

$$[\boldsymbol{M}]_3 = \frac{1}{3}\begin{bmatrix} s_\mathrm{x} & s_\mathrm{z} & s_\mathrm{y} & \tau_\mathrm{xy} & -2\tau_\mathrm{yz} & \tau_\mathrm{zx} \\ & s_\mathrm{y} & s_\mathrm{x} & \tau_\mathrm{xy} & \tau_\mathrm{yz} & -2\tau_\mathrm{zx} \\ & & s_\mathrm{z} & -2\tau_\mathrm{xy} & \tau_\mathrm{yz} & \tau_\mathrm{zx} \\ & & & -3s_\mathrm{z} & 3\tau_\mathrm{zx} & 3\tau_\mathrm{yz} \\ & & & & -3s_\mathrm{x} & 3\tau_\mathrm{xy} \\ \text{对称} & & & & & -3s_\mathrm{y} \end{bmatrix} \tag{2.4-127}$$

$$\begin{aligned} s_\mathrm{x} &= \left(2\sigma_\mathrm{x} - \sigma_\mathrm{y} - \sigma_\mathrm{z}\right)/3; \\ s_\mathrm{y} &= \left(2\sigma_\mathrm{y} - \sigma_\mathrm{z} - \sigma_\mathrm{x}\right)/3; \\ s_\mathrm{z} &= \left(2\sigma_\mathrm{z} - \sigma_\mathrm{x} - \sigma_\mathrm{y}\right)/3 \end{aligned} \tag{2.4-128}$$

对平面应变问题，上述矩阵将简化为如下形式，

$$[\boldsymbol{M}]_1 = \frac{1}{3(\sigma_\mathrm{x} + \sigma_\mathrm{y} + \sigma_\mathrm{z})}\begin{bmatrix} 1 & 1 & 0 & 1 \\ & 1 & 0 & 1 \\ & & 0 & 0 \\ \text{对称} & & & 1 \end{bmatrix} \tag{2.4-129}$$

$$[\boldsymbol{M}]_2=\frac{1}{3}\begin{bmatrix} 2 & -1 & 0 & -1 \\ & 2 & 0 & -1 \\ & & 6 & 0 \\ \text{对称} & & & 2 \end{bmatrix} \tag{2.4-130}$$

$$[\boldsymbol{M}]_3=\frac{1}{3}\begin{bmatrix} s_x & s_z & \tau_{xy} & s_y \\ & s_y & \tau_{xy} & s_x \\ & & -3s_z & -2\tau_{xy} \\ \text{对称} & & & s_z \end{bmatrix} \tag{2.4-131}$$

对于 Mohr-Coulomb 材料，

$$DG_1=\sin\psi$$

$$DG_2=\frac{\cos\theta}{\sqrt{t}}\left[1+\tan\theta\tan 3\theta+\frac{\sin\psi}{\sqrt{3}}(\tan 3\theta-\tan\theta)\right]$$

$$DG_3=\frac{\sqrt{3}\sin\theta+\sin\psi\cos\theta}{t^2\cos 3\theta}$$

$$\theta=1/3\arcsin\left(\frac{-3\sqrt{6}J_3}{t^3}\right) \tag{2.4-132}$$

$$t=\frac{1}{\sqrt{3}}\left[\left(\sigma_x-\sigma_y\right)^2+\left(\sigma_y-\sigma_z\right)^2+(\sigma_z-\sigma_x)^2+6\tau_{xy}^2+6\tau_{yz}^2+6\tau_{zx}^2\right]^{1/2} \tag{2.4-133}$$

$$\sigma_m=\frac{1}{3}(\sigma_x+\sigma_y+\sigma_z),\ \bar{\sigma}=t\sqrt{(3/2)} \tag{2.4-134}$$

$$J_2=\frac{1}{6}\left[\left(\sigma_x-\sigma_y\right)^2+\left(\sigma_y-\sigma_z\right)^2+(\sigma_z-\sigma_x)^2+6\left(\tau_{xy}^2+\tau_{yz}^2+\tau_{zx}^2\right)\right]$$

$$J_3=S_xS_yS_z+2\tau_{xy}\tau_{yz}\tau_{zx}-S_x\tau_{yz}^2-S_y\tau_{zx}^2-S_z\tau_{xy}^2 \tag{2.4-135}$$

式中，ψ为岩土材料的膨胀角，将由试验资料确定。

根据以上描述，可以得到黏塑性应变率$\{\dot{\varepsilon}\}^{vp}$的偏导为如下，

$$\begin{aligned}\frac{\partial\left(\{\dot{\varepsilon}\}^{vp}\right)}{\partial\{\boldsymbol{X}\}}=&\left(\frac{\partial}{\partial\{\boldsymbol{X}\}}\left[F\left(DG_1[\boldsymbol{M}]_1+DG_2[\boldsymbol{M}]_2+DG_3[\boldsymbol{M}]_3\right)\right]\right)\{\boldsymbol{\sigma}\}+\\&F\left(DG_1[\boldsymbol{M}]_1+DG_2[\boldsymbol{M}]_2+DG_3[\boldsymbol{M}]_3\right)\frac{\partial\{\boldsymbol{\sigma}\}}{\partial\{\boldsymbol{X}\}}\end{aligned} \tag{2.4-136}$$

关于偏导$\frac{\partial\{\sigma\}}{\partial\{X\}}$的计算方法如下，

$$\frac{\partial\{\boldsymbol{\sigma}\}}{\partial\{\boldsymbol{X}\}}=\frac{\partial[\boldsymbol{D}]}{\partial\{\boldsymbol{X}\}}[\boldsymbol{B}]\{\boldsymbol{U}\}+[\boldsymbol{D}][\boldsymbol{B}]\frac{\partial\{\boldsymbol{U}\}}{\partial\{\boldsymbol{X}\}} \tag{2.4-137}$$

$$
\begin{aligned}
&\frac{\partial}{\partial\{\boldsymbol{X}\}}\left[F\left(DG_1[\boldsymbol{M}]_1+DG_2[\boldsymbol{M}]_2+DG_3[\boldsymbol{M}]_3\right)\right]\\
&=\frac{\partial F}{\partial\{\boldsymbol{X}\}}\left(DG_1[\boldsymbol{M}]_1+DG_2[\boldsymbol{M}]_2+DG_3[\boldsymbol{M}]_3\right)+\\
&\quad F\frac{\partial}{\partial\{\boldsymbol{X}\}}\left(DG_1[\boldsymbol{M}]_1+DG_2[\boldsymbol{M}]_2+DG_3[\boldsymbol{M}]_3\right)
\end{aligned}
\tag{2.4-138}
$$

不妨令，

$$
[\boldsymbol{\Sigma}]=\frac{\partial}{\partial\{\boldsymbol{X}\}}\left(DG_1[\boldsymbol{M}]_1+DG_2[\boldsymbol{M}]_2+DG_3[\boldsymbol{M}]_3\right)
\tag{2.4-139}
$$

则，

$$
\begin{aligned}
&\frac{\partial}{\partial\{\boldsymbol{X}\}}\left[F\left(DG_1[\boldsymbol{M}]_1+DG_2[\boldsymbol{M}]_2+DG_3[\boldsymbol{M}]_3\right)\right]\\
&=\frac{\partial F}{\partial\{\boldsymbol{X}\}}\left(DG_1[\boldsymbol{M}]_1+DG_2[\boldsymbol{M}]_2+DG_3[\boldsymbol{M}]_3\right)+F[\boldsymbol{\Sigma}]
\end{aligned}
\tag{2.4-140}
$$

而其中，

$$
\begin{aligned}
[\Sigma]&=\frac{\partial}{\partial\{\boldsymbol{X}\}}\left(DG_1[\boldsymbol{M}]_1+DG_2[\boldsymbol{M}]_2+DG_3[\boldsymbol{M}]_3\right)\\
&=\frac{\partial DG_1}{\partial\{\boldsymbol{X}\}}[\boldsymbol{M}]_1+DG_1\frac{\partial[\boldsymbol{M}]_1}{\partial\{\boldsymbol{X}\}}+\frac{\partial DG_2}{\partial\{\boldsymbol{X}\}}[\boldsymbol{M}]_2+\\
&\quad DG_2\frac{\partial[\boldsymbol{M}]_2}{\partial\{\boldsymbol{X}\}}+\frac{\partial DG_3}{\partial\{\boldsymbol{X}\}}[\boldsymbol{M}]_3+DG_3\frac{\partial[\boldsymbol{M}]_3}{\partial\{\boldsymbol{X}\}}
\end{aligned}
\tag{2.4-141}
$$

$$
\frac{\partial DG_1}{\partial\{\boldsymbol{X}\}}=0
\tag{2.4-142}
$$

$$
\begin{aligned}
\frac{\partial DG_2}{\partial\{\boldsymbol{X}\}}=&\frac{\sqrt{3}}{2}\left(\left(-\sin\theta\frac{\partial\theta}{\partial\{\boldsymbol{X}\}}\bar{\sigma}-\cos\theta\frac{\partial\bar{\sigma}}{\{\boldsymbol{X}\}}\right)/\bar{\sigma}^2\right)[(1+\tan\theta\tan(3\theta)+\\
&\sin\psi\left(\tan(3\theta)-\tan\theta\right)/\sqrt{3})+\cos\theta/\bar{\sigma}\cdot\frac{\partial\theta}{\partial\{\boldsymbol{X}\}}\left(\tan(3\theta)/(\cos\theta)^2+\right.\\
&\left.3\tan\theta/(\cos(3\theta))^2+\sin\psi\left(3/(\cos(3\theta))^2-1/(\cos\theta)^2\right)/\sqrt{3}\right)]
\end{aligned}
\tag{2.4-143}
$$

$$
\begin{aligned}
\frac{\partial DG_3}{\partial\{\boldsymbol{X}\}}=1.5\Bigg[&\frac{\partial\theta}{\partial\{\boldsymbol{X}\}}\left(\sqrt{3}\cos\theta-\sin\psi\sin\theta\right)\cdot\left(\cos(3\theta)\cdot\bar{\sigma}^2\right)-\left(\cos(3\theta)\left(2\cdot\bar{\sigma}\cdot\frac{\partial\bar{\sigma}}{\partial\{\boldsymbol{X}\}}\right)-\right.\\
&\left.3\sin(3\theta)\frac{\partial\theta}{\partial\{\boldsymbol{X}\}}\bar{\sigma}^2\right)\left(\sqrt{3}\sin\theta+\sin\psi\cos\theta\right)\Bigg]/\left(\cos(3\theta)\cdot\bar{\sigma}^2\right)^2
\end{aligned}
\tag{2.4-144}
$$

$$
\frac{\partial[\boldsymbol{M}]_1}{\partial\{\boldsymbol{X}\}}=\frac{-\dfrac{\partial\sigma_{\mathrm{m}}}{\partial\{\boldsymbol{X}\}}}{3\cdot\sigma_{\mathrm{m}}}\begin{bmatrix}1&1&1&0&0&0\\ &1&1&0&0&0\\ & &1&0&0&0\\ & & &0&0&0\\ & & & &0&0\\ \text{对称}& & & & &0\end{bmatrix},\quad\frac{\partial[\boldsymbol{M}]_2}{\partial\{\boldsymbol{X}\}}=0
\tag{2.4-145}
$$

$$\frac{\partial[\boldsymbol{M}]_3}{\partial\{\boldsymbol{X}\}}=\frac{1}{3}\begin{bmatrix}\frac{\partial s_x}{\partial\{\boldsymbol{X}\}} & \frac{\partial s_z}{\partial\{\boldsymbol{X}\}} & \frac{\partial s_y}{\partial\{\boldsymbol{X}\}} & \frac{\partial \tau_{xy}}{\partial\{\boldsymbol{X}\}} & -2\frac{\partial \tau_{yz}}{\partial\{\boldsymbol{X}\}} & \frac{\partial \tau_{zx}}{\partial\{\boldsymbol{X}\}} \\ & \frac{\partial s_y}{\partial\{\boldsymbol{X}\}} & \frac{\partial s_x}{\partial\{\boldsymbol{X}\}} & \frac{\partial \tau_{xy}}{\partial\{\boldsymbol{X}\}} & \frac{\partial \tau_{yz}}{\partial\{\boldsymbol{X}\}} & -2\frac{\partial \tau_{zx}}{\partial\{\boldsymbol{X}\}} \\ & & \frac{\partial s_z}{\partial\{\boldsymbol{X}\}} & -2\frac{\partial \tau_{xy}}{\partial\{\boldsymbol{X}\}} & \frac{\partial \tau_{yz}}{\partial\{\boldsymbol{X}\}} & \frac{\partial \tau_{zx}}{\partial\{\boldsymbol{X}\}} \\ & & & -3\frac{\partial s_z}{\partial\{\boldsymbol{X}\}} & 3\frac{\partial \tau_{zx}}{\partial\{\boldsymbol{X}\}} & 3\frac{\partial \tau_{yz}}{\partial\{\boldsymbol{X}\}} \\ & & & & -3\frac{\partial s_x}{\partial\{\boldsymbol{X}\}} & 3\frac{\partial \tau_{xy}}{\partial\{\boldsymbol{X}\}} \\ \text{对称} & & & & & -3\frac{\partial s_y}{\partial\{\boldsymbol{X}\}}\end{bmatrix} \tag{2.4-146}$$

$$\frac{\partial F}{\partial\{\boldsymbol{X}\}}=\left\{\frac{\partial F}{\partial E}\frac{\partial F}{\partial \mu}\frac{\partial F}{\partial c}\frac{\partial F}{\partial \varphi}\frac{\partial F}{\partial \gamma}\right\}^{\mathrm{T}} \tag{2.4-147}$$

其中，

$$\frac{\partial F}{\partial E}=\sin\phi\frac{\partial\sigma_m}{\partial E}+\frac{\partial\bar{\sigma}}{\partial E}\left(\cos\theta/\sqrt{3}-\sin\theta\sin\phi/3\right)-\frac{\partial\theta}{\partial E}\bar{\sigma}\left(\sin\theta/\sqrt{3}+\cos\theta\sin\phi/3\right)$$

$$\frac{\partial F}{\partial \mu}=\sin\phi\frac{\partial\sigma_m}{\partial \upsilon}+\frac{\partial\bar{\sigma}}{\partial \upsilon}\left(\cos\theta/\sqrt{3}-\sin\theta\sin\phi/3\right)-\frac{\partial\theta}{\partial \upsilon}\bar{\sigma}\left(\sin\theta/\sqrt{3}+\cos\theta\sin\phi/3\right)$$

$$\frac{\partial F}{\partial c}=\sin\phi\frac{\partial\sigma_m}{\partial c}+\frac{\partial\bar{\sigma}}{\partial c}\left(\cos\theta/\sqrt{3}-\sin\theta\sin\phi/3\right)-\frac{\partial\theta}{\partial c}\bar{\sigma}\left(\sin\theta/\sqrt{3}+\cos\theta\sin\phi/3\right)-\cos\phi$$

$$\frac{\partial F}{\partial \phi}=\cos\phi\cdot\sigma_m+\sin\phi\frac{\partial\sigma_m}{\partial \phi}+\frac{\partial\bar{\sigma}}{\partial \phi}\left(\cos\theta/\sqrt{3}-\sin\theta\sin\phi/3\right)-$$
$$\bar{\sigma}\left(\sin\theta\frac{\partial\theta}{\partial\phi}/\sqrt{3}+\left(\cos\theta\frac{\partial\theta}{\partial\phi}\sin\phi+\sin\theta\cos\phi\right)/3\right)+c\cdot\sin\phi$$

$$\frac{\partial F}{\partial \gamma}=\sin\phi\frac{\partial\sigma_m}{\partial \gamma}+\frac{\partial\bar{\sigma}}{\partial \gamma}\left(\cos\theta/\sqrt{3}-\sin\theta\sin\phi/3\right)-$$
$$\frac{\partial\theta}{\partial \gamma}\bar{\sigma}\left(\sin\theta/\sqrt{3}+\cos\theta\sin\phi/3\right) \tag{2.4-148}$$

基于全量理论的黏塑性常刚度随机有限元列式可以描述为[59]，

（1）计算初始位移$\{\boldsymbol{U}\}_0$；

（2）计算初始应力及其偏导$\{\boldsymbol{\sigma}\}_0$、$\frac{\partial\{\sigma\}_0}{\partial\{\boldsymbol{X}\}}$；

（3）计算初始体荷载增量如下，

$$\{\boldsymbol{p}_b\}^0=\sum_{l}\int_{\tau_l}[\boldsymbol{B}]^{\mathrm{T}}\{\boldsymbol{\sigma}\}_0\,\mathrm{d}\tau \tag{2.4-149}$$

（4）计算总体刚度矩阵及其偏导矩阵$[\boldsymbol{K}]_0$、$\frac{\partial[\boldsymbol{K}]_0}{\partial\{\boldsymbol{X}\}}$；

$$\{\Delta\boldsymbol{U}\}_0=[\boldsymbol{K}]_0^{-1}\left(\{\Delta\boldsymbol{R}\}_0+\{\boldsymbol{p}_b\}^0\right) \tag{2.4-150}$$

$$\frac{\partial\{\Delta \boldsymbol{U}\}_0}{\partial\{\boldsymbol{X}\}}=[\boldsymbol{K}]_0^{-1}\left(\frac{\partial\{\Delta \boldsymbol{R}\}_0}{\partial\{\boldsymbol{X}\}}+\frac{\partial\{\boldsymbol{p}_{\mathrm{b}}\}^0}{\partial\{\boldsymbol{X}\}}-\frac{\partial[\boldsymbol{K}]_0}{\partial\{\boldsymbol{X}\}}\{\Delta \boldsymbol{U}\}_0\right) \tag{2.4-151}$$

$$\frac{\partial\{\boldsymbol{U}\}_0}{\partial\{\boldsymbol{X}\}}=[\boldsymbol{K}]_0^{-1}\left(\frac{\partial\{\boldsymbol{R}\}(\{\boldsymbol{U}\}_0)}{\partial\{\boldsymbol{X}\}}-\frac{\partial[\boldsymbol{K}]}{\partial\{\boldsymbol{X}\}}\{\boldsymbol{U}\}\right) \tag{2.4-152}$$

$$\{\boldsymbol{U}\}_1=\{\boldsymbol{U}\}_0+\{\Delta \boldsymbol{U}\}_0,\quad \frac{\partial\{\boldsymbol{U}\}_1}{\partial\{\boldsymbol{X}\}}=\frac{\partial\{\boldsymbol{U}\}_0}{\partial\{\boldsymbol{X}\}}+\frac{\partial\{\Delta \boldsymbol{U}\}_0}{\partial\{\boldsymbol{X}\}} \tag{2.4-153}$$

$$\{\boldsymbol{\varepsilon}\}_0=[\boldsymbol{B}]\{\boldsymbol{U}\}_0,\quad \frac{\partial\{\boldsymbol{\varepsilon}\}_0}{\partial\{\boldsymbol{X}\}}=[\boldsymbol{B}]\frac{\partial\{\boldsymbol{U}\}_0}{\partial\{\boldsymbol{X}\}} \tag{2.4-154}$$

$$\{\boldsymbol{\sigma}\}_0=[\boldsymbol{D}]\{\varepsilon\}_0,\quad \frac{\partial\{\boldsymbol{\sigma}\}_0}{\partial\{\boldsymbol{X}\}}=\frac{\partial[\boldsymbol{D}]}{\partial\{\boldsymbol{X}\}}\{\varepsilon\}_0+[\boldsymbol{D}]\frac{\partial\{\varepsilon\}_0}{\partial\{\boldsymbol{X}\}} \tag{2.4-155}$$

$$\{\dot{\varepsilon}\}_i^{\mathrm{vp}}=F\frac{\partial G}{\partial\{\boldsymbol{\sigma}\}_i},\quad \frac{\partial\{\dot{\varepsilon}\}_i^{\mathrm{vp}}}{\partial\{\boldsymbol{X}\}} \tag{2.4-156}$$

$$\{\Delta\dot{\boldsymbol{\sigma}}\}_i=[\boldsymbol{D}]\{\dot{\varepsilon}\}_i^{\mathrm{vp}},\quad \frac{\partial(\{\Delta\dot{\boldsymbol{\sigma}}\}_i)}{\partial\{\boldsymbol{X}\}}=\frac{\partial[\boldsymbol{D}]}{\partial\{\boldsymbol{X}\}}\{\dot{\varepsilon}\}_i^{\mathrm{vp}}+[\boldsymbol{D}]\frac{\partial(\{\dot{\varepsilon}\}_i^{\mathrm{vp}})}{\partial\{\boldsymbol{X}\}} \tag{2.4-157}$$

$$\{\delta\varepsilon\}_i^{\mathrm{vp}}=\Delta t\cdot(\{\dot{\varepsilon}\}_i^{\mathrm{vp}}),\quad \frac{\partial(\{\delta\varepsilon\}_i^{\mathrm{vp}})}{\partial\{\boldsymbol{X}\}} \tag{2.4-158}$$

$$\{\boldsymbol{p}_{\mathrm{b}}\}^i=\{\boldsymbol{p}_{\mathrm{b}}\}^{i-1}+\sum_l\int_{\tau_l}([\boldsymbol{B}]^{\mathrm{T}}[\boldsymbol{D}^e]\{\delta\varepsilon\}_i^{\mathrm{vp}})\,\mathrm{d}\tau \tag{2.4-159}$$

$$\{\Delta \boldsymbol{U}\}_i=[\boldsymbol{K}]^{-1}(\{\Delta \boldsymbol{R}\}_i+\{\boldsymbol{p}_{\mathrm{b}}\}^i) \tag{2.4-160}$$

$$\{\boldsymbol{U}\}_{i+1}=\{\boldsymbol{U}\}_i+\{\Delta \boldsymbol{U}\}_i \tag{2.4-161}$$

$$\frac{\partial\{\Delta \boldsymbol{U}\}_i}{\partial\{\boldsymbol{X}\}}=[\boldsymbol{K}]^{-1}\left(\frac{\partial\{\Delta \boldsymbol{R}\}_i}{\partial\{\boldsymbol{X}\}}+\frac{\partial\{\boldsymbol{p}_{\mathrm{b}}\}^i}{\partial\{\boldsymbol{X}\}}-\frac{\partial[\boldsymbol{K}]}{\partial\{\boldsymbol{X}\}}\{\Delta U\}_i\right) \tag{2.4-162}$$

$$\frac{\partial\{\boldsymbol{U}\}_{i+1}}{\partial\{\boldsymbol{X}\}}=\frac{\partial\{\boldsymbol{U}\}_i}{\partial\{\boldsymbol{X}\}}+\frac{\partial\{\Delta \boldsymbol{U}\}_i}{\partial\{\boldsymbol{X}\}} \tag{2.4-163}$$

$$\{\Delta\boldsymbol{\sigma}\}_i=[\boldsymbol{D}]\{\delta\varepsilon\}_i^{\mathrm{vp}},\quad \{\boldsymbol{\sigma}\}_{i+1}=\{\boldsymbol{\sigma}\}_i+\{\Delta\boldsymbol{\sigma}\}_i \tag{2.4-164}$$

$$\frac{\partial\{\Delta\boldsymbol{\sigma}\}_i}{\partial\{\boldsymbol{X}\}}=\frac{\partial[\boldsymbol{D}]}{\partial\{\boldsymbol{X}\}}\{\delta\varepsilon\}_i^{\mathrm{vp}}+[\boldsymbol{D}]\frac{\partial(\{\delta\varepsilon\}_i^{\mathrm{vp}})}{\partial\{\boldsymbol{X}\}} \tag{2.4-165}$$

$$\{\boldsymbol{\varepsilon}\}_{i+1}^{\mathrm{vp}}=\{\boldsymbol{\varepsilon}\}_i^{\mathrm{vp}}+\{\delta\varepsilon\}_i^{\mathrm{vp}},\quad \frac{\partial\{\boldsymbol{\varepsilon}\}_{i+1}^{\mathrm{vp}}}{\partial\{\boldsymbol{X}\}}=\frac{\partial\{\boldsymbol{\varepsilon}\}_i^{\mathrm{vp}}}{\partial\{\boldsymbol{X}\}}+\frac{\partial\{\delta\varepsilon\}_i^{\mathrm{vp}}}{\partial\{\boldsymbol{X}\}} \tag{2.4-166}$$

$$\frac{\partial\{\boldsymbol{\sigma}\}_{i+1}}{\partial\{\boldsymbol{X}\}}=\frac{\partial[\boldsymbol{D}]}{\partial\{\boldsymbol{X}\}}[\boldsymbol{B}]\{\boldsymbol{U}\}_{i+1}+[\boldsymbol{D}][\boldsymbol{B}]\frac{\partial\{\boldsymbol{U}\}_{i+1}}{\partial\{\boldsymbol{X}\}} \tag{2.4-167}$$

收敛准则可采用下式，

$$
\begin{aligned}
&\left\|\{\boldsymbol{U}\}_{i+1}-\{\boldsymbol{U}\}_i\right\| / \left\|\{\boldsymbol{U}\}_{i+1}\right\| \leqslant \varepsilon_1 \\
&\left\|\frac{\partial\{\boldsymbol{U}\}_{i+1}}{\partial\{\boldsymbol{X}\}}-\frac{\partial\{\boldsymbol{U}\}_i}{\partial\{\boldsymbol{X}\}}\right\| / \left\|\frac{\partial\{\boldsymbol{U}\}_{i+1}}{\partial\{\boldsymbol{X}\}}\right\| \leqslant \varepsilon_2
\end{aligned}
\tag{2.4-168}
$$

式中，ε_1、ε_2分别代表就位移及位移偏导收敛项的判别微量。

参考文献

[1] 张楚汉, 金峰. 岩石和混凝土离散-接触-断裂分析[M]. 北京: 清华大学出版社, 2008: 1-17.

[2] 张楚汉. 水利水电工程科学前沿[M]. 北京: 清华大学出版社, 2002: 1-30.

[3] 李杰. 混凝土随机损伤本构关系研究新进展[J]. 东南大学学报(自然科学版), 2002, 32(5): 750-755

[4] 金峰, 胡卫, 张楚汉, 等. 基于工程类比的小湾拱坝安全评价[J]. 岩石力学与工程学报, 2008, 27(10): 2027-2033.

[5] 王进廷, 金峰, 张楚汉. 结构抗震试验方法的发展[J]. 地震工程与工程振动, 2005, 25(4): 37-43.

[6] 王亚军, 张我华. 龙滩碾压混凝土坝随机损伤力学分析的模糊自适应有限元研究[J]. 岩石力学与工程学报, 2008, 27(6): 1251-1259.

[7] Yajun Wang. Tests and Models of Hydraulic Concrete Material with High Strength[J]. Advances in Materials Science and Engineering, 2016: 1-18.

[8] Wang Yajun, Zhang Wohua, Zhang chuhan, et al. Fuzzy stochastic damage mechanics (FSDM)based on fuzzy auto-adaptive control theory[J]. Water Science and Engineering, 2012, 5(2): 230-242.

[9] 王亚军, 张我华. 龙滩碾压混凝土坝随机损伤力学分析的模糊自适应有限元研究[J]. 岩石力学与工程学报, 2008. 27(6): 1251-1259.

[10] 王亚军, 张我华, 张楚汉, 等. 碾压混凝土重力坝的广义损伤可靠度及敏感性[J]. 土木建筑与环境工程, 2011, 33(1): 77-86.

[11] Yajun Wang. A novel story on rock slope reliability, by an initiative model that incorporated the harmony of damage, probability and fuzziness[J]. Geomechanics and Engineering, 2017, 12(2): 269-294.

[12] Jean Lemaitre. A Continuous Damage Mechanics Model for Ductile Fracture[J]. Journal of Engineering Materials and Technology, 1985, 97: 83-89.

[13] Zhang W, Valliappan S. Continuum damage mechanics theory and application-part Ⅰ: theory[J]. International Journal of Damage Mechanics, 1998, 7(3): 250-273.

[14] Zhang W, Valliappan S. Continuum damage mechanics theory and application-part Ⅱ: application[J]. International Journal of Damage Mechanics, 1998, 7(3): 274-297.

[15] Wang Ya-jun, WU Chang Yu, GAN Xiao Qing, et al. Fully Graded Concrete Creep Models and Parameters[J]. Applied Mechanics and Materials, 2013, 275-277: 2069-2072.

[16] Wang Ya-jun, Zhang Wohua. Super Gravity Dam Generalized Damage Study[J], Advanced Materials Research, 2012, 479-481: 421-425.

[17] Wang Ya-jun, Zuo Zheng, GAN Xiao Qing, et al. Super Arch Dam Seismic Generalized Damage[J]. Applied Mechanics and Materials, 2013, 275-277: 1229-1232.

[18] 朱伯芳. 水工混凝土结构的温度应力与温度控制[M]. 北京: 水利电力出版社, 1976: 10-37.

[19] 余寿文, 冯西桥. 损伤力学[M]. 北京: 科学出版社, 1997: 31-33.

[20] 王亚军, 金峰, 张楚汉, 等. 舟山海域海相砂土循环激振下的液化破坏孔压模型[J], 岩石力学与工程学报, 2013, 32(3): 582-597.

[21] Wang Y J, Hu Y, Zuo Z, et al. Stochastic mechanical characteristics of Zhoushan marine soil based on GDS test system. Advanced Materials Research, 2013, 663: 676-679.

[22] Wang Ya-jun, Jin feng, Zhang chuhan, et al. Primary physical-mechanical characteristics on marine sediments from Zhoushan Seas in Sino mainland[J]. Applied Mechanics and Materials, 2013, 275-277: 273-277.

[23] 汪明元, 单治钢, 王亚军, 等. 应变控制下舟山岱山海相软土动弹性模量及阻尼比试验研究[J], 岩石力学与工程学报, 2014, 33(7): 1503-1512.

[24] Mingyuan WANG, Zhigang SHAN, Tao LIU, et al. Chemical-Physical Mechanism of Marine Sediments[J]. Earth and Environmental Science, 2019, 304: 1-4.

[25] Ming-yuan WANG, Ya-jun WANG, Zhi-gang SHAN, et al. CFD Numerical Simulation on Regular Wave Fields with 2-D Finite Element Method[J]. Earth and Environmental Science, 2021, 92.

[26] Ming-yuan WANG, Ya-jun WANG, Zhi-gang SHAN, et al. Vacuum preloading and geo-synthetics utilization, a promising preparation for the marine clay[J]. Earth and Environmental Science, 2021, 93.

[27] 高世虎, 王军, 李登超, 等. 舟山海相砂土静动力学特性研究[J]. 中国水运, 2014, 14(3): 335-339.

[28] 可建伟, 王军, 李登超, 等. 舟山海域海相砂土流固耦合动力液化可靠度研究[J]. 中国

水运, 2014, 14(8): 283-284.

[29] John T. Christian, and Gregory B. Baecher. Point-Estimate Method as Numerical Quadrature[J]. Journal of Geotechnical and Geoenviromental Engineering. September 1999: 779, 781-782.

[30] 刘宁. 可靠度随机有限元法及其工程应用[M]. 北京: 中国水利水电出版社. 2001.

[31] Szynakiewicz T, Griffiths D, Fenton G. A probabilistic investigation of c-phi' slope stability[C]. In: Muller-Karger C, editor. Proceedings of the 6th international congress in numerical methods in engineering and scientific applications, Sociedad Venezolana de Metodos Numericos en Ingenieria, 2002: 25–36.

[32] 祝玉学. 边坡可靠性分析[M]. 北京: 冶金工业出版社, 1993: 295-325.

[33] 王亚军, 张我华, 金伟良. 一次逼近随机有限元对堤坝模糊失效概率的分析[J]. 浙江大学学报(工学版), 2007, 41(1): 52-56.

[34] Wang Y J, Zhang W H, Jin W L, et al. Fuzzy stochastic generalized reliability studies on embankment systems based on first-order approximation theorem[J]. Water Science and Engineering, 2008, 1(4): 36-46.

[35] 王亚军. 基于模糊随机理论的广义可靠度在边坡稳定性分析中的应用[J]. 岩土工程技术, 2004, 18(5): 217-223.

[36] 王亚军, 张我华. 堤防工程广义可靠度分析及参数敏感性研究[J]. 工程地球物理学报, 2008, 5(5): 617-623.

[37] 王亚军, 张我华. 堤防工程的模糊随机损伤敏感性[J]. 浙江大学学报(工学版), 2011, 45(9): 1672-1679.

[38] 王亚军, 张我华. 荆南长江干堤系统广义可靠度分析[J]. 水利与建筑工程学报, 2008, 6(4): 272-279.

[39] 王亚军, 张我华. 岩石边坡模糊随机损伤可靠性研究[J]. 沈阳建筑大学学报(自然科学版), 2009, 25(3): 421-425.

[40] 王亚军, 张我华. 岩土工程非线性模糊随机损伤[J]. 解放军理工大学学报(自然科学版), 2011, 12(3): 251-257.

[41] Wang Y J, Hu Y, Zuo Z, et al. Stochastic finite element theory based on visco-plasto constitution[J]. Advanced Materials Research, 2013, 663: 672-675.

[42] Wang Y J, Zhang W H. Super gravity dam generalized damage study[J]. Advanced Materials Research, 2012, 479-481: 421-425.

[43] 王亚军, 张楚汉, 金峰, 等. 堤防工程综合安全模型和风险评价体系研究及应用[J]. 自然灾害学报, 2012, 21(1): 101-108.

[44] 王亚军. 模糊随机理论在岩土工程非确定分析当中的应用[D]. 浙江: 浙江大学, 2009: 179-180.

[45] Zhang W H, Valliappan S. Analysis of random anisotropic damage mechanics problems of rock mass, part I-probabilistic simulation, part II-statistical estimation[J]. J. Rock mechanics and Rock Engineering, 1990, 23(1): 91-112, 23(3), 241-259.

[46] Yajun Wang, Zhu Xing. Mixed uncertain damage models: Creation and application for one typical rock slope in Northern China[J]. Geotechnical Testing Journal, 2018, 41(4), 759-776.

[47] 王亚军, 张我华. 基于模糊随机损伤力学的模糊自适应有限元分析[J]. 解放军理工大学学报(自然科学版), 2009, 10(5): 440-446.

[48] 王亚军. 模糊一致理论及层次分析法在岸坡风险评价中的应用[J]. 浙江水利科技, 2004, 3: 1-8.

[49] Wang Ya-jun, Wang Jun. Generalised Reliability On Hydro-Geo Objects[J]. Open Civil Engineering Journal, 2015, 9, 498-503.

[50] Wang Y J, Wang J T, Gan X Q , et al. Modal analysis on Xiluodu arch dam under fuzzy stochastic damage constitution[J]. Advanced Materials Research, 2013, 663: 202-205.

[51] Yajun Wang, Feng Jin, Chuhan Zhang, et al. Novel method for groyne erosion stability evaluation[J]. Marine georesources & geotechnology, 2018, 36(1), 10-29.

[52] Griffiths D V. The effect of pore fluid compressibility on failure loads in elastic-plastic soil[J]. Int. J. Num. Anal. Meth. Geomech., 1985, 9: 253-259.

[53] Griffiths D V, Willson S M. An explicit form of the plastic matrix for Mohr-Coulomb materials[J]. Comm. App. Num. Meths., 1986, 2: 523-529.

[54] Zienkiewicz O C, Cormeau I C. Viscoplasticity, plasticity and creep in elastic solids[J]. A unified numerical solution approach. Int. J. Num. Meth. Eng. 1974, 8: 821-845.

[55] Cormeau I C. Numerical stability in quasi-static elasto-viscoplasticity[J]. Int. J. Num. Meth. Eng. 1975, 9(1): 109-127.

[56] 王亚军, 张我华. 黏塑性随机有限元及其对堤坝填筑问题的分析[J]. 中国科学院研究生院学报, 2009, 26(1): 132-140.

[57] 王亚军, 张我华. 双重流动法则下地基黏塑性随机有限元方法[J]. 浙江大学学报(工学版), 2010, 44(4): 798-805.

[58] 王亚军, 张我华. 非线性模糊随机损伤研究[J]. 水利学报, 2010, 41(2): 189-197.

[59] 王亚军, 张我华. 荆南长江干堤模糊自适应随机损伤机理研究[J]. 浙江大学学报(工学版), 2009, 43(4): 743-749, 776.

第 3 章
舟山土石坝工程问题研究

舟山水利工程设施多以土石方构筑，这里既有历史的原因，也有地区条件的限制。尤其是进入 21 世纪后，生态保护、可持续发展以及习近平总书记“两山”理论的感召下，节能降耗、就地取材、以最小的代价谋求社会与经济和谐发展，成为地区水利工程建设的主体指导思想。因此，截至当前，舟山库坝建设中成本与造价最低的土石坝所占比重极高，接近 95.5%，是地区内最为常见的坝型[1]。在这些水利工程设施中，不乏地理位置特殊、社会功能复合、工作环境复杂者，针对相关水利科学问题的探索具有重要的理论价值和现实意义。

本章将围绕舟山长地爿、洞岙、弹湖山、化城寺、西堠等典型土石坝工程开展专题研究，所依据的核心材料本构模型是第 2 章所述内容，部分传统本构理论将在具体问题中简述。

3.1 坝趾区动态开挖影响下舟山长地爿库坝系统可靠性评价研究

3.1.1 工程背景简介

舟山长地爿水库始建于20世纪70年代初,库区内集雨面积为0.17km^2,主流长度 0.20km,校核洪水位 28.50m,校核防洪标准为 200 年一遇。挡水建筑物为均质土坝,最大坝高15.3m。上游面采用素混凝土预制块衬护，迎水面设钢筋混凝土防浪墙，下游面采用干砌石护坡，并设一道马道。

进入21世纪后,长地爿水库所处大蒲弯区逐渐成为人口密集区,房地产开发极为活跃。尤其是毗邻长地爿库坝坝趾区的东投明越台商住小区,外围红线距离下游坝趾区不足 2km。为保证小区开发建设不对长地爿库坝系统造成影响，提前进行专项研究极为必要。

本节研究主要针对毗邻长地爿库坝坝趾区的东投明越台商住小区基坑开挖过程对库坝系统的动态影响，重点模拟“基坑开挖引发坝趾区工程地质及水文地质环境变化条件下、长地爿库坝系统可靠性及动态响应机制”，并就此做出安全评价[2]。现场工作环境如图 3.1-1 所示。

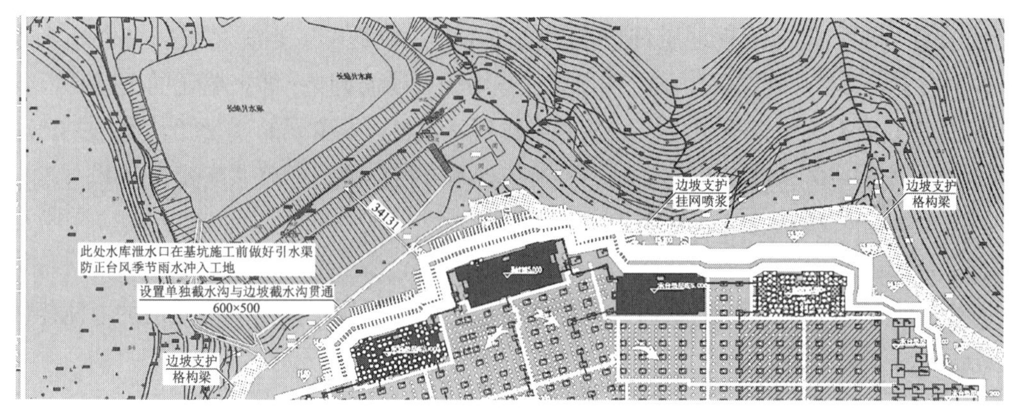

图 3.1-1　长地爿坝趾区基坑作业平面布置图

研究将通过静力、动力、指标折减、渗透及整体稳定性等若干方面的仿真计算，分析探究明越台商住小区基坑开挖引发坝趾区工程地质及水文地质环境变化条件下、长地爿库坝系统可靠性及动态响应机制[3-4]。

长地爿库坝系统研究采用精细化仿真建模手段，对坝趾区近场基坑开挖模型图做精工雕琢，其中，基坑最大开挖深度为 8m，并分作 8 个土层单元完成动态开挖建模（图 3.1-2）。

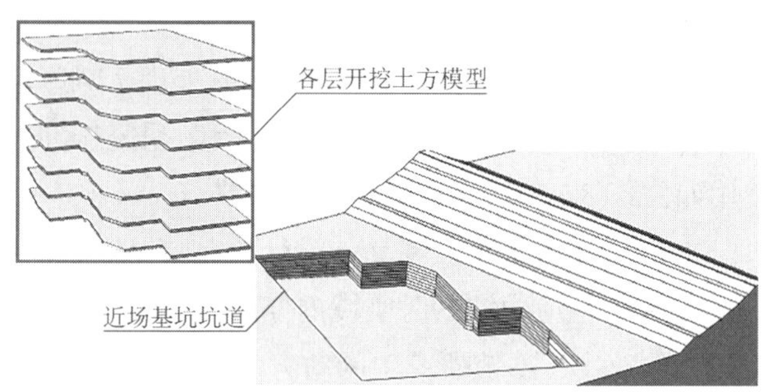

图 3.1-2　坝趾区近场基坑开挖模型图

3.1.2　数理研究模型与方法

（1）工程地质环境中虚实单元模拟方法

为模拟坝趾区地盘工程施工对区域内工程地质与水文地质环境的动态影响，本节研究将引入虚实单元，以实现就工程对象环境变化过程的仿真计算[5]。

虚实单元将在实施时被重新激活，此时可以计算节点位移，其目标值用u^g表示，则在模型的全部激活分析计算步中，虚实单元节点位移线性增加到目标值，结果如下：

$$u^e = \alpha(t)u^g \tag{3.1-1}$$

式中，u^e为虚实单元节点位移；$\alpha(t)$为取值为[0,1]的线性函数。

需要注意，仿真计算时为形成一致刚度矩阵，单元刚度也被乘以$\alpha(t)$，即激活分析步中被激活的单元也将线性变化。

仿真计算时，模拟工程地质环境变化的虚单元对应的刚度矩阵将乘以一个默认值为 1×10^{-6} 的小值参数，该参数会在仿真计算过程中视问题而调整；即虚单元的贡献并未被删除，只是将其设置为一个极小量而不参加荷载列阵组装。虚单元的质量及其他相关物理量均类似地设置为“0”，此时的虚单元不再参与控制方程求解，虚单元应变为“0”。

当工程地质环境变化需要将虚单元激活时，按照公式(3.1-1)处理实单元的应变场及位移场。

具体的仿真计算程序控制是通过刚度修正张量ζ_{ij}实现的，借助其修正后的总刚矩阵$\boldsymbol{K}$按照公式(3.1-2)计算：

$$\boldsymbol{K}=\begin{bmatrix}\zeta_{11}\boldsymbol{k}_{11}^{\mathrm{e}} & \zeta_{12}\boldsymbol{k}_{12}^{\mathrm{e}} & \zeta_{13}\boldsymbol{k}_{13}^{\mathrm{e}} & \cdots & \zeta_{1\mathrm{n}-1}\boldsymbol{k}_{1\mathrm{n}-1}^{\mathrm{e}} & \zeta_{1\mathrm{n}}\boldsymbol{k}_{1\mathrm{n}}^{\mathrm{e}}\\ \vdots & \zeta_{22}\boldsymbol{k}_{22}^{\mathrm{e}} & \zeta_{23}\boldsymbol{k}_{23}^{\mathrm{e}} & \cdots & \zeta_{2\mathrm{n}-1}\boldsymbol{k}_{2\mathrm{n}-1}^{\mathrm{e}} & \zeta_{2\mathrm{n}}\boldsymbol{k}_{2\mathrm{n}}^{\mathrm{e}}\\ \vdots & & & \zeta_{33}\boldsymbol{k}_{33}^{\mathrm{e}} & \cdots & \zeta_{3\mathrm{n}}\boldsymbol{k}_{3\mathrm{n}}^{\mathrm{e}}\\ \cdots & & & \ddots & \cdots & \vdots\\ \vdots & & & & \ddots & \zeta_{\mathrm{n}-1\mathrm{n}}\boldsymbol{k}_{\mathrm{n}-1\mathrm{n}}^{\mathrm{e}}\\ \vdots & & & & \cdots & \zeta_{\mathrm{nn}}\boldsymbol{k}_{\mathrm{nn}}^{\mathrm{e}}\end{bmatrix} \tag{3.1-2}$$

式中，$\boldsymbol{k}_{ij}^{\mathrm{e}}$（$i$，$j=1\sim n$）为单元刚度矩阵；$n$为单元数。

计算分析时，程序通过控制刚度修正张量ζ_{ij}的取值实现单元的虚实转换，从而完成对模型工程地质环境变化的模拟仿真。

（2）地盘工程开挖加固振冲效应动力学模拟方法

本节研究将重点考虑坝趾区地盘工程动态施工（地基处理）对库坝系统的影响，并将施工中产生的振冲荷载作为动力学加载条件引入仿真计算。研究振冲效应作为弹性应力波处理，其传播方程使用如公式(3.1-3)所示的数学模型模拟：

$$u_{\mathrm{tt}}-c^2\left(u_{\mathrm{xx}}+u_{\mathrm{yy}}+u_{\mathrm{zz}}\right)=0 \tag{3.1-3}$$

式中，u_{tt}、u_{xx}、u_{yy}、u_{zz}为弹性应力波的时空域内分量；c为弹性波速。

为加速仿真计算的收敛速度，本节研究中的动力学模拟采用了显示算法[6]，并使用中心差分法对时域离散，对应的时间增量步按照公式(3.1-4)计算：

$$\Delta t^{\mathrm{n}+1/2}=t^{\mathrm{n}+1}-t^{\mathrm{n}} \tag{3.1-4}$$

式中，t为时域变量；n为迭代步编号。

则对应的时域内位移$\boldsymbol{d}$、速度$\boldsymbol{v}$及加速度场a数值积分公式如下所示：

$$\boldsymbol{d}^{\mathrm{n}+1}=\boldsymbol{d}^{\mathrm{n}}+\Delta t^{\mathrm{n}+1/2}\boldsymbol{v}^{\mathrm{n}+1/2} \tag{3.1-5}$$

$$\boldsymbol{v}^{\mathrm{n}+1/2}=\boldsymbol{v}^{\mathrm{n}-1/2}+\Delta t^{\mathrm{n}}\boldsymbol{a}^{\mathrm{n}} \tag{3.1-6}$$

$$\boldsymbol{a}^{\mathrm{n}}=\left(\frac{\boldsymbol{v}^{\mathrm{n}+1/2}-\boldsymbol{v}^{\mathrm{n}-1/2}}{t^{\mathrm{n}+1/2}-t^{\mathrm{n}-1/2}}\right) \tag{3.1-7}$$

考虑到计算效率，本节研究仿真计算采用了等时间步长，此时的加速度场可以简化为：

$$\boldsymbol{a}^{\mathrm{n}}=\left(\frac{\left(\boldsymbol{d}^{\mathrm{n}+1}-2\boldsymbol{d}^{\mathrm{n}}+\boldsymbol{d}^{\mathrm{n}-1}\right)}{\left(\Delta t^{\mathrm{n}}\right)^2}\right) \tag{3.1-8}$$

基于上述，加速度场及速度场的更新算法如下所示：

$$\boldsymbol{a}^{\mathrm{n}+1}=\boldsymbol{M}^{-1}\left(\boldsymbol{f}^{\mathrm{n}+1}-\boldsymbol{C}\boldsymbol{v}^{\mathrm{n}+1/2}\right) \tag{3.1-9}$$

$$\boldsymbol{v}^{\mathrm{n+1}} = \boldsymbol{v}^{\mathrm{n+1/2}} + \left(t^{\mathrm{n+1}} - t^{\mathrm{n+1/2}}\right)\boldsymbol{a}^{\mathrm{n+1}} \tag{3.1-10}$$

式中，$\boldsymbol{M}$为集中质量矩阵；$\boldsymbol{f}$为右端项不平衡力列阵；$\boldsymbol{C}$为阻尼矩阵。

保证算法收敛的可靠时间步长由公式(3.1-11)决定：

$$\Delta t \leqslant \min_{\mathrm{e}} \frac{\ell_{\mathrm{e}}}{c_{\mathrm{e}}} \tag{3.1-11}$$

式中，ℓ_{e}为网格单元特征尺寸；c_{e}为单元弹性波速。

本节研究动力学部分的有限元格式可以归纳如下：

首先完成控制矩阵总装，

$$\boldsymbol{M}\ddot{\boldsymbol{a}}_{\mathrm{t+\Delta t}} + \boldsymbol{C}\dot{\boldsymbol{a}}_{\mathrm{t+\Delta t}} + \boldsymbol{K}\boldsymbol{a}_{\mathrm{t+\Delta t}} = \boldsymbol{Q}_{\mathrm{t+\Delta t}} \tag{3.1-12}$$

由总装控制矩阵初算加速度场，

$$\ddot{\boldsymbol{a}}_0 = \boldsymbol{M}^{-1}(\boldsymbol{Q}_0 - \boldsymbol{C}\dot{\boldsymbol{a}}_0 - \boldsymbol{K}\boldsymbol{a}_0) \tag{3.1-13}$$

进行积分常数计算，

$$\begin{aligned} &c_0 = \frac{1}{\beta(\Delta t)^2}, c_1 = \frac{\gamma}{\beta(\Delta t)}, c_2 = \frac{1}{\beta(\Delta t)}, c_3 = \left(\frac{1}{2\beta} - 1\right) \\ &c_4 = \frac{\gamma}{\beta} - 1, c_5 = \left(\frac{\gamma}{2\beta} - 1\right)(\Delta t), c_6 = (1-\gamma)(\Delta t), c_7 = \gamma(\Delta t) \end{aligned} \tag{3.1-14}$$

执行有效刚度矩阵$\hat{\boldsymbol{K}}$计算，

$$\hat{\boldsymbol{K}} = \boldsymbol{K} + \frac{1}{\beta(\Delta t)^2}\boldsymbol{M} + \frac{\gamma}{\beta(\Delta t)}\boldsymbol{C} \tag{3.1-15}$$

有效荷载更新如下，

$$\begin{aligned} \hat{\boldsymbol{Q}}_{\mathrm{t+\Delta t}} = \boldsymbol{Q}_{\mathrm{t+\Delta t}} &+ \left[\frac{1}{\beta(\Delta t)^2}\boldsymbol{a}_{\mathrm{t}} + \frac{1}{\beta(\Delta t)}\dot{\boldsymbol{a}}_{\mathrm{t}} + \left(\frac{1}{2\beta} - 1\right)\ddot{\boldsymbol{a}}_{\mathrm{t}}\right]\boldsymbol{M} + \\ &\left[\frac{\gamma}{\beta(\Delta t)}\boldsymbol{a}_{\mathrm{t}} + \left(\frac{\gamma}{\beta} - 1\right)\dot{\boldsymbol{a}}_{\mathrm{t}} + \left(\frac{\gamma}{2\beta} - 1\right)(\Delta t)\ddot{\boldsymbol{a}}_{\mathrm{t}}\right]\boldsymbol{C} \end{aligned} \tag{3.1-16}$$

位移场更新如下，

$$\boldsymbol{a}_{\mathrm{t+\Delta t}} = \hat{\boldsymbol{K}}^{-1}\hat{\boldsymbol{Q}}_{\mathrm{t+\Delta t}} \tag{3.1-17}$$

加速度场更新如下，

$$\ddot{\boldsymbol{a}}_{\mathrm{t+\Delta t}} = \frac{1}{\beta(\Delta t)^2}(\boldsymbol{a}_{\mathrm{t+\Delta t}} - \boldsymbol{a}_{\mathrm{t}}) - \frac{1}{\beta(\Delta t)}\dot{\boldsymbol{a}}_{\mathrm{t}} - \left(\frac{1}{2\beta} - 1\right)\ddot{\boldsymbol{a}}_{\mathrm{t}} \tag{3.1-18}$$

速度场更新如下，

$$\dot{\boldsymbol{a}}_{\mathrm{t+\Delta t}} = \frac{\gamma}{\beta(\Delta t)}(\boldsymbol{a}_{\mathrm{t+\Delta t}} - \boldsymbol{a}_{\mathrm{t}}) + \left(1 - \frac{\gamma}{\beta}\right)\dot{\boldsymbol{a}}_{\mathrm{t}} + \left(1 - \frac{\gamma}{2\beta}\right)\ddot{\boldsymbol{a}}_{\mathrm{t}}(\Delta t) \tag{3.1-19}$$

3.1.3　材料分区

本节研究的仿真计算采用个性化、精细化建模手段，并对前期模型做细化雕刻，将模型划分为 5 个大区，即两岸山体、坝体、上游坝踵区底板、坝基以及下游坝趾区，5 个区块的材料总体按照如表 3.1-1 标准选取模拟计算。

长地廾库坝系统各区材料参数标准值 **表 3.1-1**

材料分区	重度/（kN/m³）	模量/MPa	泊松比	黏聚力/kPa	内摩擦角/°	剪胀角/°	屈服强度/kPa
坝体	19.80	60	0.35	16	20	16	15
上游底板	19.90	60	0.30	17	21	17	16
坝基	20.00	180	0.29	90	23	19	2.0×10^4
山体	23.00	300	0.27	100	26	20	2.9×10^4
下游坝趾	19.50	20	0.33	9	18	17	5

研究所涉及各区域材料在仿真计算全程中均考虑非线性特征，并采用弹塑性本构模型模拟计算[7-13]。

对于降雨、渗透作用下，坝体填筑材料指标折减的仿真模拟主要依据如图 3.1-3 所示双曲线形折减模型完成，折减方程如公式(3.1-20)所示。

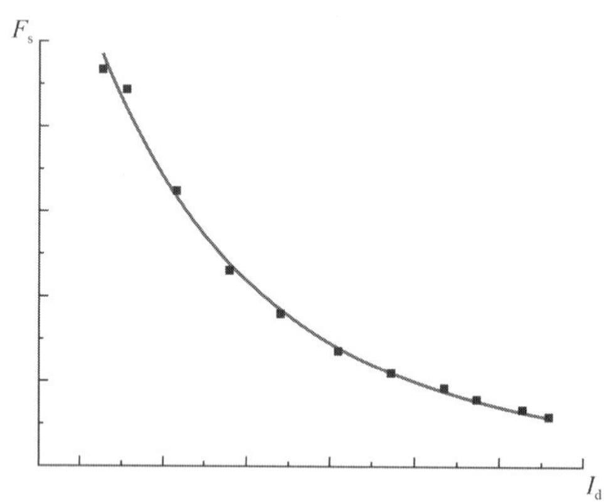

图 3.1-3 双曲线折减模型图

$$I_d = \frac{I_0}{1 + rF_S} \tag{3.1-20}$$

式中，I_d为折减后指标值；I_0为折减指标参照量；F_S为安全系数；r为形状系数。

3.1.4 本构模型

长地廾库坝系统研究过程中，考虑到修造历史较久，现场条件又极为复杂，故前述各区筑坝材料均考虑其弹塑性非线性特征，其中，坝基和两岸山体统一使用 Drucker-Prager 本构模型模拟；坝体、坝肩以及上游坝踵区底板统一使用 Mohr-Coulomb 本构模型模拟，基于此，各区筑坝材料的应力应变关系由增量方程式(3.1-21)和式(3.1-22)确定，

$$\{d\sigma\} = \{D_{ep}\}\{d\varepsilon\} \tag{3.1-21}$$

$$[D_{\mathrm{ep}}]=[D]-\frac{[D]\left\{\frac{\partial g}{\partial \sigma}\right\}\left\{\frac{\partial f}{\partial \sigma}\right\}^{\mathrm{T}}[D]}{A+\left\{\frac{\partial f}{\partial \sigma}\right\}^{\mathrm{T}}[D]\left\{\frac{\partial g}{\partial \sigma}\right\}} \tag{3.1-22}$$

式中，D_{ep}为弹塑性关系矩阵；D为弹性关系矩阵；A为硬化模量（采用非线性的应力-应变比例关系计算）；f为屈服函数；g为塑性势函数。

坝体、坝肩以及上游坝踵区底板各区筑坝材料对应的屈服准则由下式决定：

$$f=(\sigma_1-\sigma_3)_{\mathrm{f}}-\frac{2c\cos\varphi+2\sigma_3\sin\varphi}{1-\sin\varphi} \tag{3.1-23}$$

式中，c、φ为抗剪强度指标；σ_1、σ_3为大、小主应力。

坝基和两岸山体对应的屈服准则由式(3.1-24)～式(3.1-26)决定：

$$f=\sqrt{J_2}-\alpha I_1-k=0 \tag{3.1-24}$$

$$\alpha=\frac{\sin\varphi}{\sqrt{3}\sqrt{3+\sin^2\varphi}} \tag{3.1-25}$$

$$k=\frac{3c\cos\varphi}{\sqrt{3}\sqrt{3+\sin^2\varphi}} \tag{3.1-26}$$

式中，I_1为应力张量第一不变量；J_2为应力偏量张量第一不变量。

长地爿库坝系统研究各区块材料的塑性势函数均按照下式计算：

$$g=\beta p^2+\alpha_1 p+\frac{\sqrt{J_2}}{G(\theta)}-k \tag{3.1-27}$$

式中，θ为 Lode 角，塑性变量β、α_1及$G(\theta)$分别按照下列公式计算：

$$\beta=0 \tag{3.1-28}$$

$$\alpha_1=\frac{6\sin\varphi}{\sqrt{3}(3-\sin\varphi)} \tag{3.1-29}$$

$$G(\theta)=\frac{A}{\cos\theta-\frac{\sin\theta\sin\varphi}{\sqrt{3}}} \tag{3.1-30}$$

此外，坝体广义失效概率将结合 2.4.2 节及 2.4.3 节内容使用广义黏塑性本构模型计算。

3.1.5　边界条件与加载工况

1）边界条件设计

在本节研究不含虚实单元的工况中，基坑开挖后边坡不施加专门支护单元，该类边界条件用以模拟坑道初始地应力卸载后长间歇条件下的边坡自由变形情况。

本节研究中，除专门仿真模拟空库运行的若干工况外，坝体上游面将普遍施加静水压力，下游坝坡面自由；同时，不考虑下游坝趾区振冲效应下上游库水的动力耦合作用。

动力仿真计算采用脉动激振荷载，模拟坝趾区地盘工程开挖加固对长地爿库坝系统产生的振冲效应[14]，振冲脉动激振波形见图 3.1-4。

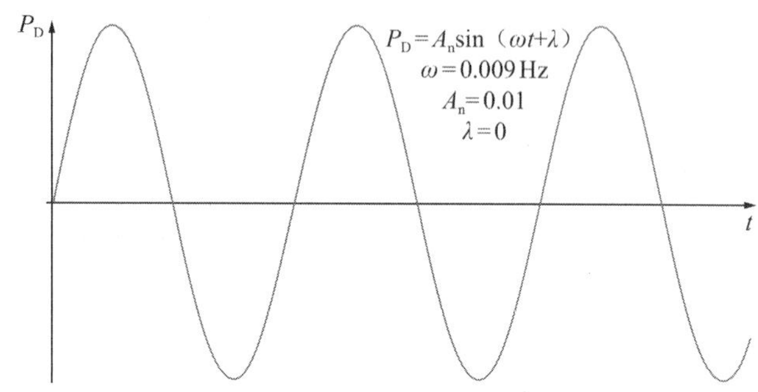

图 3.1-4　坝趾区振冲脉动激振波形

2）加载工况设计

本节研究共设计仿真计算工况 60 项，各工况可归为两个大类：一是不含虚实单元的长间歇工况，该类工况重点探讨坝趾区基坑边坡未做支护条件下下游施工环境对长地爿库坝系统的动态影响；二是包含虚实单元的静动力开挖工况，该类工况重点研究基坑开挖引发坝趾区工程地质及水文地质环境变化条件下，长地爿库坝系统可靠性及动态响应机制。

同时，针对长地爿库区左岸大范围削坡及前期踏勘时发现的临近左岸坝趾区基坑不明积水现象，研究还特别设计了左岸坝肩因渗透产生的干密度折减工况。此外，考虑到长地爿水库建库较久，研究进一步设计了降雨、渗透双重作用下坝体强度指标折减的静动力工况，各类工况具体信息如下。

（1）空库，含初始地应力平衡，基坑近场开挖及单向（空间半无限平面内剪切波方向）虚拟脉动激振分层施加，近场最大开挖深度 8m，分 8 层，每层 1m 加荷，采用广义弹脆性本构模型计算可靠度；

（2）满库，静水压力，含初始地应力平衡，基坑近场开挖及单向虚拟脉动激振分层施加，近场最大开挖深度 8m，分 8 层，每层 1m 加荷，采用广义弹脆性本构模型计算可靠度；

（3）施工初期偶遇一次大降水过程、2 天内降水满库（第 1 天半库、第 2 天满库、满库水位持续至开挖末期）、静水压力，含初始地应力平衡，基坑近场开挖及单向虚拟脉动激振分层施加，近场最大开挖深度 8m，分 8 层，每层 1m 加荷；

（4）施工初期偶遇一次大降水过程、7 天内降水满库（第 1 天低水位 1.5m、第 3 天半库、第 7 天满库水位持续至开挖末期）、静水压力，含初始地应力平衡，基坑近场开挖及单向虚拟脉动激振分层施加，近场最大开挖深度 8m，分 8 层，每层 1m 加荷；

（5）初始地应力平衡，含近场开挖取土过程，分 8 次开挖，每次 1m，最大开挖深度 8m，虚实单元，基坑边坡承受静力土压力，空库；

（6）初始地应力平衡，含近场开挖取土过程，分 8 次开挖，每次 1m，最大开挖深度

8m，虚实单元，基坑边坡承受静力土压力，低水位；

（7）初始地应力平衡，含近场开挖取土过程，分 8 次开挖，每次 1m，最大开挖深度 8m，虚实单元，基坑边坡承受静力土压力，半库；

（8）初始地应力平衡，含近场开挖取土过程，分 8 次开挖，每次 1m，最大开挖深度 8m，虚实单元，基坑边坡承受静力土压力，满库；

（9）初始地应力平衡，含近场开挖取土过程，分 8 次开挖，每次 1m，最大开挖深度 8m，虚实单元，基坑边坡承受静力土压力，施工初期偶遇一次大降水过程、2 天内降水满库（第 1 天半库、第 2 天满库水位持续至开挖末期），静水压力；

（10）初始地应力平衡，含近场开挖取土过程，分 8 次开挖，每次 1m，最大开挖深度 8m，虚实单元，基坑边坡承受静力土压力；施工初期偶遇一次大降水过程、7 天内降水满库（第 1 天低水位 1.5m、第 3 天半库、第 7 天满库水位持续至开挖末期），静水压力；

（11）初始地应力平衡，含近场开挖取土过程，分 8 次开挖，每次 1m，每次开挖施加基坑边坡动载，最大开挖深度 8m，虚实单元，基坑边坡承受动土压力，空库；

（12）初始地应力平衡，含近场开挖取土过程，分 8 次开挖，每次 1m，每次开挖施加基坑边坡动载，最大开挖深度 8m，虚实单元，基坑边坡承受动土压力，低水位；

（13）初始地应力平衡，含近场开挖取土过程，分 8 次开挖，每次 1m，每次开挖施加基坑边坡动载，最大开挖深度 8m，虚实单元，基坑边坡承受动土压力，满库；

（14）施工初期偶遇一次大降水过程、2 天内降水满库（第 1 天半库、第 2 天满库水位持续至开挖末期），静水压力，含初始地应力平衡，基坑近场开挖及单向虚拟脉动激振分层施加，近场最大开挖深度 8m，分 8 层、每层 1m 加荷、虚实单元，基坑边坡承受动土压力；

（15）施工初期偶遇一次大降水过程、7 天内降水满库（第 1 天低水位 1.5m、第 3 天半库、第 7 天满库水位持续至开挖末期）、静水压力，含初始地应力平衡，基坑近场开挖及单向虚拟脉动激振分层施加，近场最大开挖深度 8m，分 8 层、每层 1m 加荷、虚实单元，基坑边坡承受动土压力；

（16）初始地应力平衡，含近场开挖取土过程，分 8 次开挖，每次 1m，最大开挖深度 8m，虚实单元，基坑边坡承受静力土压力，低水位，该水位下左侧坝肩形成一条渗漏通道、导致该处填筑材料发生密度折减，折减分别发生于开挖第 1 天、第 3 天及第 7 天，折减系数分别为 0.5、1、2；

（17）初始地应力平衡，含近场开挖取土过程，分 8 次开挖，每次 1m，最大开挖深度 8m，虚实单元，基坑边坡承受静力土压力，半库水位，该水位下左侧坝肩形成一条渗漏通道、导致该处填筑材料发生密度折减，折减分别发生于开挖第 1 天、第 3 天及第 7 天，折减系数分别为 0.5、1、2；

（18）初始地应力平衡，含近场开挖取土过程，分 8 次开挖，每次 1m，最大开挖深度 8m，虚实单元，基坑边坡承受静力土压力，满库，该水位下左侧坝肩形成一条渗漏通道、导致该处填筑材料发生密度折减，折减分别发生于开挖第 1 天、第 3 天及第 7 天，折减系数分别为 0.5、1、2；

（19）初始地应力平衡，含近场开挖取土过程，分 8 次开挖，每次 1m，最大开挖深度 8m，虚实单元，基坑边坡承受静力土压力，施工初期偶遇一次大降水过程、2 天内降水满库（第 1 天半库、第 2 天满库水位持续至开挖末期），该降水过程中左侧坝肩形成一条渗漏通道、导致该处填筑材料发生密度折减，折减分别发生于开挖第 1 天、第 3 天及第 7 天，折减系数分别为 0.5、1、2；

（20）初始地应力平衡，含近场开挖取土过程，分 8 次开挖，每次 1m，最大开挖深度 8m，虚实单元，基坑边坡承受静力土压力，施工初期偶遇一次大降水过程、7 天内降水满库（第 1 天低水位 1.5m、第 3 天半库、第 7 天满库水位持续至开挖末期）、静水压力，该降水过程中左侧坝肩形成一条渗漏通道、导致该处填筑材料发生密度折减，折减分别发生于开挖第 1 天、第 3 天及第 7 天，折减系数分别为 0.5、1、2；

（21）空库，含初始地应力平衡，基坑近场开挖及单向虚拟脉动激振分层施加，近场最大开挖深度 8m，分 8 层，每层 1m 加荷，开挖过程中左侧坝肩形成一条渗漏通道、导致该处填筑材料发生密度折减，折减分别发生于开挖第 1 天、第 3 天及第 7 天，折减系数分别为 0.5、1、2；

（22）低水位，静水压力，含初始地应力平衡，基坑近场开挖及单向虚拟脉动激振分层施加，近场最大开挖深度 8m，分 8 层，每层 1m 加荷，开挖过程中左侧坝肩形成一条渗漏通道，导致该处填筑材料发生密度折减，折减分别发生于开挖第 1 天、第 3 天及第 7 天，折减系数分别为 0.5、1、2；

（23）半库，静水压力，初始地应力平衡，基坑近场开挖及单向虚拟脉动激振分层施加，近场最大开挖深度 8m，分 8 层，每层 1m 加荷，开挖过程中左侧坝肩形成一条渗漏通道，导致该处填筑材料发生密度折减，折减分别发生于开挖第 1 天、第 3 天及第 7 天，折减系数分别为 0.5、1、2；

（24）满库，静水压力，初始地应力平衡，基坑近场开挖及单向虚拟脉动激振分层施加，近场最大开挖深度 8m，分 8 层，每层 1m 加荷，开挖过程中左侧坝肩形成一条渗漏通道，导致该处填筑材料发生密度折减，折减分别发生于开挖第 1 天、第 3 天及第 7 天，折减系数分别为 0.5、1、2；

（25）静水压力，初始地应力平衡，基坑近场开挖及单向虚拟脉动激振分层施加，近场最大开挖深度 8m，分 8 层，每层 1m 加荷，施工初期偶遇一次大降水过程、2 天内降水满库（第 1 天半库、第 2 天满库水位持续至开挖末期），该降雨过程中左侧坝肩形成一条渗漏通道，导致该处填筑材料发生密度折减，折减分别发生于开挖第 1 天、第 3 天及第 7 天，折减系数分别为 0.5、1、2；

（26）静水压力，初始地应力平衡，基坑近场开挖及单向虚拟脉动激振分层施加，近场最大开挖深度8m，分8层，每层1m加荷，施工初期偶遇一次大降水过程，7天内降水满库（第1天低水位1.5m、第3天半库、第7天满库水位持续至开挖末期），该降水过程中左侧坝肩形成一条渗漏通道、导致该处填筑材料发生密度折减，折减分别发生于开挖第1天、第3天及第7天，折减系数分别为0.5、1、2；

（27）空库，初始地应力平衡，含近场开挖取土过程，分8次开挖，每次1m，每次开挖施加基坑边坡动载，最大开挖深度8m，虚实单元，基坑边坡承受动土压力，开挖过程中左侧坝肩形成一条渗漏通道、导致该处填筑材料发生密度折减，折减分别发生于开挖第1天、第3天及第7天，折减系数分别为0.5、1、2；

（28）低水位，静水压力，初始地应力平衡，含近场开挖取土过程，分8次开挖，每次1m，每次开挖施加基坑边坡动载，最大开挖深度8m，虚实单元，基坑边坡承受动土压力，开挖过程中左侧坝肩形成一条渗漏通道，导致该处填筑材料发生密度折减，折减分别发生于开挖第1天、第3天及第7天，折减系数分别为0.5、1、2；

（29）半库，静水压力，初始地应力平衡，含近场开挖取土过程，分8次开挖，每次1m，每次开挖施加基坑边坡动载，最大开挖深度8m，虚实单元，基坑边坡承受动土压力，开挖过程中左侧坝肩形成一条渗漏通道、导致该处填筑材料发生密度折减，折减分别发生于开挖第1天、第3天及第7天，折减系数分别为0.5、1、2；

（30）满库，静水压力，初始地应力平衡，含近场开挖取土过程，分8次开挖，每次1m，每次开挖施加基坑边坡动载，最大开挖深度8m，虚实单元，基坑边坡承受动土压力，开挖过程中左侧坝肩形成一条渗漏通道，导致该处填筑材料发生密度折减，折减分别发生于开挖第1天、第3天及第7天，折减系数分别为0.5、1、2；

（31）静水压力，初始地应力平衡，含近场开挖取土过程，分8次开挖，每次1m，每次开挖施加基坑边坡动载，最大开挖深度8m，虚实单元，基坑边坡承受动土压力；施工初期偶遇一次大降水过程、2天内降水满库（第1天半库、第2天满库水位持续至开挖末期），该降水过程中左侧坝肩形成一条渗漏通道，导致该处填筑材料发生密度折减，折减分别发生于开挖第1天、第3天及第7天，折减系数分别为0.5、1、2；

（32）静水压力，初始地应力平衡，含近场开挖取土过程，分8次开挖，每次1m，每次开挖施加基坑边坡动载，最大开挖深度8m，虚实单元，基坑边坡承受动土压力，施工初期偶遇一次大降水过程，7天内降水满库（第1天低水位1.5m、第3天半库、第7天满库水位持续至开挖末期），该降水过程中左侧坝肩形成一条渗漏通道，导致该处填筑材料发生密度折减，折减分别发生于开挖第1天、第3天及第7天，折减系数分别为0.5、1、2；

（33）空库，初始地应力平衡，含近场开挖取土过程，分8次开挖，每次1m，最大开挖深度8m，虚实单元，基坑边坡承受静力土压力，开挖过程中遭降雨及渗透双重影响、坝体填筑材料发生强度折减，折减分别发生于开挖第1天、第3天及第7天，折减系数分别为0.5、1、2；

（34）低水位，静水压力，初始地应力平衡，含近场开挖取土过程，分 8 次开挖，每次 1m，最大开挖深度 8m，虚实单元，基坑边坡承受静力土压力，开挖过程中遭降雨及渗透双重影响、坝体填筑材料发生强度折减，折减分别发生于开挖第 1 天、第 3 天及第 7 天，折减系数分别为 0.5、1、2；

（35）半库，静水压力，初始地应力平衡，含近场开挖取土过程，分 8 次开挖，每次 1m，最大开挖深度 8m，虚实单元，基坑边坡承受静力土压力，开挖过程中遭降雨及渗透双重影响、坝体填筑材料发生强度折减，折减分别发生于开挖第 1 天、第 3 天及第 7 天，折减系数分别为 0.5、1、2；

（36）满库，静水压力，初始地应力平衡，含近场开挖取土过程，分 8 次开挖，每次 1m，最大开挖深度 8m，虚实单元，基坑边坡承受静力土压力，开挖过程中遭降雨及渗透双重影响、坝体填筑材料发生强度折减，折减分别发生于开挖第 1 天、第 3 天及第 7 天，折减系数分别为 0.5、1、2；

（37）静水压力，初始地应力平衡，含近场开挖取土过程，分 8 次开挖，每次 1m，最大开挖深度 8m，虚实单元，基坑边坡承受静力土压力，施工初期偶遇一次大降水过程，2 天内降水满库（第 1 天半库、第 2 天满库水位持续至开挖末期），该降水过程中遭降雨及渗透双重影响、坝体填筑材料发生强度折减，折减分别发生于开挖第 1 天、第 3 天及第 7 天，折减系数分别为 0.5、1、2；

（38）静水压力，初始地应力平衡，含近场开挖取土过程，分 8 次开挖，每次 1m，最大开挖深度 8m，虚实单元，基坑边坡承受静力土压力；施工初期偶遇一次大降水过程，7 天内降水满库（第 1 天低水位 1.5m、第 3 天半库、第 7 天满库水位持续至开挖末期），该降水过程中遭降雨及渗透双重影响、坝体填筑材料发生强度折减，折减分别发生于开挖第 1 天、第 3 天及第 7 天，折减系数分别为 0.5、1、2；

（39）空库，初始地应力平衡，基坑近场开挖及单向虚拟脉动激振分层施加，近场最大开挖深度 8m，分 8 层，每层 1m 加荷，开挖过程中遭降雨及渗透双重影响、坝体填筑材料发生强度折减，折减分别发生于开挖第 1 天、第 3 天及第 7 天，折减系数分别为 0.5、1、2；

（40）低水位，静水压力，初始地应力平衡，基坑近场开挖及单向虚拟脉动激振分层施加，近场最大开挖深度 8m，分 8 层、每层 1m 加荷，开挖过程中遭降雨及渗透双重影响、坝体填筑材料发生强度折减，折减分别发生于开挖第 1 天、第 3 天及第 7 天，折减系数分别为 0.5、1、2；

（41）半库，静水压力，初始地应力平衡，基坑近场开挖及单向虚拟脉动激振分层施加，近场最大开挖深度 8m，分 8 层，每层 1m 加荷，开挖过程中遭降雨及渗透双重影响、坝体填筑材料发生强度折减，折减分别发生于开挖第 1 天、第 3 天及第 7 天，折减系数分别为 0.5、1、2；

（42）满库，静水压力，初始地应力平衡，基坑近场开挖及单向虚拟脉动激振分层施加，近场最大开挖深度 8m，分 8 层，每层 1m 加荷，开挖过程中遭降雨及渗透双重影响、坝体填筑材料发生强度折减，折减分别发生于开挖第 1 天、第 3 天及第 7 天，折减系数分别为 0.5、1、2；

（43）静水压力，初始地应力平衡，基坑近场开挖及单向虚拟脉动激振分层施加，近场最大开挖深度 8m，分 8 层，每层 1m 加荷，施工初期偶遇一次大降水过程，2 天内降水满库（第 1 天半库、第 2 天满库、满库水位持续至开挖末期），该降水过程中遭降雨及渗透双重影响、坝体填筑材料发生强度折减，折减分别发生于开挖第 1 天、第 3 天及第 7 天，折减系数分别为 0.5、1、2；

（44）静水压力，初始地应力平衡，基坑近场开挖及单向虚拟脉动激振分层施加，近场最大开挖深度 8m，分 8 层，每层 1m 加荷，施工初期偶遇一次大降水过程，7 天内降水满库（第 1 天低水位 1.5m、第 3 天半库、第 7 天满库水位持续至开挖末期），该降水过程中遭降雨及渗透双重影响、坝体填筑材料发生强度折减，折减分别发生于开挖第 1 天、第 3 天及第 7 天，折减系数分别为 0.5、1、2；

（45）空库，初始地应力平衡，含近场开挖取土过程，分 8 次开挖，每次 1m，每次开挖施加基坑边坡动载，最大开挖深度 8m，虚实单元，基坑边坡承受动土压力，开挖过程中遭降雨及渗透双重影响、坝体填筑材料发生强度折减，折减分别发生于开挖第 1 天、第 3 天及第 7 天，折减系数分别为 0.5、1、2；

（46）低水位，静水压力，初始地应力平衡，含近场开挖取土过程，分 8 次开挖，每次 1m，每次开挖施加基坑边坡动载，最大开挖深度 8m，虚实单元，基坑边坡承受动土压力，开挖过程中遭降雨及渗透双重影响、坝体填筑材料发生强度折减，折减分别发生于开挖第 1 天、第 3 天及第 7 天，折减系数分别为 0.5、1、2；

（47）半库，静水压力，初始地应力平衡，含近场开挖取土过程，分 8 次开挖，每次 1m，每次开挖施加基坑边坡动载，最大开挖深度 8m，虚实单元，基坑边坡承受动土压力，开挖过程中遭降雨及渗透双重影响、坝体填筑材料发生强度折减，折减分别发生于开挖第 1 天、第 3 天及第 7 天，折减系数分别为 0.5、1、2；

（48）满库，静水压力，初始地应力平衡，含近场开挖取土过程，分 8 次开挖，每次 1m，每次开挖施加基坑边坡动载，最大开挖深度 8m，虚实单元，基坑边坡承受动土压力，开挖过程中遭降雨及渗透双重影响、坝体填筑材料发生强度折减，折减分别发生于开挖第 1 天、第 3 天及第 7 天，折减系数分别为 0.5、1、2；

（49）初始地应力平衡，含近场开挖取土过程，分 8 次开挖，每次 1m，每次开挖施加基坑边坡动载，最大开挖深度 8m，虚实单元，基坑边坡承受动土压力，施工初期偶遇一次大降水过程，2 天内降水满库（第 1 天半库、第 2 天满库水位持续至开挖末期），该降雨过程中坝体填筑材料发生强度折减，折减分别发生于开挖第 1 天、第 3 天及第 7 天，折减系数分别为 0.5、1、2；

（50）初始地应力平衡，含近场开挖取土过程，分 8 次开挖，每次 1m，每次开挖施加基坑边坡动载，最大开挖深度 8m，虚实单元，基坑边坡承受动土压力，施工初期偶遇一次大降水过程，7 天内降水满库（第 1 天低水位 1.5m、第 3 天半库、第 7 天满库水位持续至开挖末期），该降雨过程中坝体填筑材料发生强度折减，折减分别发生于开挖第 1 天、第 3 天及第 7 天，折减系数分别为 0.5、1、2；

（51）低水位静水压力，因坝趾区开挖导致建基面以下 1m 范围内坝基与上游库水水力连通，该范围内坝基与坝体同时发生强度折减，坝体及坝基水力连通区域形成塑性圆弧滑动区，评价坝体及坝基水力连通区域的安全系数；

（52）低水位静水压力，因坝趾区开挖导致建基面以下 2m 范围内坝基与上游库水水力连通，地平面影响区域包括坝基及坝趾下游区 10m 范围，该范围内坝基与坝体同时发生强度折减，坝体及坝基水力连通区域形成塑性圆弧滑动区，评价坝体及坝基水力连通区域的安全系数；

（53）低水位静水压力，因坝趾区开挖导致建基面以下 3m 范围内坝基与上游库水水力连通，地平面影响区域包括坝基及坝趾下游区 10m 范围，该范围内坝基与坝体同时发生强度折减，坝体及坝基水力连通区域形成塑性圆弧滑动区，评价坝体及坝基水力连通区域的安全系数；

（54）低水位静水压力，因坝趾区开挖导致建基面以下 4m 范围内坝基与上游库水水力连通，地平面影响区域包括坝基及坝趾下游区 10m 范围，该范围内坝基与坝体同时发生强度折减，坝体及坝基水力连通区域形成塑性圆弧滑动区，评价坝体及坝基水力连通区域的安全系数；

（55）低水位静水压力，因坝趾区开挖导致建基面以下 5m 范围内坝基与上游库水水力连通，地平面影响区域包括坝基及坝趾下游区 10m 范围，该范围内坝基与坝体同时发生强度折减，坝体及坝基水力连通区域形成塑性圆弧滑动区，评价坝体及坝基水力连通区域的安全系数；

（56）低水位静水压力，因坝趾区开挖导致建基面以下 6m 范围内坝基与上游库水水力连通，地平面影响区域包括坝基及坝趾下游区 10m 范围，该范围内坝基与坝体同时发生强度折减，坝体及坝基水力连通区域形成塑性圆弧滑动区，评价坝体及坝基水力连通区域的安全系数；

（57）低水位静水压力，因坝趾区开挖导致建基面以下 7m 范围内坝基与上游库水水力连通，地平面影响区域包括坝基及坝趾下游区 10m 范围，该范围内坝基与坝体同时发生强度折减，坝体及坝基水力连通区域形成塑性圆弧滑动区，评价坝体及坝基水力连通区域的安全系数；

（58）低水位静水压力，因坝趾区开挖导致建基面以下 8m 范围内坝基与上游库水水力连通，地平面影响区域包括坝基及坝趾下游区 10m 范围，该范围内坝基与坝体同时发生强度折减，坝体及坝基水力连通区域形成塑性圆弧滑动区，评价坝体及坝基水力连通区域的安全系数；

（59）低水位静水压力，因坝趾区开挖、渗透，致使坝体发生强度折减，坝体内形成塑性圆弧滑动区，但折减期内基坑边坡防护成功，坑道内边坡不产生任何位移，评价坝体及坝基水力连通区域的安全系数；

（60）低水位静水压力，因坝趾区开挖、渗透，致使坝体发生强度折减，坝体内形成塑性圆弧滑动区，而且折减期内临近坝趾一侧的基坑边坡防护失效，产生 20mm 顺河向位移，评价坝体及坝基水力连通区域的安全系数。

3.1.6　有限元（FEM）网格模型

本节研究中的有限元网格模型采用了混合单元建模技术（图 3.1-5），即坝体及开挖揭露区土石方采用 Hex 单元离散（图 3.1-6），其他区域均采用 TeT 单元（图 3.1-7），单元族类型均为空间三维应力单元。不含开挖虚实单元的网格模型单元总数为 91266，节点总数为 131107（图 3.1-8）。模拟开挖揭露动态施工过程的含虚实单元的网格模型单元总数为 1457841，节点总数为 2006225（图 3.1-9）。

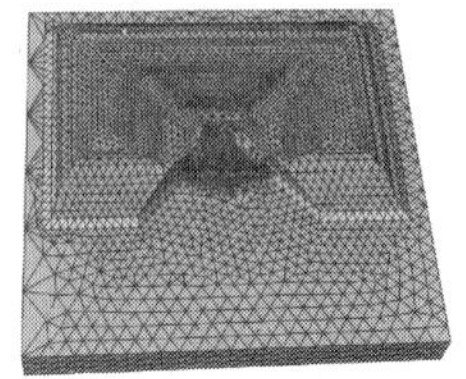

图 3.1-5　无虚实单元的长地爿库坝系统总体网格模型

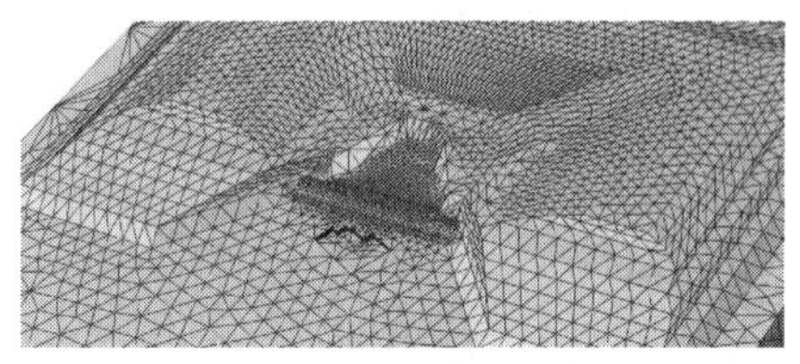

图 3.1-6　无虚实单元的长地爿库坝系统下游坝趾区局部放大网格模型

图 3.1-7　长地爿坝体网格模型

图 3.1-8　含虚实单元的长地爿库坝系统总体网格模型

图 3.1-9　长地爿库坝系统下游坝趾区虚实单元（近场）局部放大网格模型

3.1.7 模拟结果

1）场变量

本节研究选出 23 个代表性工况的结果，具体如图 3.1-10～图 3.1-115 所示。

（1）工况 1 动态场变量分布云图

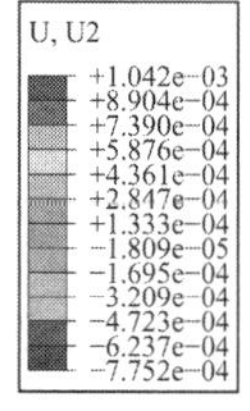

图 3.1-10 库区总体沉降分布
（坝趾区基坑开挖 8m 深）

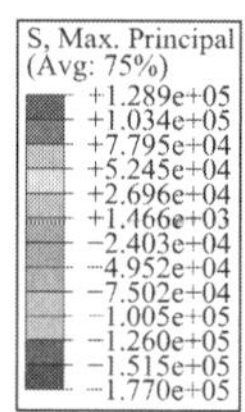

图 3.1-11 坝体大主应力场
（坝趾区基坑开挖 8m 深）

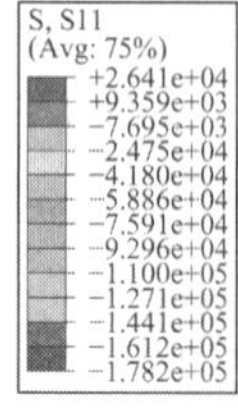

图 3.1-12 坝体顺河向应力场
（坝趾区基坑开挖 8m 深）

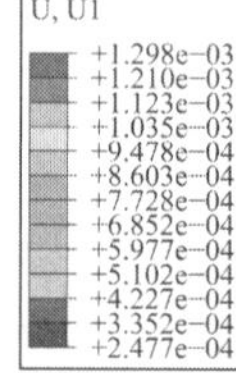

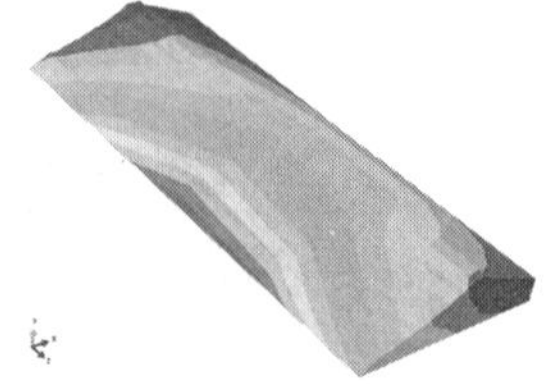

图 3.1-13 坝体顺河向位移场
（坝趾区基坑开挖 8m 深）

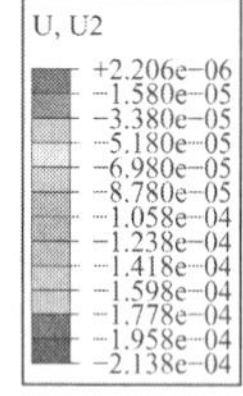

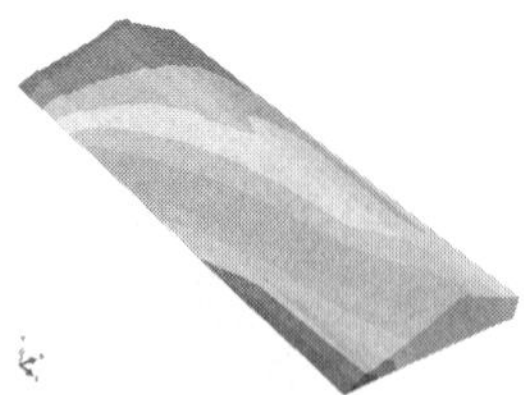

图 3.1-14 坝体铅垂向位移场
（坝趾区基坑开挖 8m 深）

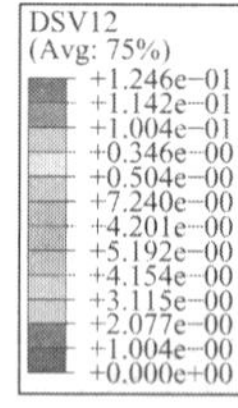

图 3.1-15 坝体广义失效概率
（坝趾区基坑开挖 8m 深）

（2）工况 2 动态场变量分布云图

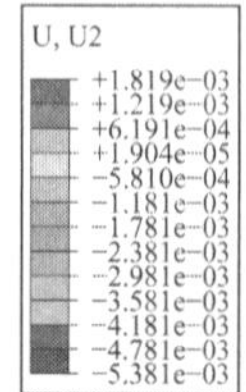

图 3.1-16 整体铅垂向位移场
（坝趾区基坑开挖 8m 深）

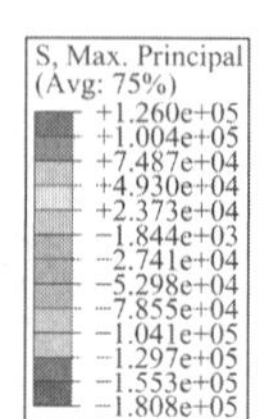

图 3.1-17 坝体大主应力场
（坝趾区基坑开挖 8m 深）

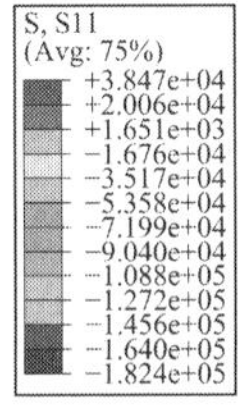

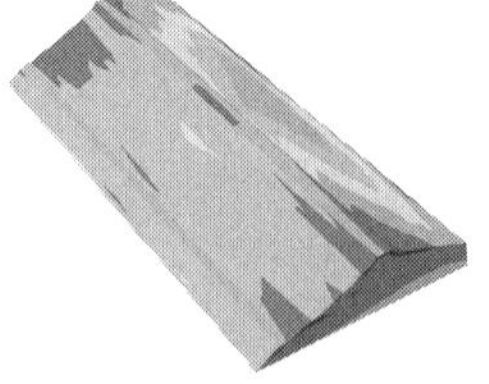

图 3.1-18　坝体顺河向应力场
（坝趾区基坑开挖 8m 深）

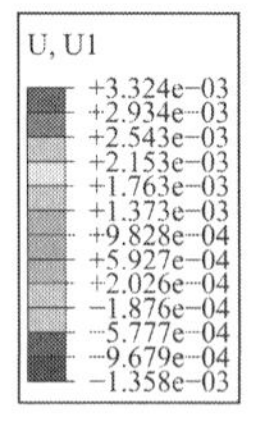

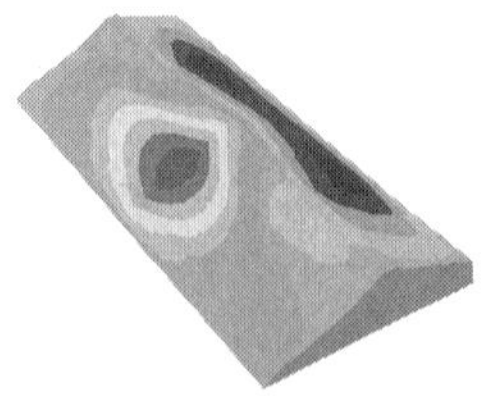

图 3.1-19　坝体顺河向位移场
（坝趾区基坑开挖 8m 深）

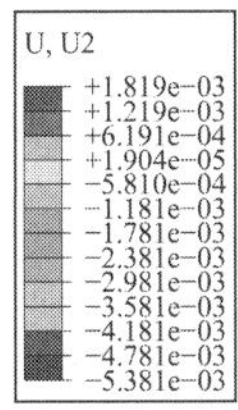

图 3.1-20　坝体铅垂向位移场
（坝趾区基坑开挖 8m 深）

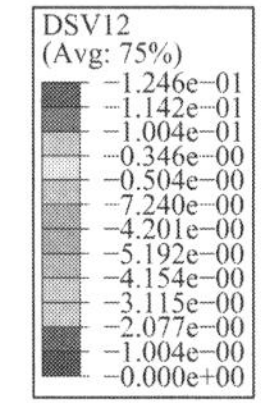

图 3.1-21　坝体广义失效概率
（坝趾区基坑开挖 8m 深）

（3）工况 3 动态场变量分布云图

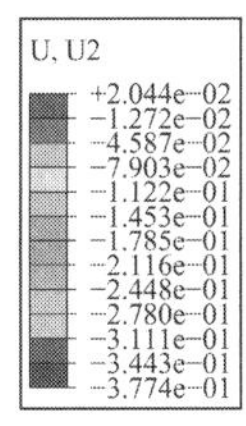

图 3.1-22　整体横河向位移场
（坝趾区基坑开挖 8m 深）

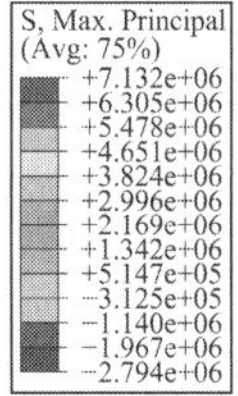

图 3.1-23　坝体大主应力场
（坝趾区基坑开挖 8m 深）

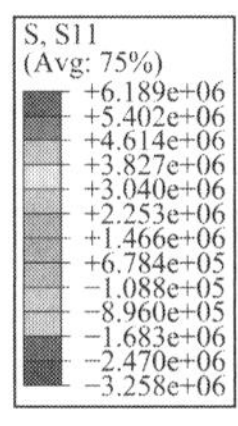

图 3.1-24　坝体顺河向应力场
（坝趾区基坑开挖 8m 深）

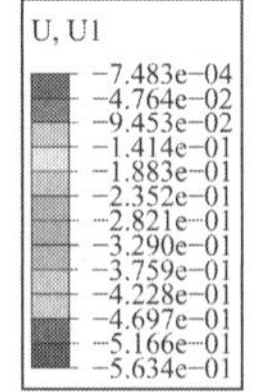

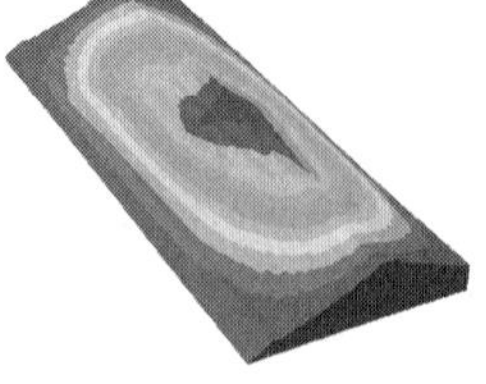

图 3.1-25　坝体顺河向位移场
（坝趾区基坑开挖 8m 深）

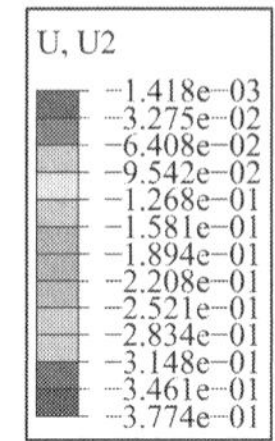

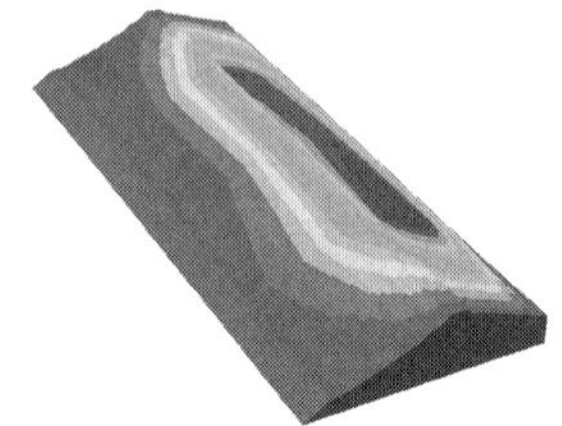

图 3.1-26　坝体铅垂向位移场（坝趾区基坑开挖 8m 深）

（4）工况 4 动态场变量分布云图

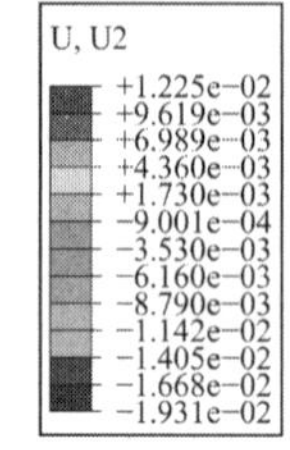

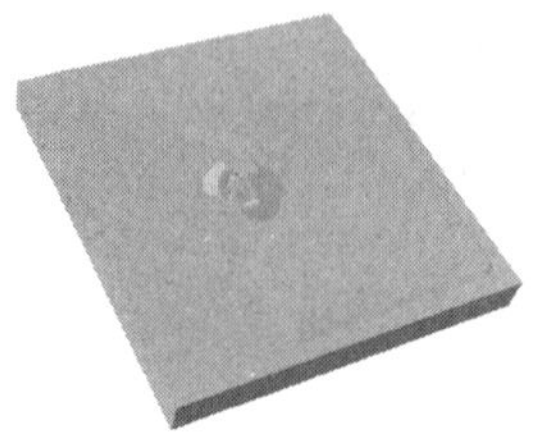

图 3.1-27　整体铅垂向位移场（坝趾区基坑开挖 8m 深）

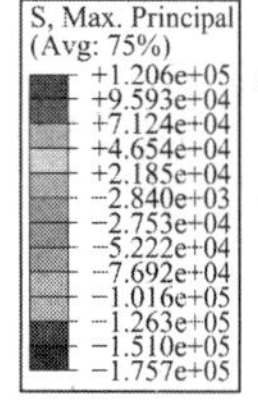

图 3.1-28　坝体大主应力场（坝趾区基坑开挖 8m 深）

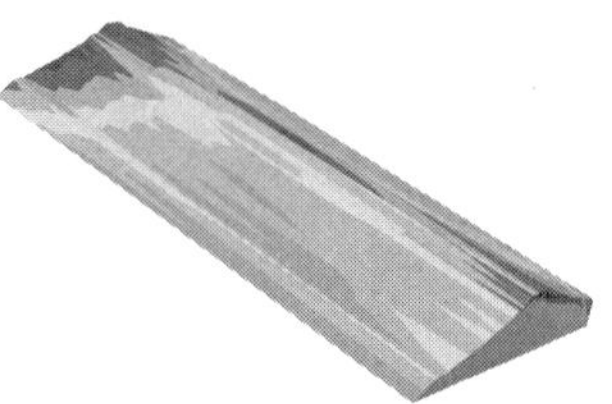

图 3.1-29　坝体顺河向应力场（坝趾区基坑开挖 8m 深）

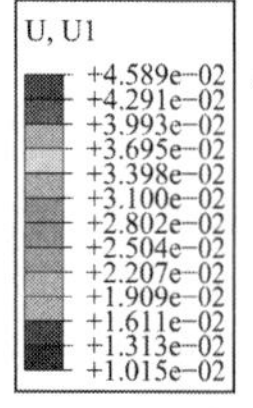

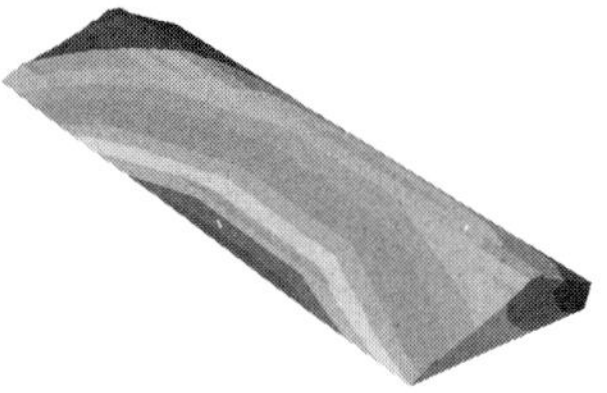

图 3.1-30　坝体顺河向位移场（坝趾区基坑开挖 8m 深）

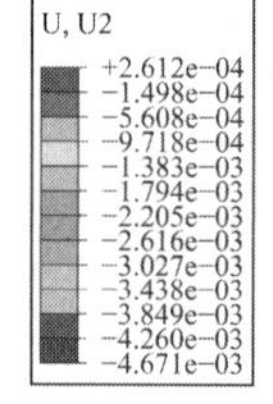

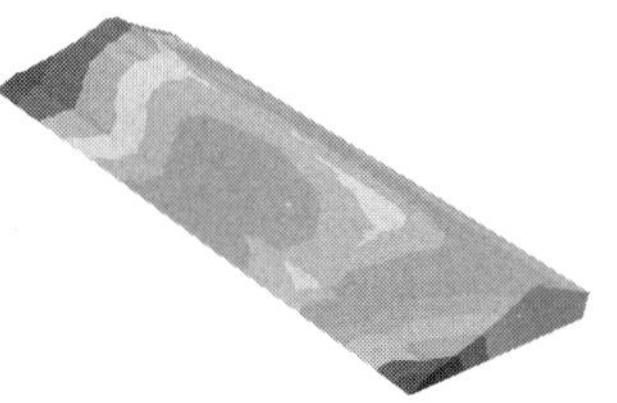

图 3.1-31　坝体铅垂向位移场（坝趾区基坑开挖 8m 深）

（5）工况 11 动态场变量分布云图

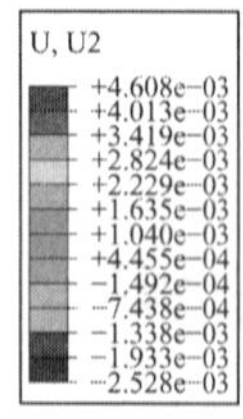

图 3.1-32　整体铅垂向位移场（坝趾区基坑开挖 8m 深）

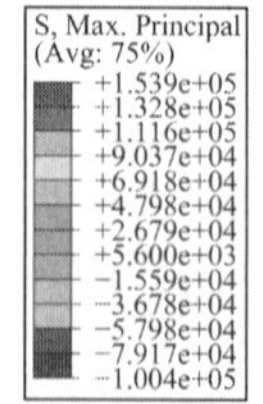

图 3.1-33　坝体大主应力场（坝趾区基坑开挖 8m 深）

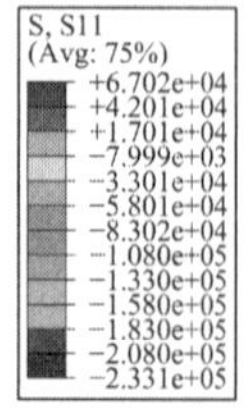

图 3.1-34　坝体顺河向应力场（坝趾区基坑开挖 8m 深）

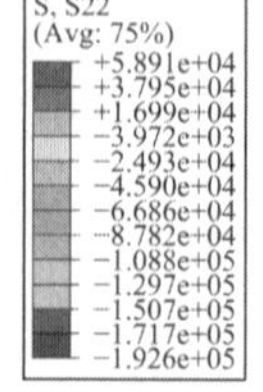

图 3.1-35　坝体铅垂向应力场（坝趾区基坑开挖 8m 深）

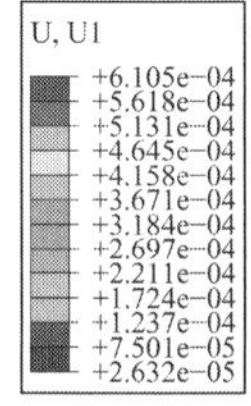

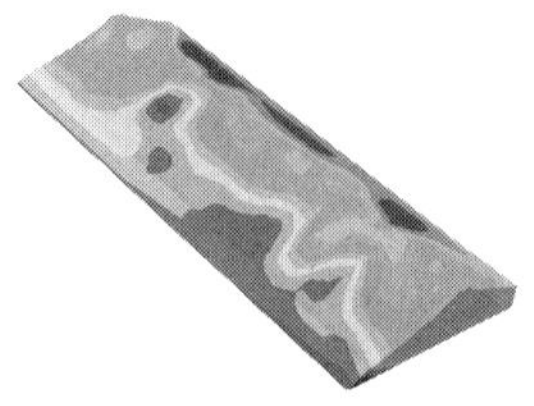

图 3.1-36　坝体顺河向位移场
（坝趾区基坑开挖 8m 深）

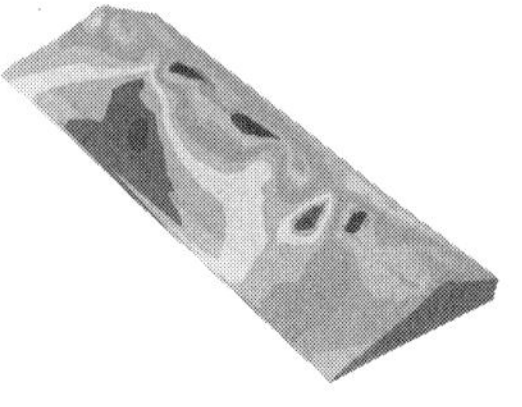

图 3.1-37　坝体铅垂向位移场
（坝趾区基坑开挖 8m 深）

（6）工况 13 动态场变量分布云图

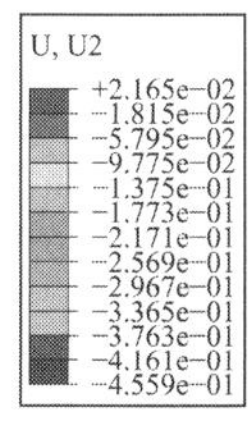

图 3.1-38　整体铅垂向位移场
（坝趾区基坑开挖 8m 深）

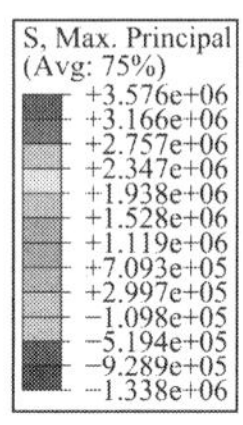

图 3.1-39　坝体大主应力场
（坝趾区基坑开挖 8m 深）

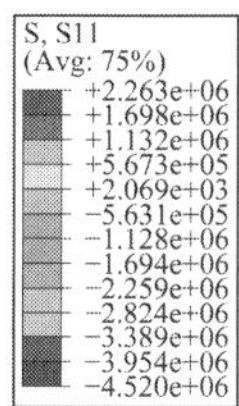

图 3.1-40　坝体顺河向应力场
（坝趾区基坑开挖 8m 深）

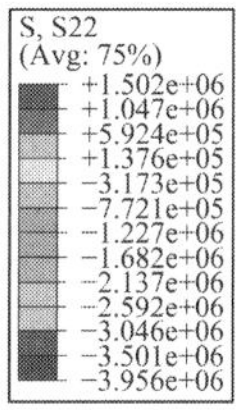

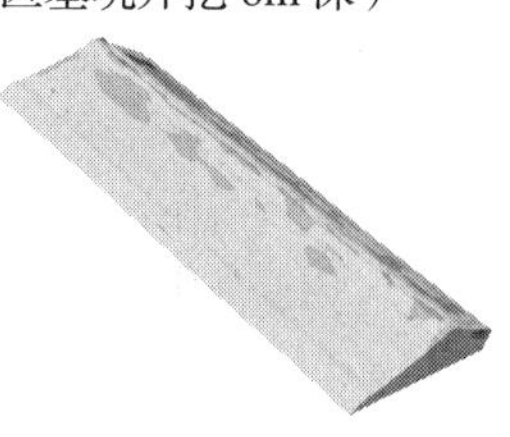

图 3.1-41　坝体铅垂向应力场
（坝趾区基坑开挖 8m 深）

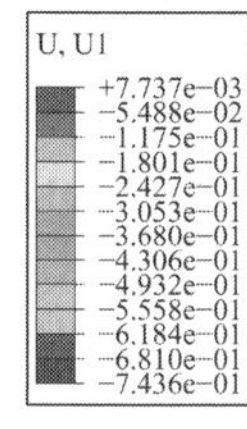

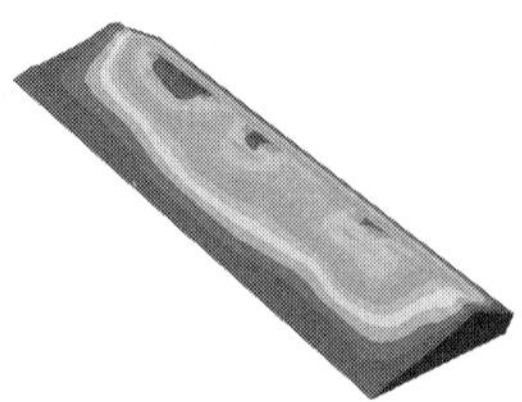

图 3.1-42　坝体顺河向位移场
（坝趾区基坑开挖 8m 深）

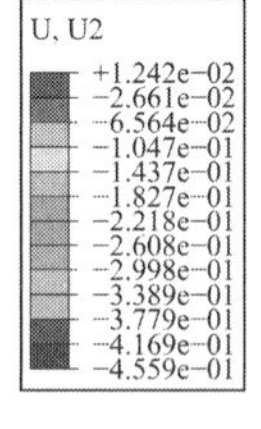

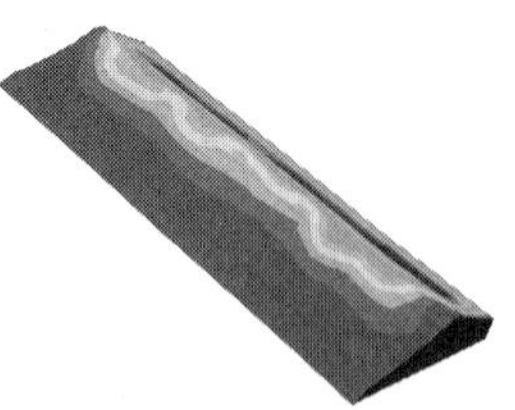

图 3.1-43　坝体铅垂向位移场
（坝趾区基坑开挖 8m 深）

（7）工况 14 动态场变量分布云图

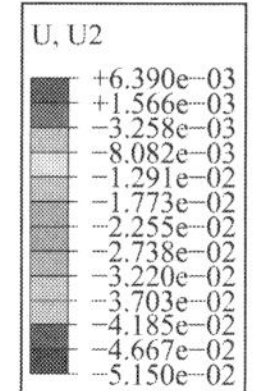

图 3.1-44　整体铅垂向位移场
（坝趾区基坑开挖 8m 深）

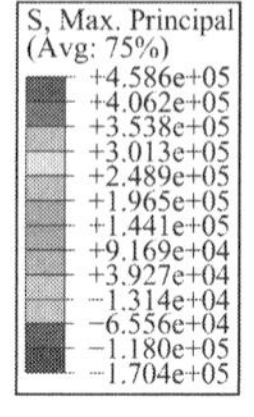

图 3.1-45　坝体大主应力场
（坝趾区基坑开挖 8m 深）

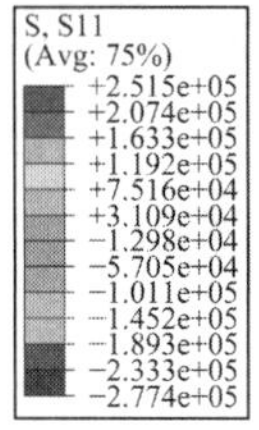

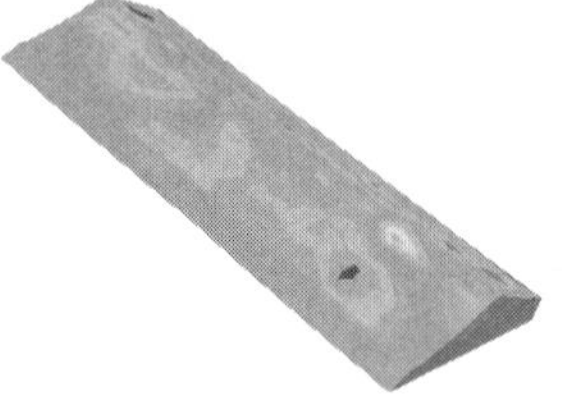

图 3.1-46　坝体顺河向应力场
（坝趾区基坑开挖 8m 深）

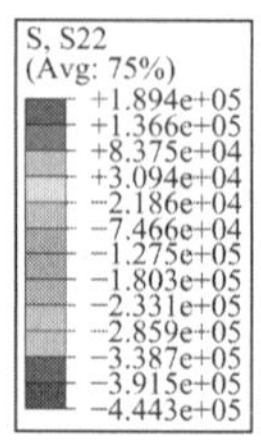

图 3.1-47　坝体铅垂向应力场
（坝趾区基坑开挖 8m 深）

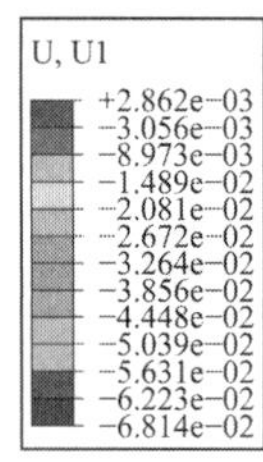

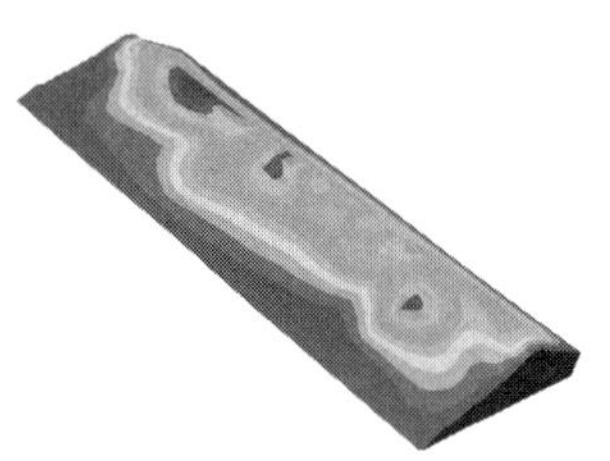

图 3.1-48　坝体顺河向位移场
（坝趾区基坑开挖 8m 深）

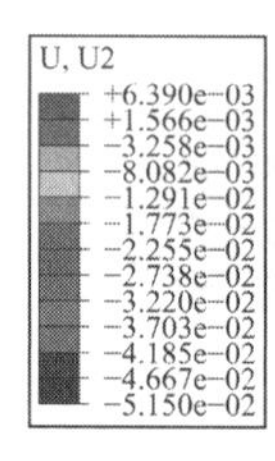

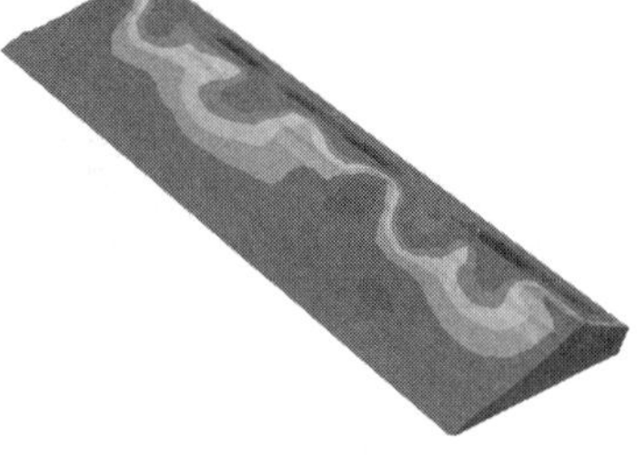

图 3.1-49　坝体铅垂向位移场
（坝趾区基坑开挖 8m 深）

（8）工况 15 动态场变量分布云图

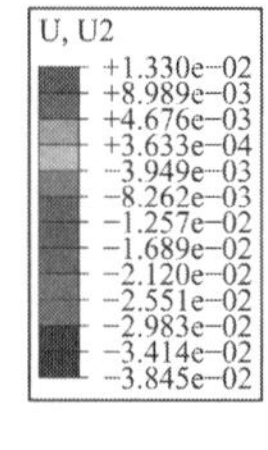

图 3.1-50　整体铅垂向位移场
（坝趾区基坑开挖 8m 深）

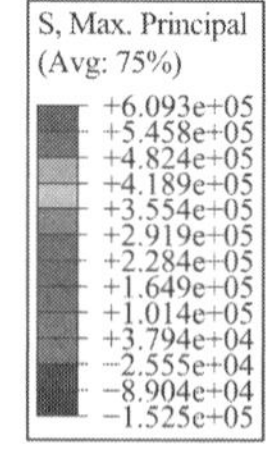

图 3.1-51　坝体大主应力场
（坝趾区基坑开挖 8m 深）

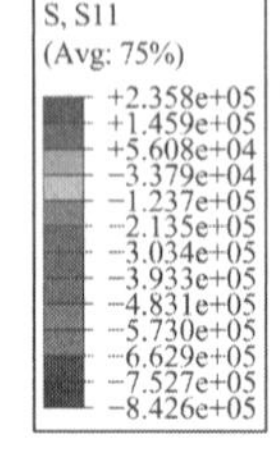

图 3.1-52　坝体顺河向应力场
（坝趾区基坑开挖 8m 深）

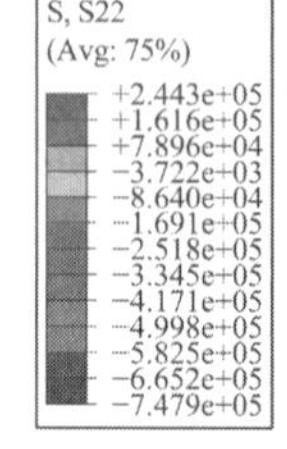

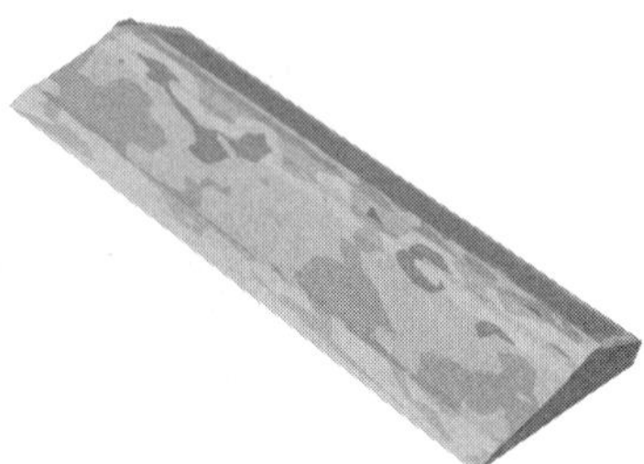

图 3.1-53　坝体铅垂向应力场
（坝趾区基坑开挖 8m 深）

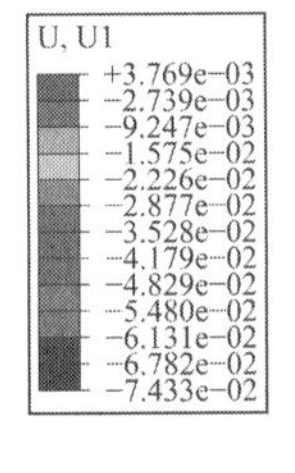

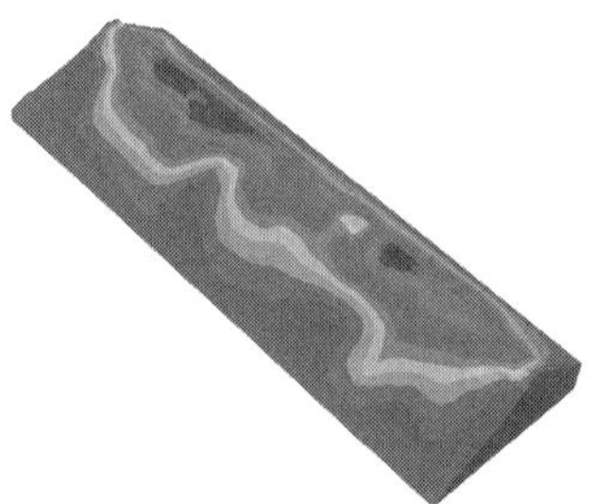

图 3.1-54　坝体顺河向位移场
（坝趾区基坑开挖 8m 深）

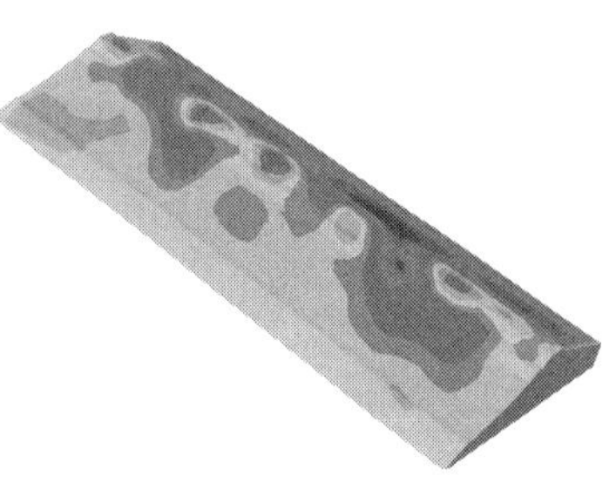

图 3.1-55　坝体铅垂向位移场
（坝趾区基坑开挖 8m 深）

（9）工况 19 动态场变量分布云图

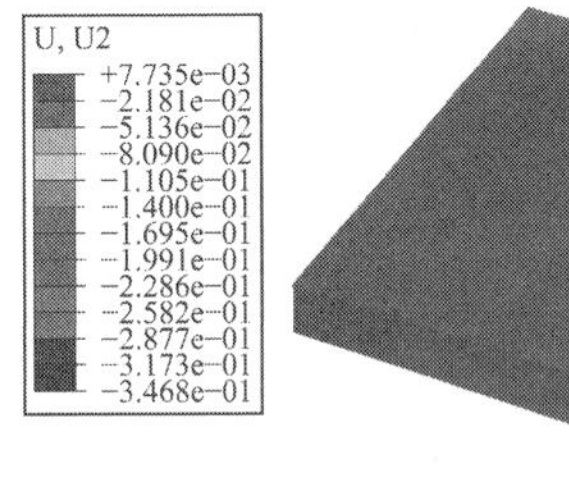

图 3.1-56　整体铅垂向位移场
（坝趾区基坑开挖 8m 深）

图 3.1-57　坝体大主应力场
（坝趾区基坑开挖 8m 深）

图 3.1-58　坝体顺河向应力场
（坝趾区基坑开挖 8m 深）

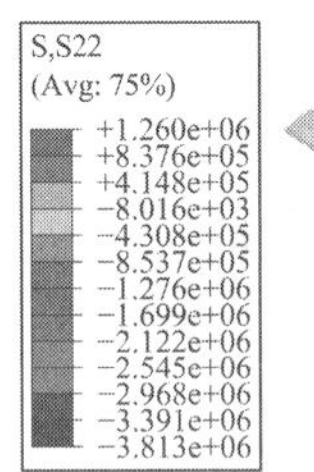

图 3.1-59　坝体铅垂向应力场
（坝趾区基坑开挖 8m 深）

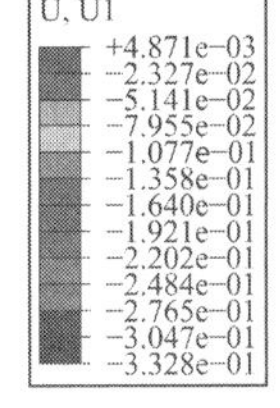

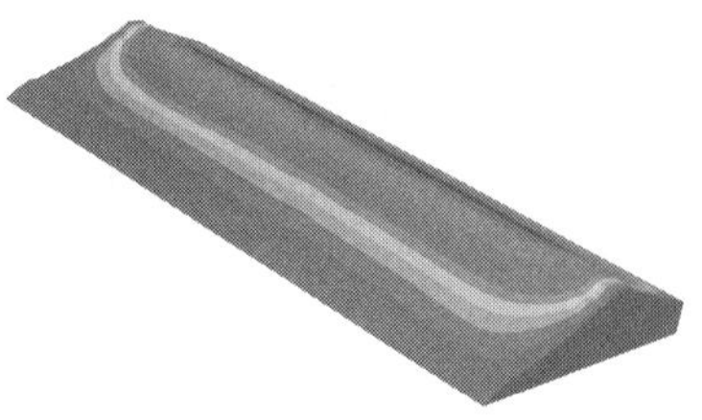
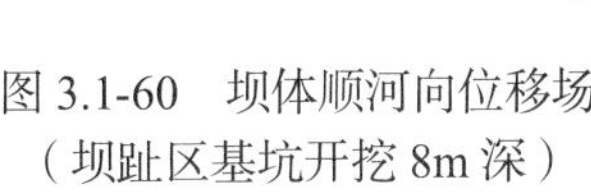

图 3.1-60　坝体顺河向位移场
（坝趾区基坑开挖 8m 深）

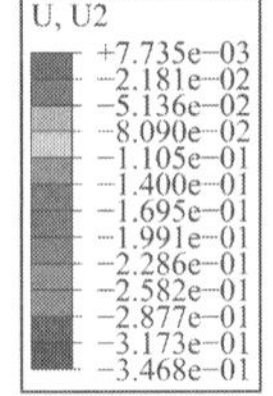

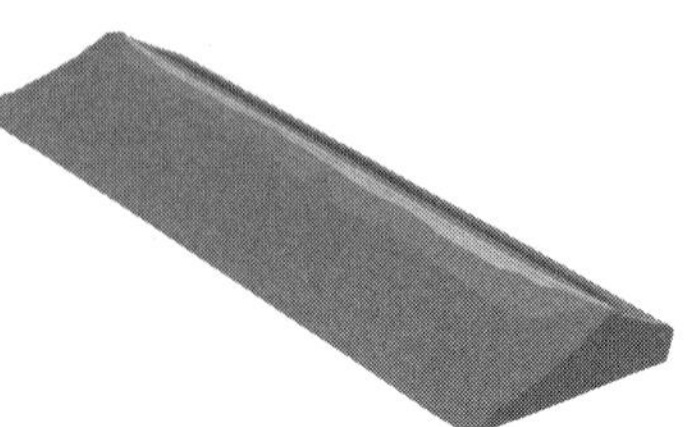

图 3.1-61　坝体铅垂向位移场
（坝趾区基坑开挖 8m 深）

（10）工况 20 动态场变量分布云图

图 3.1-62　整体铅垂向位移场
（坝趾区基坑开挖 8m 深）

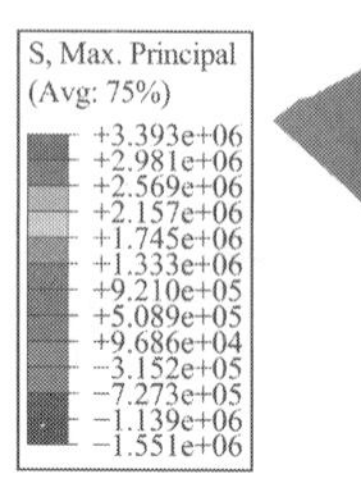

图 3.1-63　坝体大主应力场
（坝趾区基坑开挖 8m 深）

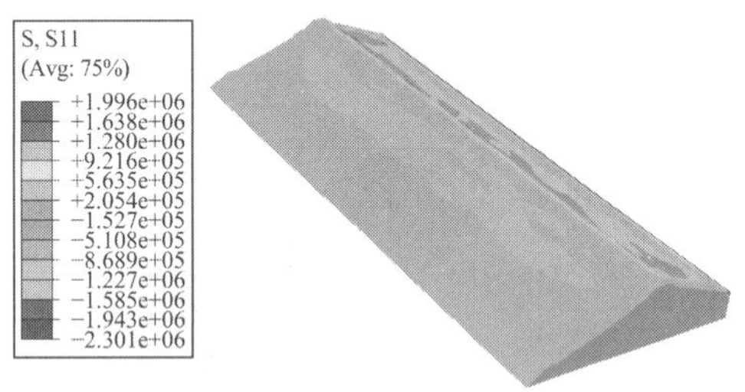

图 3.1-64　坝体顺河向应力场
（坝趾区基坑开挖 8m 深）

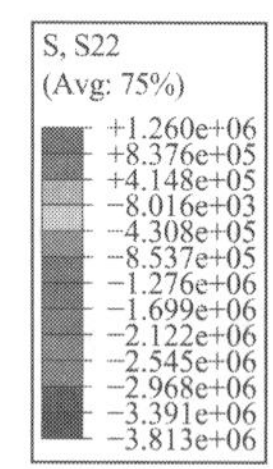

图 3.1-65　坝体铅垂向应力场
（坝趾区基坑开挖 8m 深）

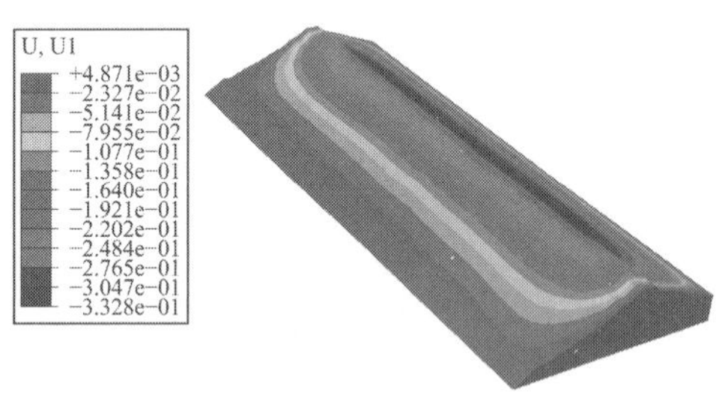

图 3.1-66　坝体顺河向位移场
（坝趾区基坑开挖 8m 深）

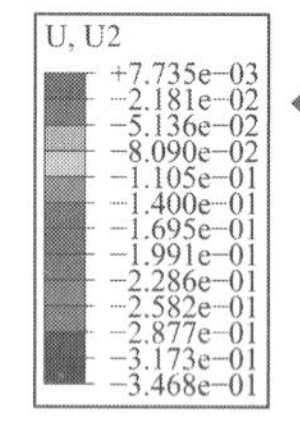

图 3.1-67　坝体铅垂向位移场
（坝趾区基坑开挖 8m 深）

（11）工况 21 动态场变量分布云图

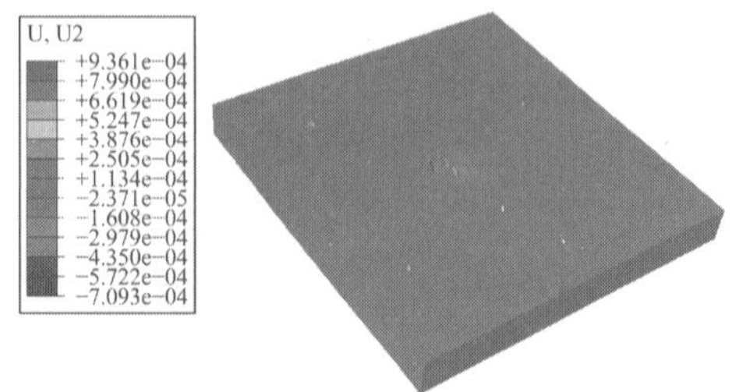

图 3.1-68　整体铅垂向位移场
（坝趾区基坑开挖 8m 深）

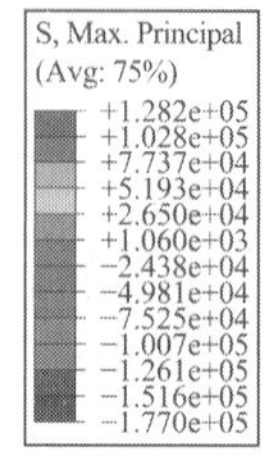

图 3.1-69　坝体大主应力场
（坝趾区基坑开挖 8m 深）

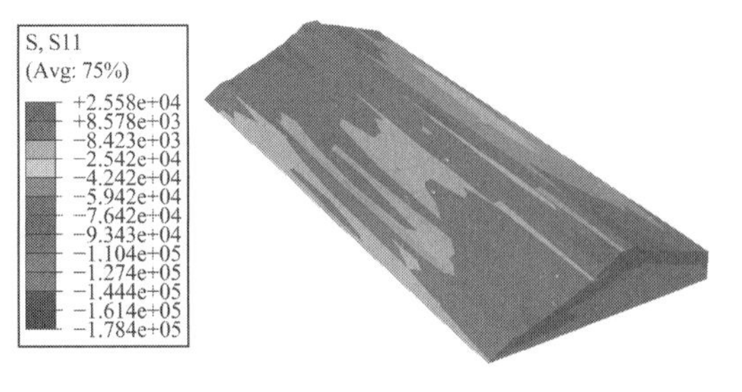

图 3.1-70　坝体顺河向应力场
（坝趾区基坑开挖 8m 深）

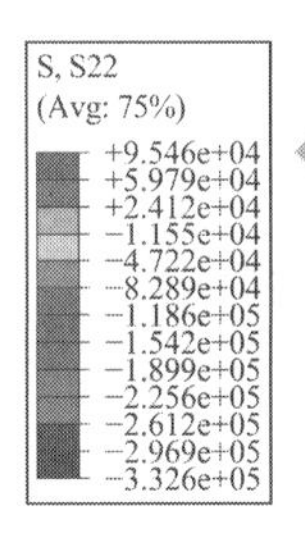

图 3.1-71　坝体铅垂向应力场
（坝趾区基坑开挖 8m 深）

图 3.1-72　坝体顺河向位移场
（坝趾区基坑开挖 8m 深）

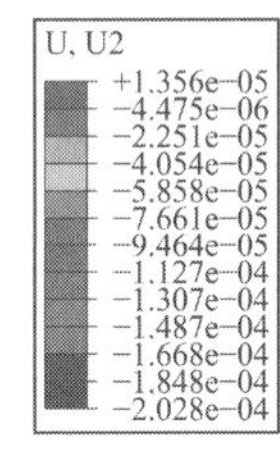

图 3.1-73　坝体铅垂向位移场
（坝趾区基坑开挖 8m 深）

（12）工况 22 动态场变量分布云图

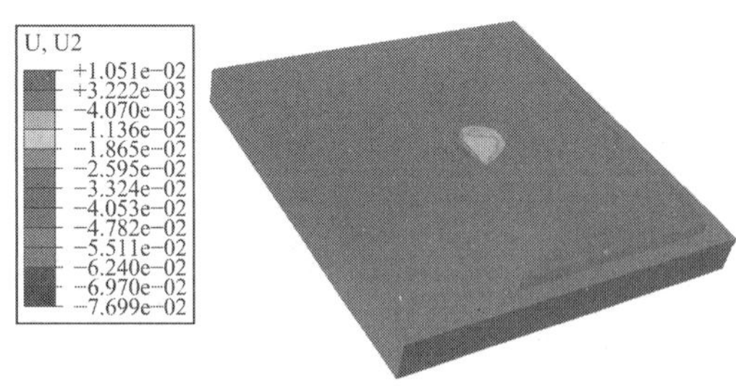

图 3.1-74　整体铅垂向位移场
（坝趾区基坑开挖 8m 深）

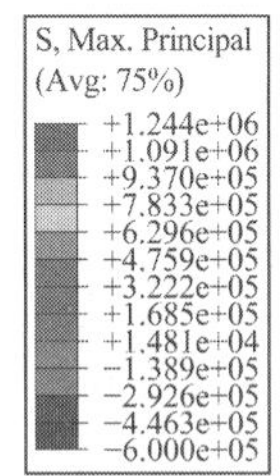

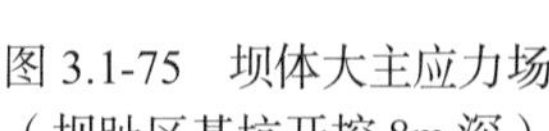

图 3.1-75　坝体大主应力场
（坝趾区基坑开挖 8m 深）

图 3.1-76　坝体顺河向应力场
（坝趾区基坑开挖 8m 深）

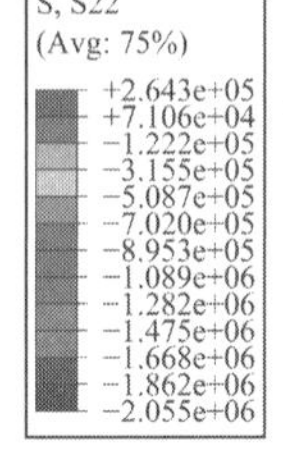

图 3.1-77　坝体铅垂向应力场
（坝趾区基坑开挖 8m 深）

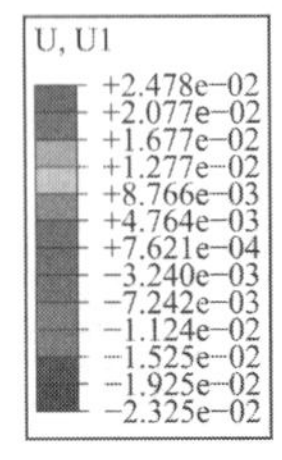

图 3.1-78　坝体顺河向位移场
（坝趾区基坑开挖 8m 深）

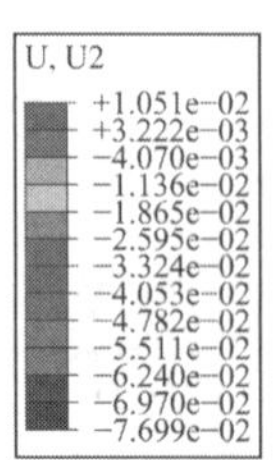

图 3.1-79　坝体铅垂向位移场
（坝趾区基坑开挖 8m 深）

（13）工况 23 动态场变量分布云图

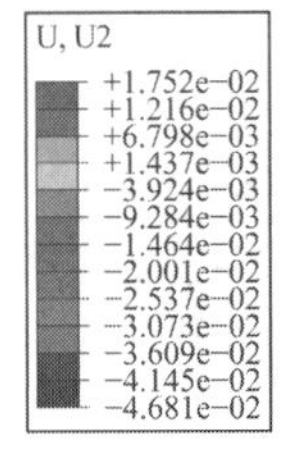

图 3.1-80　整体铅垂向位移场
（坝趾区基坑开挖 8m 深）

图 3.1-81　坝体大主应力场
（坝趾区基坑开挖 8m 深）

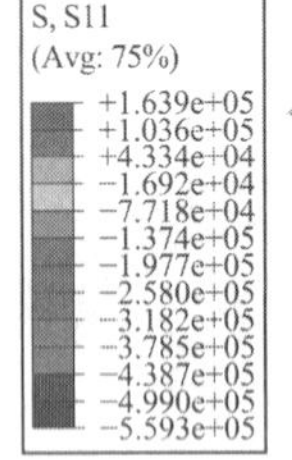

图 3.1-82　坝体顺河向应力场
（坝趾区基坑开挖 8m 深）

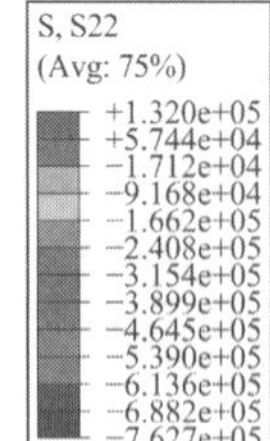

图 3.1-83　坝体铅垂向应力场
（坝趾区基坑开挖 8m 深）

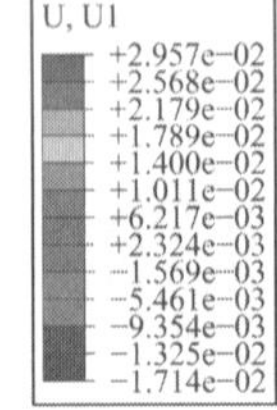

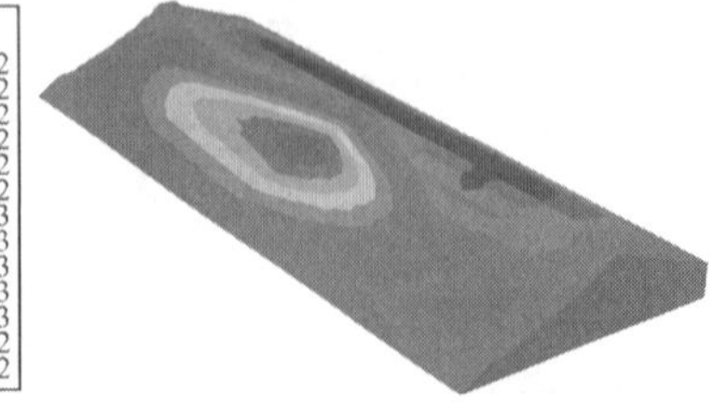

图 3.1-84　坝体顺河向位移场
（坝趾区基坑开挖 8m 深）

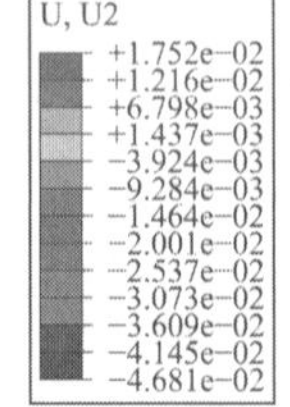

图 3.1-85　坝体铅垂向位移场
（坝趾区基坑开挖 8m 深）

（14）工况 51 动态场变量分布云图

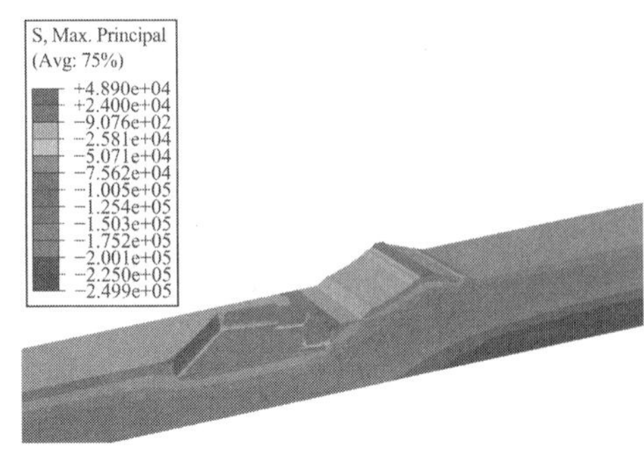

图 3.1-86　整体大主应力场

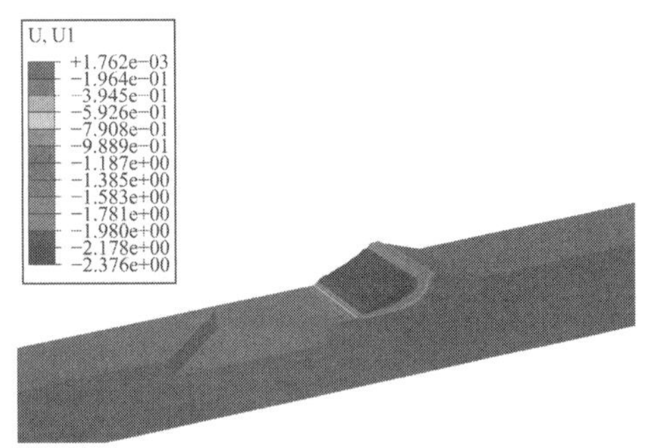

图 3.1-87　整体顺河向位移场及塑性圆弧滑动区

图 3.1-88　整体等效塑性应变及塑性剪切区

（15）工况 52 动态场变量分布云图

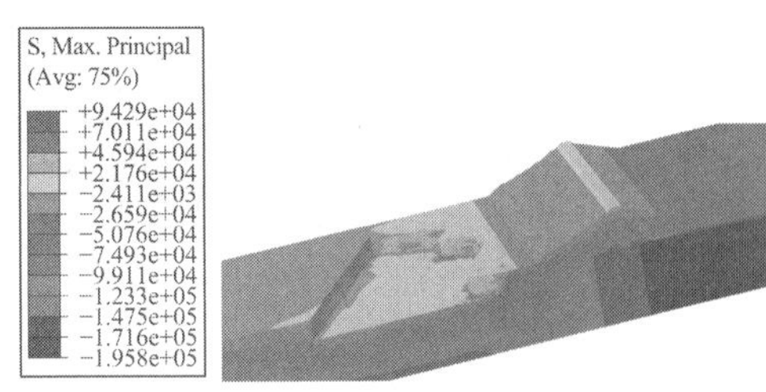

图 3.1-89　整体大主应力场

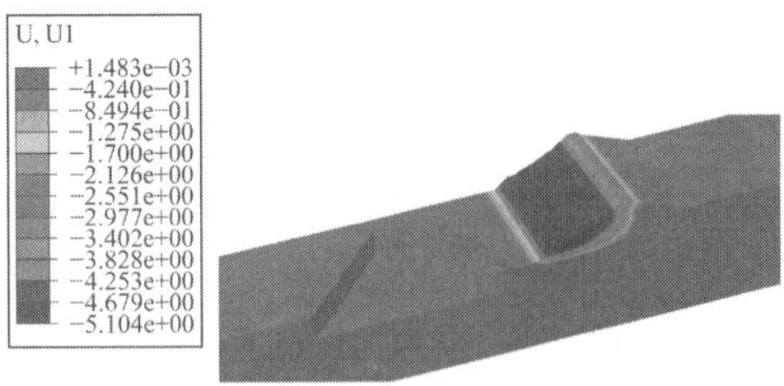

图 3.1-90　整体顺河向位移场及塑性圆弧滑动区

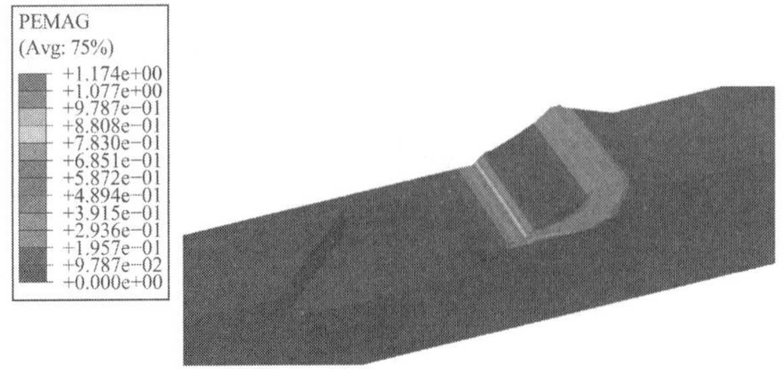

图 3.1-91　整体等效塑性应变及塑性剪切区

（16）工况 53 动态场变量分布云图

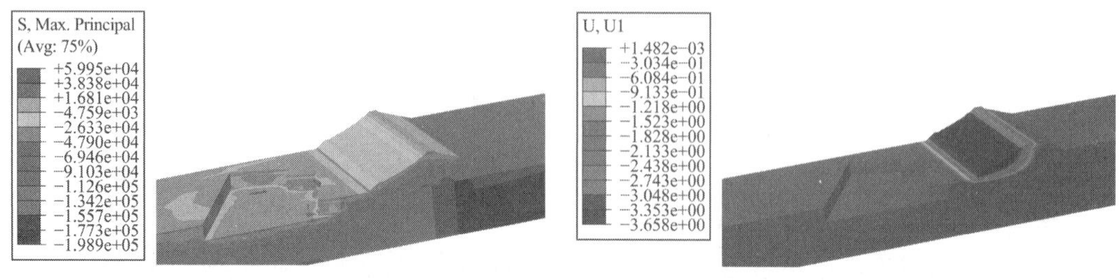

图 3.1-92　整体大主应力场

图 3.1-93　整体顺河向位移场及塑性圆弧滑动区

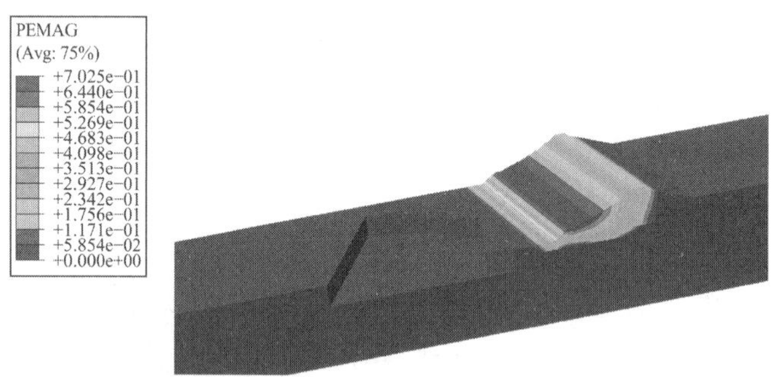

图 3.1-94　整体等效塑性应变及塑性剪切区

（17）工况 54 动态场变量分布云图

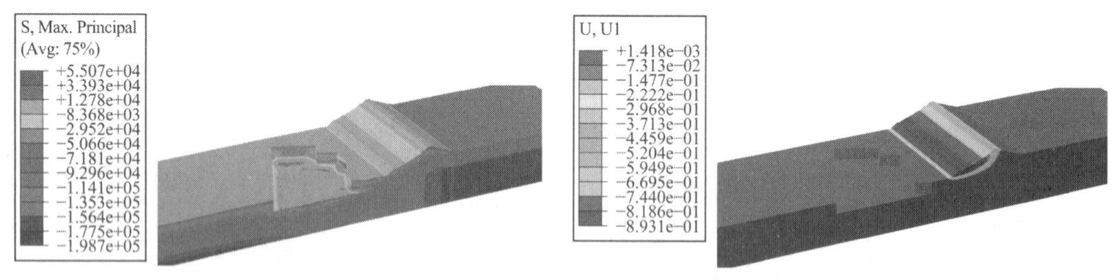

图 3.1-95　整体大主应力场

图 3.1-96　整体顺河向位移场及塑性圆弧滑动区

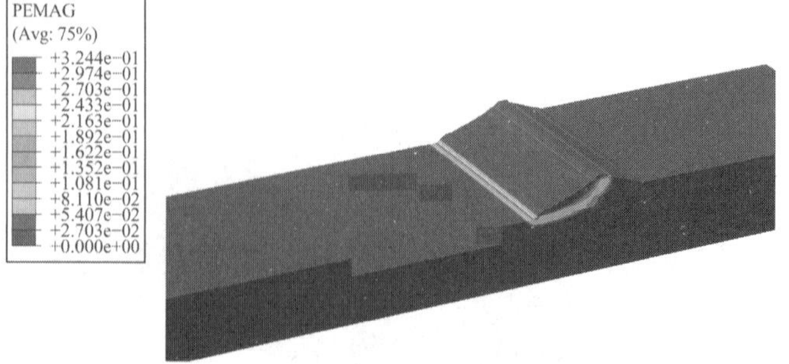

图 3.1-97　整体等效塑性应变及塑性剪切区

（18）工况 55 动态场变量分布云图

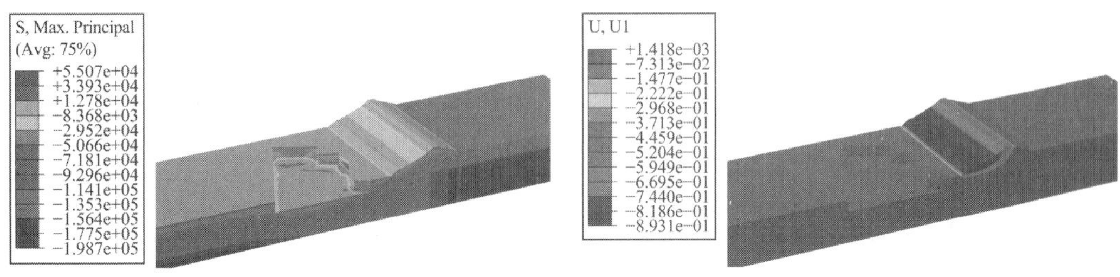

图 3.1-98　整体大主应力场　　图 3.1-99　整体顺河向位移场及塑性圆弧滑动区

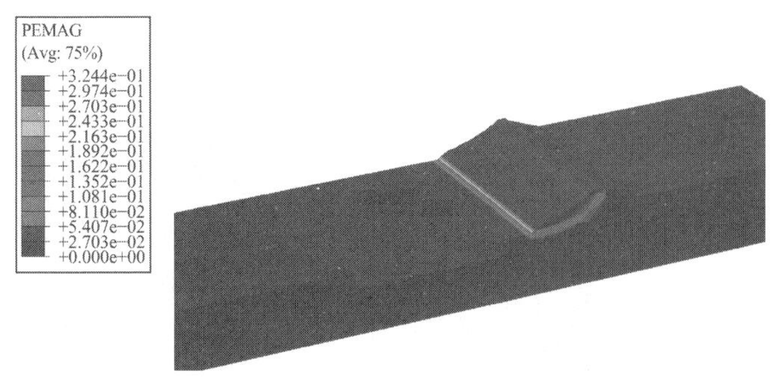

图 3.1-100　整体等效塑性应变及塑性剪切区

（19）工况 56 动态场变量分布云图

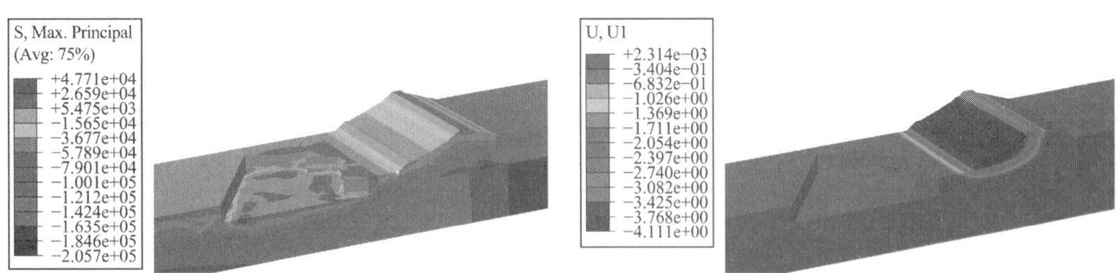

图 3.1-101　整体大主应力场　　图 3.1-102　整体顺河向位移场及塑性圆弧滑动区

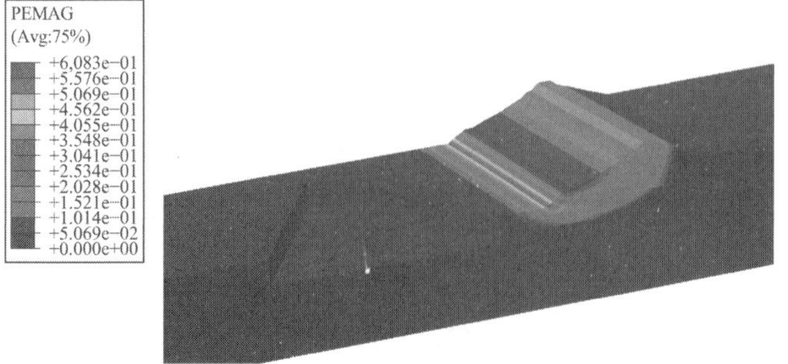

图 3.1-103　整体等效塑性应变及塑性剪切区

（20）工况 57 动态场变量分布云图

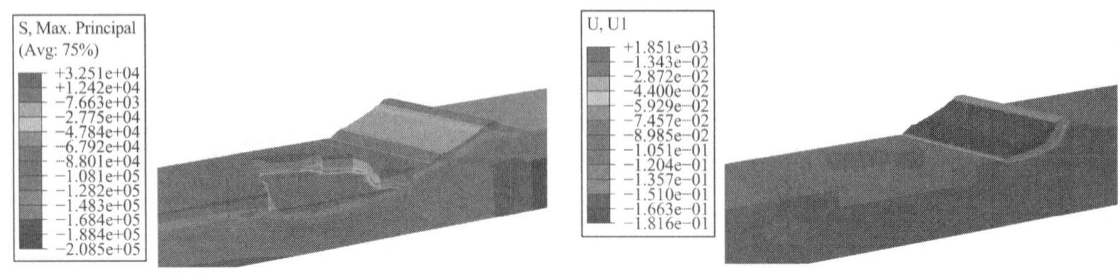

图 3.1-104　整体大主应力场　　　图 3.1-105　整体顺河向位移场及塑性圆弧滑动区

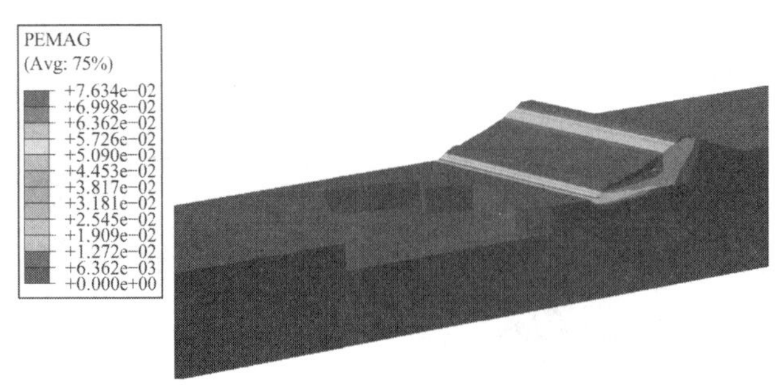

图 3.1-106　整体等效塑性应变及塑性剪切区

（21）工况 58 动态场变量分布云图

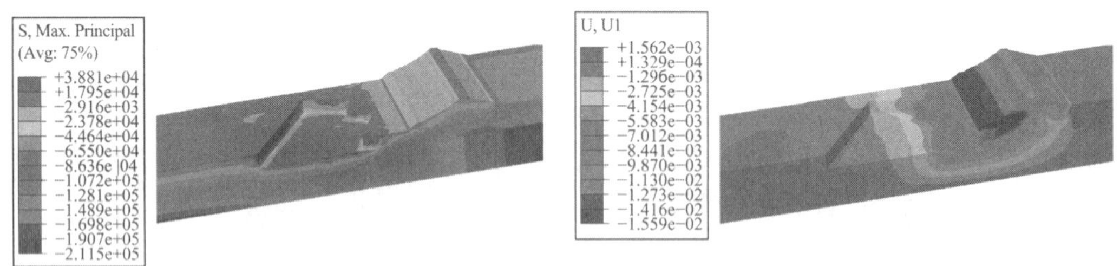

图 3.1-107　整体大主应力场　　　图 3.1-108　整体顺河向位移场及塑性圆弧滑动区

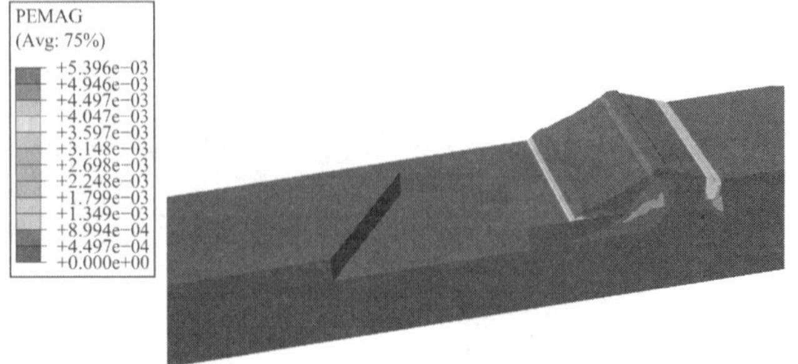

图 3.1-109　整体等效塑性应变及塑性剪切区

（22）工况 59 动态场变量分布云图

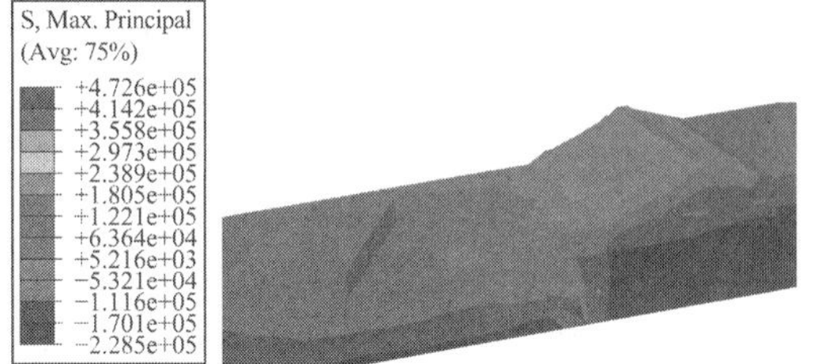

图 3.1-110　整体大主应力场

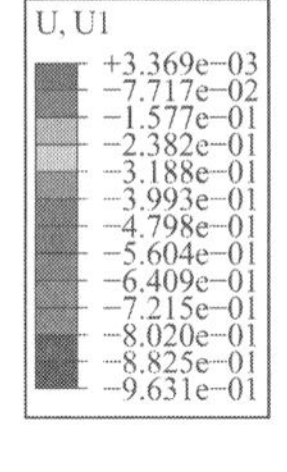

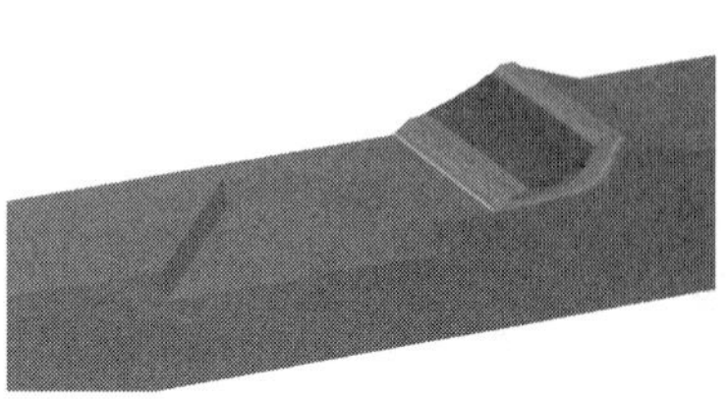

图 3.1-111　整体顺河向位移场及塑性圆弧滑动区

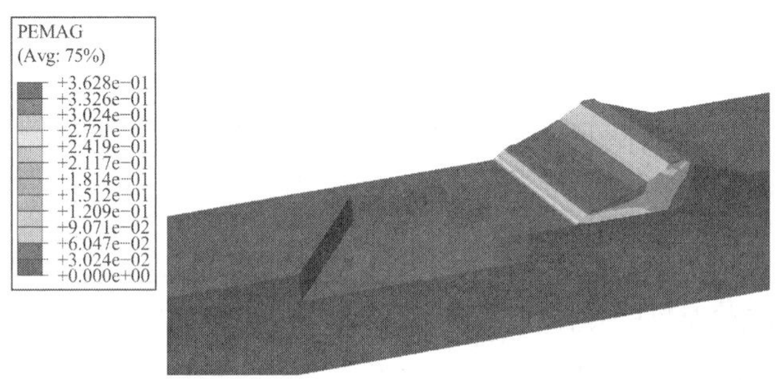

图 3.1-112　整体等效塑性应变及塑性剪切区

（23）工况 60 动态场变量分布云图

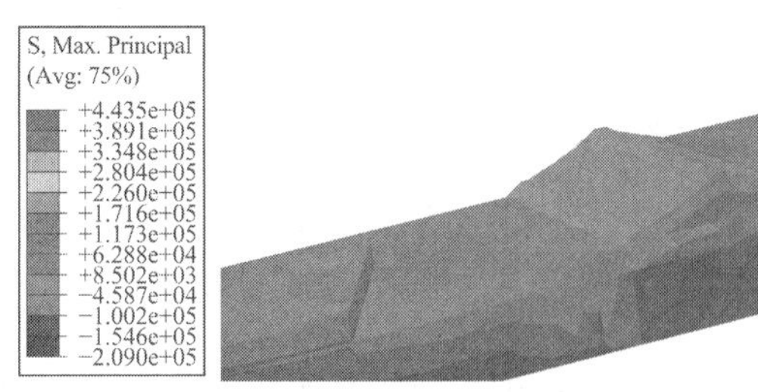

图 3.1-113　整体大主应力场

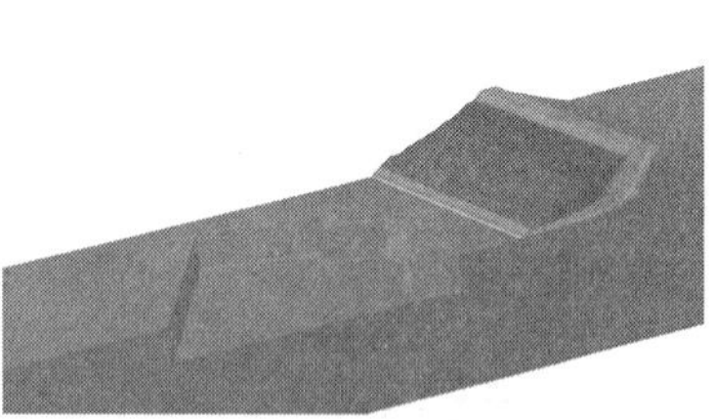

图 3.1-114　整体顺河向位移场及塑性圆弧滑动区

图 3.1-115　整体等效塑性应变及塑性剪切区

2）坝体特征点场变量分布

研究选择了长地爿坝体 3 处位置特征点（图 3.1-116），同时考虑到地盘工程开挖加固对长地爿库坝系统产生振冲效应的最不利作用方式，决定重点就其顺河向动态位移及沉降量进行评价，结果如下。

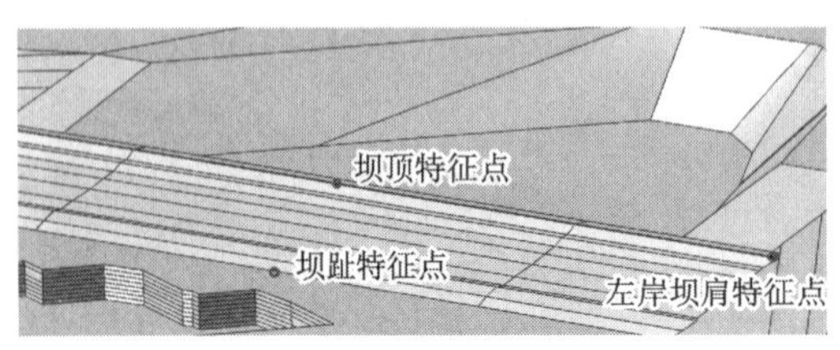

图 3.1-116　长地爿坝体特征点选取

（1）坝顶特征点场变量分布

图 3.1-117 中横坐标为振冲效应作用时域，单位为秒（s），图 3.1-118 及图 3.1-119 同此含义。受鞭梢效应影响，坝顶动态沉降量量级最高，尤其是靠近下游坝坡的连接段，此处极易由于结构与材料刚度不协调而出现脱坡，是需要重点关注的区域之一。

（2）坝趾特征点场变量分布

坝趾特征点处的动态沉降量最大超过8mm，考虑到渗透与降雨等不利因素的叠加效应，此处的安全仍需特别关注（图 3.1-118）。

（3）坝肩特征点场变量分布

坝肩特征点处的动态沉降量最大超过 16mm，此处的沉降量会加剧坝顶下游侧的“蛇行”变形，亦当作专门安全监控（图 3.1-119）。

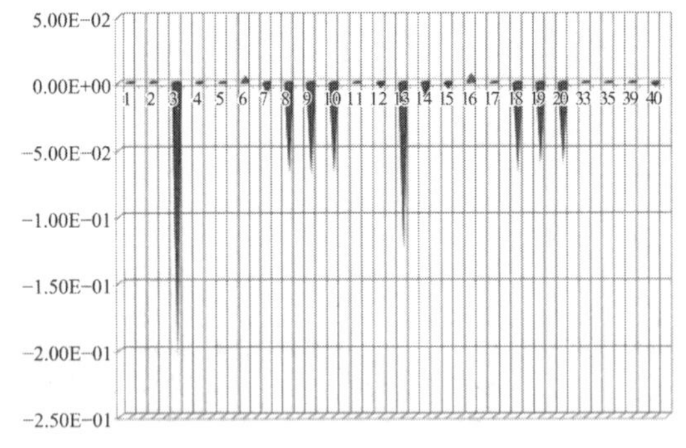

图 3.1-117　动态沉降量（m）

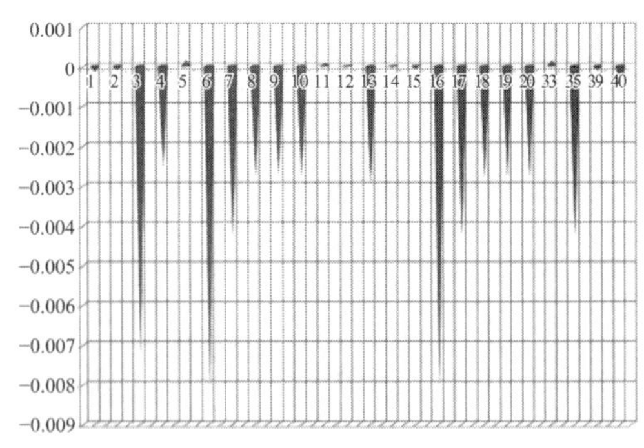

图 3.1-118　动态沉降量（m）

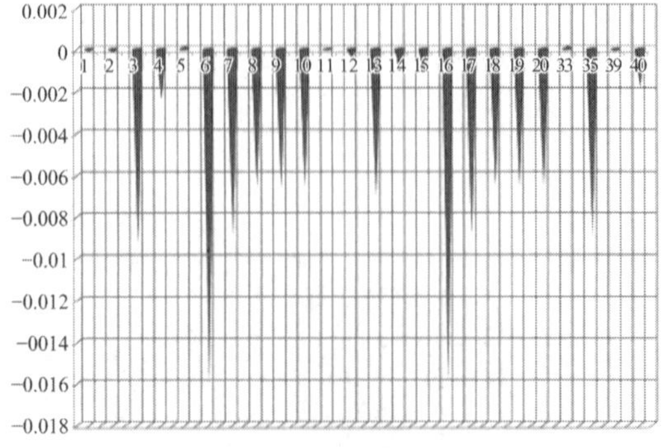

图 3.1-119　动态沉降量（m）

在坝趾区最大开挖深度为 8m 时，综合仿真模拟结果，就代表性工况给出对应的推荐变形量控制水平及安全系数如表 3.1-2、表 3.1-3 所示。

长地爿库坝系统整体变形量控制标准　　表 3.1-2

序号	工况	坝体沉降量/mm		坝顶顺河向位移/mm	
		最大仿真值	允许值	最大仿真值	允许值
1	1	0.11	0.10	0.86	0.77
2	2	1.21	1.09	1.76	1.58
3	3	1.41	1.27	10.00	9.00
4	4	1.38	1.24	9.66	8.69
5	11	0.09	0.08	0.61	0.55
6	13	1.15	1.04	1.55	1.40
7	14	1.37	1.23	8.97	8.07
8	15	1.26	1.13	9.24	8.32
9	19	7.82	7.04	9.11	8.20
10	20	7.73	6.96	9.83	8.85
11	21	0.22	0.20	1.05	0.95
12	22	4.07	3.66	3.24	2.92
13	23	4.63	4.17	5.46	4.91

长地爿大坝滑动稳定安全系数控制标准　　表 3.1-3

序号	工况	安全系数		坝顶顺河向位移/mm	
		最小仿真值	允许值	最大仿真值	允许值
1	51	2.00	1.80	16.48	14.83
2	52	1.89	1.70	15.97	14.37
3	53	1.79	1.61	14.45	13.01
4	54	1.73	1.56	13.22	11. 90
5	55	1.71	1.54	12.18	10.96
6	56	1.69	1.52	11.04	9.94
7	57	1.61	1.45	10.00	9.00
8	58	1.57	1.41	8.21	7.39
9	59	2.00	1.80	16.94	15.25
10	60	1.39	1.25	7.87	7.08

基于前述仿真模拟分析结果，研究还给出了长地爿坝趾区近场基坑支护及坑道内地基处理方式建议如表 3.1-4 所示[15-16]。

长地爿坝趾区近场基坑支护及坑道内地基处理方式施工建议　　表 3.1-4

序号	坝体最大变形量允许范围/mm	基坑支护及坑道内地基处理方式建议
1	≤3	优先使用地下连续墙支护；无内支撑时不建议使用夯扩灌注桩、锤击沉桩等动力处理方式；有内支撑时静动力地基处理方式均可使用，但若实测冲击波速大于 5cm/s 时，宜在基坑边缘、坝趾区一侧做至少一道隔振沟

续表

序号	坝体最大变形量允许范围/mm	基坑支护及坑道内地基处理方式建议
2	3～7	若地基整体性较好、无显著逸浆断裂带，可选用混凝土灌注排桩支护；若基坑场内使用静压桩或无夯扩灌注桩时，可不做专门止水措施；否则排桩桩体间应设置咬合装置，或设置专门截水帷幕；坑道内静动力地基处理方式均可使用，但若实测冲击波速大于 5cm/s 时，宜在基坑边缘、坝趾区一侧做一道隔振沟
3	7～10	宜采用 H 型钢水泥土搅拌墙结合锚杆的支护形式；需确保锚固段不设置于极软弱的填土层及厚淤泥土层中，无法避免时，可改为内支撑，但内支撑层数宜加密设置；坑道内静动力地基处理方式均可使用，但若实测冲击波速大于 5cm/s 时，宜在基坑边缘、坝趾区一侧做一道隔振沟
4	> 10	可单独采用 H 型钢三轴水泥土搅拌墙作为基坑支护；或可采用放坡与 60mm 厚喷射混凝土锚杆结合的支护方式；或可采用挂设土工格栅与土钉墙联合支护方式；但若现场确有探明的水力连通区域，则不建议使用土钉作为支护形式；坑道内静动力地基处理方式均可使用

3.1.8 结果分析与讨论

依据研究成果可知，在坝趾区基坑开挖过程中若发生在持续高水位运行，则长地爿库坝系统的可靠性将显著下降（图 3.1-16～图 3.1-31），尤其是在坝趾区长期开挖揭露、无可靠支护设施以隔断地应力卸载对库坝系统扰动影响条件下，坝体顺河向位移水平普遍较高（图 3.1-38～图 3.1-55），依据仿真模拟结果，坝体顺河向位移数值区间为（0.1mm，17mm），坝体受损伤影响，下游面坝顶及坝趾的广义失效概率达到了 12%。

受坝趾区基坑开挖静动力荷载作用，长地爿库坝系统的坝体变形对库水位极为敏感，相同位置处高水位下坝体的最大变形量可以达到低水位下变形量的 10 倍以上；而在空库下，即便考虑基坑开挖时边坡及坑道承受动力冲击，坝体各特征点处的变形量依旧较小，变形量级保持在（0.1mm，2mm）范围内（图 3.1-10～图 3.1-15 及图 3.1-32～图 3.1-37）。即使将开挖看作静力作用过程，当近场开挖深度超过 5m 后，此过程对坝体下游坡变形仍有一定影响，依据仿真模拟结果，影响范围可达到坝趾以外 10m。

坝趾区基坑开挖动态过程中，坝顶由于静力卸载带来的“低头弯腰”和由于动力冲击带来的“迎面朝天”都是客观存在的，只是不同工况下幅度有所差异。

与低水位情况相比，高库水位下考虑左岸坝肩渗透引发填筑材料密度折减带来的坝体变形量增加更为明显，特别是由此引发的自右岸向左岸传递的横河向不平衡拉应力较大，最大不平衡拉应力大于100kPa，这种应力状态极易引发坝体局部拉裂（图 3.1-56～图 3.1-67）；考虑降雨、渗透带来的填筑材料强度折减主要对坝体的动力性能产生显著影响，这种不利影响在坝趾区及坝肩处更为明显（图 3.1-68～图 3.1-85）。

在坝趾区动态开挖影响下，舟山长地爿库坝系统的安度状态对库水位极其敏感，在此期间，应避免坝趾区基坑施工期库水位的剧烈变化（图 3.1-86～图 3.1-88）。一旦库水位的变化幅度达到或超过 50%时，会将坝趾区开挖松弛带来的坝体下游坡变形影响成倍放大（图 3.1-89～图 3.1-91），此时的下游面坝顶及坝趾的广义失效概率有显著上升，可靠度衰减较快。由前述分析结果可推知，基坑开挖过程中的持续高水位比短期高库水位更易于引发大的不良影响（图 3.1-92～图 3.1-94），受坝趾区开挖松弛变形影响，满库水位运行条件下的坝顶及坝趾区域广义失效概率达到了 96.8%，可靠度跌落显著；同时，考虑到长地爿大坝已运行近 60 年，此前极少有整体加固措施，所以研究认为坝趾区施工期的最大库水位应降至 1.8m（图 3.1-95～图 3.1-97），以充分消解区域内工程地质及水文地质环境变化带来的不利影响。

坝趾区基坑开挖后需及时做好水平及竖向支护，尽早将地应力卸载带来的坝趾区岩土体松弛控制在较小的范围内（图 3.1-98～图 3.1-100），避免触发坝体下游坡变形的连锁反应，尤其应避免基坑开挖后未做可靠支护的“长间歇”出现，依据仿真结果，研究建议间歇时间最长不超过 7d，且优先推荐连续墙加锚杆的立体支护形式，以增加该时间段内库坝系统的安全冗余（图 3.1-104～图 3.1-106）。

坝趾区地盘工程开挖及加固对长地爿库坝系统产生的振冲效应不容忽视（图 3.1-107～图 3.1-109），由此形成的动力影响会引发坝顶下游侧的“蛇行”变形，即该区域会出现顺河向位移变号，而且这种影响还会向两岸坝肩传递，若不加以控制必将对坝顶附属结构物造成不同程度破坏（图 3.1-110～图 3.1-112）。综合现场条件，研究认为隔振沟布设是最为合理措施，在基坑边缘、坝趾区一侧做至少一道隔振沟，将有效消减基坑开挖过程中动力振冲效应带来的不良影响（图 3.1-113～图 3.1-115）。

左岸坝肩下游侧有一处不明集水坑，经研究发现，若该处存在库坝内外水力连通时，坝体变形量会有明显增加；为避免出现确切的库坝内外水力连通，研究认为，在坝趾区基坑开挖期间应在下游区渗坑处加密布置渗流观测点，进行动态巡查，一旦出现肉眼可辨的渗透变形，立即进行截渗处理加固，避免出现进一步的渗透破坏。

3.2　舟山洞岙库区左岸洞库钻爆开挖风险分析及评价研究

3.2.1　工程背景简介

舟山洞岙水库始建于 1958 年，1964 年竣工，库区内集雨面积为 6.25km^2，洪水标准按 50 年一遇设计、500 年一遇校核。水库正常蓄水位为 39.26m，相应库容 384 万 m^3，设计洪水位 40.60m，相应库容 444 万 m^3，校核洪水位 41.02m，相应库容 464 万 m^3。挡水建筑物为黏土心墙坝，之后于心墙内增设一道混凝土防渗墙，坝长 362m，最大坝高 23.12m。上游面采用混凝土框架封固干砌块石做衬护，高程 36.1m 处变坡并设一道马道，下游面采用混凝土网格草坪护坡，且在高程 36.15m 及 26.5m 处各设一道马道。库区内溢洪道及输水隧洞均位于大坝右岸。

洞岙库区所在地临城新区现已成为舟山重点开发，尤其是以海鲜冷链为龙头的特色行业因极具市场潜力而得到了快速发展。然而，区块内有限的地上空间业已成为发展的瓶颈，如何拓展新的发展空间是摆在舟山面前的一个无法回避的大课题。向地下发展是破题的关键！洞岙库区又是破题关键中的要点，因其周围群山环抱，地质条件较好，库区内有充足、优质且供应便利的水源，这些都为海鲜冷链行业发展提供了独一无二的有利条件。经实地综合勘察，库区左岸极适合作为地下冷链洞库。

考虑到洞库钻爆开挖产生的影响，为保证库坝系统特别是在施工期的安全运行，本节研究将主要针对洞岙库区左岸山体实施冷链洞库开挖过程中产生的爆破冲击与岩体卸荷，以及由此可能引发的库区岸坡及大坝主体静动力安全问题，重点模拟“左岸山体钻爆开挖施工引发坝库区工程地质及水文地质环境变化条件下、洞岙库坝系统整体可靠性及动态响应机制”；同时，还将考虑不同库水位加荷以及不同起爆点相对于库坝系统的空间分布这两类关键影响因素，探究保证洞岙库坝系统整体稳定的钻爆临界冲击波速取值；此外，本节还会引入累积爆破冲击以及由此引发的库坝系统累积蠕变损伤、典型地脉动作用下库坝系统的安全响应等特殊科学问题，并分别开展专题研究[17-20]。现场工作环境如图 3.2-1 及图 3.2-2 所示。

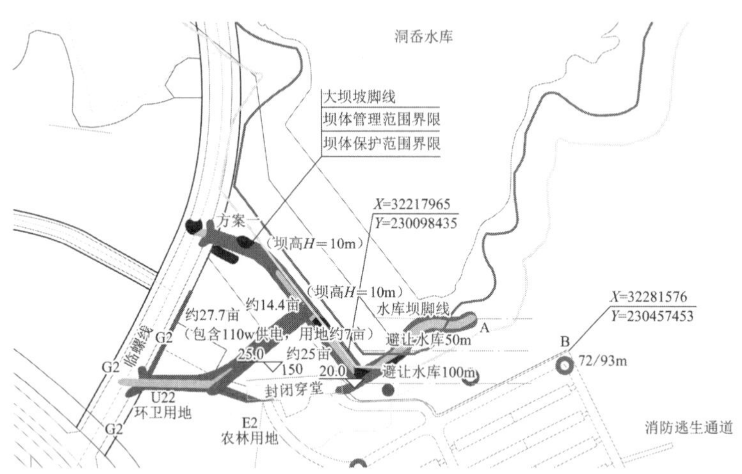

图 3.2-1　洞岙库区左岸山体洞库作业平面布置图

图 3.2-2　洞岙库区左岸山体地槽开挖现场

本节研究将使用超精细数值建模技术，对洞岙库坝系统、左岸岩体及冷链洞库做模型前处理及精工雕琢，具体见图 3.2-3 和图 3.2-4。

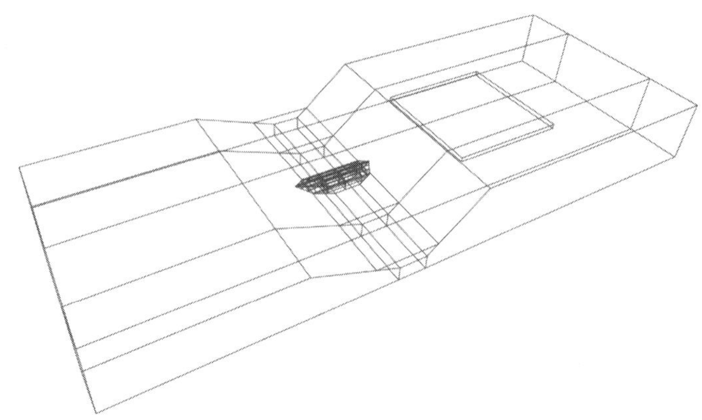

图 3.2-3　含钻爆开挖卸载仿真区块的库坝系统总体模型透视图

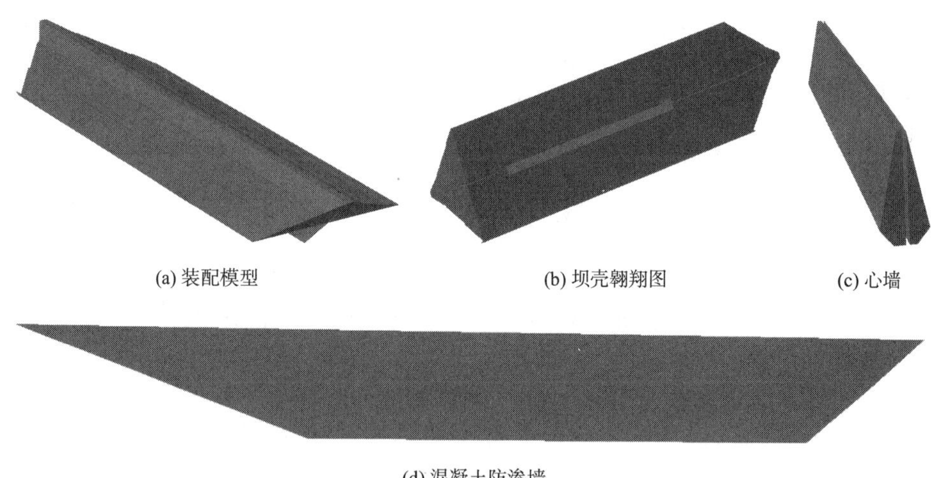

(a) 装配模型　(b) 坝壳翱翔图　(c) 心墙

(d) 混凝土防渗墙

图 3.2-4　洞岙大坝主体结构三维模型细部

3.2.2　数值计算方法

（1）钻爆开挖地质空间的虚实单元模拟方法

本节研究将借助 3.1.2 节介绍的虚实单元技术模拟库区左岸钻爆及开挖施工对区域内工程地质与水文地质环境的动态影响过程。具体见 3.1.2 节（1）内容。

（2）钻爆冲击动力学模拟方法

本次研究针对洞岙库区左岸钻爆施工，采用 Newmark 法进行震动冲击数值模拟，避免了任何叠加的应用，能很好地适应非线性的反应分析。

Newmark 法设定位移场$\{\boldsymbol{u}\}$、速度场$\{\dot{\boldsymbol{u}}\}$及加速度场$\{\ddot{\boldsymbol{u}}\}$的时域迭代关系如下所示：

$$\{\dot{\boldsymbol{u}}\}_{\mathrm{t+\Delta t}} = \{\dot{\boldsymbol{u}}\}_{\mathrm{t}} + \left[(1-\beta)\{\ddot{\boldsymbol{u}}\}_{\mathrm{t}} + \beta\{\ddot{\boldsymbol{u}}\}_{\mathrm{t+\Delta t}}\right]\Delta t \tag{3.2-1}$$

$$\{\boldsymbol{u}\}_{t+\Delta t}=\{\boldsymbol{u}\}_{t}+\{\dot{\boldsymbol{u}}\}\Delta t+\left[\left(\frac{1}{2}-\gamma\right)\{\ddot{\boldsymbol{u}}\}_{t}+\gamma\{\ddot{\boldsymbol{u}}\}_{t+\Delta t}\right]\Delta t^{2} \tag{3.2-2}$$

式中，β、γ是按积分的精度和稳定性要求进行调整的参数，当$\beta=0.5$、$\gamma=0.25$ 时，为常平均加速度法，即假定从t～（$t+\Delta t$）时刻的速度不变，取为常数$\frac{1}{2}\left(\{\ddot{\boldsymbol{u}}\}_{t}+\{\ddot{\boldsymbol{u}}\}_{t+\Delta t}\right)$。当$\beta\geqslant 0.5$，$\gamma\geqslant 0.25(0.5+\beta)^{2}$时，Newmark 法是一种无条件稳定的格式。

借助式(3.2-1)和式(3.2-2)可得到用$\{\boldsymbol{u}\}_{t+\Delta t}$、$\{\boldsymbol{u}\}_{t}$、$\{\dot{\boldsymbol{u}}\}_{t}$及$\{\ddot{\boldsymbol{u}}\}_{t}$表示的更新后的速度场$\{\dot{\boldsymbol{u}}\}$及加速度场$\{\ddot{\boldsymbol{u}}\}$迭代格式，如下所示：

$$\{\ddot{\boldsymbol{u}}\}_{t+\Delta t}=\frac{1}{\gamma\Delta t^{2}}\left(\{\boldsymbol{u}\}_{t+\Delta t}-\{\boldsymbol{u}\}_{t}\right)-\frac{1}{\gamma\Delta t}\{\dot{\boldsymbol{u}}\}_{t}-\left(\frac{1}{2\gamma}-1\right)\{\ddot{\boldsymbol{u}}\}_{t} \tag{3.2-3}$$

$$\{\dot{\boldsymbol{u}}\}_{t+\Delta t}=\frac{\beta}{\gamma\Delta t}\left(\{\boldsymbol{u}\}_{t+\Delta t}-\{\boldsymbol{u}\}_{t}\right)+\left(1-\frac{\beta}{\gamma}\right)\{\dot{\boldsymbol{u}}\}_{t}+\left(1-\frac{\beta}{2\gamma}\right)\Delta t\{\ddot{\boldsymbol{u}}\}_{t} \tag{3.2-4}$$

（3）钻爆开挖施工环境的渗流水动力学模拟方法

本节研究还采用了三维正交各向异性非均质稳定渗流场，仿真模拟洞岙库区左岸洞库钻爆开挖施工期的渗流水动力学环境,该问题可以归结为一个泛函极值问题如下所示[21-22]：

$$\min \Pi(\{\boldsymbol{H}\})=\min\left\{\frac{1}{2}\iiint_{\tau}\left[k_{x}\left(\frac{\partial\{\boldsymbol{H}\}}{\partial x}\right)^{2}+k_{y}\left(\frac{\partial\{\boldsymbol{H}\}}{\partial y}\right)^{2}+k_{z}\left(\frac{\partial\{\boldsymbol{H}\}}{\partial z}\right)^{2}\right]\mathrm{d}x\,\mathrm{d}y\,\mathrm{d}z\right\} \tag{3.2-5}$$

对于如上问题在三维流场内进行离散即得求和泛函为：

$$\begin{aligned}\min \Pi(\{\boldsymbol{H}\})&=\min\sum_{e}\Pi^{e}(\{\boldsymbol{H}\})\\&=\min\left\{\sum_{e}\frac{1}{2}\iiint_{\tau_{e}}\left(\left[k_{x}\left(\frac{\partial\{\boldsymbol{H}\}}{\partial x}\right)^{2}+k_{y}\left(\frac{\partial\{\boldsymbol{H}\}}{\partial y}\right)^{2}+k_{z}\left(\frac{\partial\{\boldsymbol{H}\}}{\partial z}\right)^{2}\right]\mathrm{d}x\,\mathrm{d}y\,\mathrm{d}z\right)\right\}\end{aligned} \tag{3.2-6}$$

式中，e为流场内各单元；τ_{e}为单元体积；τ为流场体积；$\{\boldsymbol{H}\}$为场内水头势矩阵。

就上式进一步做极值运算，可以得到三维正交各向异性非均质稳定渗流定解问题的偏微分方程，描述为：

$$\frac{\partial}{\partial x}\left(k_{x}\frac{\partial\{\boldsymbol{H}\}}{\partial x}\right)+\frac{\partial}{\partial y}\left(k_{y}\frac{\partial\{\boldsymbol{H}\}}{\partial y}\right)+\frac{\partial}{\partial z}\left(k_{z}\frac{\partial\{\boldsymbol{H}\}}{\partial z}\right)=0 \tag{3.2-7}$$

式中，k_{x}、k_{y}、k_{z}为正交各向异性渗透系数。

对式(3.2-7)考虑如下两类边界条件：

水头边界条件，

$$\{\boldsymbol{H}\}(x,y,z)_{\Gamma_{1}}=f_{1}(x,y,z) \tag{3.2-8}$$

式中，$f_{1}(x,y,z)$为水头边界函数。

流量边界条件，

$$k_{x}\frac{\partial\{\boldsymbol{H}\}}{\partial x}\cos(n,x)+k_{y}\frac{\partial\{\boldsymbol{H}\}}{\partial y}\cos(n,y)+k_{z}\frac{\partial\{\boldsymbol{H}\}}{\partial z}\cos(n,z)_{|\Gamma_{2}}=f_{2}(x,y,z) \tag{3.2-9}$$

式中，$f_{2}(x,y,z)$为流量边界函数。

对式(3.2-7)做有限元离散可以得到如下形式：

$$[\boldsymbol{K}]^{\mathrm{P}}\{\boldsymbol{H}\}=\{\boldsymbol{F}\} \tag{3.2-10}$$

式中，$[\boldsymbol{K}]^{\mathrm{P}}$为整体传导矩阵；$\{\boldsymbol{F}\}$为右端项。

引入插值函数$N_i(i=1,2,\cdots m)$（m为单元节点数）后得到单元传导矩阵$[\boldsymbol{K}_{\mathrm{e}}]^{\mathrm{P}}$为：

$$[\boldsymbol{K}_{\mathrm{e}}]^{\mathrm{P}}=\iiint_{\tau_{\mathrm{e}}}[\boldsymbol{T}]^{\mathrm{T}}[\kappa][\boldsymbol{T}]\,\mathrm{d}x\,\mathrm{d}y\,\mathrm{d}z \tag{3.2-11}$$

其中，

$$[\boldsymbol{\kappa}]=\begin{bmatrix}k_{\mathrm{x}} & 0 & 0\\ 0 & k_{\mathrm{y}} & 0\\ 0 & 0 & k_{\mathrm{z}}\end{bmatrix} \tag{3.2-12}$$

$$[\boldsymbol{T}]=\begin{bmatrix}\dfrac{\partial N_1}{\partial x} & \dfrac{\partial N_2}{\partial x} & \cdots & \dfrac{\partial N_{\mathrm{m}}}{\partial x}\\ \dfrac{\partial N_1}{\partial y} & \dfrac{\partial N_2}{\partial y} & \cdots & \dfrac{\partial N_{\mathrm{m}}}{\partial y}\\ \dfrac{\partial N_1}{\partial z} & \dfrac{\partial N_2}{\partial z} & \cdots & \dfrac{\partial N_{\mathrm{m}}}{\partial z}\end{bmatrix} \tag{3.2-13}$$

式中，$[\boldsymbol{\kappa}]$为正交各向异性渗透系数矩阵。

对于非均质各向异性渗流场，各渗透性分区的渗透主轴方向不可能都一样，所以在做坐标转换时必须对各个分区分别进行。故场内单元还需要进行坐标转换。假定某节点的坐标为(x,y,z)，它所在单元内主渗透系数k_{ξ}、k_{η}、k_{ζ}的倾向分别为α_1、α_2、α_3，倾角分别为β_1、β_2、β_3（渗透主轴在水平面上的投影线与地理北极的交角为其倾向，渗透主轴与水平面的夹角为其倾角），在k_{ξ}、k_{η}、k_{ζ}决定的坐标系下该节点的坐标为(ξ',η',ζ')，不失一般性地规定：工程坐标系的XOZ平面为水平面，Y轴向上为正，X轴的正向与地理北极夹角为α_{x}，新旧坐标系的原点重合，则(x,y,z)与(ξ',η',ζ')的转化关系为：

$$\begin{aligned}\begin{Bmatrix}x\\ y\\ z\end{Bmatrix}&=\begin{bmatrix}\cos\beta_1\cos(\alpha_{\mathrm{x}}-\alpha_1) & \sin\beta_1 & \cos\beta_1\sin(\alpha_{\mathrm{x}}-\alpha_1)\\ \cos\beta_2\cos(\alpha_{\mathrm{x}}-\alpha_2) & \sin\beta_2 & \cos\beta_2\sin(\alpha_{\mathrm{x}}-\alpha_2)\\ \cos\beta_3\cos(\alpha_{\mathrm{x}}-\alpha_3) & \sin\beta_3 & \cos\beta_3\sin(\alpha_{\mathrm{x}}-\alpha_3)\end{bmatrix}\begin{Bmatrix}\xi\\ \eta\\ \zeta\end{Bmatrix}\\ &=[\boldsymbol{C}]\{\xi,\eta,\zeta\}^{\mathrm{T}}\end{aligned} \tag{3.2-14}$$

其中，$[\boldsymbol{C}]$为转换矩阵，而且还有如下关系存在：

$$\{\xi,\eta,\zeta\}^{\mathrm{T}}=[\boldsymbol{C}]^{-1}\{x,y,z\}^{\mathrm{T}} \tag{3.2-15}$$

3.2.3　材料分区

本节研究的仿真计算采用个性化、精细化建模手段，并对前期模型做细化雕刻，将模型划分为11个大区，即两岸山体、坝下各区基岩、库区上下游底板岩体、库区下卧母岩、坝壳、防渗墙以及心墙等，11个区块的材料总体按照如表3.2-1中代表值选取并模拟计算。

洞岙库坝系统各区材料参数代表值　　表 3.2-1

材料分区	密度/（kg/m^3）	动模量/Pa	动泊松比	模量/Pa	泊松比	黏聚力/kPa	内摩擦角/°	剪胀角/°	屈服强度/Pa	流变应力比	正交各向异性渗透系数 $(X,Y,Z)10^{-5}$m/s
坝壳	2009	4.9×10^7	0.29	6.91×10^6	0.31	28.7	21.8（49）	28	2.5×10^7（3×10^5）	—	4.9×10^{-2}，3.7×10^{-2}，2.7×10^{-2}
心墙	1958	5.6×10^7	0.30	7.6×10^6	0.35	31.9	21.9（45）	30	2.0×10^7（3.5×10^5）	—	4.9×10^{-3}，3.7×10^{-3}，2.7×10^{-3}
防渗墙	2100	1.6×10^{10}	0.27	9×10^9	0.3	90	55	20	7.0×10^8	0.8	4.9×10^{-4}，3.7×10^{-4}，2.7×10^{-4}
右岸山体	2650	6.6×10^{10}	0.26	1.5×10^8	0.3	—	56（55）	20	7.4×10^8（5×10^5）	0.8	4.9×10^{-4}，3.7×10^{-4}，2.7×10^{-4}
左岸山体	2680	6.7×10^{10}	0.25	1.6×10^8	0.3	100	57（56）	20	7.6×10^8（6×10^5）	0.8	4.9×10^{-4}，3.7×10^{-4}，2.7×10^{-4}
坝下顶层基岩	2650	6.6×10^{10}	0.26	1.8×10^8	0.3	—	56	20	7.2×10^8（1×10^6）	0.8	4.9×10^{-4}，3.7×10^{-4}，2.7×10^{-4}
坝下中层基岩	2650	6.6×10^{10}	0.26	1.9×10^8	0.3	—	56	20	7.3×10^8（2×10^6）	0.8	4.9×10^{-4}，3.7×10^{-4}，2.7×10^{-4}
坝下底层基岩	2650	6.6×10^{10}	0.26	—	—	—	56	20	7.4×10^8	0.8	4.9×10^{-4}，3.7×10^{-4}，2.7×10^{-4}
上游坝基表层	2650	6.6×10^{10}	0.26	—	—	—	56	20	7.5×10^8	0.8	4.9×10^{-4}，3.7×10^{-4}，2.7×10^{-4}
下游坝基表层	2650	6.6×10^{10}	0.26	—	—	—	56	20	7.5×10^8	0.8	4.9×10^{-4}，3.7×10^{-4}，2.7×10^{-4}
卧层母岩	2680	6.8×10^{10}	0.25	2.0×10^8	0.3	—	58	20	8×10^8（3×10^6）	0.8	4.9×10^{-4}，3.7×10^{-4}，2.7×10^{-4}

本节研究所涉及各区域材料在仿真计算全程中均考虑非线性特征，并采用弹塑性本构模型仿真模拟[23-24]。对于震损、静动力水压、渗透耦合作用下，坝体填筑材料指标折减的仿真模拟主要依据如 3.1.3 节所介绍的双曲线形折减模型完成，折减方程如公式(3.1-20)所示。

3.2.4　本构模型

本节研究所涉及的坝壳、心墙统一使用 Mohr-Coulomb 本构模型模拟，基岩及两岸山体统一使用 Drucker-Prager 本构模型模拟，塑性混凝土防渗墙常规裂损问题采用开裂塑性静力损伤本构模型分析，其累积钻爆冲击作用下的蠕变损伤增益则结合第 2 章中所述广义损伤力学本构内容并借助西原体蠕变力学模型进行研究计算，本节中涉及的全部材料介质均考虑具备非线性特征[25-27]。

（1）Mohr-Coulomb 静力本构模型

在坝壳及心墙区域所采用的 Mohr-Coulomb 静力本构模型中，屈服准则采用了剪切屈服与受拉破坏准则相结合的复合准则，具体见图 3.2-5 和图 3.2-6，屈服准则与塑性势的数学表达式如下。

图 3.2-5 中的 A 到 B 点为 Mohr-Columb 准则，表达式如下：

$$f^{\mathrm{s}} = \sigma_1 - \sigma_3 N_{\varphi} + 2c\sqrt{N_{\varphi}} \qquad\qquad g^{\mathrm{s}} = \sigma_1 - \sigma_3 N_{\psi} \tag{3.2-16}$$

图 3.2-5 中的 B 到 C 点为受拉破坏准则，表达式如下：

$$f^{\mathrm{t}} = \sigma_3 - \sigma^{\mathrm{t}} \qquad\qquad g^{\mathrm{t}} = -\sigma_3 \tag{3.2-17}$$

式中，φ为摩擦角；ψ为剪胀角。

此外，

$$N_{\varphi} = \frac{1+\sin\varphi}{1-\sin\varphi} \qquad\qquad N_{\psi} = \frac{1+\sin\psi}{1-\sin\psi} \tag{3.2-18}$$

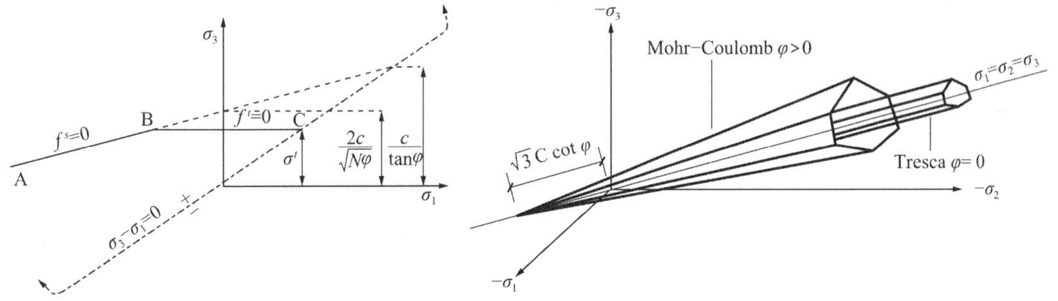

图 3.2-5　Mohr-Coulomb 屈服准则

图 3.2-6　主空间 Mohr-Coulomb 屈服准则

若记弹性应力增量为σ^{I}，塑性校正后的应力增量为σ^{N}，则对于 Mohr-Columb 准则有如式(3.2-19)所示应力状态关系：

$$\begin{aligned}
\sigma_1^{\mathrm{N}} &= \sigma_1^{\mathrm{I}} - \lambda^{\mathrm{s}}(\alpha_1 - \alpha_2 N_{\psi}) \\
\sigma_2^{\mathrm{N}} &= \sigma_2^{\mathrm{I}} - \lambda^{\mathrm{s}}\alpha_2(1 - N_{\psi}) \\
\sigma_3^{\mathrm{N}} &= \sigma_3^{\mathrm{I}} - \lambda^{\mathrm{s}}(-\alpha_1 N_{\psi} + \alpha_2)
\end{aligned} \tag{3.2-19}$$

对于受拉破坏准则，以上各式中的应力状态关系如下式所示：

$$\begin{aligned}
\sigma_1^{\mathrm{N}} &= \sigma_1^{\mathrm{I}} - \lambda^{\mathrm{t}}\alpha_2 \\
\sigma_2^{\mathrm{N}} &= \sigma_2^{\mathrm{I}} - \lambda^{\mathrm{t}}\alpha_2 \\
\sigma_3^{\mathrm{N}} &= \sigma_3^{\mathrm{I}} - \lambda^{\mathrm{t}}\alpha_1 \\
\lambda^{\mathrm{t}} &= \frac{\sigma_3^{\mathrm{I}} - \sigma_{\mathrm{t}}}{\alpha_1}
\end{aligned} \tag{3.2-20}$$

（2）Drucker-Prager 静力本构模型

Drucker-Prager 静力本构模型中的当量应力按照如下三类应力状态分别计算：

$$\overline{\sigma}^{\mathrm{cr}}=\frac{(q-p\tan\beta)}{\left(1-\left(\frac{1}{3}\right)\tan\beta\right)}(\text{压缩应力状态})\tag{3.2-21}$$

$$=\frac{(q-p\tan\beta)}{\left(1+\left(\frac{1}{3}\right)\tan\beta\right)}(\text{拉伸应力状态})\tag{3.2-22}$$

$$=(q-p\tan\beta)(\text{剪切应力状态})\tag{3.2-23}$$

由上可得子午面内当量势面如图 3.2-7 所示。

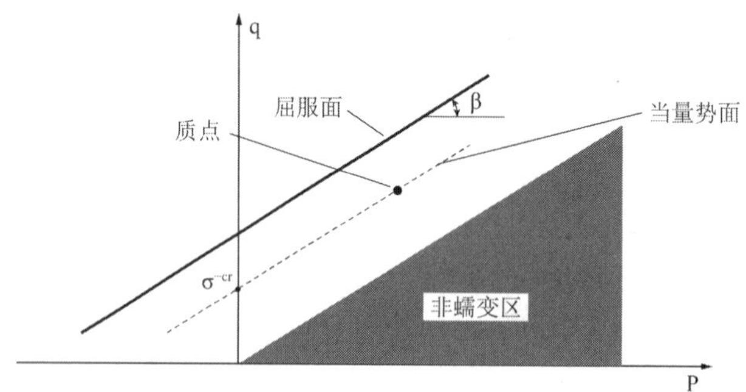

图 3.2-7　子午面当量势

本节研究采用如式(3.2-24)所示应变硬化法则：

$$\dot{\overline{\varepsilon}}^{\mathrm{cr}}=\left(A\left(\overline{\sigma}^{\mathrm{cr}}\right)^{\mathrm{n}}\left[(m+1)\overline{\varepsilon}^{\mathrm{cr}}\right]^{\mathrm{m}}\right)^{\frac{1}{\mathrm{m}+1}}\tag{3.2-24}$$

对应流动势函数按照下式计算：

$$G^{\mathrm{cr}}=\sqrt{\left(\varepsilon\overline{\sigma}\,\big|_{0}\tan\Psi\right)^{2}+q^{2}}-p\tan\Psi\tag{3.2-25}$$

Drucker-Prager 静力本构模型破坏准则按照如下式所示方法计算：

$$\alpha I_1+\sqrt{J_2}=k\tag{3.2-26}$$

式中，α和k是材料常数；应力张量不变量、偏应力张量不变量与主应力的关系式如下：

$$\begin{aligned}I_1&=\sigma_1+\sigma_2+\sigma_3\\I_2&=-(\sigma_1\sigma_2+\sigma_2\sigma_3+\sigma_3\sigma_1)\\I_3&=\sigma_1\sigma_2\sigma_3\end{aligned}\tag{3.2-27}$$

$$\begin{aligned}J_1&=\sigma'_{kk}=0\\J_2&=\frac{1}{2}\sigma'_{ij}\sigma'_{ij}=\frac{1}{6}\left[(\sigma_1-\sigma_2)^2+(\sigma_2-\sigma_3)^2+(\sigma_3-\sigma_1)^2\right]\\J_3&=\frac{1}{3}\sigma'_{ij}\sigma'_{jk}\sigma'_{ki}\end{aligned}\tag{3.2-28}$$

尤其是考虑到现场参数缺乏，通过岩石动力学理论，按照式(3.2-29)及式(3.2-30)获取了岩体的动力学参数，即动弹性模量与动泊松比：

$$\nu_{\mathrm{d}}=\frac{\frac{1}{2}\left(\frac{\nu_{\mathrm{p}}}{\nu_{\mathrm{s}}}\right)^2-1}{\left(\frac{\nu_{\mathrm{p}}}{\nu_{\mathrm{s}}}\right)^2-1} \tag{3.2-29}$$

$$E_{\mathrm{d}}=\rho\nu_{\mathrm{s}}^2\frac{3\nu_{\mathrm{p}}^2-4\nu_{\mathrm{s}}^2}{\nu_{\mathrm{p}}^2-\nu_{\mathrm{s}}^2} \tag{3.2-30}$$

（3）开裂塑性静力损伤本构模型

库坝系统中岩石类材料开裂应变率状态方程与屈服方程关系如下所示：

$$\{\dot{\varepsilon}_{\mathrm{p}}\}=\lambda\frac{\partial F}{\partial\{\sigma\}} \tag{3.2-31}$$

$$\frac{\partial\sigma_{\mathrm{eq}}}{\partial\{\sigma\}}=\frac{3}{2}\frac{\{s\}}{\sigma_{\mathrm{eq}}} \tag{3.2-32}$$

引入硬化方程的开裂屈服方程进一步表示为：

$$\{\dot{\varepsilon}_{\mathrm{p}}\}=H(F)\frac{\dot{\sigma}_{\mathrm{eq}}}{\frac{\partial R}{\partial\gamma}+(1-\Omega)\sigma_{\mathrm{s}}\frac{\partial\hat{\Phi}}{\partial Y}}\frac{\partial\sigma_{\mathrm{eq}}}{\partial\{\sigma\}} \tag{3.2-33}$$

由上得到岩石类材料静力损伤发展方程为：

$$\dot{\Omega}=-(1-\Omega)\left(\frac{2}{3}\{\dot{\varepsilon}_{\mathrm{p}}\}^{\mathrm{T}}\{\dot{\varepsilon}_{\mathrm{p}}\}\right)^{\frac{1}{2}}\frac{\partial\hat{\Phi}}{\partial Y} \tag{3.2-34}$$

对应的弹塑性静力损伤关系矩阵按照下式计算：

$$\begin{aligned}[D_{\mathrm{ep}}^*]&=[D^*]-[D_{\mathrm{p}}^*]\\&=[D^*]-H(F)\frac{[D^*]\frac{\partial G}{\partial\{\sigma\}}\left(\frac{\partial F}{\partial\{\sigma\}}\right)^{\mathrm{T}}[D^*]}{\frac{\partial F}{\partial R}\frac{\partial R}{\partial\gamma}\frac{\partial G}{\partial R}+\left(\frac{\partial F}{\partial\{\sigma\}}\right)^{\mathrm{T}}[D^*]\frac{\partial G}{\partial\{\sigma\}}}\end{aligned} \tag{3.2-35}$$

（4）开裂塑性动力损伤本构模型

本部分内容主要基于第 2 章中广义损伤力学研究成果构建。库坝系统中动力状态下各区材料的阻尼按照如式(3.2-36)所示的模糊随机损伤阻尼方程计算[28-30]：

$$\alpha_{\Omega}^*=(2\xi_1/\omega_1)(1-\varpi)^2 \tag{3.2-36}$$

动力模拟过程所需主动力损伤列阵为：

$$\boldsymbol{\Omega}=\{\Omega_1^*,\Omega_2^*,\Omega_3^*\}^{\mathrm{T}}=\{\varpi,0.5\varpi,\varpi\}^{\mathrm{T}} \tag{3.2-37}$$

模糊随机动力损伤应力列阵按照下式计算：

$$\boldsymbol{\sigma}^*=\boldsymbol{\sigma}+\alpha_{\Omega}^*\widetilde{\boldsymbol{D}}^*\boldsymbol{\varepsilon}^* \tag{3.2-38}$$

其中，修正广义动力损伤本构关系矩阵$\widetilde{\boldsymbol{D}}^*$按照下式计算：

$$\widetilde{\boldsymbol{D}}^*=\boldsymbol{T}^{\mathrm{T}}\boldsymbol{D}^*\boldsymbol{T} \tag{3.2-39}$$

式(3.2-38)及式(3.2-39)中的广义动力损伤本构关系矩阵$\boldsymbol{D}^*$如第 2 章中式(2.1-27)所示。

式(3.2-39)中的坐标转换矩阵$\boldsymbol{T}$按照式(3.2-40)计算：

$$\boldsymbol{T}=\begin{bmatrix} l_1^2 & m_1^2 & n_1^2 & l_1m_1 & m_1n_1 & n_1l_1 \\ l_2^2 & m_2^2 & n_2^2 & l_2m_2 & m_2n_2 & n_2l_2 \\ l_3^2 & m_3^2 & n_3^2 & l_3m_3 & m_3n_3 & n_3l_3 \\ 2l_1l_2 & 2m_1m_2 & 2n_1n_2 & l_2m_2+l_2m_1 & m_1n_2+m_2n_1 & n_1l_2+n_2l_1 \\ 2l_2l_3 & 2m_2m_3 & 2n_2n_3 & l_2m_3+l_3m_2 & m_2n_3+m_3n_2 & n_2l_3+n_3l_2 \\ 2l_3l_1 & 2m_3m_1 & 2n_3n_1 & l_3m_1+l_1m_3 & m_3n_1+m_1n_3 & n_3l_1+n_1l_3 \end{bmatrix} \tag{3.2-40}$$

式中，l_i、m_i、n_i，$i=1,2,3$是损伤主轴的方向余弦。

方向余弦通过统计材料损伤裂纹数量及方位并建立相应的量化函数计算获得，其中的裂纹方位角矩阵如下式所示：

$$\boldsymbol{\Psi}=\{\boldsymbol{\alpha},\boldsymbol{\beta},\boldsymbol{\gamma}\}=\begin{bmatrix} \alpha_1 & \beta_1 & \gamma_1 \\ \alpha_2 & \beta_2 & \gamma_2 \\ \alpha_3 & \beta_3 & \gamma_3 \end{bmatrix} \tag{3.2-41}$$

（5）黏弹-黏塑性蠕变本构模型

累积钻爆冲击下库坝结构与材料蠕变损伤增益研究所用的蠕变本构模型为黏弹-黏塑性蠕变本构模型，即西原模型。这种模型由一个弹性元件、开尔文体和理想黏塑性体串联而成，最能全面反映岩石类材料的黏弹-黏塑性特征，具体如图 3.2-8 所示。西原体具有瞬时变形、衰减蠕变、定常蠕变弹性后效和松弛性质。

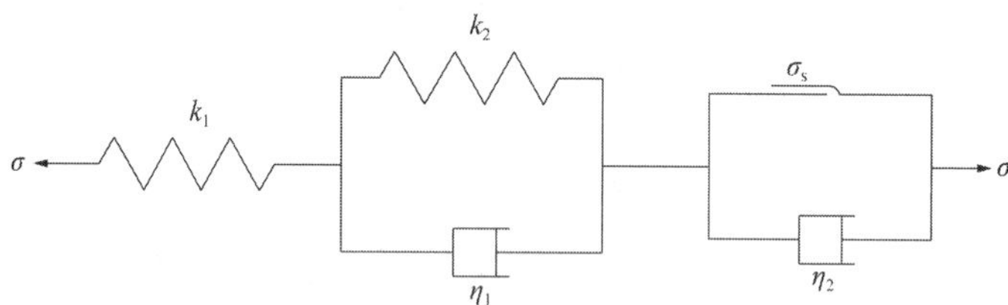

图 3.2-8　西原体蠕变力学模型

西原体蠕变力学模型对应的本构方程可表示为：

$$\sigma<\sigma_{\mathrm{s}} \qquad \frac{\eta_1}{k_1}\dot{\sigma}+\left(1+\frac{k_2}{k_1}\right)\sigma=\eta_1\dot{\varepsilon}+k_2\varepsilon \tag{3.2-42}$$

$$\sigma\geqslant\sigma_{\mathrm{s}} \qquad \ddot{\sigma}+\left(\frac{k_2}{\eta_1}+\frac{k_2}{\eta_2}+\frac{k_1}{\eta_1}\right)\dot{\sigma}+\frac{k_1k_2}{\eta_1\eta_2}(\sigma-\sigma_{\mathrm{s}})=k_2\ddot{\varepsilon}+\frac{k_1k_2}{\eta_1}\dot{\varepsilon} \tag{3.2-43}$$

西原体在应力水平较低时，开始变形较快，一段时间后逐渐趋于稳定并成为稳定蠕变，在应力水平等于和超过材料的某一临界值（σ_{s}）时，逐渐转化为不稳定蠕变，所以西原体的蠕变方程为：

$$\sigma<\sigma_{\mathrm{s}} \qquad \varepsilon=\frac{\sigma_0}{k_1}+\frac{\sigma_0}{k_2}\left(1-e^{-\frac{k_2}{\eta_1}t}\right) \tag{3.2-44}$$

$$\sigma\geqslant\sigma_{\mathrm{s}} \qquad \varepsilon=\frac{\sigma_0}{k_1}+\frac{\sigma_0}{k_2}\left(1-e^{-\frac{k_2}{\eta_1}t}\right)+\frac{\sigma_0-\sigma_{\mathrm{s}}}{\eta_2}t \tag{3.2-45}$$

与其相适应的蠕变增量位移方程为：

$$\Delta\varepsilon^{\text{creep}} = \Delta t \cdot A_1 \cdot q^{\text{n}} \cdot (t - \Delta t)^{\text{m}} \tag{3.2-46}$$

式中，q为等效蠕变应力，由西原体模型计算获得；A_1、n、m为材料参数，由实验获得，本节研究取为$A_1 = 1.03\times10^{-10}$，$n = 3$，$m = -0.2$。

3.2.5　边界条件与加载工况

1）边界条件设计

为安全计，本节研究对左岸山体内洞室钻爆开挖后的支护效应不做考虑。分析中的动力仿真计算部分采用冲击荷载[14]，模拟左岸山体内洞室钻爆开挖过程中的爆炸冲击效应，同时还将专门讨论起爆点位置对库坝系统的安全影响，起爆点相对库坝系统边坡临空起点距离分别取为 100m、200m 及 300m（图 3.2-9）。

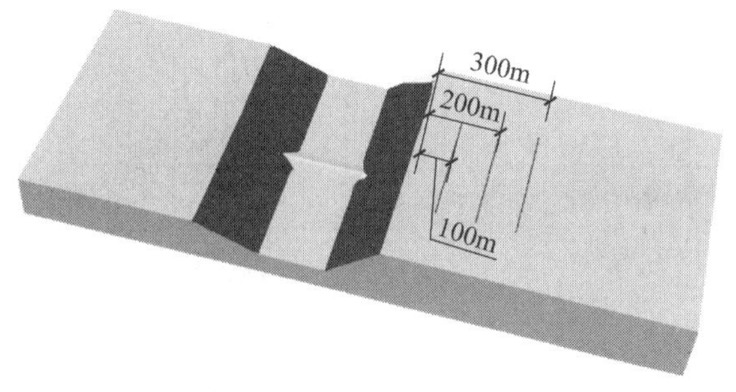

图 3.2-9　起爆点空间分布

研究还将探索长期钻爆引发的库坝结构与材料蠕变损伤增益，施工各阶段峰值冲击波速取为 2.5cm/s，共设计累积钻爆 10 次。

同时，为深入了解洞岙库区在复杂动力效应作用下的力学行为，研究还将对库坝系统地脉动响应下的整体抗震安全进行分析评价[14]，并选择 Koyna、Kobe、汶川空间地震波 3 种波形作为边界输入形式，具体波形如图 3.2-10～图 3.2-12 所示。

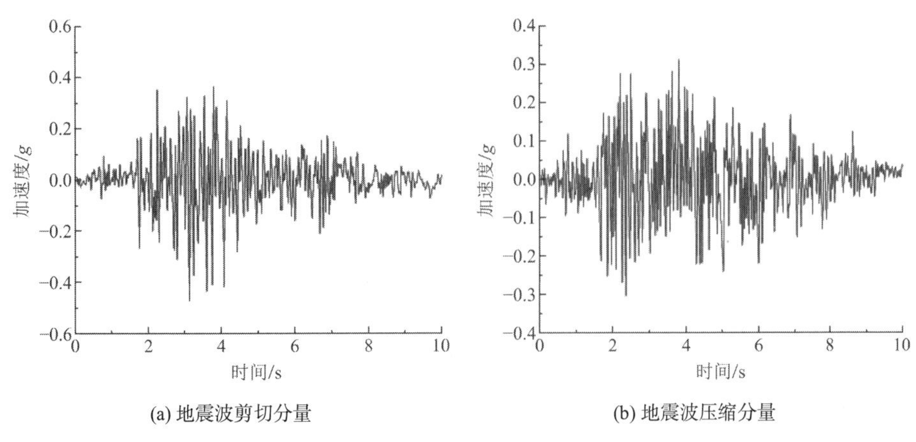

(a) 地震波剪切分量　　(b) 地震波压缩分量

图 3.2-10　Koyna 空间地震波

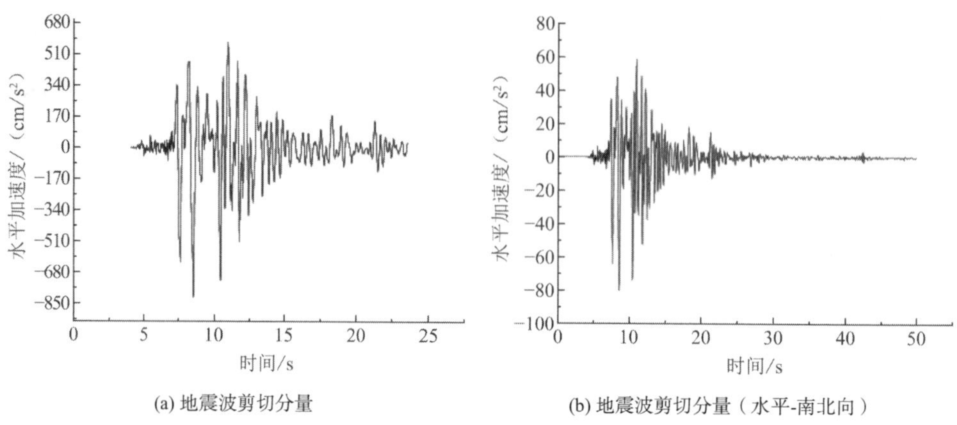

(a) 地震波剪切分量

(b) 地震波剪切分量（水平-南北向）

图 3.2-11　Kobe 空间地震波

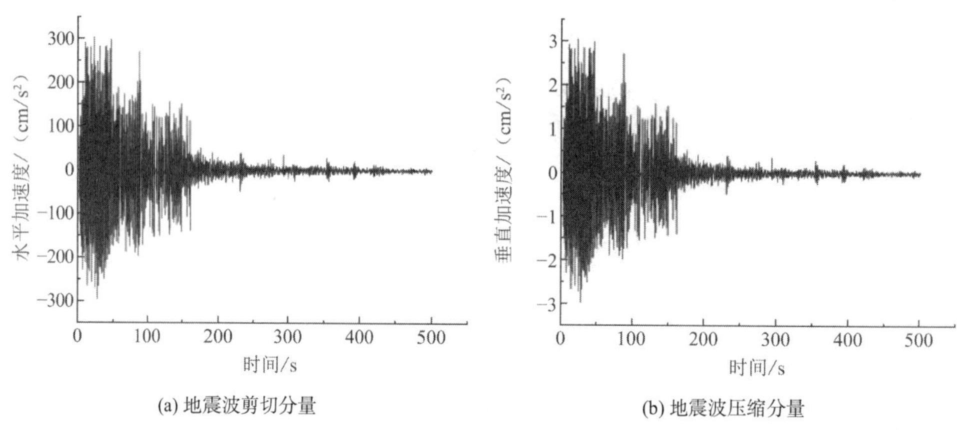

(a) 地震波剪切分量

(b) 地震波压缩分量

图 3.2-12　汶川空间地震波

依据当地条件，本节研究中的地脉动设计峰值加速度取为 0.1g，结合式(3.2-36)中的模糊随机损伤阻尼方程，结构与材料阻尼采用如下 Rayleigh 模型计算，基频通过专门的振型分析计算获取[31]。

$$\alpha_{\mathrm{R}}=\xi_1\varpi_0 \tag{3.2-47}$$

$$\beta_{\mathrm{R}}=\xi_1/\varpi_0 \tag{3.2-48}$$

静力工况时，坝前施加静水压力边界；动力工况下，坝前施加动水压力边界，动水压力使用 Westergaard 附加单元质量法计算，上游坝坡迎水面一侧施加的附加动水质量由公式(3.2-49)计算获得。

$$g_{\mathrm{e}}=\frac{7}{8}\rho_\omega\sqrt{h_\omega(h_\omega-h_{\mathrm{y}})}\cos\vartheta \tag{3.2-49}$$

式中，h_ω为库水深度；h_{y}为离散化后上游坝坡单元中心处的水位值；ϑ为任意点处动水压力作用方向与该处的离散化后上游坝坡单元外法线的夹角；$\cos\vartheta$为该处的动水压力矢量方向余弦。

为偏安全计，附加动水质量法形成的上游动水压力均以持时短、能量集中的冲击荷载形式完成时域分布模拟，库水位依据不同工况做对应选择，起爆点区域内的试探冲击波速包括 0.9cm/s、2.5cm/s、3.5cm/s、4.5cm/s 及 5.5cm/s 此 5 种边界形式。

2）加载工况设计

本节研究中，爆炸冲击效应采用三角冲击波作为爆破荷载输入形式进行模拟仿真，峰值波速依据不同工况做专门设计，冲击波时程的概念模型如图 3.2-13 所示，图中v_{max}及T_A分别指示峰值波速与时程总长。

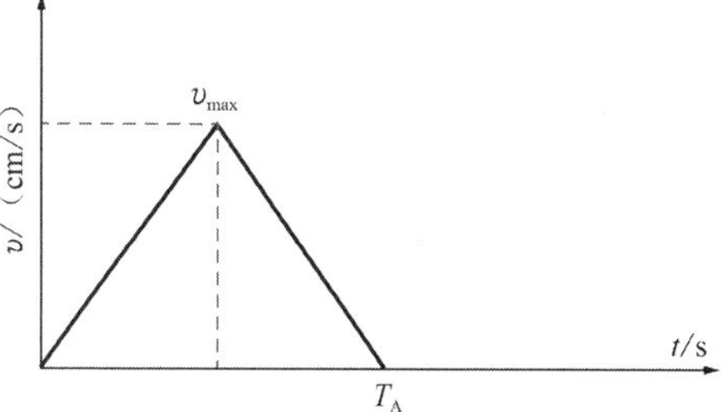

图 3.2-13　钻爆冲击波波形

钻爆冲击波依据冷链洞库施工方案设计，不同工况个性化设计对应波速峰值，冲击波作用位置取在实际药孔作业面对应的网格结点上。

研究共设计四个专题。专题一为钻爆期库坝系统总体安全反馈，具体包括计算工况 20 项，各工况可归为三个大类：一是钻爆开挖（含虚实单元）工况，该类工况下，重点仿真模拟施工期库区内的整体工程环境；二是包含静动力库坝稳定工况，该类工况重点仿真模拟各类静动力荷载作用下库坝边坡体系的动态安全问题；三是第三类工况专门针对钻爆荷载作用下洞岙大坝塑性混凝土渗墙的动态抗渗性能开展专项仿真分析计算。专题二为起爆点钻爆临界冲击波速敏感性研究，包括计算工况 27 项，重点探究起爆点位置冲击波速控制对库坝系统的安全影响。专题三为累积钻爆冲击下库坝结构与材料蠕变损伤增益研究。专题四为地脉动作用下库坝系统整体抗震安全评价。

专题一具体工况信息如下所示：

（1）空库，含初始地应力平衡，近场钻爆冲击波直接施加于左岸坝肩，峰值波速 2.5cm/s；

（2）空库，含初始地应力平衡，近场钻爆冲击波直接施加于左岸坝肩，峰值波速 1.5cm/s；

（3）空库，含初始地应力平衡，近场钻爆冲击波直接施加于左岸坝肩，峰值波速 0.7cm/s；

（4）中水位，含初始地应力平衡，近场钻爆冲击波直接施加于左岸坝肩，并施加冲击波动水压力，峰值波速 2.5cm/s；

（5）满库，含初始地应力平衡，近场钻爆冲击波直接施加于左岸坝肩，并施加冲击波动水压力，峰值波速 2.5cm/s；

（6）中水位，含初始地应力平衡，近场钻爆冲击波直接施加于左岸坝肩，并施加冲击波动水压力，峰值波速 2.5cm/s，开挖卸载虚实单元覆盖 90%洞室空间；

（7）低水位，含初始地应力平衡，近场钻爆冲击波直接施加于左岸坝肩，并施加冲击波动水压力，峰值波速 2.5cm/s，开挖卸载虚实单元覆盖 90%洞室空间，考虑岩体卸载残余变形，变形速率 2.5cm/s；

（8）满库，含初始地应力平衡，近场钻爆冲击波直接施加于左岸坝肩，并施加冲击波动水压力，峰值波速 2.5cm/s，开挖卸载虚实单元覆盖 90%洞室空间，考虑岩体卸载残余变形，变形速率 0.9cm/s；

（9）满库，含初始地应力平衡，近场钻爆冲击波直接施加于左岸坝肩，并施加冲击波动水压力，峰值波速 2.5cm/s，开挖卸载虚实单元覆盖 90%洞室空间，考虑岩体卸载残余变形，变形速率 2.5cm/s；

（10）满库，含初始地应力平衡，近场钻爆冲击波直接施加于左岸坝肩，并施加冲击波动水压力，峰值波速 2.5cm/s，考虑多次钻爆形成的累积变形影响；首次钻爆冲击波峰值波速 2.5cm/s，累次钻爆冲击波峰值波速 2.5cm/s；

（11）满库，含初始地应力平衡，近场钻爆冲击波直接施加于左岸坝肩，并施加冲击波动水压力，峰值波速 2.5cm/s，考虑多次钻爆形成的累积变形影响；首次钻爆冲击波峰值波速 2.5cm/s，累次钻爆冲击波峰值波速 3.0cm/s；

（12）满库，含初始地应力平衡，近场钻爆冲击波直接施加于左岸坝肩，并施加冲击波动水压力，峰值波速 2.5cm/s，考虑多次钻爆形成的累积变形影响；首次钻爆冲击波峰值波速 2.5cm/s，累次钻爆冲击波峰值波速 3.5cm/s；

（13）中水位，含初始地应力平衡，近场钻爆冲击波直接施加于坝壳整体，并引发冲击波动水压力，峰值波速 0.9cm/s，冲击效应各向异性，专项模拟大坝主体滑动；

（14）中水位，含初始地应力平衡，近场钻爆冲击波直接施加于坝壳整体，并引发冲击波动水压力，峰值波速 1.5cm/s，冲击效应各向异性，专项模拟大坝主体滑动；

（15）中水位，含初始地应力平衡，近场钻爆冲击波直接施加于坝壳整体，并引发冲击波动水压力，峰值波速 2.5cm/s，冲击效应各向异性，专项模拟大坝主体滑动；

（16）中水位，含初始地应力平衡，近场钻爆冲击波直接施加于坝壳整体，并引发冲击波动水压力，峰值波速 3.5cm/s，冲击效应各向异性，专项模拟大坝主体滑动；

（17）中水位，含初始地应力平衡，近场钻爆冲击波直接施加于坝壳整体，并引发冲击波动水压力，峰值波速 4.5cm/s，冲击效应各向异性，专项模拟大坝主体滑动；

（18）满库，左岸山体钻爆开挖将塑性混凝土防渗墙无影响，全库区渗流呈各向异性，专项模拟大坝主体结构渗流场；

（19）满库，左岸山体钻爆开挖将塑性混凝土50%防渗墙完全震毁，全库区渗流呈各向异性，专项模拟大坝主体结构渗流场；

（20）满库，左岸山体钻爆开挖将塑性混凝土防渗墙完全震毁，全库区渗流呈各向异性，专项模拟大坝主体结构渗流场。

专题二具体工况信息如下所示：

（1）起爆点相对库坝系统边坡临空起点距离为 100m，上游蓄水满库，爆炸冲击波峰值波速 0.9cm/s；

（2）起爆点相对库坝系统边坡临空起点距离为 100m，上游蓄水满库，爆炸冲击波峰值波速 2.5cm/s；

（3）起爆点相对库坝系统边坡临空起点距离为 100m，上游蓄水满库，爆炸冲击波峰值波速 4.5cm/s；

（4）起爆点相对库坝系统边坡临空起点距离为 100m，上游蓄水半库，爆炸冲击波峰值波速 0.9cm/s；

（5）起爆点相对库坝系统边坡临空起点距离为 100m，上游蓄水半库，爆炸冲击波峰值波速 2.5cm/s；

（6）起爆点相对库坝系统边坡临空起点距离为 100m，上游蓄水半库，爆炸冲击波峰值波速 4.5cm/s；

（7）起爆点相对库坝系统边坡临空起点距离为 100m，空库，爆炸冲击波峰值波速 0.9cm/s；

（8）起爆点相对库坝系统边坡临空起点距离为 100m，空库，爆炸冲击波峰值波速 3.5cm/s；

（9）起爆点相对库坝系统边坡临空起点距离为 100m，空库，爆炸冲击波峰值波速 5.5cm/s；

（10）起爆点相对库坝系统边坡临空起点距离为 200m，上游蓄水满库，爆炸冲击波峰值波速 0.9cm/s；

（11）起爆点相对库坝系统边坡临空起点距离为 200m，上游蓄水满库，爆炸冲击波峰值波速 2.5cm/s；

（12）起爆点相对库坝系统边坡临空起点距离为 200m，上游蓄水满库，爆炸冲击波峰值波速 4.5cm/s；

（13）起爆点相对库坝系统边坡临空起点距离为 200m，上游蓄水半库，爆炸冲击波峰值波速 0.9cm/s；

（14）起爆点相对库坝系统边坡临空起点距离为 200m，上游蓄水半库，爆炸冲击波峰值波速 2.5cm/s；

（15）起爆点相对库坝系统边坡临空起点距离为 200m，上游蓄水半库，爆炸冲击波峰值波速 4.5cm/s；

（16）起爆点相对库坝系统边坡临空起点距离为 200m，空库，爆炸冲击波峰值波速 0.9cm/s；

（17）起爆点相对库坝系统边坡临空起点距离为 200m，空库，爆炸冲击波峰值波速 3.5cm/s；

（18）起爆点相对库坝系统边坡临空起点距离为 200m，空库，爆炸冲击波峰值波速 5.5cm/s；

（19）起爆点相对库坝系统边坡临空起点距离为 300m，上游蓄水满库，爆炸冲击波峰值波速 0.9cm/s；

（20）起爆点相对库坝系统边坡临空起点距离为 300m，上游蓄水满库，爆炸冲击波峰值波速 2.5cm/s；

（21）起爆点相对库坝系统边坡临空起点距离为 300m，上游蓄水满库，爆炸冲击波峰值波速 4.5cm/s；

（22）起爆点相对库坝系统边坡临空起点距离为 300m，上游蓄水半库，爆炸冲击波峰值波速 0.9cm/s；

（23）起爆点相对库坝系统边坡临空起点距离为 300m，上游蓄水半库，爆炸冲击波峰值波速 2.5cm/s；

（24）起爆点相对库坝系统边坡临空起点距离为 300m，上游蓄水半库，爆炸冲击波峰值波速 4.5cm/s；

（25）起爆点相对库坝系统边坡临空起点距离为 300m，空库，爆炸冲击波峰值波速 0.9cm/s；

（26）起爆点相对库坝系统边坡临空起点距离为 300m，空库，爆炸冲击波峰值波速 3.5cm/s；

（27）起爆点相对库坝系统边坡临空起点距离为 300m，空库，爆炸冲击波峰值波速 5.5cm/s。

专题三具体工况信息如下所示：

左岸岩体发生累积钻爆，叠加次数共 10 次，各阶段峰值冲击波速为 2.5cm/s，采用广义损伤力学本构并借助西原体蠕变力学模型模拟库坝结构与材料的动力响应。

专题四具体工况信息如下所示：

（1）库坝区材料均呈黏弹塑性非线性，采用 Lancsos 法作库坝系统总体振型分解；

（2）库区发生一次代表性地脉动，模拟采用 Koyan 波作为地震波输入，库坝区材料均呈黏弹塑性非线性特征；

（3）库区发生一次代表性地脉动，模拟采用 Kobe 波作为地震波输入，库坝区材料均呈黏弹塑性非线性特征；

（4）库区发生一次代表性地脉动，模拟采用汶川波作为地震波输入，库坝区材料均呈黏弹塑性非线性特征。

3.2.6 有限元（FEM）网格模型

本节研究基于超精细数值网格模型技术对洞岙库坝系统做三维动态离散，并且在网格剖分过程中采用了混合单元技术（图 3.2-14），库区山体坝体及开挖钻爆区土石方采用 Hex 单元离散，其他复杂主体区域均采用 TeT 单元（图 3.2-15）。不含开挖虚实单元的网格模型单元总数为 894500，节点总数为 1255309；模拟山体钻爆开挖卸载动态施工过程的、含虚实单元网格模型单元总数为 723816，节点总数为 512171（图 3.2-16）。

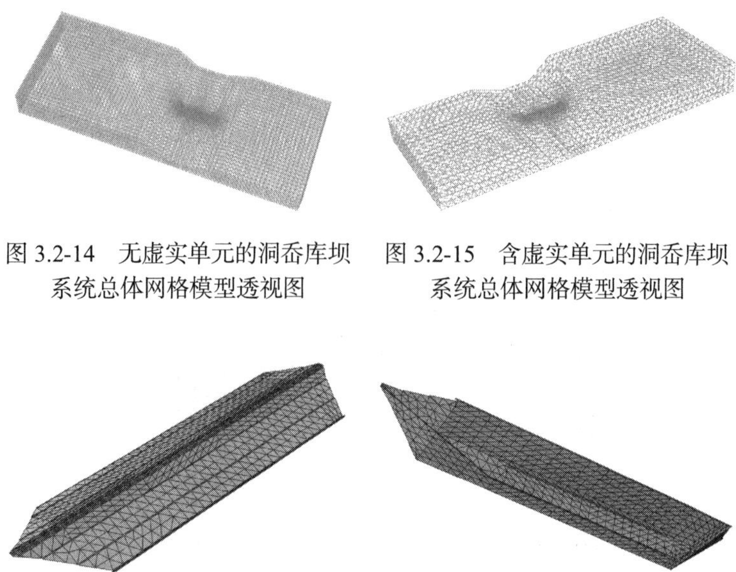

图 3.2-14 无虚实单元的洞岙库坝系统总体网格模型透视图

图 3.2-15 含虚实单元的洞岙库坝系统总体网格模型透视图

(a) 坝顶俯视网格模型

(b) 心墙底仰视网格模型

图 3.2-16 洞岙大坝主体结构细部网格模型实体

3.2.7 钻爆期库坝系统总体安全反馈研究

1）场变量

本节研究选出 20 个代表性工况的结果，具体如图 3.2-17～图 3.2-84 所示。

（1）工况 1 动态场变量分布云图

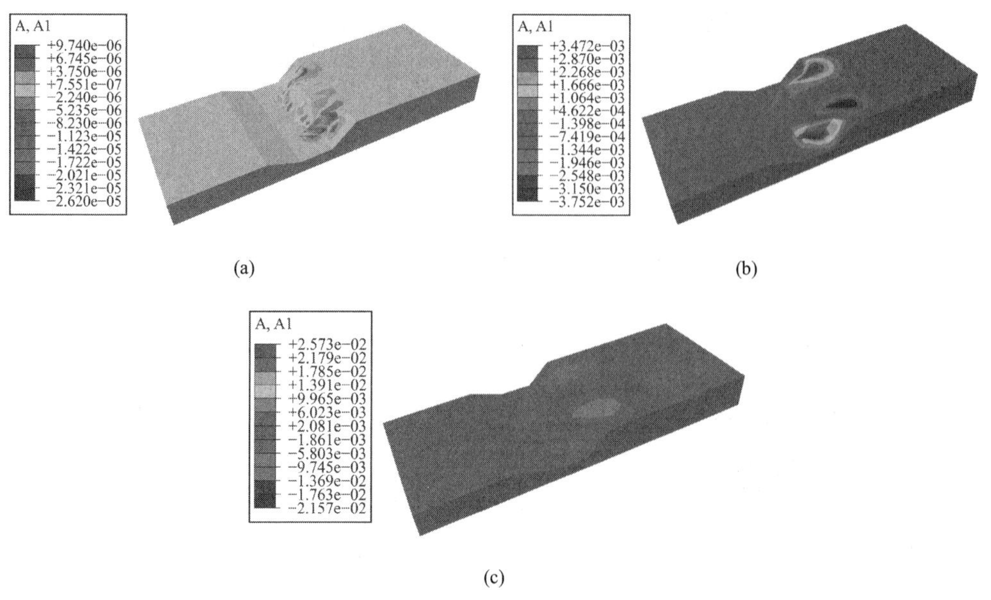

(a)

(b)

(c)

图 3.2-17 钻爆过程中库坝系统加速度动态云图（顺河向）

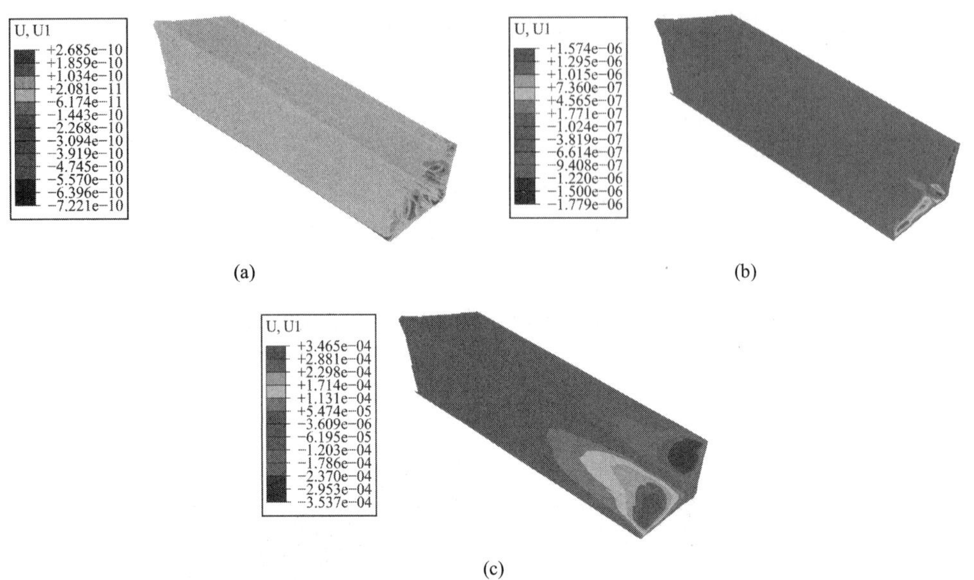

图 3.2-18　钻爆过程中大坝主体位移动态云图（顺河向）

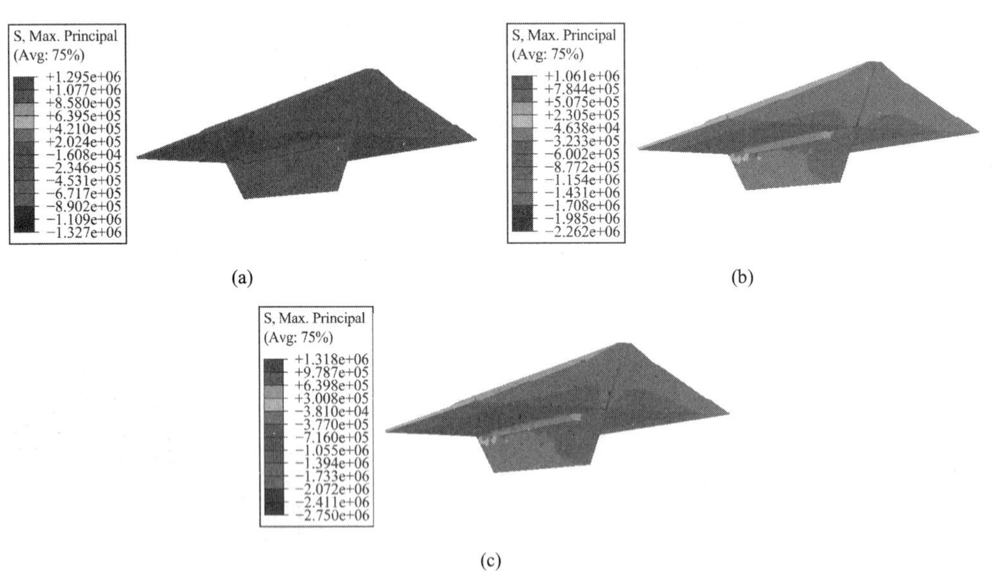

图 3.2-19　钻爆过程中大坝主体大主应力动态云图

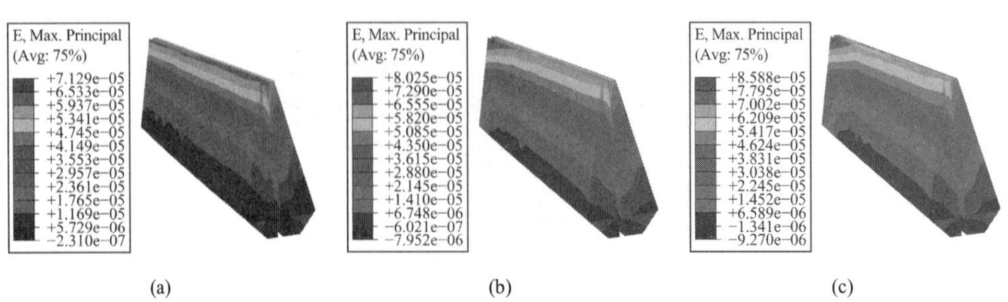

图 3.2-20　钻爆过程中心墙大主应变动态云图

（2）工况 2 动态场变量分布云图

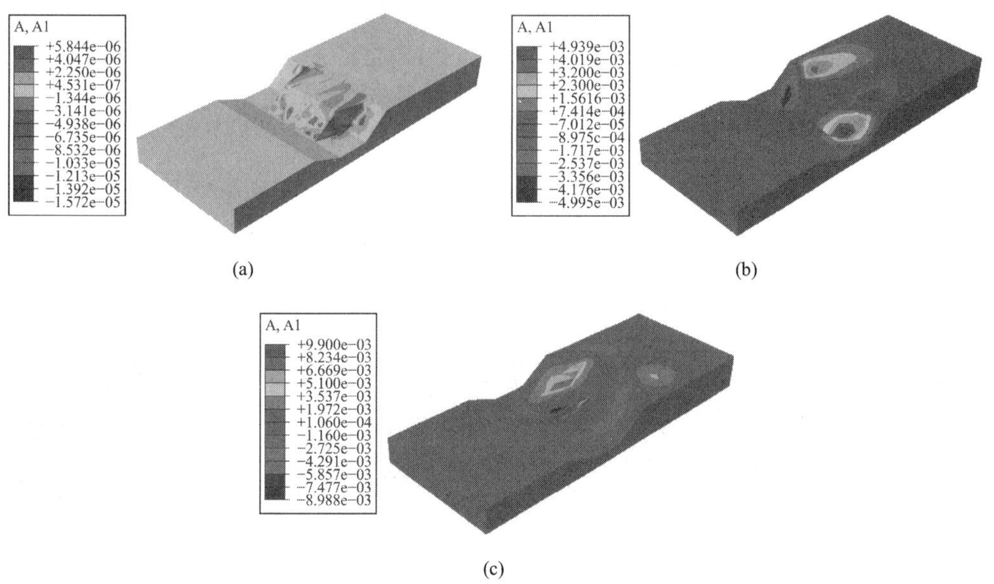

图 3.2-21　钻爆过程中库坝系统加速度动态云图（顺河向）

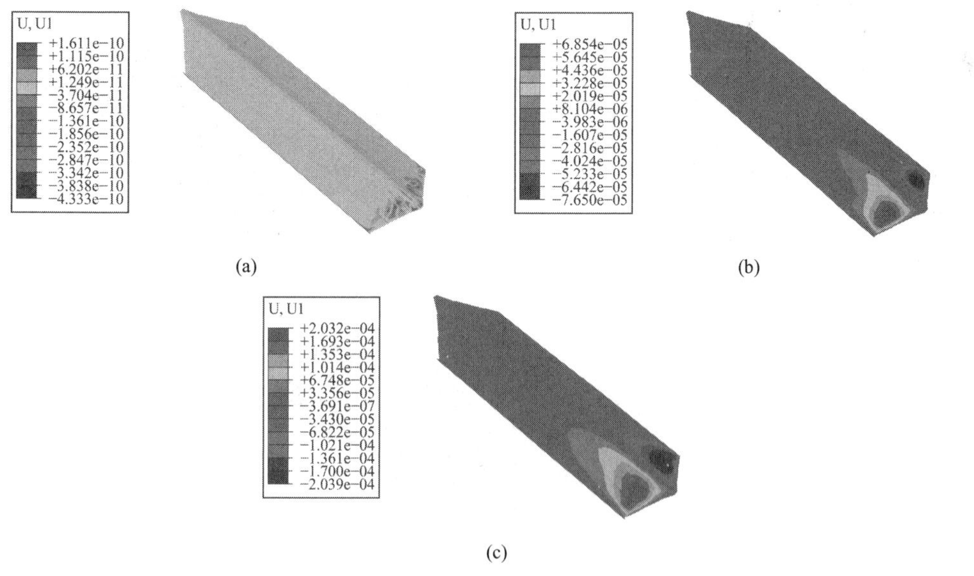

图 3.2-22　钻爆过程中大坝主体位移动态云图（顺河向）

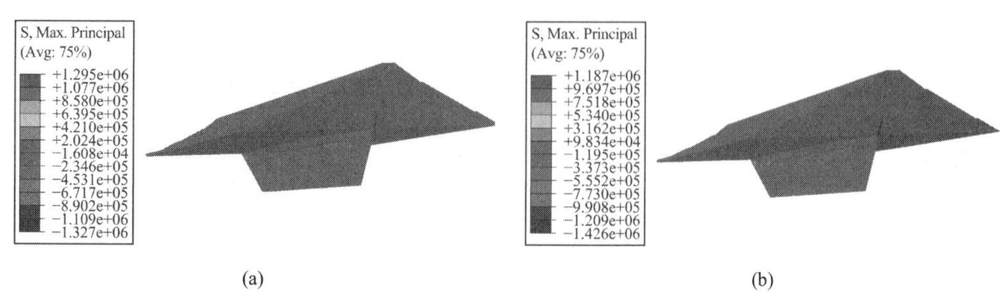

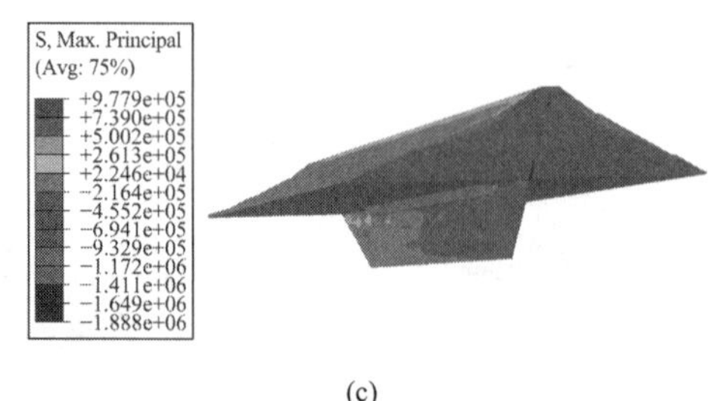

(c)

图 3.2-23　钻爆过程中大坝主体大主应力动态云图

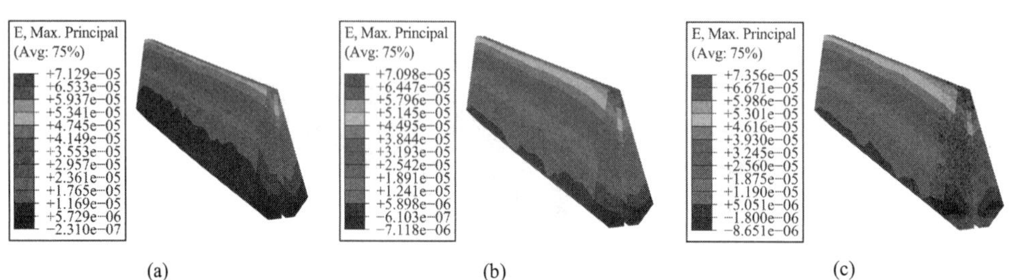

(a)　　(b)　　(c)

图 3.2-24　钻爆过程中心墙大主应变动态云图

（3）工况 3 动态场变量分布云图

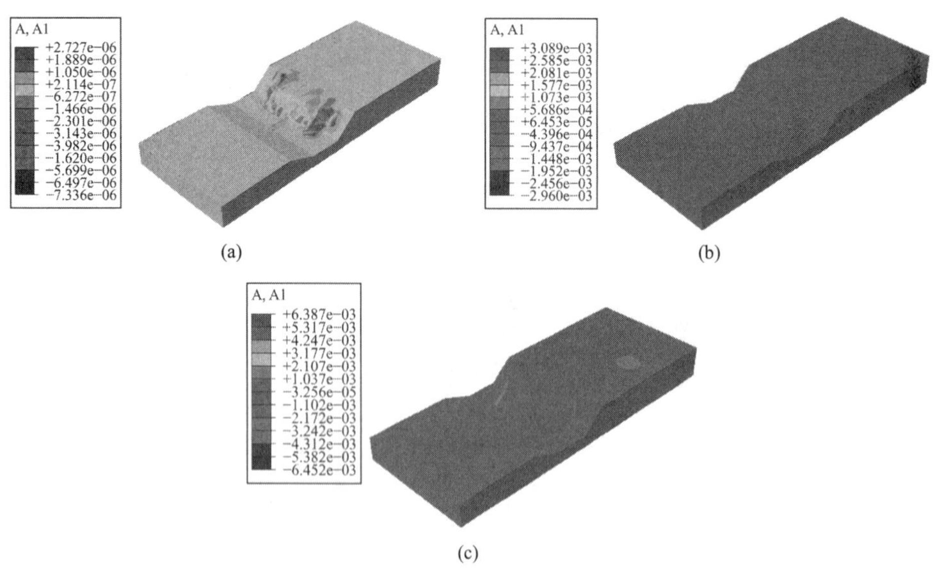

(a)　　(b)

(c)

图 3.2-25　钻爆过程中库坝系统加速度动态云图（顺河向）

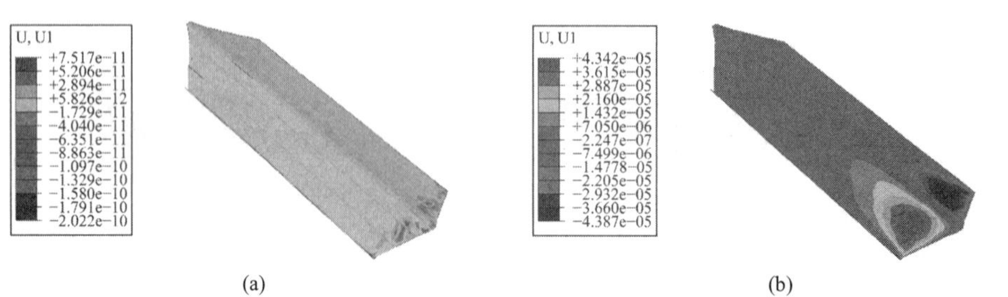

(a)　　(b)

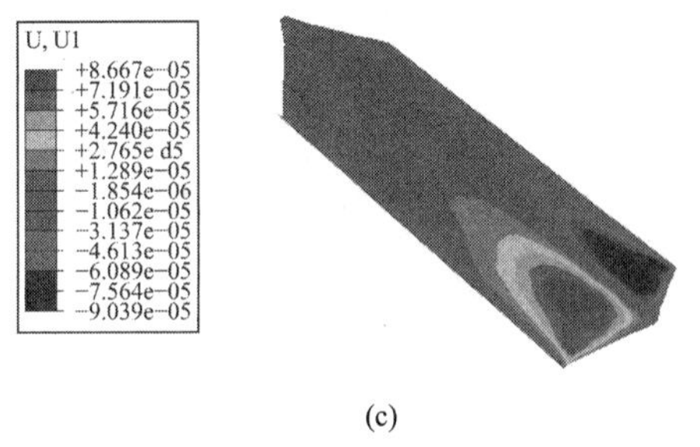

(c)

图 3.2-26　钻爆过程中大坝主体位移动态云图（顺河向）

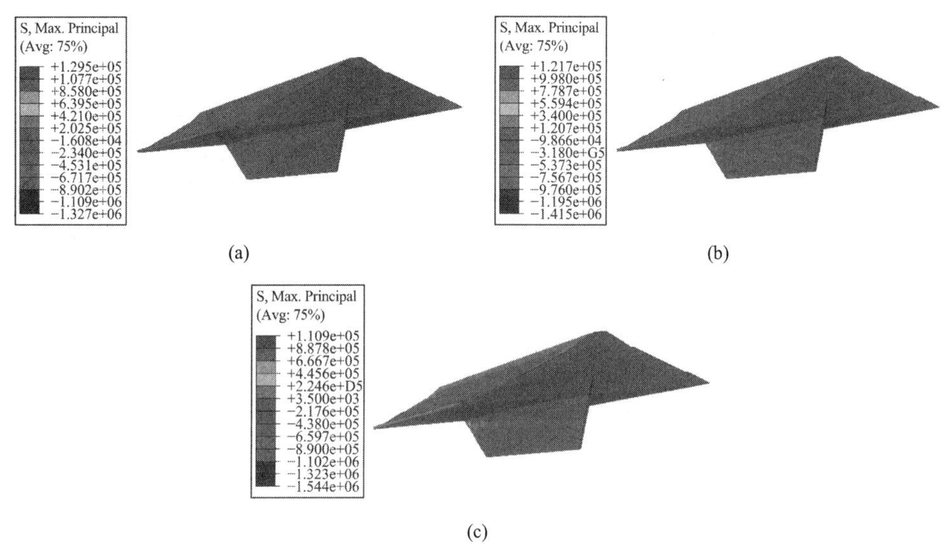

(a)　　(b)

(c)

图 3.2-27　钻爆过程中大坝主体大主应力动态云图

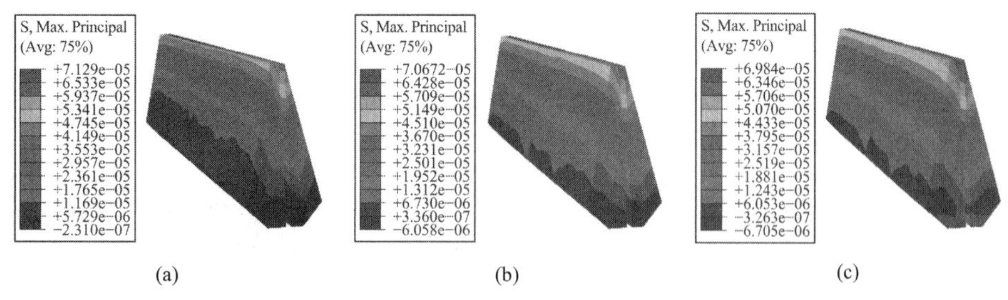

(a)　　(b)　　(c)

图 3.2-28　钻爆过程中心墙大主应变动态云图

（4）工况 4 动态场变量分布云图

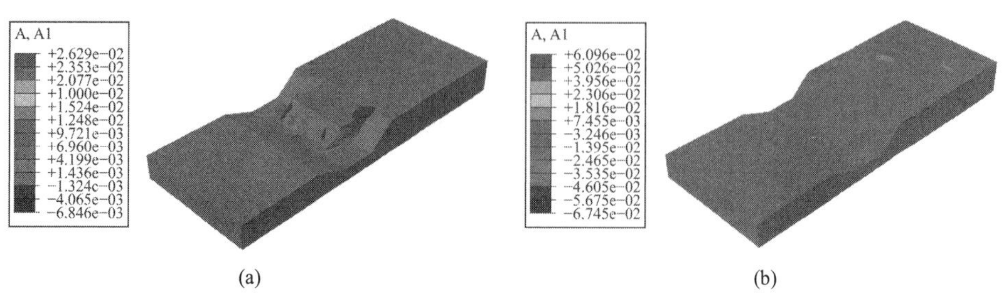

(a)　　(b)

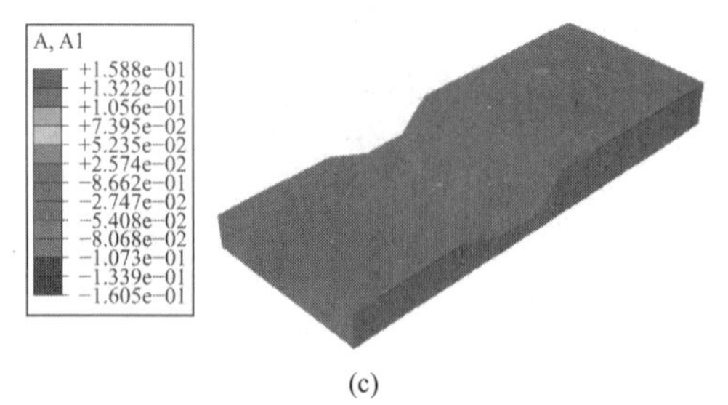

(c)

图 3.2-29 钻爆过程中库坝系统加速度动态云图（顺河向）

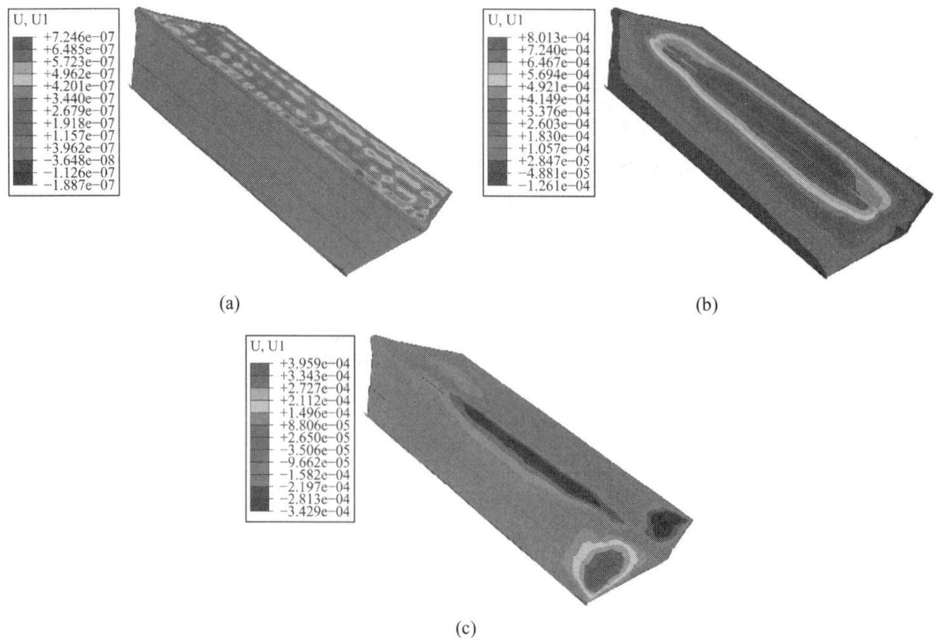

(a) (b)

(c)

图 3.2-30 钻爆过程中大坝主体位移动态云图（顺河向）

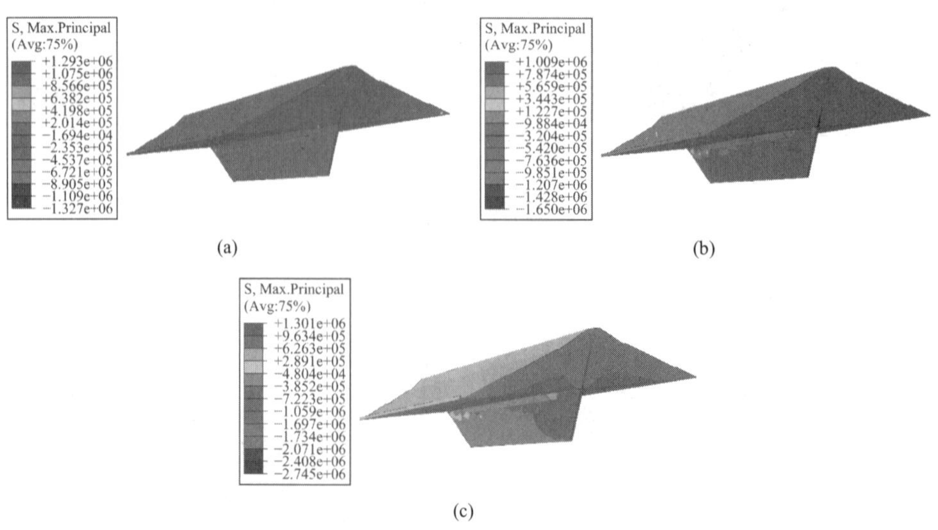

(a) (b)

(c)

图 3.2-31 钻爆过程中大坝主体大主应力动态云图

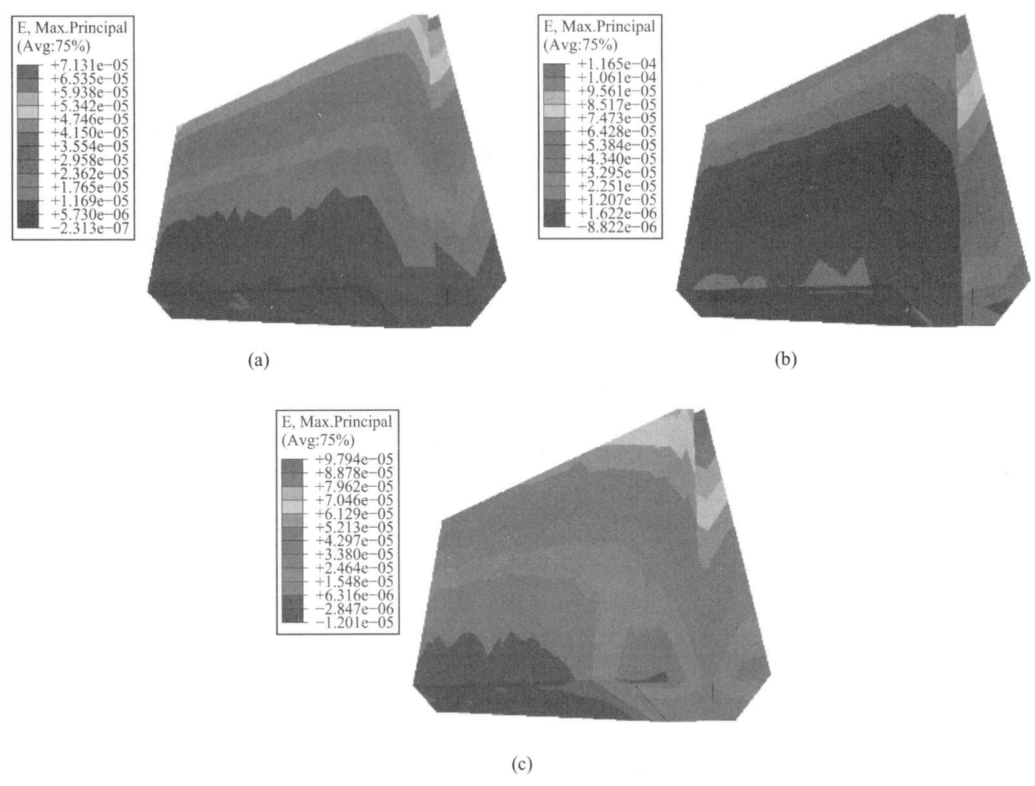

(a)　(b)

(c)

图 3.2-32　钻爆过程中心墙大主应变动态云图

（5）工况 5 动态场变量分布云图

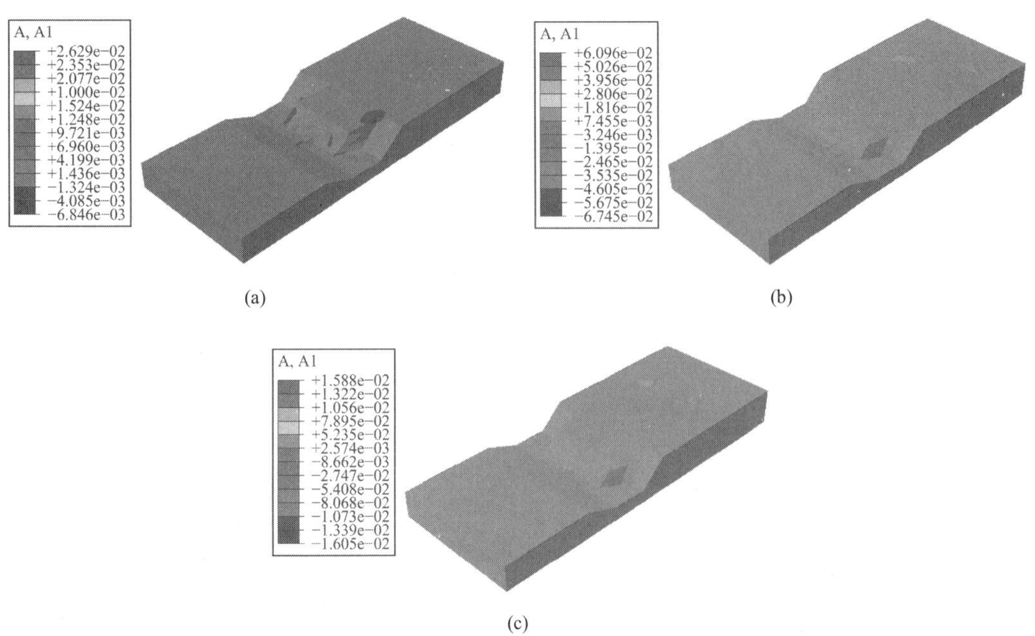

(a)　(b)

(c)

图 3.2-33　钻爆过程中库坝系统加速度动态云图（顺河向）

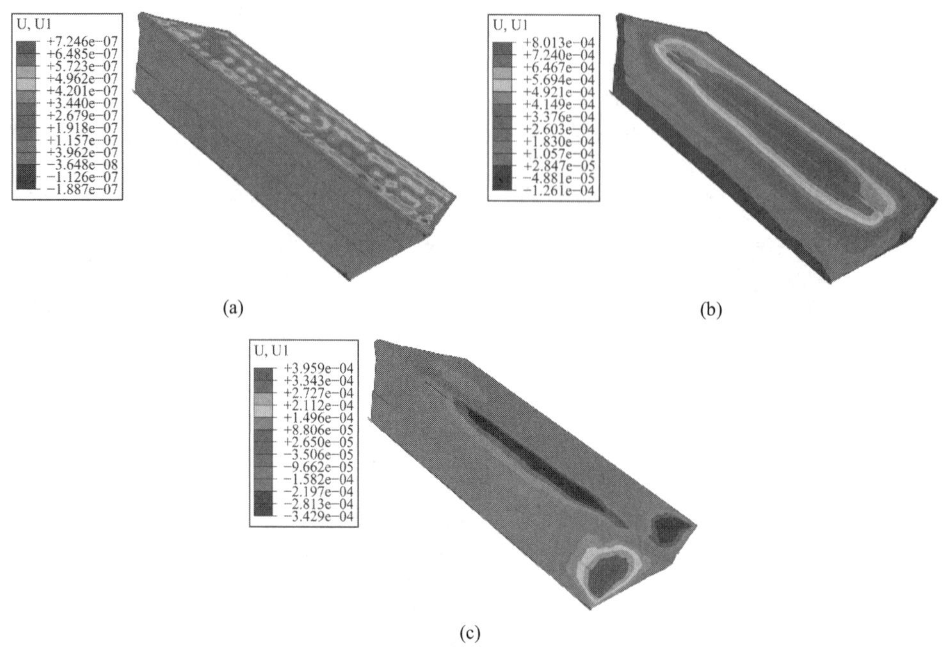

(a) (b) (c)

图 3.2-34　钻爆过程中大坝主体位移动态云图（顺河向）

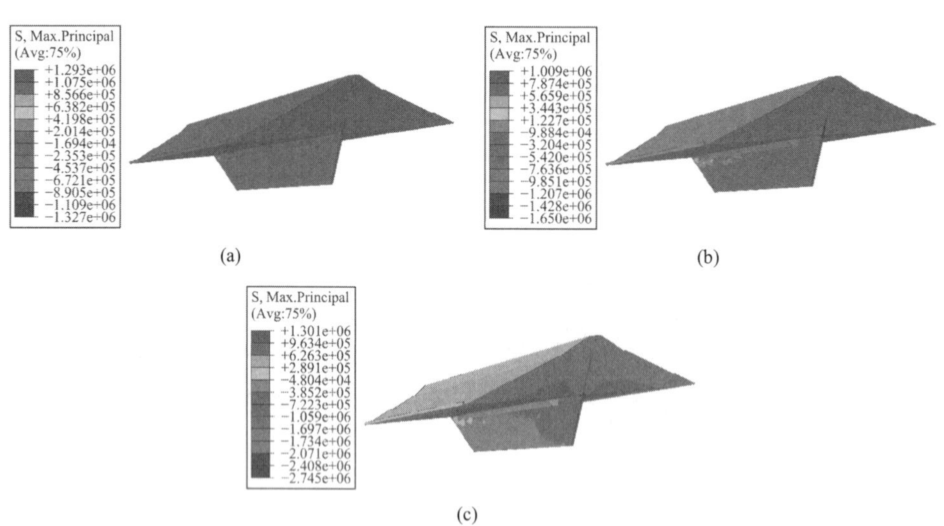

(a) (b) (c)

图 3.2-35　钻爆过程中大坝主体大主应力动态云图

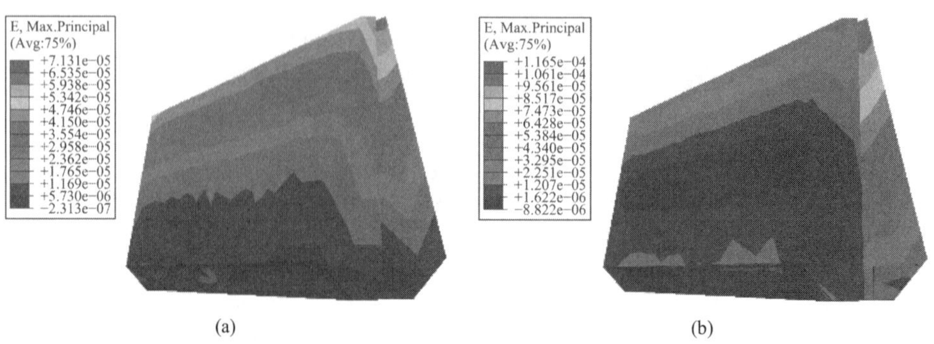

(a) (b)

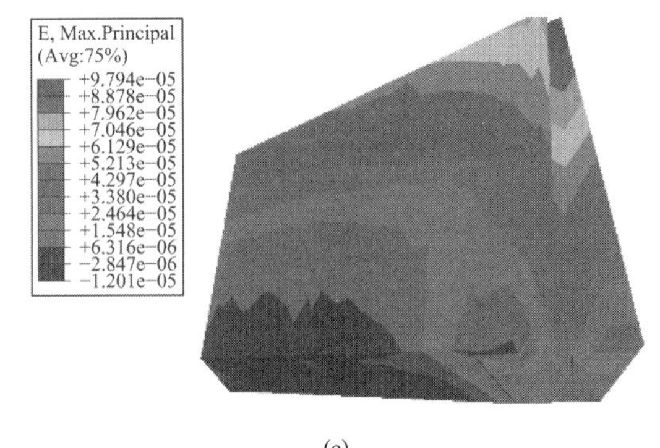

(c)

图 3.2-36　钻爆过程中心墙大主应变动态云图

（6）工况 6 动态场变量分布云图

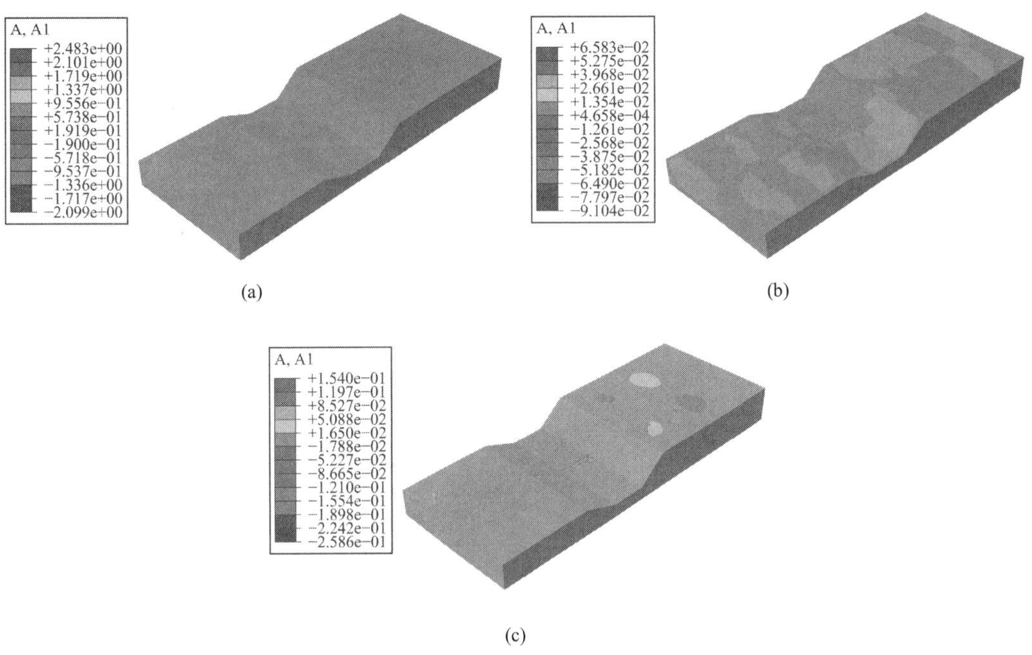

(a)　　(b)

(c)

图 3.2-37　钻爆初期库坝系统加速度动态云图（顺河向）

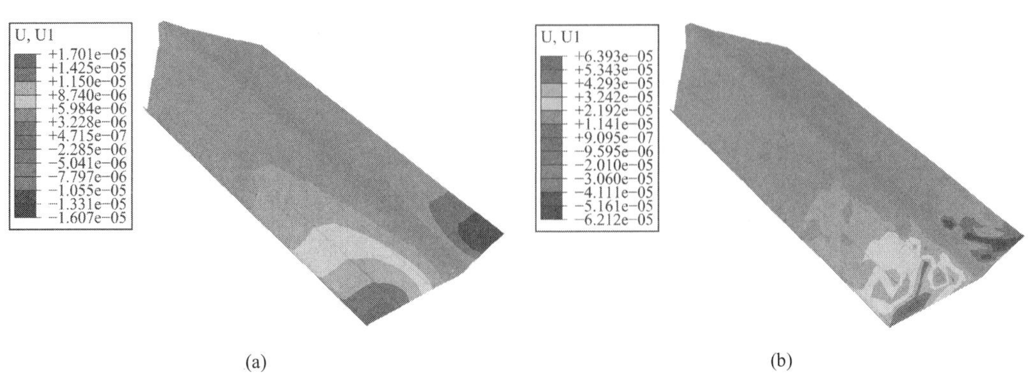

(a)　　(b)

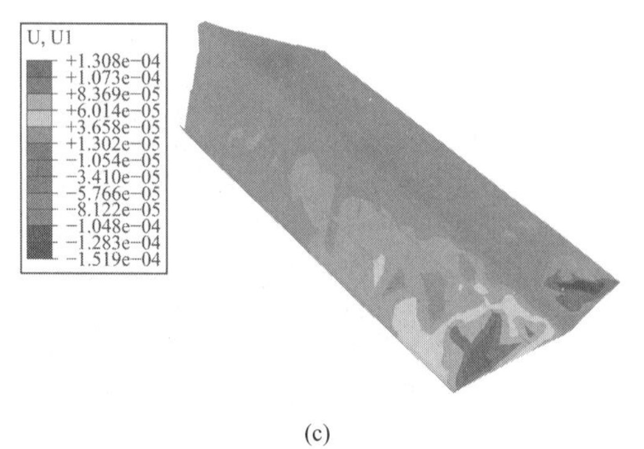

(c)

图 3.2-38　钻爆开挖后期大坝主体位移动态云图（顺河向）

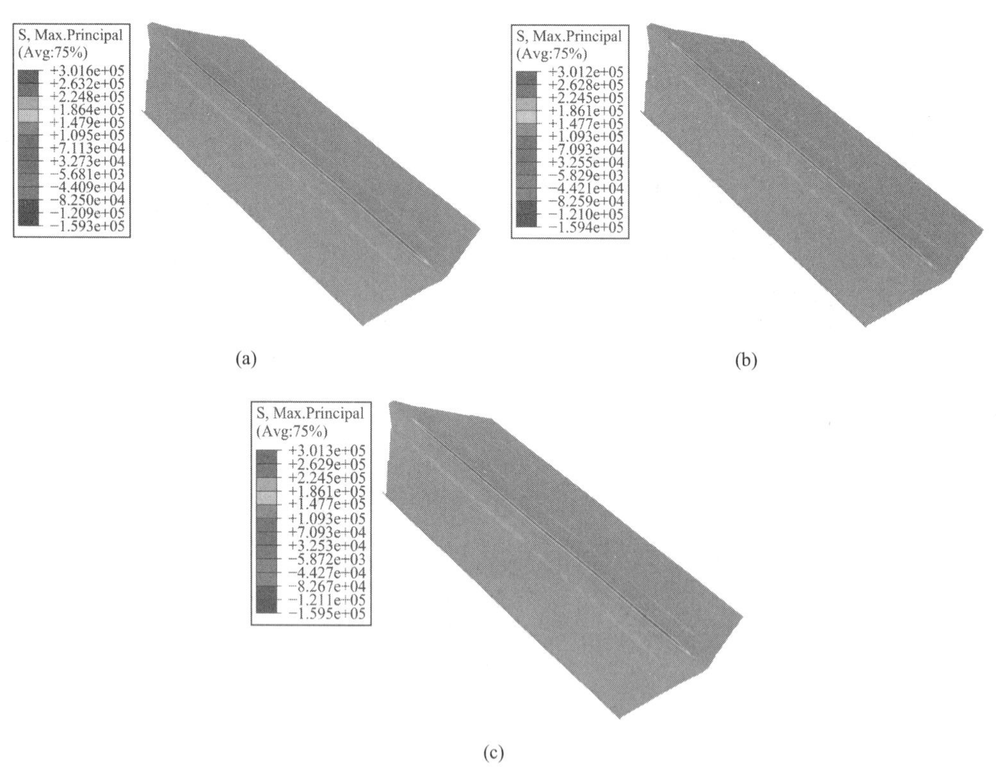

图 3.2-39　钻爆开挖后期大坝主体大主应力动态云图

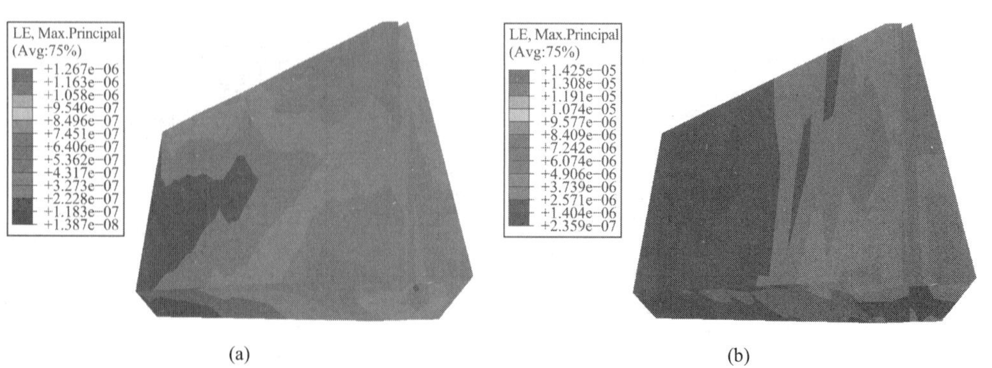

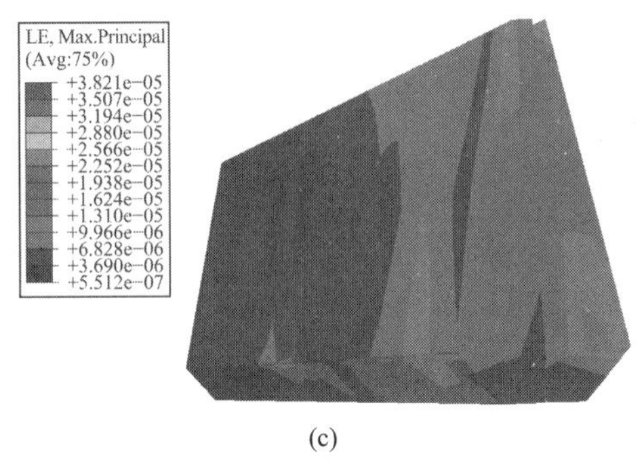

(c)

图 3.2-40　钻爆开挖后期心墙大主应变动态云图

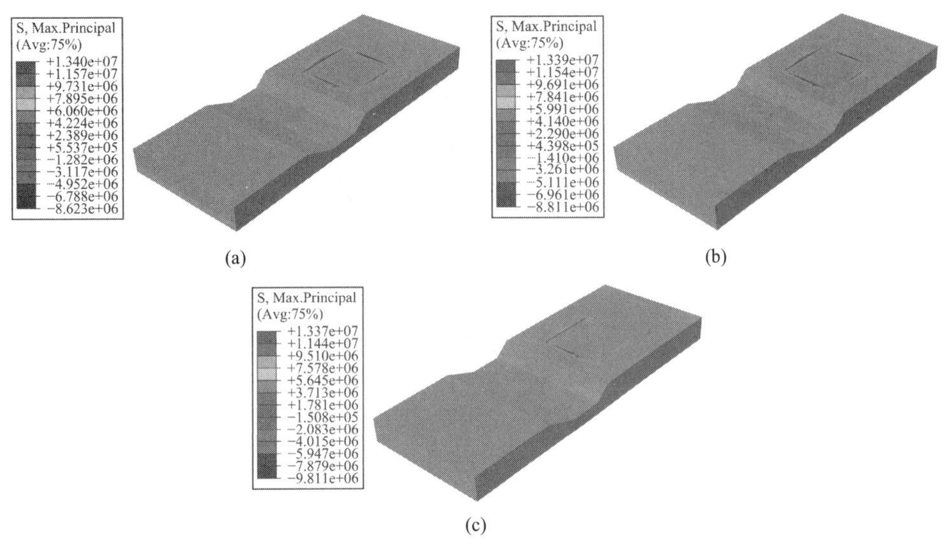

(a)　(b)

(c)

图 3.2-41　钻爆开挖后期卸载区大主应力动态云图

（7）工况 7 动态场变量分布云图

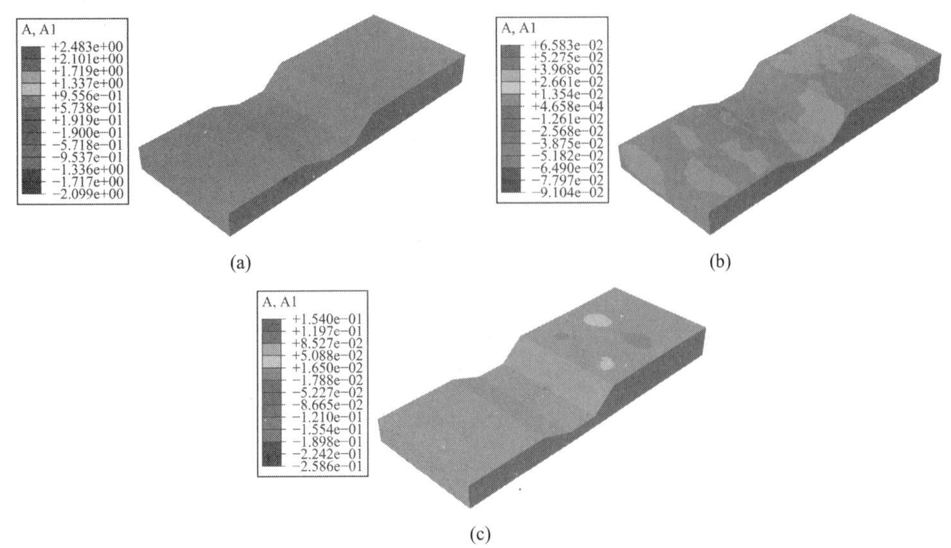

(a)　(b)

(c)

图 3.2-42　钻爆初期库坝系统加速度动态云图（顺河向）

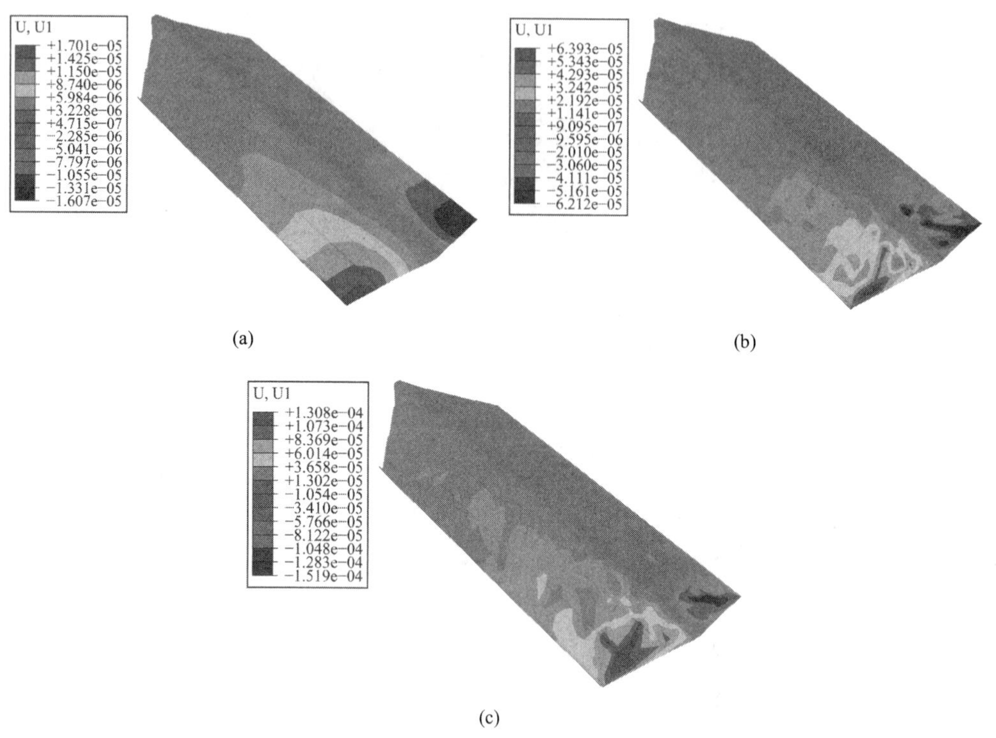

图 3.2-43　钻爆开挖后期大坝主体位移动态云图（顺河向）

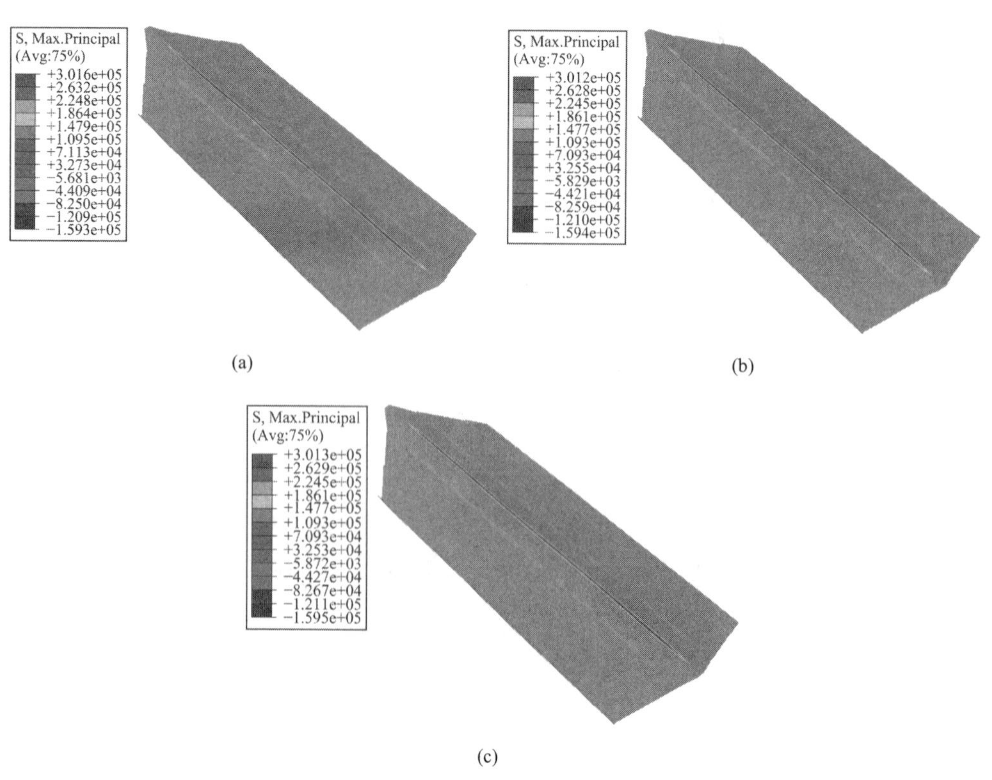

图 3.2-44　钻爆开挖后期大坝主体大主应力动态云图

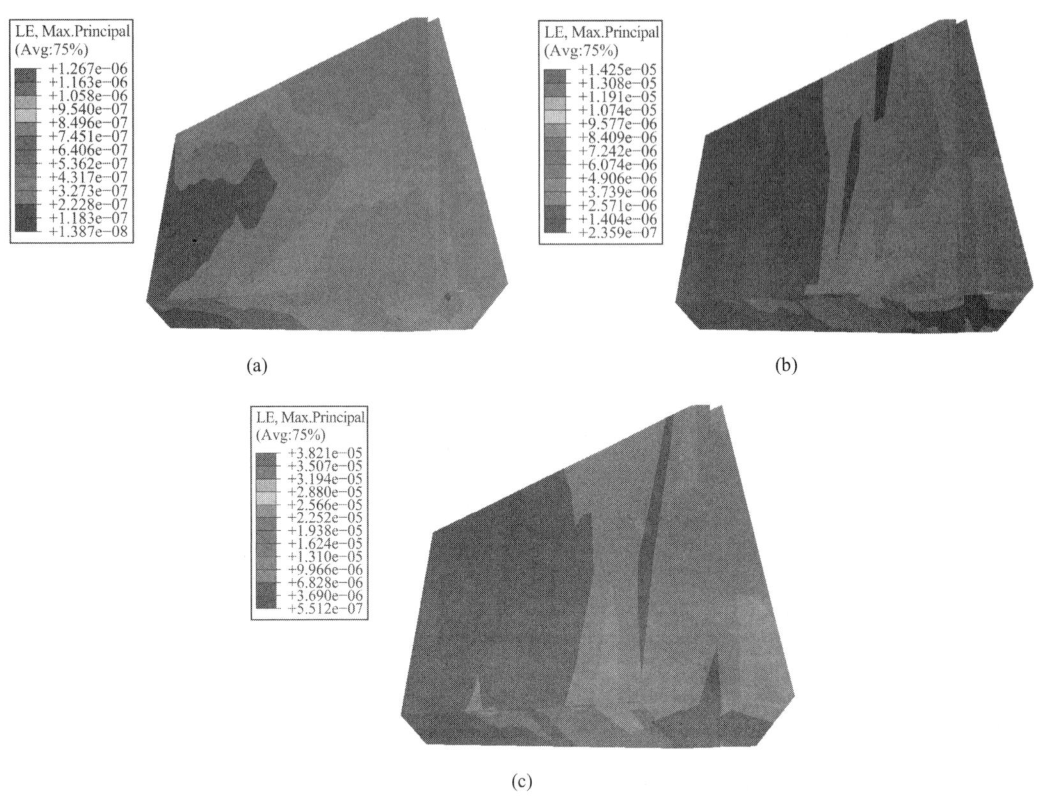

图 3.2-45　钻爆开挖后期心墙大主应变动态云图

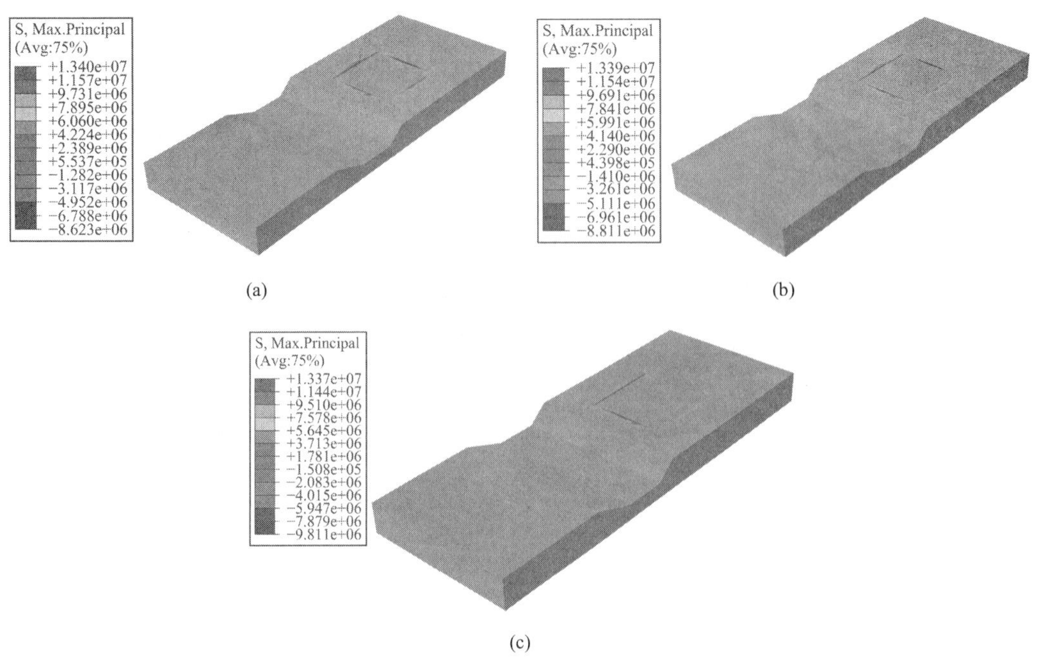

图 3.2-46　钻爆开挖后期卸载区大主应力动态云图

（8）工况 8 动态场变量分布云图

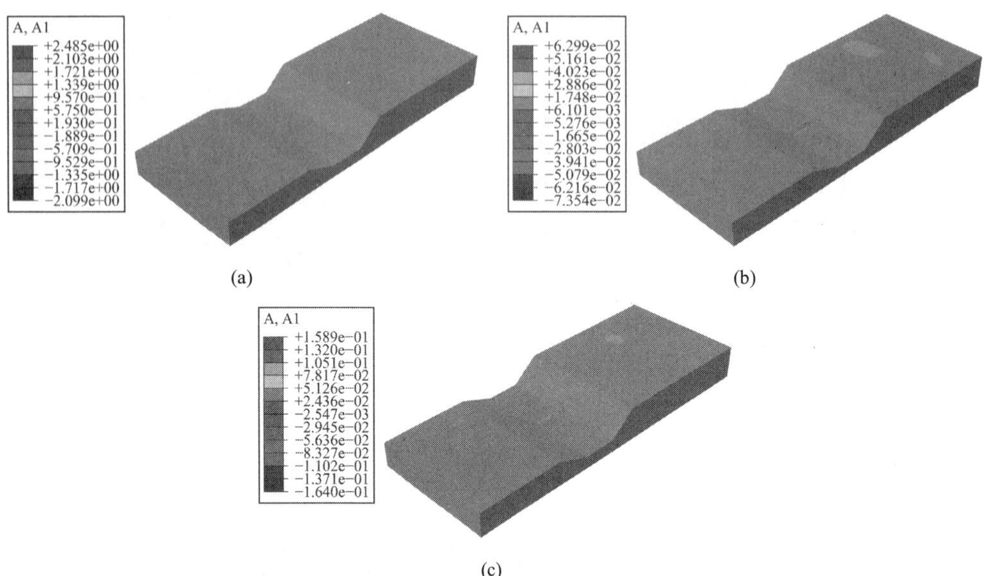

图 3.2-47　钻爆初期库坝系统加速度动态云图（顺河向）

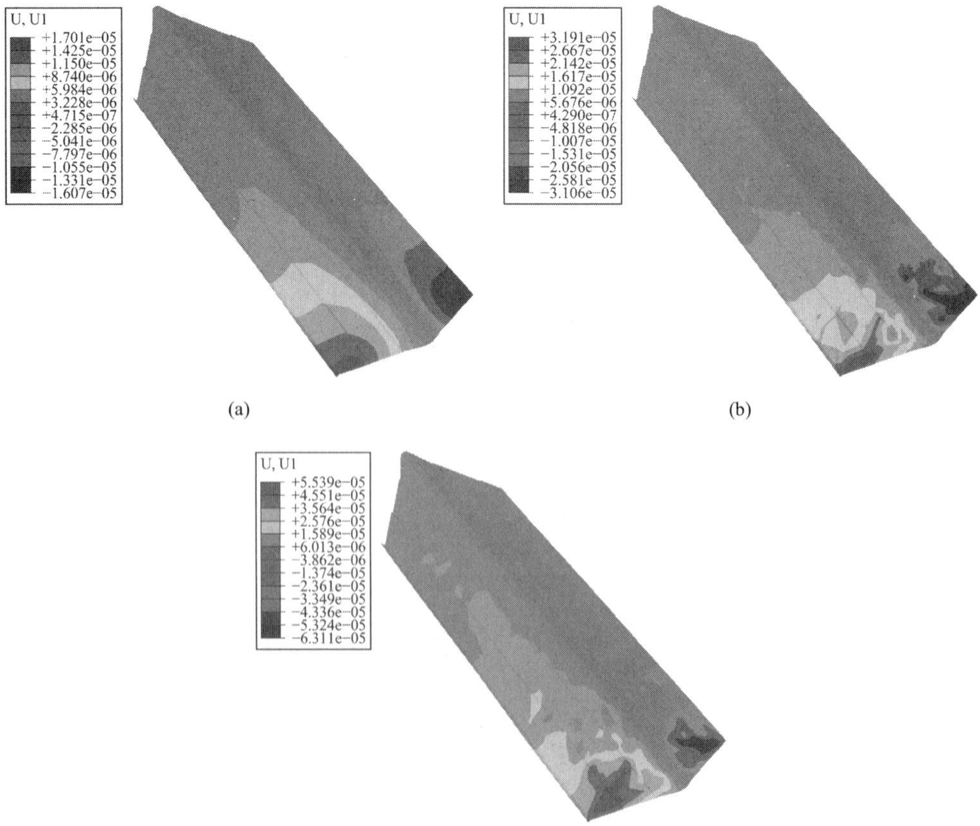

(a)

(b)

(c)

图 3.2-48　钻爆开挖后期大坝主体位移动态云图（顺河向）

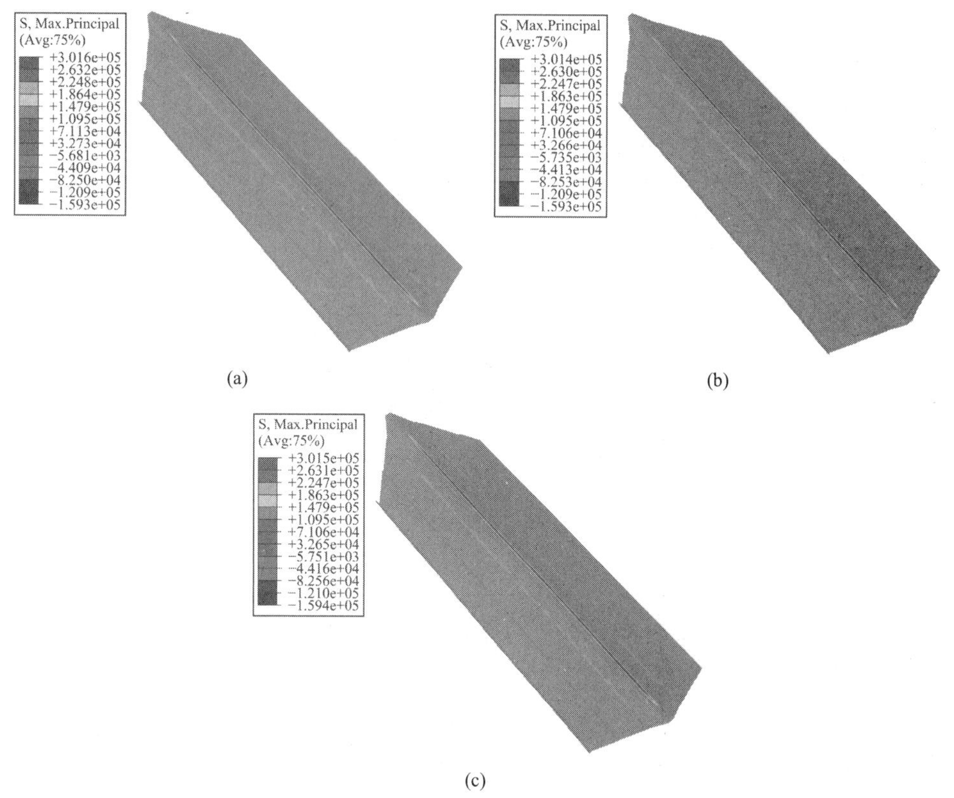

图 3.2-49　钻爆开挖后期大坝主体大主应力动态云图

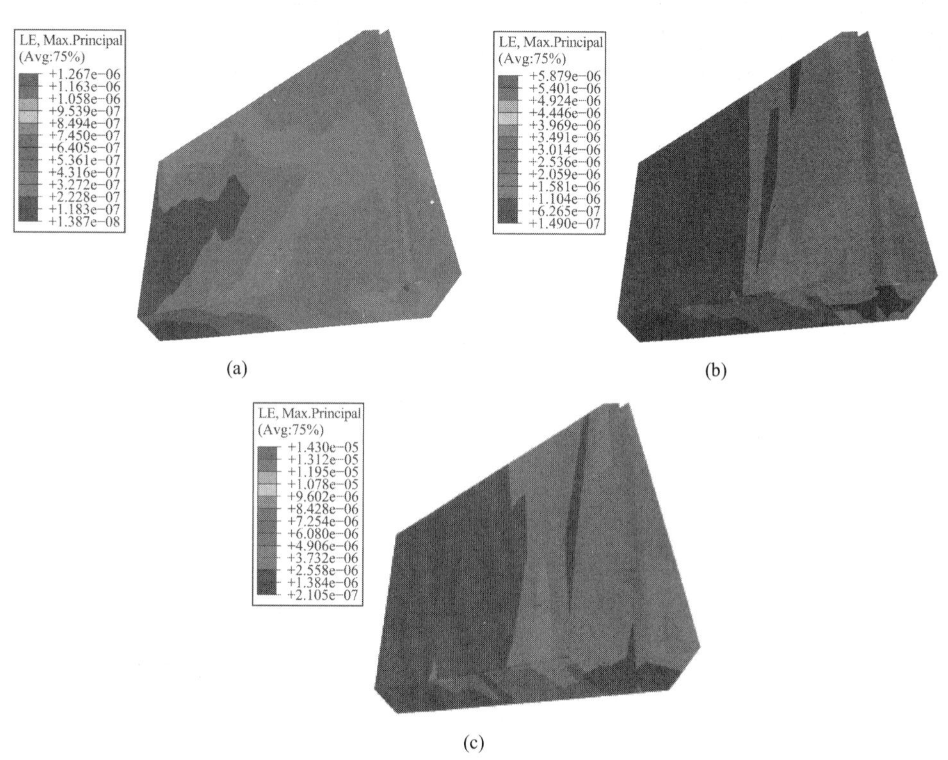

图 3.2-50　钻爆开挖后期心墙大主应变动态云图

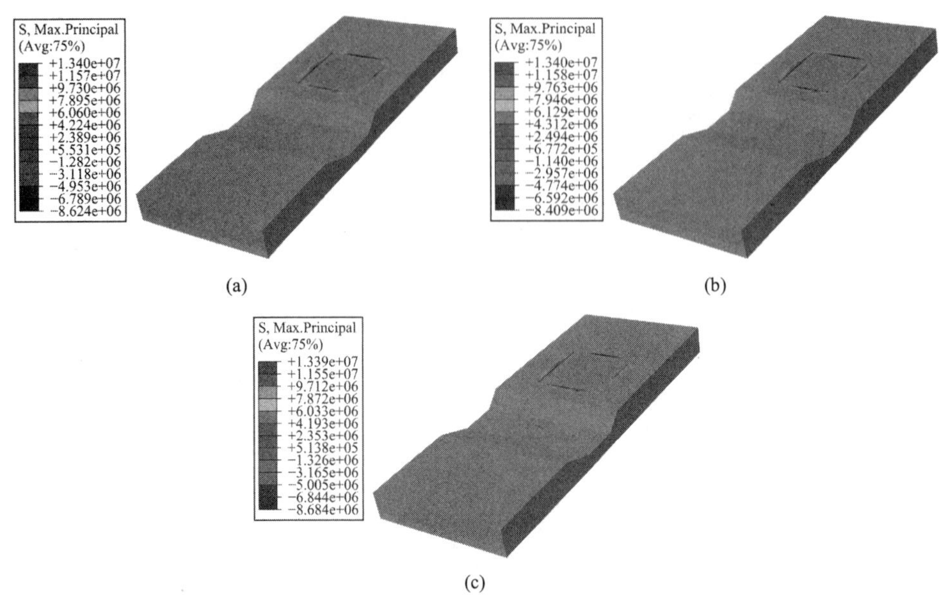

图 3.2-51　钻爆开挖后期卸载区大主应力动态云图

（9）工况 9 动态场变量分布云图

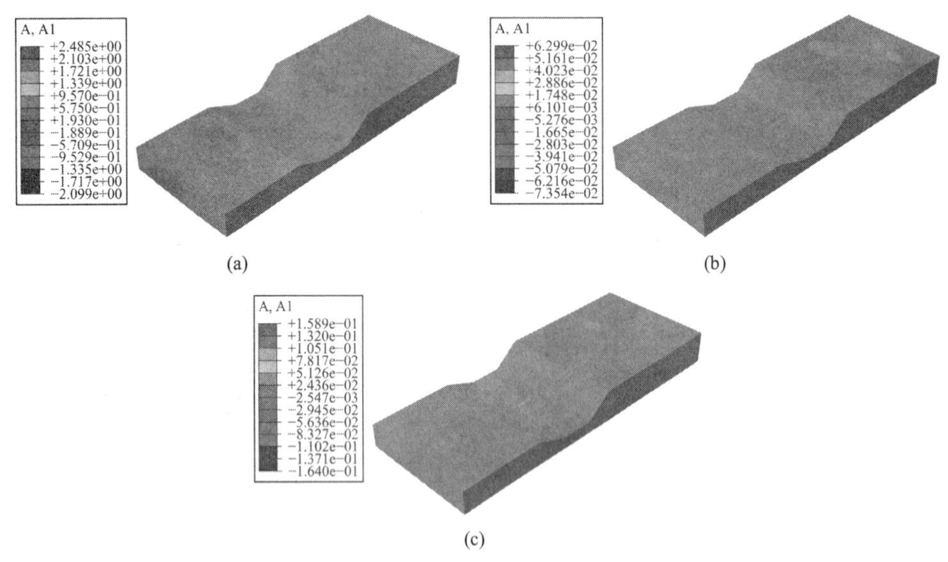

图 3.2-52　钻爆初期库坝系统加速度动态云图（顺河向）

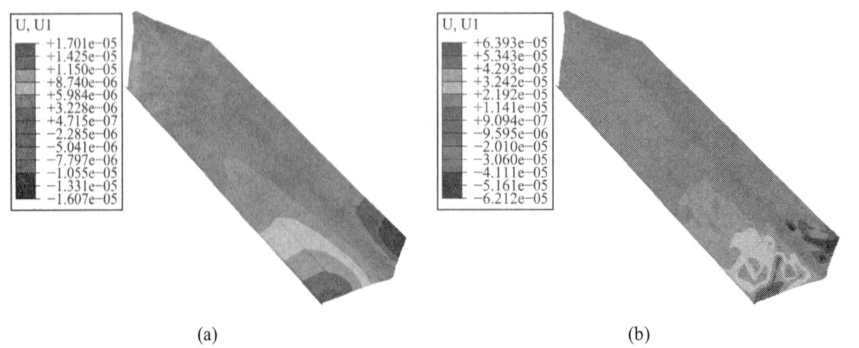

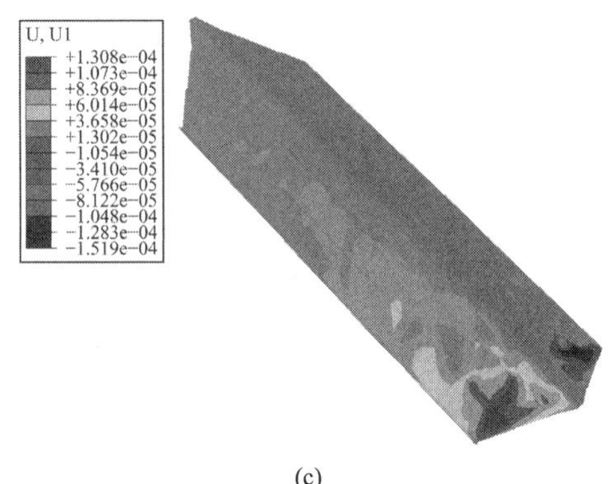

(c)

图 3.2-53　钻爆开挖后期大坝主体位移动态云图（顺河向）

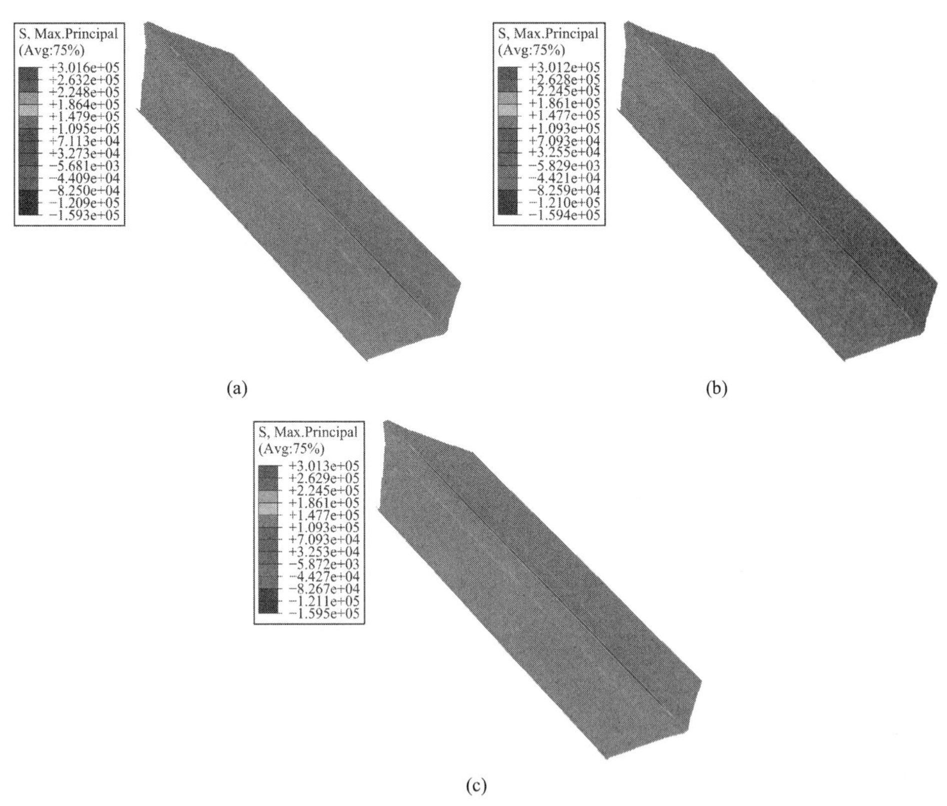

(a)　(b)

(c)

图 3.2-54　钻爆开挖后期大坝主体大主应力动态云图

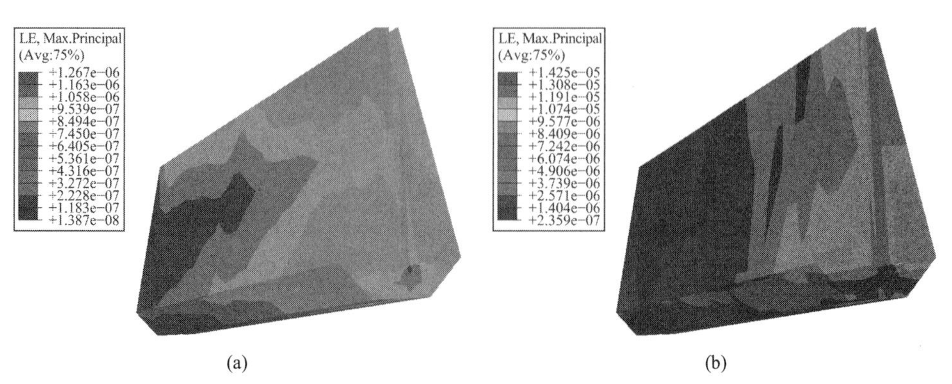

(a)　(b)

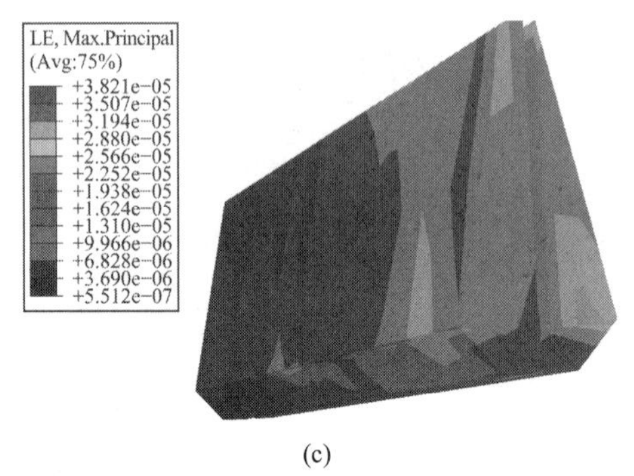

(c)

图 3.2-55　钻爆开挖后期心墙大主应变动态云图

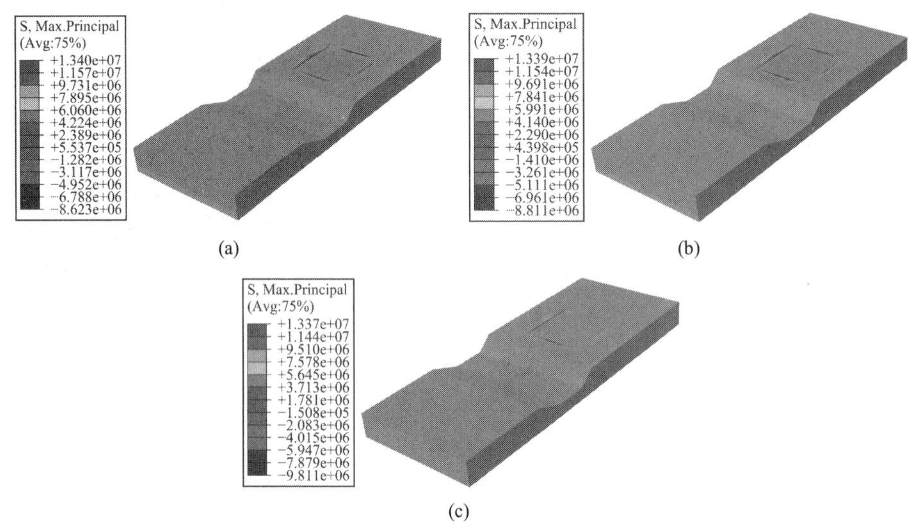

(a)　　(b)

(c)

图 3.2-56　钻爆开挖后期卸载区大主应力动态云图

(10)工况 10 动态场变量分布云图

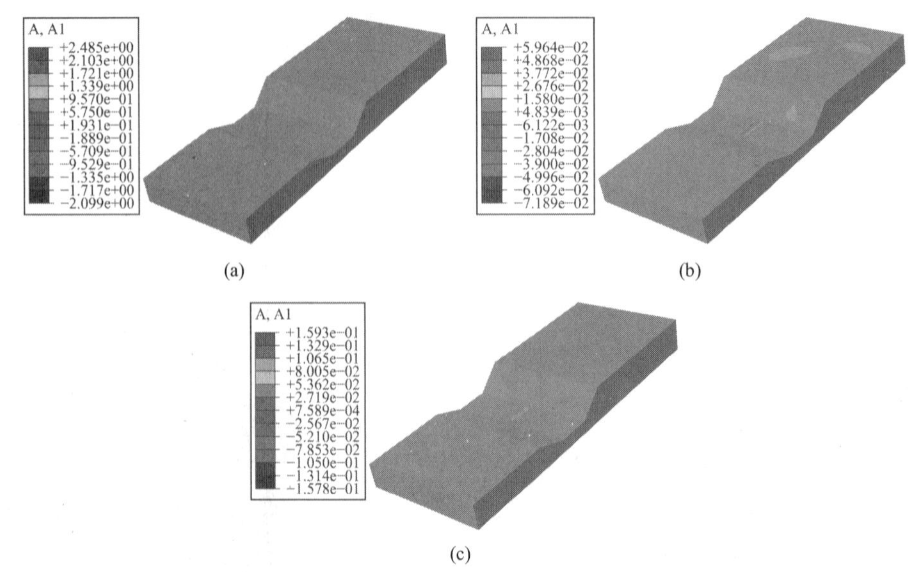

(a)　　(b)

(c)

图 3.2-57　早期钻爆库坝系统加速度动态云图(顺河向)

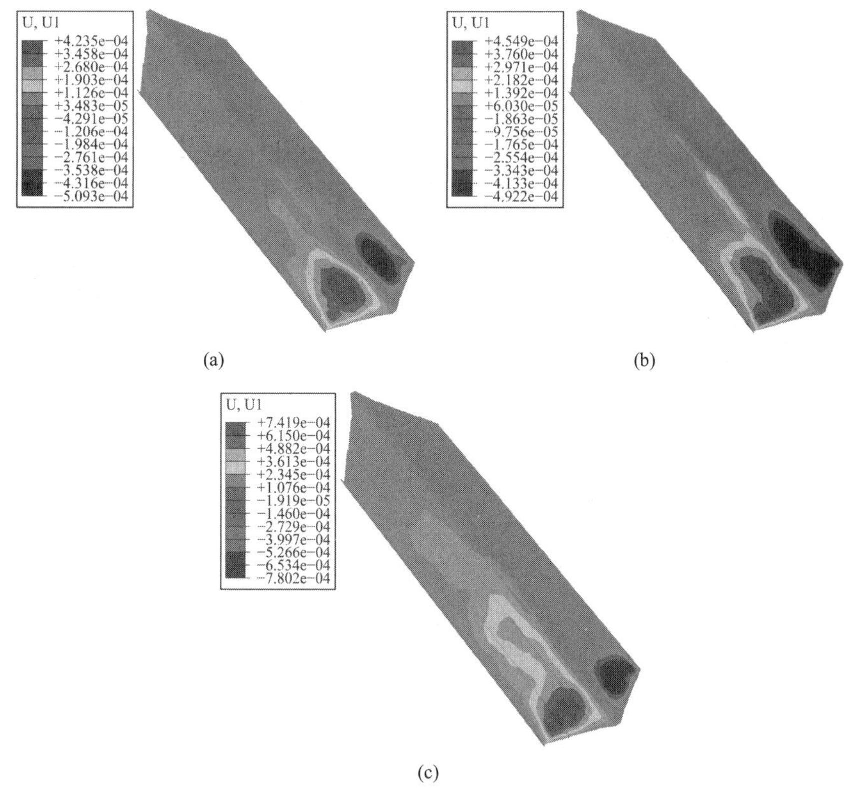

图 3.2-58　累积钻爆大坝主体位移动态云图（顺河向）

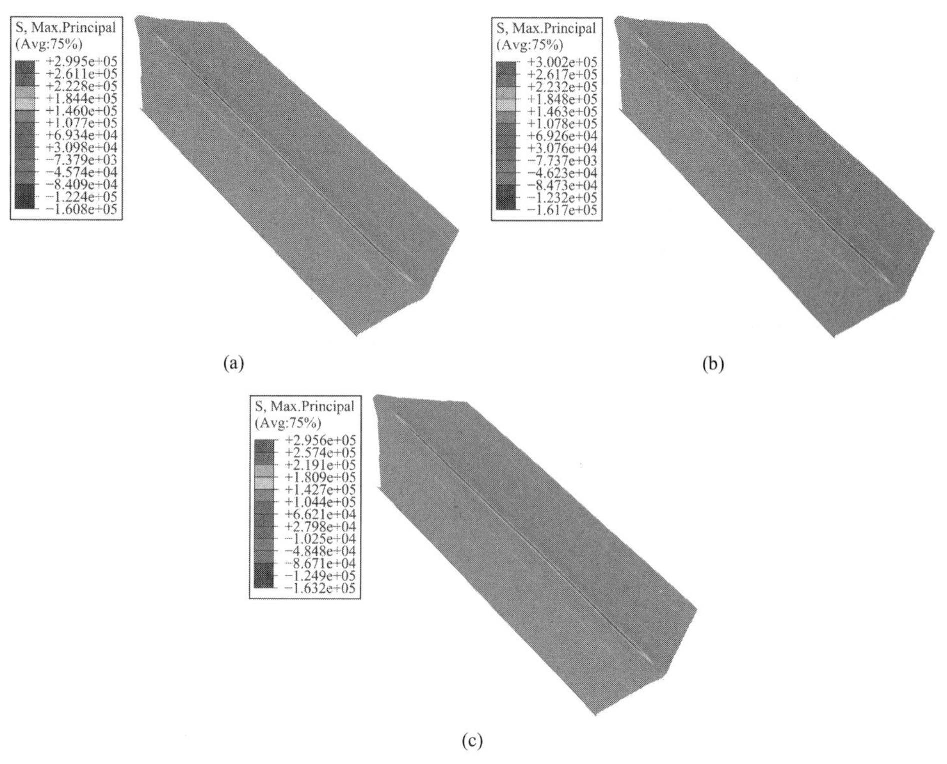

图 3.2-59　累积钻爆大坝主体大主应力动态云图

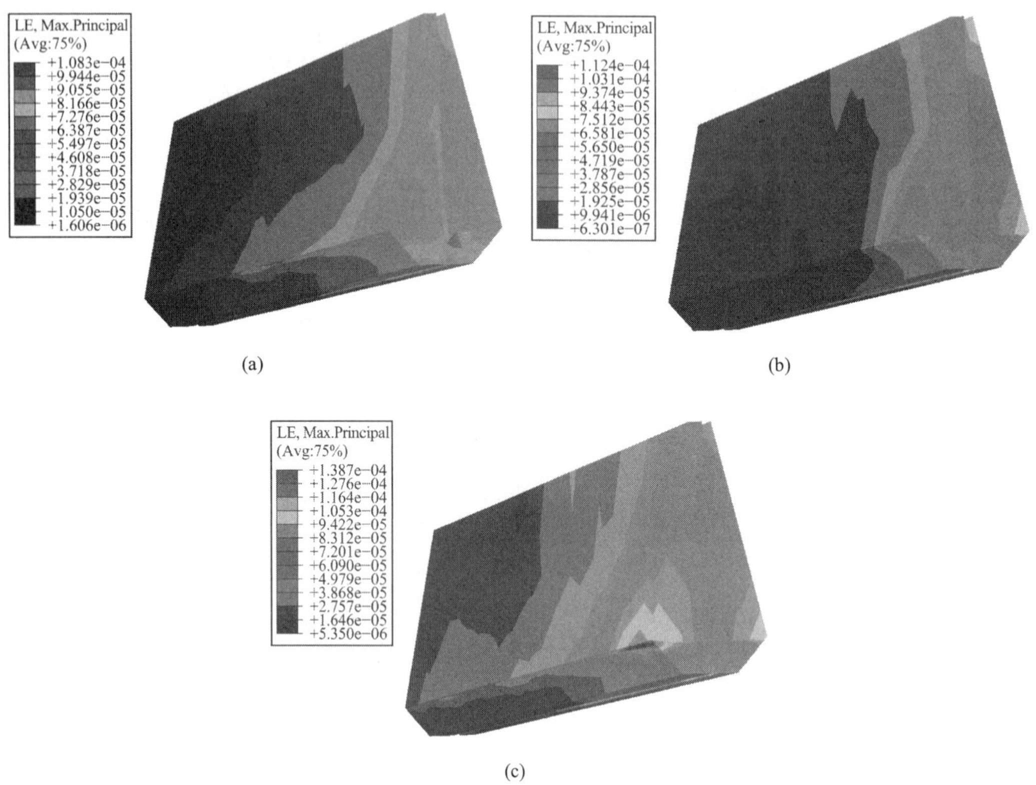

图 3.2-60　累积钻爆心墙大主应变动态云图

（11）工况 11 动态场变量分布云图

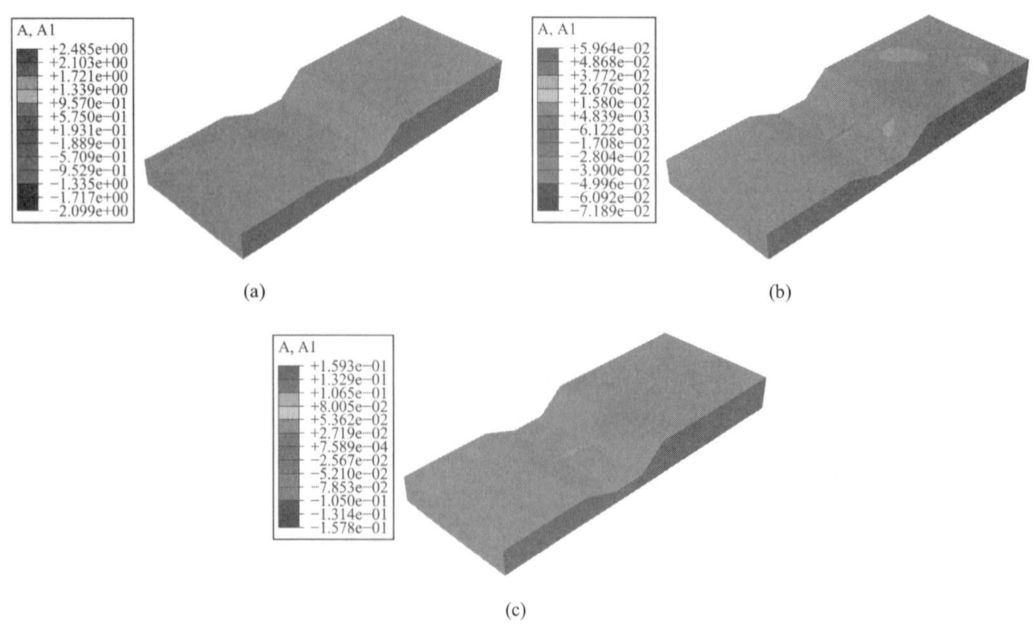

图 3.2-61　早期钻爆库坝系统加速度动态云图（顺河向）

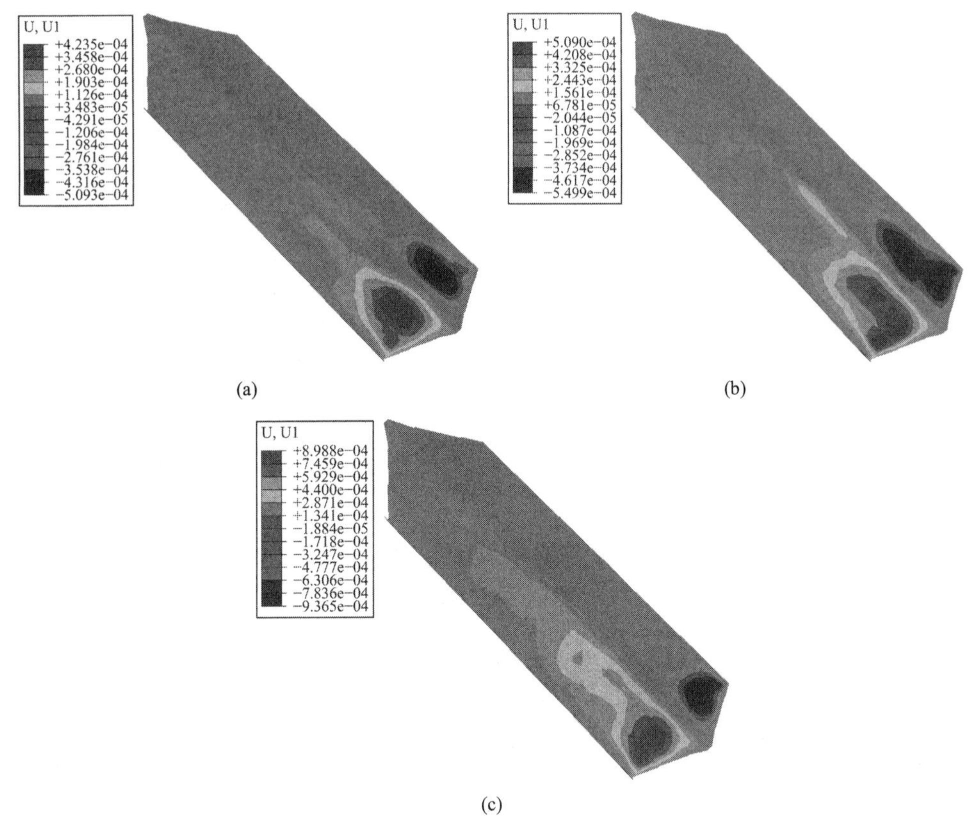

图 3.2-62　累积钻爆大坝主体位移动态云图（顺河向）

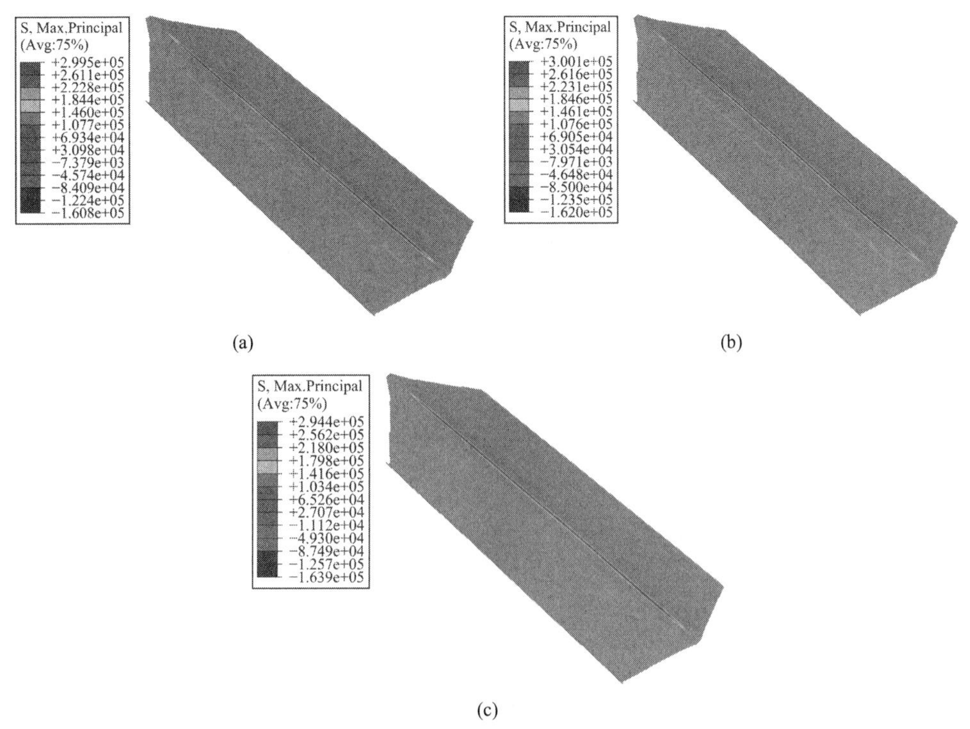

图 3.2-63　累积钻爆大坝主体大主应力动态云图

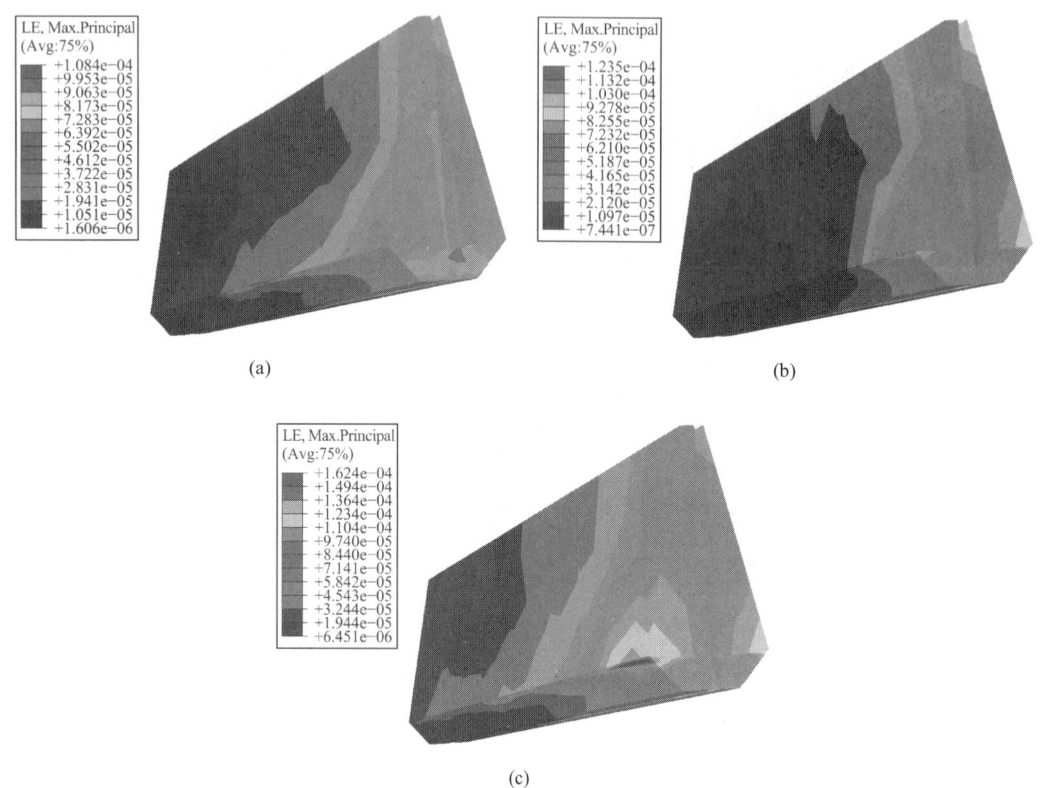

图 3.2-64　累积钻爆心墙大主应变动态云图

（12）工况 12 动态场变量分布云图

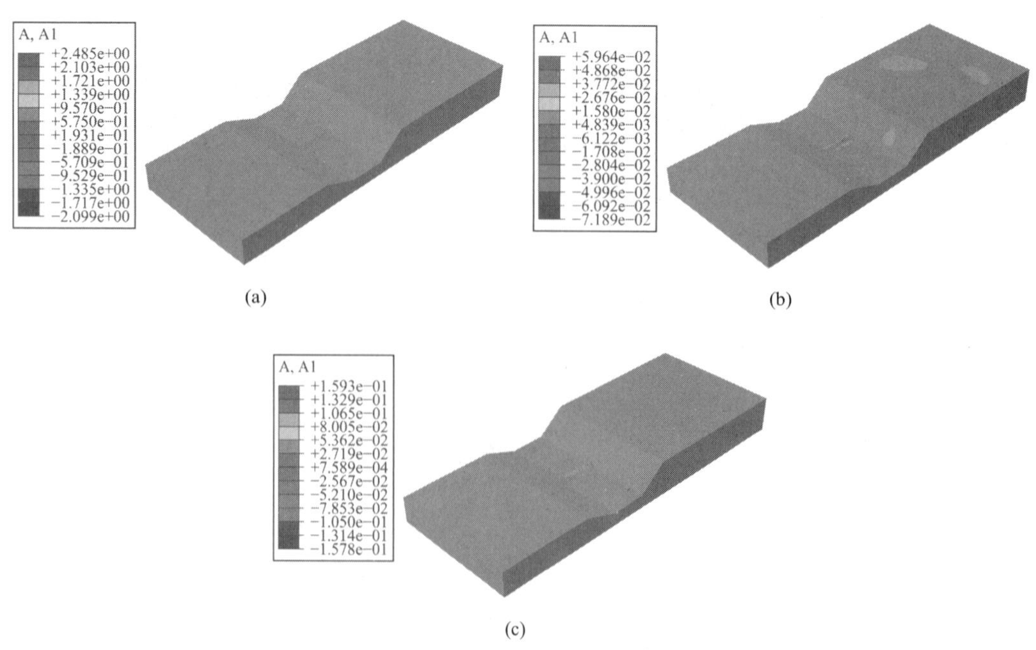

图 3.2-65　早期钻爆库坝系统加速度动态云图（顺河向）

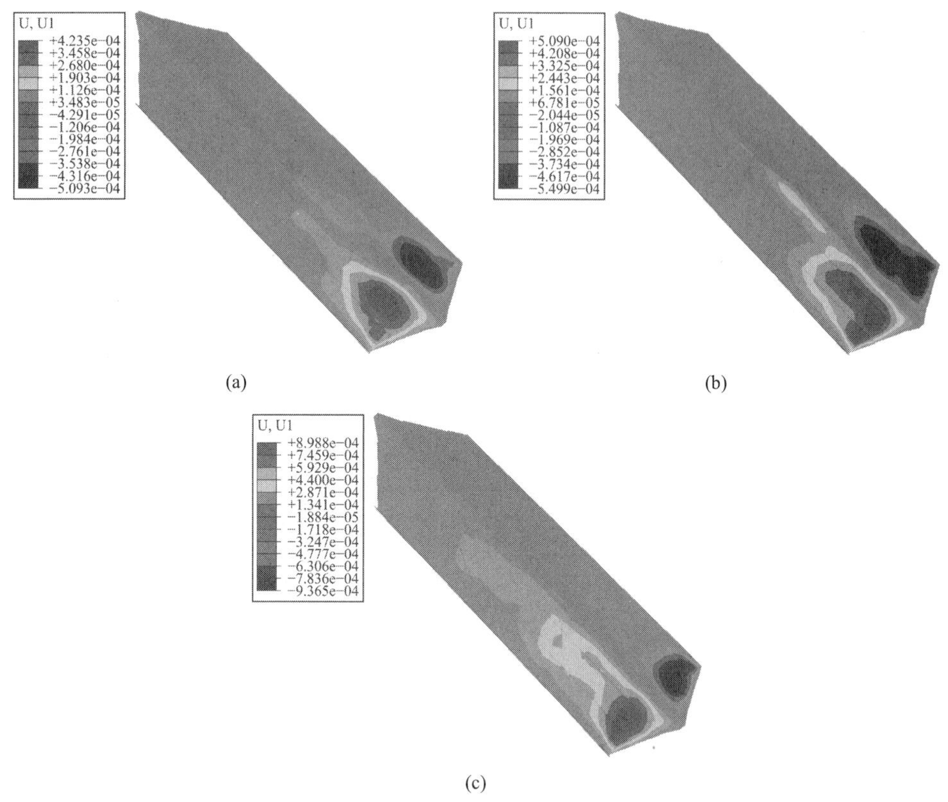

图 3.2-66　累积钻爆大坝主体位移动态云图（顺河向）

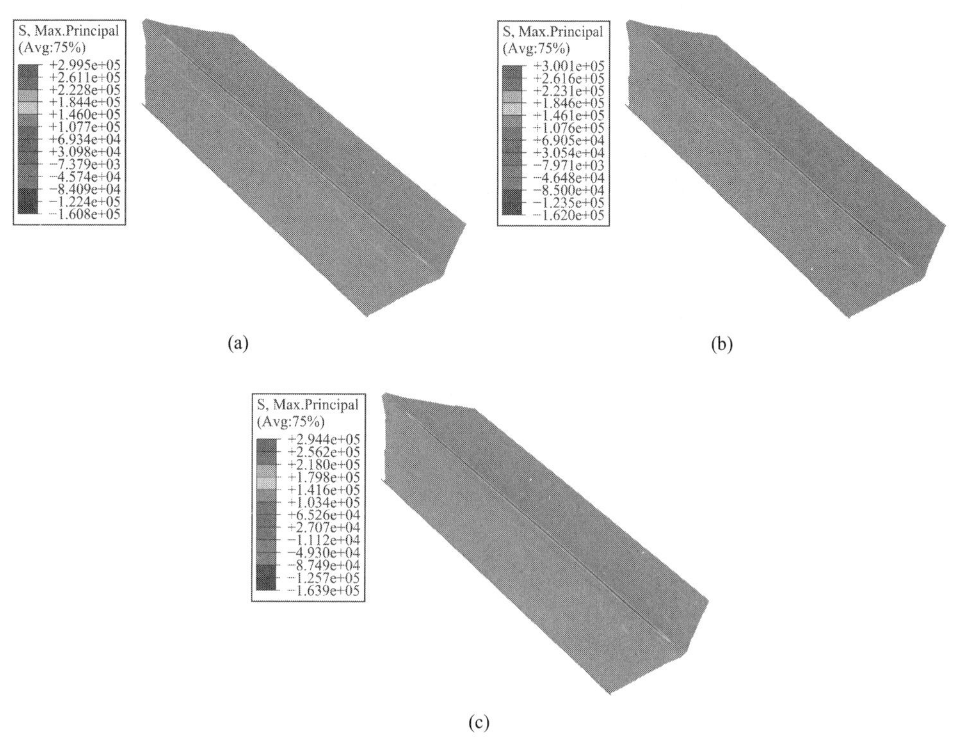

图 3.2-67　累积钻爆大坝主体大主应力动态云图

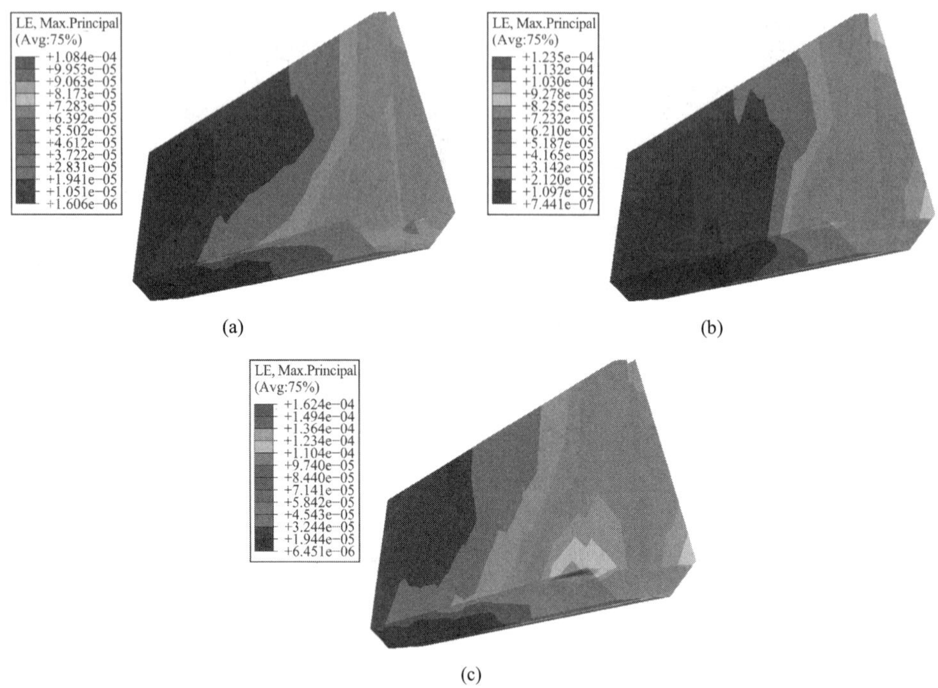

(a) (b) (c)

图 3.2-68 累积钻爆心墙大主应变动态云图

(13)工况 13 动态场变量分布云图

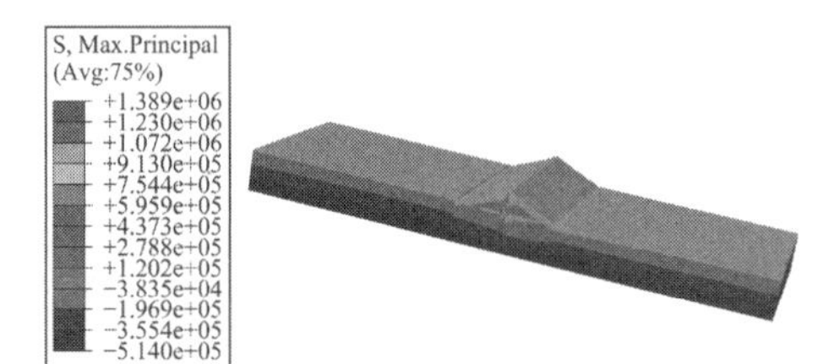

图 3.2-69 库坝系统激振大主应力动态云图

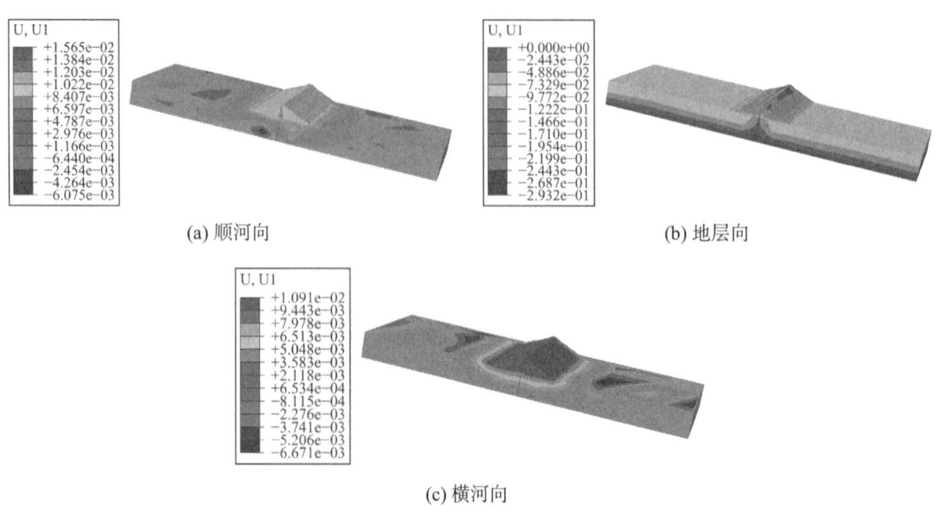

(a) 顺河向 (b) 地层向 (c) 横河向

图 3.2-70 库坝系统激振位移分量动态云图(滑弧形成)

（14）工况 14 动态场变量分布云图

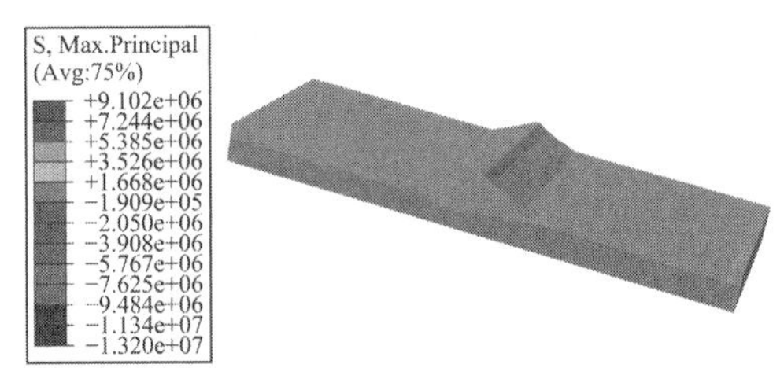

图 3.2-71　库坝系统激振大主应力动态云图

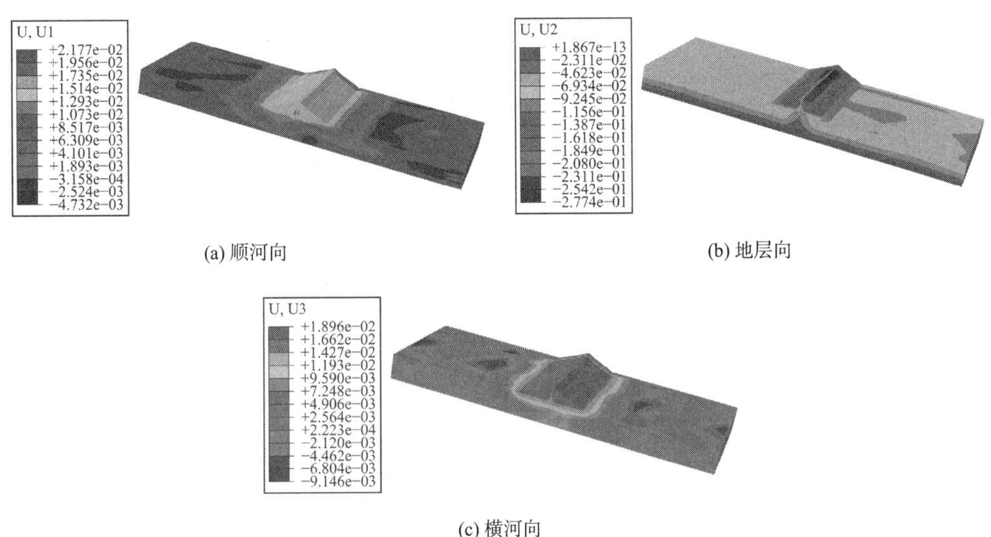

(a) 顺河向　　(b) 地层向

(c) 横河向

图 3.2-72　库坝系统激振位移分量动态云图（滑弧形成）

（15）工况 15 动态场变量分布云图

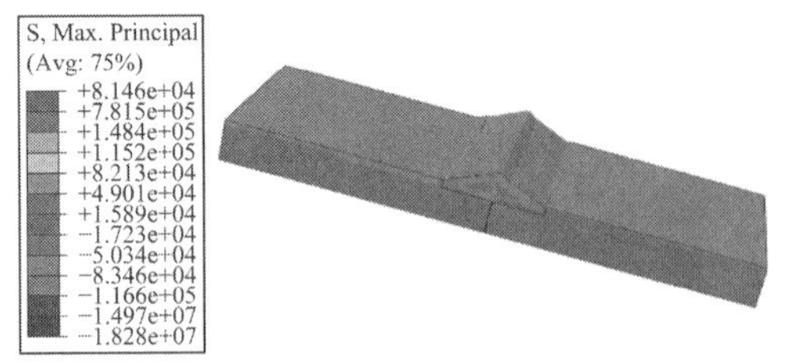

图 3.2-73　库坝系统激振大主应力动态云图

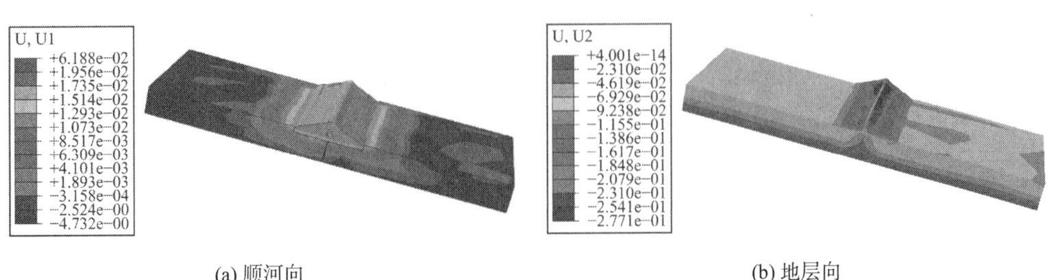

(a) 顺河向　　(b) 地层向

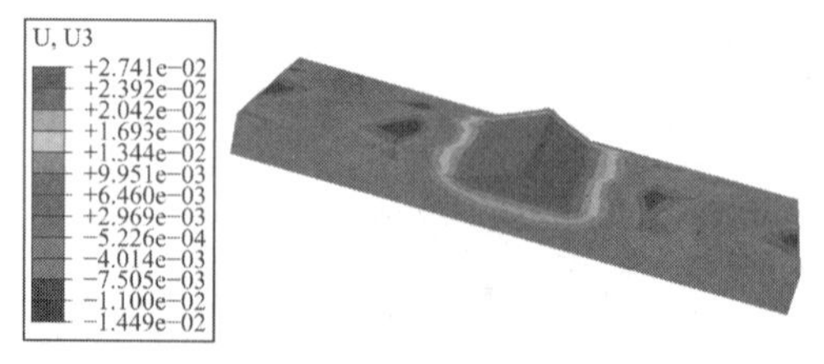

(c) 横河向

图 3.2-74　库坝系统激振位移分量动态云图（滑弧形成）

（16）工况 16 动态场变量分布云图

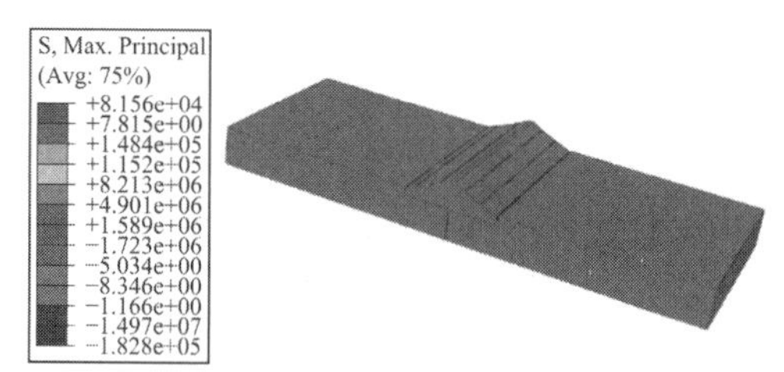

图 3.2-75　库坝系统激振大主应力动态云图

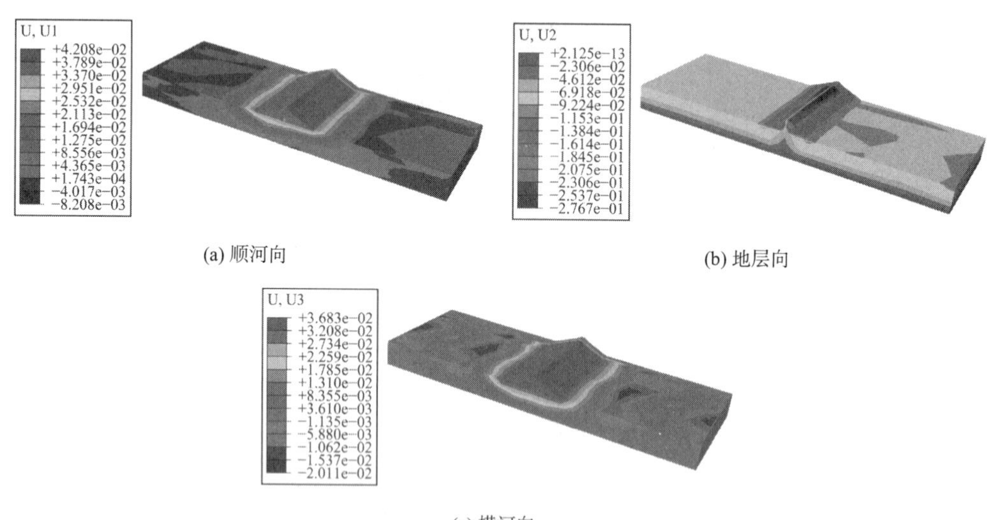

(a) 顺河向　　(b) 地层向

(c) 横河向

图 3.2-76　库坝系统激振位移分量动态云图（滑弧形成）

（17）工况 17 动态场变量分布云图

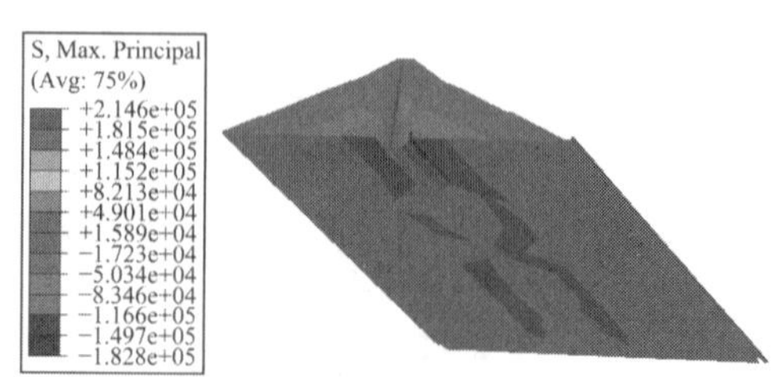

图 3.2-77　库坝系统激振大主应力动态云图

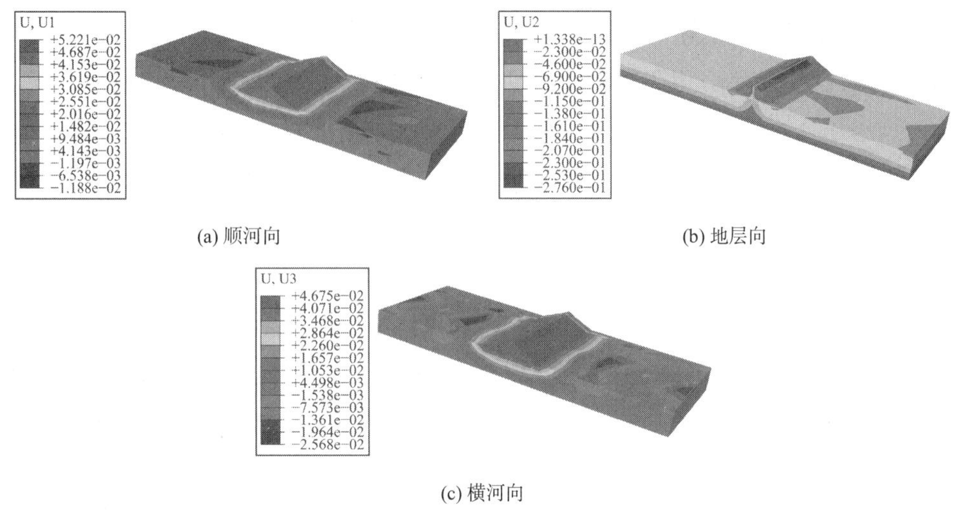

(a) 顺河向　　(b) 地层向

(c) 横河向

图 3.2-78　库坝系统激振位移分量动态云图（滑弧形成）

（18）工况 18 动态场变量分布云图

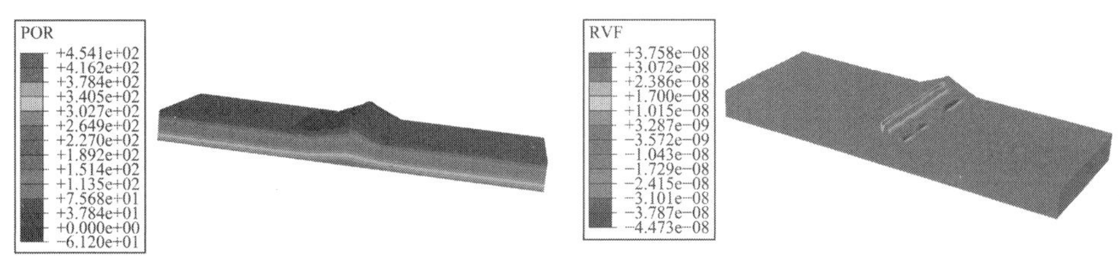

图 3.2-79　库坝系统渗流场水头势云图　　图 3.2-80　库坝系统渗流场渗水量云图

（19）工况 19 动态场变量分布云图

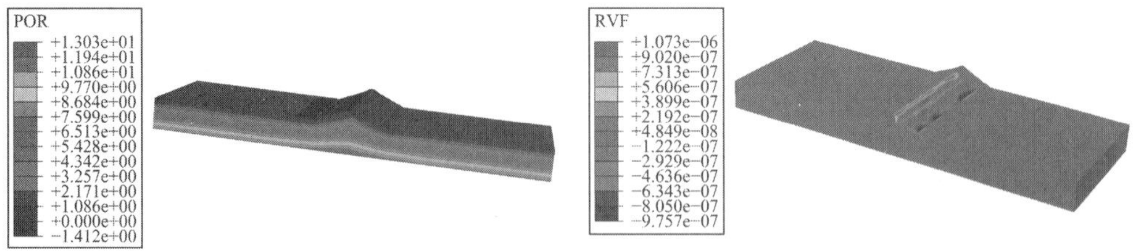

图 3.2-81　库坝系统渗流场水头势云图　　图 3.2-82　库坝系统渗流场渗水量云图

（20）工况 20 动态场变量分布云图

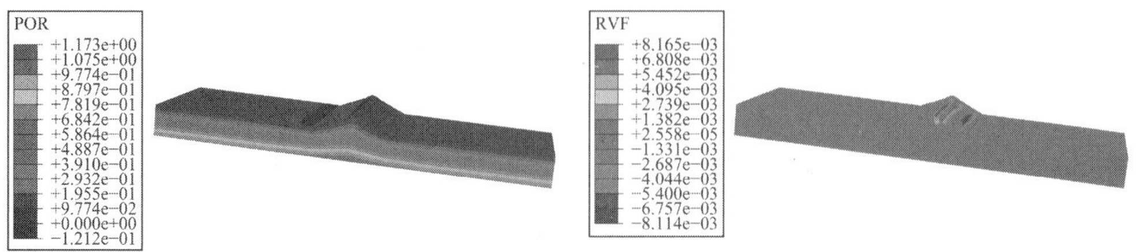

图 3.2-83　库坝系统渗流场水头势云图　　图 3.2-84　库坝系统渗流场渗水量云图

2）坝体特征点场变量分布

本节研究选择了洞岙大坝坝体2处代表性位置特征点（具体见图3.2-85），并重点就其钻爆开挖施工期的空间三维动态变形及大坝主体结构整体稳定性进行评价[14-32]。

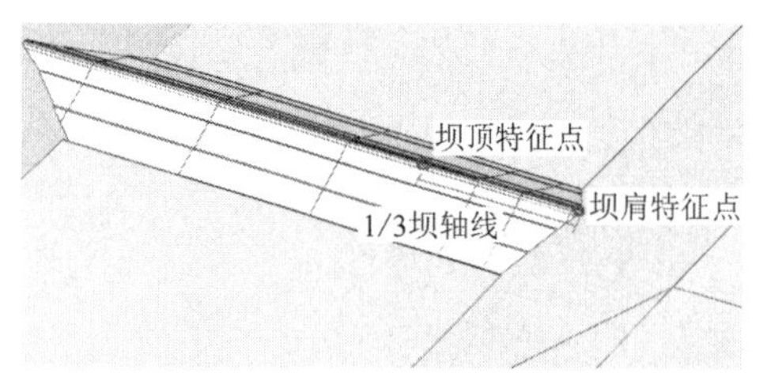

图3.2-85 基于总体安全反馈的洞岙坝体特征点选取

（1）坝顶特征点场安全系数分布

借助2.4.2节中介绍的方法及公式(2.4-32)，对洞岙库区内左岸洞库钻爆开挖过程中的大坝整体安全进行分析探究[33-35]，结果见图3.2-86。以抗剪安全储备拐点作为控制标准时，大坝整体安全系数对钻爆冲击波峰值波速较为敏感，依据仿真分析结果，研究认为，钻爆冲击波的峰值波速（含单日多次钻爆累积值）应控制在3.3cm/s以下，才可保证库坝系统的基本安全运行。

（2）坝肩特征点场变量分布

研究进而分析了坝肩特征点处的空间动态变形，结果见图3.2-87～图3.2-89。

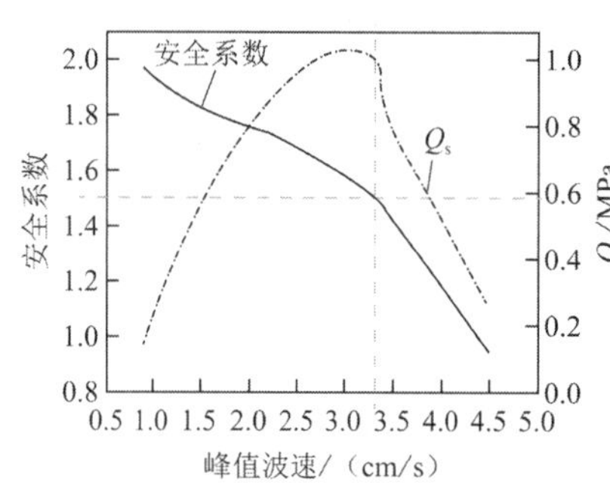

图3.2-86 安全系数分布

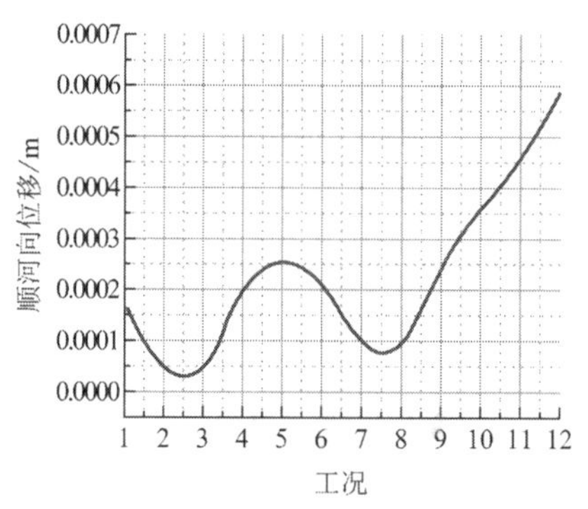

图3.2-87 顺河向动态倾移

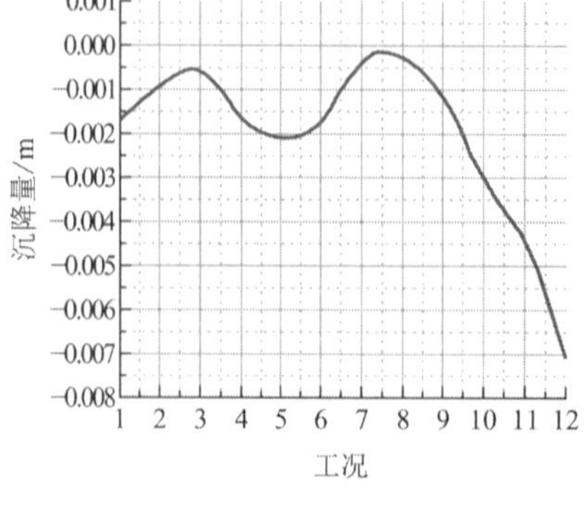

图3.2-88 动态沉降量

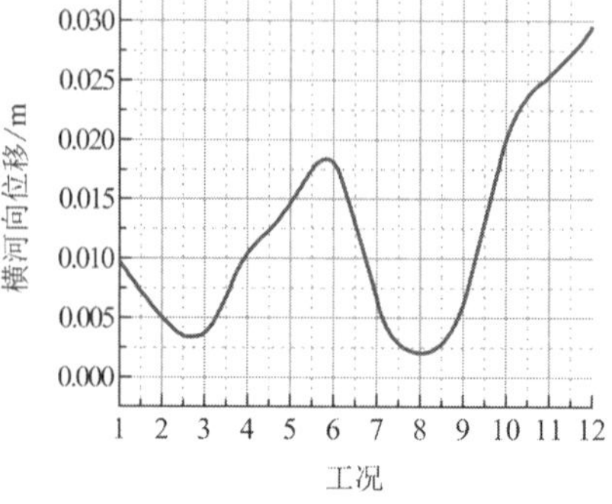

图3.2-89 横河向动态变位

坝体变形对左岸钻爆产生的冲击波波速极为敏感，峰值波速增加3倍，由此激发的大坝主体结构变形相差达10倍以上。在不考虑山体卸载影响条件下，左岸坝肩最大横河向压缩变形接近 3cm。特别要指出的是，防渗墙与坝壳、心墙变形不同步，极易引发三者脱离，心墙处存在较大的水力劈裂风险。

3）结果分析与讨论

本节研究结果揭示，洞岙大坝整体安全系数对钻爆冲击波峰值波速作用较为敏感，依据仿真分析结果（图 3.2-17～图 3.2-20），研究认为，钻爆冲击波峰值波速（含单日多次钻爆累积值）不应超过 3.3cm/s（图 3.2-21～图 3.2-28）。

左岸洞库开挖钻爆诱发的上游动水压力对库区整体位移、变形有较大影响，且集中于左岸邻近坝肩处，有、无动水压力作用造成的横河向位移与加速度差异可达 10 倍以上（图 3.2-29～图 3.2-36），尤其是保持在设计水位以上时，心墙与防渗墙顶部脱离风险加剧，此时该处最大加速度超过 18cm/s^2（图 3.2-37～图 3.2-41）；在低水位下运行，库坝系统在钻爆与开挖卸荷作用下的危险性可以得到有效控制，即使在累积钻爆情况下，大坝主体变形仍在可控范围内（图 3.2-42～图 3.2-46）；与之对应的是，高水位下的左岸洞库开挖钻爆施工均属于极危险之工况，由此激发的左岸坝肩沉降量是中低水位条件下工况计算结果的 2 倍以上（图 3.2-47～图 3.2-60）；在高水位与 2.0cm/s 及以上水平的冲击波速作用下，塑性混凝土防渗墙将产生 1.5MPa 以上的拉应力，特别是在防渗墙与坝肩基岩连接段，该水平的主拉应力数值还将有显著上升（图 3.2-61～图 3.2-68）；洞岙库区左岸洞库开挖钻爆施工期间，库水虽然在控制坝轴线“蛇形”走位方面有一定帮助，但同时会增加主方向上的刚性变形，甚至会加剧防渗墙与心墙、坝壳之间的硬性脱离。

在单次爆破冲击波速不超过 2.5cm/s 的情况下，洞岙坝体整体安全系数可保持在 1.5 以上；但是对于累次钻爆施工情况，安全系数会显著下降（图 3.2-69～图 3.2-78）。

随着塑性混凝土防渗墙震毁区域增加，库坝区域内被浸没范围显著增加，防渗墙完全震毁后，坝体已无任何防渗能力，在高水位时大坝全段均被完全浸没，此时的场内最大流速接近 1cm/s，且集中于防渗墙与心墙及坝壳接触区，接触冲刷产生，坝体水毁的可能性显著提高（图 3.2-79～图 3.2-84）。

受库区内左岸山体洞库开挖过程中产生的钻爆冲击波作用，洞岙大坝主体结构（含坝壳、心墙以及塑性混凝土防渗墙的大部分区域）的位移、应变总体呈显著的累积趋势，但应力分布则表现为衰减，表明坝体材料有震损，冲击波作用下的累积变形破坏了筑坝材料的连续性，导致其持力性能削弱。研究显示，仅在防渗墙局部呈现有应力数值的增强（见大主应力动态分布图），表明在严酷工作环境条件下防渗墙仍具备一定的骨架支撑作用，但考虑到周围区块材料刚度相差较大，这种应力响应性能差异有可能导致防渗墙与心墙及坝壳出现脱离，局部产生水力劈裂，诱发渗透通道形成。

洞岙库坝系统对左岸洞库开挖钻爆过程中的冲击波波速极为敏感，施工期尤其应注意单日累次钻爆产生的多阶残余应力影响，这种影响将造成直接大坝主轴的大幅变形，从而导致坝壳与心墙特别是塑性混凝土防渗墙之间脱离，与渗水耦合作用下，在洞室施工期便有可能产生危及库坝安全的水力劈裂。

为避免累次钻爆引发大坝主体结构与坝肩基岩发生接触松弛，研究认为，对于确实无法避免的单日多次钻爆，应及时做好左岸观测孔观测值分析，并反馈该区段坝体的工作性态，必要时应在当日每次钻爆后及时加做洞室（临时）支护。

考虑到左岸洞库开挖钻爆诱发的上游动水压力对库区整体位移、变形有较大影响，研究认为，开挖钻爆施工期间应严格控制库水位变动，此时应将库水位调整至 32.00m 以下，为库坝系统争取更多安全冗余；特别是在强降雨后、库水来不及排放条件下，一定要避免开挖及钻爆施工，因为此时塑性混凝土防渗墙与坝肩处连接最为脆弱。若强行施工，将引发高水平的拉应力，对大坝主体产生较大安全威胁。

基于上述，本节研究认为，在左岸洞库开挖钻爆施工期间，应在左岸坝肩至坝肩公路与山脚之间布置专门的变形观测点，分“爆前、累积钻爆间歇、爆后”三个时间区段，连续观测并及时分析数据发展趋势，以便做出合理的安全反馈。

3.2.8 起爆点钻爆临界冲击波速敏感性研究

1）场变量

洞岙库区内左岸洞库钻爆开挖过程中，工作面上起爆点位置的选择将直接关系到库区包括主体结构在内各类水利工程实施的运行安全，因此研究起爆点源冲击波形成、扩散以及波速控制是另一个重要课题。本节研究所得的核心场变量分布具体如图 3.2-90～图 3.2-116 所示。

（1）工况 1 动态场变量分布云图

（2）工况 2 动态场变量分布云图

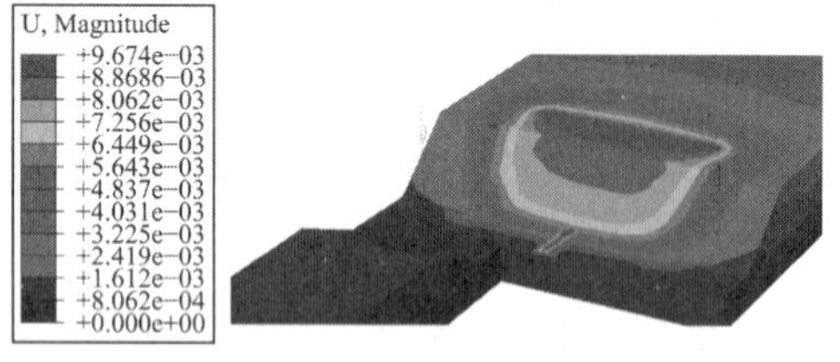

图 3.2-90　空间滑裂带

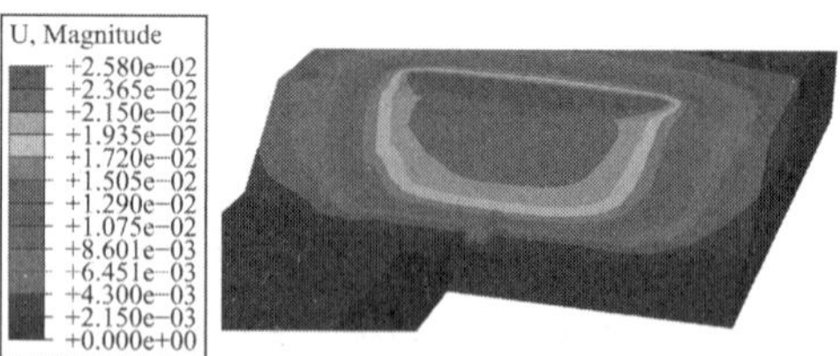

图 3.2-91　空间滑裂带

（3）工况 3 动态场变量分布云图

（4）工况 4 动态场变量分布云图

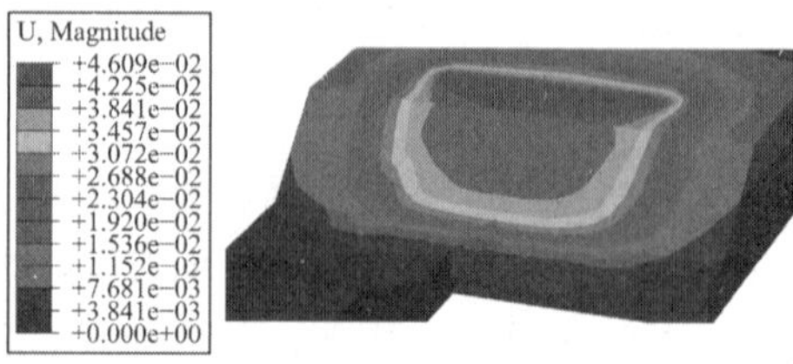

图 3.2-92　空间滑裂带

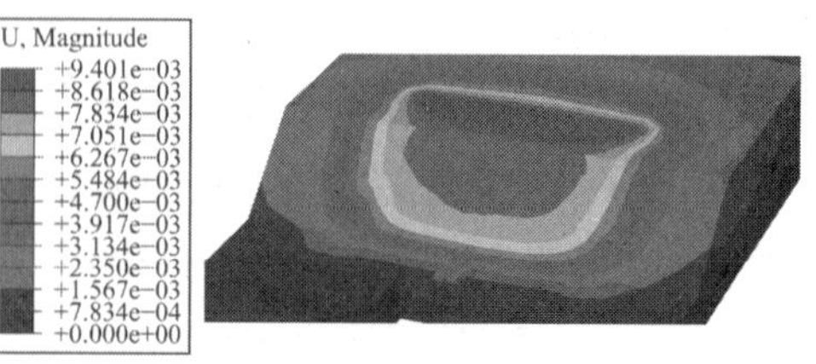

图 3.2-93　空间滑裂带

（5）工况 5 动态场变量分布云图

（6）工况 6 动态场变量分布云图

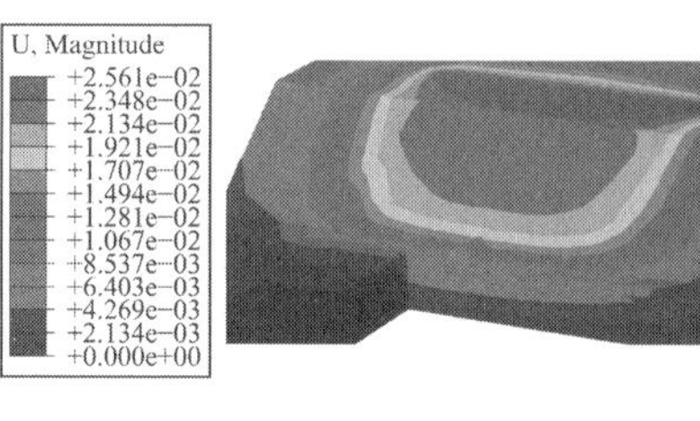

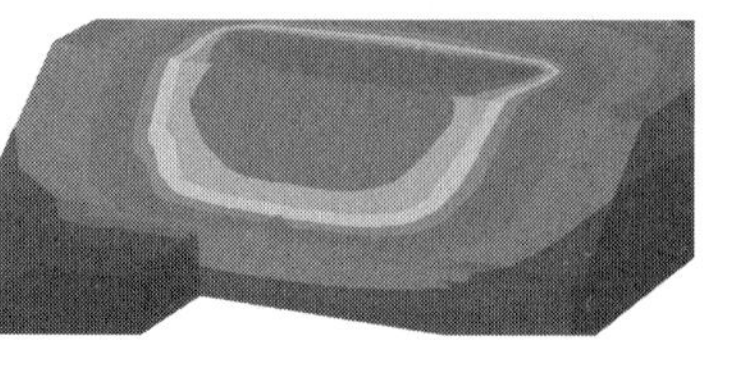

图 3.2-94　空间滑裂带

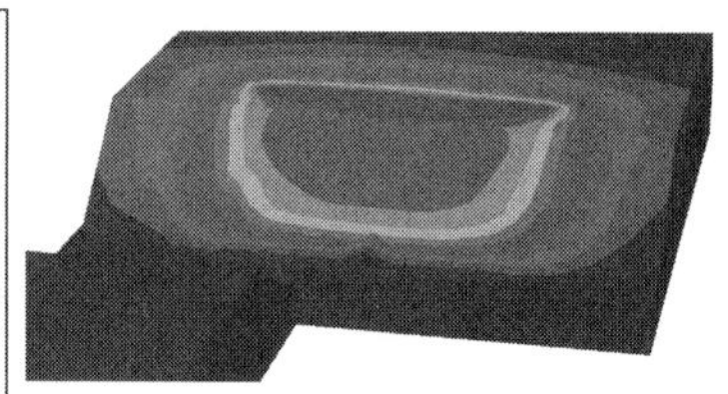

图 3.2-95　空间滑裂带

（7）工况 7 动态场变量分布云图

（8）工况 8 动态场变量分布云图

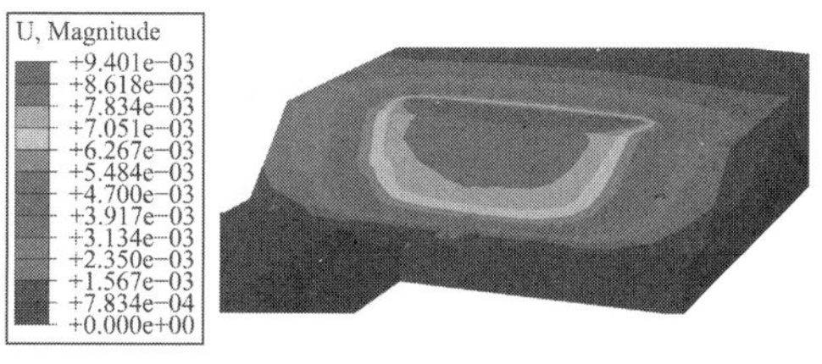

图 3.2-96　空间滑裂带

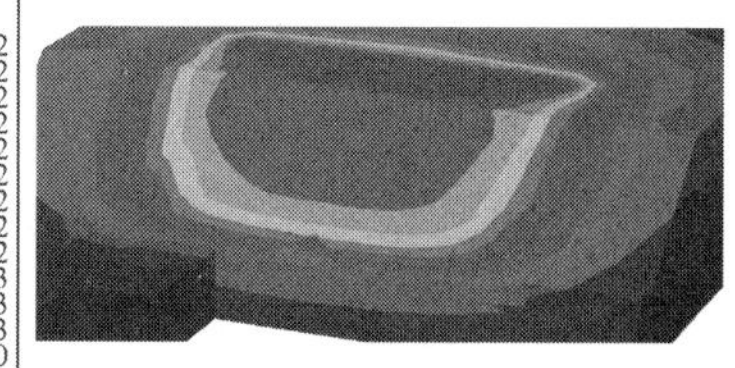

图 3.2-97　空间滑裂带

（9）工况 9 动态场变量分布云图

（10）工况 10 动态场变量分布云图

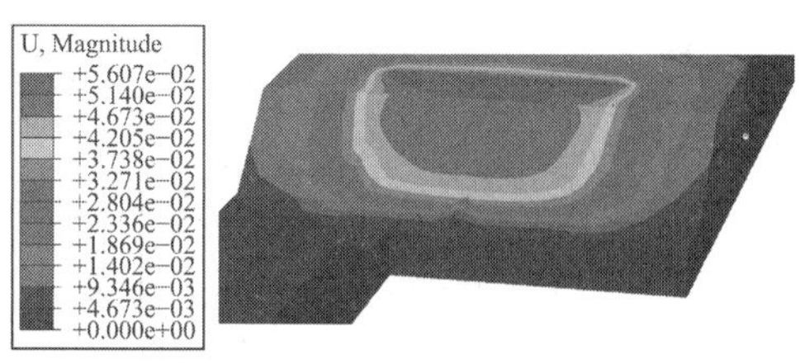

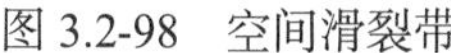

图 3.2-98　空间滑裂带

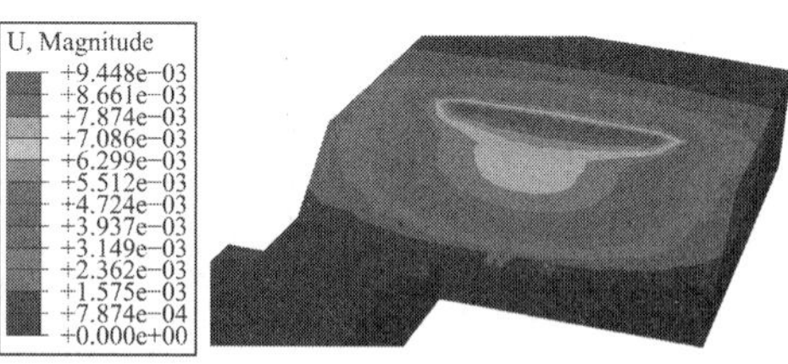

图 3.2-99　空间滑裂带

（11）工况 11 动态场变量分布云图

（12）工况 12 动态场变量分布云图

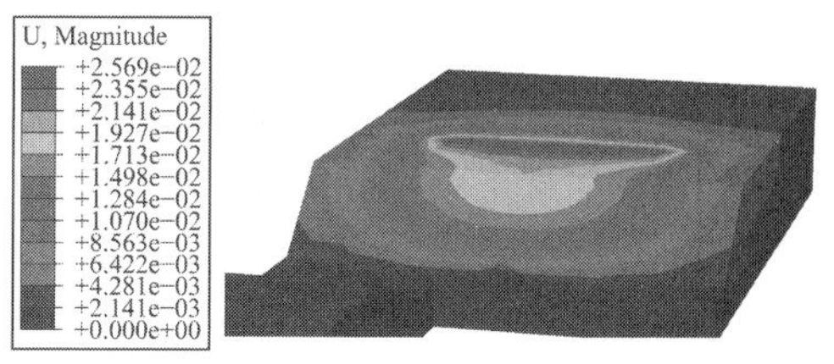

图 3.2-100　空间滑裂带

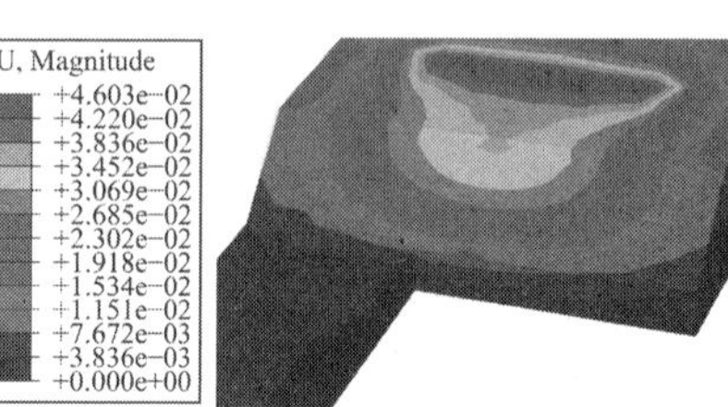

图 3.2-101　空间滑裂带

（13）工况 13 动态场变量分布云图

（14）工况 14 动态场变量分布云图

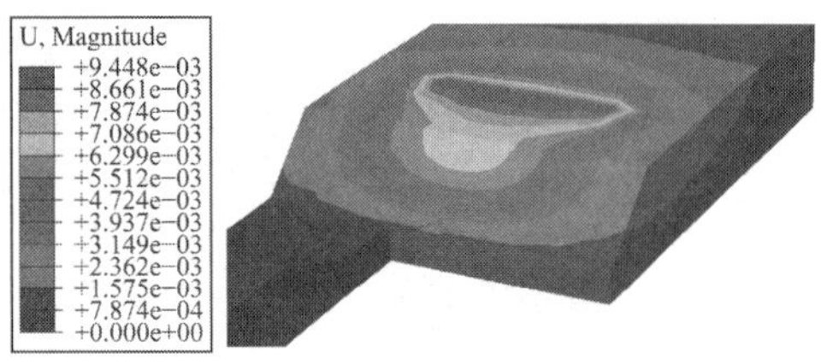

图 3.2-102　空间滑裂带

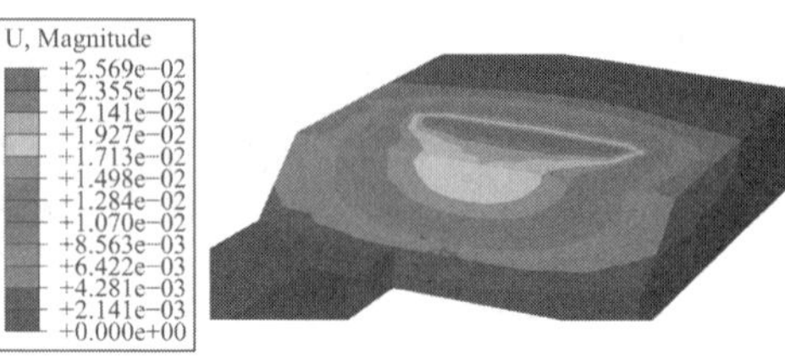

图 3.2-103　空间滑裂带

（15）工况 15 动态场变量分布云图

（16）工况 16 动态场变量分布云图

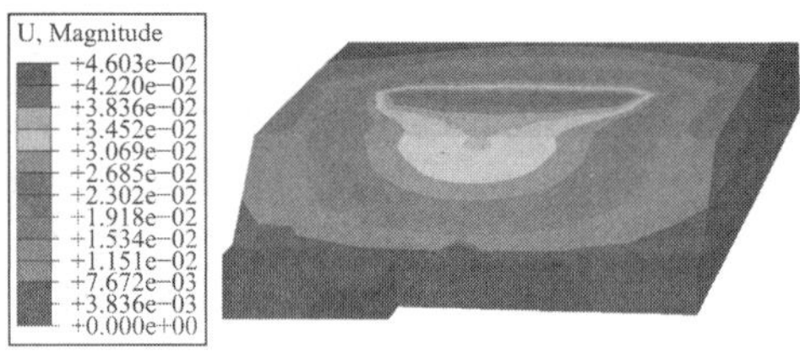

图 3.2-104　空间滑裂带

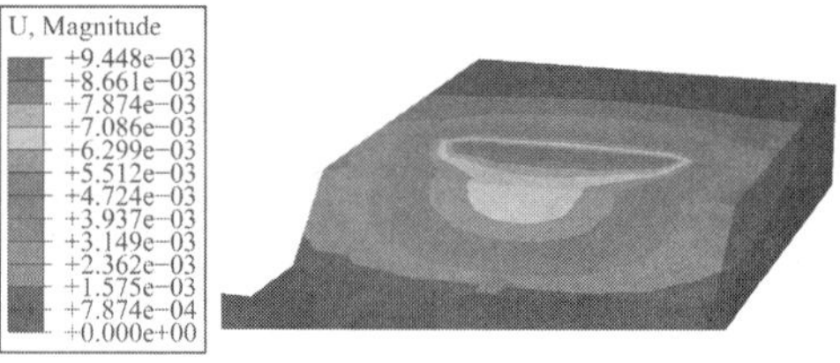

图 3.2-105　空间滑裂带

（17）工况 17 动态场变量分布云图

（18）工况 18 动态场变量分布云图

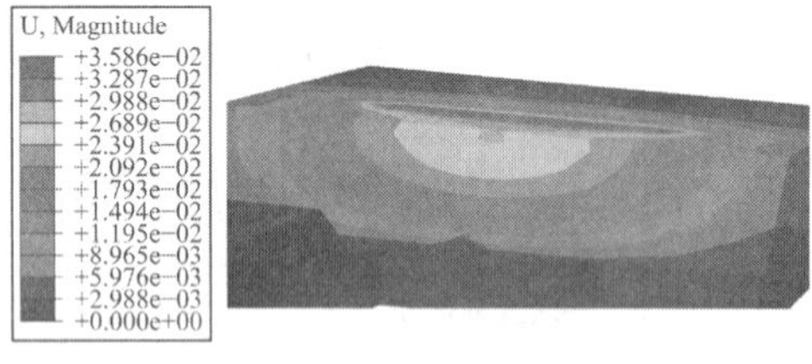

图 3.2-106　空间滑裂带

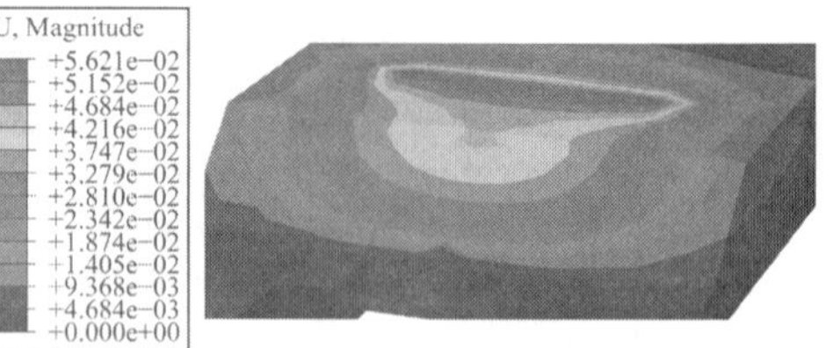

图 3.2-107　空间滑裂带

（19）工况 19 动态场变量分布云图

（20）工况 20 动态场变量分布云图

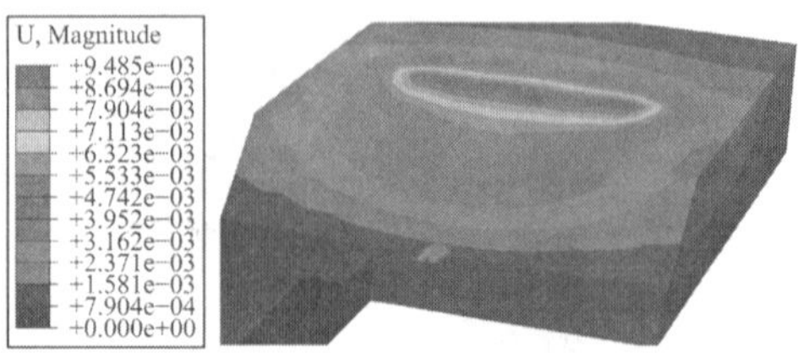

图 3.2-108　空间滑裂带

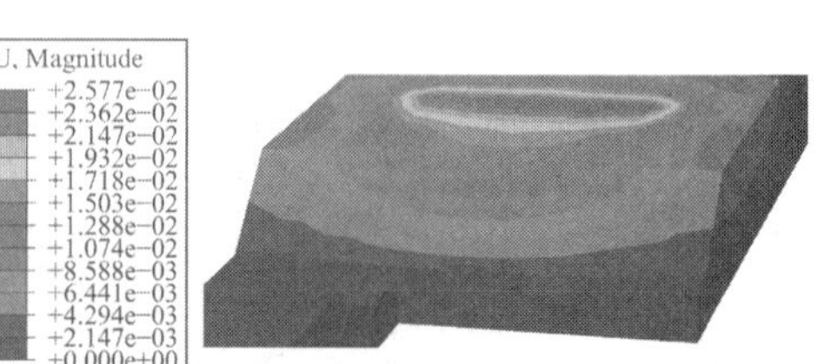

图 3.2-109　空间滑裂带

（21）工况 21 动态场变量分布云图

（22）工况 22 动态场变量分布云图

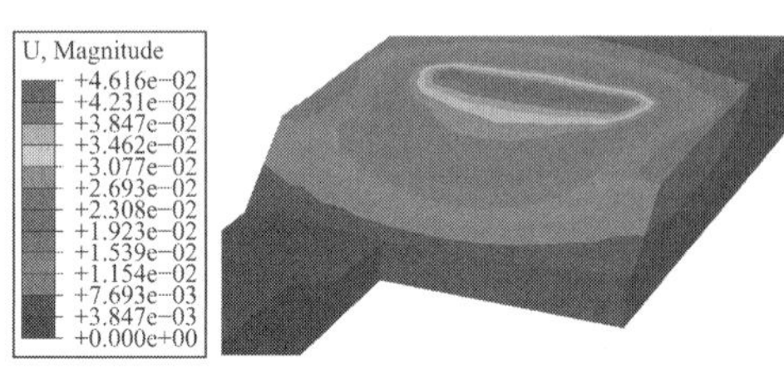

图 3.2-110　空间滑裂带

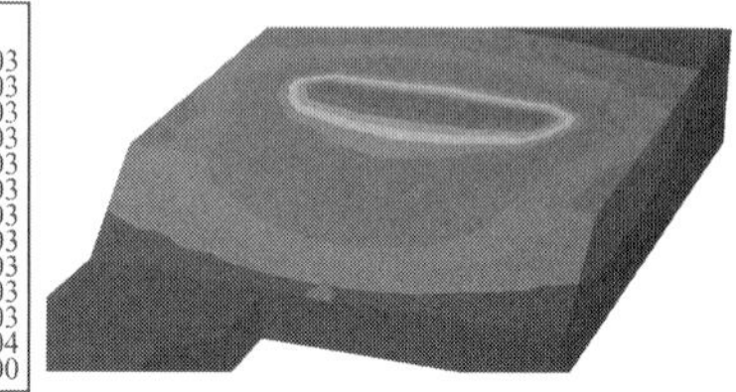

图 3.2-111　空间滑裂带

（23）工况 23 动态场变量分布云图

（24）工况 24 动态场变量分布云图

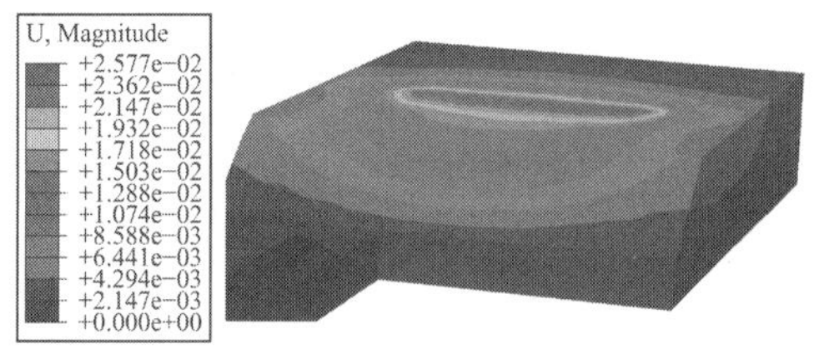

图 3.2-112　空间滑裂带

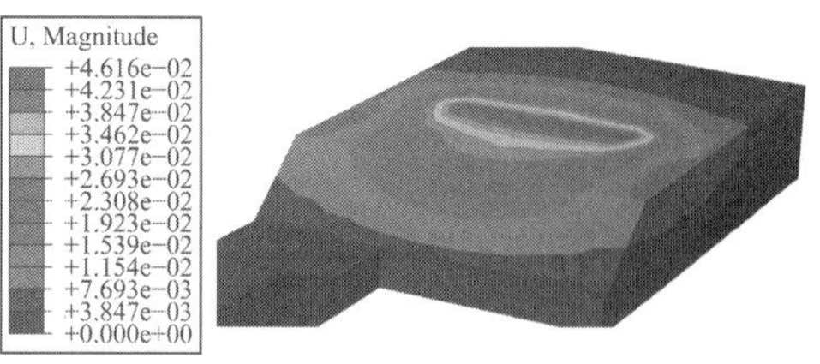

图 3.2-113　空间滑裂带

（25）工况 25 动态场变量分布云图

（26）工况 26 动态场变量分布云图

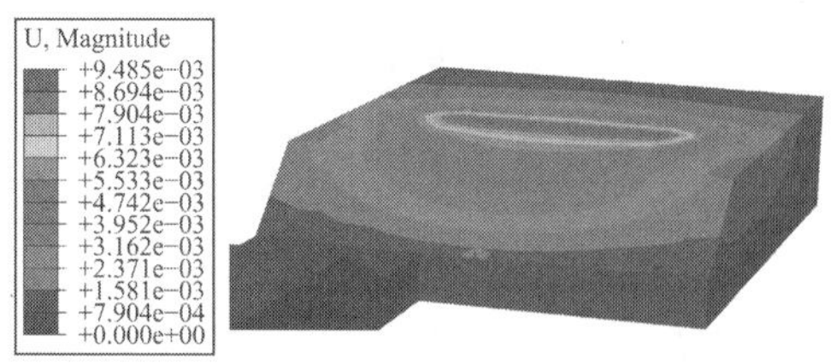

图 3.2-114　空间滑裂带

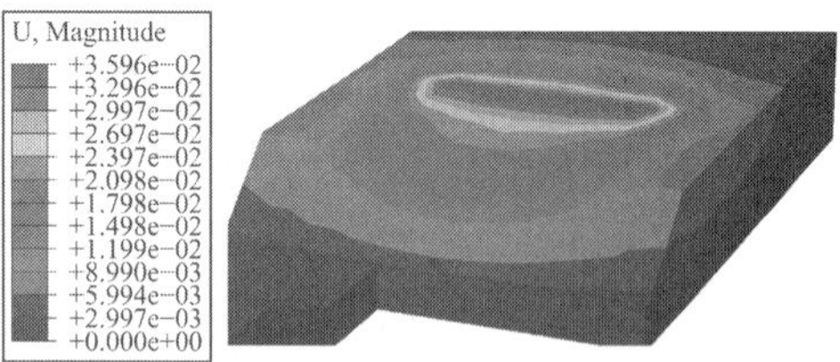

图 3.2-115　空间滑裂带

（27）工况 27 动态场变量分布云图

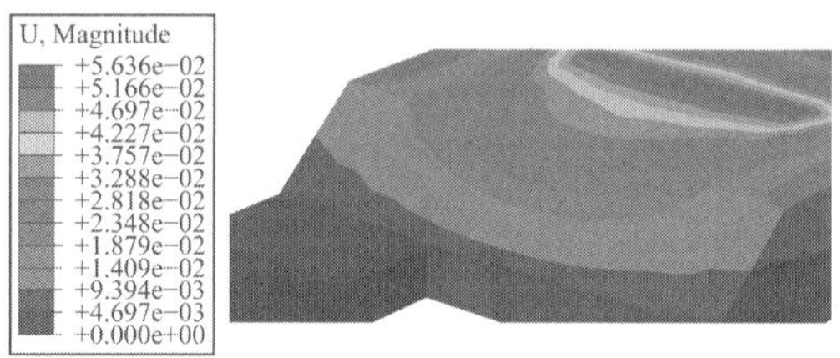

图 3.2-116　空间滑裂带

2）坝体特征点场变量分布

借助 2.4.2 节中介绍的方法及公式(2.4-32)，本节将对图 3.2-117 中特征点位置对应的空间滑裂带及动力安全系数进行分析研究。该处靠近左岸同时又紧邻河床深泓线，且位于坝顶最末梢，动力响应最为活跃。此外，研究中所依据的起爆点空间分布见图 3.2-9。

图 3.2-117　基于钻爆临界冲击波速的洞岙坝体特征点选取

同 3.2.7 节 2）所述，此处仍以抗剪安全储备拐点作为空间滑裂带上动力安全系数的控制标准，经仿真计算所得的与前述各工况对应的安全系数数值分布如图 3.2-118 所示。此时，与各工况对应采集到的爆破峰值波速亦分列于该图中。

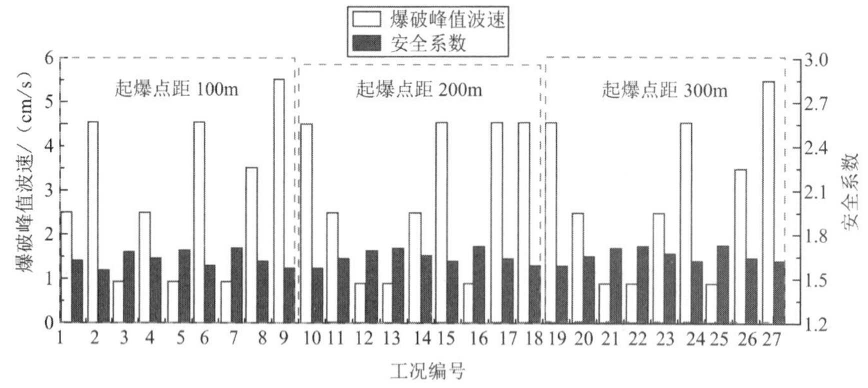

图 3.2-118　爆破峰值波速下动力安全系数分布

研究结果指出，尤其是在高水位下，无论起爆点空间位置如何，在库坝系统处于临界状态时的爆破峰值波速都较低，由此推断，库区内高水位下钻爆施工不宜烈度过高；起爆点距越短，库坝系统处于临界状态时的动力安全系数水平越低，同样也揭示了此时应严控钻爆施工的烈度[36-37]。

3）结果分析

依据前述动力安全系数研究结果并参照规范所指，采用安全系数参照值 1.5 作为库坝系统临界冲击波速敏感性研究的安全基准，对洞岙库区左岸山体洞库开挖钻爆施工期间，各起爆点距下不同蓄水高程对应的临界冲击波速进行探究，具体结果如下。

（1）起爆点相对库坝系统边坡临空起点距离为100m，上游蓄水满库条件下（图 3.2-90～

图 3.2-92），钻爆临界冲击波速确定如图 3.2-119 所示，图中框注处数值即为该类工况下仿真计算得钻爆临界冲击波速，下同。

（2）起爆点相对库坝系统边坡临空起点距离为100m，上游蓄水半库条件下（图 3.2-93～图 3.2-95），钻爆临界冲击波速确定如图 3.2-120 所示。

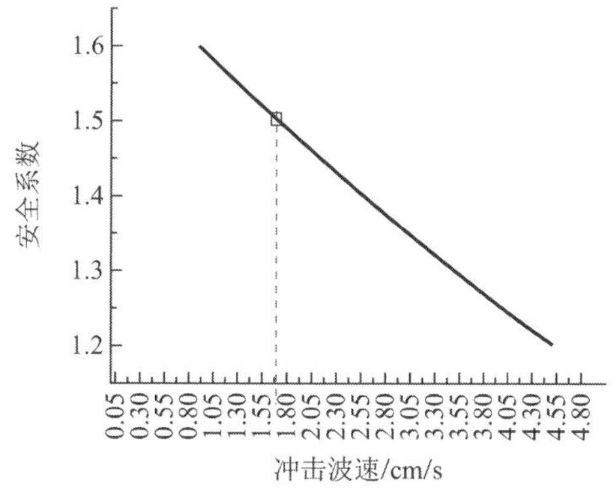

图 3.2-119 满库且起爆点距 100m 条件下的钻爆临界冲击波速

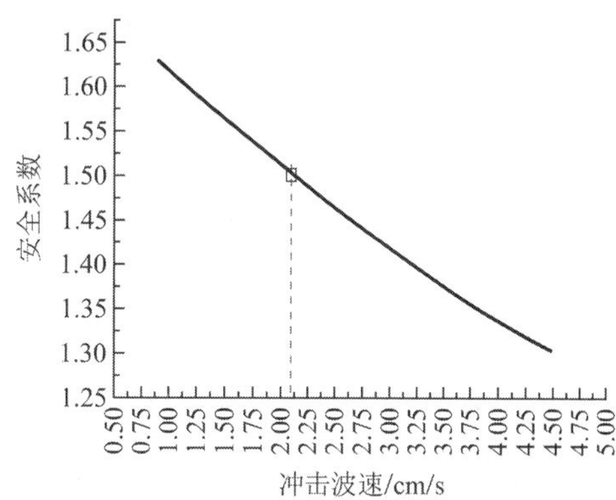

图 3.2-120 半库且起爆点距 100m 条件下的钻爆临界冲击波速

（3）起爆点相对库坝系统边坡临空起点距离为100m，空库条件下（图 3.2-96～图 3.2-98），钻爆临界冲击波速确定如图 3.2-121 所示。

（4）起爆点相对库坝系统边坡临空起点距离为200m，上游蓄水满库条件下（图 3.2-99～图 3.2-101），钻爆临界冲击波速确定如图 3.2-122 所示。

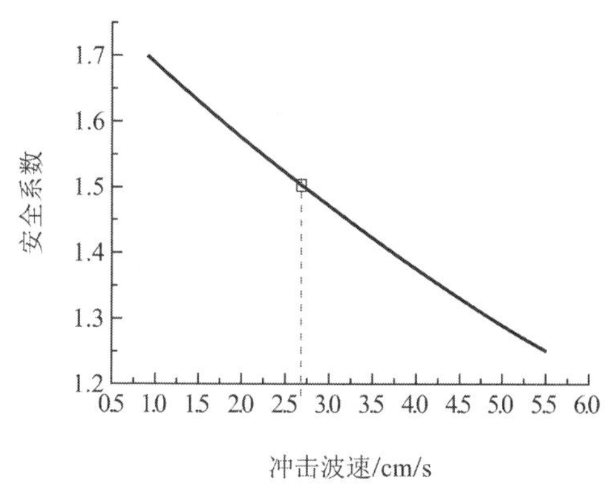

图 3.2-121 空库且起爆点距 100m 条件下的钻爆临界冲击波速

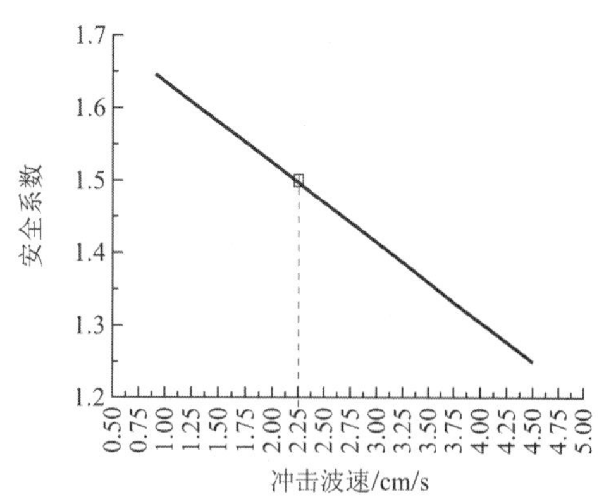

图 3.2-122 满库且起爆点距 200m 条件下的钻爆临界冲击波速

（5）起爆点相对库坝系统边坡临空起点距离为200m，上游蓄水半库条件下（图 3.2-102～图 3.2-104），钻爆临界冲击波速确定如图 3.2-123 所示。

（6）起爆点相对库坝系统边坡临空起点距离为200m，空库条件下（图 3.2-105～图 3.2-107），钻爆临界冲击波速确定如图 3.2-124 所示。

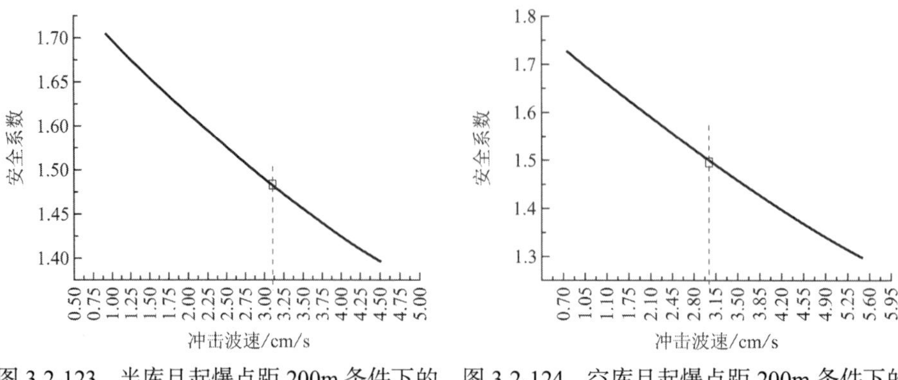

图 3.2-123　半库且起爆点距 200m 条件下的钻爆临界冲击波速　图 3.2-124　空库且起爆点距 200m 条件下的钻爆临界冲击波速

（7）起爆点相对库坝系统边坡临空起点距离为300m，上游蓄水满库条件下（图 3.2-108～图 3.2-110），钻爆临界冲击波速确定如图 3.2-125 所示。

（8）起爆点相对库坝系统边坡临空起点距离为300m，上游蓄水半库条件下（图 3.2-111～图 3.2-113），钻爆临界冲击波速确定如图 3.2-126 所示。

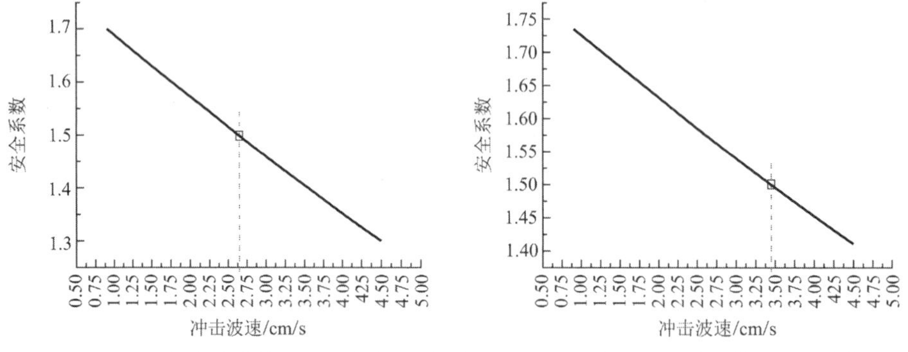

图 3.2-125　满库且起爆点距 300m 条件下的钻爆临界冲击波速　图 3.2-126　半库且起爆点距 300m 条件下的钻爆临界冲击波速

（9）起爆点相对库坝系统边坡临空起点距离为300m，空库条件下（图 3.2-114～图 3.2-116），钻爆临界冲击波速确定如图 3.2-127 所示。

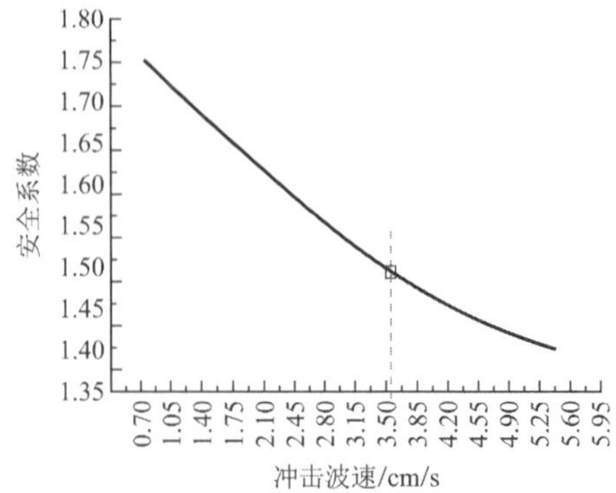

图 3.2-127　空库且起爆点距 300m 条件下的钻爆临界冲击波速

研究进一步对上述结果进行总结，给出如表 3.2-2 所示的洞岙库坝系统钻爆临界冲击波速取值。

钻爆临界冲击波速　　表 3.2-2

爆点距离/m	水库水位	临界波速/（cm/s）	
		仿真值	建议值
100	满库	1.75	1.2
	半库	2.10	1.4
	空库	2.60	1.7
200	满库	2.25	1.5
	半库	3.10	2.1
	空库	3.20	2.3
300	满库	2.62	1.7
	半库	3.44	2.3
	空库	3.58	2.5

3.2.9　累积钻爆冲击下库坝结构与材料蠕变损伤增益研究

本节研究利用第 2 章中所述广义损伤力学本构内容并借助西原体蠕变力学模型进行分析计算。坝基与左岸岩体爆炸冲击波数值采集特征点选择位置如图 3.2-128 所示。

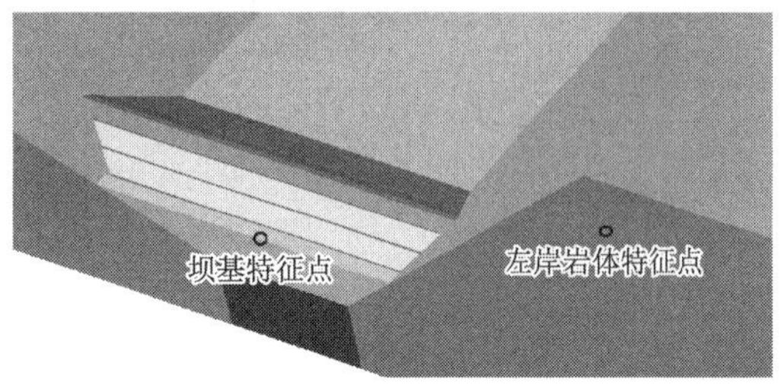

图 3.2-128　洞岙坝体特征点选取

由研究结果可知（图 3.2-129），累积钻爆效应对于洞岙库坝系统的影响主要集中于左岸坝壳、防渗墙与岩体连阶段，在峰值波速为 2.5cm/s 的 10 次爆炸冲击波累次作用下，最终广义蠕变损伤值接近 1.0，该量级表明区域内材料已确定出现破坏失效。

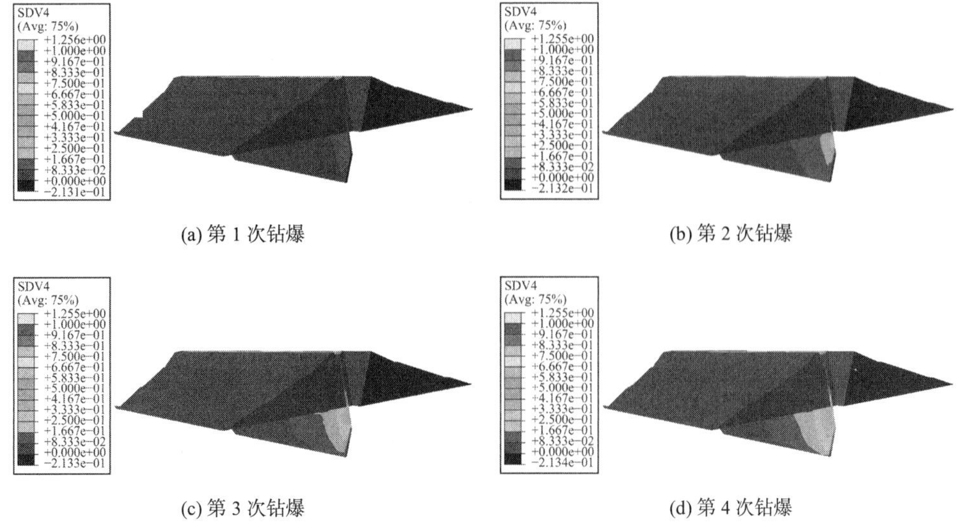

(a) 第 1 次钻爆　　(b) 第 2 次钻爆

(c) 第 3 次钻爆　　(d) 第 4 次钻爆

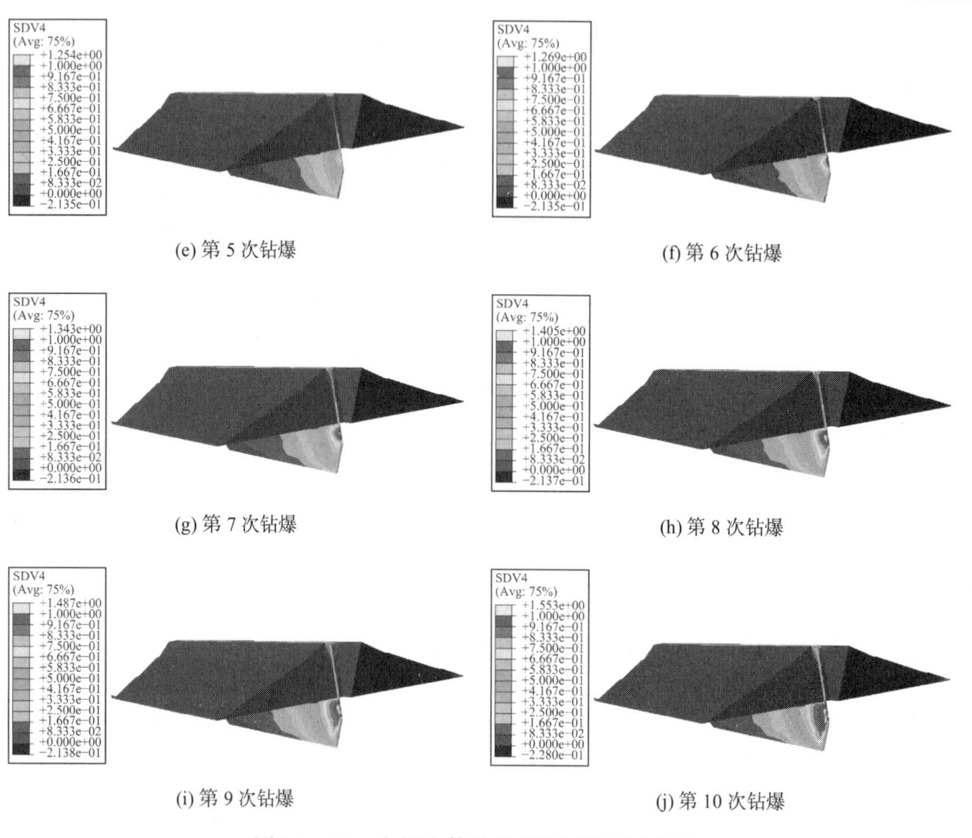

(e) 第 5 次钻爆　(f) 第 6 次钻爆

(g) 第 7 次钻爆　(h) 第 8 次钻爆

(i) 第 9 次钻爆　(j) 第 10 次钻爆

图 3.2-129　大坝主体结构累积钻爆蠕变损伤

依据坝基与岩体（左岸）累次钻爆冲击波时程分布研究成果，在后期冲击波呈显著衰减趋势，冲击波加速度量级保持在 0.01m/s^2（矢量合成）（图 3.2-130 及图 3.2-131），但在没有考虑岩体防护的条件下，早期造成的岩体及填筑材料广义累积蠕变损伤已逐步形成，且不可逆。

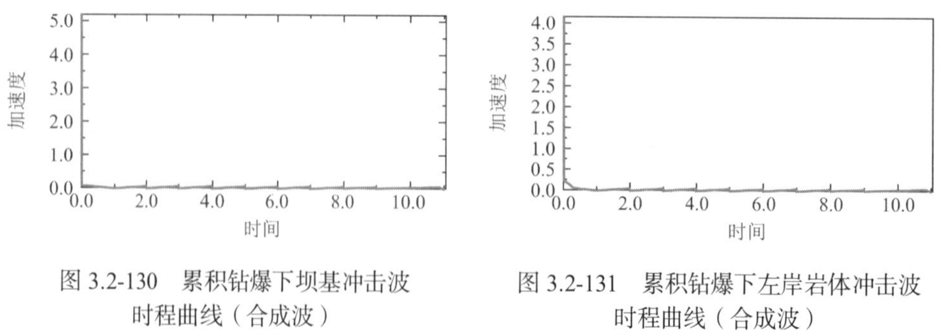

图 3.2-130　累积钻爆下坝基冲击波时程曲线（合成波）

图 3.2-131　累积钻爆下左岸岩体冲击波时程曲线（合成波）

3.2.10　地脉动作用下库坝系统整体抗震安全评价

考虑到洞岙库区特殊的地理位置及社会功能，研究还将对其地脉动作用下的整体抗震安全性能进行深入分析。地震波输入形式如图 3.2-10～图 3.2-12 所示。

1）坝体特征点场变量分布

本节研究中坝基与左岸岩体地震波数值采集特征点选择位置如前述图 3.2-128 所示，同时采用与钻爆冲击波模拟一致的 Newmark 法进行仿真计算[14-32]，结果如图 3.2-132～图 3.2-144 所示。

（1）工况 1 动态场变量分布云图

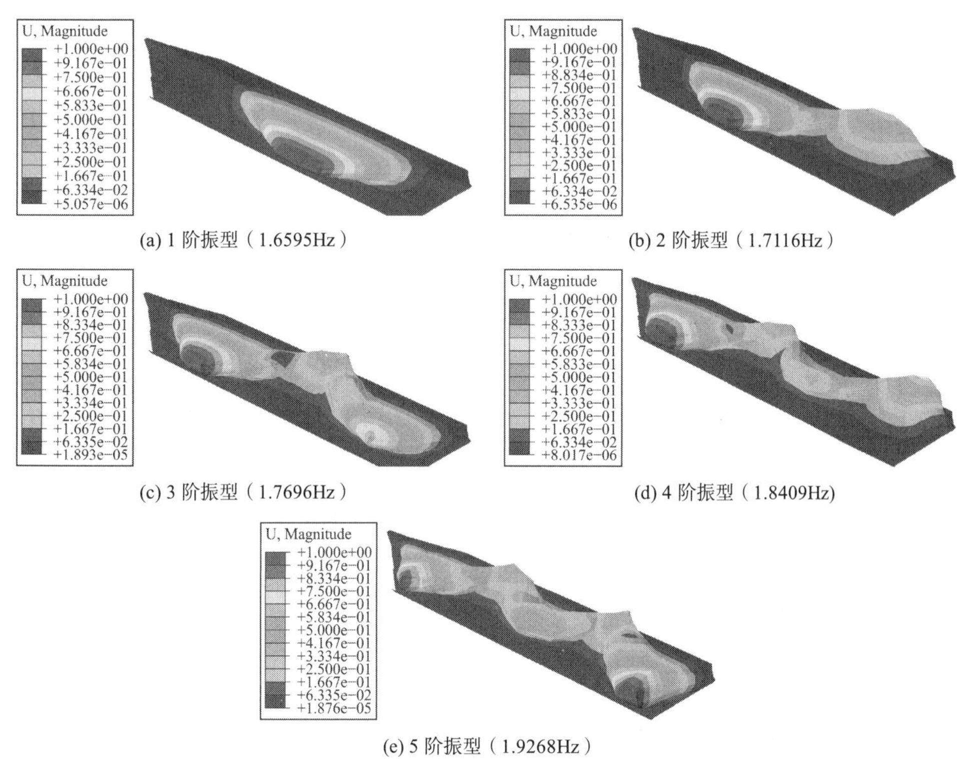

(a) 1 阶振型（1.6595Hz）

(b) 2 阶振型（1.7116Hz）

(c) 3 阶振型（1.7696Hz）

(d) 4 阶振型（1.8409Hz）

(e) 5 阶振型（1.9268Hz）

图 3.2-132　洞岙大坝主振型

（2）工况 2 动态场变量分布云图

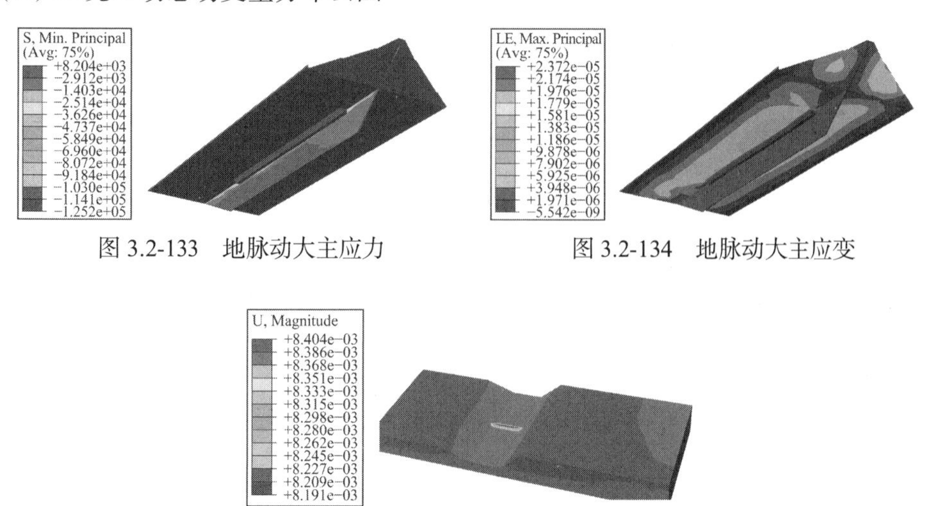

图 3.2-133　地脉动大主应力

图 3.2-134　地脉动大主应变

图 3.2-135　地脉动位移合成

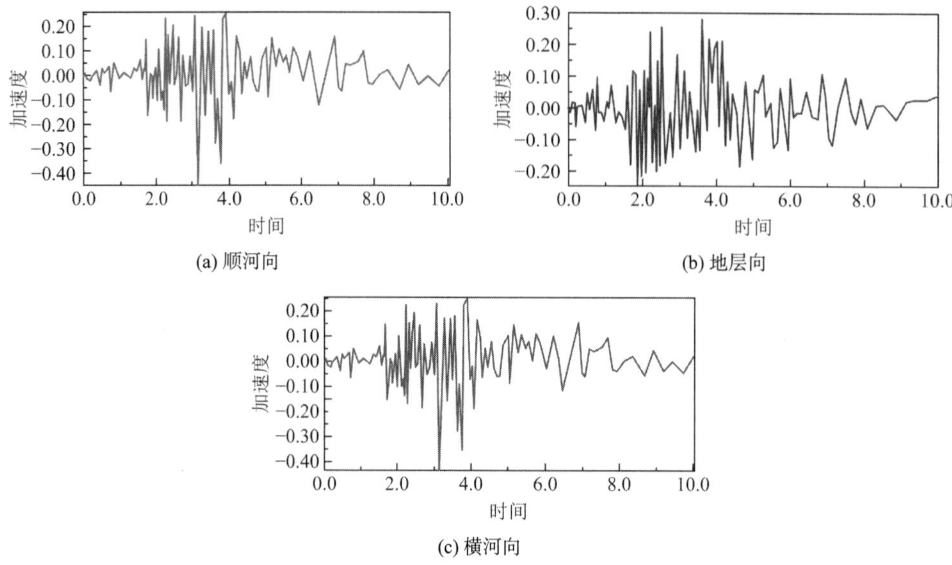

(a) 顺河向　(b) 地层向

(c) 横河向

图 3.2-136　坝基地震波时程曲线

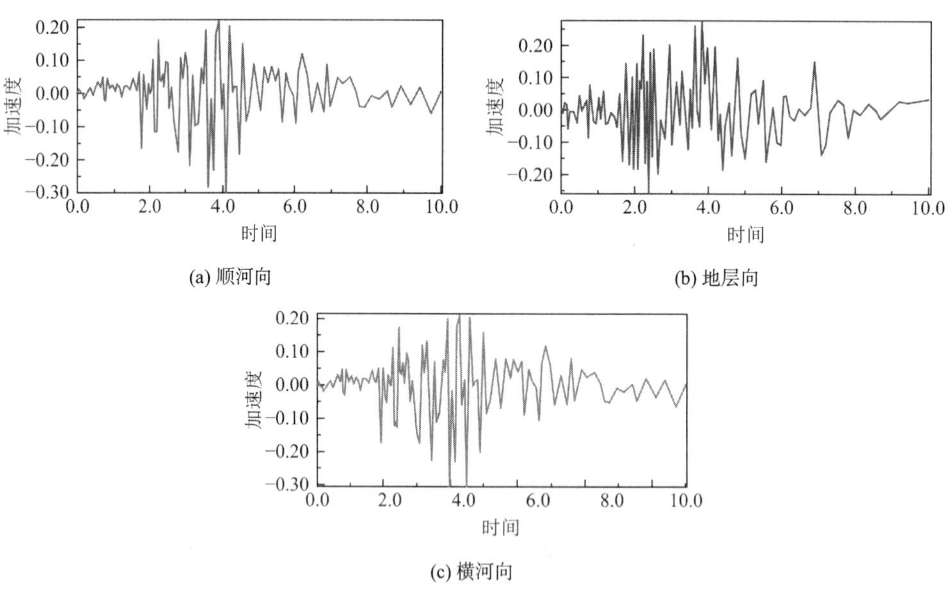

(a) 顺河向　(b) 地层向

(c) 横河向

图 3.2-137 左岸岩体地震波时程曲线

（3）工况 3 动态场变量分布云图

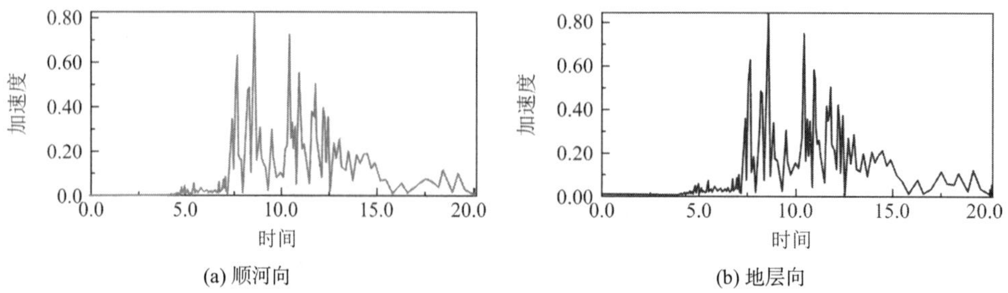

(a) 顺河向　(b) 地层向

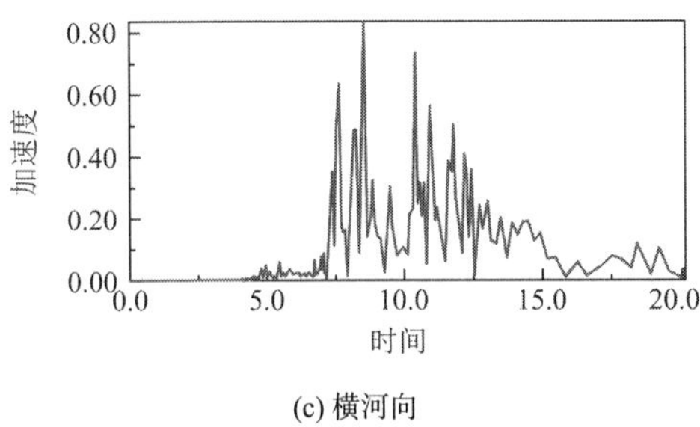

(c) 横河向

图 3.2-138　坝基地震波时程曲线

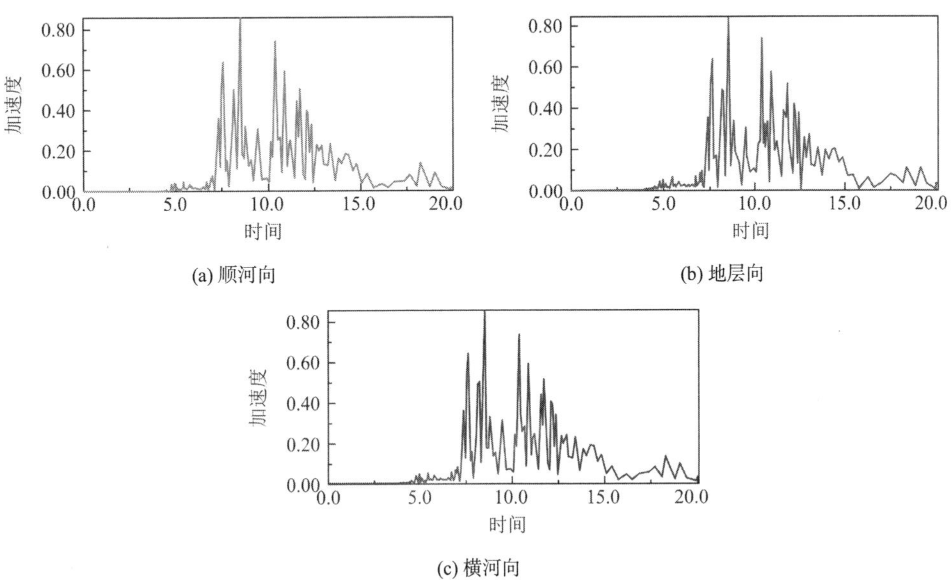

(a) 顺河向

(b) 地层向

(c) 横河向

图 3.2-139　左岸岩体地震波时程曲线

（4）工况 4 动态场变量分布云图

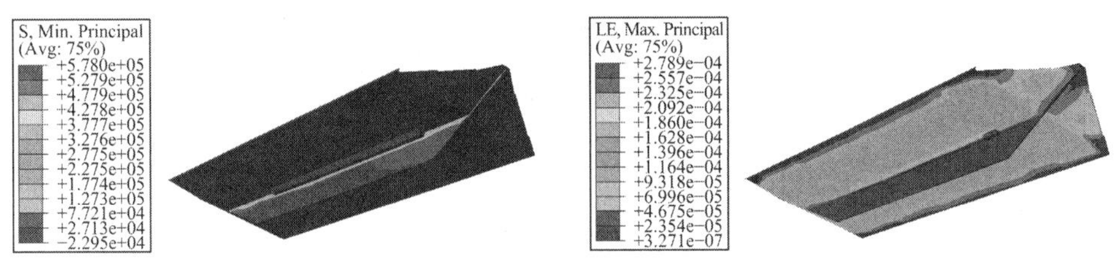

图 3.2-140　地脉动大主应力　　图 3.2-141　地脉动大主应变

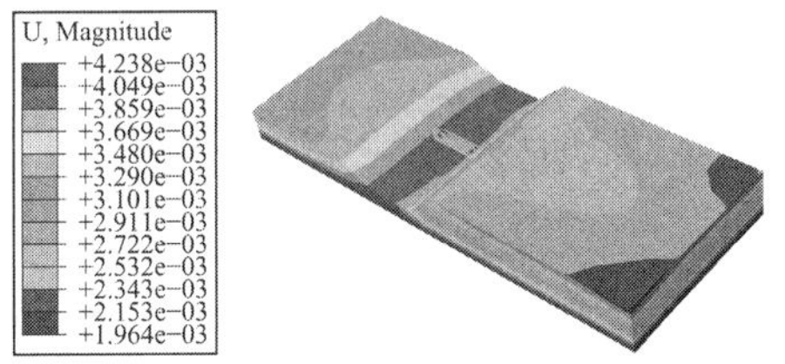

图 3.2-142　地脉动位移合成

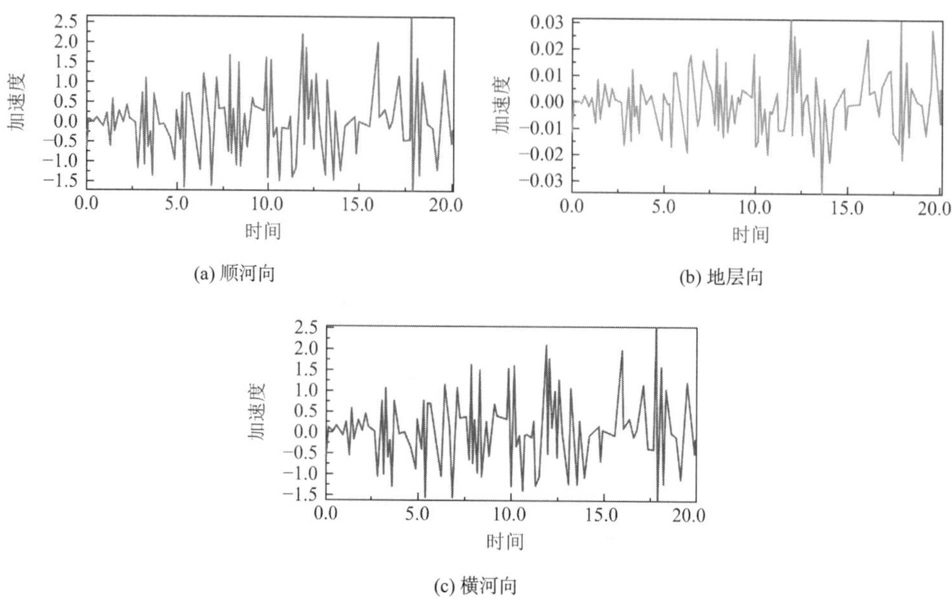

图 3.2-143　坝基地震波时程曲线

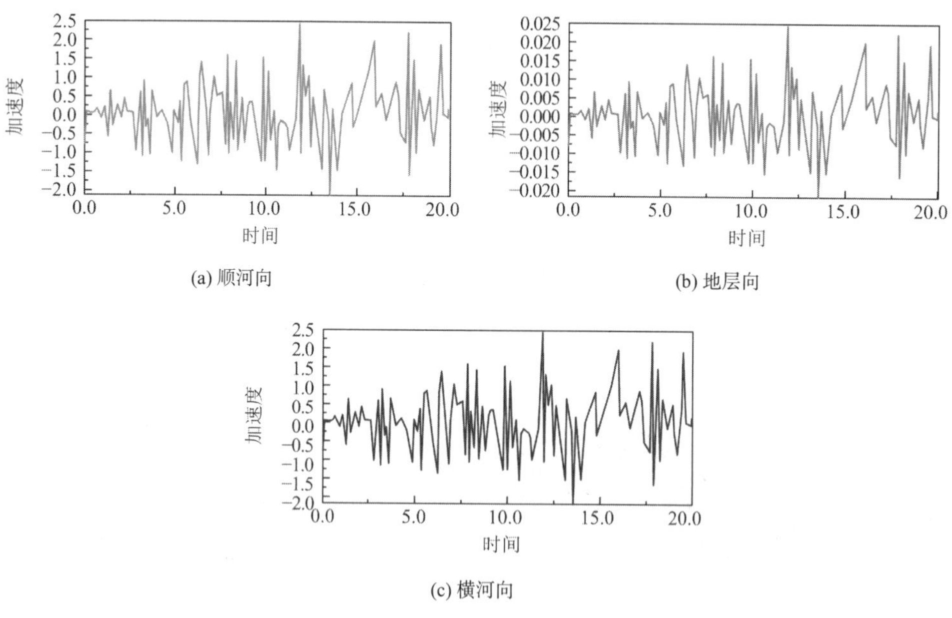

图 3.2-144　左岸岩体地震波时程曲线

2）结果分析

依据本节模态研究结果（图 3.2-132），洞岙库坝系统基频为 1.6595Hz。

研究采用了 3 种典型实测地震波，即 Koyna 波、Kobe 波以及汶川空间地震波，作为地脉动输入波形，对 0.1g主干幅值激励下的洞岙库坝系统抗震安全作总体分析（图 3.2-133～图 3.2-139），结果表明，洞岙坝体最大动拉应力可达 1MPa，这对于坝肩塑性混凝土防渗墙是一个较大的考验，坝肩连接处的应力水平局部超标。由此推断，洞岙库坝系统对于如阪神及汶川地震这类长持时地脉动缺乏足够抗震安全裕度，在区域地震活跃期，应加强坝肩区块的重点防护[38-39]。

在如汶川空间地震波这类特长持时地脉动荷载作用下（图 3.2-140～图 3.2-144），坝基与两岸岩体顺河向动力加速度峰值可超过 $2m/s^2$。由此研究认为，在当前我国东南沿海地区普遍处于地震活跃期的情况下，除需加强局部区块的重点防护外，还应积极采用如蓄水排空、抛石固底、坝坡敷设柔性阻尼铺盖等措施，尽力削减地脉动能量，以保证库区运行期间有较大的安全裕度。

3.3　甬舟复线穿越过程中舟山库坝群体安度性能评价研究

3.3.1　工程背景简介

翻山越海、穿云破雾，在伟大祖国的最东端，有一条世界上最繁忙的跨海连岛高速——甬舟高速。其西起宁波江北，东至舟山定海，全长约 67km，是沟通货物吞吐量全球第一的宁波舟山港的咽喉要道。自 2010 年底全线通车至今，甬舟高速作为舟山连接内地的唯一陆路交通，已连续奋战 10 余年，长三角地区经济社会的飞速发展使得这条功勋高速有些重荷难负，另辟蹊径、分流疏导刻不容缓。由此，自 2022 年开始，甬舟复线工程逐渐拉开序幕。该工程对于促进“一带一路”“长三角一体化”等具有重要意义，特别是工程还将穿越舟山水利工程网络较为密集之所——金塘水道，弹湖山、化城寺、西堠、龙王塘、石潭岭等库坝群体均在工程覆盖区域内。

当前金塘陆路交通选项不多，水上交通情势复杂、密度极大；甬舟复线工程施工期产生叠加效应会进一步将这类情势放大，缩短了地区抢险救灾窗口期；而桥梁施工产生的静动力响应、水位壅高、水文地质条件改观以及库区内外水力连通都有促发水险、水毁的可能，因此，探明甬舟复线施工对区域内各库坝系统的扰动程度是保证该重大战略项目顺利实施、维护舟山水安全的关键，研究针对各类工况做出的分析反馈可以为管控部门及早应对、合理决策提供重要的理论依据。

本节将针对甬舟复线施工期沿线三处典型库区，即弹湖山、化城寺以及西堠库坝系统的安度性能进行系统性评价分析与研究。

3.3.2　数值计算方法

（1）桥桩基础施做空间的虚实单元模拟方法

为模拟甬舟复线桥桩基础施工对弹湖山以及西堠库区内外水动力环境与工程地质条件的动态影响，本节研究将引入虚实单元模拟桥桩基础对地层的揭露，平均揭露深度 20m，以实现针对工程对象环境变化过程的仿真分析与计算。具体将采用 3.1.2 节（1）介绍的虚实单元技术来实施。

（2）桥桩基础施工环境的动力学模拟方法

为提高甬舟复线穿越过程中针对桥桩基础施工环境的动力学模拟精度，本节研究采用了 20 节点三维实体单元在结构与材料相邻边界上进行位移连续插值计算，插值函数为[40]：

$$N_i = \frac{1}{8}(1+\xi\xi_i)(1+\eta\eta_i)(1+\zeta\zeta_i)(\xi\xi_i+\eta\eta_i+\zeta\zeta_i-2) \tag{3.3-1}$$

式中，N_i为结点i的插值形函数；ξ_i、η_i、ζ_i分别为单元节点在局部主方向ξ、η、ζ上的局部坐标。

桥桩基础施工期冲击动力载荷引发的激振效应采用 3.2.2 节（2）介绍的 Newmark 法进行模拟。

（3）桥桩基础施工环境渗流水动力学模拟方法

如前所述，桥梁施工产生的静动力响应、水位壅高、水文地质条件改观等因素有可能造成库区内外的水力连通，从而引发渗透变形即破坏，因此，进行甬舟复线穿越过程中库坝群体渗流专题研究极有必要[41-43]。本节研究采用了三维正交各向异性非均质稳定渗流仿真模拟弹湖山库区桥桩基础施工期的渗流水动力学环境，具体方法见 3.2.2 节（3）的内容介绍。

3.3.3 本构模型

本节研究中，桥桩基础施工静动力效应作用下坝体的蠕变特性仿真计算所用本构模型为黏性-黏弹性-黏弹塑性本构模型，即伯格斯（Burgers）模型，这种模型是由马克斯威尔体与开尔文体串联而成，其力学模型如图 3.3-1 所示。

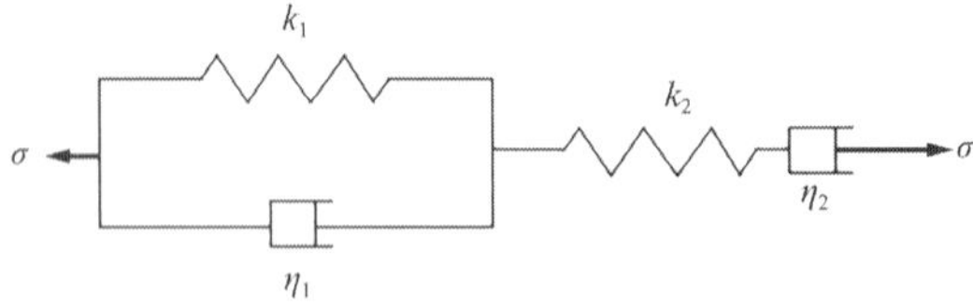

图 3.3-1　伯格斯体力学模型

伯格斯体的本构方程为：

$$\ddot{\sigma} + \left(\frac{k_2}{\eta_1}+\frac{k_1}{\eta_2}+\frac{k_1}{\eta_1}\right)\dot{\sigma} + \frac{k_1 k_2}{\eta_1\eta_2}\sigma = k_2\ddot{\varepsilon} + \frac{k_1 k_2}{\eta_1}\dot{\varepsilon} \tag{3.3-2}$$

伯格斯体在恒定载荷σ的条件下，$\dot{\sigma}=0$，伯格斯体的变形由开尔文体和马克斯威尔体的变形组成，故伯格斯体的蠕变方程为：

$$\varepsilon = \frac{\sigma_0}{k_2} + \frac{\sigma_0}{\eta_2}t + \frac{\sigma_0}{k_1}\left(1-\mathrm{e}^{-\frac{k_1}{\eta_1}t}\right) \tag{3.3-3}$$

在$t=t_1$时卸载，$\sigma=0$，伯格斯体有一瞬时回弹，之后变形随着时间增长逐渐恢复，但变形不会恢复到零，基于此可以将伯格斯体蠕变和卸载曲线表示为图 3.3-2。

伯格斯体具有瞬时变形、减速蠕变、等速蠕变、松弛等性质，有弹性后效现象，属于不稳定蠕变，用以模拟各类载荷作用下的水险、水毁问题最为适合。

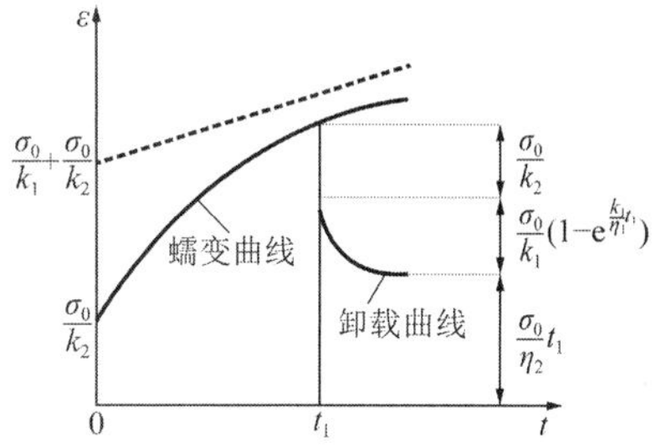

图 3.3-2　伯格斯体蠕变和卸载曲线

3.3.4　弹湖山库坝系统安度性能评价研究

1）弹湖山库坝系统关键性科学问题

本节研究主要针对甬舟复线桥桩基础施工产生的静力与激振效应及其可能引发的弹湖山库区及大坝主体静动力安全问题[44-45]，重点模拟“弹湖山库区内桥桩基础动态施工引发区域内工程地质及水文地质环境变化条件下、库坝系统整体稳定性及动态响应机制”，同时还将关注施工可能引发的弹湖山库区坝基冲击振动响应、坝体地脉动响应以及激振作用下坝体的蠕变特性，并就此做出安全评价。甬舟复线桥桩基础施工现场工作环境情势如图 3.3-3 所示。

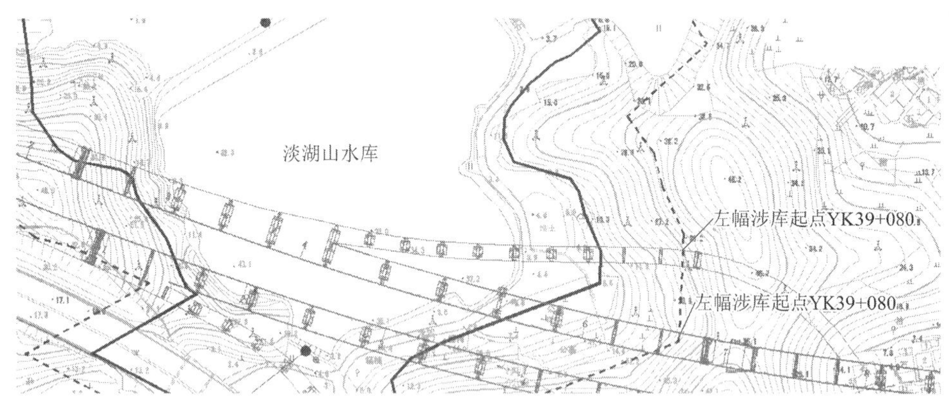

图 3.3-3　弹湖山库区桥桩基础施工情势图

弹湖山库坝系统三维模型如图 3.3-4 及图 3.3-5 所示。

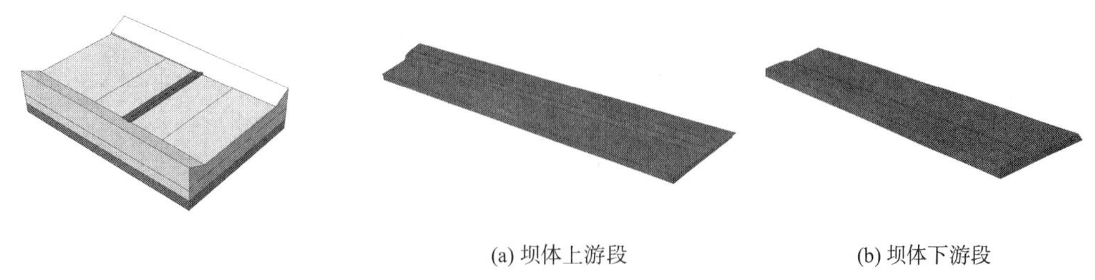

(a) 坝体上游段　　(b) 坝体下游段

图 3.3-4　弹湖山库坝系统总体模型渲染图

图 3.3-5　桥桩施工环境中的弹湖山坝体模型细部

弹湖山库区始建于1964年，枢纽分别由大坝、放水设施等组成，库区集雨面积0.14km^2，水库总库容10.4万m^3，是一座以防洪、灌溉为主，结合养殖等综合利用，并且大坝具有挡潮作用的小（2）型水库，大坝坝型为均质土坝，设计坝长208m。弹湖山库区下游侧即为海涂，库区范围水情复杂，且从建成自今未有大的维修加固，结合甬舟复线桥桩基础施工影响，极有必要开展专题研究。

2）材料分区

本节研究的仿真计算采用个性化、精细化建模手段，对前期模型做细化雕刻，将模型划分为3个大区，即坝体、下卧软基、两岸山体与基岩，3个区块的材料总体按照如表3.3-1中代表值选取以实现模拟计算。

本节研究所涉及的各区域材料在仿真计算全程中均考虑其非线性特征，并采用弹塑性及黏性-黏弹性-黏弹塑性本构模型仿真模拟[46-47]。此外，由于弹湖山库区紧邻外海，下卧软土具有鲜明的海陆混合相特征，故此，本节研究中弹湖山所有渗流力学工况均采用本书2.3.1节中介绍的孔压模型分析，动力工况均采用本书2.3.2节中介绍的动弹性模量模型计算。

各区材料参数代表值 表3.3-1

材料分区	密度/(kg/m^3)	动模量界限值/Pa	动泊松比	模量/Pa	泊松比	黏聚力/kPa	内摩擦角/°	剪胀角/°	屈服强度/Pa	流变应力比	正交各向异性渗透系数$(X,Y,Z)/(10^{-5}$m/s)
坝体（当量）	1908	4.9×10^7	0.29	4.51×10^6	0.33	31.0	18.9	8	1.5×10^6	/	5.11×10^{-2}，2.12×10^{-2}，5.11×10^{-2}
下卧软土	1699	6.6×10^{10}	0.26	2.59×10^6	0.35	9.0	11.4	2	1.5×10^6	/	3.68×10^{-3}，1.59×10^{-3}，3.68×10^{-3}
山体基岩	2100	6.8×10^{10}	0.25	2.0×10^8	0.23	1×10^3	58	20	8×10^6	0.8	4.90×10^{-4}，3.70×10^{-4}，2.70×10^{-4}

3）边界条件与加载工况

（1）边界条件设计

本节研究中，针对弹湖山库区的坝体迎水面边界，设计为普遍施加静水压力，迎潮面自由；对于考虑桥桩基础施工引发的脉动激振效应的工况，在坝体迎水面边界处设计耦合动水压力作用。所以，对于静力工况，坝体迎水面施加静水压力边界；对于动力工况，坝体迎水面施加动水压力边界，动水压力使用Westergaard附加单元质量法计算，坝体迎水面一侧施加的附加动水质量由式(3.2-49)计算获得。

研究还针对桥桩基础施工引发的脉动激振效应，设计采用了冲击与脉动激振两类荷载，以此实现动力仿真计算[14]，桥桩基础冲击振动通过施加坝基贯入冲击边界实现，其中，贯入峰值加速度代表值为1m/s^2，冲击时长10s，对于桥桩基坑与桩孔不单独建模的网格，冲击波作用位置取在土方揭露区所在位置处对应的网格结点上；脉动激振波形采用如图3.1-4

所示形式作为边界输入。

同时考虑到甬舟复线工程的战略地位，结合当前我国东南沿海地区普遍处于地震活跃期，研究还将对弹湖山库区在地脉动效应作用下的坝体响应以及动力蠕变进行研究讨论，地脉动模拟选择如图3.2-10介绍的Koyna空间地震波作为边界输入形式，地脉动设计峰值加速度为0.1g，结构与材料阻尼采用如式(3.2-47)及式(3.2-48)介绍的Rayleigh模型计算，主体结构基频通过振型分析专题研究计算获取[14]。

（2）加载工况设计

针对库坝系统整体稳定性及动态响应机制研究，本节共设计仿真计算工况12项；各工况可归为四个大类：第一类不考虑土方卸载的桥桩基础施工激振工况；第二类工况将采用虚实单元专项模拟土方卸载的桥桩基础施工激振效应；第三类专门针对甬舟复线桥桩基础施工引发库区填筑土破坏引发的渗透失稳进行专项仿真模拟分析计算；第四类工况将对地脉动效应作用下的坝体响应以及动力蠕变特征进行分析讨论[48-50]。

具体工况信息如下所示：

①高水位，库区内外桥桩施工激振引发坝前耦合水动力响应，动水压力激振波速1.0cm/s，桥桩基础施工区域内形成双向脉动激振，激振波速2.0cm/s，最大激振幅度0.1cm，不考虑施工区土方卸载；

②高水位，库区内外桥桩施工激振引发坝前耦合水动力响应，动水压力激振波速1.0cm/s，桥桩基础施工区域内形成双向脉动激振，激振波速2.0cm/s，最大激振幅度1.0cm，不考虑施工区土方卸载；

③高水位，库区内外桥桩施工激振引发坝前耦合水动力响应，动水压力激振波速1.0cm/s，桥桩基础施工区域内形成双向脉动激振，激振波速2.0cm/s，最大激振幅度2.0cm，不考虑施工区土方卸载；

④高水位，库区内外桥桩施工激振引发坝前耦合水动力响应，动水压力激振波速1.0cm/s，桥桩基础施工区域内形成双向脉动激振，激振波速2.0cm/s，最大激振幅度3.0cm，不考虑施工区土方卸载；

⑤高水位，库区内外桥桩施工激振引发坝前耦合水动力响应，动水压力激振波速1.0cm/s，桥桩基础施工区域内形成双向脉动激振，激振波速2.0cm/s，最大激振幅度4.0cm，不考虑施工区土方卸载；

⑥高水位，库区内外桥桩施工激振引发坝前耦合水动力响应，动水压力激振波速1.0cm/s，桥桩基础施工区域内形成双向脉动激振，激振波速2.0cm/s，考虑施工区土方卸载，卸载区距离坝踵最近处60m，最深揭露20m，揭露区内各向异性冲击振动，最大激振波速1.0cm/s；

⑦高水位，库区内外桥桩施工激振引发坝前耦合水动力响应，动水压力激振波速

1.0cm/s，桥桩基础施工区域内形成双向脉动激振，激振波速 2.0cm/s，考虑施工区土方卸载，卸载区距离坝踵最近处 60m，最深揭露 20m，揭露区内各向异性冲击振动，最大激振波速 2.0cm/s；

⑧高水位，库区内外桥桩施工激振引发坝前耦合水动力响应，动水压力激振波速 1.0cm/s，桥桩基础施工区域内形成双向脉动激振，激振波速 2.0cm/s，考虑施工区土方卸载，卸载区距离坝踵最近处 60m，最深揭露 20m，揭露区内各向异性冲击振动，最大激振波速 3.0cm/s；

⑨高水位，库区内外桥桩施工激振引发坝前耦合水动力响应，动水压力激振波速 1.0cm/s，桥桩基础施工区域内形成双向脉动激振，激振波速 2.0cm/s，考虑施工区土方卸载，卸载区距离坝踵最近处 60m，最深揭露 20m，揭露区内各向异性冲击振动，最大激振波速 4.0cm/s；

⑩高水位，库区内外桥桩施工激振引发坝前耦合水动力响应，动水压力激振波速 1.0cm/s，桥桩基础施工区域内形成双向脉动激振，激振波速 2.0cm/s，考虑施工区土方卸载，卸载区距离坝踵最近处 60m，最深揭露 20m，揭露区内各向异性冲击振动，最大激振波速 5.0cm/s；

⑪桥桩基础施工对区域内结构没有影响，考虑坝体各向异性渗流，渗透系数无变化；

⑫桥桩基础施工对区域内结构影响极大，绝大部分填筑区材料损毁，细观过水断面增加（仍为达西流），考虑坝体各向异性渗流，渗透系数增加为初始值的 3 倍（及以上）。

此外，针对坝基冲击振动及坝体动力蠕变特性研究，共设计仿真计算工况 3 大项，即贯入冲击、坝体地脉动响应以及动力蠕变仿真，各项分 10 个加载阶段完成模拟计算，具体工况信息如下所示：

①桥桩施工激振引发坝基贯入冲击振动，贯入峰值加速度代表值为 $1m/s^2$，冲击时长10s；

②库区发生一次代表性地脉动，地脉动波形为具有空间辐射特征，采用隐式积分法求解坝体振型；

③库区发生一次代表性地脉动，地脉动波形为具有空间辐射特征，材料呈黏弹塑性非线性，采用伯格斯模型模拟结构与材料的动力响应。

4）有限元（FEM）网格模型

本节研究将基于超精细数值网格模型技术对弹湖山库区内外环境做三维动态离散，在网格模型的精工刻画过程中，采用了混合单元技术（图 3.3-6），即坝体及下卧软基采用 Hex 单元离散，卧层母岩采用 TeT 单元，单元族类型均为空间三维应力单元；模拟桥桩基坑与桩孔开挖卸载动态施工过程的、含虚实单元的精工网格模型单元总数为 396551，节点总数为 556211；不含虚实单元网格模型单元总数为 387408，节点总数为 543711（图 3.3-7）。

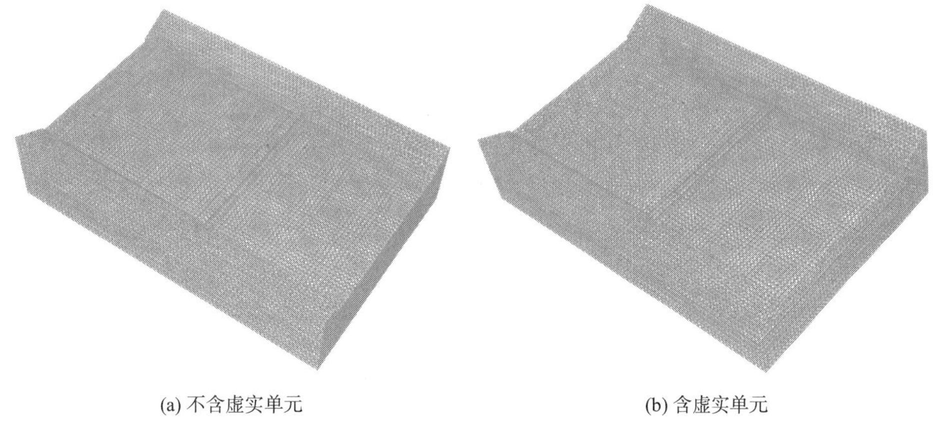

(a) 不含虚实单元　　(b) 含虚实单元

图 3.3-6　弹湖山库坝系统总体网格模型透视

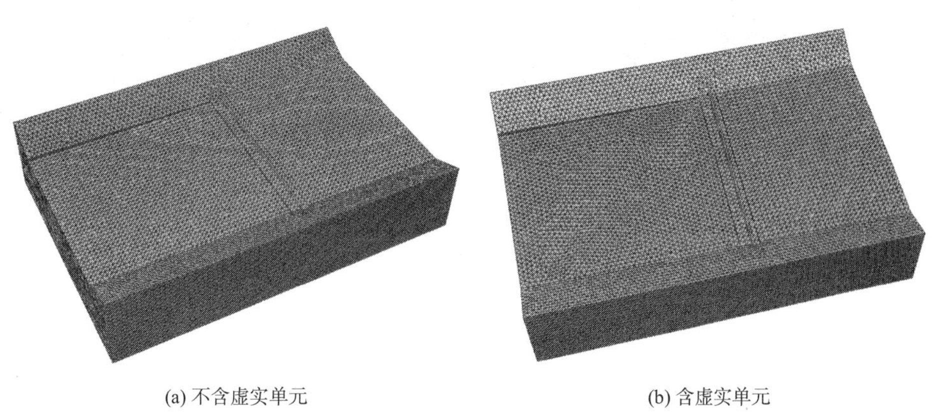

(a) 不含虚实单元　　(b) 含虚实单元

图 3.3-7　弹湖山库坝系统总体网格模型实体

5）库坝系统整体稳定性及动态响应机制研究

（1）场变量

本节将针对弹湖山库坝系统各关键物理力学场变量的空间动态分布进行专门探究[14-51]，具体结果如图 3.3-8～图 3.3-73 所示。

①工况 1 动态场变量分布云图

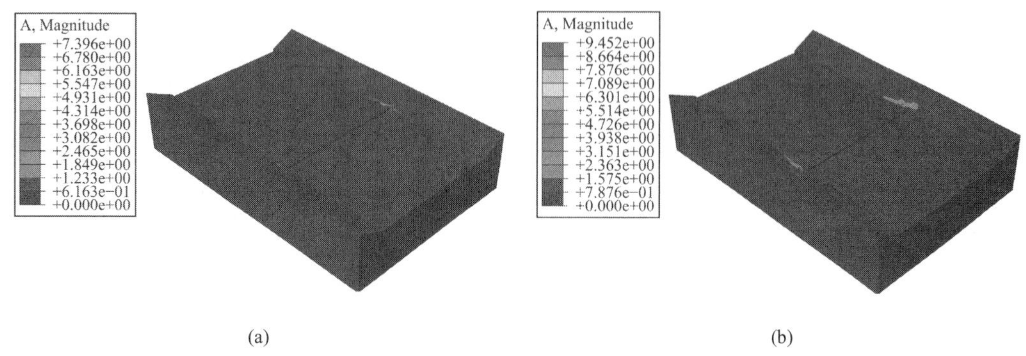

(a)　　(b)

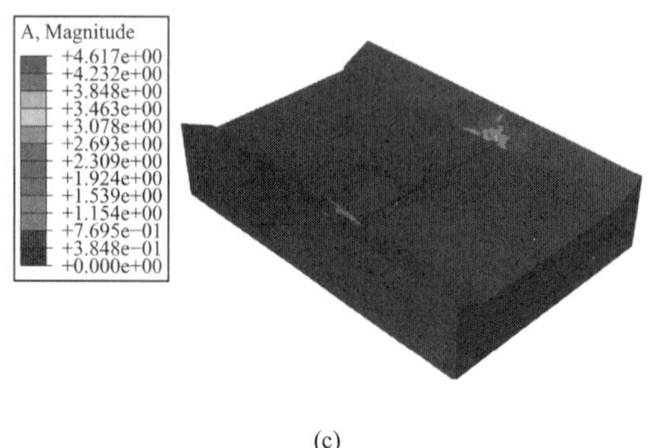

(c)

图 3.3-8 库坝系统激振加速度动态云图（全量）

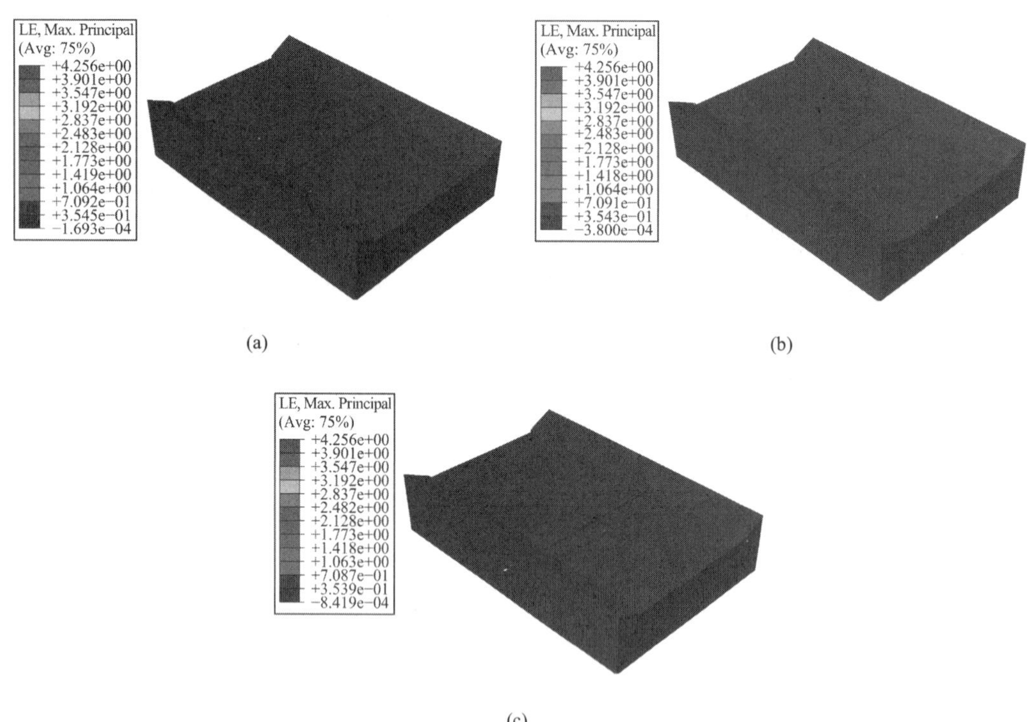

(c)

图 3.3-9 坝系统激振大主应变动态云图

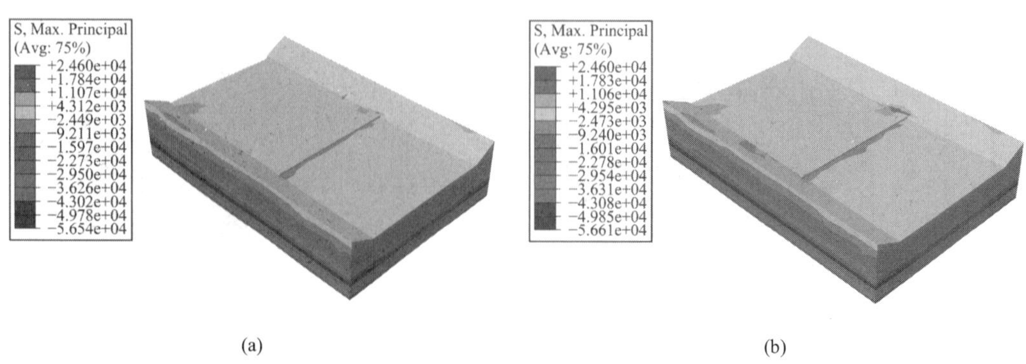

(a) (b)

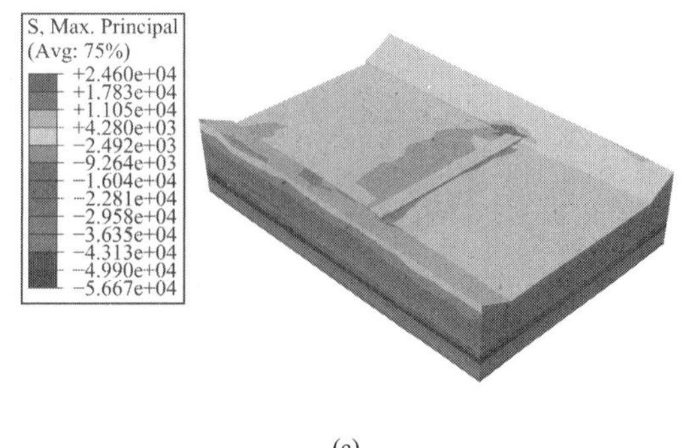

(c)

图 3.3-10　坝系统激振大主应力动态云图

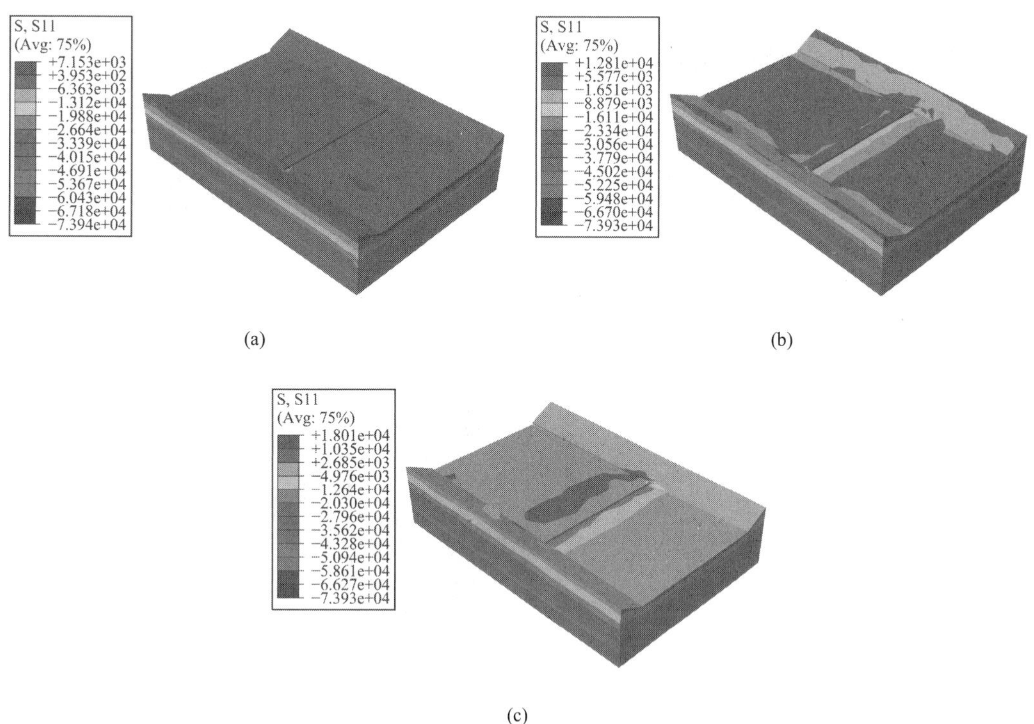

(a)　　(b)

(c)

图 3.3-11　坝系统激振正应力分量动态云图（顺河向）

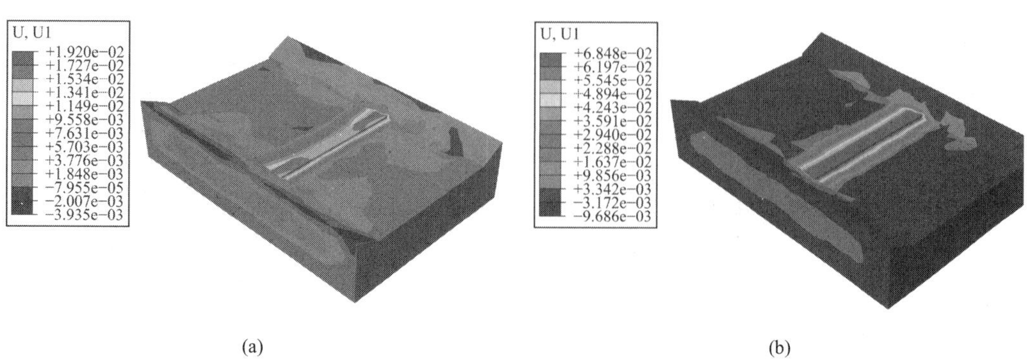

(a)　　(b)

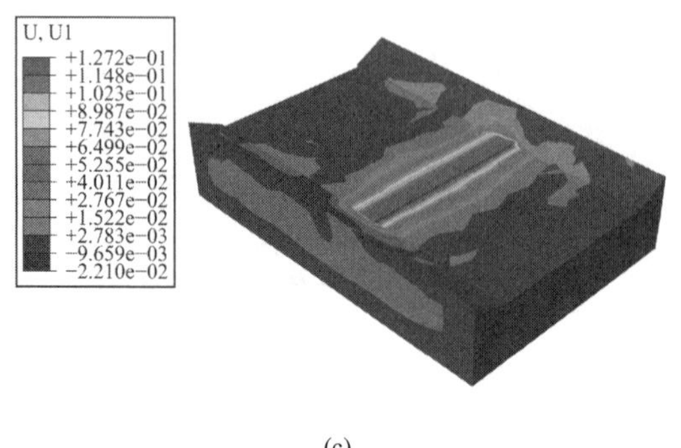

(c)

图 3.3-12　坝系统激振位移分量动态云图（顺河向）

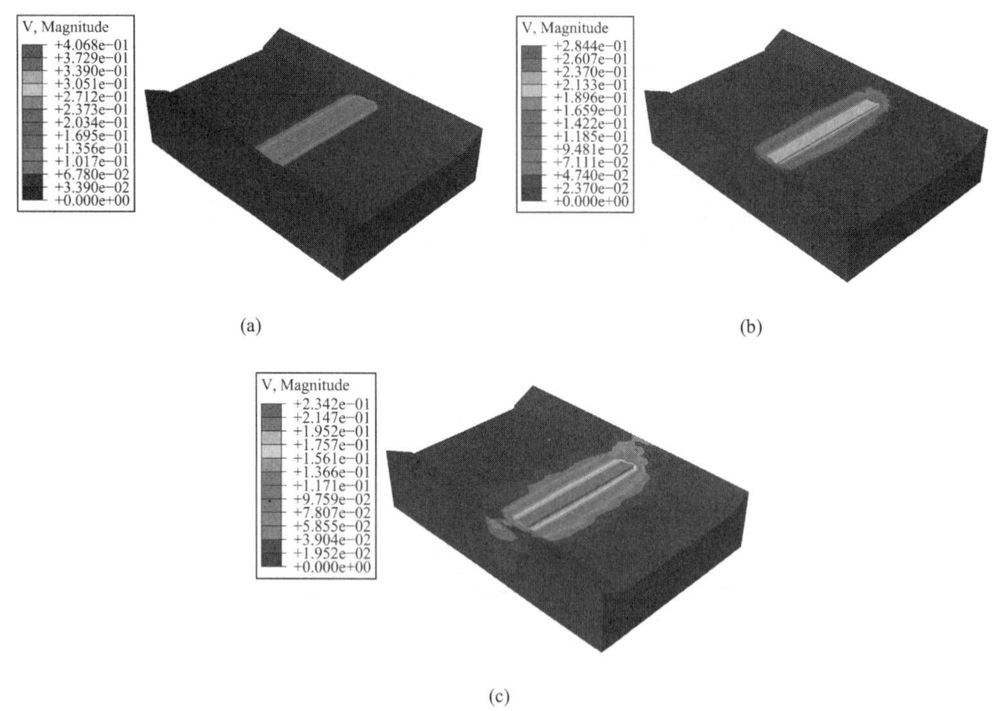

(a)　(b)

(c)

图 3.3-13　库坝系统激振速度动态云图（全量）

②工况 2 动态场变量分布云图

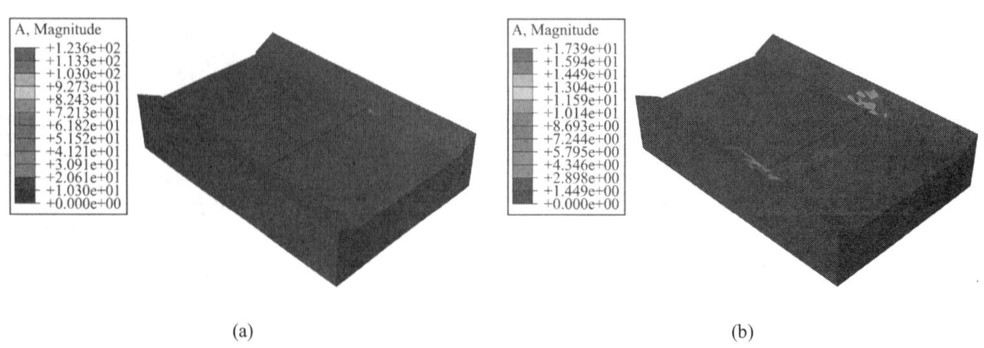

(a)　(b)

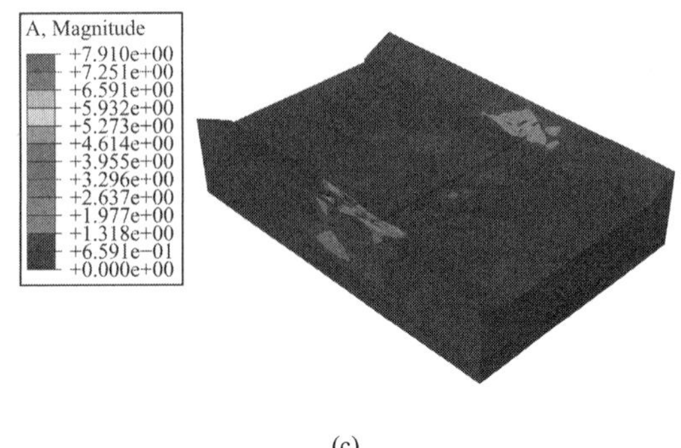

(c)

图 3.3-14　库坝系统激振加速度动态云图（全量）

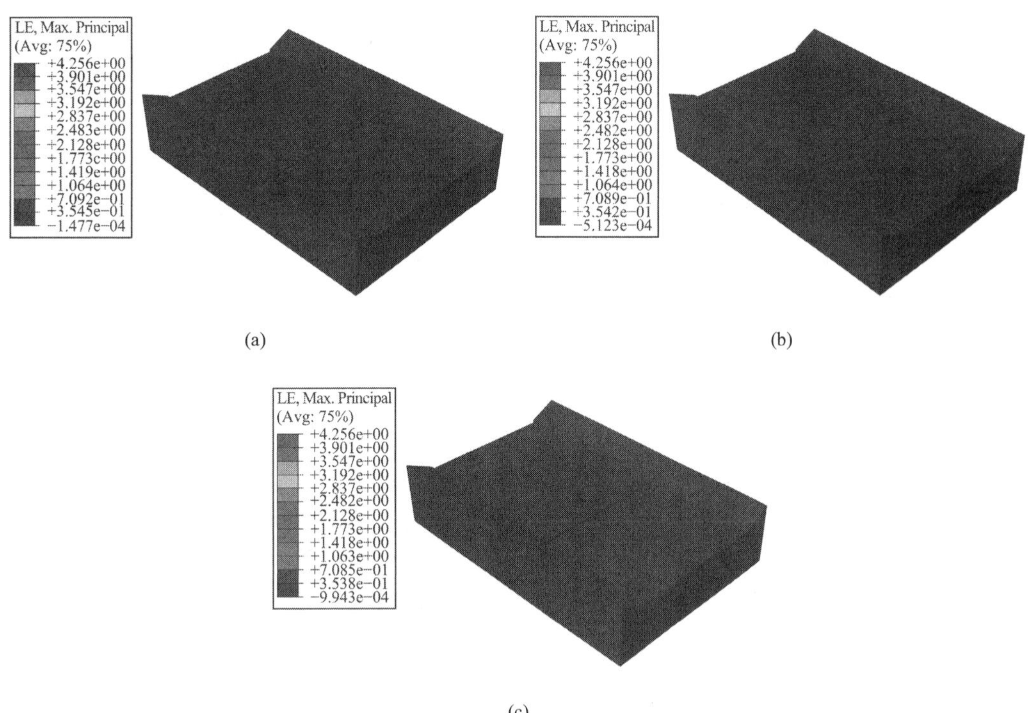

(a)　　(b)

(c)

图 3.3-15　库坝系统激振大主应变动态云图

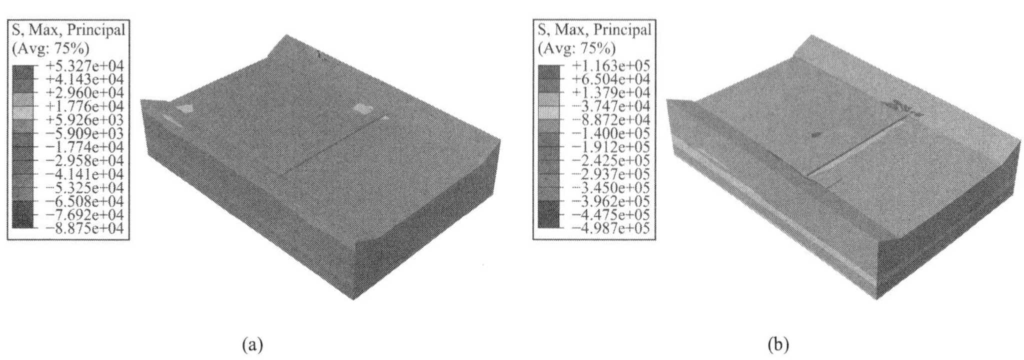

(a)　　(b)

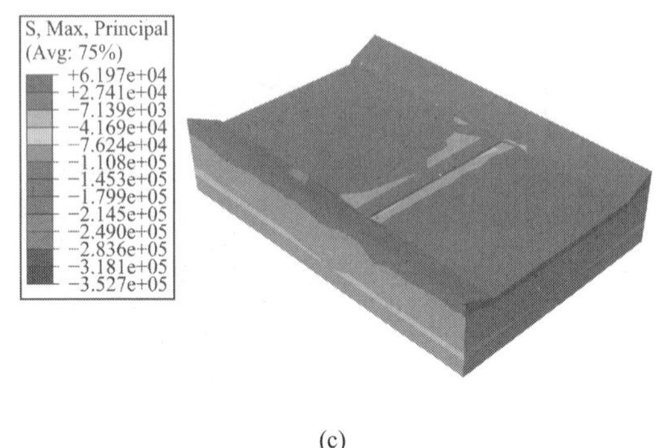

(c)

图 3.3-16　库坝系统激振大主应力动态云图

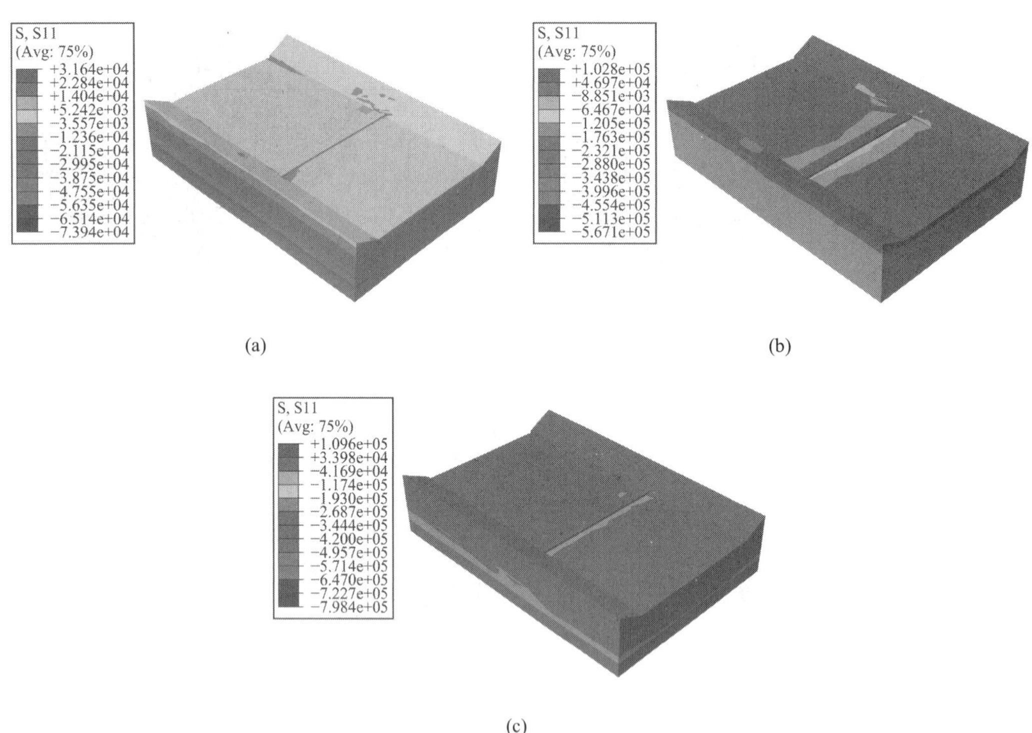

(a)　(b)

(c)

图 3.3-17　库坝系统激振正应力分量动态云图（顺河向）

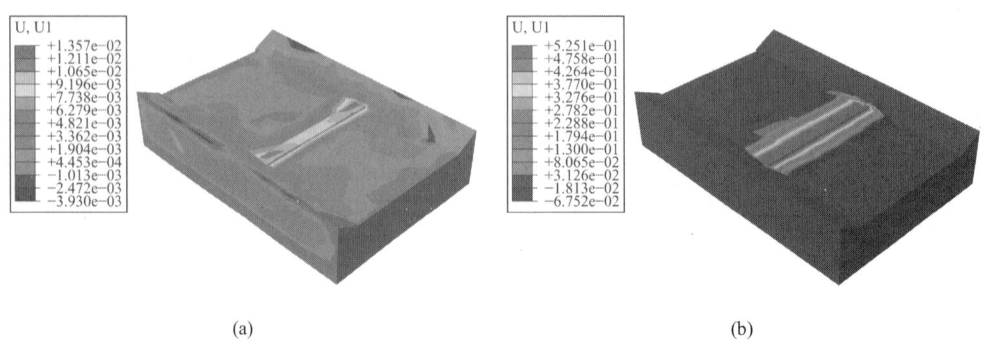

(a)　(b)

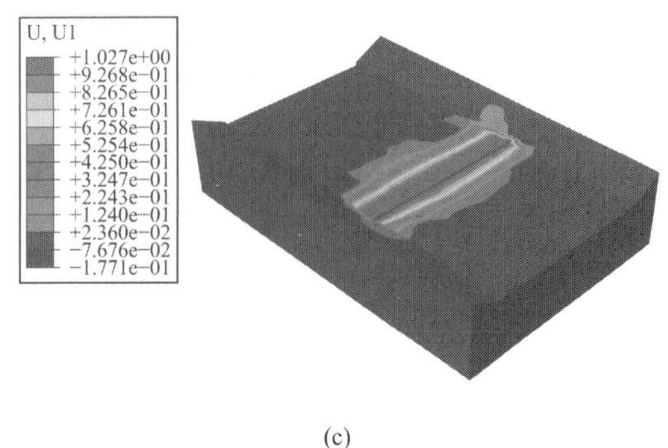

(c)

图 3.3-18　库坝系统激振位移分量动态云图（顺河向）

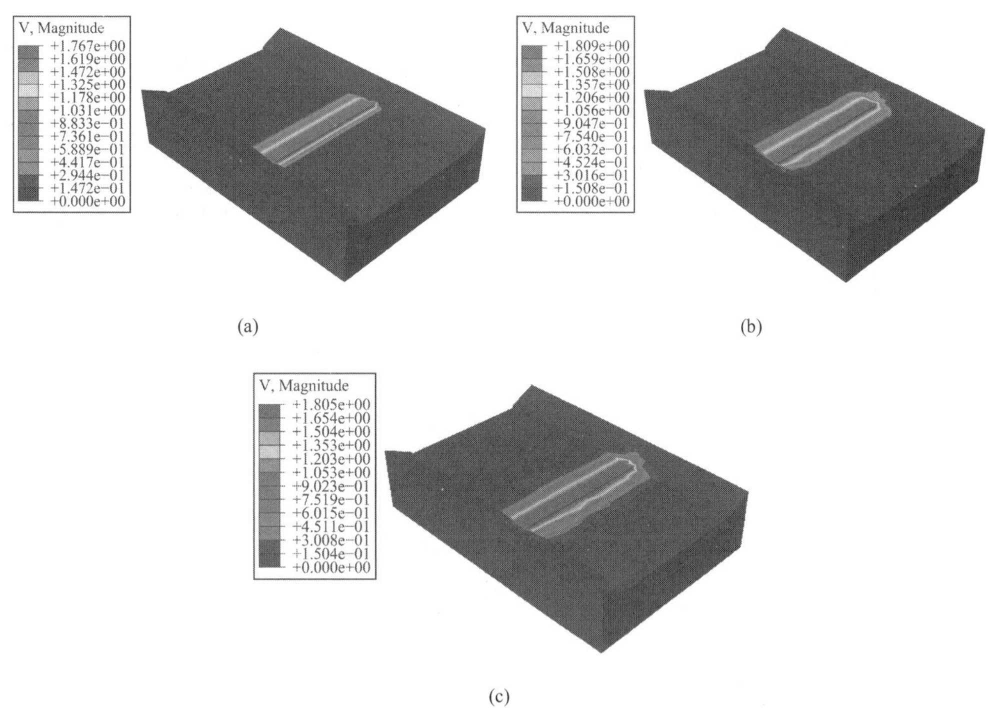

(a)　　(b)

(c)

图 3.3-19　库坝系统激振速度动态云图（全量）

③工况 3 动态场变量分布云图

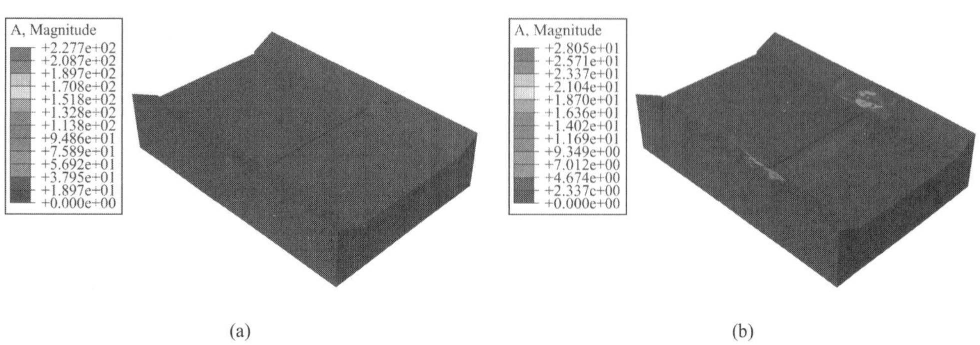

(a)　　(b)

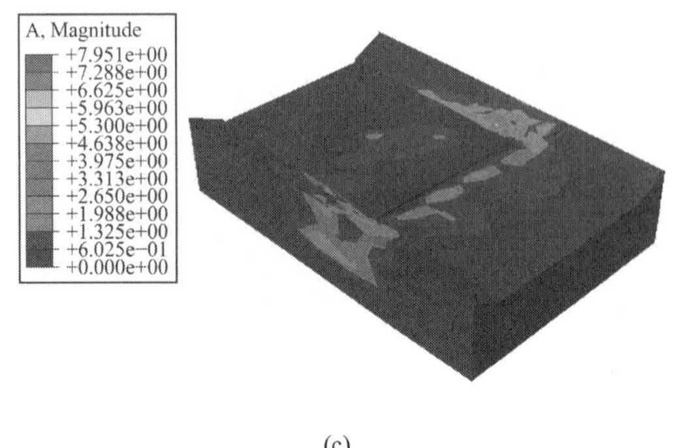

(c)

图 3.3-20　库坝系统激振加速度动态云图（全量）

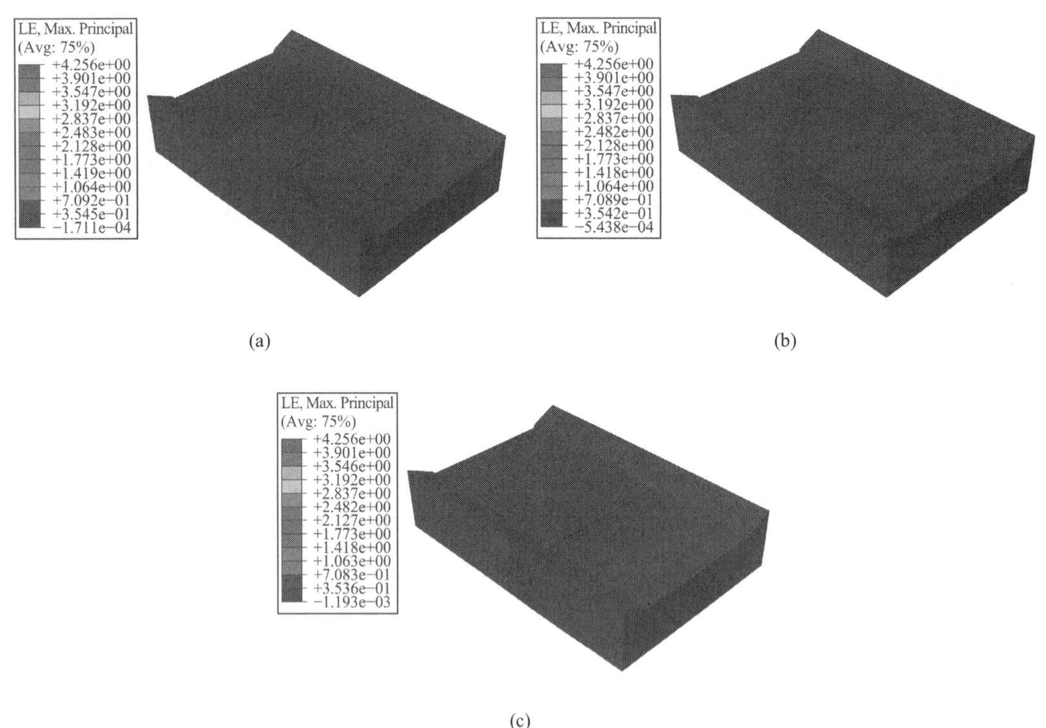

(a)　(b)

(c)

图 3.3-21　库坝系统激振大主应变动态云图

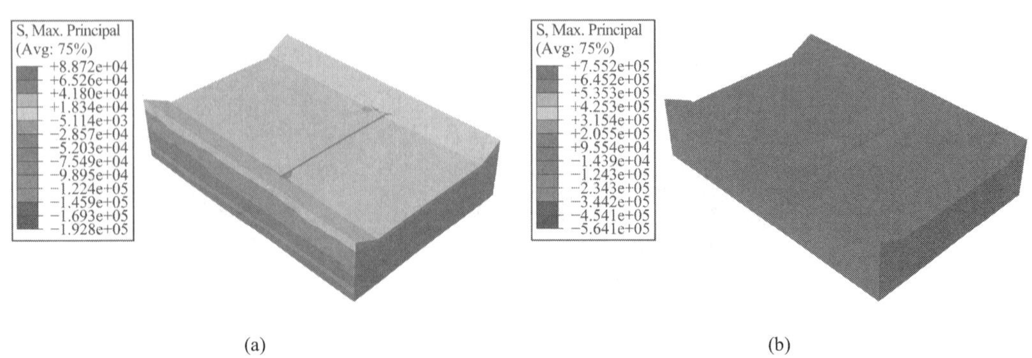

(a)　(b)

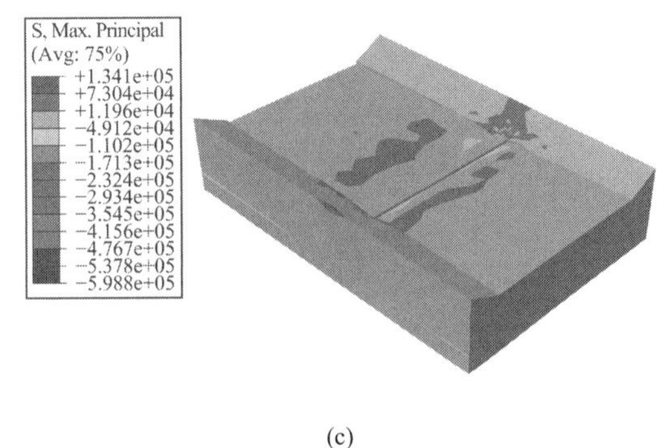

(c)

图 3.3-22　库坝系统激振大主应力动态云图

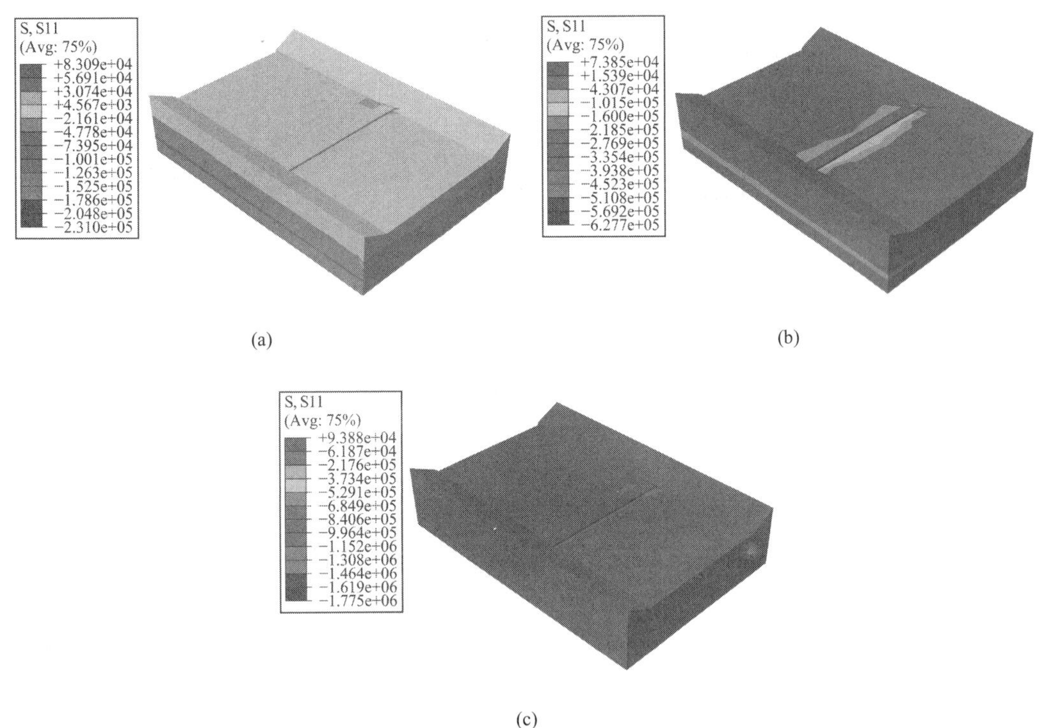

(a)　(b)

(c)

图 3.3-23　库坝系统激振正应力分量动态云图（顺河向）

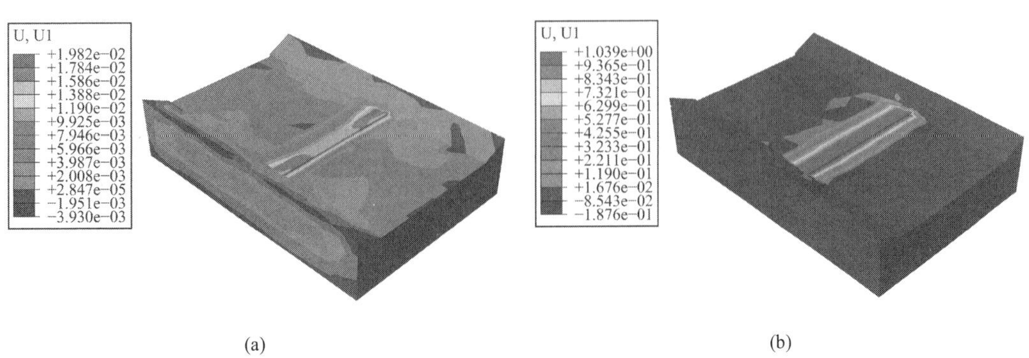

(a)　(b)

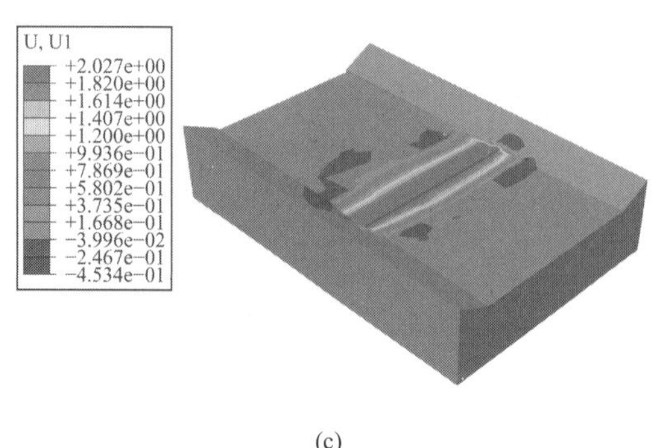

(c)

图 3.3-24　库坝系统激振位移分量动态云图（顺河向）

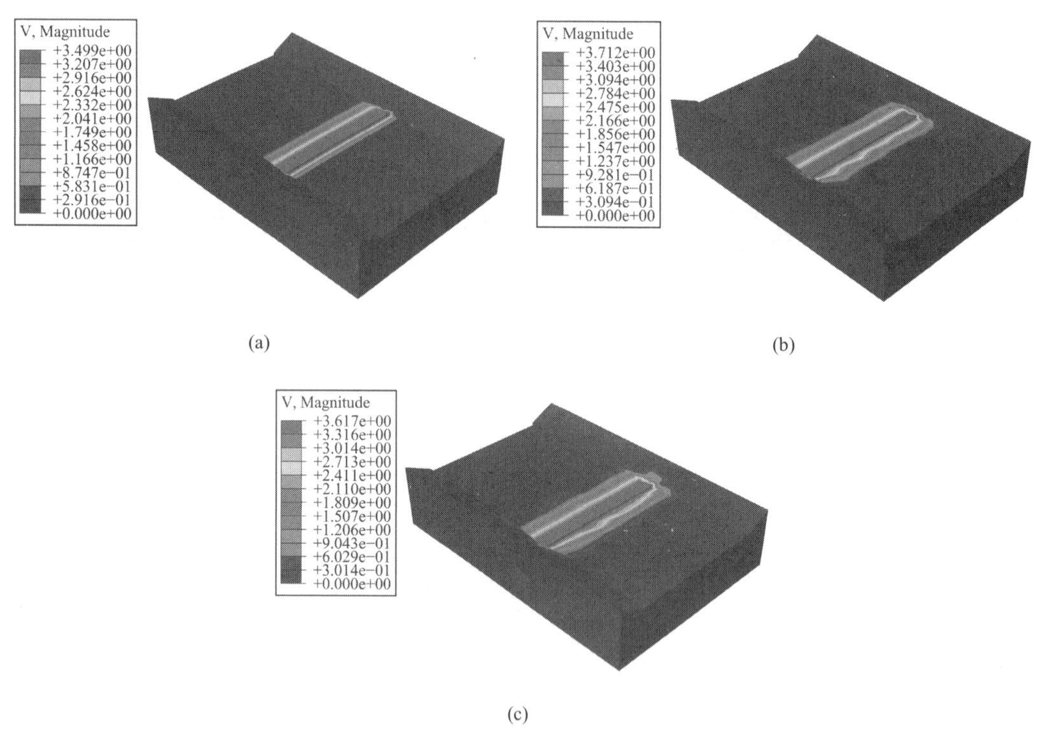

(c)

图 3.3-25　库坝系统激振速度动态云图（全量）

④工况 4 动态场变量分布云图

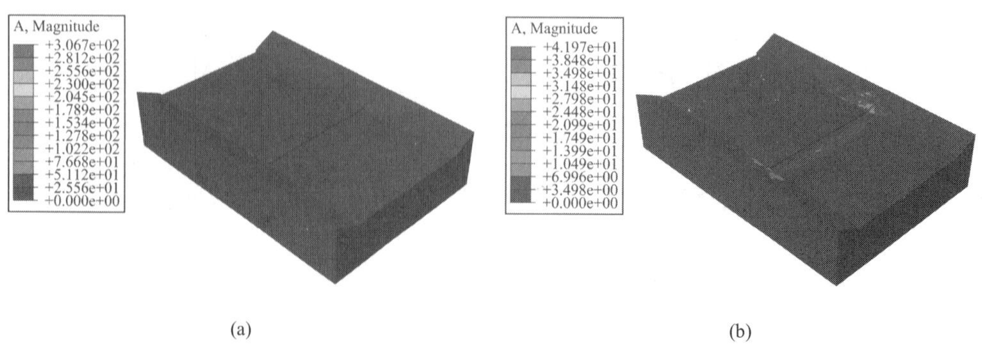

(a)　　(b)

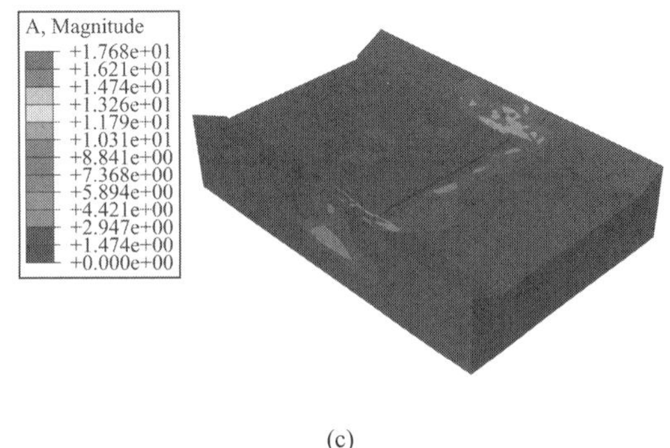

(c)

图 3.3-26　库坝系统激振加速度动态云图（全量）

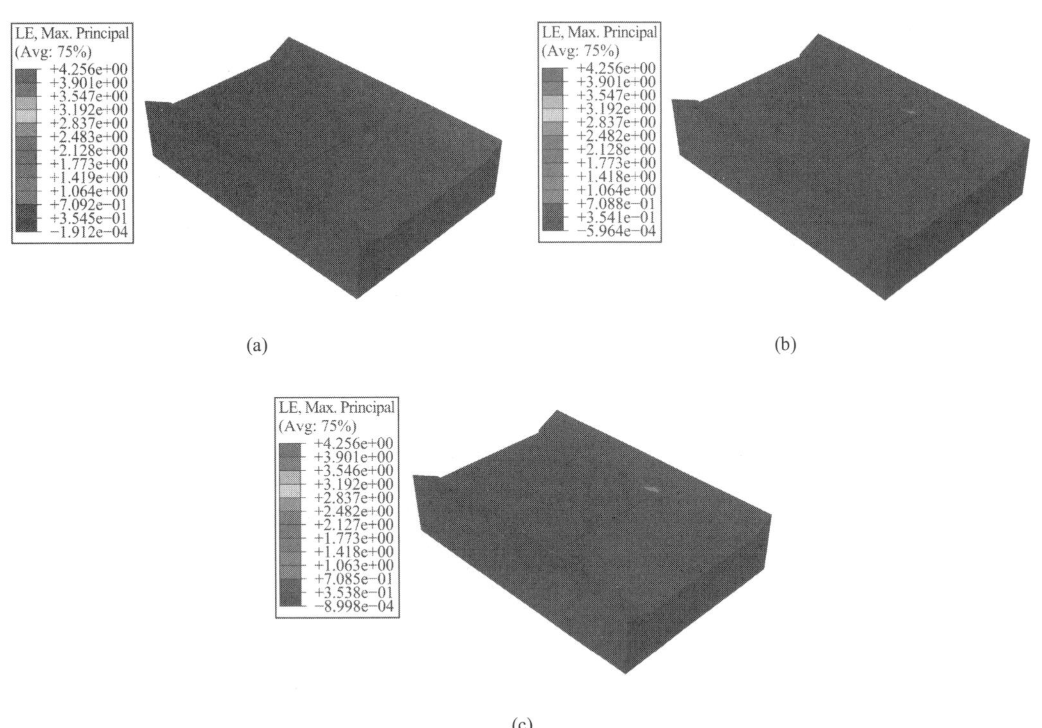

(a)　(b)

(c)

图 3.3-27　库坝系统激振大主应变动态云图

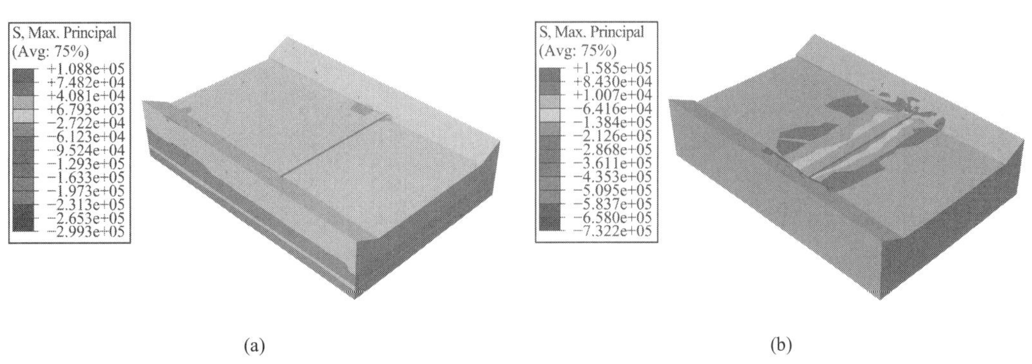

(a)　(b)

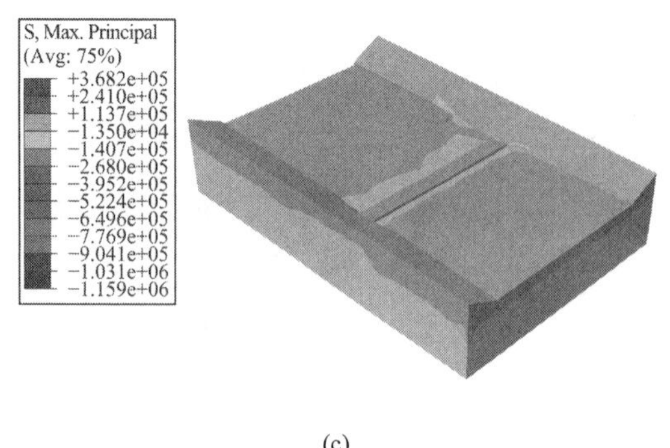

(c)

图 3.3-28　库坝系统激振大主应力动态云图

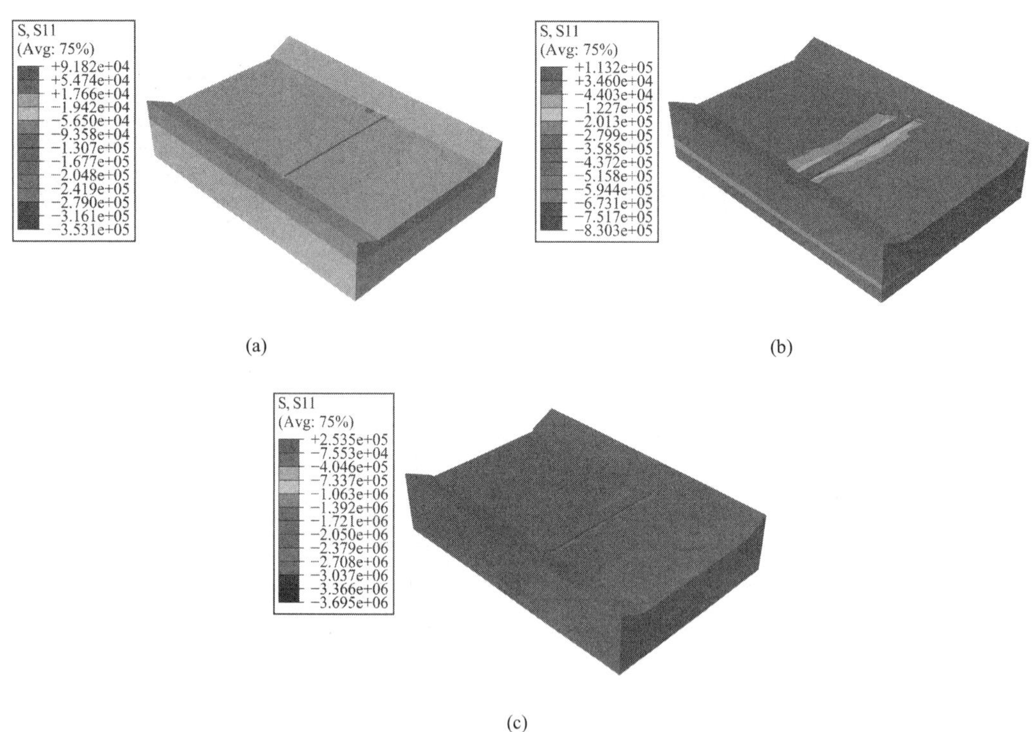

(a)　　(b)

(c)

图 3.3-29　库坝系统激振正应力分量动态云图（顺河向）

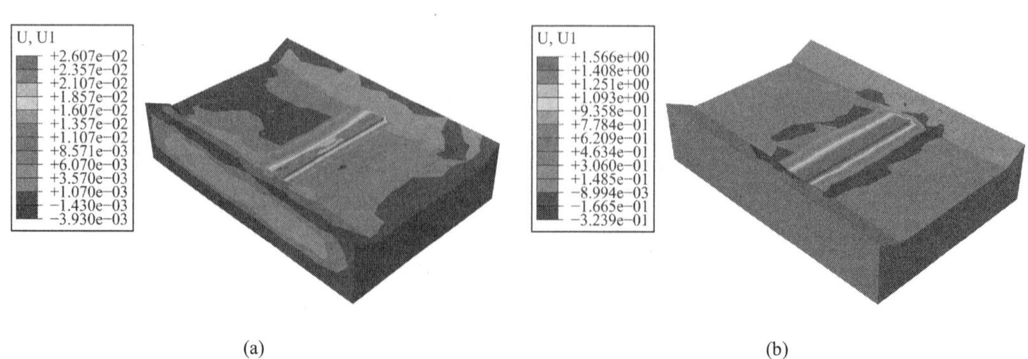

(a)　　(b)

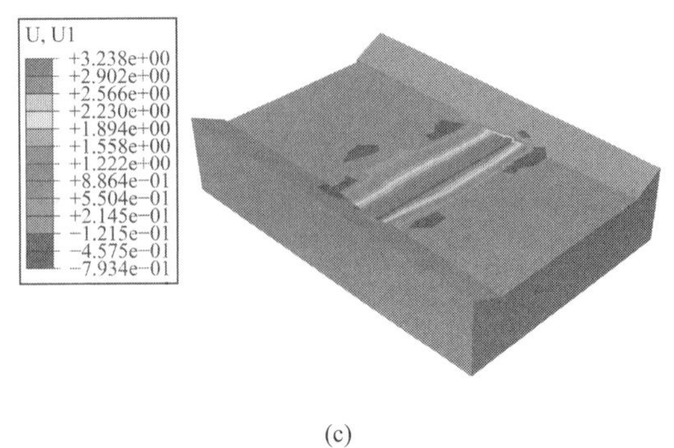

(c)

图 3.3-30　库坝系统激振位移分量动态云图（顺河向）

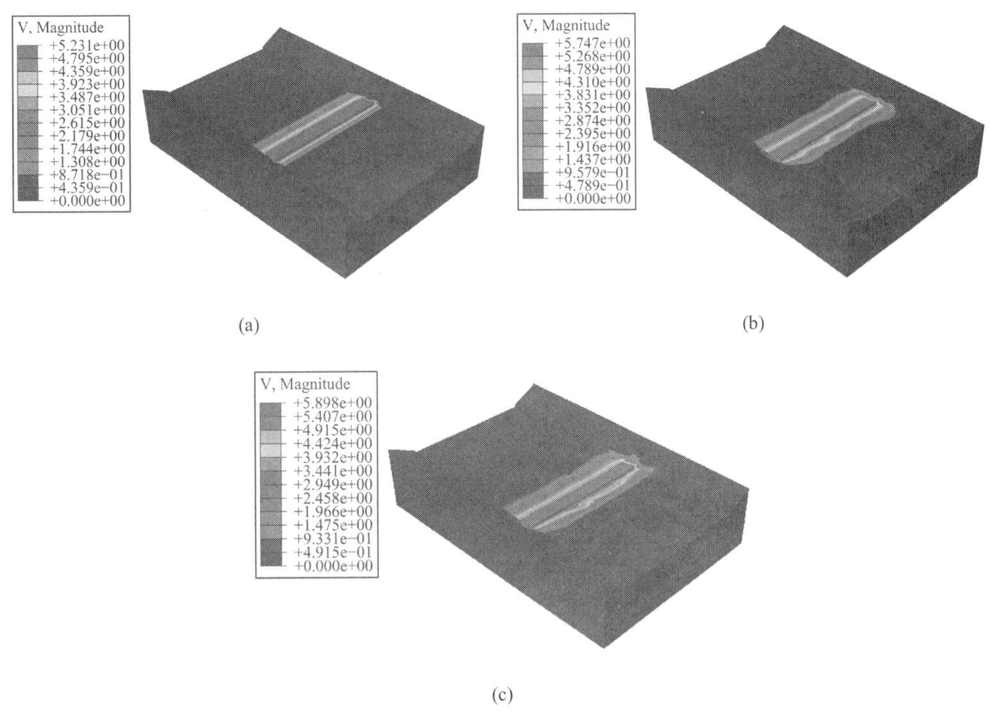

(a)　　(b)

(c)

图 3.3-31　库坝系统激振速度动态云图（全量）

⑤工况 5 动态场变量分布云图

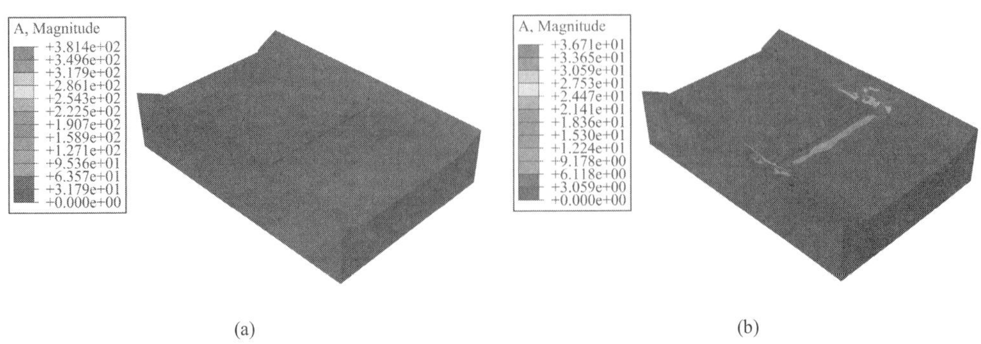

(a)　　(b)

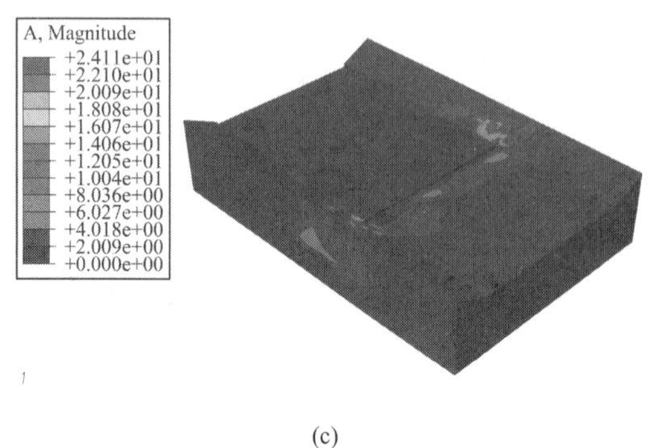

(c)

图 3.3-32　库坝系统激振加速度动态云图（全量）

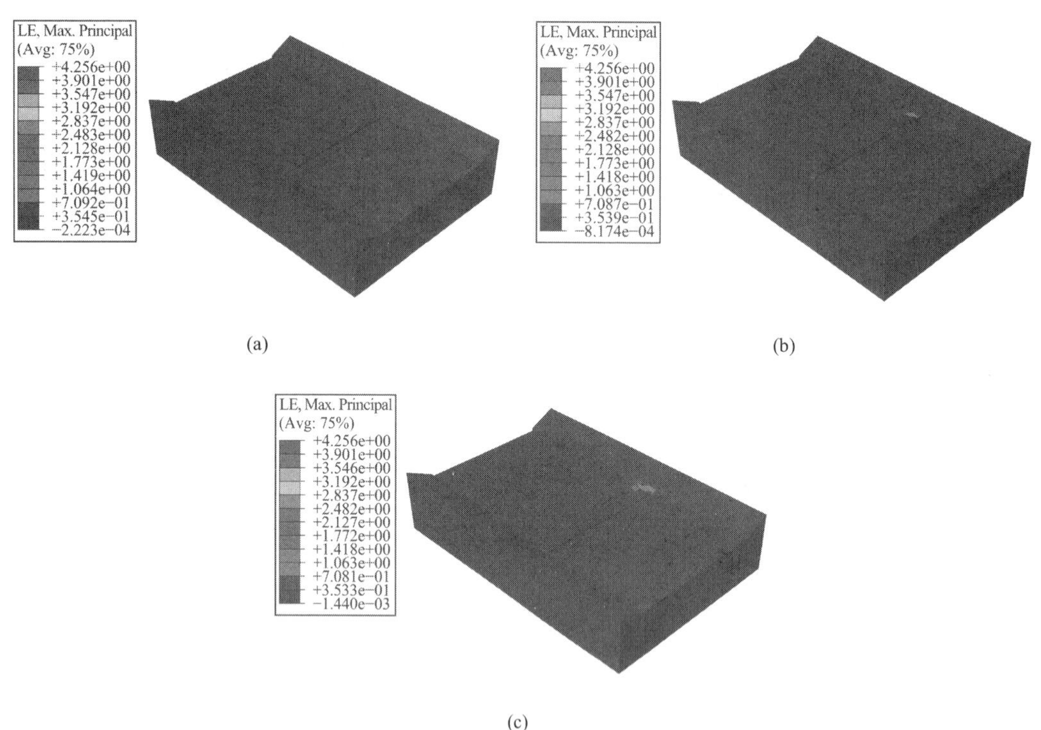

(c)

图 3.3-33　库坝系统激振大主应变动态云图

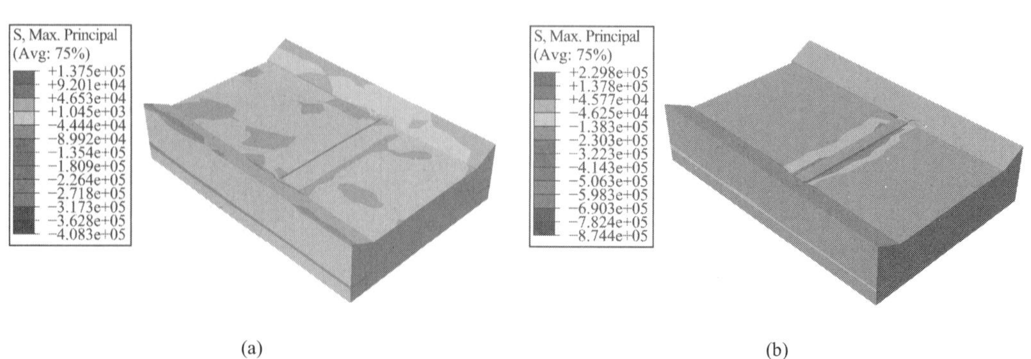

(a)　　(b)

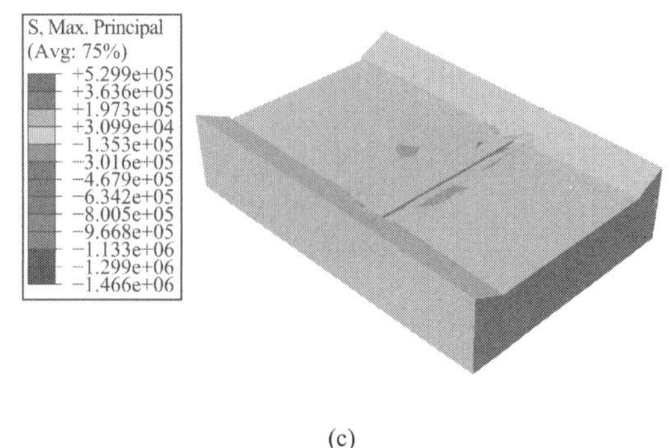

(c)

图 3.3-34　库坝系统激振大主应力动态云图

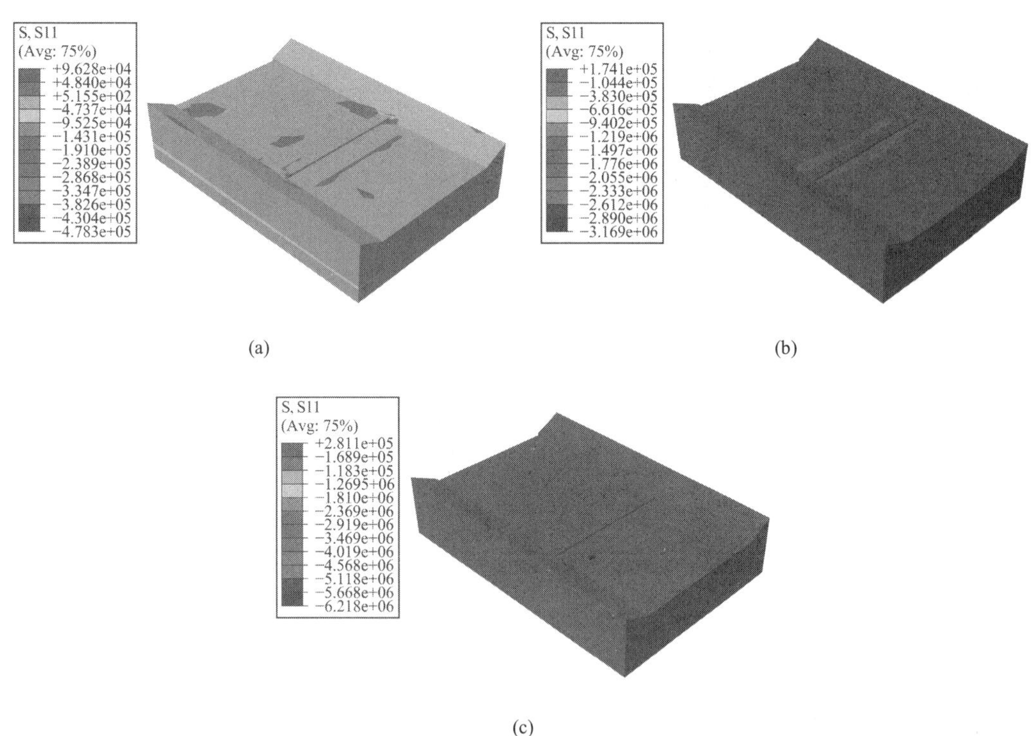

(a)　(b)

(c)

图 3.3-35　库坝系统激振正应力分量动态云图（顺河向）

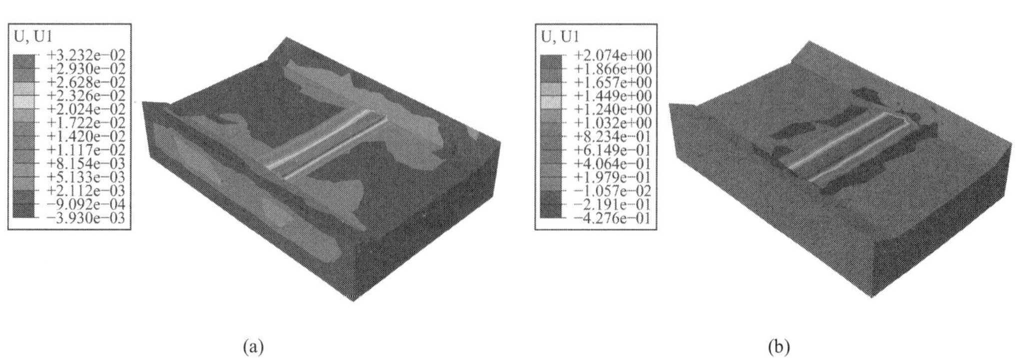

(a)　(b)

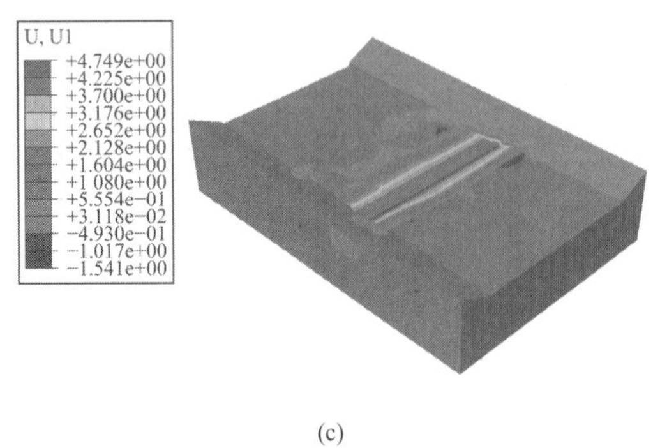

(c)

图 3.3-36　库坝系统激振位移分量动态云图（顺河向）

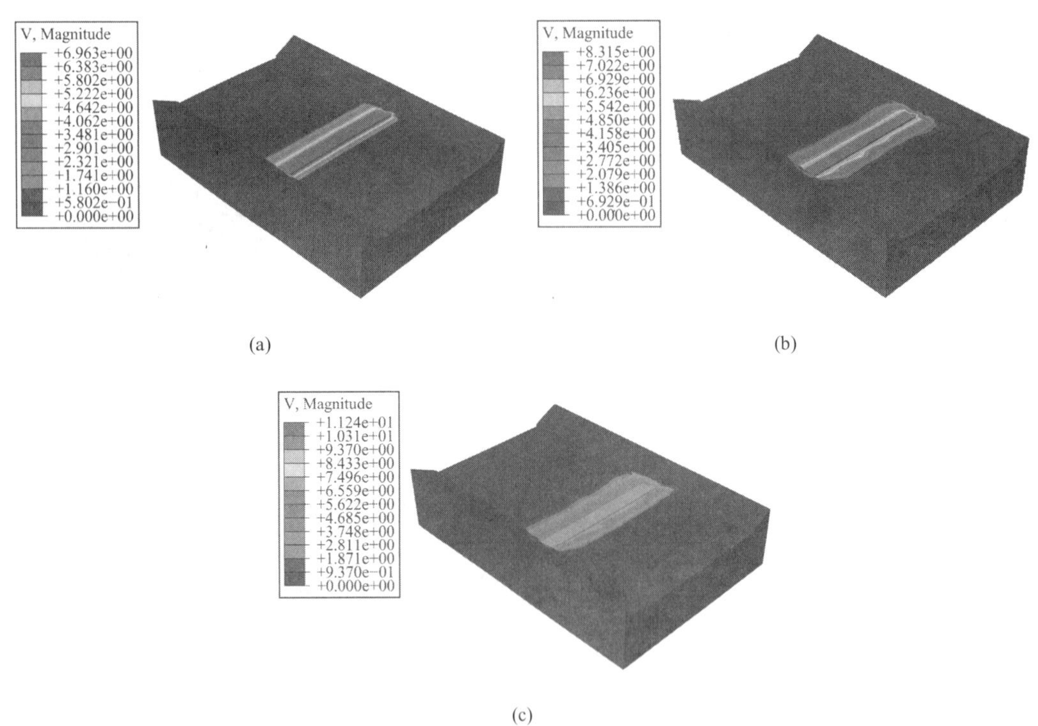

(c)

图 3.3-37　库坝系统激振速度动态云图（全量）

⑥工况 6 动态场变量分布云图

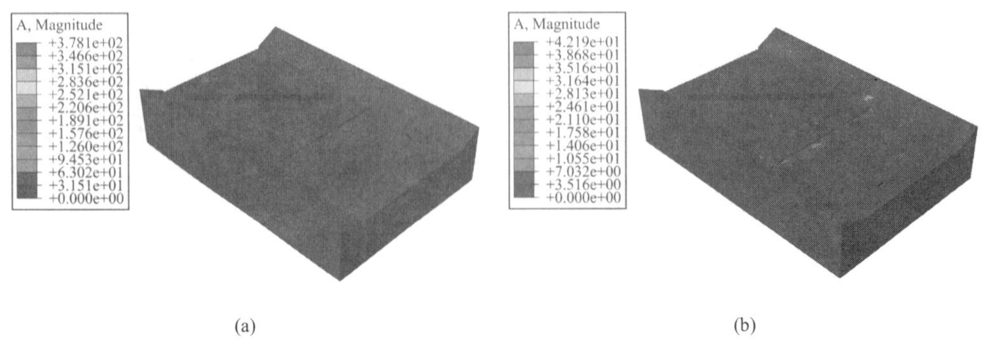

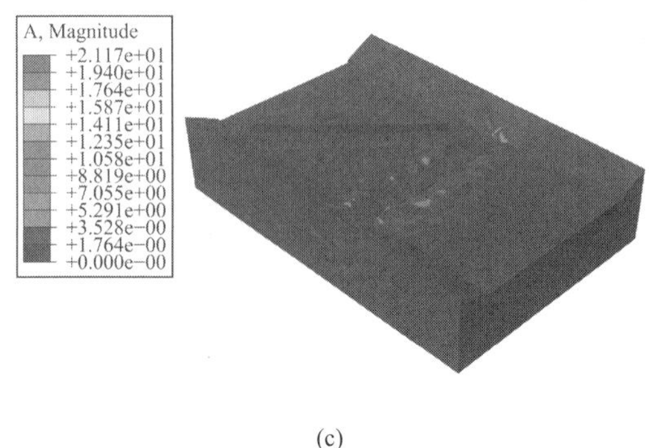

(c)

图 3.3-38　库坝系统激振加速度动态云图（全量）

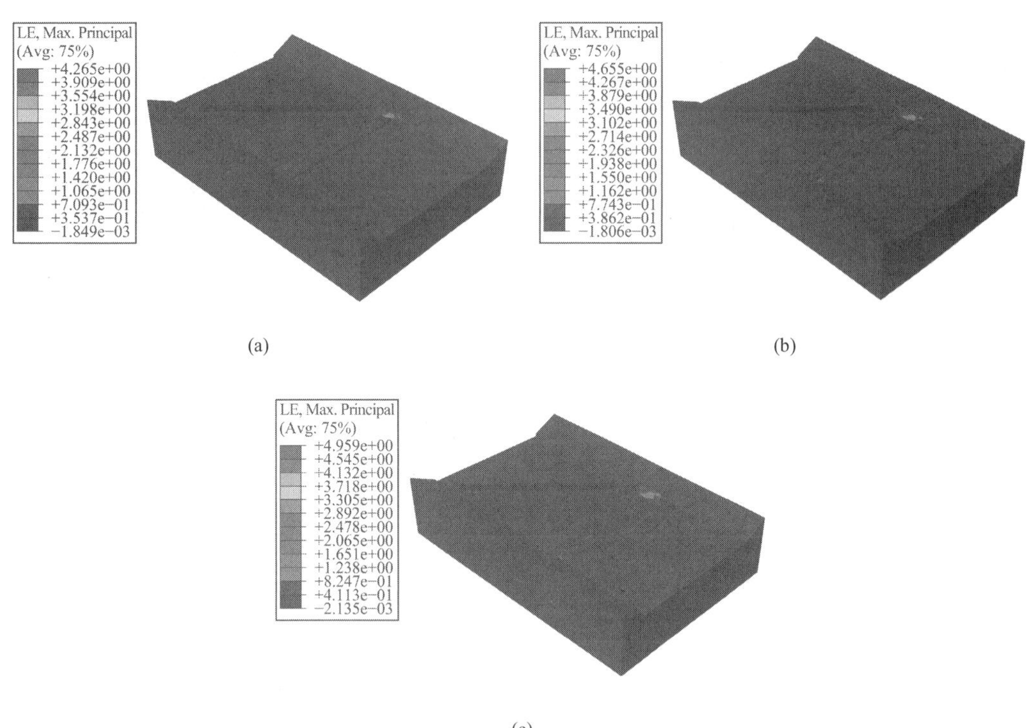

(a) (b)

(c)

图 3.3-39　库坝系统激振大主应变动态云图

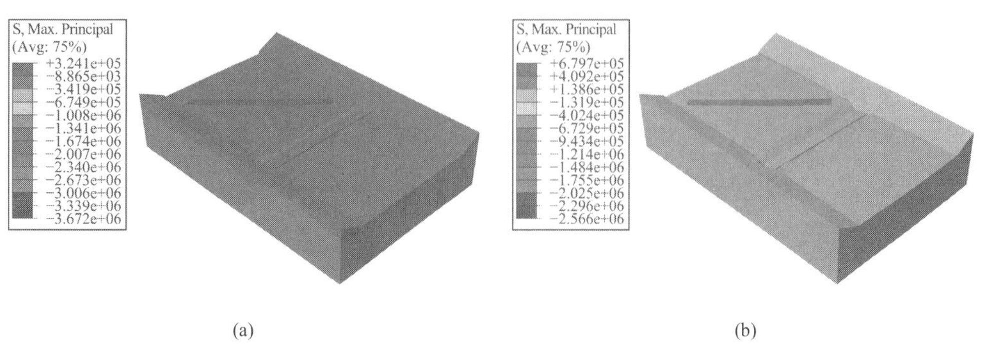

(a) (b)

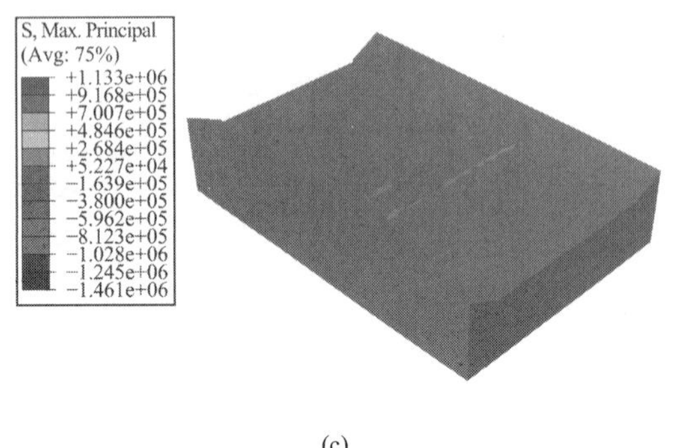

(c)

图 3.3-40　库坝系统激振大主应力动态云图

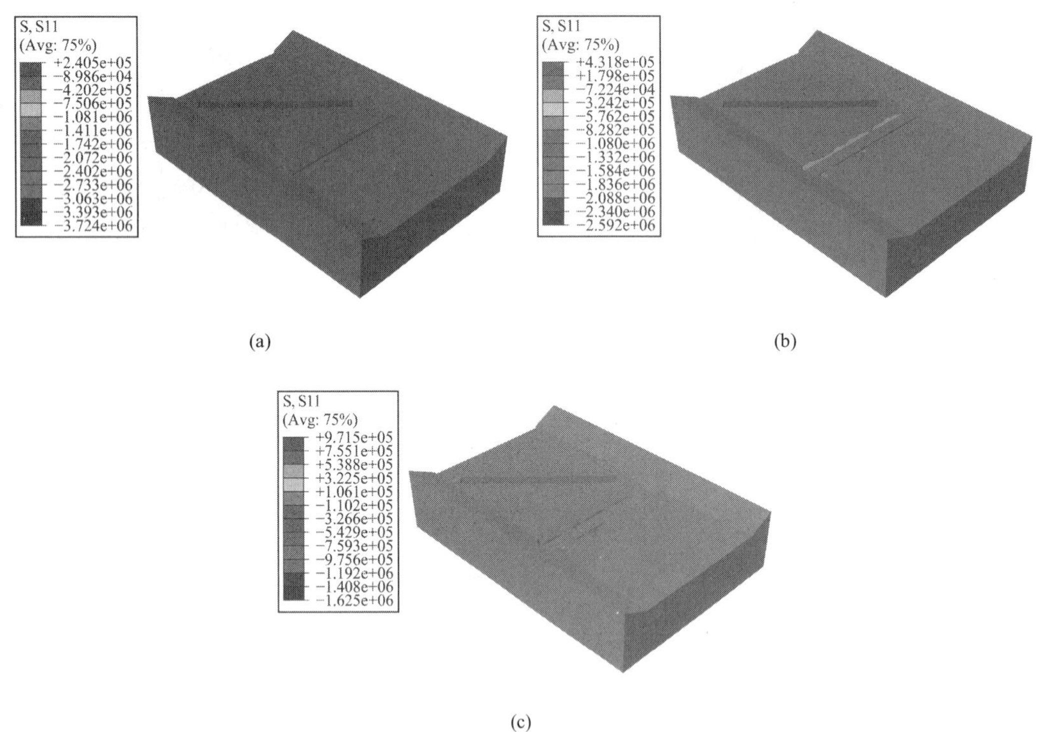

(a)　(b)

(c)

图 3.3-41　库坝系统激振正应力分量动态云图（顺河向）

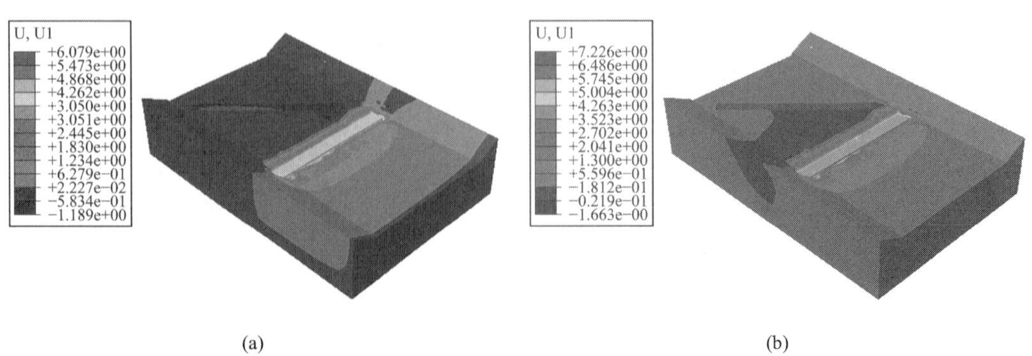

(a)　(b)

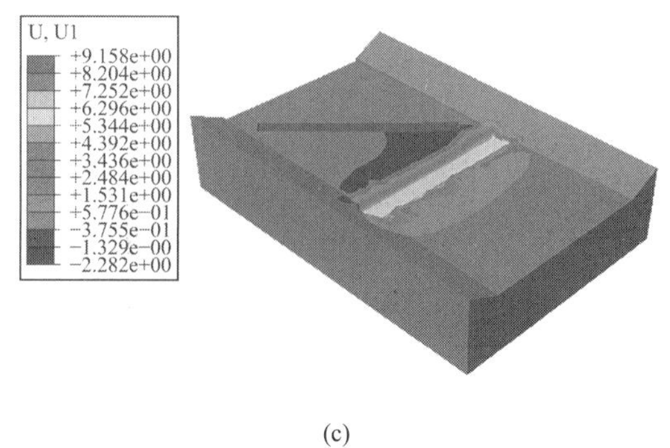

(c)

图 3.3-42　库坝系统激振位移分量动态云图（顺河向）

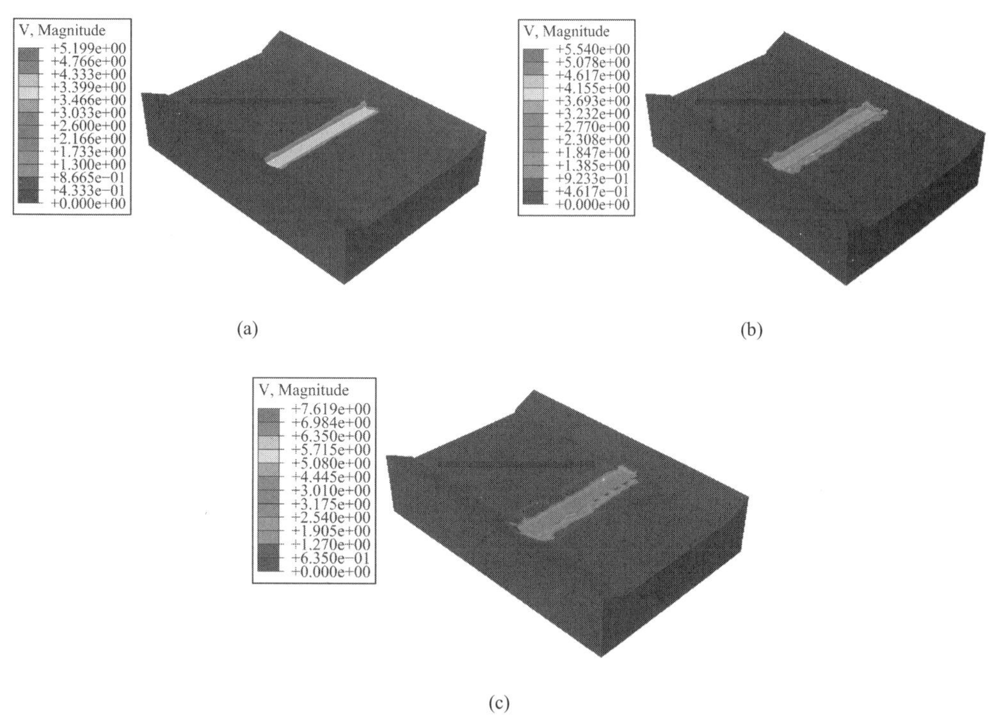

(a)　(b)

(c)

图 3.3-43　库坝系统激振速度动态云图（全量）

⑦工况 7 动态场变量分布云图

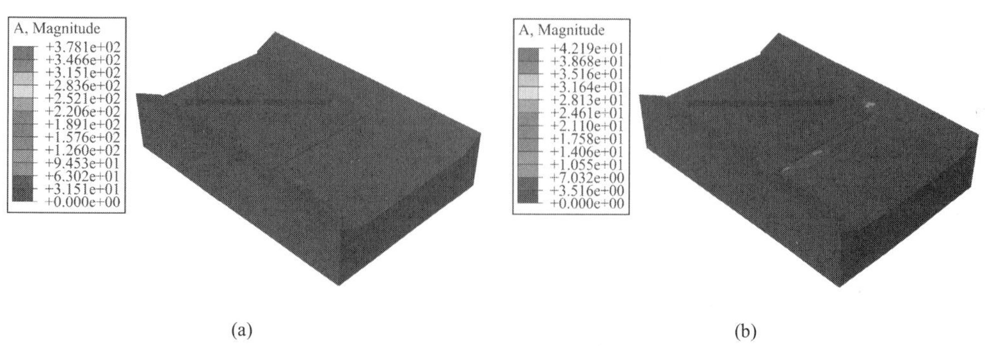

(a)　(b)

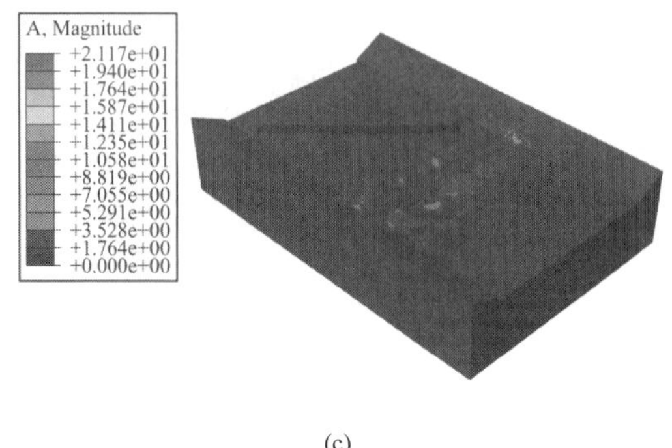

(c)

图 3.3-44　库坝系统激振加速度动态云图（全量）

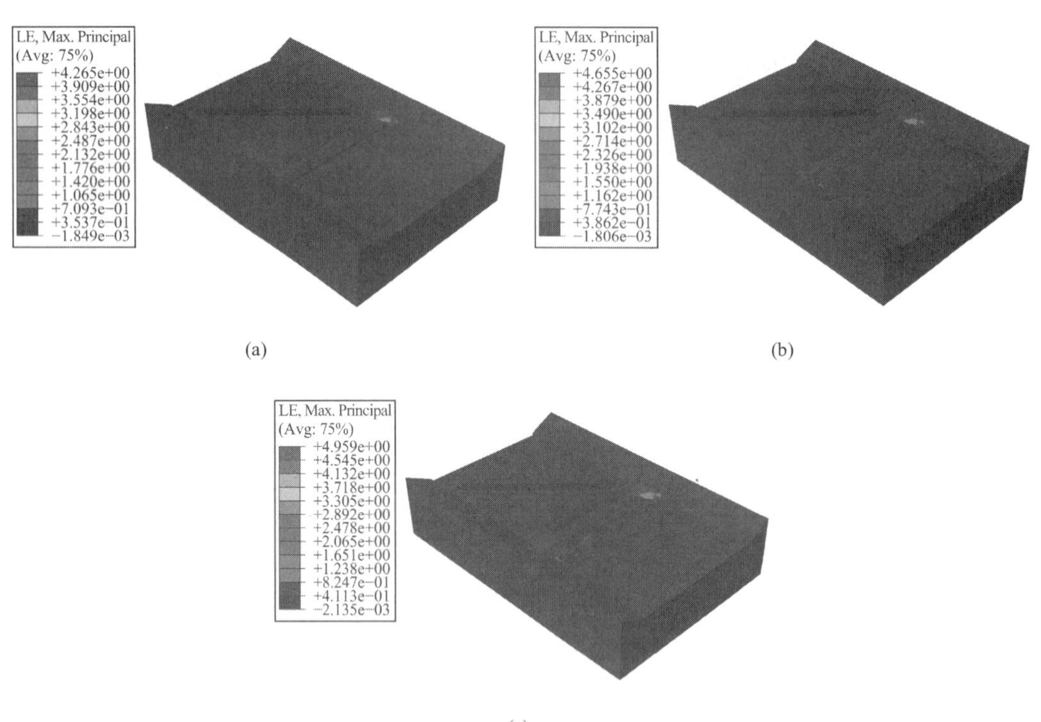

(a)　　(b)

(c)

图 3.3-45　库坝系统激振大主应变动态云图

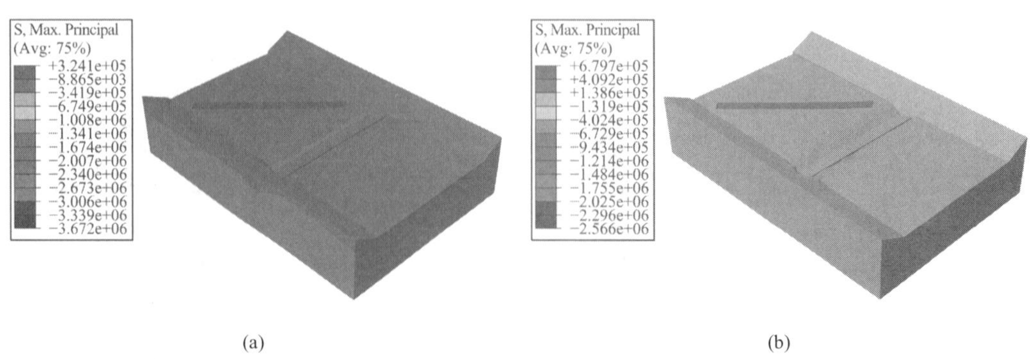

(a)　　(b)

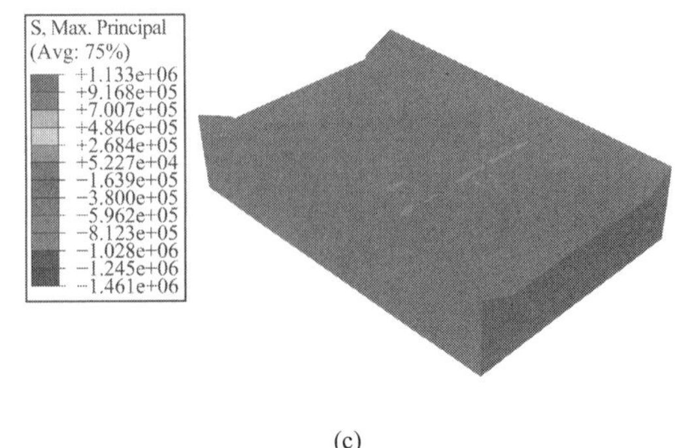

(c)

图 3.3-46　库坝系统激振大主应力动态云图

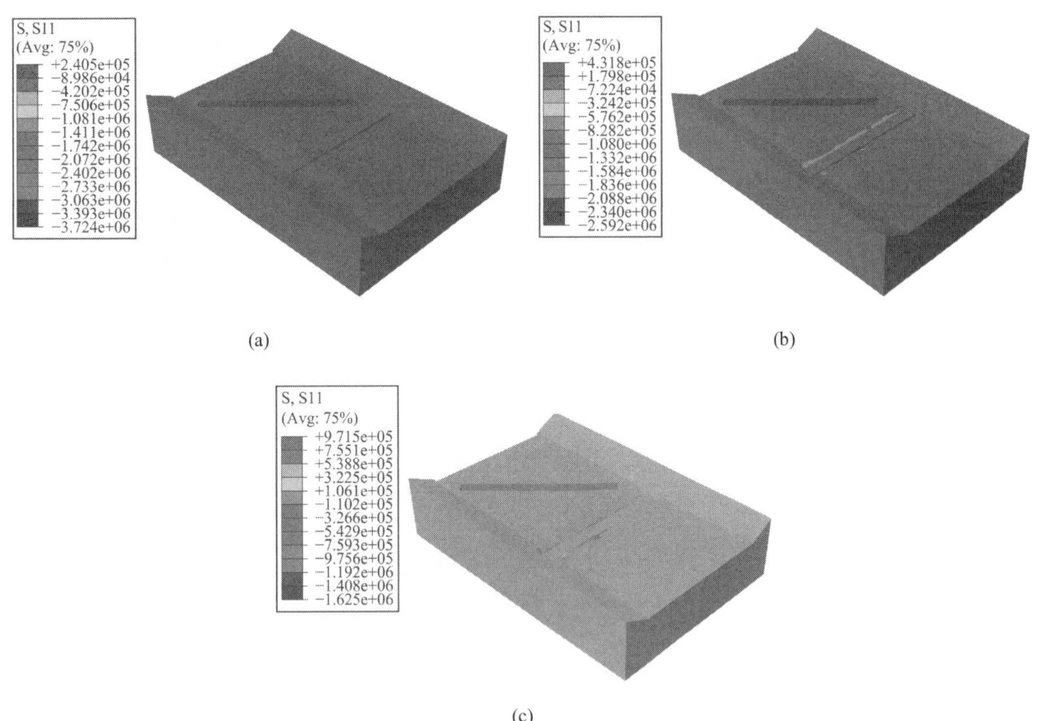

(a)　(b)

(c)

图 3.3-47　库坝系统激振正应力分量动态云图（顺河向）

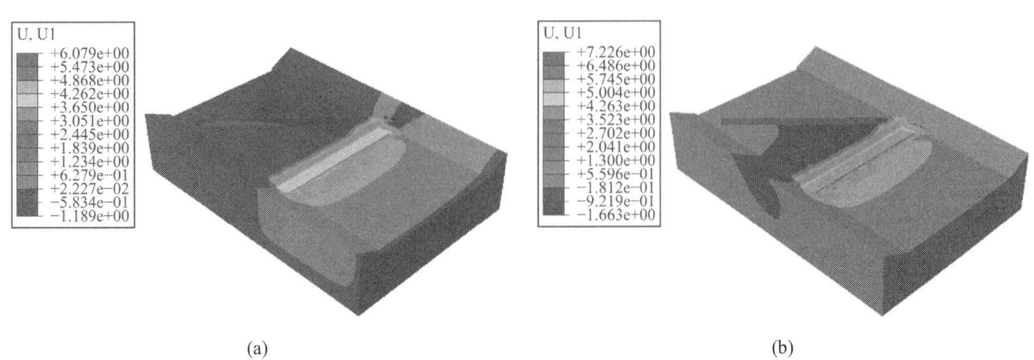

(a)　(b)

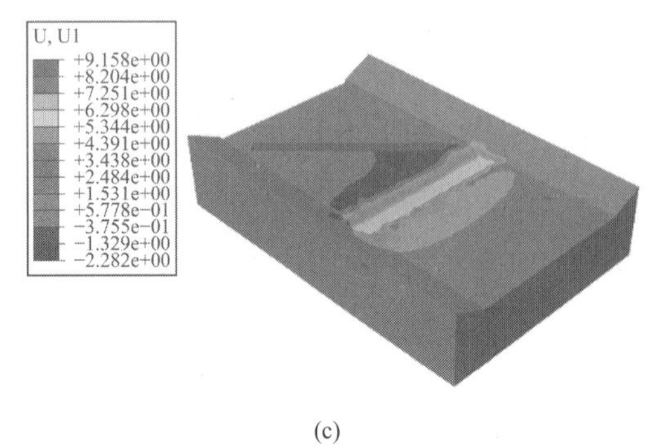

(c)

图 3.3-48　库坝系统激振位移分量动态云图（顺河向）

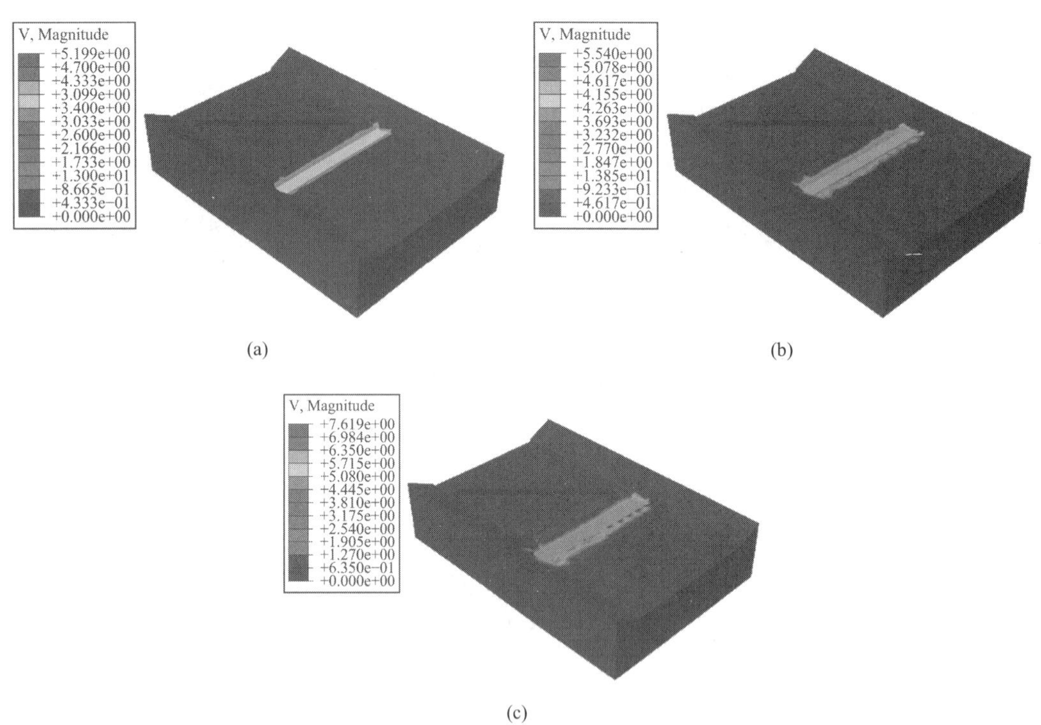

(a)　(b)

(c)

图 3.3-49　库坝系统激振速度动态云图（全量）

⑧工况 8 动态场变量分布云图

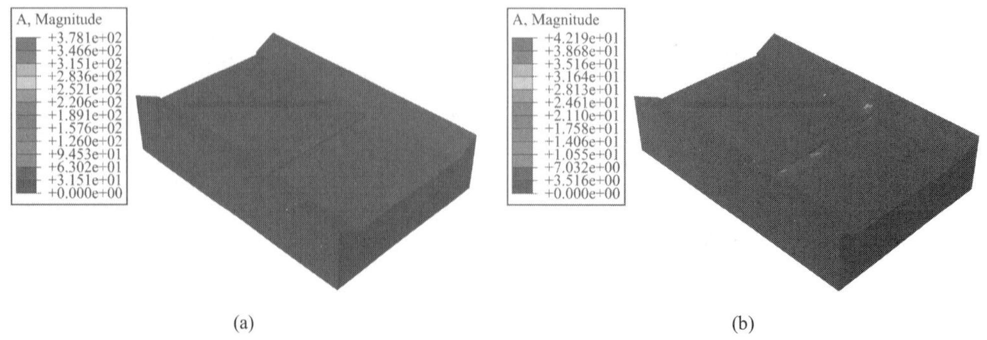

(a)　(b)

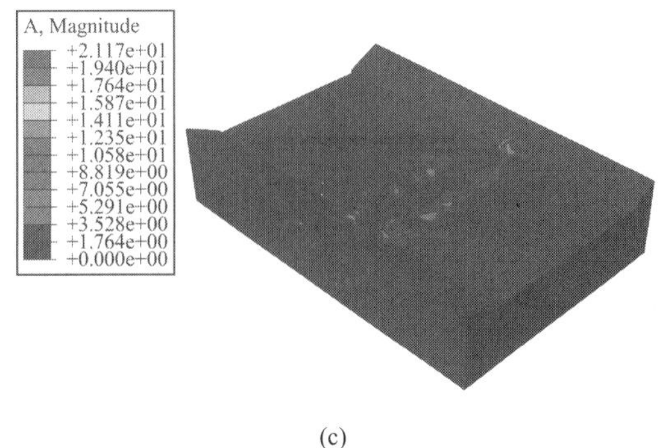

(c)

图 3.3-50　库坝系统激振加速度动态云图（全量）

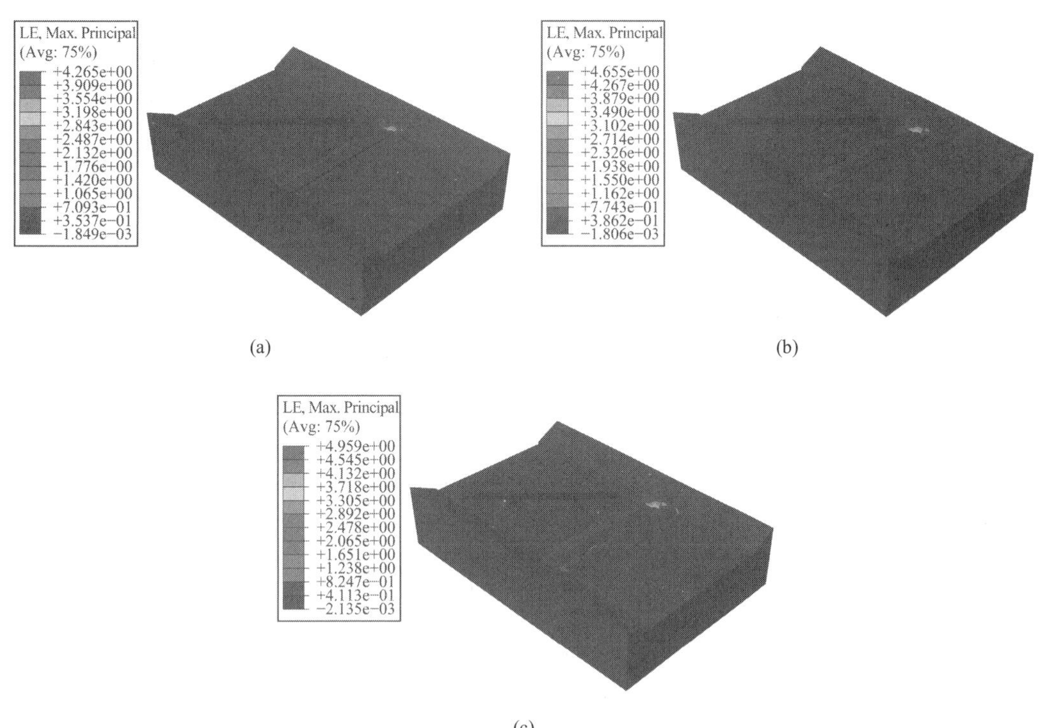

(c)

图 3.3-51　库坝系统激振大主应变动态云图

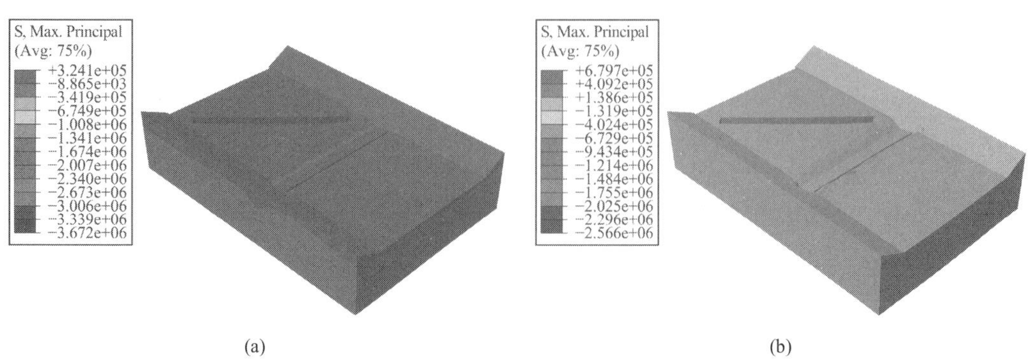

(a)　　(b)

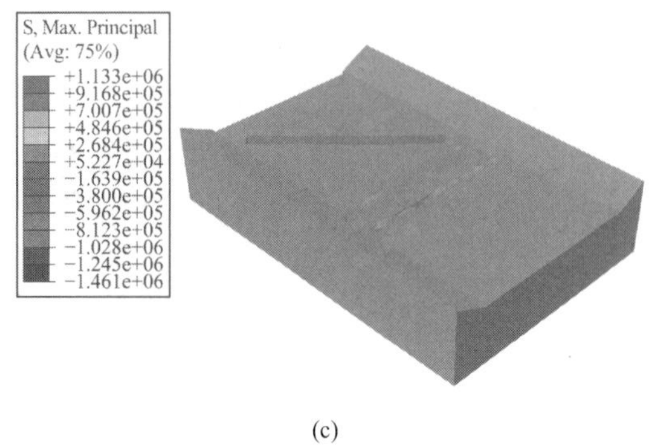

(c)

图 3.3-52　库坝系统激振大主应力动态云图

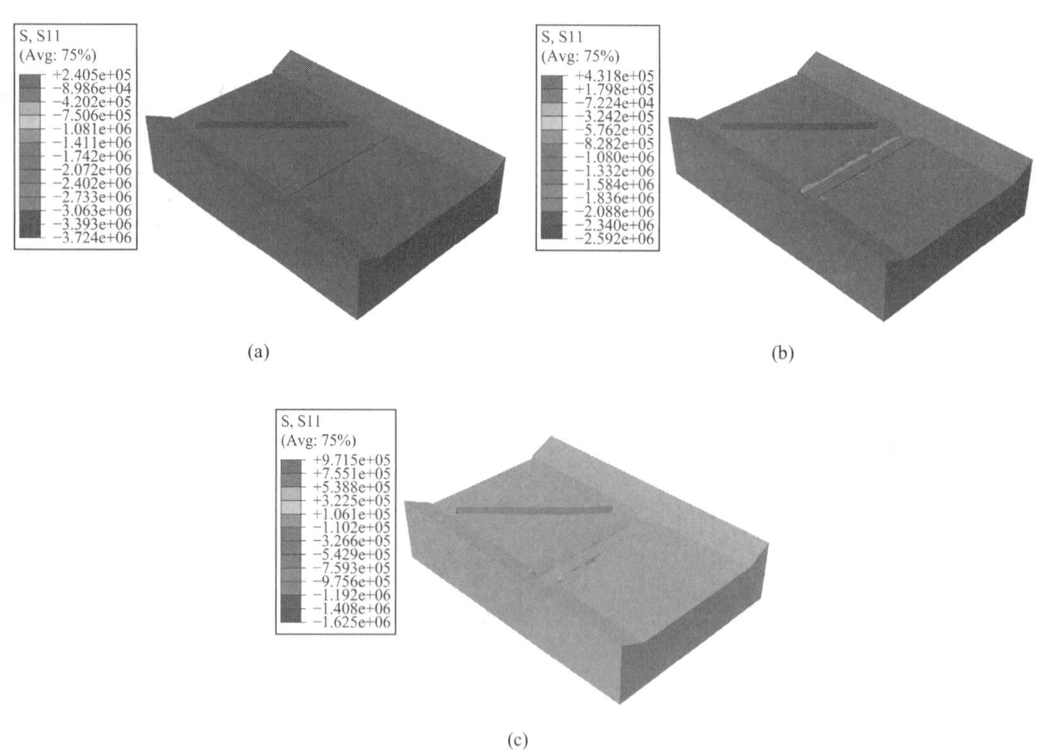

(a)　(b)

(c)

图 3.3-53　库坝系统激振正应力分量动态云图（顺河向）

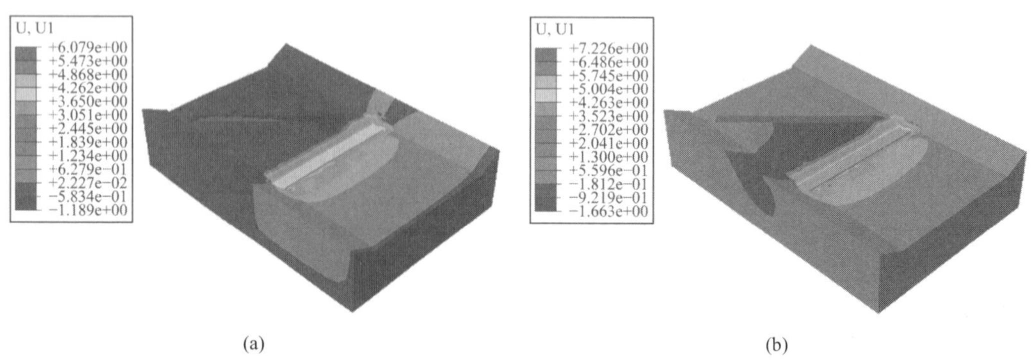

(a)　(b)

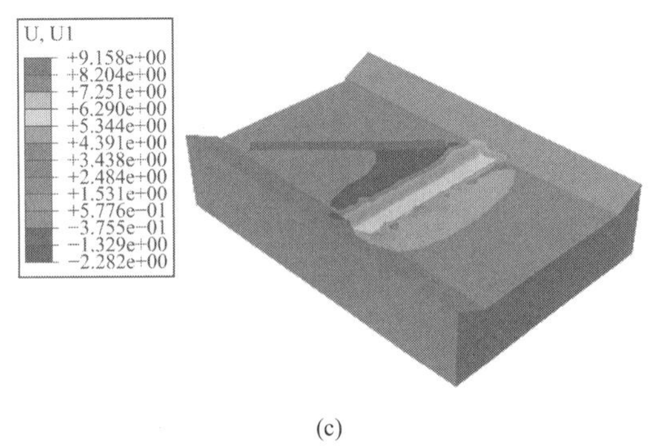

(c)

图 3.3-54　库坝系统激振位移分量动态云图（顺河向）

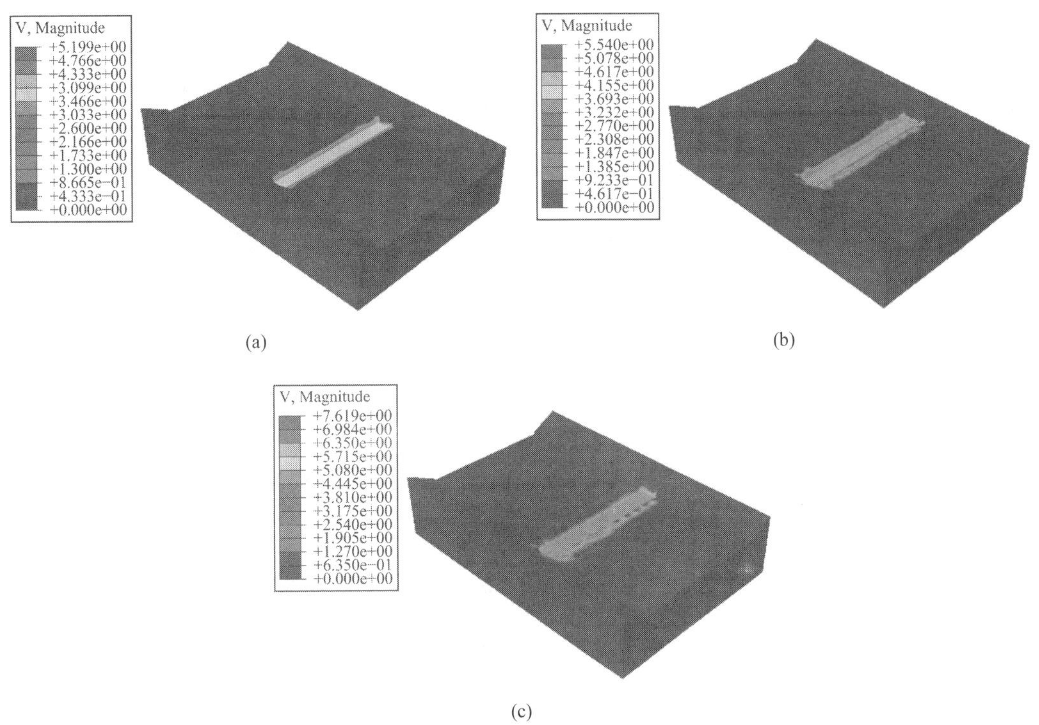

(a)　(b)

(c)

图 3.3-55　库坝系统激振速度动态云图（全量）

⑨工况 9 动态场变量分布云图

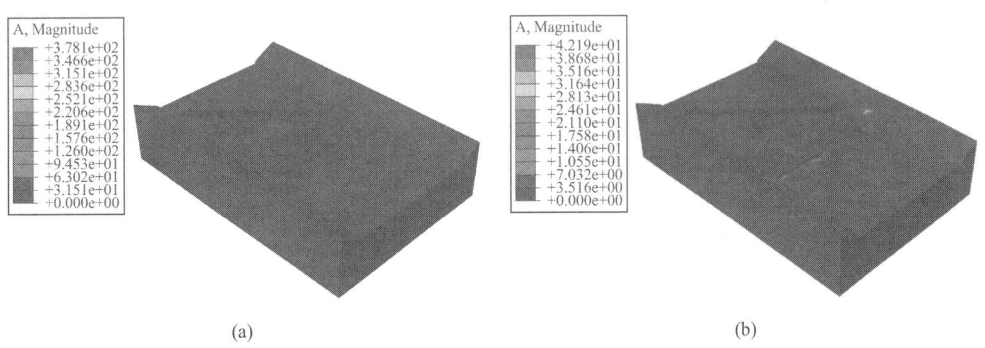

(a)　(b)

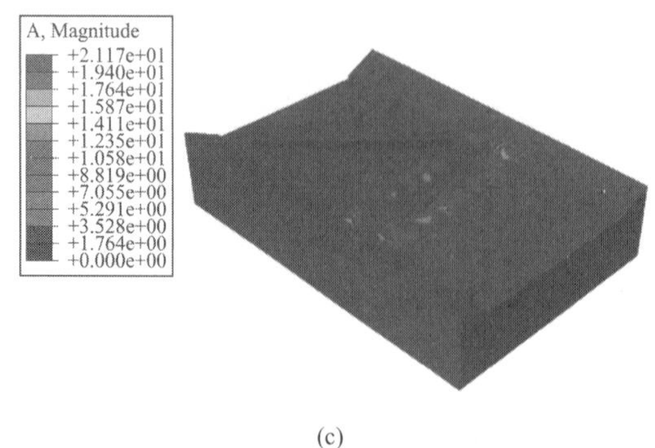

(c)

图 3.3-56　库坝系统激振加速度动态云图（全量）

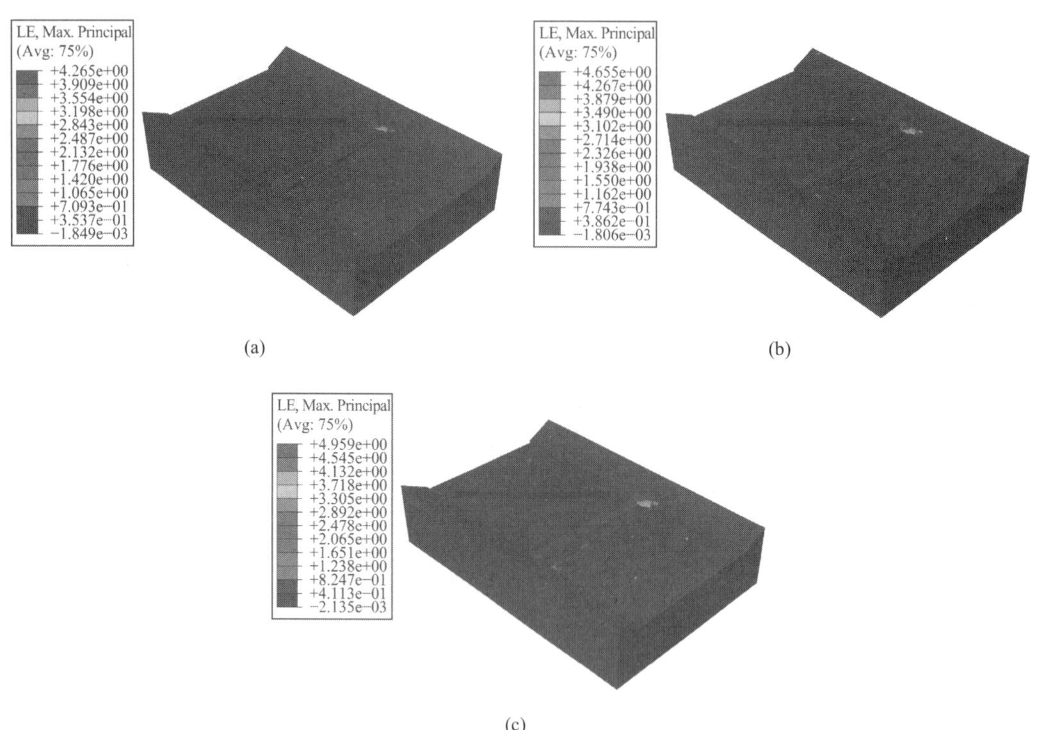

图 3.3-57　库坝系统激振大主应变动态云图

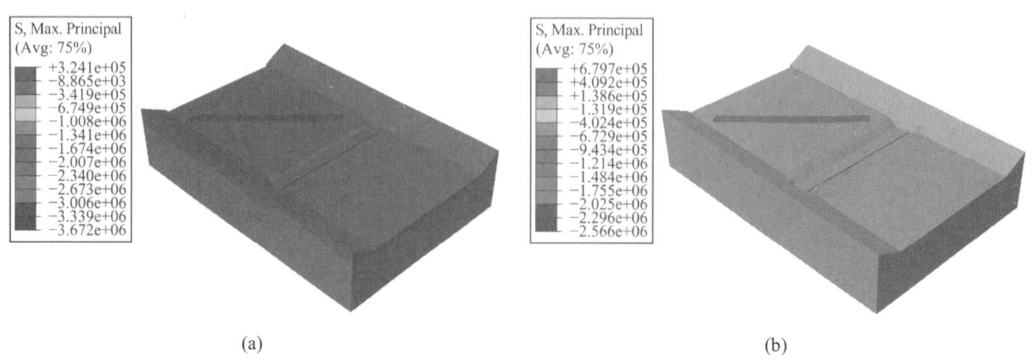

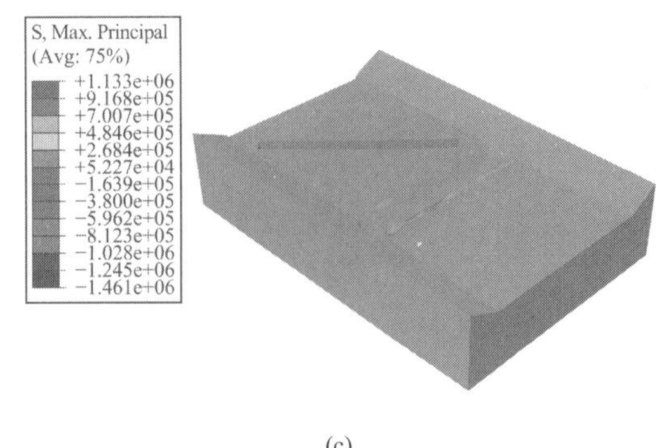

(c)

图 3.3-58　库坝系统激振大主应力动态云图

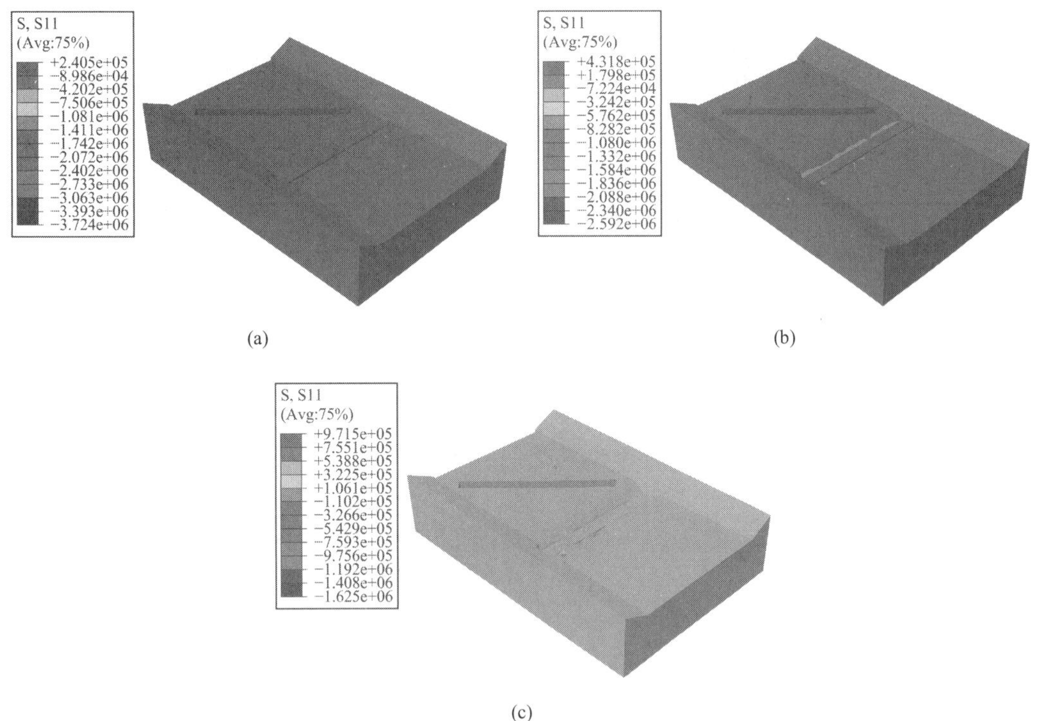

(a)　(b)

(c)

图 3.3-59　库坝系统激振正应力分量动态云图（顺河向）

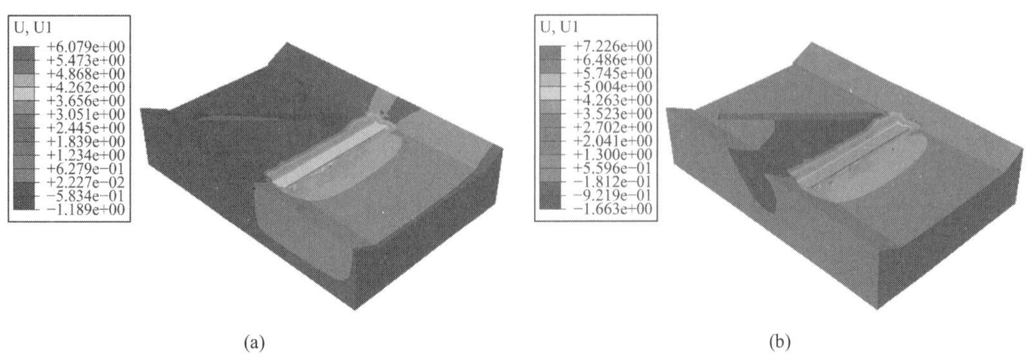

(a)　(b)

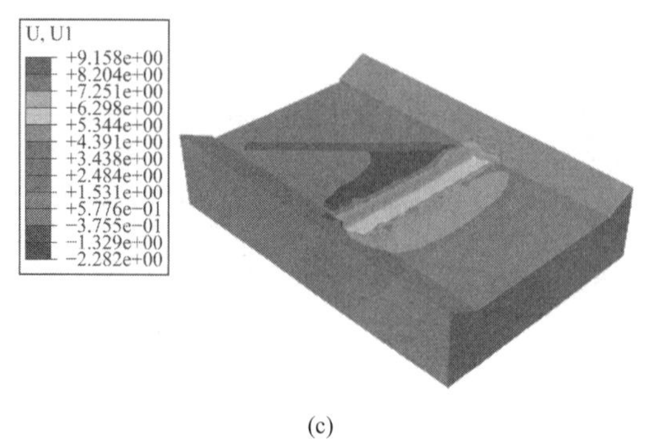

(c)

图 3.3-60　库坝系统激振位移分量动态云图（顺河向）

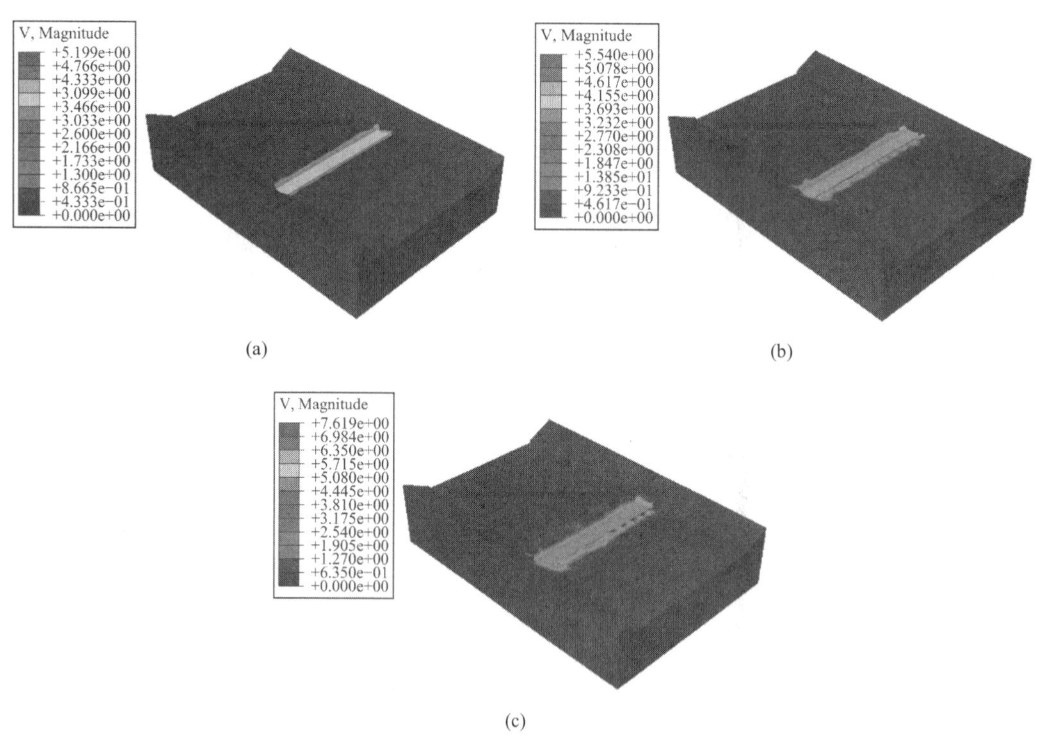

(a)　(b)

(c)

图 3.3-61　库坝系统激振速度动态云图（全量）

⑩工况 10 动态场变量分布云图

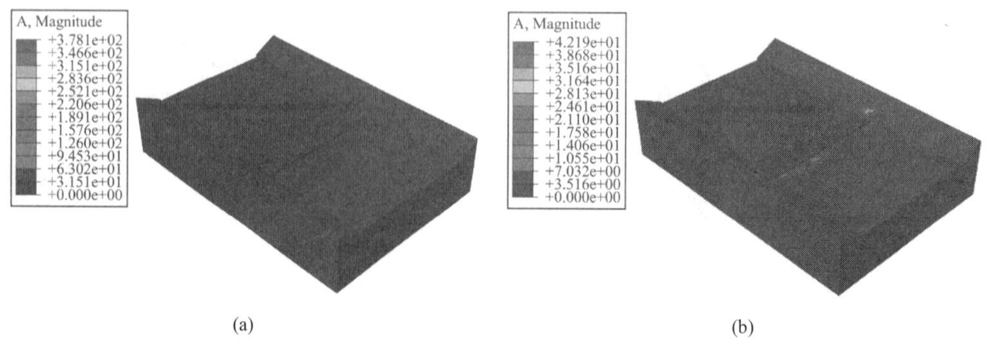

(a)　(b)

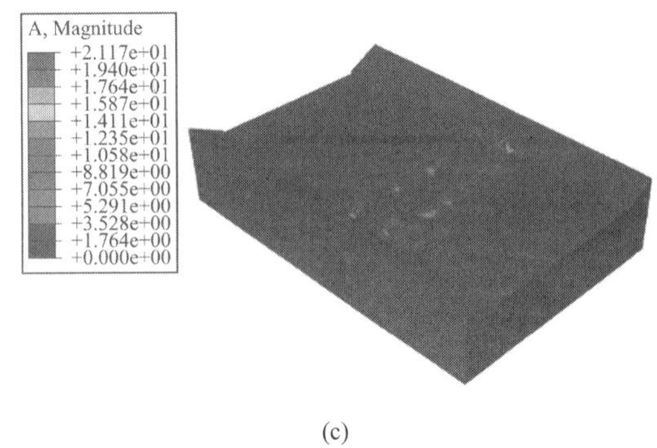

(c)

图 3.3-62　库坝系统激振加速度动态云图（全量）

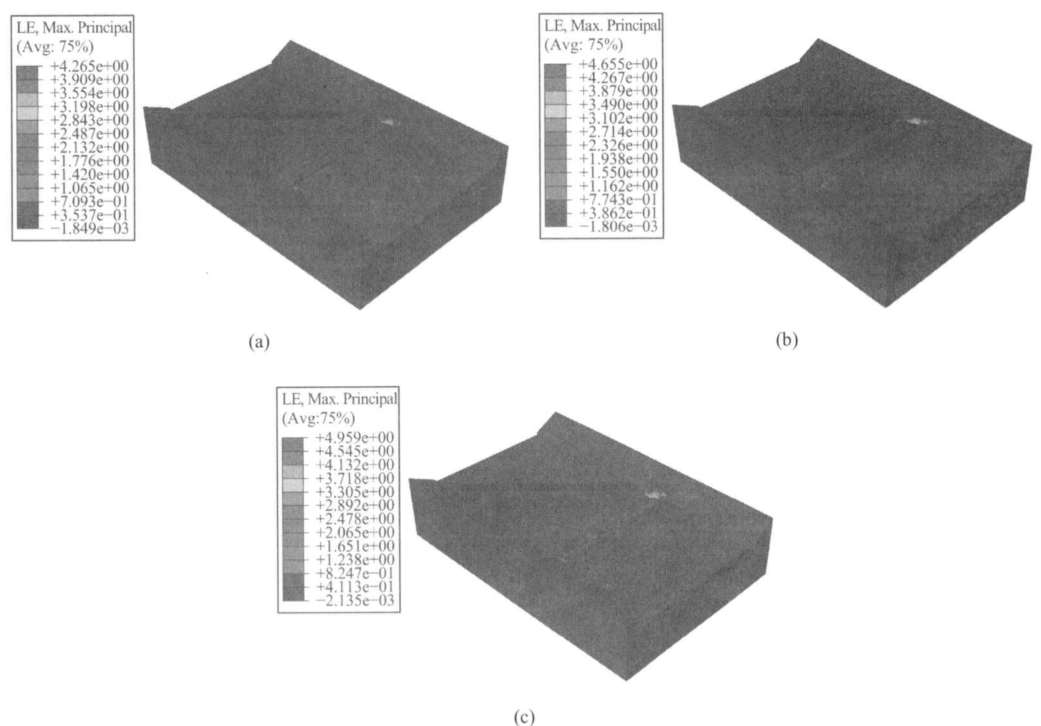

(a)　　(b)

(c)

图 3.3-63　库坝系统激振大主应变动态云图

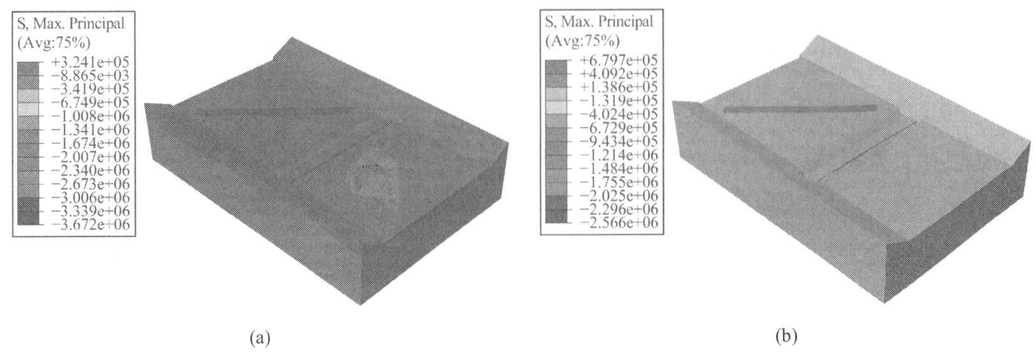

(a)　　(b)

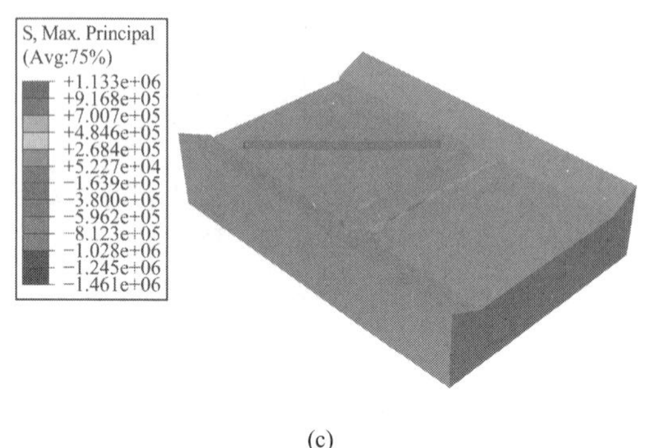

(c)

图 3.3-64　库坝系统激振大主应力动态云图

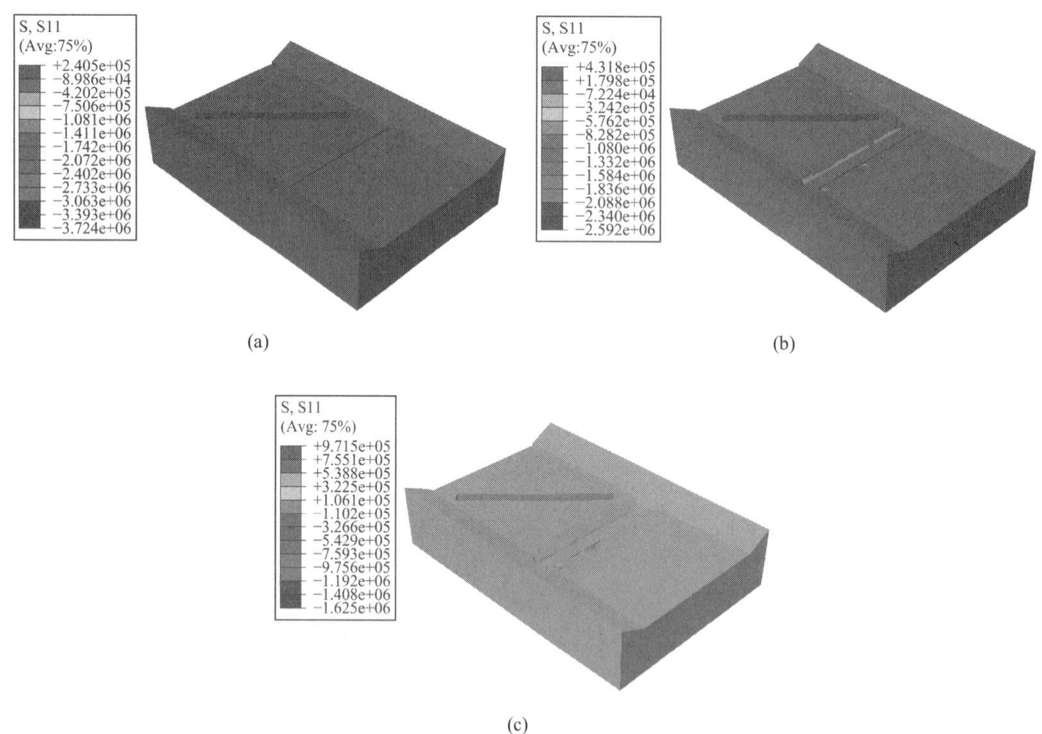

(a)　(b)

(c)

图 3.3-65　库坝系统激振正应力分量动态云图（顺河向）

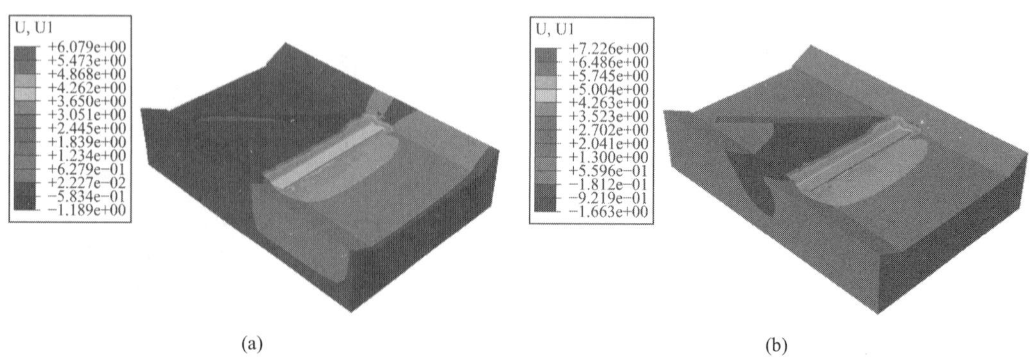

(a)　(b)

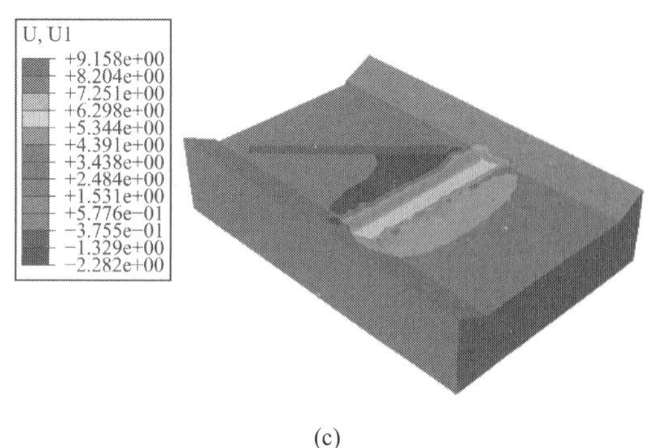

(c)

图 3.3-66　库坝系统激振位移分量动态云图（顺河向）

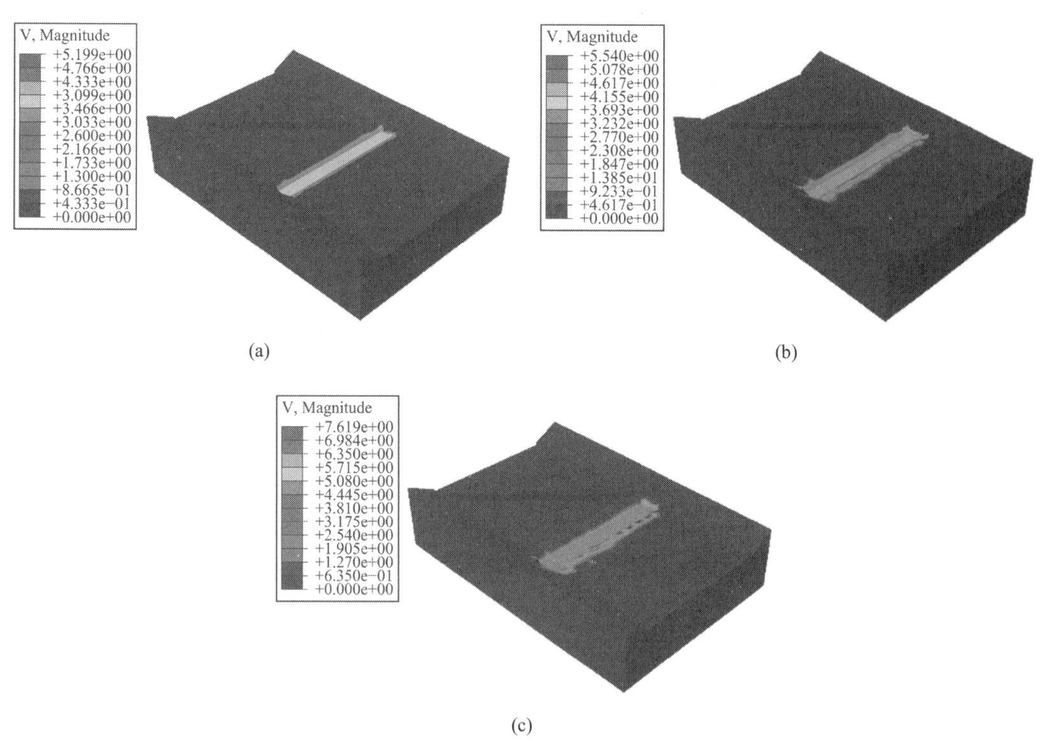

(a)　　(b)

(c)

图 3.3-67　库坝系统激振速度动态云图（全量）

⑪工况 11 动态场变量分布云图

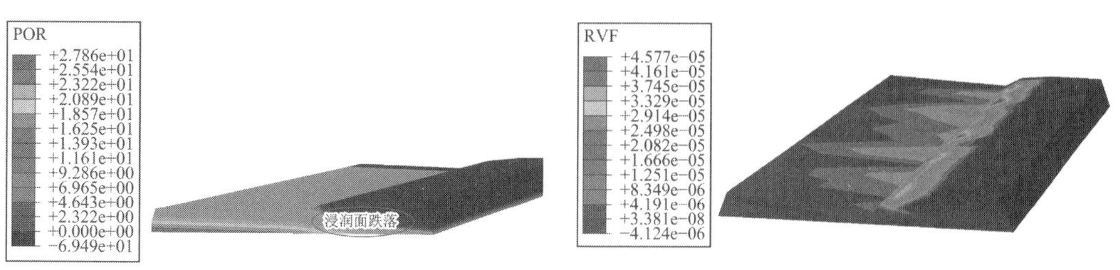

图 3.3-68　库坝系统渗流场水头势云图　　图 3.3-69　库坝系统渗流场渗水量云图

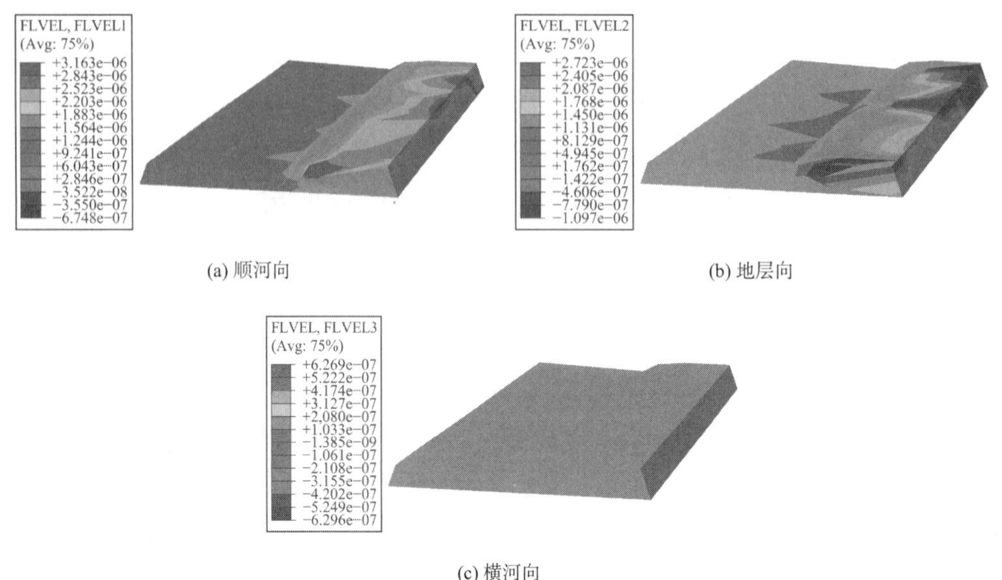

FLVEL, FLVEL1
(Avg: 75%)
+3.163e−06
+2.843e−06
+2.523e−06
+2.203e−06
+1.883e−06
+1.564e−06
+1.244e−06
+9.241e−07
+6.043e−07
+2.846e−07
−3.522e−08
−3.550e−07
−6.748e−07

(a) 顺河向

FLVEL, FLVEL2
(Avg: 75%)
+2.723e−06
+2.405e−06
+2.087e−06
+1.768e−06
+1.450e−06
+1.131e−06
+8.129e−07
+4.945e−07
+1.762e−07
−1.422e−07
−4.606e−07
−7.790e−07
−1.097e−06

(b) 地层向

FLVEL, FLVEL3
(Avg: 75%)
+6.269e−07
+5.222e−07
+4.174e−07
+3.127e−07
+2.080e−07
+1.033e−07
−1.385e−09
−1.061e−07
−2.108e−07
−3.155e−07
−4.202e−07
−5.249e−07
−6.296e−07

(c) 横河向

图 3.3-70　库坝系统三维各向异性渗速场云图

⑫工况 12 动态场变量分布云图

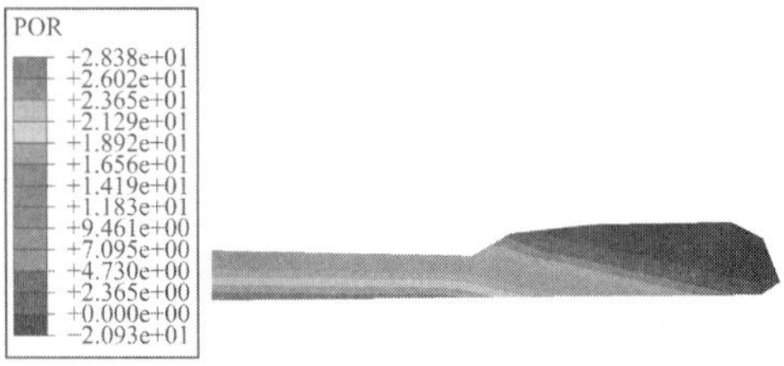

POR
+2.838e+01
+2.602e+01
+2.365e+01
+2.129e+01
+1.892e+01
+1.656e+01
+1.419e+01
+1.183e+01
+9.461e+00
+7.095e+00
+4.730e+00
+2.365e+00
+0.000e+00
−2.093e+01

图 3.3-71　库坝系统渗流场水头势云图

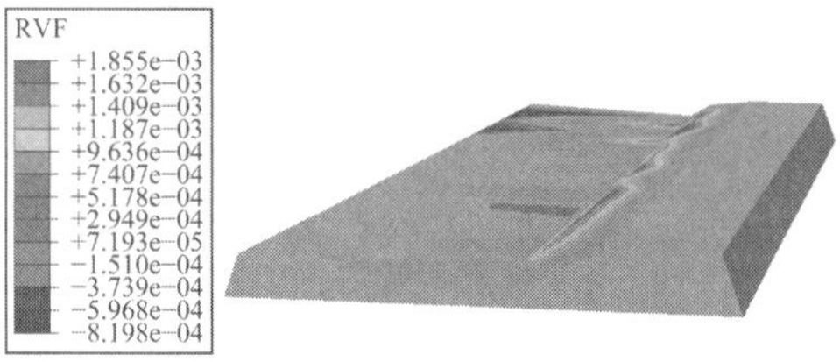

RVF
+1.855e−03
+1.632e−03
+1.409e−03
+1.187e−03
+9.636e−04
+7.407e−04
+5.178e−04
+2.949e−04
+7.193e−05
−1.510e−04
−3.739e−04
−5.968e−04
−8.198e−04

图 3.3-72　库坝系统渗流场渗水量云图

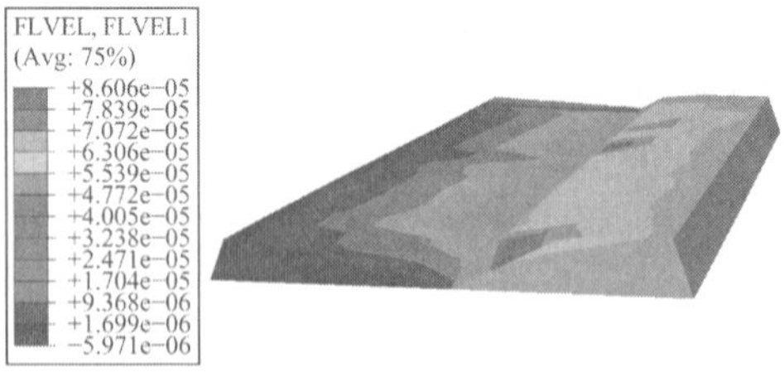

FLVEL, FLVEL1
(Avg: 75%)
+8.606e−05
+7.839e−05
+7.072e−05
+6.306e−05
+5.539e−05
+4.772e−05
+4.005e−05
+3.238e−05
+2.471e−05
+1.704e−05
+9.368e−06
+1.699e−06
−5.971e−06

(a) 顺河向

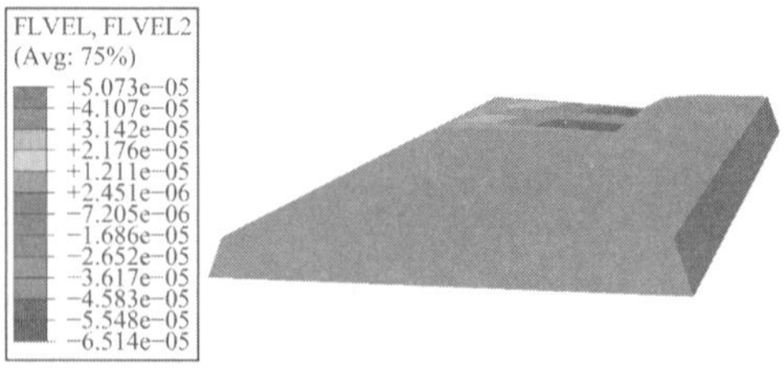

FLVEL, FLVEL2
(Avg: 75%)
+5.073e−05
+4.107e−05
+3.142e−05
+2.176e−05
+1.211e−05
+2.451e−06
−7.205e−06
−1.686e−05
−2.652e−05
−3.617e−05
−4.583e−05
−5.548e−05
−6.514e−05

(b) 地层向

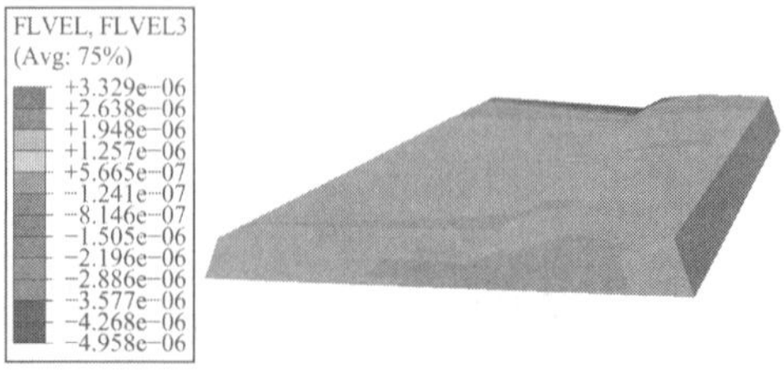

FLVEL, FLVEL3
(Avg: 75%)
+3.329e−06
+2.638e−06
+1.948e−06
+1.257e−06
+5.665e−07
−1.241e−07
−8.146e−07
−1.505e−06
−2.196e−06
−2.886e−06
−3.577e−06
−4.268e−06
−4.958e−06

(c) 横河向

图 3.3-73　库坝系统三维各向异性渗速场云图

（2）坝体特征点场变量分布

本节研究选择了弹湖山坝体 1 处代表性位置特征点，具体见图 3.3-74，该处是库区内桥桩基础动态施工响应最为突出处，研究重点就弹湖山坝体动态位移及沉降量与渗透稳定性进行综合评价，结果如图 3.3-75～图 3.3-78 所示。

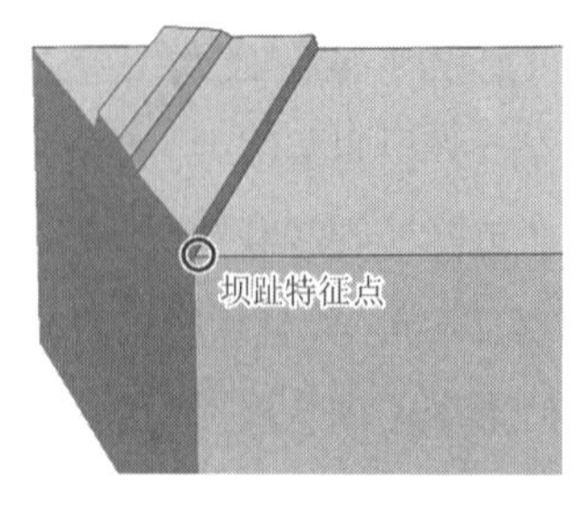

图 3.3-74　弹湖山坝体特征点选取

①坝趾特征点位移场变量分布

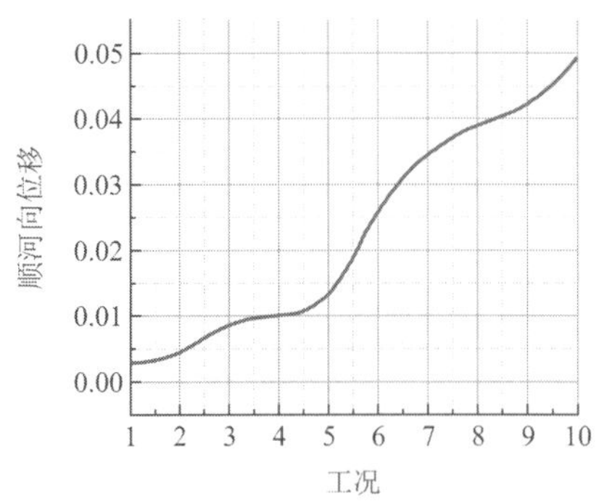

图 3.3-75　顺河向动态倾移（m）

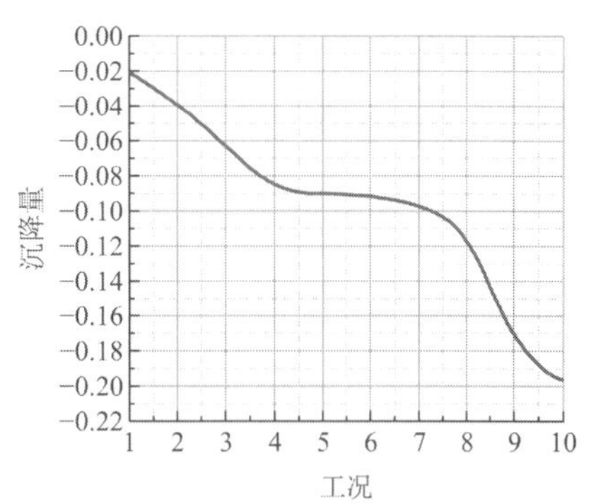

图 3.3-76　动态沉降量（m）

②坝趾特征点动力渗透特征值场变量分布

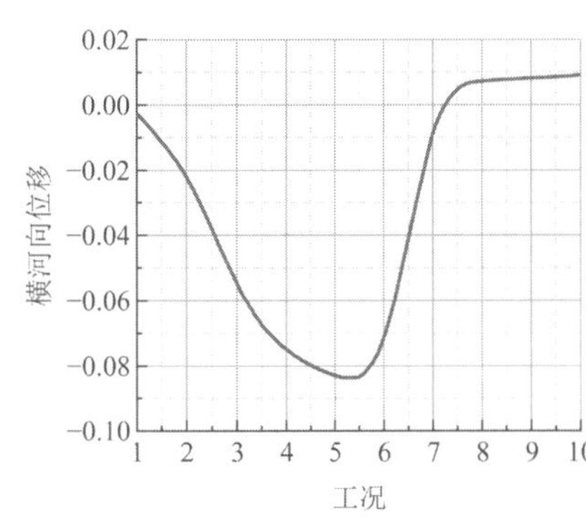

图 3.3-77　横河向动态变位（m）

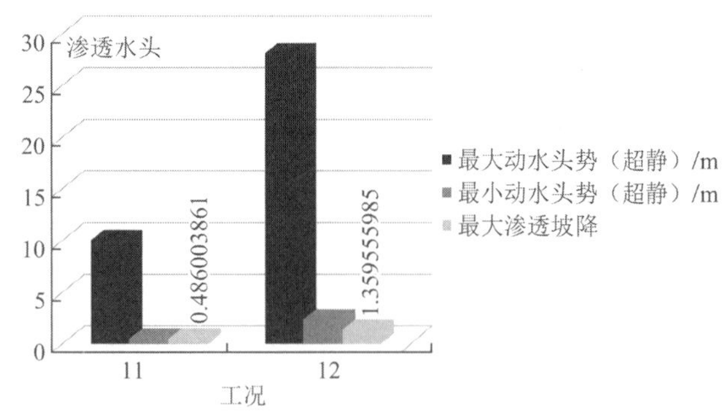

图 3.3-78　动力渗透特征值

（3）结果分析与讨论

弹湖山复线桥桩基础施工主要集中于库区尾部，该区域内的静动力施工荷载将引发库水动态壅高，依据本节研究结果，当库区内动力施工荷载引发的最大激振幅值超过 1cm 时，库坝系统顺河向位移也将超过 1cm，库区内动力响应较为敏感（图 3.3-8～图 3.3-19）。

有鉴于金塘水道地理位置之特殊性，本次研究考虑了在弹湖山大坝迎水面一侧出现极端水位的情况（图 3.3-20～图 3.3-37），即水位漫上底部加宽马道处，经分析发现，这类运行工况对弹湖山坝体威胁极大，虽不是完全意义上的漫顶，但在桥桩基础施工期坝体所需经受的动水压力极大，在考虑桥桩基础施工卸载情况下，当激振波速超过 4cm/s 时，坝体动水压力形成的最大拉应力可达 1.2MPa 左右。

此外甬舟复线弹湖山段桥桩基础施工作业区总体走向与大坝坝轴线呈 45°角，在考虑基础作业范围地层卸载情况下，不同的基础施工卸载阶段会造成坝体主轴线位移变向（图 3.3-38～图 3.3-49），一旦相应运行时段内出现高水位且无法及时泄洪，静动水压再与这种复杂的空间折线形变位耦合极易引发坝段溃毁（图 3.3-50～图 3.3-67）。

同时，基于 11、12 两个工况的专题研究成果可知，桥桩基础施工期若可保证弹湖山坝体填筑土质量完好，则坝体内的动态三维浸润面也可以得到有效控制（图 3.3-68～图 3.3-73），依据仿真计算结果，此时坝体内可形成显著的动态三维浸润面跌落，这意味着该运行状态下保证了绝大部分坝体填筑土处于干燥状态，从而可保障坝体施工安全；反之，若坝体填筑土在桥桩基础施工期受到大幅影响，绝大部分填筑区内的材料损毁程度增加，由此产生的细观过水断面扩大，当渗透系数增加为初始值 3 倍以上时，坝体渗流过水断面扩展为全断面，因坝体允许坡降为 0.5，所以实际的渗透坡降将超出允许坡降两倍以上[52]；特别是弹湖山库区紧邻金塘外海，台风季节海水回灌频繁。本节研究成果揭示，当考虑坝体出现双向渗透时，若桥桩基础施工已将坝体填筑土大幅损毁，此时坝面最大渗水量将是完好状态的 50 倍以上，坝址、坝锺处将有显著的含泥量较大的渗水突出；同时，若出现桥桩基础施工将弹湖山坝体绝大部分填筑区材料损毁，此时坝体各处的渗流速度将是完好状态时数值的 10 倍以上，顺河向最大渗流流速接近 0.8cm/s，坝体内极易形成开放性的渗流通道。基于此，研究认为在库区内桥桩基础施工期间，应充分利用简易渗坑等方便、高效设施，实时观测弹湖山坝体渗透稳定性，严控坝址、坝锺处渗水量经渗水夹带含泥量[53]。

基于上述研究成果，在弹湖山库区内的桥桩施工期，应特别注意现场顺河向位移监测，尤其要控制施工期产生的各类冲击、激振作用，基于本节研究成果，一旦动力施工荷载激发振幅超过 1cm，坝体即会处于危险工作状态，此时应立即安全报警，停工检测，对迎水面与迎潮面两侧基线处做重点变形与开裂普查。

此外，本节研究认为，尤其在复线桥桩基础施工期间，弹湖山迎水面一侧水位应严格控制在 1.37m 高程以下，特别要避免施工期洪水上涌漫过 1.3m 高程。包括静动力条件在内，在地层卸载施工情况下，弹湖山库区内的桥桩基础施工作业会造成坝体主轴线位移变向，由此本节研究认为，施工期在两岸坝肩位置宜同期做变形观测，以便掌握坝轴线动态形位变化，当出现一个周期的变向位移时，应暂停静动力施工作业，安排专人对两岸坝肩范围的地块做裂陷踏勘。研究成果还认为，桥桩基础施工区要妥善设置封闭、防护结构，以尽可能将作业区的地层扰动，尤其是动力侵扰限制在仅作业范围内，条件允许时可使用软体铺排作为缓冲带进行设置，并可在桥桩基础处做阻尼隔震实施，有效阻断施工区对坝体填筑土的侵扰。

6）坝基冲击振动及坝体动力蠕变特性研究

甬舟复线不仅可以缓解地区内交通紧张状况，最关键的是该项目属于战略工程，考虑到此工程地位，并结合当前我国东南沿海地区普遍处于地震活跃期，本节研究将采用黏性-黏弹性-黏弹塑性本构模型，对弹湖山库区在地脉动效应作用下的坝体响应以及动力蠕变特征进行分析讨论[14,32]，其中弹湖山库区内基岩下卧层振动加速度响应时程曲线分结果如图 3.3-79 所示。

（1）场变量

①工况 1 动态场变量分布图

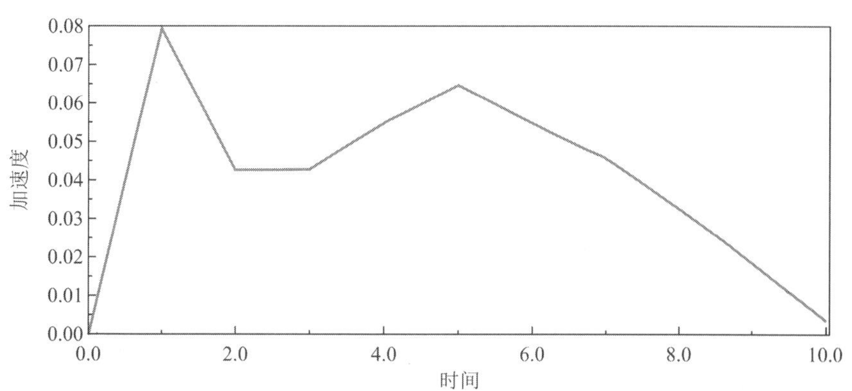

图 3.3-79　弹湖山库区基岩振动加速度响应时程曲线

②工况 2 动态场变量分布云图

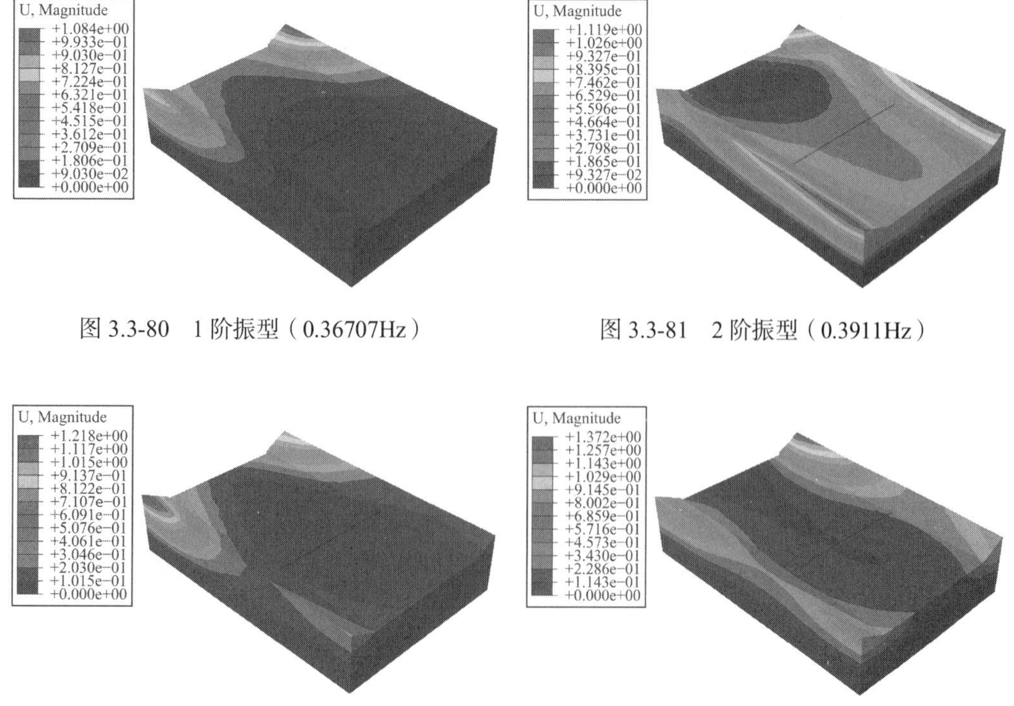

图 3.3-80　1 阶振型（0.36707Hz）

图 3.3-81　2 阶振型（0.3911Hz）

图 3.3-82　3 阶振型（0.39278Hz）

图 3.3-83　4 阶振型（0.39339Hz）

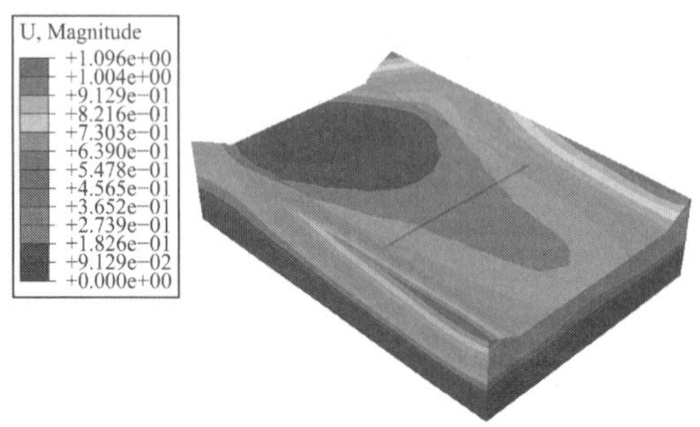

图 3.3-84　5 阶振型（0.40237Hz）

③工况 3 动态场变量分布云图

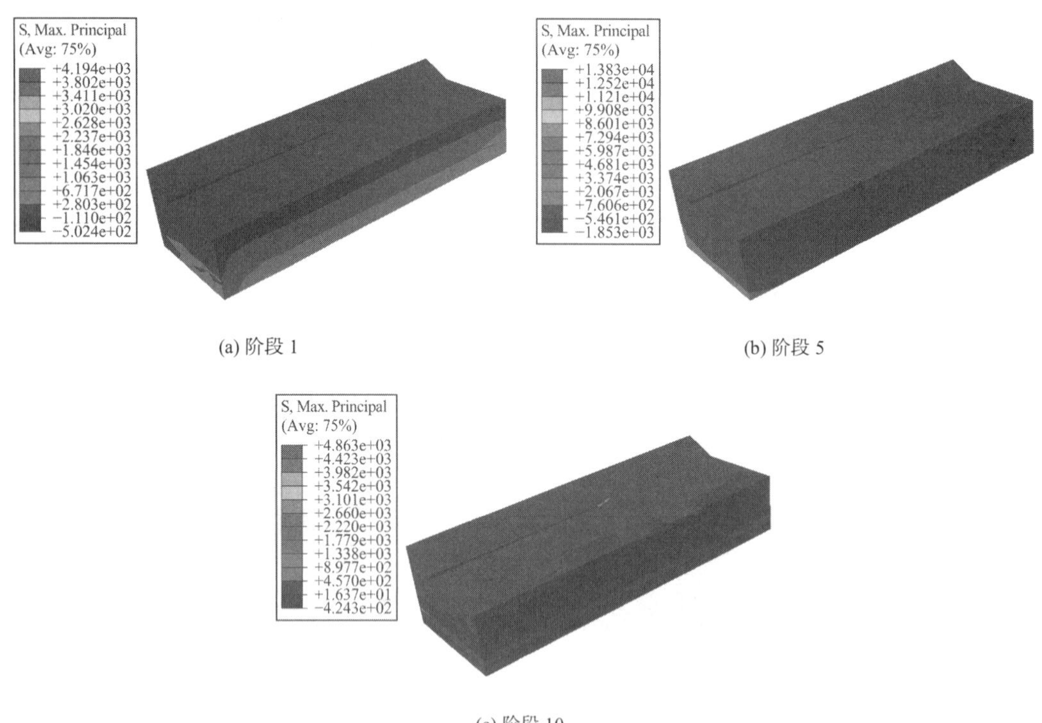

(a) 阶段 1　　(b) 阶段 5

(c) 阶段 10

图 3.3-85　地脉动大主应力

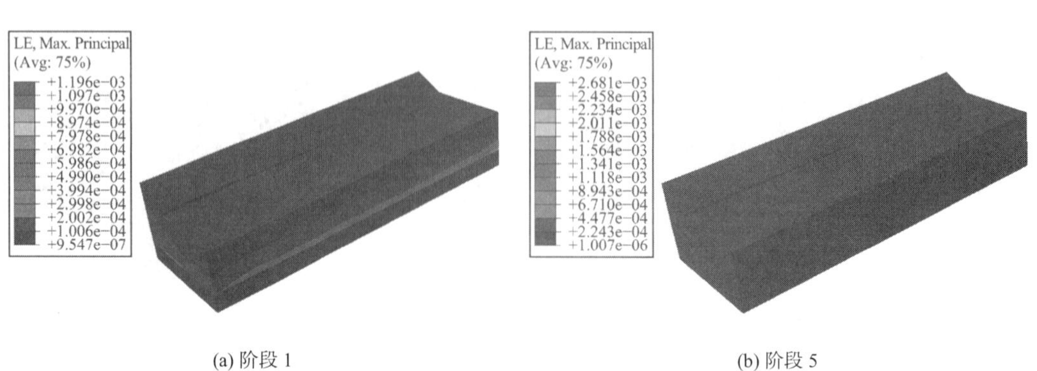

(a) 阶段 1　　(b) 阶段 5

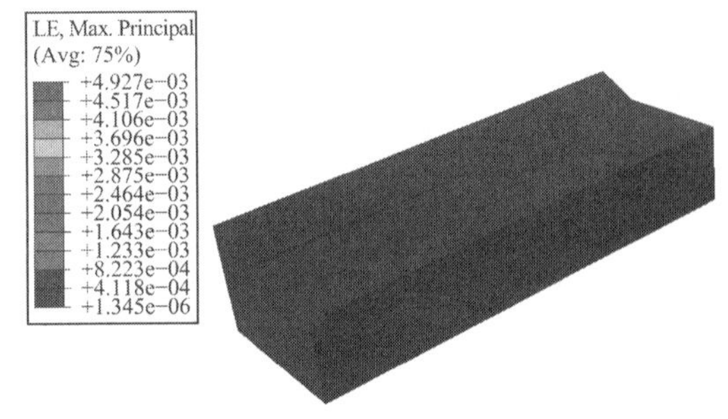

(c) 阶段 10

图 3.3-86　地脉动大主应变

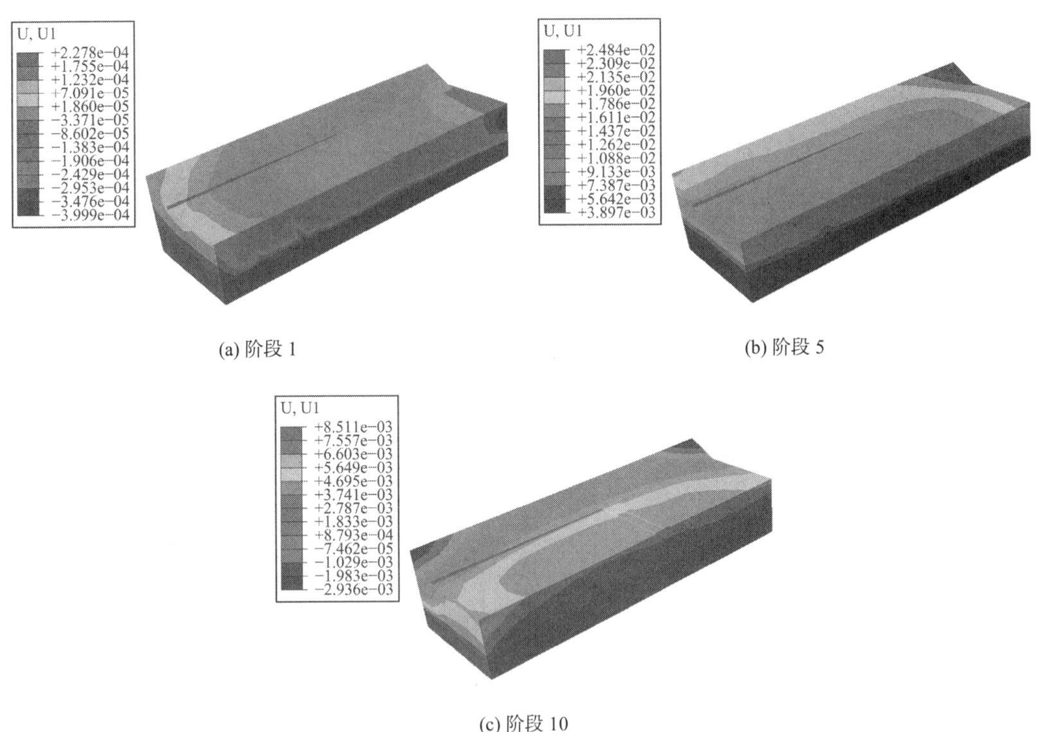

(a) 阶段 1　　(b) 阶段 5

(c) 阶段 10

图 3.3-87　地脉动位移合成

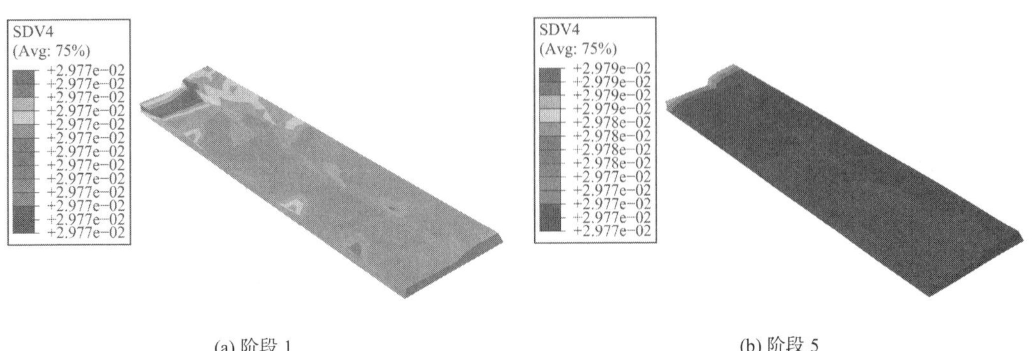

(a) 阶段 1　　(b) 阶段 5

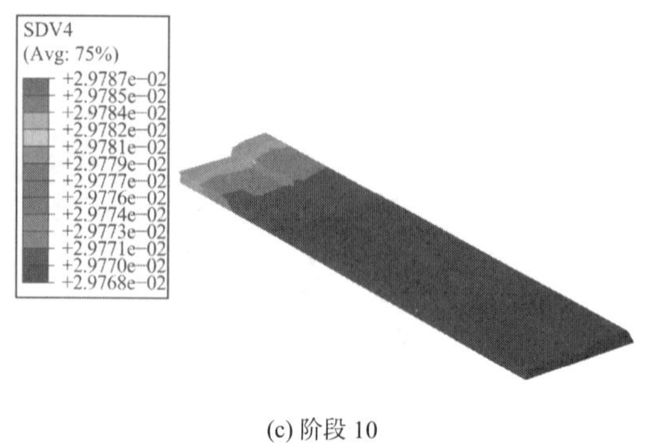

(c) 阶段 10

图 3.3-88　地脉动作用下坝体蠕变损伤

（2）坝体特征点场变量分布

本节研究选择了弹湖山坝体 1 处代表性位置特征点，具体见图 3.3-89，且针对这一代表性区域，对大坝地脉动加速度相应进行分析，得到地脉动作用下的大坝特征点加速度时程曲线如图 3.3-90 所示。

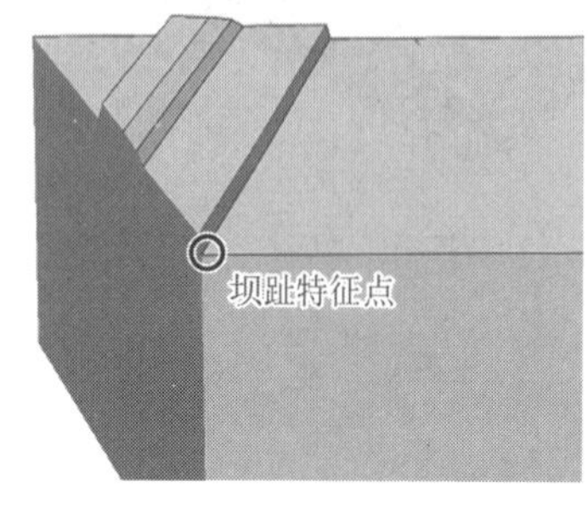

图 3.3-89　弹湖山坝体特征点选取

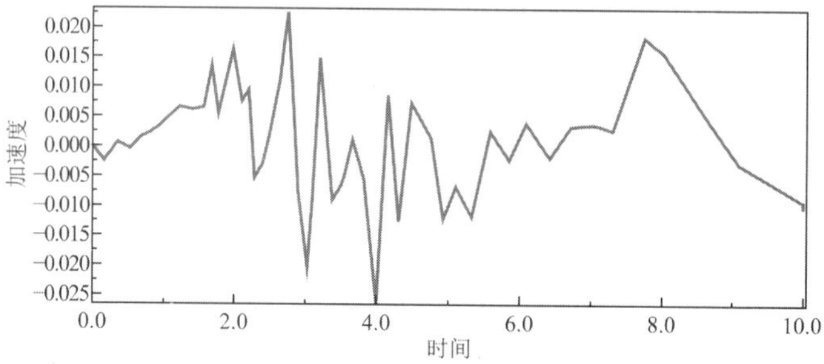

图 3.3-90　弹湖山坝体特征点地脉动加速度响应时程曲线

（3）结果分析与讨论

经仿真研究得知，在甬舟复线桥桩基础施工期的贯入冲击荷载作用下，弹湖山坝基基岩最大加速度响应值可达 8cm/s^2；同时，研究得知在贯入峰值加速度代表值为 1m/s^2 且冲击时长短于 10s 情况下，弹湖山桥桩施工引发坝基岩体冲击振动不足以造成大幅岩体破坏（图 3.3-79）。

此外，依据分析结果，研究将弹湖山坝体基频取为 0.099Hz（图 3.3-80～图 3.3-84），依据此结果，在 0.1g地脉动作用下，弹湖山坝体最大动主拉应力不超过 15kPa、最大动主压应力不超过 13kPa（图 3.3-85）。此时，弹湖山坝体最大动位移产生于坝顶，且不超过 11mm（图 3.3-86 及图 3.3-87）。在 0.1g地脉动作用下，弹湖山坝体蠕变损伤总体保持在 0.03 以下（图 3.3-88），对应的坝顶峰值加速度低于 2cm/s^2（图 3.3-90）。虽然，在典型地脉动荷载作用下，弹湖山坝顶加速度水平较低，但若有地脉动前兆时，研究认为仍需做相应的监测防护。

3.3.5　化城寺库坝系统安度性能评价研究

1）化城寺库坝系统关键性科学问题

本节研究主要针对甬舟复线桥桩基础施工产生的静力与激振效应及其可能会引发的化城寺库区岸坡及大坝主体静动力安全问题，重点模拟“桥桩基础动态施工条件下、化城寺库坝系统整体可靠性及动态响应机制”；同时，还将关注施工可能会引发的化城寺库区坝基冲击振动响应、坝体地脉动响应以及激振作用下坝体的蠕变特性，并就此做出安全评价。甬舟复线化城寺桥桩基础施工现场工作环境情势如图 3.3-91 所示。

化城寺库坝系统三维模型如图 3.3-92 及图 3.3-93 所示。

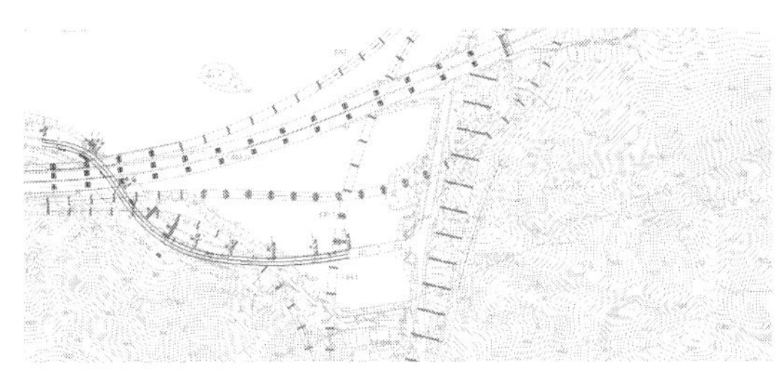

图 3.3-91　化城寺库区桥桩基础施工情势图

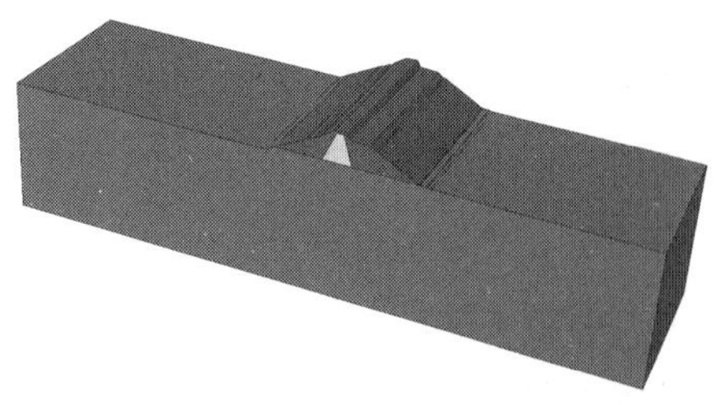

图 3.3-92　化城寺库坝系统总体模型渲染图

化成寺库区位于舟山市定海区金塘镇，距离金塘镇政府驻地约 12km，库区防洪影响面积 5000 余亩，灌溉面积 3500 亩，防洪影响人口 3000 多人，枢纽分别由挡水设施、泄洪设施、放水设施等组成，水库正常蓄水位 20.90m，设计洪水位 21.80m，校核洪水位 22.35m，总库容 129.8 万 m^3，是一座以防洪、灌溉兼供水的小（1）型水库，大坝坝型为黏土心墙坝，设计坝顶高程为 23.0m，最大坝高 15m，坝顶宽 5.70m，长 98m，大坝上游设计为二级坝坡，分别为 1：1.75 及 1：2，马道高程 18.50m，下游坝坡为 1：2，上、下游坝坡均采用干砌块石护坡。

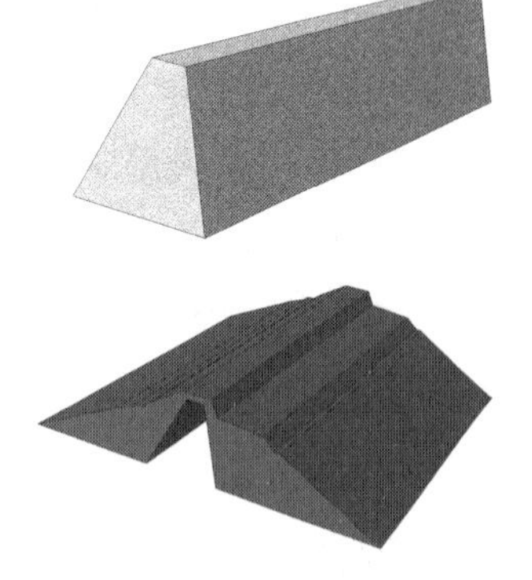

图 3.3-93　化城寺大坝防渗设施与坝壳分解三维模型

2）材料分区

本节研究将采用个性化、精细化建模手段，对前期模型做细化雕刻，且将模型划分为 3 个材料区块，即坝体、心墙、卧层母岩，3 个区块的材料总体按照如表 3.3-2 中标准选取模拟计算。

本节所涉及的各区块材料在研究全过程中均考虑非线性特征，并采用弹塑性及黏性-黏弹性-黏弹塑性本构模型仿真模拟。

对于激振破坏、静动力水压扰动作用下，化城寺坝体填筑材料指标折减的仿真模拟主要依据如 3.1.3 节中所介绍双曲线形折减模型完成。

各区材料参数代表值　　表 3.3-2

材料分区	密度/(kg/m³)	动模量/Pa	动泊松比	模量/Pa	泊松比	黏聚力/kPa	内摩擦角/°	剪胀角/°	屈服强度/Pa	流变应力比	渗透系数/(cm/s)
坝壳	1960	4.9×10^7	0.29	6.91×10^6	0.31	4.5	32	28	2.5×10^7	/	/
心墙	2000	5.6×10^7	0.30	7.6×10^6	0.35	27.4	16.2	30	2.0×10^7	/	/
卧层母岩	2100	6.8×10^{10}	0.25	2.0×10^8	0.3	1.5×10^5	58	20	8×10^8（3×10^6）	0.8	/

3）边界条件与加载工况

（1）边界条件设计

化城寺库坝系统安度性能评价研究所采用的边界条件与弹湖山库坝系统一致。

（2）加载工况设计

针对库坝系统整体稳定性及动态响应机制研究，共设计三个大类的仿真计算工况：第一类是桥桩基础施工激振工况，该类工况下，重点仿真模拟施工期库区内的整体的动力工程环境；第二类是包含静动力库坝稳定工况，该类工况重点仿真模拟各类静动力荷载作用下库坝边坡体系的动态安全问题；第三类为坝基冲击振动及坝体动力蠕变特性研究。

具体工况信息如下所示，

①中水位，桥桩施工激振引发库水坝体异步动力响应，动水压力激振波速 0.1cm/s，坝体激励激振波速 0.3cm/s；

②中水位，桥桩施工激振引发库水坝体异步动力响应，动水压力激振波速 0.3cm/s，坝体激励激振波速 0.9cm/s；

③中水位，桥桩施工激振引发库水坝体异步动力响应，动水压力激振波速 1.0cm/s，坝体激励激振波速 3.0cm/s；

④中水位，桥桩施工激振引发库水坝体异步动力响应，动水压力激振波速 3.0cm/s，坝体激励激振波速 9.0cm/s；

⑤中水位，桥桩施工激振引发库水坝体同步动力响应，激励激振波速 0.3cm/s；

⑥中水位，桥桩施工激振引发库水坝体同步动力响应，激励激振波速 0.9cm/s；

⑦中水位，桥桩施工激振引发库水坝体同步动力响应，激励激振波速 3.0cm/s；

⑧中水位，桥桩施工激振引发库水坝体同步动力响应，激励激振波速 9.0cm/s；

⑨中水位，桥桩施工激振引发坝面动水激振，激振波速 1.0cm/s，冲击效应各向同性，专项模拟大坝主体滑动；

⑩中水位，桥桩施工激振引发坝面动水激振，激振波速 2.0cm/s，冲击效应各向同性，专项模拟大坝主体滑动；

⑪中水位，桥桩施工激振引发坝面动水激振，激振波速 3.0cm/s，冲击效应各向同性，专项模拟大坝主体滑动；

⑫中水位，桥桩施工激振引发坝面动水激振，激振波速 4.0cm/s，冲击效应各向同性，

专项模拟大坝主体滑动；

⑬中水位，桥桩施工激振引发坝面动水激振，激振波速 5.0cm/s，冲击效应各向同性，专项模拟大坝主体滑动；

⑭高水位，左岸坝肩桥桩基础施工突发性占位导致的库区山体松动，与上游库区内施工作业面卸载效应耦合，专项模拟库岸边坡与坝坡耦合滑动，空间滑裂带形成，激振波速 1.0cm/s；

⑮高水位，左岸坝肩桥桩基础施工突发性占位导致的库区山体松动，与上、下游库区内施工作业面卸载效应耦合，专项模拟库岸边坡与坝坡耦合滑动，空间滑裂带形成，激振波速 1.0cm/s。

针对坝基冲击振动及坝体动力蠕变特性研究，共设计仿真计算工况 3 大项，即贯入冲击、坝体地脉动响应以及动力蠕变仿真，各项分 10 个加载阶段完成模拟计算，具体工况信息如下所示：

①桥桩施工激振引发坝基贯入冲击振动，贯入峰值加速度代表值为 $1m/s^2$，冲击时长10s；

②库区发生一次代表性地脉动，地脉动波形为具有空间辐射特征，采用隐式积分法求解坝体振型；

③库区发生一次代表性地脉动，地脉动波形为具有空间辐射特征，材料呈黏弹塑性非线性，采用伯格斯模型模拟结构与材料的动力响应。

4）有限元（FEM）网格模型

本节研究中采用混合单元技术（图 3.3-94），对化城寺库坝系统做网格剖分，库坝系统总体采用 Hex 单元离散，单元插值为牛顿缩减法，单元族类型均为空间 3 维实体应力单元；网格模型单元总数为 171360，节点总数为 179496（图 3.3-95）。

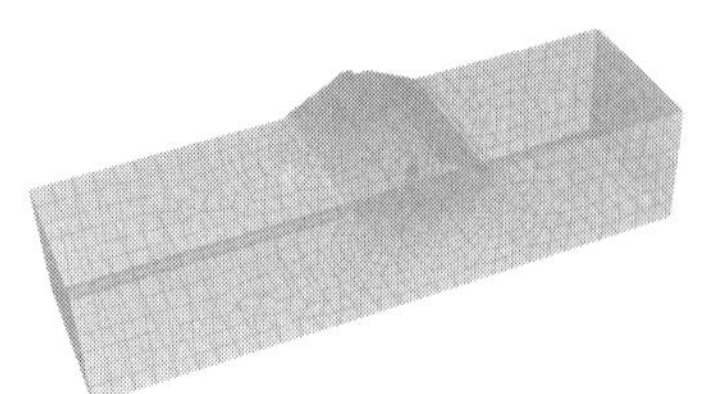

图 3.3-94　化城寺大坝系统总体网格模型透视

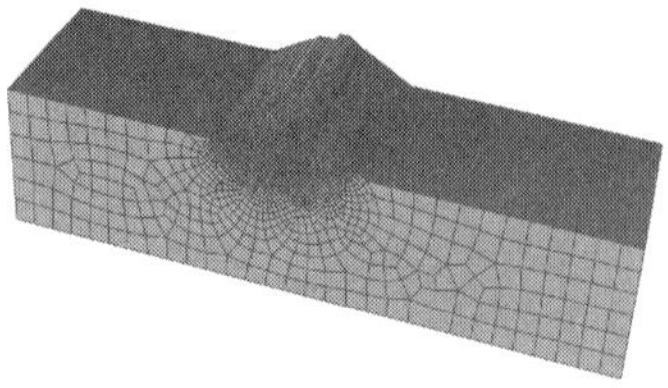

图 3.3-95　化城寺大坝系统总体网格模型实体

5）库坝系统整体稳定性及动态响应机制研究

（1）场变量

本节将针对化城寺库坝系统各关键物理力学场变量的空间动态分布进行专门探究[14-32]，具体结果如图 3.3-96～图 3.3-146 所示。

①工况 1 动态场变量分布云图

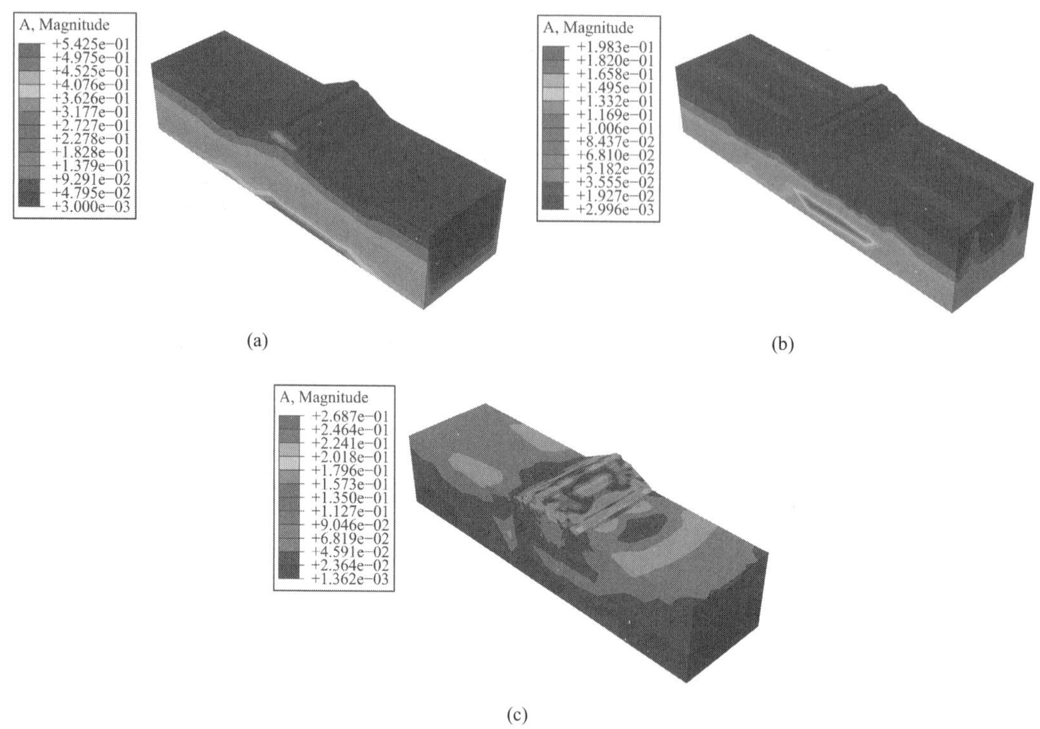

图 3.3-96　库坝系统激振加速度动态云图（全量）

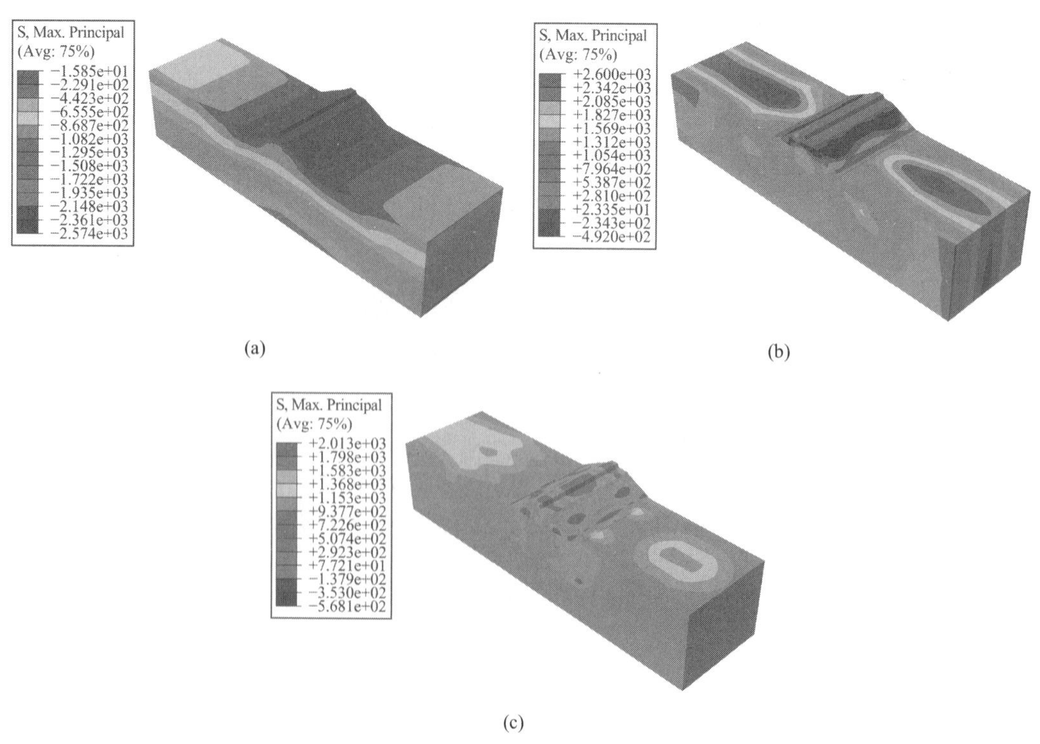

图 3.3-97　库坝系统激振大主应力动态云图

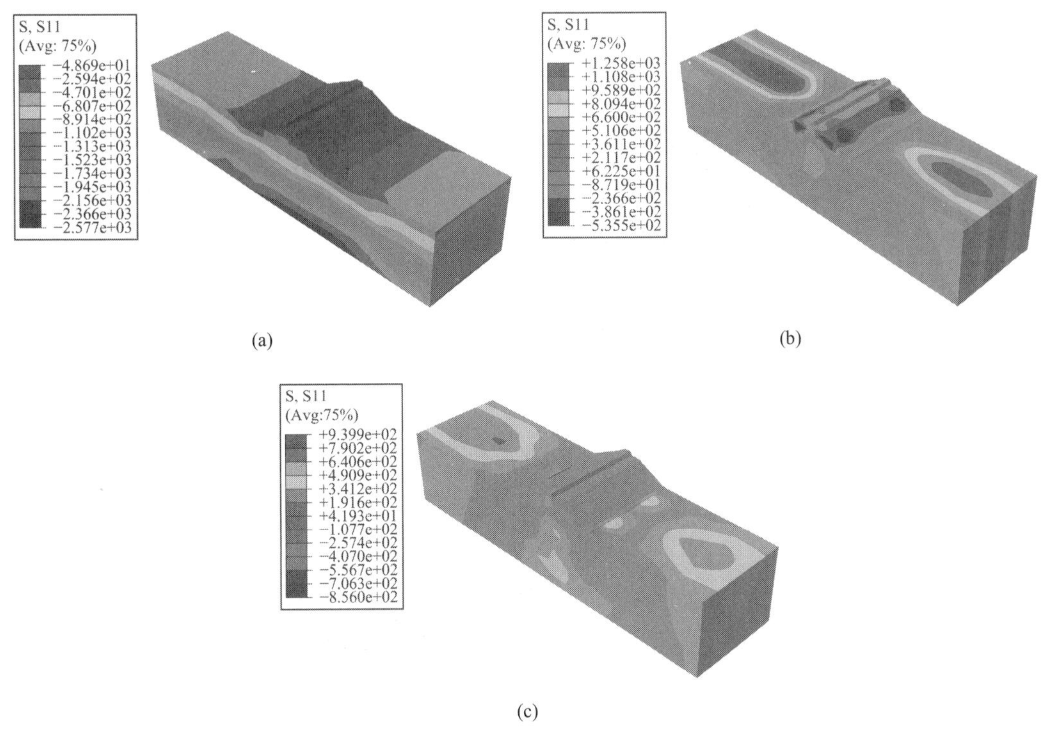

图 3.3-98　库坝系统激振正应力分量动态云图

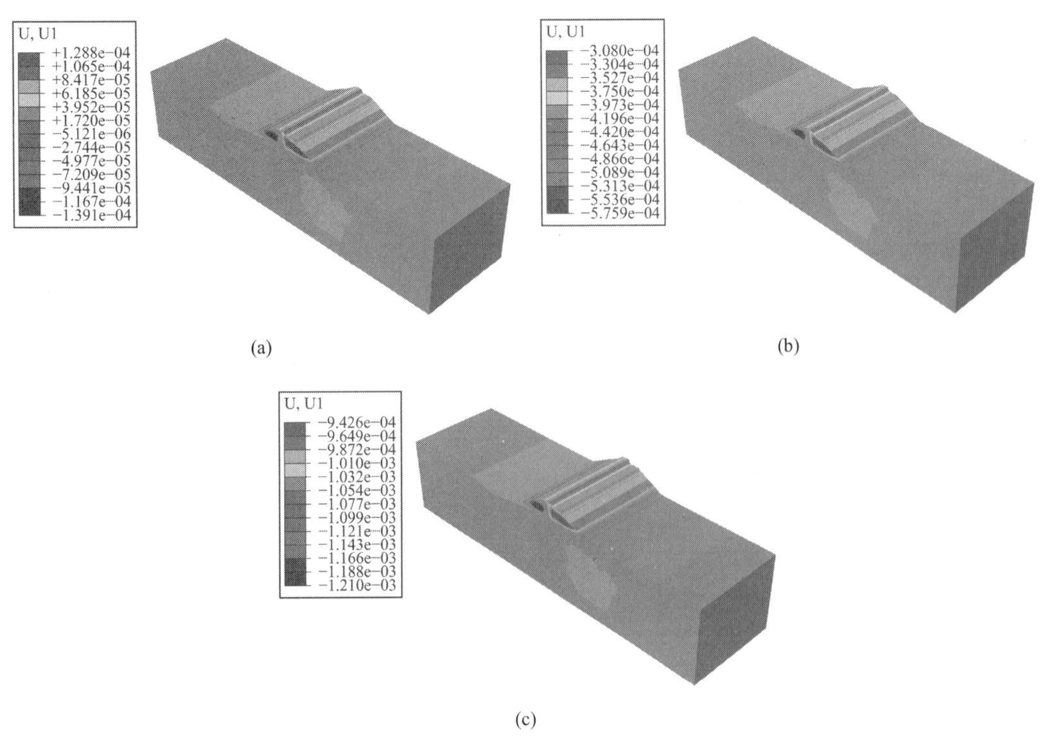

图 3.3-99　库坝系统激振位移分量动态云图

②工况 2 动态场变量分布云图

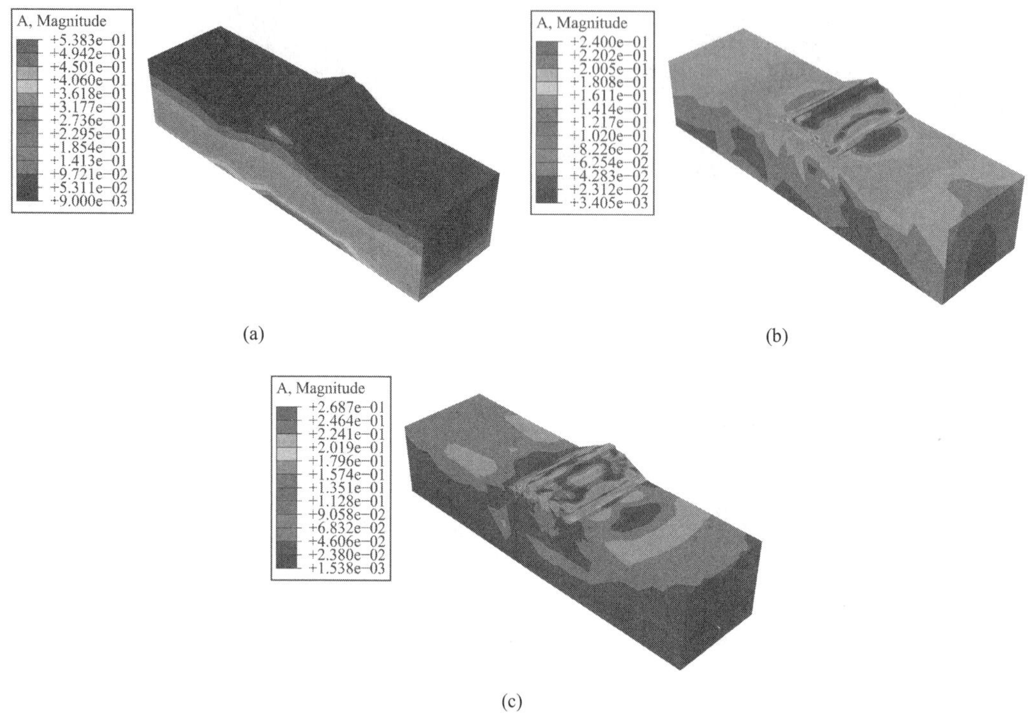

图 3.3-100　库坝系统激振加速度动态云图（全量）

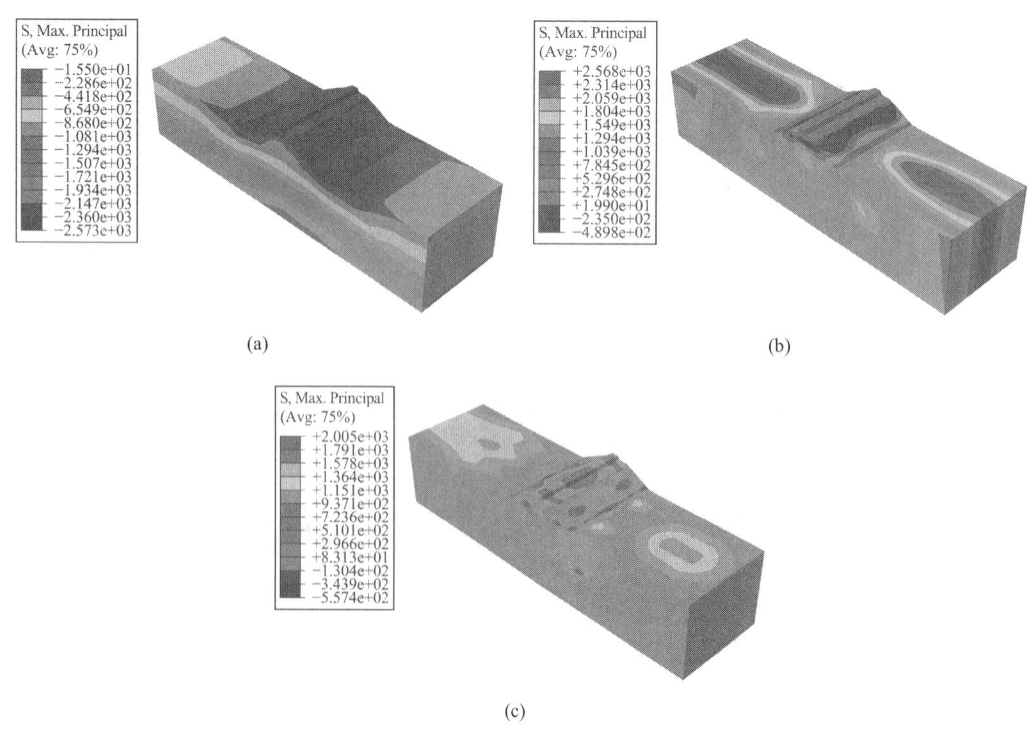

图 3.3-101　库坝系统激振大主应力动态云图

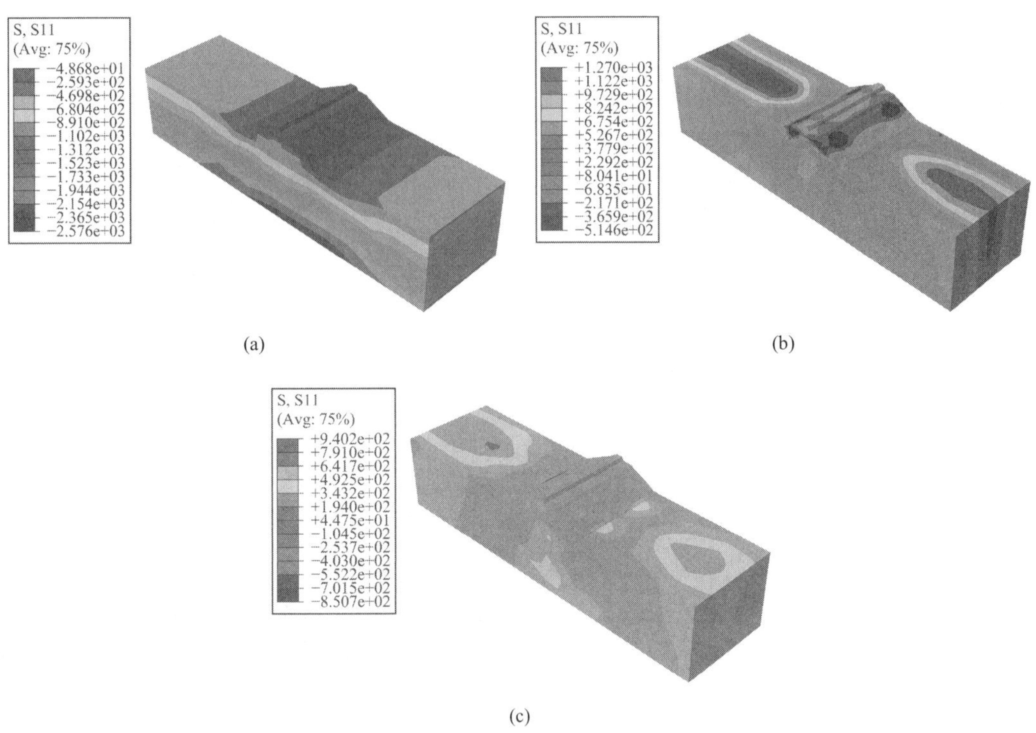

图 3.3-102　库坝系统激振正应力分量动态云图

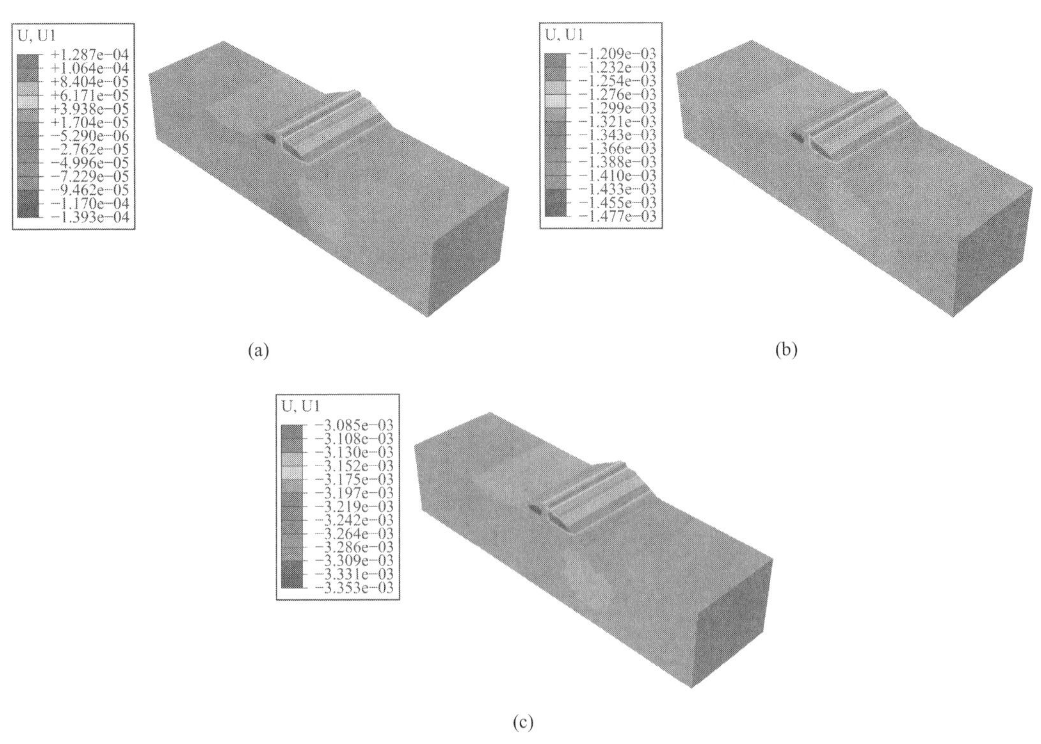

图 3.3-103　库坝系统激振位移分量动态云图

③工况 3 动态场变量分布云图

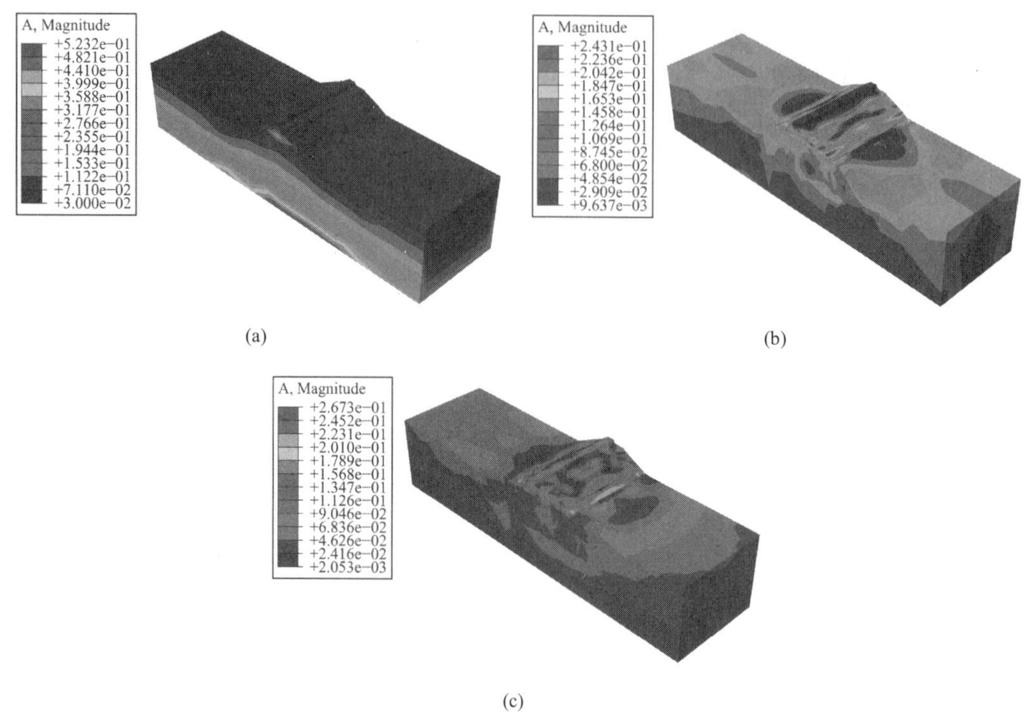

图 3.3-104　库坝系统激振加速度动态云图（全量）

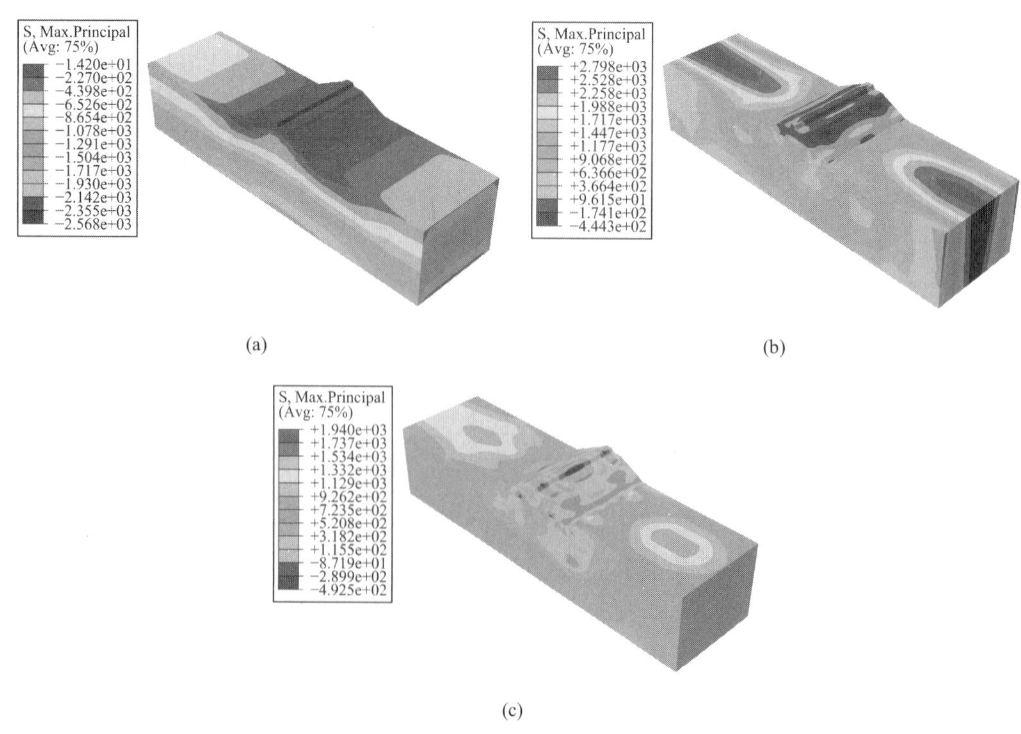

图 3.3-105　库坝系统激振大主应力动态云图

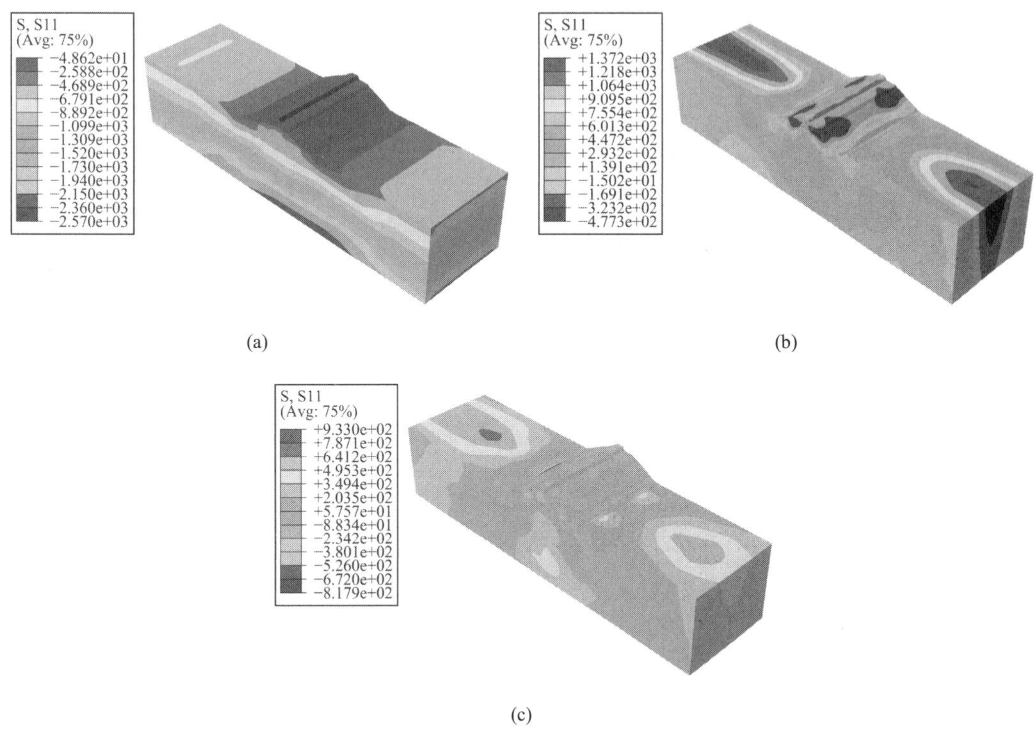

图 3.3-106　库坝系统激振正应力分量动态云图

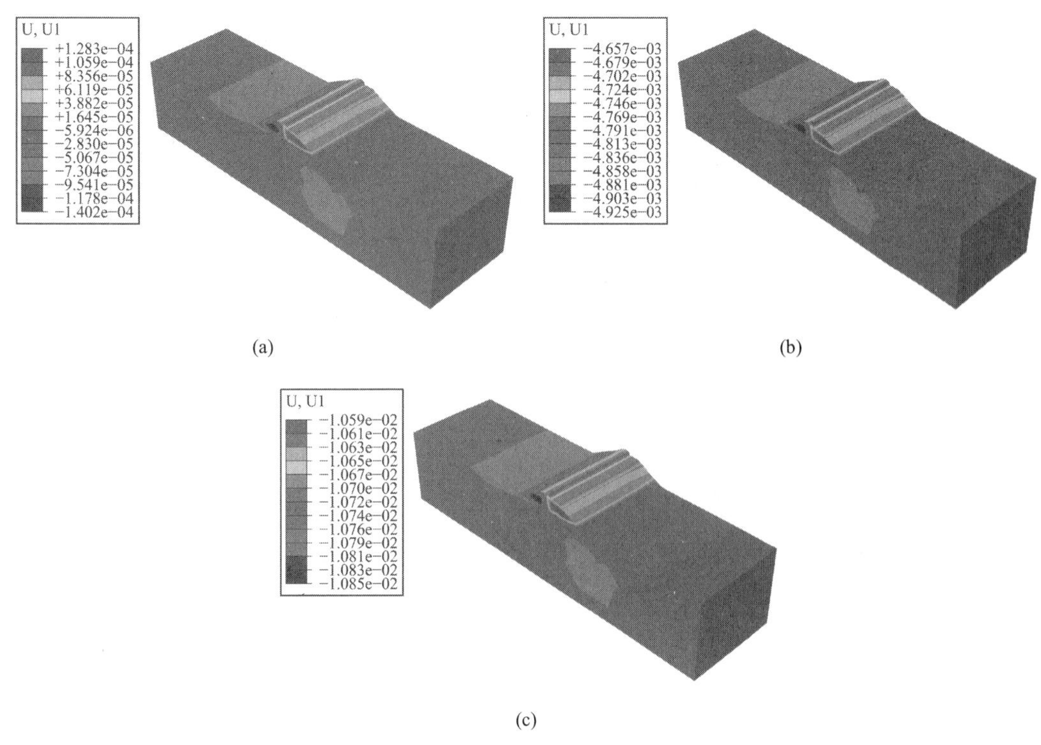

图 3.3-107　库坝系统激振位移分量动态云图

④工况 4 动态场变量分布云图

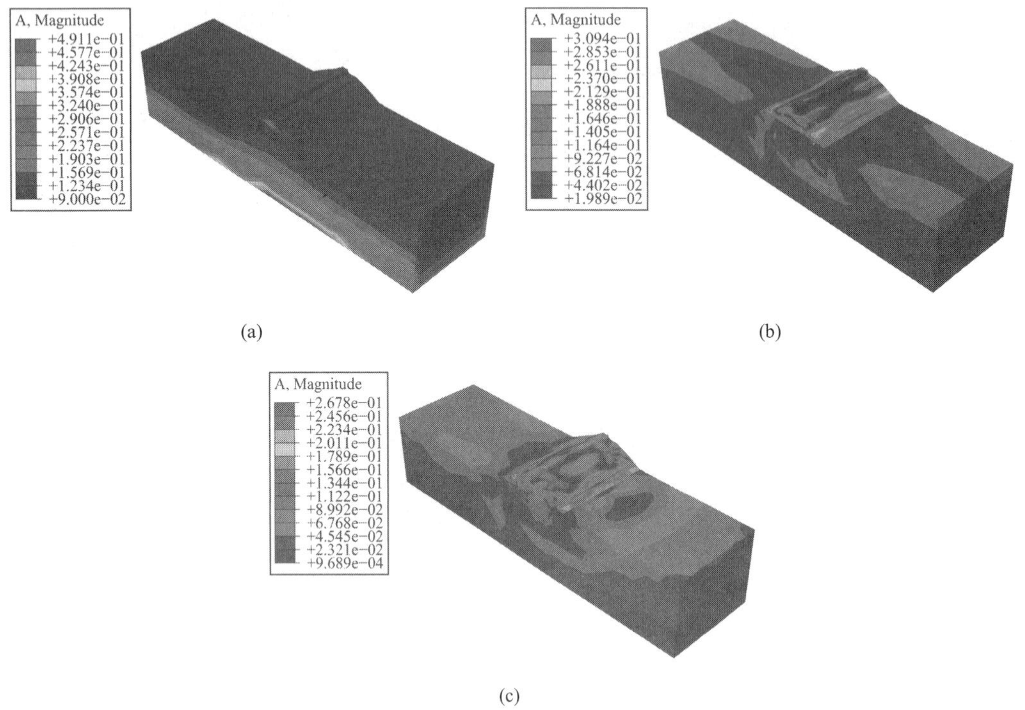

(a) (b)

(c)

图 3.3-108　库坝系统激振加速度动态云图（全量）

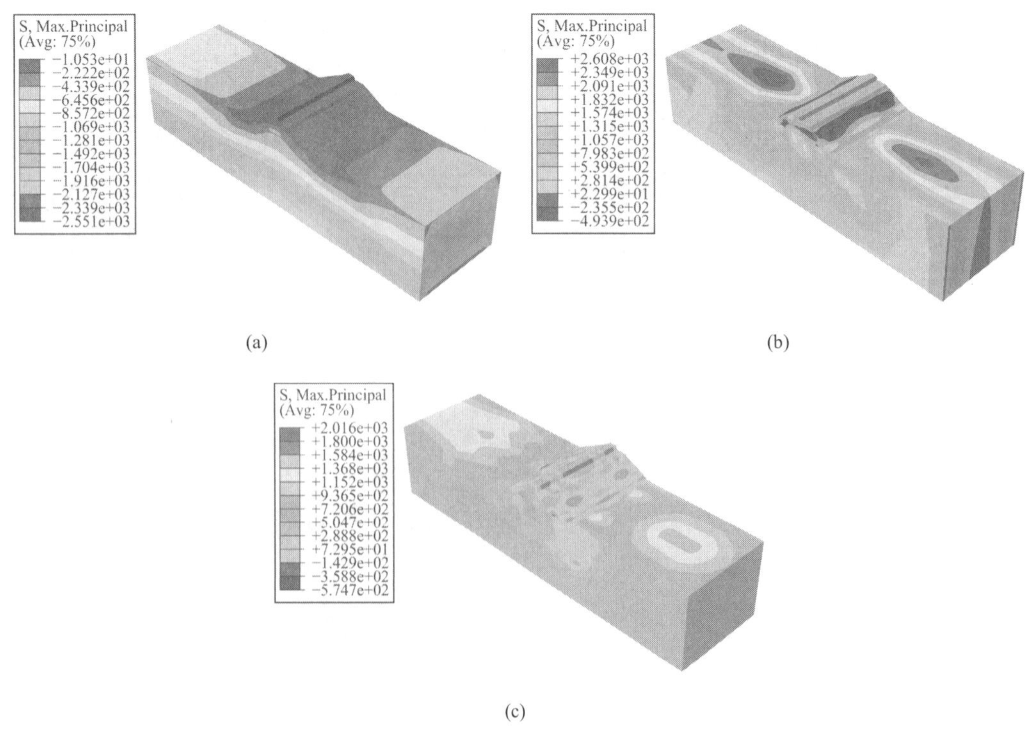

(a) (b)

(c)

图 3.3-109　库坝系统激振大主应力动态云图

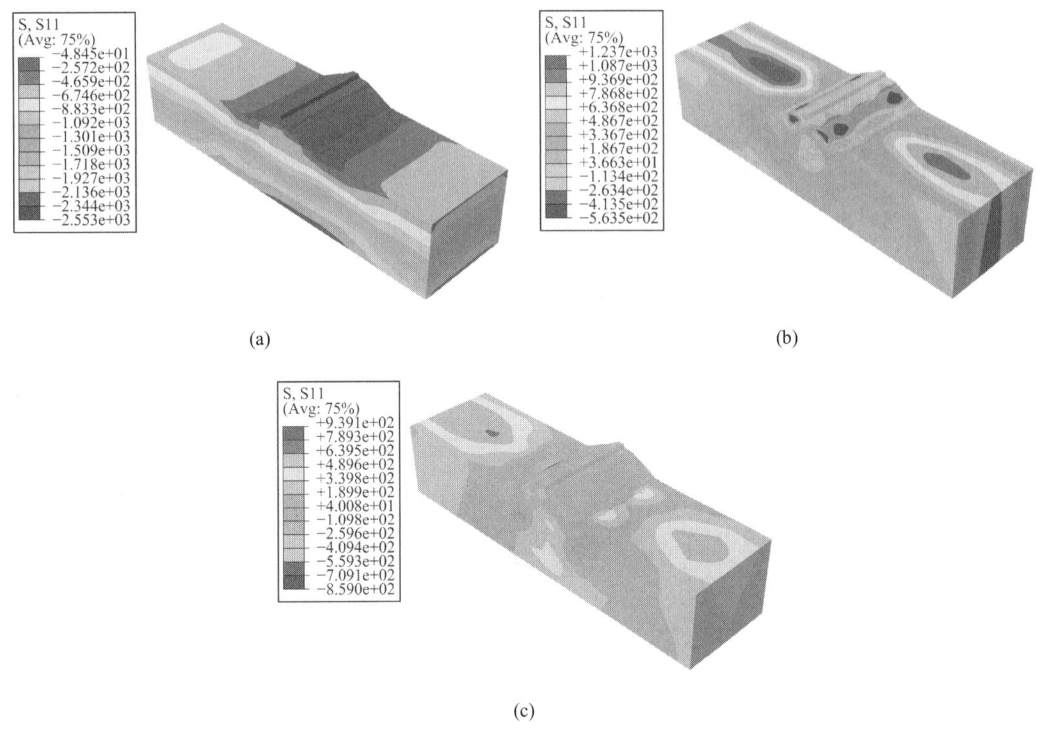

图 3.3-110　库坝系统激振正应力分量动态云图

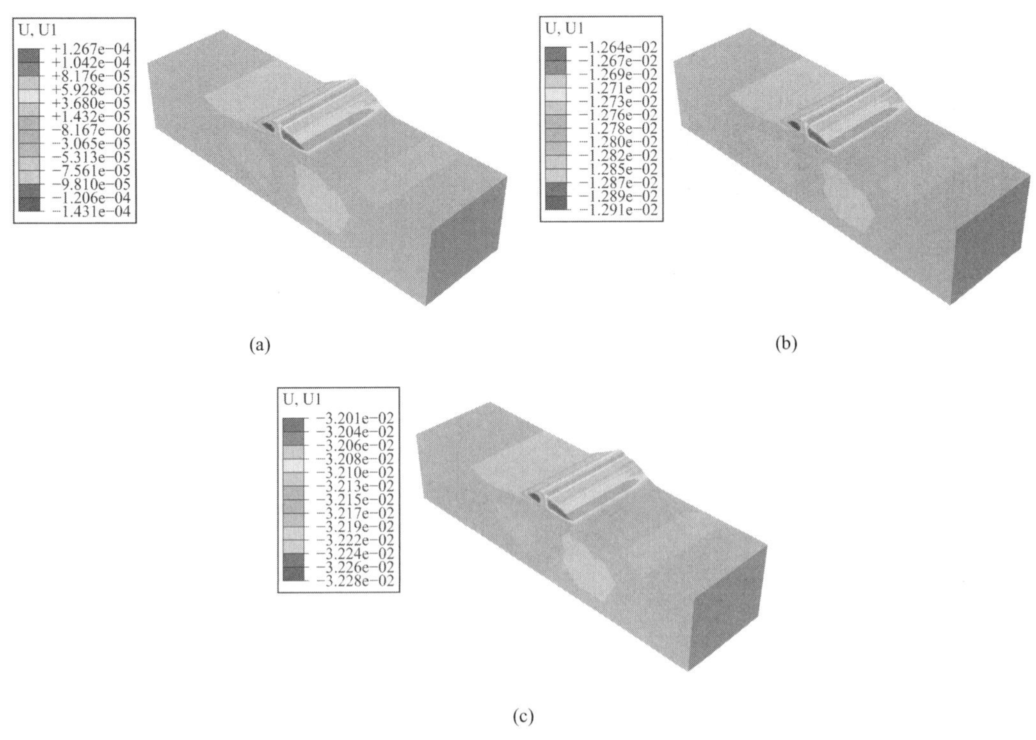

图 3.3-111　库坝系统激振位移分量动态云图

⑤工况 5 动态场变量分布云图

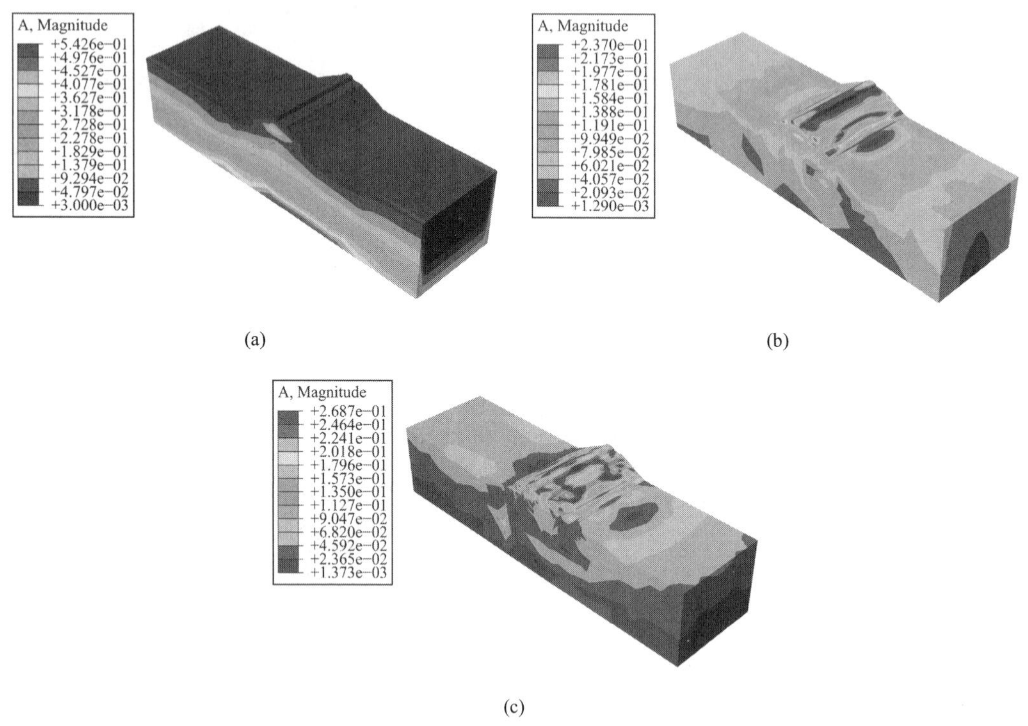

图 3.3-112　库坝系统激振加速度动态云图（全量）

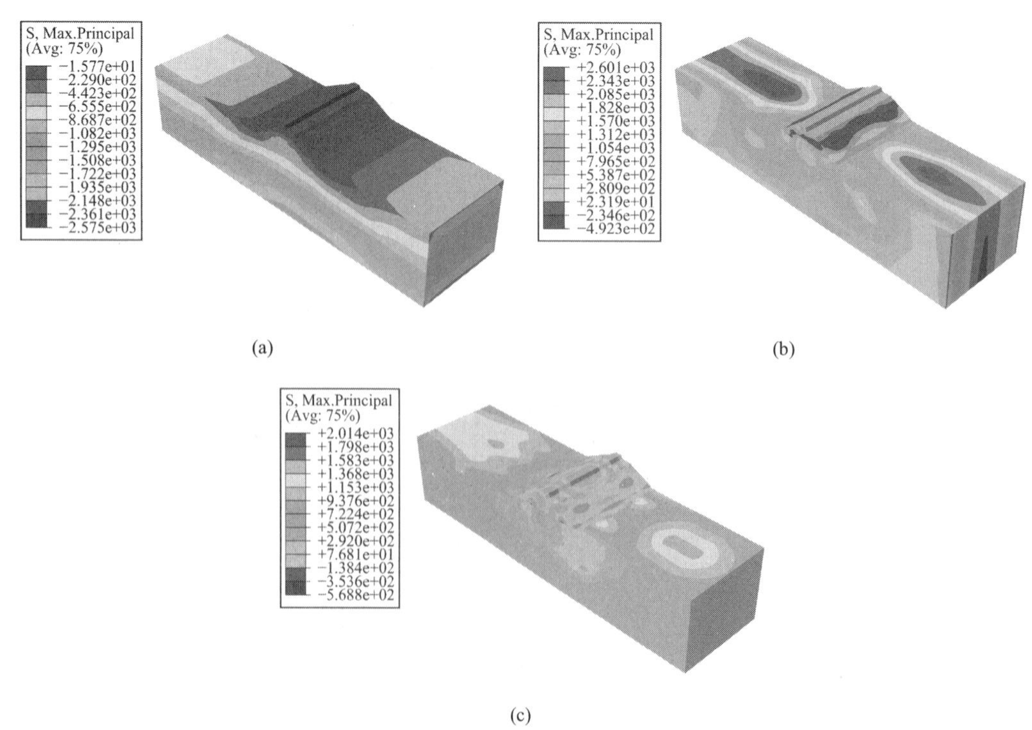

图 3.3-113　库坝系统激振大主应力动态云图

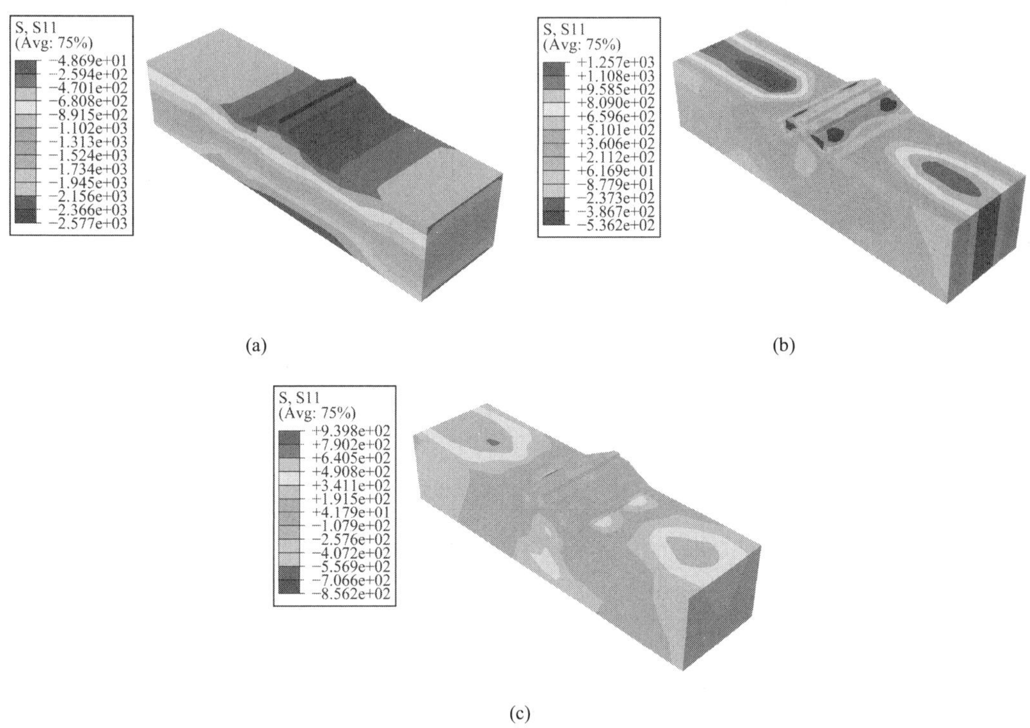

(a)　(b)

(c)

图 3.3-114　库坝系统激振正应力分量动态云图

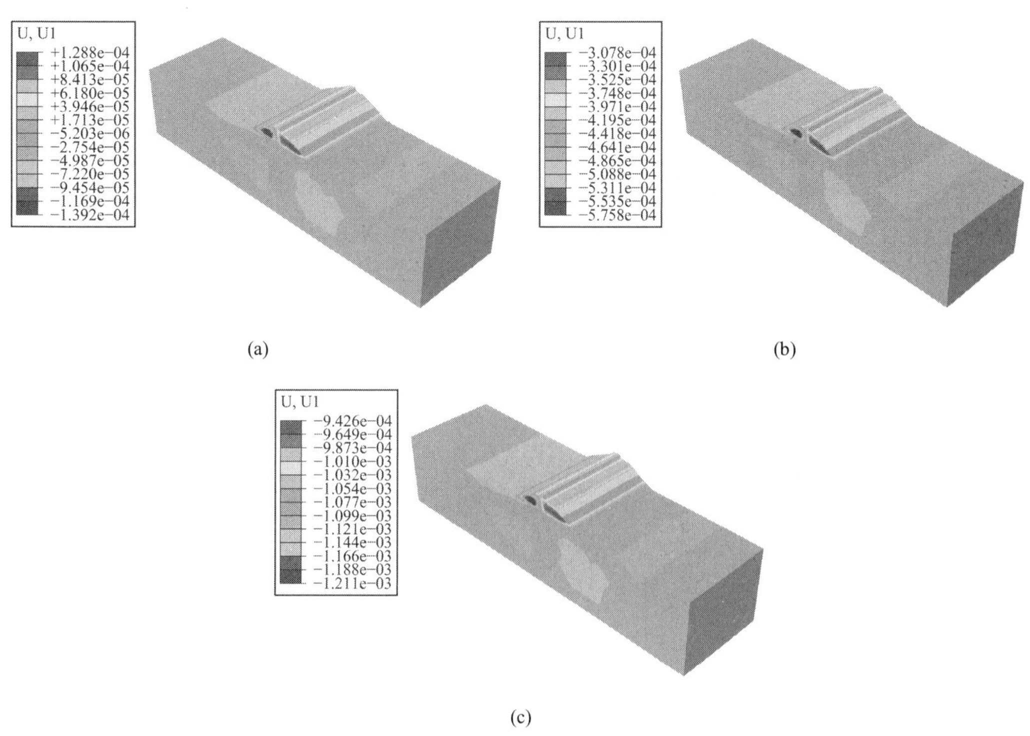

(a)　(b)

(c)

图 3.3-115　库坝系统激振位移分量动态云图

⑥工况 6 动态场变量分布云图

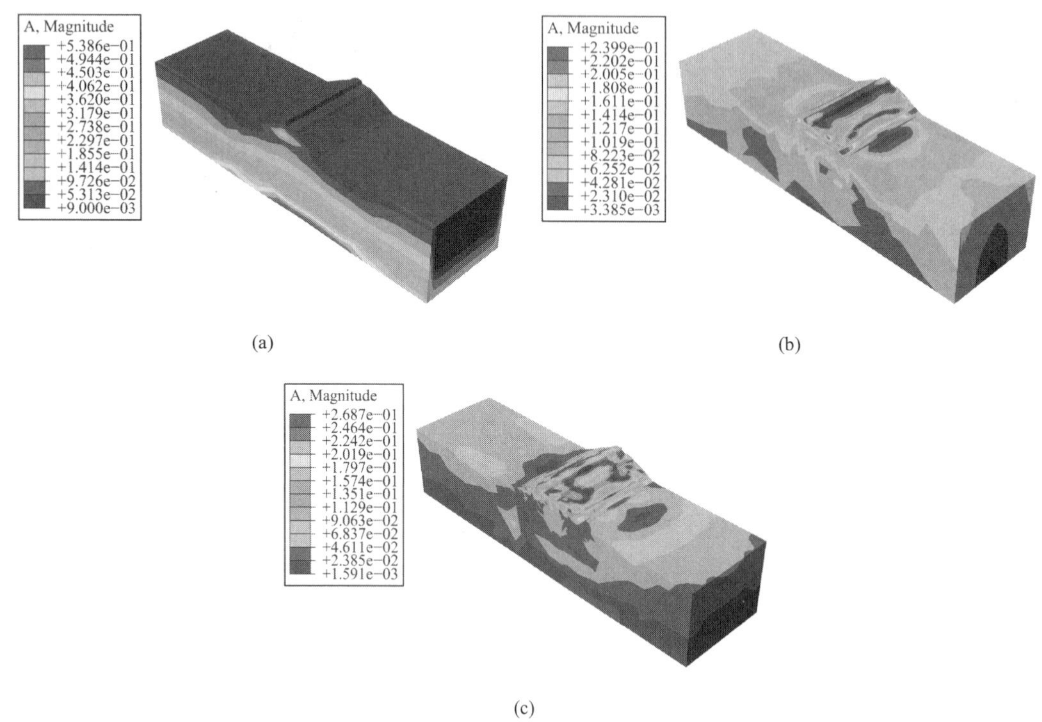

图 3.3-116　库坝系统激振加速度动态云图（全量）

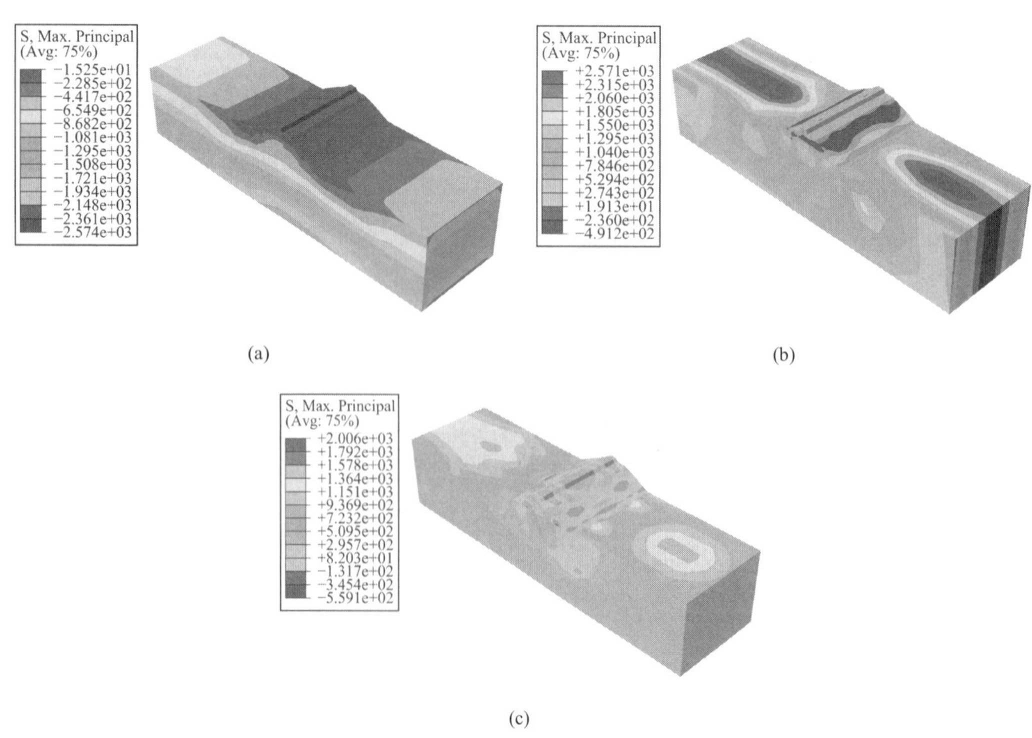

图 3.3-117　库坝系统激振大主应力动态云图

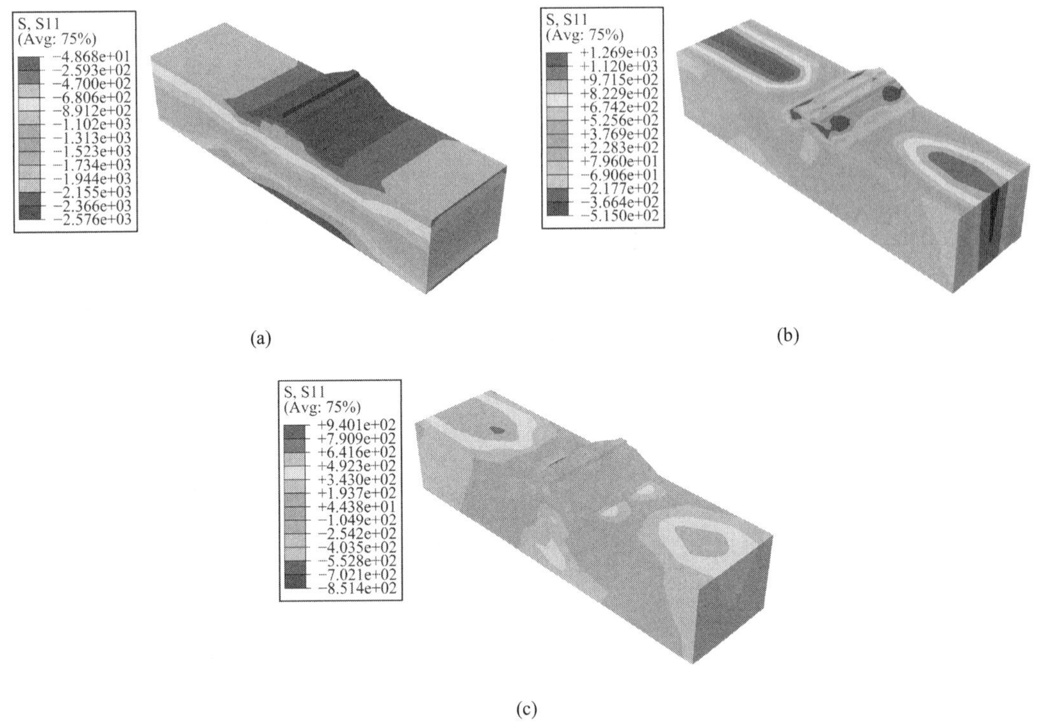

图 3.3-118　库坝系统激振正应力分量动态云图

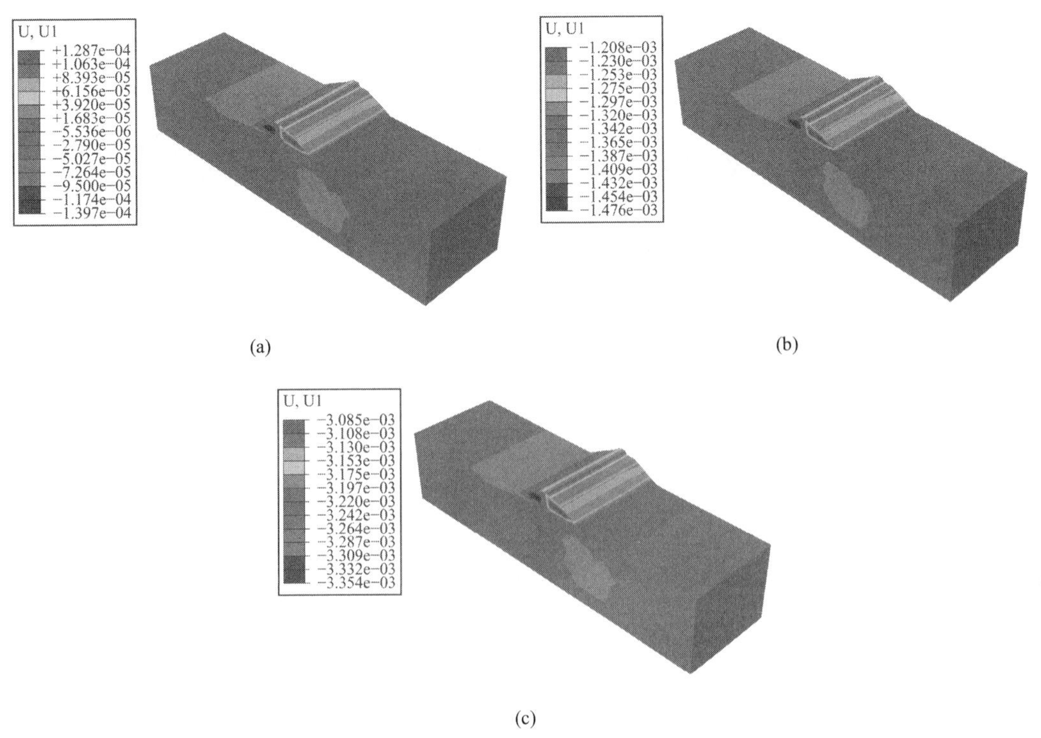

图 3.3-119　库坝系统激振位移分量动态云图

⑦工况 7 动态场变量分布云图

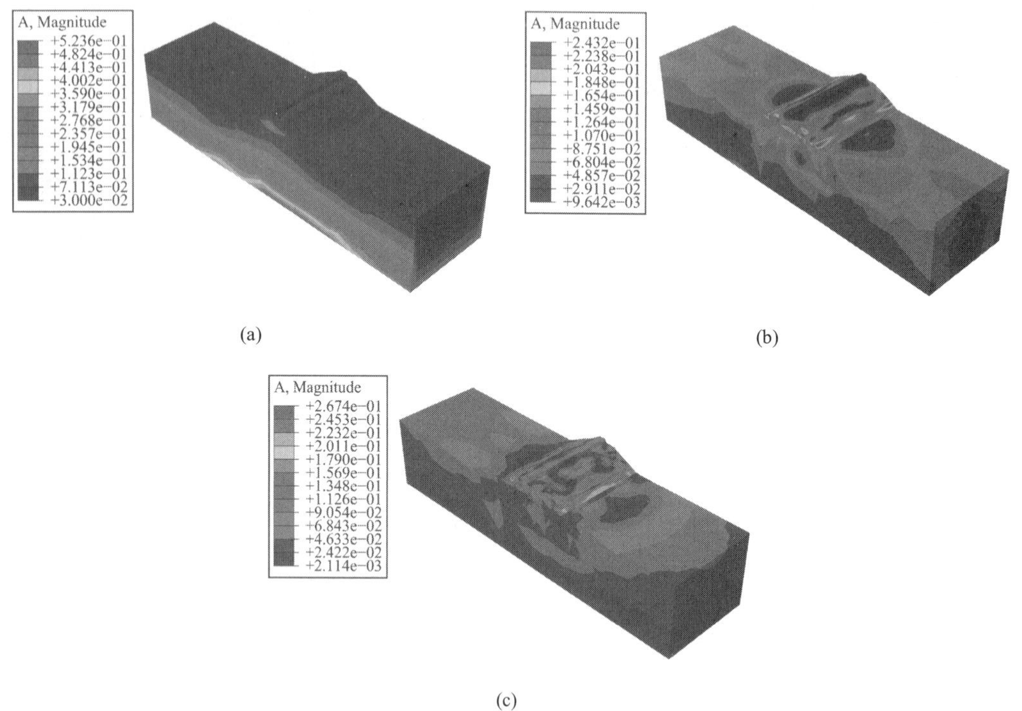

图 3.3-120　库坝系统激振加速度动态云图（全量）

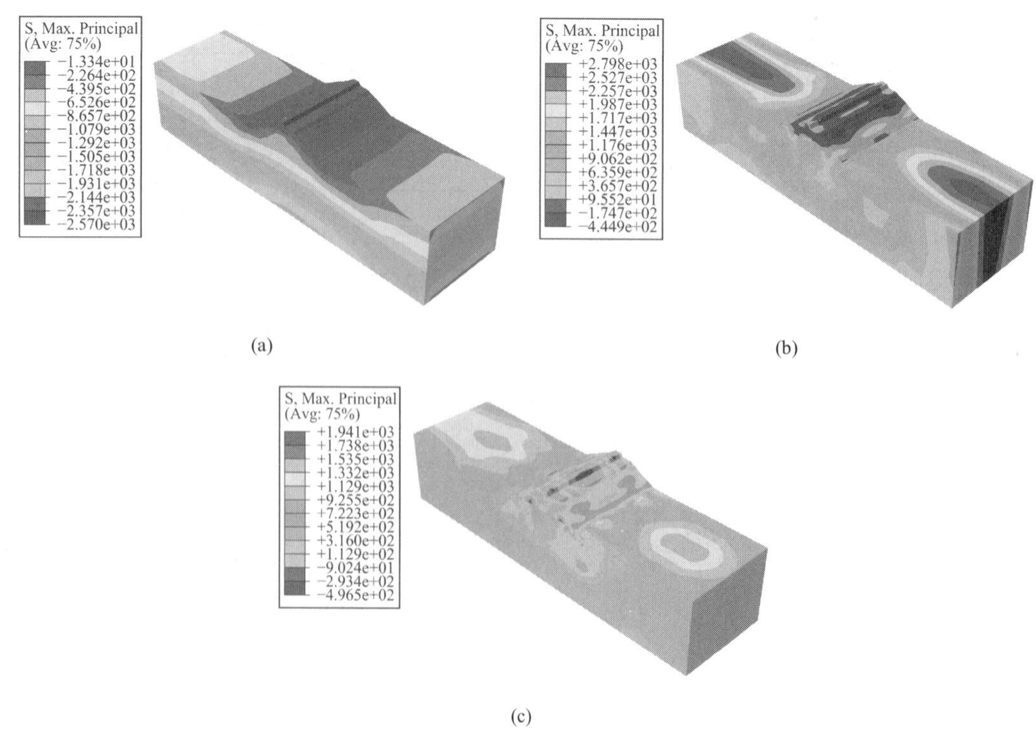

图 3.3-121　库坝系统激振大主应力动态云图

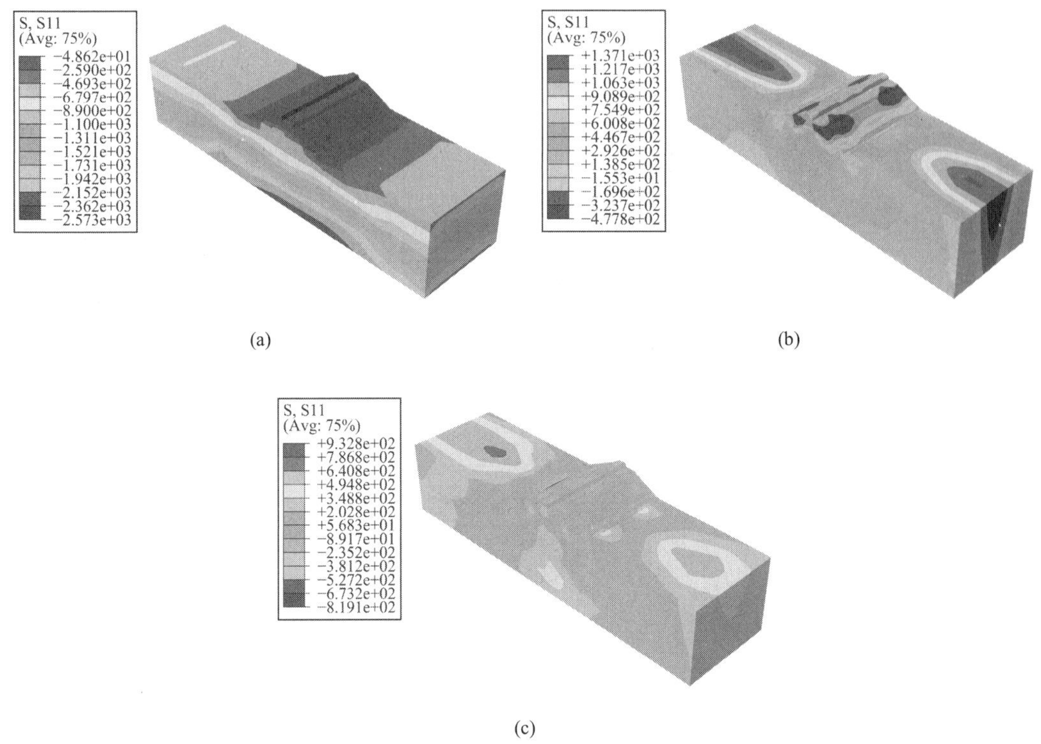

图 3.3-122　库坝系统激振正应力分量动态云图

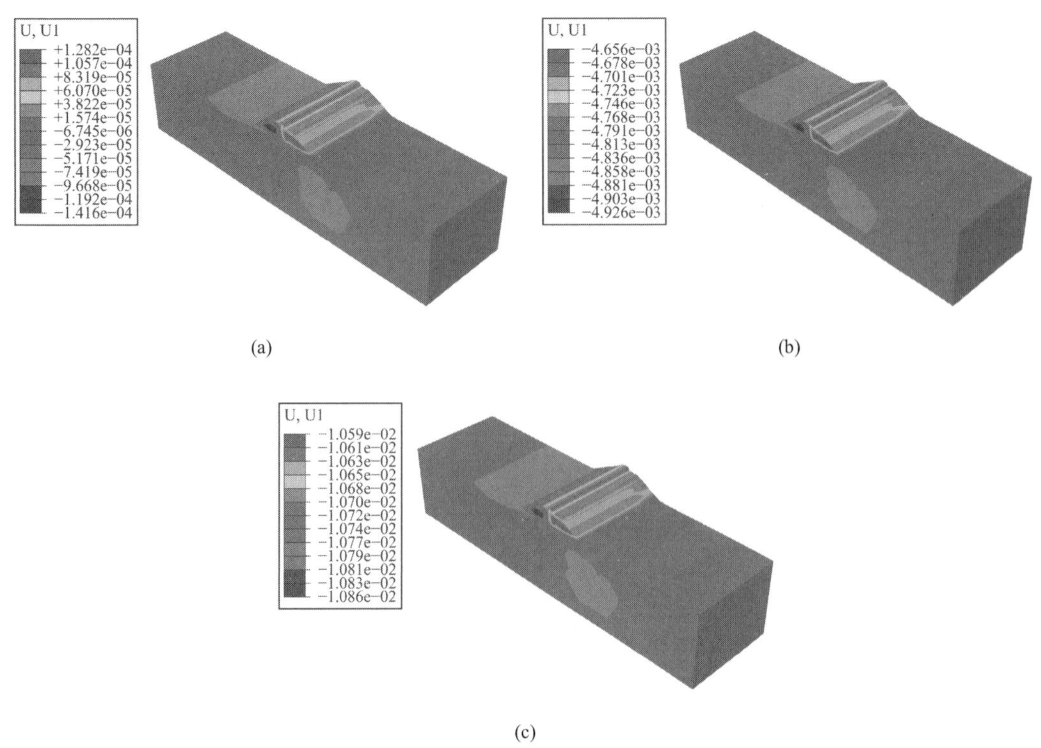

图 3.3-123　库坝系统激振位移分量动态云图

⑧工况 8 动态场变量分布云图

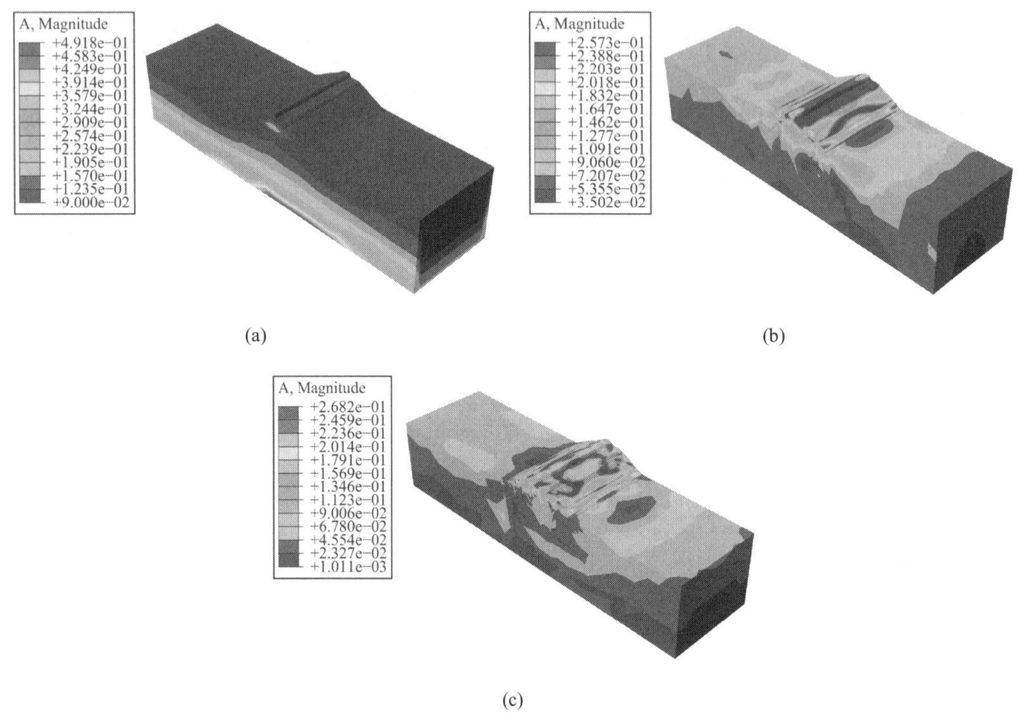

图 3.3-124　库坝系统激振加速度动态云图（全量）

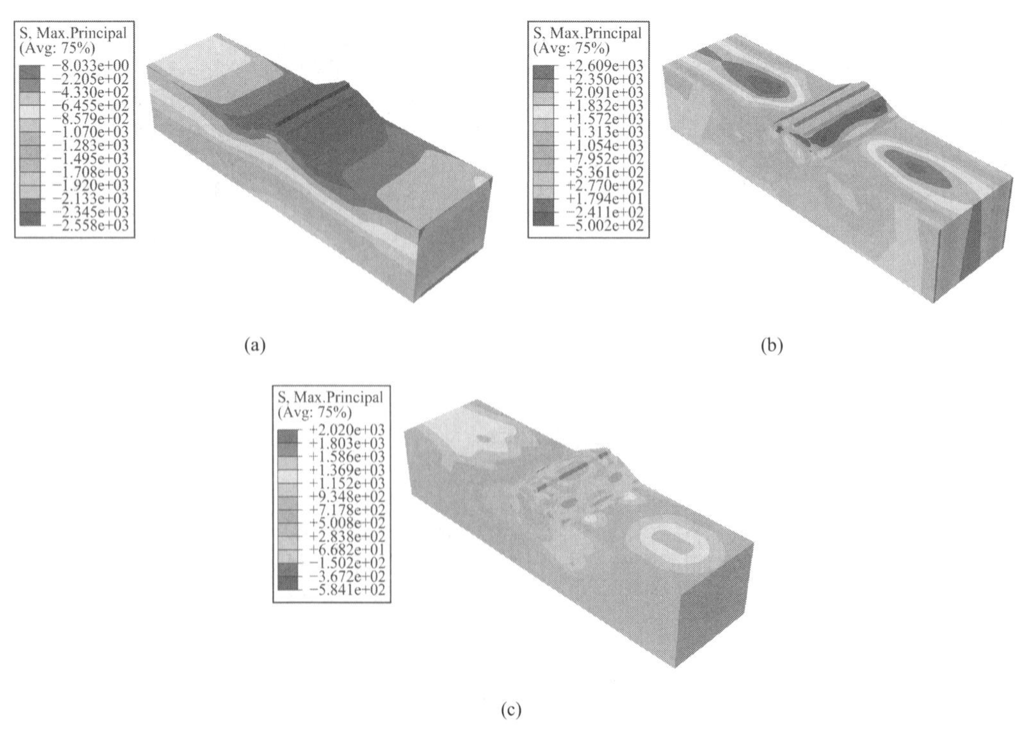

图 3.3-125　库坝系统激振大主应力动态云图

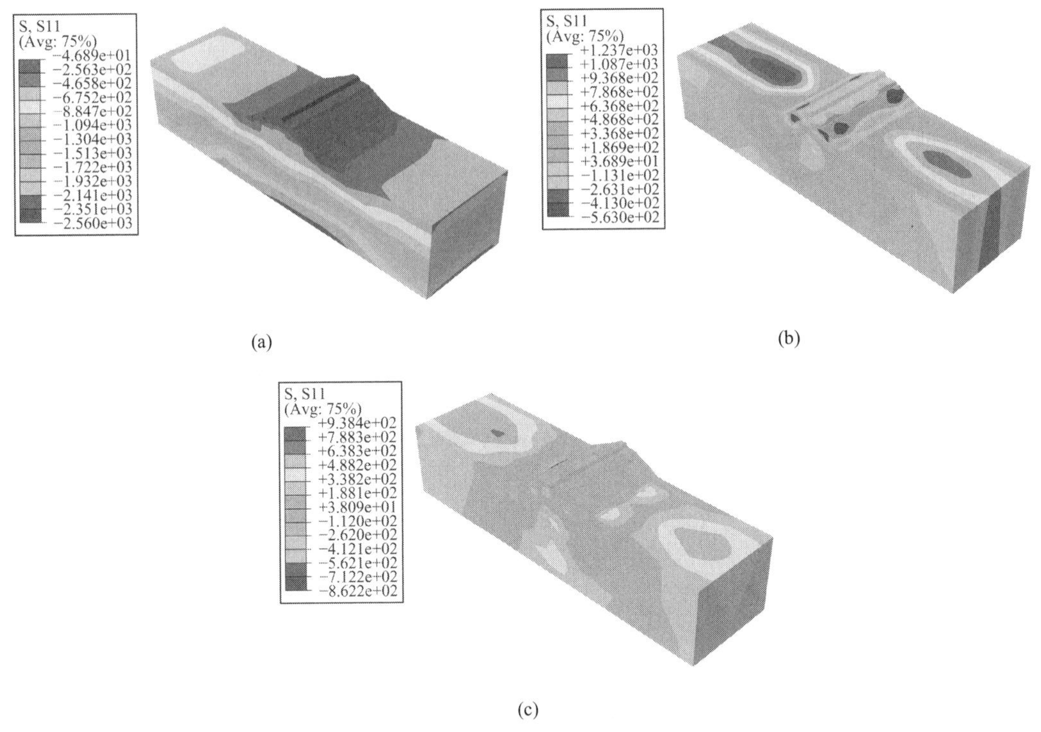

图 3.3-126　库坝系统激振正应力分量动态云图

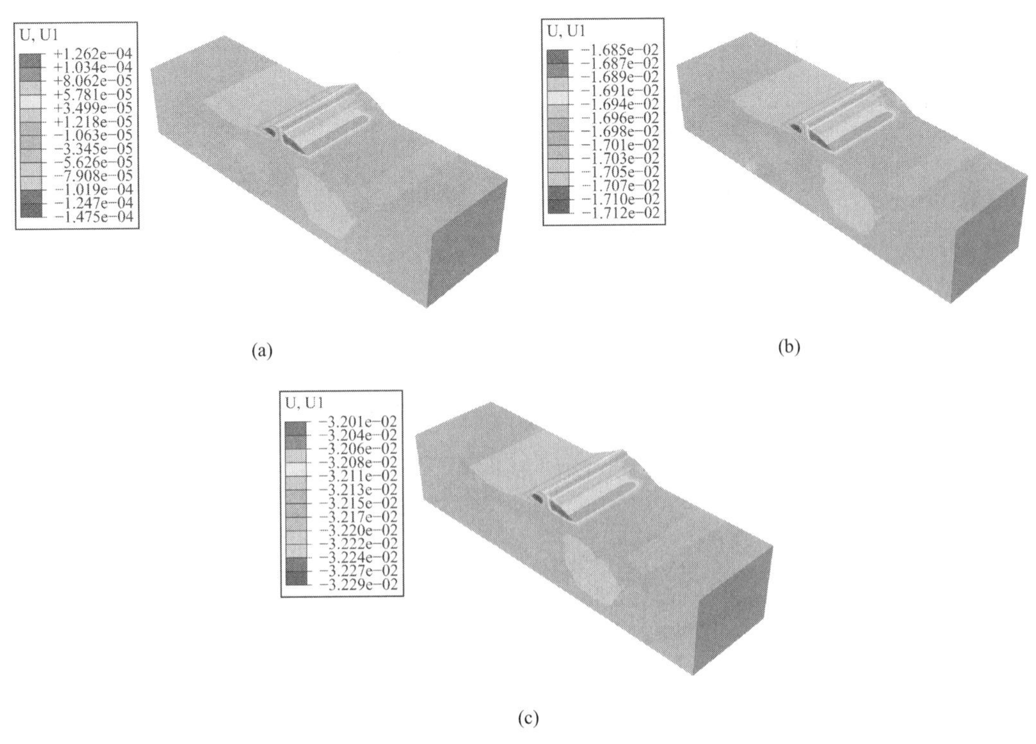

图 3.3-127　库坝系统激振位移分量动态云图

⑨工况 9 动态场变量分布云图

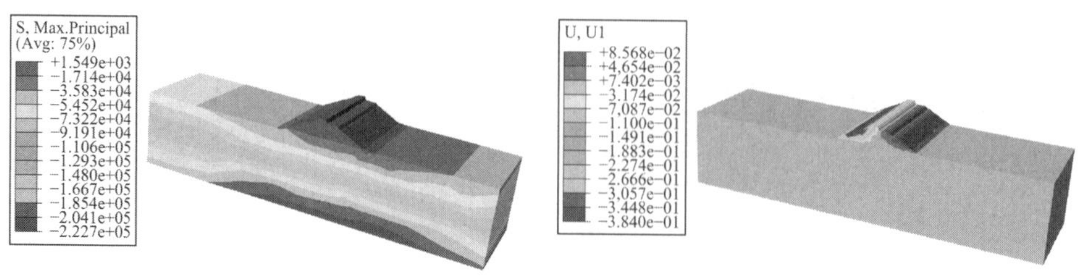

图 3.3-128　库坝系统激振大主应力动态云图　图 3.3-129　库坝系统激振位移分量动态云图（滑弧形成）

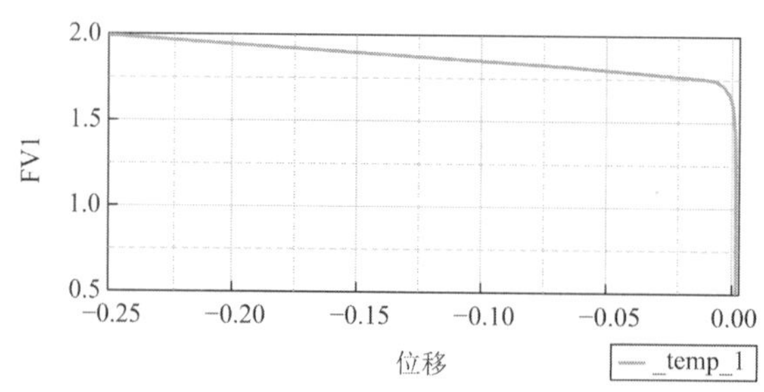

图 3.3-130　库坝系统激振下的安全系数单组分布

⑩工况 10 动态场变量分布云图

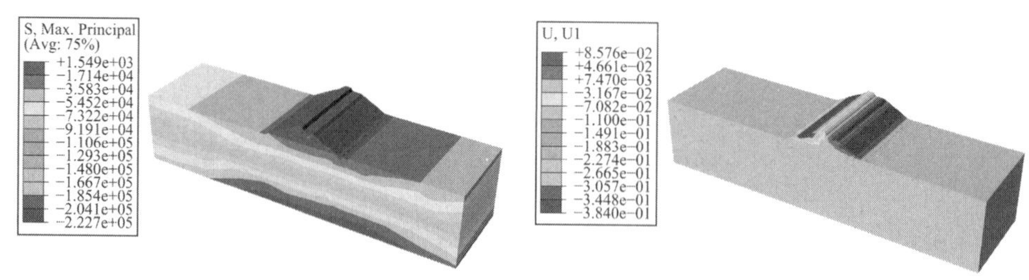

图 3.3-131　库坝系统激振大主应力动态云图　图 3.3-132　库坝系统激振位移分量动态云图（滑弧形成）

⑪工况 11 动态场变量分布云图

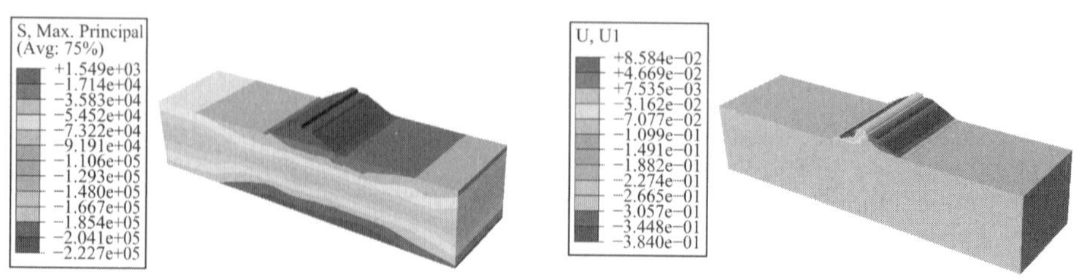

图 3.3-133　库坝系统激振大主应力动态云图　图 3.3-134　库坝系统激振位移分量动态云图（滑弧形成）

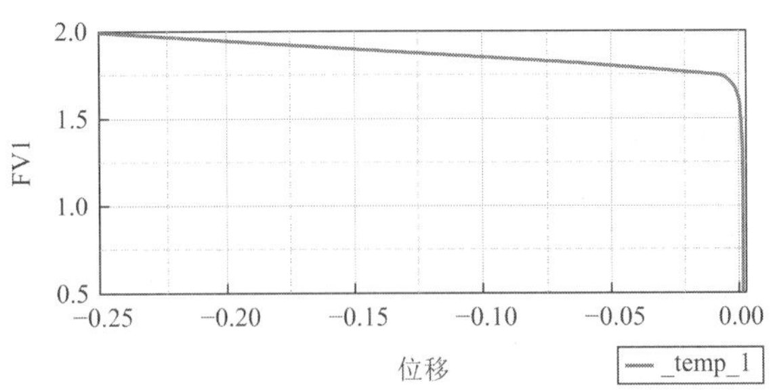

图 3.3-135　库坝系统激振下的安全系数单组分布

⑫工况 12 动态场变量分布云图

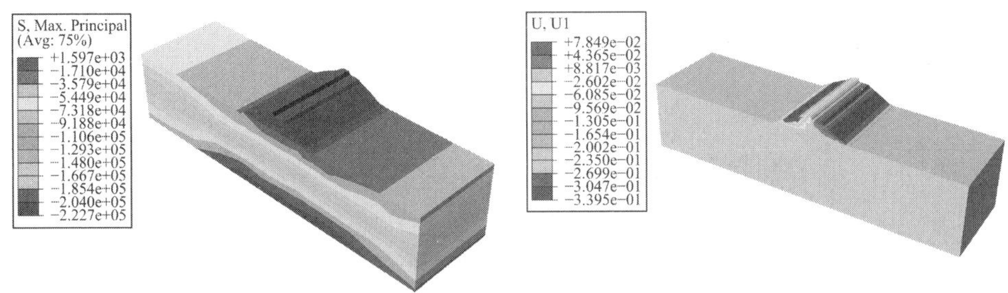

图 3.3-136　库坝系统激振大主应力动态云图

图 3.3-137　库坝系统激振位移分量动态云图（滑弧形成）

⑬工况 13 动态场变量分布云图

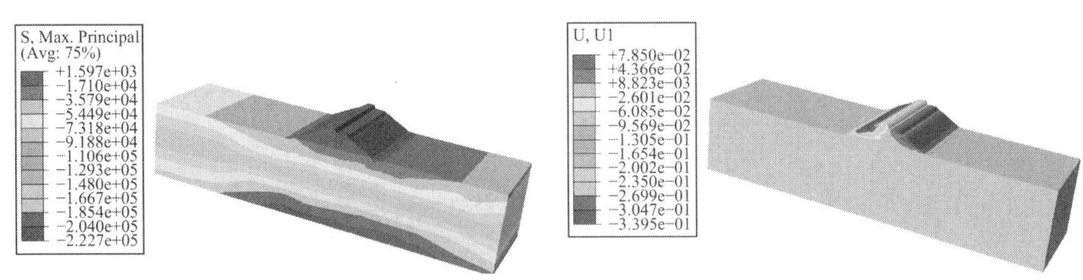

图 3.3-138　库坝系统激振大主应力动态云图

图 3.3-139　库坝系统激振位移分量动态云图（滑弧形成）

⑭工况 14 动态场变量分布云图

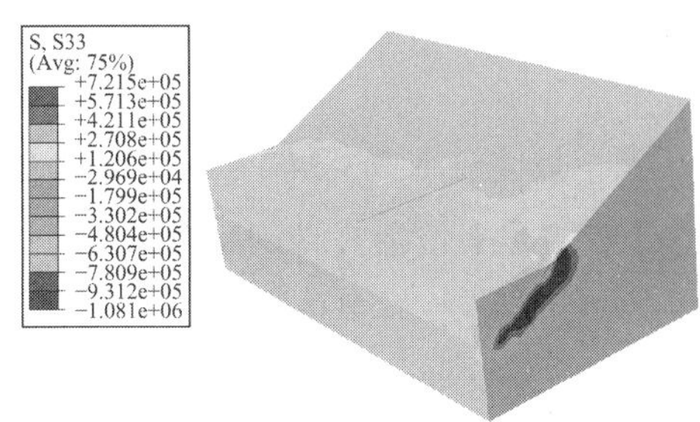

图 3.3-140　库坝系统激振正应力分量动态云图（横河向岸坡深层滑裂带形成）

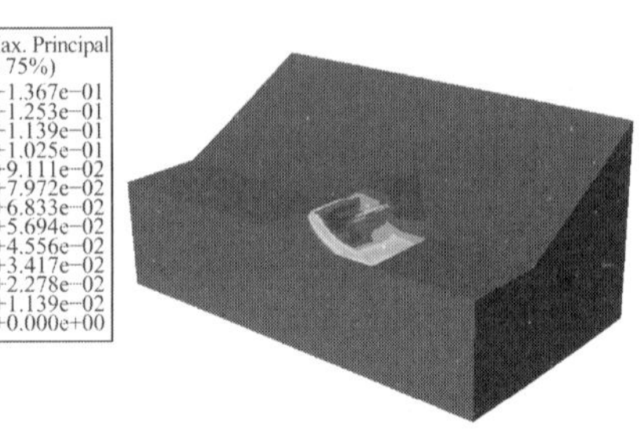

图 3.3-141　库坝系统激振大主应变（塑性，空间滑裂带）分量动态云图

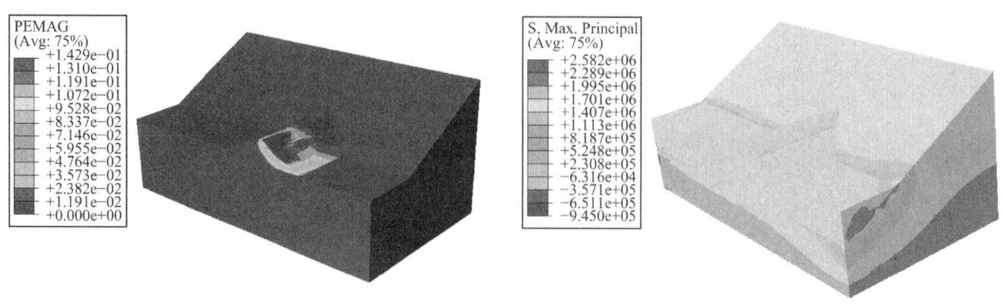

图 3.3-142　库坝系统激振塑性区发育动态云图　图 3.3-143　库坝系统激振大主应力分量动态云图（岸坡深层滑裂带形成）

⑮工况 15 动态场变量分布云图

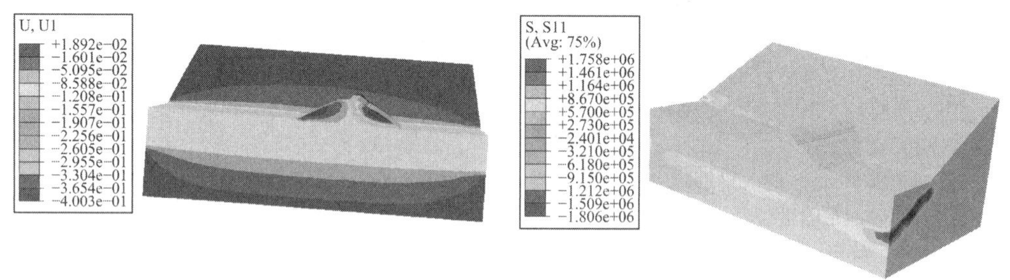

图 3.3-144　库坝系统整体空间滑裂带形成　　图 3.3-145　岸坡深层滑裂带形成

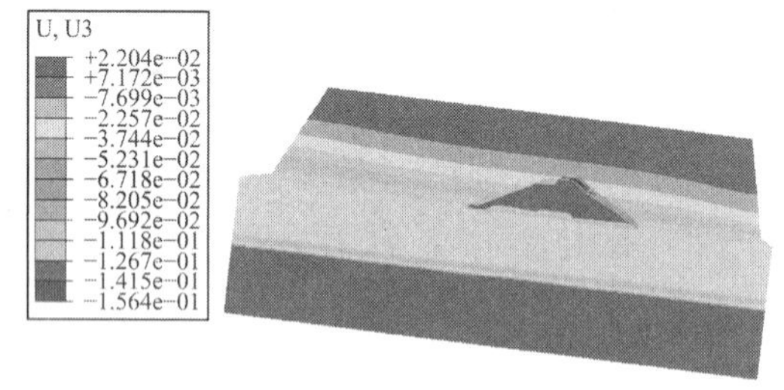

图 3.3-146　库区岸坡松动体

（2）坝体特征点场变量分布

本节选择了化城寺坝体 1 处代表性位置特征点（具体见图 3.3-147），开展滑覆安全系数及核心场变量动态分布研究，但应注意的是，下游坡也有滑覆扰动的趋势，这应该引起重视，需通过上游坡的力学行为来重新评估大坝的整体稳定性，具体研究结果如下。

①坝顶特征点场安全系数分布

由图 3.3-148 发现，化城寺大坝安全性能与桥桩基础施工激振波速密切相关，随着激振波速数值增加，坝体安全系数急速下降。

图 3.3-147　化城寺坝体特征点选取

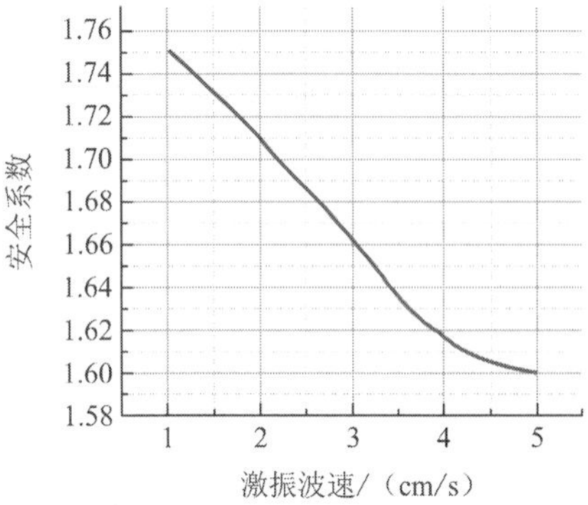

图 3.3-148　坝顶特征点安全系数分布

②坝顶特征点场变量分布

图 3.3-149、图 3.3-150 及图 3.3-151 中的坝体特征点动态形变分布也再次证明了桥桩基础施工激振效应对库坝系统的整体安全性的削减作用，激振波速的增加导致坝体空间各向的动态形变急速累加，尤其是坝体特征点顺河向动态倾移甚至超过 3cm，该形变量级已经接近规范给出的形变上限。

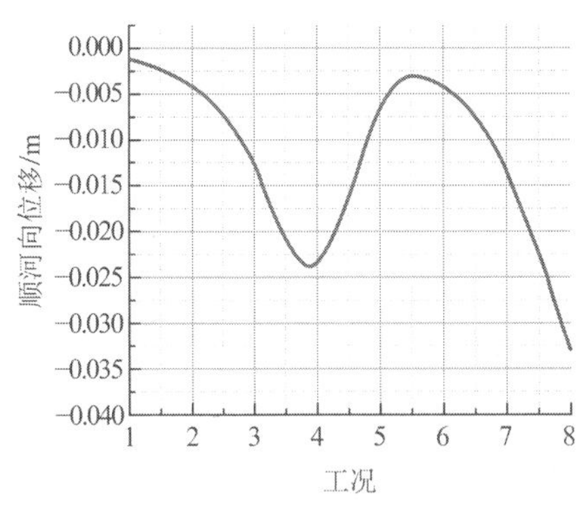

图 3.3-149　顺河向动态倾移

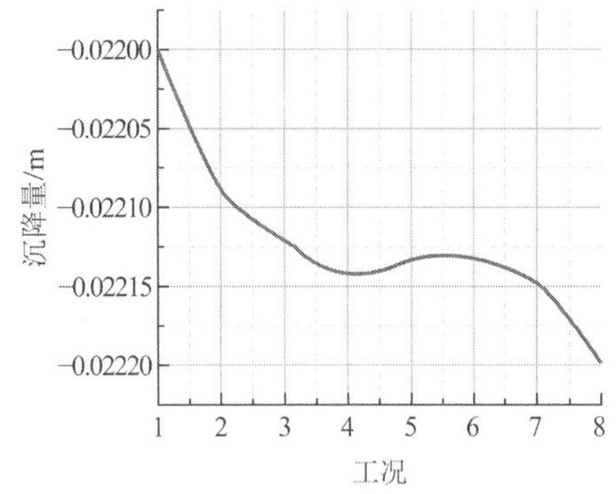

图 3.3-150　动态沉降量

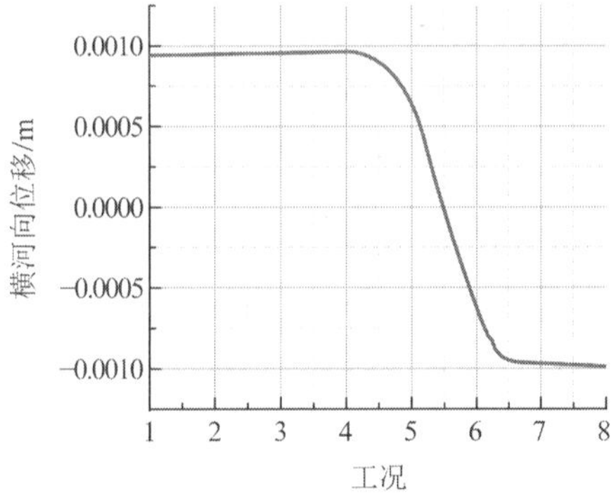

图 3.3-151　横河向动态变位

（3）结果分析与讨论

库区内桥桩基础施工期，化城寺大坝坝壳与心墙顶部连接段是早期应变发育的集中区（图 3.3-96～图 3.3-103），随着各类静动力荷载的施加，应变值向坝体全段发散，尤其是坝体转折位置处的应变值可达 1.5×10^{-4}（图 3.3-104～图 3.3-111）。在此期间，坝体还将产生由中间向两侧坝肩逐步占位的横河向位移，同时，坝体顺河向则呈现"弓形"变形。动力荷载幅值较小时，化城寺大坝上游坝面变形占比较大，与此对应，当动力荷载幅值较大时，则下游坝面变形占比也较大。依据此结果，研究认为，在甬舟复线桥桩基础施工期间，宜在化城寺上游坝顶及下游加宽马道转折处设立专门的动态变形观测点，对此间的坝体变形做连续观测，以便及时作出安全应对及反馈。

受桥桩基础施工影响，在库水坝体同步动力响应条件下，化城寺下游坝址处动应力集中发育，水平可达 20kPa 以上（图 3.3-112～图 3.3-127），与之比较之下，在库水坝体异步动力响应条件下的应力水平则相对较低，滞后的动水应力一定程度上延缓了坝体的应力发育。

在当前施工方案下，化城寺库区内的桥桩基础施工安全预留空间较大，通常的低频激振荷载作用下，坝体整体安全系数可保持在 1.5 以上（图 3.3-128～图 3.3-132）。但是当左岸坝肩桥桩基础施工突发性占位导致的库区山体松动，将库坝系统的整体安全系数削减至 1.5[54-56]（图 3.3-133～图 3.3-139）。此外，化城寺坝体整体安全系数随桥桩施工激振波速增大呈下行趋势，由此研究认为，应严格控制施工质量，特别是应采用环保施工手段，以减少施工动力载荷对库坝的袭扰，否则这类载荷极易使大坝处于极限工作状态，本次研究建议化城寺库区内的最大施工动力载荷峰值波速不应超过 3cm/s。

依据研究还发现，化城寺左岸坝肩桥桩基础施工突发性占位将导致库区内山体松动（图 3.3-140～图 3.3-146），而且会进一步削减库坝系统的整体安全性，鉴于此，研究认为左岸坝肩处的工作面在施工期间必须设置较为充分的支护与隔离设施，以阻断桥桩基础施工对岸坡特别是坝体的曳动。

6）坝基冲击振动及坝体动力蠕变特性研究

与弹湖山库区一样，金塘水道内的化城寺库区也是甬舟复线必经之所，而且与弹湖山库区相比，化城寺库区距离本岛更远，恰在甬舟复线中段，受区域内交通紧张状况影响，尤其在台风季节，抢险加固极不便利，考虑到此工程地位，并结合当前我国东南沿海地区普遍处于地震活跃期，本节研究亦将采用黏性-黏弹性-黏弹塑性本构模型，对化城寺库区在地脉动效应作用下的坝体响应以及动力蠕变特征进行分析讨论[14-32]，其中基岩下卧层的振动加速度响应时程曲线结果如图 3.3-152 所示。

（1）场变量

①工况 1 动态场变量分布图

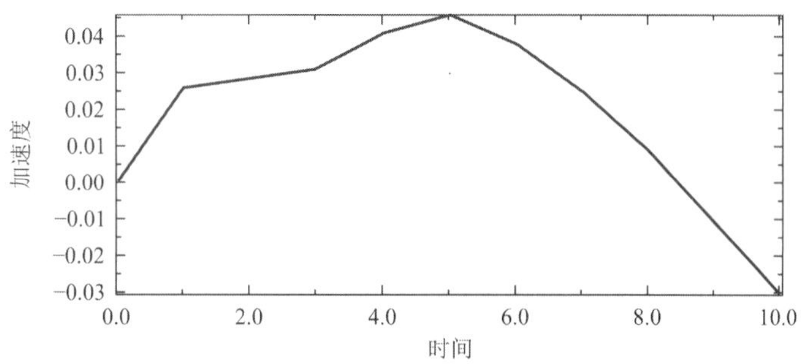

图 3.3-152 化城寺库区基岩振动加速度响应时程曲线

②工况 2 动态场变量分布云图

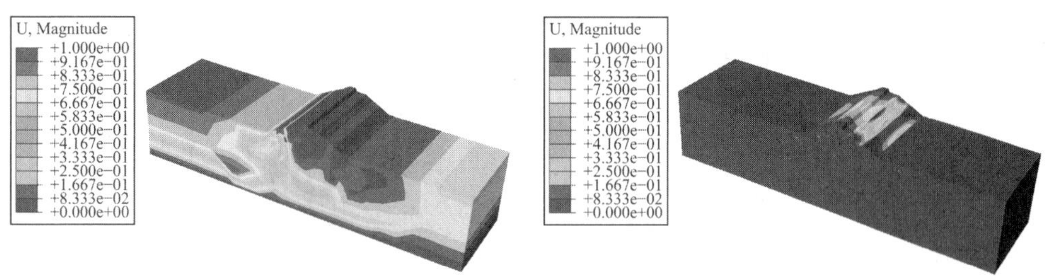

图 3.3-153 1 阶振型（0.36707Hz）

图 3.3-154 2 阶振型（0.3911Hz）

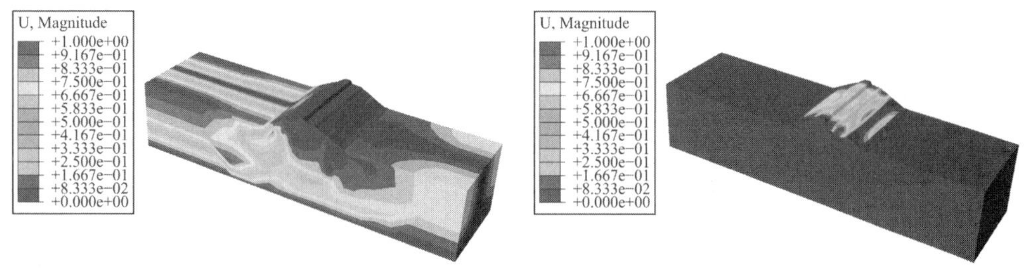

图 3.3-155 3 阶振型（0.39278Hz）

图 3.3-156 4 阶振型（0.39339Hz）

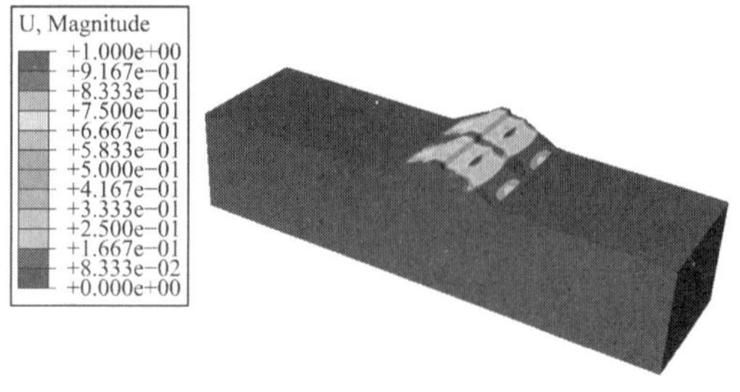

图 3.3-157 5 阶振型（0.40237Hz）

③工况 3 动态场变量分布云图

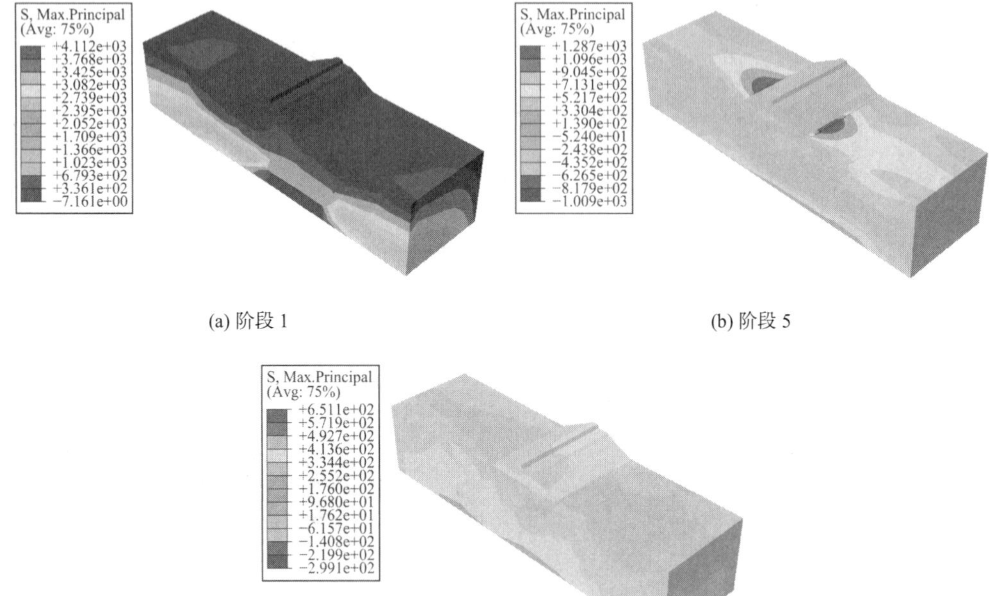

(a) 阶段 1

(b) 阶段 5

(c) 阶段 10

图 3.3-158　地脉动大主应力

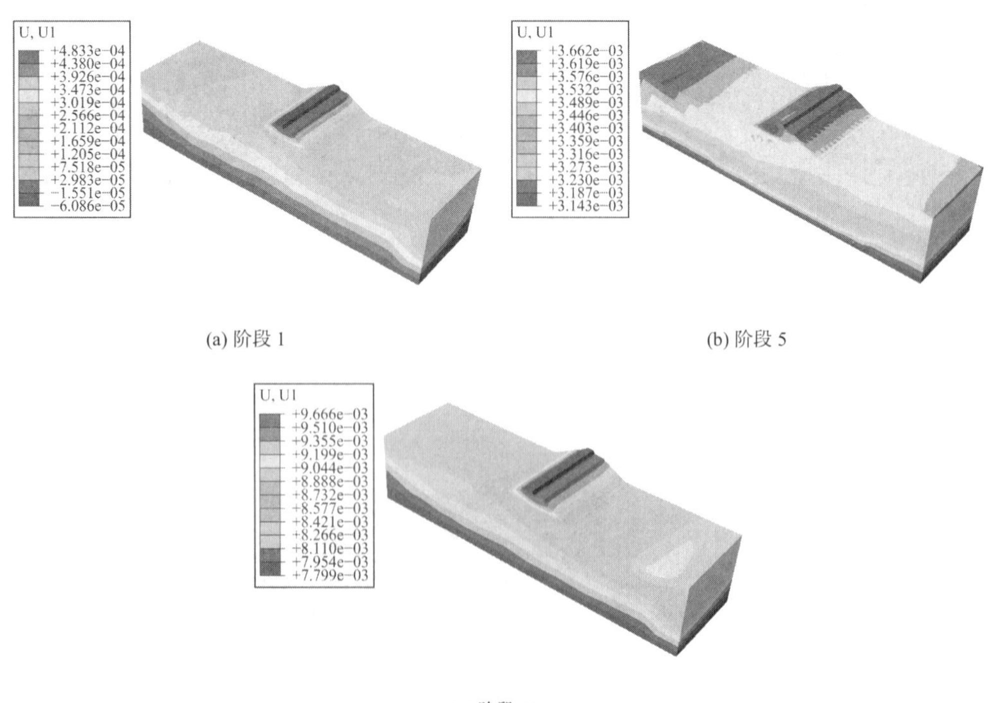

(a) 阶段 1

(b) 阶段 5

(c) 阶段 10

图 3.3-159　地脉动位移合成

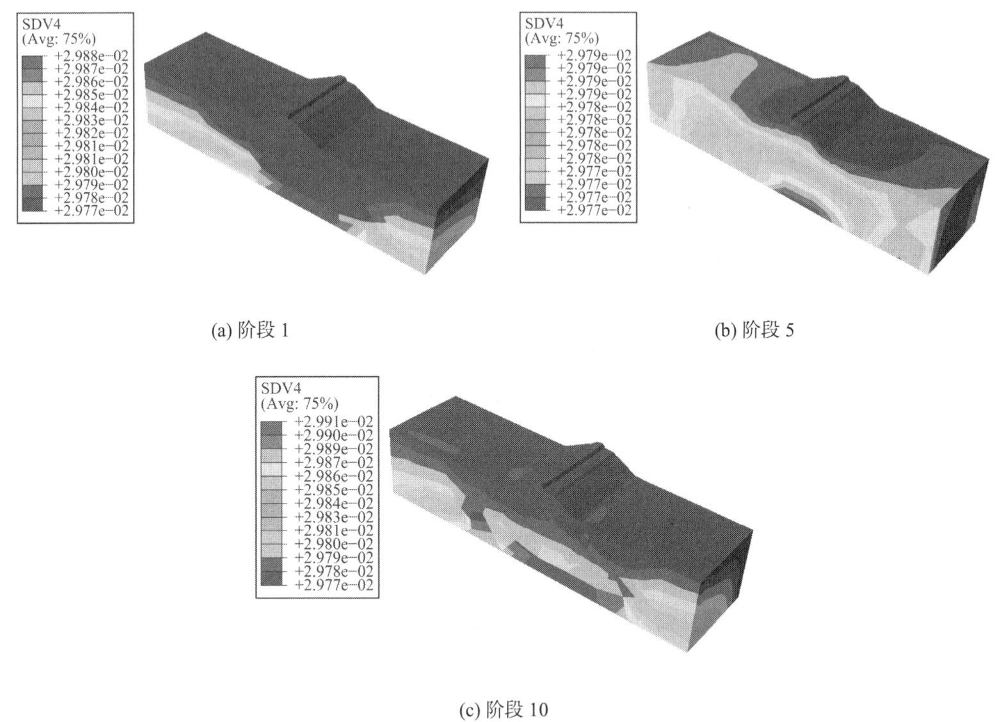

(a) 阶段 1　　(b) 阶段 5

(c) 阶段 10

图 3.3-160　地脉动作用下坝体蠕变损伤

（2）坝体特征点场变量分布

本节研究选择了如前图 3.3-147 所示化城寺坝体 1 处代表性位置特征点，并针对此特征点进行地脉动加速度分析，结果见图 3.3-161。

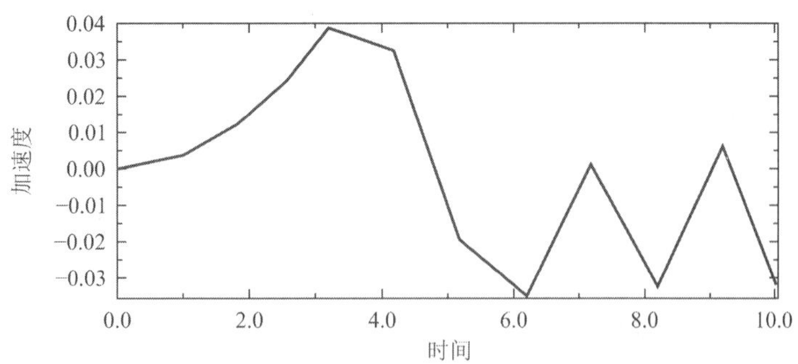

图 3.3-161　化城寺坝体特征点地脉动加速度响应时程曲线

（3）结果分析

依据分析结果，研究将化成寺坝体基频取为 0.36707Hz（图 3.3-153～图 3.3-157），据此做仿真模拟研究发现，在 0.1g地脉动作用下，化成寺坝体最大动主拉应力不超过 5kPa，最大动主压应力不超过 10kPa（图 3.3-158）。此时，受“鞭梢”效应影响，化成寺坝体最大动位移产生于坝顶下游侧，且不超过 9mm（图 3.3-159）。在 0.1g地脉动作用下，化城寺坝体蠕变损伤总体保持在 0.02 以下，受地脉动影响，深层坝基局部有超过 0.03（图 3.3-160），此时对应的坝顶峰值加速度低于 4cm/s^2。

3.3.6 西堠库坝系统安度性能评价研究

1）西堠库坝系统关键性科学问题

本节研究主要针对甬舟复线桥桩基础施工产生的静力与激振效应及其可能会引发的西堠库区岸坡及大坝主体静动力安全问题，重点模拟“桥桩基础动态施工且引发库区内工程地质及水文地质环境变化条件下、西堠主副坝系统空间可靠性及库坝系统整体动态响应机制”，同时还将关注施工可能引发的西堠库区坝基冲击振动响应、主副坝整体地脉动响应以及激振作用下主副坝整体的蠕变特性，并就此做出安全评价[57-59]。甬舟复线西堠库区桥桩基础施工现场工作环境情势如图 3.3-162 所示。

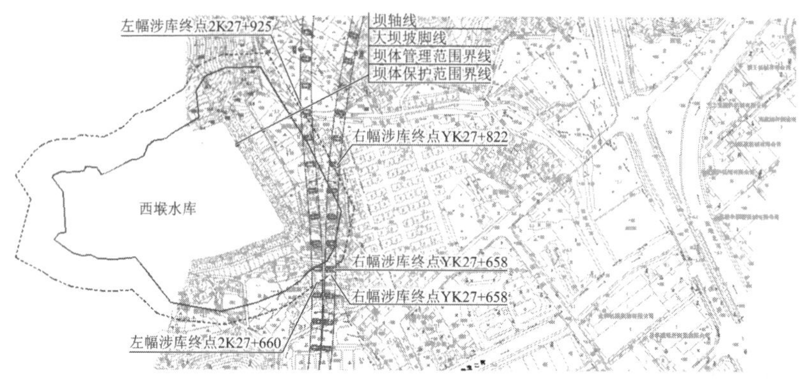

图 3.3-162　西堠库区桥桩基础施工情势图

与其他工程不同，西堠库坝系统的主体挡水结构由主副坝构成，空间布局存在明显的弯折段，而且弯折段两侧的主、副坝坝长接近。在静动力荷载作用下，结构的应力状态极为复杂，随动空间构型中存在较多奇点，此时对筑坝材料安度性能考验极大。西堠库坝系统的三维模型如图 3.3-163 及图 3.3-164 所示。

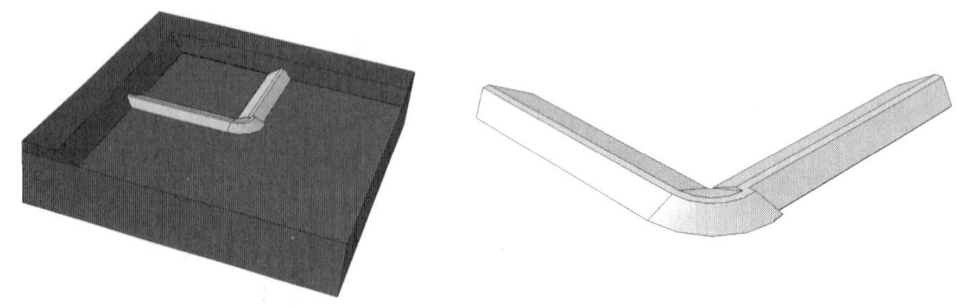

图 3.3-163　西堠库坝系统总体模型渲染图　　图 3.3-164　西堠主副坝系统三维模型细部

西堠库区位于舟山市定海区金塘镇，距离金塘镇政府驻地约 11km，水库防洪影响面积

3000余亩，灌溉面积1600亩，水库防洪影响人口1000多人，枢纽由挡水设施、泄洪设施、放水设施等组成，总库容43.70万m^3，是一座以防洪、灌溉为主的小（2）型水库，大坝坝型为黏土心墙坝，设计坝顶高程为12.55m，挡浪墙高程为13.15m，坝顶宽7.0m，主坝长240m，副坝长212m，大坝上游坝坡1：2，采用干砌块石护坡，下游坝坡主坝1：2.2、副坝1：2.3，采用草皮护坡。

2）材料分区

本节研究将采用个性化、精细化建模手段，对前期模型做细化雕刻，且将模型划分为3个大区，即大坝主体结构、库岸山体、卧层母岩，3个区块的材料总体按照如表3.3-3中参数代表值选取，以实现模拟计算。

本节所涉及的各区块材料在研究全过程中均考虑非线性特征，并采用2.4.3节及3.3.4节中所介绍的广义黏塑性及黏性-黏弹性-黏弹塑性本构模型仿真模拟。

各区材料参数代表值　　表3.3-3

材料分区	密度/(kg/m³)	动模量/Pa	动泊松比	模量/Pa	泊松比	黏聚力/kPa	内摩擦角/°	剪胀角/°	屈服强度/Pa	流变应力比	渗透系数(cm/s)
坝体（当量）	1920	4.9×10^{7}	0.29	6.91×10^{6}	0.33	26	22	18	2.5×10^{4}		
库岸山体	2100	6.6×10^{10}	0.26	1.6×10^{8}	0.3	60	40	20	2×10^{6}	0.8	
卧层母岩	2200	6.8×10^{10}	0.25	2.0×10^{8}	0.27	100	50	21	3×10^{6}	0.8	

3）边界条件与加载工况

（1）边界条件设计

本节研究中，针对西堠库坝系统，坝体上游面将普遍施加静水压力，下游坡面自由。同时，研究还将考虑振冲效应下上游库水的动力耦合作用，静力工况时，坝前施加静水压力边界，动力工况下，坝前施加动水压力边界，动水压力使用3.2.5节1）中所介绍的Westergaard附加单元质量法计算。

坝基冲击振动及坝体动力蠕变特性研究所采用的边界条件与弹湖山库坝系统一致。

（2）加载工况设计

本节研究将采用冲击荷载模拟西堠库区内桥桩基础施工引发的振冲效应，冲击波波形采用3.2.5节2）所介绍模型实施，各工况设计对应激振波速幅值。对于桥桩基坑与桩孔不单独建模的网格，冲击波作用位置取在土方揭露区所在位置处对应的网格结点上。

针对库坝系统整体稳定性及动态响应机制研究，共设计仿真计算工况12项；各工况可归为两个大类：一是不考虑土方卸载的桥桩基础施工激振工况；另一类工况将采用虚实单元专项模拟土方卸载的桥桩基础施工激振效应。

具体工况信息如下：

①高水位，桥桩施工激振引发库水坝体异步动力响应，动水压力激振波速0.1cm/s，坝

体激励激振波速 0.3cm/s，不含土石方卸荷效应；

②高水位，桥桩施工激振引发库水坝体异步动力响应，动水压力激振波速 0.3cm/s，坝体激励激振波速 0.9cm/s，不含土石方卸荷效应；

③高水位，桥桩施工激振引发库水坝体异步动力响应，动水压力激振波速 1.0cm/s，坝体激励激振波速 3.0cm/s，不含土石方卸荷效应；

④高水位，桥桩施工激振引发库水坝体异步动力响应，动水压力激振波速 3.0cm/s，坝体激励激振波速 9.0cm/s，不含土石方卸荷效应；

⑤高水位，桥桩施工激振引发库水坝体异步动力响应，激励激振波速 0.3cm/s，不含土石方卸荷效应，不含土石方卸荷效应；

⑥高水位，桥桩施工激振引发库水坝体异步动力响应，激励激振波速 0.9cm/s，不含土石方卸荷效应，不含土石方卸荷效应；

⑦高水位，桥桩施工激振引发库水坝体异步动力响应，激励激振波速 3.0cm/s，不含土石方卸荷效应，不含土石方卸荷效应；

⑧高水位，桥桩施工激振引发库水坝体异步动力响应，激励激振波速 9.0cm/s，不含土石方卸荷效应，不含土石方卸荷效应；

⑨高水位，桥桩施工激振引发库水坝体同步动力响应，且含土石方卸荷效应，激励激振波速同为 3.0cm/s；

⑩高水位，桥桩施工激振引发库水坝体同步动力响应，且含土石方卸荷效应，激励激振波速同为 5.0cm/s；

⑪高水位，桥桩施工激振引发库水坝体同步动力响应，且含土石方卸荷效应，激励激振波速同为 7.0cm/s；

⑫高水位，桥桩施工激振引发库水坝体同步动力响应，且含土石方卸荷效应，激励激振波速同为 9.0cm/s。

针对坝基冲击振动及坝体动力蠕变特性研究，共设计仿真计算工况 3 大项，即贯入冲击、坝体地脉动响应以及动力蠕变仿真，各项分10个加载阶段完成模拟计算，具体工况信息如下：

①桥桩施工激振引发堤基贯入冲击振动，贯入峰值加速度代表值为1m/s^2，冲击时长10s；

②西堠库区内发生一次代表性地脉动，地脉动波形为具有空间辐射特征，采用隐式积分法求解坝体振型；

③西堠库区内发生一次代表性地脉动，地脉动波形为具有空间辐射特征，材料呈黏弹塑性非线性，结合材料的广义黏塑性特征，采用伯格斯蠕变模型模拟结构的动力响应。

4）有限元（FEM）网格模型

本节研究中基于超精细数值网格模型技术对西堠库区内外环境做精工三维动态离散

（图 3.3-165），网格模型采用混合单元技术构建，库岸山体及坝基采用 Hex 单元离散，主副坝主体结构采用 TeT 单元，单元族类型均为空间三维实体应力单元。模拟桥桩基坑与桩孔开挖卸载动态施工过程的、含虚实单元网格模型单元总数为 87859，节点总数为 128306；不含虚实单元网格模型单元总数为 68216，节点总数为 99941（图 3.3-166）。

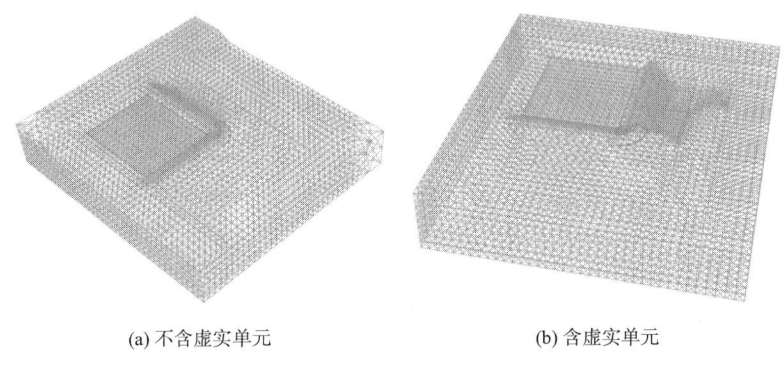

(a) 不含虚实单元　　(b) 含虚实单元

图 3.3-165　西堠库坝系统总体网格模型透视

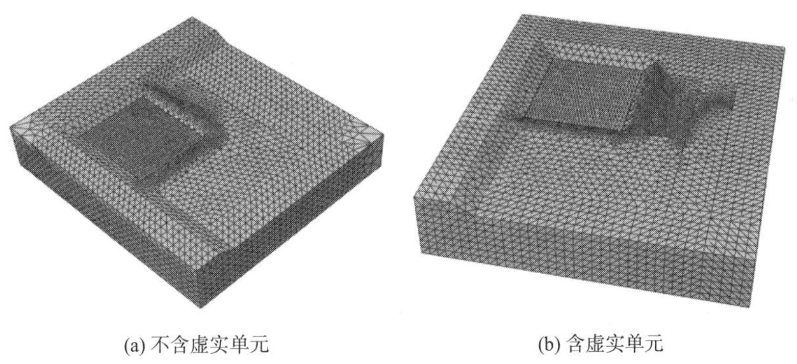

(a) 不含虚实单元　　(b) 含虚实单元

图 3.3-166　西堠库坝系统总体网格模型实体

5）库坝系统整体稳定性及动态响应机制研究

（1）场变量

本节将针对西堠库坝系统各关键物理力学场变量的空间动态分布进行专门探究[14-32]，具体结果如图 3.3-167～图 3.3-214 所示。

①工况 1 动态场变量分布云图

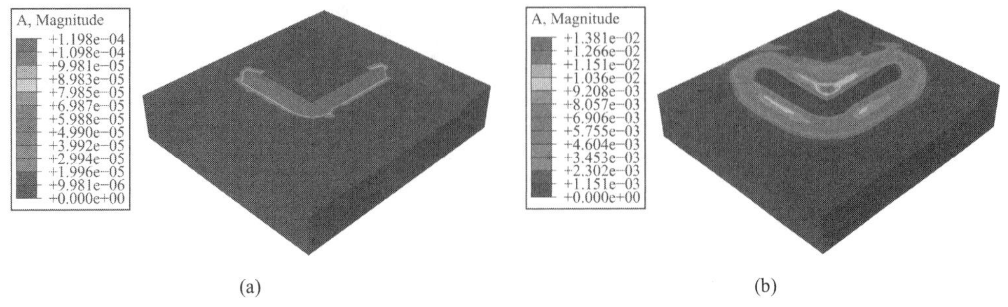

(a)　　(b)

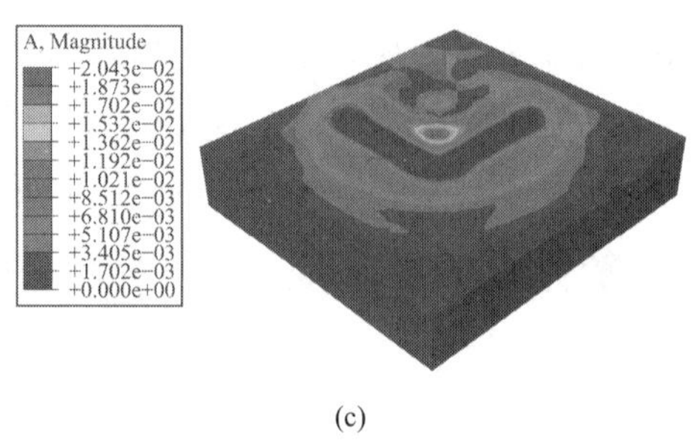

图 3.3-167　库坝系统激振加速度动态云图（全量）

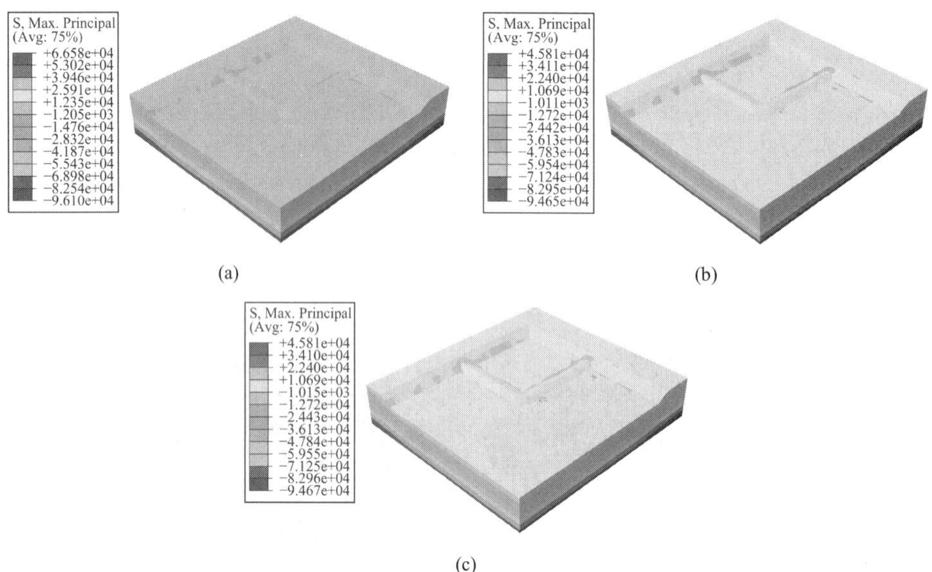

图 3.3-168　库坝系统激振大主应力动态云图

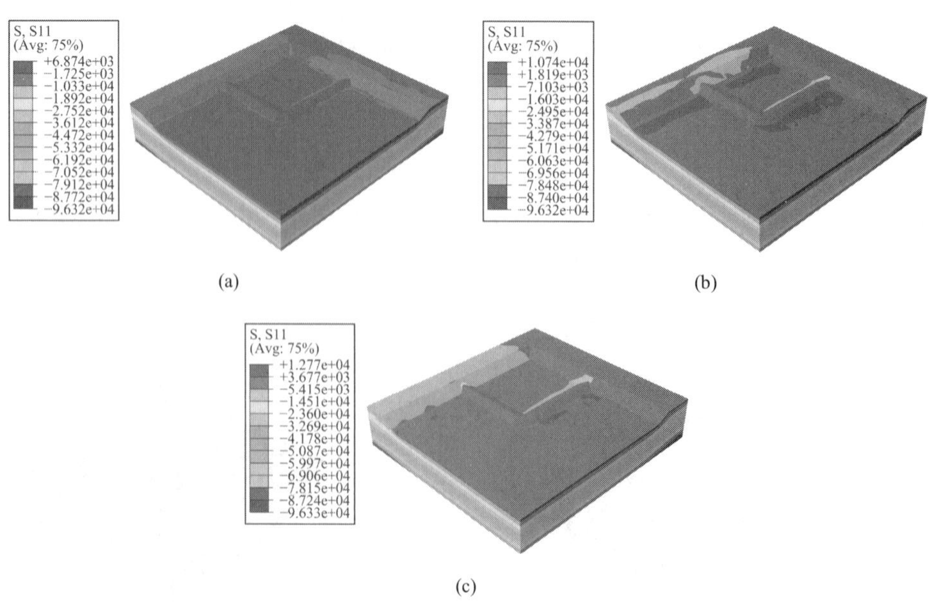

图 3.3-169　库坝系统激振正应力分量动态云图（顺河向）

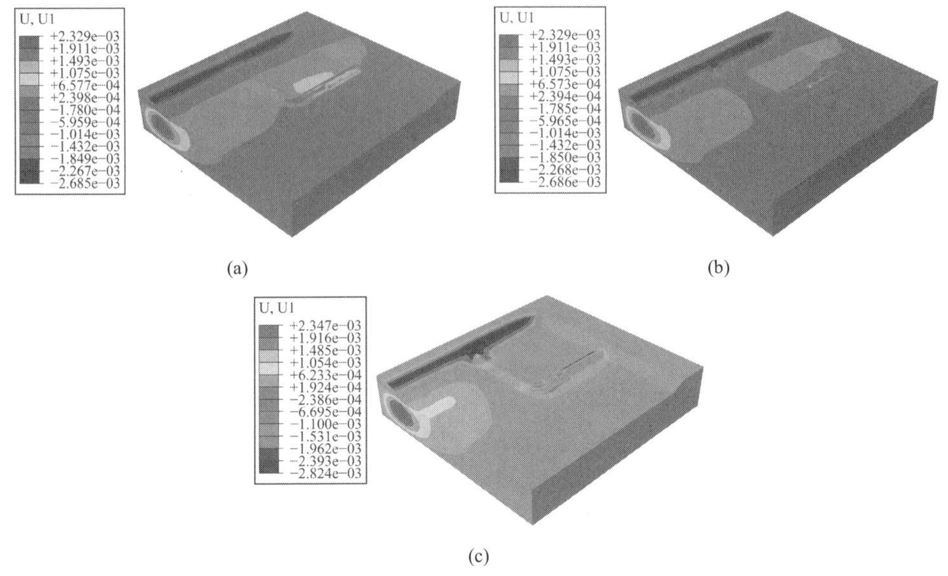

图 3.3-170　库坝系统激振位移分量动态云图（顺河向）

②工况 2 动态场变量分布云图

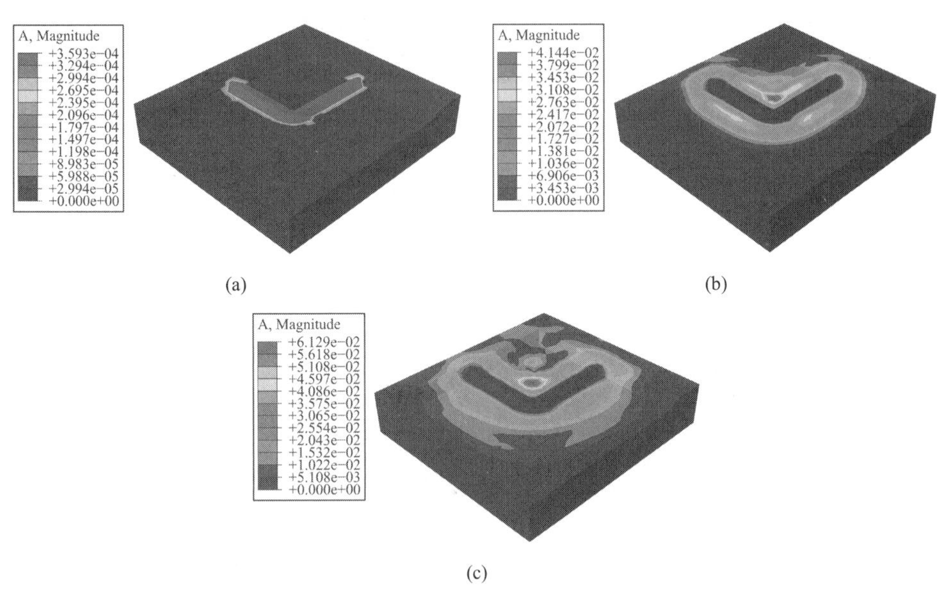

图 3.3-171　库坝系统激振加速度动态云图（全量）

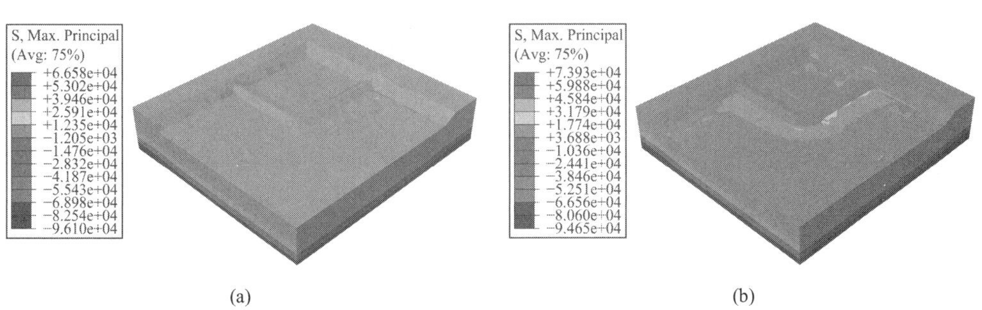

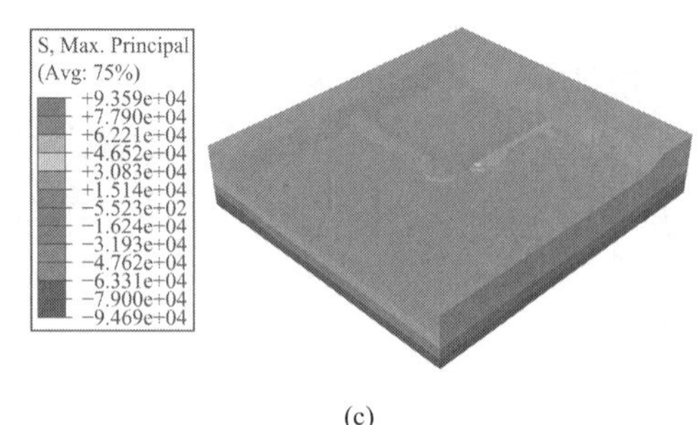

(c)

图 3.3-172　库坝系统激振大主应力动态云图

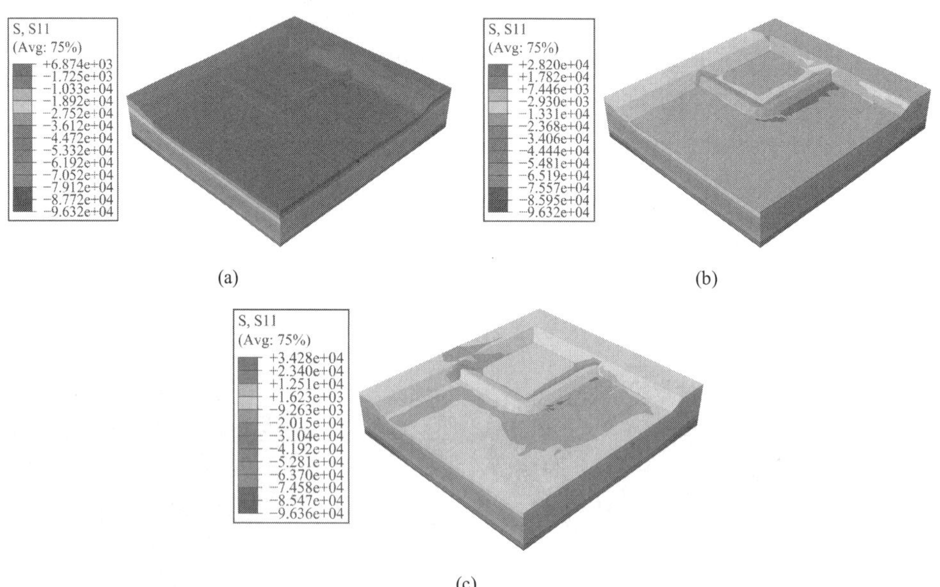

(a)　(b)

(c)

图 3.3-173　库坝系统激振正应力分量动态云图（顺河向）

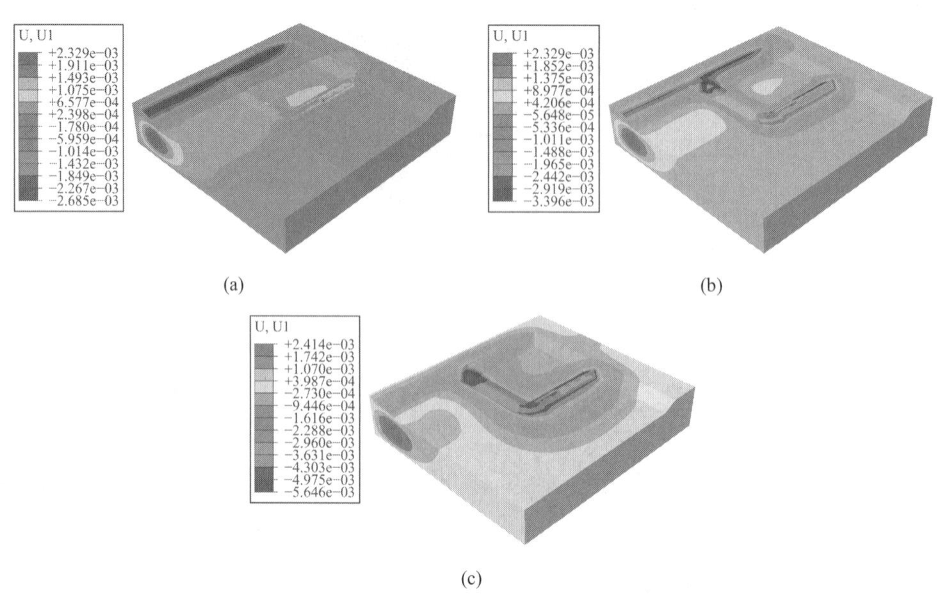

(a)　(b)

(c)

图 3.3-174　库坝系统激振位移分量动态云图（顺河向）

③工况 3 动态场变量分布云图

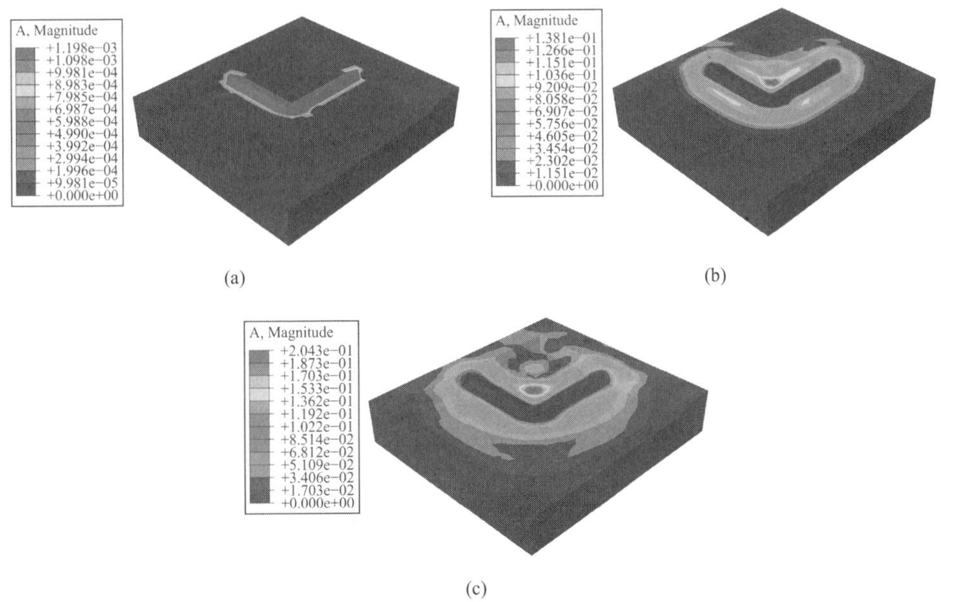

图 3.3-175　库坝系统激振加速度动态云图（全量）

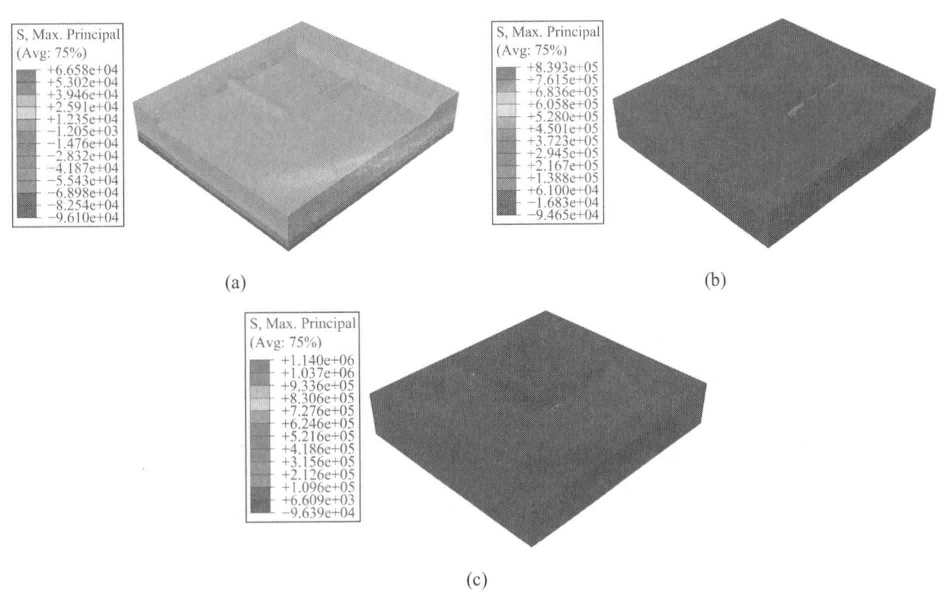

图 3.3-176　库坝系统激振大主应力动态云图

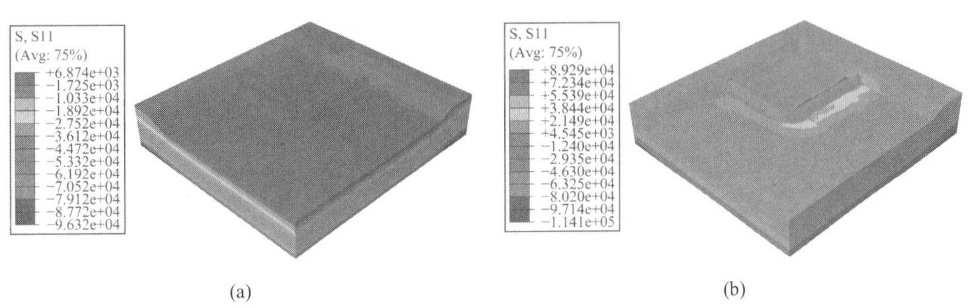

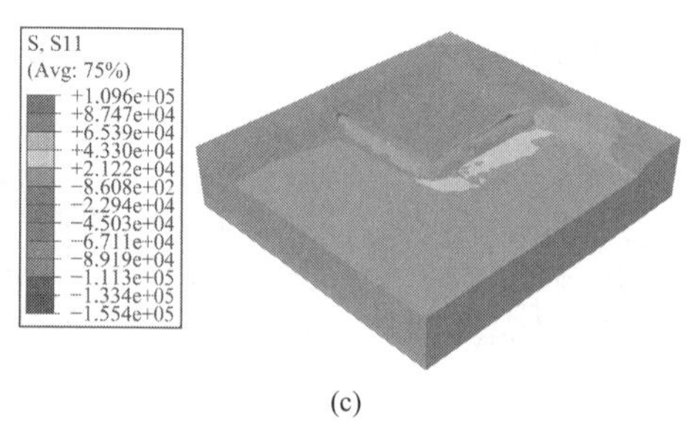

(c)

图 3.3-177　库坝系统激振正应力分量动态云图（顺河向）

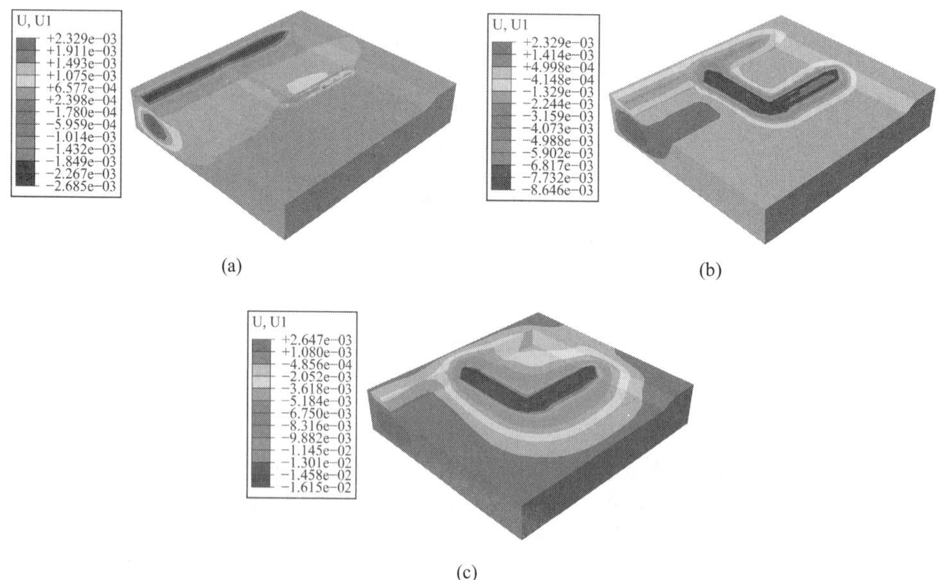

(a)　(b)

(c)

图 3.3-178　库坝系统激振位移分量动态云图（顺河向）

④工况 4 动态场变量分布云图

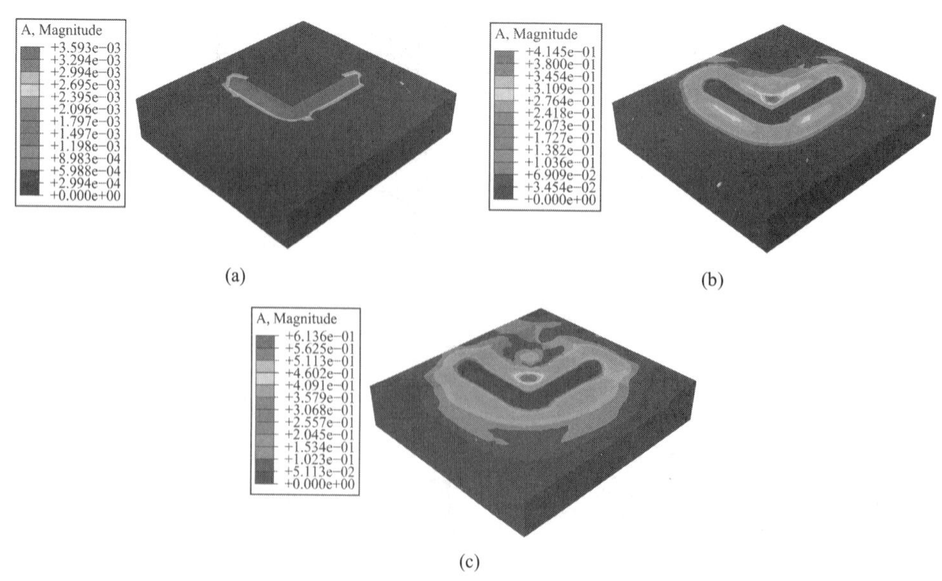

(a)　(b)

(c)

图 3.3-179　库坝系统激振加速度动态云图（全量）

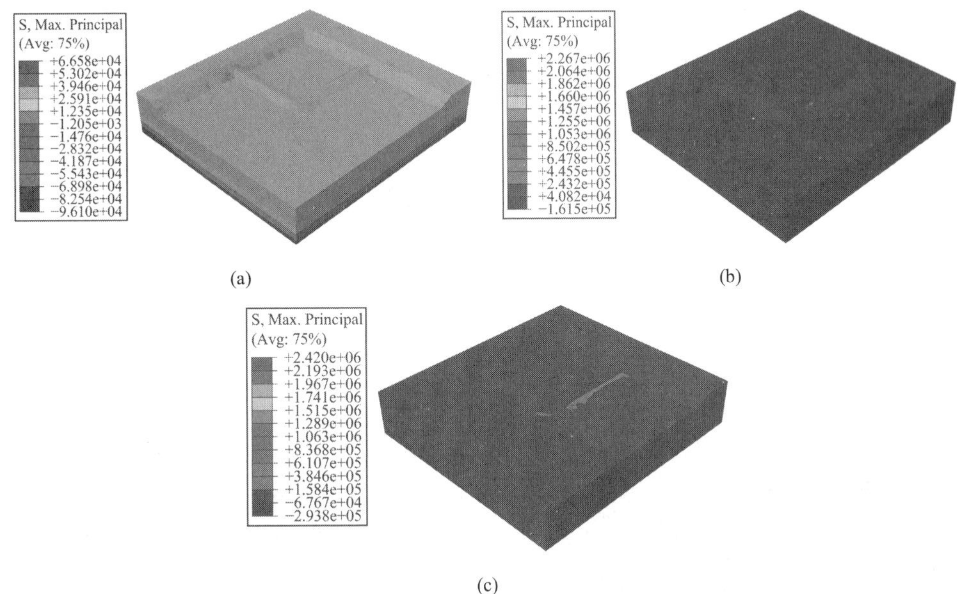

图 3.3-180　库坝系统激振大主应力动态云图

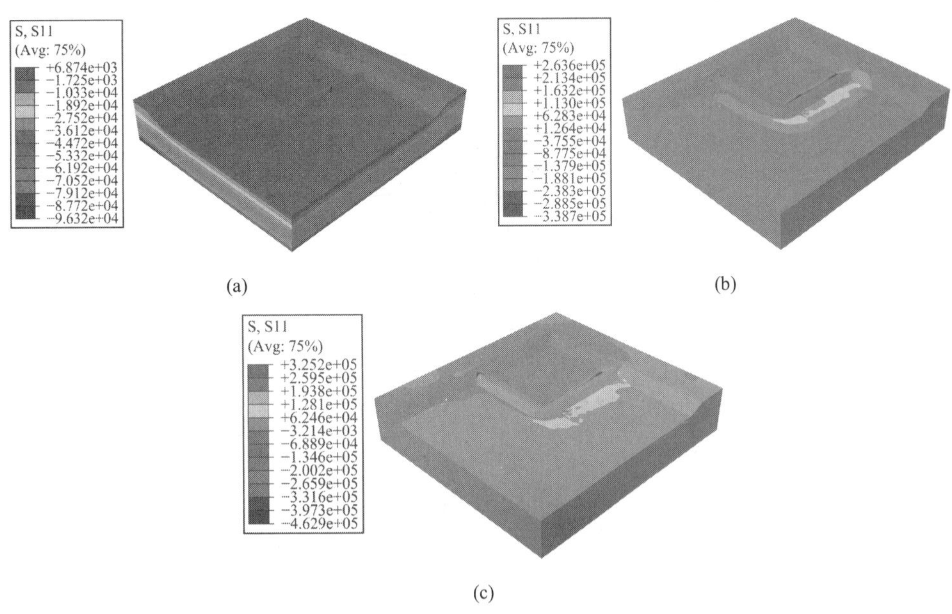

图 3.3-181　库坝系统激振正应力分量动态云图（顺河向）

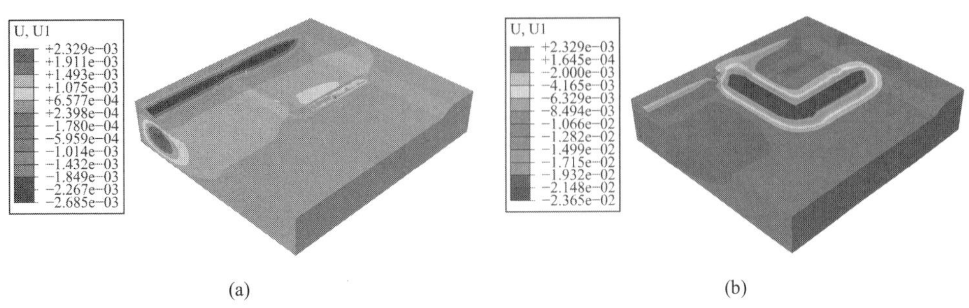

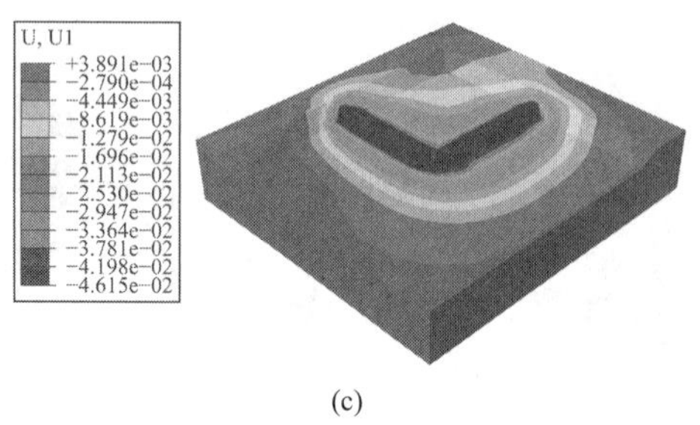

(c)

图 3.3-182 库坝系统激振位移分量动态云图（顺河向）

⑤工况 5 动态场变量分布云图

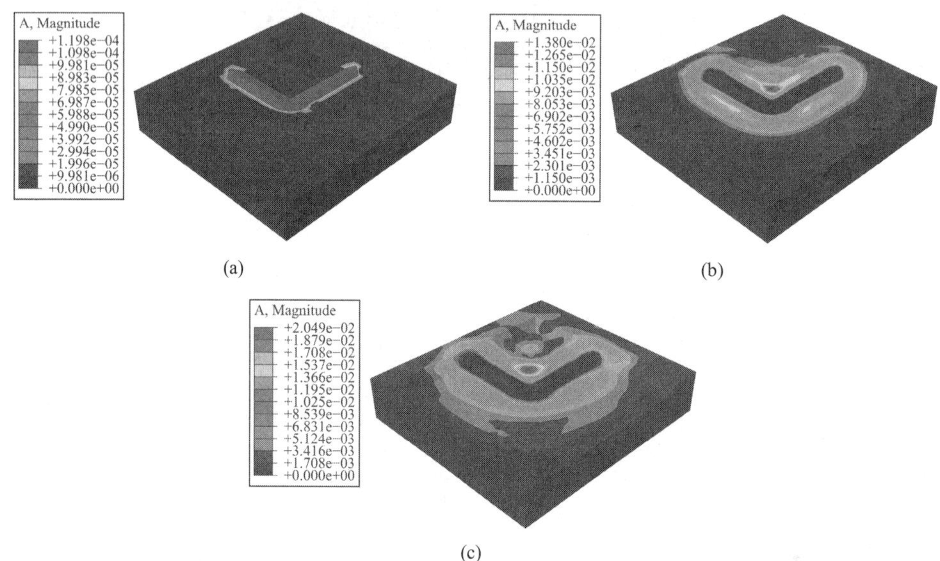

(a) (b)

(c)

图 3.3-183 库坝系统激振加速度动态云图（全量）

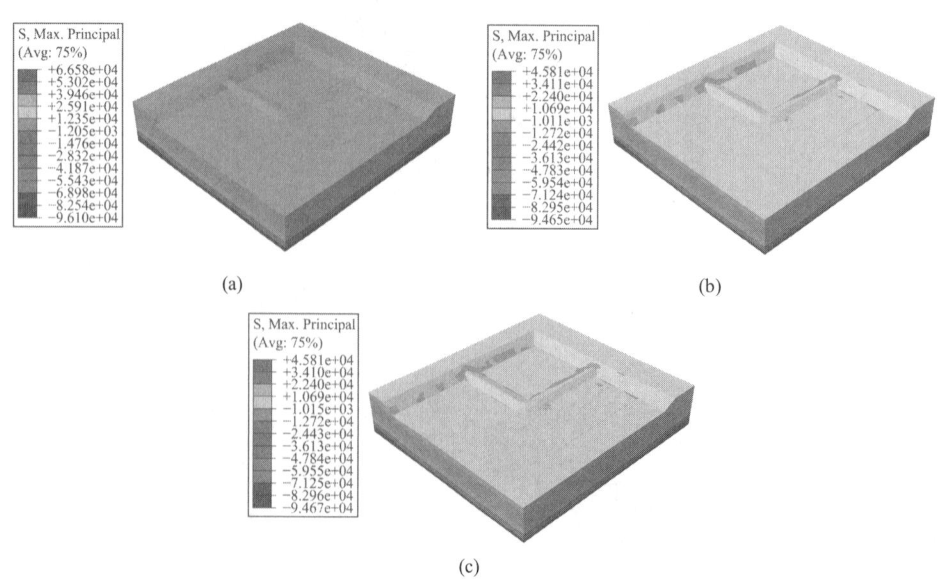

(a) (b)

(c)

图 3.3-184 库坝系统激振大主应力动态云图

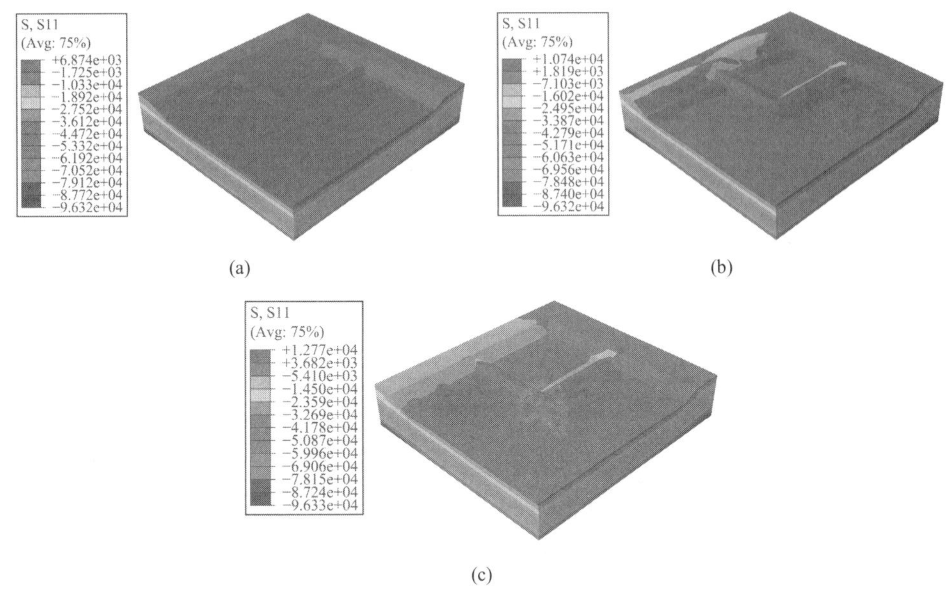

图 3.3-185　库坝系统激振正应力分量动态云图（顺河向）

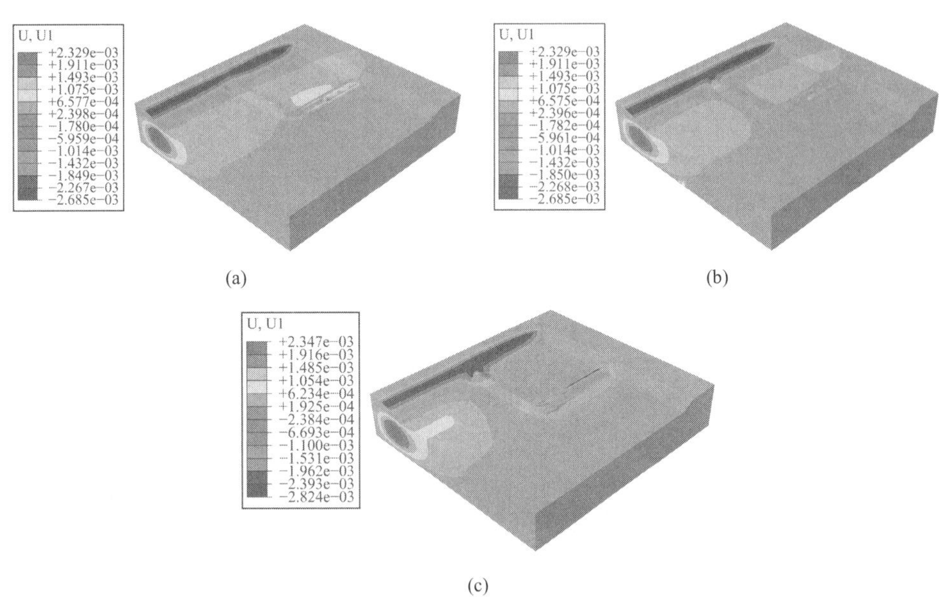

图 3.3-186　库坝系统激振位移分量动态云图（顺河向）

⑥工况 6 动态场变量分布云图

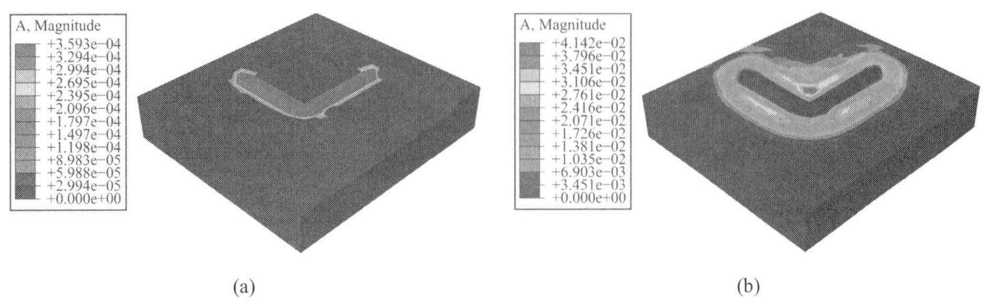

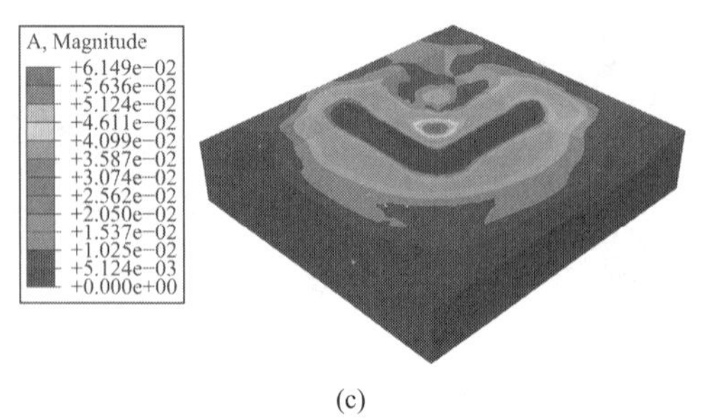

(c)

图 3.3-187　库坝系统激振加速度动态云图（全量）

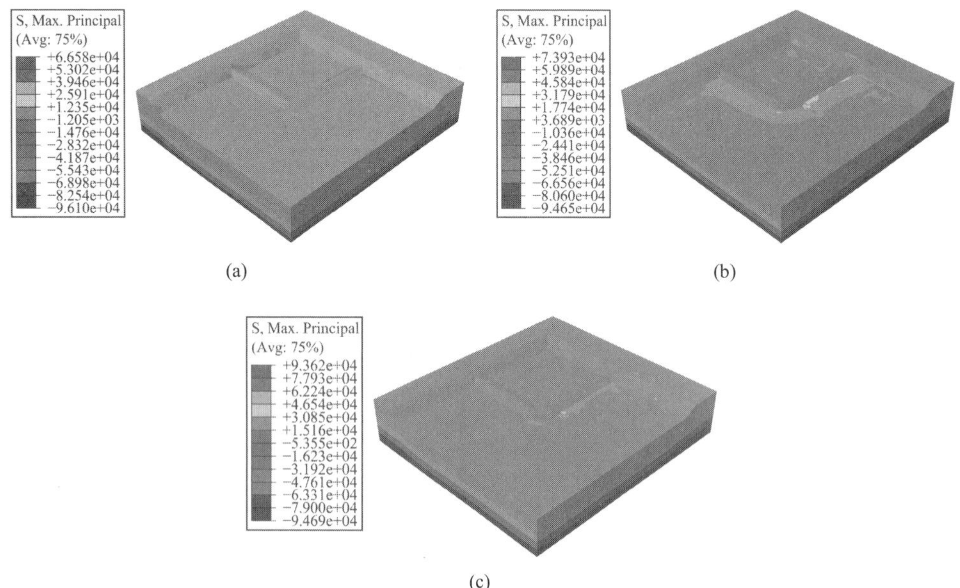

(a)　(b)

(c)

图 3.3-188　库坝系统激振大主应力动态云图

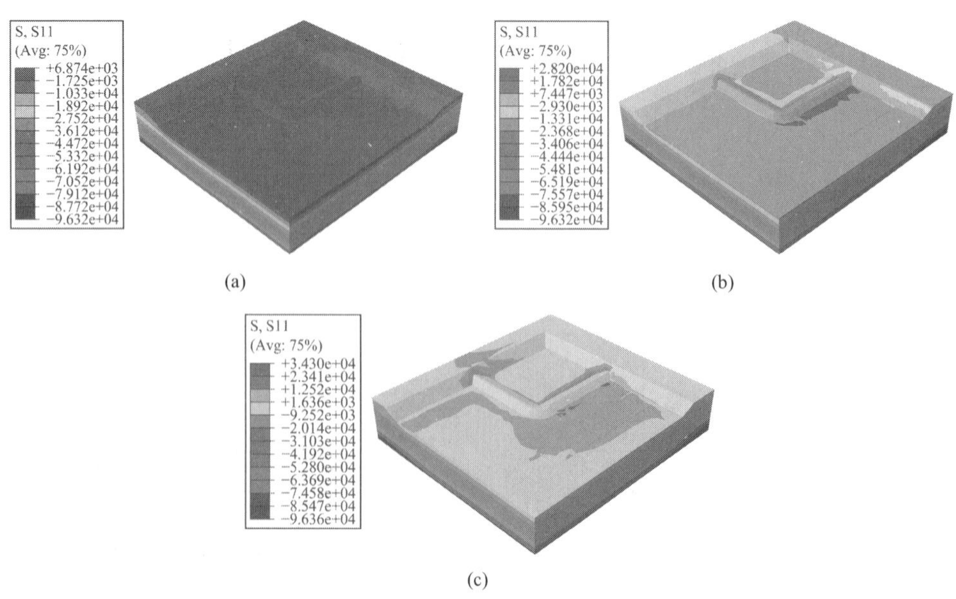

(a)　(b)

(c)

图 3.3-189　库坝系统激振正应力分量动态云图（顺河向）

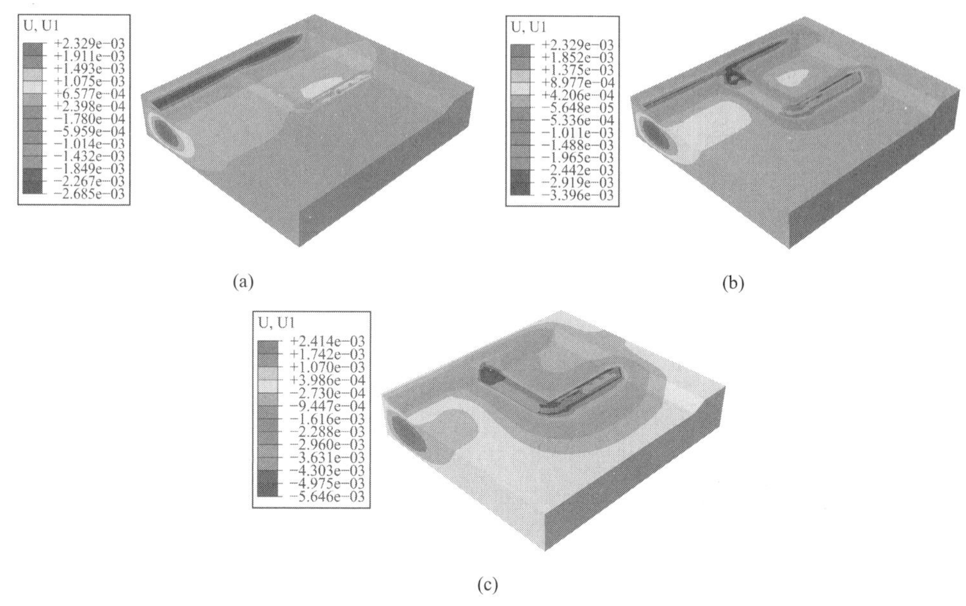

(a)　　(b)

(c)

图 3.3-190　库坝系统激振位移分量动态云图（顺河向）

⑦工况 7 动态场变量分布云图

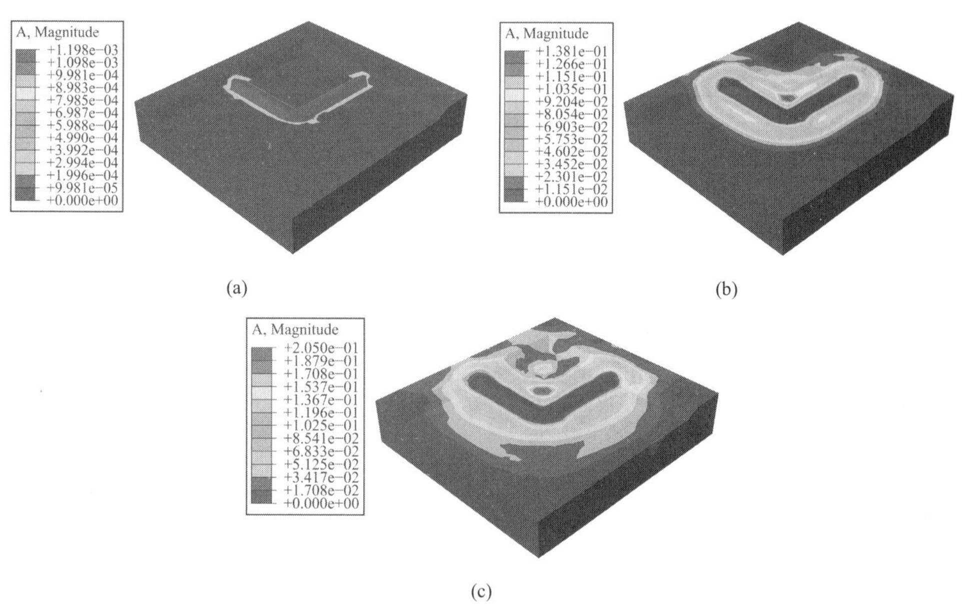

(a)　　(b)

(c)

图 3.3-191　库坝系统激振加速度动态云图（全量）

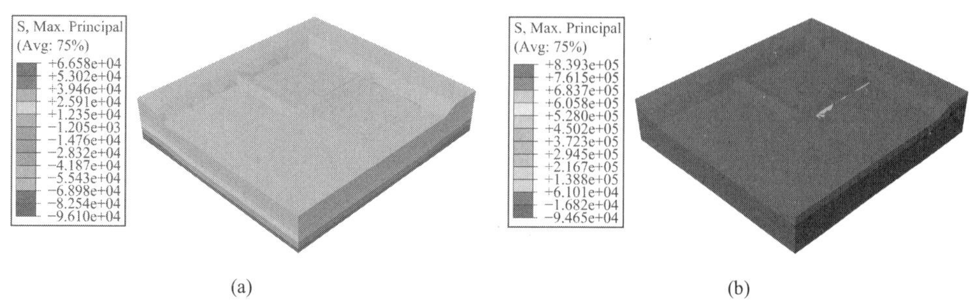

(a)　　(b)

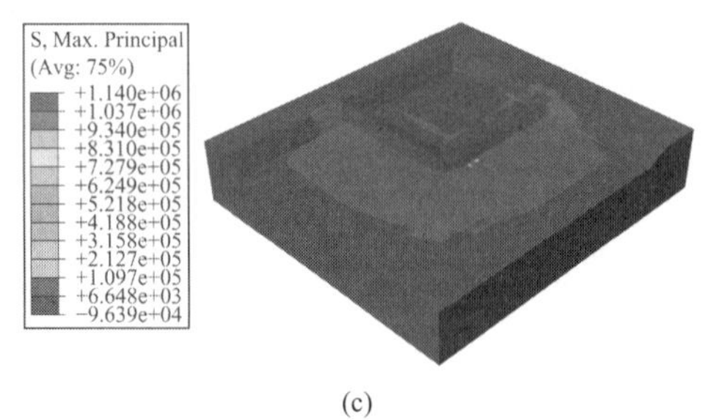

(c)

图 3.3-192　库坝系统激振大主应力动态云图

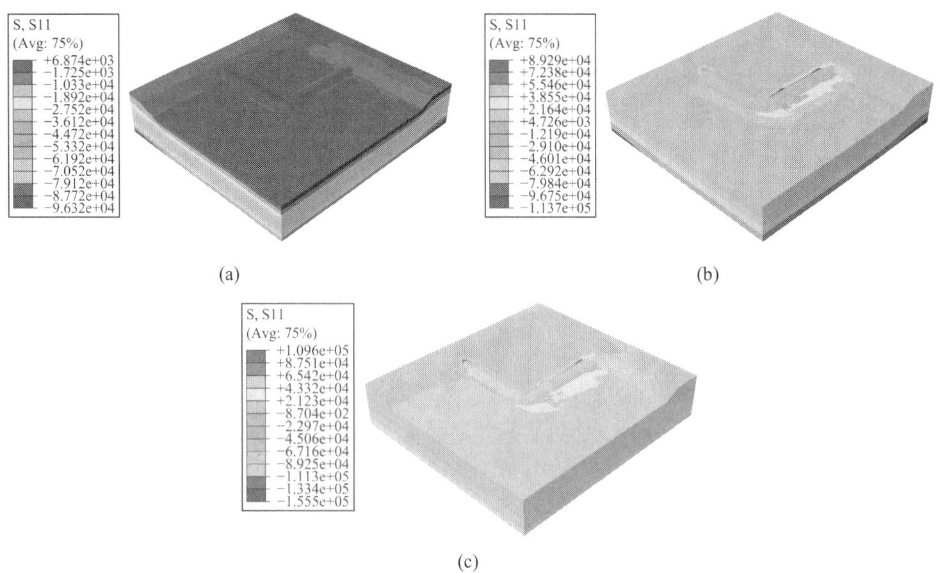

(a)　(b)

(c)

图 3.3-193　库坝系统激振正应力分量动态云图（顺河向）

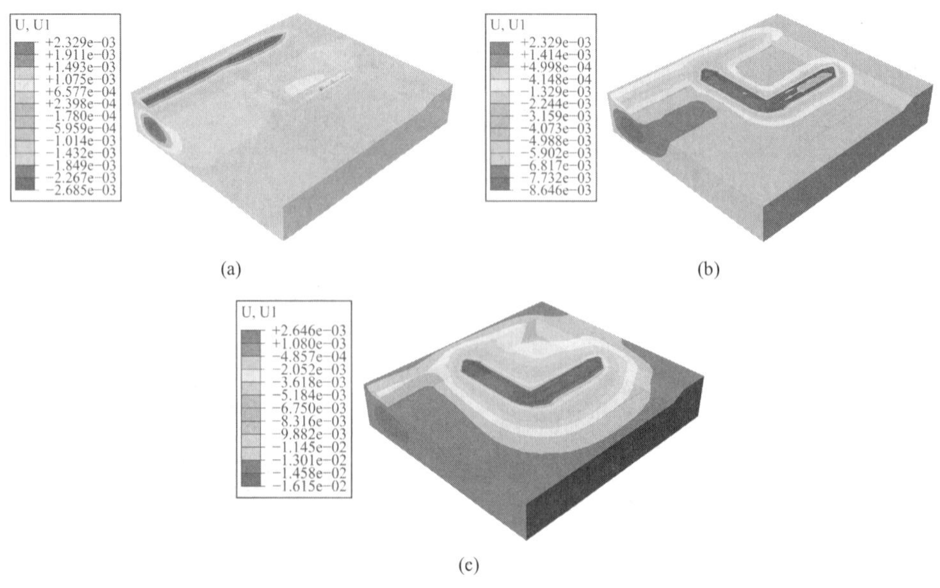

(a)　(b)

(c)

图 3.3-194　库坝系统激振位移分量动态云图（顺河向）

⑧工况 8 动态场变量分布云图

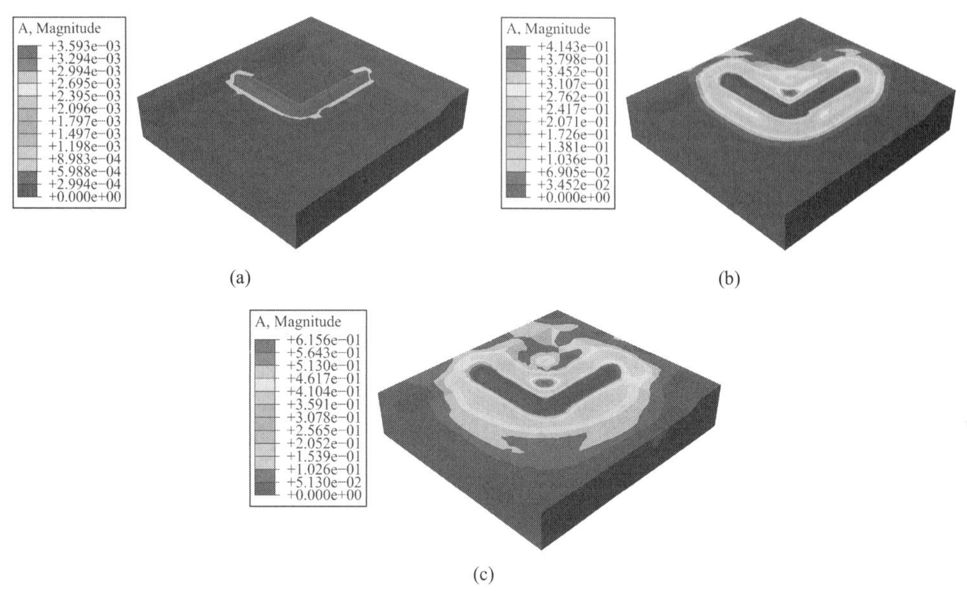

图 3.3-195　库坝系统激振加速度动态云图（全量）

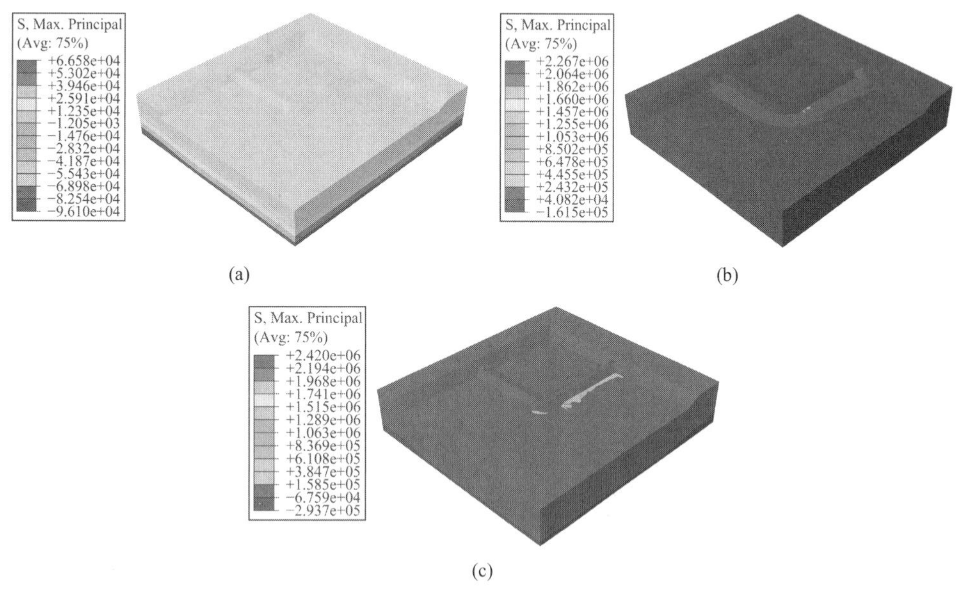

图 3.3-196　库坝系统激振大主应力动态云图

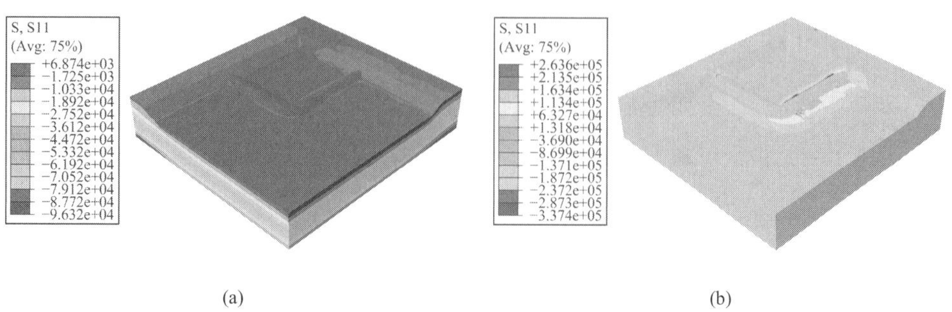

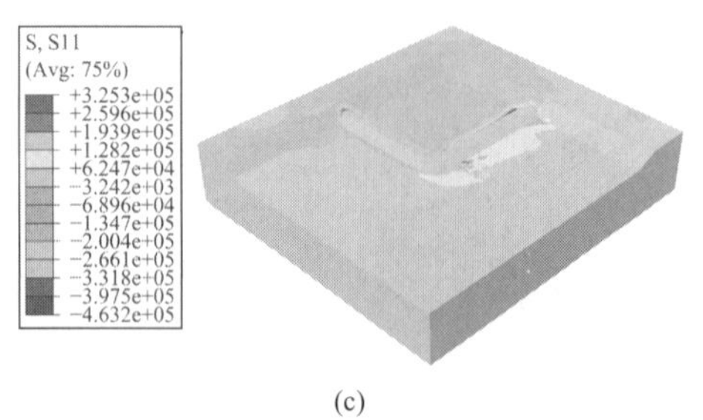

(c)

图 3.3-197 库坝系统激振正应力分量动态云图（顺河向）

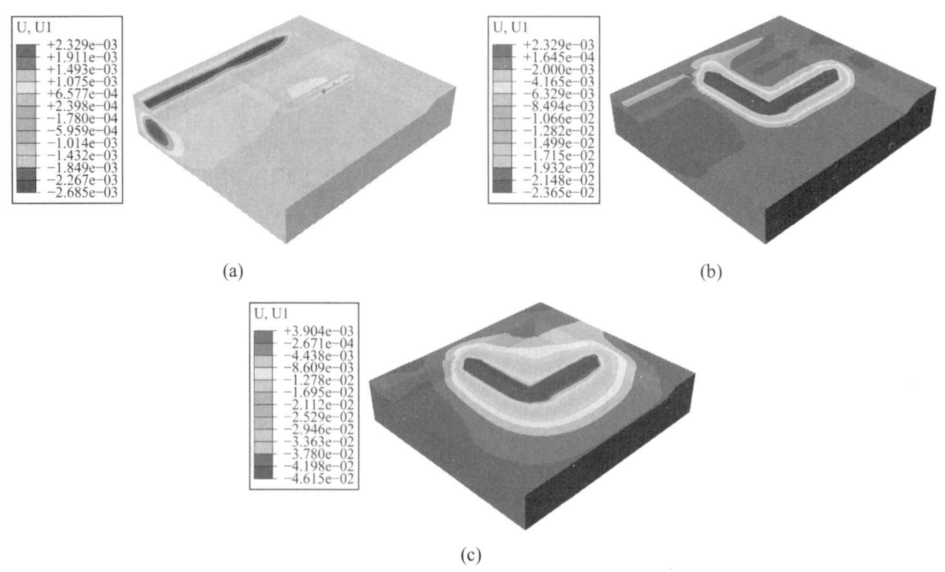

(a) (b)

(c)

图 3.3-198 库坝系统激振位移分量动态云图（顺河向）

⑨工况 9 动态场变量分布云图

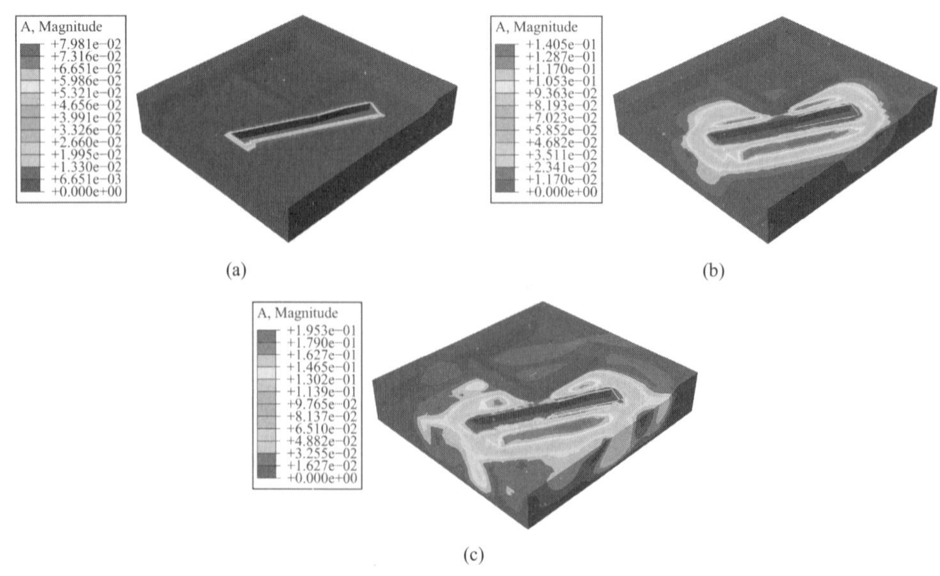

(a) (b)

(c)

图 3.3-199 库坝系统激振加速度动态云图（全量）

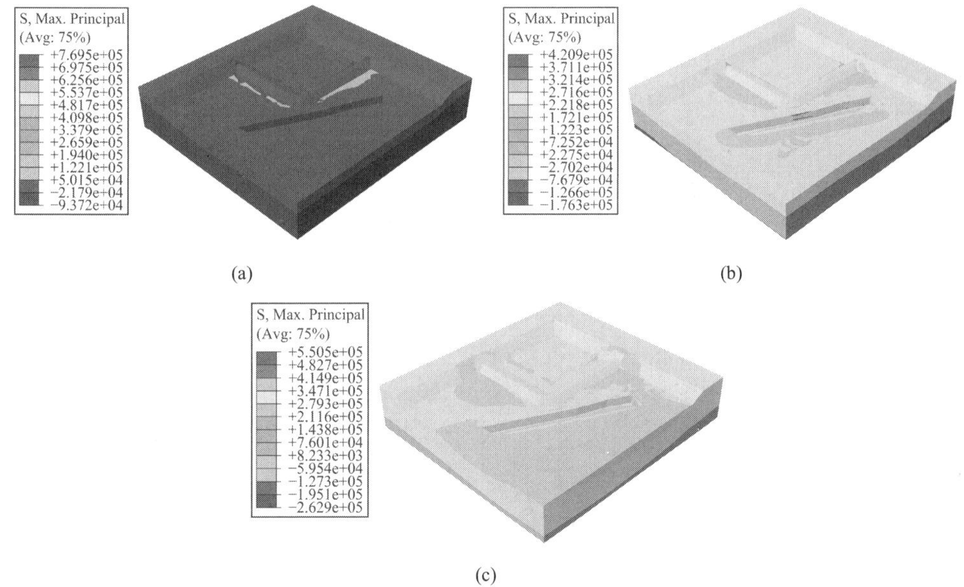

图 3.3-200　库坝系统激振大主应力动态云图

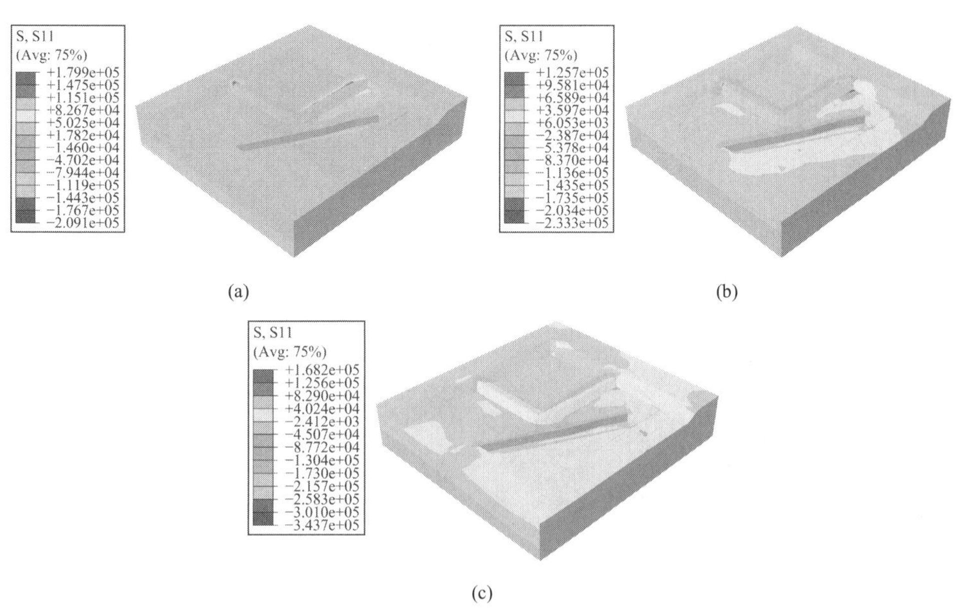

图 3.3-201　库坝系统激振正应力分量动态云图（顺河向）

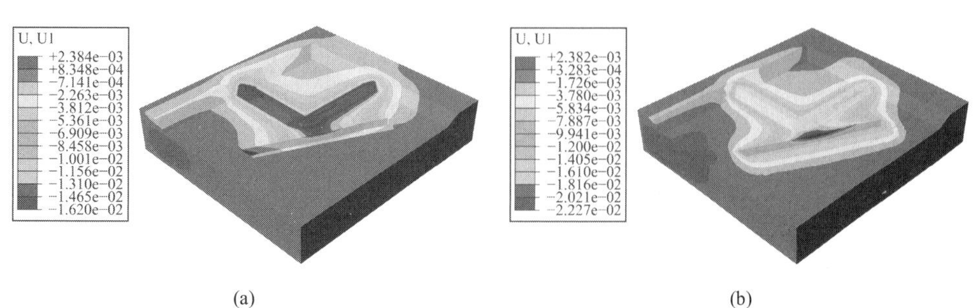

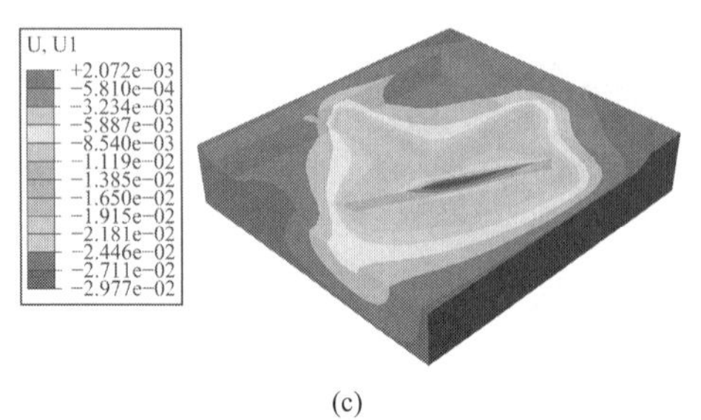

图 3.3-202　库坝系统激振位移分量动态云图（顺河向）

⑩工况 10 动态场变量分布云图

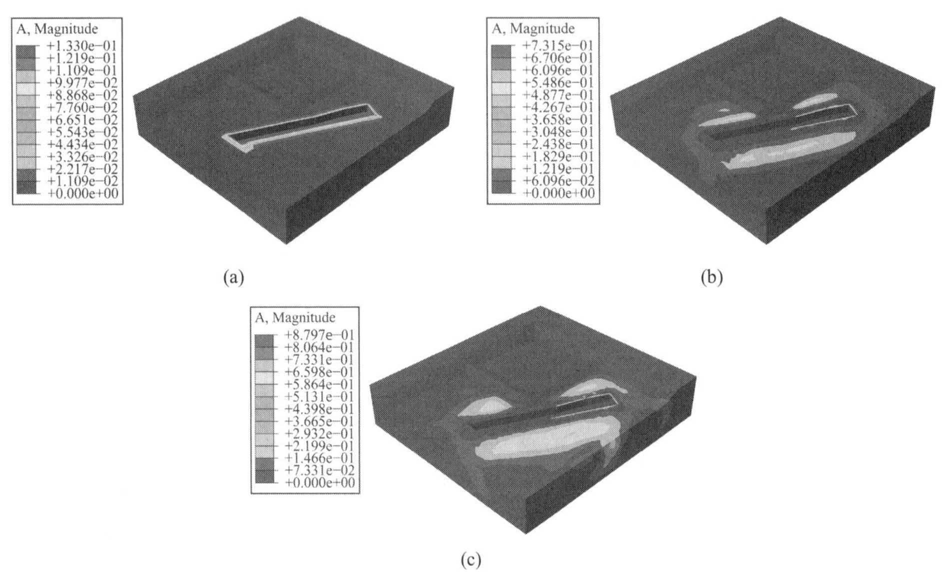

图 3.3-203　库坝系统激振加速度动态云图（全量）

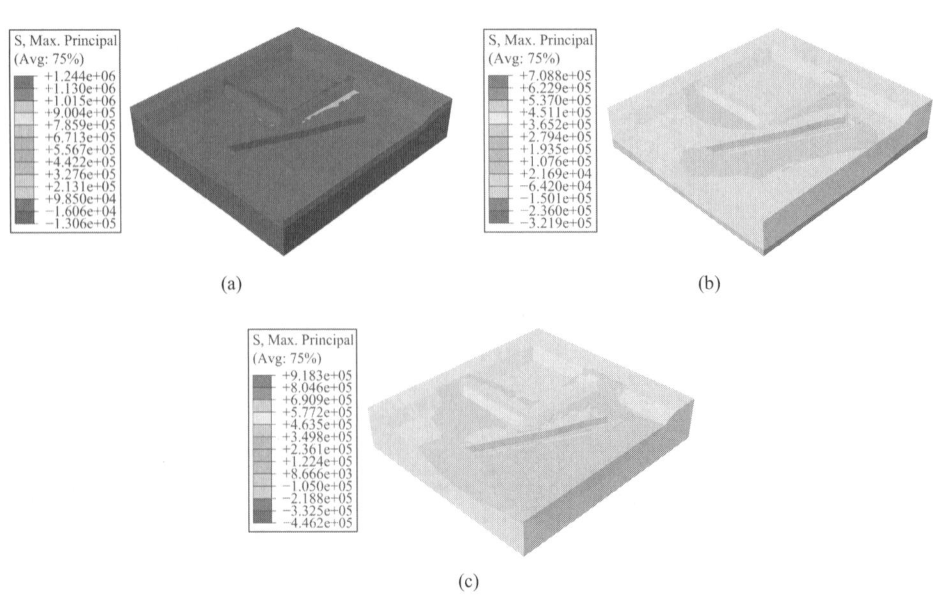

图 3.3-204　库坝系统激振大主应力动态云图

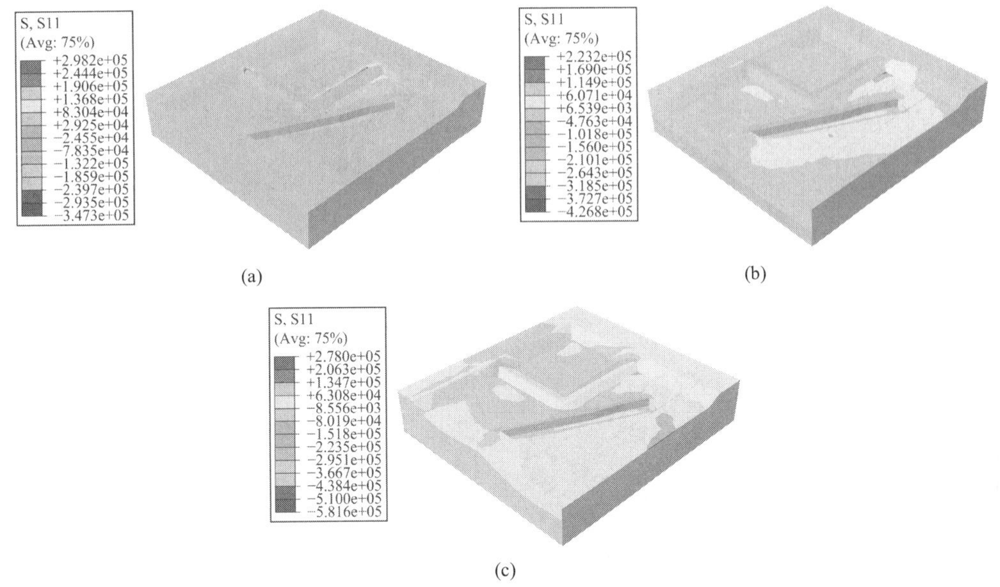

图 3.3-205 库坝系统激振正应力分量动态云图（顺河向）

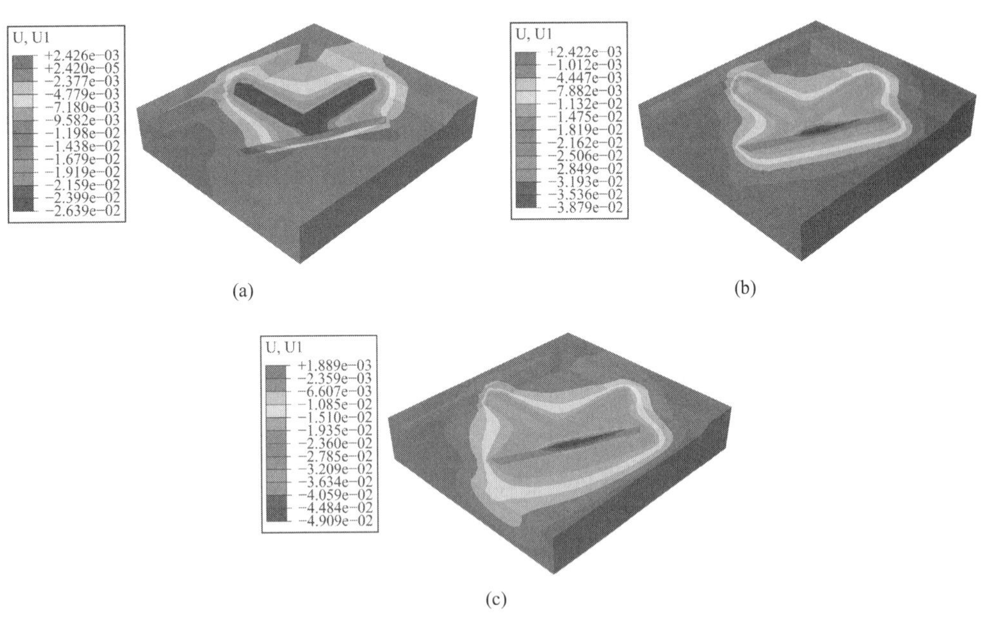

图 3.3-206 库坝系统激振位移分量动态云图（顺河向）

⑪工况 11 动态场变量分布云图

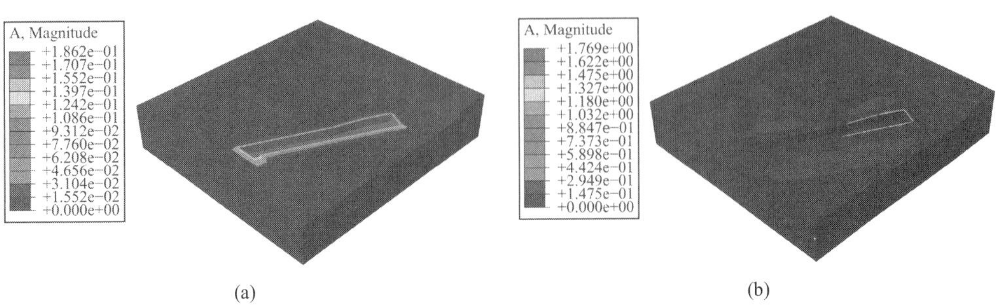

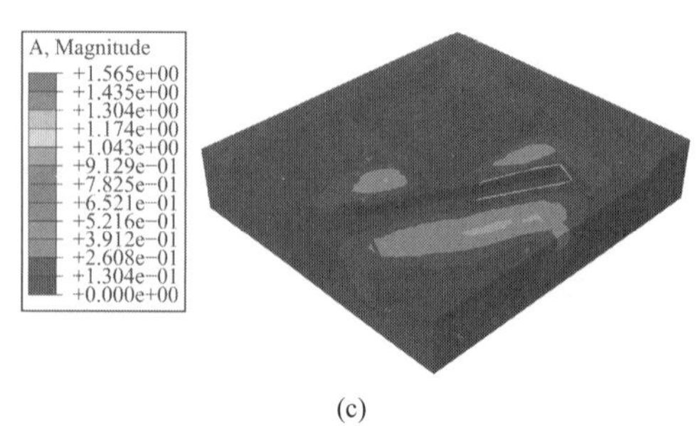

(c)

图 3.3-207　库坝系统激振加速度动态云图（全量）

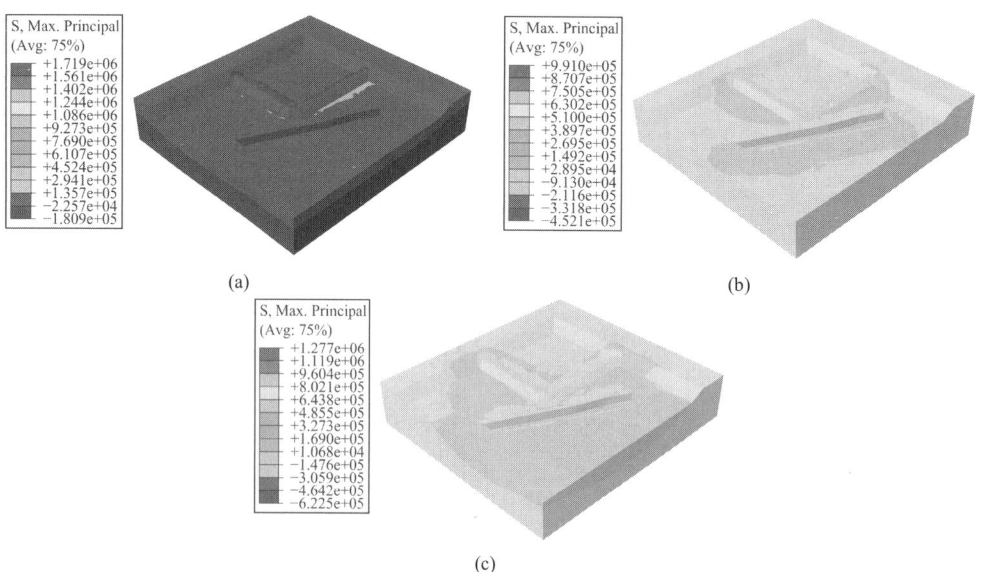

(c)

图 3.3-208　库坝系统激振大主应力动态云图

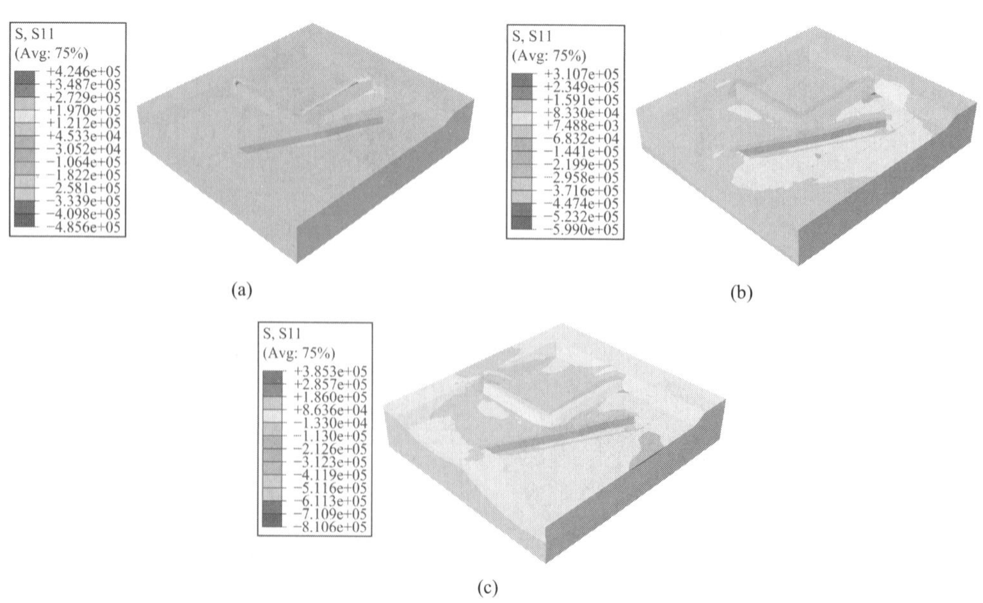

(c)

图 3.3-209　库坝系统激振正应力分量动态云图（顺河向）

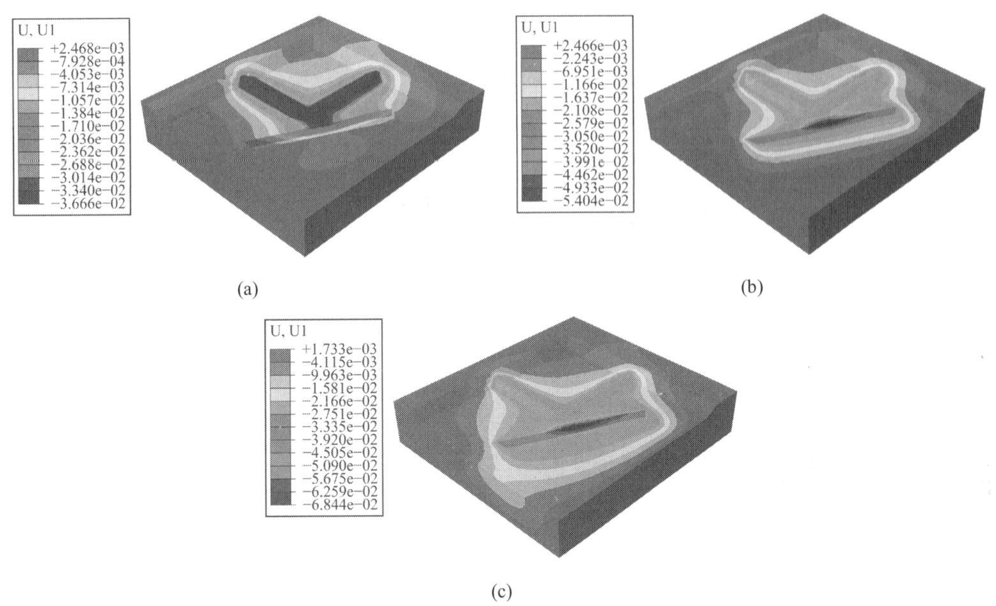

图 3.3-210　库坝系统激振位移分量动态云图（顺河向）

⑫工况 12 动态场变量分布云图

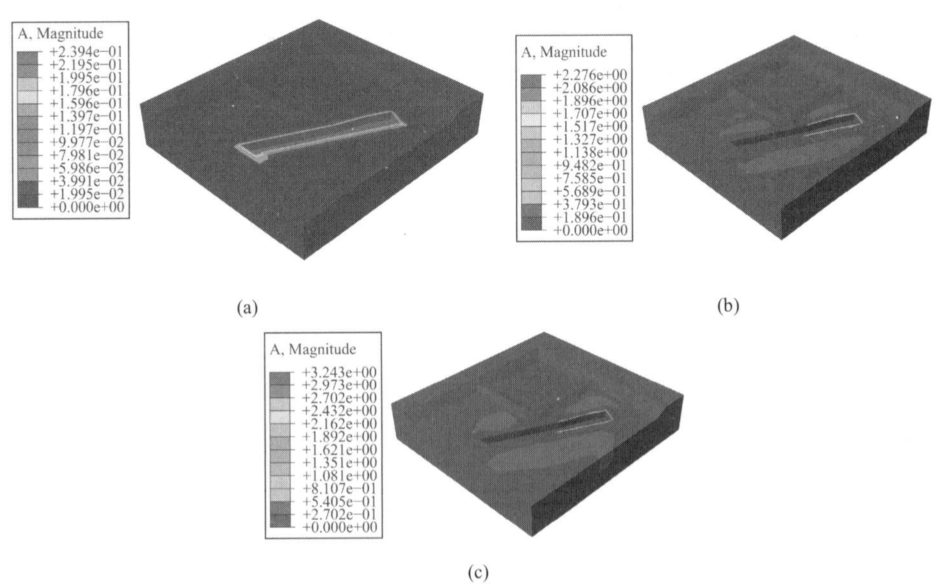

图 3.3-211　库坝系统激振加速度动态云图（全量）

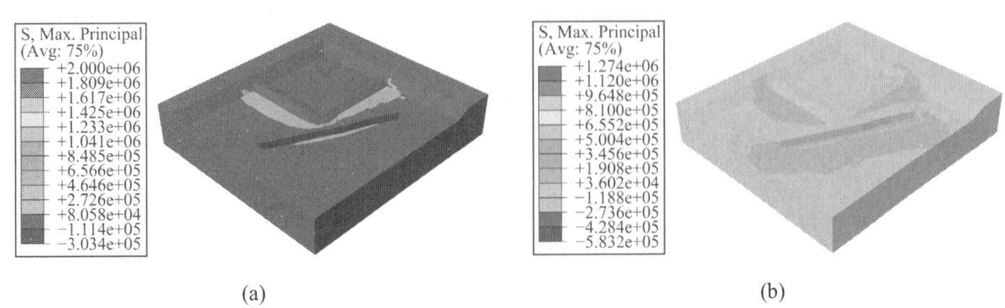

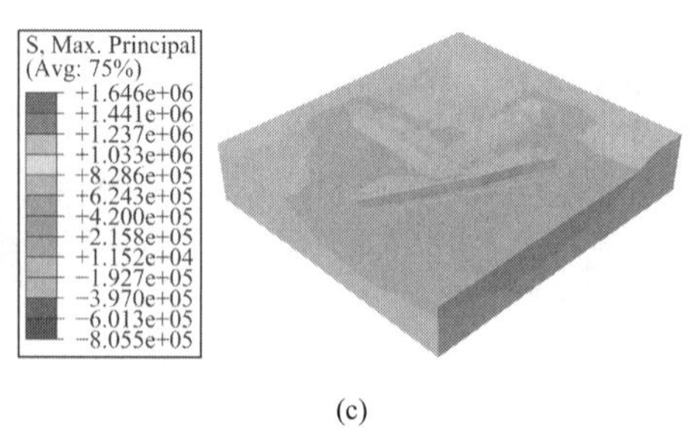

(c)

图 3.3-212　库坝系统激振大主应力动态云图

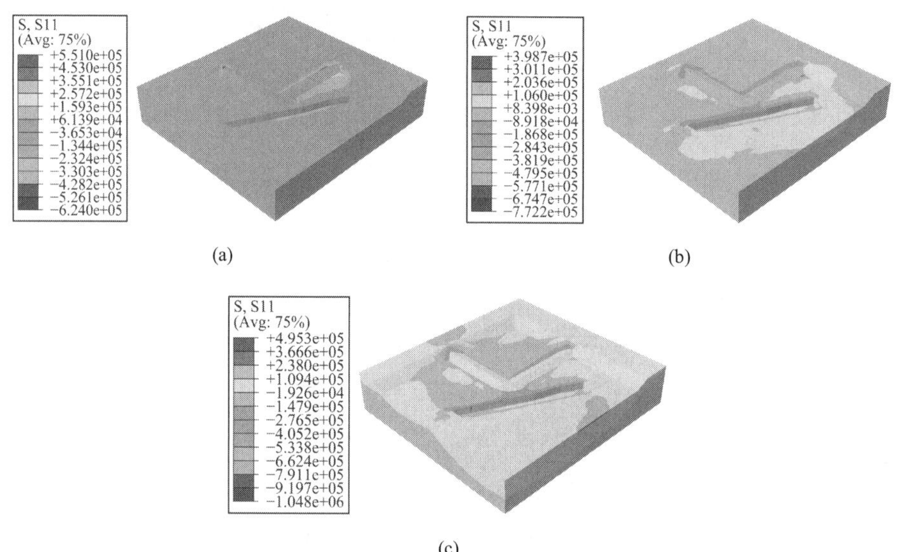

(a)　(b)

(c)

图 3.3-213　库坝系统激振正应力分量动态云图（顺河向）

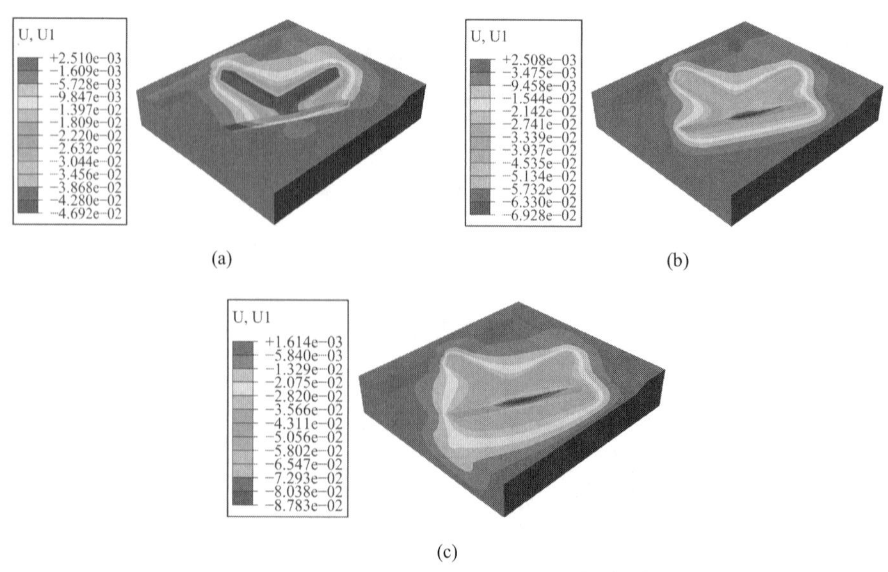

(a)　(b)

(c)

图 3.3-214　库坝系统激振位移分量动态云图（顺河向）

（2）坝体特征点场变量分布

本节研究选择了西堠主副坝结构系统中的 1 处代表性位置特征点（具体见图 3.3-215 圈注位置），该处为结构构型的主要奇点之一，应力状态复杂，对筑坝材料安度性能考验极大，故此研究重点就该处的动态位移及沉降量进行分析评价，结果如图 3.3-216～图 3.3-218 所示。由图推知，主副坝受施工卸载影响在岸坡连接段将出现脱坡，由此形成了显著的动态形变累加。

图 3.3-215　西堠主副坝结构特征点选取

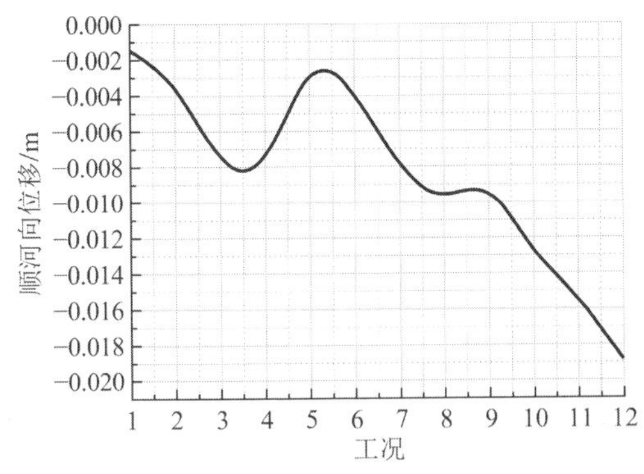

图 3.3-216　顺河向动态倾移

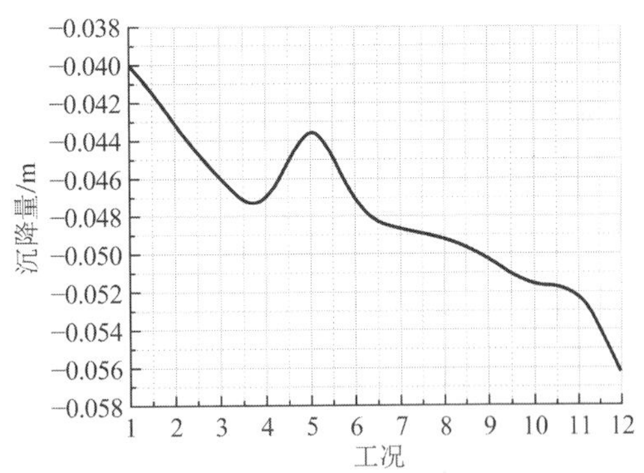

图 3.3-217　动态沉降量

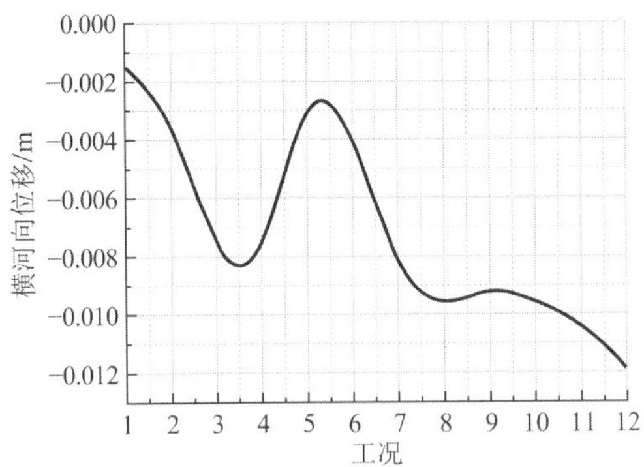

图 3.3-218　横河向动态变位

（3）结果分析与讨论

西堠库区内甬舟复线桥桩施工激振引发的库水与坝体动力响应，在二者同步发生情况下（图 3.3-199～图 3.3-206），主副坝转弯奇点对应的库底处会产生较大的地层加速度，由此形成了对主副坝主体结构的较大顶推效应，加之主副坝转弯奇点又正对甬舟复线桥桩基础施工作业面主线，在作业面地层卸载条件下（图 3.3-207～图 3.3-214），该处的大主应变达到 3×10^{-3}，这对于主副坝连接段是较大的考验。如前所述，因为西堠库区内特殊的主副坝结构形态，使得该系统的随动空间构型中存在较多奇点，由此导致西堠库坝系统在桥桩基础施工期间坝体空间动态应变发育极为复杂，尤其是在施工作业面范围内若发生大幅的地层卸载时（图 3.3-199～图 3.3-214），主坝及副坝与岸坡的连接段均是变形集中区，最大拉应变分量值可达 1.5×10^{-3}。西堠主副坝特有的结构形式对于桥桩基础施工期间形成的动力效应更为敏感，当动水压力及坝体自身承受的激振波速增加时，主副坝体各个方向上的位移与变形水平亦随之增大。故此，在甬舟复线桥桩基础施工期间，研究认为在主副坝转弯点面向桥桩基础施工一侧应常设变位观测点，连续动态观测各阶段该处的形位变化，一旦有数值突变，应及时停止邻近区段的施工作业，对区段内的坝体及下游坝体坝基连接处可能发生的劣损做细化踏勘。

由于复杂的主副坝结构，在库水坝体异步动力响应情况下，主副坝转弯奇点及主坝坝趾沿线会形成 1MPa 以上的主拉应力（图 3.3-167～图 3.3-174）。在各类静动力荷载作用下，除重力方向外，西堠库区主副坝结构的其他各方向的位移均呈现显著的横观各向异性特征，主坝及副坝与岸坡的连接段也会成为横河向及顺河向位移的集中发育区，坝体填筑材料层间有拉剪应力引发错动的趋势（图 3.3-175～图 3.3-182）。主副坝转弯奇点及主坝坝趾沿线是拉应力集中区，在施工期应尽可能降低库水，以避免较大的动水压力与卸载效应在这些位置处出现叠加（图 3.3-183～图 3.3-190）。基于前述研究成果，此处建议，在桥桩基础施工期间应将西堠库区内的库水位尽可能控制在 10.24m 以下，依据仿真分析结果可以明确，这对于充分削减施工期静动力荷载效应效果极为显著（图 3.3-191～图 3.3-198）。

为应对主副坝受施工卸载影响而在岸坡连接段出现脱坡，研究认为应在施工期对主副坝与岸坡连接处的坝段作经常性的开裂监测，对于异常的位移突变、渗坑出水等现象，要及时反馈并作专门分析。

若条件允许，研究认为西堠库区复线桥桩基础施工可采用如静压沉管等对地层扰动较小的成桩工艺，即便是使用钻孔成桩，也应尽量控制钻机钻进速度，而各类动力贯入施工方法应尽量避免使用。

6）坝基冲击振动及坝体动力蠕变特性研究

西堠库区位于化城寺库区东北部，且紧邻金塘外海，库区内地质条件极为复杂，坝下海陆混合相地层对外部施工扰动极为敏感，而且库区距离本岛较远，在台风季节，抢险加固极不便利，考虑到此工程地位，并结合当前我国东南沿海地区普遍处于地震活跃期，本节研究亦将采用黏性-黏弹性-黏弹塑性本构模型，对西堠库区在地脉动效应作用下的坝体响应以及动力蠕变特征进行分析讨论[14-32]，其中库区内基岩下卧层的振动加速度响应时程曲线结果如图 3.3-219 所示。

（1）场变量

①工况 1 动态场变量分布图

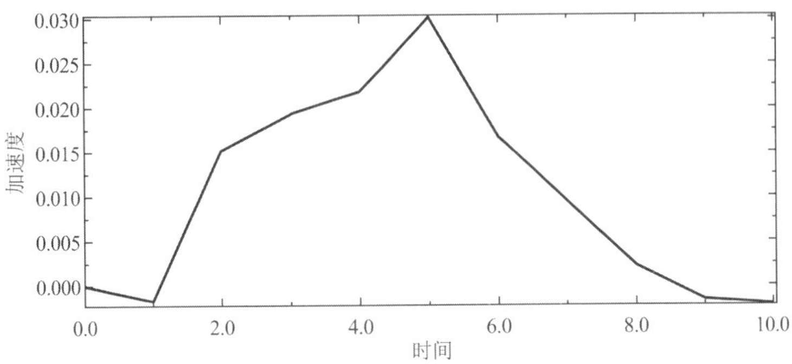

图 3.3-219　西堠库区基岩振动加速度响应时程曲线

②工况 2 动态场变量分布云图

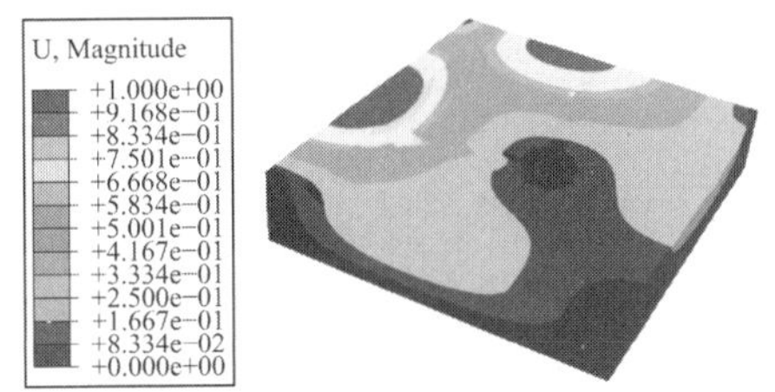

图 3.3-220　1 阶振型（0.36707Hz）

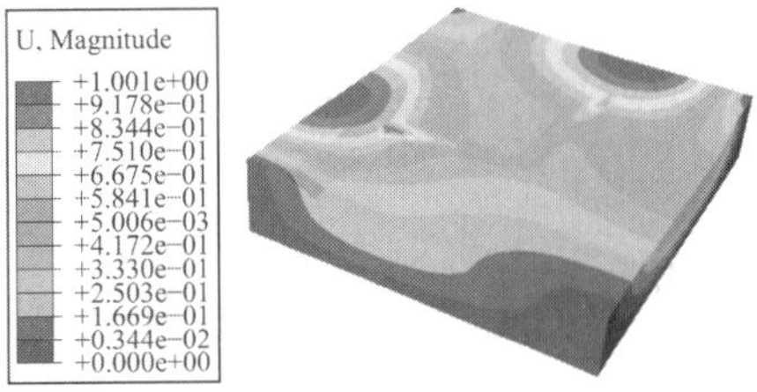

图 3.3-221　2 阶振型（0.3911Hz）

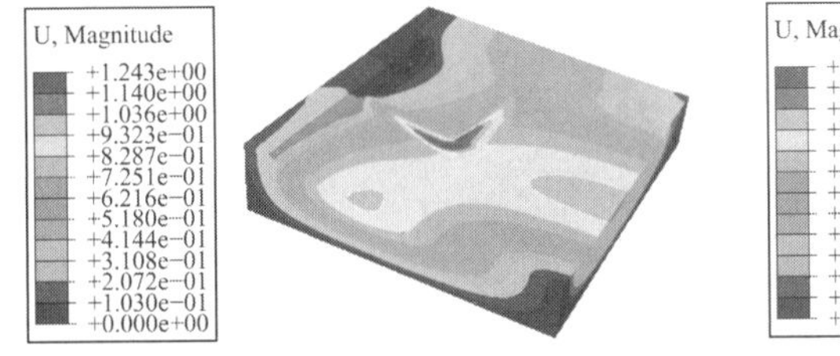

图 3.3-222　3 阶振型（0.39278Hz）

图 3.3-223　4 阶振型（0.39339Hz）

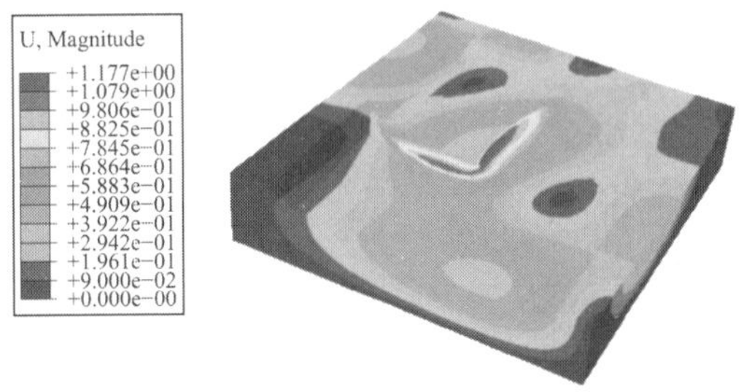

图 3.3-224　5 阶振型（0.40237Hz）

③工况 3 动态场变量分布云图

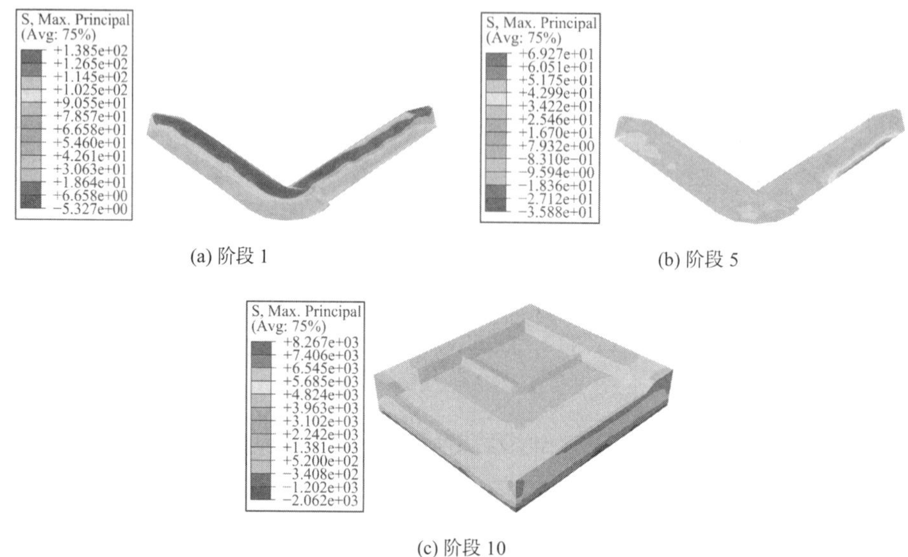

(a) 阶段 1

(b) 阶段 5

(c) 阶段 10

图 3.3-225　地脉动大主应力

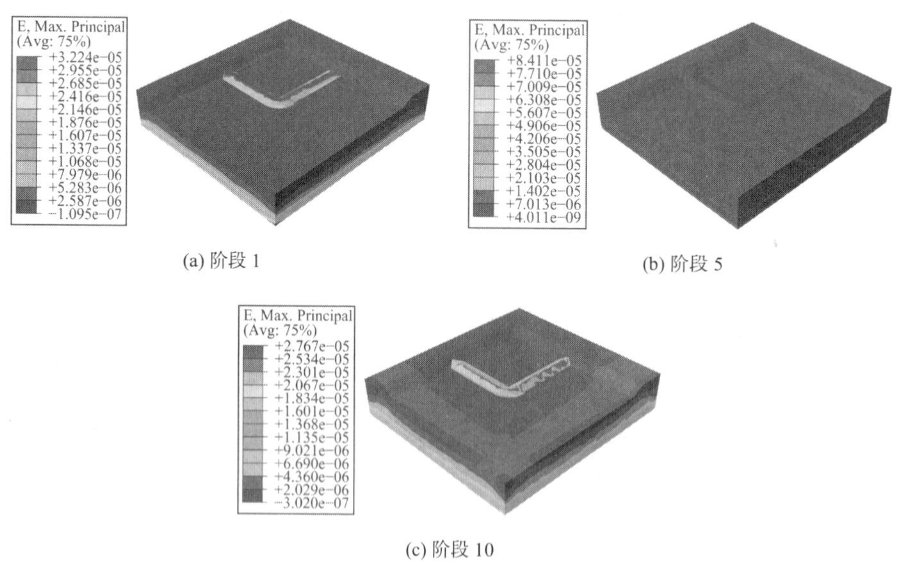

(a) 阶段 1

(b) 阶段 5

(c) 阶段 10

图 3.3-226　地脉动大主应变

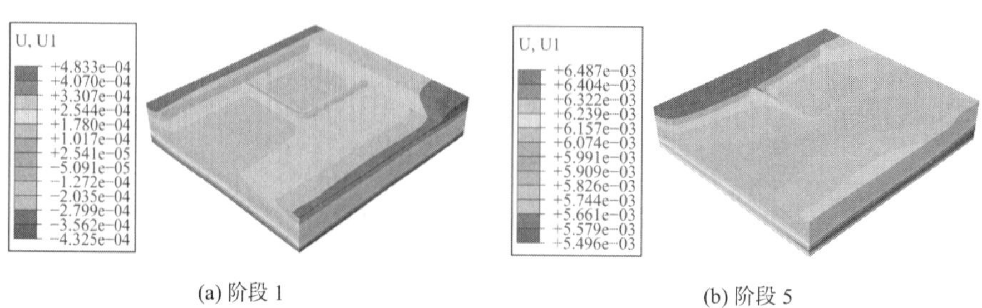

(a) 阶段 1

(b) 阶段 5

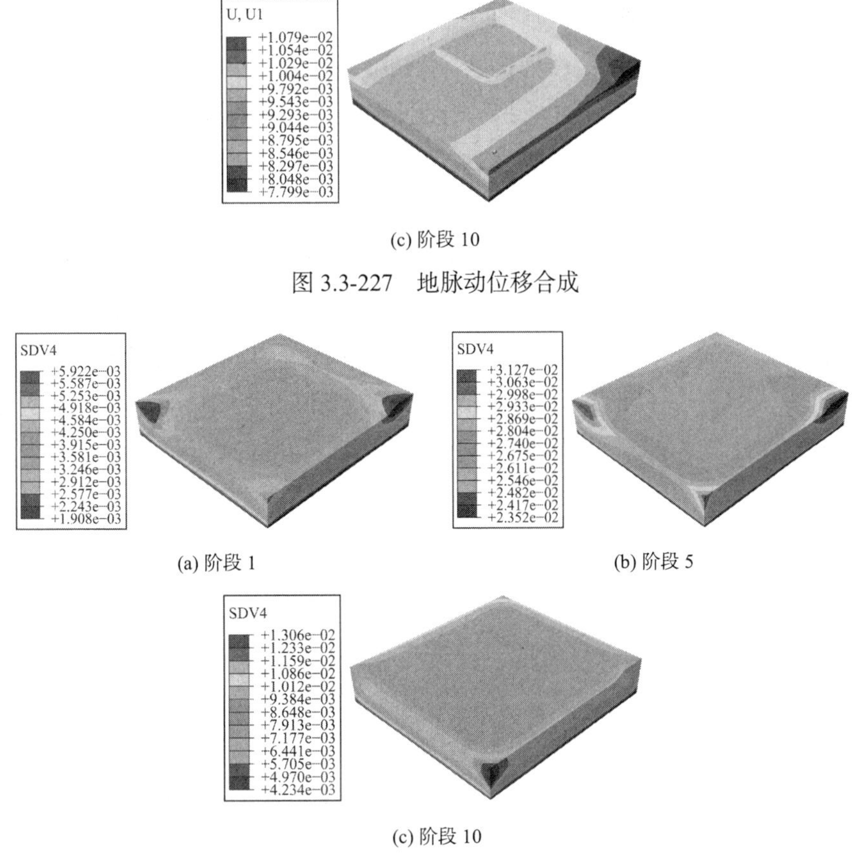

(c) 阶段 10

图 3.3-227　地脉动位移合成

(a) 阶段 1　　(b) 阶段 5

(c) 阶段 10

图 3.3-228　地脉动作用下坝体蠕变损伤

（2）坝体特征点场变量分布

本节研究选择了如图 3.3-215 所示西堠坝体 1 处代表性位置特征点，并针对此特征点进行地脉动加速度分析，结果如图 3.3-229 所示。

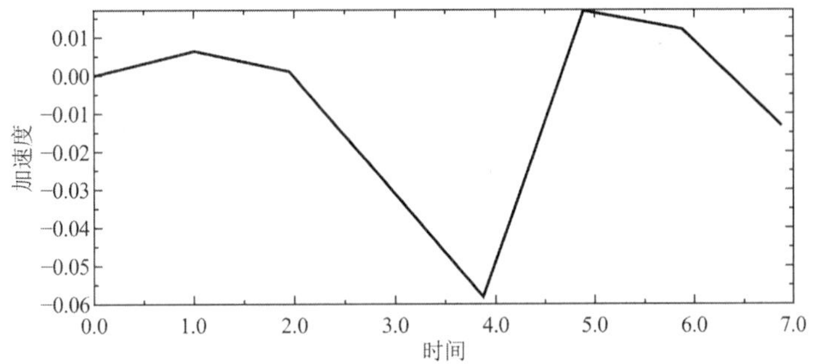

图 3.3-229　西堠坝体特征点地脉动加速度响应时程曲线

（3）结果分析与讨论

依据研究发现，在贯入冲击荷载作用下，西堠库区基岩深层最大动力响应值 3cm/s^2（图 3.3-219）。在贯入峰值加速度代表值为 1m/s^2 且冲击时长短于 10s 情况下，西堠库区桥桩施工引发坝基岩体冲击振动不足以造成大幅岩体破坏。

经仿真分析计算，研究将西堠库区岩土地质环境基频定为 0.3671Hz（图 3.3-220～图 3.3-224），据此在 0.1g地脉动作用下，经研究发现西堠坝顶峰值加速度达到 6cm/s^2（图 3.3-229），由于主副坝力流交汇作用，特征点处的加速度出现反向波激振动，此效应有可能引发库坝系统局部动力扭曲，因此研究认为应在该区域做好重点监测防护。在 0.1g地脉动作用下，西堠主副坝坝体最大动主拉应力不超过 30kPa，最大动主压应力不超过 60kPa（图 3.3-225），此时西堠主副坝转弯奇点处最大动位移为 19mm（图 3.3-226 及图 3.3-227）。

考虑坝体填筑材料蠕变损伤情况下，且考虑有一次典型地脉动袭扰，在 0.1g地脉动效应作用下，西堠坝体蠕变损伤总体保持在 0.04 以下（图 3.3-228），而受主副坝力流交汇作用影响，系统的最大损伤值发生区域集中于西堠主副坝转弯奇点处。

参考文献

[1] 王亚军. M-相模糊概率法在水布垭堆石坝心墙填料分类中的应用[J]. 岩土工程技术, 2004, 18(1): 11-15.

[2] 孙卓麒, 练伟, 汪明元, 等. 浅析下游近坝区动态开挖影响下的库坝系统安全性能[J]. 中国水运, 2022, (07): 26-28.

[3] 王亚军, 张我华, 陈合龙. 长江堤防三维随机渗流场研究[J]. 岩石力学与工程学报, 2007, 26(9): 1824-1831.

[4] 王亚军, 张我华, 金伟良. 一次逼近随机有限元对堤坝模糊失效概率的分析[J]. 浙江大学学报(工学版), 2007, 41(1): 52-56.

[5] 王亚军, 张我华. 非线性模糊随机损伤研究[J]. 水利学报, 2010, 41(2): 189-197.

[6] YAN Qian, WU Di, WANG You-bo, et al. Seismic Behaviors on CFGRD[J]. Earth and Environmental Science, 2019, 304: 1-6.

[7] 王亚军, 张我华. 基于模糊随机损伤力学的模糊自适应有限元分析[J]. 解放军理工大学学报(自然科学版), 2009, 10(5): 440-446.

[8] 王亚军, 张我华. 荆南长江干堤模糊自适应随机损伤机理研究[J]. 浙江大学学报(工学版), 2009, 43(4): 743-749, 776.

[9] 王亚军, 张我华. 岩石边坡模糊随机损伤可靠性研究[J]. 沈阳建筑大学学报(自然科学版), 2009, 25(3): 421-425.

[10] 王亚军, 张我华. 龙滩碾压混凝土坝随机损伤力学分析的模糊自适应有限元研究[J]. 岩

石力学与工程学报, 2008. 27(6): 1251-1259.

[11] 王亚军, 张我华. 堤防工程的模糊随机损伤敏感性[J]. 浙江大学学报(工学版), 2011, 45(9): 1672-1679.

[12] 王亚军, 张我华, 张楚汉, 等. 碾压混凝土重力坝的广义损伤可靠度及敏感性[J]. 土木建筑与环境工程, 2011, 33(1): 77-86.

[13] 王亚军, 张我华. 岩土工程非线性模糊随机损伤[J]. 解放军理工大学学报(自然科学版), 2011, 12(3): 251-257.

[14] 国家能源局. 水电工程水工建筑物抗震设计规范: NB 35047—2015[S]. 北京: 中国水利水电出版社, 2015.

[15] 住房和城乡建设部. 建筑基坑支护技术规程: JGJ 120—2012[S]. 北京: 中国建筑工业出版社, 2012.

[16] 住房和城乡建设部. 建筑地基基础工程施工质量验收规范: GB 50202—2018[S]. 北京: 中国建筑工业出版社, 2018.

[17] Wang Y J, Zhang W H, Jin W L, et al. Fuzzy stochastic generalized reliability studies on embankment systems based on first-order approximation theorem[J]. Water Science and Engineering, 2008, 1(4): 36-46.

[18] Wang Y J, Zhang W H, Zhang C H, et al. Fuzzy stochastic damage mechanics(FSDM)based on fuzzy auto-adaptive control theory[J]. Water Science and Engineering, 2012, 5(2): 230-242.

[19] Wang Y J, Wang J T, Gan X Q, et al. Modal analysis on Xiluodu arch dam under fuzzy stochastic damage constitution[J]. Advanced Materials Research, 2013, 663: 202-205.

[20] Wang Y J, Zuo Z, Gan X Q, et al. Super arch sam seismic generalized damage. Applied Mechanics and Materials[J], 2013, 275-277: 1229-1232.

[21] Yajun Wang. 3-Dimensional Stochastic Seepage Analysis of a Yangtze River Embankment[J]. Mathematical Problems in Engineering, 2015, Volume 2015: 1-13.

[22] 王亚军, 张我华, 王沙义. 堤防渗流场参数敏感性三维随机有限元分析[J]. 水利学报, 2008, 38(3): 272-279.

[23] Yajun WANG, Zhigang SHENG, Ming-yuan WANG, et al. Fuzzy Stochastic Damage on Main Dike of Yangtse Rive[J]. IOP Conf. Series: Earth and Environmental Science 825, 2021100

[24] 王亚军, 张我华. 双重流动法则下地基黏塑性随机有限元方法[J]. 浙江大学学报(工学版), 2010, 44(4): 798-805.

[25] 王亚军, 张我华. 黏塑性随机有限元及其对堤坝填筑问题的分析[J]. 中国科学院研究生院学报, 2009, 26(1): 132-140.

[26] Wang Ya-jun, Hu Yu, Zuo Zheng, et al. Stochastic finite element theory based on visco-plasto constitution[J]. Advanced Materials Research, 2013, 663: 672-675.

[27] Yajun WANG, Chuhan ZHANG, Jinting WANG, et al. Experimental Study on Foci

Development in Mortar Using Seawater and Sand[J]. Materials, 2019, 12(11): 1-24.

[28] Yajun Wang, Feng Jin, Chuhan Zhang, et al. Novel method for groyne erosion stability evaluation[J]. Marine georesources & geotechnology, 2018, 36(1), 10-29.

[29] Yajun Wang, Zhu Xing. Mixed uncertain damage models: Creation and application for one typical rock slope in Northern China[J]. Geotechnical Testing Journal, 2018, 41(4), 759-776.

[30] 王友博，严乾，胡昱，等. 高强水工混凝土新型测试分析技术[J]. 人民黄河，2018, 40(S1). 112-113, 173.

[31] 严乾，王亚军，王友博，等. 舟山地区面板灌砌石坝抗震安全评价研究[J]. 水利发电，2018, 44(5): 50-52, 93.

[32] 中华人民共和国水利部，小型水利水电工程碾压式土石坝设计规范: SL 189—2013[S]. 北京: 中国水利水电出版社, 2014.

[33] 王亚军. 基于模糊随机理论的广义可靠度在边坡稳定性分析中的应用[J]. 岩土工程技术, 2004, 18(5): 217-223.

[34] 王亚军，张我华. 堤防工程广义可靠度分析及参数敏感性研究. 工程地球物理学报[J], 2008, 5(5): 617-623.

[35] 王亚军，张我华. 荆南长江干堤系统广义可靠度分析. 水利与建筑工程学报[J], 2008, 6(4): 272-279.

[36] Wang Y J, Zhang W H. Super gravity dam generalized damage study. Advanced Materials Research, 2012, 479-481: 421-425.

[37] Wang Ya-jun, Wang Jin Ting, Gan Xiao Qing, et al. Modal Analysis on Xiluodu Arch Dam under Fuzzy Stochastic Damage Constitution[J]. Advanced Materials Research, 2013, Vol 663: 202-205.

[38] Yajun Wang. A novel story on rock slope reliability, by an initiative model that incorporated the harmony of damage, probability and fuzziness[J]. Geomechanics and Engineering, 2017, 12(2): 269-294.

[39] Wang Ya-jun, Zhang Wohua. Rock Slope Fuzzy Stochastic Damage Study[J], Advanced Materials Research, 2012, 524-527: 337-340.

[40] Wang Ya-jun, Wang Jun. Generalised Reliability On Hydro-Geo Objects[J]. Open Civil Engineering Journal, 2015, 9, 498-503.

[41] Wang Y J, Zhang W H, Wu C Y, et al. Three-dimensional stochastic seepage field for embankment engineering. Water Science and Engineering, 2009, 2(1): 58-73.

[42] 王亚军，王艳军. 反滤层模糊可靠性的探讨[J]. 黑龙江水专学报, 2004, 31(4): 24-27.

[43] Wang Ya-jun, Hu yu, Zuo zheng, et al. Crucial geo-qualities and predominant defects treatment on foundation zones of Sino mainland Xiluodu arch dam[J], Advanced Materials Research, 2012, 446-449: 1997-2001.

[44] 王亚军. 模糊一致理论及层次分析法在岸坡风险评价中的应用. 浙江水利科技, 2004, 3: 1-8.

[45] 王亚军, 张楚汉, 金峰, 等. 堤防工程综合安全模型和风险评价体系研究及应用. 自然灾害学报, 2012, 21(1): 101-108.

[46] Yajun Wang. Tests and Models of Hydraulic Concrete Material with High Strength[J]. Advances in Materials Science and Engineering, 2016: 1-18.

[47] Wang Ya-jun, Zuo Zheng, Yan Xinjun, et al. Feedback and Sensitivity Analysis for Mass Data from Transverse Joints Monitoring System of Super Arch Dam in Sino Mainland[J]. Advanced Materials Research, 2013, 663: 198-201.

[48] Wang Y J, Hu Y, Zuo Z, et al. Stochastic mechanical characteristics of Zhoushan marine soil based on GDS test system[J]. Advanced Materials Research, 2013, 663: 676-679.

[49] 王亚军, 金峰, 张楚汉, 等. 舟山海域海相砂土循环激振下的液化破坏孔压模型[J], 岩石力学与工程学报, 2013, 32(3): 582-597.

[50] Wang Ya-jun, Jin feng, Zhang chuhan, et al. Primary physical-mechanical characteristics on marine sediments from Zhoushan Seas in Sino mainland[J]. Applied Mechanics and Materials, 2013, 275-277: 273-277.

[51] 住房和城乡建设部. 堤防工程设计规范: GB 50286—2013[S]. 北京: 中国计划出版社, 2013.

[52] 住房和城乡建设部. 水利水电工程地质勘察规范: GB 50487—2008[S]. 北京: 中国计划出版社, 2009.

[53] 王亚军, 吴昌瑜, 任大春. 堤防工程风险评价体系研究[J]. 岩土工程技术, 2006, 20(1): 220-224.

[54] Wang Ya-jun, WU Chang Yu, GAN Xiao Qing, et al. Fully Graded Concrete Creep Models and Parameters[J]. Applied Mechanics and Materials, 2013, 275-277: 2069-2072.

[55] Wang Ya-jun, REN Da Chun, GAN Xiao Qing, et al. Rock-Concrete Joints Reliability during Building Process of Super Dam[J]. Applied Mechanics and Materials, 2013, 275-277: 1536-1539.

[56] Wang Ya-jun, HU Yu, ZUO Zheng, et al. Steep Slope Arch Dam Block Reliability Based on Normal Opening of Rock-Concrete Joints[J]. Advanced Materials Research, 2013, 663: 206-209.

[57] Xiao-Qing Gan, Ya-jun Wang. Thermo-Dynamics and Stress Characteristics on High Strength Hydraulic Concrete Material[J]. the Open Civil Engineering Journal, 2015, 9, 529-534.

[58] 修海峰, 王亚军. 预应力管桩施工对海塘的整体影响分析[J]. 中国水运. 2021, (05): 89-90, 98.

[59] Zhigang SHENG, Yajun WANG, Dan HUANG. A Promising Mortar Produced with Seawater and Sea Sand[J]. Materials, 2022, 15(17), 6123, 1-20.

第 4 章 舟山面板坝工程问题研究

4.1 引言

截至 21 世纪初，钢筋混凝土面板坝在我国已得到广泛关注，而且因其具有良好的经济性、适应性而被迅速推广。到 2005 年，我国已建、在建的 100m 以上的面板坝就有 31 座（图 4.1-1），其中清江水布垭面板坝更是以 233m 的坝高冠绝于世界坝工[1]！

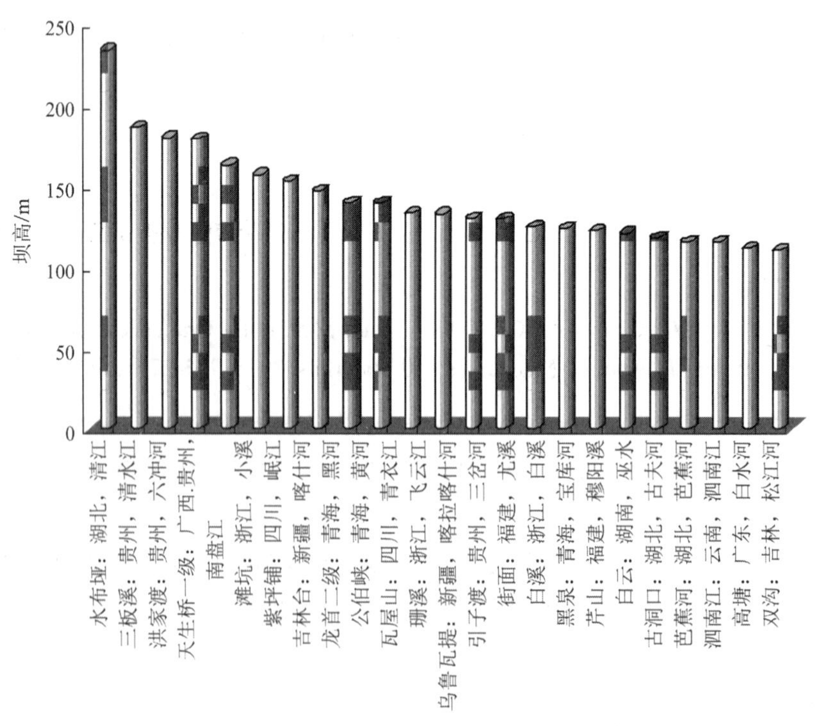

图 4.1-1　中国钢筋混凝土面板高坝分布

钢筋混凝土面板坝作为一种筑坝成本低、地质条件适用范围广、工程力学性能优于传统土石坝的优秀坝型，在舟山水利工程实践中也得到了推广，其中，金鸡岙水利枢纽最具代表性。

4.2　金鸡岙水利枢纽概况

金鸡岙水利枢纽所在地为舟山嵊泗县，该地位于杭州湾以东，长江口东南，北纬 30°24′～31°04′、东经 121°30′～123°25′之间，是舟山群岛最北部的海岛县，由 404 个大小岛屿组成，其中有人居住的岛屿 16 个。县境西起滩浒黄盘山，与上海金山卫相望；东至童岛（海礁）的泰礁；北迄花鸟岛，连接佘山洋；南到浪岗的南北澎礁、马鞍山—白节山一线，与岱山县大衢岛隔水为邻。东西长 180km，南北距 23～91km，海陆总面积 8824km^2，其中陆域面积 86km^2，海域面积 8738km^2。该水利枢纽主要由大坝、溢洪道、输水管等组成，坝址以上集雨面积 0.123km^2，主流长度 0.45km，总库容 11.3 万 m^3，保护人口 807 人，保护面积 30 亩。金鸡岙水库于 2002 年建成，最大坝高 24.1m，总库容 11.3 万 m^3。工程等别为Ⅴ等，主要建筑物大坝、溢洪道为 5 级建筑物，设计洪水标准为 20 年一遇，校核洪水标准为 200 年一遇。水库正常蓄水位 57.0m，相应库容 10.6 万 m^3；设计洪水位 57.37m，相应库容 11.1 万 m^3；校核洪水位 57.50m，相应库容 11.3 万 m^3。

4.2.1　挡水建筑物

金鸡岙挡水建筑物采用钢筋混凝土面板干砌块石坝，最大坝高 24.1m，坝顶高程 59.0m（本次测量 58.47m），防浪墙顶高程 59.3m（本次测量 58.8m）。坝顶宽 4.0m，长 88.0m，上游坝坡 1∶0.5，下游坝坡 1∶1.0 和 1∶0.5。大坝上游采用 C25 钢筋混凝土面板进行防渗，面板共分为 9 块，每 10m 设垂直缝一道。垂直缝内设 30 号桥型橡胶止水带，沥青玛琋脂充填，表面粘贴 PVC 膜。面板中间部位设水平缝，缝内设 30 号桥型橡胶止水带，沥青玛琋脂充填，表面粘贴 PVC 膜。防渗面板采用变厚度设计，水平缝上部面板为等厚度（0.3m），下部渐变厚度（0.3～0.6m）。面板底部与 C25 混凝土趾板连接，周边缝内设 30 号桥型橡胶止水带，沥青玛琋脂充填，表面采用扁钢压面保护。大坝河床部位底部设 C25 混凝土截水墙，截水墙深入基岩弱风化岩石 0.5m。钢筋混凝土防渗面板后部为 C15 细石混凝土灌砌块石垫层，厚 0.8m。坝体采用干砌块石砌筑，下游高程 43.0m 处设 2.0m 宽戗台，戗台上部坡比 1∶1.0，下部坡比 1∶0.5。

4.2.2　泄水建筑物

采用库区山体开凿溢洪道形成泄水建筑物，溢洪道为宽顶堰式，位于大坝的左坝头，设计进口净宽 13.5m（本次测量 12.8m）。溢流堰为宽顶堰，顶宽 2.0m（本次测量 1.7m），堰顶高程 57.0m（本次测量 56.47m）。溢流堰下游渐变段长约 18.1m，宽 12.8～2.0m；渐变段下游为泄槽陡坡，宽 2.0m；泄槽下接消力池，尺寸 2.0m × 2.2m（宽 × 长），深 1.0m，底板高程 34.50m。

4.2.3 输水建筑物

金鸡岙水利枢纽采用坝下涵管形式进行输水，并配合完成紧急状况下的水库放空等任务。涵管布置在大坝右侧，涵管基础坐落在基岩上，进口中心高程 44.10m。坝内涵管采用直径 400mm，厚 6mm 的钢管，加置$\phi 600 \times 4$钢截水环，外包钢筋混凝土。坝内涵管进口设钢筋混凝土镇墩，镇墩与面板接触部位设紫铜止水片和 PVC 膜两道止水。进口设铸铁插板门，拉杆式启闭，启闭机房布置在右侧山坡。

4.3 金鸡岙大坝抗渗安全性能研究

4.3.1 研究背景

金鸡岙水利枢纽于 2002 年建成后，经过多年运行，水库存在淤积现象，总库容约 11.0 万 m^3，现场巡查人员发现水库下游溢洪道泄槽底板破损，并有渗水；库水在设计洪水位 56.70m 时，下游坝脚常见渗水。经检查，溢洪道下游泄槽底部混凝土破损，有渗水，但渗漏量不大。2013 年 9 月，嵊泗县农林水利围垦局组织人员对坝坡下游杂草进行清除。2014 年 7 月 3 日，浙江省水利河口研究院组织人员对清除后下游坝坡进行现场安全检查，下游坝坡整体较好，无塌陷、隆起等异常情况；戗台下部施工弃渣堆积，坝坡和坝脚未设置排水沟，输水涵管下游阀门锈蚀；溢洪道泄槽底板隆起、破损严重，并有渗水现象。经过 10 余年运行，该坝体多处存在明显不利状况（表 4.3-1）。

2013 年金鸡岙水库大坝安全检查情况　　表 4.3-1

安全检查部位		内容与情况
大坝	坝顶	坝顶路面基本平整，存在多条坝轴向和上下游方向细小裂缝，路面混凝土伸缩缝设置不合理。上游防浪墙局部开裂，混凝土老化、剥落，防浪墙内设置桥型橡胶止水，止水方向设置不合理。坝顶防浪墙高 30cm，顶部上、下游侧未设置护栏，存在安全隐患
	上游坝面	上游钢筋混凝土面板表面平整，水位变动区混凝土存在老化、剥落现象。面板垂直缝和水平缝表面部分 PVC 膜脱落，内部沥青玛琋脂流失
	下游坝面	下游坝坡整体完好，无明显不均沉降、凹陷和隆起现象。坝脚有施工弃渣堆积，局部有杂草。坝脚覆盖层较厚且未设置排水沟，坝脚无其他异常情况
坝基和坝区	渗流、渗水量	库水位普遍较低，坝脚未见渗水现象
	溶蚀及冲刷情况	坝基无溶蚀、冲刷现象
	坝端	坝体与岸坡连接处无裂缝、错动和渗水现象。两岸坝端区无裂缝、滑动、崩塌等异常情况，坝端无蚁穴、兽洞等
	坝址近区	坝址近区未见阴湿、渗水、管涌或隆起等现象
库区	库岸稳定	库区未发现大的崩塌及滑坡现象，近坝岸坡无裂缝、滑动迹象
	库区渗漏	大坝右侧山体 47.0m 高程有一废弃的军用隧洞，施工时进行封堵。本次检查发现隧洞内积水较深，最深处可达 1.5m 左右，隧洞内水位与库水位差约 4.0m，隧洞封堵部位存在渗漏

续表

安全检查部位		内容与情况
溢洪道	进口	进口左侧为山体，植被较好，局部岩石裸露、风化，进口边坡基本稳定
	溢流堰	施工时部分溢洪道工程未施工，现溢流堰左侧部位未设置边墙，渐变段右侧边墙高度偏低。堰面混凝土基本完好，堰顶有较多建筑垃圾堆放，影响行洪
	泄槽	泄槽断面尺寸较原设计有所减小，现两侧浆砌块石导墙基本完整，局部破损、块石掉落。泄槽底板局部隆起、开裂、破损严重，底板有渗漏现象
	消能及下游设施	溢洪道下游设有消力池，但消力池尺寸较小，不满足设计要求
输水设施	进口	坝内涵管进口位于水下，本次无法进行检查
	洞身	洞身为钢管外包钢筋混凝土，本次无法进行检查，运行过程中未发现渗漏等现象
	闸门和启闭设施	原设计时进口设有闸门和启闭设施，施工时因资金紧张未设置
	出口	涵管下游阀门部分锈蚀，不影响正常使用
安全监测	监测设施	大坝未设变形和渗流监测设施
	水雨情	库区有水位监测设施，无雨量监测设施
运行管理情况	巡查和管理	水库设有专门巡查人员，未见相关管理制度
	运行调度	溢洪道未设置闸门，溢洪道自由溢流
	工程档案	工程未进行竣工验收，部分设计和施工资料缺失，工程维修、养护原始资料保存不全，巡查记录资料及时归档
	管理房	大坝下游无管理房，坝顶附近无值班室
	管理范围及警示标识	大坝管理区未见明显桩界及警示标识
	交通	下游上坝台阶破损，水库缺少防汛应急道路

由上可知，金鸡岙水利枢纽系统当前存在的主要病险是防渗设施老化及缺失（图 4.3-1），由此可能引发的渗透破坏安全隐患对枢纽系统的威胁极大，且部分区域已有危害性渗透变形发育之苗头，应立即进行防渗专题研究，并制定应对方案。

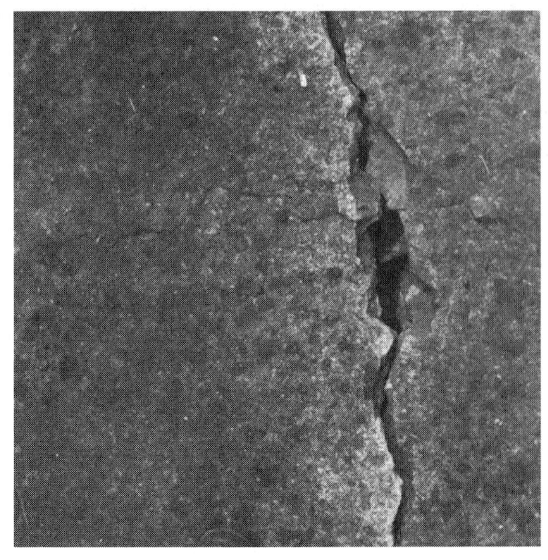

(a) 溢洪道泄槽底部隆起、开裂

(b) 泄槽底板破损，有渗漏现象

(c) 坝顶路面基本平整，存在上下游方向裂缝

(d) 坝顶存在沿坝轴向裂缝

(e) 垂直缝和水平缝表面部分 PVC 膜脱落，沥青玛琋脂流失

(f) 浆砌块石导墙局部破损、块石掉落

图 4.3-1　金鸡岙库区渗水险情分布

特别需要指出的是，包括舟山本岛在内，面板坝是当前国际上土石料填筑坝型中使用较多、工程实践证明较传统土石坝更为安全可靠、坚久耐用的一类坝型。但该类坝型构造要更为复杂，坝体材料分区较多：上游钢筋混凝土面板、面板与坝基连接的趾板、上游趾板下截渗墙、上游抛石盖重及黏土铺盖、坝体填料通常根据土料石料及其粒径又有复杂的分区、下游排水反滤、坝后导渗沟、减压井等，这些都是该类坝型的构造及组成部分。这些部分任何一个环节出现不同程度的工作失效，皆有可能引发面板坝系统整体的渗透安全问题，研究这类坝型的防渗、排水系统及其优化设计具有重要的现实意义，同时也是深化对该类坝型工作状态认识的首要学术任务。

4.3.2　研究意义

水工渗透防护工程属于交叉学科，涵盖流体力学、岩土力学、计算力学、地质学、水文学、监测技术、自动化仿真技术等内容，且涉及较多的基础学科[4-7]，虽已有较长时间研究基础，但因该类工程问题成因复杂、机理难于厘清，目前尚未形成完整的研究体系。舟山群岛内地质环境复杂、水气循环大系统影响因素众多，海陆水力连通难以控制。有鉴于此，本节以舟山金鸡岙干砌块石钢筋混凝土面板坝为研究对象，以其在复杂渗流环境下的工作状态为研究背景，探讨其防渗、排水性能、渗水-应力耦合条件下的力学行为及海岛渔区水工建筑物设计与优化方法，为支持地方经济发展提供理论与技术支持，所得成果对水利工程、岩土工程实践、支持区域性海洋经济开发具有重要的借鉴与指导意义。

4.3.3　研究现状

以土、石为主要填筑材料的水坝是当前水工实践中使用时间最长、应用面最广的坝型。在全世界 29000 多座 15m 以上坝高的土石坝中，位于我国境内的坝体多达 15000 余座。此类坝型对地基要求不高，可广泛应用于各类土基及岩基上，且施工技术较为简单、易于推广，若能精细化设计、施工，该类坝型亦可获得较好的抗震性；同时此类水工结构易于管理，应具有如上显著优点，故而也是当前国际上采用最多的坝型。

同时，由于此类坝型的填料主要由土料、石料构成，这类材料属于多孔介质，松散、不连续、孔隙比量级较大、渗透系数水平较高。在上下游水位变动、降水入渗、地下水补给等因素影响下，此类坝体的渗透安全、渗透变形稳定、渗透破坏控制成为该类工程课题的设计、施工、管理、防护的核心，而对此类坝型的防渗、排水系统功能、效果、可靠性评价与研究也是当前的学术热点。

如上所述，渗透变形、渗透破坏是土石料构筑坝体易于遭受损毁的主要形式和原因所在。由于松散颗粒体固有的不连续性，其粒间孔隙成为渗水贯穿的天然通道；加之此类坝体往往具有较为精细化的构造，不同构造段之间的接触区又进一步为渗透水流提供了输运的路径：坝体主体与岸坡间；心墙、斜墙及截渗槽与坝体填料间，坝下及坝内管道（输水涵管等）与填料、坝基间；截渗结构与坝基无法完全剔除的深厚透水层间；施工及运行期发生的防渗体（上游铺盖、截渗板桩、截渗槽）与反滤层（下游棱柱体排水等）失效、断裂、击穿形成的缺陷；如此种种，无论是结构固有的还是设计与施工不足引发的抑或运行期管理不力、老化造成的，均有可能诱发极端的渗透破坏，导致坝体渗透失稳并最终溃坝[8]。

鉴于作为工程大系统具有的复杂性，各类水工结构的渗透变形成因及发育机理、渗透破坏效应及影响机制表现出显著的非确知性，采用传统的分析手段有时难以满足工程问题的分析、设计与研究要求，因而在工业界及学术界出现了采用概率方法及模糊数学对这类问题进行研究的方向与趋势。因为这种分析研究方法考虑了水工大系统的工作性态、参数取值等问题的随机性及模糊性，比之传统的单一取值、人为认定的思想要更为先进[2-4]。

作为土石料填筑坝体中的一个重要组成部分，面板坝以其良好的地质条件适应性赢得了广泛关注，也是当前水工实践中使用较多的一类坝型，该坝型继承了传统土石坝成本较低的优点，同时又创造性地发展了钢筋混凝土面板在挡水结构中的应用，更好地实现了复合材料与组合结构在水利工程中优势迭代。随着针对此类坝型的筑坝技术日益成熟，水利工程师及科研人员正在努力挑战该类坝体的极限筑坝高度，希望可以最大限度地发挥其功效。其中，我国的水工结构发展贡献越来越大，面板堆石坝建设正在从理论支持、技术研发、管理熟化等诸多方面出发，策划将该类坝型从200m级向300m级高坝推进，尤其是研究200m级以上超高面板坝在高水头作用下渗透破坏的灾变孕育、灾害发展、突发性渗透水力劈裂形成机制等内容对于实现该类坝型运用的全面突破具有重要意义[5,6]。

如前所述，水工结构自身形成的各种细观裂纹、宏观裂隙及各种内在的不连续接触面、层、孔隙、空隙等皆有可能在局部激活材料的渗透变形，长时间的积累和酝酿，这些局部化的渗透变形又会引发结构体内贯穿性的渗透破坏，甚至可能形成大范围的溃坝灾害；以面板坝为例，在漫长的施工、运行期间，上游钢筋混凝土面板始终处在复杂的应力状态下，加之其又要和坝体中的土石调料变形相适应，这些都极易促成面板部分的损伤、开裂，特别是在细观裂纹形成后若无法及时甄别、处理而让其带病工作，在坝体内外的渗透水压夹击下，坝体特别容易受到渗透破坏的侵扰，这些细观裂纹一旦进一步扩展形成宏观裂隙，便会沟通上下游的水力渗透路径，填料会因此逐渐松动、出现大变形、局部填料区机动化，并最终成灾[7,8]。

研究如何主动地对这类灾变过程进行防控，是保证坝体结构安全施工及运行的理论基础。

坝体防渗需要同时关注与渗流场耦合其他场量，如应力场等，这些场变量的非线性叠加会使得大坝的工作性态愈加复杂化，甚至会引发如边坡滑动等灾害，当前各类分析坝坡稳定的手段中，考虑渗流场影响因素的越来越多，既有传统的以极限平衡理论为基础的刚体条分-滑弧法，也有将坝坡作为变形体的非线性耦合模型[9]。

堆石坝按照不同的防渗体类型，可划分为土质防渗体堆石坝和非土质防渗体堆石坝。由于混凝土面板堆石坝型具有安全性高、工程量小、施工方便、施工周期短、成本低等诸多优势，目前在国际上已日益成为许多水利工程中的首选坝型，并且与传统的土石坝相比其应用范围也更加广泛[10]。

我国自改革开放以来的几十年内，钢筋混凝土面板堆石坝的发展最为迅猛。在此期间修建完成的堆石坝就多达几十座，除此之外还有更多的堆石坝正在筹建中。经过不断的发展，钢筋混凝土面板堆石坝已经形成了具有自己独特竞争力以及广泛发展前途的坝型。我国的水利工作者在工程实践中，逐渐积累了一系列的研究经验和实践成果，为我国水坝工程建设的发展奠定了良好的基础。随着越来越多的此类型的大坝被建造，钢筋混凝土面板堆石坝的设计和施工技术，也在不断地发展完善，因此在深入总结经验和研究成果的前提下，对混凝土面板堆石坝的研究具有重要的理论意义和实用价值。由于钢筋混凝土面板堆石坝目前还处在经验阶段，其动静力学、正反分析、优化设计、可靠度分析等方面还存在一些研究上的空白。传统的优化设计方法缺乏当代安全经济性的衡量标准，已经不能很好地适应现代面板坝的发展要求。故此可以依据安全、经济、适用的要求，应用计算机软件对该坝型进行全方位的系统分析，从而实现对该坝型的优化设计，这将有利于面板堆石坝的发展并且会为其他人员研究提供参考价值。

4.3.4　渗流力学模型

当前水工结构渗流场分析及防渗模拟越来越依赖于各类仿真算法，其可以对复杂的水工大系统进行全面的仿真模拟计算及研究，若能基于可靠的参数进行分析，则所得结果对于工程实践具有重要的指导意义。依据介质不同及分析原理之差异，水工岩土体系统渗流分析的数值算法及衍生形成的仿真模型基本上可以分类为如下形式[11-24]。

（1）线性模型与非线性模型

当一个系统的数值模型由线性微分方程、线性积分方程或者线性代数方程来表达时，就是线性模型，反之为非线性模型。就渗流问题而言，液相为承压状态时用线性模型，液相为潜流状态时用非线性模型。

（2）定常模型与非定常模型

当系统的状态不随时间变化、不包含时间变量t时，这样的模型称为定常模型；如果系统的状态随时间变化，那么数值模型中就应当体现时间变量t的影响，这类模型称为非定常模型。

（3）集中参数模型和分布参数模型

当模型中不包含空间坐标作为变量，就是集中参数模型，否则为分布参数模型，前者的模型建立由常微分方程表达，后者则需要通过偏微分方程来实现。

（4）确定性模型与非确定性模型

如果数值模型中的各个变量均取为定值，则此模型为确定性模型，若某些或者全部变量考虑具有不确定性时，模型就称为是非确定性模型。在此基础上，非确定性模型又可以进一步分为：

①随机模型

该模型将数值模型化为不具有确定性因果关系的系统，采用统计数学分析。

②模糊模型

该模型考虑数值模型中的模糊因素，采用模糊数学分析[25,26]。

③随机模糊模型

该模型同时考虑模型的随机、模糊因素，采用统计数学、模糊数学分析。

1）多孔介质渗流力学模型

鉴于水工岩土介质的复杂物理力学性态，如材料的空间离散性、非均匀性及各向异性，可将该类介质的稳定渗流场控制方程描述为如 3.2.2 节（3）中所述之数值格式。

就水工岩土介质渗流力学问题主要有两大类常用的数值仿真方法，即有限单元法及有限差分法。

（1）渗流场的随机有限单元法实现

就随机渗流场而言，若不考虑单元几何形态的变异，则模型的随机特性主要来自于 3.2.2 节（3）中所介绍的$[\boldsymbol{K}]$矩阵的变异[27-29]，可以把随机渗流场表示为式(4.3-1)所描述的随机过程的数学模型：

$$[\boldsymbol{K}(\theta)]\{\boldsymbol{H}(\theta)\}=\{\boldsymbol{F}\} \tag{4.3-1}$$

其中，假定随机传导矩阵$[\boldsymbol{K}(\theta)]$线性地依赖于高斯随机过程$S(x,\theta)$；而$\{\boldsymbol{H}(\theta)\}$、$\{\boldsymbol{F}\}$分别为渗流场内具有随机特性的水头势分布及场受到的随机干扰源（包括边界条件），故上述数学模型可以写为如下形式：

$$\left([\boldsymbol{K}]_0+\sum_{j=1}^{M}\left[\boldsymbol{K}(\xi_j(\theta))\right]_j\right)\{\boldsymbol{H}(\theta)\}=\{\boldsymbol{F}\} \tag{4.3-2}$$

式中，$[\boldsymbol{K}]_0$为主系统传导矩阵；$[\boldsymbol{K}]_j$为连续依赖于独立标准正态随机变量$\xi_j(\theta)$的矩阵。

在文献[30,31]中进一步指出，导致渗流场随机特性的主要原因是正交各向异性渗透系数矩阵的随机性，并给出了相应函数的表达式，文献[32]随机场的可靠性是介质微观尺度参数的随机函数，所以严格讲渗透系数也应是随机变量的随机函数，并且可用不同的随机分布描述。

（2）渗流场的随机有限差分法实现

对于二维承压定常流问题的差分方程表达已有成熟的数学推导和描述。渗流运动可以在一个平面区域(D)上来考虑，其差分网格与相应符号见图 4.3-2。以图 4.3-2（a）中阴影方块为例，设水头为h_{C}，与其相邻的四个方块的水头分别记为h_{E}、h_{S}、h_{W}、h_{N}，如图 4.3-2（b）所示。对于导水系数服从高斯分布的二维承压定常流问题，根据达西定律，任一方块的水头与其周围方块的水头之间必须满足关系式：

$$T_{\mathrm{E}}\frac{h_{\mathrm{E}}-h_{\mathrm{C}}}{\Delta x^2}+T_{\mathrm{W}}\frac{h_{\mathrm{W}}-h_{\mathrm{C}}}{\Delta x^2}+T_{\mathrm{S}}\frac{h_{\mathrm{S}}-h_{\mathrm{C}}}{\Delta y^2}+T_{\mathrm{N}}\frac{h_{\mathrm{N}}-h_{\mathrm{C}}}{\Delta y^2}+\frac{Q_{\varepsilon}}{\Delta x\Delta y}=0 \tag{4.3-3}$$

此即为广义差分表达。Q_{ε}表示单位时间内从外部进入方块的水量，注水为正，抽水为负。方块与四个相邻方块间的导水系数分别为T_{E}、T_{S}、T_{W}、T_{N}。

上式结合了质量守恒与达西定律推导得出，是关于h_{C}、h_{E}、h_{S}、h_{W}、h_{N}的线性代数方程；同时由于上述方块为任意选取的，所以对区域(D)中的每一个方块均可以建立一个如上所述的差分方程，最后构成一个线性代数方程组，解之可以得到各个方块的水头，从而得到区域(D)上的稳定水头分布。

有不同的差分格式可用于求解差分方程。本文采用了五点菱形的差分格式（图 4.3-3）。具体为：

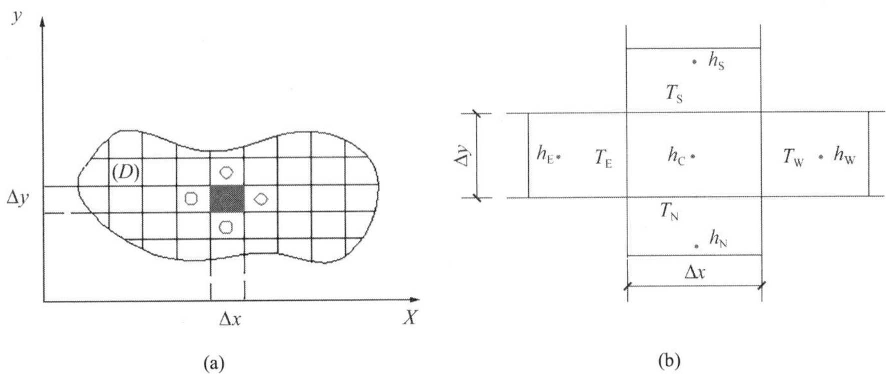

图 4.3-2　二维承压定常流差分网格模型

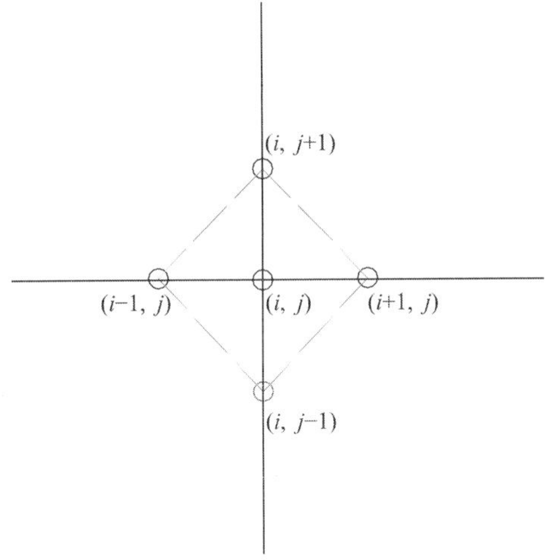

图 4.3-3　五点菱形差分格式

$$-\left(\frac{H_{i+1,j}-2H_{i,j}+H_{i-1,j}}{STP_1^2}+\frac{H_{i,j+1}-2H_{i,j}+H_{i,j-1}}{STP_2^2}\right)=F_{i,j}(Q_\varepsilon,T) \tag{4.3-4}$$

式中，STP_1、STP_2表示沿x、y方向差分步长；$F_{i,j}(Q_\varepsilon,T)$为关于源汇项以及导水系数的右端项。

由 Taylor 展开可以得到：

$$\frac{H(x_{i+1},y_j)-2H(x_i,y_j)+H(x_{i-1},y_j)}{STP_1^2}=\frac{\partial^2 H(x_i,y_j)}{\partial x^2}+\frac{STP_1^2}{12}\frac{\partial^4 H(x_i,y_j)}{\partial x^4}+\frac{STP_1^4}{360}\frac{\partial^6 H(x_i,y_j)}{\partial x^6}+o(STP_1^6) \tag{4.3-5}$$

$$\frac{H(x_i,y_{j+1})-2H(x_i,y_j)+H(x_i,y_{j-1})}{STP_2^2}=\frac{\partial^2 H(x_i,y_j)}{\partial y^2}+\frac{STP_2^2}{12}\frac{\partial^4 H(x_i,y_j)}{\partial y^4}+\frac{STP_2^4}{360}\frac{\partial^6 H(x_i,y_j)}{\partial y^6}+o(STP_2^6) \tag{4.3-6}$$

可以证明这种格式的截断误差可以达到$o(STP^2)$。

特别地当采取正方形网格时，即$STP_1 = STP_2 = STP$，则公式(4.3-4)可以转化为：

$$H_{i,j} - \frac{1}{4}\left(H_{i-1,j} + H_{i,j-1} + H_{i+1,j} + H_{i,j+1}\right) = \frac{STP^2}{4} F_{i,j}(Q_\varepsilon, T) \tag{4.3-7}$$

就矩形区域而言，不失一般性可以将渗流场区域(D)定义为：

$$(D) = \left\{(x,y)|a < x < b,\ c < y < d\right\} \tag{4.3-8}$$

均匀矩形网格的步长应当与矩形区域的边长$(b-a)$、$(d-c)$协调，取为：

$$STP_1 = (b-a)/M,\ STP_2 = (d-c)/N \tag{4.3-9}$$

其中$M > 0$，$N > 0$为整数。

（1）一类边界条件的处理

设(D)为矩形渗流区域，$(D)_{\mathrm{h}}$为内点集合，Γ_{h}为边界点集合，令$\left(\overline{D}\right)_{\mathrm{h}} = (D)_{\mathrm{h}} \cup \Gamma_{\mathrm{h}}$，则$\left(\overline{D}\right)_{\mathrm{h}}$就是代替连续区域$\left(\overline{D}\right) = (D) \cup \Gamma$的差分网格点集合。这样，对于一类边界条件可以做如下处理：

$$H_{i,j} = \phi_{i,j} \qquad \left(x_i, y_j\right) \in \Gamma_{\mathrm{h}} \tag{4.3-10}$$

（2）二类边界条件的处理

首先将网格点扩展到$(\overline{D})_{\mathrm{h}}$之外，即在$(\overline{D})_{\mathrm{h}}$的四周再增加一排节点，然后在边界点上用一阶中心差商离散式(4.3-3)，得到式(4.3-11)。

在该式中出现了一些附加的函数值，用在内点上的五点菱形差分格式和式(4.3-11)相结合可以消去这些附加的节点函数值。具体方法参照文献[29]中的相关内容得以实现。

$$\begin{cases} T_{\mathrm{B}}\left(\dfrac{\partial H}{\partial n}\right)_{0,j} \approx T_{\mathrm{B}}\dfrac{H_{-1,j} - H_{1,j}}{2STP_1} & 0 \leqslant j \leqslant N \\ T_{\mathrm{B}}\left(\dfrac{\partial H}{\partial n}\right)_{\mathrm{M},j} \approx T_{\mathrm{B}}\dfrac{H_{\mathrm{M}+1,j} - H_{\mathrm{M}-1,j}}{2STP_1} & 0 \leqslant j \leqslant N \\ T_{\mathrm{B}}\left(\dfrac{\partial H}{\partial n}\right)_{i,0} \approx T_{\mathrm{B}}\dfrac{H_{i,-1} - H_{i,1}}{2STP_2} & 0 \leqslant i \leqslant M \\ T_{\mathrm{B}}\left(\dfrac{\partial H}{\partial n}\right)_{i,\mathrm{N}} \approx \dfrac{H_{i,\mathrm{N}+1} - H_{i,\mathrm{N}-1}}{2STP_2} & 0 \leqslant i \leqslant M \end{cases} \tag{4.3-11}$$

2）岩石介质渗流力学模型

水工结构中各种形式的水普遍存在于结构基岩之中，当有水力坡降存在时，水就会透过岩石中的孔隙和裂隙而流动，即所谓裂隙渗流。经受岩石层间及裂隙渗水冲蚀岩体堆积物及岩石块体介质均呈现显著的性能变化，同时岩层间渗水亦受影响发生流态迁变。

受成岩机理影响，岩石堆积体的渗透性往往表现出明显的非均匀性及各向异性，加之岩体还具有内在的非连续性，导致岩石中渗流规律目前尚不完全清楚，岩石渗流力学研究方法目前还不甚成熟，特别是关于岩石裂隙渗流场的研究目前还不够系统，本节金鸡岙水利枢纽坝基岩层的渗流场分析仍将采用前述三位各向异性随机渗流模型计算。同时，为了实现对裂隙岩体中的渗流问题有效分析，这里仍假定其服从达西定律。按照这个定律，渗流速度v与水力坡降j成正比，即：

$$v = kj = k\text{grad}U \tag{4.3-12}$$

式中，v为岩石中水的渗透流速（cm/s）；k为渗透系数（cm/s），取决于岩石的物理性质；j为水力坡降（梯度），代表水流过单位长度距离的水头损失；U为水力势，等于$z + p/\gamma_{\text{w}}$，这里z是位置高度，P是水压力，γ_{w}是水的重度。

当位置高度没有变化或当重力效应可以忽略不计时，有：

$$v = kj = k\text{grad}(p/\gamma_{\text{w}}) \tag{4.3-13}$$

考虑到岩体可能具有各向异性的渗透性$\{k_{\text{x}}, k_{\text{y}}, k_{\text{z}}\}^{\text{T}}$，可将达西定律写成下列形式，

$$v_{\text{x}} = k_{\text{x}}\frac{\partial U}{\partial X},\ v_{\text{y}} = k_{\text{y}}\frac{\partial U}{\partial y},\ v_{\text{x}} = k_{\text{z}}\frac{\partial U}{\partial z} \tag{4.3-14}$$

或者在位置高度没有变化或重力效应可以不计的情况下，有：

$$v_{\text{x}} = \frac{1}{\gamma_{\text{w}}}k_{\text{x}}\frac{\partial p}{\partial x},\ v_{\text{y}} = \frac{1}{\gamma_{\text{w}}}k_{\text{y}}\frac{\partial p}{\partial y},\ v_{\text{z}} = \frac{1}{\gamma_{\text{w}}}k_{\text{z}}\frac{\partial p}{\partial z} \tag{4.3-15}$$

渗透系数的物理意义特指流体穿越某种材料时该类材料表现出的允许流体通过的能力。故此，就岩石介质渗流力学而言，岩体材料的渗透系数水平及量级由材料中的各类缺陷分布、孔隙形状及连通性、细观裂隙与宏观裂纹的贯穿性等物理特征和结构特征。研究表明，渗透系数k除了主要取决于岩石的物理性质之外，还与水的物理性质及地应力状态等有关。若岩石为类似土的多孔介质，并且水在其中均匀渗流，则其渗透系数计算为：

$$k = \frac{\gamma_{\text{w}}ce^2}{\mu_{\text{D}}} \tag{4.3-16}$$

式中，μ_{D}为水的动黏滞性系；c为与连通空隙几何形状有关的无因次比例系数；e为裂隙平均张开度，即连通空隙的有效直径或渗透裂隙的张开宽度。

研究水在裂隙介质中渗透特性的一个重要方法是把裂隙系统简化为平行板之间的裂隙，并假定水流在裂隙中的流动服从达西定律，根据单相非紊乱的黏性不可压缩流体介质的纳维-斯托克斯（Navier-Stokes）方程，可推导出单个裂隙的渗透公式。如果单个裂隙的张开度取为e，水的动黏滞性系数为μ_{D}，则单个裂缝的渗透系数可按下式估算：

$$k = \frac{\gamma_{\text{w}}e^3}{12\mu_{\text{D}}} \tag{4.3-17}$$

当岩体中水力坡降很高或者当岩体内的裂隙宽度足够大时，渗流的雷诺特性就破坏了。此时，即使对于渗透性极小的岩石来说，达西定律也不适用了。区分层流和紊流常以雷诺数为准，它同时也给出了达西定律的适用范围，当雷诺数大小在公式(4.3-18)限定的范围内，

即可以认为渗流是服从达西定律的。

$$Re = \frac{vd}{\gamma} < 1 \sim 10 \tag{4.3-18}$$

式中，Re为雷诺数；v为孔隙（裂隙）中水的流速（m/s）；d为孔隙（裂隙）的直径（间距）（m）；μ_D为水的运动黏性系数（m^2/s）。

岩石的渗透系数可在现场或实验室内通过试验确定。室内试验的仪器和方法与土的渗透仪相类似，不过做试验时采用的压力差比做土的试验大得多。由试验数据估算渗透系数k的公式为：

$$k = \frac{QL\gamma_w}{pA} \tag{4.3-19}$$

式中，γ_w为水的重度（kN/m^3）；Q为单位时间内通过试样的水量（m^3）；L为试样长度（m）；A为试样的截面积（m^2）；p为试样两端的压力差（kPa）。

关于室内和现场试验的方法与原理可参阅有关的研究成果[33,34]。

这里应当特别强调岩石的渗透系数不仅与岩石及水的物理性质有关，而且有时与岩石的应力状态也有很大的关系。这一事实已有人用径向渗透试验做过研究。试样是一段直径为 60mm、长为 150mm 的岩芯，在岩芯内钻一直径为 12mm、长为 125mm 的轴向小孔。试验前把轴向小孔上端 25mm 长的一段堵塞起来，但要用一根导管使小孔与外界相通。当外壁水压力大于内壁水压力时，水从外壁向内壁渗流，“岩管”试样处于受压状态；反之，当内壁压力大于外壁压力时，水从内壁向外壁渗流，试样处于受拉状态。这样就可以试验在各种应力状态下的渗透性。

设试样外壁上的压力为p，内壁或小孔的压力为零，则压力水从试样外壁向小孔内渗流。如果小孔的长度为L，渗水贯穿半径为r的同心圆柱体的单位时间内的渗水量由下式计算：

$$q = 2\pi rL\frac{k}{\gamma_w}\frac{dp}{dr} \tag{4.3-20}$$

这里考虑岩体处于完全干燥状态而不会储纳流经的流体介质，因此上式计算结果为恒值，此恒值与试样自身储蓄的渗水量Q相等，则公式(2.1-28)转化为：

$$\frac{dr}{r} = \frac{2\pi kL}{\gamma_w Q}dp \tag{4.3-21}$$

从$r = R_1 \sim R_2$范围内积分（R_1为试样的内半径，R_2为外半径），得：

$$\ln\frac{R_2}{R_1} = k\frac{2\pi L}{\gamma_w Q}p \tag{4.3-22}$$

求得k为：

$$k = \frac{Q\gamma_w}{2\pi Lp}\ln\frac{R_2}{R_1} \tag{4.3-23}$$

上式即为径向渗透试验的渗透系数计算公式。应当指出，上述的岩石渗透系数计算式均属于经验或半经验的，在实际工程中往往需要根据具体情况由试验测定岩石渗透系数。岩石中孔隙水的表面张力及其中所含的气泡往往使渗透系数大大降低，甚至于阻塞渗透。岩石渗透性的变化范围比较大，有的岩石基本不透水，例如坚硬而致密的花岗岩及灰岩其渗透系数$k < 10^{-10}$cm/s；但是，有些多空隙的岩石，其渗透性就比较大，例如某些砂岩及页岩的渗透系数$k > 10^{-3}$cm/s。

图 4.3-4 表示用径向渗透试验得到的四种不同岩石在荷载变化时渗透系数也随之相应变化的相关曲线。从图中可以看出，岩石的渗透性随着应力的大小而变化的这一性质与岩石的种类有关。鲕状石灰岩几乎不随应力变化，完整花岗岩稍有变化，片麻岩变化较大，特别是裂隙性的片麻岩变化尤为显著。分析其原因，可能是由于片麻岩内有扁平的细微裂隙，在试件受拉应力时，裂隙就趋于张开，因而渗透性增大；当试样受压应力时，裂隙趋于闭合，渗透性就降低。在由于鲕状石灰岩的微观缺陷的不同，其渗透系数与承载关系不甚明确。

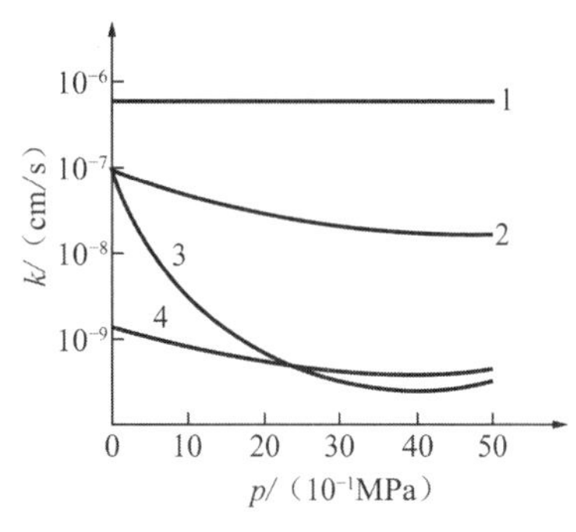

1—片状石灰岩；2—片麻岩；
3—裂纹片麻岩；4—完整花岗岩

图 4.3-4　四种岩石的渗透系数随荷载变化

受地应力激发影响，岩石体的透水性表现出显著的敏感性，随着地应力量级累加，岩石体中的宏细观裂隙缺陷等的结构有些会变得通畅、开阔，另一些则会受到挤压而变得狭隘、封闭，岩体的透水性亦随之发生较大变异，表 4.3-2 中列出了一些常见岩石的渗透系数范围取值，以供参考。

代表性岩体的渗透系数　　　　**表 4.3-2**

岩石名称	地质特征	渗透系数k/（cm/s）
花岗岩	新鲜完整	$(5\sim6)\times10^{-3}$
玄武岩		$(1.0\sim1.9)\times10^{-3}$
安山质玄武岩	弱裂隙的	1.16×10^{-3}
	中等裂隙的	1.16×10^{-2}
	强裂隙的	1.16×10^{-1}
结晶片岩	新鲜的	$(1.2\sim1.9)\times10^{-3}$
	风化的	1.4×10^{-2}
凝灰质角砾岩		$(1.4\sim2.3)\times10^{-4}$
凝灰岩		$(6.4\sim4.4)\times10^{-3}$

续表

岩石名称	地质特征	渗透系数k/（cm/s）
石灰岩	小裂隙的	$1.4\times10^{-7}\sim2.4\times10^{-4}$
	中裂隙的	3.6×10^{-3}
	大裂隙的	5.3×10^{-2}
	大管道内	$(4.0\sim8.5)\times10^{-2}$
泥质页岩	新鲜、微裂隙	3.0×10^{-4}
	风化、中等裂隙	$(4\sim5)\times10^{-4}$
砂岩	新鲜	$4.4\times10^{-6}\sim3\times10^{-4}$
	新鲜、中等裂隙	8.6×10^{-2}
	具有大裂隙	$(0.5\sim1.3)\times10^{-2}$

4.3.5 渗透破坏成灾机理

水工大系统的渗透破坏形成机理极为复杂，主要原因在于此类大系统往往修造于同样复杂地质环境中。受地层沉积及成岩历史影响，水工结构的地基都存在不同程度的天然缺陷，如：新、老断裂带；岩层节理、断层；岩溶洞穴等，这些均有可能成为潜在的渗透通道，待蓄水后闸、坝结构局部区域水头骤然增加，地层中的这些天然缺陷又可能被激活，与筑坝材料固有的孔隙、空隙形成上、下贯通的渗流路径，从而引发各种渗透灾害。

采用土料填筑而成的水坝为了可以抵抗渗透水压作用、避免引发渗透变形，必须要合理设计填筑土料的粒径、级配，从而形成更为紧凑土颗粒结构及层次分明反滤效果；为了提高坝体填料土粒的早期渗透启动水头、增加坝体整体的抗冲蚀和渗透性，合理地提升土料颗粒的密实度是极为有效的手段。

岩基上水工结构通常被认为是具备了良好的力学性能的对象，但岩基往往也具有初始的劣化特征，如发育良好的裂隙、节理及断裂等，在蓄水后受到复杂地应力状态的影响这些劣化缺陷又可能会被撑开，从而形成危险的渗透通道，工程中通常采用帷幕灌浆的形式对岩基中的这类渗透缺陷进行处理，但灌浆材料与原岩的胶结效果若是不良，仍然会形成更为复杂渗透路径，特别是灌浆过程中对岩体的主动压裂具有风险性，控制不好容易进一步激活一些老的断裂带。

水工大系统的复杂性还表现在其往往由不同材料、不同性能、不同尺度的结构单元所构成，这些结构的单元连接若不可靠就会人为地形成渗水的路径，土坝中往往布设各类坝下涵管用于输、排水，混凝土坝在与山体衔接时往往采用土石坝过渡，面板坝的钢筋混凝土面板与坝体主体的填料区形成了一个内在接触区，接触区两侧的结构力学性能差异较大，拱坝坝端与两岸岩体之间是天然的连接段，这些区域较易成为渗透水压贯穿的地带。

还有一个问题是渗流场的入渗水源除了上游库水外还有两岸山体中的地下水，因缺乏实测资料，常常不易具体确定山体边界面上的水头大小[35-38]。而这种库区内地质层下的有源渗流场一旦与坝体系统的自由面渗流场连通，在现场的水利工程师必须要面对一个极其困扰的问题：即便是最完善的坝体防、排系统也难以有效降低浸润面的位置，坝体填料区大范围土石料长期处于湿润，甚至饱和状态，这对于土石料填筑坝体绝不是一件好事。

综上所述，水库水位升降变化时，岩体内部节点水头要经过一定的时间才能与边界水位同向升降并逐步达到稳定，即内部水头变化相对边界水位变化存在滞后效应。在边界水位变速大、连通裂隙导水性差的情况下，岩体内部结点水头变化的滞后程度相对较大；另外，位于渗流区域中间的节点，滞后效应也比较显著[39-42]。

水库水位和运行方式是影响裂隙岩体渗流场分布的主要因素。水库水位单向上升（蓄水）、单向下降（泄水），或等速连续升降时，裂隙岩体渗流场水头分布主要决定于边界水位值，而与边界水位变化的方向（即上升或下降）、升降速率以及到达这一水位经过的时间关系不大。当水库水位以不同的速度先升再降或先降再升运行时，岩体内部节点水头变化与水位升降速度之差以及节点位置密切相关[43-45]，水坝库水位的随机波动极易形成贯穿上下游的不利水力坡降，若此水利坡降发生在一个较短时间段内时，坝体填料单位时间、单位渗径上需抵御的能量颇大，此时一些约束较小的土颗粒便会启动、运移，甚至是被渗水夹带通过一些粗大颗粒的孔隙而在坝体外逸出，久而久之，通道逐渐扩展便会形成较大的渗透变形、破坏甚或是溃坝，尤其是坝体主要由松散粒料填充时，若库水位波动剧烈时，例如地震后为避险而出现的库水位短时间内的排空，在上游坝坡内的粒料很难快速地从饱和状态恢复至干态，故此密度较大，且失去了库水的约束，“头重脚轻”的坝坡加之颗粒间经由丰满的渗水润滑便会在坝坡填料区中某些区域形成滑裂带，从而发生水毁事故。

许多时候，水坝系统的多物理量耦合生成不仅使得问题分析复杂化，同时还会使得工程对象本身的工作状态处于较为不利的境地：包括钢筋混凝土面板堆石坝在内，脆性材料对于温度场极为敏感，较大的温度梯度常常致使混凝土等材料发生各种尺度的劣化、损伤，而这些缺陷又会成为库水、岩体渗水的入渗通道，尤其是当坝体上游面有几乎难以避免的裂缝或碾压混凝土坝 RCCD（Rollen Compacted Concrete Dam）存在相对强透水的层缝面，这种影响将更为明显。为全面、准确分析大坝的初始运行期真实工作状态，渗流因素应充分考虑[46-48]。

4.3.6　内蕴流场原型观测技术

在描述、分析水工大坝渗流工作条件下的工作性态的各种手段中，工业界、学界已达成的普遍认识是：原型观测是使得工程师及研究人员最小距离接近全真的渗流场性态的途径；现行标准《混凝土坝安全监测技术规范》SL 601—2013 和《土石坝安全监测技术规范》

SL 551—2012 均明确指出：水工大坝渗流场监测是枢纽及系统安全检测的强制性监测任务，其中，场内渗透水压监测是核心工作。

鉴于目前现场原型观测还只能做到“点观测”，所以原型观测应当具有针对性，并且尽可能将各种观测手段结合起来，形成观测网络，并努力实现原型观测智能化、克服渗压滞后的缺陷。

渗流原型观测应基于施工期及使用期两个阶段同时实施，根据上述两部安监规范，各类水工大坝渗透水压原型观测的内容应包括坝基扬压力，坝体、坝基渗压，绕坝渗压等，基于此，工程系统绝大部分潜在的渗流形式都可以被兼顾，例如：在大坝坝基设置测压管，在大坝两岸设置绕渗测孔，通过对测压管、绕渗测孔内水位（水压）变化的观测，可以实现对大坝渗流状态的全周期监测；如坝基、岸坡连接段、结构缝及封拱区段布设的渗压计（用于大坝渗流监测的压力传感器，用于测量坝基测压管水位的压力传感器亦称扬压力计）可被用来观测包含大坝的扬压力、地下水位等重要渗流场信息。

排水孔处通过排水沟收集渗水后，采用各种传统测读计算方法或自动化量测手段可获得如渗水容积、渗流量及渗水水位等信息。

此外，原型观测中的分布式光纤渗流监测技术目前越来越受工业界欢迎。其工作机理是对水工大系统进行全场观测，直接获取的是场内温度场分布，通过温度场与渗流场关系进行测算从而间接获得大系统全场渗流势分布，是目前实现结构全场内窥式观测的重要手段，对于揭示结构系统内部的渗透水力通道功效显著，相对于传统的点观测技术优势明显。

4.3.7 钢筋混凝土面板堆石坝稳定渗流场研究

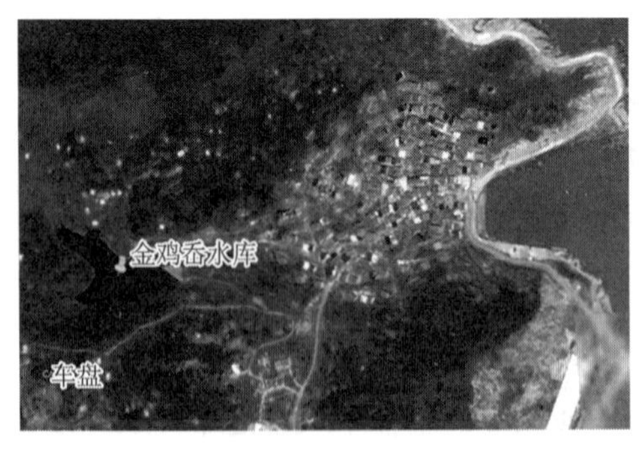

图 4.3-5 金鸡岙坝址航拍照

基于前述，本节将针对舟山金鸡岙钢筋混凝土面板堆石坝的整体稳定渗流场进行专题研究。金鸡岙水利枢纽东接入海，坝址处岩层多为辉绿玢岩岩脉斜插入海床，由于岩层受构造地震动影响，小断层、节理与后期侵入岩脉均较发育，部分岩体较风化破碎（图 4.3-5），运行过程中枢纽内外极易形成稳定渗漏通道，坝体及坝基中位于渗漏通道内的粒料经长期冲刷、运移，易于孕育形成潜在的渗透变形。与岛内常见的灌砌石工艺不同，金鸡岙大坝主体为干砌堆石构筑，材料间的密实性不可与使用了胶凝材料的水工建筑物相比，这也给大坝的抗渗安全带来了新的挑战，故此，针对金鸡岙钢筋混凝土面板堆石坝系统开展整体稳定渗流场研究意义重大。

1）海岛典型面板堆石坝渗流安全现状及评价

金鸡岙钢筋混凝土防渗面板堆石坝属于典型的海岛区土石坝型，坝基下赋存侏罗纪上统熔结凝灰岩，局部有辉绿玢岩岩脉侵入，受海岛气候影响，岩体大部分呈弱风化状，小断层、节理裂隙较发育，辉绿岩有局部泥化沉陷隐患，长期运行过程中由此引发的坝体宏观损伤破坏已较为普遍。此外，金鸡岙大坝下游直面舟山海域，地下水海陆水力连通状况不甚明朗，这些都增加了坝体发生潜在渗透破坏的概率（图 4.3-6）。

图 4.3-6　金鸡岙坝面、防浪墙断裂区

舟山属典型海岛地区，岛内需水量及自生供水能力存在严重逆差，金鸡岙水库是嵊泗县供水体系的重要组成部分，尤其是在当前海岛新区强力推进经济开发的大背景下，重新激活库区的正常供水能力显得尤为重要[49-51]（图 4.1-1）。长期的带病运行使得诸多水工结构处于不良的工作状态下。其中渗透破坏的侵扰对结构影响最大：据统计舟山现有水坝约 30%存在有因渗漏而引发的蓄水不足问题；长期的渗透破坏使得工程枢纽各组成结构都有不同程度的安全隐患。如何对已有水工结构进行防渗体系维护及加固优化成为一个重要的研究课题，尤其是对防渗加固措施的优化设计研究意义重大，该项研究是实现对该结构目前的渗透破坏问题进行有效控制的重要理论指导（图 4.3-7）。

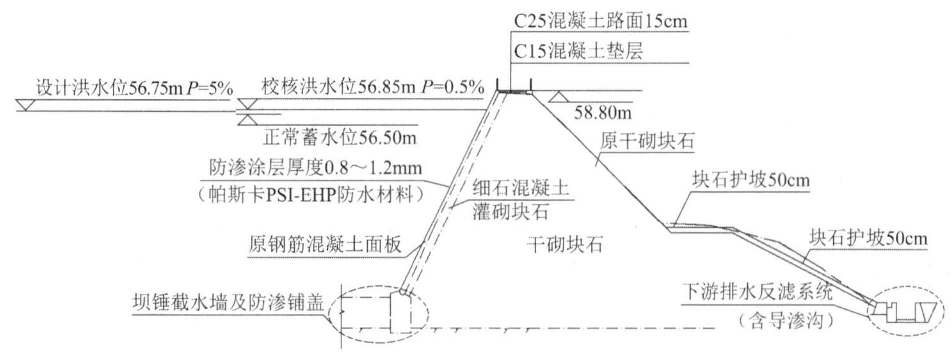

图 4.3-7　金鸡岙钢筋混凝土面板堆石坝防渗体系典型断面

（1）坝体原有防渗构造

①上游钢筋混凝土面板厚度

钢筋混凝土面板上部采用等厚度设计（0.3m），中间设水平缝，下部采用渐变厚度（0.3～0.6m），满足规范的相关要求[52]。

②面板强度

混凝土面板设计强度为30MPa，满足原设计规范要求，不满足现行规范要求。根据施工时取样检测（共21组，1组未达设计强度），面板混凝土平均强度满足设计要求。

③面板抗渗

《混凝土面板堆石坝设计规范》SL 228—2013要求“面板抗渗等级不应低于W8”[52]，《小型水利水电工程碾压式土石坝设计规范》SL 189—2013 要求“混凝土强度等级不宜低于C25W6”[53]，而本工程混凝土面板设计抗渗等级为W4，所以不满足现行主要规范要求。

④趾板

岸坡部位趾板宽2.14m，高1.0m；河床段趾板与混凝土截水墙相连，宽2.14m，最大高度4.0m。趾板和截水墙基础深入弱风化基岩0.5m，截水墙上游用石渣回填，趾板和截水墙设计满足要求。

⑤接缝止水

金鸡岙水库大坝周边缝采用30号桥型橡胶止水带，缝间用沥青玛琋脂充填，表面采用扁钢压面，基本满足规范要求。垂直缝、水平缝内部设30号桥型橡胶止水带，缝间20mm沥青玛琋脂充填，表面为PVC膜粘结于面板表面，垂直缝和水平缝止水设计基本满足规范要求。趾板伸缩缝内部充填沥青玛琋脂，表面设8cm深V形槽，槽内充填SR止水材料，表面采用PVC膜压面，趾板伸缩缝止水满足规范要求。

（2）库区现场踏勘分析

根据现场勘察：上游坝面水位变动区混凝土存在老化、剥落现象；面板垂直缝和水平缝表面部分PVC膜脱落，内部沥青玛琋脂流失；库岸军用隧洞封堵部位存在漏水，隧洞内水深约1.5m，与库水位落差达4m；下游泄槽底板破损开裂，泄槽底部有明显渗水；本工程无坝基渗流量观测设施。

（3）坝体当前渗流安全状态评价

金鸡岙钢筋混凝土防渗面板堆石坝防渗体系由坝体防渗及坝基防渗组成[54-60]，面板混凝土强度等级和抗渗等级不满足现行规范要求。根据现场安全检查，库区隧洞封堵部位仍有漏水，隧洞内水深约1.5m，库水位与隧洞内水位差约4m。上游面板垂直缝和水平缝表面PVC膜脱落，内部沥青玛琋脂流失。运行过程中，巡查人员反映涵管出口部位曾有积水，由于库水位较低且坝脚部位施工弃渣较多，本次现场踏勘未见涵管出口和坝脚部位有异常渗流情况。建议在坝脚部位设置排水沟和量水堰，进行渗流量监测。

综上所述，对该坝体进行全面渗流安全分析评价极为必要。

2）典型海岛钢筋混凝土面板堆石坝稳定渗流场仿真模拟

（1）数值模型

本章采用随机有限单元法对金鸡岙钢筋混凝土面板堆石坝稳定渗流场进行整体分析及仿真模拟，大坝系统的材料分区模型如图4.3-8所示，分别考虑坝基岩体、坝体干砌块石、上游坝面钢筋混凝土面板、面板下细石混凝土灌砌石层、上游库底石渣及防渗铺盖、坝踵混凝土截水墙等部分在长期运行中的抗渗能力。

坝体渗透系数期望值取为 1×10^{-6}cm/s，面板渗透系数期望值取为 1×10^{-10}cm/s，坝基岩层渗透系数期望值参照表 4.3-2 取为 1.7×10^{-4}cm/s。

金鸡岙钢筋混凝土面板堆石坝数值网格模型如图 4.3-9 所示，模型采用最大坝高 23.9m 进行仿真计算，单元设计考虑渗水孔压自由度，采用六面体实体耦合单元进行三维仿真计算，模型单元总数为 80020、节点总数为 88074。

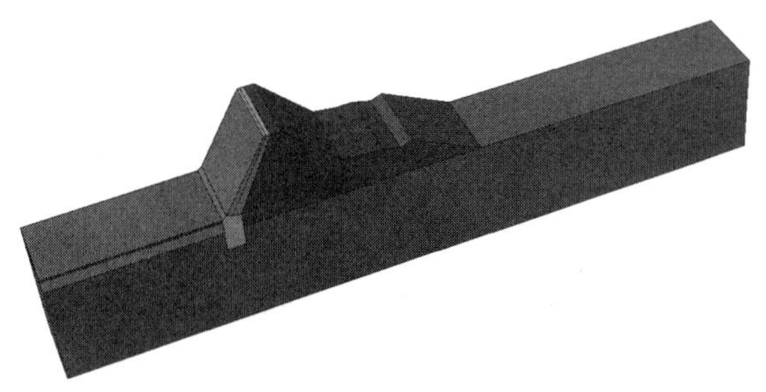

图 4.3-8　金鸡岙钢筋混凝土面板堆石坝材料分区模型

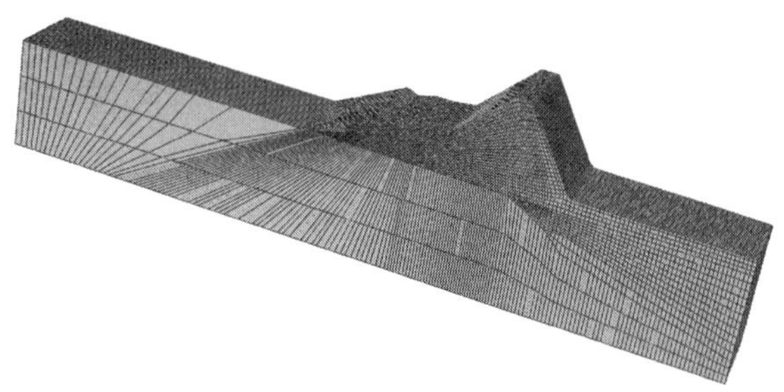

图 4.3-9　金鸡岙钢筋混凝土面板堆石坝数值网格模型

（2）边界条件

本章采用如表 4.3-3 所示水头边界与静水压力及重力进行组合仿真计算。

特征水位与特征高程　　　　**表 4.3-3**

特征水位	水位/m	典型高程/m	
满库水位 校核洪水位	58.80 56.85	— 坝顶高程	— 58.80
设计洪水位	56.75	堰顶高程	56.50
正常蓄水位	56.50	下游地面高程	37.5

（3）仿真工况

为充分考验标准防渗系统的可靠性及效果，首先考虑坝体满库水位下蓄水，且下游枯水，此时坝体及基岩承受水头差及绝对渗压最大。同时设定此时上游防渗设施完全可靠（不含截渗墙)、坝基完整无渗漏通道、坝体堆石填料完整无缺陷，但不考虑设置专门下游排水设施，无导渗沟，此工况也是本节防渗加固方案之一，即方案 1。

方案 1 模拟结果如图 4.3-10 所示。

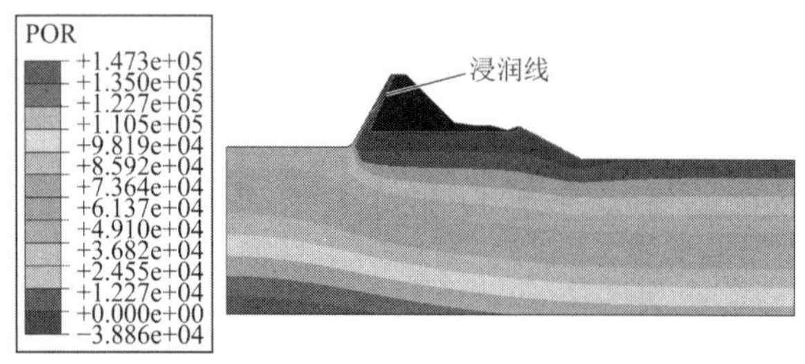

图 4.3-10　金鸡岙钢筋混凝土面板堆石坝稳定渗流场孔压期望值分布：满库 + 防渗系统完整

根据仿真计算结果可知：此时坝体堆石填料区总体处于干燥状态，利于坝体整体渗透稳定，但此时面板内的最大水力梯度达到 48.2、最大渗透水压 110kPa，此时对于坝体填料区与面板接触区的抗渗能力有较大考验。

由图 4.3-11 可知，在该工况下面板及基岩区域水力梯度都有超越 45 的可能，这个数量级对于山塘水库具有一定威胁，需要引起注意。

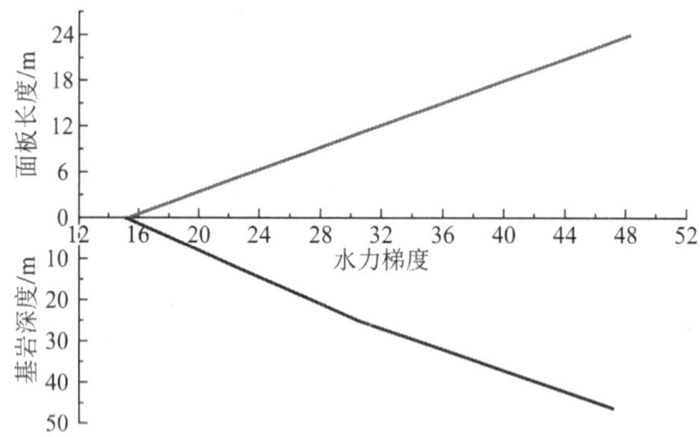

图 4.3-11　金鸡岙钢筋混凝土面板堆石坝稳定渗流场水力梯度分布：满库 + 防渗系统完整

在此基础上，进一步考虑防渗体系不变，但水位下降至校核洪水位下的运行工况，并进行仿真计算，结果如图 4.3-12 所示。

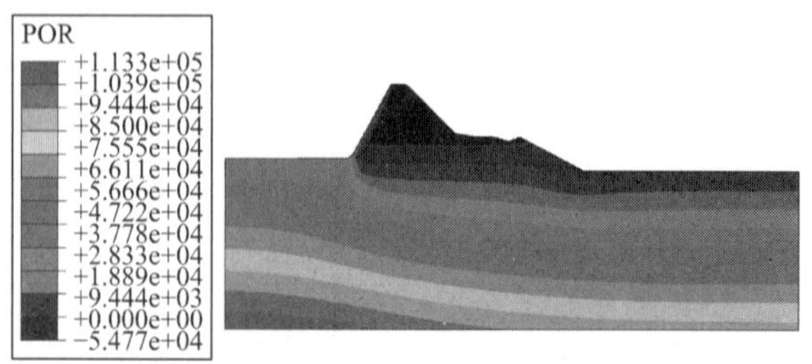

图 4.3-12　金鸡岙钢筋混凝土面板堆石坝稳定渗流场孔压分布：校核洪水位 + 防渗系统完整

对应的梯度分布见图 4.3-13。

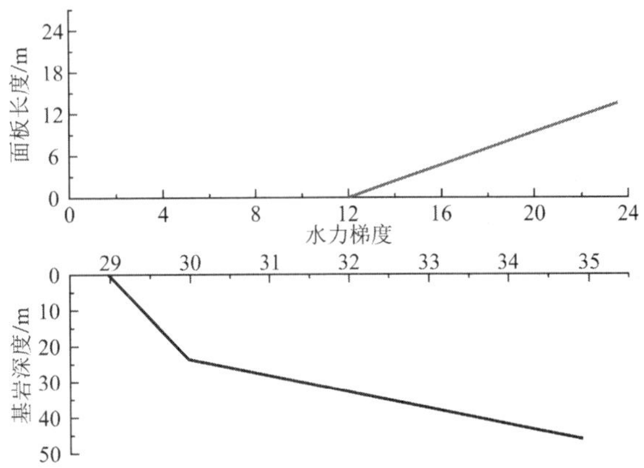

图 4.3-13　金鸡岙钢筋混凝土面板堆石坝稳定渗流场水力梯度分布：校核洪水位 + 防渗系统完整

由上述计算结果可以推论：可靠的防渗体系对于钢筋混凝土面板堆石坝的整体渗透稳定性有重要作用，其对高水位下坝体系统的整体防护效果明显，梯度削减幅度远远大于水位下降幅度。

4.3.8　钢筋混凝土面板堆石坝防渗、排水系统运行状态评价及优化设计研究

1）防渗加固措施

根据施工时地质勘探结果并结合 4.3.7 节中研究成果，研究认为应对节理密集带、岩体切割破碎部位，以及全风化土状辉绿岩脉部位进行开挖回填混凝土或固结灌浆处理。施工加固时应按要求对坝基进行开挖，主要包括趾板槽基础、输水管基础和老坝坝体拆除等，上游坝踵进行截渗墙开挖回填。根据现场反馈资料，坝基开挖可满足设计基本要求。经开挖后的浅部坝体、局部坝基地质条件基本稳定，但尚需对结构整体进行全面渗流问题分析，以发现潜在抗渗安全隐患。

2）防渗处理方案比选

为了提出较优的防渗处理方案，结合 2.2.7 节中的研究结果（即为方案 1 结果），本节考虑增加如下 5 种防渗方案，对金鸡岙钢筋混凝土面板堆石坝的稳定渗流场进行仿真模拟研究：

方案 2：上游面板失效 + 坝基无渗漏通道 + 坝体填料完整 + 下游无导渗沟

方案 3：上游面板及灌砌石垫层失效 + 坝基无渗漏通道 + 坝体填料完整 + 下游无导渗沟

方案 4：上游防渗设施可靠 + 坝基渗漏 + 坝趾截渗失效 + 坝体填料完整 + 下游无导渗沟

方案 5：上游防渗设施可靠 + 坝基渗漏 + 坝趾截渗可靠 + 坝体填料完整 + 下游无导渗沟

方案 6：上游防渗设施可靠 + 坝基渗漏 + 坝趾截渗可靠 + 坝体填料完整 + 下游开挖导渗沟

特别是上述工况均是在满库水位下进行的，以便突出灾变条件对大坝的渗透稳定性的考验情况。

（1）防渗处理方案 2 仿真结果分析

根据方案 2 的仿真计算结果可知（图 4.3-14），虽然此时坝体堆石填料区总体仍处于干燥状态，但此时面板内的最大水力梯度上升至 50、最大渗透水压 150kPa，坝体填料区浸润线较低，对于下游坝坡稳定有利，但较大的水力梯度对面板抵抗渗压劈裂提出进一步要求。

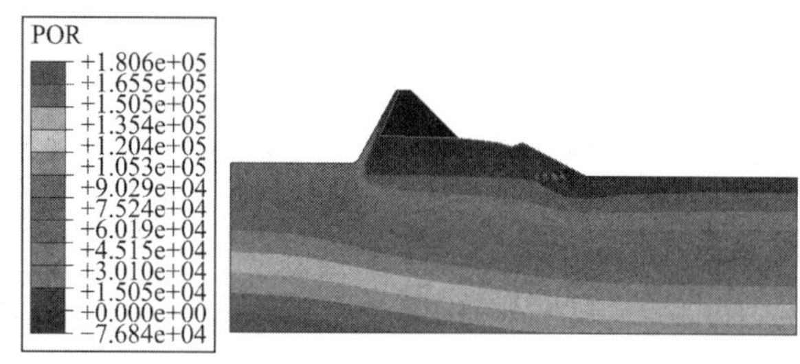

图 4.3-14　金鸡岙钢筋混凝土面板堆石坝稳定渗流场孔压分布

该工况下坝基虽无渗漏通道，但因为下游渗水无法尽快排出，导致坝基渗压攀升，达到 180kPa 以上，而水力梯度高达 60。

综上，保证钢筋混凝土面板及灌砌石层对该坝体的抗渗安全至关重要，但排水设施的缺失对于结构整体的渗透稳定性是不利的。

（2）防渗处理方案 3 仿真结果分析

根据方案 3 的仿真计算结果可知（图 4.3-15 及图 4.3-16），在方案 2 的基础上若面板下灌砌石层也出现防渗失效，则坝基内渗压会急速攀升至 600kPa 以上；坝踵处因没有截渗墙保护渗透孔隙水压也达到了 400kPa 以上；面板内水力梯度更是增加到了 190。换言之，对于金鸡岙钢筋混凝土面板堆石坝的整体防渗而言，面板下灌砌石层的保护作用非常明显，其可以降低坝体及坝基 500kPa 以上孔隙水压、削减面板内接近 170 水力梯度，是整个大坝防渗系统核心组成，在防渗体系优化中扮演着不可或缺的角色。

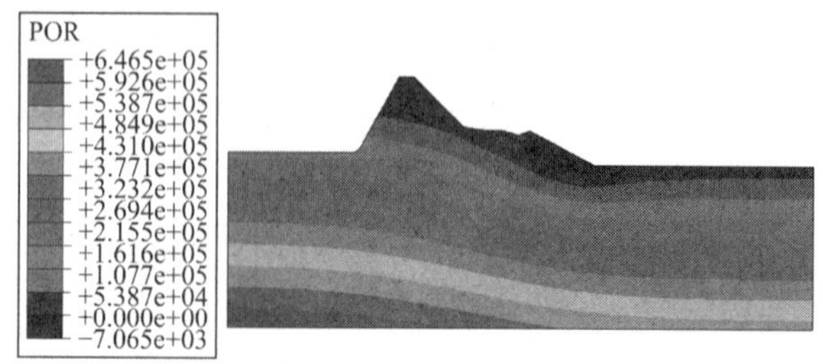

图 4.3-15　金鸡岙钢筋混凝土面板堆石坝稳定渗流场孔压分布

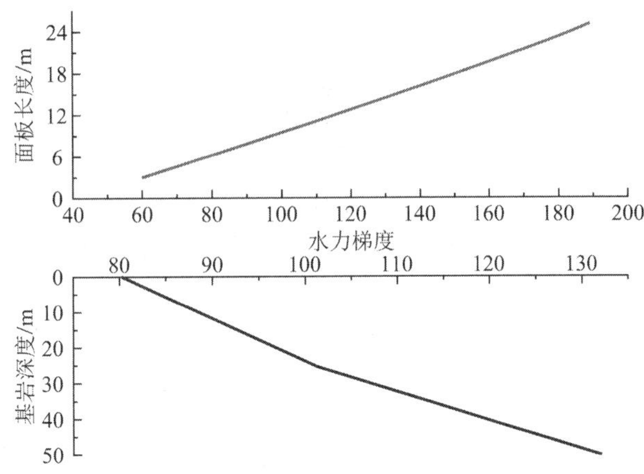

图 4.3-16　金鸡岙钢筋混凝土面板堆石坝稳定渗流场水力梯度分布

（3）防渗处理方案 4 仿真结果分析

根据方案 4 的仿真计算结果可知（图 4.3-17），在坝基形成贯穿性的水力连通后，坝体区 65%以上区域均处于湿态，这对于下游坝坡稳定极为不利；此时坝体上下游已经完全贯通，故此渗水可以自由向下游排泄，坝基与坝体内渗压得到释放，坝内最大渗压为 56kPa，最大水力梯度 19。

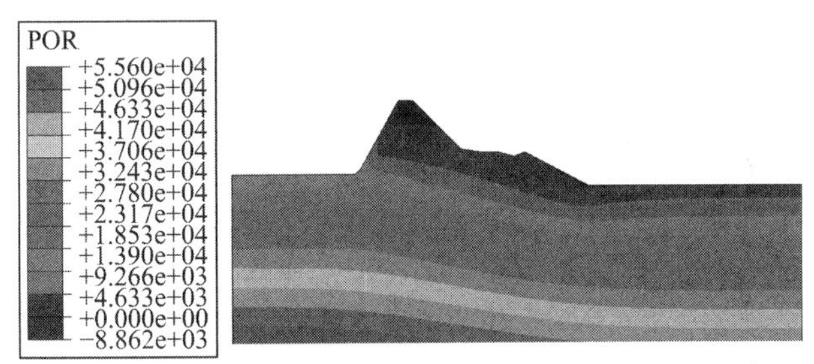

图 4.3-17　金鸡岙钢筋混凝土面板堆石坝稳定渗流场孔压分布

就存在自由面的渗流场而言，场内渗透稳定并不完全依据渗压高低进行判断，对于多孔介质岩土材料，场内干湿区域的分布也决定了构筑物安全与否，湿润区域的增加会削弱材料的抗剪强度等力学指标，同时材料固体颗粒骨架之间的摩擦与机械咬合也会受到影响，这些因素都有可能促动坝坡失稳。

（4）防渗处理方案 5 仿真结果分析

结合方案 4 的分析结论，由方案 5 的仿真计算结果可知（图 4.3-18），坝下基岩系统的完整性对于控制场内自由浸润面的位置至关重要。正是由于本工况中考虑了在上游坝踵处开设截渗墙，所以在场内渗压增加不足 40kPa 的条件下，将坝体内的浸润线降至上游铺盖高程以下，下降幅度达到 15m 以上，这对于控制坝体堆石填料区的干燥状态作用明显，也有效地控制了渗水作用下坝体填料的强度不发生大幅削减。

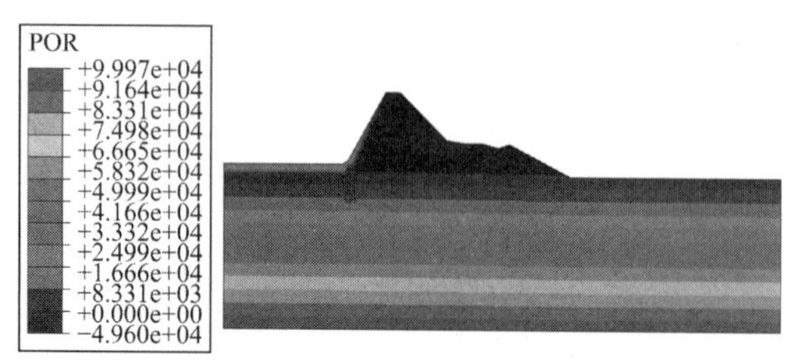

图 4.3-18　金鸡岙钢筋混凝土面板堆石坝稳定渗流场孔压分布

在本工况下，坝基最大水力梯度为 20，钢筋混凝土面板内最大水力梯度为 23；相对于方案 2 与方案 4，下游尾水区干态区域增加 2 倍以上，大坝下游坝坡的整体稳定性得到进一步提高；故此得出结论，上游截渗墙的打设对于坝体防渗系统优化作用明显，其是堆石坝防渗系统的重要环节，也是预防库水急速涨落过程中坝坡滑动失稳的重要工程技术措施。

（5）防渗处理方案 6 仿真结果分析

方案 6 中，进一步考虑在下游设置导渗沟（图 4.3-19），以便及时将下游尾水区地下渗水汇集并排出大坝坝体以外。

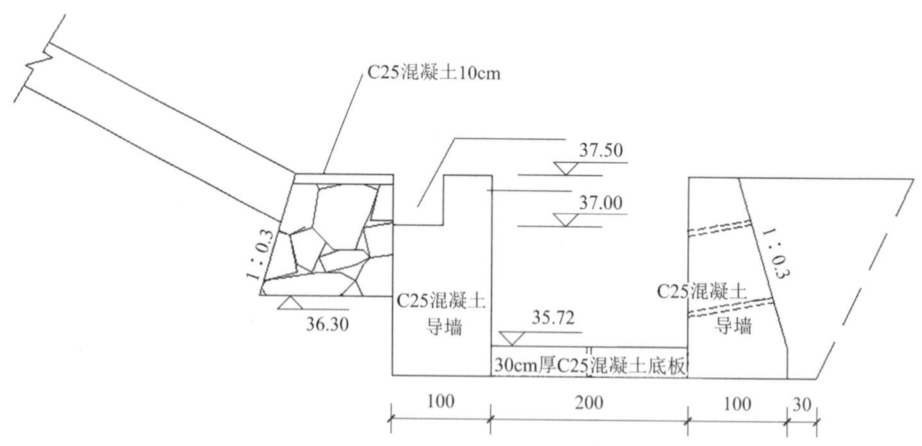

图 4.3-19　金鸡岙钢筋混凝土面板堆石坝下游导渗沟构造详图

由本工况的仿真计算结果可知，下游导渗沟的开设对于进一步降低坝体浸润面位置作用极为显著，下游坝址处整体处于干燥状态，同时，下游导渗沟与上游截渗墙的配合使用，使得大坝渗透孔隙水压量级得到有效控制：此时坝体及基岩系统最大渗透孔压下降至 3kPa 以下，渗控效果显著，仿真结果再次证明，此时的防渗、排水系统处于较为优化的状态。

在考虑坝踵处打设截渗墙、坝趾处开挖导渗沟的条件下，包括下游坝趾区域在内，与工况 2 与工况 4 相比大坝主体系统中的干态区域增加 3 倍以上，这对于控制下游坝坡的深层滑动失稳作用极为显著（图 4.3-20）。

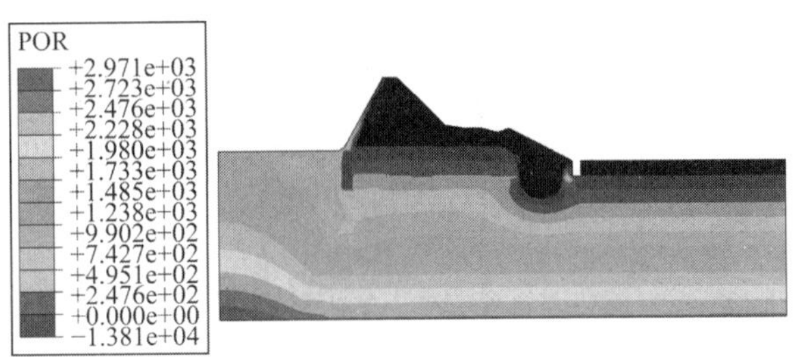

图 4.3-20　金鸡岙钢筋混凝土面板堆石坝稳定渗流场孔压分布

4.3.9　流-固耦合条件下钢筋混凝土面板堆石坝防排系统性能研究

针对各防渗、排水方案，本节将考虑渗透水压及应力场的耦合作用对舟山嵊泗县金鸡岙钢筋混凝土面板堆石坝作用及影响[61-64]。

选取防排方案中的方案 4、5、6 进行校核研究，尤其是讨论各方案下上、下游坝坡潜在滑动区的形成机理（图 4.3-21）。

图 4.3-21　金鸡岙钢筋混凝土面板堆石坝下游坝坡三维潜在滑裂带模型

（1）防渗处理方案 4 仿真模拟研究

本仿真模拟方案下，研究将考虑的系统防、排措施包括上游钢筋混凝土面板及灌砌石层防渗性能可靠，坝体堆石填料完整无缺陷及损伤，下游暂不开设导渗沟槽，此时坝趾截渗措施失效且坝基存在宏观渗漏通道，具体成果见图 4.3-22～图 4.3-26。

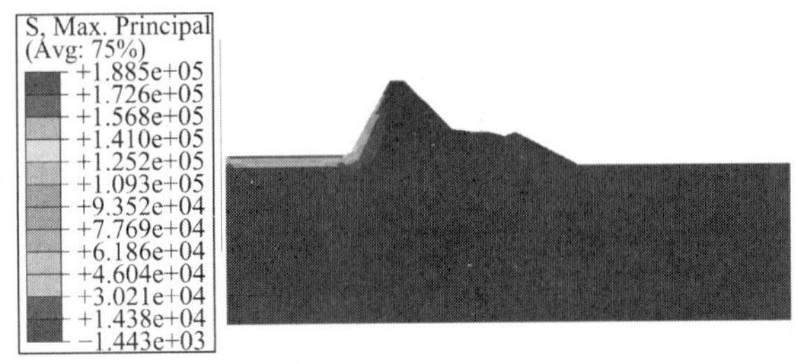

图 4.3-22　金鸡岙钢筋混凝土面板堆石坝稳定渗流场下大主应力分布

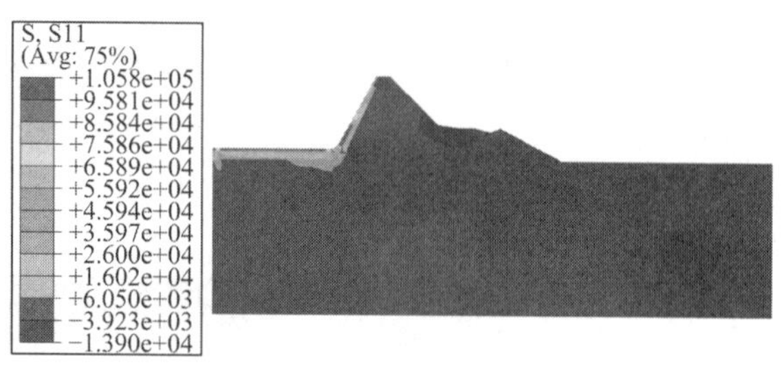

图 4.3-23　金鸡岙钢筋混凝土面板堆石坝稳定渗流场下顺河向应力分布

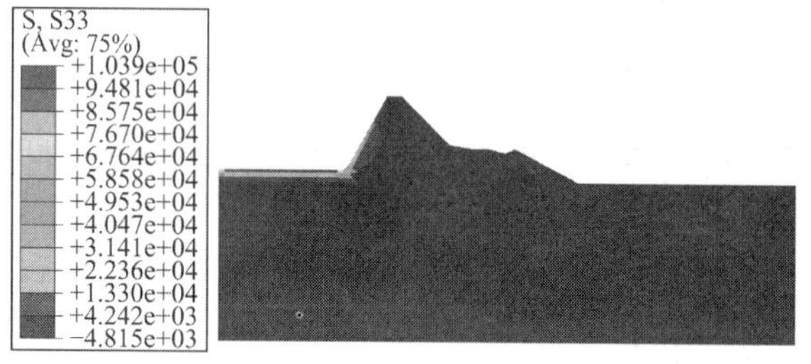

图 4.3-24　金鸡岙钢筋混凝土面板堆石坝稳定渗流场下横河向应力分布

图 4.3-25　金鸡岙钢筋混凝土面板堆石坝稳定渗流场下重力向应力分布

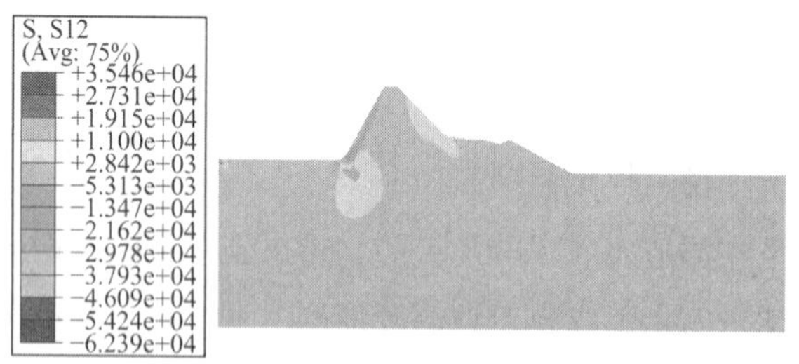

图 4.3-26　金鸡岙钢筋混凝土面板堆石坝稳定渗流场下坝体切片内剪应力分布

由于坝基渗透通道形成，且竖向截渗设备只能完全依靠上游坝坡钢筋混凝土面板及灌砌石层，且坝体及基岩中的渗水得不到有效快速的汇集与释放，所以各应力分量及大主应力均在坝体及基岩中形成潜在的贯穿性滑裂带。重力向应力分量下滑裂带可深入坝基以下接近 8m。

（2）防渗处理方案 5 仿真模拟研究

本仿真模拟方案下，研究将考虑的系统防、排措施包括上游钢筋混凝土面板及灌砌石层防渗性能可靠，坝体堆石填料完整无缺陷及损伤，坝趾截渗墙措施可靠，下游暂不开设导渗沟槽，此时坝基存在宏观渗漏通道，具体成果见图 4.3-27～图 4.3-31。

由于坝基渗透通道形成，且竖向截渗设备只能完全依靠上游坝坡钢筋混凝土面板及灌砌石层，所以各应力分量及大主应力均在坝体及基岩中形成潜在的贯穿性滑裂带。就渗流场及应力场两场耦合仿真模拟结果而言，因缺乏合理的下游排水系统，渗水在下游坝趾处冗余汇集，致使该处耦合应力较大，但截渗墙的约束与截渗作用还是将上游坝踵处的潜在滑裂带控制在上游盖重以下 4～5m 内，重力向应力分量下滑裂带深入坝基范围缩减至 6m。

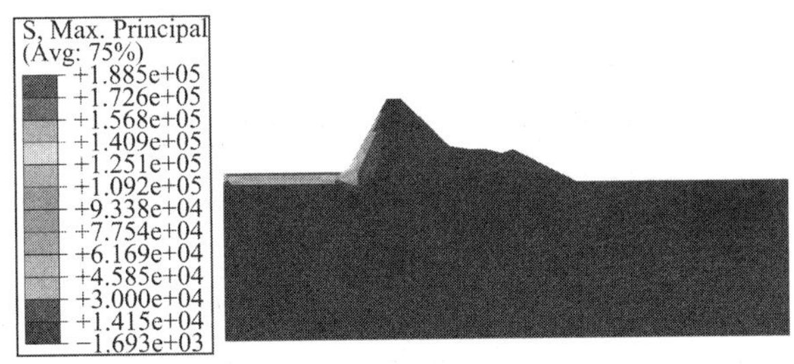

图 4.3-27　金鸡岙钢筋混凝土面板堆石坝稳定渗流场下大主应力分布

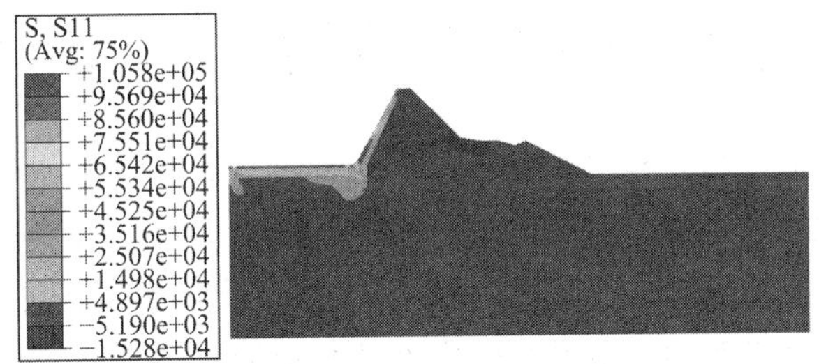

图 4.3-28　金鸡岙钢筋混凝土面板堆石坝稳定渗流场下顺河向应力分布

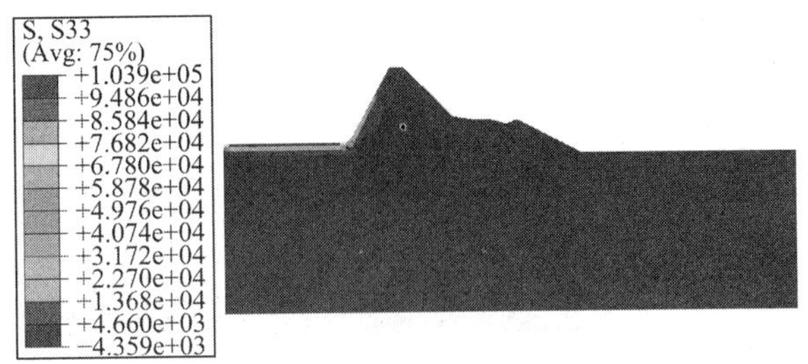

图 4.3-29　金鸡岙钢筋混凝土面板堆石坝稳定渗流场下横河向应力分布

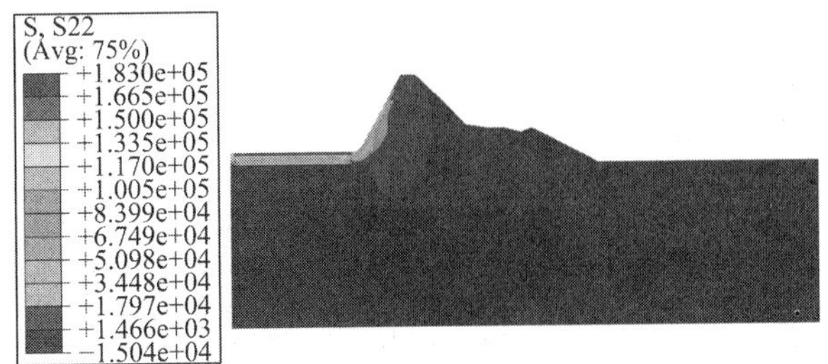

图 4.3-30　金鸡岙钢筋混凝土面板堆石坝稳定渗流场下重力向应力分布

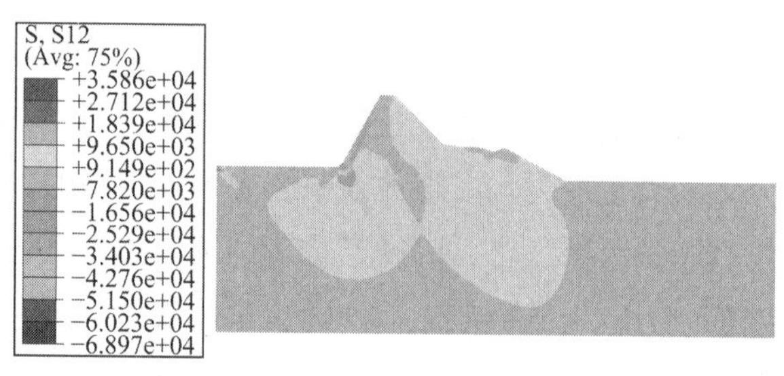

图 4.3-31 金鸡岙钢筋混凝土面板堆石坝稳定渗流场下坝体切片内剪应力分布

（3）防渗处理方案 6 仿真模拟研究

本仿真模拟方案下，研究将考虑的系统防、排措施包括上游钢筋混凝土面板及灌砌石层防渗性能可靠，坝体堆石填料完整无缺陷及损伤，坝趾截渗墙措施可靠，下游开设导渗沟槽，此时坝基存在宏观渗漏通道，具体成果见图 4.3-32～图 4.3-36。

完备的防渗、排水系统对于有效抑制上下游潜在的滑动剪切带作用明显。重力向应力对应的潜在滑动区域被有效地控制在上游盖重底部高程附近，深层滑动被显著抑制；借助导渗沟对于下游渗水的有效汇集与排泄帮助，将下游坝坡体内的耦合剪切应力控制在 1～3kPa，再次显示了合理的防渗、排水体系对于钢筋混凝土面板堆石坝这类复杂水工大系统的整体安全运行作用显著。

（4）防渗处理方案 5 仿真模拟研究

本仿真模拟方案下，研究将考虑的系统防、排措施包括上游钢筋混凝土面板及灌砌石层防渗性能可靠，坝体堆石填料完整无缺陷及损伤，下游暂不开设导渗沟槽，此时坝趾截渗措施失效且坝基存在宏观渗漏通道，坝基及坝体防渗设施渗透系数变异增加 10%，坝基形成非稳定渗流过程，具体成果见图 4.3-37 和图 4.3-38，成果采用多维切片视图形式展示。

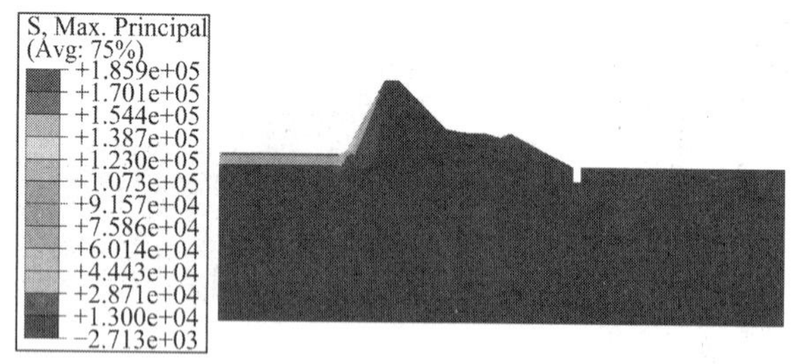

图 4.3-32 金鸡岙钢筋混凝土面板堆石坝稳定渗流场下大主应力分布

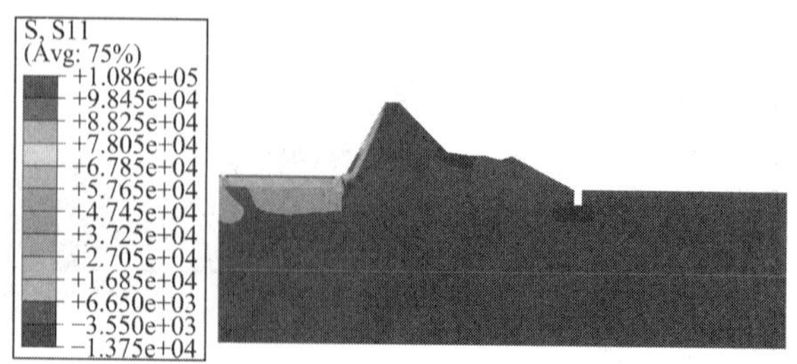

图 4.3-33 金鸡岙钢筋混凝土面板堆石坝稳定渗流场下顺河向应力分布

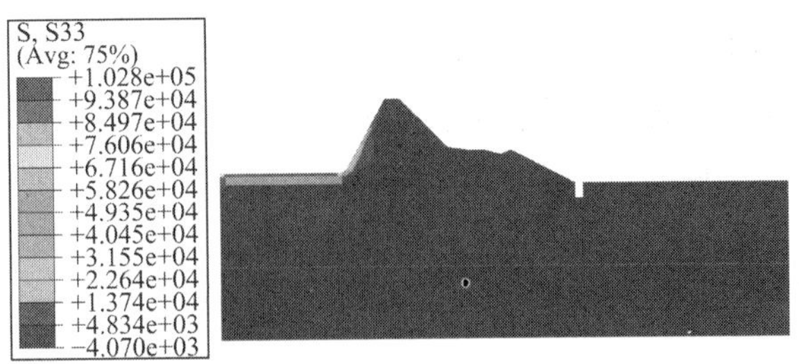

图 4.3-34　金鸡岙钢筋混凝土面板堆石坝稳定渗流场下横河向应力分布

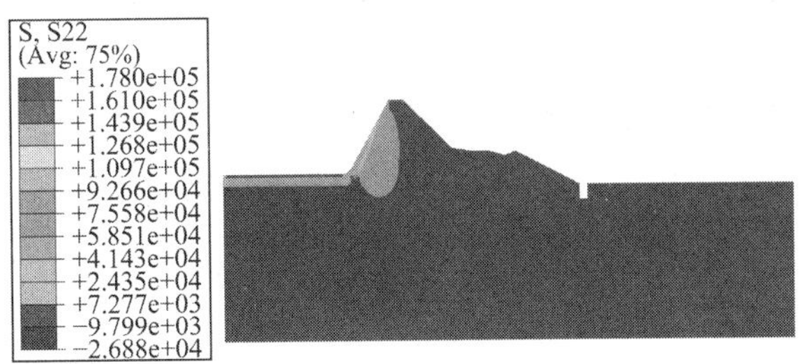

图 4.3-35　金鸡岙钢筋混凝土面板堆石坝稳定渗流场下重力向应力分布

图 4.3-36　金鸡岙钢筋混凝土面板堆石坝稳定渗流场下坝体切片内剪应力分布

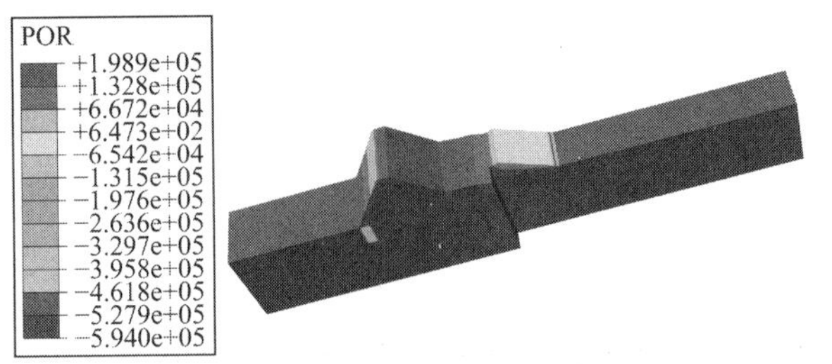

图 4.3-37　金鸡岙钢筋混凝土面板堆石坝非稳定渗流场下孔压分布

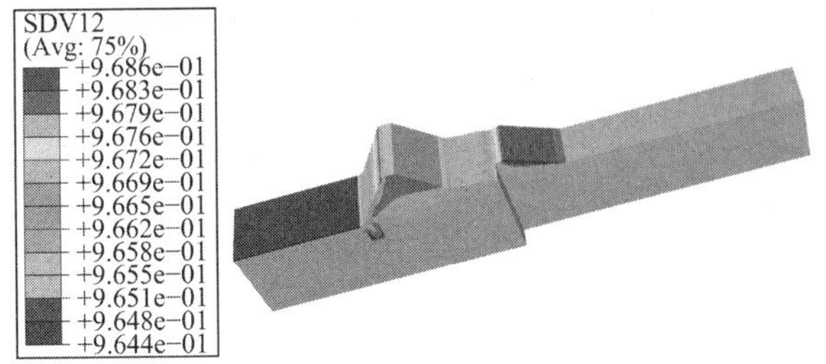

图 4.3-38　金鸡岙钢筋混凝土面板堆石坝非稳定渗流场下整体失效概率分布

坝体由图 4.3-37 和图 4.3-38 中成果发现，非稳定渗流过程形成后，下游坝趾范围内形成了负孔压区，此时因下游无导渗沟槽对渗流积水及时释放，该处渗透变形开始孕育，由图 4.3-38 可知，此时该区域的失效概率攀升至 96%。

4.3.10 成果分析与讨论

钢筋混凝土面板防渗系统是坝体安全的关键保障，其对极限状态下坝体系统的抗渗安全具有重要作用，极端工况下（即满库及校核洪水位条件下），坝体及基岩水力梯度的削减幅度可达 50%。

钢筋混凝土面板及灌砌石层对该坝体的抗渗安全至关重要，但排水设施的缺失对于结构整体的渗透稳定性是不利的。本专题中面板下灌砌石层的渗透保护作用非常明显，其可以降低坝体及坝基 500kPa 以上孔隙水压、削减面板内接近 170 水力梯度，是整个大坝防渗系统核心组成。

金鸡岙坝体防、排系统在有效降低场内浸润面位置条件下对于提高填筑材料的抗剪强度作用明显，上游截渗墙的打设对于坝体防渗系统优化作用明显，其是面板坝防渗系统的重要环节。

金鸡岙水利枢纽下游导渗沟与上游截渗墙的配合使用，可使得大坝渗透孔隙水压量级得到有效控制。完整、有效的上下游防渗排水系统对于钢筋混凝土面板坝这类复杂水工大系统的整体安全运行作用显著，可控制、缩减的潜在剪切滑裂深度范围带达 5m，特别是对于提高大坝系统的整体可靠性效果明显[65,66]。

参考文献

[1] 蒋国澄，赵增凯. 中国混凝土面板堆石坝的近期进展[C]. 纪念贵州省水力发电工程学会成立 20 周年学术论文选集, 2005: 63-65.

[2] 王亚军，张我华. 岩石边坡模糊随机损伤可靠性研究[J]. 沈阳建筑大学学报(自然科学版), 2009, 25(3): 421-425.

[3] 王亚军，张我华，陈合龙. 长江堤防三维随机渗流场研究[J]. 岩石力学与工程学报, 2007, 26(9): 1824-1831.

[4] 王亚军，张我华，王沙义. 堤防渗流场参数敏感性三维随机有限元分析[J]. 水利学报, 2008, 38(3): 272-279.

[5] 陆垂裕，杨金忠，蔡树英，等. 堤防渗流稳定性的随机模拟[J]. 中国农村水利水电,

2002, 12: 76-78.

[6] 程旭日. 非稳定渗流下土坡稳定可靠度分析法探讨[J]. 福州大学学报(自然科学版), 2001, 29(2): 84-87.

[7] 王亚军, 张我华. 堤防工程的模糊随机损伤敏感性[J]. 浙江大学学报(工学版), 2011, 45(9): 1672-1679.

[8] 王亚军, 张我华. 荆南长江干堤模糊自适应随机损伤机理研究[J]. 浙江大学学报(工学版), 2009, 43(4): 743-749, 776.

[9] 王亚军, 张我华. 双重流动法则下地基黏塑性随机有限元方法[J]. 浙江大学学报(工学版), 2010, 44(4): 798-805.

[10] 高辉. 混凝土面板堆石坝模糊有限元应力变形分析[D]. 西安: 西安理工大学, 2001: 10-39.

[11] 盛金昌, 速宝玉, 魏保义. 基于 Taylor 展开随机有限元法的裂隙岩体随机渗流分析[J]. 岩土工程学报, 2001, 23(4): 485-488.

[12] 郭嗣宗, 陈刚. 不规则介质采场模糊渗流的数学模型[J]. 辽宁工程技术大学学报(自然科学版), 2001, 20(5): 666-668.

[13] 孙讷正. 地下水流的数学模型和数值方法[M]. 北京: 地质出版社, 1981: 26-75.

[14] 徐书平, 喻国安. 有限单元法在渗流分析中的应用[J]. 勘察科学技术, 2001, 6: 30-33.

[15] 屈少华. 三维各向异性渗流模型[J]. 襄樊大学学报, 2001, 22(5): 25-28.

[16] 王媛. 多孔介质渗流与应力的耦合计算方法[J]. 工程勘察, 1995, 2: 33-37.

[17] 张洪武. 非饱和多孔介质有限元分析的基本控制方程与变分原理[J]. 力学季刊, 2002, 23(1): 50-58.

[18] 张洪武. 非饱和多孔介质有限元分析的一致性算法[J]. 力学季刊, 2002, 23(2): 173-181.

[19] 王亚军, 王艳军. 反滤层模糊可靠性的探讨[J]. 黑龙江水专学报, 2004, 31(4): 24-27.

[20] 李鸿杰, 杜历. 土壤入渗空间变异性初步研究[J]. 水利学报, 1990, 8: 35-42.

[21] 王亚军. M-相模糊概率法在水布垭堆石坝心墙填料分类中的应用[J]. 岩土工程技术, 2004, 18(1): 11-15.

[22] Naff R L, Vechia A V. Stochastic analysis of three-dimension flow in a bounded domain[J]. Water Resource Research, 1986, 15(5): 695-704.

[23] Jones L. Explicit Monte Carlo simulation head moment estimation for stochastic confined ground water flow[J]. Water Resource Research. 1990, 26(6): 1145-1193.

[24] 陈亚新, 史海滨. 渠床土壤入渗率局部估计的点 Kringing 插值问题[J]. 水利学报, 1991, 2: 11-18.

[25] Wang Y J, Zhang W H, Zhang C H , et al. Fuzzy stochastic damage mechanics (FSDM) based

on fuzzy auto-adaptive control theory[J]. Water Science and Engineering, 2012, 5(2): 230-242.

[26] Wang Y J, Zhang W H, Wu C Y, et al. Three-dimensional stochastic seepage field for embankment engineering[J]. Water Science and Engineering, 2009, 2(1): 58-73.

[27] 汪明武, 李丽, 罗国煜. 基于 Monte Carlo 模拟的砂土液化评估研究[J]. 工程地质学报, 2001, 9(2): 214-217.

[28] 张汝清, 高行山. 随机变量的变分原理及有限元法[J]. 应用力学和数学, 1992, 13(5): 383-388.

[29] 秦权. 随机有限元及其进展: 1. 随机场的离散和反应矩的计算[J]. 工程力学, 1994, 11(4): 1-10.

[30] Ahmet Dogan, L H Motz. Saturated-unsaturated 3D groundwater model I Development[J], Journal of Hydrologic Engineering, ASCE, 2005, (11): 493-494

[31] 姚耀武, 杨柏华. 用于结构可靠度分析的随机有限元法[J]. 水利学报, 1995, (8): 35-41.

[32] Tao Huang, John W. Rudnicki. A mathematical model for seepage of deeply buried ground-water under higher pressure and temperature[J]. Journal of Hydrology, 2006, (2): 1-6

[33] 陈辉辉, 高悦, 郭凤娟, 等. 岩石粗糙裂隙渗流试验模型研究[J]. 水电能源科学, 2023, 41(1): 137-141.

[34] 刘杰, 黎照, 杨渝南, 等. 岩石裂隙可视化渗流装置可行性及试验研究[J]. 岩土力学, 2020, 41(12): 4127-4144.

[35] 王亚军, 张我华. 黏塑性随机有限元及其对堤坝填筑问题的分析[J]. 中国科学院研究生院学报, 2009, 26(1): 132-140.

[36] Wang Y J, Hu Y, Zuo Z, et al.Stochastic finite element theory based on visco-plasto constitution[J]. Advanced Materials Research, 2013, 663: 672-675.

[37] Wang Y J, Hu Y, Zuo Z,et al. Stochastic mechanical characteristics of Zhoushan marine soil based on GDS test system[J]. Advanced Materials Research, 2013, 663: 676-679.

[38] 包承纲. 可靠度分析方法在岩土工程中的应用[J]. 人民长江, 1996, 27(5): 1-5.

[39] Schevenels M, Lombaert G, Degrande G. Application of the stochastic finite element method for gaussian and non-gaussian systems[C]. Proc. ISMA, 2004, (1): 120-124.

[40] M Steven Moore. Stochastic field from stochastic mechanics[J]. Journal of Mathematics and Physics, 1980, 21(8): 2104-2106.

[41] M Schevenels, G Lombaert, G Degrande. Application of the stochastic finite element method for gaussian and non-gaussian systems[A]. Proceedings of ISMA, 2004, (1): 120-124.

[42] Ahmet Dogan, L H Motz. Saturated-unsaturated 3D groundwater model I Development[J]. Journal of Hydrologic Engineering, ASCE, 2005, (11): 493-494.

[43] Griffiths D V, Fenton G A. Three-Dimension Seepage Through Spatially Random Soil[J].

Journal of Geotechnical and Geo-environmental Engineering, 1997, 2: 153-160.

[44] Moore M S. Stochastic field from stochastic mechanics[J]. Journal of Mathematics and Physics, 1980, 21(8): 2104-2106.

[45] Numerov S N. Nonlinear seepage in anisotropic media[C]. in: 15th Congr. Int. Association Hydraulic Res., 1973, 3: 39-46.

[46] Mansur I C, Postol G, Salley J R. Performance of relief well systems along Mississippi river levees[J]. Journal of Geotechnical and Geo-Environmental Engineering, 2000, 8: 726-728.

[47] Fenton G A, Griffiths D V. Statistics of flow through a simple bounded stochastic medium. Water Resour, Res[J]. 1996, 29 (6): 1 825-1 830.

[48] Tao Yue-zan, Xi Dao-ying. Rule of Transient Phreatic Flow Subjected to Vertical and Horrizontal Seepage[J]. Applied Mathematics and Mechanics. 2006, 27(1): 221-223.

[49] 陈华, 王垚峰, 秦旭宝. 提高舟山群岛新区供水保障能力的思考[J]. 工程建设与管理, 2015, 6: 42-44.

[50] 许红燕, 黄志珍. 舟山市水资源分析评价[J]. 水文, 2014,34(3): 87-91.

[51] 朱法君, 郐扬明. 浙江省各地市水资源压力指数评价[J]. 长江科学院院报, 2010, 2 7(9): 14-16.

[52] 水利部. 混凝土面板堆石坝设计规范: SL 228—2013[S]. 北京: 中国水利水电出版社, 2013.

[53] 水利部. 小型水利水电工程碾压式土石坝设计规范: SL 189—2013[S]. 北京: 中国水利水电出版社, 2014.

[54] 汪豫忠. 舟山群岛地区的地质构造背景[J]. 华南地震, 1995, 15(1): 55-61.

[55] 张耀. 海域岛礁岩体质量分类体系研究[D]. 成都: 西南交通大学, 2009: 1-30.

[56] 杨永鹏. 舟山城市海岸防潮堤工程地质研究[J]. 资源环境与工程, 2008, 增刊: 113-116.

[57] 杨永鹏. 舟山海岛丘陵浅埋水工隧洞工程地质条件分析[J]. 资源环境与工程, 2009, 23(5): 558-561.

[58] 吴钧. 舟山地区工程地质条件及勘察中的若干问题[J]. 浙江建筑, 2009, 26(6): 43-45.

[59] 潘永坚, 吴炳华, 梁龙, 等. 海域岛礁地基岩体不良地质现象及精细化勘察[J]. 地质灾害与环境保护, 2010, 12(1): 73-78.

[60] 陶国保, 朱平, 梁连喜. 浙、闽及近海前新生代大地构造格架及演化[J]. 地震地质, 1991, 13(2): 129-137.

[61] 可建伟, 王军, 王亚军, 等. 舟山海域海相砂土流固耦合动力液化可靠度研究[J]. 中国水运, 2014, 14(8): 283-284.

[62] Yusong Li, J Eugene, L Boeuf, et al. Stochastic modeling of the permeability of randomly generated porous media[J]. Adcances in Water Resouces, 2005, (28): 835-844.

[63] M Tsao, M K Wang, M C Chen, et al. A case study of the pore water pressure fluctuation on the slip surface using horizontal borehole works on drainage well[J]. Engineering Geology, 2005, (78) : 105-118.

[64] 王亚军, 张我华. 非线性模糊随机损伤研究[J]. 水利学报, 2010, 41(2): 189-197.

[65] Yajun Wang, Zhu Xing. Mixed uncertain damage models: Creation and application for one typical rock slope in Northern China[J]. Geotechnical Testing Journal, 2018, 41(4): 759-776.

[66] Yajun Wang, Feng Jin, Chuhan Zhang, et al. Novel method for groyne erosion stability evaluation[J]. Marine georesources & Geotechnology, 2018, 36(1), 10-29.

| 第 5 章

舟山重力坝工程问题研究

5.1 研究背景

5.1.1 水利枢纽概况

六横岛位于舟山群岛的南部海域，是群岛第三大岛，陆域面积约 121km^2，海岸线全长约 85.05km，该岛地处长江口南侧，杭州湾外缘，宁波象山湾东海洋面上，背靠上海、杭州、宁波等大中城市群和长江三角洲等辽阔腹地，六横距沈家门渔港 24.8km，距舟山港 25km，距宁波港 50km，距上海港 185km，地缘优势突出，可通航水道 11 条，国际锚地 4 处，踞我国南北沿海航线与长江水道交汇枢纽，是长江流域和长江三角洲对外开放的海上门户和通道，与亚太新兴港口城市呈扇形辐射之势。

六横岛内无大江大河，水资源极度短缺，全岛 2001 年 90%保证率的可供水量为 822 万 m^3，而工业、农业及居民生活用水的需水量为 1158 万 m^3，缺水 337 万 m^3，水资源供需矛盾突出。随着岛上工业发展，旅游业的兴旺，外来人口增加，用水量也不断增加，供需矛盾将越来越突出。

目前岛内淡水资源主要来源于水坝对地表降水的汇集，水利枢纽的工作效率及安全状态对于当地的经济与社会发展作用至关重要。

本章研究关注的六横水利枢纽位于六横岛东南端，大坝主体坐落在孙家岙与大奶奶山之间的田下坑，大坝中心位置东经 122°11′40″，北纬 29°40′53″。工程区多年平均气温 16.1°C，极端最低气温−6.5°C，极端最高气温 38.2°C。流域内多年平均降水量 1328.3mm（1956—2000 年），多年平均水面蒸发量 810mm（1980—2000 年），多年平均径流深 580mm，年径流系 0.436，多年平均径流量 11.6 万 m^3。设计洪水泄流量$Q = 6.10\text{m}^3/\text{s}$，校核洪水泄流量$Q = 8.84\text{m}^3/\text{s}$，施工期坝体挡水洪水泄流量$Q = 6.7\text{m}^3/\text{s}$，正常蓄水位 107.75m，死水位 92.5m，设计洪水位 108.30m，校核洪水位 108.46m。六横水利枢纽由重力坝、坝顶开敞式溢流堰、大坝 3 号坝段 0 + 032.5m 处坝内 30cm 的钢筋混凝土涵管输放水设施、溢流堰坝段双跨 13m 交通桥等设施组成（图 5.1-1）。

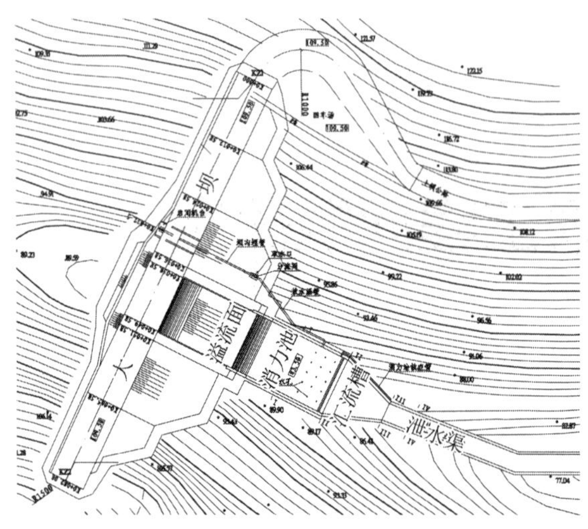

图 5.1-1　六横水利枢纽总体布置

5.1.2　库区水文气象资料

六横重力坝地处东南沿海，库区平均海拔 281.0m，东临南兆港海域，流域来水经小溪直接流入南兆港海域。坝区集雨面积 0.2km^2。区内无居民，植被茂盛，山谷中常年溪水不止。区域内属典型的亚热带南缘季风气候，具有四季分明，夏无酷暑，冬无严寒，温暖湿润，光照充足，无霜期长等特点，年平均气温：16.1℃，极端最低气温−6.5℃，极端最高气温 38.2℃，多年平均降水量 1328.3mm，多年平均水面蒸发量 1002mm，年平均风速：5.2m/s。影响较大的灾害性天气主要有寒潮大风、台风或热带风暴、暴雨和干旱等。常年出现风速大于 17m/s 的寒潮大风 40～50d，受台风或热带风暴影响 3～5 次，一般出现在 7～9 月，尤以 8 月为最多。台风往往带来大风、暴潮、暴雨，是全年最大风速和最大降雨强度出现的季节。

5.1.3　库区工程地质条件

六横库区位于浙闽粤沿海燕山期火山活动带的北段，属海岛丘陵区，一般岛中央为山脊或分水岭，最高峰海拔 504m，滨海平原呈小块散布于海岛的滨海部位，溪河不发育，短小，流量小，单独入海。温州—镇海北北东向断裂从本区西部海域通过，昌化—定海东西向断裂带位于本区以北，龙泉—宁波北东向断裂带斜贯本区，形成了以北东向、北北东向断裂为主，北西向、北北西向和南北向断裂相辅的断裂基本骨架。重力坝坝址区常见有代表性的断裂发育，钻孔在孔深 5.0～15.0m 揭示有压性断层破碎带存在。

六横库区两岸为基本对称的狭窄 U 形谷，山坡为侏罗纪火山喷发的熔结凝灰岩，其强度高，属坚硬岩，表层为坡残积黏土厚度 0.2～2.0m，属弱—微透水地层。库区基岩风化较浅，强风化线一般在基岩以下 1.0～2.0m，只有少数孔揭示在 3m 左右。坝址库区周边主要由弱—微透水的火山喷发的熔结凝灰岩和坡残积层组成，岩性单一，地质构造稳定性良好，无永久渗漏问题；地形为低山及低矮残丘，分水岭宽厚，不存在向邻谷渗漏、浸没等问题；岩体稳定性较好，不存在严重的库岸问题；山塘区植被茂盛，不存在严重的固体径流来源；两岸较陡，左岸约 25°～30°，右岸约 30°～40°。

库区两岸坝肩的地下水类型为基岩裂隙水。河床上部地下水类型为孔隙潜水，下部为基岩裂隙水，地下水由两岸补给河床，并向下游排泄。库区覆盖层埋深及风化线均较浅，设计开挖深度为中等风化线以下 1.0～2.0m。强风化基岩开挖边坡 > 1∶1，中等风化基岩开挖边坡 1∶0.75～1∶1。库区基岩为火山喷发的熔结凝灰岩，其强度高，单轴饱和抗压强度$R_b = 60$～80MPa，允许承载力$f_k = 6$～8MPa，岩石摩擦系数$f = 0.55$～0.65，变形模量$E_0 = 1.0$～2.0×104MPa。

5.1.4　枢组布置与工程设计标准确定

六横枢杻工程的主要结构组成有拦河大坝、溢洪道及输水建筑物，按小（2）型水库等级确定为Ⅴ等，各组成水工建筑物级别为 5 级。设计洪水标准具体为：坝体、溢流堰、放水涵管等的设计洪水标准为 20 年一遇，校核洪水标准为 100 年一遇，施工围堰等临时建筑物渡汛设计洪水标准为 5 年一遇。

因坝址两岸为基本对称、狭窄 U 形山谷，结合当地的筑坝材料，选择坝型为重力坝。大坝轴线两端的控制坐标为：起始端点（$x_0 = 508760.719, y_0 = 84857.233$），终止端点（$x_0 = 508796.735$，$y_0 = 84930.986$）。溢洪道为坝顶开敞式溢洪道。输水及放水建筑物采用坝下涵管。

大坝除 4 号坝段顶过水外，其余挡水坝段分别沿坝轴线位置布置于 4 号坝段的左右侧。其中 4 号坝段左侧分别为 1 号、2 号、3 号挡水坝段，长度总 36.58m，右侧分别为 5 号、6 号挡水坝段，总长度 30.5m。

工程枢纽中的溢洪道布置在中部坝段并延伸至山谷，采用坝顶开敞式溢流方式泄洪。溢流堰总宽 11m，过水净宽 10m，溢流堰堰顶高程 107.75m，溢流段下游设置宽 11m 的挑流鼻坎和消力池，其中消力池长 16m，消力池出口与汇流槽和泄水渠相连，下泄水经 450m 的山谷谷底泄水渠直接排入大海。

输、放水设施布置在大坝 3 号坝段 0 + 032.5m 处，采用坝内预埋ϕ30cm 钢筋混凝土涵管方式设置。坝体上游设置手动启闭闸门，启闭机布置在坝顶向上游延伸出的启闭平台上；在下游坝趾处设置镇墩及分水闸阀，其中泄水段由闸阀处通过涵管与山塘泄水坝段下游的消力池相连。当山塘下游有供水需求时，可从坝体下游的分水闸阀处接入。

5.1.5　抗震设计标准

六横重力坝坝址区地处新华夏系第二隆起带南端，地质构造复杂，江山-绍兴断裂更是该地区著名的活动断裂带，然而长期保持沉默的断裂带积蓄了较大的能量，为安全之计，根据规范规定[1]，本场区抗震设防烈度为Ⅶ度，设计基本地震加速度峰值为 0.1g，研究将依此抗震设计标准开展。

5.1.6 大坝主体构造

舟山六横大坝所采用坝型为重力式面板灌砌石坝。如前述章节所介绍，舟山群岛远离陆地，当前虽已有高速公路与陆地相连，但路网稀疏，建筑材料等物资运输成本极高，岛内水利工程修造无法完全采用陆地的传统模式，所以尽最大程度实现就地取材是岛内水利工程设施建造的基本原则。舟山陆域多丘陵，产石材，所以采用贫水泥重力式灌砌石作为筑坝形式既可以降低工程修造成本，又可以在一定程度上提高主体挡水建筑物的安全性能，尤其是在上游迎水面采用钢筋混凝土面板作为局部强化结构，更使得这类水工建筑物在海岛水利开发实践中的优良性能得以充分发挥。

同时，由于六横重力坝坝址处有覆盖层及全风化和强风化石，须开凿清除，依据地质勘查揭露情况，现场地基处理挖至中等风化熔结凝灰岩面，需挖深约 4m，至高程 82.79m 止。同时为增加坝体稳定性，大坝基础岩面需挖成水平或向上游微倾状，设计基础开挖底高程为 82.5m，因此，六横重力坝最大坝高为 27m。

坝顶按照通车要求设计，选取 7m 净宽作为坝顶宽度。坝体上游坝坡采用折面形式，109.5～95.00m 高程段采用垂直坡线，95.00～85.00m 高程采用 1：0.2 坡比，85.00m 高程以下为大坝基础混凝土，坝踵处采用 1：0.4 坡比延至岩面。下游坝坡坡面选择上为减小坝体断面，结合坝体稳定及坝顶宽度等因素，采用折面坝坡，第一段为 109.5～106.5m 高程采用垂直坝坡，106.5m 高程以下采用 1：0.7 坡比延至坝趾。

考虑到基岩受力后会产生不均匀沉降，且坝体材料与基岩连接可靠度难于控制，为防止该处坝体开裂，故在坝体与基岩接触面间设置一层基础混凝土找平层，作为对原基岩软弱带的置换以及坝体与新鲜基岩的连接段[2-3]。在坝基开挖面上用混凝土浇筑成砌石平台，再在混凝土平台上砌筑石块。混凝土找平层最小厚度不小于 2m。找平层各平台尺寸按开挖基面确定，平台间按 1：0.2～1：0.6 坡比连接。坝基面布置有ϕ22 抗滑锚筋，锚筋入岩深度不小于 1m，基础找平层锚固端长度不小于 50cm，按间距 2m 布置。

六横坝体上游面设置有面板，考虑到面板的防渗、防裂及耐久性需求，采用钢筋混凝土结构构筑，面板在高程 95m 以上部位厚度为 40cm，高程 95～85m 面板厚度由 40cm 渐变至 80cm。

面板趾板设置在坝体基础混凝土找平层上游端，利用基础找平层向上游延伸部分作为面板趾板。基础找平层浇筑时预留面板浇筑槽，待大坝基础灌浆及砌石工程完成后，与基础找平层浇筑成整体结构。

考虑到防裂需要，坝体面板内布置双层ϕ12 钢筋网，钢筋保护层厚度为 5cm。面板钢筋网与锚固在坝体灌砌石内的ϕ14 锚筋焊接连接。面板钢筋需锚固到基础找平层内，保证面板与坝体基础连接。

坝体面板按坝段设置垂直缝，缝内设置止水。

上述六横重力坝主体构造具体如图 5.1-2 所示。

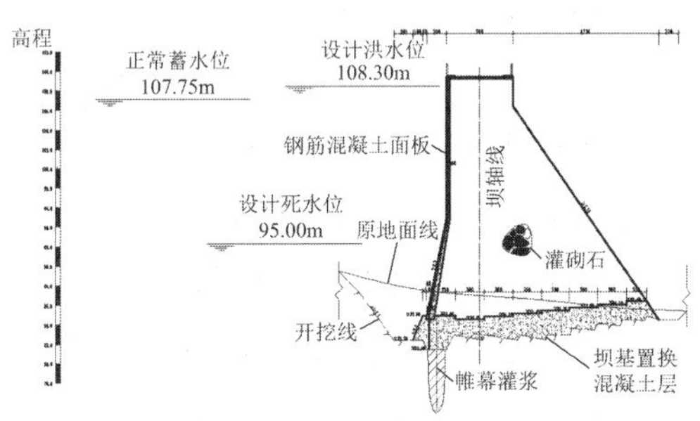

图 5.1-2　六横重力坝主体典型剖面

5.2　地震学及抗震技术研究

地震现象普遍存在于现在的工程技术和日常生活中，当某一次地震释放的能量达到一定程度之后，就会产生很强的破坏性，对人民的生产和生活，造成影响，甚至会变成巨大的灾害。为了抵御和减轻地震灾害，有必要进行建筑工程结构的抗震分析。

中国板块大约从早中元古代起由古陆壳逐渐形成，并于中晚元古代开始了大陆—海洋开合之板块运动，由此裂决形成了一系列的大陆古板块，而在这些古板块陆缘区域则成群地分布着大量的微板块，在漫长的地质年代中，这里一直是地震频仍：一半以上的国土面积被Ⅶ度以上的强震区所覆盖，这些地区涵纳了全国 70%的省会及 2/3 以上的百万人口大城市，特别是全国 85%以上农村人口都聚居在震区或强震区。

当前我国东部沿海地区地震活动时有发生，与内陆不同，这些区域地质条件更为脆弱，且频繁遭受潮汐、洋流等袭扰，特别是某些极端海况往往伴随有海底地震出现，这些因素一旦与近岸地震活动重叠，给我国沿海地区的社会与经济发展将带来极大的威胁，尤其若是这些地区的水利设施被破坏且又一时难以修复，人民的正常生活将难以保障。

5.2.1　结构抗震基本问题

包括水工建筑物在内，工程中的抗震设防的基本艺术就是如何实现在有限、可预知的震害作用下经济与安全的最佳配置，以期最大限度地降低工程成本，并尽最大可能避免或弱化震害对人身、财产的威胁。基于此，当前绝大部分国家和地区都普遍遵守的抗震设计原则是“小震不坏、中震可修、大震不倒”，此原则又称为三水准的抗震设防要求。

从概率设计的角度出发，我国工程结构抗震通常将极值Ⅲ型分布作为地震烈度概率分布的基本形式，具体由公式(5.2-1)确定[4]：

$$f(I)=\frac{k(\overline{\omega}-I)^{k-1}}{(\overline{\omega}-\overline{\varepsilon})^{k}}\cdot \mathrm{e}^{-\left(\frac{\overline{\omega}-I}{\overline{\omega}-\overline{\varepsilon}}\right)^{k}} \tag{5.2-1}$$

式中，I为地震烈度；k为与场地有关的形状参数；$\overline{\omega}$为地震烈度上限，通常为$\omega=12$；$\overline{\varepsilon}$为地震烈度概率密度曲线上峰值所对应的强度值。

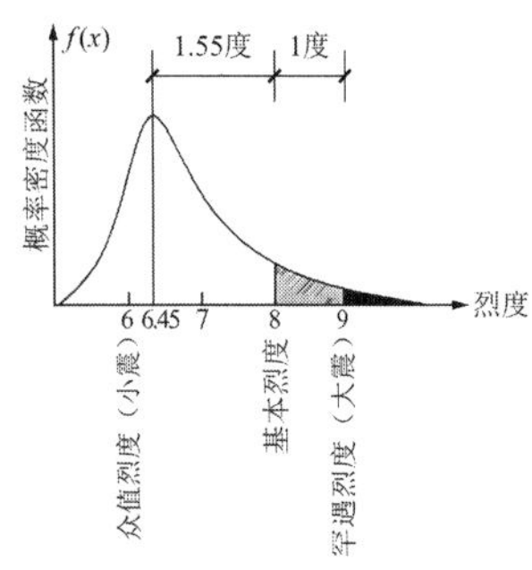

图 5.2-1 地震概率曲线

图 5.2-1 中，多遇烈度就是水工建筑物所在地区在设计基准期内出现的频度最高的烈度，故可将其定义为烈度概率密度函数曲线峰值点所对应的烈度。基本烈度是 50 年内超越概率约 10%的烈度，大体上相当于现行地震区划图规定的基本烈度，将它定义为第二水准的烈度，重现期为 475 年。罕遇烈度是指罕遇的地震，在设计基准期（50 年）内具有超越概率 2%～3%的地震烈度，可作为第三水准的烈度，也称为大震烈度。

针对前述抗震设防要求，我国结构抗震设计普遍采用了两阶段设计理论，即一阶段设计为依据多遇地震烈度对应的地震作用效应和其他荷载效应的组合验算结构构件的承载能力及结构的弹性变形；二阶段设计为依据罕遇地震烈度对应的地震作用效应验算结构的弹塑性变形。

通过第一阶段的抗震设计，可满足结构在第一设防水准下的承载力和变形要求，而第二阶段抗震设计的主要目的则是力保工程对象达到第三水准抗震设防标准。

此外，考虑到水利工程实施的公益性及特殊性，在对其进行抗震设计与研究过程中，又必须适度加深分析、适当提高标准，以削弱不利工况对社会与经济发展带来的危害。

5.2.2 结构地震响应分析

以复杂的大坝系统为例，若考虑将其作为多自由度弹性体系，则对应的运动方程可以表述为[5]：

$$[\boldsymbol{M}]\{\ddot{\boldsymbol{U}}\}+[\boldsymbol{C}]\{\dot{\boldsymbol{U}}\}+[\boldsymbol{K}]\{\boldsymbol{U}\}=\{\boldsymbol{P}(t)\} \tag{5.2-2}$$

式中，$[\boldsymbol{M}]$为质量阵；$[\boldsymbol{C}]$为阻尼阵；$[\boldsymbol{K}]$为刚度阵；$\{\boldsymbol{U}\}$为位移的向量；$\{\ddot{\boldsymbol{U}}\}$为$\{\boldsymbol{U}\}$之二阶时变列阵，即加速度向量；$\{\dot{\boldsymbol{U}}\}$为$\{\boldsymbol{U}\}$之一阶时变列阵，即速度向量；$\{\boldsymbol{P}(t)\}$为包含地脉动效应在内的外部不平衡作用。

基于上述，可以得到需要求解的显式动力学方程：

$$[\boldsymbol{M}]\{\ddot{\boldsymbol{x}}(t)\}+[\boldsymbol{C}]\{\dot{\boldsymbol{x}}(t)\}+\{\boldsymbol{F}(t)\}=-[\boldsymbol{M}]\{1\}\ddot{x}_{\mathrm{g}}(t) \tag{5.2-3}$$

以此显式动力学方程来进行复杂水工结构的非线性抗震分析。

需要指出的是，方程(5.2-3)由于没有限定条件，它适用于结构的任意时刻，根据这一特性，假设方程(5.2-3)对于t时刻适用，那必然对结构$t+\Delta t$时刻同样适用，则有：

$$[\boldsymbol{M}]\{\ddot{\boldsymbol{x}}(t+\Delta t)\}+[\boldsymbol{C}]\{\dot{\boldsymbol{x}}(t+\Delta t)\}+\{\boldsymbol{F}(t+\Delta t)\}=-[\boldsymbol{M}]\{1\}\ddot{x}_{\mathrm{g}}(t+\Delta t) \tag{5.2-4}$$

另有如下关系存在：

$$
\begin{aligned}
&\{\Delta\ddot{\boldsymbol{x}}\}=\{\ddot{\boldsymbol{x}}(t+\Delta t)\}-\{\ddot{\boldsymbol{x}}(t)\}\\
&\{\Delta\dot{\boldsymbol{x}}\}=\{\dot{\boldsymbol{x}}(t+\Delta t)\}-\{\dot{\boldsymbol{x}}(t)\}\\
&\{\Delta\boldsymbol{x}\}=\{\boldsymbol{x}(t+\Delta t)\}-\{\boldsymbol{x}(t)\}\\
&\Delta\ddot{x}_{\mathrm{g}}=\ddot{x}_{\mathrm{g}}(t+\Delta t)-\ddot{x}_{\mathrm{g}}(t)\\
&\{\Delta\boldsymbol{F}\}=\{\boldsymbol{F}(t+\Delta t)\}-\{\boldsymbol{F}\}
\end{aligned}
\tag{5.2-5}
$$

将方程(5.2-4)减去方程(5.2-3)得：

$$[\boldsymbol{M}]\{\Delta\ddot{\boldsymbol{x}}\}+[\boldsymbol{C}]\{\Delta\dot{\boldsymbol{x}}\}+\{\Delta\boldsymbol{F}\}=-[\boldsymbol{M}]\{1\}\Delta\ddot{x}_{\mathrm{g}} \tag{5.2-6}$$

公式(5.2-6)为增量动力方程，假定研究结构的刚度波动较小，则有如下关系式：

$$\{\Delta\boldsymbol{F}\}=[\boldsymbol{K}(t)]\{\Delta\boldsymbol{x}\} \tag{5.2-7}$$

式中，$[\boldsymbol{K}(t)]$表示结构在t时刻的刚度矩阵，由t时刻结构各构件的刚度确定，因此可得：

$$[\boldsymbol{M}]\{\Delta\ddot{\boldsymbol{x}}\}+[\boldsymbol{C}]\{\Delta\dot{\boldsymbol{x}}\}+[\boldsymbol{K}(t)]\{\Delta\boldsymbol{x}\}=-[\boldsymbol{M}]\{1\}\Delta\ddot{x}_{\mathrm{g}} \tag{5.2-8}$$

鉴于公式中刚度阵$[\boldsymbol{K}(t)]$为非定常量值，由此形成的方程组为变系数微分方程组，通常是无法得到其解析解的，故此过程采用了数值计算方法来实现求解。

特别要强调的是，用作水工结构抗震研究的地震输入呈现显著的随机性，大量工程案例研究已经证明，工程对象的地震动力响应对地震输入极为敏感，这也是本节研究工作的意义核心。工程研究中结构抗震时程分析使用的地震波主要有三种，即拟建场地的实际地震记录、典型的过去强震记录以及人工地震波，但是考虑到通过静态地选择输入地震波而获得合理有效的分析结果难度较大，本节研究将采用多地震波谱激励的手段对目标水工结构物进行动力敏感性研究。

（1）地震波幅确定

水工结构抗震设计所依据的地震波峰值加速度需要和对应的地震设防烈度要求下的多遇地震与罕遇地震的加速度峰值匹配，若无法达到此要求时，就要对该次抗震设计所用的地震波加速度峰值作如公式(5.2-9)所示的人为修正：

$$\alpha'(t)=\frac{A'_{\max}}{A_{\max}}\alpha(t) \tag{5.2-9}$$

式中，$\alpha'(t)$、$A'_{\max}$为修正后的地震波加速度曲线与峰值；$\alpha(t)$、$A_{\max}$为原地震波加速度曲线和峰值。

（2）地震波频谱

地震波谱性征主要有地震波谱形状、峰值及卓越周期，地震波加速度反应谱曲线与对应的震中距关系密切，结构抗震分析中的地震输入应考虑地震波卓越周期与震中距和结构所在场地的对应特性尽量接近。一般认为，场地条件以及震级对地震波加速度反应谱形状的影响大于震中距。

（3）地震持时

实际工程问题中，某次地震的能量耗散及该次地震中场地上结构物的动力响应特性很大程度上与对应的地震波持时有关，因此在水工结构抗震设计中应着重研究所用地震波输入中震动最为剧烈的那部分持时，且针对弹性及弹塑性时程分析采用不同持时，前者相对后者地震波持时要短暂些。

5.2.3 地震动力方程 Wilson-θ法求解

地震动力方程的直接积分法有很多种，比较常用的是线性加速度法、Wilson-θ法、Newmark-β法，Runge-Kutta 法。本节研究将基于 Wilson-θ法展开[6]。

1）Wilson-θ法应用条件

该方法假定在$\theta\Delta t(\theta > 1)$持时内，结构加速度响应服从线性关系，同时在该持时内，结构的刚度、阻尼、地面运动加速度为常量。

2）Wilson-θ法方程求解

根据式(5.2-8)，为了确定$\{\Delta \boldsymbol{x}\}$和$\{\Delta \ddot{\boldsymbol{x}}\}$，将位移$\{\boldsymbol{x}\}$和速度$\{\dot{\boldsymbol{x}}\}$用泰勒级数展开，得：

$$\begin{aligned}\{\boldsymbol{x}\}_{j+1} &= \{\boldsymbol{x}\}_j + \frac{\{\dot{\boldsymbol{x}}\}_j}{1!}\Delta t + \frac{\{\ddot{\boldsymbol{x}}\}_j}{2!}\Delta t^2 + \cdots\cdots \\ \{\dot{\boldsymbol{x}}\}_{j+1} &= \{\dot{\boldsymbol{x}}\}_j + \frac{\{\ddot{\boldsymbol{x}}\}_j}{1!}\Delta t + \frac{\{\dddot{\boldsymbol{x}}\}_j}{2!}\Delta t^2 + \cdots\cdots\end{aligned} \tag{5.2-10}$$

忽略三阶以上的项，整理后得：

$$\{\Delta \boldsymbol{x}\}_j = \{\dot{\boldsymbol{x}}\}_j\Delta t + \frac{1}{2}\{\ddot{\boldsymbol{x}}\}_j\Delta t^2 + \frac{1}{6}\{\Delta\ddot{\boldsymbol{x}}\}_j\Delta t^2 \tag{5.2-11}$$

$$\{\Delta \dot{\boldsymbol{x}}\}_j = \{\ddot{\boldsymbol{x}}\}_j\Delta t + \frac{1}{2}\{\Delta\ddot{\boldsymbol{x}}\}_j\Delta t \tag{5.2-12}$$

由式(5.2-11)可得：

$$\{\Delta \ddot{\boldsymbol{x}}\}_j = 6\frac{\{\Delta \boldsymbol{x}\}_j}{\Delta t^2} - 6\frac{\{\dot{\boldsymbol{x}}\}_j}{\Delta t} - 3\{\ddot{\boldsymbol{x}}\}_j \tag{5.2-13}$$

将式(5.2-13)代入式(5.2-12)可得：

$$\{\Delta \dot{\boldsymbol{x}}\}_j = 3\frac{\{\Delta \boldsymbol{x}\}_j}{\Delta t} - 3\{\dot{\boldsymbol{x}}\}_j - \frac{1}{2}\{\ddot{\boldsymbol{x}}\}_j\Delta t \tag{5.2-14}$$

设$\tau = \theta\Delta t$，用τ代替Δt，由上面两式，可得：

$$\{\Delta \ddot{\boldsymbol{x}}\}_{j,\tau} = 6\frac{\{\Delta \boldsymbol{x}\}_{j,\tau}}{\tau^2} - 6\frac{\{\dot{\boldsymbol{x}}\}_j}{\tau} - 3\{\ddot{\boldsymbol{x}}\}_j \tag{5.2-15}$$

$$\{\Delta \dot{\boldsymbol{x}}\}_{j,\tau} = 3\frac{\{\Delta \boldsymbol{x}\}_{j,\tau}}{\tau} - 3\{\dot{\boldsymbol{x}}\}_j - \frac{1}{2}\{\ddot{\boldsymbol{x}}\}_{j,\tau} \tag{5.2-16}$$

将式(5.2-15)及式(5.2-16)代入动力方程(5.2-6)得：

$$\left[\hat{\boldsymbol{K}}\right]_j\{\Delta \boldsymbol{x}\}_{j,\tau} = \left\{\Delta\hat{\boldsymbol{P}}\right\}_j \tag{5.2-17}$$

其中，

$$\left[\hat{\boldsymbol{K}}\right]_j = \frac{6}{\tau^2}[\boldsymbol{M}] + \frac{3}{\tau}[\boldsymbol{C}] + [\boldsymbol{K}] \tag{5.2-18}$$

$$\{\Delta\hat{\boldsymbol{P}}\}_j=[\boldsymbol{M}]\left(-\{\Delta\ddot{\boldsymbol{x}}_{\mathbf{g}}\}_{j,\tau}+\frac{6}{\tau}\{\dot{\boldsymbol{x}}\}_j+3\{\ddot{\boldsymbol{x}}\}_j\right)+[\boldsymbol{C}]\left(3\{\dot{\boldsymbol{x}}\}_j+\frac{\tau}{2}\{\ddot{\boldsymbol{x}}\}_j\right) \tag{5.2-19}$$

依据几何关系可得：

$$\{\Delta\ddot{\boldsymbol{x}}\}_j=\frac{1}{\theta}\{\Delta\ddot{\boldsymbol{x}}\}_{j,\tau} \tag{5.2-20}$$

将式(5.2-15)代入式(5.2-20)得：

$$\{\Delta\ddot{\boldsymbol{x}}\}_j=\frac{6}{\theta\tau^2}\left(\{\Delta\boldsymbol{x}\}_{j,\tau}-\{\dot{\boldsymbol{x}}\}_{j,\tau}-\{\ddot{\boldsymbol{x}}\}_j\frac{\tau^2}{2}\right) \tag{5.2-21}$$

而$\{\Delta\boldsymbol{x}\}_j$、$\{\Delta\dot{\boldsymbol{x}}\}_j$可按式(5.2-11)及式(5.2-12)计算。

3）Wilson-θ法算法格式

（1）定义$\{\boldsymbol{x}\}_j$、$\{\dot{\boldsymbol{x}}\}_j$、$\{\ddot{\boldsymbol{x}}\}_j$之初值；

（2）t_j时刻的$[\boldsymbol{K}]_j$、$[\boldsymbol{C}]_j$、$[\boldsymbol{M}]$计算；

（3）计算$[\hat{\boldsymbol{K}}]_j$、$\{\Delta\hat{\boldsymbol{P}}\}_j$，采用式(5.2-17)；

（4）确定$\{\Delta\hat{\boldsymbol{P}}\}_j$，采用式(5.2-19)；

（5）确定$\{\Delta\ddot{\boldsymbol{x}}\}_j$，采用式(5.2-21)；

（6）确定$\{\Delta\boldsymbol{x}\}_j$、$\{\Delta\dot{\boldsymbol{x}}\}_j$，采用式(5.2-11)及式(5.2-12)；

（7）确定t_{j+1}时刻的$\{\boldsymbol{x}\}_{j+1}$、$\{\dot{\boldsymbol{x}}\}_{j+1}$、$\{\ddot{\boldsymbol{x}}\}_{j+1}$，采用$\{\boldsymbol{x}\}_{j+1}=\{\boldsymbol{x}\}_j+\{\Delta\boldsymbol{x}\}_j$，速度、加速度类似；

（8）以t_{j+1}时刻的$\{\boldsymbol{x}\}_{j+1}$、$\{\dot{\boldsymbol{x}}\}_{j+1}$、$\{\ddot{\boldsymbol{x}}\}_{j+1}$作为初始条件，重复（2）～（7），直到计算结束。

4）Wilson-θ法参数θ、Δt的选择

研究表明，当$\theta>1.37$时，Wilson-θ法可实现无条件稳定，实际工程中常取$\theta=1.4$，特别若取$\theta=1$，则 Wilson-θ法即退化为线性加速度法，3.2.2 节（2）中所述 Newmark-β法即属于广义的线性加速度法。

5.3　六横重力坝抗震安全研究

5.3.1　水工结构抗震研究意义

以多样式地震波激励为基本研究思想，对重力坝的地震动力敏感性进行研究，可最大限度地拓展对该类复杂水工结构抗震研究的深度及广度，该项研究工作也是不确定的地震科学技术发展的基础，是对单一地震波激励下的水工结构抗震研究的重要补充与丰富。

重力坝是一种具有超大自由度、复杂材料分区、典型动力非线性的水工结构大系统，2008 年 5 月 12 日汶川地震中发生严重震害诱发性水毁的紫坪铺大坝（156mm）再次警示水利工程师及水工结构抗震研究人员：此类复杂水工大系统在同样复杂且具有明显不确定性的地震动效应影响下，其工作性态无法采用常规现有规范给出的单一化、定性的模型及方法进行评价研究。因此，本节研究提出的基于多样式地震波激励、类大数据动力分析评价方法对该类问题研究工作具有重要推动作用，所得分析数据、研究成果及结论更是此类

水工结构进行推广应用的重要保证[7-8]。

5.3.2 水工结构抗震研究现状

能源供给吃紧、水环境恶化已经并正在催生着大批的水工结构矗立于我国各地，而由此产生的水工结构安全问题也已成为我国公共安全的核心问题之一。在世界范围内，受复杂水环境影响，水工结构在地震灾害中的安全性能吸引了工业界、学术界越来越多的关注度，其间不少著名学者、工程师明确指出：当前大家习以为常的设计方法、研究思想已极端落后于真实的工程实践需求，不变的、定性的、等效简化的理论与复杂的地震灾害研究本质之间矛盾突出[9]。

地震的酝酿及形成过程决定了水工结构可能遭受的灾害形式与程度，而这一过程极其复杂，受地壳运动影响其表现出显著的随机性，甚至更为复杂的非确知性，各国的水工实践中长期以来普遍采用单一的、确定的地震频谱形式进行结构抗震分析与研究，由此形成的水工结构抗震评价标准也多是静态的，这和真实的震害发育过程严重不符，故此，当前迫切需要工程师及科研人员尽快形成采用动态的、随机的、非确定的地震频谱输入手段对水工结构的动力性态进行研究的习惯[10-11]。

当前我国的水工抗震设计中，采用较多的反应谱有两种，即标准反应谱和与场地相关反应谱，前者无法考虑震害发生时的震级、震源距离和场地特性；而后者又是一种包络性的一致概率反应谱，其虽然融合了结构有限场地周边诸潜在震源区的贡献及影响，但绝不是真实的地震波样本重现；基于此，又有“设定地震”模式被提出，即与地震参数、设防标准、结构动力特性设计对应的人工地震波，但此种方法仍非真实地震的再现[12]。

本节虽未包括筑坝材料的地震动力敏感性研究，但是必须要指出的是：当前各类筑坝材料，无论其抗压、抗拉还是抗剪性能均对动力荷载表现出一定的敏感性，研制有效、逼真的筑坝材料动力本构模型并将之与分析模型有效结合，也是进一步实现对水工结构完全的抗震研究的关键内容之一[13-17]。

水工结构还经常表现出对地基形态的显著敏感性，长期以来的无质量地基模型研究结果已被证明过于保守，且误差较大，继而无限地基模型被提出，通过传统的有限元方法与无线单元组合，可实现对无限域地基地脉动效应的模拟，同时还出现了将有限地基与无限场地间作为黏弹性动力传递而考虑的处理手段，这也是本节研究所使用的方法，这些都表现为同一个问题，即水工结构的地震动力特性对于模拟过程中的地基抽象过程有相当的敏感性[18-20]。

作为重要的边界条件及荷载形式，静、动力水压是水工结构物进行地震动力分析时必须要考虑的内容之一，当前研究人员普遍将水体的压缩性及水库边界的吸收效应作为主要影响因素进行对照研究，一些针对性的数值算法，如比例边界元法，也被运用于这些方面[21-22]。

综上所述，系统化、科学化地认识、探究水利工程中各类构筑物、结构物的地震工作性态，尤其是探索、研究在非确知的地震动影响下，这些工程对象遭受静、动力水环境侵蚀时的动力敏感性，已是公认的研究热点。由此形成的结论、成果具有显著的推广价值，除水利水电行业外，其还可以为交通、矿山、核电、海工、军工等诸多行业提供安全、防灾等多方面的理论、技术支持。

基于以上，本节将以舟山六横岛重力坝为研究对象，同时考虑灾变高水位条件下的静动力水压力与坝体系统的耦合动力效应，对该结构整体及关键细部构造区域进行多地震工况的敏感性激励研究，本研究内容既具有鲜明的工程实效性，同时具有特定的理论研究价值，尤其是对于完善我国海岛地区水利工程学科特有科学问题研究体系有重要意义。

5.3.3　数值模型及仿真算法

1）数值模型

本节研究中六横大坝的网格模型采用了混合建模技术，对坝顶区域采用结构化网格技术进行离散，其他构造区域采用扫掠网格技术进行划分，网格模型单元总数为 2900500，节点总数为 3097111。具体细部构造包括坝体砌石内锚杆长度 50cm，锚固长度 30cm，埋入面板部分 20m，且间距及排距均为 50cm，锚固钢筋密度取标准值 7850kg/m^3，钢筋直径为 14mm，截面面积为 0.000154m^2（图 5.3-1）。

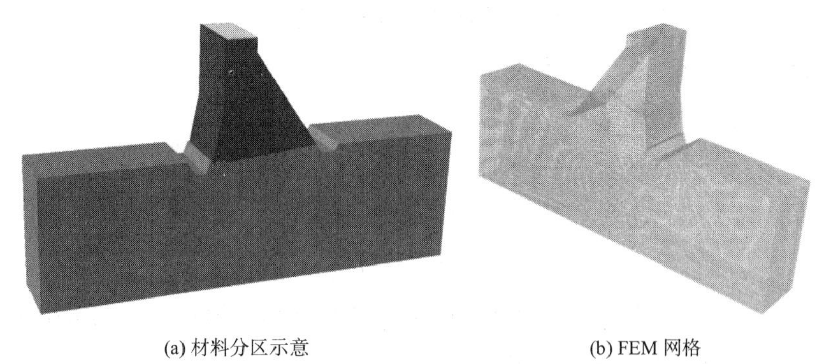

(a) 材料分区示意　　(b) FEM 网格

图 5.3-1　六横典型非溢流坝段整体模型

2）加速度谱

考虑到六横主体挡水建筑物为重力坝，研究决定采用 3.2.5 中介绍的 Koyna 加速度谱作为地震波谱输入。具体的加速度谱如图 3.2-129 所示。

3）仿真算法

（1）阻尼比

为描述宏观尺度上的材料加载的耗散与非保守性，定义动力作用下材料与结构的阻尼系数是很有必要的。水工结构中通常采用瑞利阻尼（Rayleigh Damping）完成对工程对象动力分析与研究。瑞利阻尼系数按照如下阻尼比公式计算：

$$\xi = \frac{\xi_1 + \xi_2\omega^2}{2\omega_0} \tag{5.3-1}$$

式中，ξ为阻尼比，水工结构阻尼比取值范围拱坝为 3%～5%，实体混凝土重力坝为 5%～10%，本节坝型较为特殊，为保守计，取为 3%[23]；ξ_1、ξ_2为瑞利阻尼系数，这里忽略ξ_1，通过振型分析获得结构的基频ω_0后可计算得瑞利阻尼系数ξ_2。

（2）振型分析

振型控制方程为：

$$(\mu^2[\boldsymbol{M}] + \mu[\boldsymbol{C}] + [\boldsymbol{K}])\{\phi\} = 0 \tag{5.3-2}$$

式中，μ^2为振型平方特征值；$\{\phi\}$为振型特征向量。

在振型特征向量提取过程中，通常将阻尼矩阵$[\boldsymbol{C}]$忽略，从而写为：

$$(-\omega^2[\boldsymbol{M}] + [\boldsymbol{K}])\{\phi\} = 0 \tag{5.3-3}$$

式中，ω为自振圆频率。

为快速获取结构振型信息，本节采用 Lanczos 法求解，具体求解方程如下所示：

$$[\boldsymbol{M}]([\boldsymbol{K}] - \varsigma[\boldsymbol{M}])^{-1}[\boldsymbol{M}]\{\phi\} = \theta[\boldsymbol{M}]\{\phi\} \tag{5.3-4}$$

式中，ς为 Lanczos 法中的迭代方向；θ为特征值；$\{\phi\}$为特征向量。

（3）流固耦合附加单元质量法

本节考虑在地震发生时六横重力坝上游坝面作用有静、动水荷载，在坝区地层地震剪切波的震荡作用下，上游坝面与动水压力产生耦合效应，此效应使用 3.2.5 节（1）中所介绍的 Westergaard 附加单元质量法计算。

（4）材料本构模型

本节研究中，坝体材料统一采用 Drucker-Prager 本构模型，同时考虑到地脉动作用下材料的动力非线性力学性态，在弹性阶段时采用公式(5.3-5)计算应力应变关系：

$$\delta\sigma_{ij} = K\delta\varepsilon_{kk}\delta_{ij} + 2G\delta e_{ij} \tag{5.3-5}$$

式中，$\delta\sigma_{ij}$为应力增量；K为体积弹性模量；$\delta\varepsilon_{kk}$为体积应变增量；δ_{ij}为 Kronecker 符号；G为剪切弹性模量；δe_{ij}为应变偏量增量。

当材料屈服且处于加载状态时，采用公式(5.3-6)计算应力应变关系：

$$\delta\sigma_{ij} = K\delta\varepsilon_{kk}\delta_{ij} + 2G\delta e_{ij} - d\lambda\left[-3K\alpha\delta_{ij} + \frac{GS_{ij}}{\sqrt{J_2}}\right] \tag{5.3-6}$$

$d\lambda$由下式确定：

$$d\lambda = \frac{-3K\alpha\delta\varepsilon_{kk} + \dfrac{G}{\sqrt{J_2}}S_{\mathrm{mn}}\delta e_{\mathrm{mn}}}{9K\alpha^2 + G} \tag{5.3-7}$$

式中，S_{ij}为应力偏量张量。

此外，坝下部分区域软弱夹杂部分采用本书 2.3.2 中介绍的动弹性模量模型计算。

5.3.4　流固耦合条件下大坝系统整体仿真模拟研究

大坝主体结构是整个枢纽工程运行安全的屏障，故此，本节首先对六横重力坝整体进行全面的静动力仿真研究。

1）静力工况

（1）加载条件

本节研究考虑六横重力坝承受结构自身重力荷载及上下游静水压力作用，以此探究大坝在常规运行状态下的力学行为。

（2）仿真结果及物理力学场分析

①应力场

静力工况下最大主拉应力可达 200kPa，且发生在面板与上游混凝土置换区连接段；最大横河向拉应力发生在坝头位置，水平接近 60kPa；最大重力向拉应力发生在坝头及面板与上游混凝土置换区连接段，量值接近 110kPa（图 5.3-2～图 5.3-5）；静力工况下大坝系统的坝头及面板末端均属易于破坏区域[24-25]。

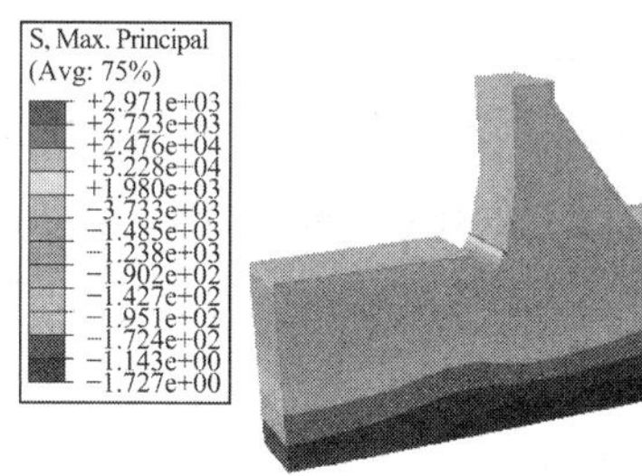

图 5.3-2　大主应力

图 5.3-3　顺河向应力

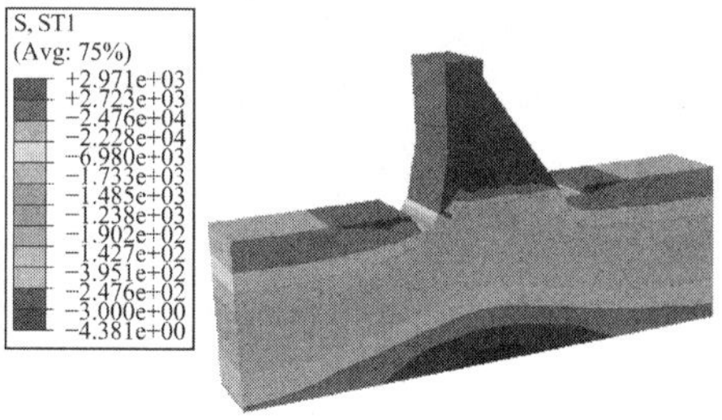

图 5.3-4　横河向应力

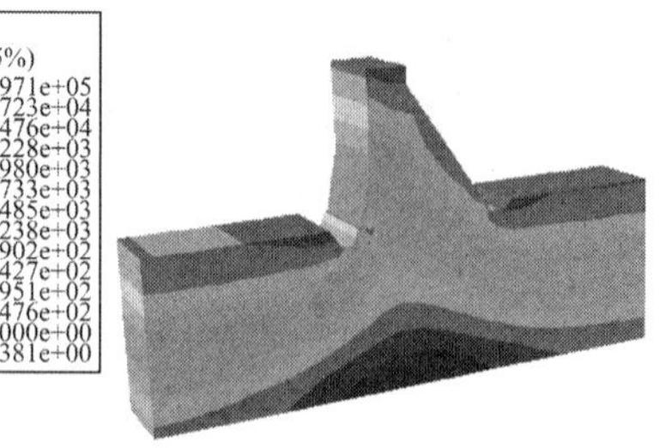

图 5.3-5　重力向应力

②位移场

静力工况下大坝系统重力向位移水平最高，接近 2.3mm；顺河向位移次之，在 1.1mm 左右；横河向位移水平最低，受两侧山体约束与保护，位移只有 0.2mm 左右，且沿着坝轴线呈近乎对称分布（图 5.3-6～图 5.3-8）。

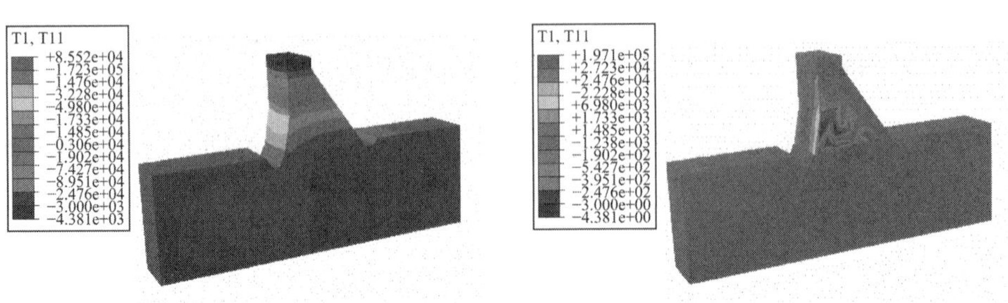

图 5.3-6　顺河向位移　　　　图 5.3-7　横河向位移

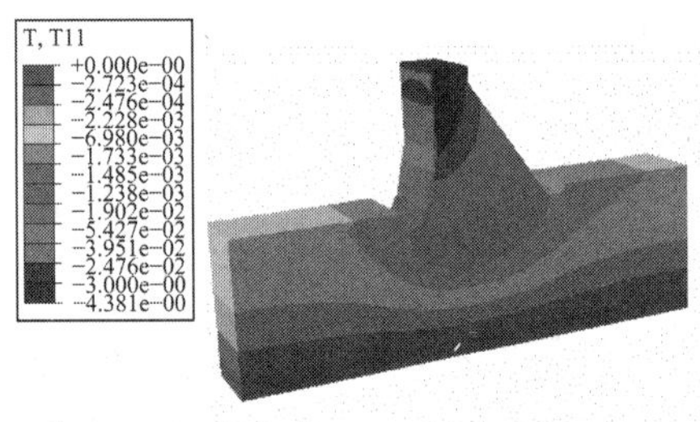

图 5.3-8　重力向位移

③应变场

大坝系统重力向应变值最大，最大应变出现在上游坝踵、面板与坝基混凝土置换层交界处，量级在 7×10^{-5} 左右；顺河向及横河向应变均集中于上游坝踵、面板与坝基混凝土置换层交界处，表明在静力工况下该处的应变较为发育（图 5.3-9～图 5.3-11），需引起设计与施工人员的高度关注[26-28]。

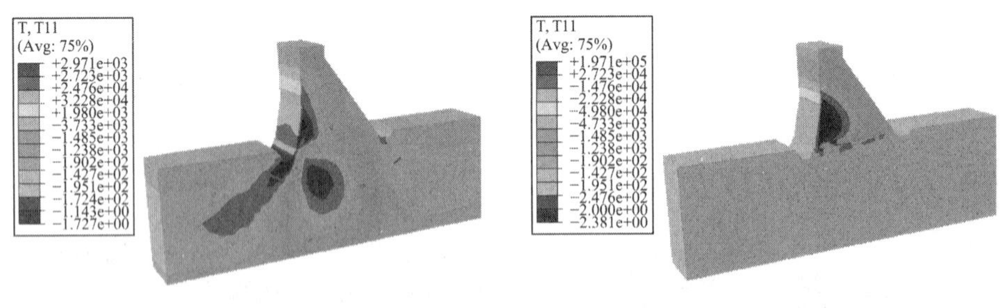

图 5.3-9　顺河向应变　　　　图 5.3-10　横河向应变

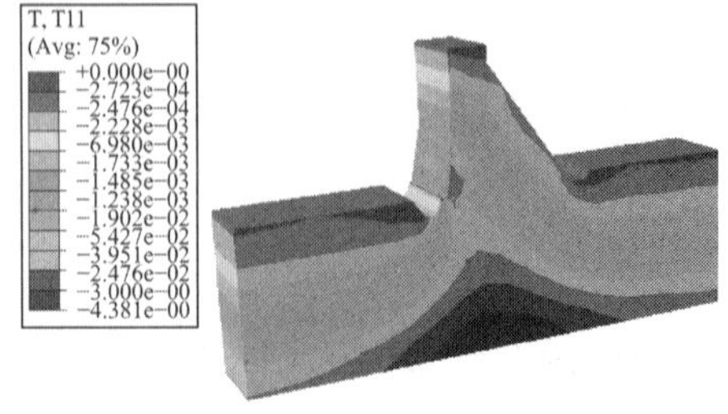

图 5.3-11　重力向应变

2）动力工况

（1）大坝系统振型分析

采用Lanczos法求解大坝系统的自振频率及振型特征，结果如图 5.3-12～图 5.3-16 所示。

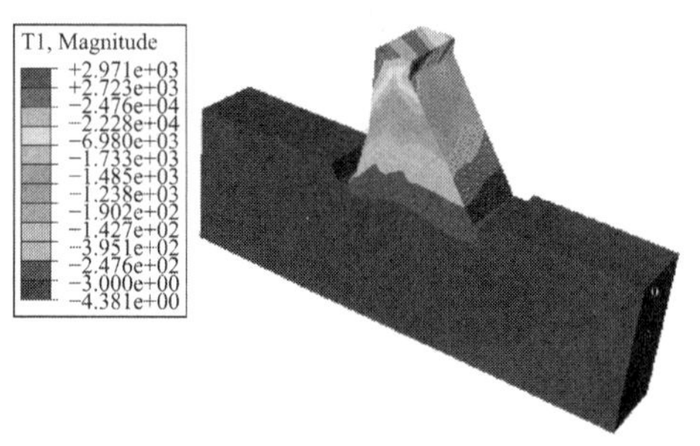

图 5.3-12　第 1 阶振型（自振频率 5.5868）

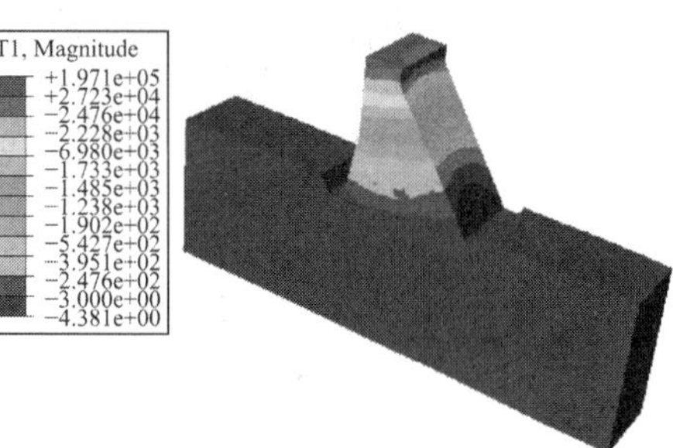

图 5.3-13　第 2 阶振型（自振频率 5.8151）

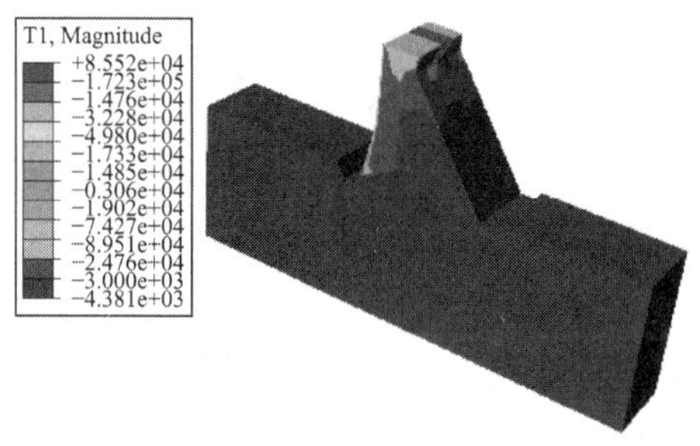

图 5.3-14　第 3 阶振型（自振频率 6.7153）

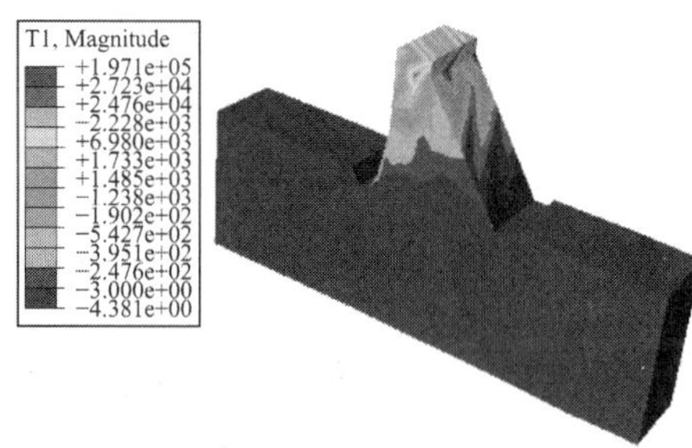

图 5.3-15　第 4 阶振型（自振频率 7.5891）

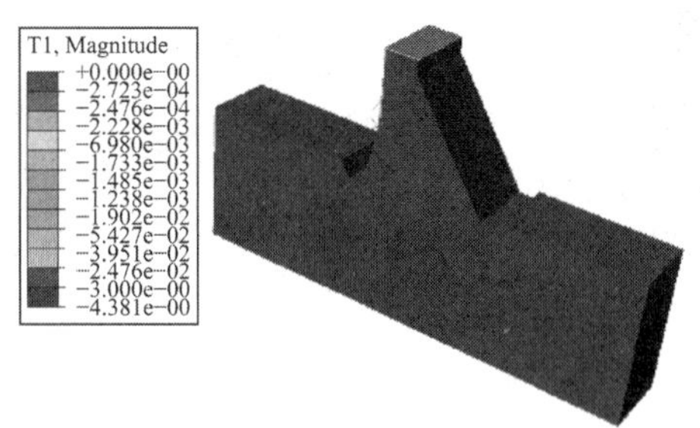

图 5.3-16　第 5 阶振型（自振频率 7.9574）

采用第一阶振型对应的自振频率作为基频，对大坝系统做后续的动力仿真分析研究。

（2）地震及动水压力工况

以 Koyna 加速度谱作为外部地震激励，同时考虑上游坝面的动水压力耦合效应，并对结构施加上下游水压。

①应力场

大坝系统的最大主拉应力在地震波加载中后期达到峰值 260kPa，位置出现在上游坝踵处（图 5.3-17）。

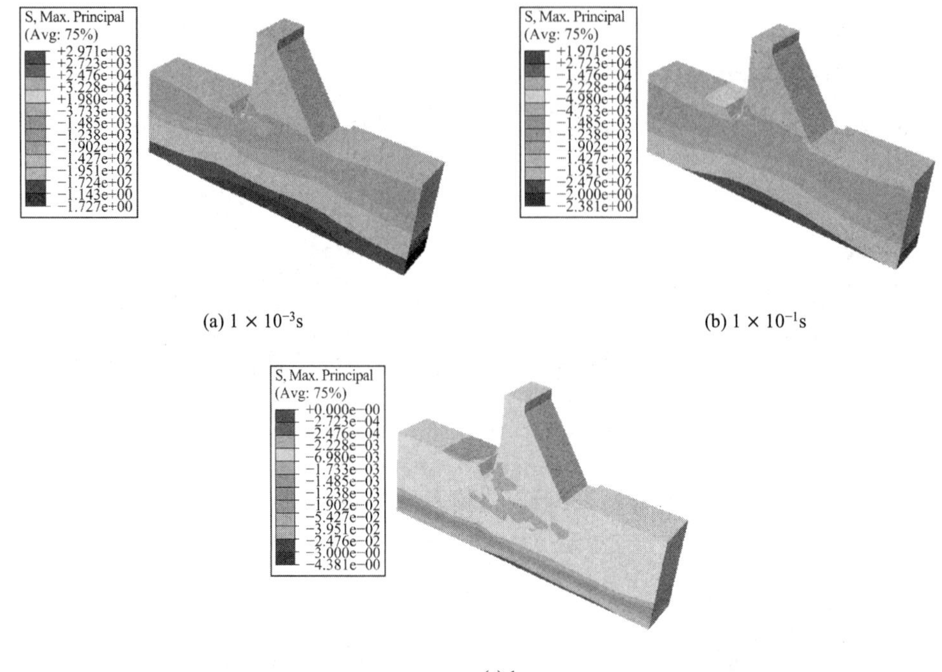

(a) 1×10^{-3}s

(b) 1×10^{-1}s

(c) 1s

图 5.3-17　大主应力过程

大坝系统的最大顺河向拉应力在地震波加载中后期达到峰值 70kPa，位置出现在上、下游坝基及坝头位置处（图 5.3-18）。

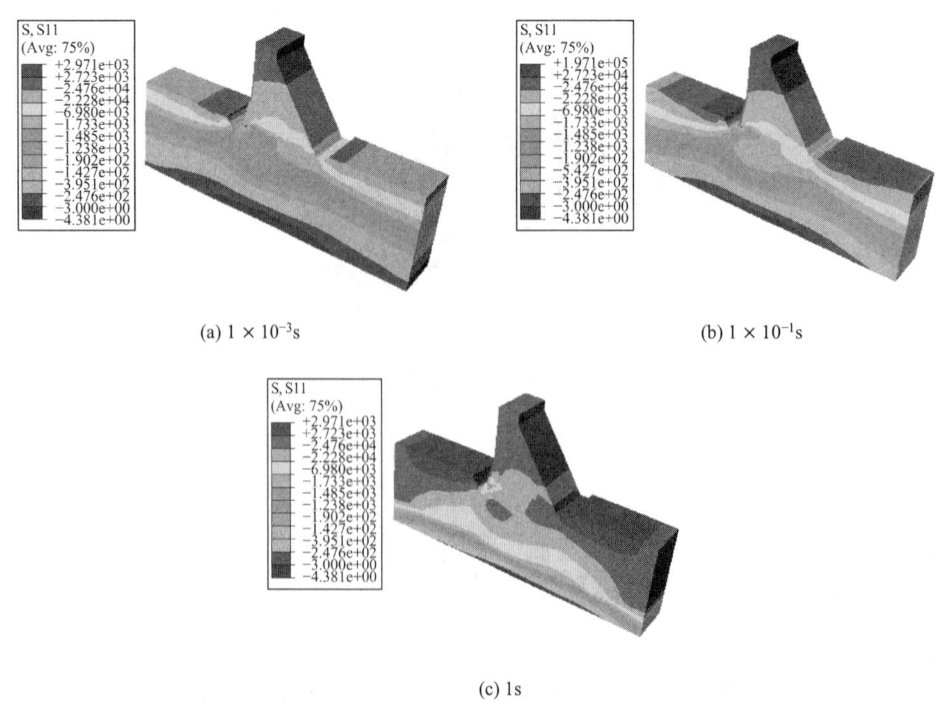

(a) 1×10^{-3}s

(b) 1×10^{-1}s

(c) 1s

图 5.3-18　顺河向应力过程

大坝系统的最大横河向拉应力在地震波加载后期达到峰值 230kPa，位置出现在上游混凝土置换层处，但在早期地震波作用下，坝体中部及下游坝面却是拉应力集中区（图 5.3-19）。

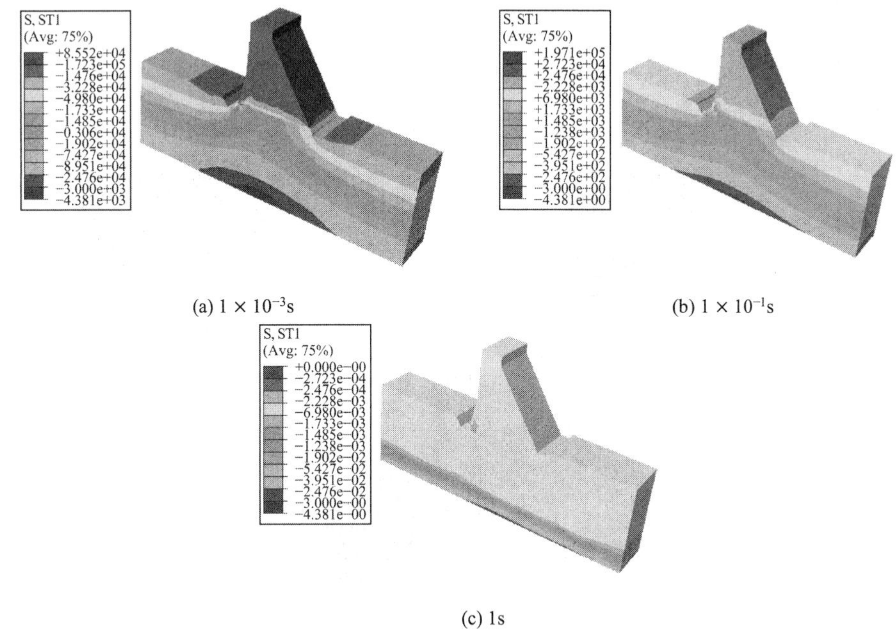

(a) 1×10^{-3}s　　(b) 1×10^{-1}s

(c) 1s

图 5.3-19　横河向应力过程

大坝系统的最大重力向拉应力在地震波加载后期达到峰值 120kPa，位置出现在坝头及下游坝面处（图 5.3-20）。

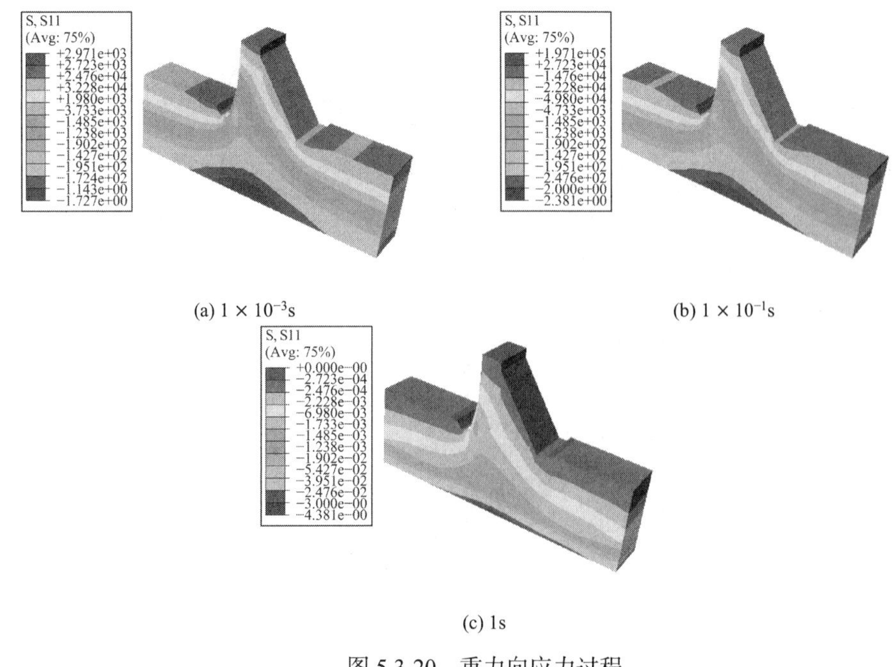

(a) 1×10^{-3}s　　(b) 1×10^{-1}s

(c) 1s

图 5.3-20　重力向应力过程

②位移场

大坝系统顺河向位移在地震中后期达到峰值 5.2mm，出现在坝头位置，而且此处的位移水平在整个地震波激励过程中均属较高区域（图 5.3-21）。

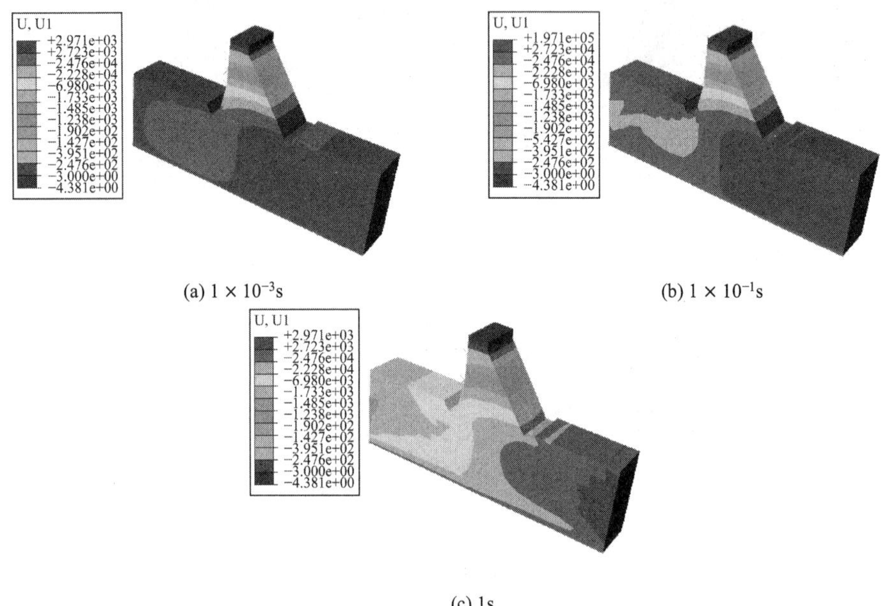

(a) 1×10^{-3}s　(b) 1×10^{-1}s　(c) 1s

图 5.3-21　顺河向位移过程

大坝系统横河向位移也是在地震中后期达到峰值，量级在 4.7mm 左右，而且依然出现在坝头位置（图 5.3-22）。

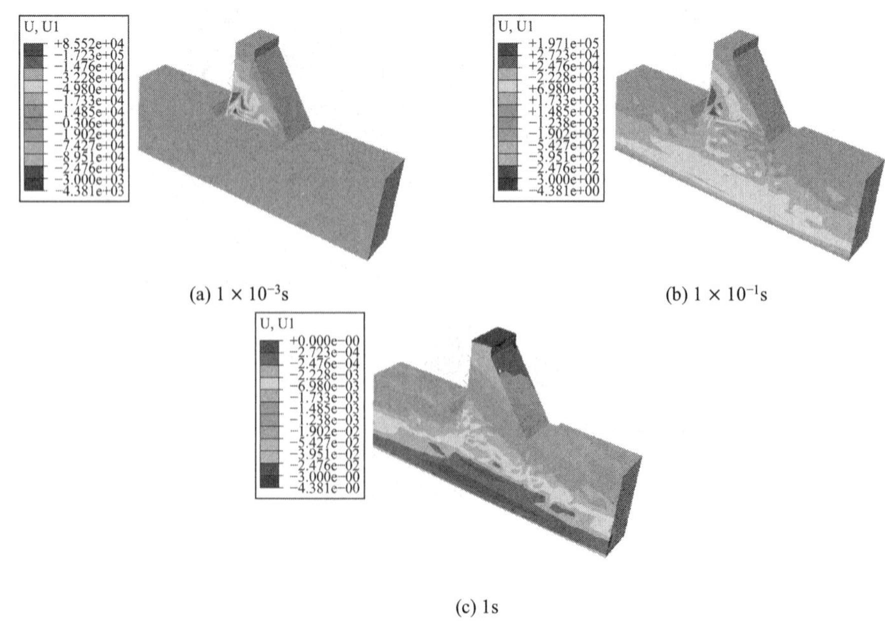

(a) 1×10^{-3}s　(b) 1×10^{-1}s　(c) 1s

图 5.3-22　横河向位移过程

大坝系统重力向位移在地震加载末期达到峰值，量级在 20mm 左右，重力向位移受坝头影响，逐渐扩展至上游坝面较大区域内，此区域在地震波加载后期逐渐收缩至坝头，呈现出先扩展后凝聚的特征（图 5.3-23）。

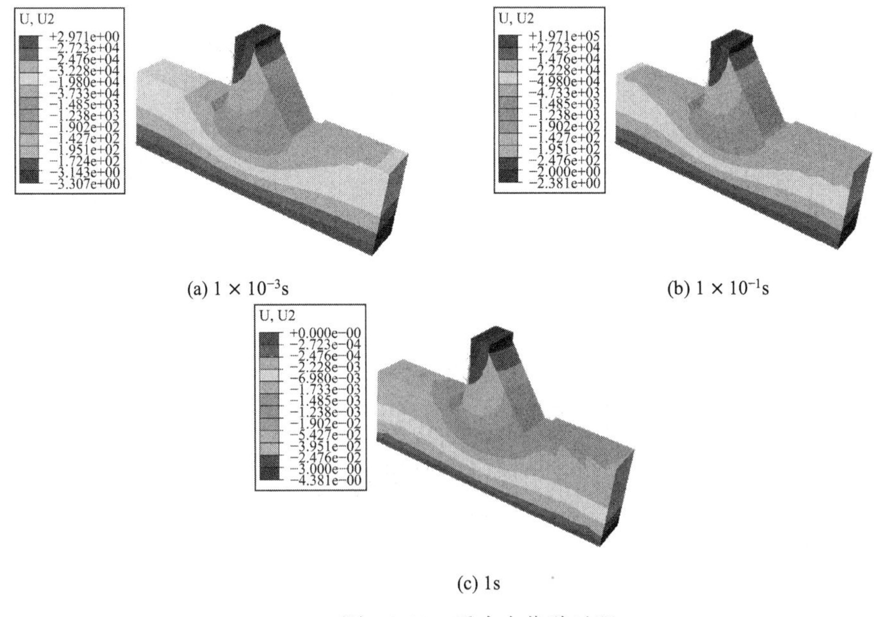

(a) 1×10^{-3}s　(b) 1×10^{-1}s　(c) 1s

图 5.3-23　重力向位移过程

③应变场

受拉动力拉应力影响，在顺河向应变迁变过程中，拉应变集中出现于上游坝面转折处，最大拉应变水平在 1.67×10^{-5} 左右（图 5.3-24）。

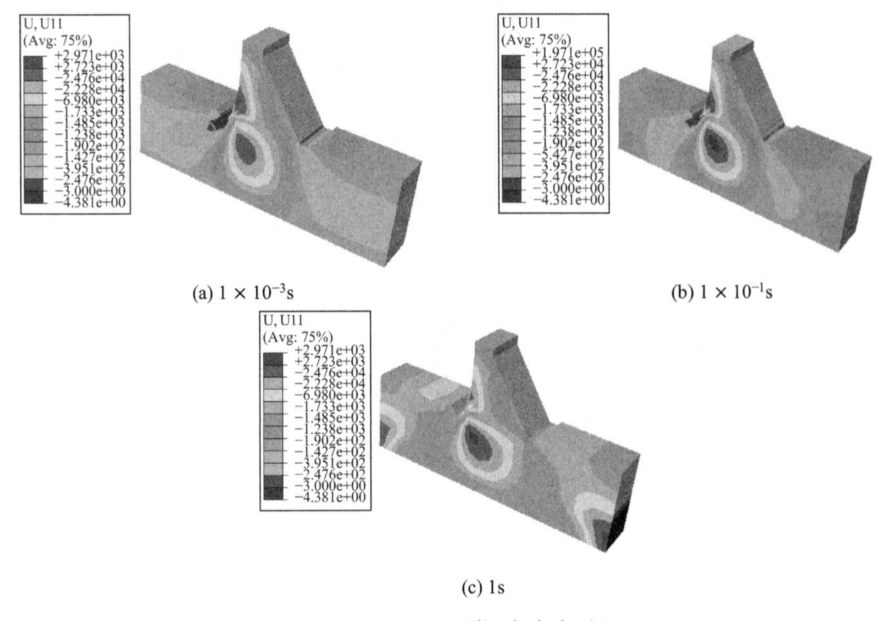

(a) 1×10^{-3}s　(b) 1×10^{-1}s　(c) 1s

图 5.3-24　顺河向应变过程

大坝系统内横河向拉应变过程较为复杂，地震波加载早期上游坝踵及坝面转折区拉应变较为集中，最大水平达到 1.5×10^{-5}，但到地震后期拉应变更多地集中于坝体基岩，混凝土置换层处水平也可达到 2.3×10^{-5}（图 5.3-25）。

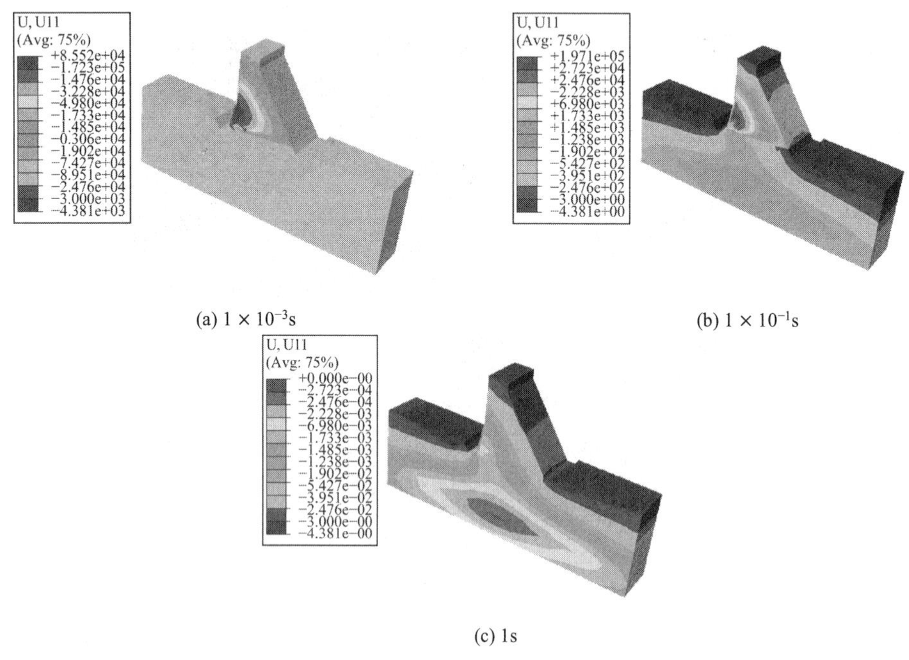

(a) 1×10^{-3}s　　(b) 1×10^{-1}s

(c) 1s

图 5.3-25　横河向应变过程

在地震波加载末期，大坝坝顶出现最大的拉应变，但量级不高，在 5×10^{-6} 左右（图 5.3-26）。

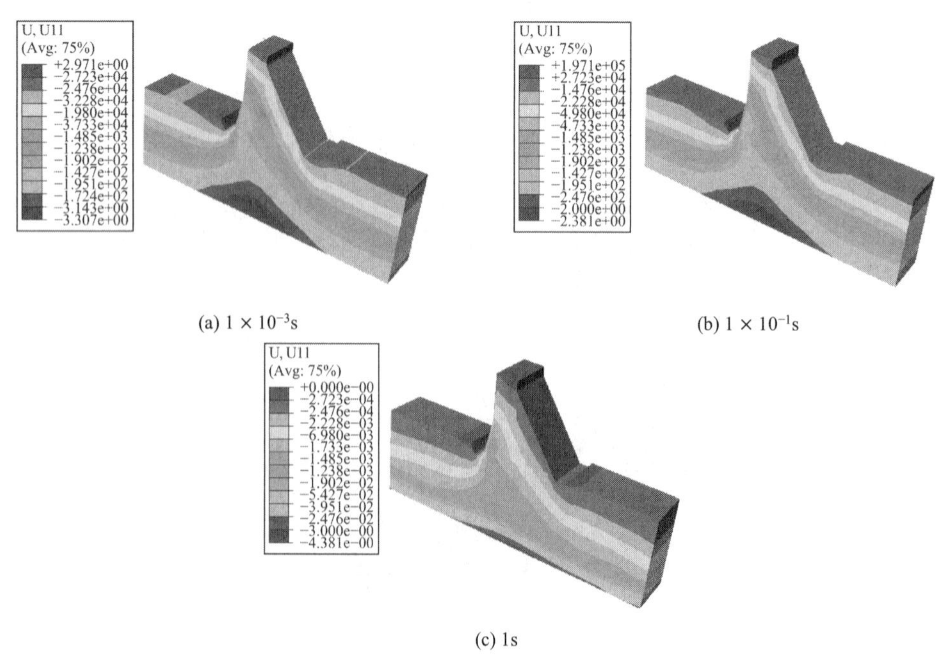

(a) 1×10^{-3}s　　(b) 1×10^{-1}s

(c) 1s

图 5.3-26　重力向应变过程

5.3.5　流固耦合条件下大坝关键部位地震动力响应研究

六横主体结构为重力式面板灌砌石坝，坝体材料分区复杂，各材料接触区是主体结构的薄弱环节，在静、动力荷载作用下易于产生灾变，这些区域在施工期不易系统地埋设监测系统，采用仿真分析研究是最经济可行的获取结构工作与运行状态的手段。

本节研究分别基于静动力加载条件，主要从钢筋混凝土面板与坝体接触区、上游坝面锚固体系与坝体及面板之间接触扰动等非线性力学性态出发进行分析研究，获取六横重力式面板灌砌石坝真实的运行与工作状态。

1）钢筋混凝土面板结构静、动力特性研究

本节研究工作作为该类工程科学问题的基础研究，先期将上游钢筋混凝土面板统一建模，且暂不考虑分块，但要真实还原面板与锚固体系的埋入式组装构造，在仿真过程中二者分别建模并在虚拟环境中实现真实的埋入式组装，从而模拟这种坝型所特有的接触非线性力学性态（图 5.3-27）。

本节研究中六横重力坝上游钢筋混凝土面板的三维模型见图 5.3-28。

(a) 上游面板

(b) 下游坝坡

图 5.3-27　紫坪铺大坝面板结构震害

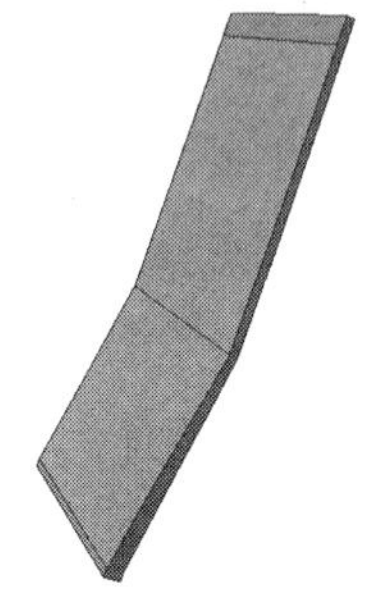

图 5.3-28　六横重力坝上游面板模型

（1）静力工况

①应力场

静力工况下钢筋混凝土面板部分内部的拉应力水平较低，总体处于 10kPa 以下（图 5.3-29），不足以对面部材料本身造成较大损伤；但这并不意味着此处完全处于安全状态，因为面板的安全更多受其与大坝系统的连接状况控制[29-31]（图 5.3-30～图 5.3-32）。

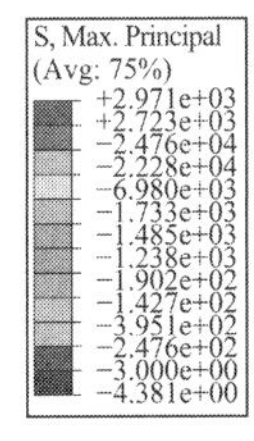

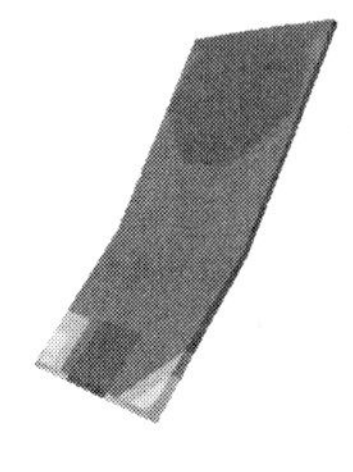

图 5.3-29　大主应力

图 5.3-30　顺河向应力

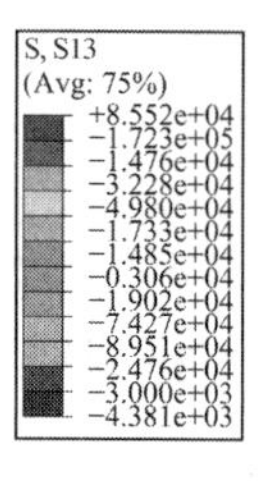

图 5.3-31　横河向应力

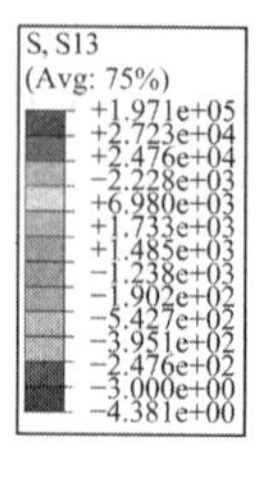

图 5.3-32　重力向应力

②位移场

静力工况下面板部分的位移场最大值出现在面板顶部，可达 2mm；其中横河向位移场呈现对称分布，与坝体系统的位移分布特征接近（图 5.3-33～图 5.3-35）。

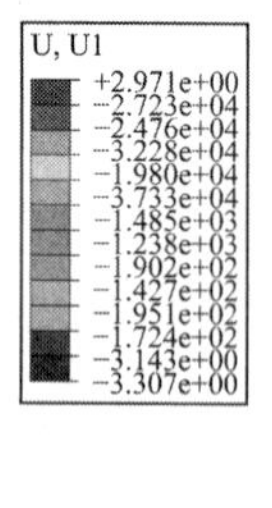

图 5.3-33　顺河向位移

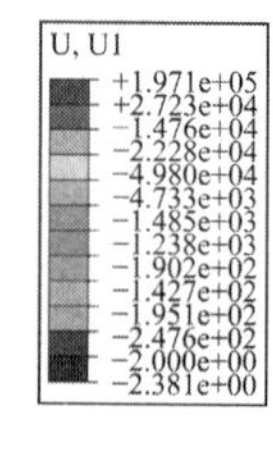

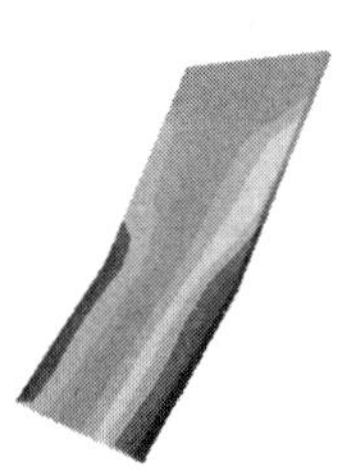

图 5.3-34　横河向位移

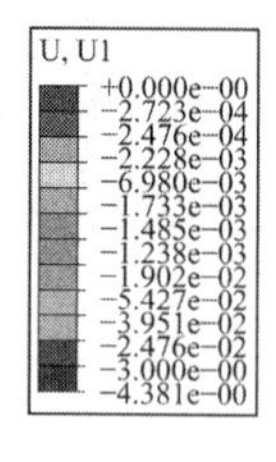

图 5.3-35　重力向位移

③应变场

静力工况下面板底部与置换层连接处出现较大的横河向拉应变，量级在 1.2×10^{-5} 左右（图 5.3-36～图 5.3-38）。

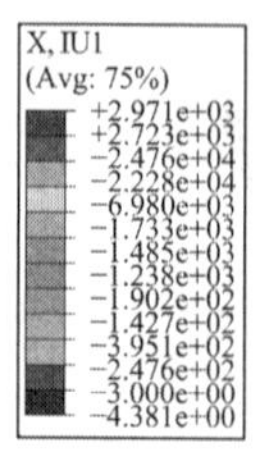

图 5.3-36　顺河向应变

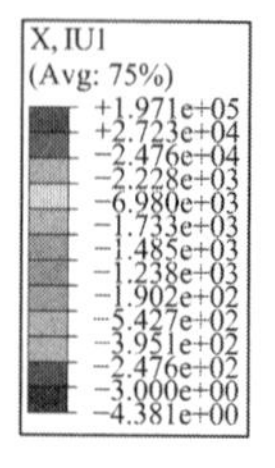

图 5.3-37　横河向应变

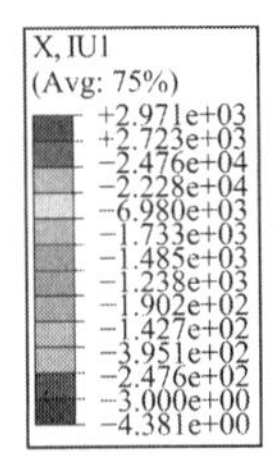

图 5.3-38　重力向应变

④接触区静力学特性

钢筋混凝土面板与坝体之间考虑有库仑摩擦作用，在此条件下，接触面法向的开合度决定了二者的连接效果，开合度为负值或接近于“0”时，表明接触区处于挤压状态、两侧部分没有出现张开，从本节研究成果看出，在静力工况下，面板与坝体总体处于良好的连接状态下，面板中部区域略有张开趋势（图 5.3-39）；接触区挤压应力适中利于维持接触面处结构的安全运行，本节结构面板接触区的最大挤压应力发生于面板底部，而中上部区域应力较小，这也是导致这些区域有张开趋势的原因（图 5.3-40）；沿着面板接触区两个方向的摩擦剪切应力水平均保持在 10kPa 以下，且集中于面板与置换层连接处，静力工况下不足以形成接触剪断（图 5.3-41 及图 5.3-42）；接触面累积错动位移在接触区中上部量级较大，最大值接近 0.3mm（图 5.3-43 及图 5.3-44）。

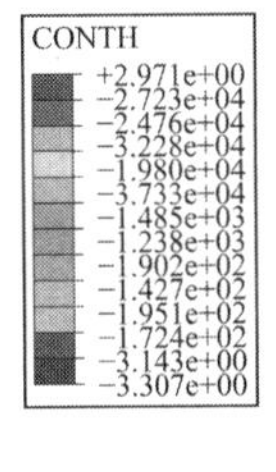

图 5.3-39　接触面法向开合度

图 5.3-40　接触面法向应力

图 5.3-41　接触面摩擦剪切应力 1

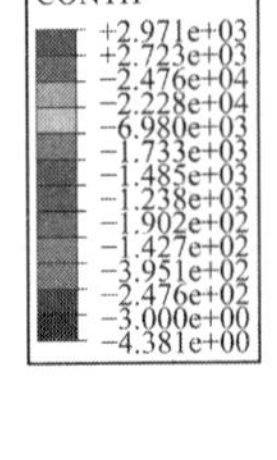

图 5.3-42　接触面摩擦剪切应力 2

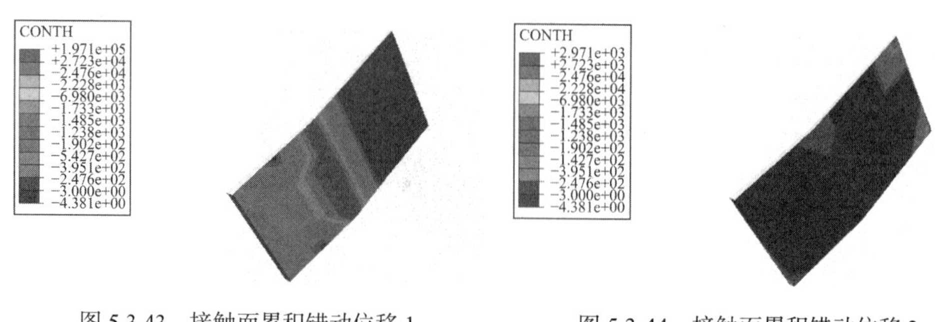

图 5.3-43　接触面累积错动位移 1　　图 5.3-44　接触面累积错动位移 2

（2）动力工况

①应力场

地震激励过程中，面板内大主拉应力呈现累积趋势，从早期 7kPa 以下直至后期 20kPa 以上，且出现位置较为离散，分布于整个面板（图 5.3-45）。

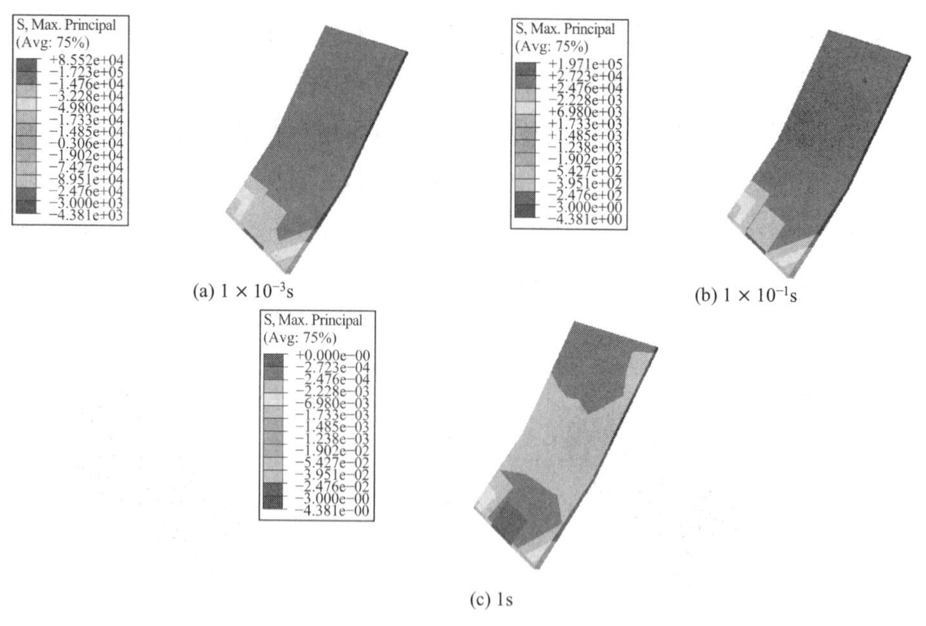

(a) 1×10^{-3}s　　(b) 1×10^{-1}s

(c) 1s

图 5.3-45　大主应力过程

地震激励过程中，面板内顺河向拉应力也呈现累积趋势，且集中于面板中上部，最大顺河向拉应力的量级达到 12kPa（图 5.3-46）。

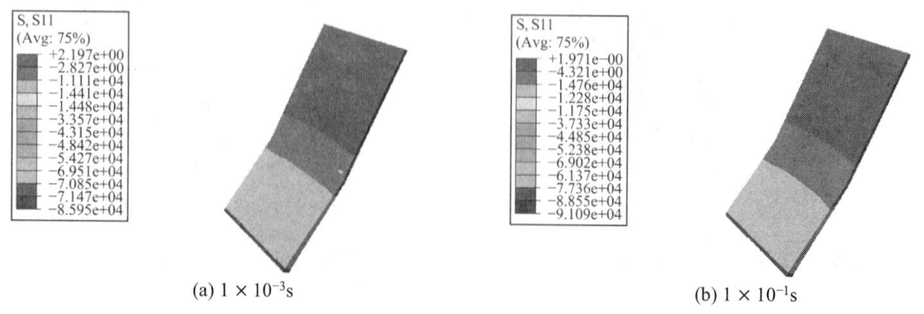

(a) 1×10^{-3}s　　(b) 1×10^{-1}s

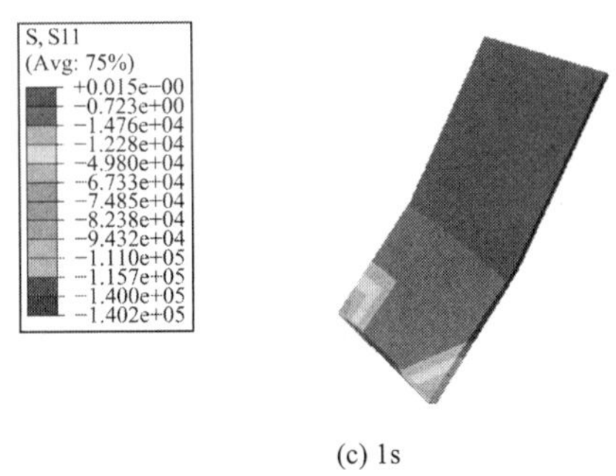

(c) 1s

图 5.3-46　顺河向应力过程

最大的横河向动拉应力可达 22kPa，发生于面板上游面左上角，对称位置处的压应力达到 37kPa（图 5.3-47）。

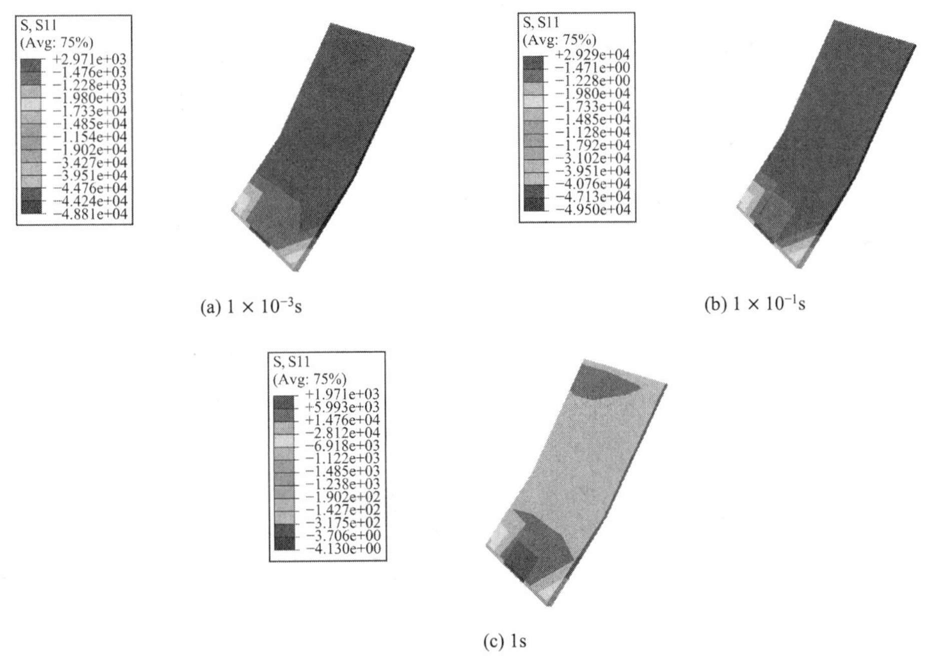

(a) 1×10^{-3}s　(b) 1×10^{-1}s

(c) 1s

图 5.3-47　横河向应力过程

在地震加载过程中面板区重力向动应力几乎始终保持为受压状态（图 5.3-48）。

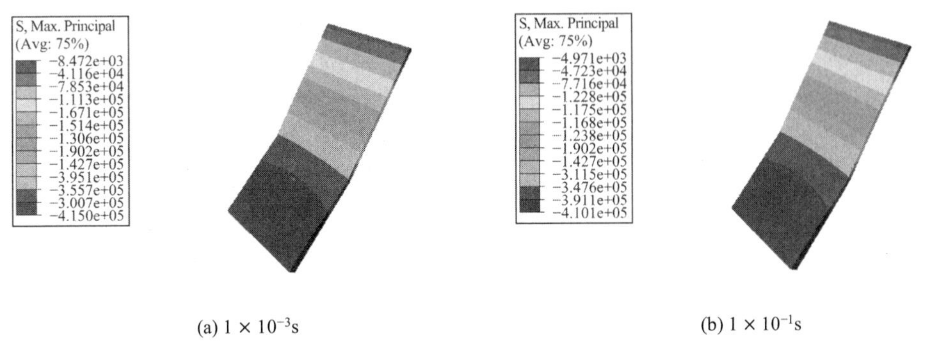

(a) 1×10^{-3}s　(b) 1×10^{-1}s

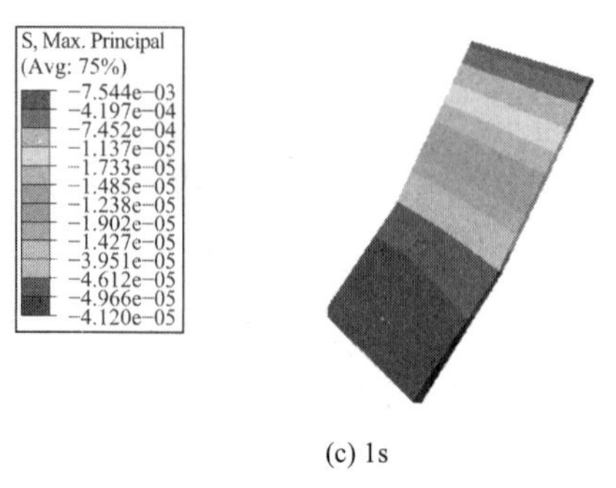

(c) 1s

图 5.3-48　重力向应力过程

②位移场

顺河向位移响应在地震后期水平增加至 5mm，增长呈波动起伏的趋势（图 5.3-49）；横河向位移响应在地震后期水平增加至 4mm，但是呈现直线增加的趋势，面板摆动明显（图 5.3-50）；重力向位移响应水平最高，在地震波加载后期甚至达到 19mm，发生于面板上游面左上角（图 5.3-51）；面板顶部的动力位移响应总体都较高，鞭梢效应非常明显。

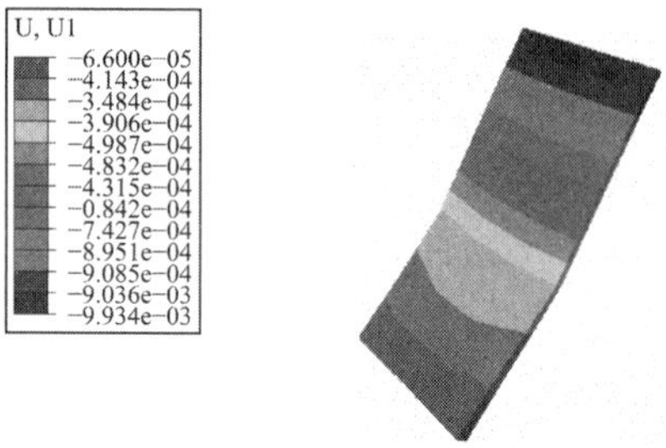

(a) 1×10^{-3}s

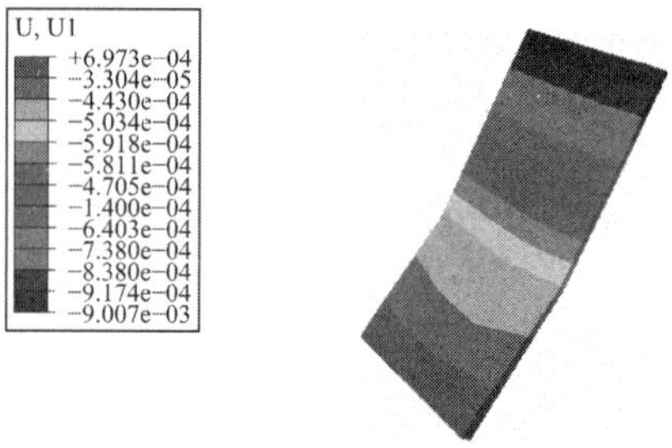

(b) 1×10^{-1}s

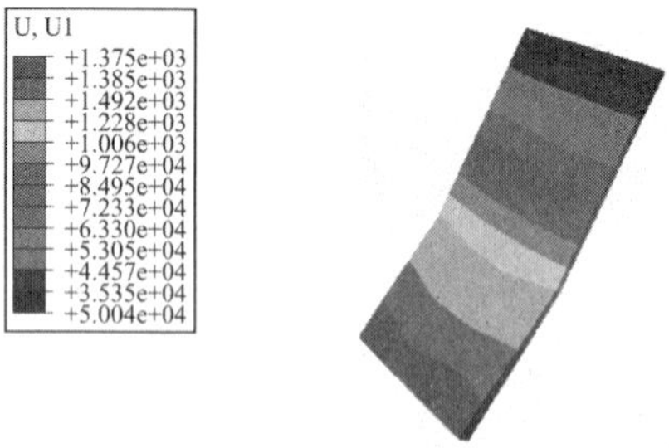

(c) 1s

图 5.3-49　顺河向位移过程

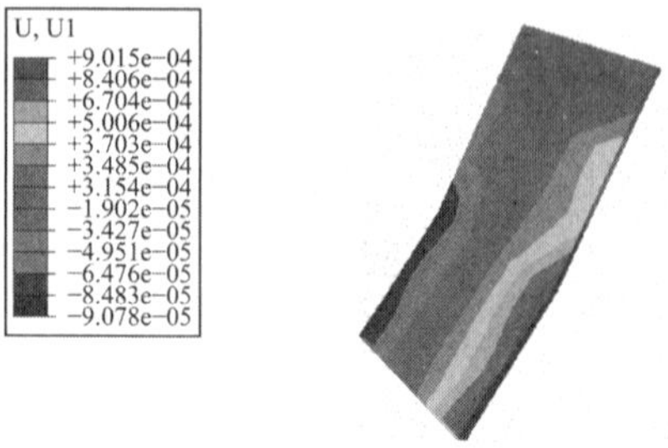

(a) 1×10^{-3}s

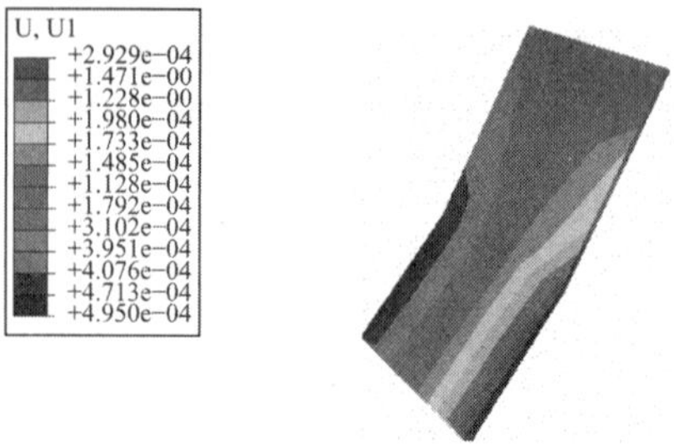

(b) 1×10^{-1}s

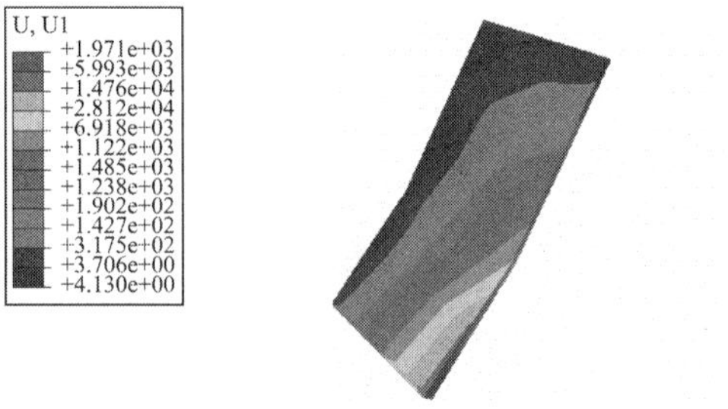

(c) 1s

图 5.3-50　横河向位移过程

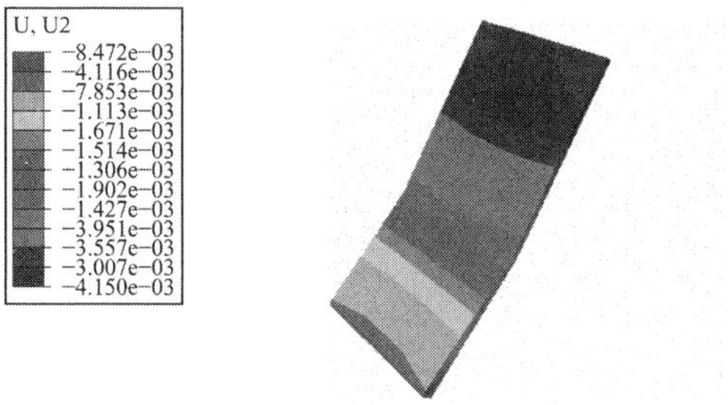

(a) 1×10^{-3}s

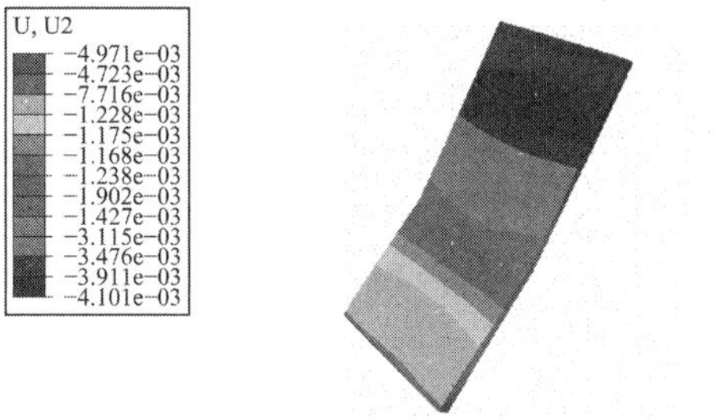

(b) 1×10^{-1}s

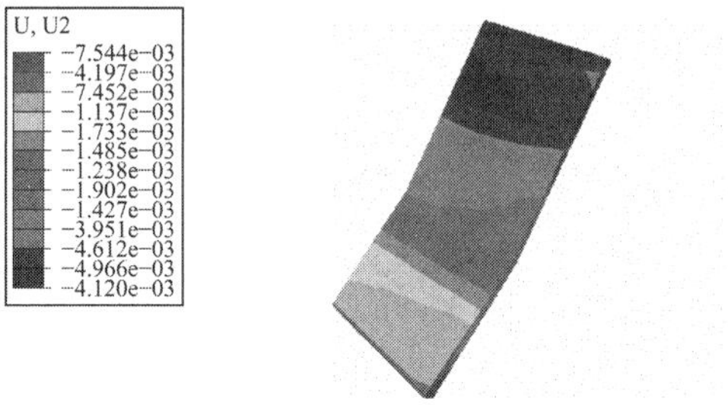

(c) 1s

图 5.3-51　重力向位移过程

③应变场

顺河向拉应变始终集中发生于面板的中下部，原因是鞭梢效应作用下面板中下部有被牵引的作用存在（图 5.3-52）；横河向拉应变也始终集中发生于面板的中下部，但量级比顺河向结果要大 4×10^{-6} 左右（图 5.3-53）；面板区内的重力向应变始终保持为压应变（图 5.3-54）。

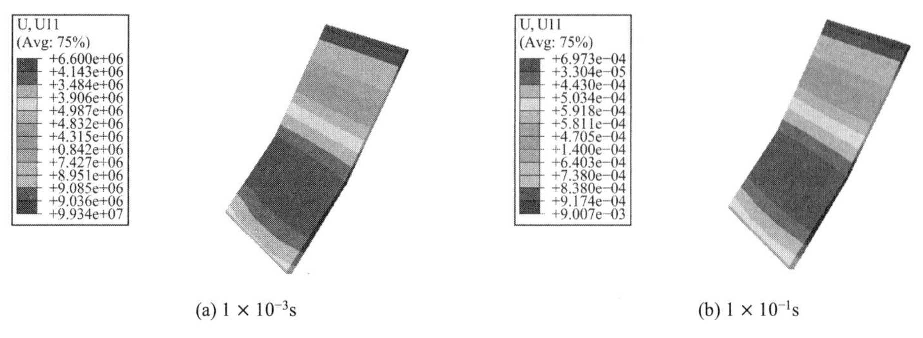

(a) 1×10^{-3}s

(b) 1×10^{-1}s

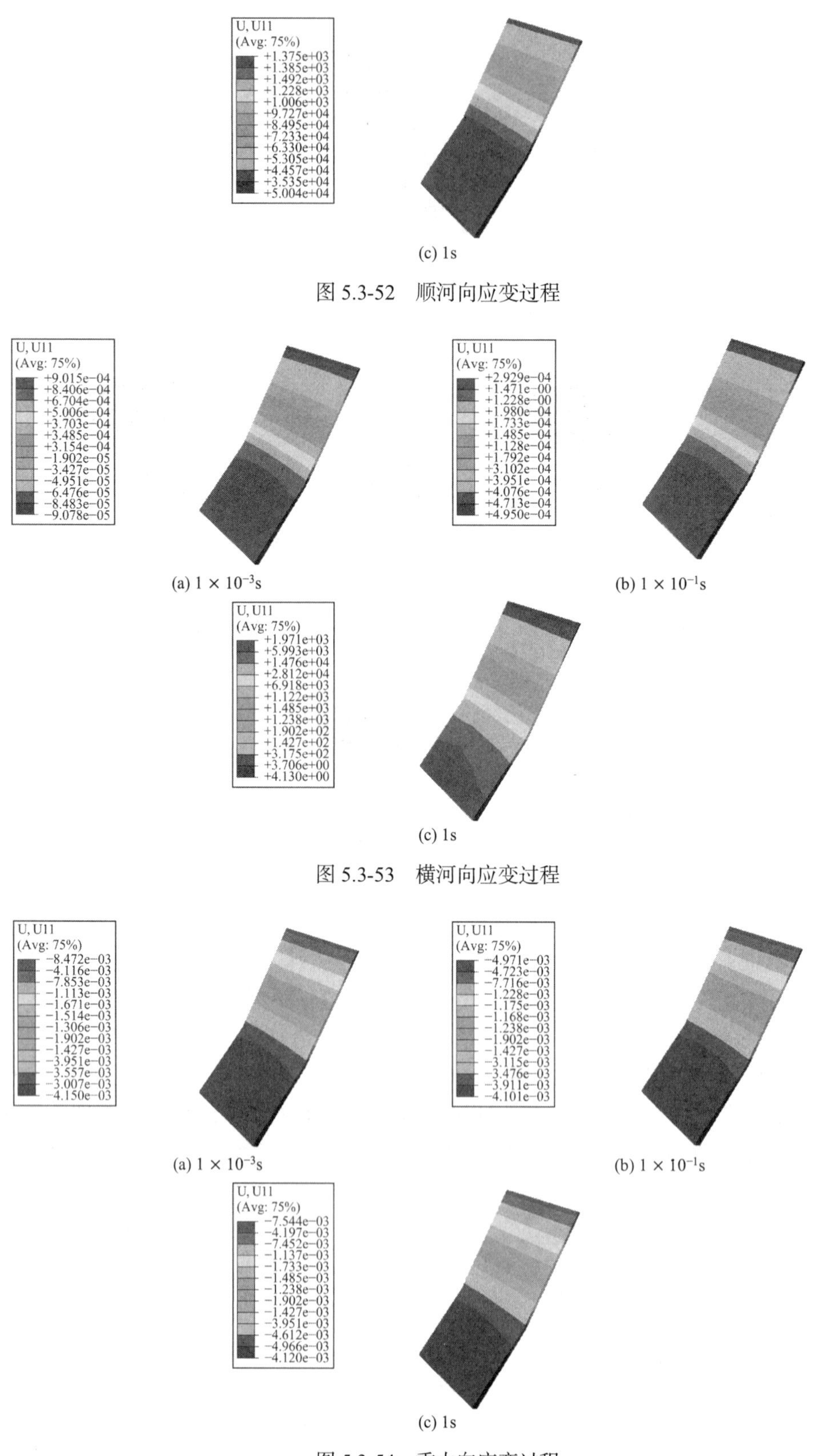

(c) 1s

图 5.3-52　顺河向应变过程

(a) 1×10^{-3}s　(b) 1×10^{-1}s

(c) 1s

图 5.3-53　横河向应变过程

(a) 1×10^{-3}s　(b) 1×10^{-1}s

(c) 1s

图 5.3-54　重力向应变过程

④接触区动力学特性

地震波加载过程中，面板与堆石体接触区中上部在加载后期有明显的张开趋势（图 5.3-55），需引起注意。

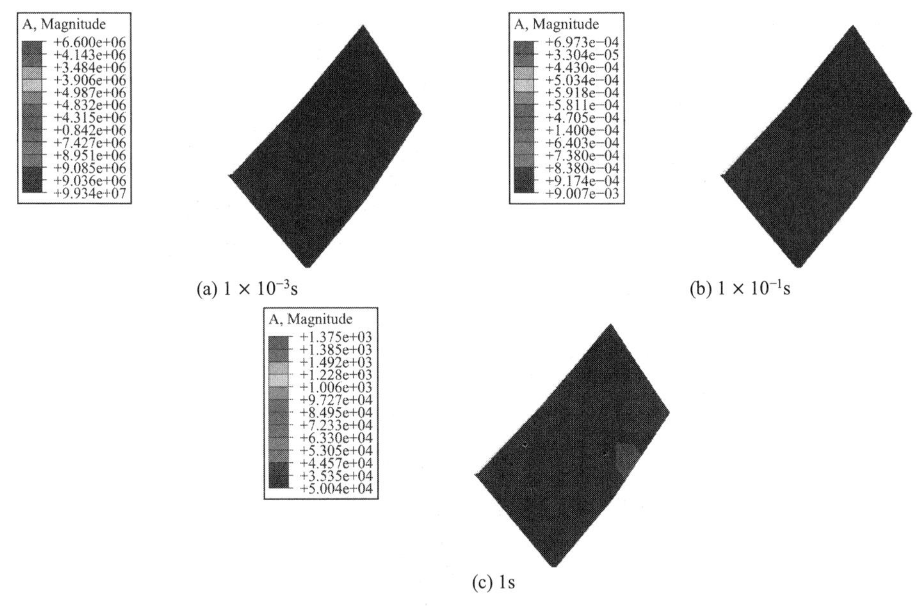

(a) 1×10^{-3}s　(b) 1×10^{-1}s　(c) 1s

图 5.3-55　接触面法向开合度过程

在地震后期接触区法向应力几乎直线下降（图 5.3-56），这意味着动力耦合作用下接触区域内有被掀起的危险，同时置换层又承担了由此引发的局部不平衡挤压应力，使得这些区域的混凝土可能会产生压碎破坏。

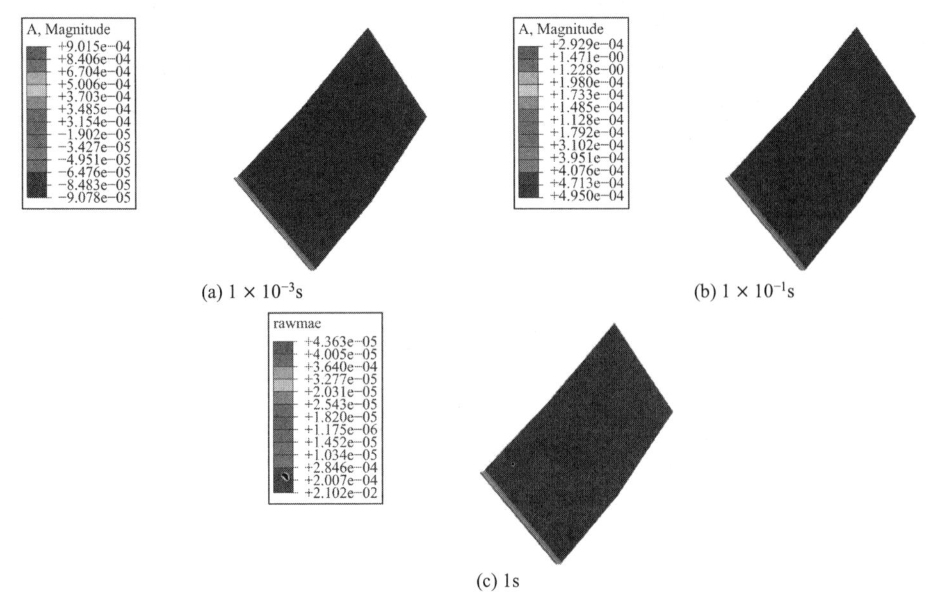

(a) 1×10^{-3}s　(b) 1×10^{-1}s　(c) 1s

图 5.3-56　接触面法向应力过程

接触面摩擦剪切应力持续增加，且较大的剪切应力集中发生于接触区底角，这些区域同时又承受较大的挤压应力，这些都是由于动力耦合作用导致面板与堆石体之间产生了较大的剪切错动运动而引发的（图 5.3-57 及图 5.3-58）。

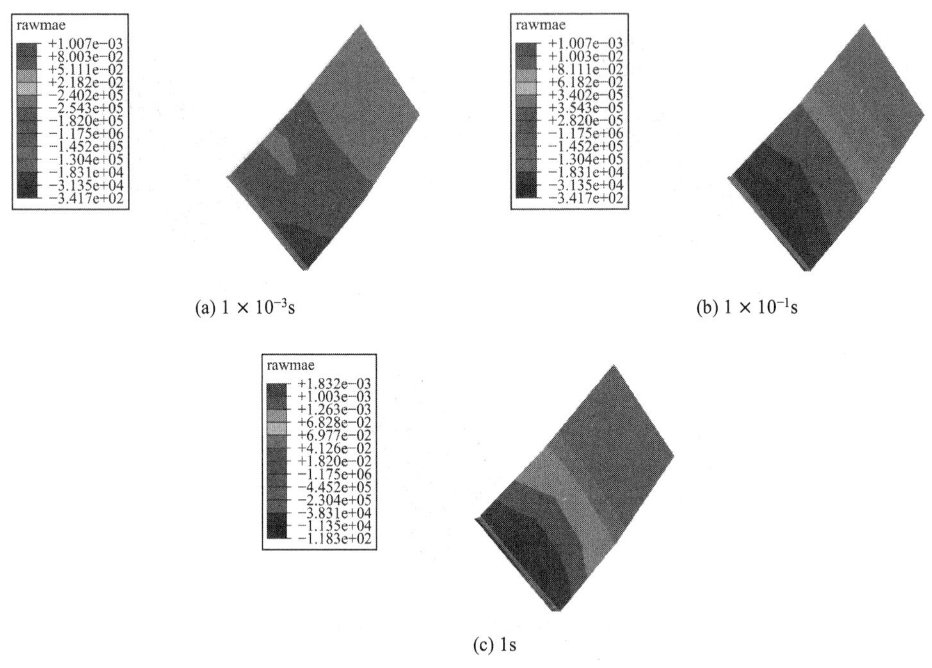

(a) 1×10^{-3}s (b) 1×10^{-1}s

(c) 1s

图 5.3-57　接触面摩擦剪切应力 1 过程

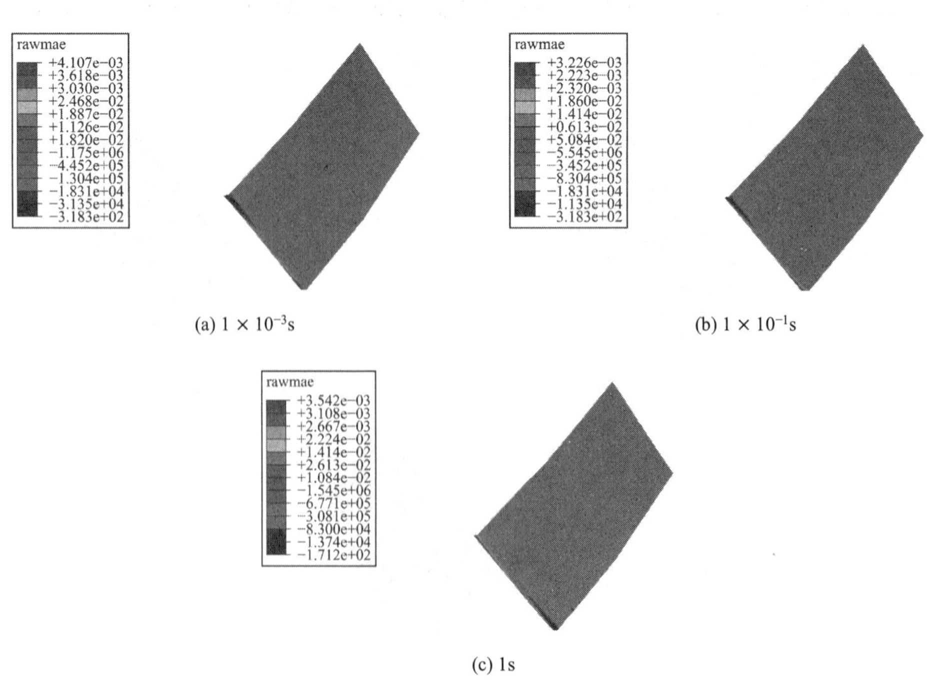

(a) 1×10^{-3}s (b) 1×10^{-1}s

(c) 1s

图 5.3-58　接触面摩擦剪切应力 2 过程

鞭梢效应下的接触面累积错动位移集中产生于接触区中上部及面板转折处，这些位移响应会进一步牵动上游坝面处的锚固系统，使其中产生较大的拉拔效应，从而导致上游接触区动力失稳（图 5.3-59 及图 5.3-60）。

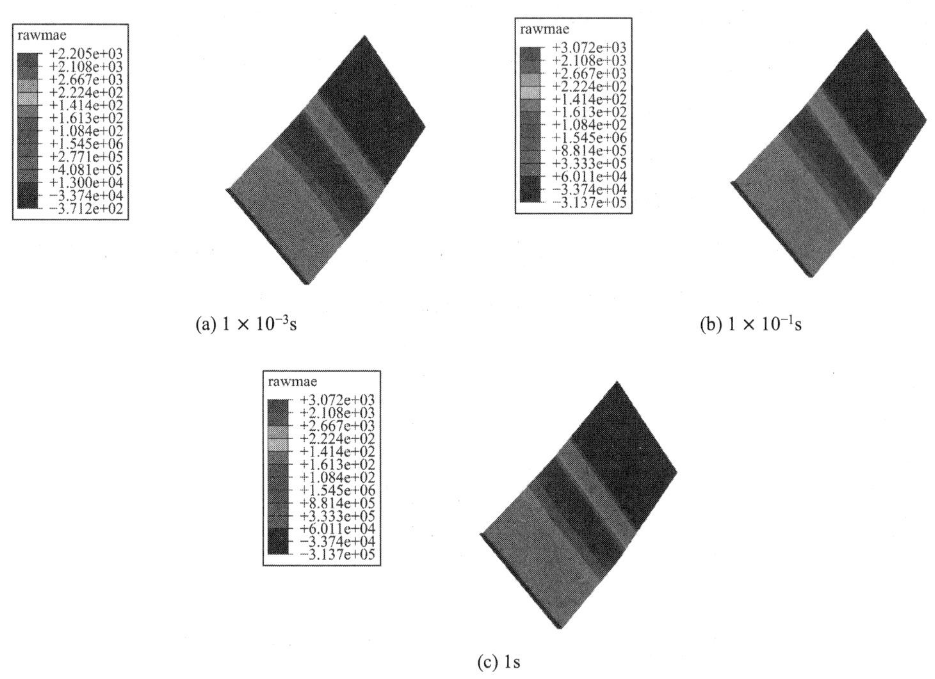

(a) 1×10^{-3}s　(b) 1×10^{-1}s

(c) 1s

图 5.3-59　接触面累积错动位移 1 过程

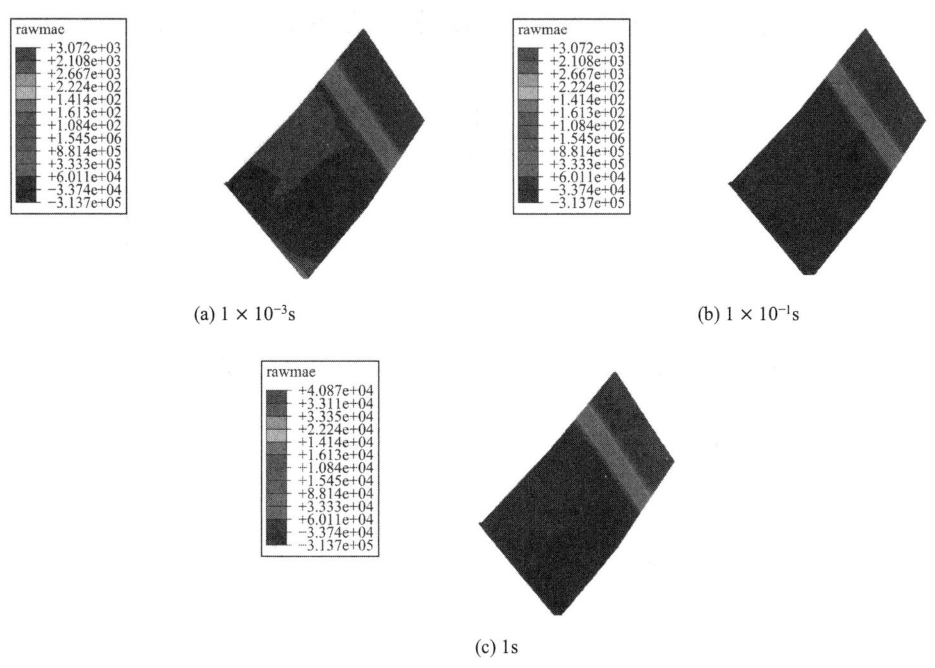

(a) 1×10^{-3}s　(b) 1×10^{-1}s

(c) 1s

图 5.3-60　接触面累积错动位移 2 过程

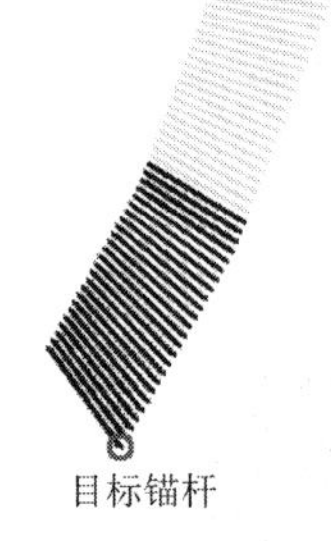

图 5.3-61　上游坝面锚固体系模型

2）上游坝面锚固体系静、动力特性研究

上游坝面锚固体系是缓解混凝土面板与堆石体接触区在静、动力荷载作用下产生如动力剪断、水力劈裂、长期静力受载接触面松弛等不利因素影响、避免突发性灾害的必要工程措施（图 5.3-61），但获取其复杂的静、动力学性态非通常的监测、试验所能胜任，运用智控仿真技术却可达到此目的。

（1）静力工况

①应力场

静力工况下，锚固体系大、小主应力的最高水平值几乎均发生于上游坝面转折位置处（图 5.3-62 及图 5.3-63），水工建筑物的外形转折处总是有较大可能成为应力集中区。

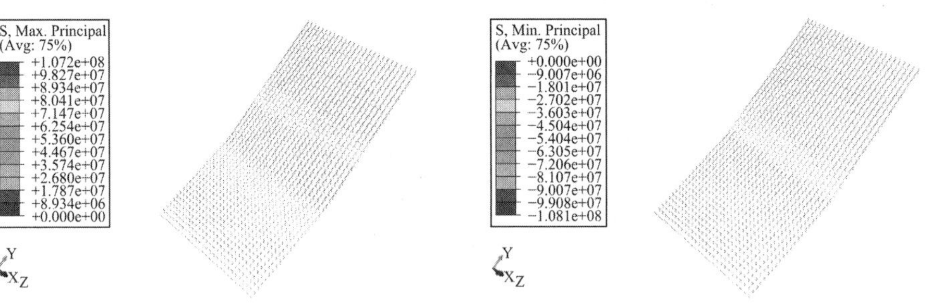

图 5.3-62　大主应力　　图 5.3-63　小主应力

②位移场

静力工况下，锚固体系顺河向及重力向位移的较大水平值均出现在面板顶部，最大可达 2mm（图 5.3-64 及图 5.3-66）；横河向位移沿坝轴线呈对称分布，量级在 0.2mm 以下（图 5.3-65）。

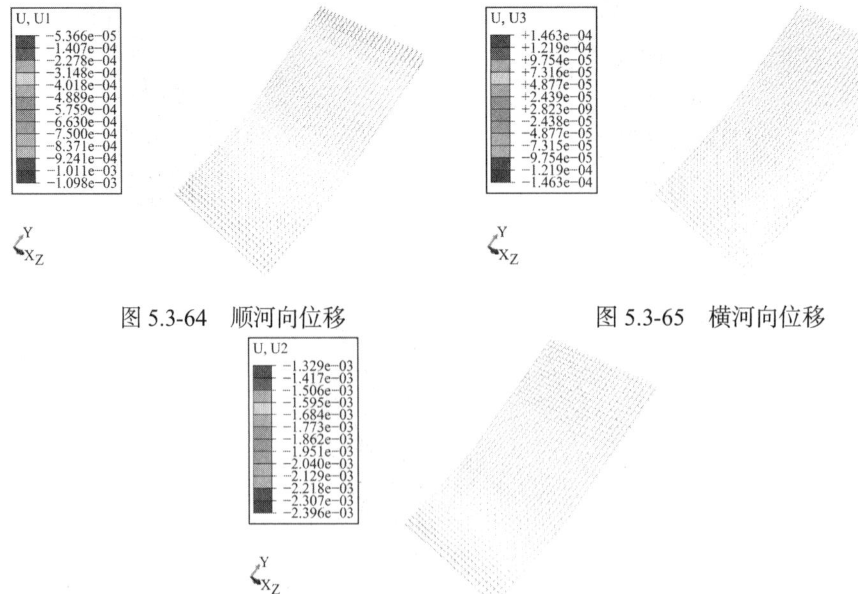

图 5.3-64　顺河向位移　　图 5.3-65　横河向位移

图 5.3-66　重力向位移

③应变场

地震波及动水压力耦合效应下的正应变集中于上游坝体转折处，特别是该处的锚固体系在动力荷载下交替承受拉拔、挤压效应，极易导致锚固系统与面板及堆石体脱离、自身出现疲劳等后果（图 5.3-67 及图 5.3-68）。

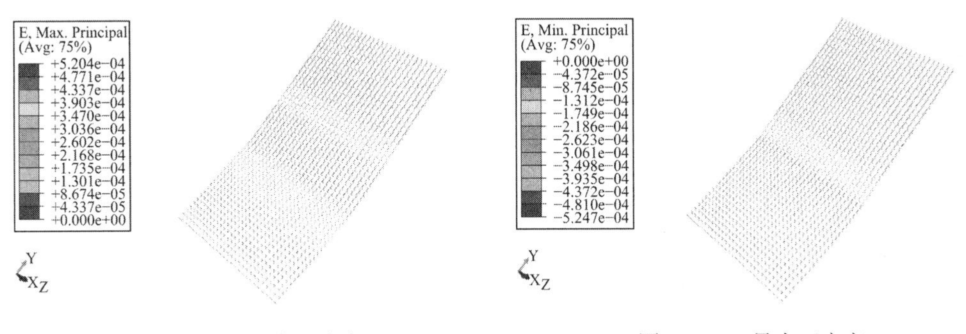

图 5.3-67　最大正应变　　　　图 5.3-68　最小正应变

（2）动力工况

①应力场

地震波及动水压力作用下，锚固体系的大主拉应力水平持续增长，在地震后期达到 15MPa（图 5.3-69），锚固体系的小主应力水平也持续增长，在地震后期小主应力以压应力为主，量级接近于 14MPa（图 5.3-70）。

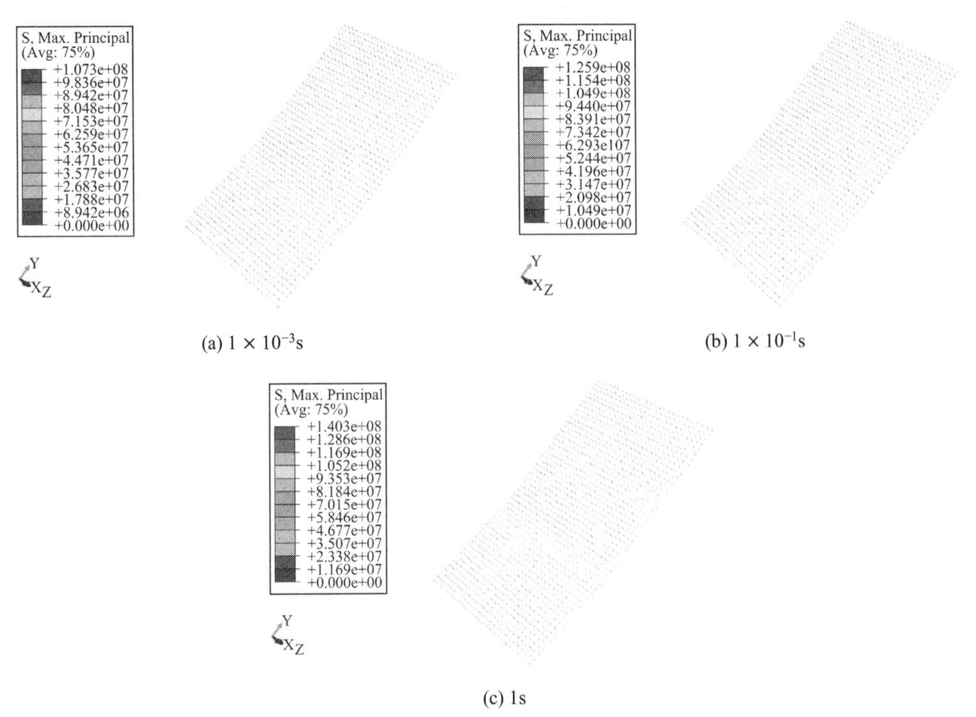

(a) 1×10^{-3}s　　　　(b) 1×10^{-1}s

(c) 1s

图 5.3-69 大主应力过程

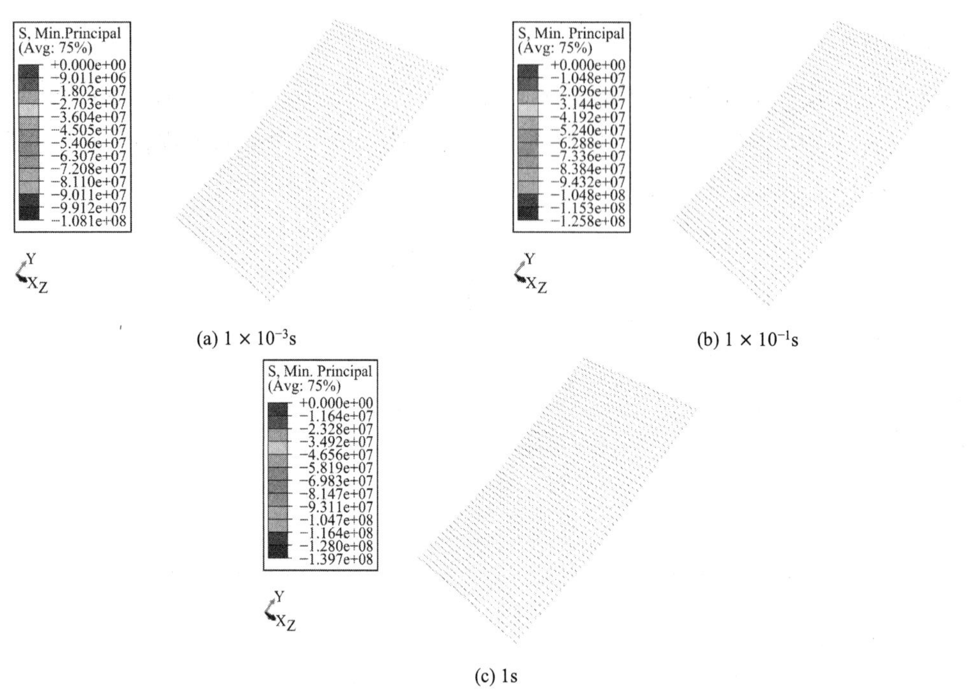

(a) 1×10^{-3}s　　(b) 1×10^{-1}s

(c) 1s

图 5.3-70　小主应力过程

②位移场

由锚固体系的顺河向位移过程可以明显看出（图 5.3-71），动力荷载作用下锚杆位移方向沿着其法线方向交替变化，这种情况将直接导致锚杆疲劳破坏。

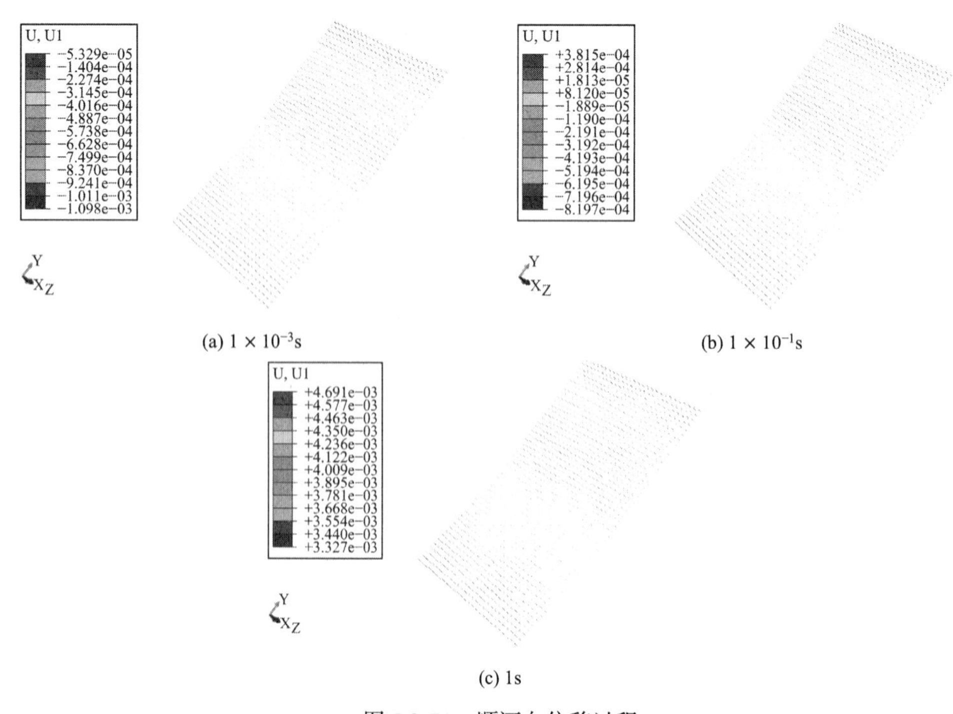

(a) 1×10^{-3}s　　(b) 1×10^{-1}s

(c) 1s

图 5.3-71　顺河向位移过程

横河向位移过程显示锚固体系分别在两个方向上（图 5.3-72）：沿坝轴线、以上游坝面转折处为界在其两侧呈现对称分布，且位移量级随地震波加载而攀升。

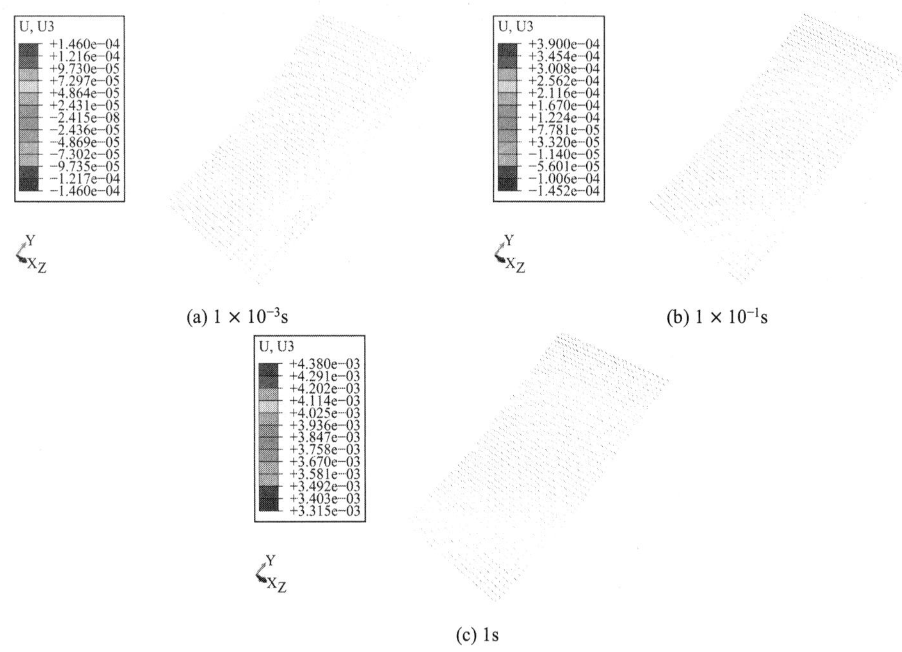

(a) 1×10^{-3}s　　(b) 1×10^{-1}s

(c) 1s

图 5.3-72　横河向位移过程

锚固体系重力向位移量级最大，在地震后期接近 20mm（图 5.3-73），在面板转角位置处水平最高，这意味着，动力荷载作用下，面板发生翘曲。

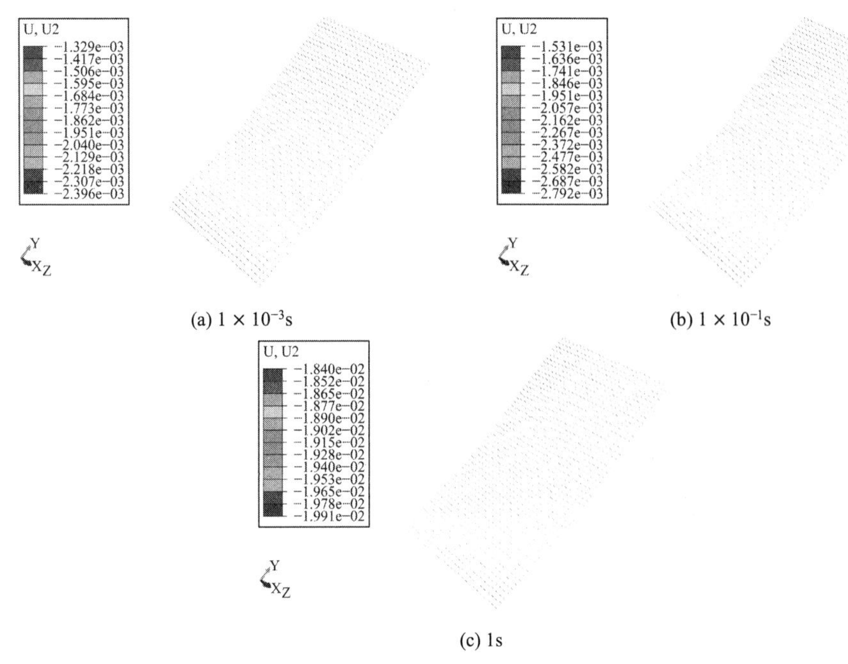

(a) 1×10^{-3}s　　(b) 1×10^{-1}s

(c) 1s

图 5.3-73　重力向位移过程

③应变场

最大、最小正应变量级在地震末期均可达到 7×10^{-4}（图 5.3-74 及图 5.3-75），是混凝土及堆石体应变的 10^2 倍，如此大的应变差异，极易导致坝体各分区部分之间出现脱离、接触失效[32-34]。

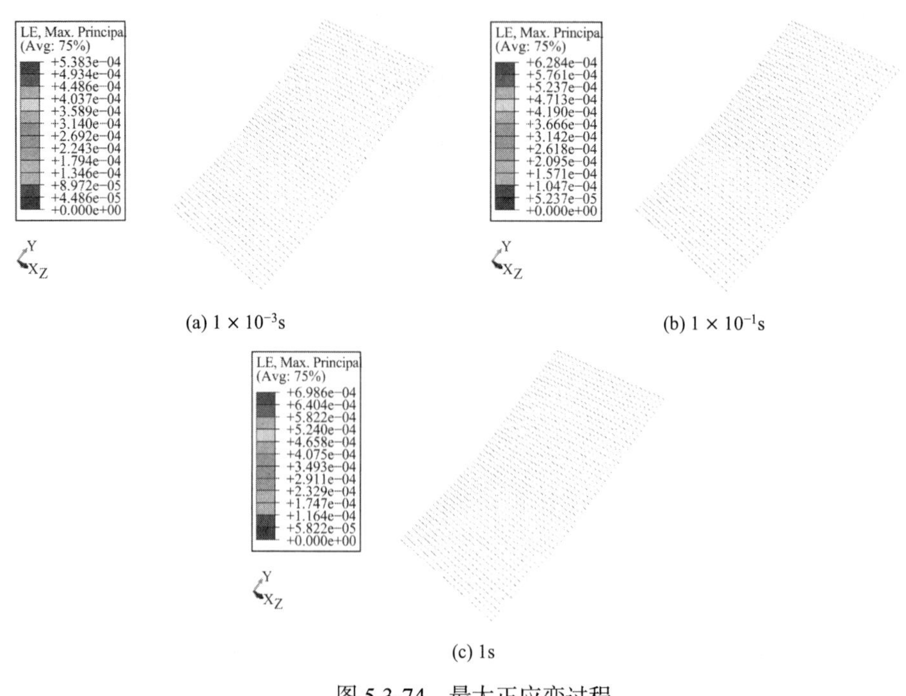

(a) 1×10^{-3}s　　(b) 1×10^{-1}s

(c) 1s

图 5.3-74　最大正应变过程

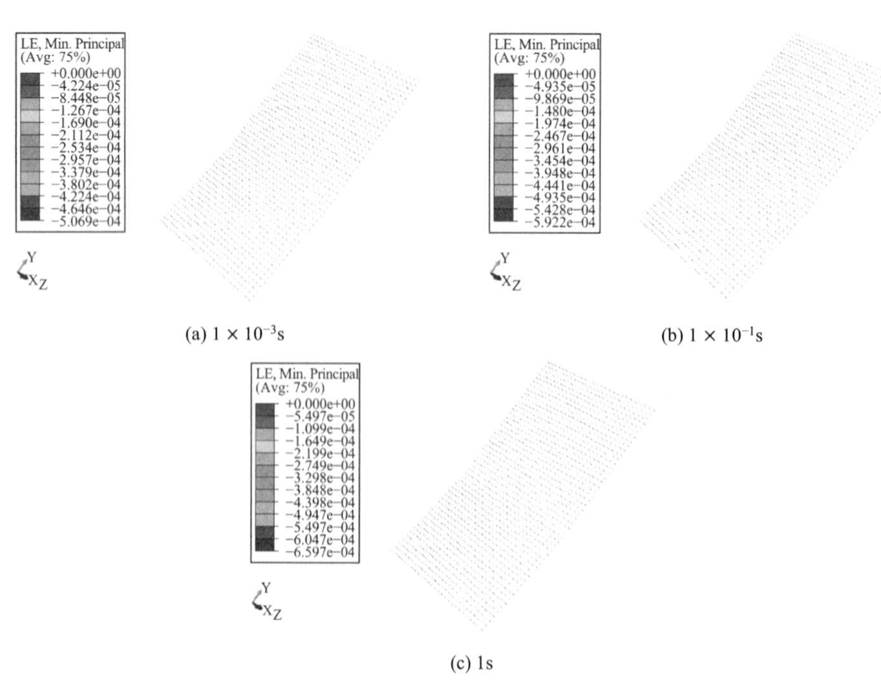

(a) 1×10^{-3}s　　(b) 1×10^{-1}s

(c) 1s

图 5.3-75　最小正应变过程

为对比各时程下坝体关键部位（如坝锤等）处锚杆应变发育，从系统中选取如图 5.3-61 所示目标锚杆进行分析，结果如图 5.3-76 所示，图中锚杆编号越大该锚杆越靠近锚杆区边界。

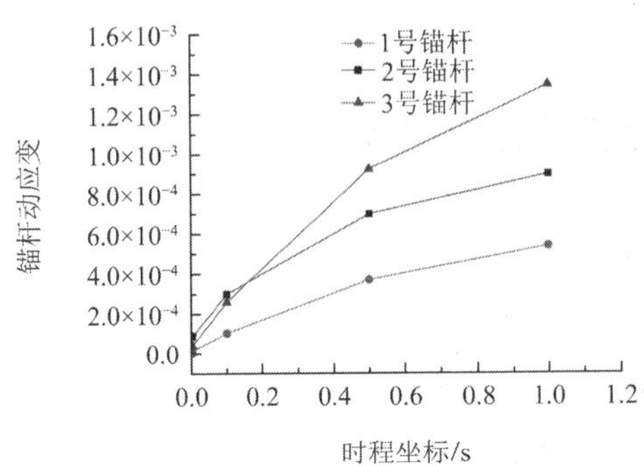

图 5.3-76　锚杆应变时程曲线

可见，就锚杆的动应变而言，随时程延长有显著的增长趋势，特别是越靠近坝踵锚杆区边界，杆中应变发育越明显，该区域应是抗震防护的重点区域。

5.3.6　成果分析与讨论

研究结合舟山海岛型地质条件与物质供应水平分析发现，在六横这类离岛区域采用重力式面板灌砌石坝作为最终坝型是总体安全、可行且经济的工程方案选择。而基于大坝构造与材料分区构建的数值模型可模拟真实的重力式面板灌砌石坝结构与工程环境，是实现对这类水利设施工程力学行为研究的重要理论模型，在此基础上所建立的动力仿真算法是完成重力式面板灌砌石坝的耦合动态仿真的重要理论基础。

六横重力坝具有较为复杂的材料分区，这也决定了在大坝主体结构等枢纽体系中埋设并形成系统的监测系统是较为困难的，而本节研究所构建的仿真分析研究手段可经济、有效地获取大坝主体结构的工作与运行状态。

研究成果表明，在地震及耦合动水压力作用下，由于锚固体系的共同约束作用，六横重力坝面板处最大拉应力量级在 20kPa 左右，但该处堆石体内的最大拉应力峰值可达 260kPa，损伤水平很高，值得引起注意，同时考虑到 Koyna 地震波谱的能量级与我国当地实际的地质与地震烈度情况尚有差异，所以该坝体总体处于安全状态，但分区内局部有破坏失效可能。虽然静力工况下钢筋混凝土面板部分的拉应力水平较低，但这并不意味着此处完全处于安全状态，因为重力式面板灌砌石坝的安全更多受面板与大坝系统的连接状况控制。面板内大主拉应力在地震激励过程中呈现累积趋势，且分布较为离散，量级从早期 7kPa 左右发展直至后期 20kPa 以上，与此同时，面板与坝体上游侧接触区中、上部在地震波加载后期有明显的张开趋势。

六横重力坝坝基置换层局部不平衡挤压应力及较大的集中剪切应力易引发接触区发生

剪切错动，而且在地震末期，锚固体系中的最大、小正应变量达到混凝土及堆石体应变的10^2倍，极易诱发坝体各部分出现接触失效。此外，研究依据锚杆区的动应变分布成果还发现，上游坝踵锚杆区边界处动应变量级较高，该区域内的动应变量级最大可达 10^{-3}，故此应将其作为抗震防护的重点区域。

5.4　六横重力坝整体抗震敏感性研究

如前所述，六横重力式面板灌砌石坝是一种拥有复杂材料分区的坝型，各个材料分区间的连接构造及力学传递机理也较为复杂，研究其在复杂工况下的工作性态是保证该类水工结构大系统安全运行的重要技术保证。

本节将就六横重力坝的整体地震敏感性进行全面分析研究，其中，抗震计算以汶川地震波为基准激励，其他波形采用了与其组合输入的形式对仿真模型进行激励计算[35]。

5.4.1　数值模型介绍

六横重力坝整体地震敏感性研究所用坝体-基岩系统的模型材料分区包括坝基岩体、坝体灌砌石、上游坝面钢筋混凝土面板、上游灌砌石及灌砌石体接触面锚固体系等部分。

研究所依据工况信息包括坝体、基岩系统分别承受多组代表性地震波激励，地震输入边界为基岩底部边界层，计算考虑加载组合为重力 + 静水压力 + 动水压力 + 地震作用，取上游水位为设计洪水位 108.30m，下游水位 85.25m；此外，为防止数值模型在地震动下逃逸，在坝基上设置弹簧模拟黏弹性人工边界[36-39]。

5.4.2　坝体-基岩系统整体动力响应敏感性

根据研究计算结果可知，各类激振波形作用下，六横重力坝系统的动力响应场量级均有振荡上升的趋势，因受到两岸山体强约束，横河向各物理力学响应场之量级总体最小（图 5.4-2，图 5.4-5 及图 5.4-8；图 5.4-10，图 5.4-13 及图 5.4-16；图 5.4-19，图 5.4-22 及图 5.4-25），动应力场中重力向结果的量级最大，位移场响应中，顺河向计算结果量级最高[40-41]（图 5.4-3，图 5.4-6 及图 5.4-9；图 5.4-11，图 5.4-14 及图 5.4-17）。研究结果还发现，汶川地震波作用能量释放最大，在结构与动水压力耦合条件下，大坝经受的考验是前所未有的，研究结果再次证明地脉动效应对水工结构的影响是所有工况中最不利的（图 5.4-1，图 5.4-4 及图 5.4-7；图 5.4-12，图 5.4-15，图 5.4-18，图 5.4-21 及图 5.4-24）。根据本节研究，以汶川地震波为基准波所得的六横重力坝系统动力响应场各响应量中，重力向动应力量级最高，原因与坝型、荷载组合等多因素均有关系，此外，上游锚固体系对于六横重力坝系统的塑性应变发育有显著的约束作用，各类激振波形作用下，动应变发育均不很明显[42-43]（图 5.4-18～图 5.4-26）。

（1）应力场动态仿真结果分析

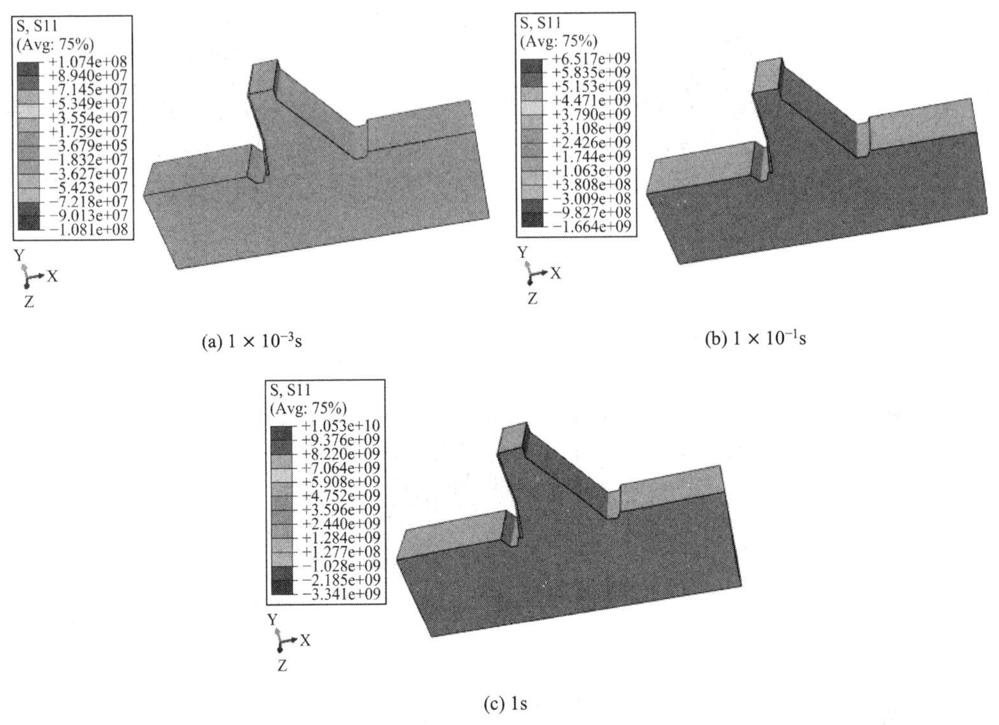

(a) 1×10^{-3}s　　(b) 1×10^{-1}s

(c) 1s

图 5.4-1　汶川地震波下顺河向应力场

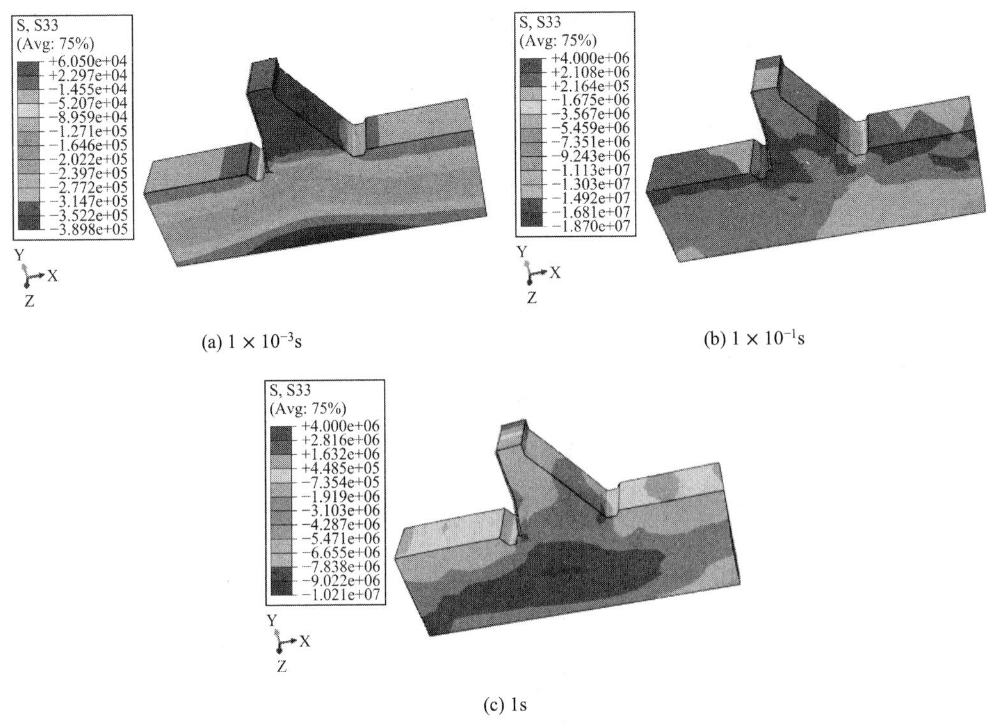

(a) 1×10^{-3}s　　(b) 1×10^{-1}s

(c) 1s

图 5.4-2　汶川地震波下横河向应力场

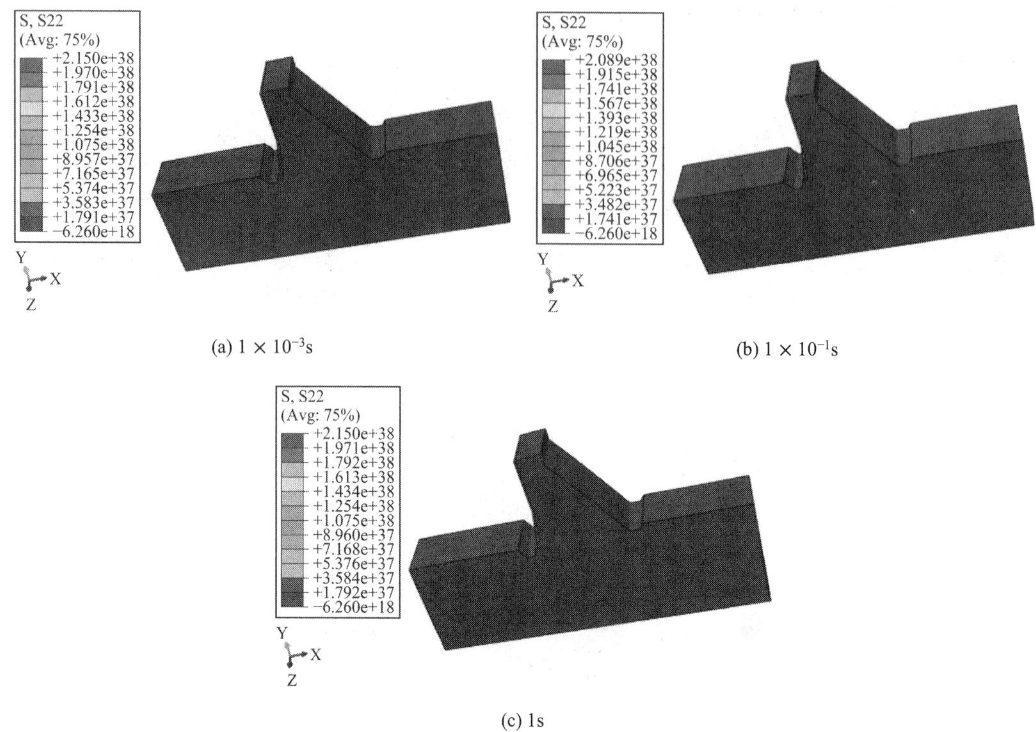

(a) 1×10^{-3}s　　(b) 1×10^{-1}s

(c) 1s

图 5.4-3　汶川地震波下重力向应力场

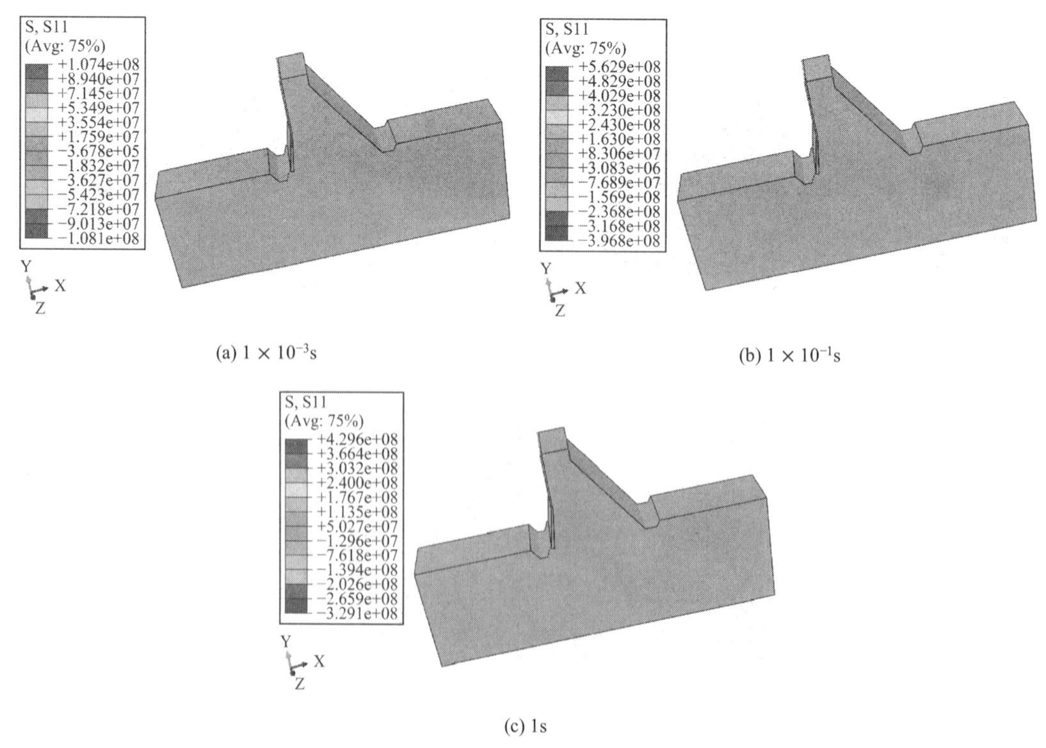

(a) 1×10^{-3}s　　(b) 1×10^{-1}s

(c) 1s

图 5.4-4　Koyna 地震波下顺河向应力场

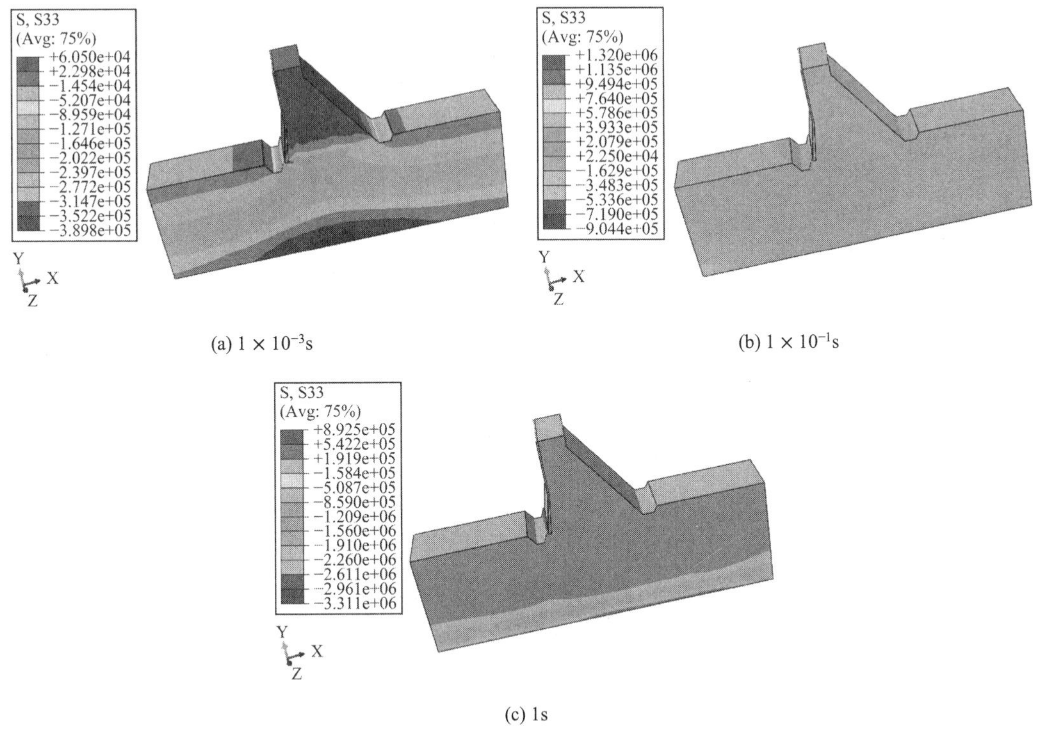

图 5.4-5　Koyna 地震波下横河向应力场

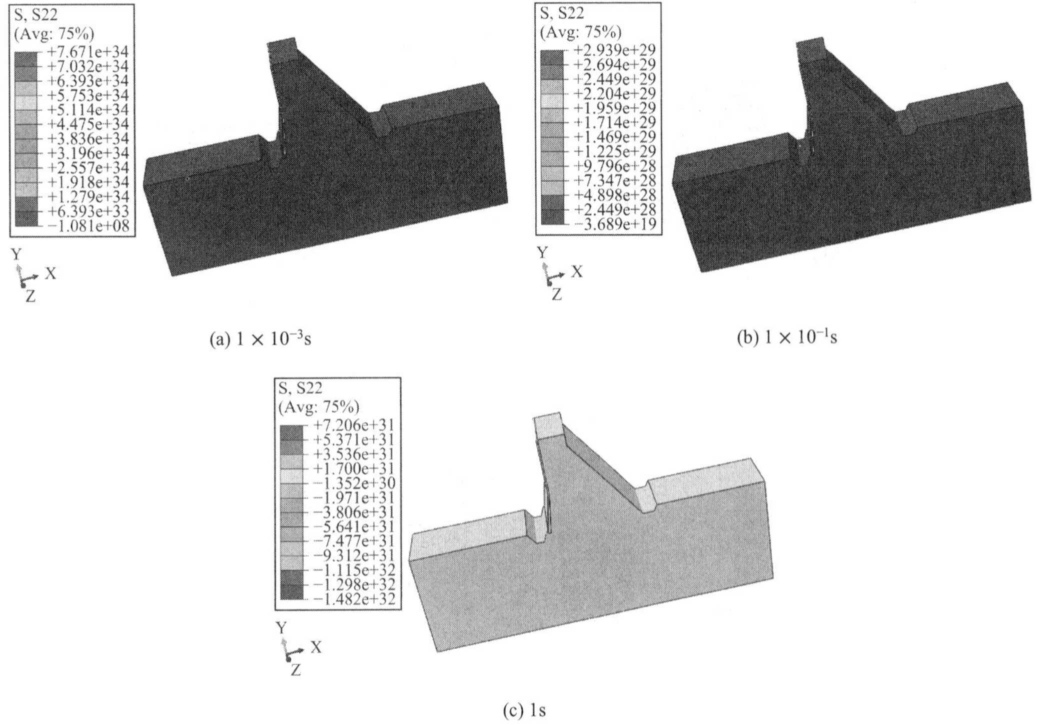

图 5.4-6　Koyna 地震波下重力向应力场

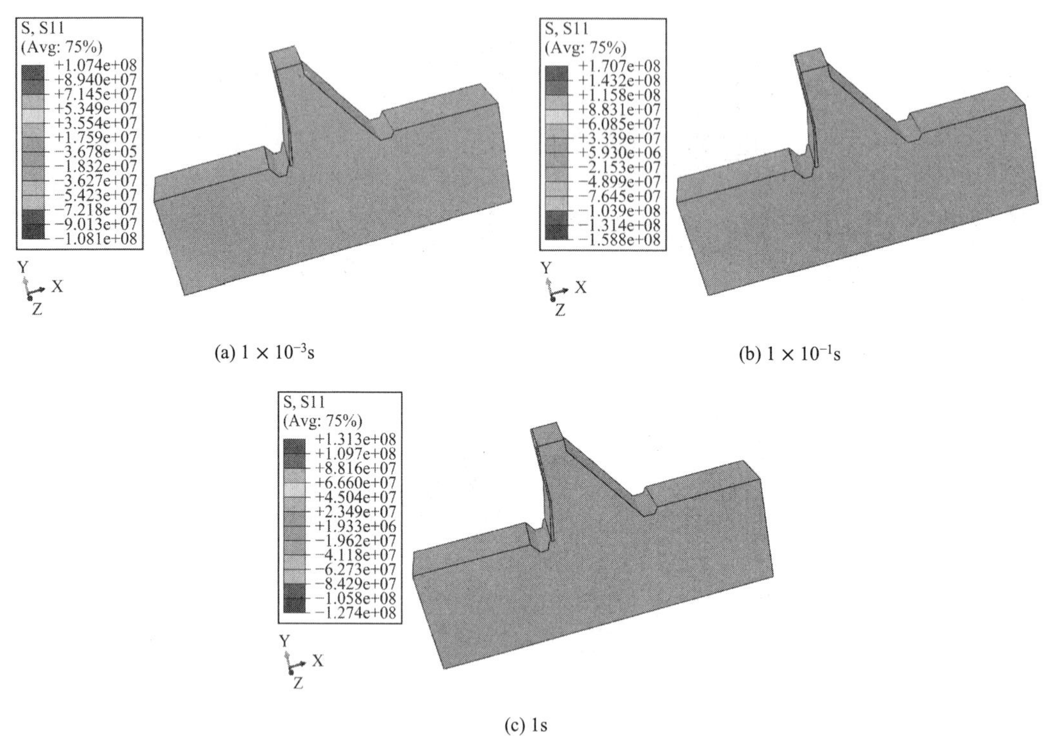

(a) 1×10^{-3}s　(b) 1×10^{-1}s

(c) 1s

图 5.4-7　Kobe 地震波下顺河向应力场

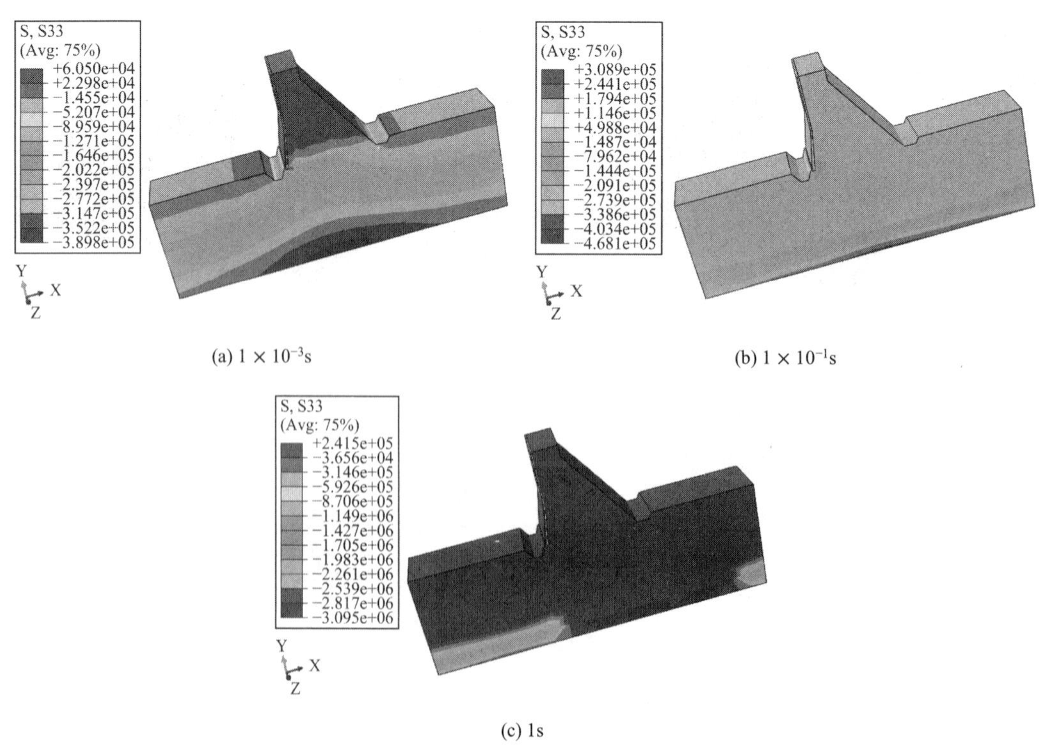

(a) 1×10^{-3}s　(b) 1×10^{-1}s

(c) 1s

图 5.4-8　Kobe 地震波下横河向应力场

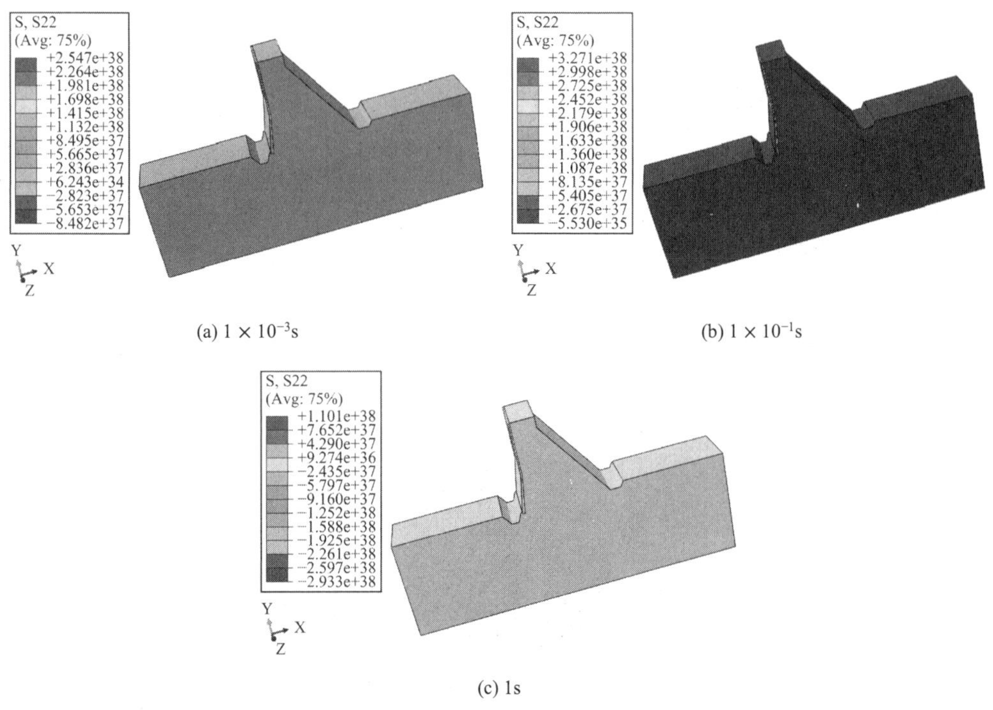

(a) 1×10^{-3}s　　(b) 1×10^{-1}s

(c) 1s

图 5.4-9　Kobe 地震波下重力向应力场

（2）位移场动态仿真结果分析

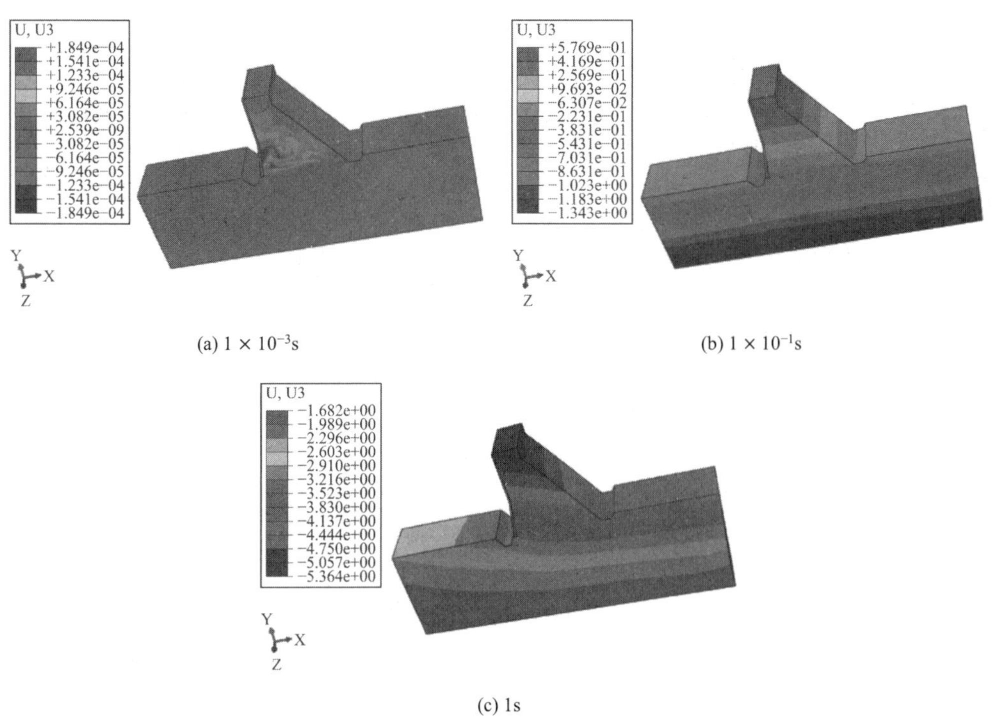

(a) 1×10^{-3}s　　(b) 1×10^{-1}s

(c) 1s

图 5.4-10　汶川地震波下横河向位移场

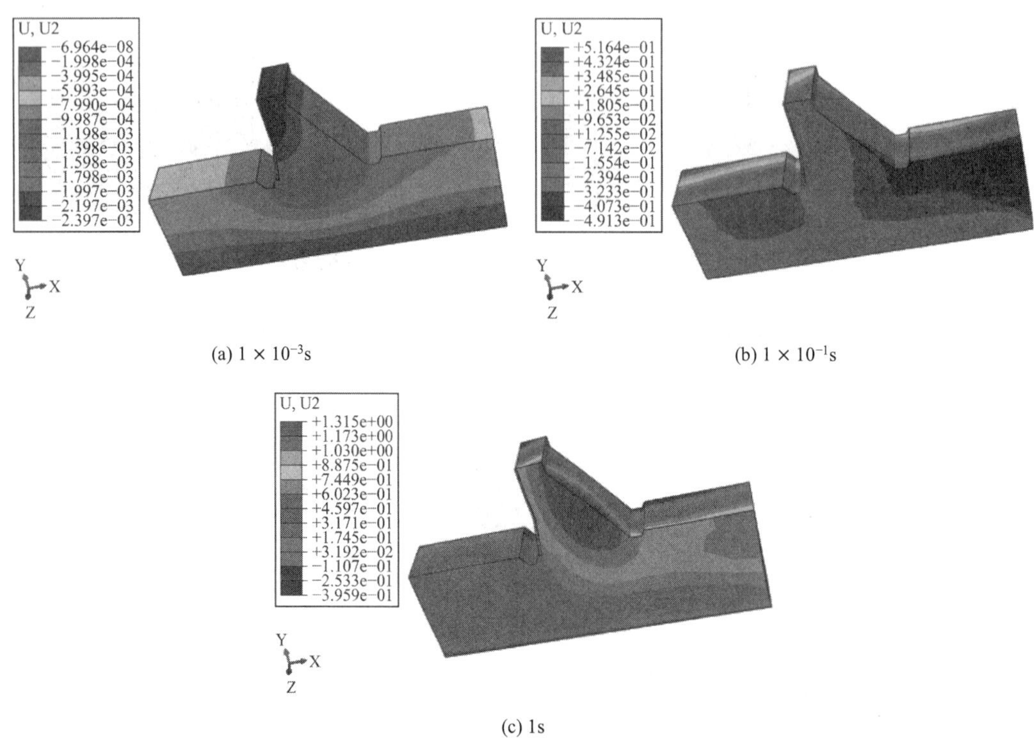

(a) 1×10^{-3}s　　(b) 1×10^{-1}s

(c) 1s

图 5.4-11　汶川地震波下重力向位移场

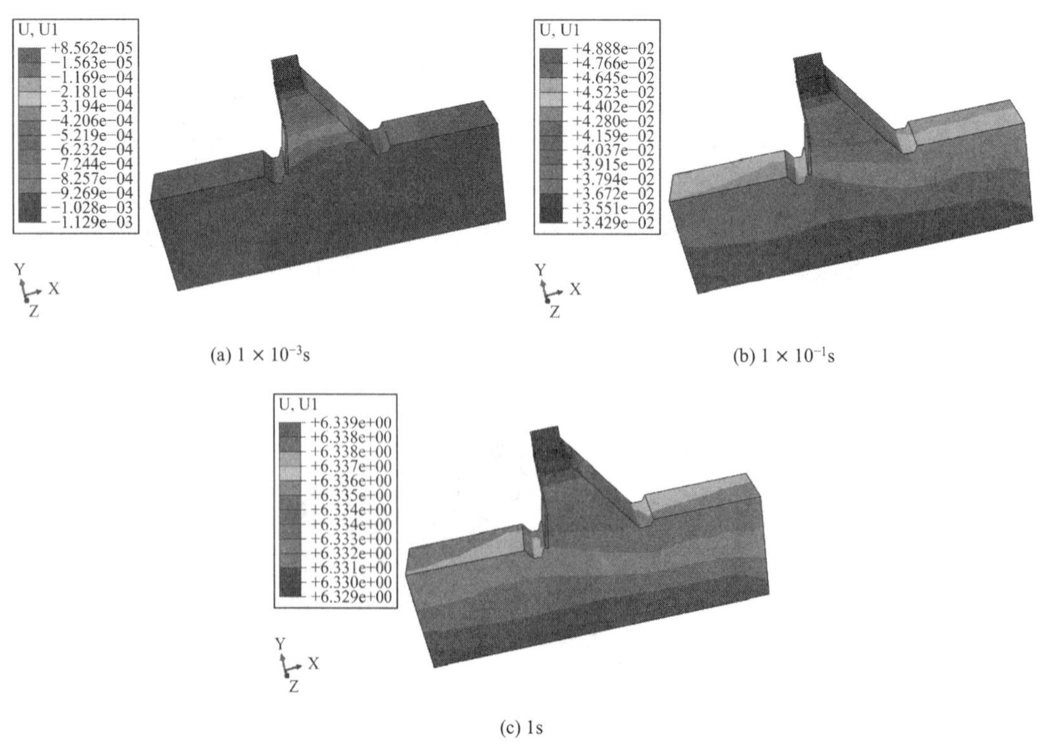

(a) 1×10^{-3}s　　(b) 1×10^{-1}s

(c) 1s

图 5.4-12　Koyna 地震波下顺河向位移场

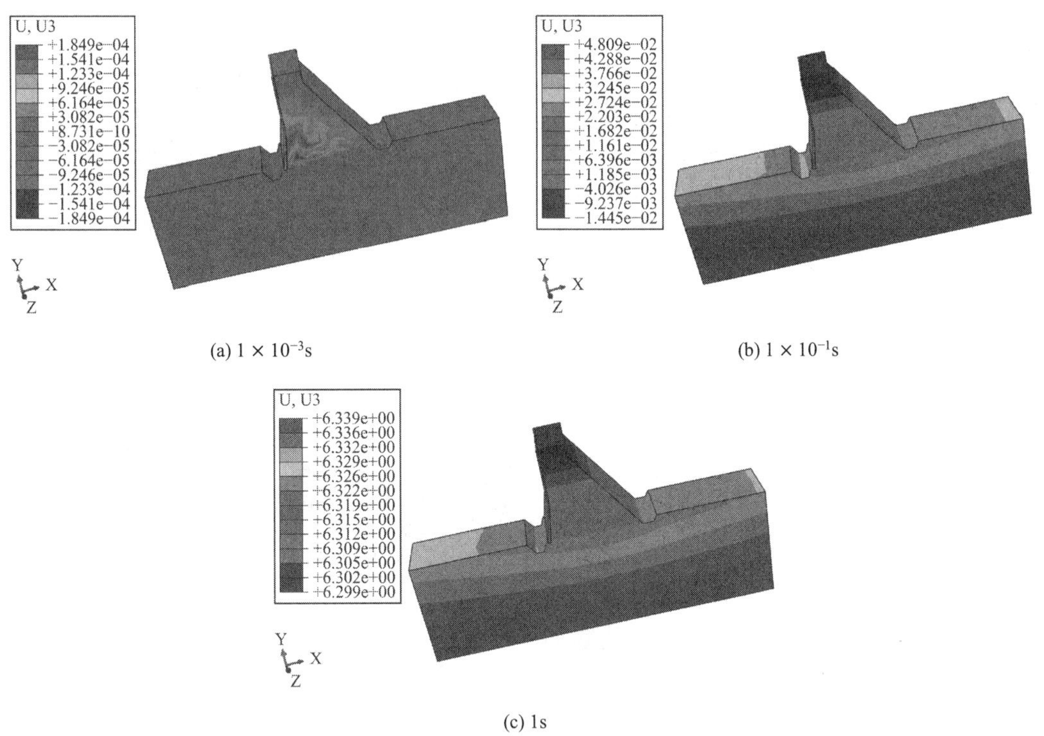

(a) 1×10^{-3}s

(b) 1×10^{-1}s

(c) 1s

图 5.4-13 Koyna 地震波下横河向位移场

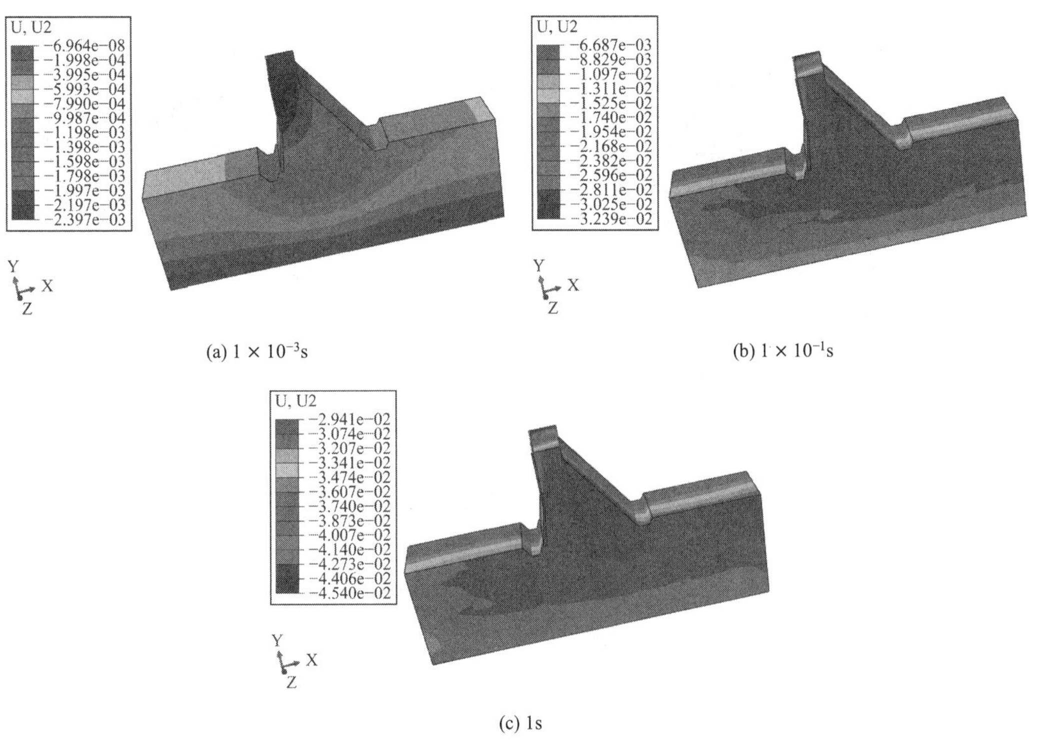

(a) 1×10^{-3}s

(b) 1×10^{-1}s

(c) 1s

图 5.4-14 Koyna 地震波下重力向位移场

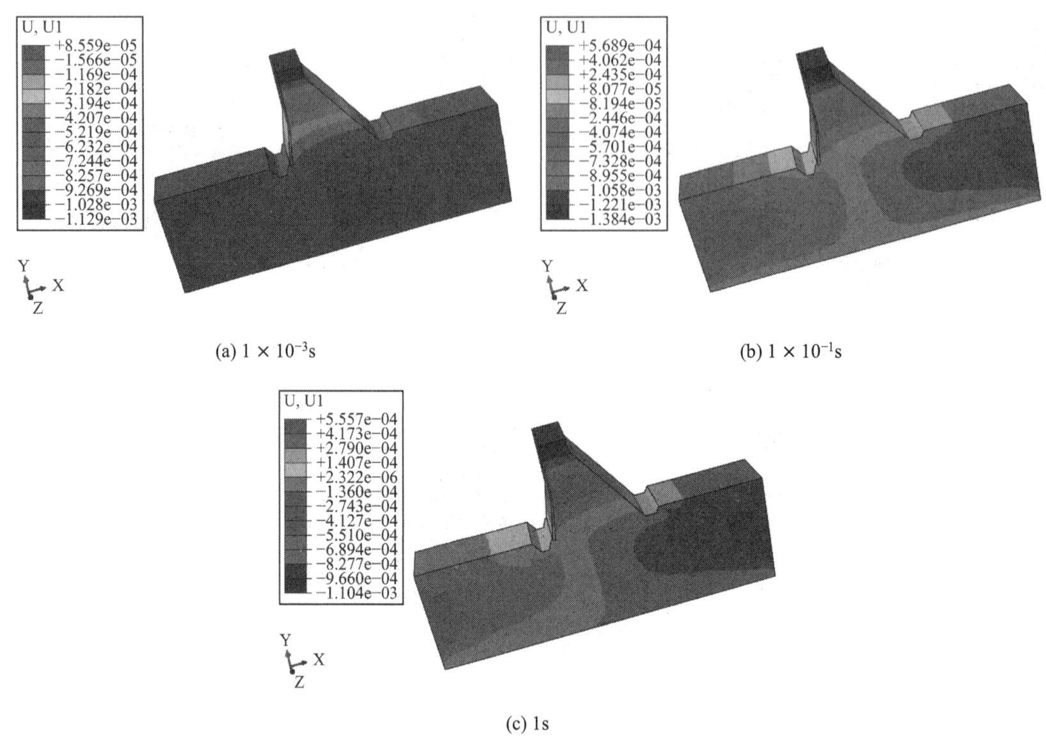

(a) 1×10^{-3}s　　(b) 1×10^{-1}s

(c) 1s

图 5.4-15　Kobe 地震波下顺河向位移场

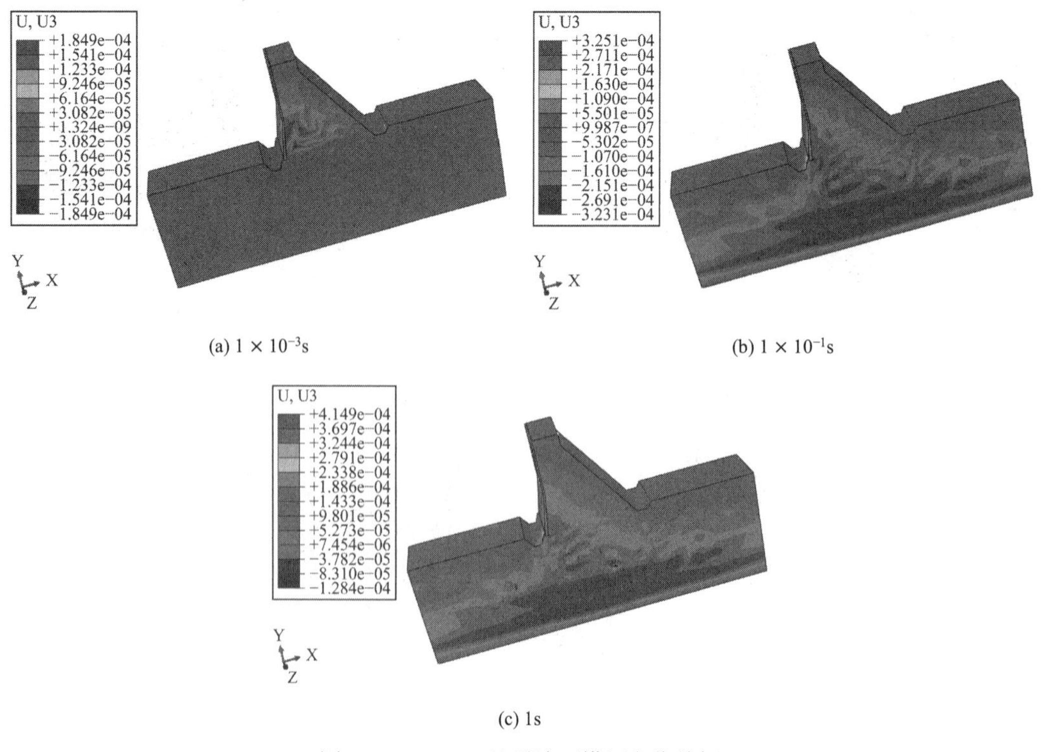

(a) 1×10^{-3}s　　(b) 1×10^{-1}s

(c) 1s

图 5.4-16　Kobe 地震波下横河向位移场

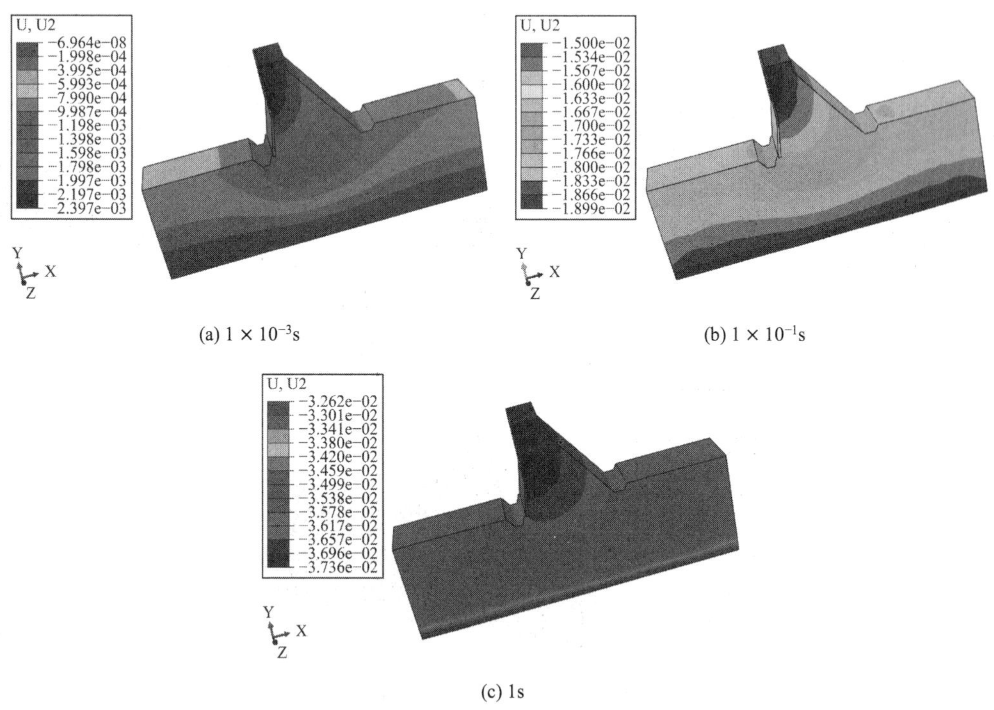

图 5.4-17　Kobe 地震波下重力向位移场

（3）应变场动态仿真结果分析

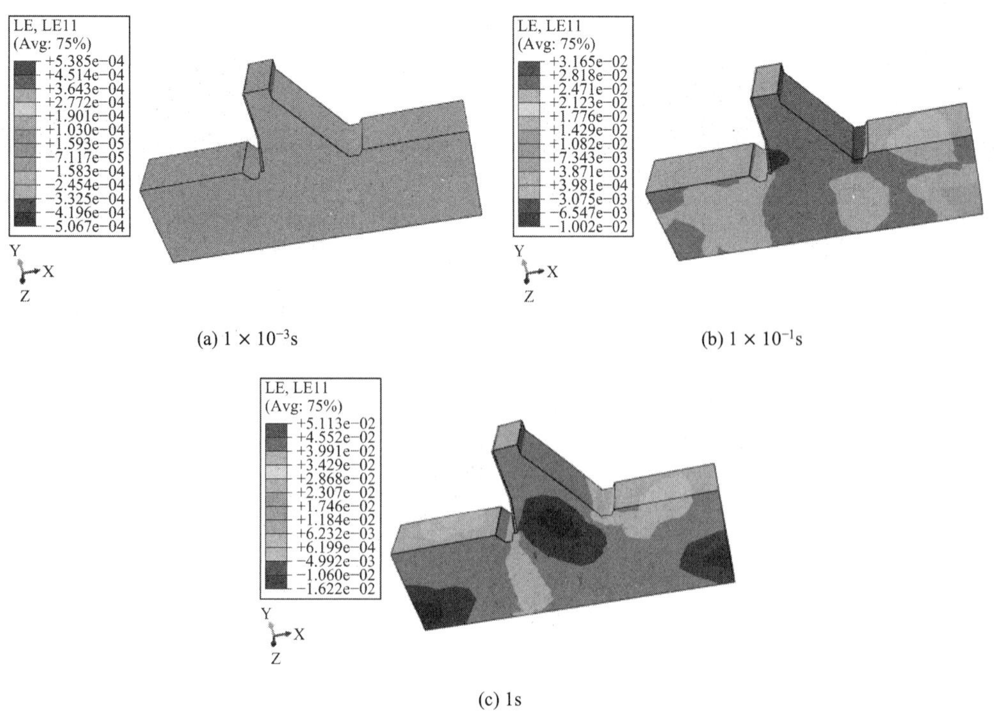

图 5.4-18　汶川地震波下顺河向应变场

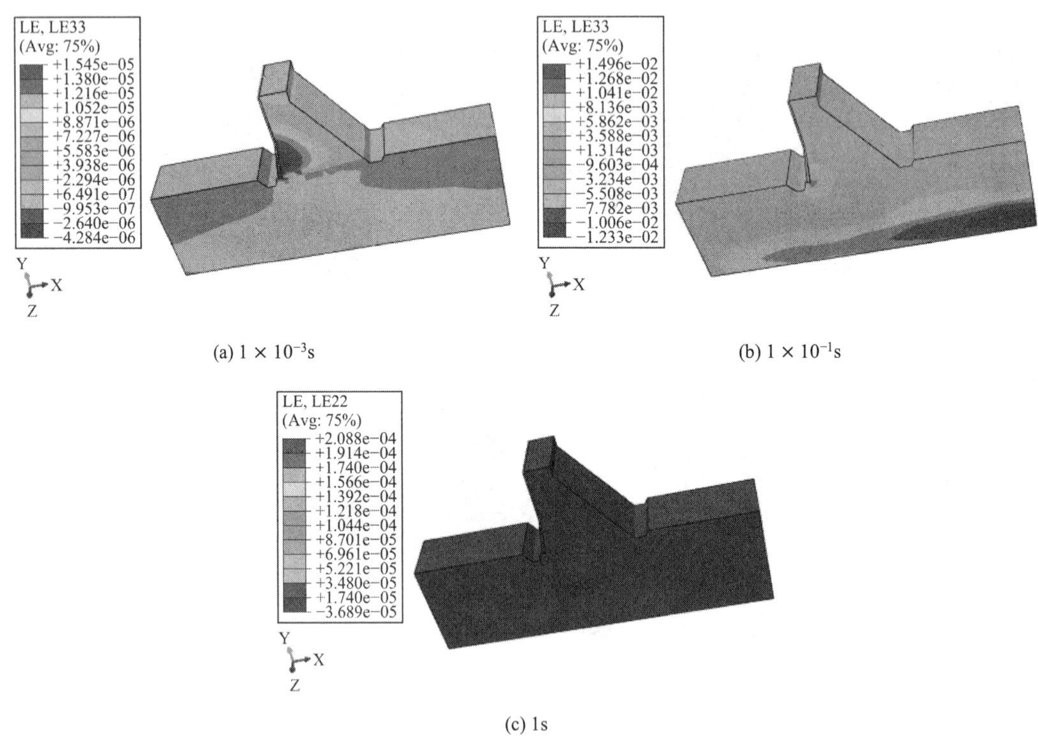

(a) 1×10^{-3}s (b) 1×10^{-1}s

(c) 1s

图 5.4-19 汶川地震波下横河向应变场

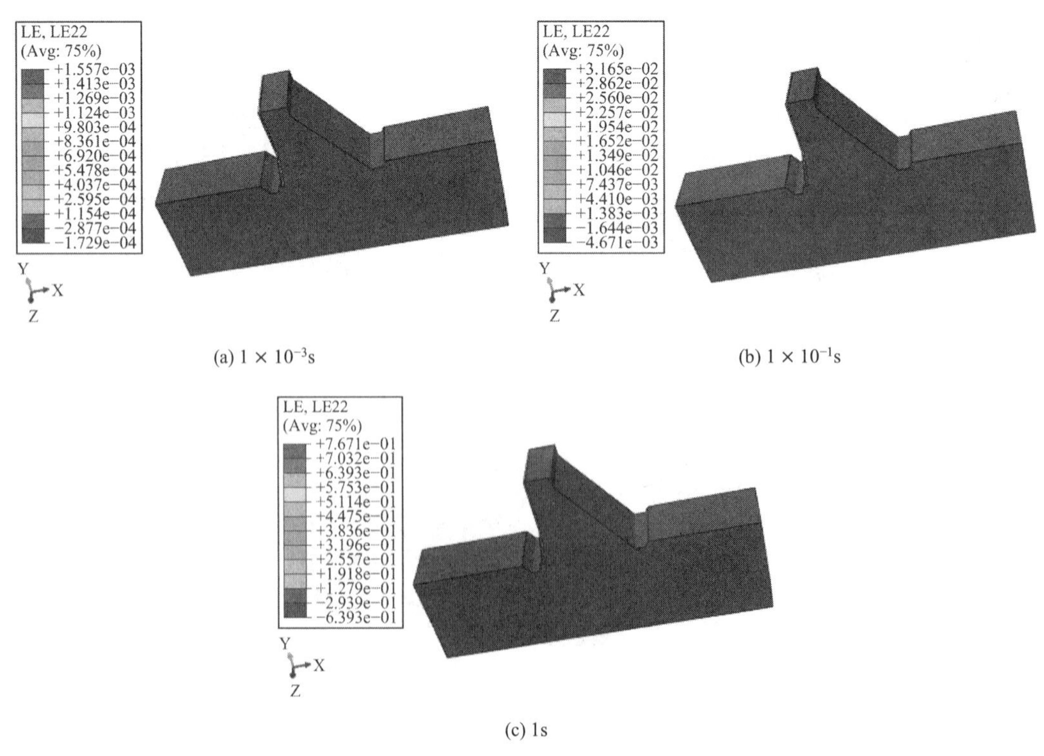

(a) 1×10^{-3}s (b) 1×10^{-1}s

(c) 1s

图 5.4-20 汶川地震波下重力向应变场

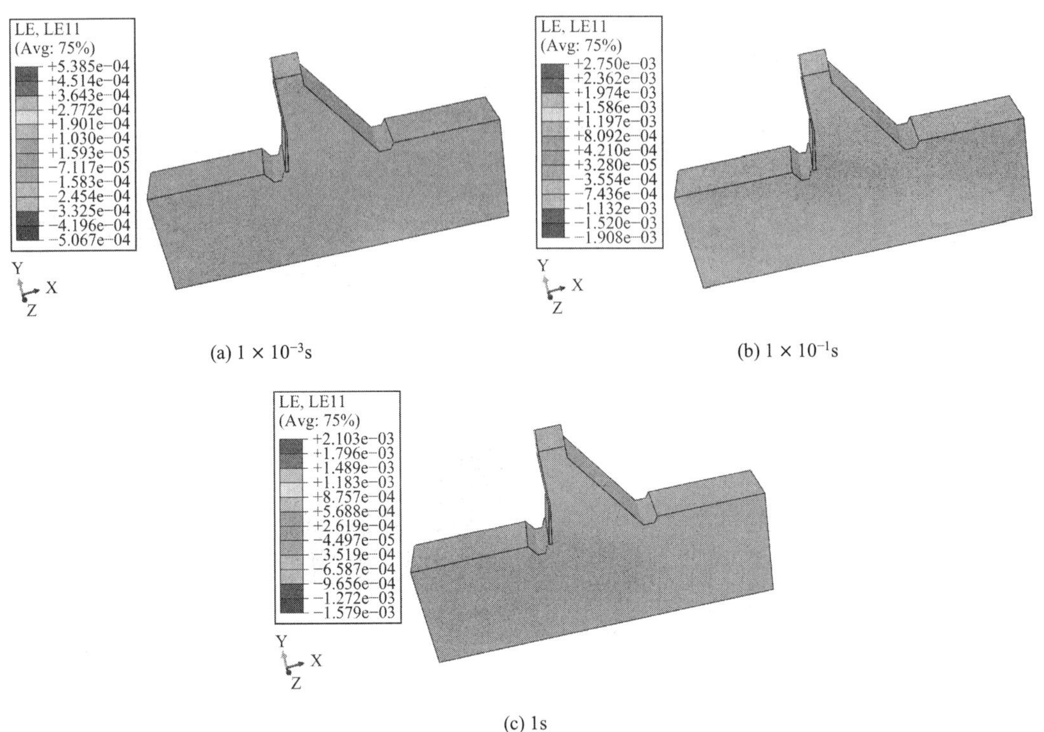

(a) 1×10^{-3}s　　(b) 1×10^{-1}s

(c) 1s

图 5.4-21　Koyna 地震波下顺河向应变场

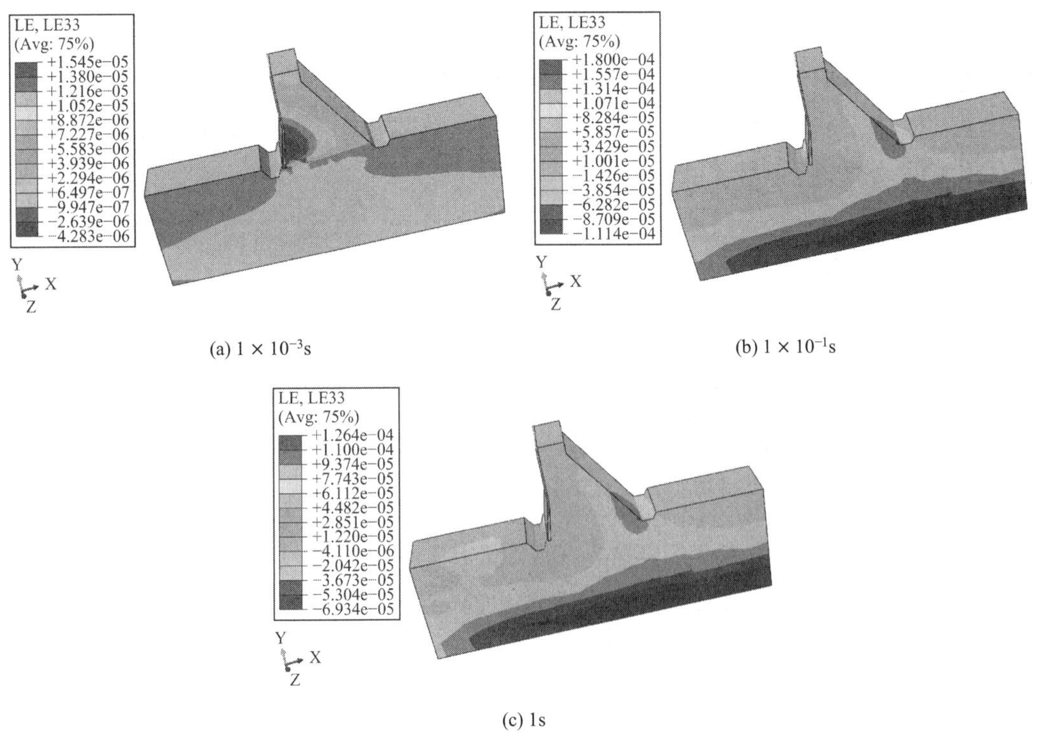

(a) 1×10^{-3}s　　(b) 1×10^{-1}s

(c) 1s

图 5.4-22　Koyna 地震波下横河向应变场

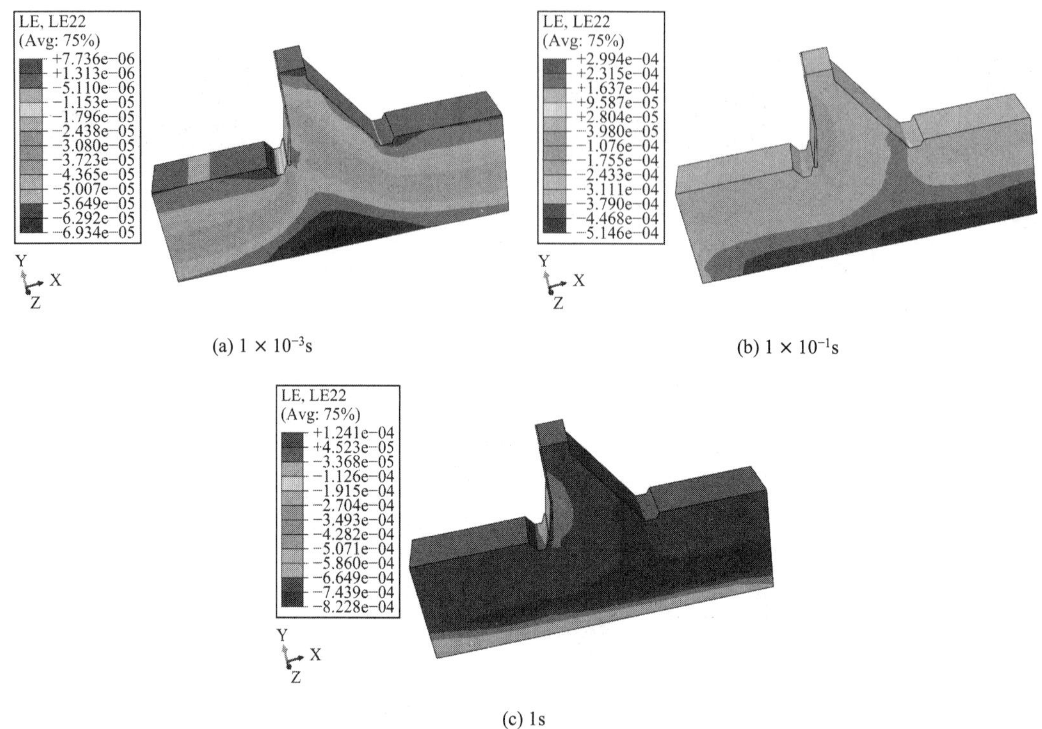

(a) 1×10^{-3}s　(b) 1×10^{-1}s

(c) 1s

图 5.4-23　Koyna 地震波下重力向应变场

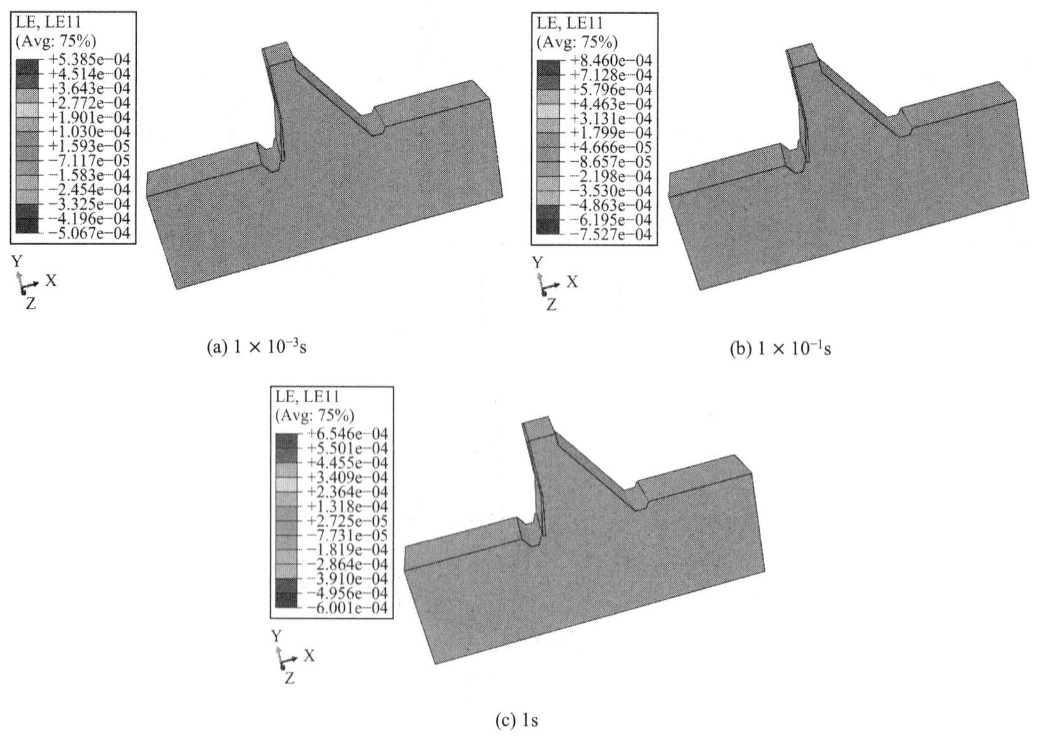

(a) 1×10^{-3}s　(b) 1×10^{-1}s

(c) 1s

图 5.4-24　Kobe 地震波下顺河向应变场

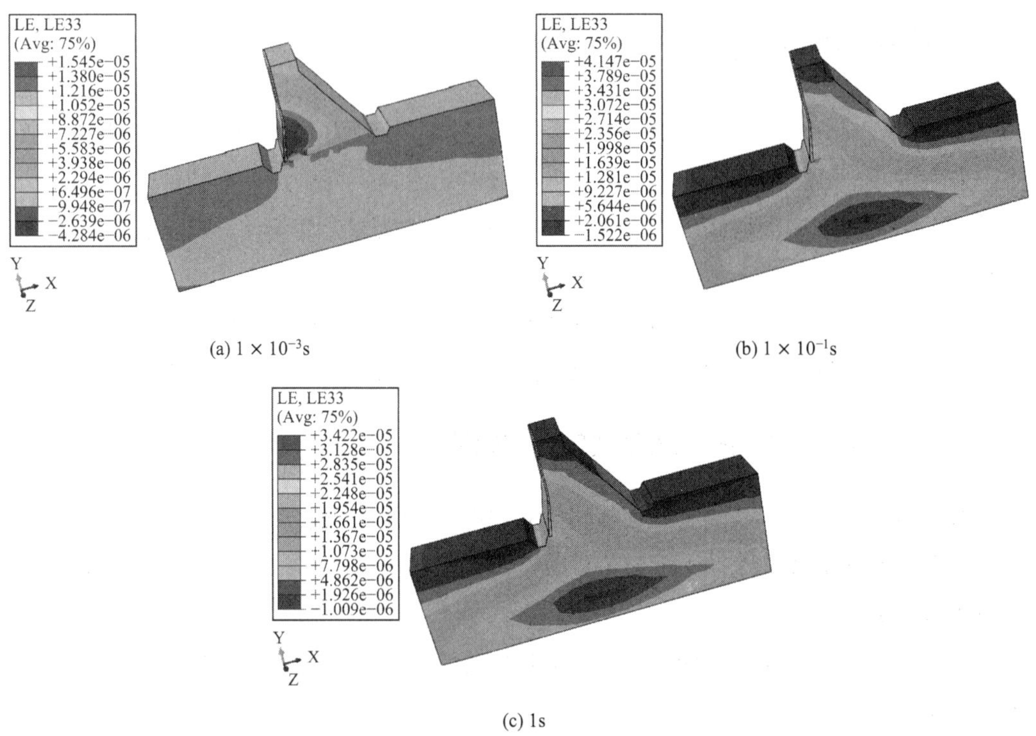

(a) 1×10^{-3}s　　(b) 1×10^{-1}s

(c) 1s

图 5.4-25　Kobe 地震波下横河向应变场

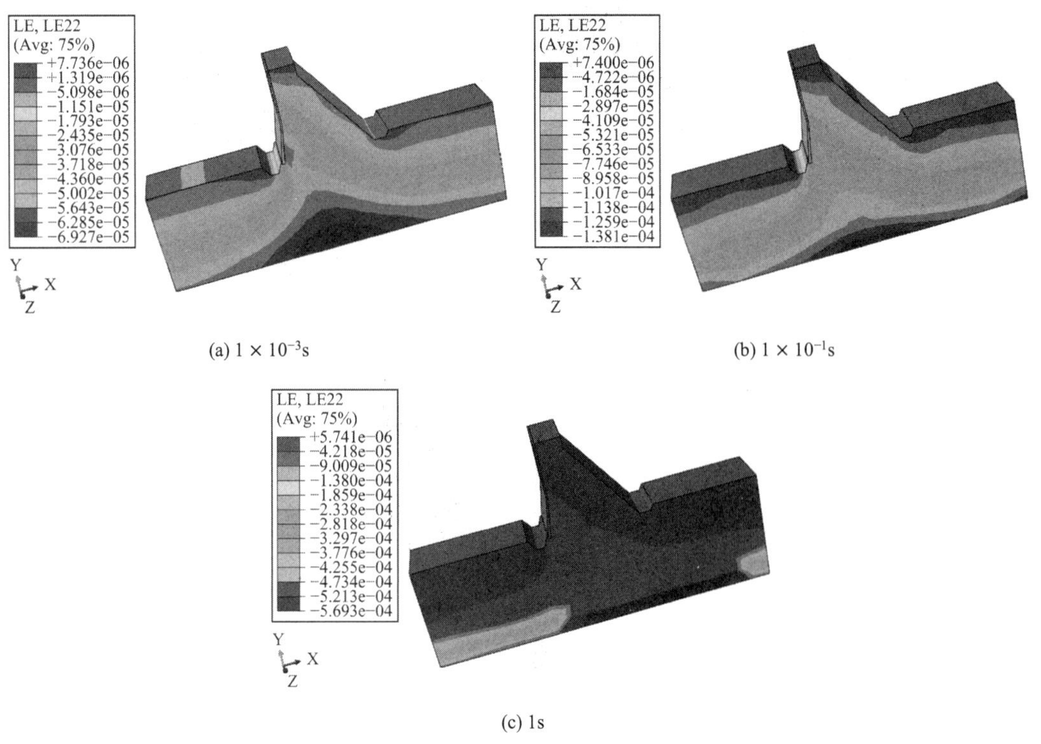

(a) 1×10^{-3}s　　(b) 1×10^{-1}s

(c) 1s

图 5.4-26　Kobe 地震波下重力向应变场

5.5 六横重力坝关键部位抗震敏感性研究

如前地震学部分论述内容，地脉动属于地壳运动激发而形成的一种不确知的自然现象。历史上各次地震的成因、发展及终结均具有显著的不重复、无法再现等特征[44-48]。所以现有的基于近场地震响应的结构抗震研究及模拟技术都是通过人为设计一类地震波作为激励输入来实现的，也就具有不同程度的片面性[49-53]。

基于此，本节以多组代表性地震波激励作为输入，进一步探究六横重力坝系统各关键部位的地脉动敏感性，以获取该类复杂水工结构对于地脉动较为全面的响应特征。

5.5.1 钢筋混凝土面板地震动力响应敏感性

本节就六横重力坝系统的上游面板结构对地脉动的动力敏感性进行分析研究，特别是对面板与灌砌石体的接触面动力学行为进行模拟计算[54-55]。

（1）应力场

受各类地震波激励作用，面板应力场呈现出显著的迁移效应，迁移目标区也均是板上脆弱区块（图 5.5-1～图 5.5-9）。

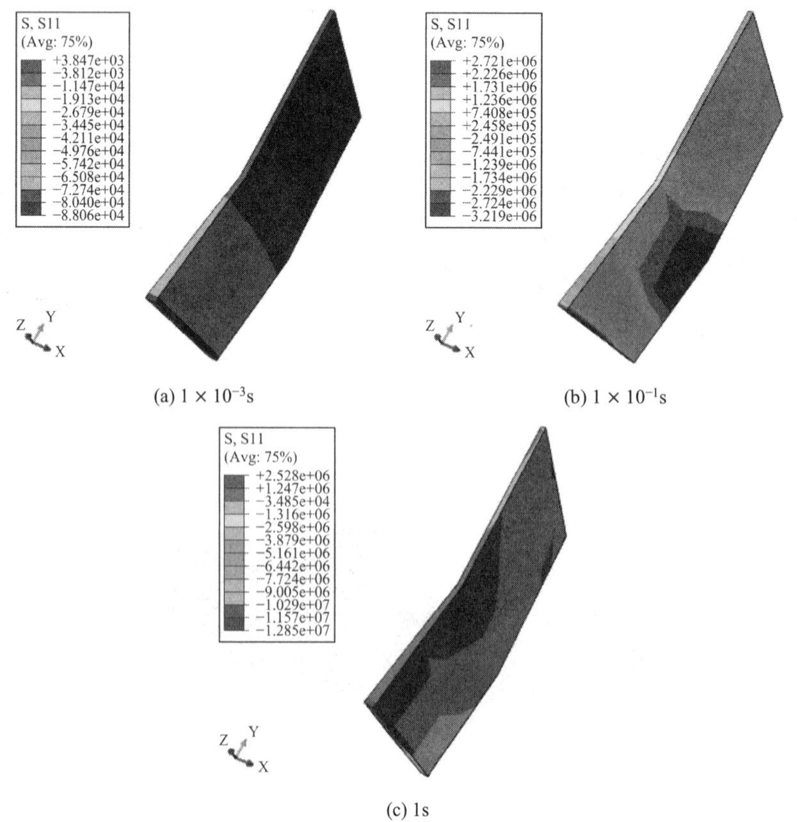

(a) 1×10^{-3}s　　(b) 1×10^{-1}s

(c) 1s

图 5.5-1　汶川地震波下上游面板顺河向应力场

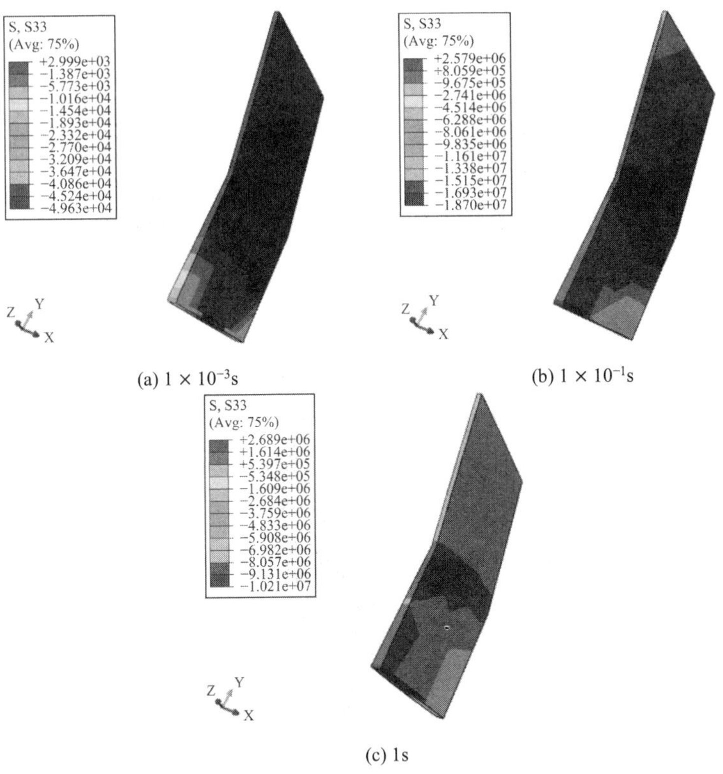

(a) 1×10^{-3}s　(b) 1×10^{-1}s　(c) 1s

图 5.5-2　汶川地震波下上游面板横河向应力场

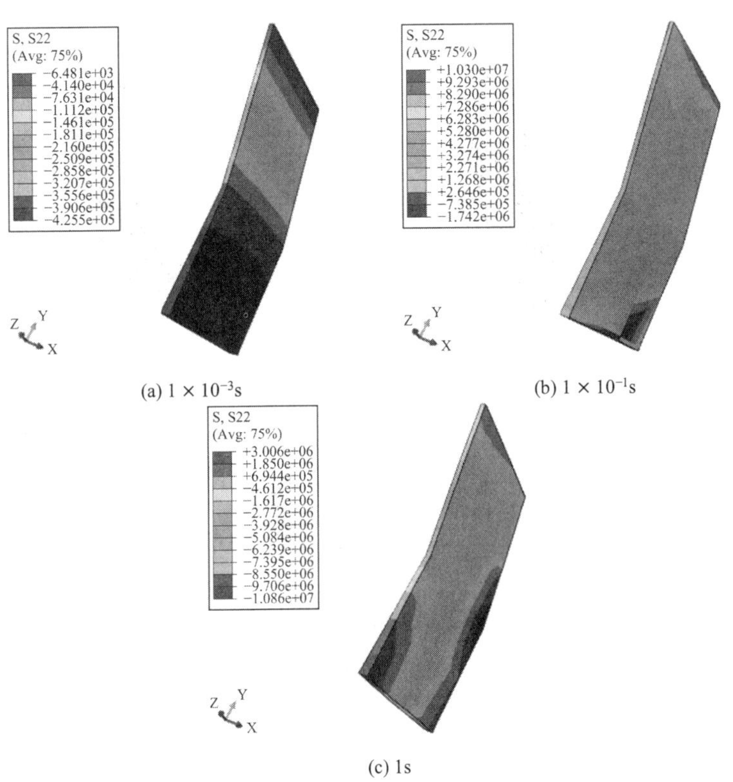

(a) 1×10^{-3}s　(b) 1×10^{-1}s　(c) 1s

图 5.5-3　汶川地震波下上游面板重力向应力场

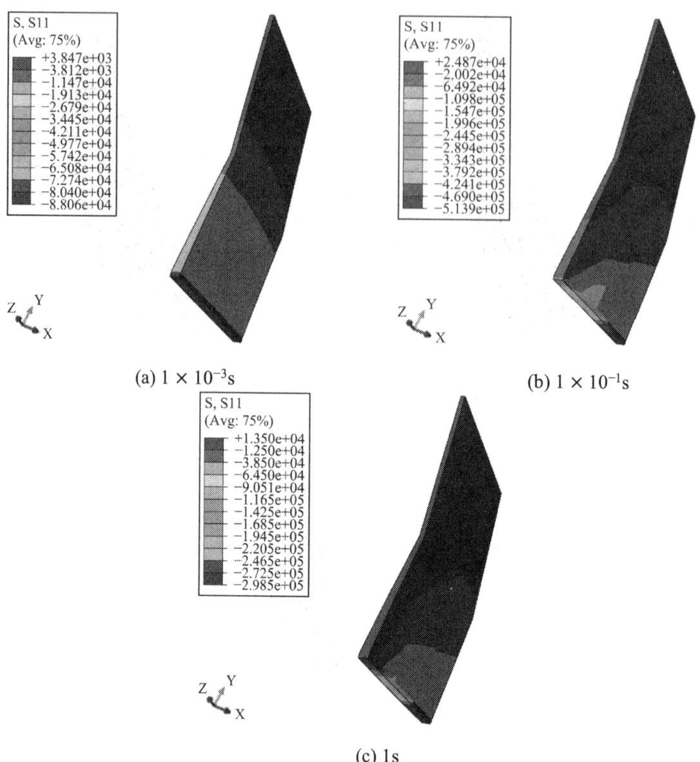

(a) 1×10^{-3}s　(b) 1×10^{-1}s

(c) 1s

图 5.5-4　Koyna 地震波下上游面板顺河向应力场

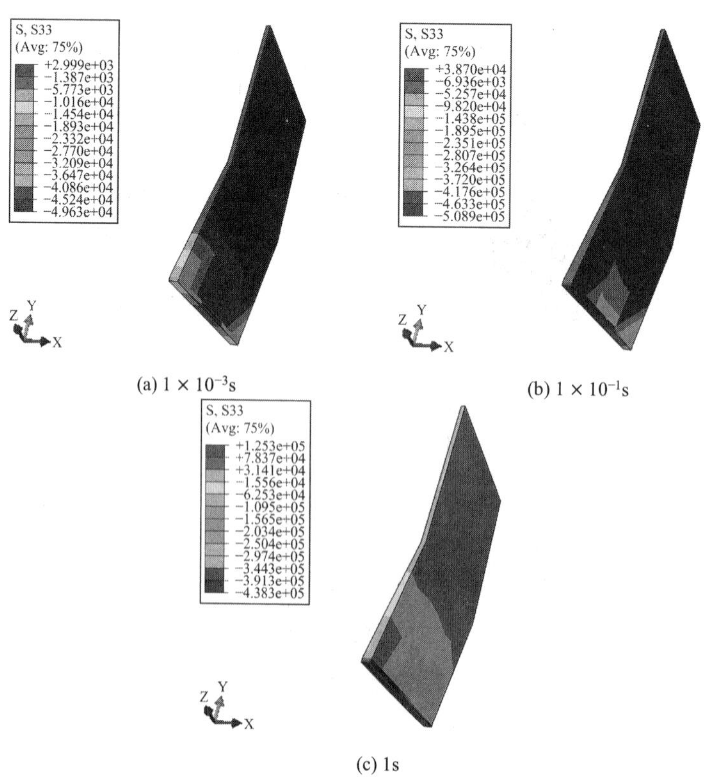

(a) 1×10^{-3}s　(b) 1×10^{-1}s

(c) 1s

图 5.5-5　Koyna 地震波下上游面板横河向应力场

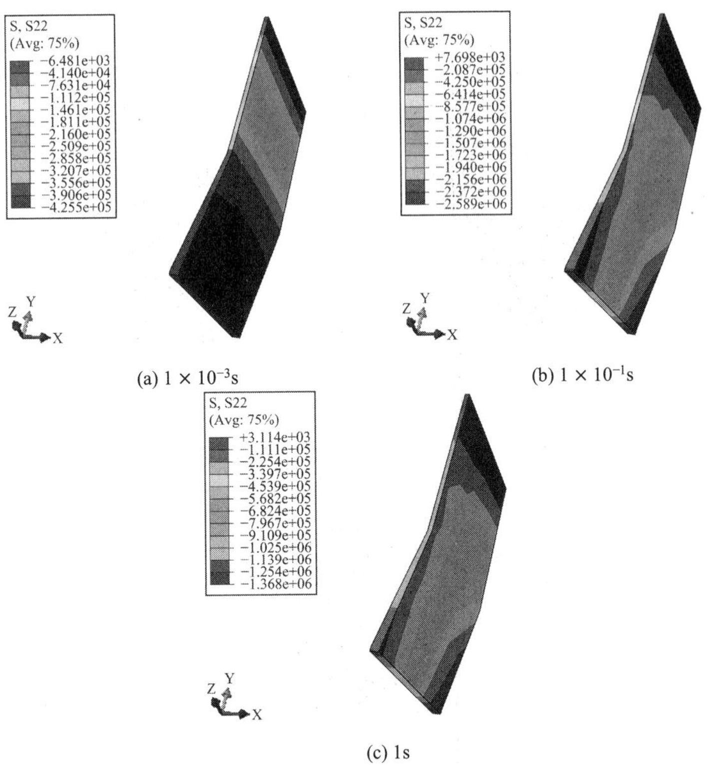

图 5.5-6　Koyna 地震波下上游面板重力向应力场

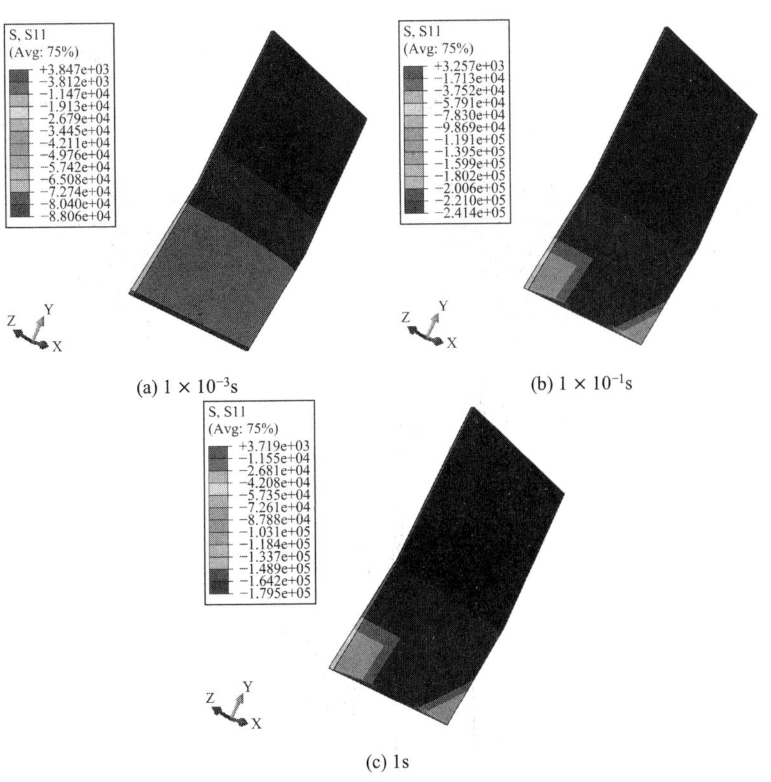

图 5.5-7　Kobe 地震波下上游面板顺河向应力场

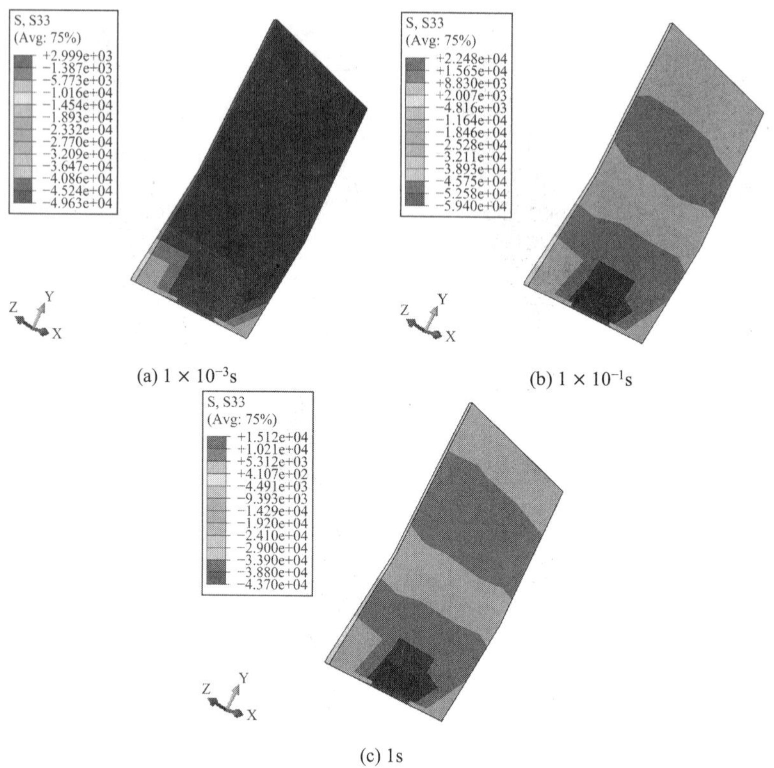

(a) 1×10^{-3}s (b) 1×10^{-1}s

(c) 1s

图 5.5-8　Kobe 地震波下上游面板横河向应力场

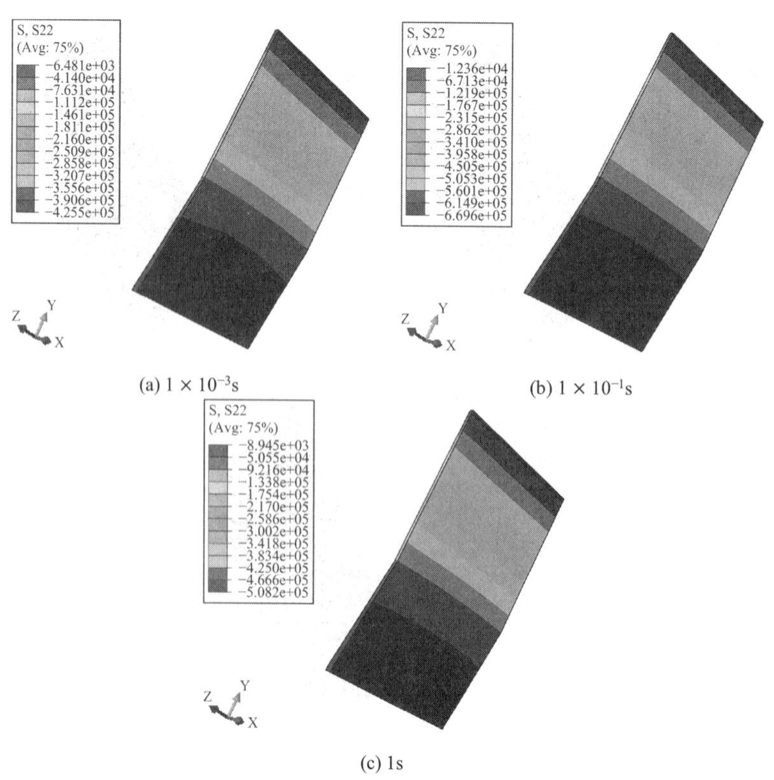

(a) 1×10^{-3}s (b) 1×10^{-1}s

(c) 1s

图 5.5-9　Kobe 地震波下上游面板重力向应力场

（2）位移场

受地震波激励影响，面板位移总体均出现超标数值，尤其是汶川波及 Koyna 波工况下的顺河向位移场，数值量级超越规范标准 50%以上（图 5.5-10～图 5.5-18），这也再次说明，一旦条件形成，图 5.3-27 所示震害引发灾难性后果是完全有可能的。严格的抗震设计不应简单地以枢纽及建筑物的等别作为实施与否的依据。

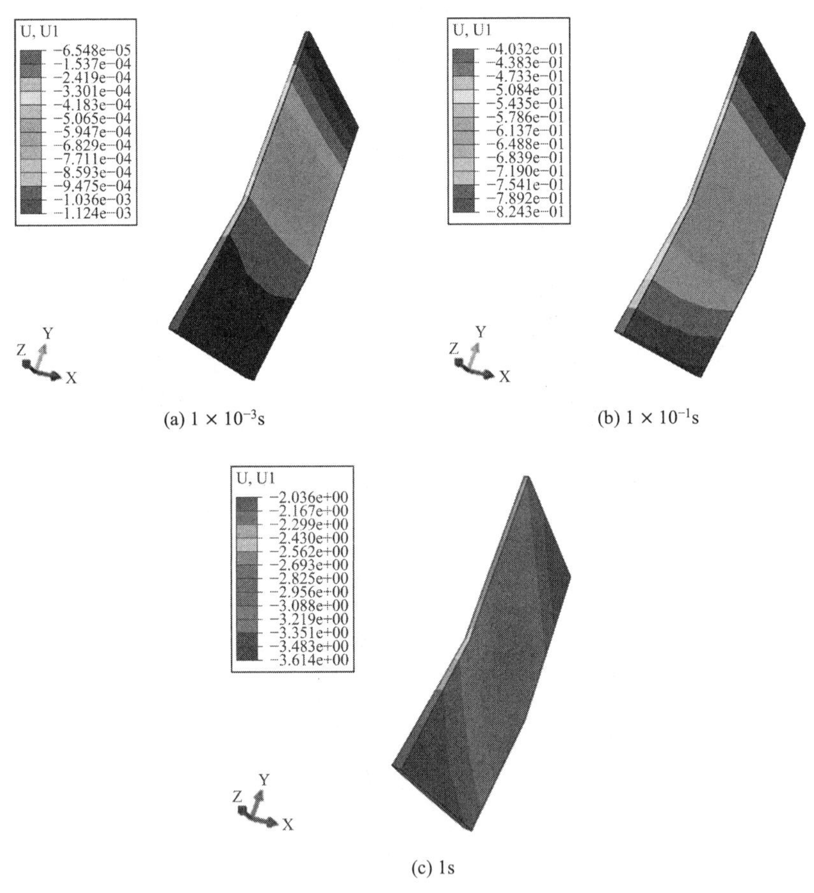

(a) 1×10^{-3}s　(b) 1×10^{-1}s

(c) 1s

图 5.5-10　汶川地震波下上游面板顺河向位移场

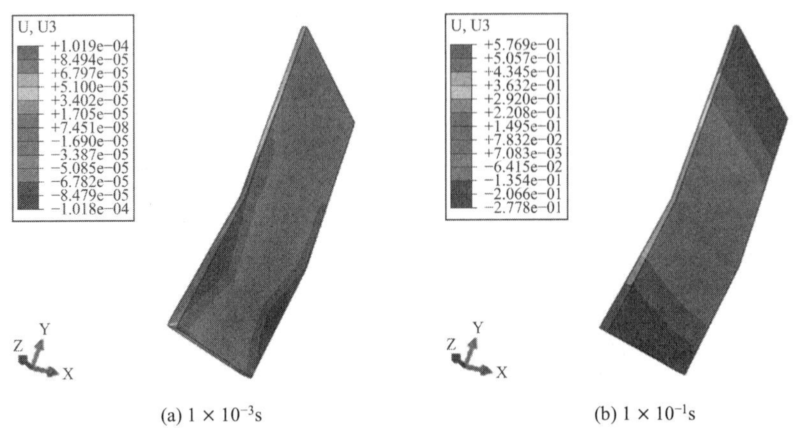

(a) 1×10^{-3}s　(b) 1×10^{-1}s

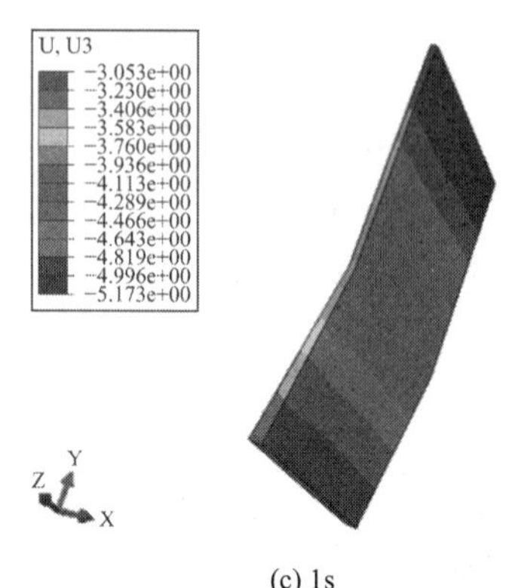

(c) 1s

图 5.5-11　汶川地震波下上游面板横河向位移场

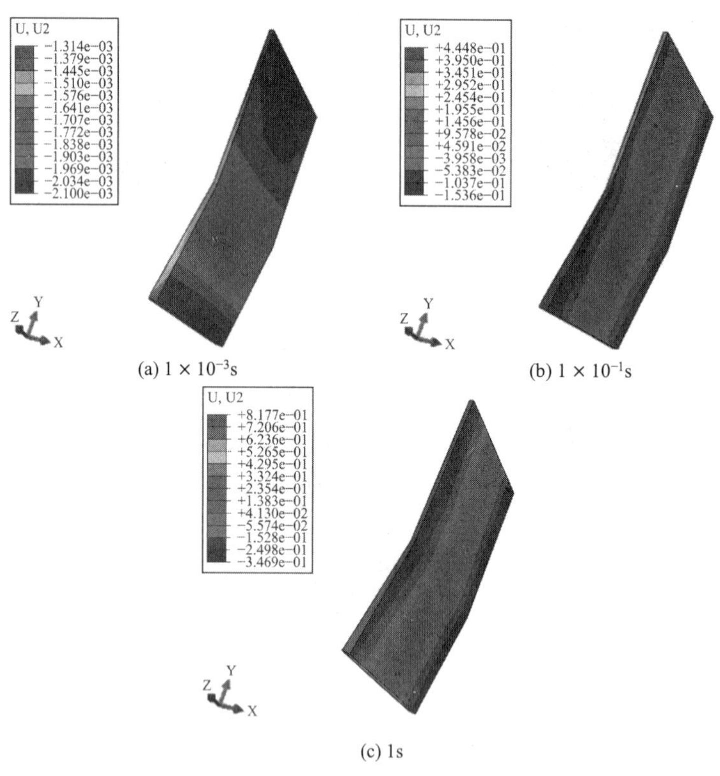

(a) 1×10^{-3}s　　(b) 1×10^{-1}s

(c) 1s

图 5.5-12　汶川地震波下上游面板重力向位移场

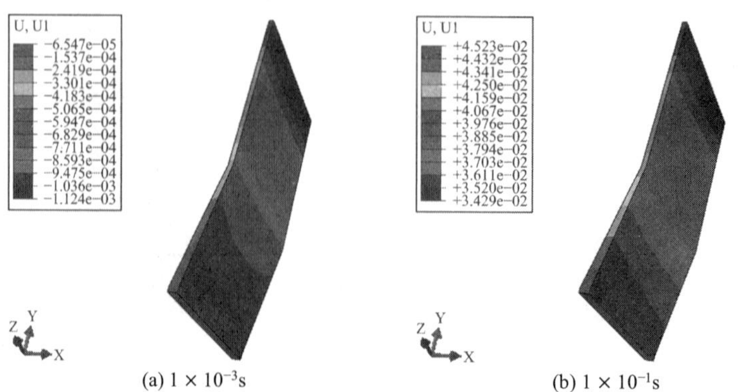

(a) 1×10^{-3}s　　(b) 1×10^{-1}s

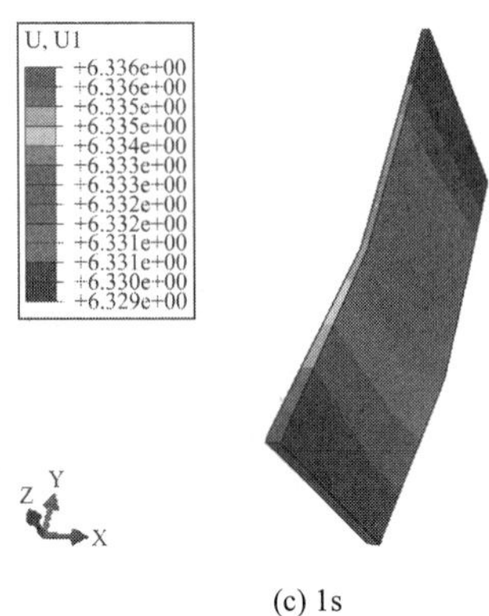

(c) 1s

图 5.5-13　Koyna 地震波下上游面板顺河向位移场

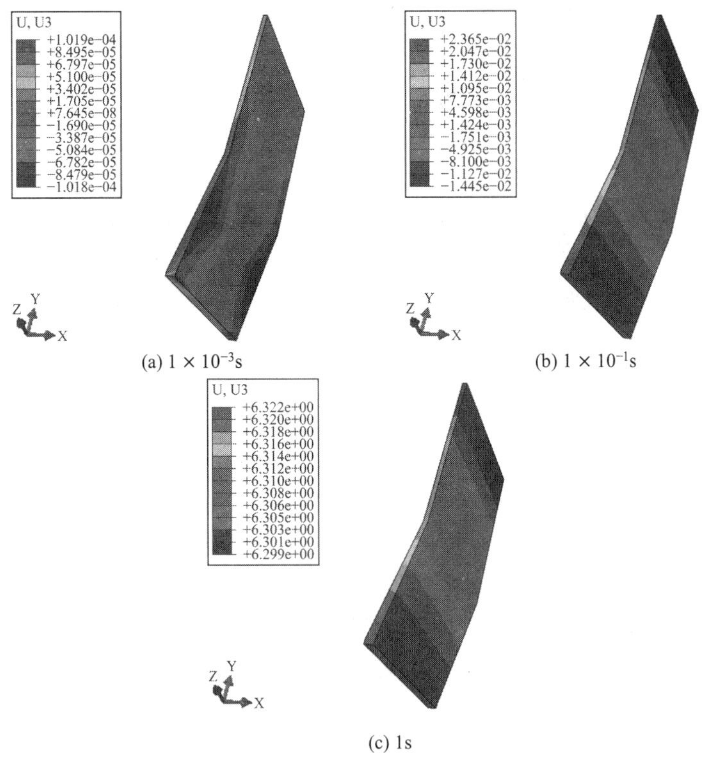

(a) 1×10^{-3}s　　(b) 1×10^{-1}s

(c) 1s

图 5.5-14　Koyna 地震波下上游面板横河向位移场

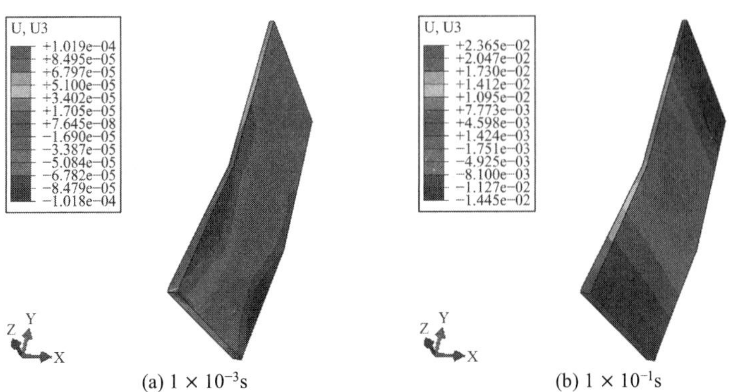

(a) 1×10^{-3}s　　(b) 1×10^{-1}s

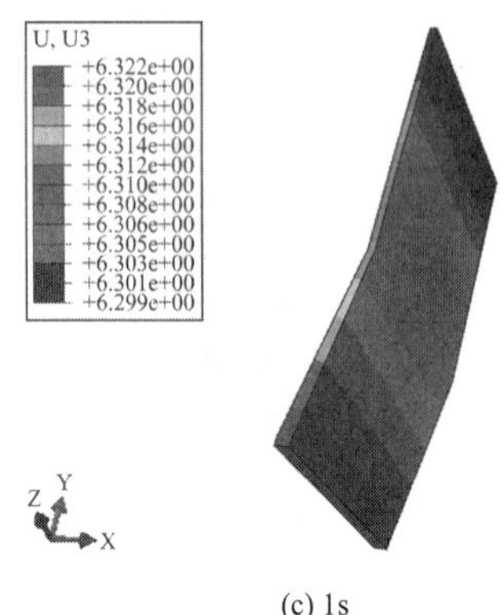

(c) 1s

图 5.5-15 Koyna 地震波下上游面板重力向位移场

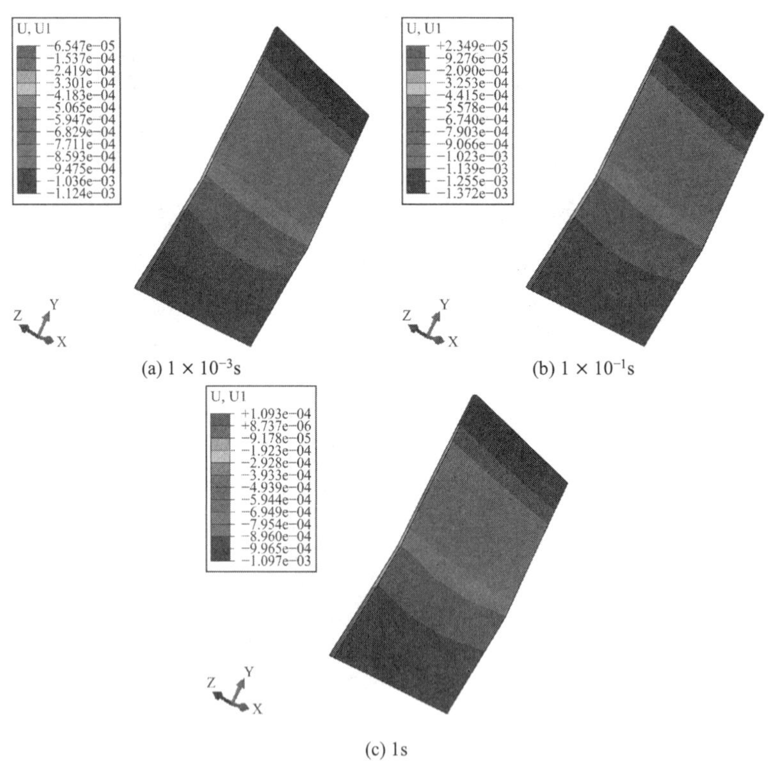

(a) 1×10^{-3}s　　(b) 1×10^{-1}s

(c) 1s

图 5.5-16 Kobe 地震波下上游面板顺河向位移场

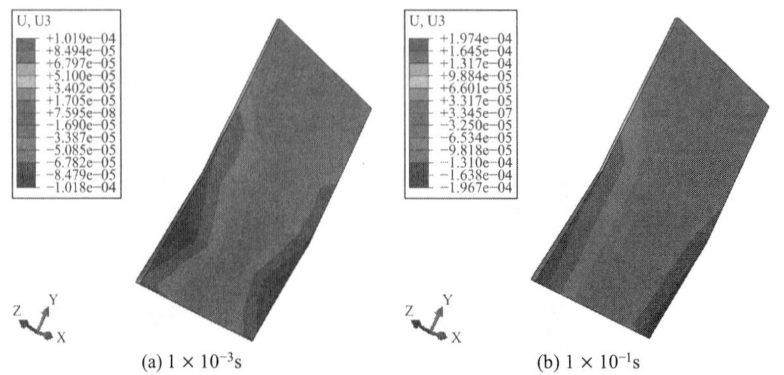

(a) 1×10^{-3}s　　(b) 1×10^{-1}s

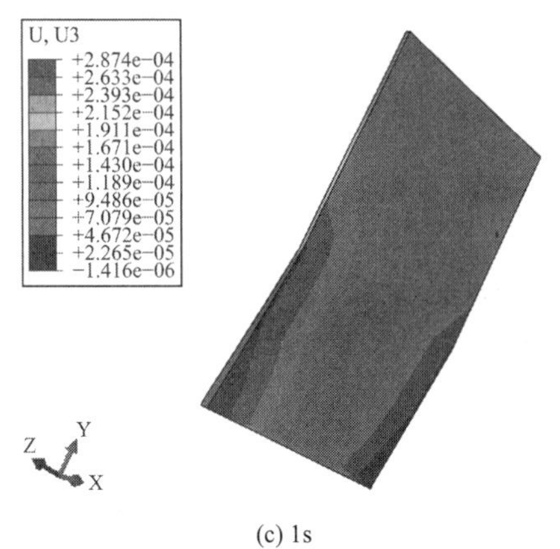

(c) 1s

图 5.5-17　Kobe 地震波下上游面板横河向位移场

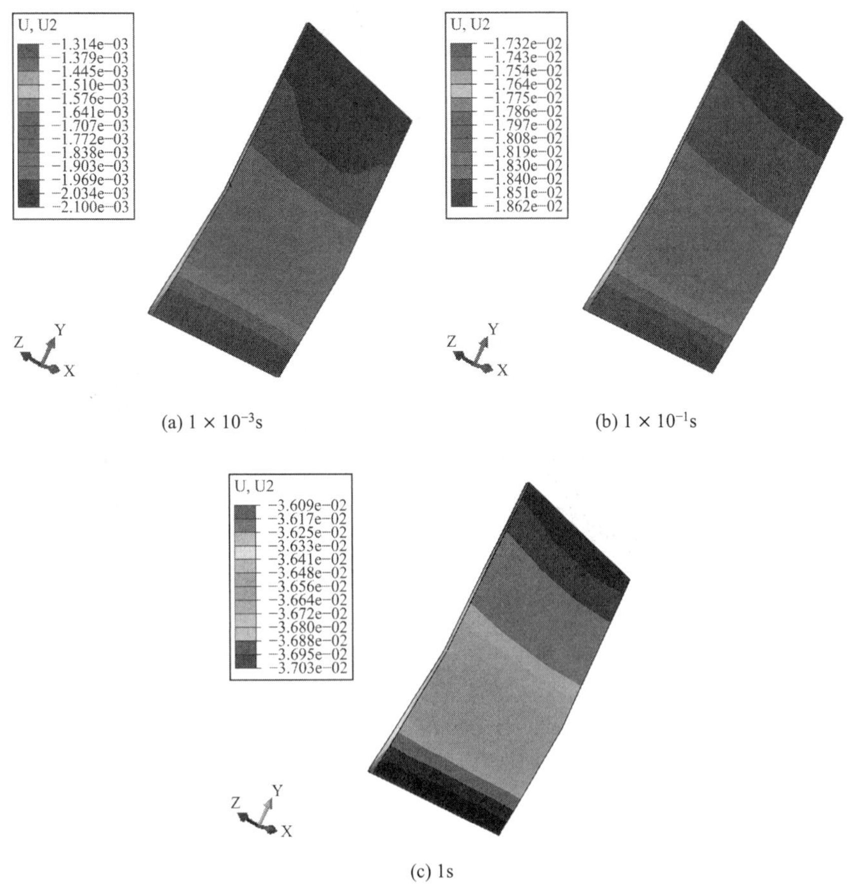

(a) 1×10^{-3}s　(b) 1×10^{-1}s

(c) 1s

图 5.5-18　Kobe 地震波下上游面板重力向位移场

（3）应变场

地震波激励作用下的动应变场分布规律与应力场更为接近，面板上的脆弱区块均是高水平应变数值的积聚区域，这些区域的扭曲剪切程度极高（图 5.5-19～图 5.5-27）。

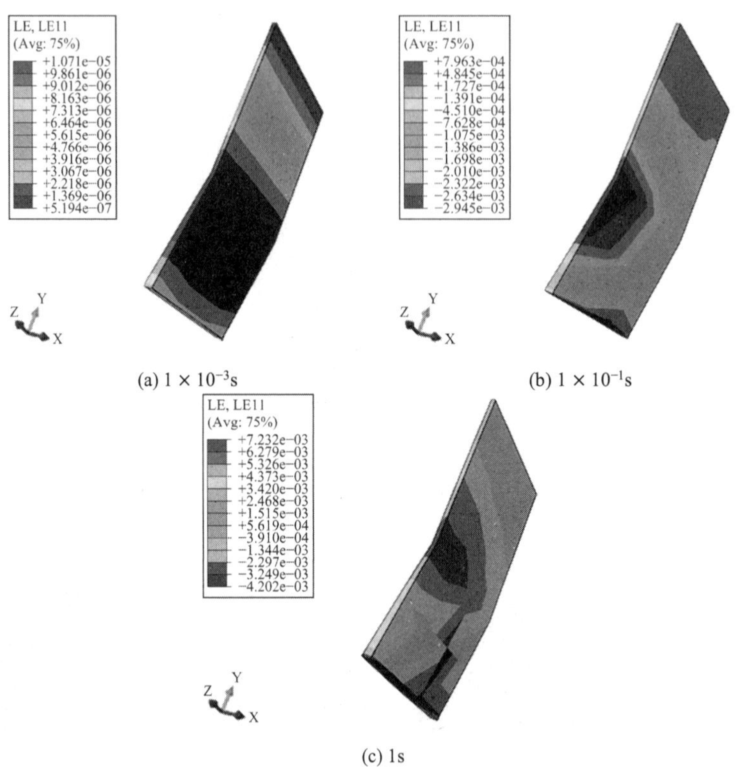

(a) 1×10^{-3}s (b) 1×10^{-1}s

(c) 1s

图 5.5-19　汶川地震波下上游面板顺河向应变场

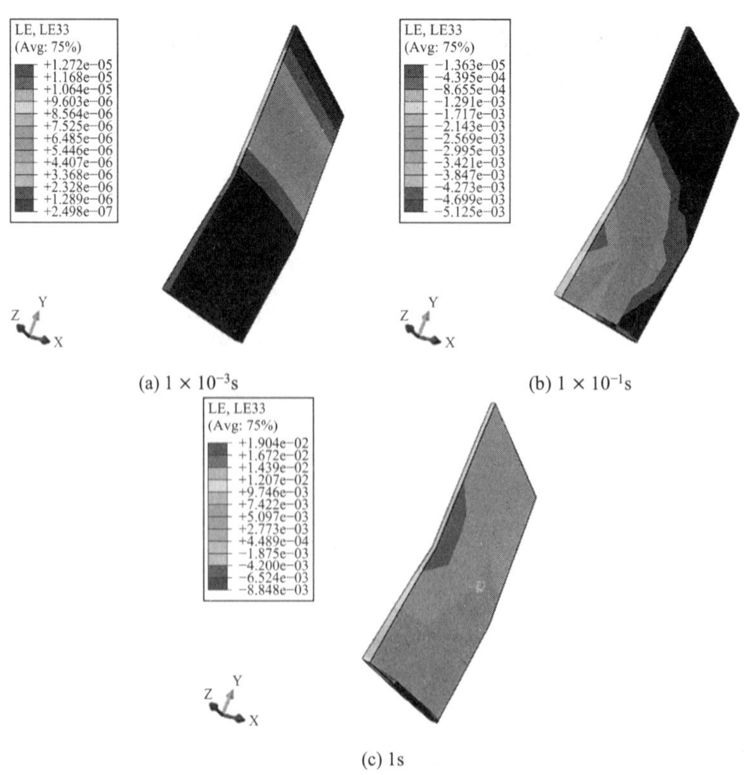

(a) 1×10^{-3}s (b) 1×10^{-1}s

(c) 1s

图 5.5-20　汶川地震波下上游面板横河向应变场

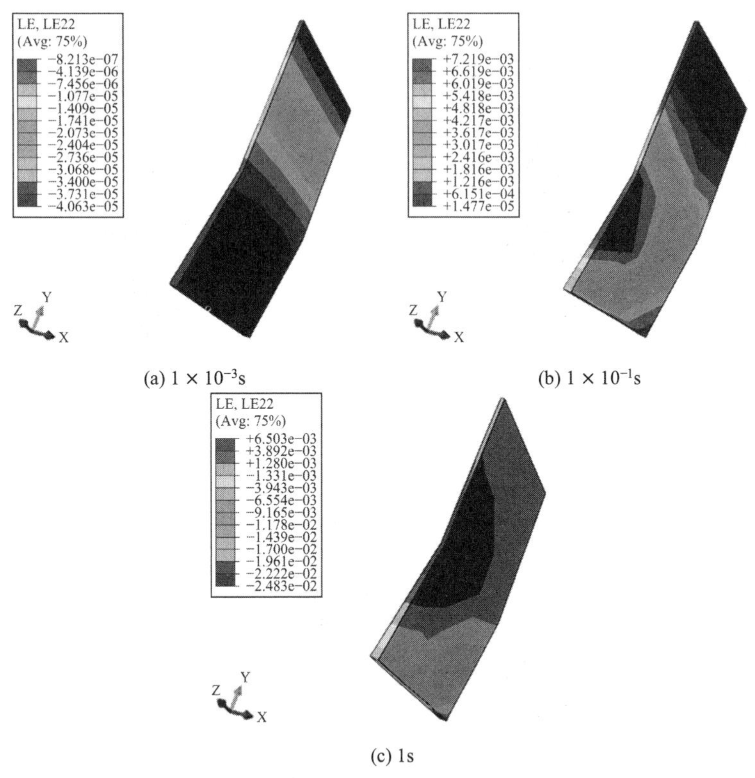

图 5.5-21　汶川地震波下上游面板重力向应变场

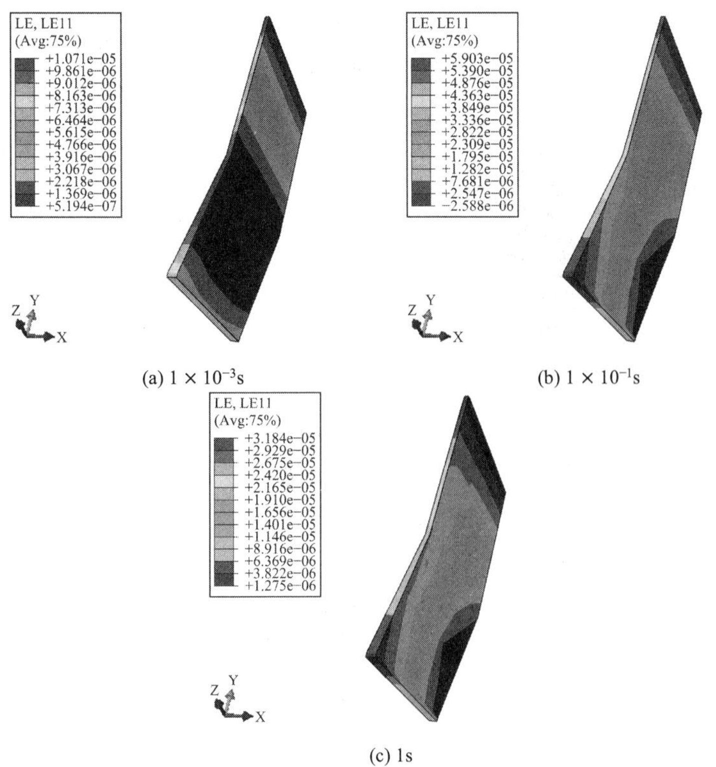

图 5.5-22　Koyna 地震波下上游面板顺河向应变场

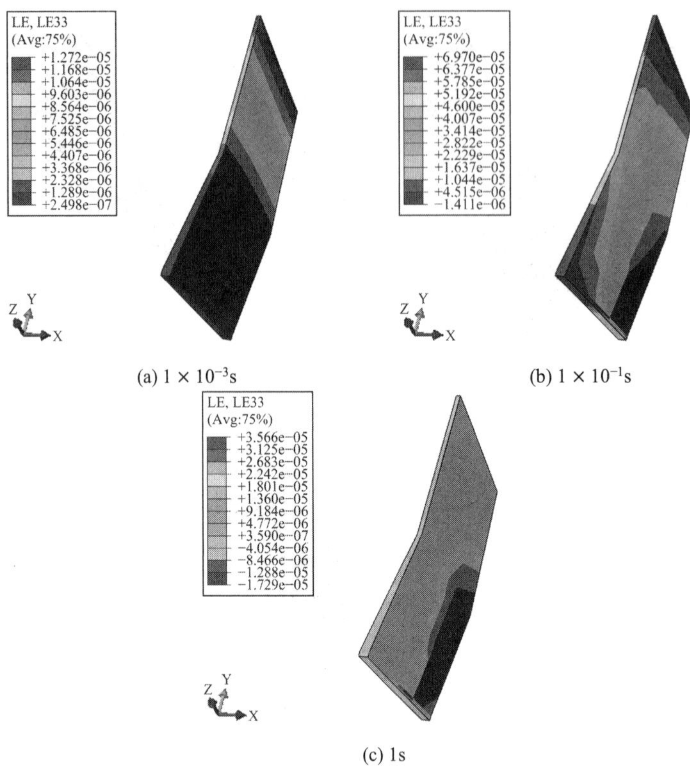

(a) 1×10^{-3}s　(b) 1×10^{-1}s

(c) 1s

图 5.5-23　Koyna 地震波下上游面板横河向应变场

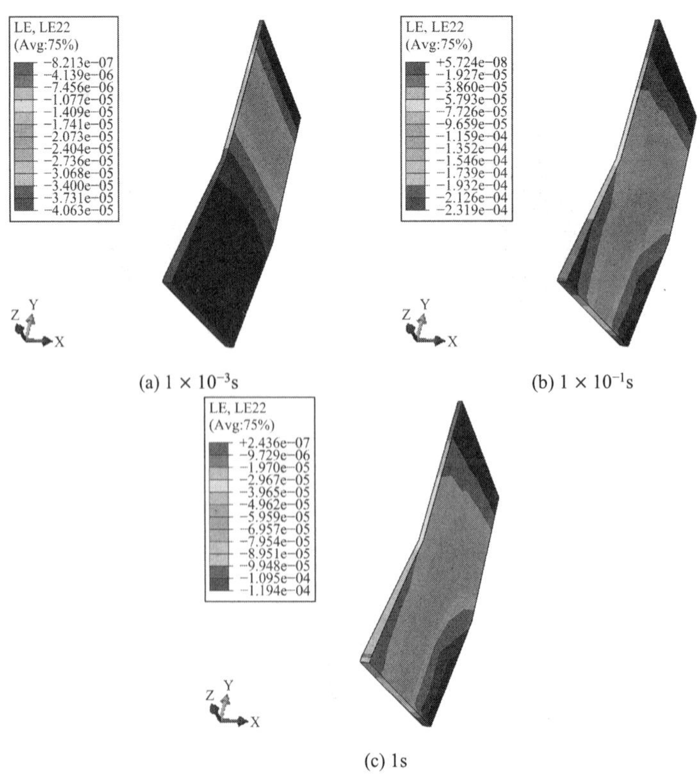

(a) 1×10^{-3}s　(b) 1×10^{-1}s

(c) 1s

图 5.5-24　Koyna 地震波下上游面板重力向应变场

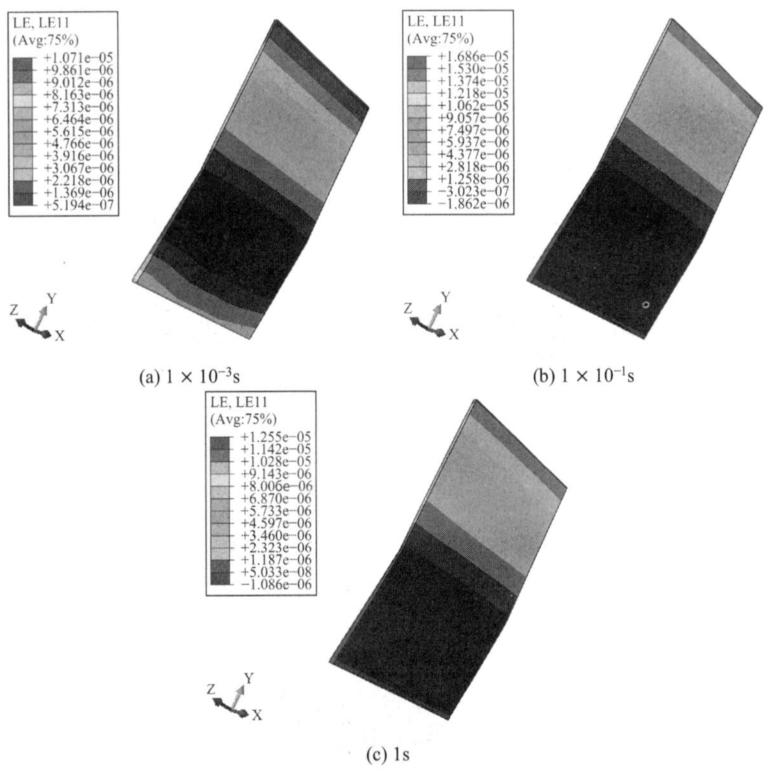

(a) 1×10^{-3}s　　(b) 1×10^{-1}s

(c) 1s

图 5.5-25　Kobe 地震波下上游面板顺河向应变场

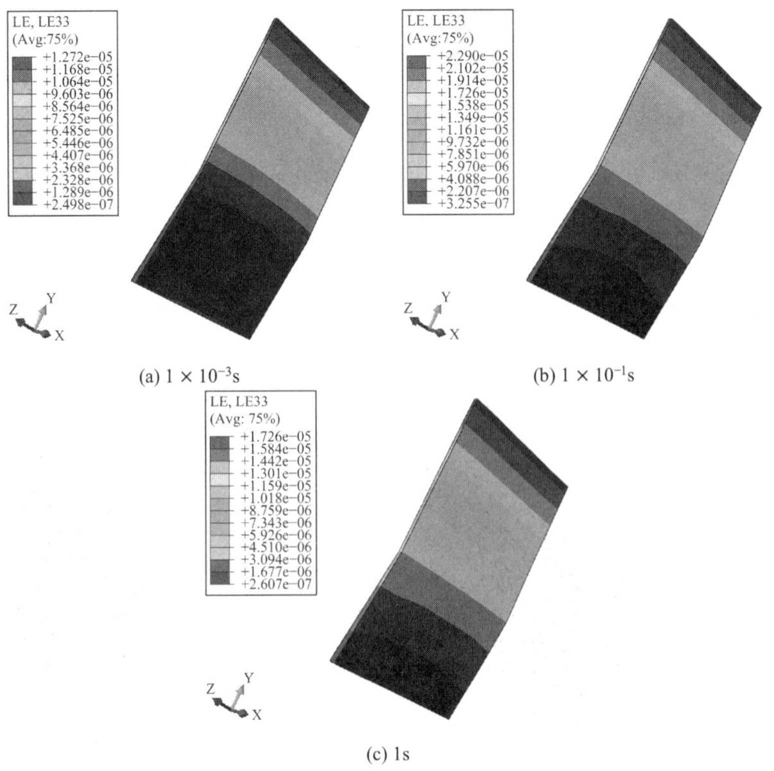

(a) 1×10^{-3}s　　(b) 1×10^{-1}s

(c) 1s

图 5.5-26　Kobe 地震波下上游面板横河向应变场

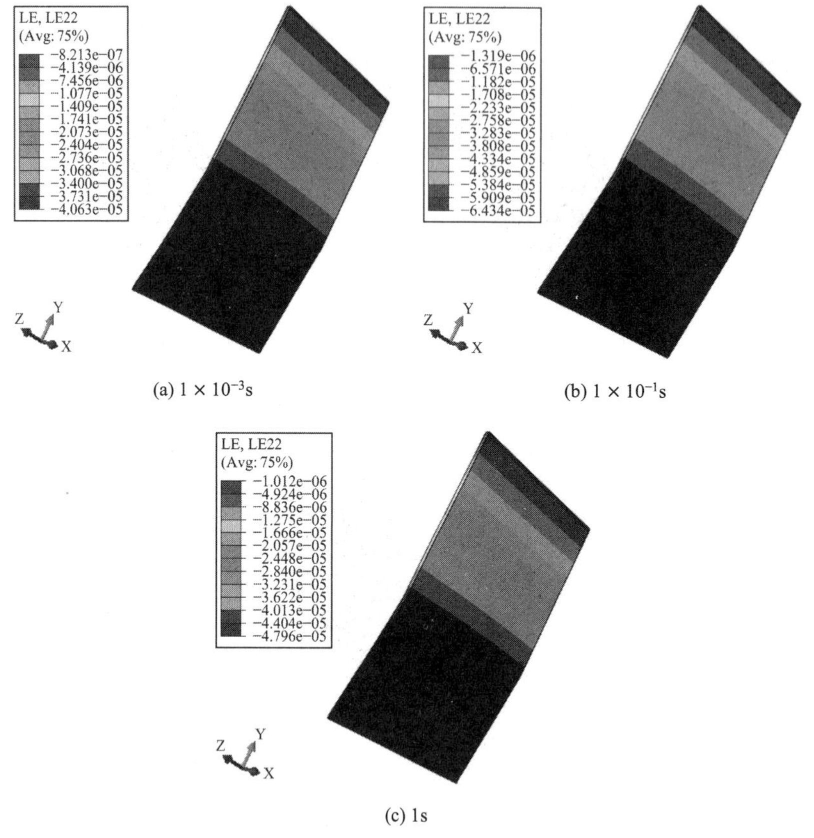

(a) 1×10^{-3}s (b) 1×10^{-1}s

(c) 1s

图 5.5-27 Kobe 地震波下上游面板重力向应变场

（4）接触区

以接触面法向开合度为主要评价指标进行地震动敏感性研究（图 5.5-28～图 5.5-30），结果表明，受地震波谱输入的非确知性影响，该区域两类材料之间的张开或闭合表现极为敏感，汶川波激励下，上游坝踵位置处的面板与灌砌石体间在地震动末期最大张开度达到 7mm，而在 Kobe 波激励下最大张开度只有 3×10^{-2}mm，且张开位置上升至上游坝面转折处。

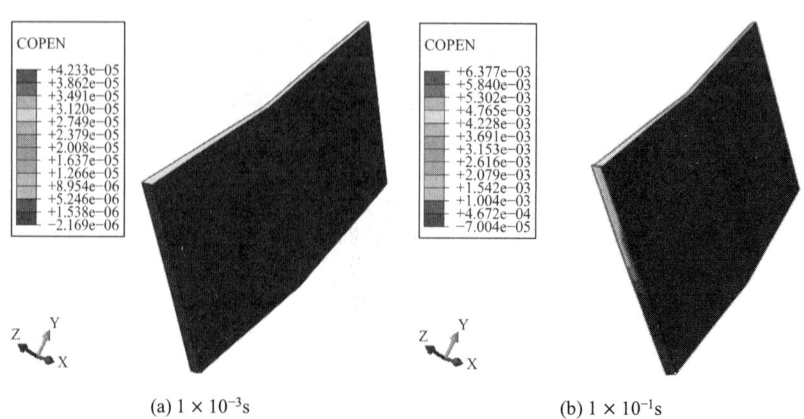

(a) 1×10^{-3}s (b) 1×10^{-1}s

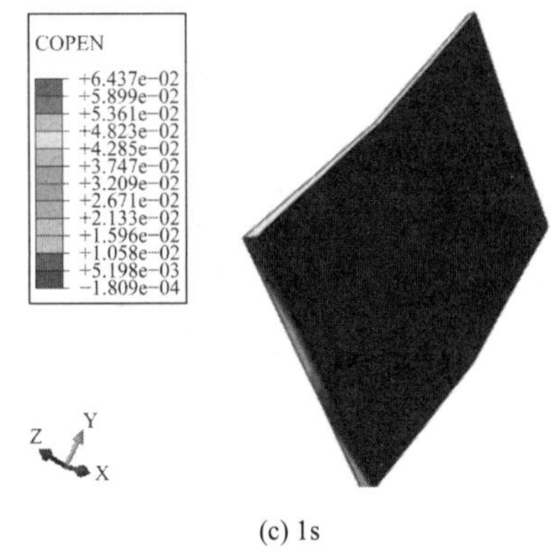

(c) 1s

图 5.5-28　汶川地震波下接触面法向开合度过程

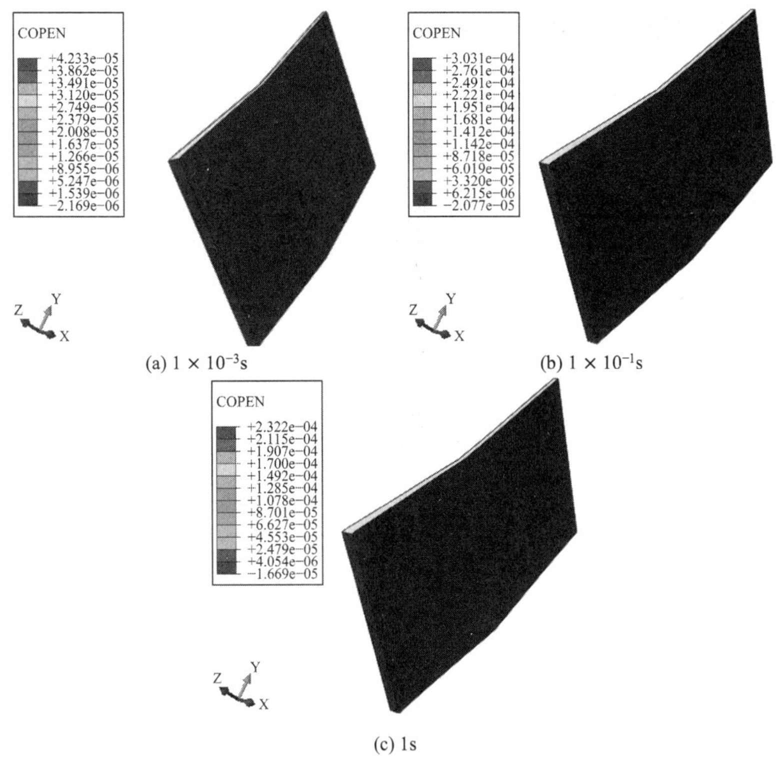

(a) 1×10^{-3}s　　(b) 1×10^{-1}s

(c) 1s

图 5.5-29　Koyna 地震波下接触面法向开合度过程

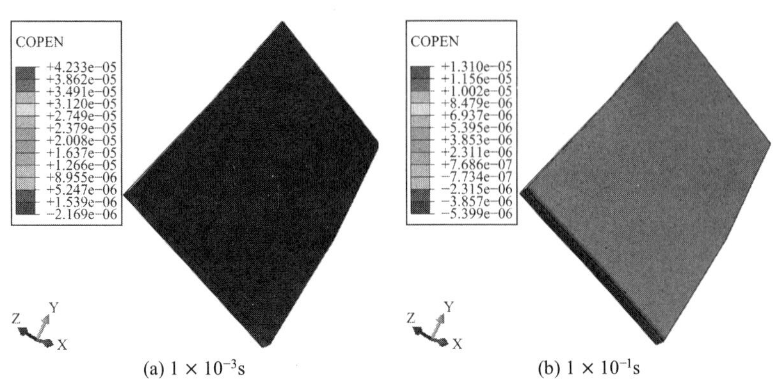

(a) 1×10^{-3}s　　(b) 1×10^{-1}s

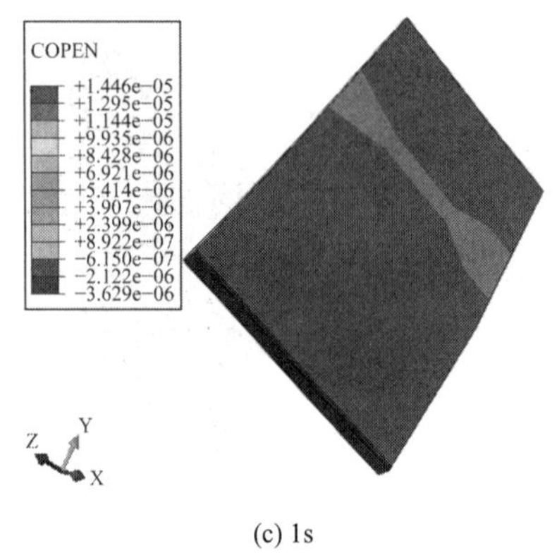

(c) 1s

图 5.5-30　Kobe 地震波下接触面法向开合度过程

5.5.2　上游锚固体系地震动力响应敏感性

六横重力坝上游面板与灌砌石体之间的锚固体系是维护结构整体性，特别是增强系统动力稳定性的重要构造环节[56-60]，本节就该部分的地震动力敏感性进行分析研究。

（1）应力场

就地震动应力场而言，汶川波激励下的分布总体随地震时程延长而呈现应力累积增长的趋势（图 5.5-31），而 Koyna 波和 Kobe 波激励下结果略有起伏波动，特别是在地震后期，汶川波的动应力水平比后两者高达两个百分点，Kobe 波结果是三者中量级最低的（图 5.5-32 及图 5.5-33）。

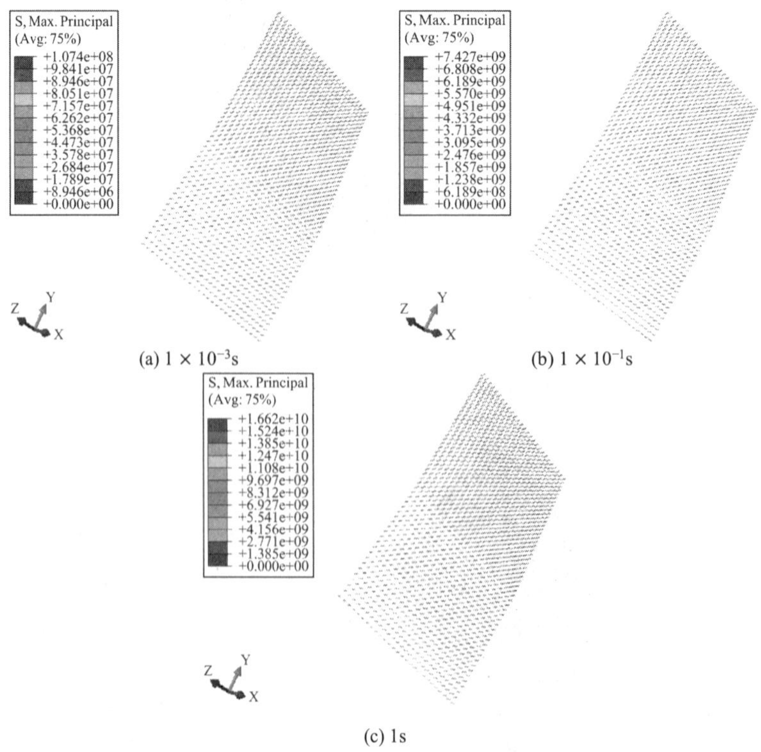

(c) 1s

图 5.5-31　汶川地震波下大主应力过程

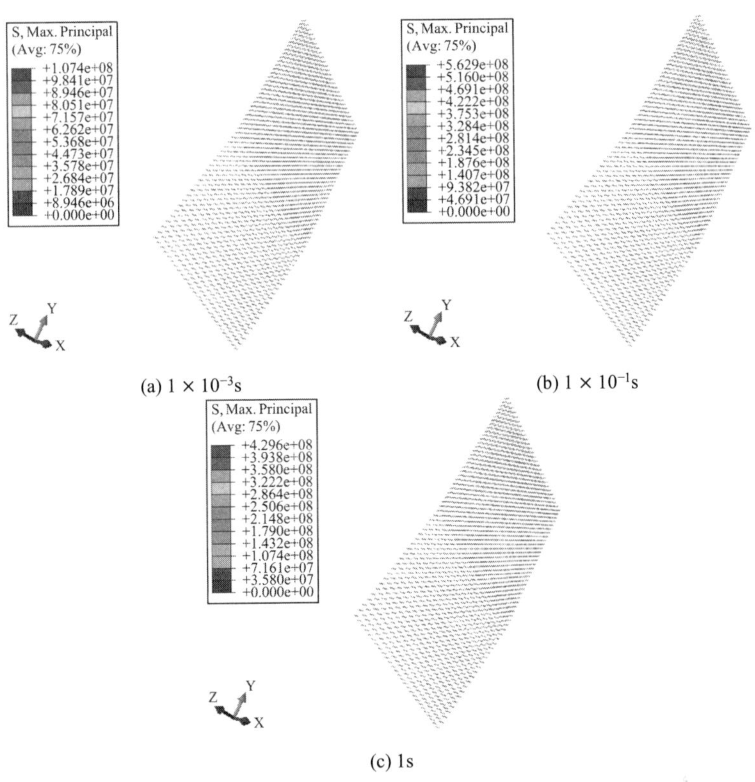

(a) 1×10^{-3}s　　(b) 1×10^{-1}s

(c) 1s

图 5.5-32　Koyna 地震波下大主应力过程

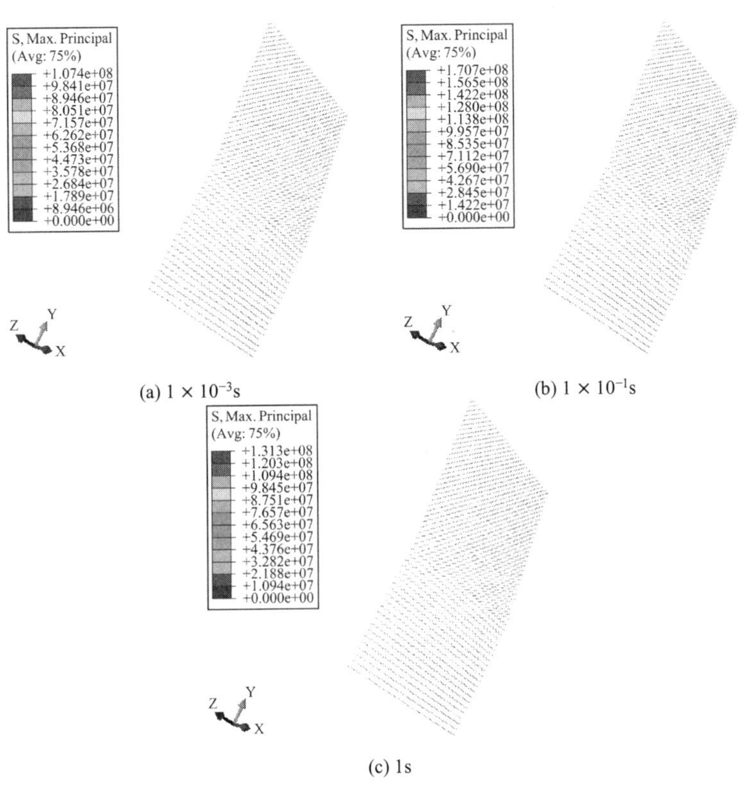

(a) 1×10^{-3}s　　(b) 1×10^{-1}s

(c) 1s

图 5.5-33　Kobe 地震波下大主应力过程

（2）位移场

在多地震波激励下的动位移场中，Kobe 波计算结果明显低于前两者（图 5.5-34 及图 5.5-36），特别是 Koyna 波激励下的锚固体系的动位移达到 1m 级（图 5.5-35）。

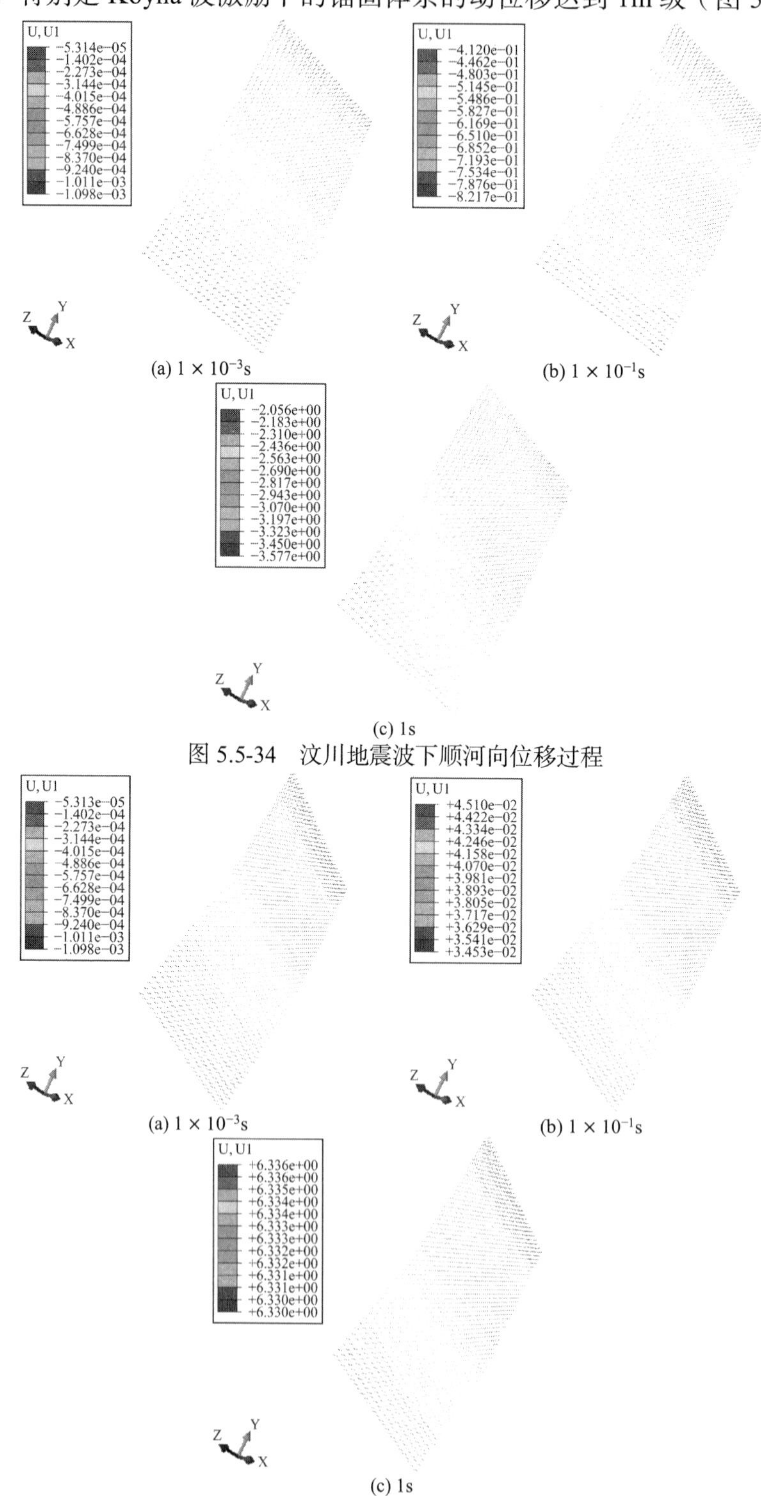

(a) 1×10^{-3}s (b) 1×10^{-1}s

(c) 1s

图 5.5-34 汶川地震波下顺河向位移过程

(a) 1×10^{-3}s (b) 1×10^{-1}s

(c) 1s

图 5.5-35 Koyna 地震波下顺河向位移过程

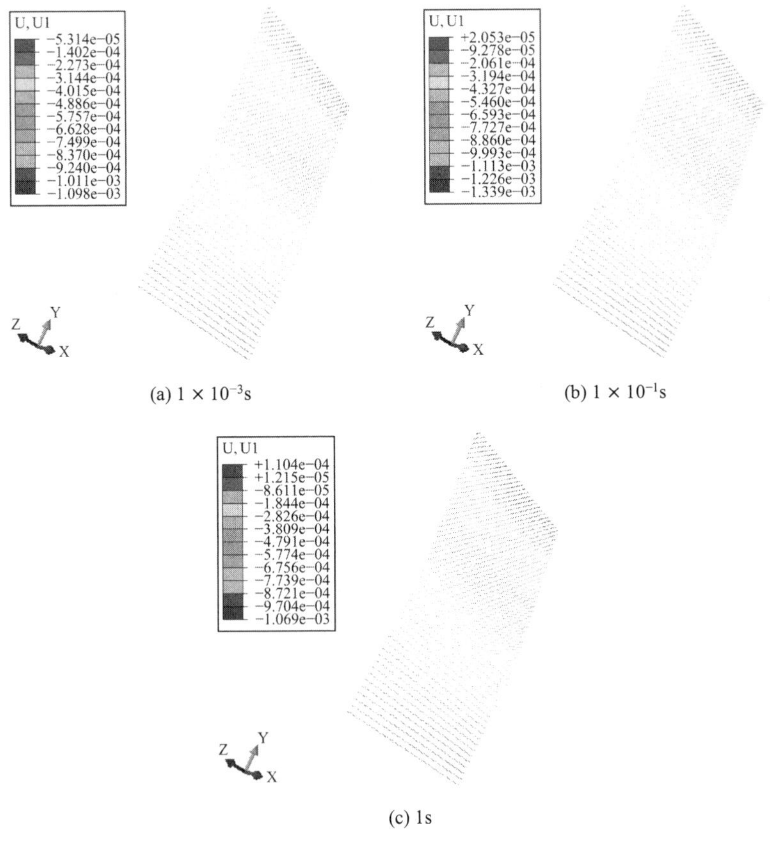

(a) 1×10^{-3}s　　(b) 1×10^{-1}s

(c) 1s

图 5.5-36　Kobe 地震波下顺河向位移过程

（3）应变场

各族地震波激励的动应变场分布规律与位移场较为相似，由汶川波、Koyna 波到 Kobe 波，动应变量级依次水平下降接近 1 个百分点（图 5.5-37，图 5.5-38 及图 5.5-39）。六横重力坝系统之上游锚固系统对于地震波谱输入极为敏感，本节研究成果指出，对于此类坝型，保证结构整体抗震安全需要对上游面板与灌砌石体间的锚固系统进行精心设计，必要时设计标准应适当提高[61-62]。

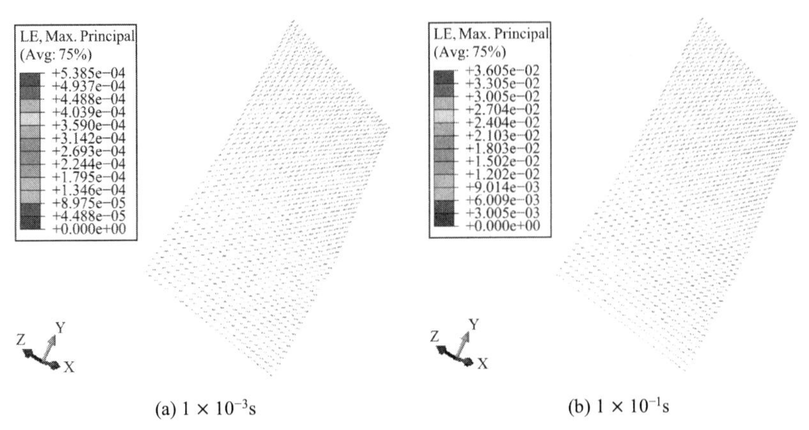

(a) 1×10^{-3}s　　(b) 1×10^{-1}s

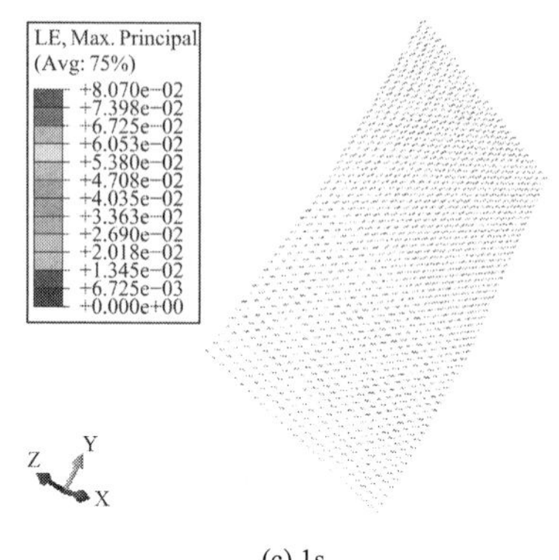

(c) 1s

图 5.5-37 汶川地震波下最大正应变过程

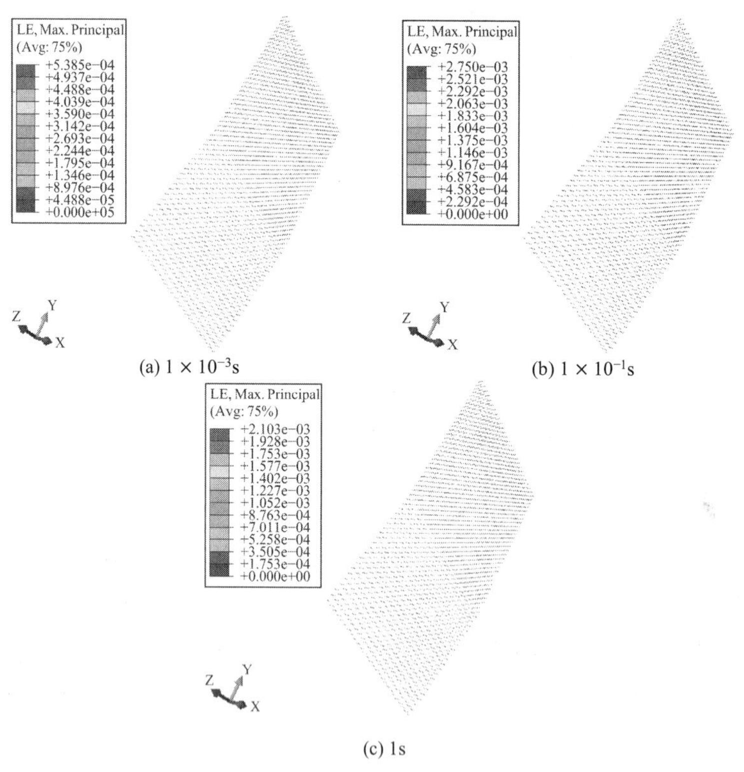

(a) 1×10^{-3}s (b) 1×10^{-1}s

(c) 1s

图 5.5-38 Koyna 地震波下最大正应变过程

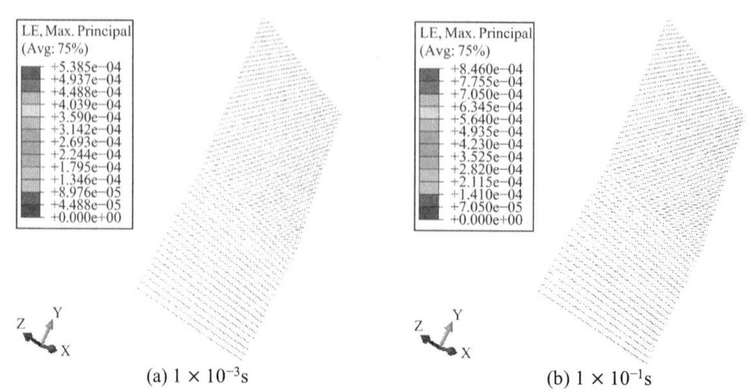

(a) 1×10^{-3}s (b) 1×10^{-1}s

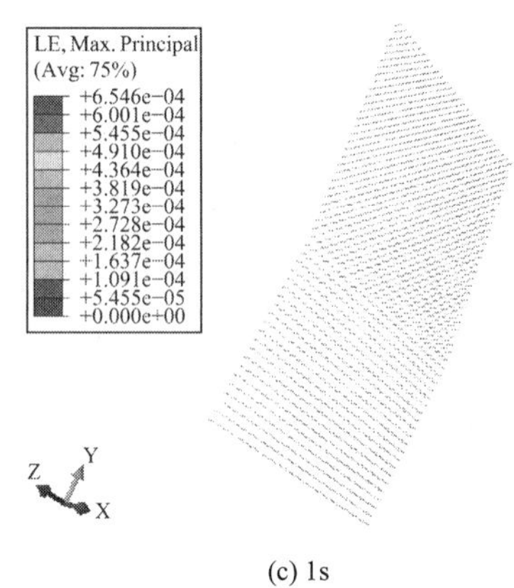

(c) 1s

图 5.5-39　Kobe 地震波下最大正应变过程

5.5.3　成果分析与讨论

就六横重力坝而言，其主体结构对于地震波形激励极为敏感，特别是地震波的不确定性将是大坝安全的主要威胁之一，对其进行地震波形激励敏感性研究极为必要。无论采用何种形式的地震波形作为激励输入，地脉动作用下的钢筋混凝土面板与灌砌石体之间既是动力敏感集中区，又是一处极其薄弱的构造接触区，在各类地震波作用下，该处均存在张开的趋势，且这种可能性会随着地震能量积累增大，故此六横重力坝中局部强化极为必要，否则这些区域中的动主拉应力常会突破混凝土材料的极限抗拉强度值。此外，根据计算结果研究发现，在地震动影响下，六横重力坝上游坝面的锚固体系分担了结构 1/4 以上的极限应力，对于缓震、限裂作用效果明显。

参考文献

[1] 住房和城乡建设部. 建筑抗震设计规范: GB 50011—2001[S]. 北京: 中国建筑工业出版社, 2002.

[2] Wang Ya-jun, Hu yu, Zuo zheng, et al. Crucial geo-qualities and predominant defects treatment on foundation zones of Sino mainland Xiluodu arch dam[J]. Advanced Materials Research, 2012, 446-449: 1997-2001.

[3] Wang Ya-jun, REN Da Chun, GAN Xiao Qing, et al. Rock-Concrete Joints Reliability during Building Process of Super Dam[J]. Applied Mechanics and Materials, 2013, 275-277: 1536-1539.

[4] 国家能源局. 水电工程水工建筑物抗震设计规范: NB 35047—2015[S]. 北京: 中国水利

水电出版社, 2015.

[5] Anil K Chopra. 结构动力学-理论及其在地震工程中的应用[M]. 北京: 清华大学出版社, 2005.

[6] R Clough, J Penzien. 结构动力学(王光远等译)[M]. 北京: 高等教育出版社, 2006.

[7] YAN Qian, WU Di, WANG You-bo, et al. Seismic Behaviors on CFGRD[J]. Earth and Environmental Science, 2019, 304: 1-6.

[8] 严乾, 王亚军, 王友博, 等. 舟山地区面板灌砌石坝抗震安全评价研究[J]. 水利发电, 2018, 44(5): 50-52, 93.

[9] W D Finn. State-of-the-art of geotechnical earthquake engineering practice[J]. Soil Dynamics and Earthquake Engineering, 2000, 20(1-4): 1-16.

[10] Wang Ya-jun, Wang Jin Ting, Gan Xiao Qing, et al. Modal Analysis on Xiluodu Arch Dam under Fuzzy Stochastic Damage Constitution[J]. Advanced Materials Research, 2013, 663: 202-205.

[11] Wang Ya-jun, Zuo Z, Gan X Q, et al. Super arch sam seismic generalized damage. Applied Mechanics and Materials, 2013, 275-277: 1229-1232.

[12] 住房和城乡建设部. 水工建筑物抗震设计标准: GB 51247—2018[S]. 北京: 中国计划出版社, 2018.

[13] 尚世明. 普通混凝土多轴动态性能试验研究[D]. 大连: 大连理工大学, 2013: 1-65.

[14] 王亚军, 金峰, 张楚汉, 等. 舟山海域海相砂土循环激振下的液化破坏孔压模型[J], 岩石力学与工程学报, 2013, 32(3): 582-597.

[15] 汪明元, 单治钢, 王亚军, 等. 应变控制下舟山岱山海相软土动弹性模量及阻尼比试验研究[J], 岩石力学与工程学报, 2014, 33(7): 1503-1512.

[16] 高世虎, 王军, 李登超, 等. 舟山海相砂土静动力学特性研究[J]. 中国水运, 2014, 14(3): 335-339.

[17] 可建伟, 王军, 李登超, 等. 舟山海域海相砂土流固耦合动力液化可靠度研究[J]. 中国水运, 2014, 14(8): 283-284.

[18] 李志全, 杜成斌, 洪永文. 无限地基辐射阻尼对重力坝地震响应的影响[C]. 庆祝中国力学学会成立50周年暨中国力学学会学术大会, 中国, 北京, 2007.

[19] 金峰, 贾伟伟, 王光纶. 离散元-边界元动力耦合模型[J]. 水利学报, 2001, 1: 23-27.

[20] 孔宪京, 韩国城, 张天明. 土石坝与地基地震反应分析的波动一剪切梁法[J]. 大连理工大学学报, 1994, 34(2): 173-179.

[21] 林皋, 刘俊. 波浪对双层圆弧型贯底式开孔介质防波堤的绕射[J]. 哈尔滨工程大学学报, 2012, 33(5): 539-546.

[22] 刘俊. 比例边界有限元方法在波浪与开孔结构相互作用及电磁场问题中的研究[D]. 大

连：大连理工大学, 2012: 27-80.

[23] 李德玉，张伯艳，王海波，等. 重力坝坝体-库水相互作用的振动台试验研究[J]. 中国水利水电科学研究院学报, 2003, 1(3): 216-220.

[24] 王亚军，张我华. 龙滩碾压混凝土坝随机损伤力学分析的模糊自适应有限元研究[J]. 岩石力学与工程学报, 2008, 27(6): 1251-1259.

[25] 王亚军，张我华. 岩石边坡模糊随机损伤可靠性研究[J]. 沈阳建筑大学学报(自然科学版), 2009, 25(3): 421-425.

[26] Yajun Wang. A novel story on rock slope reliability, by an initiative model that incorporated the harmony of damage, probability and fuzziness[J]. Geomechanics and Engineering, 2017, 12(2): 269-294.

[27] Yajun Wang. Tests and Models of Hydraulic Concrete Material with High Strength[J]. Advances in Materials Science and Engineering, 2016: 1-18.

[28] Xiao-Qing Gan, Ya-jun Wang. Thermo-Dynamics and Stress Characteristics on High Strength Hydraulic Concrete Material[J]. the Open Civil Engineering Journal, 2015, 9: 529-534.

[29] 王亚军，张我华，张楚汉，等. 碾压混凝土重力坝的广义损伤可靠度及敏感性[J]. 土木建筑与环境工程, 2011, 33(1): 77-86.

[30] Wang Y J, Zhang W H, Zhang C H , et al. Fuzzy stochastic damage mechanics (FSDM) based on fuzzy auto-adaptive control theory. Water Science and Engineering, 2012, 5(2): 230-242.

[31] Wang Y J, Zhang W H. Super gravity dam generalized damage study. Advanced Materials Research, 2012, 479-481: 421-425.

[32] 王亚军，张我华. 非线性模糊随机损伤研究[J]. 水利学报, 2010, 41(2): 189-197.

[33] 王亚军，张我华，金伟良.一次逼近随机有限元对堤坝模糊失效概率的分析[J]. 浙江大学学报(工学版), 2007, 41(1): 52-56.

[34] 王亚军，张我华. 荆南长江干堤模糊自适应随机损伤机理研究[J]. 浙江大学学报(工学版), 2009, 43(4): 743-749, 776.

[35] 李笃权. 水工大坝的抗震减灾[J]. 西北水资源与水工程, 1994, 5: 40-51.

[36] 邱流潮，金峰. 地震分析中人工边界处理与地震动输入方法研究[J]. 岩土力学, 2006, 27(9): 1501-1504.

[37] 张波，李术才，杨学英，等. 三维黏弹性人工边界地震波动输入方法研究[J]. 岩土力学, 2009, 30(3): 775-776.

[38] 蒋新新，李建波，林皋. 边坡场地条件下黏弹性人工边界模型的地震输入模式研究[J]. 世界地震工程, 2013, 29(4): 126-132.

[39] 刘晶波，杜义欣，闫秋实. 黏弹性人工边界及地震动输入在通用有限元软件中的实现[C]. 第三届全国防震减灾工程学术研讨会论文集，江苏，南京, 2007: 37-42.

[40] Yajun WANG, Zhigang SHENG, Ming-yuan WANG, et al. Fuzzy Stochastic Damage on Main Dike of Yangtse Rive[J]. IOP Conf. Series: Earth and Environmental Science 825, 2021100

[41] Wang Ya-jun, Zuo Zheng, Yan Xinjun, et al. Feedback and Sensitivity Analysis for Mass Data from Transverse Joints Monitoring System of Super Arch Dam in Sino Mainland[J]. Advanced Materials Research, 2013, 663:198-201.

[42] 王亚军, 张我华. 基于模糊随机损伤力学的模糊自适应有限元分析. 解放军理工大学学报(自然科学版), 2009, 10(5): 440-446.

[43] Wang Y J, Zhang W H, Jin W L, et al. Fuzzy stochastic generalized reliability studies on embankment systems based on first-order approximation theorem[J]. Water Science and Engineering, 2008, 1(4): 36-46.

[44] 欧进萍, 牛荻涛, 杜修力. 设计用随机地展动的模型及其参数确定[J]. 地震工程与工程振动, 1991, 11(3): 45-54.

[45] 刘会仪. 结构随机地展反应谱理论与应用[D]. 哈尔滨: 哈尔滨建筑工程学院, 1993: 21-36.

[46] 胡聿贤. 地震工程学[M]. 北京: 地震出版社, 1988: 32-79.

[47] 高小旺, 鲍霭斌. 地震作用的概率模型及其统计参数[J]. 地震工程与工程振动, 1985, 5(3): 13-18.

[48] 高小旺, 魏琏, 韦承基. 以概率为基础的抗震设计若干问题[J]. 世界地震工程, 1986, 3: 17-21.

[49] Dominguez J, Maeso O. Model for the seismic analysis of arch dams including interaction effects[C]. Proceedings of Proceeding of the 10th World Conference on Earthquake Engineering, Madrid, Italy, 1992. 4601-4606.

[50] Chopra A K, Tan H. Modeling dam-foundation interaction in analysis of arch dams[C]. Proceedings of Proceeding of the 10th World Conference on Earthquake Engineering, Madrid, Italy, 1992. 4623-4626.

[51] Chopra A K, Chakrabarti P. The Koyna Earthquake of December 11, 1967, and the Performance of Koyna Dam[R]. Technical report, Earthquake Engineering Research Center, University of California, Berkeley, 1971.

[52] Niwa A, Clough R W. Non-linear seismic response of arch dams[J]. Earthquake Engineering and Structural Dynamic, 1982, 10(2): 267-281.

[53] Nath B. Natural frequencies of arch dam reservoir systems-by a mapping finite element method[J]. Earthquake Engineering and Structural Dynamics, 1982, 10(5): 719-734.

[54] 方丹. 基于 GIS 的北川地区地震滑坡空间分布特征分析及敏感性评价[D]. 北京: 首都师范大学, 2012: 15-39.

[55] 向灵芝, 崔鹏, 张建强, 等. 汶川县地震诱发崩滑灾害影响因素的敏感性分析[J]. 四川

大学学报(工程科学版), 2010, 42(5): 105-112.

[56] 汪明元, 程展林, 林绍忠. 水布垭面板堆石坝的三维弹塑性数值分析研究[J]. 岩土力学, 2004, s2: 507-512.

[57] 丁遥, 沈振中, 李琛亮, 等. 复杂地形对面板坝面板应力和变形的影响分析[J]. 南水北调与水利科技, 2010, (1): 33-35.

[58] 吴兴征, 栾茂田, 阴吉英. 面板堆石坝应力与变形弹塑性有限元计算与分析[J]. 大连理工大学学报, 2000, 5: 602-607.

[59] 高莲士, 汪召华, 宋文晶. 非线性解耦K-G模型在高面板堆石坝应力变形分析中的应用[J]. 水利学报, 2001, 10: 1-7

[60] 徐泽平. 混凝土面板堆石坝应力变形特性研究[M]. 郑州: 黄河水利出版社, 2005: 23-97.

[61] 程良奎. 岩土锚固[M]. 北京: 中国建筑工业出版社, 2003: 23-75.

[62] 洪海春, 徐卫亚. 地震作用下岩体锚固性能研究综述与展望[J]. 金属矿山, 2006 (3): 5-11.

第 6 章
舟山拱坝工程问题研究

6.1 工程背景简介

本章将围绕舟山何家岙双曲拱坝坝体渗点引发的结构整体安全性能削弱等问题展开研究讨论。何家岙水库位于舟山市岱山县高亭镇陈家涧村上游，始建于 1978 年 10 月，1982 年 10 月竣工，该枢纽由拦蓄大坝、坝顶溢洪道、输水设施等组成，坝址以上集水面积 0.45km^2，水库总库容 22.27 万 m^3，是一座以供水为主结合防洪的小（2）型水库，拦蓄大坝坝型为混凝土双曲拱坝，坝高 27.4m，坝长 160m。

何家岙水库所在地高亭镇是舟山市岱山县的县城镇，下辖 26 个村（社），包括 14 个城镇村、12 个渔农村，7 个城镇社区，是全县政治、经济、文化、交通和旅游的中心。全镇陆域面积 50.8km^2，境内有渔山、江南、官山、大、小峧山等岛屿，海岸线总长 47.56km。该镇处于我国沿海南北航线与长江“黄金水道”的咽喉要害，面向西太平洋经济带，国际航线穿越县境。该镇离定海 11 海里，宁波 46 海里，上海 108 海里，是全县政治重镇、经济强镇、海洋经济大镇，同时还是联系渔山千万吨级国家战略石油储备基地及本岛的中枢，由于近年来全域经济社会发展速度极快，淡水资源供需矛盾日趋加剧，因此何家岙水库的战略地位愈加突出，保证这一水利枢纽的正常运行事关全域的经济发展与社会稳定。

6.1.1 地形地貌

何家岙库区属浙东丘陵滨海岛屿区，周边大小岛屿星罗棋布，均为天台山脉入海陷落的残余部分，区域内最高峰海拔为 504m，平原区呈小块散布于海岛的滨海部位，库区范围内山间小盆地众多，四周有低平狭小的海岸平地，何家岙水库正位于山前地带。由此可见何家岙库区总体为海岛地貌，库水及地下水交流特征亦受此地貌影响[1]。

6.1.2 地层岩性与构造

何家岙库区内较为出露的地层主要是侏罗系上统火山岩系以及第四系全新统松散堆积

层，侏罗系上统 b 段（J_3^b）之下部为浅灰紫色流纹质玻屑熔结凝灰岩、玻屑凝灰岩以及夹流纹质含集块角砾岩；中部为浅灰绿色流纹质凝灰角砾岩和玻屑熔结凝灰岩；上部为浅灰绿色流纹质玻屑凝灰岩与深灰色流纹质晶屑玻屑凝灰岩互层，夹沉凝灰岩、粉砂质泥岩，厚度大于 4081.2m。

区域内第四系沉积物的分布与发育主要受地貌和海平面升降控制，成因类型较复杂，下部为上更新统冲湖相（$al\text{-}lQ_3$）黏土、粉质黏土夹淤泥质黏土、含泥砂砾石等，上部为全新统海相沉积（mQ_4）淤泥质土，山坡及坡麓一带，尚有残坡积（$el\text{-}dlQ_4$）堆积，另外，燕山晚期第一、二次侵入岩及岩脉在区域内也有零星分布。

何家岙库区位于华南褶皱系（I_2）浙东南褶皱带（II_3）丽水—宁波隆起（III_7）的新昌—定海断隆区（IV_{11}）的东北部断裂构造，区内有温州—镇海大断裂、昌化—普陀大断裂、鹤溪—奉化大断裂及定海—岱山断裂等，工程位于镇海—温州大断裂的东北部入海端，区内构造、断裂发育，以北东、北北东向压性、压扭性及东西向压性断裂为主，相同方向的褶皱隆起及凹陷的交织组成了本区主要格架，控制了现代山脉的走向、岛屿的排列、延伸等。

由上可知，何家岙库区内地层宏观架构较好，但局部有软弱地层夹杂，库区外围地质构造、断裂发育，库水及地下水交流过程中易于形成潜在缺陷，在当前沿海地区地震较为活跃的大背景下，这些库区外围断裂构造也有被激活的可能[2]。

6.1.3　水文地质

何家岙库区地属亚热带，气候温暖，雨量充沛，区内地下水类型主要是浅部覆盖层中的孔隙潜水和基岩裂隙潜水，地下水位埋深范围为 1.50～2.10m，较为出露，且受大气降水和地表水控制，于地表及河流处交汇。库区内地下水为 HCO_3-Cl-K-Na 型水，地表水为 HCO_3-Cl-K-Na-Ca 型水，pH = 6.89～7.06，水质中性。

拦蓄大坝坝基由含粉质黏土碎石和风化的熔结凝灰岩组成，坝体与坝基接触部位的建基面层属弱—中等透水性。

库区场地等效剪切波速 $250 \geqslant v_{se} > 150$，场地总体覆盖层厚度大于 3m 而小于 50m，综合判定场地类别为Ⅱ类，地震特征周期为 0.35s，坝基土类型为中软土场地土，属建筑抗震不利地段[3]。

6.2　关键性科学问题

建于 20 世纪 70 年代的何家岙水库混凝土拱坝坝顶局部已存在可见的表面裂缝，下游面有明显的渗水出露，而且库区内也已形成典型渗漏点，由此带来的库坝系统整体安全隐患亟需探究明晰，加之最初拱坝浇筑用混凝土强度等级偏低，混凝土材料在结构长期运行过程中已出现强度衰减，所以，本章研究将双曲拱坝坝体与库区内地质环境中潜在缺陷引发的渗透破坏及库坝系统整体稳定性作为关键性科学问题，其中，借助静动力分析、强度指标折减模拟、渗透破坏及系统整体稳定性评价等手段实现对库坝系统渗漏、坝体混凝土潜在损伤开裂等问题的深入探究则是本章重点分析的内容。

研究所建立的何家岙库坝系统整体模型图与拱坝主体结构细部模型如图 6.2-1、图 6.2-2 及图 6.2-3 所示。

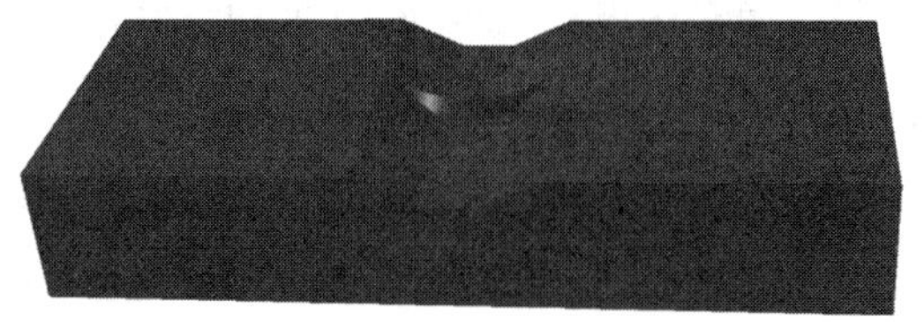

图 6.2-1　何家岙库坝系统整体模型图

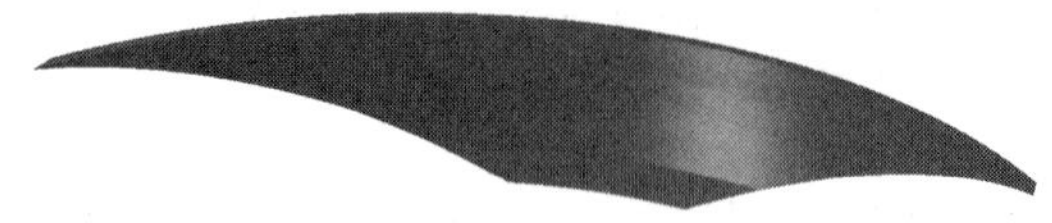

图 6.2-2　何家岙拱坝主体结构模型图

图 6.2-3　何家岙库坝系统顺河向剖面模型图

6.3　数值计算方法

6.3.1　基于模糊随机动力损伤理论的结构抗震安全性能模拟方法

为模拟评价典型地震波作用下的何家岙水库库坝系统整体的动力学安全稳定性能，本章研究将借助 Newmark 法创建基于模糊随机动力损伤理论的耦合地脉动数值算法，此方法能很好地适应拱坝这类空间结构与库水耦合条件下的非线性动力响应研究。

作为本节研究的核心内容之一，地脉动时期何家岙拱坝的结构-动水耦合力学行为研究将采用模糊随机动力损伤算法来完成。借用本节所创建的算法模型，可以更为深刻地揭示地脉动时期地震剪切波促动的库-坝-水三体耦合作用下的材料裂损动态过程。此结构-动水耦合力学行为可以由如下模糊随机动力损伤耦合方程描述[4-6]：

$$
\begin{cases}
\left([\boldsymbol{M}]^{\mathrm{sf}}+\left[\boldsymbol{M}_{\mathrm{p}}\right]^{\mathrm{sf}}\right)\{\ddot{\boldsymbol{U}}\}^{\mathrm{sf}}+[\boldsymbol{C}]^{\mathrm{sf}}\{\dot{\boldsymbol{U}}\}^{\mathrm{sf}}+[\boldsymbol{K}]^{\mathrm{sf}}\{\boldsymbol{U}\}^{\mathrm{sf}} \\
=-[\boldsymbol{M}]^{\mathrm{sf}}\{\ddot{\boldsymbol{U}}\}_{\mathrm{g}}^{\mathrm{sf}}-\left[\boldsymbol{M}_{\mathrm{p}}\right]^{\mathrm{sf}}\{\ddot{\boldsymbol{U}}\}_{\mathrm{g}}^{\mathrm{sf}} \\
=-\left([\boldsymbol{M}]^{\mathrm{sf}}+\left[\boldsymbol{M}_{\mathrm{p}}\right]^{\mathrm{sf}}\right)\{\ddot{\boldsymbol{U}}\}_{\mathrm{g}}^{\mathrm{sf}} \\
[\boldsymbol{H}]^{\mathrm{sf}}\{\boldsymbol{p}\}^{\mathrm{sf}}+[\boldsymbol{G}]^{\mathrm{sf}}\{\ddot{\boldsymbol{P}}\}^{\mathrm{sf}}+\rho[\boldsymbol{Q}]^{\mathrm{sf}}\left(\{\ddot{\boldsymbol{U}}\}_{\mathrm{g}}^{\mathrm{sf}}+\{\ddot{\boldsymbol{U}}\}^{\mathrm{sf}}\right)=0
\end{cases}
\tag{6.3-1}
$$

式中，$[\boldsymbol{M}]^{\mathrm{sf}}$为结构模糊随机动力损伤质量矩阵，是地脉动作用下上下游库水动力耦合产生的模糊随机附加质量矩阵；$[\boldsymbol{C}]^{\mathrm{sf}}$为库坝系统模糊随机动力损伤阻尼矩阵；$[\boldsymbol{K}]^{\mathrm{sf}}$为结构模糊随机动力损伤刚度矩阵；$\{\ddot{\boldsymbol{U}}\}^{\mathrm{sf}}$为结构模糊随机动力损伤加速度列阵；$\{\dot{\boldsymbol{U}}\}^{\mathrm{sf}}$为结构模糊随机动力损伤速度列阵，是结构模糊随机动力损伤位移列阵；$\{\ddot{\boldsymbol{U}}\}_{\mathrm{g}}^{\mathrm{sf}}$为地质环境模糊随机动力损伤加速度列阵；$[\boldsymbol{H}]^{\mathrm{sf}}$为模糊随机水动力形状矩阵；$[\boldsymbol{G}]^{\mathrm{sf}}$为模糊随机水动声波速度矩阵；$[\boldsymbol{Q}]^{\mathrm{sf}}$为模糊随机耦合加速度转换矩阵；$\{\boldsymbol{p}\}^{\mathrm{sf}}$为模糊随机动水压力列阵；$\{\ddot{\boldsymbol{P}}\}^{\mathrm{sf}}$为模糊随机动水压力二阶梯度列阵；$\rho$为理想流体密度。

基于方程(6.3-1)，库坝系统模糊随机动力损伤响应物理力学场满足如下关系：

$$\{\dot{\boldsymbol{U}}\}_{i+1}^{\mathrm{sf}} = \{\dot{\boldsymbol{U}}\}_{i}^{\mathrm{sf}} + (1-\gamma)\Delta t\{\ddot{\boldsymbol{U}}\}_{i}^{\mathrm{sf}} + \gamma\Delta t\{\ddot{\boldsymbol{U}}\}_{i+1}^{\mathrm{sf}} \tag{6.3-2}$$

$$\{\boldsymbol{U}\}_{i+1}^{\mathrm{sf}} = \{\boldsymbol{U}\}_{i}^{\mathrm{sf}} + \Delta t\{\dot{\boldsymbol{U}}\}_{i}^{\mathrm{sf}} + \left(\frac{1}{2}-\beta\right)\Delta t^2\{\ddot{\boldsymbol{U}}\}_{i}^{\mathrm{sf}} + \beta\Delta t^2\{\ddot{\boldsymbol{U}}\}_{i+1}^{\mathrm{sf}} \tag{6.3-3}$$

式中，γ和β为时间步控制参数；Δt为时间步增量；$\{\boldsymbol{U}\}_{i}^{\mathrm{sf}}$、$\{\dot{\boldsymbol{U}}\}_{i}^{\mathrm{sf}}$和$\{\ddot{\boldsymbol{U}}\}_{i}^{\mathrm{sf}}$为第$i$时间步结构模糊随机动力损伤响应场；$\{\boldsymbol{U}\}_{i+1}^{\mathrm{sf}}$、$\{\dot{\boldsymbol{U}}\}_{i+1}^{\mathrm{sf}}$和$\{\ddot{\boldsymbol{U}}\}_{i+1}^{\mathrm{sf}}$为第$i+1$时间步结构模糊随机动力损伤响应场。

由式(6.3-2)及式(6.3-3)构建结构模糊随机动力损伤加速度场的迭代格式：

$$\{\ddot{\boldsymbol{U}}\}_{i+1}^{\mathrm{sf}} = \frac{1}{\beta\Delta t^2}\left(\{\boldsymbol{U}\}_{i+1}^{\mathrm{sf}} - \{\boldsymbol{U}\}_{i}^{\mathrm{sf}}\right) - \frac{1}{\beta\Delta t}\{\dot{\boldsymbol{U}}\}_{i}^{\mathrm{sf}} - \left(\frac{1}{2\beta}-1\right)\{\ddot{\boldsymbol{U}}\}_{i}^{\mathrm{sf}} \tag{6.3-4}$$

由式(6.3-2)、式(6.3-3)及式(6.3-4)可构建结构模糊随机动力损伤速度场的迭代格式：

$$\{\dot{\boldsymbol{U}}\}_{i+1}^{\mathrm{sf}} = \frac{\gamma}{\beta\Delta t}\left(\{\boldsymbol{U}\}_{i+1}^{\mathrm{sf}} - \{\boldsymbol{U}\}_{i}^{\mathrm{sf}}\right) + \left(1-\frac{\gamma}{\beta}\right)\{\dot{\boldsymbol{U}}\}_{i}^{\mathrm{sf}} + \left(1-\frac{\gamma}{2\beta}\right)\Delta t\{\ddot{\boldsymbol{U}}\}_{i}^{\mathrm{sf}} \tag{6.3-5}$$

为简化库坝系统模糊随机动力损伤响应物理力学场之表达形式，可建立如公式(6.3-6)及式(6.3-7)所示公共迭代部$\{\boldsymbol{a}\}_{i}^{\mathrm{sf}}$和$\{\boldsymbol{b}\}_{i}^{\mathrm{sf}}$：

$$\{\boldsymbol{a}\}_{i}^{\mathrm{sf}} = \frac{1}{\beta\Delta t^2}\{\boldsymbol{U}\}_{i}^{\mathrm{sf}} + \frac{1}{\beta\Delta t}\{\dot{\boldsymbol{U}}\}_{i}^{\mathrm{sf}} + \left(\frac{1}{2\beta}-1\right)\{\ddot{\boldsymbol{U}}\}_{i}^{\mathrm{sf}} \tag{6.3-6}$$

$$\{\boldsymbol{b}\}_{i}^{\mathrm{sf}} = \frac{\gamma}{\beta\Delta t}\{\boldsymbol{U}\}_{i}^{\mathrm{sf}} - \left(1-\frac{\gamma}{\beta}\right)\{\dot{\boldsymbol{U}}\}_{i}^{\mathrm{sf}} - \left(1-\frac{\gamma}{2\beta}\right)\Delta t\{\ddot{\boldsymbol{U}}\}_{i}^{\mathrm{sf}} \tag{6.3-7}$$

通过计算获得库坝系统模糊随机动力损伤响应物理力学场之后，可以将式(6.3-4)及式(6.3-5)结果代入方程(6.3-1)中第一部分，从而得到基于结构模糊随机动力损伤位移的广义支配方程：

$$[\boldsymbol{K}']_{i+1}^{\mathrm{sf}}\{\boldsymbol{U}\}_{i+1}^{\mathrm{sf}} = \{\boldsymbol{F}'\}_{i+1}^{\mathrm{sf}} \tag{6.3-8}$$

式中，$[\boldsymbol{K}']_{i+1}^{\mathrm{sf}}$代表模糊随机动力损伤数值刚度矩阵，借助时域内各步激励作用输入，模糊随机动力损伤数值刚度矩阵$[\boldsymbol{K}']_{i+1}^{\mathrm{sf}}$可以表示为：

$$[\boldsymbol{K}']_{i+1}^{\mathrm{sf}} = [\boldsymbol{K}]_{i+1}^{\mathrm{sf}} + \frac{\gamma}{\beta\Delta t}[\boldsymbol{C}]_{i+1}^{\mathrm{sf}} + \frac{1}{\beta\Delta t^2}[\boldsymbol{M}]_{i+1}^{\mathrm{sf}} \tag{6.3-9}$$

同时式(6.3-8)中模糊随机动力损伤耗散列阵$\{\boldsymbol{F}'\}_{i+1}^{\mathrm{sf}}$亦可在时域内各步上由式(6.3-10)计算获得：

$$\{\boldsymbol{F}'\}_{i+1}^{\mathrm{sf}}=\left[-\left([\boldsymbol{M}]_{i+1}^{\mathrm{sf}}+[\boldsymbol{M}_{\mathrm{p}}]_{i+1}^{\mathrm{sf}}\right)\{\dot{\boldsymbol{U}}\}_{\mathrm{g}_{i+1}}^{\mathrm{sf}}\right]+[\boldsymbol{M}]_{i+1}^{\mathrm{sf}}\{\boldsymbol{a}\}_{i}^{\mathrm{sf}}+[\boldsymbol{C}]_{i+1}^{\mathrm{sf}}\{\boldsymbol{b}\}_{i}^{\mathrm{sf}} \tag{6.3-10}$$

由此可得结构模糊随机动力损伤速度与加速度响应迭代格式：

$$\{\dot{\boldsymbol{U}}\}_{i+1}^{\mathrm{sf}}=\frac{\gamma}{\beta\Delta t}\{\boldsymbol{U}\}_{i+1}^{\mathrm{sf}}-\{\boldsymbol{b}\}_{i}^{\mathrm{sf}} \tag{6.3-11}$$

$$\{\ddot{\boldsymbol{U}}\}_{i+1}^{\mathrm{sf}}=\frac{1}{\beta\Delta t^2}\{\boldsymbol{U}\}_{i+1}^{\mathrm{sf}}-\{\boldsymbol{a}\}_{i}^{\mathrm{sf}} \tag{6.3-12}$$

在对库坝系统做模糊随机动力损伤抗震安全分析时，必须首先得到模糊随机动力损伤初始矩阵族$[\boldsymbol{K}]_0^{\mathrm{sf}}$、$[\boldsymbol{C}]_0^{\mathrm{sf}}$及$[\boldsymbol{M}]_0^{\mathrm{sf}}$，而模糊随机动力损伤初始矩阵族需要通过初始模态分析获取[7]，具体如下所示：

$$[\boldsymbol{M}]_0^{\mathrm{sf}}\{\ddot{\boldsymbol{U}}\}_0^{\mathrm{sf}}=\{\boldsymbol{F}\}_0^{\mathrm{s}}-[\boldsymbol{C}]_0^{\mathrm{sf}}\{\dot{\boldsymbol{U}}\}_0^{\mathrm{sf}}-[\boldsymbol{K}]_0^{\mathrm{sf}}\{\boldsymbol{U}\}_0^{\mathrm{sf}} \tag{6.3-13}$$

式中，$\{\boldsymbol{F}\}_0^{\mathrm{s}}$代表随机初始耗散列阵，由此，时域内各步模糊随机动力损伤矩阵族均可得到更新。

上述与模糊随机动力损伤相关的何家岙拱坝抗震研究均通过自主开发的仿真计算程序完成。

6.3.2 混凝土潜在损伤开裂通道的扩展有限元（XFEM）非连续预测模拟方法

为仿真模拟何家岙拱坝混凝土材料渗漏开裂可能引发的坝体潜在损伤开裂通道形成过程，本节研究引入扩展有限元（XFEM）技术进行分析，XFEM 是在标准有限元的框架下提出来的一种有利于解决裂纹、孔洞、夹杂等不连续问题的高级数值方法，研究通过对本构模型、滑动区域接触面等内容做个性化二次开发及用户子程序编写完成。

XFEM 与传统数值模拟方法对比，两者之间最大的区别在于内部单元的裂缝间断描述方式。XFEM 运用水平集函数来表示，其单元形函数是间断的，所以在求解单元刚度方程前必须先解决 XFEM 中的水平集函数的积分问题。

XFEM 采用子区域积分法对不连续的形函数进行场积分运算，顺利解决了形函数不连续的问题，其最终的方程形式如下所示：

$$\begin{pmatrix}\boldsymbol{M}_{\mathrm{uu}} & \boldsymbol{M}_{\mathrm{uq}}\\ \boldsymbol{M}_{\mathrm{qq}} & \boldsymbol{M}_{\mathrm{qq}}\end{pmatrix}\begin{pmatrix}\ddot{\boldsymbol{u}}\\ \ddot{\boldsymbol{q}}\end{pmatrix}+\begin{pmatrix}\boldsymbol{K}_{\mathrm{uu}} & \boldsymbol{K}_{\mathrm{uq}}\\ \boldsymbol{K}_{\mathrm{qq}} & \boldsymbol{K}_{\mathrm{qq}}\end{pmatrix}\begin{pmatrix}\boldsymbol{u}\\ \boldsymbol{q}\end{pmatrix}=\begin{pmatrix}\boldsymbol{f}^{\mathrm{ext}}\\ \boldsymbol{Q}^{\mathrm{ext}}\end{pmatrix} \tag{6.3-14}$$

$$\boldsymbol{K}=\boldsymbol{K}^{\mathrm{mat}}+\boldsymbol{K}^{\mathrm{geo}} \tag{6.3-15}$$

式中，$\boldsymbol{u}$为单元的节点自由度；$\boldsymbol{q}$为单元内部间断引发的附加节点自由度；$\boldsymbol{M}$及$\boldsymbol{M}_{\mathrm{uq}}$为质量矩阵和$\boldsymbol{u}$及$\boldsymbol{q}$两种自由度的耦合项；$\boldsymbol{K}$、$\boldsymbol{K}_{\mathrm{uq}}$、$\boldsymbol{K}^{\mathrm{mat}}$、$\boldsymbol{K}^{\mathrm{geo}}$为整体刚度矩阵、具有两种自由度的耦合项、结构材料的刚度和几何刚度；$\boldsymbol{f}^{\mathrm{ext}}$为节点自由度$\boldsymbol{u}$相对应的力；$\boldsymbol{Q}^{\mathrm{ext}}$为附加节点

自由度$\boldsymbol{q}$相对应的力。

XFEM 近似函数的基础是单位分解法，在单位分解法中，任何能够在子域Ω_i中逼近$u(x)$的函数都可以作为局部近似函数，如本书 3.3.3 节（2）中介绍的结点x_i的插值形函数N_i即可作为满足单位分解的$\phi_i(x)$函数，以节点位移u_i作为局部近似函数$V_i(x)$。特别是，如果以能够反映待求微分方程特性的函数来构造局部近似函数，可以提高解的精度和收敛效率。

若采用拉格朗日插值函数构造局部近似函数，它在节点x_i处的值为 1，其他节点处的值为 0，取k阶移动最小二乘形函数$N_i^k(x)$为单位分解函数，并将局部近似函数取值为：

$$V_i(x) = u_i + \sum_{j=1}^{m} b_{ij} q_{ij}(x - x_i) \tag{6.3-16}$$

式中，$q_{ij}(x - x_i)$是高于k阶的单项式基函数，可采用勒让得多项式作为基函数[8]。

在 XFEM 中的近似函数可取为如下形式：

$$u^{\mathrm{h}}(x) = \sum_{i=1}^{N} N_i\big(u_i + a_i \phi_i(x)\big) \tag{6.3-17}$$

式中，N_i为结点x_i的 FEM 插值形函数；$\phi_i(x)$为能反映位移局部特征的富集函数；a_i为相应的附加自由度；u_i为节点位移。

此外，水平集法（LSM）是一种跟踪界向移动的数值技术，它将界面的变化表示成高一维的水平集曲线[9]。此处假设裂缝方程$f(x) = 0$位于 2 个单元的内部，其数学表达式如下所示：

$$f(x) = \min_{x \in Z} \parallel x - \overline{x} \parallel \mathrm{sign}[n^{+}(x - \overline{x})] \tag{6.3-18}$$

式中：x为内部单元中的任意位置；$\overline{x}$为该位置在内裂缝单元上；n^{+}为裂纹上的单位法向量；$f(x)$为裂缝与位于内部单元点两者之间的最短距离，当x处于裂缝上时，$f(x) = 0$，信号函数sign用以表示当x处于裂缝上侧时$f(x) > 0$，当x处于裂缝下侧时$f(x) < 0$。

6.3.3　岩石类介质广义损伤应力计算方法

岩石类介质损伤扩散时，因矢量重分布、细观颗粒填塞、微观粒子滑移强化，破坏区局部会出现弥合。此外，对于长期加载，破坏时临界损伤分布具有较宽的分散带，而并非是一个确定数值。为此，借助本书第 2 章介绍的自适应数值方法，利用广义损伤泛函对本构方程中的弹性矩阵做模糊识别，并借助模糊格运算，对矢量场进行协调，拓展了损伤分析域，避免了常规的刚性损伤计算模型过分依赖“唯像”的不足，由此构建的广义损伤应力场是解决混凝土及岩石类介质裂损过程精细化模拟的重要创新性手段[10-13]。

以图 6.3-1 所示悬臂结构为研究验证对象，分别采用弹性力学方法（解析法）、

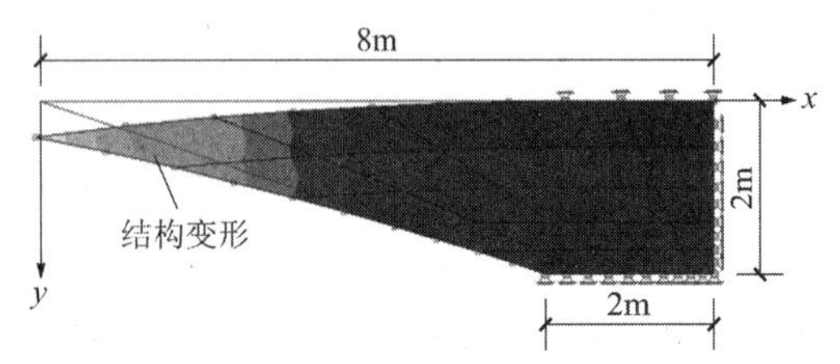

图 6.3-1　验证结构计算模型

MSC.Marc 软件及本书程序（简称程序）分析验证。

此验证结构平面应变下应力分量的弹性力学解为σ_x、σ_y、τ_{xy}[14]。其中，x、y为笛卡儿坐标系统。

令E、μ以及γ分别为材料弹性模量、泊松比、重度，考虑材料有变异，则三者的方差分别为σ_E^2、σ_μ^2、σ_γ^2，从而应力分量方差的解析解$\sigma_{\sigma_x}^2$、$\sigma_{\sigma_y}^2$、$\sigma_{\tau_{xy}}^2$可计算为：

$$\sigma_{\sigma_x}^2=\left(\frac{\partial\sigma_x}{\partial\gamma}_{|M}\right)^2\sigma_\gamma^2,\ \sigma_{\sigma_y}^2=\left(\frac{\partial\sigma_y}{\partial\gamma}_{|M}\right)^2\sigma_\gamma^2,\ \sigma_{\tau_{xy}}^2=\left(\frac{\partial\sigma_{xy}}{\partial\gamma}_{|M}\right)^2\sigma_\gamma^2 \tag{6.3-19}$$

其中，应力分量关于随机参数的梯度计算在参数均值M处获得。应变分量ε_x、ε_y、γ_{xy}的方差解析解$\sigma_{\varepsilon_x}^2$、$\sigma_{\varepsilon_y}^2$、$\sigma_{\gamma_{xy}}^2$计算如下所示：

$$\begin{aligned}\sigma_{\varepsilon_x}^2=&\left\{\left[\frac{1-\mu^2}{E^2}\left(\sigma_x-\frac{\mu}{1-\mu}\sigma_y\right)\right]_{|M}\right\}^2\sigma_E^2+\\&\left\{\left[\frac{2\mu}{E}\left(\sigma_x-\frac{\mu}{1-\mu}\sigma_y\right)+\frac{1+\mu}{E\cdot(1-\mu)}\sigma_y\right]_{|M}\right\}^2\sigma_\mu^2+\\&\left\{\left[\frac{1-\mu^2}{E}\left(\frac{\partial\sigma_x}{\partial\gamma}-\frac{\mu}{1-\mu}\frac{\partial\sigma_y}{\partial\gamma}\right)\right]_{|M}\right\}\sigma_\gamma^2\end{aligned} \tag{6.3-20}$$

$$\begin{aligned}\sigma_{\varepsilon_y}^2=&\left\{\left[\frac{1-\mu^2}{E^2}\left(\sigma_y-\frac{\mu}{1-\mu}\sigma_x\right)\right]_{|M}\right\}^2\sigma_E^2+\\&\left\{\left[\frac{2\mu}{E}\left(\sigma_y-\frac{\mu}{1-\mu}\sigma_x\right)+\frac{1+\mu}{E\cdot(1-\mu)}\sigma_x\right]_{|M}\right\}^2\sigma_\mu^2+\\&\left\{\left[\frac{1-\mu^2}{E}\left(\frac{\partial\sigma_y}{\partial\gamma}-\frac{\mu}{1-\mu}\frac{\partial\sigma_x}{\partial\gamma}\right)\right]_{|M}\right\}^2\sigma_\gamma^2\end{aligned} \tag{6.3-21}$$

$$\begin{aligned}\sigma_{\gamma_{xy}}^2=&\frac{4(1+\mu)^2}{E^4}\tau_{xy}^2\sigma_E^2+\frac{4}{E^2}\tau_{xy}^2\sigma_\mu^2+\\&\frac{4(1+\mu)^2}{E^2}\left(\frac{\partial\tau_{xy}}{\partial\gamma}\right)^2\sigma_\gamma^2\end{aligned} \tag{6.3-22}$$

首先对照应力场数字特征，程序计算的σ_y期望与解析解在纯拉、压剪区最接近（图 6.3-3），σ_x期望的程序解与 Marc 解相当接近（图 6.3-2），τ_{xy}期望的程序解在复合区数值稍大（图 6.3-4），差别的主因在于程序解和 Marc 数值解分别采用的是常体积应变和假定应变。

应力场方差分布中，σ_y离散性最大（图 6.3-6），程序解与解析解方差总体一致；σ_x离散性最小（图 6.3-5），程序解、Marc 解与解析解方差在拉剪区几乎重合，压剪区由于弹性力学解基于 Saint-Venant 原理，所以非精确解，程序解与 Marc 解的方差和解析解相差稍大；程序解与 Marc 解的τ_{xy}方差在压剪区已经很接近，而且分布趋势与解析解也很相似（图 6.3-7），三种解的τ_{xy}离散性均介于σ_x、σ_y之间。

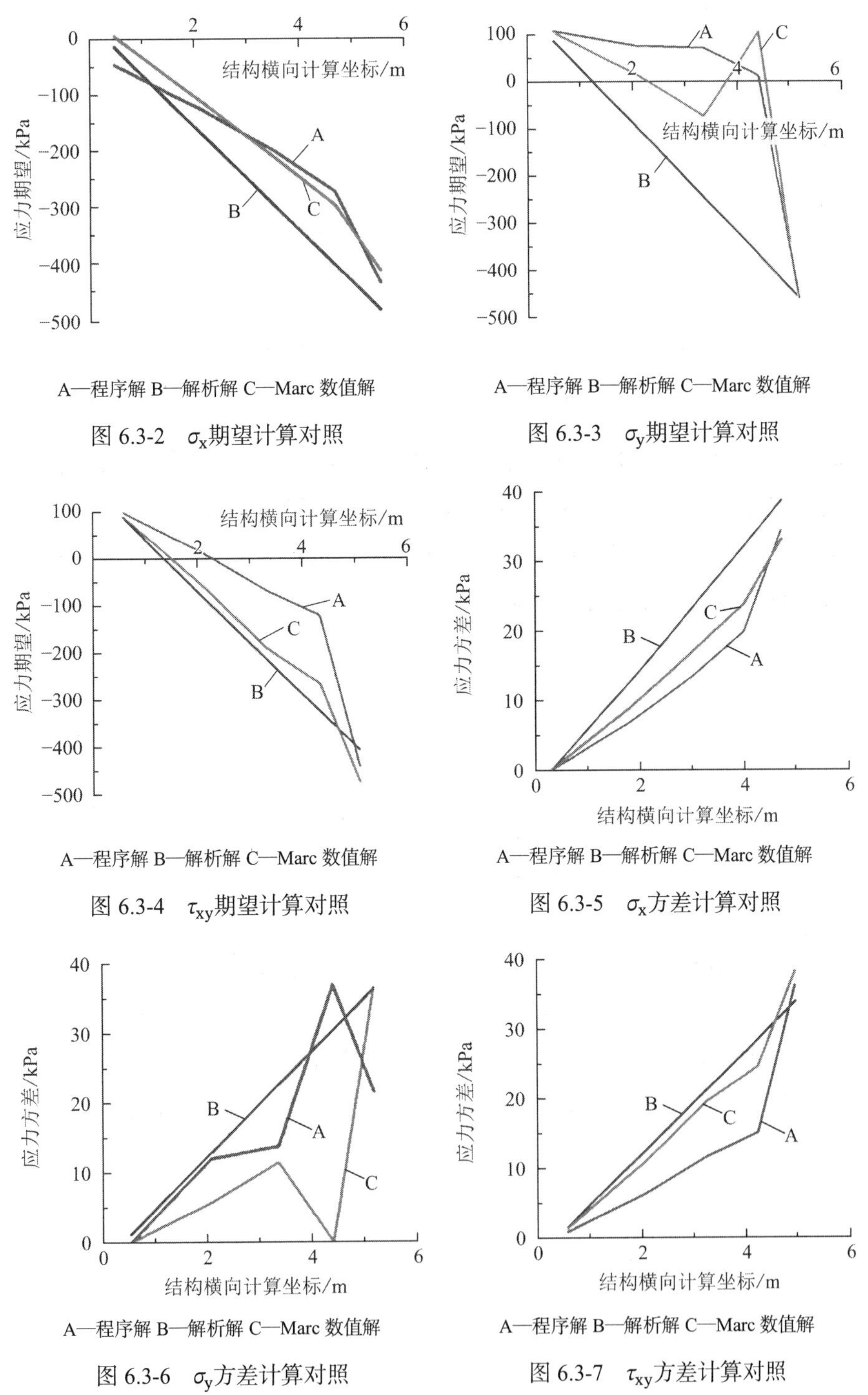

A—程序解 B—解析解 C—Marc 数值解

图 6.3-2　σ_x期望计算对照

A—程序解 B—解析解 C—Marc 数值解

图 6.3-3　σ_y期望计算对照

A—程序解 B—解析解 C—Marc 数值解

图 6.3-4　τ_{xy}期望计算对照

A—程序解 B—解析解 C—Marc 数值解

图 6.3-5　σ_x方差计算对照

A—程序解 B—解析解 C—Marc 数值解

图 6.3-6　σ_y方差计算对照

A—程序解 B—解析解 C—Marc 数值解

图 6.3-7　τ_{xy}方差计算对照

由程序与 Marc 软件计算的结构位移场期望对照可见，从压剪区到拉剪区，x向位移期望逐渐接近，反映了 Saint-Venant 边界对结构水平向位移的影响（图 6.3-8）。

y向位移期望从拉剪区到压剪区逐渐接近（图 6.3-9），最后在约束边界处收敛，完全符合受体荷载作用的结构位移特征。

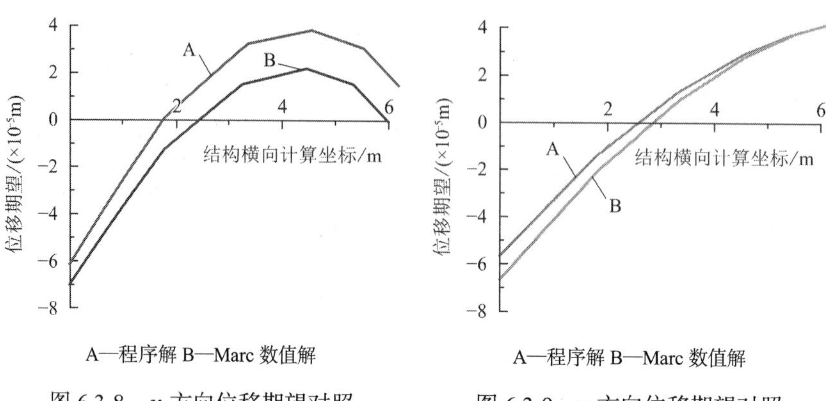

图 6.3-8 x-方向位移期望对照　　图 6.3-9 y-方向位移期望对照

两种数值方法所得的拉剪区应变方差与解析结果都很接近，ε_x与ε_y在拉剪区的离散分布都比较缓（图 6.3-10 及图 6.3-11），而在此区域γ_{xy}的离散梯度则较大（图 6.3-12）。受边界条件影响，弹性力学方差解在复合区与压剪区域变化剧烈。常量应变条件下的程序解与解析方差有比较明显的收敛趋势，而假定应变条件下只有ε_y的计算结果可以较好地拟合解析解。

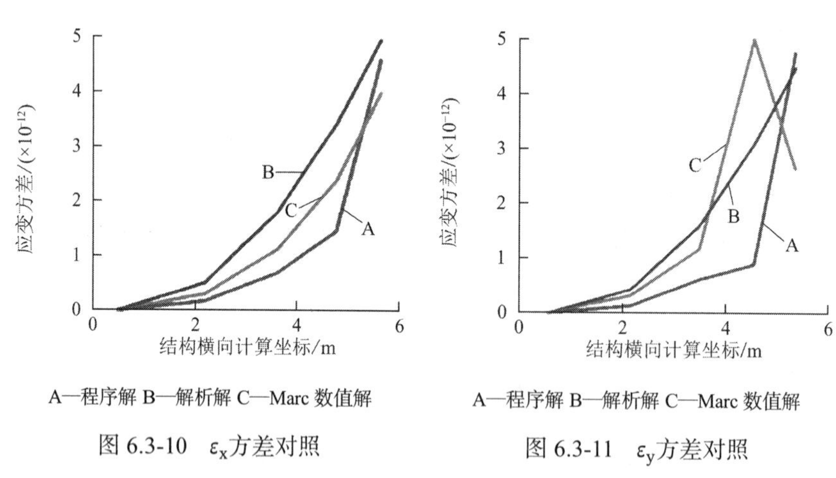

图 6.3-10 ε_x方差对照　　图 6.3-11 ε_y方差对照

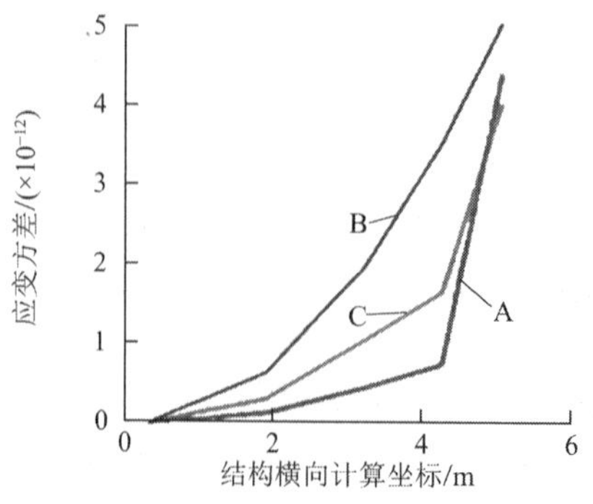

A—程序解 B—解析解 C—Marc 数值解

图 6.3-12 γ_{xy}方差对照

进一步考虑材料局部损伤劣变，借助程序中广义损伤分析模块对结构裂纹尖端模糊随机损伤应力场进行分析。但工程结构实际加载过程中应力状态非常复杂，本节采用拉-压-剪切组合的形式模拟裂纹尖端应力场。经坐标转换可得极坐标下组合应力区裂纹尖端应力场如式(6.3-23)～式(6.3-25)所示。其中，K_{I}、K_{II}分别为张开及滑开型裂纹尖端应力强度因子，r、θ为尖端计算点处的极坐标。

$$\sigma_{\mathrm{r}}=\frac{\cos\frac{\theta}{2}}{2\sqrt{2\pi r}}K_{\mathrm{I}}(3-\cos\theta)+\frac{\sin\frac{\theta}{2}}{2\sqrt{2\pi r}}K_{\mathrm{II}}(3\cos\theta-1) \tag{6.3-23}$$

$$\sigma_{\theta}=\frac{\cos\frac{\theta}{2}}{2\sqrt{2\pi r}}[K_{\mathrm{I}}(1+\cos\theta)-3K_{\mathrm{II}}\sin\theta] \tag{6.3-24}$$

$$\tau_{\theta}=\frac{\cos\frac{\theta}{2}}{2\sqrt{2\pi r}}[K_{\mathrm{I}}\sin\theta+K_{\mathrm{II}}(3\cos\theta-1)] \tag{6.3-25}$$

基于假定裂纹沿最大周向应力方向开展[15-16]，则有裂纹尖端开裂角的必要条件如式(6.3-26)所示，从而可得开裂角的计算式(6.3-27)。

$$\frac{\partial\sigma_{\theta}(K_{\mathrm{I}},K_{\mathrm{II}},\theta)}{\partial\theta}=0 \tag{6.3-26}$$

$$\begin{aligned}\theta_0&=\frac{\arccos\left(3K_{\mathrm{II}}^2+\sqrt{K_{\mathrm{I}}^4+8K_{\mathrm{I}}^2K_{\mathrm{II}}^2}\right)}{K_{\mathrm{I}}^2+9K_{\mathrm{II}}^2}\\&=\frac{\arccos\left(3\tau_{\max}^2+\sqrt{\tau_{\max}^4+8\sigma_1^2\tau_{\max}^2}\right)}{\sigma_1^2+9\tau_{\max}^2}\end{aligned} \tag{6.3-27}$$

基于模糊随机损伤应力场，由式(6.3-28)和式(6.3-29)计算应力强度因子K_{I}^*、K_{II}^*。

$$K_{\mathrm{I}}^*=\sigma_1^*\sqrt{\pi a^*} \tag{6.3-28}$$

$$K_{\mathrm{II}}^*=\tau_{\max}^*\sqrt{\pi a^*} \tag{6.3-29}$$

式中，σ_1^*、$\tau_{\max}^*$是损伤材料的大主应力和最大剪应力；a^*为裂纹长度的一半。

将式(6.3-27)～式(6.3-29)代入式(6.3-23)、式(6.3-24)及式(6.3-25)中并做极坐标-笛卡儿坐标转换，可得模糊随机损伤应力场下裂纹尖端复合应力分布。

复合区程序广义损伤应力解的期望与解析解几乎重合，而Marc计算的Cauchy应力解期望值，正应力总体偏小（图6.3-13、图6.3-14），剪应力偏大（图6.3-15）。因为计算的是结构重力加载工况，所以y向正应力数量级最大。受材料裂纹尖端开裂角的影响，剪应力期望值在复合区受组合拉、压应力的作用，必然会围绕解析解有上下波动（图6.3-15），程序解完全符合这个特征。

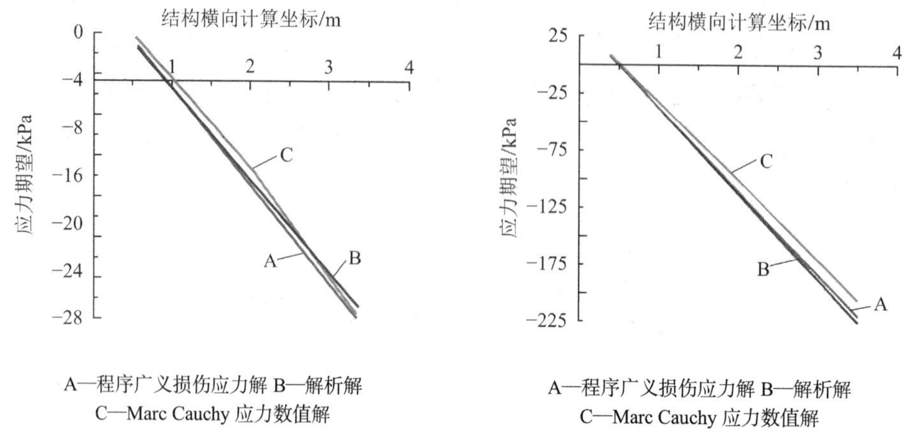

图 6.3-13 裂纹尖端广义损伤应力σ_x^*期望对照 图 6.3-14 裂纹尖端广义损伤应力σ_y^*期望对照

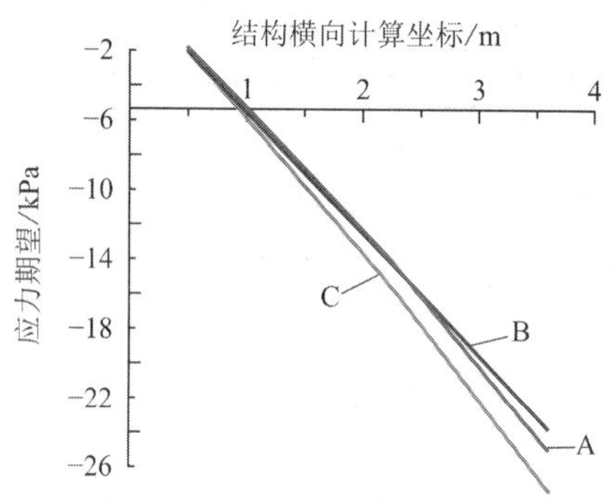

A—程序广义损伤应力解 B—解析解 C—Marc Cauchy 应力数值解

图 6.3-15 裂纹尖端广义损伤应力τ_{xy}^*期望对照

综上，采用考虑局部劣化的广义损伤应力场对结构作受力分析是适用、可靠的，还可弥补复杂受力状态下常规非损材料计算方法局部精度不足的缺点[17-18]。基于此，何家岙双曲拱坝应力场分析将统一使用本节所建立的岩石类介质广义损伤应力计算方法。

6.4 材料分区

何家岙库坝系统的仿真计算采用了个性化、精细化建模手段，经细化雕刻后，将库坝系统模型划分为 2 个材料大区，即坝体混凝土与坝外地质层，以坝体各区混凝土为例，进行统计分析，结果如图 6.4-1 所示，研究得知何家岙双曲拱坝坝体混凝土强度期望值为 19.9MPa[19-20]，基于此，2 个区块的材料参数总体按照如表 6.4-1 所示标准选取并进行模拟计算。

本节研究所涉及各区域材料在仿真计算全程中均考虑非线性特征，并采用弹塑性本构模型模拟计算[21-22]。对于渗透等外部作用下，两岸岩体与坝基力学指标折减的仿真模拟主要依据如 3.1.3 节中图 3.1-3 所示双曲线形折减模型完成，折减方程如式(3.1-20)所示。

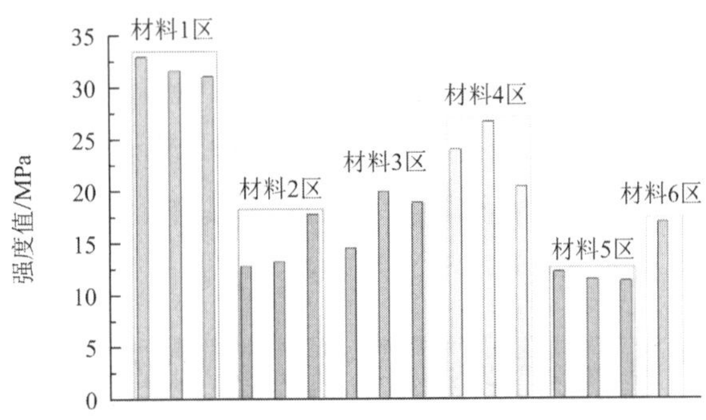

图 6.4-1　何家岙大坝坝体混凝土强度性能

何家岙库坝系统各区材料参数代表值　　**表 6.4-1**

材料分区	密度 /(kg/m³)	重度 /(kN/m³)	模量 /Pa	泊松比	黏聚力 /Pa	内摩擦角 /°	剪胀角 /°	屈服强度 /Pa	渗透系数 /(cm/s)
无损混凝土	2470	24.7	2.55×10^{10}	0.2	1.5×10^{6}	45	15	1.99×10^{7}	1.00×10^{-8}
坝外地质层	2650	26.5	1.00×10^{10}	0.3	1.1×10^{6}	35	16	—	6.87×10^{-5}

6.5　本构模型

本节研究中所涉及的全部介质均考虑具备弹塑性非线性特征，其中坝基及两岸山体统一使用 3.2.4 节介绍的 Mohr-Coulomb 本构模型模拟，拱坝坝体使用 3.2.4 节介绍的 Drucker-Prager 本构模型模拟。

6.6　边界条件与加载工况

6.6.1　边界条件设计

本节研究中，除专门仿真模拟空库运行的若干工况外，坝体上游面将普遍施加静水压力，下游坡面自由。

本节研究将重点分析已探明的两处坝体渗漏点的潜在隐患，为此研究采用了非连续仿真方法中的 SEAM 技术，对两处坝体渗漏点构成的潜在开裂通道进行模拟，模型如图 6.6-1 所示。

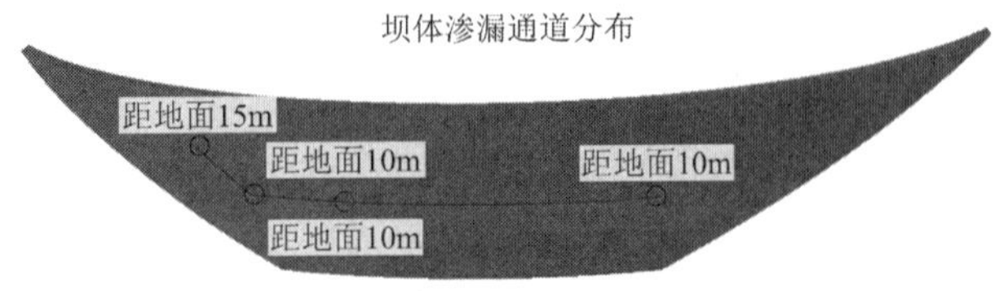

图 6.6-1　拱坝主体潜在开裂通道扩展模型（裂缝扩展至到右岸坝端直线距离 44m 处）

鉴于潜在的水力劈裂威胁，研究还将在该开裂区内设计渗透水压作用，渗透水压分布与量级通过专门的渗流场模拟计算获得。

何家岙库坝系统抗震安全性能研究将选择Koyna地震波作为边界输入形式[23-24]，具体波形见3.2.5节内容介绍，研究中地脉动设计峰值加速度为0.1g，结构与材料阻尼采用3.2.5节介绍的Rayleigh模型计算，基频通过专门的振型分析计算获取。

拱梁分载如图6.6-2所示，悬臂梁编号以拱冠梁为基准，分别向左右坝段按照1、2、3连续编号，按照拱圈计算的上部坝体自重由下部拱坝坝体拱梁分载。

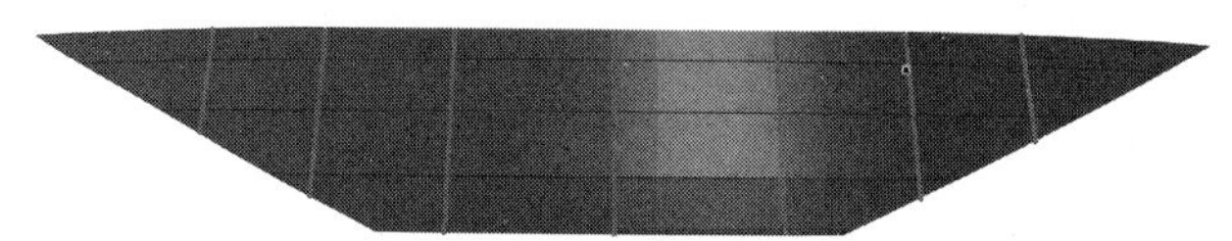

图6.6-2　4拱7梁拱梁分载模型

6.6.2　加载工况设计

本节研究共设计仿真计算工况26项，各工况可归为4个大类，即长期静载运行、库坝系统渗流状态、坝体材料裂损非连续模拟及库坝系统抗震安全性能分析。具体工况信息如下所示。

（1）满库，大坝、坝基与两岸岩体完整，无任何裂损与渗漏通道形成，库坝系统承受静水压力与自重；

（2）满库，坝基与两岸岩体完整，大坝由于裂损与渗漏通道形成导致弹性模量削弱，削减幅度10%，库坝系统承受静水压力与自重；

（3）正常蓄水位，大坝、坝基与两岸岩体完整，无任何裂损与渗漏通道形成，库坝系统承受静水压力与自重；

（4）正常蓄水位，坝基与两岸岩体完整，大坝由于裂损与渗漏通道形成导致弹性模量削弱，削减幅度10%，库坝系统承受静水压力与自重；

（5）半库水位，大坝、坝基与两岸岩体完整，无任何裂损与渗漏通道形成，库坝系统承受静水压力与自重；

（6）半库水位，坝基与两岸岩体完整，大坝由于裂损与渗漏通道形成导致弹性模量削弱，削减幅度10%，库坝系统承受静水压力与自重；

（7）空库，大坝、坝基与两岸岩体完整，无任何裂损与渗漏通道形成，库坝系统承受自重；

（8）空库，坝基与两岸岩体完整，大坝由于裂损与渗漏通道形成导致弹性模量削弱，削减幅度10%，库坝系统承受自重；

（9）满库，大坝、坝基与两岸岩体完整，无任何裂损与渗漏通道形成，库坝系统承受自重与渗流作用；

（10）满库，坝基与两岸岩体完整，大坝由于裂损与渗漏通道形成，渗透系数增加，下游来不及将渗水及时排出产生尾闾渗透水压，库坝系统承受自重与渗流作用；

（11）正常蓄水位，大坝、坝基与两岸岩体完整，无任何裂损与渗漏通道形成，库坝系统承受自重与渗流作用；

（12）正常蓄水位，坝基与两岸岩体完整，大坝由于裂损与渗漏通道形成，渗透系数增加，下游来不及将渗水及时排出产生尾闾渗透水压，库坝系统承受自重与渗流作用；

（13）半库水位，大坝、坝基与两岸岩体完整，无任何裂损与渗漏通道形成，库坝系统承受自重与渗流作用；

（14）半库水位，坝基与两岸岩体完整，大坝由于裂损与渗漏通道形成，渗透系数增加，下游来不及将渗水及时排出产生尾闾渗透水压，库坝系统承受自重与渗流作用；

（15）满库，坝基与两岸岩体完整，大坝由于裂损在坝体内形成一道裂缝，缝内作用工况 10 计算得到的渗压，库坝系统承受自重、静水压力作用；

（16）正常蓄水位，坝基与两岸岩体完整，大坝由于裂损在坝体内形成一道裂缝，缝内作用工况 12 计算得到的渗压，库坝系统承受自重、静水压力作用；

（17）半库水位，坝基与两岸岩体完整，大坝由于裂损在坝体内形成一道裂缝，缝内作用工况 14 计算得到的渗压，库坝系统承受自重、静水压力作用；

（18）空库，坝基与两岸岩体完整，大坝由于裂损在坝体内形成一道裂缝，库坝系统承受自重、静水压力作用；

（19）满库，坝基与两岸岩体发生强度衰减，最大衰减幅度为 40%，大坝由于裂损与渗漏通道形成发生弹性模量削弱，削减幅度 10%，库坝系统承受自重、静水压力作用，在建基面处发生滑动，折减法计算结构整体安全系数；

（20）正常蓄水位，坝基与两岸岩体发生强度衰减，最大衰减幅度为 40%，大坝由于裂损与渗漏通道形成发生弹性模量削弱，削减幅度 10%，库坝系统承受自重、静水压力作用，在建基面处发生滑动，折减法计算结构整体安全系数；

（21）半库水位，坝基与两岸岩体发生强度衰减，最大衰减幅度为 40%，大坝由于裂损与渗漏通道形成发生弹性模量削弱，削减幅度 10%，库坝系统承受自重、静水压力作用，在建基面处发生滑动，折减法计算结构整体安全系数；

（22）空库，坝基与两岸岩体发生强度衰减，最大衰减幅度为 40%，大坝由于裂损与早期渗漏通道形成发生弹性模量削弱，削减幅度 10%，库坝系统承受自重、静水压力作用，在建基面处发生滑动，折减法计算结构整体安全系数；

（23）满库，坝基与两岸岩体完整，大坝由于裂损与渗漏通道形成发生弹性模量削弱，削减幅度 10%，此时流域内发生一次典型地震，用 Koyna 波模拟，库坝系统承受自重、动水压力与地脉动作用，偏安全计算，地震加速度不折减；

（24）正常蓄水位，坝基与两岸岩体完整，大坝由于裂损与渗漏通道形成发生弹性模量削弱，削减幅度 10%，此时流域内发生一次典型地震，用 Koyna 波模拟，库坝系统承受自重、动水压力与地脉动作用，偏安全计算，地震加速度不折减；

（25）半库位，坝基与两岸岩体完整，大坝由于裂损与渗漏通道形成发生弹性模量削弱，削减幅度 10%，此时流域内发生一次典型地震，用 Koyna 波模拟，库坝系统承受自重、动水压力与地脉动作用，偏安全计算，地震加速度不折减；

（26）空库，坝基与两岸岩体完整，大坝由于裂损与早期渗漏通道形成发生弹性模量削弱，削减幅度 10%，此时流域内发生一次典型地震，用 Koyna 波模拟，库坝系统承受自重、动水压力与地脉动作用，偏安全计算，地震加速度不折减；

（27）空库，坝基与两岸岩体完整，大坝由于裂损在坝体内形成一道更长的裂缝，扩展至到右岸坝端直线距离 44m 处，库坝系统承受自重作用；

（28）正常蓄水位，坝基与两岸岩体完整，大坝由于裂损在坝体内形成一道更长的裂缝，扩展至到右岸坝端直线距离 44m 处，缝内作用工况 12 计算得到的渗压，库坝系统承受自重、静水压力作用；

（29）空库，大坝、坝基与两岸岩体完整，无任何裂损与渗漏通道形成，库坝系统承受自重、静水压力、温降作用；

（30）正常蓄水位，大坝、坝基与两岸岩体完整，无任何裂损与渗漏通道形成，库坝系统承受自重、静水压力、温降作用；

（31）满库，大坝、坝基与两岸岩体完整，无任何裂损与渗漏通道形成，材料塑性，库坝系统承受静水压力与自重，采用 4 拱 7 梁做拱梁分载计算；

（32）满库，大坝、坝基与两岸岩体完整，无任何裂损与渗漏通道形成，材料弹性，库坝系统承受静水压力与自重，采用 4 拱 7 梁做拱梁分载计算。

6.7 有限元（FEM）网格模型

本节研究基于超精细数值网格模型技术对舟山何家岙库坝系统做三维动态离散，并且在网格剖分过程中采用了混合单元技术，两岸远场岩体及坝基下卧地质层统一采用 Hex 单元离散，拱坝主体与近场及坝肩岩体区域均采用 TeT 单元，单元族类型为空间三维实体应力单元及流固耦合单元；网格模型单元总数为 597280，节点总数为 729209（图 6.7-1 及图 6.7-2）。

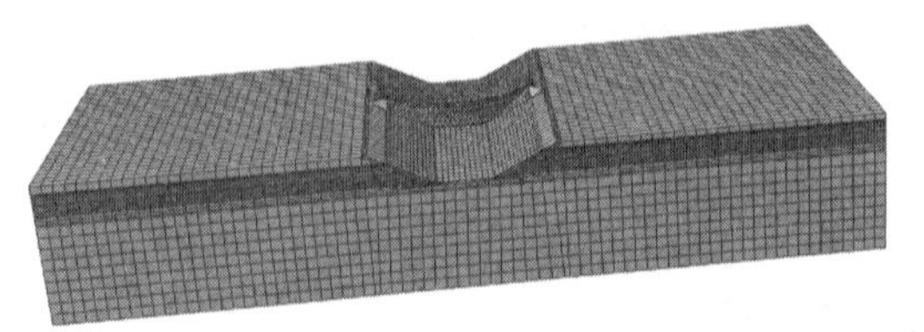

图 6.7-1　何家岙库坝系统总体网格模型

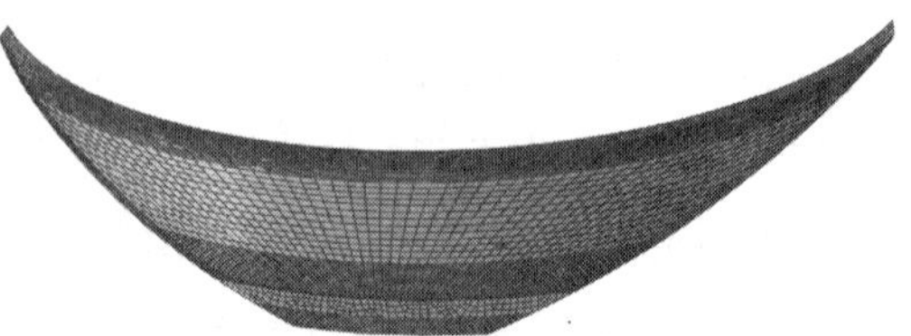

图 6.7-2　何家岙双曲拱坝主体结构网格模型

6.8 基于潜在缺陷的何家岙库坝系统运行响应反馈分析

本节研究各部分成果中的编号 C*N*代表第*N*个工况，具体如下。

6.8.1　工况 C1 场变量

在本工况下，何家岙拱坝坝体拉应力普遍在 1.6MPa 以上（图 6.8-1～图 6.8-5），在当前已知混凝土强度等级不低于 C15 的条件下，拱坝在满库水位下运行极不安全，而且在右岸坝体衔接处出现量级为 10^{-5} 的顺河向应变（图 6.8-6～图 6.8-8），由此形成的铅垂向位移量级最大，达到 1cm（图 6.8-9～图 6.8-11），研究建议应避免使何家岙水库处于满库运行状态。

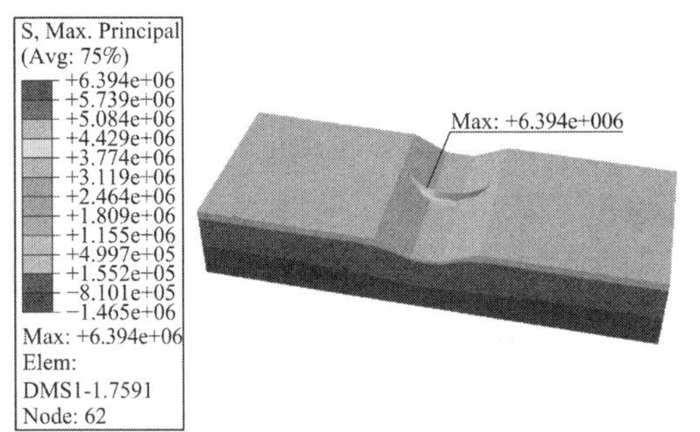

图 6.8-1　库坝系统大主应力整体分布

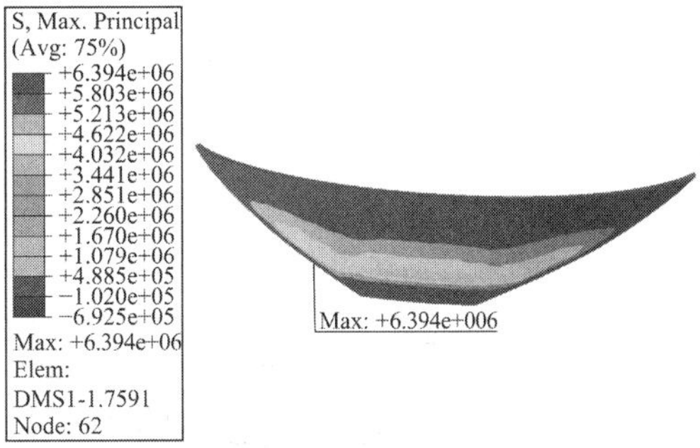

图 6.8-2　拱坝大主应力分布

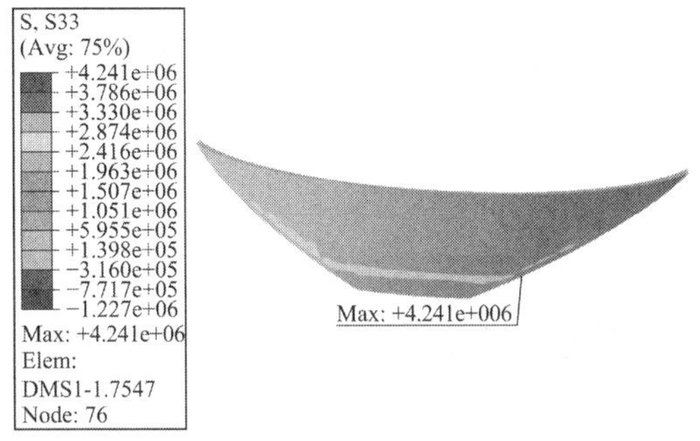

图 6.8-3　拱坝顺河向应力分布

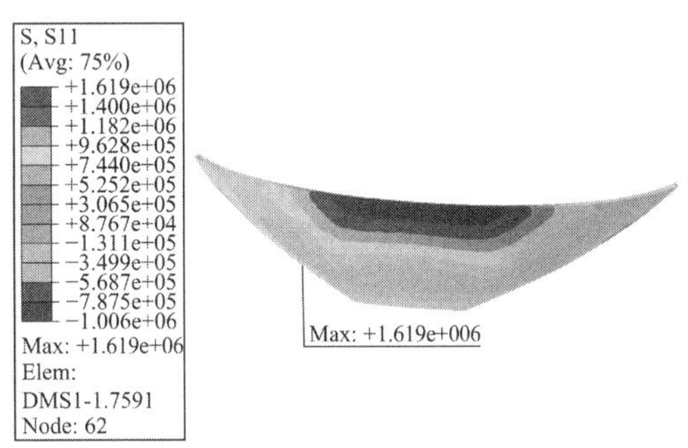

图 6.8-4　拱坝横河向应力分布

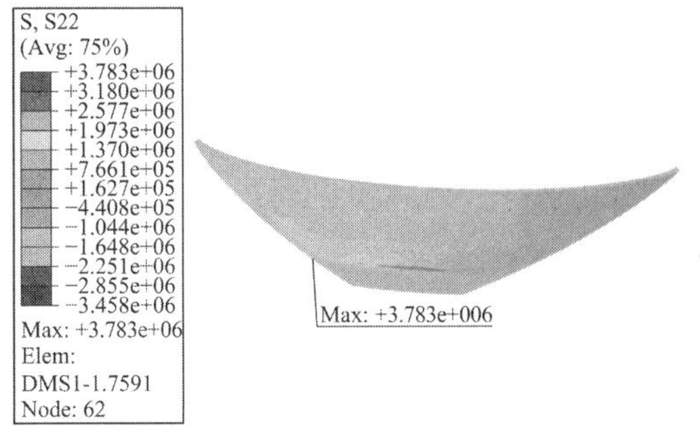

图 6.8-5　拱坝铅垂向应力分布

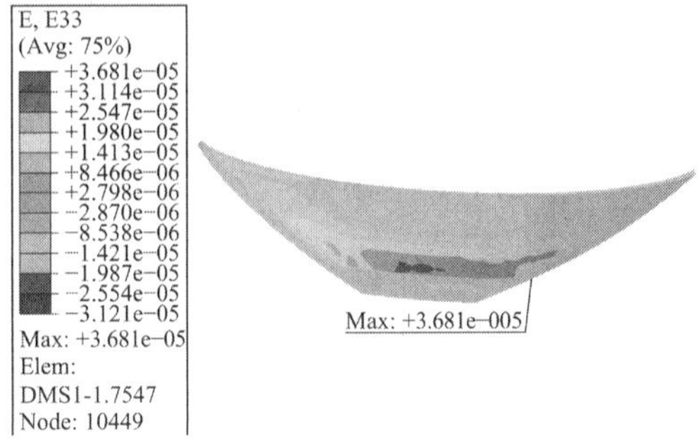

图 6.8-6　拱坝顺河向应变分布

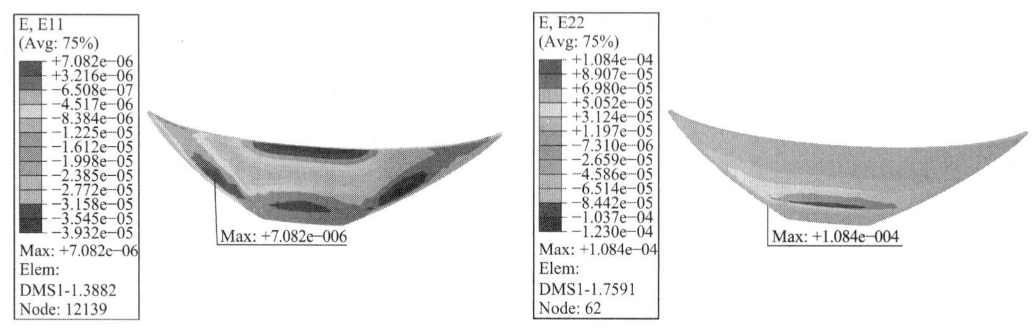

图 6.8-7　拱坝横河向应变分布　　图 6.8-8　拱坝铅垂向应变分布

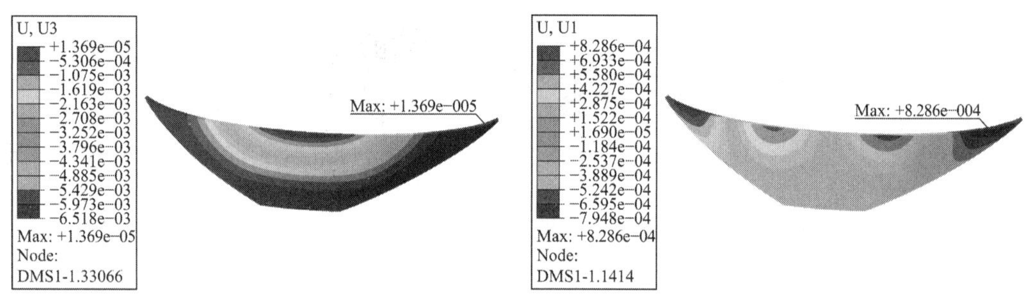

图 6.8-9　拱坝顺河向位移分布　　图 6.8-10　拱坝横河向位移分布

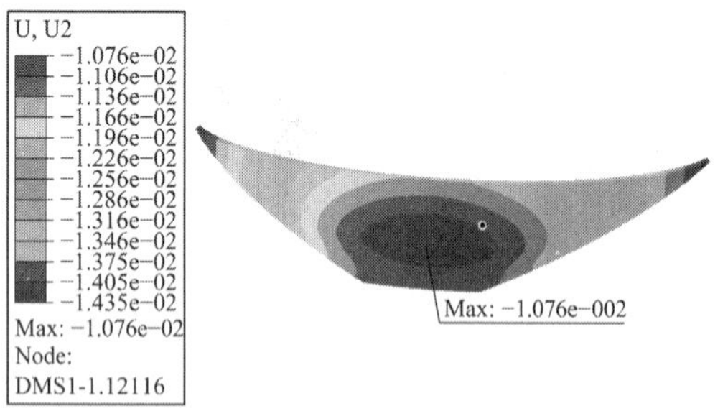

图 6.8-11　拱坝铅垂向位移分布

6.8.2　工况 C2 场变量

由于大坝裂损与渗漏通道形成，考虑此时坝体混凝土弹性模量削弱，且削减幅度达到 10%，则对应的坝体拉应力普遍在 3.0MPa 以上（图 6.8-12～图 6.8-16），若坝体混凝土弹性模量减小 10%，拱坝在满库水位下运行，拉应力增加近一倍，主体结构处于极不安全的运行状态。基于前述背景分析可知，拱坝坝体此时的确已形成肉眼可见的宏观裂损与细观缺陷（图 6.8-17～图 6.8-22），结合本节研究，建议应避免满库运行，且需尽快开展坝体加固。

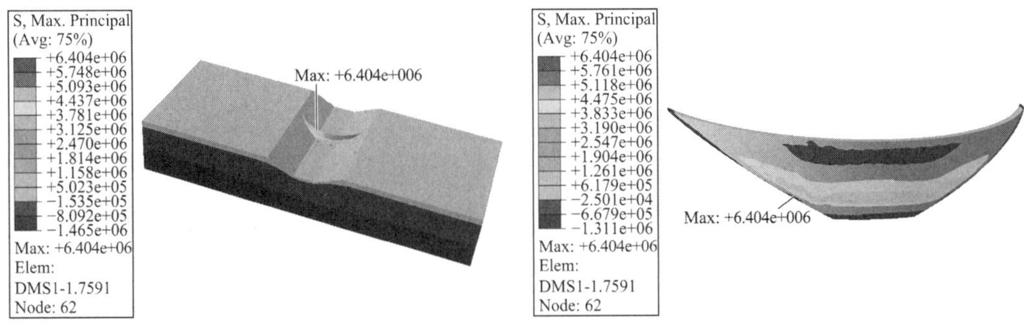

图 6.8-12　库坝系统大主应力整体分布

图 6.8-13　拱坝大主应力分布

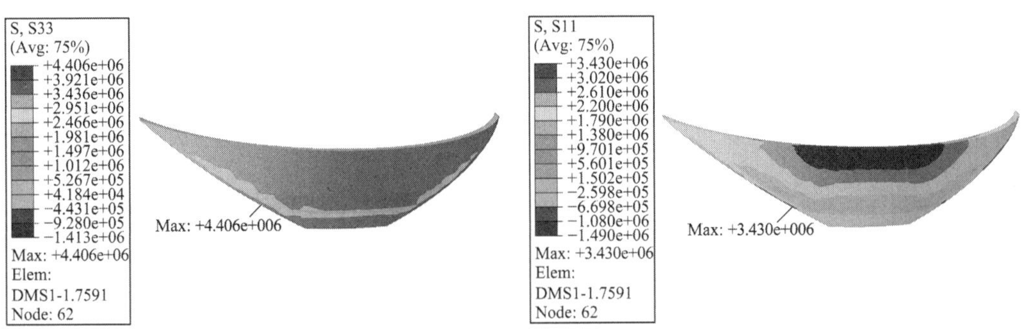

图 6.8-14　拱坝顺河向应力分布

图 6.8-15　拱坝横河向应力分布

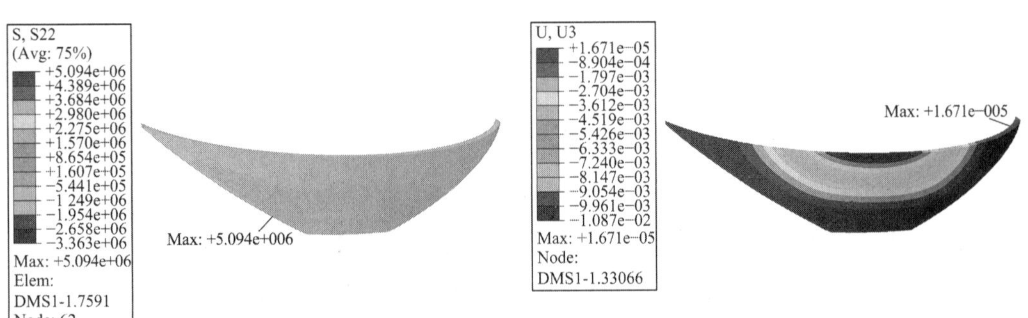

图 6.8-16　拱坝铅垂向应力分布

图 6.8-17　拱坝顺河向位移分布

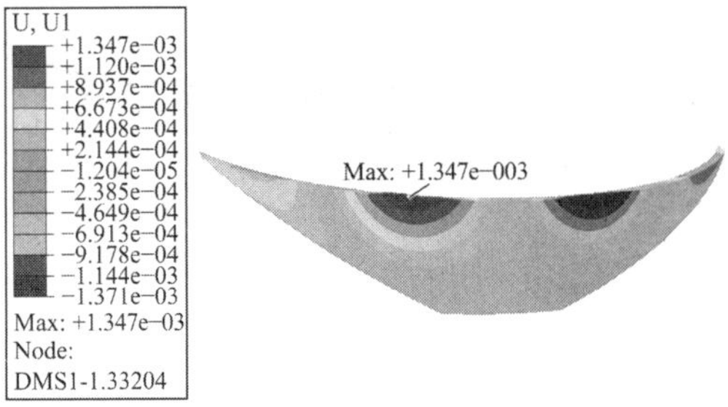

U, U1
+1.347e−03
+1.120e−03
+8.937e−04
+6.673e−04
+4.408e−04
+2.144e−04
−1.204e−05
−2.385e−04
−4.649e−04
−6.913e−04
−9.178e−04
−1.144e−03
−1.371e−03
Max: +1.347e−03
Node:
DMS1-1.33204
Max: +1.347e−003

图 6.8-18　拱坝横河向位移分布

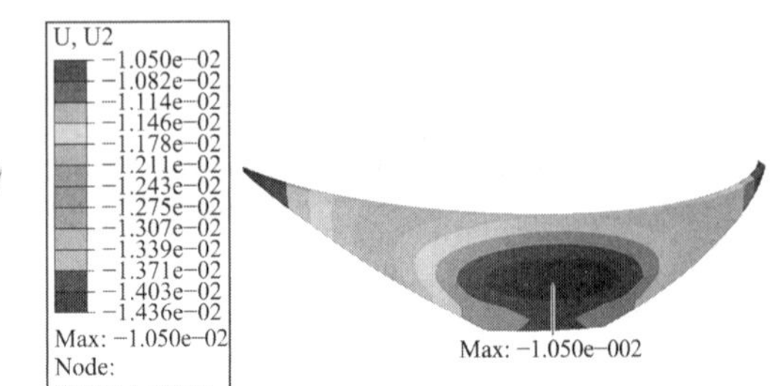

图 6.8-19　拱坝铅垂向位移分布

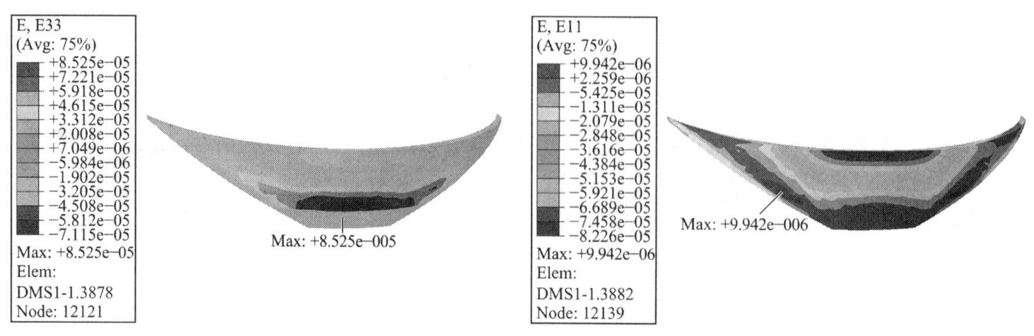

图 6.8-20　拱坝顺河向应变分布　　图 6.8-21　拱坝横河向应变分布

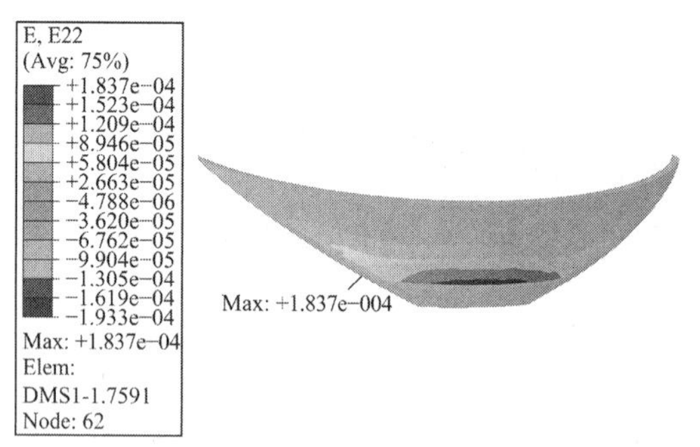

图 6.8-22　拱坝铅垂向应变分布

6.8.3　工况 C3 场变量

依据本工况研究成果可知，即使在正常蓄水位下运行，坝体拉应力也普遍在 1.3MPa 以上，已接近混凝土容许拉应力 1.5MPa 的标准（图 6.8-23～图 6.8-27），结合当前已知的混凝土材料性能（图 6.4-1）可知，坝体刚度出现一定衰减（图 6.8-28～图 6.8-33），安全裕度相应减小，由此，研究建议应避免使主体结构长期处于正常蓄水位下运行。

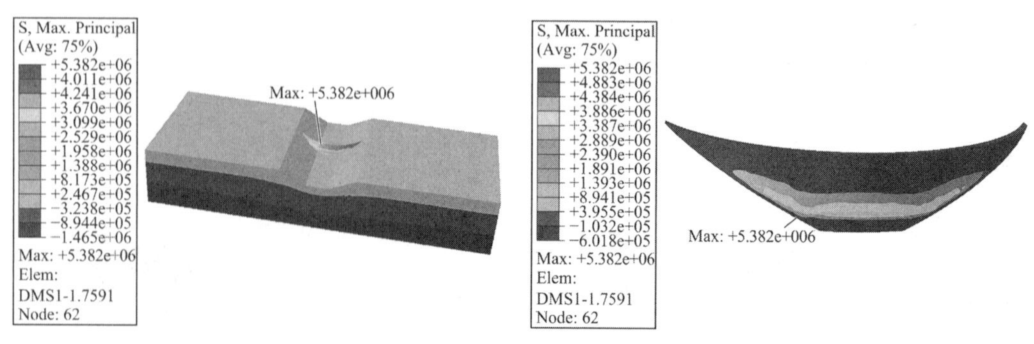

图 6.8-23　库坝系统大主应力整体分布　　图 6.8-24　拱坝大主应力分布

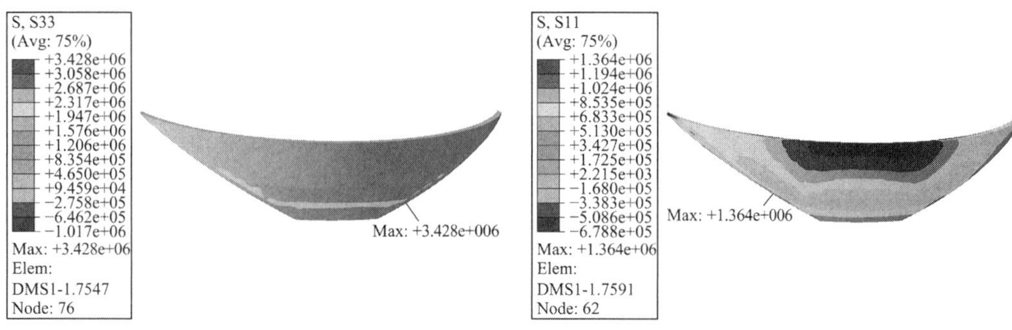

图 6.8-25　拱坝顺河向应力分布　　图 6.8-26　拱坝横河向应力分布

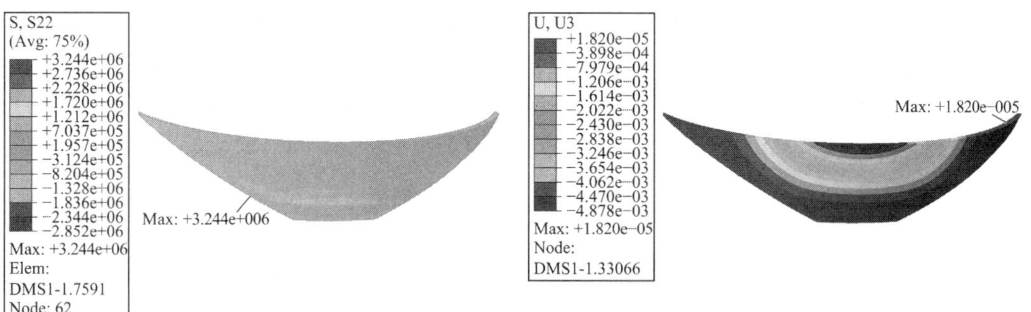

图 6.8-27　拱坝铅垂向应力分布　　图 6.8-28　拱坝顺河向位移分布

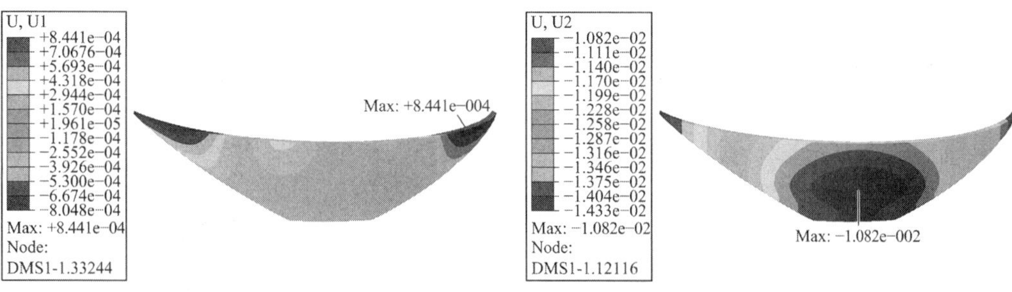

图 6.8-29　拱坝横河向位移分布　　图 6.8-30　拱坝铅垂向位移分布

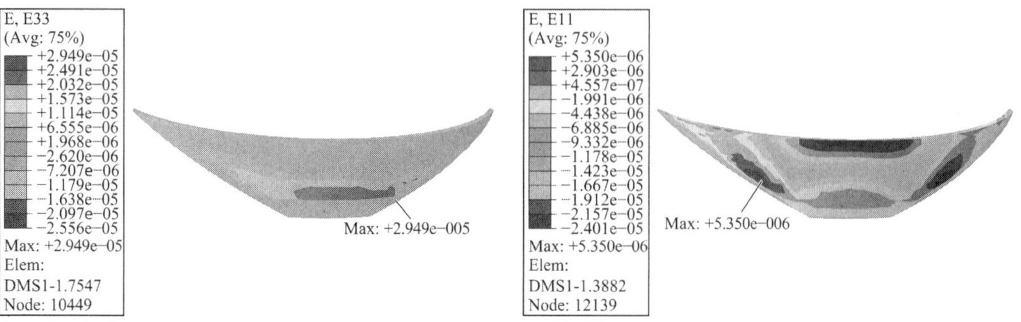

图 6.8-31　拱坝顺河向应变分布　　图 6.8-32　拱坝横河向应变分布

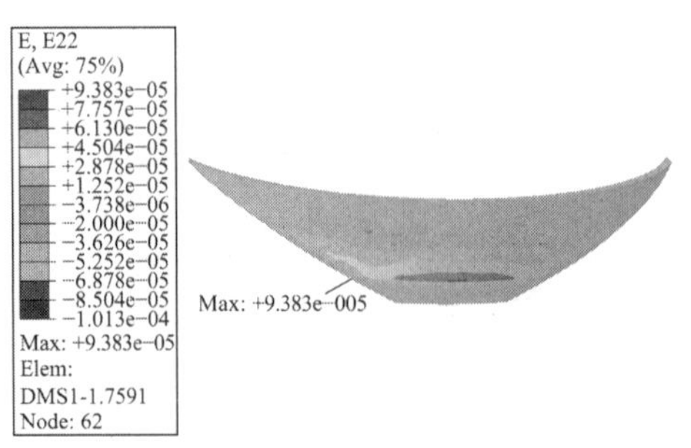

图 6.8-33　拱坝铅垂向应变分布

6.8.4　工况 C4 场变量

在正常蓄水位下，当考虑大坝由于裂损与渗漏通道形成而导致坝体混凝土材料弹性模量削弱幅度达到 10%时，坝体拉应力普遍在 3.0MPa 以上（图 6.8-34～图 6.8-38），拉应力增加近一倍，坝体混凝土各向异性形变累积显著（图 6.8-39～图 6.8-44），主体结构处于极不安全的运行状态。

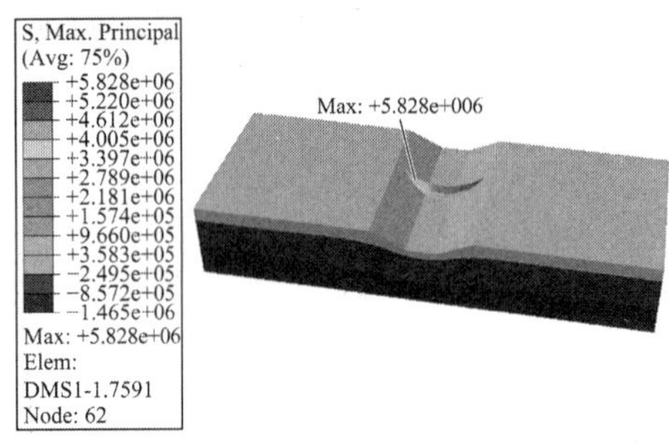

图 6.8-34　库坝系统大主应力整体分布

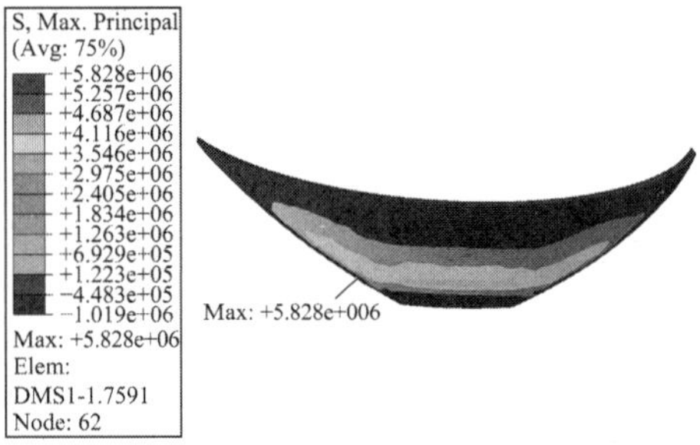

图 6.8-35　拱坝大主应力分布

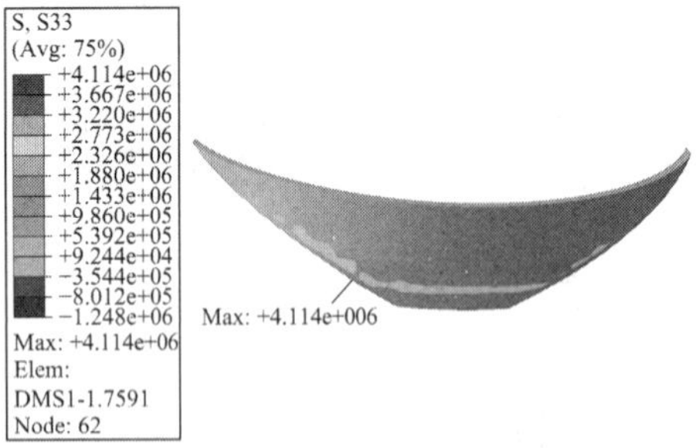

图 6.8-36　拱坝顺河向应力分布

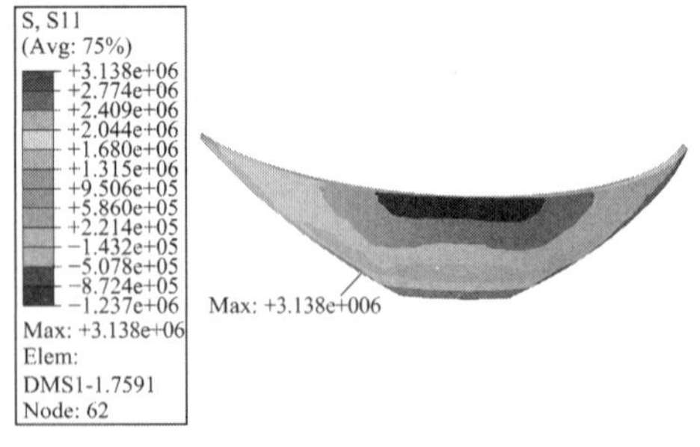

图 6.8-37　拱坝横河向应力分布

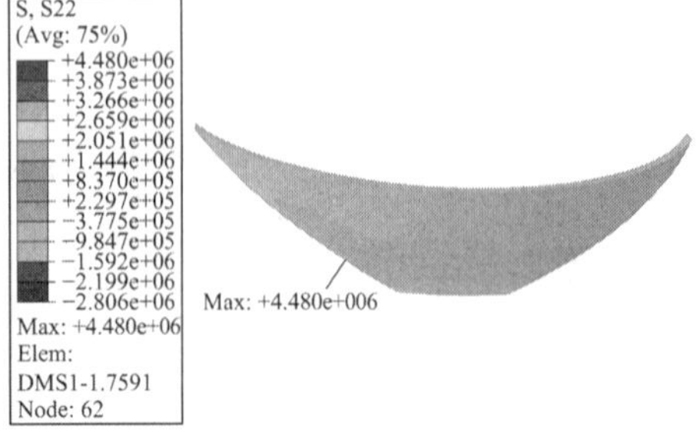

图 6.8-38　拱坝铅垂向应力分布

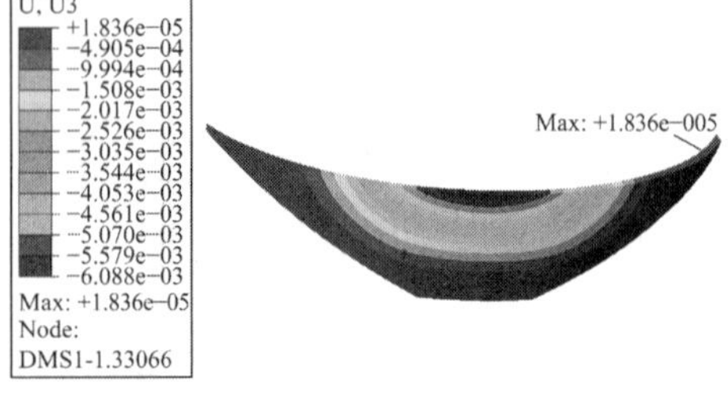

图 6.8-39　拱坝顺河向位移分布

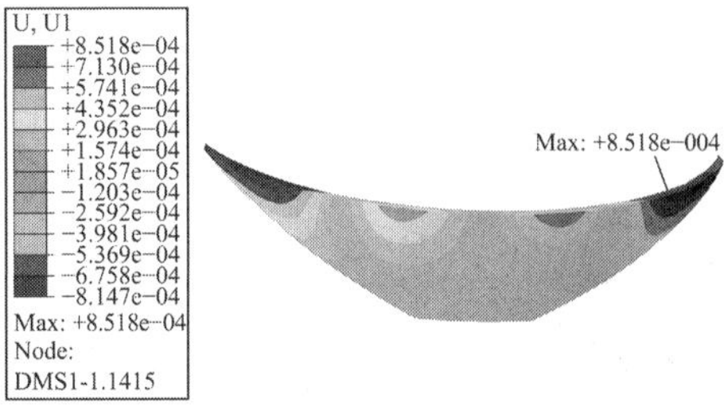

图 6.8-40　拱坝横河向位移分布 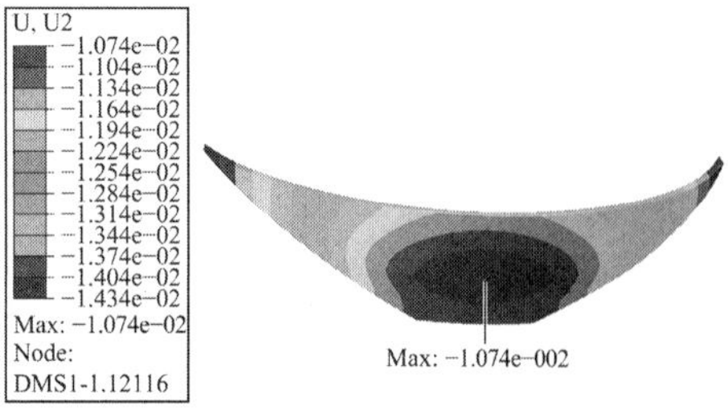　　图 6.8-41　拱坝铅垂向位移分布

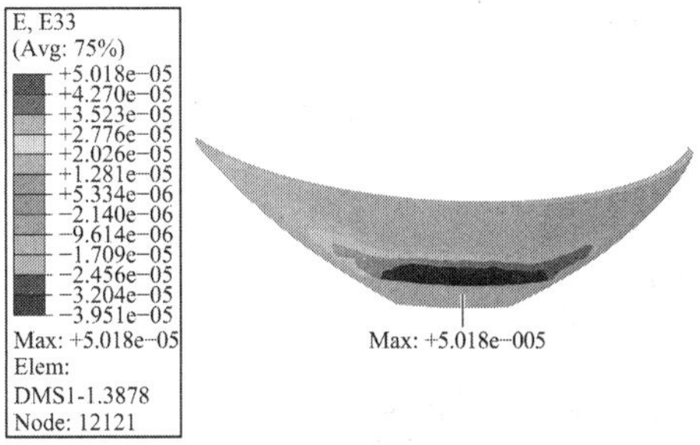

图 6.8-42　拱坝顺河向应变分布 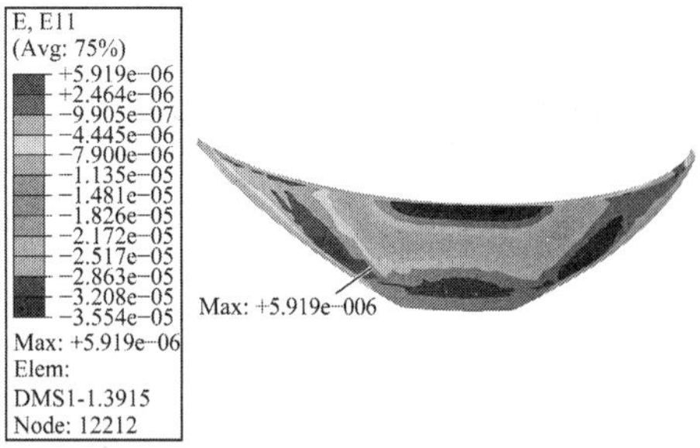　　图 6.8-43　拱坝横河向应变分布

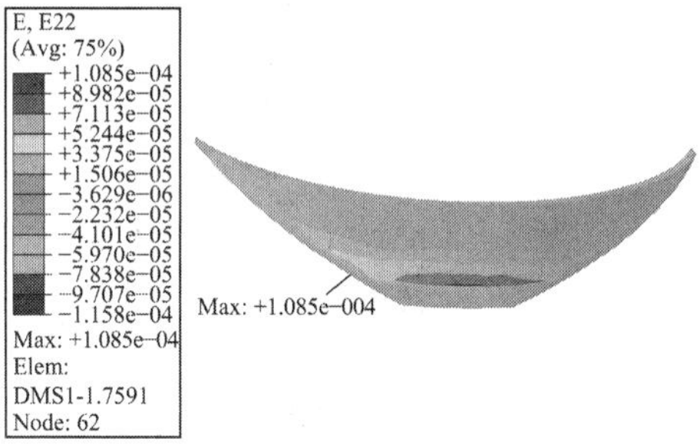

图 6.8-44　拱坝铅垂向应变分布

6.8.5　工况 C5 场变量

在半库水位下运行时，大坝铅垂向应力分量达到 1.6MPa，其他方向应力分量在 1.0MPa 以下，大主拉应力达到 2.6MPa（图 6.8-45～图 6.8-49），同时考虑到工程主体结构材料抵御实际形变的性能（图 6.8-50～图 6.8-55），系统局部如左岸坝肩下部区域等处的安全裕度仍较小，由此，研究建议拱坝在半库水位下运行时，还应加强安全监测与反馈分析研究。

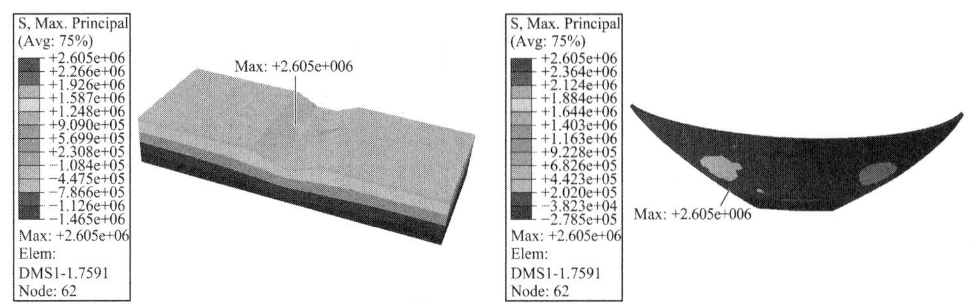

图 6.8-45　库坝系统大主应力整体分布　　图 6.8-46　拱坝大主应力分布

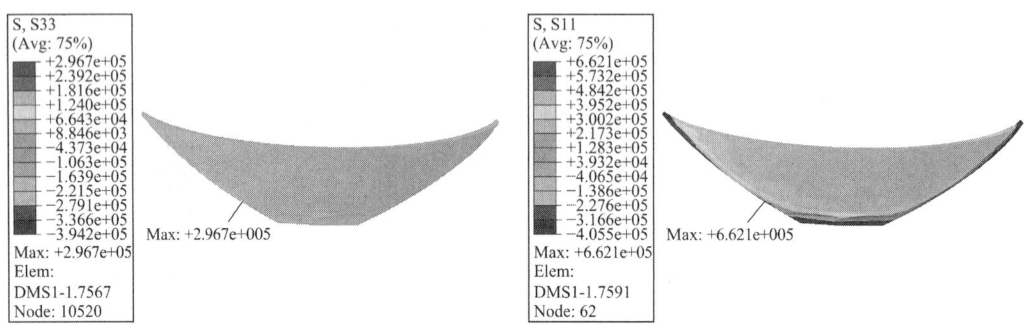

图 6.8-47　拱坝顺河向应力分布

图 6.8-48　拱坝横河向应力分布

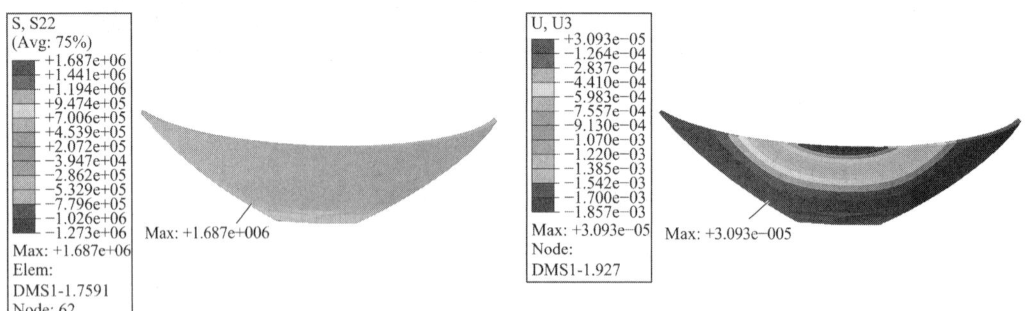

图 6.8-49　拱坝铅垂向应力分布

图 6.8-50　拱坝顺河向位移分布

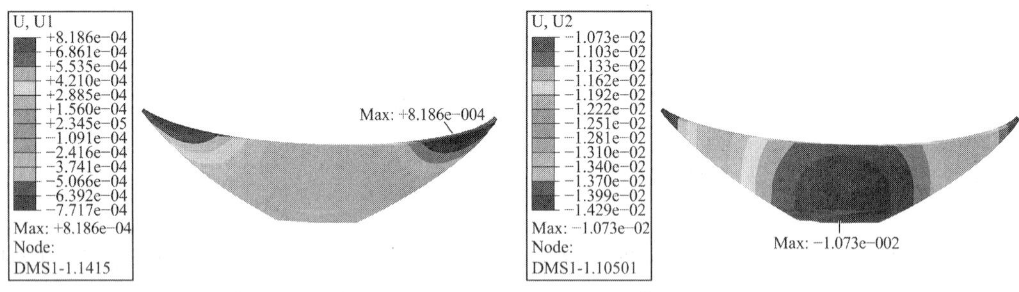

图 6.8-51　拱坝横河向位移分布

图 6.8-52　拱坝铅垂向位移分布

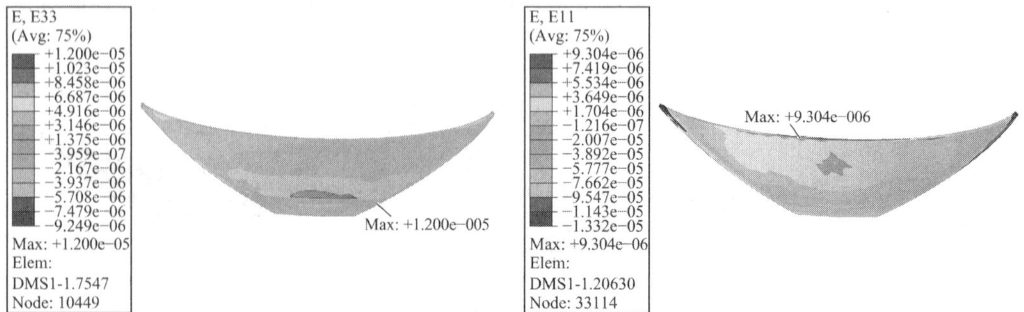

图 6.8-53　拱坝顺河向应变分布

图 6.8-54　拱坝横河向应变分布

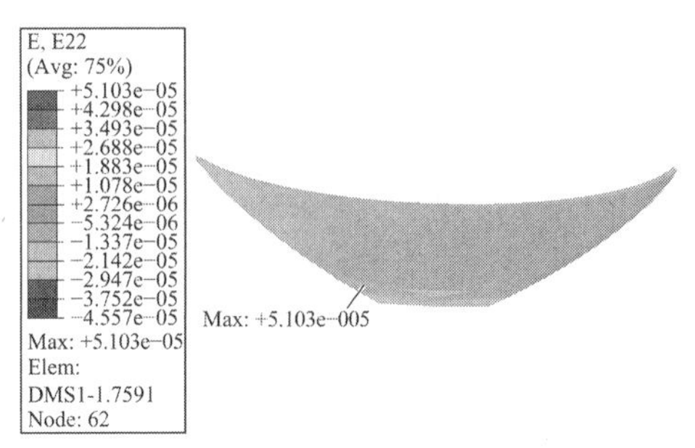

图 6.8-55　拱坝铅垂向应变分布

6.8.6　工况 C6 场变量

在半库水位下运行时，若考虑由于裂损与渗漏通道形成而坝体混凝土性能恶化，弹性模量削减幅度达到 10%时，坝体混凝土自承能力显著削弱（图 6.8-61～图 6.8-66），大坝铅垂向应力分量达到 2.0MPa，其他方向应力分量在 1.5MPa 以下，大主拉应力达到 2.7MPa，坝体超标应力也较为普遍（图 6.8-56～图 6.8-60）。

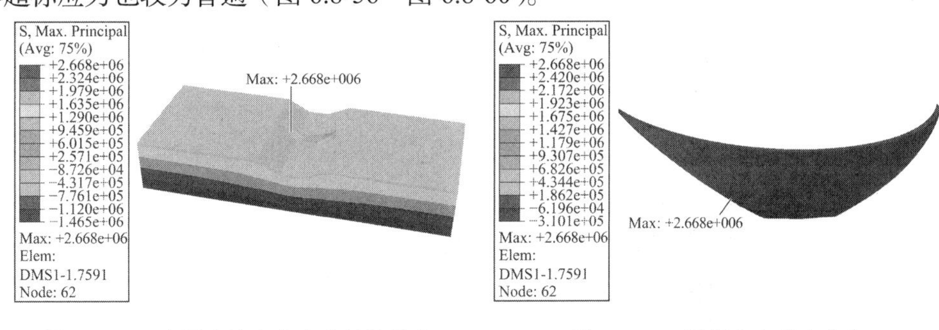

图 6.8-56　库坝系统大主应力整体分布

图 6.8-57　拱坝大主应力分布

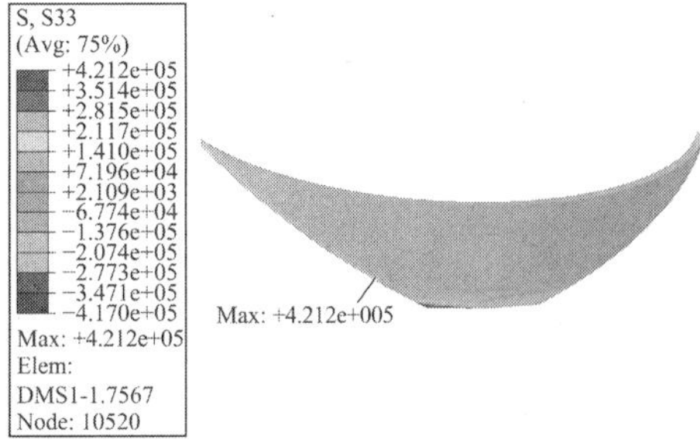

图 6.8-58　拱坝顺河向应力分布

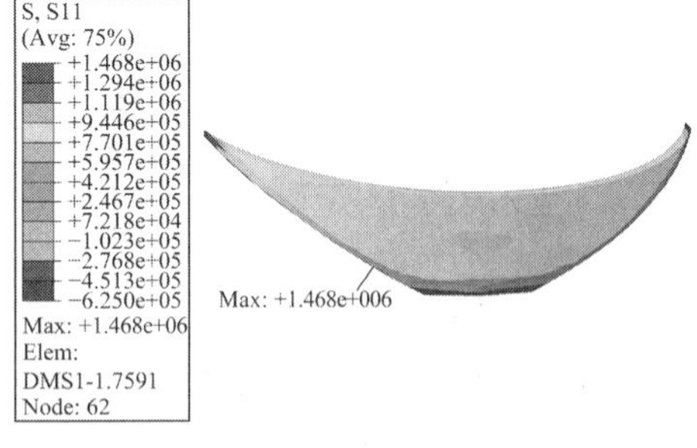

图 6.8-59　拱坝横河向应力分布

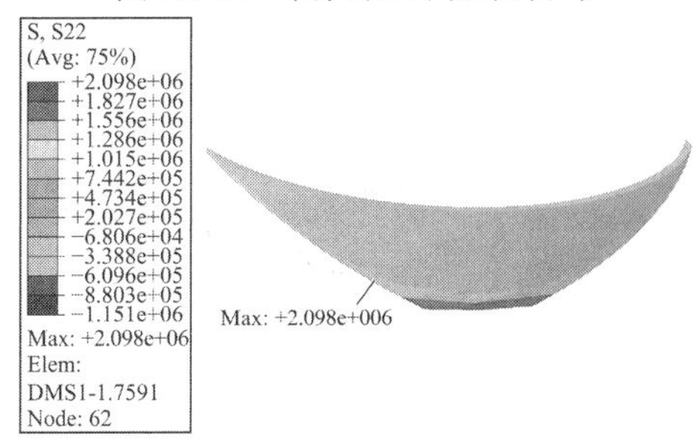

图 6.8-60　拱坝铅垂向应力分布

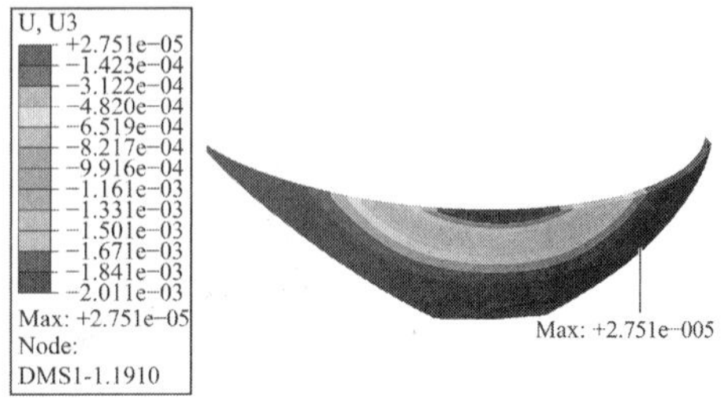

图 6.8-61　拱坝顺河向位移分布

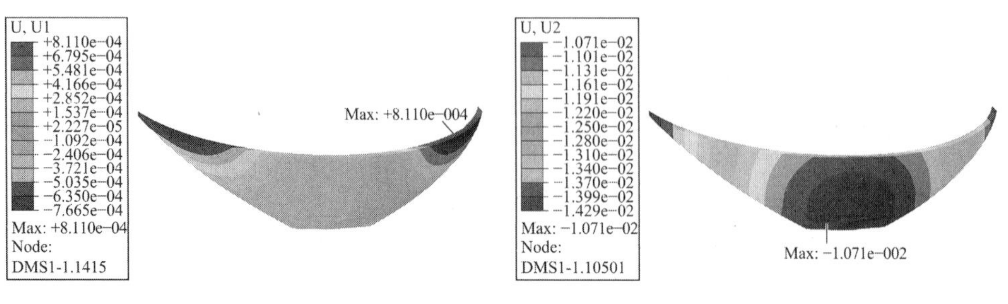

图 6.8-62　拱坝横河向位移分布　　图 6.8-63　拱坝铅垂向位移分布

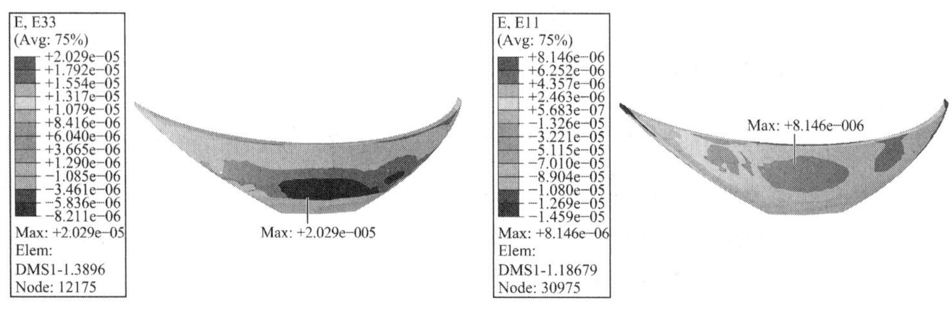

图 6.8-64　拱坝顺河向应变分布　　图 6.8-65　拱坝横河向应变分布

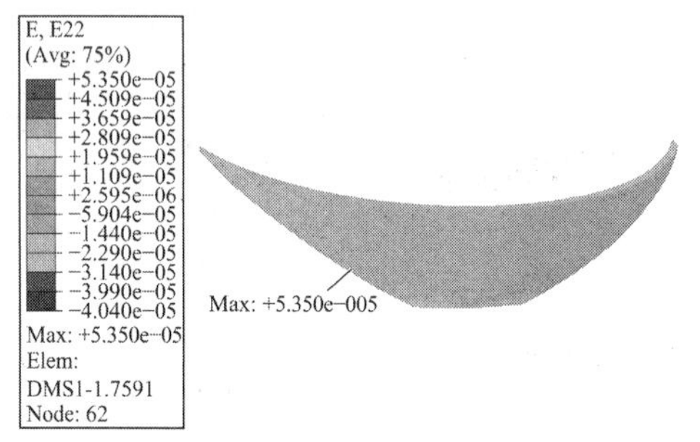

图 6.8-66　拱坝铅垂向应变分布

6.8.7　工况 C7 场变量

当拱坝处于空库状态时，且不考虑材料出现性能弱化（图 6.8-72～图 6.8-77），则大坝各主方向之拉应力水平普遍在 1.3MPa 以下（图 6.8-67～图 6.8-71），与混凝土容许拉应力 1.5MPa 相比，安全裕度较为明显。

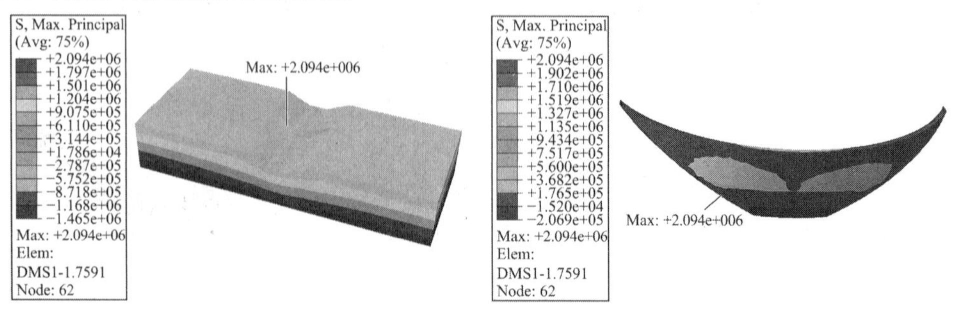

图 6.8-67　库坝系统大主应力整体分布　　图 6.8-68　拱坝大主应力分布

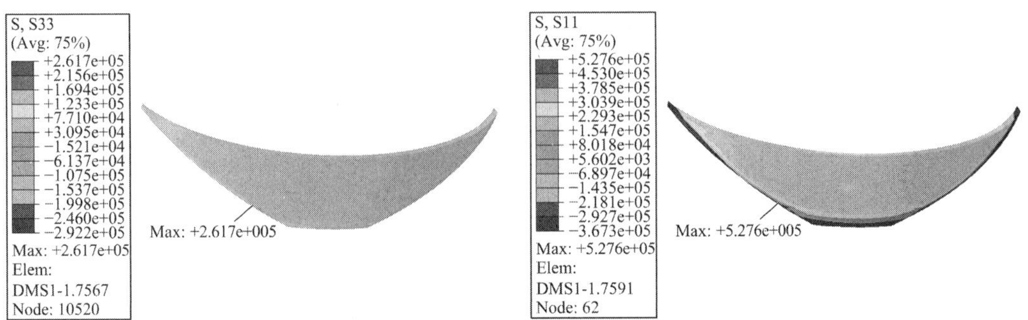

图 6.8-69　拱坝顺河向应力分布

图 6.8-70　拱坝横河向应力分布

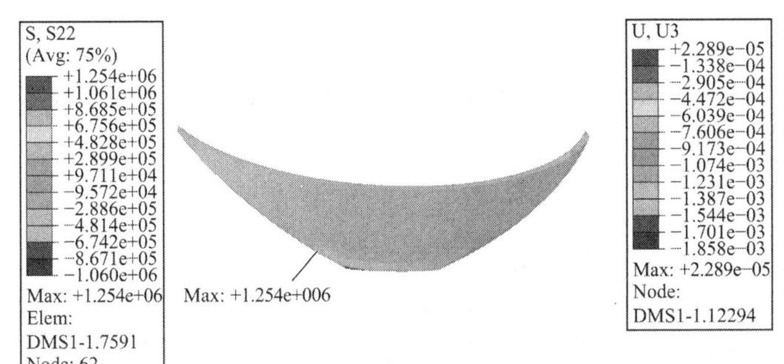

图 6.8-71　拱坝铅垂向应力分布

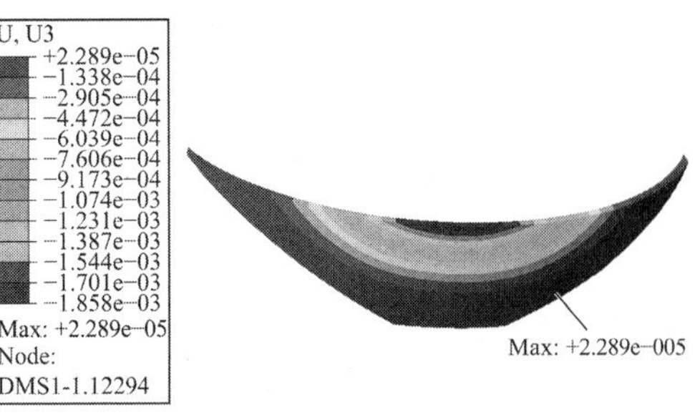

图 6.8-72　拱坝顺河向位移分布

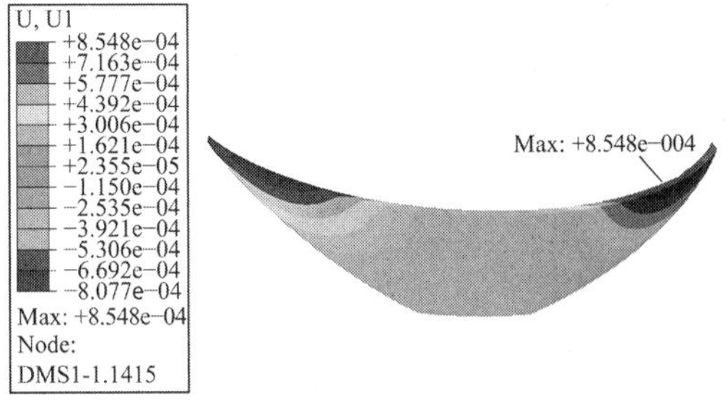

图 6.8-73　拱坝横河向位移分布

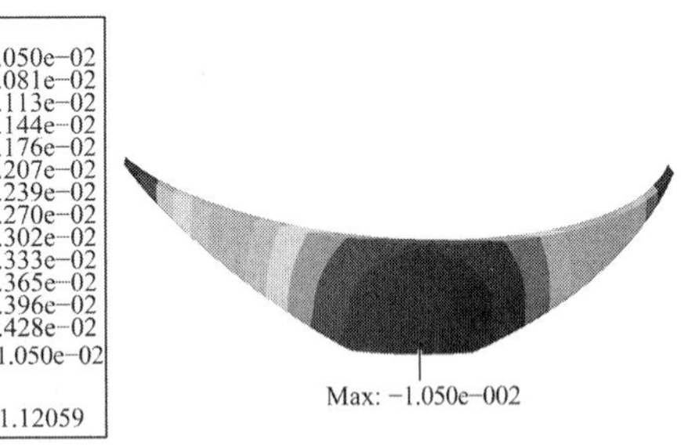

图 6.8-74　拱坝铅垂向位移分布

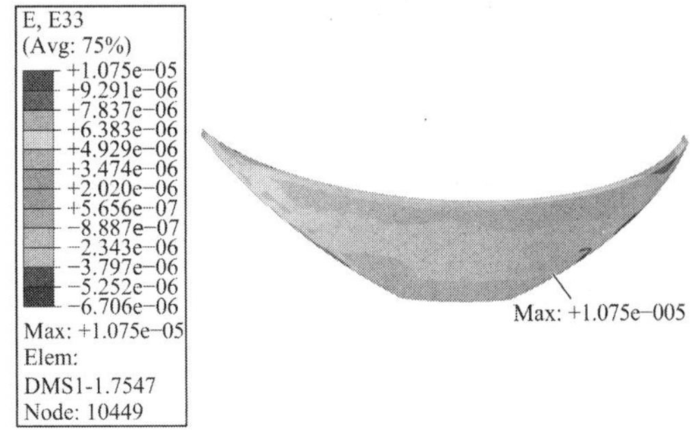

图 6.8-75　拱坝顺河向应变分布

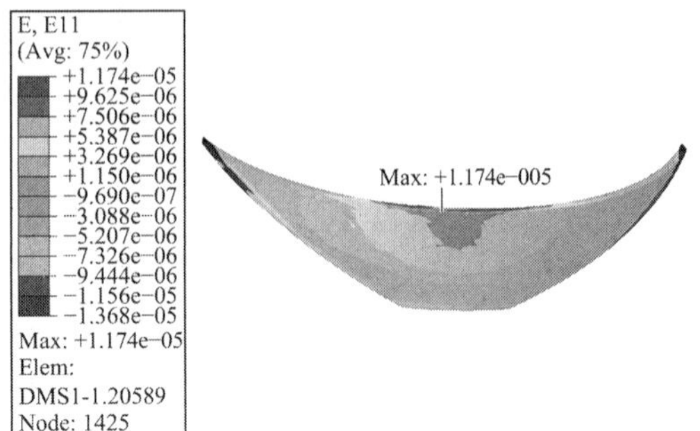

图 6.8-76　拱坝横河向应变分布

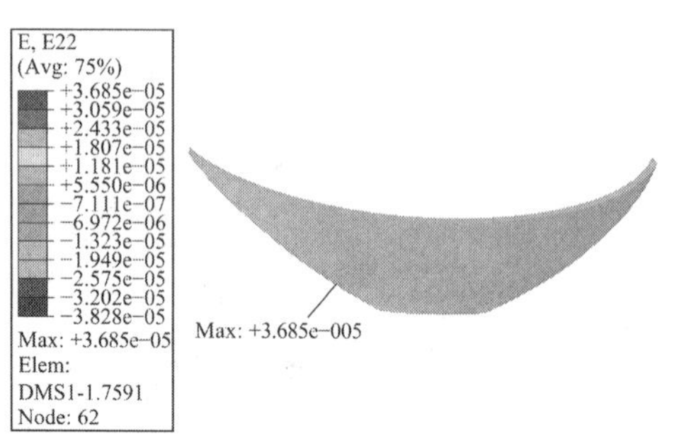

图 6.8-77　拱坝铅垂向应变分布

6.8.8　工况 C8 场变量

在空库状态下运行时，若考虑坝体混凝土劣化、弹性模量削减幅度达到 10%，受自重及倒悬垂形变影响（图 6.8-83～图 6.8-88），坝体上游面局部会出现 1.5MPa 以上超标应力（图 6.8-78～图 6.8-82），坝体加固仍有必要。

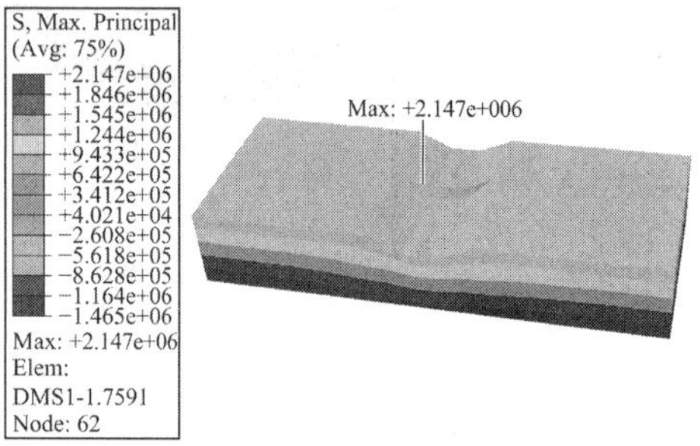

图 6.8-78　库坝系统大主应力整体分布

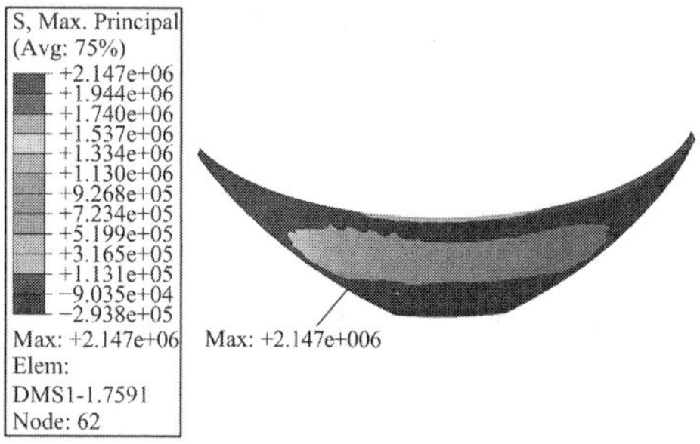

图 6.8-79　拱坝大主应力分布

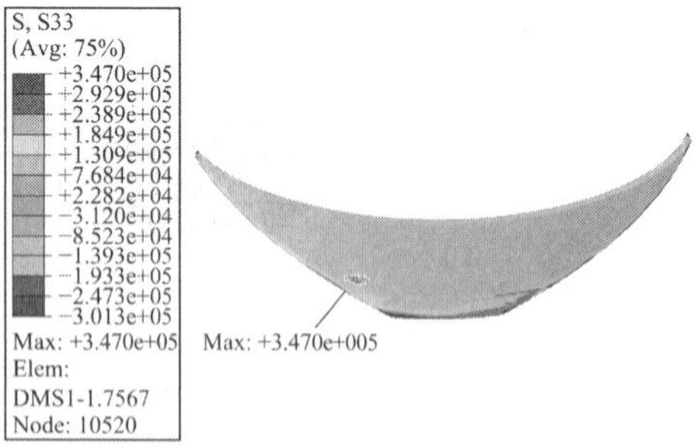

图 6.8-80　拱坝顺河向应力分布

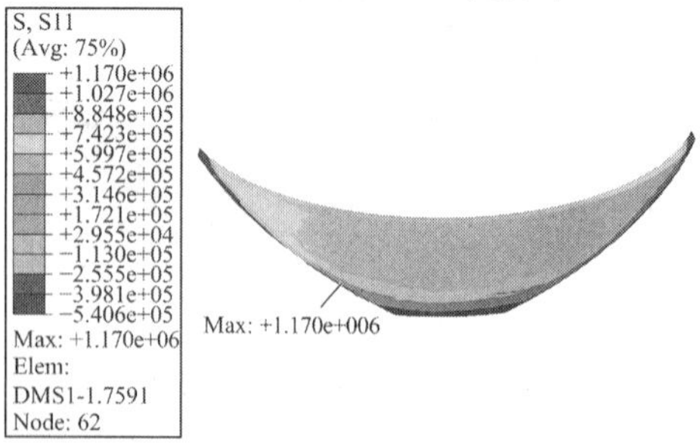

图 6.8-81　拱坝横河向应力分布

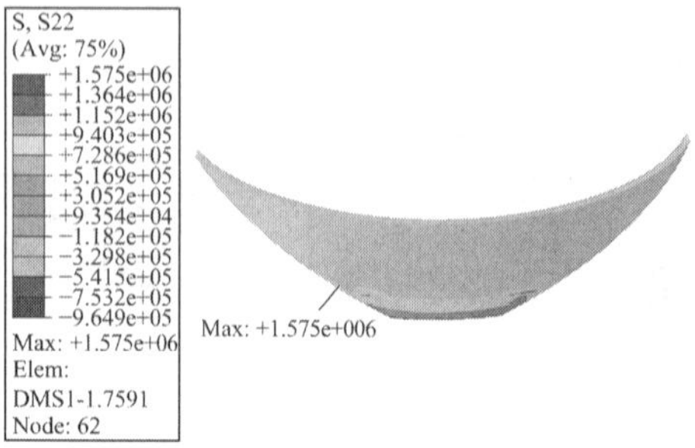

图 6.8-82　拱坝铅垂向应力分布

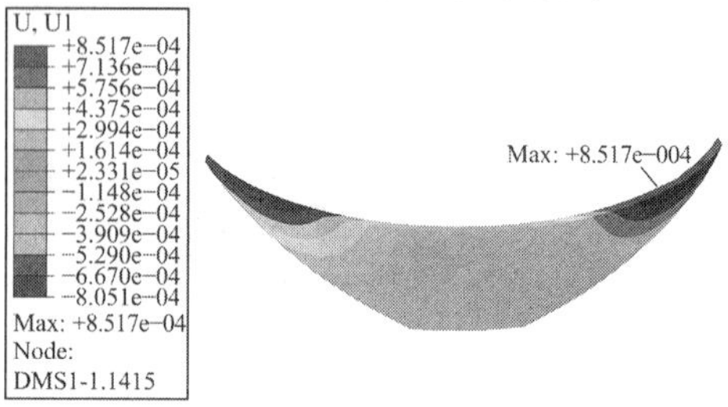

图 6.8-83　拱坝顺河向位移分布

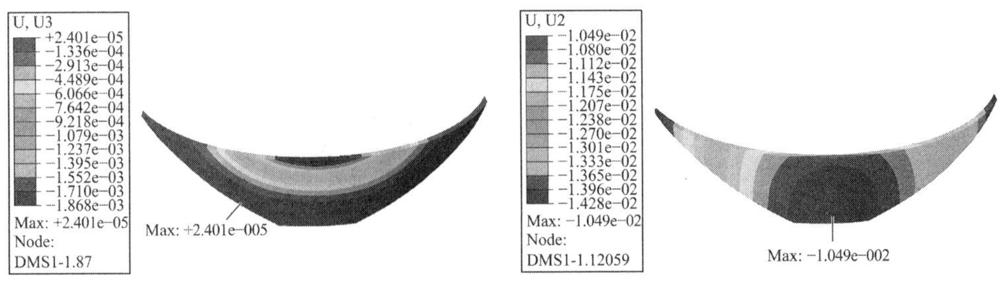

图 6.8-84　拱坝横河向位移分布　　图 6.8-85　拱坝铅垂向位移分布

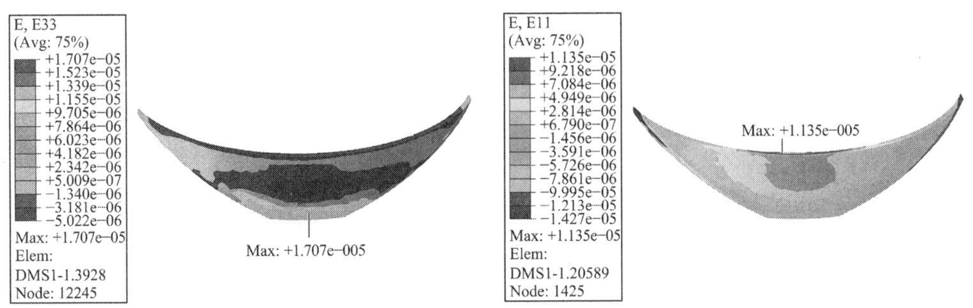

图 6.8-86　拱坝顺河向应变分布　　图 6.8-87　拱坝横河向应变分布

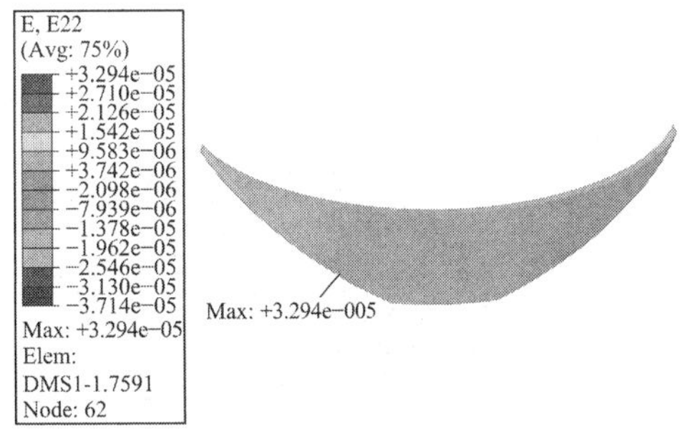

图 6.8-88　拱坝铅垂向应变分布

6.8.9　工况 C9 场变量

当拱坝处于满库状态时，即使不考虑库坝系统存在任何潜在缺陷，在当前混凝土材料的抗渗能力下，上游坝面仍将形成一定的入渗区域（图 6.8-90 及图 6.8-91），由此产生的最大渗压为 220kPa（图 6.8-89）。

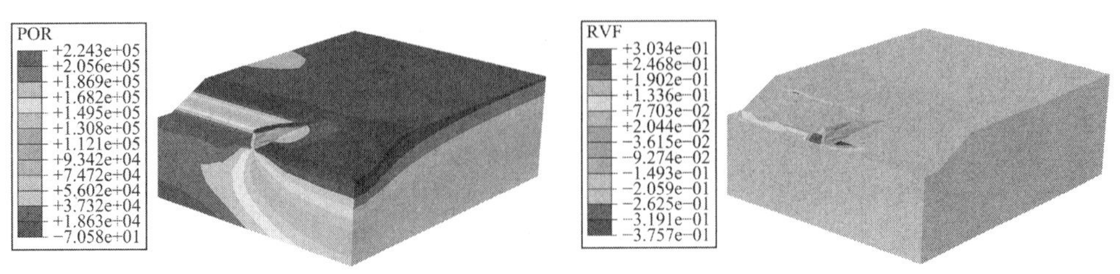

图 6.8-89　库坝系统渗透水压整体分布　　图 6.8-90　库坝系统渗漏量整体分布

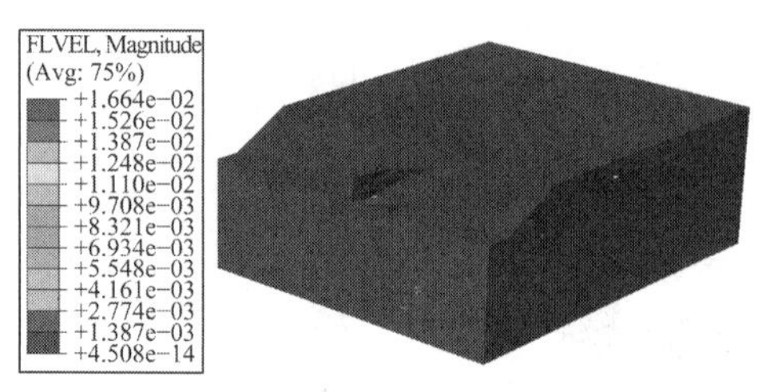

图 6.8-91　库坝系统渗透流速整体分布

6.8.10　工况 C10 场变量

在满库运行条件下，若考虑坝基与两岸岩体处于完好状态，但大坝由于裂损与渗漏通道形成而出现渗透系数增加（图 6.8-93），而且由于下游排水不畅而导致库区尾闾渗透水压抬升，则拱坝上游坝面将形成 240kPa 的最大渗压（图 6.8-92），由此引发水力劈裂的可能性进一步增加（图 6.8-94）。

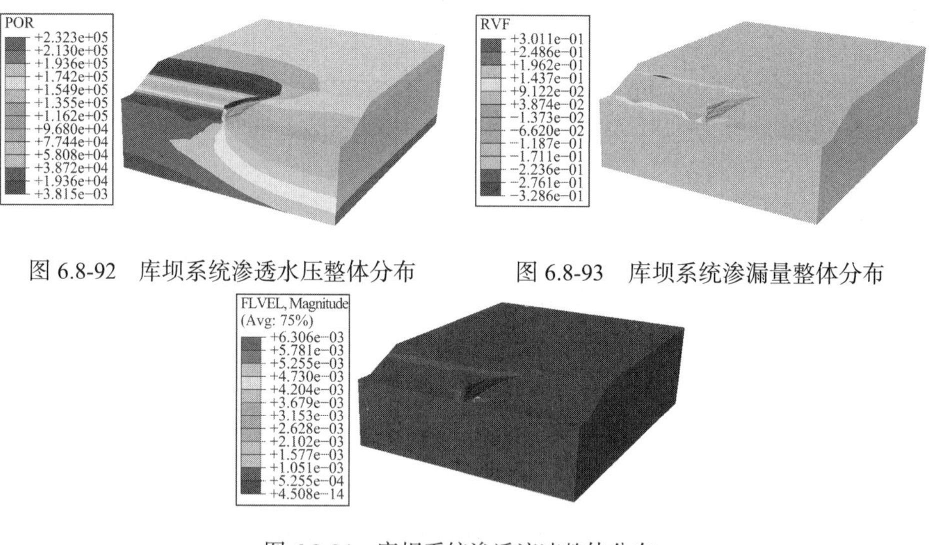

图 6.8-92　库坝系统渗透水压整体分布　　图 6.8-93　库坝系统渗漏量整体分布

图 6.8-94　库坝系统渗透流速整体分布

6.8.11　工况 C11 场变量

在正常蓄水位条件下，若考虑库坝系统整体处于完好状态，渗漏量及渗透流速总体可控（图 6.8-96、图 6.8-97），系统内无任何潜在的裂损与渗漏通道，此时拱坝上游坝面处的最大渗压值为 210kPa（图 6.8-95）。

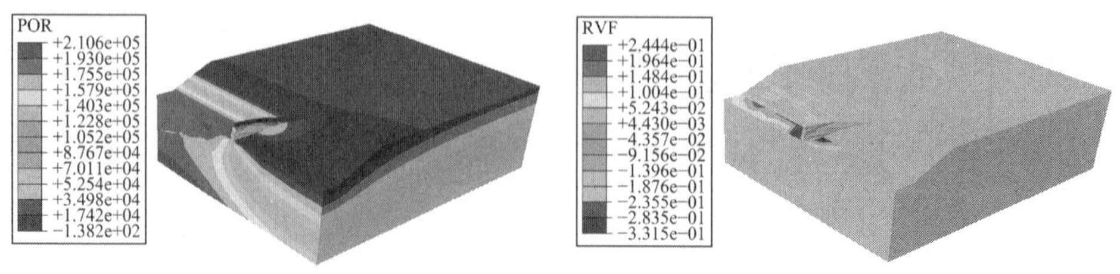

图 6.8-95　库坝系统渗透水压整体分布　　图 6.8-96　库坝系统渗漏量整体分布

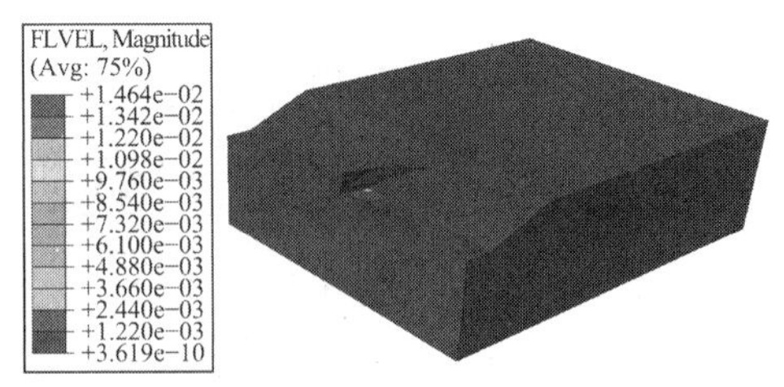

图 6.8-97　库坝系统渗透流速整体分布

6.8.12　工况 C12 场变量

当拱坝在正常蓄水位下运行时，若坝体材料出现裂损，由此在结构中形成潜在的渗漏通道，从而导致混凝土渗透系数增加（图 6.8-99 及图 6.8-100），同时考虑库区内下游排水不畅，尾闾渗透水压抬升，上游坝面最大渗压可达 220kPa（图 6.8-98），尤其是裂损区域的渗透水压较为积聚，对于坝体安全形成威胁。

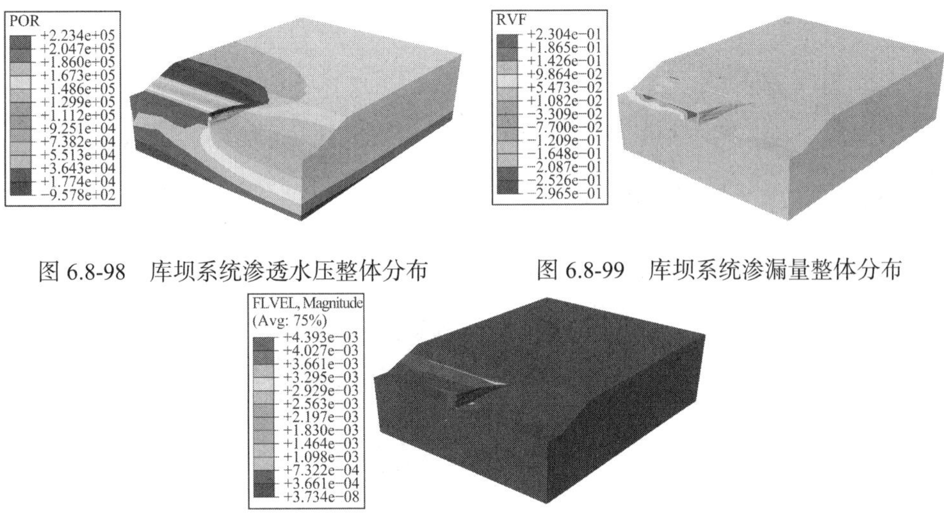

图 6.8-98　库坝系统渗透水压整体分布　　图 6.8-99　库坝系统渗漏量整体分布

图 6.8-100　库坝系统渗透流速整体分布

6.8.13　工况 C13 场变量

库坝系统在半库水位下运行时，若不考虑系统的潜在缺陷，则上游坝面最大渗压为 150kPa（图 6.8-101），此结果与高水位下库坝系统内的渗透水压状态形成对比，渗漏量及渗透流速总体可控（图 6.8-102 及图 6.8-103）。

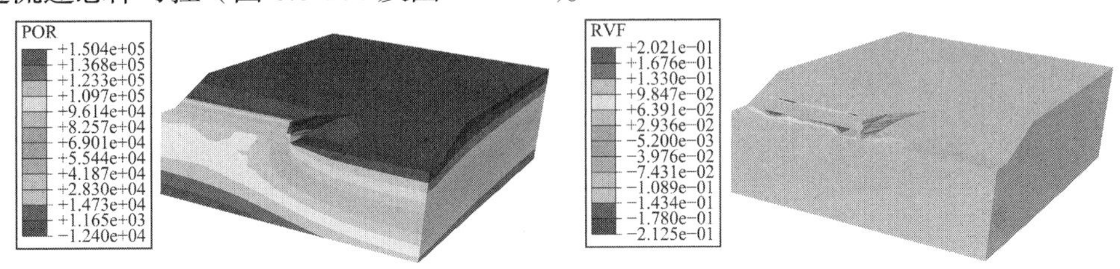

图 6.8-101　库坝系统渗透水压整体分布　　图 6.8-102　库坝系统渗漏量整体分布

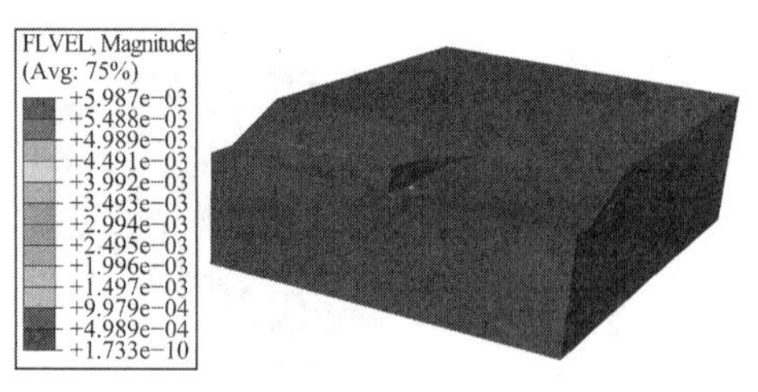

图 6.8-103　库坝系统渗透流速整体分布

6.8.14　工况 C14 场变量

与前一工况对照，同样是在半库水位下运行时，若库坝系统中已确定形成损伤缺陷，此时坝体的混凝土抗渗性能下降（图 6.8-105 及图 6.8-106），同时叠加下游排水不畅等不利因素，则坝体内的渗透水压会显著抬高，上游坝面处的最大渗压达到 180kPa（图 6.8-104），主体结构内仍有可能形成水力劈裂。

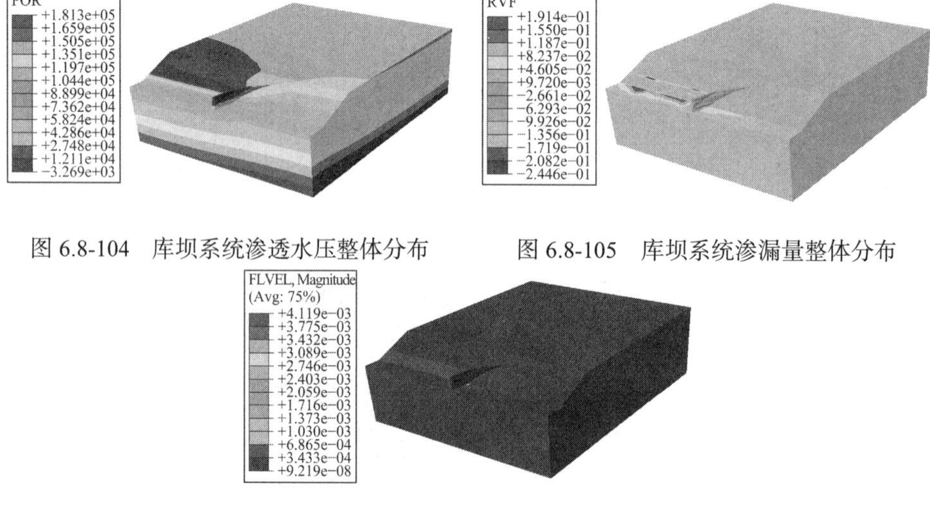

图 6.8-104　库坝系统渗透水压整体分布

图 6.8-105　库坝系统渗漏量整体分布

图 6.8-106　库坝系统渗透流速整体分布

6.8.15　工况 C15 场变量

拱坝在满库条件下运行时，若考虑坝体内典型裂缝已然形成（图 6.8-112～图 6.8-114），而且缝内作用工况 10 计算得到的渗压，此时裂缝两端最大广义损伤拉应力达到 14.9MPa（图 6.8-107～图 6.8-111），可以推断坝体裂缝内已发生水力劈裂（图 6.8-115～图 6.8-117）。

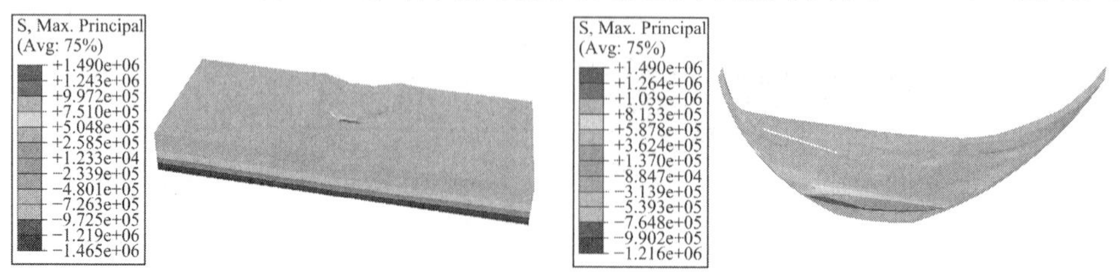

图 6.8-107　库坝系统大主应力整体分布

图 6.8-108　拱坝大主应力分布

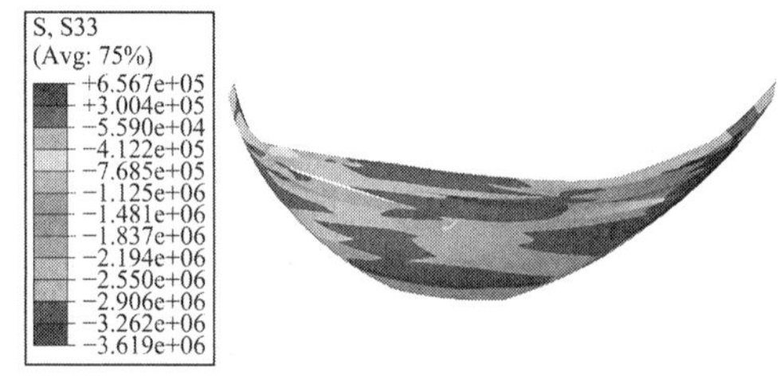

图 6.8-109　拱坝顺河向应力分布

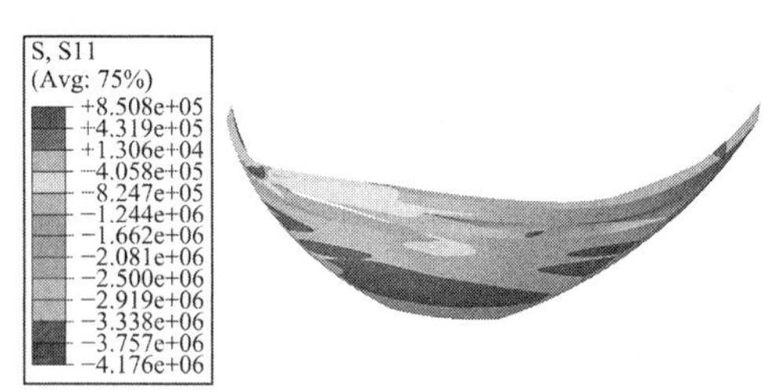

图 6.8-110　拱坝横河向应力分布

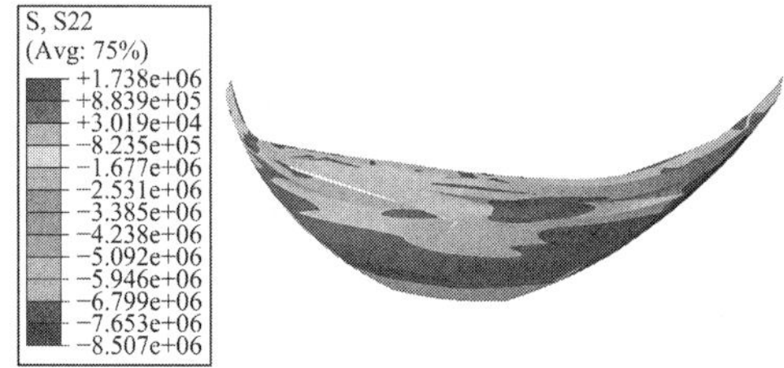

图 6.8-111　拱坝铅垂向应力分布

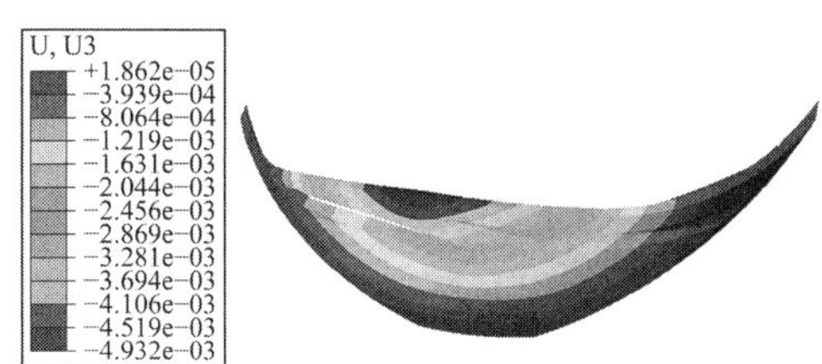

图 6.8-112　拱坝顺河向位移分布

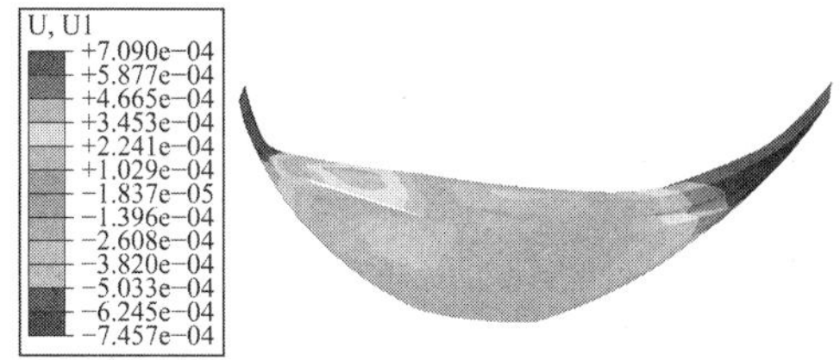

图 6.8-113　拱坝横河向位移分布

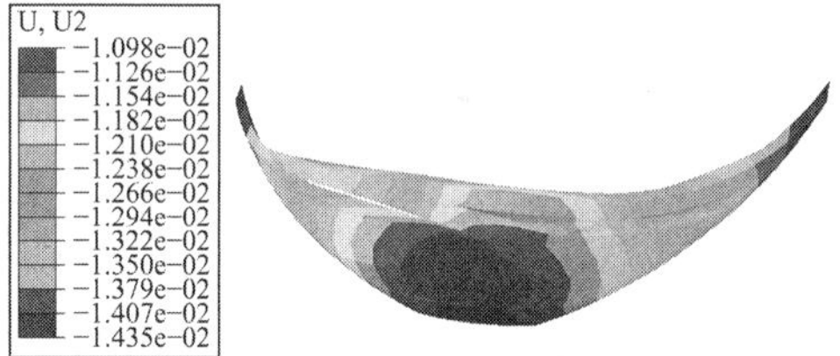

图 6.8-114　拱坝铅垂向位移分布

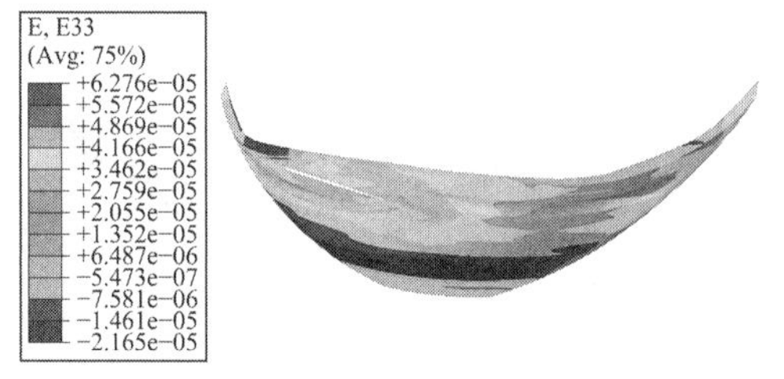

图 6.8-115　拱坝顺河向应变分布

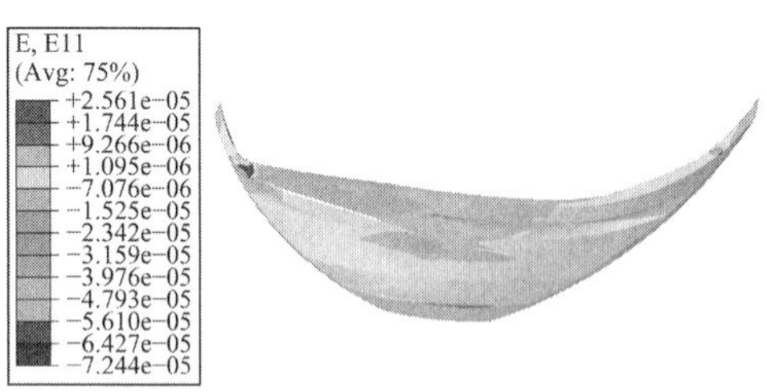

图 6.8-116　拱坝横河向应变分布

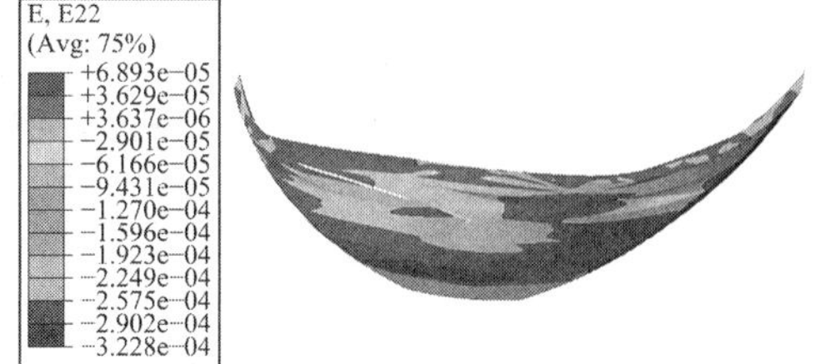

图 6.8-117　拱坝铅垂向应变分布

6.8.16 工况 C16 场变量

在正常蓄水位条件下，若考虑此时的坝基与两岸岩体仍然完整，但拱坝坝体内已形成一道灾变裂缝时（图 6.8-123～图 6.8-125），将工况 12 计算所得到的渗压作用于灾变裂缝内，研究发现裂缝两端的最大广义损伤拉应力为 14.6MPa（图 6.8-118～图 6.8-122），坝体裂缝内仍有水力劈裂发生（图 6.8-126～图 6.8-128）。

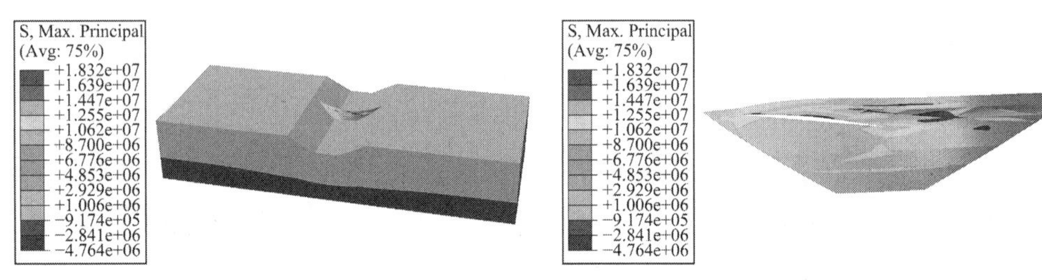

图 6.8-118 库坝系统大主应力整体分布　　图 6.8-119 拱坝大主应力分布

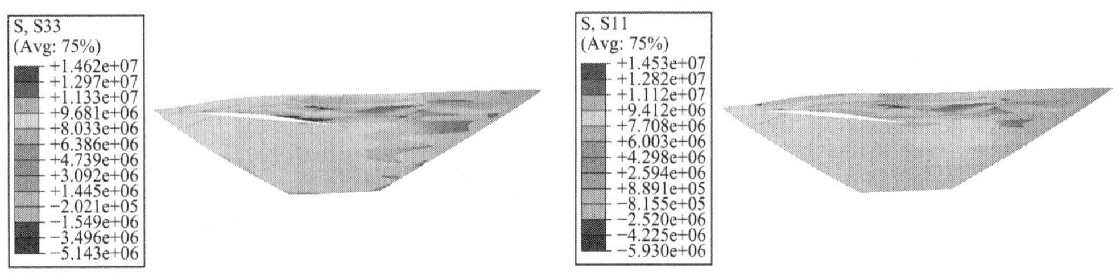

图 6.8-120 拱坝顺河向应力分布　　图 6.8-121 拱坝横河向应力分布

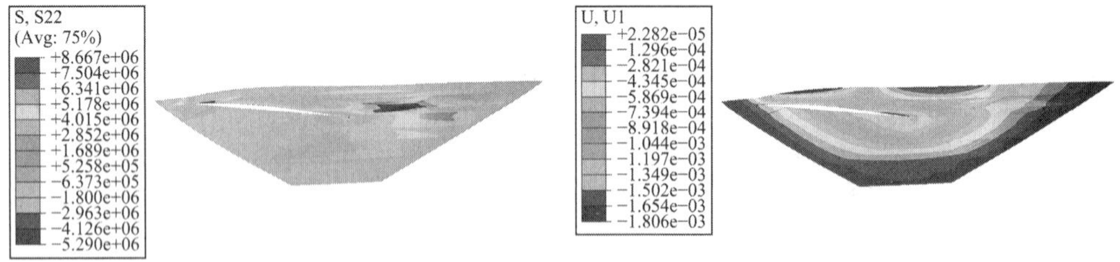

图 6.8-122 拱坝铅垂向应力分布　　图 6.8-123 拱坝顺河向位移分布

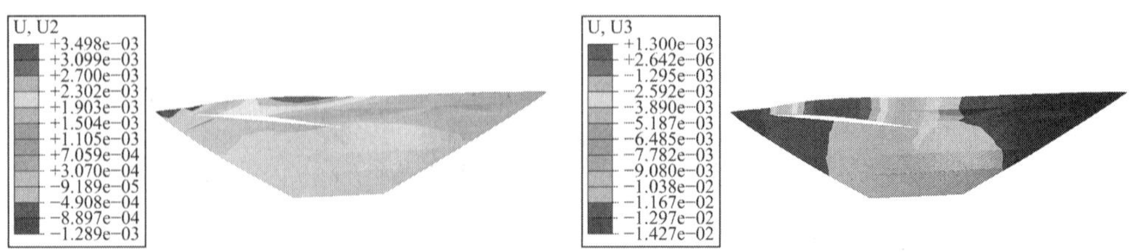

图 6.8-124 拱坝横河向位移分布　　图 6.8-125 拱坝铅垂向位移分布

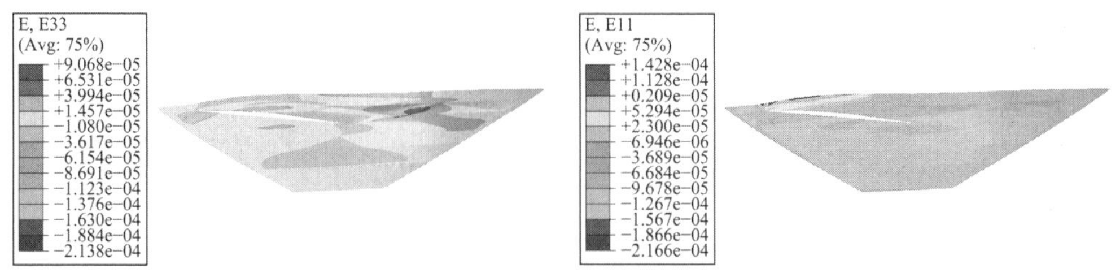

图 6.8-126　拱坝顺河向应变分布　　　　图 6.8-127　拱坝横河向应变分布

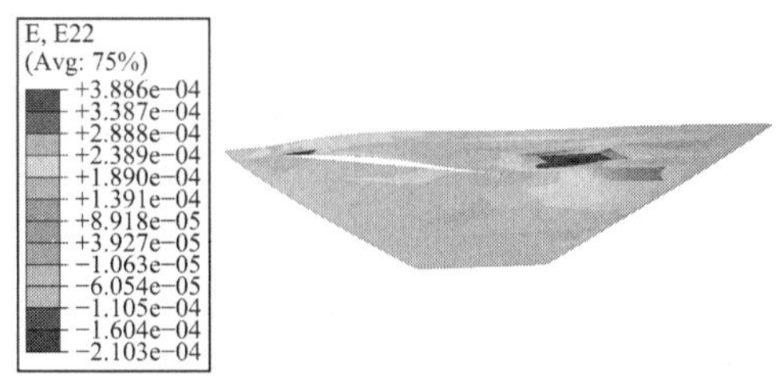

图 6.8-128　拱坝铅垂向应变分布

6.8.17　工况 C17 场变量

对照前述两个工况，若拱坝在半库水位条件下运行，而且坝基与两岸岩体处于完好状态，此时坝体内已孕育形成一道裂缝（图 6.8-134～图 6.8-136），并将工况 14 计算得到的渗压作用于此裂缝处，则裂缝两端的最大广义损伤拉应力为 8.8MPa（图 6.8-129～图 6.8-133），广义损伤拉应力的量级下降明显，但裂缝内仍有局部的水力劈裂发生（图 6.8-137～图 6.8-139）。

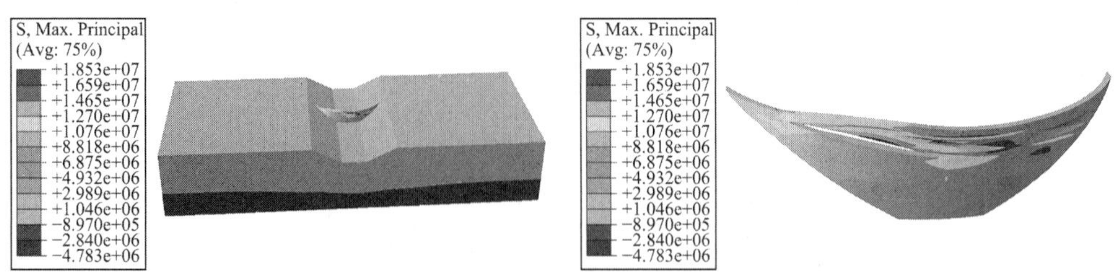

图 6.8-129　库坝系统大主应力整体分布　　　　图 6.8-130　拱坝大主应力分布

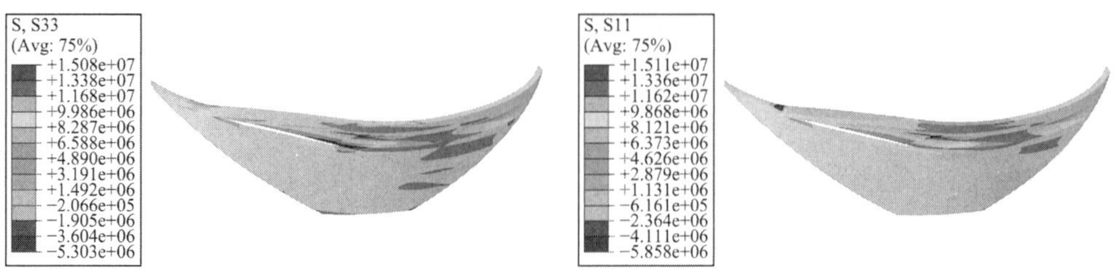

图 6.8-131　拱坝顺河向应力分布　　　　图 6.8-132　拱坝横河向应力分布

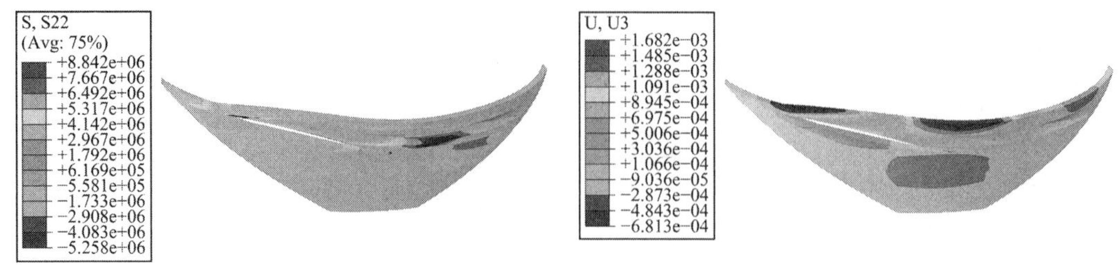

图 6.8-133　拱坝铅垂向应力分布

图 6.8-134　拱坝顺河向位移分布

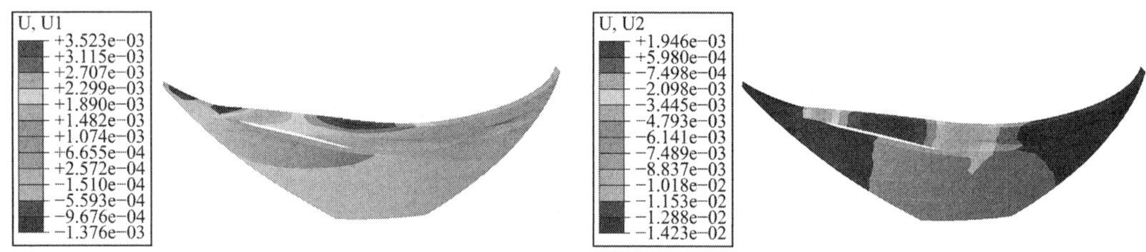

图 6.8-135　拱坝横河向位移分布

图 6.8-136　拱坝铅垂向位移分布

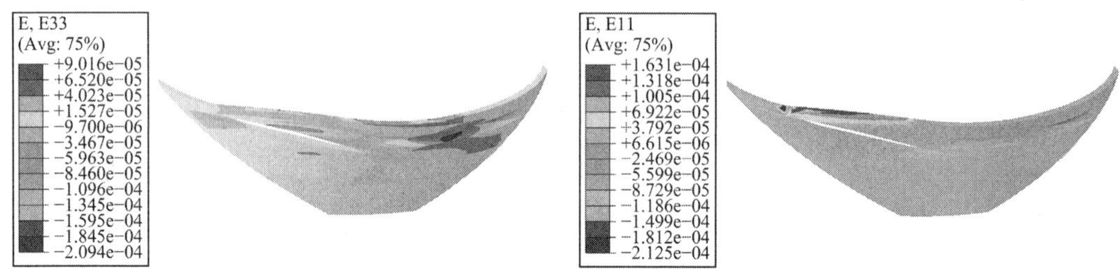

图 6.8-137　拱坝顺河向应变分布

图 6.8-138　拱坝横河向应变分布

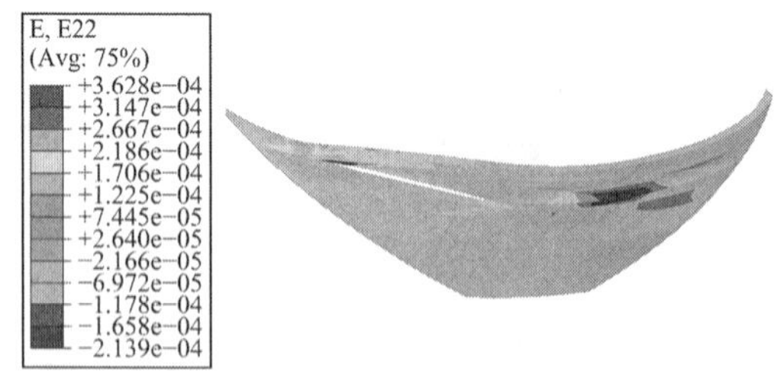

图 6.8-139　拱坝铅垂向应变分布

6.8.18　工况 C18 场变量

若拱坝在空库条件下运行，但坝体内的典型裂缝已然形成（图 6.8-145～图 6.8-147），此时考虑库坝系统只承受自重作用，研究发现坝体裂缝两端的最大广义损伤拉应力为 1.54MPa（图 6.8-140～图 6.8-144），可以推知，在自重作用下坝体裂缝仍有进一步拉开的趋势（图 6.8-148～图 6.8-150）。

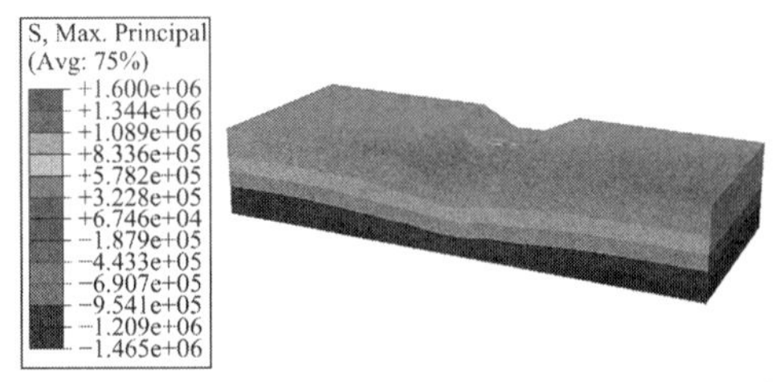

图 6.8-140　库坝系统大主应力整体分布

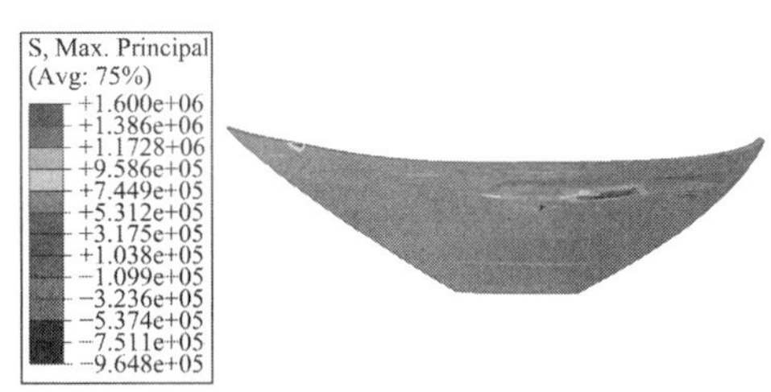

图 6.8-141　拱坝大主应力分布

图 6.8-142　拱坝顺河向应力分布

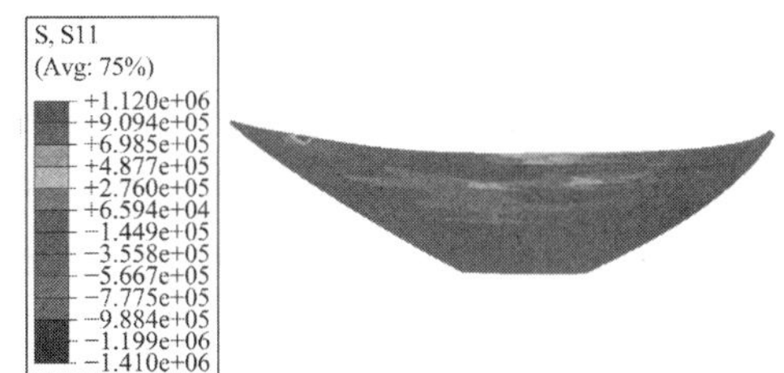

图 6.8-143　拱坝横河向应力分布

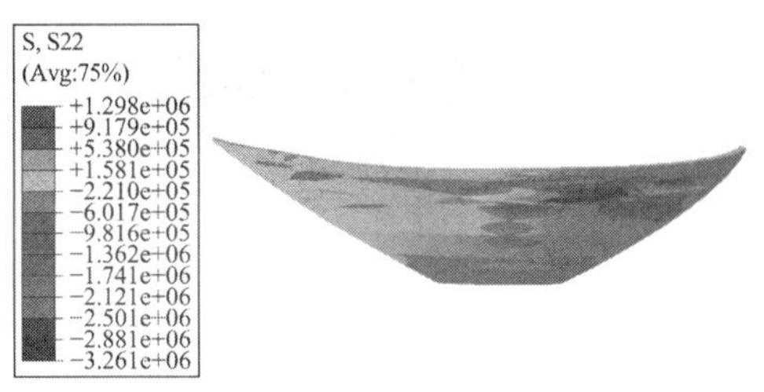

图 6.8-144　拱坝铅垂向应力分布

图 6.8-145　拱坝顺河向位移分布

图 6.8-146　拱坝横河向位移分布

图 6.8-147　拱坝铅垂向位移分布

图 6.8-148　拱坝顺河向应变分布

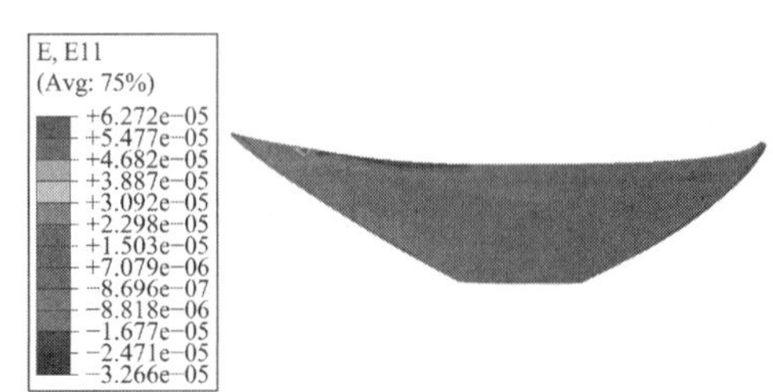

图 6.8-149　拱坝横河向应变分布

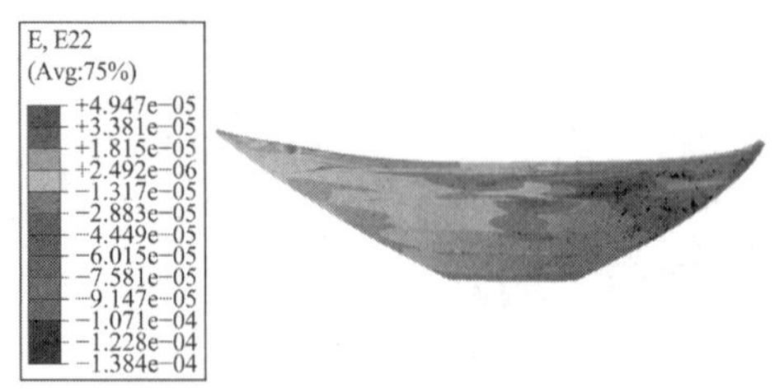

图 6.8-150　拱坝铅垂向应变分布

6.8.19　工况 C19 场变量

拱坝在满库条件下运行时，考虑坝基与两岸岩体由于裂损与渗漏通道形成而发生幅度为 40%的强度衰减，弹性模量减小 10%（图 6.8-156～图 6.8-158），此时坝体拉应力普遍在 4.0MPa 以上（图 6.8-151～图 6.8-155），在建基面处形成显著的塑性滑动区后（图 6.8-159～图 6.8-161），拱坝整体安全系数小于 1（图 6.8-162），安全性能极差[25]。

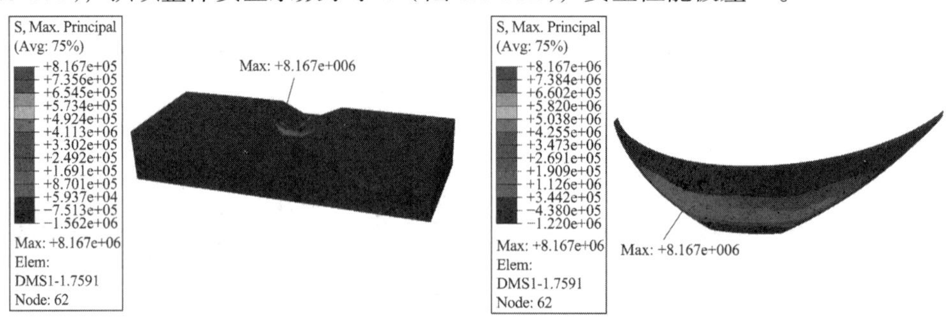

图 6.8-151　库坝系统大主应力整体分布　　图 6.8-152　拱坝大主应力分布

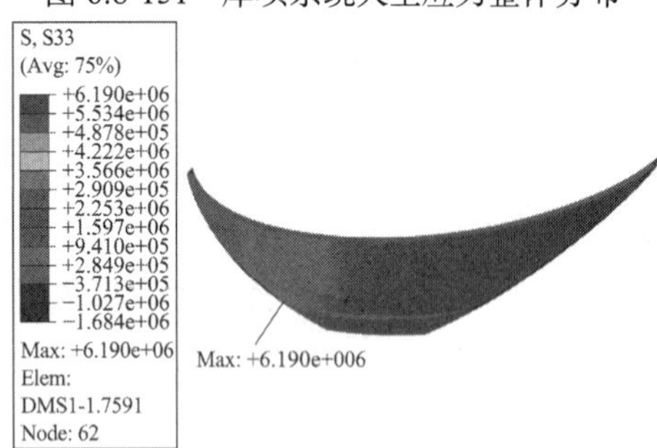

图 6.8-153　拱坝顺河向应力分布

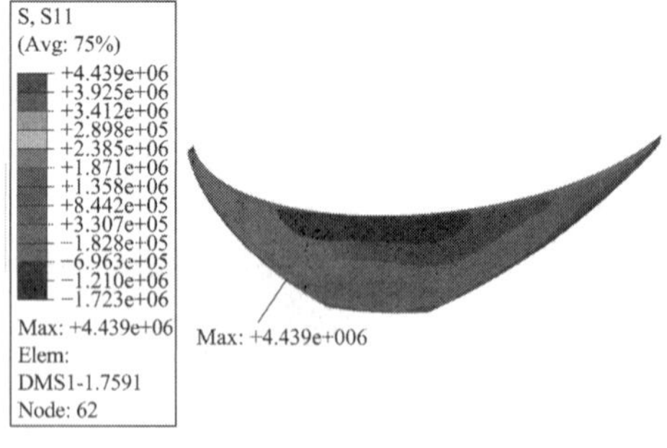

图 6.8-154　拱坝横河向应力分布

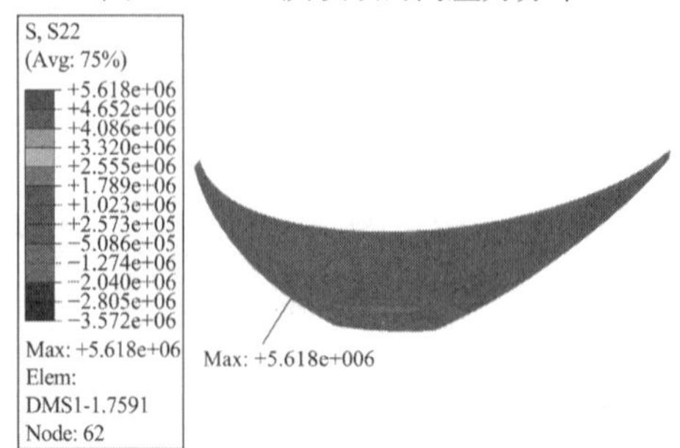

图 6.8-155　拱坝铅垂向应力分布

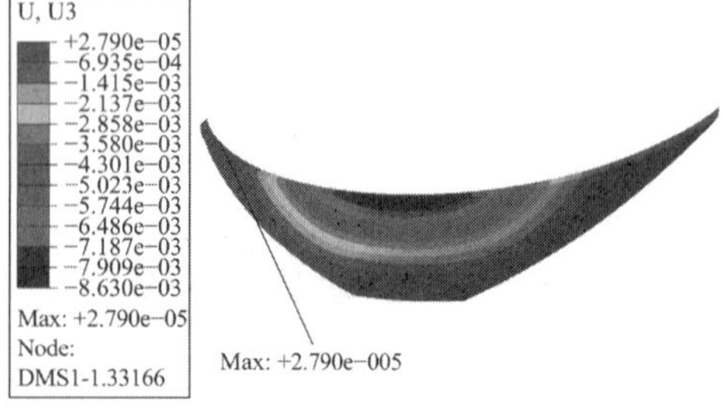

图 6.8-156　拱坝顺河向位移分布

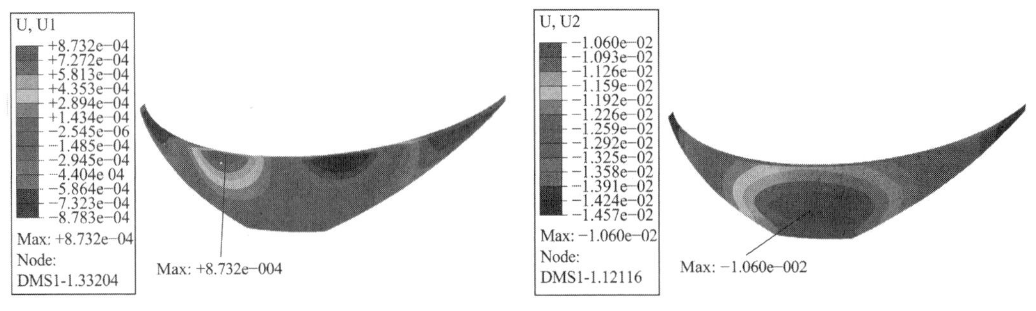

图 6.8-157　拱坝横河向位移分布

图 6.8-158　拱坝铅垂向位移分布

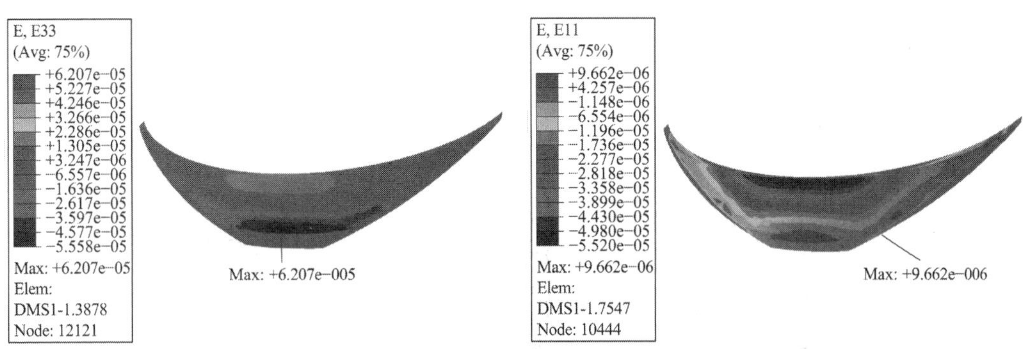

图 6.8-159　拱坝顺河向应变分布

图 6.8-160　拱坝横河向应变分布

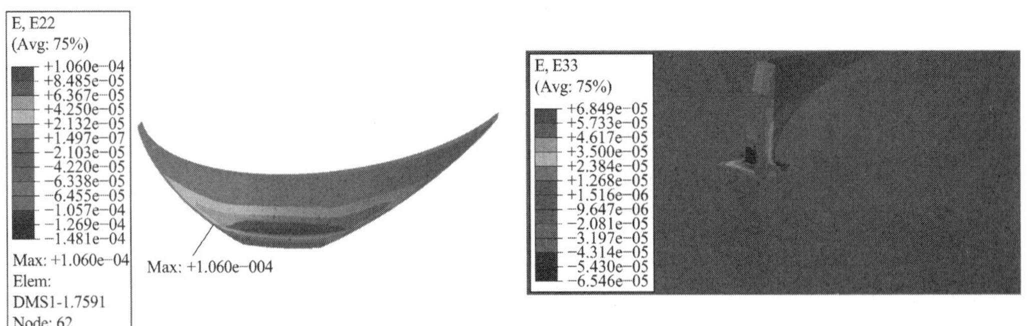

图 6.8-161　拱坝铅垂向应变分布

图 6.8-162　建基面塑性滑动区（结构整体安全系数 = 0.82）

6.8.20　工况 C20 场变量

在正常蓄水位条件下，考虑坝基与两岸岩体由于裂损与渗漏通道形成而发生幅度为 40%的强度衰减，弹性模量减小 10%（图 6.8-168～图 6.8-170），则拱坝拉应力普遍达到 3.5MPa 以上（图 6.8-163～图 6.8-167），结构整体安全系数为 1.03（图 6.8-174），坝基与两岸岩体的安全冗余遭到破坏（图 6.8-171～图 6.8-173），库坝系统的安全性能仍然处于极低状态。

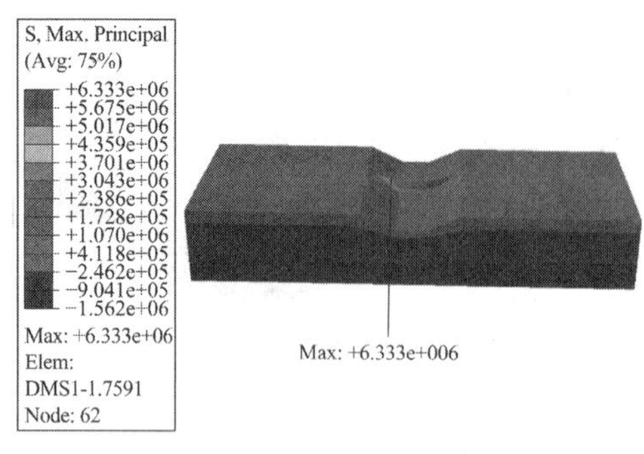

图 6.8-163　库坝系统大主应力整体分布

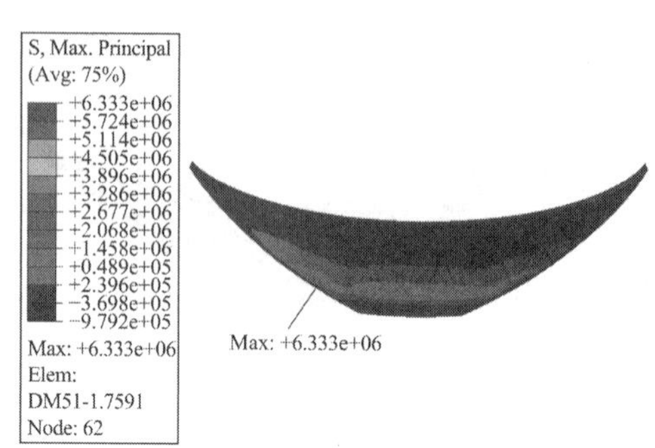

图 6.8-164　拱坝大主应力分布

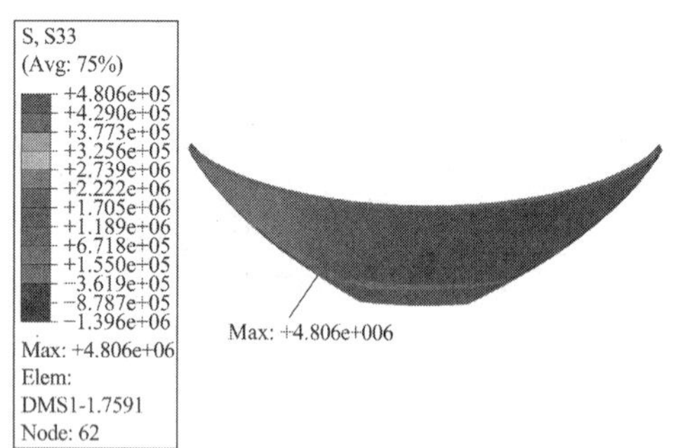

图 6.8-165　拱坝顺河向应力分布

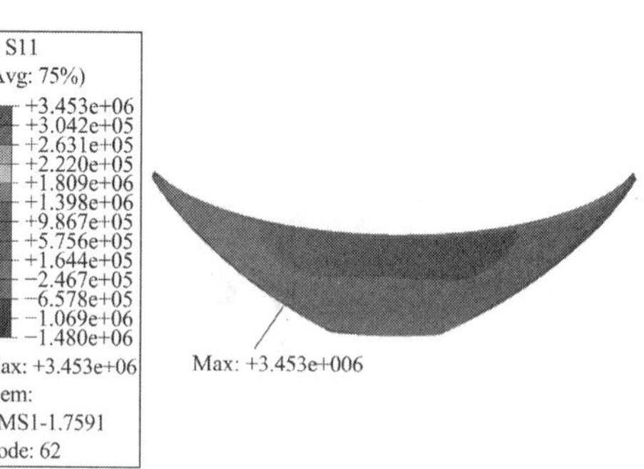

图 6.8-166　拱坝横河向应力分布

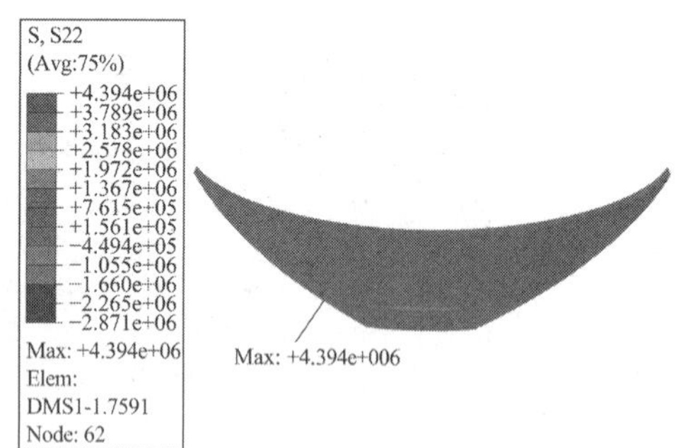

图 6.8-167　拱坝铅垂向应力分布

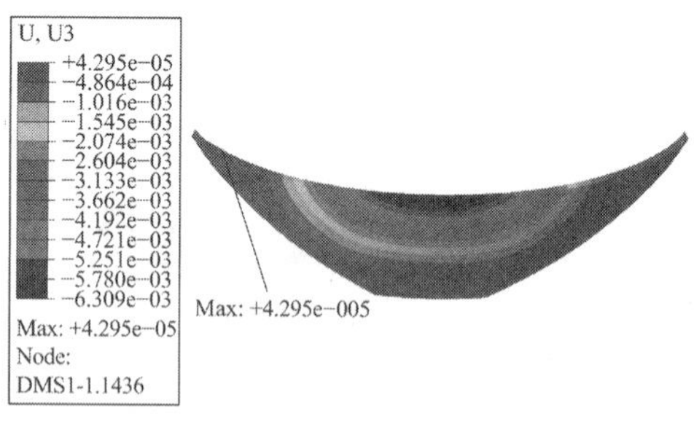

图 6.8-168　拱坝顺河向位移分布

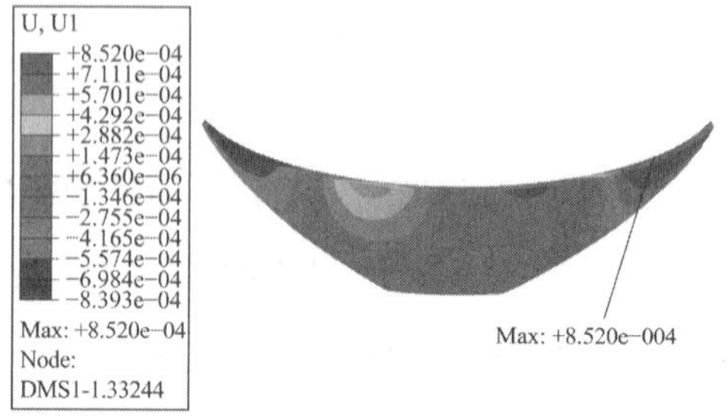

图 6.8-169　拱坝横河向位移分布

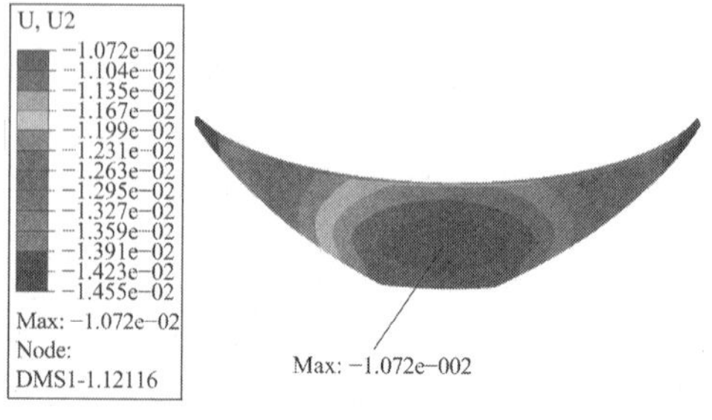

图 6.8-170　拱坝铅垂向位移分布

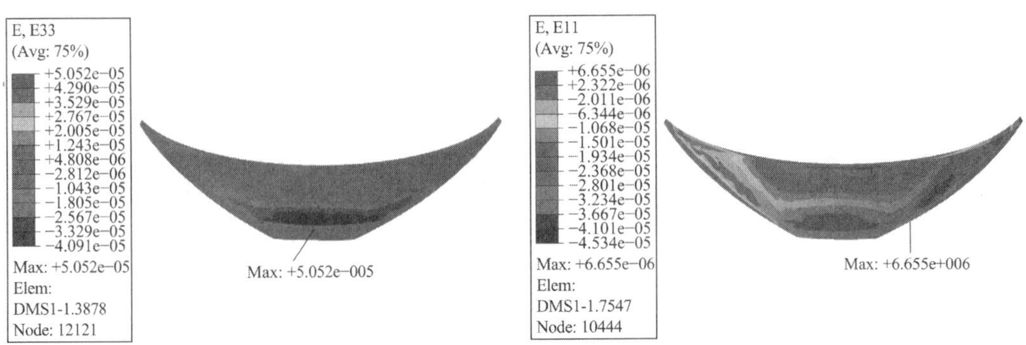

图 6.8-171　拱坝顺河向应变分布

图 6.8-172　拱坝横河向应变分布

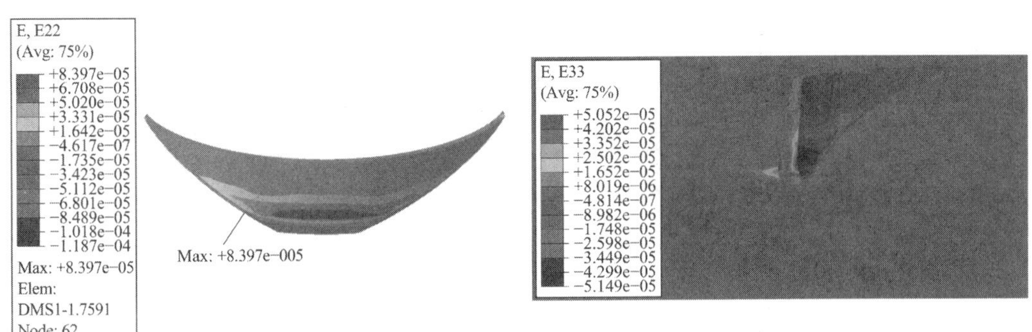

图 6.8-173　拱坝铅垂向应变分布

图 6.8-174　建基面塑性滑动区（结构整体安全系数 = 1.03）

6.8.21　工况 C21 场变量

当拱坝在半库水位下运行时，同样考虑坝基与两岸岩体发生强度衰减（图 6.8-180～图 6.8-182），衰减幅度同前，在自重和静水压力共同作用下，坝址建基面处仍形成了规模可观的塑性滑动区（图 6.8-183～图 6.8-185），此时坝体拉应力普遍在 3.0MPa 以上（图 6.8-175～图 6.8-179），拱坝整体安全系数为 1.19（图 6.8-186），系统整体的安全性能较差。

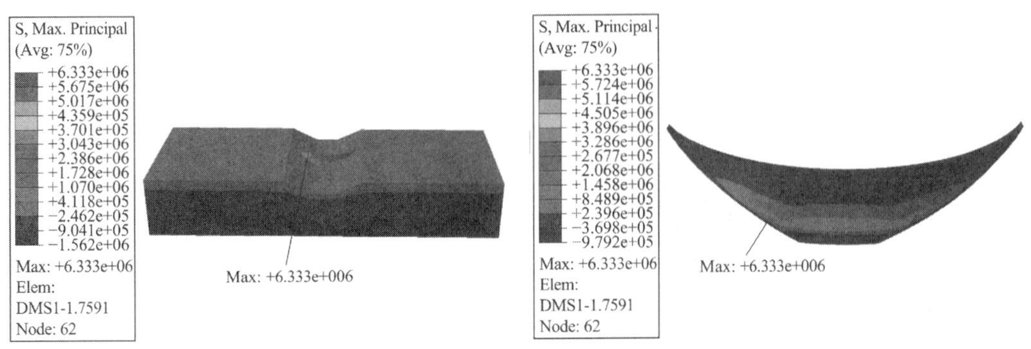

图 6.8-175　库坝系统大主应力整体分布

图 6.8-176　拱坝大主应力分布

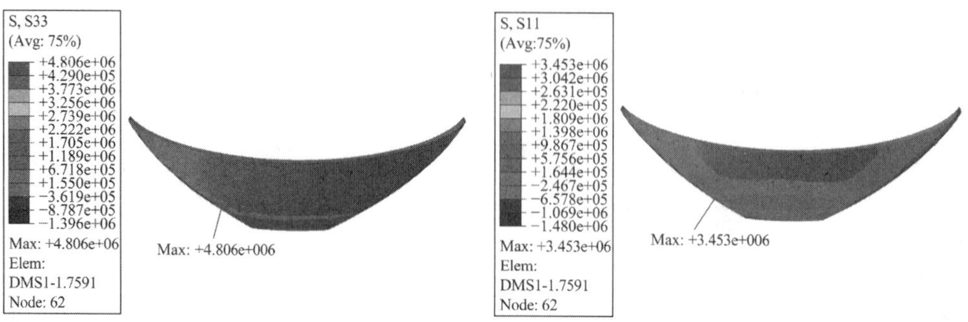

图 6.8-177　拱坝顺河向应力分布　　图 6.8-178　拱坝横河向应力分布

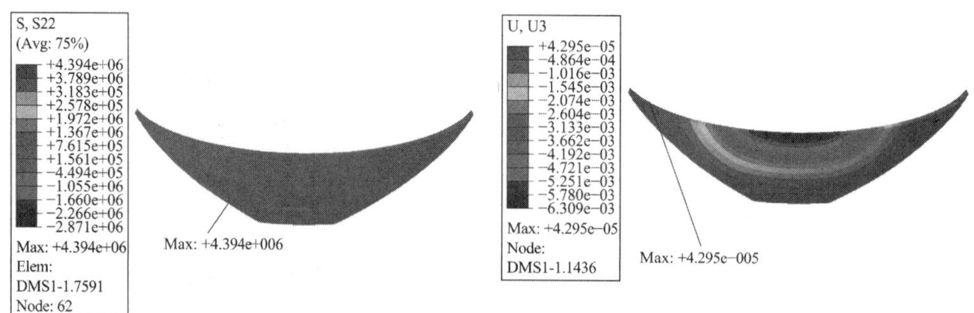

图 6.8-179　拱坝铅垂向应力分布　　图 6.8-180　拱坝顺河向位移分布

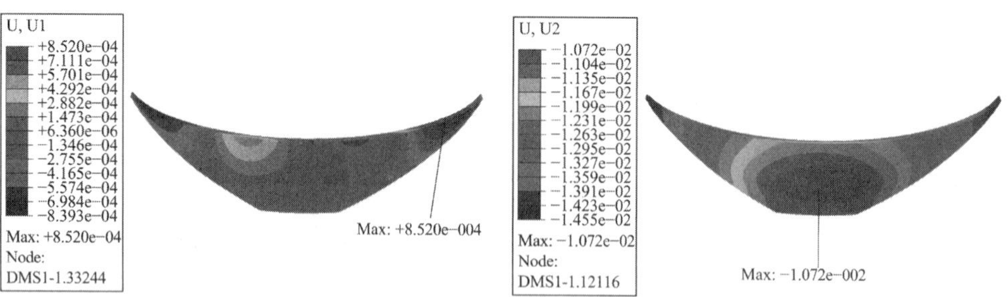

图 6.8-181　拱坝横河向位移分布　　图 6.8-182　拱坝铅垂向位移分布

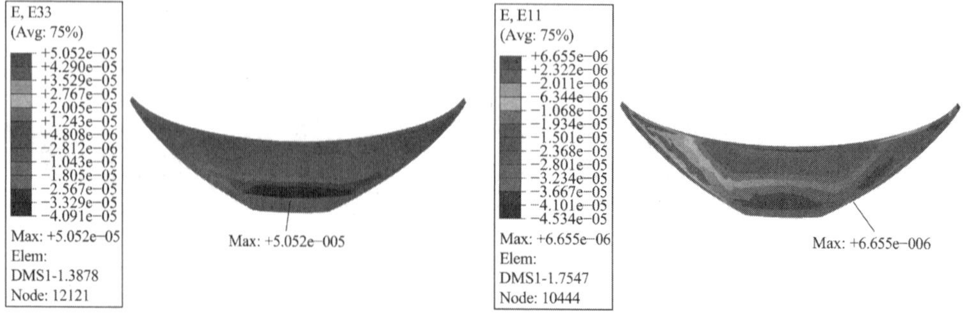

图 6.8-183　拱坝顺河向应变分布　　图 6.8-184　拱坝横河向应变分布

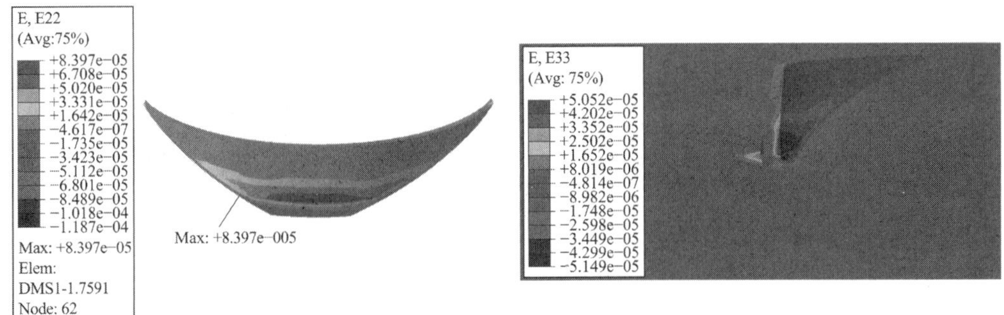

图 6.8-185　拱坝铅垂向应变分布

图 6.8-186　建基面塑性滑动区（结构整体安全系数 = 1.19）

6.8.22　工况 C22 场变量

拱坝在空库条件下运行时，若考虑库坝系统中存在有显著缺陷（图 6.8-192～图 6.8-194），受自重影响，坝体左岸坝肩下部区域仍有大于1.5MPa的主拉应力出现（图6.8-187～图6.8-191），虽然此时的建基面塑性区处的应变水平较之前工况降低 5 倍以上（图 6.8-195～图 6.8-197），但拱坝结构整体安全系数仍然只有 1.98（图 6.8-198），距离 3.5 的整体安全系数建议值还有较大差距，由此，研究认为主体结构加固与坝基强化处理很有必要。

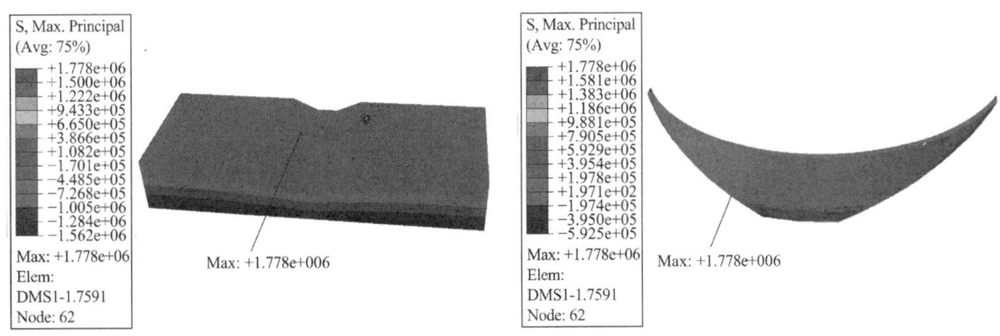

图 6.8-187　库坝系统大主应力整体分布

图 6.8-188　拱坝大主应力分布

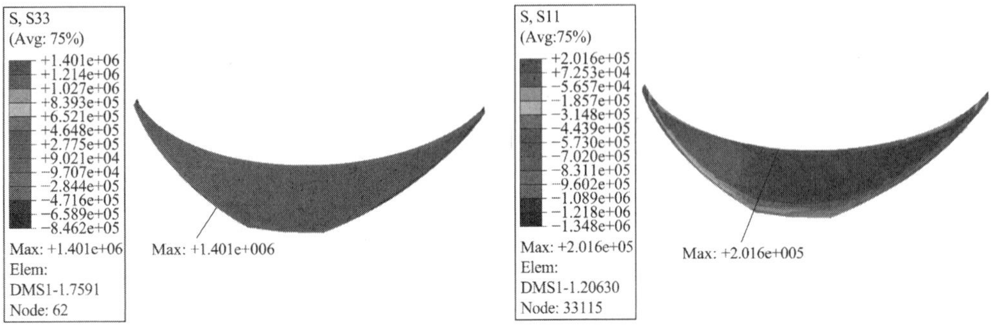

图 6.8-189　拱坝顺河向应力分布

图 6.8-190　拱坝横河向应力分布

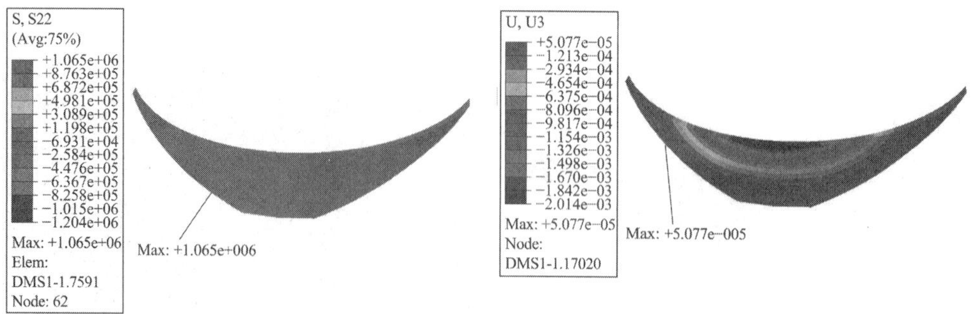

图 6.8-191　拱坝铅垂向应力分布

图 6.8-192　拱坝顺河向位移分布

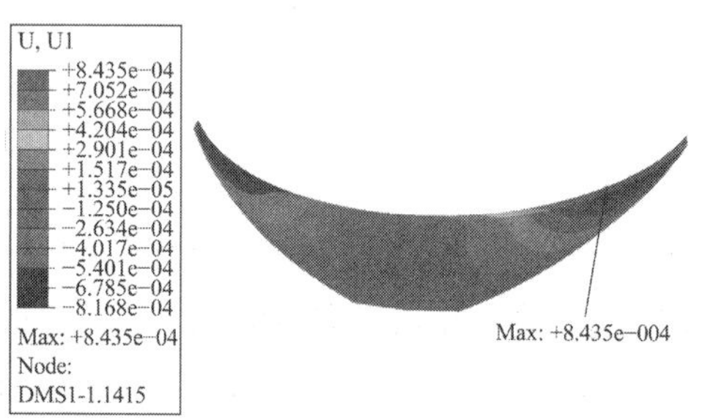

图 6.8-193　拱坝横河向位移分布

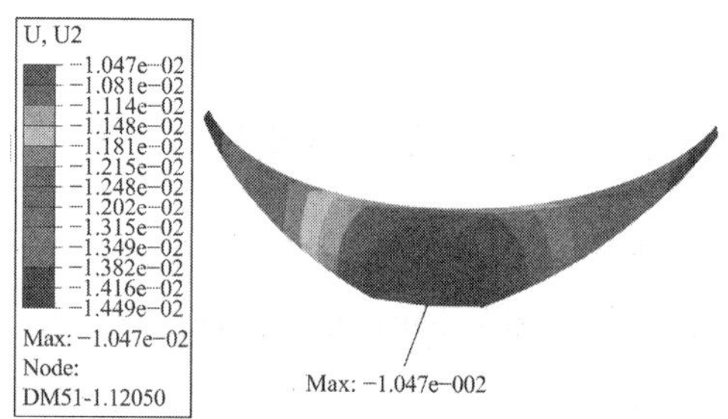

图 6.8-194　拱坝铅垂向位移分布

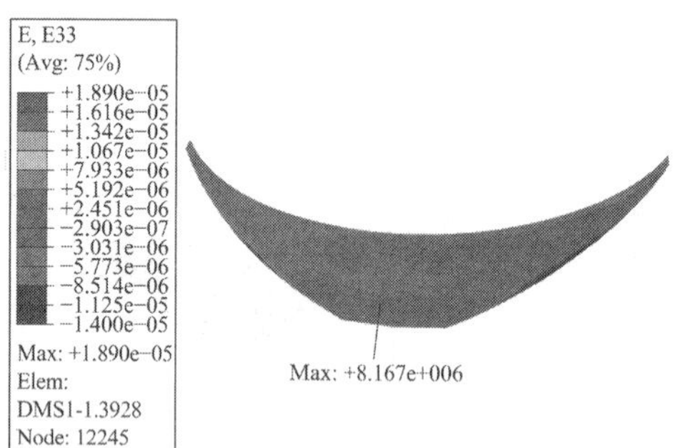

图 6.8-195　拱坝顺河向应变分布

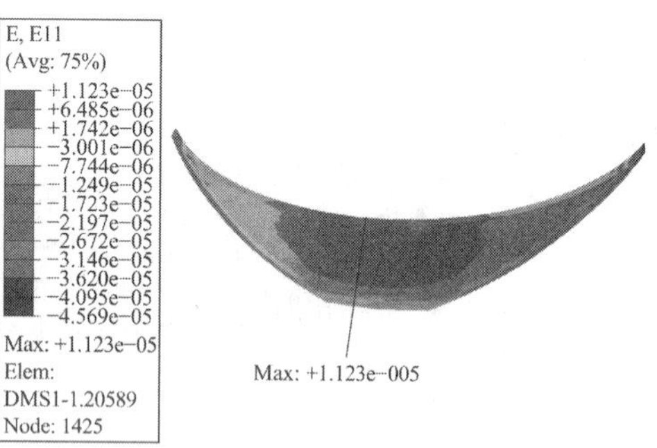

图 6.8-196　拱坝横河向应变分布

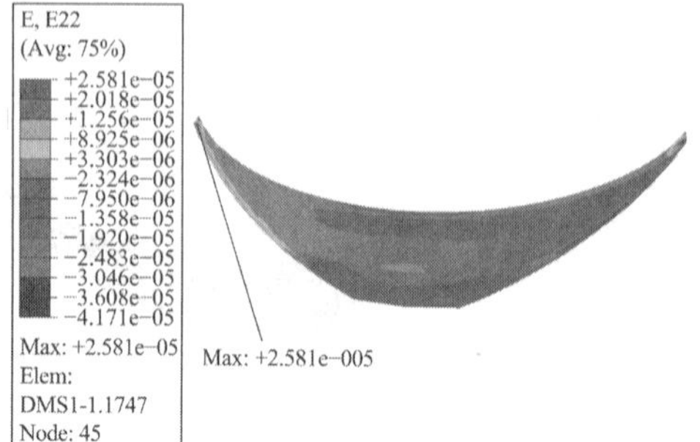

图 6.8-197　拱坝铅垂向应变分布

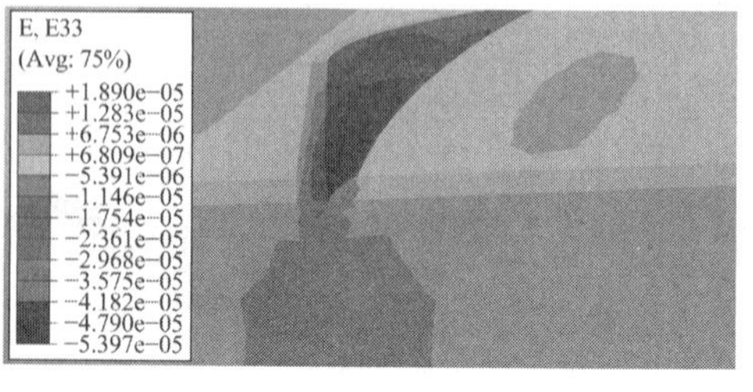

图 6.8-198　建基面塑性滑动区（结构整体安全系数 = 1.98）

6.8.23　工况 C23 场变量

当坝前满库时，若考虑坝体混凝土材料弹性模量削弱，且削减幅度达到 10%（图 6.8-207～图 6.8-209），此时用 Koyna 地震波作为激励输入，在自重、耦合动水压力与地脉动共同作用下，拱坝拉应力普遍大于 5MPa（图 6.8-199～图 6.8-203），尤其是顺河向的位移达到了厘米级[26]（图 6.8-204～图 6.8-206）。

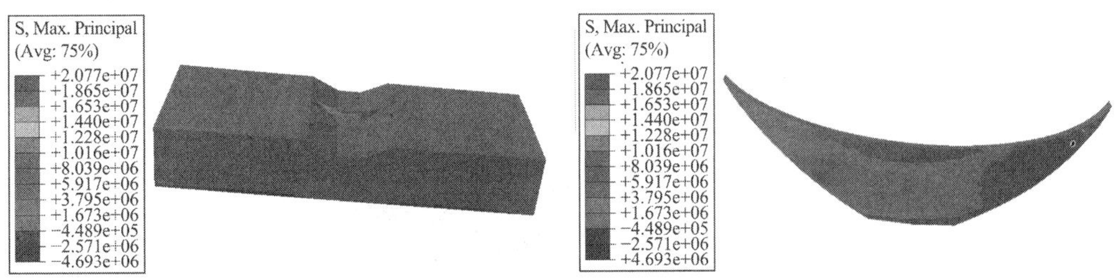

图 6.8-199　库坝系统大主应力整体分布　　　图 6.8-200　拱坝大主应力分布

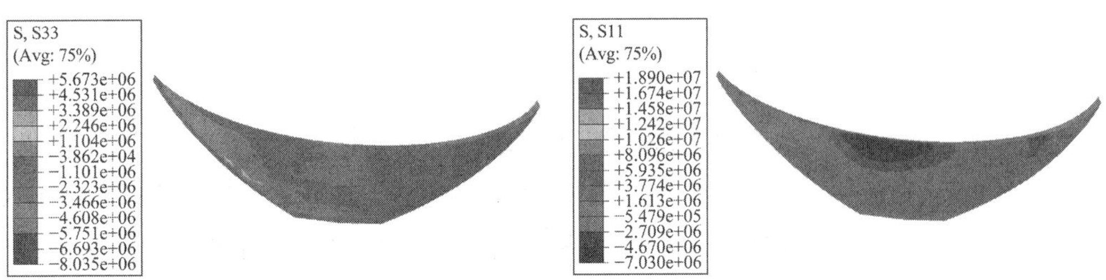

图 6.8-201　拱坝顺河向应力分布　　　图 6.8-202　拱坝横河向应力分布

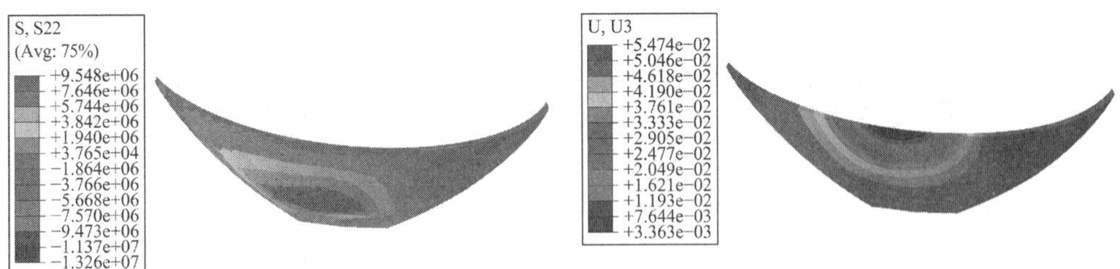

图 6.8-203　拱坝铅垂向应力分布　　　图 6.8-204　拱坝顺河向位移分布

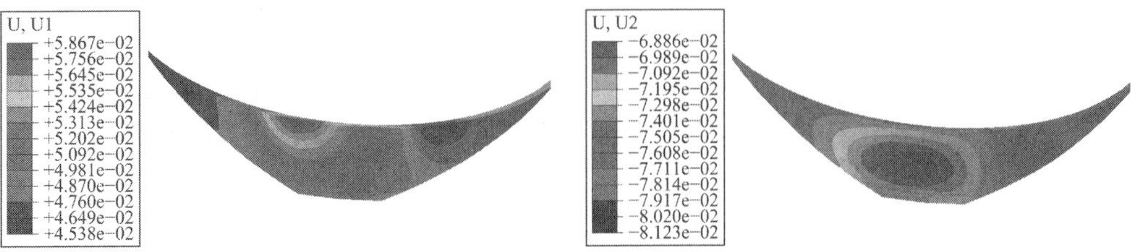

图 6.8-205　拱坝横河向位移分布　　　图 6.8-206　拱坝铅垂向位移分布

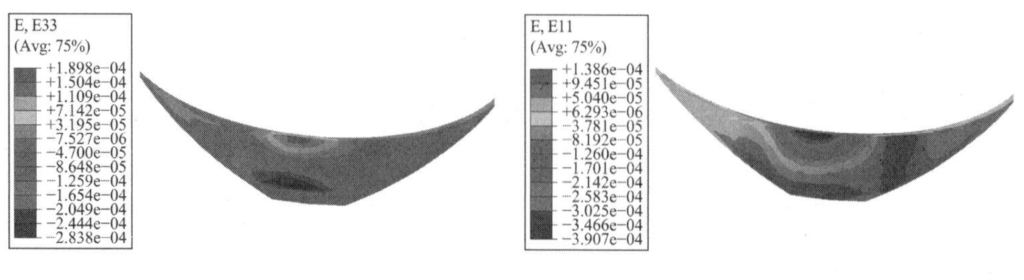

图 6.8-207　拱坝顺河向应变分布

图 6.8-208　拱坝横河向应变分布

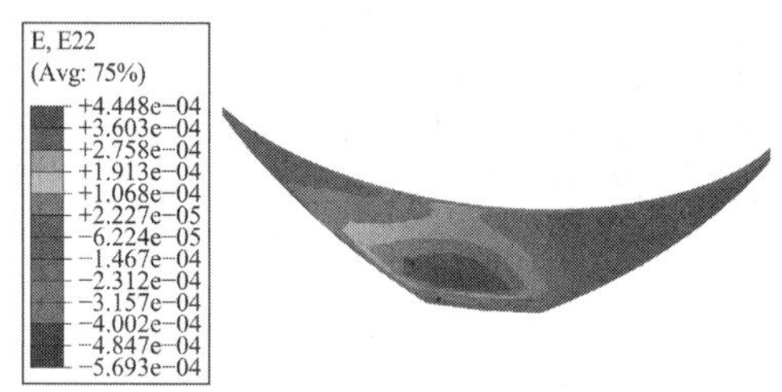

图 6.8-209　拱坝铅垂向应变分布

6.8.24　工况 C24 场变量

在正常蓄水位下运行时，同样考虑拱坝材料出现显著裂损（图 6.8-218～图 6.8-220），并用 Koyna 地震波作为耦合作用的促动条件，此时坝体内的拉应力水平总体在 4MPa 以上（图 6.8-210～图 6.8-214），此时最大顺河向位移出现在两岸坝肩处，呈对称分布（图 6.8-215～图 6.8-217）。

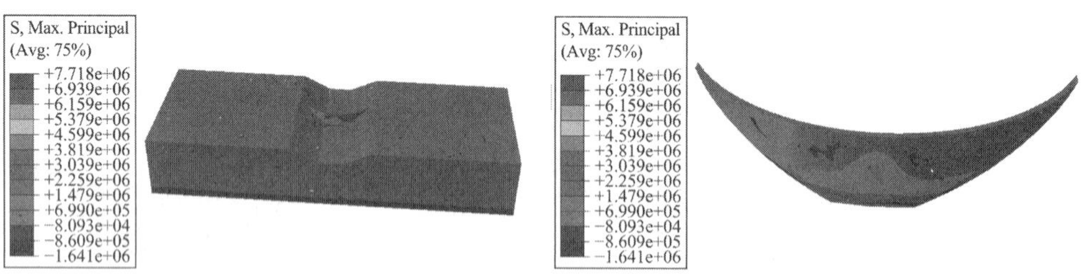

图 6.8-210　库坝系统大主应力整体分布

图 6.8-211　拱坝大主应力分布

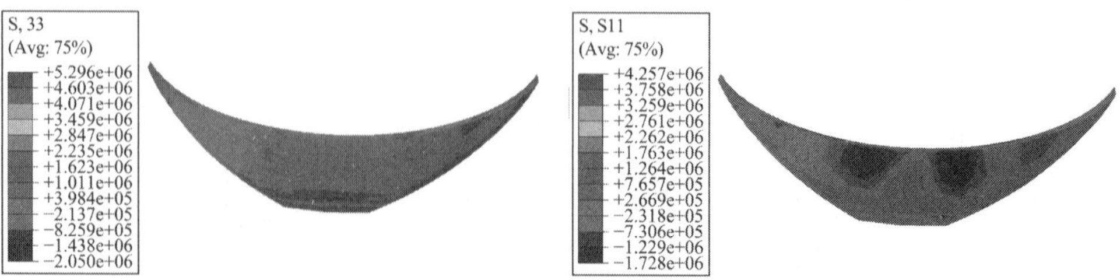

图 6.8-212　拱坝顺河向应力分布

图 6.8-213　拱坝横河向应力分布

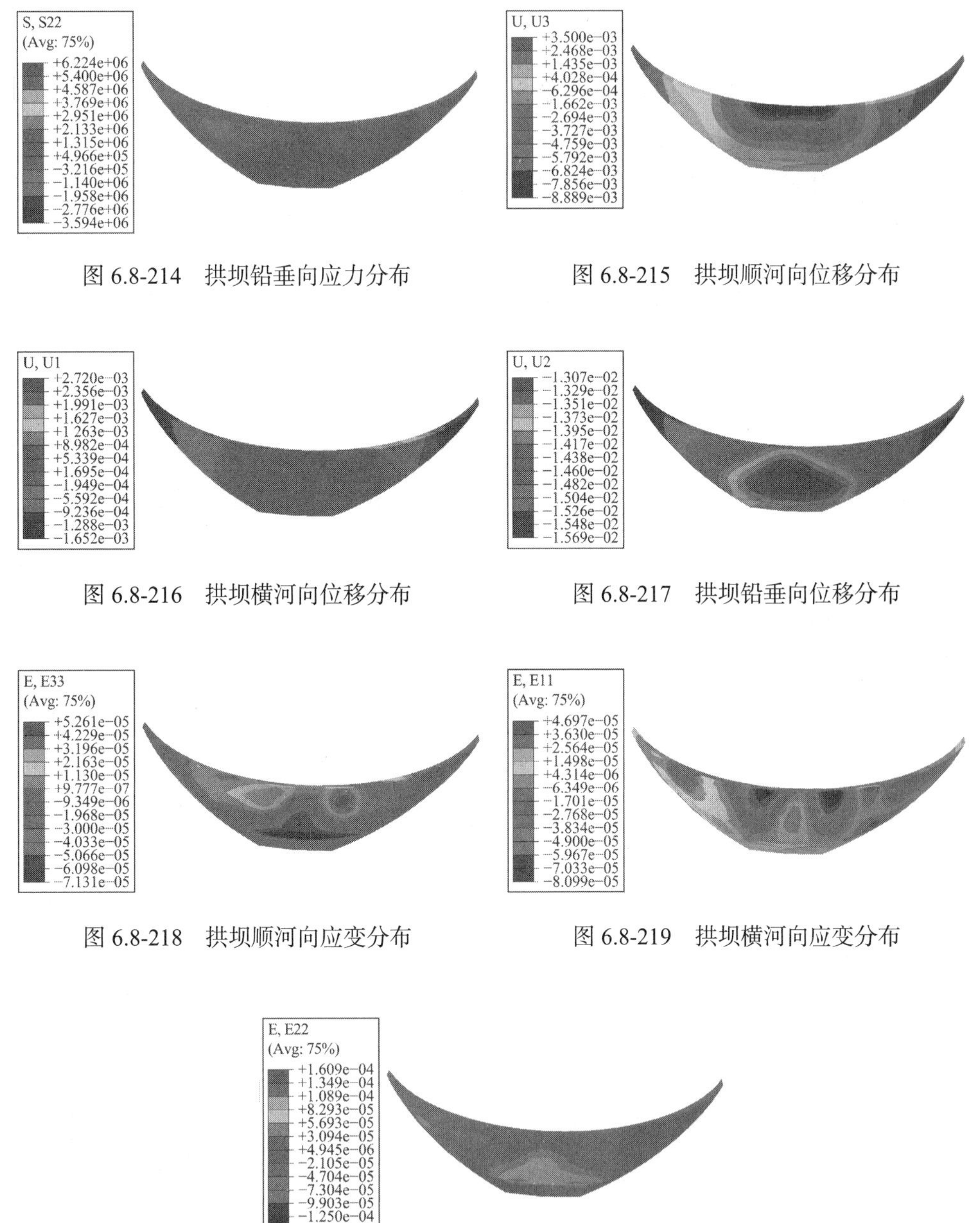

图 6.8-214　拱坝铅垂向应力分布

图 6.8-215　拱坝顺河向位移分布

图 6.8-216　拱坝横河向位移分布

图 6.8-217　拱坝铅垂向位移分布

图 6.8-218　拱坝顺河向应变分布

图 6.8-219　拱坝横河向应变分布

图 6.8-220　拱坝铅垂向应变分布

6.8.25　工况 C25 场变量

在半库水位条件下，受坝体浇筑材料性能削弱影响，在 Koyna 地震波激励下的拱坝拉应力仍然普遍大于 3MPa（图 6.8-221～图 6.8-225），此时的最大顺河向位移出现在右岸陡坡坝段处（图 6.8-226～图 6.8-228），与前一工况的对称分布形成鲜明对比，库坝系统在坝基强约束区的动力响应呈现明显的随机性，这对于坝体混凝土材料是极为不利的（图 6.8-229～

图 6.8-231)。

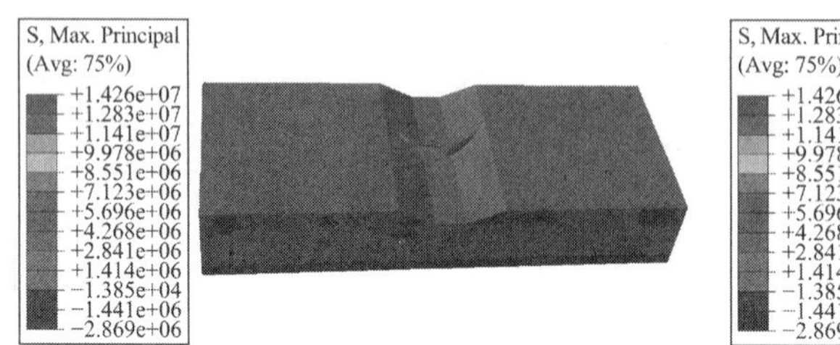

图 6.8-221　库坝系统大主应力整体分布

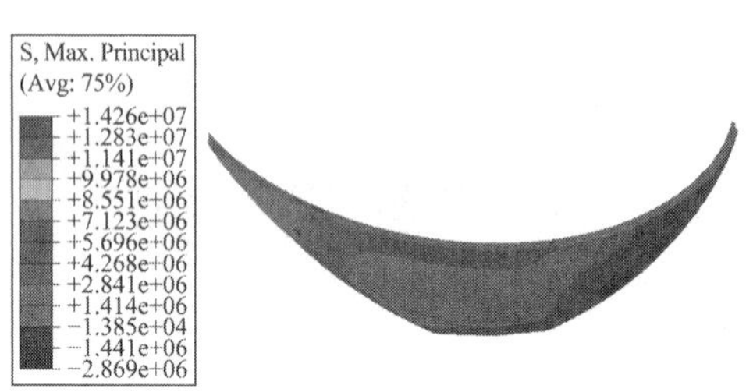

图 6.8-222　拱坝大主应力分布

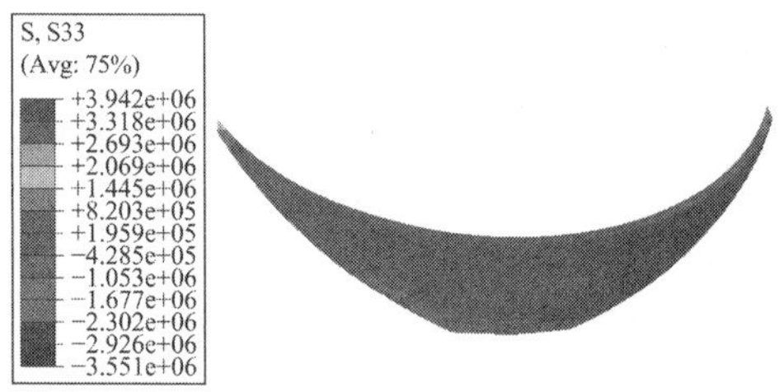

图 6.8-223　拱坝顺河向应力分布

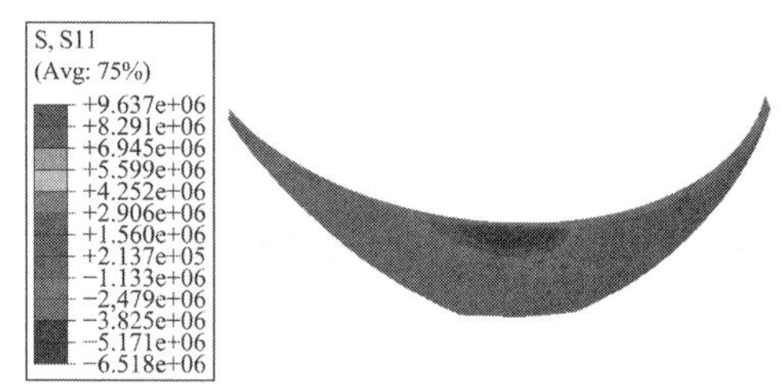

图 6.8-224　拱坝横河向应力分布

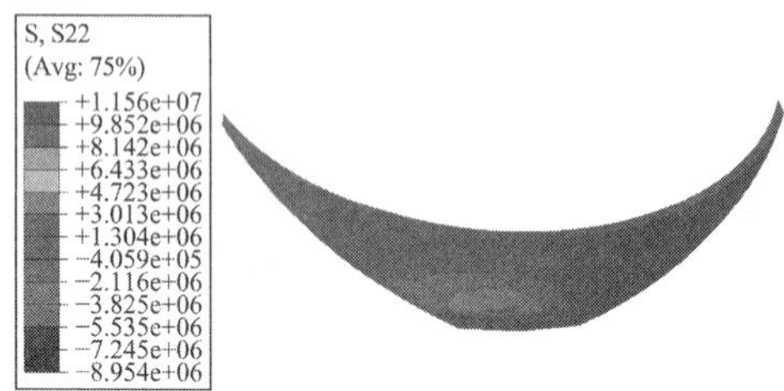

图 6.8-225　拱坝铅垂向应力分布

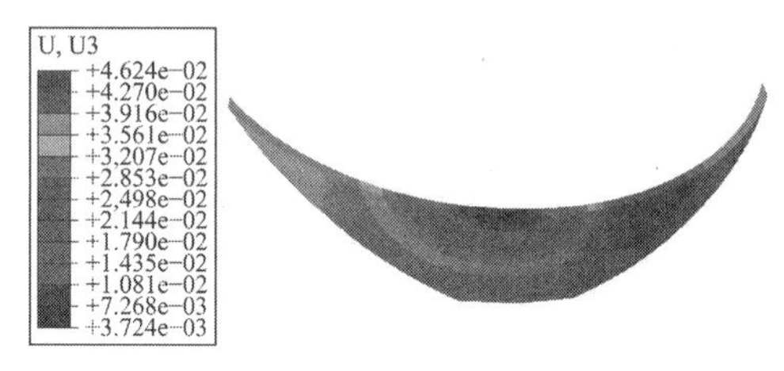

图 6.8-226　拱坝顺河向位移分布

图 6.8-227　拱坝横河向位移分布

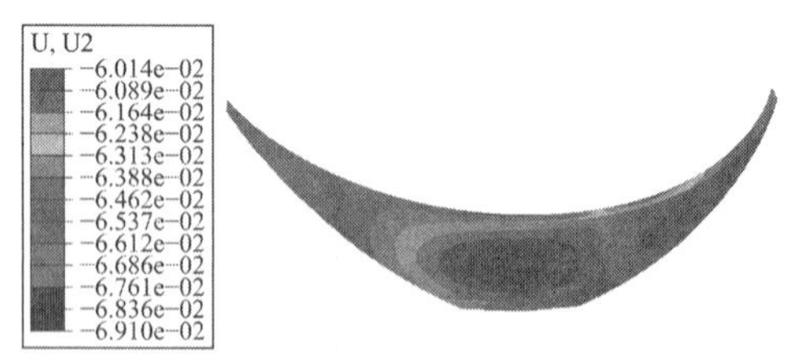

图 6.8-228　拱坝铅垂向位移分布

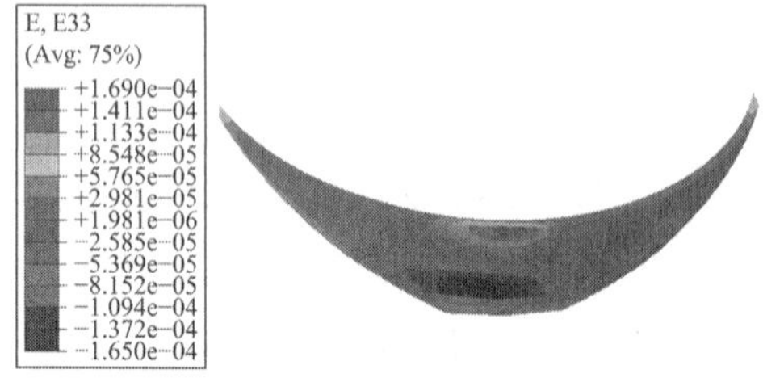

图 6.8-229　拱坝顺河向应变分布

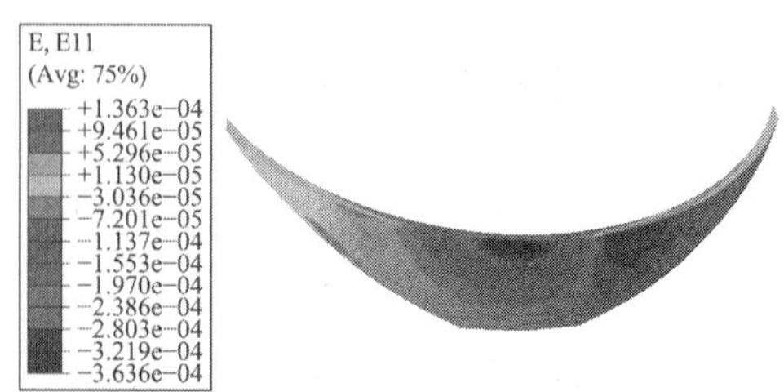

图 6.8-230　拱坝横河向应变分布

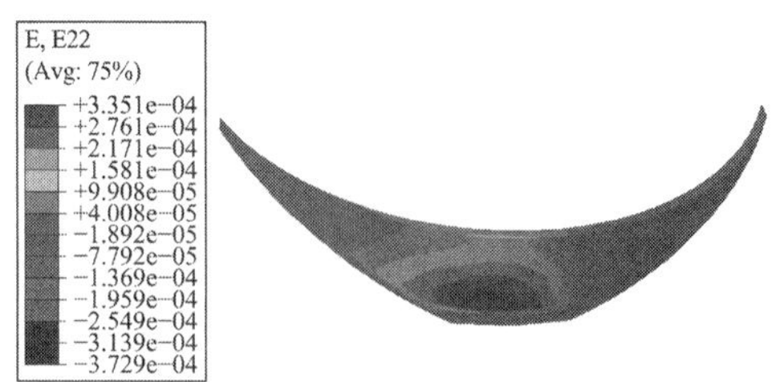

图 6.8-231　拱坝铅垂向应变分布

6.8.26　工况 C26 场变量

当坝前为空库时，仍考虑挡水主体结构内发生了幅度为 10%的弹性模量削弱（图 6.8-240～图 6.8-242），此时库区内发生的地脉动使用 Koyna 地震波来模拟，对应的拱坝拉应力普遍大于 2MPa（图 6.8-232～图 6.8-236），在当前坝体刚度已削弱状态下（图 6.8-237～图 6.8-239），即便是在空库条件下运行，偶遇地震波作用时，主体结构拉应力依然超标，由此，研究认为坝体上游面的加固措施中应考虑结构抗震的需求。

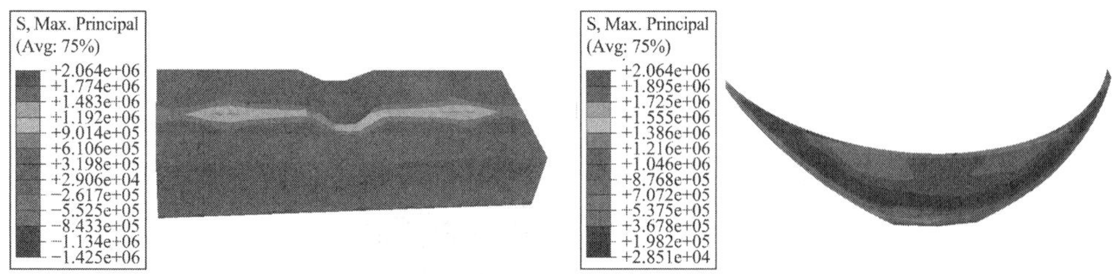

图 6.8-232　库坝系统大主应力整体分布

图 6.8-233　拱坝大主应力分布

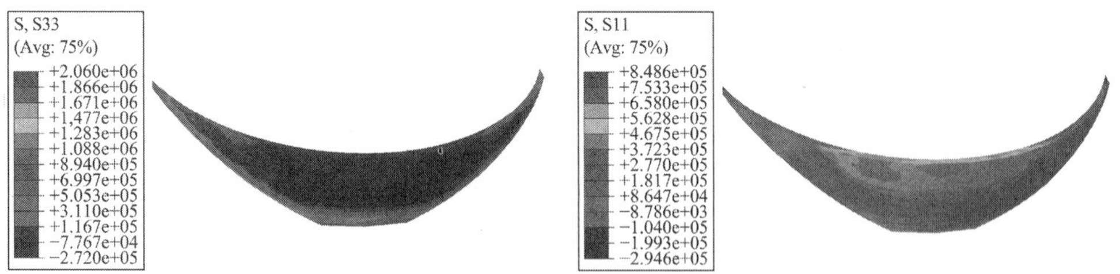

图 6.8-234　拱坝顺河向应力分布

图 6.8-235　拱坝横河向应力分布

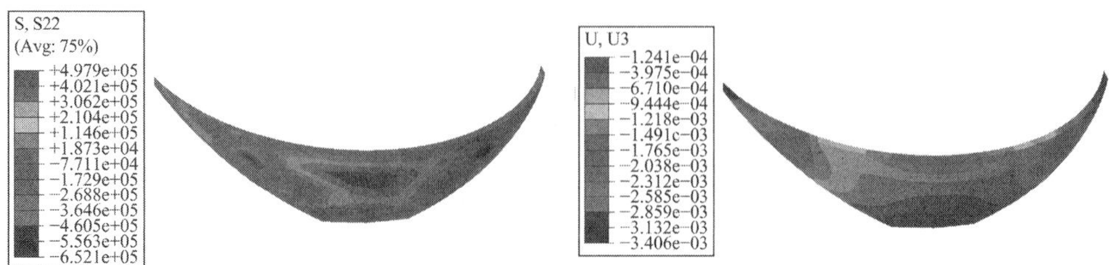

图 6.8-236　拱坝铅垂向应力分布

图 6.8-237　拱坝顺河向位移分布

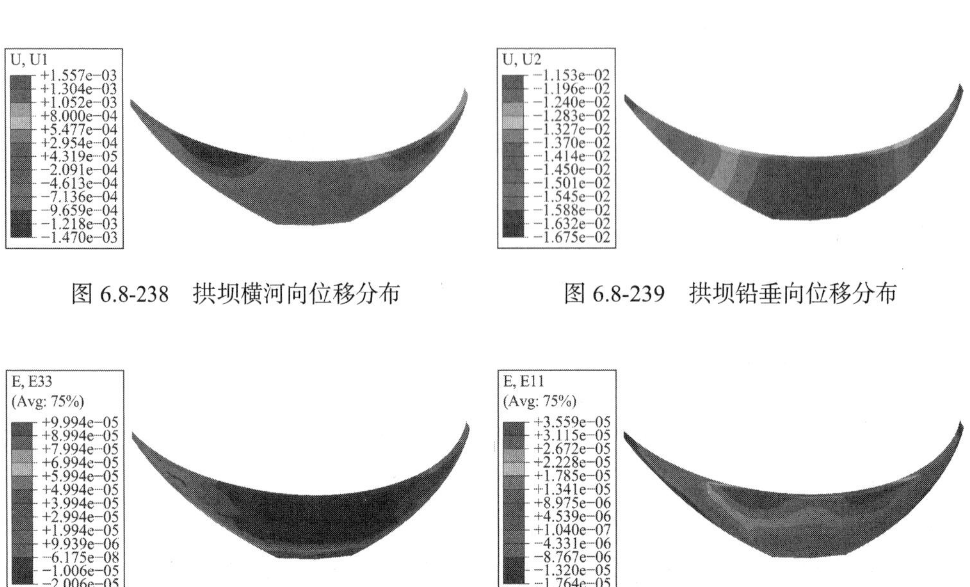

图 6.8-238　拱坝横河向位移分布

图 6.8-239　拱坝铅垂向位移分布

图 6.8-240　拱坝顺河向应变分布

图 6.8-241　拱坝横河向应变分布

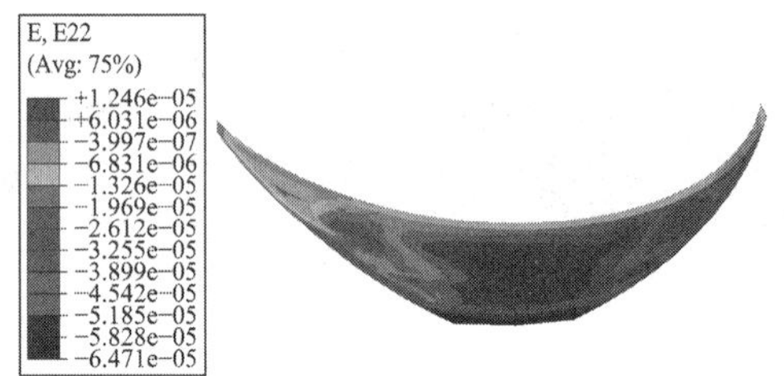

图 6.8-242　拱坝铅垂向应变分布

6.8.27　工况 C27 场变量

研究进一步考虑由于裂损在拱坝坝体内形成一道更长的裂缝，此裂缝扩展至到右岸坝肩拱端直线距离为 44m 处，此时库坝系统受自重荷载影响，刚度严重削弱（图 6.8-248～图 6.8-250），在该扩展裂缝两尖端的最大拉应力均超过 8MPa（图 6.8-243～图 6.8-247），由此，研究认为及时采取加固措施并有效抑制坝体内裂损区域的扩展（图 6.8-251～图 6.8-253），是保证拱坝安全的关键[27-28]。

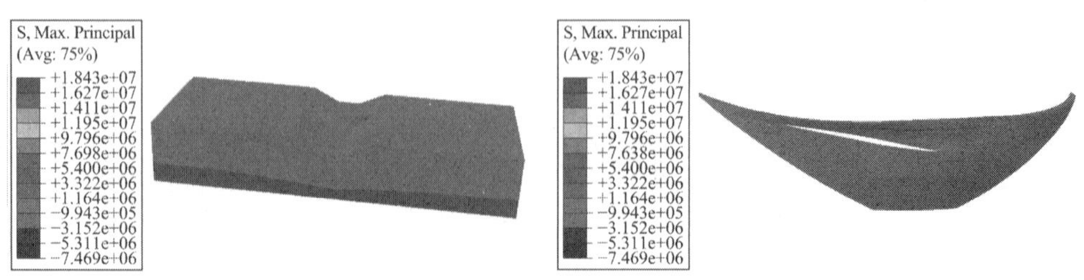

图 6.8-243　库坝系统大主应力整体分布

图 6.8-244　拱坝大主应力分布

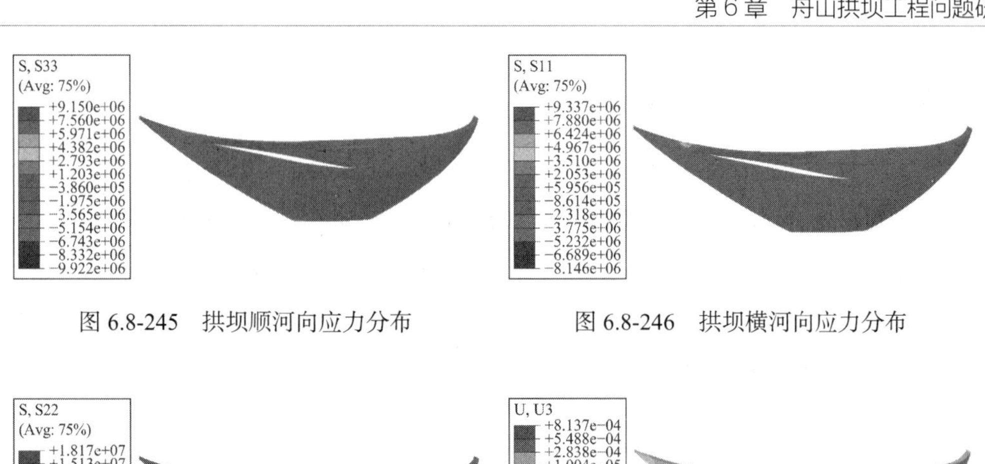

图 6.8-245　拱坝顺河向应力分布　　图 6.8-246　拱坝横河向应力分布

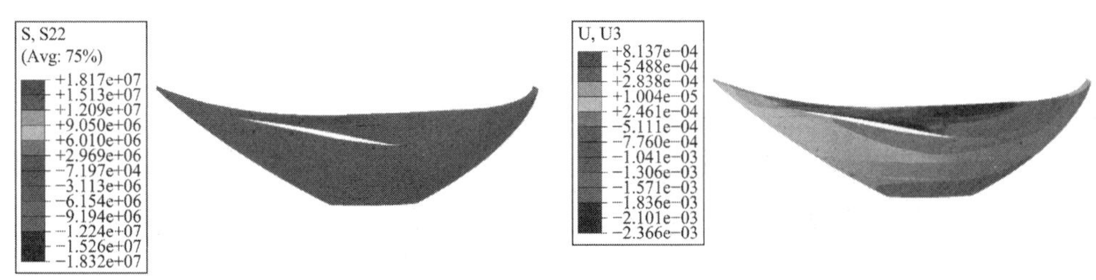

图 6.8-247　拱坝铅垂向应力分布　　图 6.8-248　拱坝顺河向位移分布

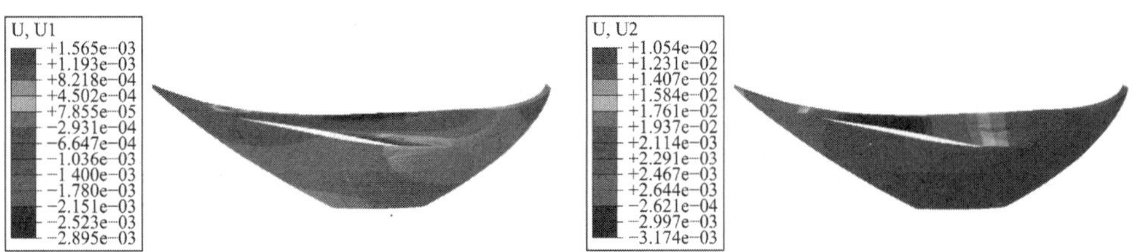

图 6.8-249　拱坝横河向位移分布　　图 6.8-250　拱坝铅垂向位移分布

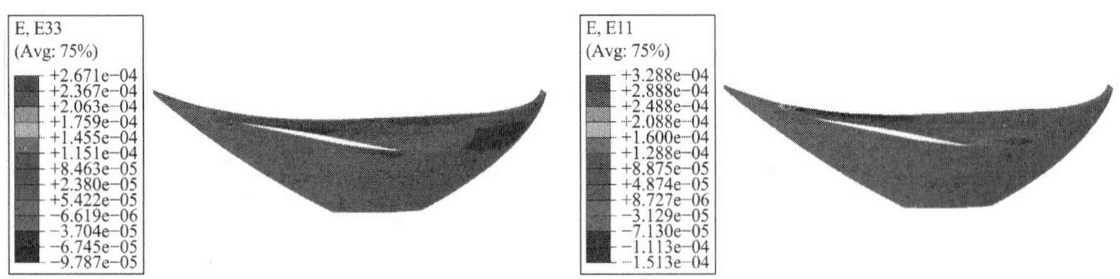

图 6.8-251　拱坝顺河向应变分布　　图 6.8-252　拱坝横河向应变分布

图 6.8-253　拱坝铅垂向应变分布

6.8.28　工况 C28 场变量

研究考虑将拱坝进一步置于正常蓄水位下运行，此时的坝基与两岸岩体完整，但坝体内形成一道扩展至到右岸坝肩拱端直线距离为 44m 处的生长型裂缝（图 6.8-262～图 6.8-264），而且缝内作用工况 12 计算所得到的渗压，库坝系统在自重及静水压力共同作用下，坝体生长型裂缝内水力劈裂最大拉应力升至 17.4MPa（图 6.8-254～图 6.8-258），主体结构工作性态急速恶化[29-30]（图 6.8-259～图 6.8-261）。

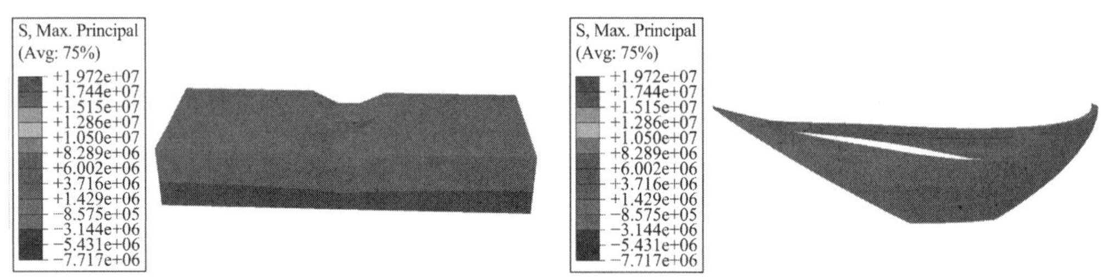

图 6.8-254　库坝系统大主应力整体分布　　图 6.8-255　拱坝大主应力分布

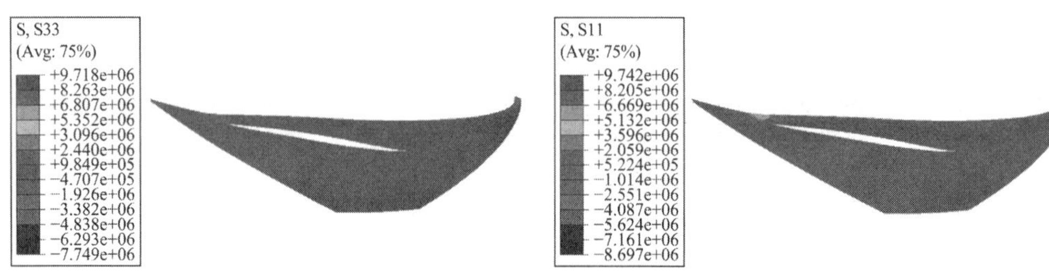

图 6.8-256　拱坝顺河向应力分布　　图 6.8-257　拱坝横河向应力分布

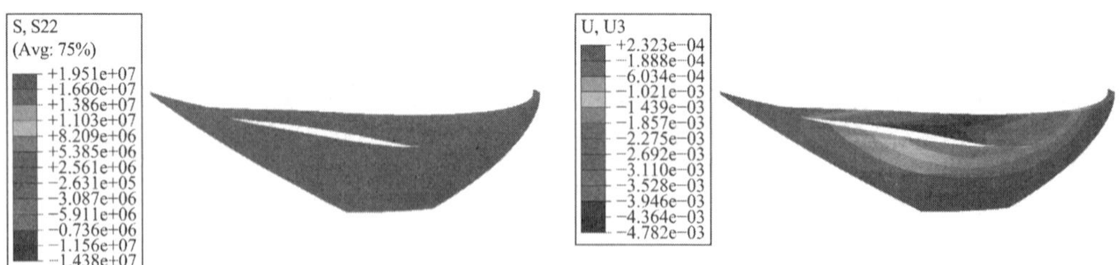

图 6.8-258　拱坝铅垂向应力分布　　图 6.8-259　拱坝顺河向位移分布

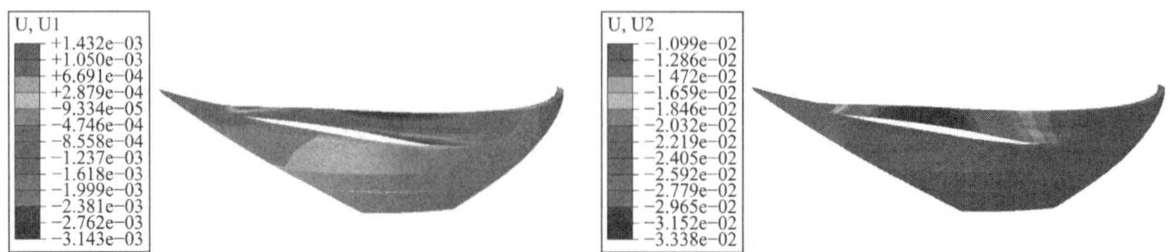

图 6.8-260　拱坝横河向位移分布　　图 6.8-261　拱坝铅垂向位移分布

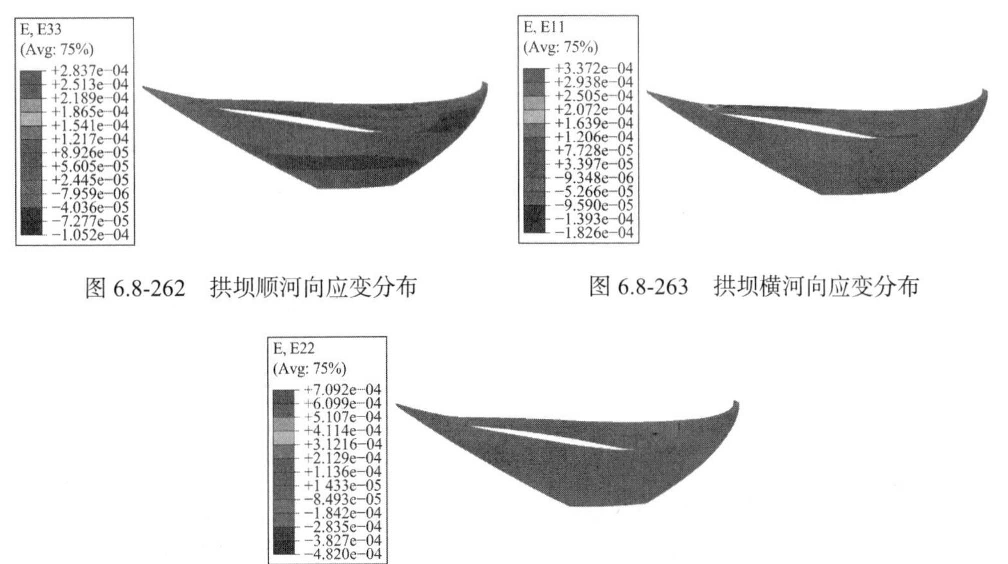

图 6.8-262　拱坝顺河向应变分布

图 6.8-263　拱坝横河向应变分布

图 6.8-264　拱坝铅垂向应变分布

6.8.29　工况 C29 场变量

运行期库区内的气温变化带来的温度荷载对于病险混凝土拱坝威胁也较大（图 6.8-270～图 6.8-272），因而也是本节研究的内容之一，此处首先考虑坝前为空库，库坝系统承受自重及一次典型温降作用，降温幅度为 5℃（图 6.8-276），此时采用本书 2.2 节所介绍的温度场-应力场-损伤场多场耦合数学模型进行分析，研究发现此时拱坝最大温度耦合拉应力为 1.3MPa，小于混凝土容许拉应力（图 6.8-265～图 6.8-269），由此推断，在该降温幅度下空库运行是安全的，库坝系统尚未出现明显的刚度强度削弱（图 6.8-273～图 6.8-275）。

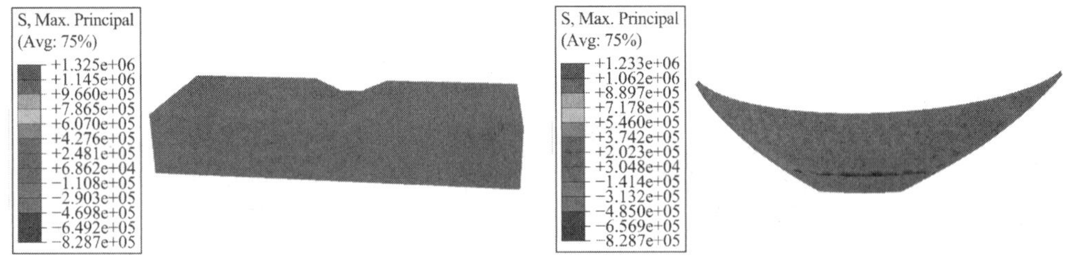

图 6.8-265　库坝系统大主应力整体分布

图 6.8-266　拱坝大主应力分布

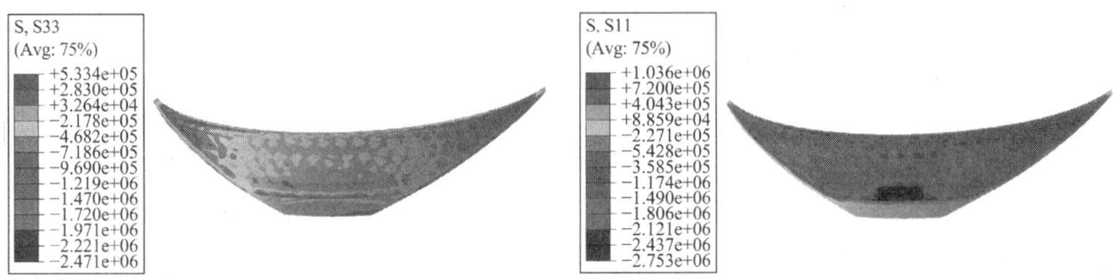

图 6.8-267　拱坝顺河向应力分布

图 6.8-268　拱坝横河向应力分布

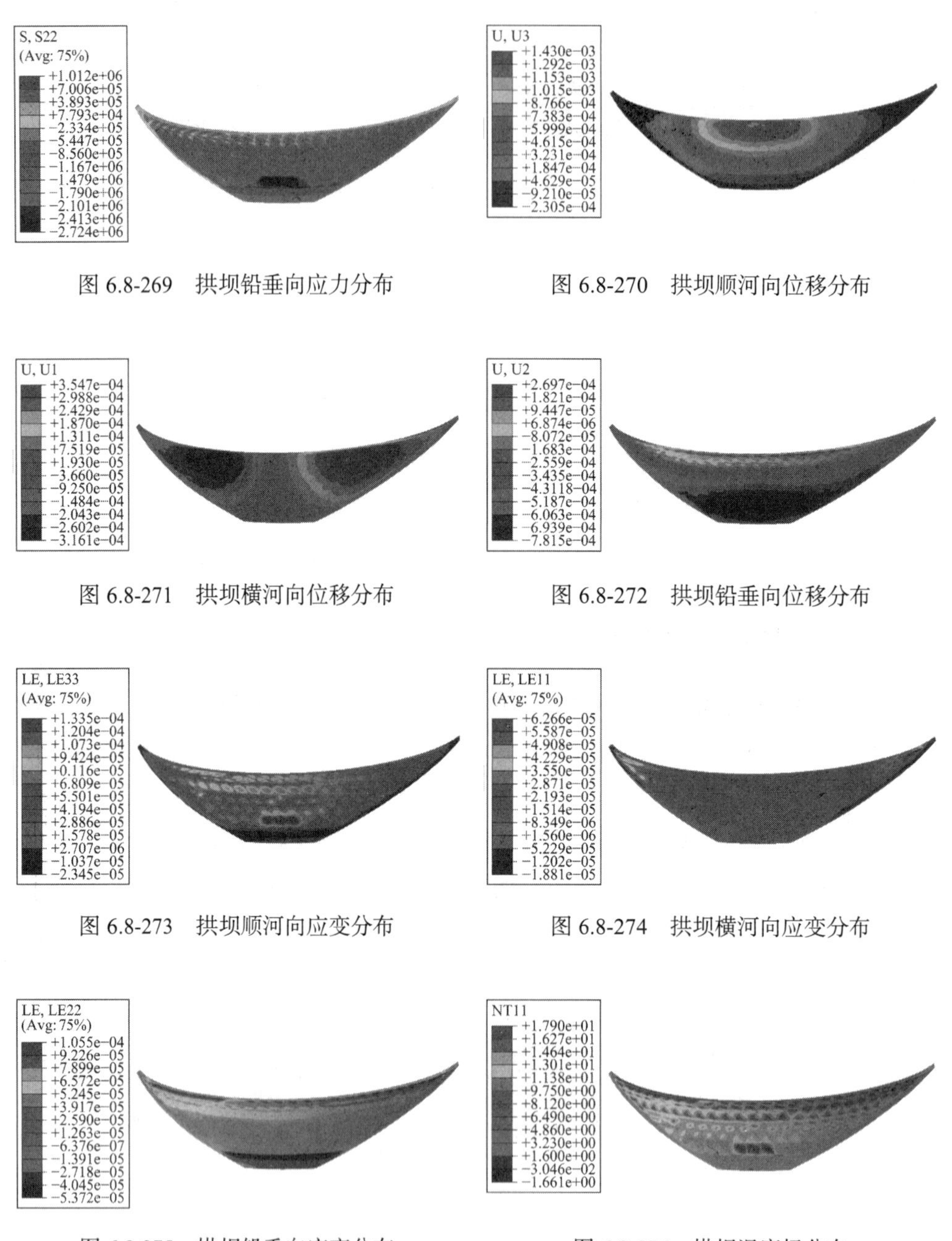

图 6.8-269　拱坝铅垂向应力分布

图 6.8-270　拱坝顺河向位移分布

图 6.8-271　拱坝横河向位移分布

图 6.8-272　拱坝铅垂向位移分布

图 6.8-273　拱坝顺河向应变分布

图 6.8-274　拱坝横河向应变分布

图 6.8-275　拱坝铅垂向应变分布

图 6.8-276　拱坝温度场分布

6.8.30　工况 C30 场变量

研究进一步探讨了正常蓄水位条件下何家岙双曲拱坝受降温影响的温度场-应力场-损伤场多场耦合行为反馈（图 6.8-282～图 6.8-284），此时库坝系统同时承受自重、静水压力以及温度荷载作用，但不考虑大坝、坝基与两岸岩体的潜在裂损，研究发现此时拱坝最大温度耦合拉应力超过 3.0MPa（图 6.8-277～图 6.8-281），坝体内易出现显著的温度裂缝（图 6.8-288）。鉴于何家岙库坝系统已有的病险状况，特别是坝体混凝土性能普遍较低（图 6.8-285～图 6.8-287），在季节变化和气温骤降等时段内，尤其应加强坝体安全监控[31-32]。

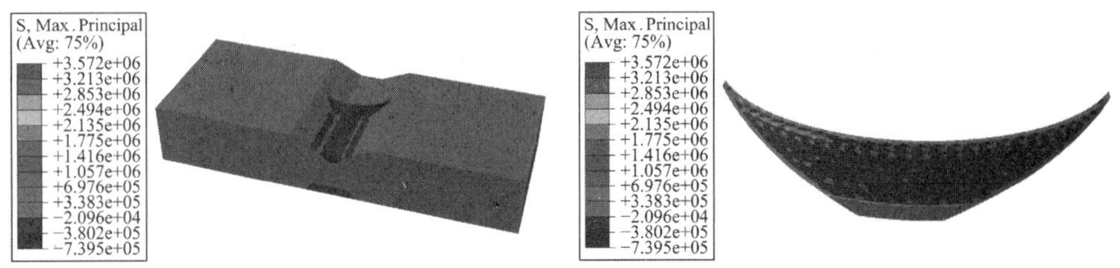

图 6.8-277　库坝系统大主应力整体分布

图 6.8-278　拱坝大主应力分布

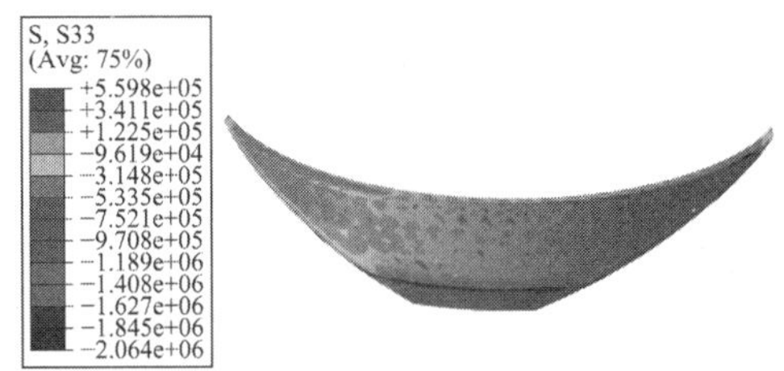

图 6.8-279　拱坝顺河向应力分布

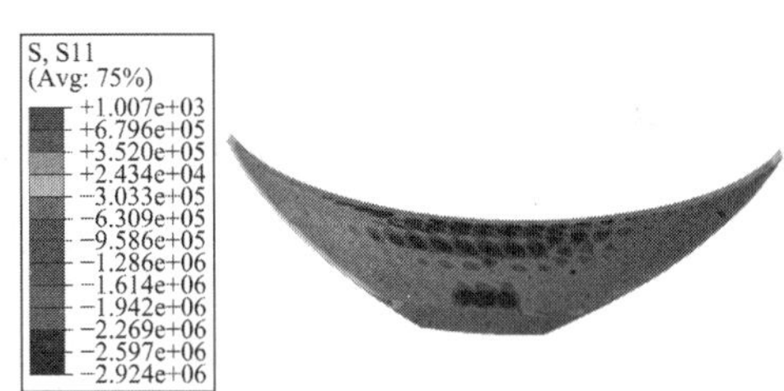

图 6.8-280　拱坝横河向应力分布

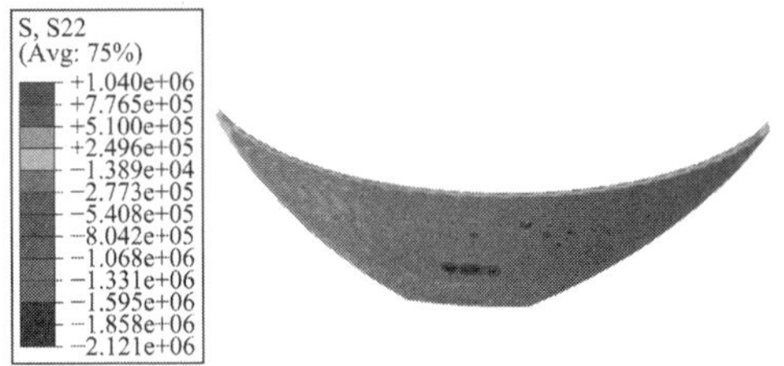

图 6.8-281　拱坝铅垂向应力分布

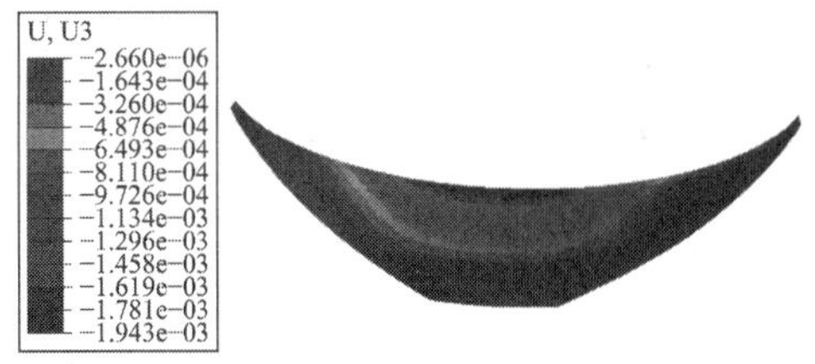

图 6.8-282　拱坝顺河向位移分布

图 6.8-283　拱坝横河向位移分布

图 6.8-284　拱坝铅垂向位移分布

图 6.8-285　拱坝顺河向应变分布

图 6.8-286　拱坝横河向应变分布

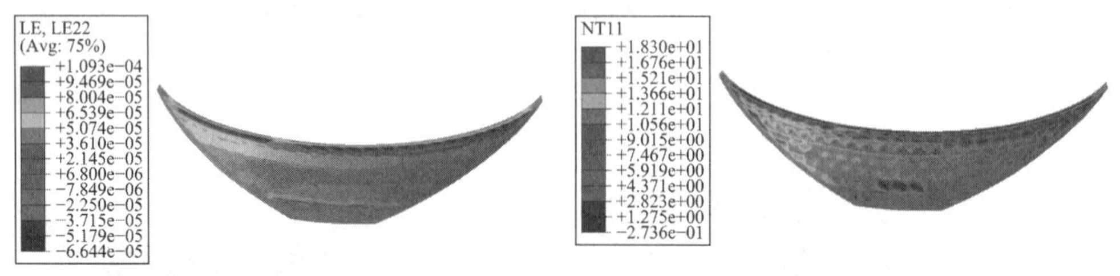

图 6.8-287　拱坝铅垂向应变分布　　　图 6.8-288　拱坝温度场分布

6.8.31　工况 C31 成果

在满库运行条件下，若不考虑大坝、坝基与两岸岩体的潜在裂损，坝体混凝土仍处于连续状态，但在外部作用下已出现显著之塑性变形，研究采用拱梁分载法计算所得之最大拉应力为 10.3MPa，发生于拱冠梁靠近坝踵处，具体见表 6.8-1。

工况 C31 下拱梁分载拱坝应力计算成果　　　**表 6.8-1**

上游面		下游面	
最大主拉应力/MPa	最大主压应力/MPa	最大主拉应力/MPa	最大主压应力/MPa
10.3（距离河床高度：0.6m；拱冠梁）	−0.75（距离河床高度：20.7m；左端 1 号梁）	0.07（距离河床高度 11.9m；右端 3 号梁）	−2.53（距离河床高度：1.0m；拱冠梁）

6.8.32　工况 C32 成果

同样，在拱坝满库运行时，不考虑大坝、坝基与两岸岩体的潜在裂损，坝体混凝土仍处于连续状态，而且坝体材料变形尚处于弹性阶段，在静水压力与自重共同作用下，研究采用 4 拱 7 梁做拱梁分载分析，计算所得之最大拉应力为 1.18MPa，该应力水平也形成于拱冠梁靠近坝踵处，具体见表 6.8-2。

工况 C32 下拱梁分载拱坝应力计算成果　　　**表 6.8-2**

上游面		下游面	
最大主拉应力/MPa	最大主压应力/MPa	最大主拉应力/MPa	最大主压应力/MPa
1.18（距离河床高度：0.6m；拱冠梁）	−0.12（距离河床高度：20.7m；拱冠梁）	0.019（距离河床高度 11.9m；右端 3 号梁）	−1.95（距离河床高度：0.6m；左端 2 号梁）

6.9　成果分析与讨论

何家岙双曲拱坝是舟山群岛典型的水利工程实施之一，气候、环境、地质、水文等条件均较为复杂，加之修造时间较久，当前的病险状况较多，为探明这些病险状况对库坝系统正常运行之影响，本节围绕静动力分析、强度指标折减模拟、渗透破坏及系统整体稳定性评价等专题开展了系列研究（图 6.9-1）。

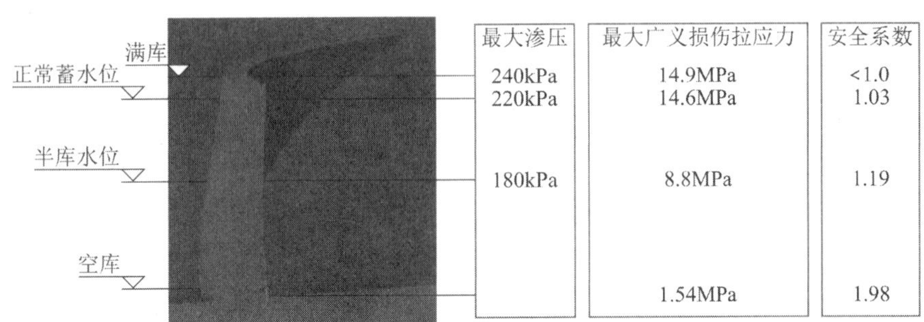

图 6.9-1　何家岙双曲拱坝运行响应反馈模型

研究发现，何家岙双曲拱坝左岸坝肩下部是裂损较为集中的区域，该区域应力场数量级普遍较高，究其原因是该处坝段有近 50m 坐落于陡坡之上，且坝基混凝土置换区较浅，外部荷载与自重作用下，拱圈内的坝体混凝土产生了较大的弯折效应所致。当坝体混凝土出现劣化及渗漏通道且弹性模量削弱 10%时，坝体内最大主拉应力增加幅度达到 5%，尤其在高水位时，临近拱坝坝肩处混凝土拉应力水平更是普遍大于 2MPa。此时即使库坝系统在静力工况下运行，在高水位荷载作用下，拱冠处的顺河向位移也可达到 10mm 以上，此位置介于两处渗漏通道之间，安全性能较差。

在下游坝基尾间排水不畅条件下，同时考虑坝体内渗漏通道已形成，则可于混凝土内部形成 200kPa 以上的渗透水压，鉴于何家岙水库下游无充足尾水，此渗透水压将全部作为扬压力作用于坝体[33-35]，在高水位作用下，两岸坝肩将形成渗流连通区，最大渗水量可达 0.3m^3/s。在渗流连通区内，材料有可能已发生灾变，由此研究还采用非连续仿真技术，对拱坝内两处渗漏通道形成的潜在贯通裂缝作渗透水压致裂模拟分析，在高水位（满库与正常蓄水位）条件下，该处可形成不小于 4mm 的缝宽，最大主拉应力水平普遍达到 1.5MPa。

何家岙库坝系统在典型地脉动与上游耦合动水压力作用下的拉应力水平普遍都在 5MPa 以上，尤其是拱坝混凝土材料性能裂化进一步弱化了坝体的抗震性能，此处考虑拱坝坝体较薄、动力阻尼效应弱也是混凝土应力水平偏高的主要原因之一，特别需要指出的是，受地震作用，何家岙双曲拱坝的动力响应具有显著的随机变异特征，受此影响，坝肩等要害位置处均有较大的损伤出现。在高水位动水压力与地震共同作用下，拱冠处最大顺河向位移可达 30mm，坝体变形极为不利，所以研究认为即使在后期加固完成后何家岙水库也不宜在高水位下长期运行。

研究还对坝体与坝基岩体均有强度削减时库坝系统建基面处发生潜在整体滑动失稳的性能进行了分析讨论，结果表明，何家岙库坝系统一旦发生如当前的材料裂损以及地质条件恶化，高水位作用条件下，整体安全系数将低于 1.0，由此推知，对该库坝系统作整体安全加固很有必要[36-38]。

结合当前混凝土拱坝的规范要求，研究还对何家岙大坝的拱梁分载工作模式进行了探究，在考虑混凝土材料尚处于弹性工作阶段时，坝体内最大拉应力为 1.18MPa，但是当考虑材料发生显著的塑性变形时，坝体内拉应力水平比 FEM 数值结果要高出许多，基于此，研究认为仍以本章提出的广义损伤数值分析手段所得结果作为库坝系统评价的主要参考[39-40]。

基于上述讨论，并依据当前已探明的筑坝混凝土材料裂损程度与地质状况可知，何家岙水库库坝系统安全性能较差，对其进行全面有效地加固防护是极为必要的。综合各类工况的分析成果，本节研究认为需通过增设下游坝址区混凝土贴脚、两岸坝肩靠近上游侧防渗帷幕以及坝体化学灌浆等措施，完成对何家岙水库库坝系统的整体改造；同时为改善拱坝结构的整体抗渗性能，还需在上游坝面补做一级配防渗限裂混凝土层，为减少施工前坝体承载，防渗限裂混凝土内可布设密度较大的柔性钢丝网片，特别要保证该层抗渗等级不低于 W4。特别是考虑到何家岙水库的战略地位，还需实施较为细致的勘察反馈，对已探明的地质缺陷处，无论是老断裂带还是运行期渗透劈裂孕育形成的新裂损区域，均应实施固结灌浆，尤其是要避免满库等高水位运行，在台风等复杂气象出现前期就应及时有序地开展泄水腾库。

参考文献

[1] 王亚军, 金峰, 张楚汉, 等. 舟山海域海相砂土循环激振下的液化破坏孔压模型[J]. 岩石力学与工程学报, 2013, 32(3): 582-597.

[2] 汪明元, 单治钢, 王亚军, 等. 应变控制下舟山岱山海相软土动弹性模量及阻尼比试验研究[J]. 岩石力学与工程学报, 2014, 33(7): 1503-1512.

[3] 李登超, 汪明元, 高世虎, 等. 应变控制下舟山海相软土骨干曲线特性研究[J]. 河北工程大学学报(自然科学版), 2015, 32(3): 9-12, 30.

[4] 王亚军, 张我华. 龙滩碾压混凝土坝随机损伤力学分析的模糊自适应有限元研究[J]. 岩石力学与工程学报, 2008, 27(6): 1251-1259.

[5] 王亚军, 张我华. 非线性模糊随机损伤研究[J]. 水利学报, 2010, 41(2): 189-197.

[6] 王亚军, 张我华. 岩石边坡模糊随机损伤可靠性研究[J]. 沈阳建筑大学学报(自然科学版), 2009, 25(3): 421-425.

[7] Wang Y J, Wang J T, Gan X Q , et al. Modal analysis on Xiluodu arch dam under fuzzy stochastic damage constitution[J]. Advanced Materials Research, 2013, 663: 202-205.

[8] C.A. Duarte, J.T. Oden. H-p clouds-an H-p meshless method[J]. Numerical Methods for

Partial Differential Equations, 1996, 12: 673-705.

[9] S J Osher, R P Fedkiw, Level Set Methods and Dynamic Implicit Surfaces[M]. Springer-Verlag. 2002, 23-90.

[10] 王亚军, 张我华, 张楚汉, 等. 碾压混凝土重力坝的广义损伤可靠度及敏感性[J]. 土木建筑与环境工程, 2011, 33(1): 77-86.

[11] 王亚军, 张我华. 荆南长江干堤模糊自适应随机损伤机理研究[J]. 浙江大学学报(工学版), 2009, 43(4): 743-749, 776.

[12] Yajun Wang, Zhu Xing. Mixed uncertain damage models: Creation and application for one typical rock slope in Northern China[J]. Geotechnical Testing Journal, 2018, 41(4): 759-776.

[13] Wang Ya-jun, Zhang Wohua. Super Gravity Dam Generalized Damage Study[J]. Advanced Materials Research, 2012, 479-481: 421-425.

[14] 徐芝纶. 弹性力学(上)[M].北京: 高等教育出版社, 2006: 60-63.

[15] G C Sih. Methods of analysis and solutions of crack problems[M]. Netherlands Leyden: Noordhoff International Pub, 1972: 12-135.

[16] E E Gdoutos. Problems of mixed mode crack propagation[M]. USA Boston, Hingham: M. Nijhoff, Distributors for the U.S. and Canada, Kluwer Boston, 1984: 57-113.

[17] 王亚军, 张我华. 基于模糊随机损伤力学的模糊自适应有限元分析[J]. 解放军理工大学学报(自然科学版), 2009, 10(5): 440-446.

[18] Yajun Wang. A novel story on rock slope reliability, by an initiative model that incorporated the harmony of damage, probability and fuzziness[J]. Geomechanics and Engineering, 2017, 12(2): 269-294.

[19] Yajun Wang. Tests and Models of Hydraulic Concrete Material with High Strength[J]. Advances in Materials Science and Engineering, 2016: 1-18.

[20] Wang Ya-jun, WU Chang Yu, GAN Xiao Qing, et al. Fully Graded Concrete Creep Models and Parameters[J]. Applied Mechanics and Materials, 2013, 275-277: 2069-2072.

[21] Yajun WANG, Chuhan ZHANG, Jinting WANG, et al. Experimental Study on Foci Development in Mortar Using Seawater and Sand[J]. Materials, 2019, 12(11): 1-24.

[22] Zhigang SHENG, Yajun WANG, Dan HUANG. A Promising Mortar Produced with Seawater and Sea Sand[J]. Materials, 2022, 15(17), 6123, 1-20.

[23] 国家能源局. 水电工程水工建筑物抗震设计规范: NB 35047—2015[S]. 北京: 中国水利水电出版社, 2015.

[24] 住房和城乡建设部. 建筑抗震设计规范: GB 50011—2001[S]. 北京: 中国建筑工业出版社, 2002.

[25] Wang Ya-jun, Hu yu, Zuo zheng, et al. Crucial geo-qualities and predominant defects treatment on foundation zones of Sino mainland Xiluodu arch dam[J], Advanced Materials Research,

2012, 446-449: 1997-2001.

[26] Wang Y J, Zuo Z, Gan X Q, et al. Super arch sam seismic generalized damage. Applied Mechanics and Materials, 2013, 275-277: 1229-1232.

[27] Wang Y J, Zuo Z, Yan X J, et al. Feedback and sensitivity analysis for mass data from transverse joints monitoring system of super arch dam in Sino mainland[J]. Advanced Materials Research, 2013, 663: 198-201.

[28] Wang Ya-jun, HU Yu, ZUO Zheng, et al. Steep Slope Arch Dam Block Reliability Based on Normal Opening of Rock-Concrete Joints[J]. Advanced Materials Research, 2013, 663: 206-209.

[29] 王亚军, 张我华. 岩土工程非线性模糊随机损伤[J]. 解放军理工大学学报(自然科学版), 2011, 12(3): 251-257.

[30] Wang Y J, Zhang W H, Zhang C H , et al. Fuzzy stochastic damage mechanics (FSDM) based on fuzzy auto-adaptive control theory[J].Water Science and Engineering, 2012, 5(2): 230-242.

[31] Xiao-Qing Gan, Ya-jun Wang. Thermo-Dynamics and Stress Characteristics on High Strength Hydraulic Concrete Material[J]. the Open Civil Engineering Journal, 2015, 9, 529-534.

[32] Wang Ya-jun, REN Da Chun, GAN Xiao Qing, DONG Zhi Hong. Rock-Concrete Joints Reliability during Building Process of Super Dam[J]. Applied Mechanics and Materials, 2013, 275-277: 1536-1539.

[33] 王亚军, 张我华, 陈合龙. 长江堤防三维随机渗流场研究[J]. 岩石力学与工程学报, 2007, 26(9): 1824-1831.

[34] 王亚军, 张我华, 王沙义. 堤防渗流场参数敏感性三维随机有限元分析[J]. 水利学报, 2008, 38(3): 272-279.

[35] Yajun Wang. 3-Dimensional Stochastic Seepage Analysis of a Yangtze River Embankment[J]. Mathematical Problems in Engineering, 2015: 1-13.

[36] 王亚军. 模糊一致理论及层次分析法在岸坡风险评价中的应用[J]. 浙江水利科技, 2004, 3: 1-8.

[37] 王亚军, 吴昌瑜, 任大春. 堤防工程风险评价体系研究[J]. 岩土工程技术, 2006, 20(1): 220-224.

[38] 王亚军, 张楚汉, 金峰, 等. 堤防工程综合安全模型和风险评价体系研究及应用[J]. 自然灾害学报, 2012, 21(1): 101-108.

[39] Wang Y J, Zhang W H, Jin W L, et al. Fuzzy stochastic generalized reliability studies on embankment systems based on first-order approximation theorem[J]. Water Science and Engineering, 2008, 1(4): 36-46.

[40] 王亚军, 张我华. 堤防工程的模糊随机损伤敏感性[J]. 浙江大学学报(工学版), 2011, 45(9): 1672-1679.

| 第 7 章

舟山地下储水洞库工程问题研究

7.1 工程背景简介

舟山属于典型的海岛型城市，受空间地理位置限制，集雨面积总体较小，可修造大型水库的河川地势不多，因此岛内水资源极度稀缺，调蓄水难度极大。舟山大陆引水工程投入使用后，舟山本岛虽暂无用水之忧，但随着甬舟高铁通车、义甬舟开放大通道完成并网，当前岛内的地上水利设施的供水能力将迎来极大的挑战，更何况一些地理位置极其重要的离岛地区当前缺水问题依然存在，这些地区或者缺少水库修造所依赖的有利地形地貌及水文地质条件，或者即使有水库也存在库坝系统病险老旧、兴利库容较小、建库成本较高、海洋环境导致的水气蒸发量极大等系列问题[1]。

如本书第 1 章所介绍，舟山群岛山地资源丰富，结合区域地形地质条件，发展以地下洞群为主要形式的隐蔽型地下水库储调水工程，既可以作为地区水系发展的补充，又能实现丰富的海岛降雨资源的有效存储及调节。这种地下储水洞库是以海岛山体节流，隧洞引、汇，地下洞群蓄、调等功能为一体的综合型储调水工程，建成后还可结合现有的地上水利工程设施，达到洞库联网、水资源整合、生态补水、分洪排涝等系列目的，特别是考虑到舟山群岛的战略地位，这类隐蔽型地下储水洞库可在极端条件下持续维系区域内的安全有效水源供应，而这一优势是传统的地上水利工程设施所不具备的[2]。

舟山岛内的丘陵山体将海岛分割而呈现为数量众多的狭小沟谷，这些沟谷地形彼此沟通衔接，形成了极具海岛特色的天然小流域，流域内的地表径流与地质水脉又构成了相对独立的地表水和地下水系统，此系统普遍具有相对封闭或接近封闭的储水边界以及良好的地下水存储条件，从而保证了未来的地下储水洞库可以存得住地下水。

舟山本岛松散岩类孔隙水主要赋存在山麓沟谷区的冲洪积、坡洪积斜地和平原区的古河道地带，地下水赋存区域内具有一定的水力坡度，而且含水层透水性较强，且埋藏深度不大，导水性较好，具备良好的水力传导条件，同时，配合后期修造的山体截洪沟及雨水收集设施，并借助岛内优良的地表植被覆盖，可实现地下储水洞库对洞库沿线范围内天然降水的高效收集，保证了地下储水洞库的水源补给[3]。

基于上述，本章研究以舟山普陀临海地区地下储水洞库工程项目为依托，开展与其相关的系列工程科学问题探讨，该工程初期规划主洞长12km，库容约150～170万m^3。

7.2 数值计算方法

7.2.1 岩石力学方程非线性算法

本节研究将采用非线性固体力学手段实现对洞室地质岩石力学环境及相关支护体系的模拟仿真计算，而这一过程的核心问题是对当前荷载作用下工程系统平衡状态的求解，如果系统内作用的荷载被描述成时变函数，则其对应的数值离散平衡方程可以表示为：

$$\{\boldsymbol{R}(t)\}-\{\boldsymbol{F}(t)\}=0 \tag{7.2-1}$$

式中，矢量列阵$\{\boldsymbol{R}(t)\}$由t时刻外荷载的结点力分量所构成，而矢量列阵$\{\boldsymbol{F}(t)\}$则表示该时刻的单元应力所引起的结点力分量。

本节研究还将采用增量法求解储水洞库的地质岩石力学非线性方程[4]，其基本思想是假定t时刻的解为已知，要求$t+\Delta t$时刻的解，其中，Δt是适当选择的时间增量步长，由此，在$t+\Delta t$时刻的数值离散平衡方程列式可以用公式(7.2-2)表达：

$$\{\boldsymbol{R}(t+\Delta t)\}-\{\boldsymbol{F}(t+\Delta t)\}=0 \tag{7.2-2}$$

由于t时刻的解为已知，因此，可以写为：

$$\{\boldsymbol{F}(t+\Delta t)\}=\{\boldsymbol{F}(t)\}+\{\Delta\boldsymbol{F}\} \tag{7.2-3}$$

式中，$\{\Delta\boldsymbol{F}\}$表示t到$t+\Delta t$时间间隔内，由于单元内应力增量所引起的结点力增量矢量，而这一矢量可以近似表示为：

$$\{\Delta\boldsymbol{F}\}\approx[\boldsymbol{K}(t)]\{\Delta\boldsymbol{U}\} \tag{7.2-4}$$

式中，$[\boldsymbol{K}(t)]$为相应于t时刻材料和几何条件的切线刚度矩阵，进而得到如公式(7.2-5)所示之关系：

$$[\boldsymbol{K}(t)]\{\Delta\boldsymbol{U}\}=\{\boldsymbol{R}(t+\Delta t)\}-\{\boldsymbol{F}(t)\} \tag{7.2-5}$$

式中，只有位移增量$\{\Delta\boldsymbol{U}\}$为未知，一旦解出，即可算得$t+\Delta t$时刻的位移如下：

$$\{\boldsymbol{U}(t+\Delta t)\}=\{\boldsymbol{U}(t)\}+\{\Delta\boldsymbol{U}\} \tag{7.2-6}$$

本节研究中的上述算法在具体实施时，将基于修正的 Newton-Raphson 法完成非线性方程迭代计算，迭代算法格式如下所示：

$$[\boldsymbol{K}(t)]\{\Delta\boldsymbol{U}\}_i=\{\boldsymbol{R}(t+\Delta t)\}-\{\boldsymbol{F}(t+\Delta t)\}_{i-1} \tag{7.2-7}$$

$$\{\boldsymbol{U}(t+\Delta t)\}_i=\{\boldsymbol{U}(t+\Delta t)\}_{i-1}+\{\Delta\boldsymbol{U}\}_i \tag{7.2-8}$$

上述算法格式中，$i=1,2,3,\cdots$表示迭代步数，依次取其迭代所用的初始值，该值也是t时刻的位移场及结点载荷的解答，即：

$$\{\boldsymbol{U}(t+\Delta t)\}_0=\{\boldsymbol{U}(t)\} \tag{7.2-9}$$

$$\{\boldsymbol{F}(t+\Delta t)\}_0=\{\boldsymbol{F}(t)\} \tag{7.2-10}$$

上述式(7.2-7)的右端项$\{\boldsymbol{R}(t+\Delta t)\}-\{\boldsymbol{F}(t+\Delta t)\}_{i-1}$称为第$i$步迭代前岩体开挖过程中的

不平衡荷载，在迭代过程中，$\{\boldsymbol{F}(t+\Delta t)\}_{i-1}$随$i$的增加而逐渐接近$\{\boldsymbol{R}(t+\Delta t)\}$，分析时可事先对不平衡荷载的模给定一个精度指标，每次迭代后检查不平衡荷载是否小于该精度指标，若满足精度，则在求出$\{\boldsymbol{U}(t+\Delta t)\}$之后转入下一时间步的计算，否则继续迭代，直到满足精度要求为止。

7.2.2　地质区段空间离散方法

本节研究将采用拉格朗日（Lagrangian）插值法来实现对储水洞库地质区段数值模型的空间单元离散。首先将待求解的地质岩石力学对象离散为一系列如图 7.2-1 所示的四面体单元，并采用如式(7.2-11)～式(7.2-13)所示插值函数。

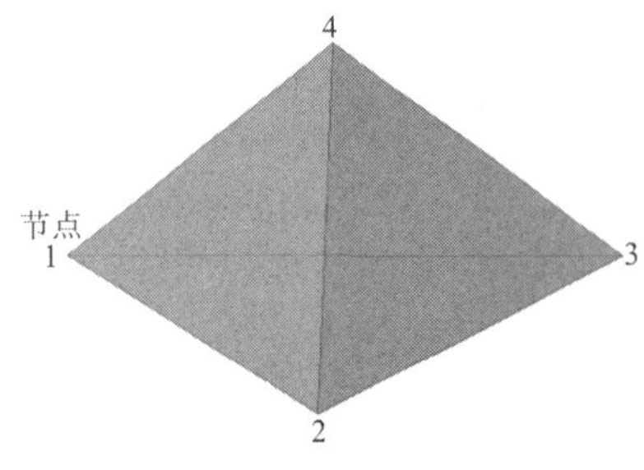

图 7.2-1　空间四面体单元

$$\delta v_i=\sum_{n=1}^{4}\delta v_i N^n=\sum_{n=1}^{4}\delta\dot{u}_i N^n \tag{7.2-11}$$

$$N^n=c_0^n+c_1^n x_1'+c_2^n x_2'+c_3^n x_3' \tag{7.2-12}$$

$$N^n\left(x_1'^j,x_2'^j,x_3'^j\right)=\delta_{nj} \tag{7.2-13}$$

式中，x_i，u_i及v_i分别代表四面体中节点的坐标、位移和速度。

由高斯定律，可将四面体的体积分转化为面积分。对于常应变率的四面体，由高斯定律得：

$$\int_{\mathrm{V}} v_{i,j}\,\mathrm{d}V=\int_{\mathrm{S}} v_i n_j\,\mathrm{d}s \tag{7.2-14}$$

$$v_{i,j}=-\frac{1}{3V}\sum_{i=1}^{4}v_i^l n_j^{(l)}S^{(l)} \tag{7.2-15}$$

式中，n_j为四面体各面的法向矢量；S为各面的面积；v为四面体的体积；l为节点l的变量；(l)为面l的变量。

由上可将岩石类介质的应变率张量表示为[5]：

$$\xi_{ij}=\frac{1}{2}\left(v_{i,j}+v_{j,i}\right) \tag{7.2-16}$$

$$\xi_{ij}=-\frac{1}{6V}\sum_{l=1}^{4}\left(v_i^l n_j^{(l)}+v_j^l n_i^{(l)}\right)S^{(l)} \tag{7.2-17}$$

对应的应变增量张量为：

$$\Delta\varepsilon_{ij}=-\frac{\Delta t}{6V}\sum_{l=1}^{4}\left(v_i^l n_j^{(l)}+v_j^l n_i^{(l)}\right)S^{(l)} \tag{7.2-18}$$

对应的旋转率张量为：

$$\omega_{ij}=-\frac{1}{6V}\sum_{l=1}^{4}\left(v_i^l n_j^{(l)}+v_j^l n_i^{(l)}\right)S^{(l)} \tag{7.2-19}$$

基于上述可得应力增量如下所示：

$$\Delta\sigma_{ij}=\Delta\breve{\sigma}_{ij}+\Delta\sigma_{ij}^{\mathrm{c}} \tag{7.2-20}$$

$$\Delta\breve{\sigma}_{ij}=H_{ij}^{*}(\sigma_{ij},\xi_{ij}\Delta t) \tag{7.2-21}$$

$$\Delta\sigma_{ij}^{\mathrm{c}}=(\omega_{ij}\sigma_{kj}-\sigma_{ik}\omega_{kj})\Delta t \tag{7.2-22}$$

对于小应变，式(7.2-21)中的第二项可忽略不计。这样可以由高斯定律将空间连续量转化为离散的节点量，并利用节点位移与速度计算空间单元的应变与应力。

仿真计算节点的运动方程与时间采用差分技术实现，对于固定时刻t，节点的运动方程可表示为：

$$\sigma_{ij,j}+\rho B_i=0 \tag{7.2-23}$$

式中的体积力B_i定义为：

$$B_i=\rho\left(b_i-\frac{\mathrm{d}v_i}{\mathrm{d}t}\right) \tag{7.2-24}$$

由功的互等定律，将式(7.2-23)转化为：

$$F_i^{(l)}=M^{(l)}\left(\frac{\mathrm{d}v_i}{\mathrm{d}t}\right)^{(l)}\quad l=1,\cdots,n_n \tag{7.2-25}$$

式中，$M^{(l)}$为节点处的集中质量；$F_i^{(l)}$为不平衡荷载；n_{n}为求解域内总的节点数。

由式(7.2-25)可得关于节点加速度的常微分方程为：

$$\frac{\mathrm{d}v_i^{(l)}}{\mathrm{d}t}=\frac{1}{M^{(l)}}F_i^{(l)}\left(t,\left\{v_i^{(1)},v_i^{(2)},\cdots,v_i^{(\mathrm{p})}\right\}^{(l)},k\right) \tag{7.2-26}$$

对式(7.2-26)采用中心差分得节点速度为：

$$v_i^{(l)}\left(t+\frac{\Delta t}{2}\right)=v_i^{(l)}\left(t-\frac{\Delta t}{2}\right)+\frac{\Delta t}{M^{(l)}}F_i^{(l)}\left(t,\left\{v_i^{(1)},v_i^{(2)},\cdots,v_i^{(\mathrm{p})}\right\}^{(l)},k\right) \tag{7.2-27}$$

同样中心差分得位移与节点坐标如下所示：

$$u_i^{(l)}(t+\Delta t)=u_i^{(l)}(t)+\Delta t v_i^{(l)}\left(t+\frac{\Delta t}{2}\right) \tag{7.2-28}$$

$$x_i^{(l)}(t+\Delta t)=x_i^{(l)}(t)+\Delta t v_i^{(l)}\left(t+\frac{\Delta t}{2}\right) \tag{7.2-29}$$

利用上述内容即可完成对岩石类介质空间与时间的离散，将空间三维问题转化为各个节点的差分求解，具体计算时，可虚拟一足够长的时间区间，并划分为若干时间段，在每个时间段内，对每个节点求解，如此循环往复，直至洞库开挖过程中的每个节点的不平衡荷载为零。

7.2.3 岩石力学流固耦合算法

地下储水洞库运行期间的渗透与变形耦合分析另一个重要的研究专题，此处岩石类介质的变形分析需基于线弹性假设，即洞库范围内岩体的应变是由岩石类介质分担的应力引起的应变和水压力导致的应变之线性叠加所得，所以岩体的总应变ε_{ij}可表示为：

$$\varepsilon_{ij}=\frac{1}{2G}\sigma_{ij}-\frac{\nu}{2G(1+\nu)}\delta_{ij}\sigma_{kk}+\frac{\alpha p\delta_{ij}}{3} \tag{7.2-30}$$

式中，右侧的前两项是由岩石类介质分担的应力引起的应变，第三项是由孔隙水压引起的应变。由式(7.2-30)容易获得应变表达应力的表达式，即各项同性的线弹性应力连续方程可表示为总应力σ_{ij}与总应变ε_{ij}和孔隙水压力p的表达式：

$$\sigma_{ij}=2G\varepsilon_{ij}+\frac{2G\nu}{1-2\nu}\delta_{ij}\varepsilon_{kk}-\alpha\delta_{ij}p \tag{7.2-31}$$

式中，G为剪切模量；ν为泊松比；δ_{ij}为Kronecker 符号，其值由式(7.2-32)定义。

$$\delta_{ij}=\begin{cases}1 & i=j\\ 0 & i\neq j\end{cases} \tag{7.2-32}$$

式中，α为 Biot 系数，并且$\alpha\leqslant 1$，其值取决于岩石类介质的压缩性，可由式(7.2-33)计算获得：

$$\alpha=1-\frac{K'}{K_{\mathrm{s}}}=\frac{3(\nu_{\mathrm{u}}-\nu)}{B(1+\nu_{\mathrm{u}})(1-2\nu)} \tag{7.2-33}$$

式中，K'为排水体积模量，$K'=\frac{2G(1+\nu)}{3(1-2\nu)}$；$K_{\mathrm{s}}$为岩石类介质的有效体积模量。

由上可得岩石类介质有效应力σ'_{ij}的表达如式(7.2-34)所示：

$$\sigma_{ij}=\sigma'_{ij}-\alpha p\delta_{ij} \tag{7.2-34}$$

由式(7.2-31)即可得其计算公式如下：

$$\sigma'_{ij}=2G\varepsilon_{ij}+\frac{2G\nu}{1-2\nu}\delta_{ij}\varepsilon_{kk} \tag{7.2-35}$$

结合静力平衡方程与几何方程可得到渗流场对岩石类介质应力的耦合控制方程为：

$$Gu_{i,jj}+\frac{G}{1-2\nu}u_{j,ji}-\alpha p_{,i}+F_i=0 \tag{7.2-36}$$

式(7.2-36)中F_i和$u_i(i=x,y,z)$分别为i方向的体积力和位移。如果不考虑水压力的影响，方程即为理想弹性力学方程。

渗流方程是将流量方程、状态方程和达西定律结合起来建立的岩石类介质应变和水压力相互影响的微分方程。

可以假设岩石类介质具有某种孔隙率的固体骨架，渗水可以在孔隙中自由流动。对于饱和状态下的岩石类介质而言，其体积V由固体骨架体积V_{s}和流体体积V_{e}两部分构成，可将此时流体体积和岩石类介质的总体积之比定义为孔隙度ϕ，具体如下所示：

$$\phi=\frac{V_{\mathrm{e}}}{V} \tag{7.2-37}$$

由V、V_{s}和V_{e}构成的连续性方程应满足如下关系：

$$\frac{1}{V}\frac{\partial V}{\partial t}=\frac{1}{V}\frac{\partial V_{\mathrm{e}}}{\partial t}+\frac{1}{V}\frac{\partial V_{\mathrm{s}}}{\partial t}=\frac{\partial \varepsilon_{\mathrm{v}}}{\partial t} \tag{7.2-38}$$

式中，ε_{v}为体积应变，$\varepsilon_{\mathrm{v}}=\varepsilon_{\mathrm{xx}}+\varepsilon_{\mathrm{yy}}+\varepsilon_{\mathrm{zz}}$，则固体骨架和流体的体积变化可由式(7.2-39)和式(7.2-40)表示如下[6]：

$$\frac{1}{V}\frac{\partial V_{\mathrm{s}}}{\partial t}=-\frac{1-\phi}{K_{\mathrm{s}}}\frac{\partial p}{\partial t}+\frac{1}{3K_{\mathrm{s}}}\delta_{ij}\frac{\partial \sigma'_{ij}}{\partial t} \tag{7.2-39}$$

$$\frac{1}{V}\frac{\partial V_{\mathrm{e}}}{\partial t}=Q_{\mathrm{s}}-\nabla q_{l}-\frac{\phi}{\beta_{l}}\frac{\partial p}{\partial t} \tag{7.2-40}$$

式(7.2-39)中右侧的两项表示水压力和有效应力引起的固体骨架的体积变化，式(7.2-40)中右侧Q_{s}为系统的源项，后两项为流出系统的水的净流量，q_l为水的流速，β_l为水的体积模量。

将式(7.2-39)和式(7.2-40)代入式(7.2-38)即可得连续性方程：

$$\frac{1}{V}\frac{\partial V}{\partial t}=\frac{\partial \varepsilon_{\mathrm{v}}}{\partial t}=Q_{\mathrm{s}}-\nabla q_{l}-\left(\frac{\phi}{\beta_{l}}+\frac{1-\phi}{K_{\mathrm{s}}}\right)\frac{\partial p}{\partial t}+\frac{1}{3K_{\mathrm{s}}}\delta_{ij}\frac{\partial \sigma'_{ij}}{\partial t} \tag{7.2-41}$$

水的连续性方程可由达西定律表示为：

$$q_{l}=-\nabla\cdot\left[\frac{k}{\gamma_{\mathrm{w}}}\nabla(p+\gamma_{\mathrm{w}}z)\right] \tag{7.2-42}$$

式中，k为岩石的渗透系数；γ_{w}为水的重度；z为空间垂直坐标。

把式(7.2-40)代入式(7.2-39)可得包含渗流场的流固耦合方程：

$$S_{\mathrm{a}}\frac{\partial p}{\partial t}+\nabla\cdot\left[-\frac{k}{\gamma_{\mathrm{w}}}\nabla(p+\gamma_{\mathrm{w}}z)\right]=Q_{\mathrm{s}}-\alpha\frac{\partial}{\partial t}(\nabla\cdot\boldsymbol{u}) \tag{7.2-43}$$

式(7.2-43)中的储水系数S_{a}可由式(7.2-44)计算，

$$S_{\mathrm{a}}=\frac{\phi}{\beta_{l}}+\frac{1-\phi}{K_{\mathrm{s}}}=\frac{9(1-2\nu_{\mathrm{u}})(\nu_{\mathrm{u}}-\nu)}{2GB^{2}(1-2\nu)(1+\nu_{\mathrm{u}})^{2}} \tag{7.2-44}$$

式中，ν_{u}为不排水泊松比；B为Skempton 系数。

此外，岩石类介质的渗透系数与孔隙率之间还满足如下关系：

$$k=k_{0}\left(\frac{\phi}{\phi_{0}}\right)^{3} \tag{7.2-45}$$

式中，k_0为围压等于 0 时的渗透系数；ϕ_0为当围压等于 0 时的孔隙率。

而岩石类介质的孔隙率和应力状态有关，这种关系可以表示为：

$$\phi=(\phi_{0}-\phi_{\mathrm{r}})\exp(\alpha_{\phi}\cdot\overline{\sigma}_{\mathrm{v}})+\phi_{\mathrm{r}} \tag{7.2-46}$$

式中，ϕ_{r}为孔隙率的极限值，本节研究取为 0；α_{ϕ}为应力影响系数，其值可以取为$5.0\times10^{-8}\mathrm{Pa}^{-1}$；$\overline{\sigma}_{\mathrm{v}}$为有效应力的平均值，可由下式计算。

$$\overline{\sigma}_{\mathrm{v}}=\frac{\sigma_{1}+\sigma_{2}+\sigma_{3}}{3}+\alpha p \tag{7.2-47}$$

岩石类介质中的含水率指固体骨架孔隙中所含水的质量与固体骨架质量之比，用w表示为：

$$w=\frac{M_{\mathrm{w}}}{M_{\mathrm{s}}}\times 100\% \tag{7.2-48}$$

假设岩石类介质是完全饱和的，在此状态下，即固体骨架的孔隙完全被水充满，此时含水率和孔隙度之间的关系如下所示：

$$w=\frac{\rho_{水}\phi}{\rho_{\mathrm{s}}(1-\phi)}\times 100\%=\frac{\phi}{d(1-\phi)}\times 100\% \tag{7.2-49}$$

式中，d为岩石类介质的比重。

$$d=\frac{\rho_{\mathrm{s}}}{\rho_{水}} \tag{7.2-50}$$

地下储水洞库含水层中水对岩石类介质有两种作用，第一种是水对岩体的力学作用，主要表现为静水压力的有效应力作用和动水压力的冲刷作用，第二种是水对岩石类介质的物理与化学作用，包括软化、泥化、膨胀与溶蚀作用，这种作用的结果是使岩石类介质性状逐渐恶化，以至出现岩体变形和失稳。岩石类介质受到水的作用时，由于湿度影响，其内部将产生膨胀应力，岩石类介质内不可避免地会产生细观裂纹，并随着含水率的增加，宏观力学参数弹性模量发生显著减小，由此可以认为水对岩石类介质造成了损伤，相关内容已在前几章中介绍。依据试验可知，岩石类介质的弹性模量是含水率的函数，因此可以从弹性模量的变化现象入手，将其作为损伤变量的函数，以表征含水率对岩石类介质受力性能的影响，具体如下所示：

$$E=\big(1-D(w)\big)E_0 \tag{7.2-51}$$

令常温下处于自然状态的干燥岩石类介质的损伤值为 0，则弹性模量与含水率呈衰减型指数函数关系，具体如下所示：

$$E=Ae^{-\mathrm{Bw}} \tag{7.2-52}$$

基于归一化思想可定义如下的连续性因子ω：

$$\omega=\frac{E_{\mathrm{w}}}{E_0} \tag{7.2-53}$$

则由渗透导致的岩石类介质损伤可以定义为：

$$D(w)=1-\omega \tag{7.2-54}$$

式中，E_{w}为含水率为w时岩石类介质样本的弹性模量；E_0为岩石类介质在干燥状态时的弹性模量，则随含水率变化导致的岩石类介质损伤发展方程如式(7.2-55)所示。

$$E_{\mathrm{w}}=E_0\times\exp\left[-dw\big(\ln E_0-\ln E_{饱和}\big)\left(\frac{1}{\varphi}-1\right)\right] \tag{7.2-55}$$

式中，$E_{饱和}$为岩石类介质样本饱和时的弹性模量。

7.2.4 岩石力学裂隙单元与接触算法

本节研究中洞库强风化凝灰岩层的破碎带对洞库断面的稳定有决定性影响，而裂隙单元是模拟破碎带地质岩石力学性能的最佳数学手段，对于岩体中弹性裂隙接触的两个岩块，通过有限元离散，建立如公式(7.2-56)所示支配方程：

$$\boldsymbol{K}_1\boldsymbol{\delta}_1 = \boldsymbol{R}_1 \tag{7.2-56}$$

式中，$\boldsymbol{K}_1$为初始的整体劲度矩阵，它与接触状态有关，通常根据经验和实际情况假定；$\boldsymbol{\delta}_1$为结点位移列阵；$\boldsymbol{R}_1$为结点荷载列阵。

求解式(7.2-56)得到结点位移$\boldsymbol{\delta}_1$，再计算接触点的接触力$\boldsymbol{P}_1$，将$\boldsymbol{\delta}_1$和$\boldsymbol{P}_1$代入与假定接触状态相应的接触条件，如果不满足接触条件，就要修改接触状态，根据修改后新的接触状态，建立新的劲度矩阵$\boldsymbol{K}_2$和支配方程：

$$\boldsymbol{K}_2\boldsymbol{\delta}_2 = \boldsymbol{R}_2 \tag{7.2-57}$$

再由式(7.2-57)解得$\boldsymbol{\delta}_2$，进一步计算接触力$\boldsymbol{P}_2$，将$\boldsymbol{\delta}_2$和$\boldsymbol{P}_2$代入接触条件，验算接触条件是否满足，如这样不断地迭代循环，直至$\boldsymbol{\delta}_\mathrm{n}$和$\boldsymbol{P}_\mathrm{n}$满足接触条件为止，此时得到的解答就是弹性裂隙区域真实接触状态下的解答[7]。

对于两个相互接触的刚性物体 A 和 B，假定 A 上有外力$\boldsymbol{R}$作用，B 有固定边界，接触面作用在 A 上的接触力是$\boldsymbol{P}_J^\mathrm{A}$，作用在 B 上的接触力是$\boldsymbol{P}_J^\mathrm{B}$，对于二维问题，按照法向和切向力学行为之差异建立如下接触力列阵：

$$\boldsymbol{P}_j^\mathrm{A} = \begin{Bmatrix} P_j^\mathrm{t} \\ P_j^\mathrm{n} \end{Bmatrix}^\mathrm{A} \tag{7.2-58}$$

$$\boldsymbol{P}_J^\mathrm{B} = \begin{Bmatrix} P_j^\mathrm{t} \\ P_j^\mathrm{n} \end{Bmatrix}^\mathrm{B} \tag{7.2-59}$$

这些接触力是未知的，假定有m个接触点对，则增加了 $4m$个未知量，为此需要补充 $4m$个方程。现列出接触点的柔度方程如下：

$$\boldsymbol{\delta}_{i,\mathrm{B}} = \sum_{j=1}^{m} \boldsymbol{C}_{ij}^\mathrm{B}\boldsymbol{P}_j^\mathrm{B} \tag{7.2-60}$$

$$\boldsymbol{\delta}_{i,\mathrm{A}} = \sum_{j=1}^{m} \boldsymbol{C}_{ij}^\mathrm{A}\boldsymbol{P}_j^\mathrm{A} + \sum_{k=1}^{m_1} \boldsymbol{C}_{ik}^\mathrm{A}\boldsymbol{R}_k^\mathrm{A} \tag{7.2-61}$$

式中，$\boldsymbol{\delta}_{i,\mathrm{A}}$和$\boldsymbol{\delta}_{i,\mathrm{B}}$为物体 A 和 B 在接触点$i$处的位移；$\boldsymbol{C}_{ij}^\mathrm{A}$和$\boldsymbol{C}_{ij}^\mathrm{B}$为物体 A 和 B 因$j$点作用单位力时在$i$点引起的位移（即柔度系数）所组成的柔度子矩阵；$m_1$为外荷载作用的点数；$\boldsymbol{R}_k^\mathrm{A}$为第$k$个荷载作用点上的荷载向量。

如果物体 A 和 B 之间的接触属于连续接触，则接触条件由式(7.2-62)和式(7.2-63)决定：

$$\boldsymbol{\delta}_{i,\mathrm{A}} = \boldsymbol{\delta}_{i,\mathrm{B}} + \boldsymbol{\delta}_{i,0} \tag{7.2-62}$$

$$\boldsymbol{P}_j^\mathrm{A} = -\boldsymbol{P}_j^\mathrm{B} \tag{7.2-63}$$

式(7.2-62)和式(7.2-63)是 4m个补充方程，式中，$\boldsymbol{\delta}_{i,0}$是第$i$个接触点对的初始间隙向量。由于式(7.2-63)的存在，令$\boldsymbol{P}_j^{\mathrm{A}} = -\boldsymbol{P}_j^{\mathrm{B}} = \boldsymbol{P}_j$，未知量数目减少，增加的未知量剩下 2$m$个。将式(7.2-60)、式(7.2-61)和式(7.2-63)代入式(7.2-62)得：

$$\sum_{j=1}^{m}\left(\boldsymbol{C}_{ij}^{\mathrm{A}} + \boldsymbol{C}_{ij}^{\mathrm{B}}\right)P_j = -\sum_{k=1}^{m_1}\boldsymbol{C}_{ik}^{\mathrm{A}}\boldsymbol{R}_k^{\mathrm{A}} + \boldsymbol{\delta}_{i,0} \tag{7.2-64}$$

式(7.2-64)共有 2m个补充方程。

对于滑动接触和不接触的自由边界，同样可根据相应的接触条件列出与式(7.2-64)类似的补充方程求解。

引入接触条件后，接触状态变化时，计算对象的整体劲度矩阵不再改变，出现的问题是增加了未知量数，需要建立补充方程。但由于补充方程(7.2-64)中$\boldsymbol{C}_{ij}^{\mathrm{A}}$、$\boldsymbol{C}_{ij}^{\mathrm{B}}$和$\boldsymbol{C}_{ik}^{\mathrm{A}}$不随接触状态的改变而变化，而且接触点的数目远小于整体的结点数，因而可大大节约计算时间，提高求解接触问题的效率。

所谓岩石力学裂隙单元的接触条件，是指岩体裂隙接触面上接触点处的位移和力的条件。利用接触条件，可以判断接触岩块之间的接触状态。接触状态可分为三类，即连续接触、滑动接触和自由边界。由于一般情况下，A、B 两个岩块在接触点处无公共切面和公共法线，因此，局部坐标系的z'轴只能尽可能地接近公法线方向，$o'x'y'$平面尽可能地接近公切面。

令δ_{ji}和P_{ji}分别是第j个接触岩块$(j = \mathrm{A,B})$沿第i个局部坐标$(i = x', y', z')$的位移和接触力，则三类接触条件可表示为：

（1）连续接触条件

$$P_{\mathrm{A}i} = -P_{\mathrm{B}i} \quad (i = x', y', z') \tag{7.2-65}$$

$$\delta_{\mathrm{Az}'} = \delta_{\mathrm{Bz}'} + \delta_{0\mathrm{z}'} \quad \delta_{\mathrm{A}i} = \delta_{\mathrm{B}i} \quad (i = x', y') \tag{7.2-66}$$

同时要满足沿接触面的切平面方向不滑动的条件，即：

$$P_{\mathrm{Bz}'} \leqslant 0 \text{ 和} \sqrt{P_{\mathrm{Bx}'}^2 + P_{\mathrm{By}'}^2} \leqslant f|P_{\mathrm{Bz}'}| \tag{7.2-67}$$

式中，$\delta_{0\mathrm{z}'}$为接触面在z'方向的初始间隙；f为接触面之间的滑动摩擦系数。

（2）滑动接触条件

$$\delta_{\mathrm{Az}'} = \delta_{\mathrm{Bz}'} + \delta_{0\mathrm{z}'} \tag{7.2-68}$$

$$P_{\mathrm{A}i} = -P_{\mathrm{B}i} \quad (i = x', y', z') \tag{7.2-69}$$

或者表示为：

$$P_{\mathrm{Az}'} = -P_{\mathrm{Bz}'} \text{和} \sqrt{P_{\mathrm{Bx}'}^2 + P_{\mathrm{By}'}^2} > f|P_{\mathrm{Bz}'}| \tag{7.2-70}$$

其中，$P_{\mathrm{Bx}'} = f|P_{\mathrm{Bz}'}|\cos\theta$，$P_{\mathrm{By}'} = f|P_{\mathrm{Bz}'}|\sin\theta$

$$\cos\theta = \frac{P_{\mathrm{Bx}'}}{\sqrt{P_{\mathrm{Bx}'}^2 + P_{\mathrm{By}'}^2}} \tag{7.2-71}$$

$$\sin\theta = \frac{P_{\mathrm{By}'}}{\sqrt{P_{\mathrm{Bx}'}^2 + P_{\mathrm{By}'}^2}} \tag{7.2-72}$$

（3）自由边界条件

$$P_{\mathrm{A}i} = -P_{\mathrm{B}i} = 0 \quad (i = x', y', z') \tag{7.2-73}$$

$$\delta_{\mathrm{Az}'} > \delta_{\mathrm{Bz}'} + \delta_{0\mathrm{z}'} \tag{7.2-74}$$

以上接触条件中出现的位移和接触力通常都是未知量，因此需要采用迭代算法，即首先假定接触状态，根据假定的接触状态建立有限元求解的支配方程，求解方程得到岩块接触面的位移和接触力，并校核接触条件是否与原来假定的接触状态相符，若不相符，就要修正接触状态，这样不断地循环，直到接触状态稳定为止。实际上，这是一个岩石力学中的局部几何非线性问题。

7.3 本构模型

7.3.1 连续性弹塑性介质本构模型

本节研究中连续性弹塑性岩石类介质所用的本构模型为莫尔-库仑模型，屈服准则采用了莫尔-库仑剪切屈服与拉破坏准则相结合的复合准则，具体见本书 3.2.4 节，计算所使用的 Tresca 名义应力及 Mises 名义应力含义如下，

$$\sigma_1 - \sigma_2 = \pm 2k \tag{7.3-1}$$

$$\sigma_2 - \sigma_3 = \pm 2k \tag{7.3-2}$$

$$\sigma_3 - \sigma_1 = \pm 2k \tag{7.3-3}$$

$$\sqrt{\frac{(\sigma_1 - \sigma_2)^2 + (\sigma_2 - \sigma_3)^2 + (\sigma_3 - \sigma_1)^2}{6}} = k \tag{7.3-4}$$

7.3.2 非连续性介质损伤本构模型

本节研究中针对非连续性岩石类介质所用的基本本构模型为常规损伤本构模型，就空间问题而言，σ_1为大主应力，σ_3为固结应力，D_1、D_2和D_3分别为x、y和z方向的常态损伤变量，由此可得损伤应力-应变关系为[8]：

$$\varepsilon_1 = \frac{(\sigma_1 - \sigma_3)}{E_{\mathrm{V}}(1 - D_3)^2} = \frac{(\sigma_1 - \sigma_3)}{\tilde{E}_{\mathrm{V}}} \tag{7.3-5}$$

$$\varepsilon_2 = \frac{-\nu_{\mathrm{VH}}(\sigma_1 - \sigma_3)}{E_{\mathrm{V}}(1 - D_2)(1 - D_3)} = \frac{-\tilde{\nu}_{23}(\sigma_1 - \sigma_3)}{\tilde{E}_{\mathrm{V}}} \tag{7.3-6}$$

$$\varepsilon_3 = \frac{-\nu_{\mathrm{VH}}(\sigma_1 - \sigma_3)}{E_{\mathrm{V}}(1 - D_1)(1 - D_3)} = \frac{-\tilde{\nu}_{13}(\sigma_1 - \sigma_3)}{\tilde{E}_{\mathrm{V}}} \tag{7.3-7}$$

上述公式中，$\tilde{E}_{\mathrm{V}} = E_{\mathrm{V}}(1 - D_3)^2$，$\tilde{\nu}_{13} = \nu_{\mathrm{VH}}\frac{(1-D_3)}{(1-D_1)}$，$\tilde{\nu}_{23} = \nu_{\mathrm{VH}}\frac{(1-D_3)}{(1-D_2)}$。

由此可得常态损伤场损伤变量如下，

$$D_3 = 1 - \left(\frac{\tilde{E}_{\mathrm{V}}}{E_{\mathrm{V}}}\right)^{\frac{1}{2}} \tag{7.3-8}$$

$$D_1 = 1 - \frac{\nu_{\mathrm{VH}}}{\tilde{\nu}_{13}}(1 - D_3) \tag{7.3-9}$$

$$D_2 = 1 - \frac{\nu_{\mathrm{VH}}}{\tilde{\nu}_{23}}(1 - D_3) \tag{7.3-10}$$

对于损伤模型，还要考虑损伤演化过程的非线性，以增量形式表示的弹性非线性损伤本构关系为：

$$\mathrm{d}\varepsilon_{ij} = \tilde{C}_{ijkl}^{-1}\mathrm{d}\sigma_{kl} + \mathrm{d}\tilde{C}_{ijkl}^{-1}\sigma_{kl} \tag{7.3-11}$$

式中，$\tilde{C}_{ijkl}^{-1}$为损伤介质的有效柔度矩阵；$\mathrm{d}\tilde{C}_{ijkl}^{-1}$为其增量形式。

7.3.3　模糊随机损伤本构模型

由本书 2.1.3 节可知，借助损伤度指标ϖ可以实现对材料各阶段真实应力状态的定义和计算，而由此建立的模糊隶属度函数更有利于材料损伤的精确化描述。本书创建的模糊隶属度函数包括线性和非线性两大类，其中线性模糊隶属度函数由图 7.3-1 定义[9-10]。

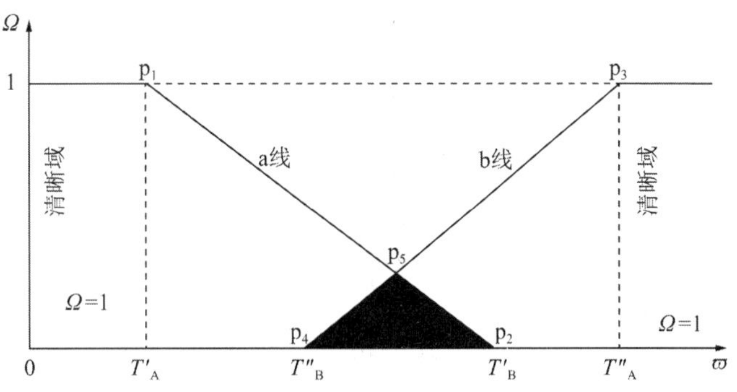

图 7.3-1　线性模糊隶属度函数

图 7.3-1 中 a 线指示形变损伤发育，b 线指示体变损伤发育，基于两者构建的广义损伤变量如式(7.3-12)与式(7.3-13)所示：

$$\Omega = \begin{cases} 1 & 0 \leqslant \varpi \leqslant T_{\mathrm{A}}' \\ \dfrac{T_{\mathrm{B}}' - \varpi}{T_{\mathrm{B}}' - T_{\mathrm{A}}'} & T_{\mathrm{A}}' < \varpi \leqslant 2 \\ 0 & \varpi > T_{\mathrm{B}}' \end{cases} \tag{7.3-12}$$

$$\Omega = \begin{cases} 0 & 0 \leqslant \varpi \leqslant T_{\mathrm{B}}'' \\ \dfrac{\varpi - T_{\mathrm{B}}''}{T_{\mathrm{A}}'' - T_{\mathrm{B}}''} & T_{\mathrm{B}}'' < \varpi \leqslant T_{\mathrm{A}}'' \\ 0 & \varpi > T_{\mathrm{A}}'' \end{cases} \tag{7.3-13}$$

上述公式中T'_{A}、T'_{B}、T''_{A}及T''_{B}为试验所得参数。此外，形变损伤发育及体变损伤发育过程线各有两个特征点，即 p_1、p_2、p_3 及 p_4，依据试验即可确定这些特征点的位置，从而得到T'_{A}、T'_{B}、T''_{A}及T''_{B}之具体取值。同时，形变损伤发育及体变损伤发育过程线的重叠部还反映了该模型的鲁棒性。

结合本书 2.4.2 节中所述，材料损伤同时具有模糊和随机两种特质，由此并结合式(7.3-12)及式(7.3-13)可建立关于模糊随机损伤的广义概率累积分布方程和广义概率密度方程：

$$F_{\Omega}^{\mathrm{f}}(\Omega)=\frac{1}{\beta(p,q)}\int_0^{\Omega}\omega^{\mathrm{p}-1}(1-\omega)^{\mathrm{q}-1}\mu_{\varpi\in\Gamma}[\omega(\varpi)]\,\mathrm{d}\omega$$
$$=\begin{cases}\dfrac{1}{\beta(p,q)}\displaystyle\int_0^{\Omega}\omega^{\mathrm{p}-1}(1-\omega)^{\mathrm{q}-1}\cdot 1\,\mathrm{d}\omega & 0\leqslant\varpi\leqslant T'_{\mathrm{A}}\\ \dfrac{1}{\beta(p,q)}\displaystyle\int_0^{\Omega}\omega^{\mathrm{p}-1}(1-\omega)^{\mathrm{q}-1}\left(\dfrac{T'_{\mathrm{B}}-\varpi}{T'_{\mathrm{B}}-T'_{\mathrm{A}}}\right)\mathrm{d}\omega & T'_{\mathrm{A}}<\varpi\leqslant T'_{\mathrm{B}}\\ 0 & \varpi>T'_{\mathrm{B}}\end{cases}\tag{7.3-14}$$

$$F_{\Omega}^{\mathrm{f}}(\Omega)=\frac{1}{\beta(p,q)}\Omega^{\mathrm{p}-1}(1-\Omega)^{\mathrm{q}-1}\mu_{\varpi\in\Gamma}[\omega(\varpi)]$$
$$=\begin{cases}1 & 0\leqslant\varpi\leqslant T'_{\mathrm{A}}\\ \dfrac{1}{\beta(p,q)}\Omega^{\mathrm{p}-1}(1-\Omega)^{\mathrm{q}-1}\left(\dfrac{T'_{\mathrm{B}}-\varpi}{T'_{\mathrm{B}}-T'_{\mathrm{A}}}\right) & T'_{\mathrm{A}}<\varpi\leqslant T'\\ 0 & \varpi>T'_{\mathrm{B}}\end{cases}\tag{7.3-15}$$

$$F_{\Omega}^{\mathrm{f}}(\Omega)=\frac{1}{\beta(p,q)}\int_0^{\Omega}\omega^{\mathrm{p}-1}(1-\omega)^{\mathrm{q}-1}\mu_{\varpi\in\Gamma}[\omega(\varpi)]\,\mathrm{d}\omega$$
$$=\begin{cases}0 & 0\leqslant\varpi\leqslant T''_{\mathrm{B}}\\ \dfrac{1}{\beta(p,q)}\displaystyle\int_0^{\Omega}\omega^{\mathrm{p}-1}(1-\omega)^{\mathrm{q}-1}\left(\dfrac{\varpi-T''_{\mathrm{B}}}{T''_{\mathrm{A}}-T''_{\mathrm{B}}}\right)\mathrm{d}\omega & T''_{\mathrm{B}}<\varpi\leqslant T''_{\mathrm{A}}\\ \dfrac{1}{\beta(p,q)}\displaystyle\int_0^{\Omega}\omega^{\mathrm{p}-1}(1-\omega)^{\mathrm{q}-1}\cdot 1\,\mathrm{d}\omega & \varpi>T''_{\mathrm{A}}\end{cases}\tag{7.3-16}$$

$$F_{\Omega}^{\mathrm{f}}(\Omega)=\frac{1}{\beta(p,q)}\Omega^{\mathrm{p}-1}(1-\Omega)^{\mathrm{q}-1}\mu_{\varpi\in\Gamma}[\omega(\varpi)]$$
$$=\begin{cases}0 & 0\leqslant\varpi\leqslant T''_{\mathrm{B}}\\ \dfrac{1}{\beta(p,q)}\Omega^{\mathrm{p}-1}(1-\Omega)^{\mathrm{q}-1}\left(\dfrac{\varpi-T''_{\mathrm{B}}}{T''_{\mathrm{A}}-T''_{\mathrm{B}}}\right) & T''_{\mathrm{B}}<\varpi\leqslant T''_{\mathrm{A}}\\ \dfrac{1}{\beta(p,q)}\Omega^{\mathrm{p}-1}(1-\Omega)^{\mathrm{q}-1}\cdot 1 & \varpi>T''_{\mathrm{A}}\end{cases}\tag{7.3-17}$$

本节还将特别探讨舟山普陀临海地区地下储水洞库工程的广义可靠度等问题，而上述广义概率累积分布方程和广义概率密度方程正是研究这类问题的关键。

需要指出的是，如地下储水洞库这类复杂工程问题所涉及的各种材料参数通常都具有非正态、相关性等数学特征，而借助本书 2.4.2 节中所介绍的当量正态技术即可实现对这类复杂参数的正交正态化，由此获得广义损伤变量还需要采用式(7.3-18)中介绍的重心模型完成去模糊化。

$$\Omega = \frac{\sum_{i=1}^{N}\left(\varpi \varsigma_{\varpi\in\Gamma}^{i}\right)}{\sum_{i=1}^{N}\varsigma_{\varpi\in\Gamma}^{i}} \tag{7.3-18}$$

如 7.2 节中所述，尤其岩石力学多为非线性问题，岩石类介质的损伤发育同样具有显著的非线性特征，所以非线性模糊隶属度函数在这些方面将具有突出的优势，特别是其鲁棒性比线性模糊隶属度函数要更胜一筹。为实现非线性模糊隶属度函数的创建，研究借助了在线 CT 技术，在测试岩石类介质的工程力学性能的同时，还可以对其非线性细观损伤发育进行动态跟踪扫描，表 7.3-1 中展示的是某类典型的正长岩在线 CT 测试方案，图 7.3-2 展示的是该类正长岩 CT 扫描所得的细观形貌。

典型岩芯样本在线 CT 测试方案　　　　**表 7.3-1**

样本编号	岩芯样本照片	三轴加载速率（应变/min）		CT 单层扫描厚度/mm
		轴向	径向	
S1	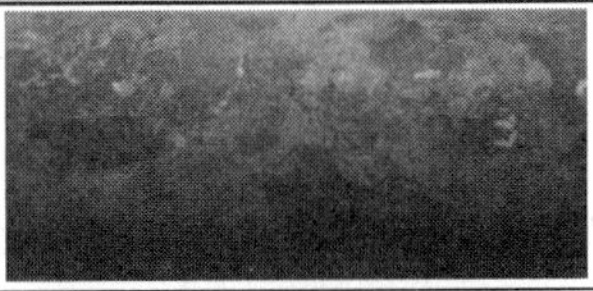	1.5×10^{-4}	7.5×10^{-5}	1
S2		3.5×10^{-4}	7.5×10^{-5}	1
S3		7.5×10^{-4}	7.5×10^{-5}	1
S4	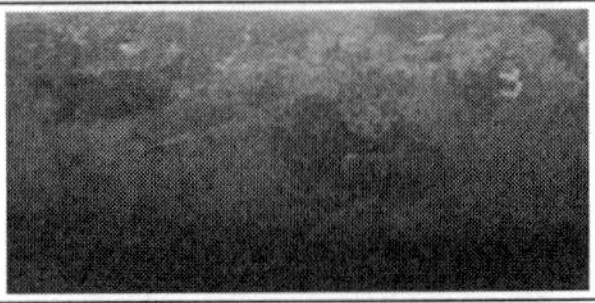	7.5×10^{-5}	1.5×10^{-4}	1
S5	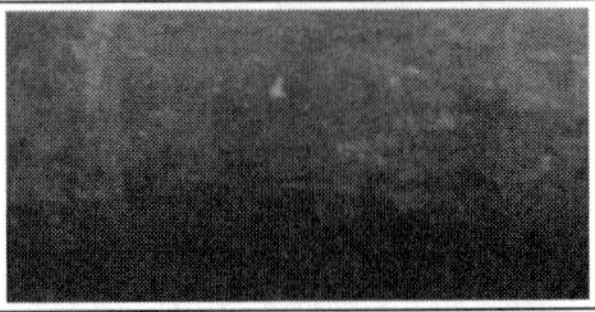	7.5×10^{-5}	3.5×10^{-4}	1
S6		7.5×10^{-5}	7.5×10^{-4}	1

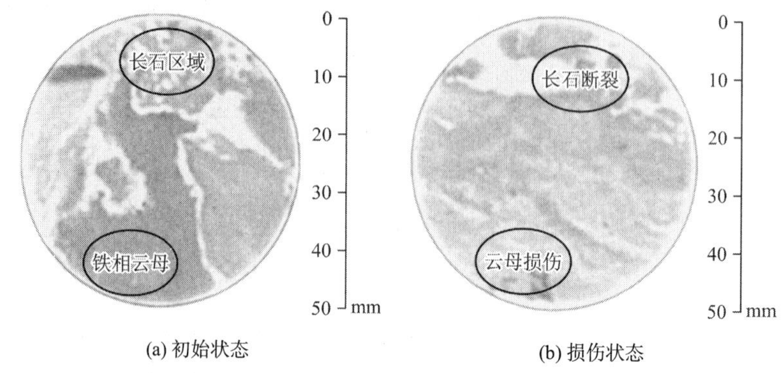

图 7.3-2　典型岩芯样本 CT 照片

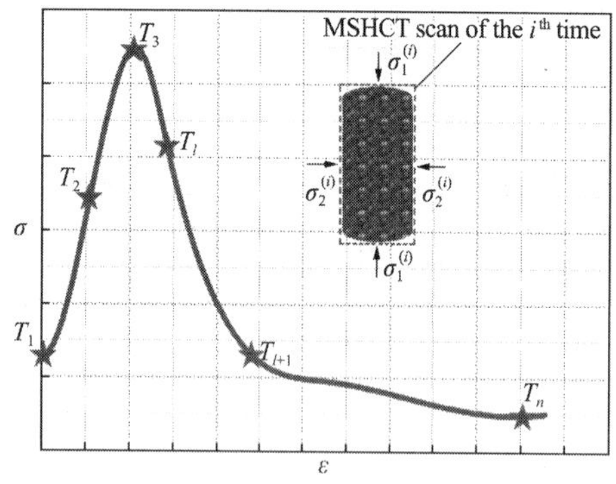

图 7.3-3　在线 CT 同步控制模型

本节研究在具体的实施工程中，将采用多层扫描、多速率加载与多点测试相结合的手段（即 Multi-Slices Helical Computer Tomography，MSHCT），此研究方法可由图 7.3-3 中模型控制实施。

如图 7.3-3 所示，在多层扫描、多速率加载与多点测试同步控制实施过程中，可通过各处采集的H_u值（即 Hounsfield 值）以及与之对应的应力状态来计算介质的动态损伤度指标ϖ，而利用这些动态数据可建立如表 7.3-2 所示理论模糊拓扑。

基于在线 CT 的介质模糊拓扑　　　表 7.3-2

$\frac{H_{u0}-H_u}{H_{u0}}$区间（$H_{u0}$为介质的初始 Hounsfield 值）					
> 0.1	[0.08,0.1]	[0.06,0.08]	[0.04,0.06]	[0.02,0.04]	< 0.02
理论损伤水平					
1	0.85	0.65	0.45	0.25	0.05

由表 7.3-2 中构建的模糊拓扑并结合前述损伤度指标ϖ在表 7.3-1 中各岩芯样本处的计算结果可建立如图 7.3-4 所示非线性模糊隶属度函数曲线族，针对这 6 组曲线作数值拟合，最终获得图 7.3-4 中展示的一对非线性模糊隶属度凸函数，这对函数由式(7.3-19)与式(7.3-20)所定义。

$$D=\begin{cases}1 & 0\leqslant\varpi\leqslant L_{\inf}\\ T_A(\varpi-T_C)(\varpi-T_D)+T_B & L_{\inf}<\varpi\leqslant L_{\sup}\\ 0 & \varpi>L_{\sup}\end{cases} \tag{7.3-19}$$

$$D=\begin{cases}0 & 0\leqslant\varpi\leqslant R_{\inf}\\ T_A(\varpi-T'_C)(\varpi-T'_D)+T_B & R_{\inf}<\varpi\leqslant R_{\sup}\\ 1 & \varpi>R_{\sup}\end{cases} \tag{7.3-20}$$

式中，T_A、T_B、T_C、T_D、T'_C及T'_D均为试验所得参数，由其即可定义非线性模糊拓扑的结构形式。式中L_{inf}、L_{sup}、R_{inf}及R_{sup}同为试验参数，由其可确定介质损伤形变及体变的发展边界。结合前述内容，研究在表 7.3-3 中统一给出了线性及非线性两大类模糊隶属度函数试验参数之数值。

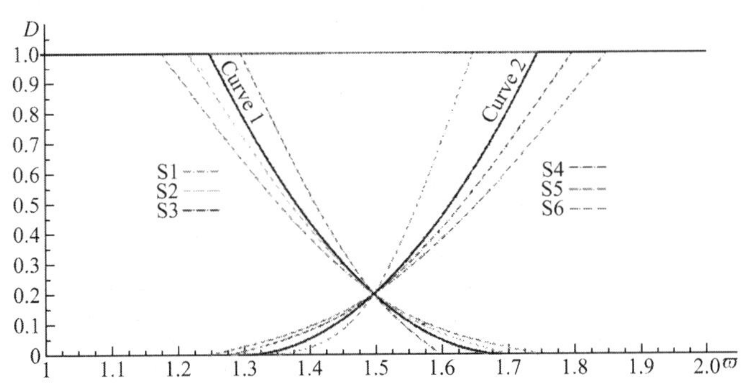

图 7.3-4　介质非线性模糊拓扑结构凸函数

代表性岩样模糊拓扑实验参数值　　表 7.3-3

岩性	模糊拓扑实验参数													
	非线性模糊隶属度函数										线性模糊隶属度函数			
	T_A	T_B	T_C	T_D	T'_C	T'_D	L_{inf}	L_{sup}	R_{inf}	R_{sup}	T'_A	T'_B	T''_A	T''_B
绿泥角闪片岩	4	1.31	1.2	2.4	0.6	1.8	1.27	1.62	1.38	1.73	0.6	1.65	2.33	1.35
石英片岩	3	1.15	1.2	2.5	0.5	1.8	1.24	1.65	1.35	1.76	0.05	2.1	2.79	1.95
铁闪片岩	2.6	1.05	1.2	2.6	0.4	1.8	1.21	1.61	1.35	1.79	0.1	2	3	1.88
铁矿石	6.2	1.5	1.2	2.2	0.8	1.8	1.29	1.61	1.39	1.71	0.8	1.6	2.05	1.45
斜长角闪片岩	4.5	1.9	1.1	2.4	0.6	1.9	1.28	1.73	1.27	1.72	0.3	1.8	2.1	1.5
正长闪长岩	5	1.25	1.2	2.2	0.8	1.8	1.25	1.65	1.3	1.75	0.2	1.63	2.95	1.4

与线性模糊隶属度函数相比，由式(7.3-19)及式(7.3-20)定义的非线性模糊隶属度函数同样具有更为优良的鲁棒性，而且可以更为精细化地求解由体变、形变引发的不同形式的岩石类介质的损伤发展。

针对模糊隶属度函数鲁棒性评价有两个原则，交叠区域积分面积最大原则和清晰域离散性最小原则，基于这两个原则还可以观测模糊拓扑结构的稳定性，其中，交叠区域积分面积越大，模糊隶属度函数鲁棒性越优良，模糊拓扑结构越稳定，与之对应，清晰域离散性越大，模糊隶属度函数鲁棒性越差，模糊拓扑结构越不稳定。交叠区域积分面积基于实验模型所得之模糊隶属度函数通过数值积分获得。清晰域由图 7.3-4 中$D = 1$ 对应的损伤度指标ϖ取值区间定义。就线性模糊隶属度函数而言，此区间即$0 \leqslant \varpi \leqslant T_A'$及$\varpi > T_A''$，就非线性模糊隶属度函数而言，此区间即$0 \leqslant \varpi \leqslant L_{\text{inf}}$及$\varpi > R_{\text{sup}}$，这样，清晰域离散性可以借助由$L_{\text{inf}}$和$R_{\text{sup}}$或者$T_A'$和$T_A''$定义的区间宽度来量化，即此区间越宽，对应的清晰域离散性越大。

基于上述两原则，表 7.3-4 给出了两类模糊隶属度函数的鲁棒性评价结果，依据结果可知，与线性模糊隶属度函数相比，非线性模糊隶属度函数具有更为优良的鲁棒性和更低的离散性。

代表性岩样模糊拓扑鲁棒性评价 表 7.3-4

岩性	非线性模糊隶属度函数		线性模糊隶属度函数	
	交叠区域积分面积	清晰域离散性	交叠区域积分面积	清晰域离散性
绿泥角闪片岩	0.026	$L_{\text{inf}} \in (1.21,1.29)$，区间宽度为 0.08。 $R_{\text{sup}} \in (1.71,1.79)$，区间宽度为 0.08	0.022	$T_A' \in (0.05,0.8)$，区间宽度为 0.75。 $T_A'' \in (2.05,3)$，区间宽度为 0.95
石英片岩	0.034		0.004	
铁闪片岩	0.02		0.003	
铁矿石	0.02		0.008	
斜长角闪片岩	0.046		0.021	
正长闪长岩	0.026		0.009	

同前，结合式(7.3-19)及式(7.3-20)可建立关于模糊随机损伤的广义概率累积分布方程和广义概率密度方程：

$$
\begin{aligned}
&F_D^{\mathrm{f}}(D)\\
&= \frac{1}{\beta(p,q)}\int_0^D \omega^{p-1}(1-\omega)^{q-1}\varDelta_{\varpi\in\Gamma}[\omega(\varpi)]\,\mathrm{d}\omega\\
&= \begin{cases}
\dfrac{1}{\beta(p,q)}\displaystyle\int_0^D \omega^{p-1}(1-\omega)^{q-1}\cdot 1\,\mathrm{d}\omega & 0 \leqslant \varpi \leqslant 1.2528\\
\dfrac{1}{\beta(p,q)}\displaystyle\int_0^D \omega^{p-1}(1-\omega)^{q-1}[5(\varpi-1.2)(\varpi-2.2)+1.25]\,\mathrm{d}\omega & 1.2528 < \varpi \leqslant 1.65\\
0 & \varpi > 1.65
\end{cases}
\end{aligned}
\tag{7.3-21}
$$

$$
\begin{aligned}
&F_D^{\mathrm{f}}(D)\\
&= \frac{1}{\beta(p,q)}D^{p-1}(1-D)^{q-1}\varDelta_{\varpi\in\Gamma}[\omega(\varpi)]\\
&= \begin{cases}
\dfrac{1}{\beta(p,q)}D^{p-1}(1-D)^{q-1}\cdot 1 & 0 \leqslant \varpi \leqslant 1.2528\\
\dfrac{1}{\beta(p,q)}D^{p-1}(1-D)^{q-1}[5(\varpi-1.2)(\varpi-2.2)+1.25] & 1.2528 < \varpi \leqslant 1.65\\
0 & \varpi > 1.65
\end{cases}
\end{aligned}
\tag{7.3-22}
$$

$$
\begin{aligned}
&F_D^{\mathrm{f}}(D)\\
&=\frac{1}{\beta(p,q)}\int_0^D \omega^{p-1}(1-\omega)^{q-1}\Delta_{\varpi\in\Gamma}[\omega(\varpi)]\,\mathrm{d}\omega\\
&=\begin{cases}0 & 0\leqslant\varpi\leqslant 1.3\\ \dfrac{1}{\beta(p,q)}\displaystyle\int_0^D \omega^{p-1}(1-\omega)^{q-1}[5(\varpi-0.8)(\varpi-1.8)+1.25]\,\mathrm{d}\omega & 1.3<\varpi\leqslant 1.7472\\ \dfrac{1}{\beta(p,q)}\displaystyle\int_0^D \omega^{p-1}(1-\omega)^{q-1}\cdot 1\,\mathrm{d}\omega & \varpi>1.7472\end{cases}
\end{aligned}
\tag{7.3-23}
$$

$$
\begin{aligned}
&F_D^{\mathrm{f}}(D)\\
&=\frac{1}{\beta(p,q)}D^{p-1}(1-D)^{q-1}\Delta_{\varpi\in\Gamma}[\omega(\varpi)]\\
&=\begin{cases}0 & 0\leqslant\varpi\leqslant 1.3\\ \dfrac{1}{\beta(p,q)}D^{p-1}(1-D)^{q-1}[5(\varpi-0.8)(\varpi-1.8)+1.25] & 1.3<\varpi\leqslant 1.7472\\ \dfrac{1}{\beta(p,q)}D^{p-1}(1-D)^{q-1}\cdot 1 & \varpi>1.7472\end{cases}
\end{aligned}
\tag{7.3-24}
$$

借助上述理论可以对岩石类介质各类物理力学场变量进行广义求解，为提高求解精度，可采用如下 Taylor1 阶修正对场变量进行完善，

$$\boldsymbol{I}'_{\mathrm{s,f}}(\boldsymbol{X})=\boldsymbol{I}_{\mathrm{s,f}}(\boldsymbol{X})+\sum_{i=1}^{n}\left(X_i-\overline{X}_i\right)\frac{\partial\boldsymbol{I}_{\mathrm{s,f}}(\boldsymbol{X})}{\partial X_i}\tag{7.3-25}$$

$$\boldsymbol{S}'_{\mathrm{s,f}}(\boldsymbol{X})=\boldsymbol{S}_{\mathrm{s,f}}(\boldsymbol{X})+\sum_{k=1}^{n}\left(X_i-\overline{X}_i\right)\frac{\partial\boldsymbol{S}_{\mathrm{s,f}}(\boldsymbol{X})}{\partial X_i}\tag{7.3-26}$$

$$D'(\boldsymbol{X})=D(\boldsymbol{X})+\sum_{i=1}^{n}\left(X_i-\overline{X}_i\right)\frac{\partial D(\boldsymbol{X})}{\partial X_i}\tag{7.3-27}$$

上述公式中的$\boldsymbol{X}=(X_1,X_2,\cdots,X_i,\cdots,X_{\mathrm{n}})^{\mathrm{T}}$为随机列向量，$X_i$代表第$i$个随机参数，$\overline{X}_i$是$X_i$的期望值，本节研究由各区材料参数代表值决定，则$\boldsymbol{I}'_{\mathrm{s,f}}$、$\boldsymbol{S}'_{\mathrm{s,f}}$及$D'$分别代表 Taylor1 阶修正后的位移、应力及损伤场。

同样，上述岩石类介质物理力学场变量的协方差可以借助如下公式计算获取，

$$\boldsymbol{V}_{\boldsymbol{I}'_{\mathrm{s,f}}}=\left(\frac{\partial\boldsymbol{I}'_{\mathrm{s,f}}}{\partial\boldsymbol{X}}\right)^{\mathrm{T}}:\boldsymbol{C}:\frac{\partial\boldsymbol{I}'_{\mathrm{s,f}}}{\partial\boldsymbol{X}}\tag{7.3-28}$$

$$\boldsymbol{V}_{\boldsymbol{S}'_{\mathrm{s,f}}}=\left(\frac{\partial\boldsymbol{S}'_{\mathrm{s,f}}}{\partial\boldsymbol{X}}\right)^{\mathrm{T}}:\boldsymbol{C}:\frac{\partial\boldsymbol{S}'_{\mathrm{s,f}}}{\partial\boldsymbol{X}}\tag{7.3-29}$$

$$V_{\mathrm{D}'}=\left(\frac{\partial D'}{\partial\boldsymbol{X}}\right)^{\mathrm{T}}\cdot\boldsymbol{C}\cdot\frac{\partial D'}{\partial\boldsymbol{X}}\tag{7.3-30}$$

式中，$\boldsymbol{V}_{\boldsymbol{I}'_{\mathrm{s,f}}}$和$\boldsymbol{V}_{\boldsymbol{S}'_{\mathrm{s,f}}}$为$\boldsymbol{I}'_{\mathrm{s,f}}$和$\boldsymbol{S}'_{\mathrm{s,f}}$的协方差张量矩阵；$V_{\mathrm{D}'}$为广义损伤变量的协方差值，为一标量；$\boldsymbol{C}$为关于$\boldsymbol{X}=(X_1,X_2,\cdots,X_i,\cdots,X_{\mathrm{n}})^{\mathrm{T}}$的协方差矩阵。

7.4 多物理场耦合条件下地下储水洞库动态开挖性态研究

本节将针对舟山普陀临海地区地下储水洞库工程，分别开展洞室基本形式、开挖及支护等方面的研究讨论。研究将使用超精细数值网格模型技术对地下储水洞库系统做精工刻画及模型前处理，并基于自主开发的模糊随机多场耦合损伤力学仿真程序完成对上述洞库系统在多物理场耦合条件下的动态开挖模拟研究[11-12]。

图 7.4-1 及图 7.4-2 展示了舟山普陀临海地区地下储水洞库工程的典型洞室段开挖进程整体模型以及转弯段洞室整体模型，仿真洞室断面设计直径为 4m，洞室轴线平均埋深 10m。

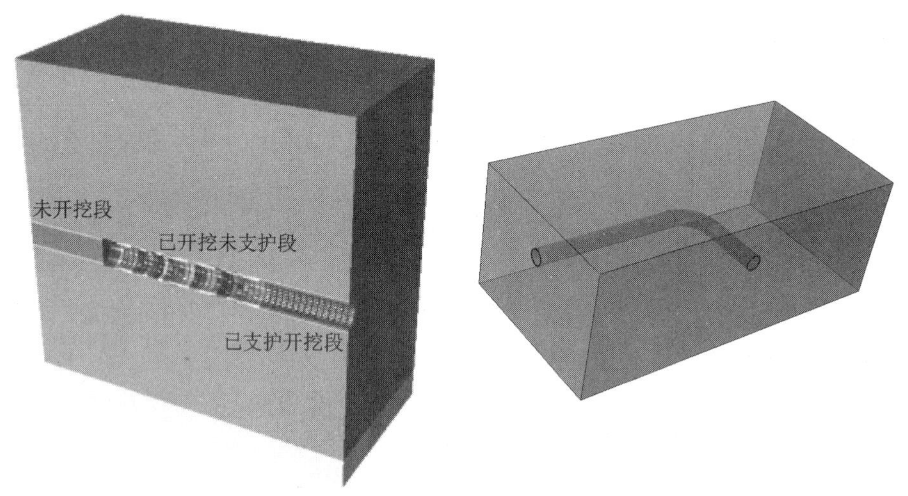

图 7.4-1　典型洞室段开挖进程整体模型图　图 7.4-2　地质破碎区转弯段洞室整体模型图

7.4.1 材料分区

经个性化、超精细化建模后所得的舟山普陀临海地区地下储水洞库前期模型的材料区划与核心参数取值如表 7.4-1 所示，其中抗剪强度指标黏聚力和内摩擦角的方差分别取为 $\delta_c^2 = 1.0 \times 10^{11}\text{Pa}^2$ 和 $\delta_\varphi^2 = 0.3$。

地下储水洞库各区材料参数代表值　　表 7.4-1

材料分区	密度/(kg/m^3)	杨氏模量/Pa	泊松比	黏聚力/Pa	内摩擦角/°	剪胀角/°	渗透系数/(cm/s)	初始孔隙比
地质圈	2700	3.0×10^8	0.22	4.45×10^6	27	11	2.00×10^{-7}	0.6
支撑体系	2365	2.32×10^9	0.27	—	—	—	1.77×10^{-6}	0.66
洞室区岩体	2260	1.11×10^8	0.23	2.45×10^6	21.2	16.2	5.23×10^{-6}	0.77
卧层母岩	2690	2.8×10^8	0.19	5.00×10^6	29	21	3.00×10^{-7}	0.5

7.4.2 边界条件与加载工况

1）边界条件设计

本节研究中地下储水洞库所涉及的主要边界形式包括位移边界、内水压力边界及渗透水压（水头）边界三大类，其中位移边界在卧层母岩以下为全固支，在半无限平面内为单向固支。内水压力边界按照有压及无压两类情况分别考虑。渗透水压（水头）边界采用式(7.4-1)中的测压管水头模型来定义，ζ为渗压比列系数。考虑到地质环境及支护体系的复杂性，洞库内表面渗透水压（水头）按照模型变量形式设定（图 7.4-3）。

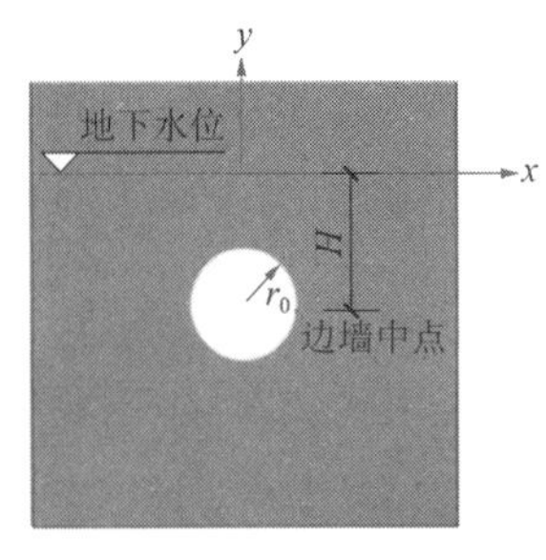

图 7.4-3　地质渗透水压边界模型

$$h = y + \zeta(H - r_0) \tag{7.4-1}$$

此外，为保证渗透水压（水头）边界的计算稳定，仿真模型的最小时间增量步按照下式来设定：

$$\Delta t > \frac{\gamma_w(1 + \beta v_w)}{6E\kappa}\left(1 - \frac{E}{K_b}\right)^2 (\Delta l)^2 \tag{7.4-2}$$

式中，γ_w为液相比重；E为固体骨架杨氏弹性模量；κ为固相渗透系数；v_w为液相黏性速率；β为 Forchheimer（福希海默）流速系数；K_b为固体骨架体积变形模量；Δl为代表性单元尺度。

2）加载工况设计

本节研究共设计仿真计算工况两个大项，即连续开挖与支护过程，以及地质破碎性转弯段充水运行多物理场耦合损伤过程，具体工况信息如下：

（1）典型洞库段连续 50m 进阶开挖与支护过程中的、含有超静孔隙水压力影响的洞室段运行状态分析，共 21 个子工况，含有初始地应力平衡问题的模拟仿真；

（2）舟山普陀塘头转弯段地址区块破碎导致的多场耦合损伤过程仿真模拟计算。

7.4.3 有限元（FEM）网格模型

本节研究基于超精细数值网格模型技术对舟山普陀临海地区地下储水洞库系统做三维动态离散（图 7.4-4），并且在网格剖分过程中采用了混合单元技术，大范围岩体与各地质埋层总体采用 Hex 单元离散，畸形严重的空间区块及衬砌与支护区域均采用 TeT 单元过渡（图 7.4-5），开挖及充水引发的损伤与渗透耦合问题中的单元族类型均为空间三维实体孔压-应力耦合单元，其他问题中的单元族类型均为空间三维实体应力单元，含开挖虚实单元的损伤与渗透耦合网格模型单元总数为 764130，节点总数为 985319，模拟山体钻爆开挖卸载动态施工过程的、含虚实单元网格模型单元总数为 723816，节点总数为 512171

（图 7.4-4、图 7.4-5）。

图 7.4-4　典型洞室段开挖进程总体网格模型

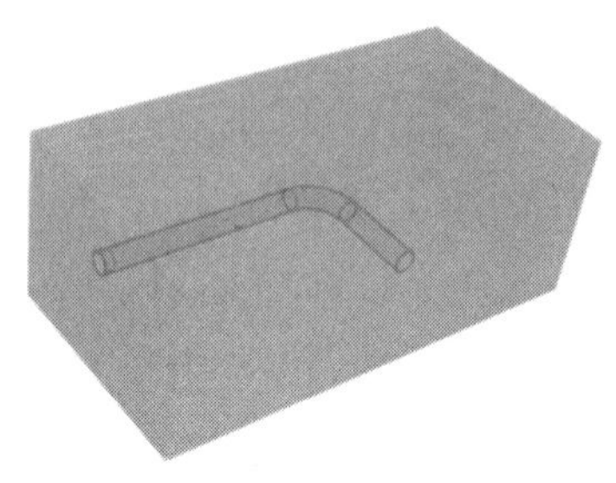

图 7.4-5　地质破碎区转弯段洞室总体网格模型

7.4.4　模拟结果

1）连续开挖支护工况动态场变量

本节研究将依据典型洞室段开挖进程逐阶段开展分析讨论，下述展示的为部分阶段的模拟结果，如图 7.4-6～图 7.4-120 所示。

（1）初始地应力阶段场变量分布云图

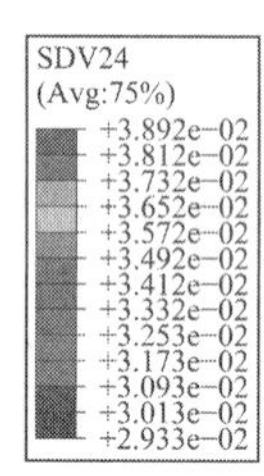

图 7.4-6　初始广义损伤场

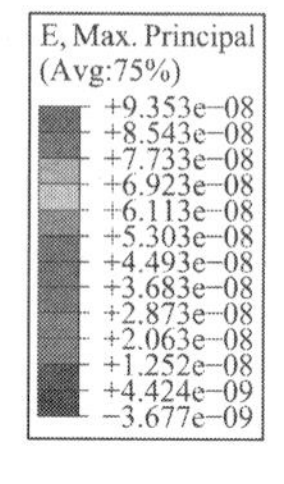

图 7.4-7　初始大主应变

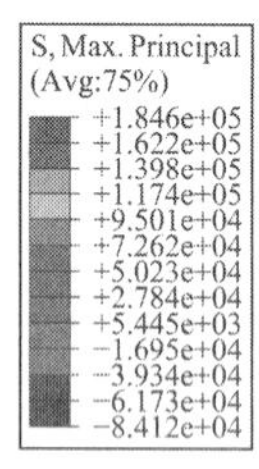

图 7.4-8　初始大主应力

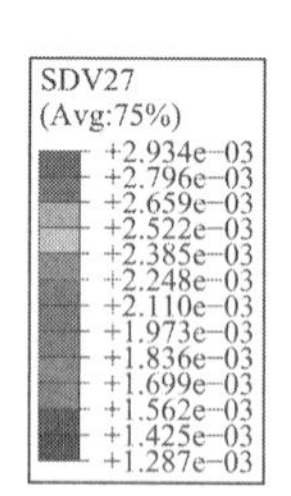

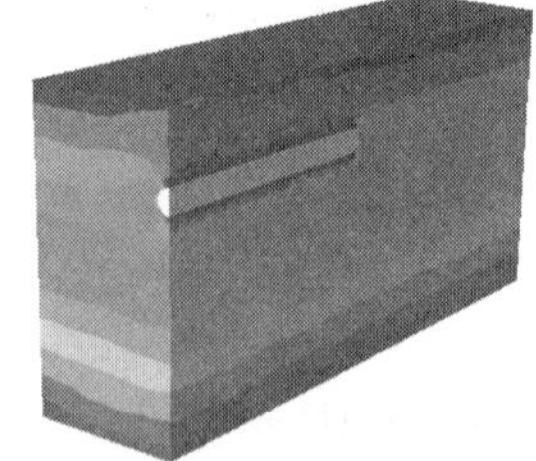

图 7.4-9　初始广义失效概率

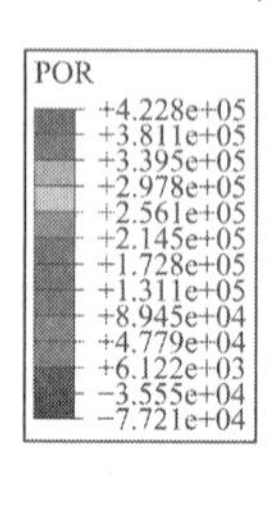

图 7.4-10　初始广义渗压场

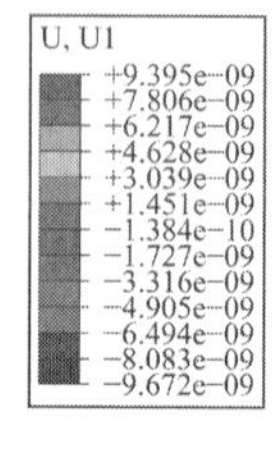

图 7.4-11　主方向 1 初始广义位移场

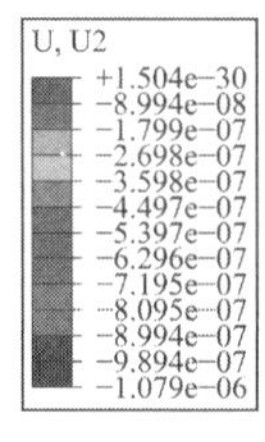

图 7.4-12　主方向 2 初始广义位移场

图 7.4-13　主方向 3 初始广义位移场

（2）第一阶段开挖场变量分布云图

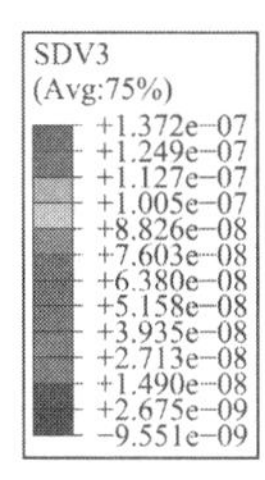

图 7.4-14　一阶段开挖常态损伤场

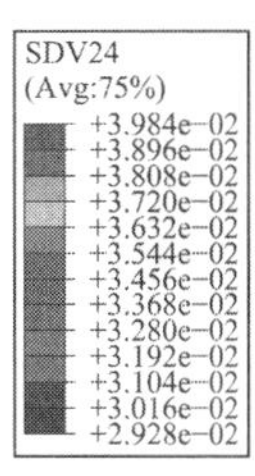

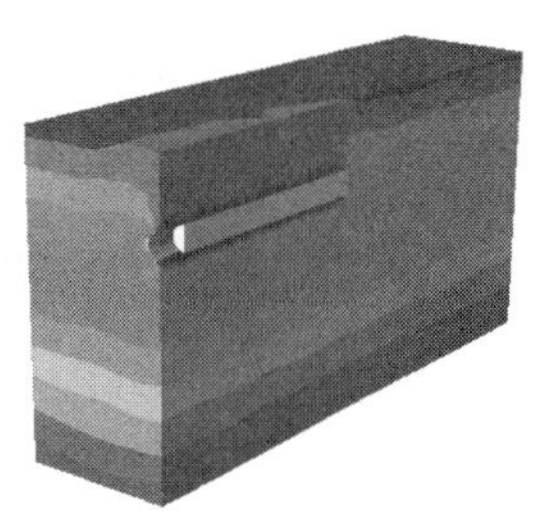

图 7.4-15　一阶段开挖广义损伤场

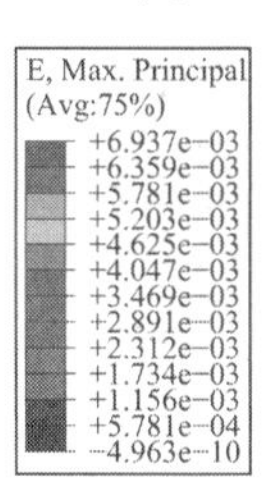

图 7.4-16　一阶段开挖大主应变

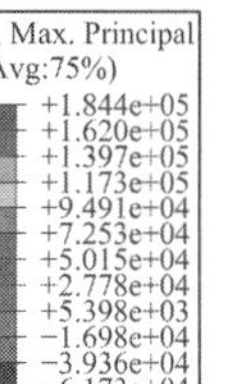

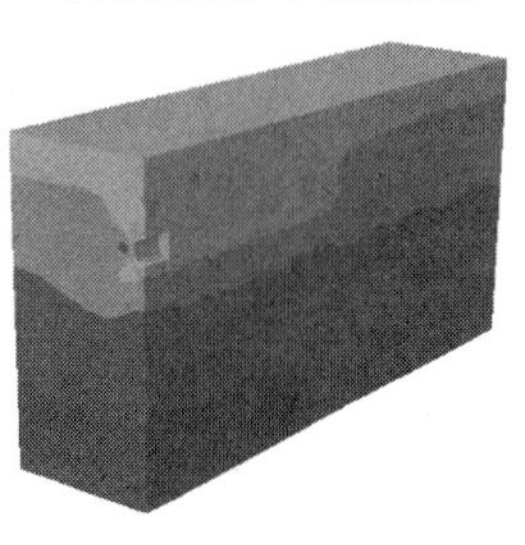

图 7.4-17　一阶段开挖大主应力

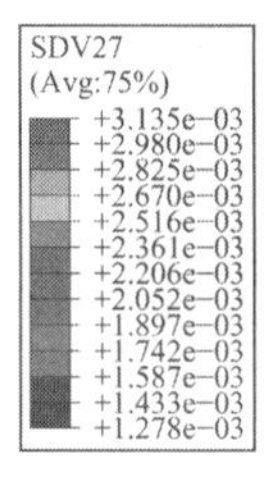

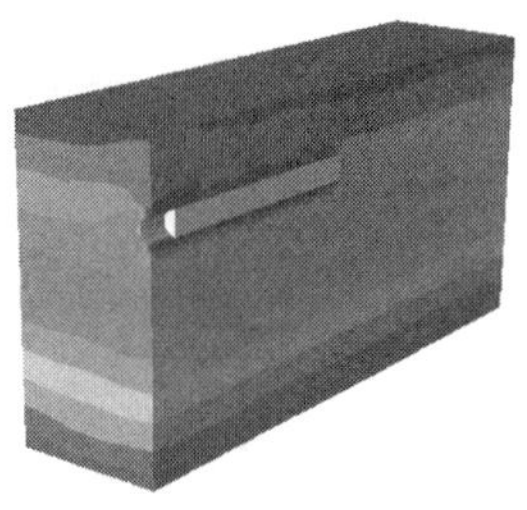

图 7.4-18　一阶段开挖广义失效概率

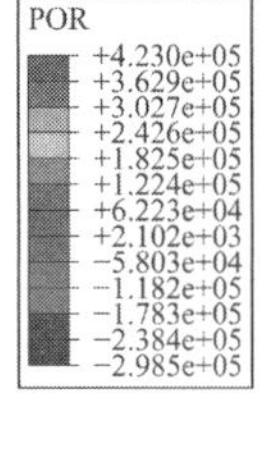

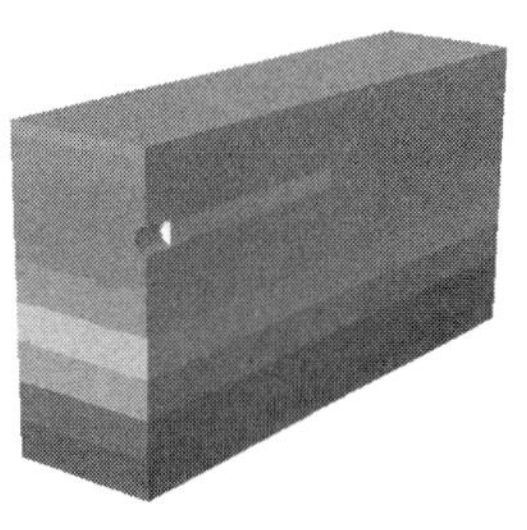

图 7.4-19　一阶段开挖渗压场

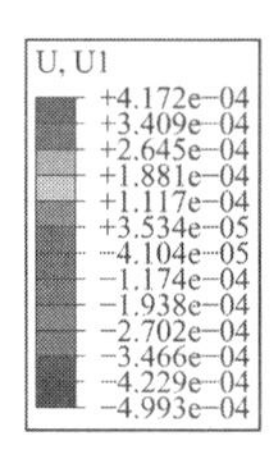

图 7.4-20　一阶段开挖主方向 1 广义位移场

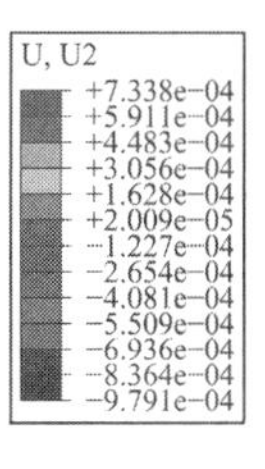

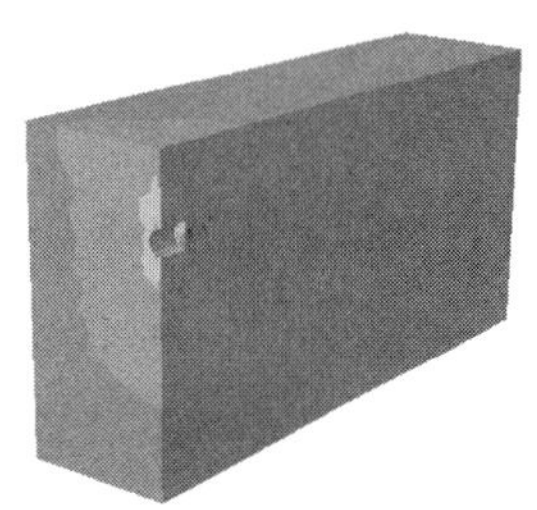

图 7.4-21　一阶段开挖主方向 2 广义位移场

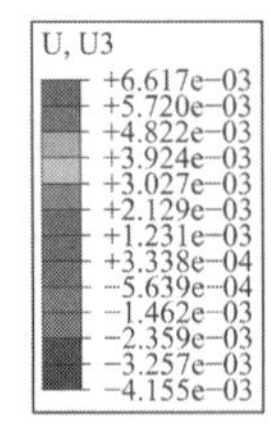

图 7.4-22　一阶段开挖主方向 3 广义位移场

（3）第一阶段支护场变量分布云图

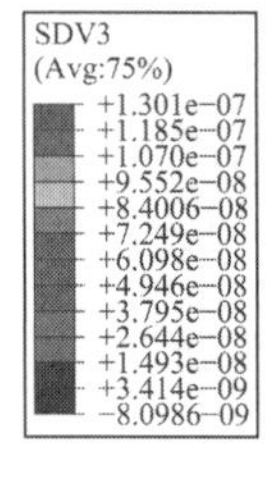

图 7.4-23　一阶段支护常态损伤场

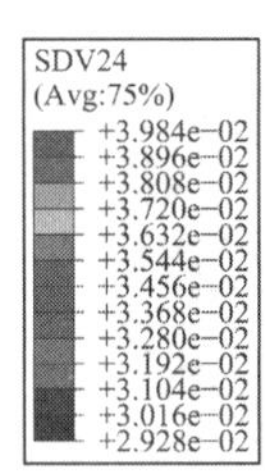

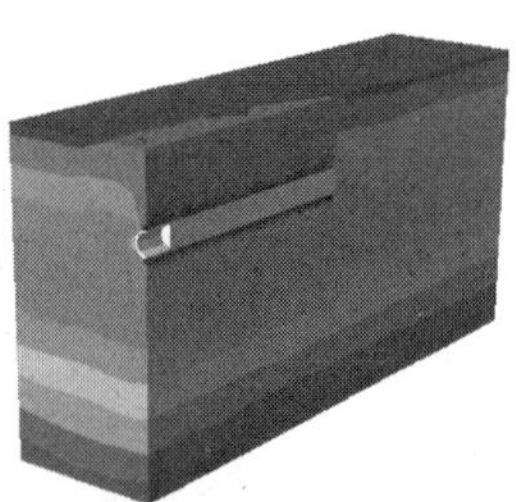

图 7.4-24　一阶段支护广义损伤场

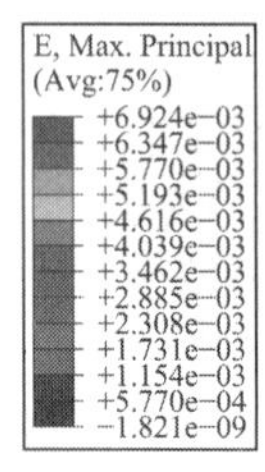

图 7.4-25　一阶段支护大主应变

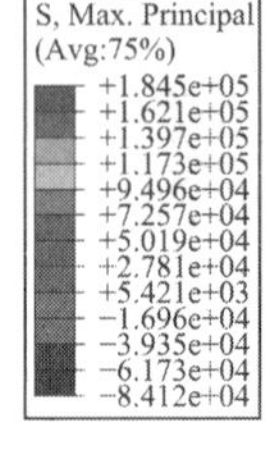

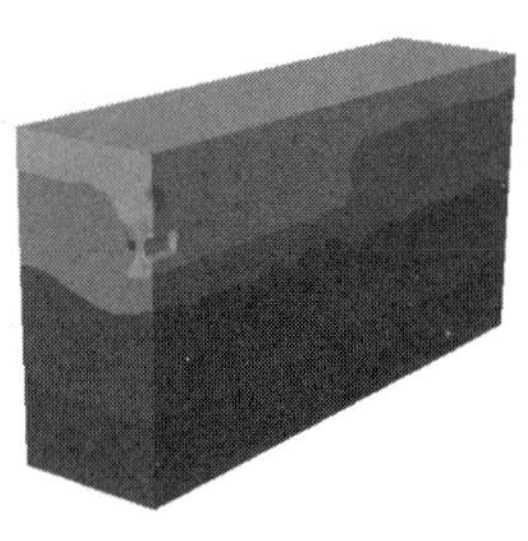

图 7.4-26　一阶段支护大主应力

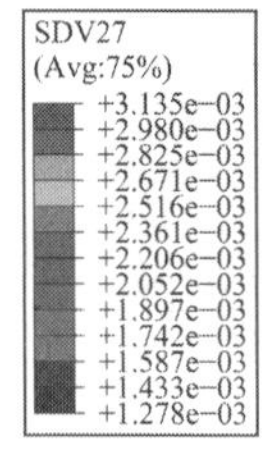

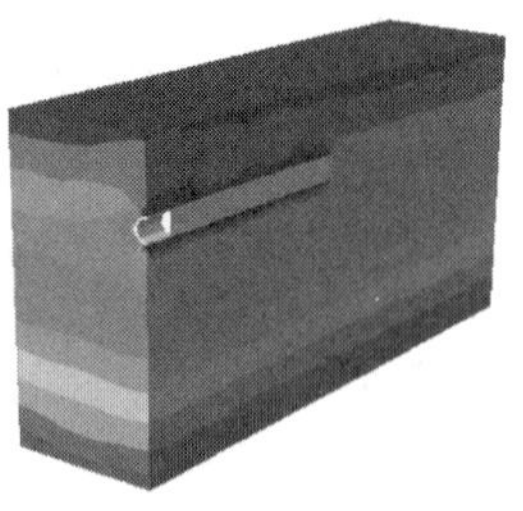

图 7.4-27　一阶段支护广义失效概率

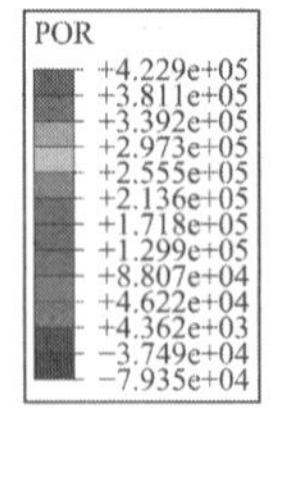

图 7.4-28　一阶段支护渗压场

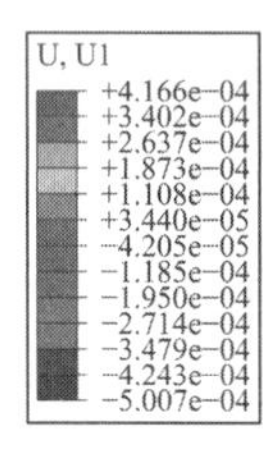

图 7.4-29　一阶段支护主方向 1 广义位移场

图 7.4-30　一阶段支护主方向 2 广义位移场

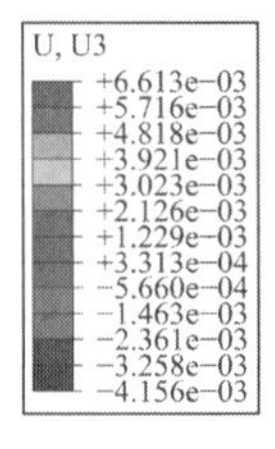

图 7.4-31　一阶段支护主方向 3 广义位移场

（4）第二阶段开挖场变量分布云图

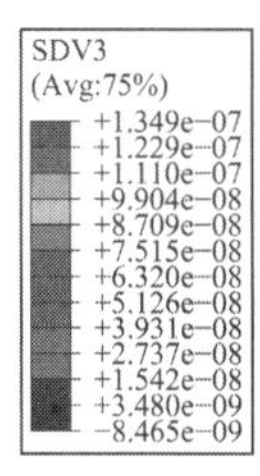

图 7.4-32　二阶段开挖常态损伤场

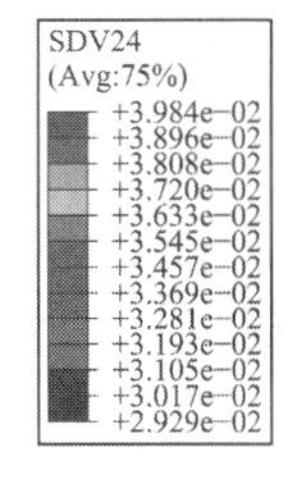

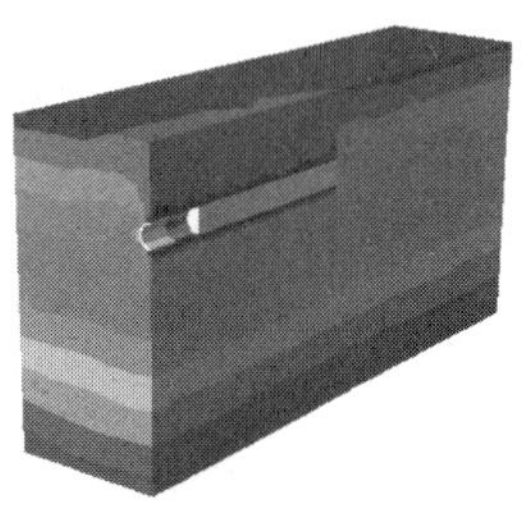

图 7.4-33　二阶段开挖广义损伤场

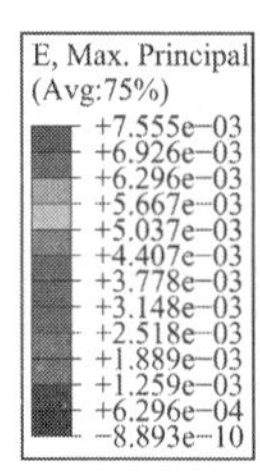

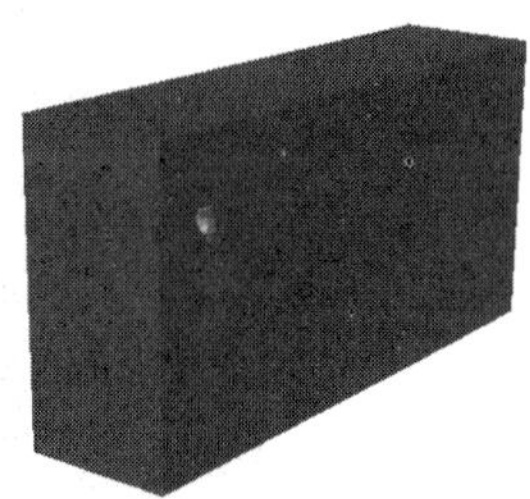

图 7.4-34　二阶段开挖大主应变

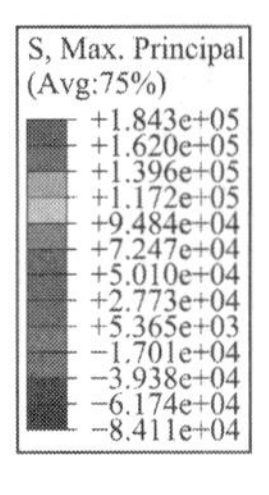

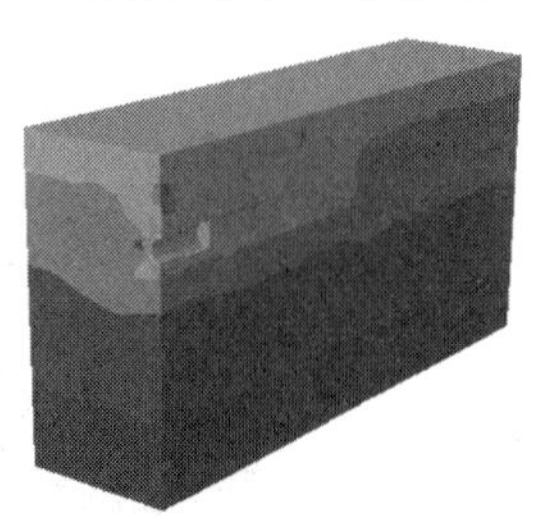

图 7.4-35　二阶段开挖大主应力

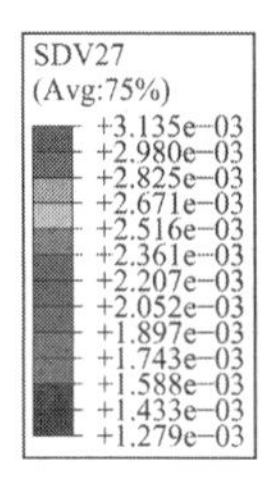

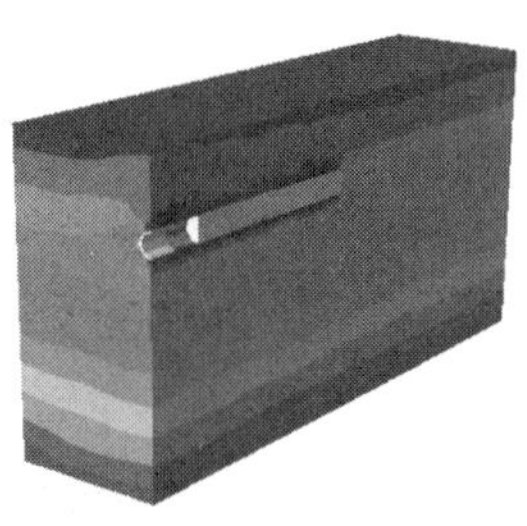

图 7.4-36　二阶段开挖广义失效概率

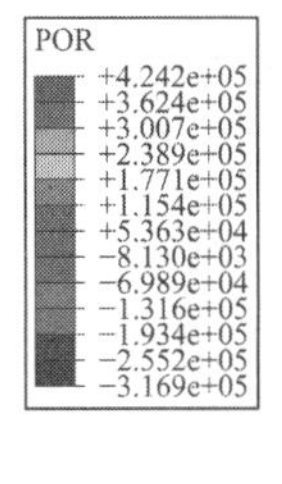

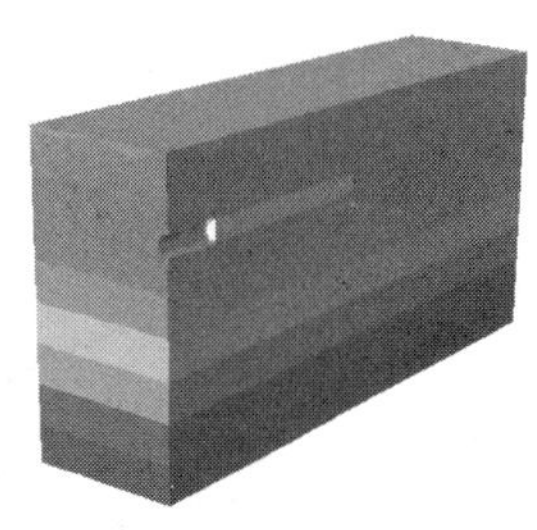

图 7.4-37　二阶段开挖渗压场

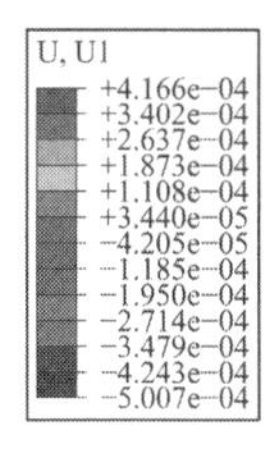

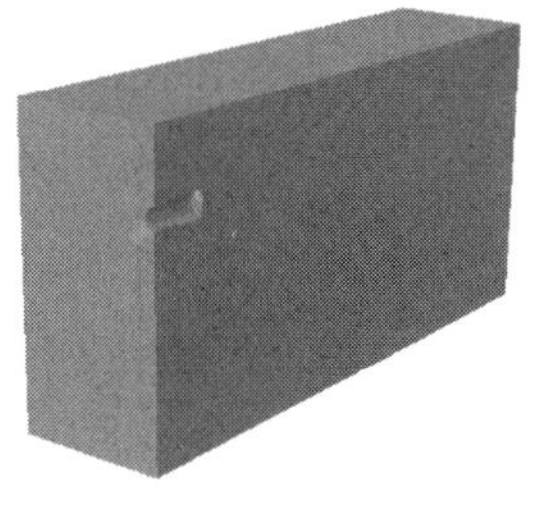

图 7.4-38　二阶段开挖主方向 1 广义位移场

图 7.4-39　二阶段开挖主方向 2 广义位移场

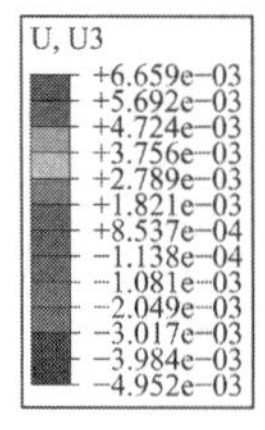

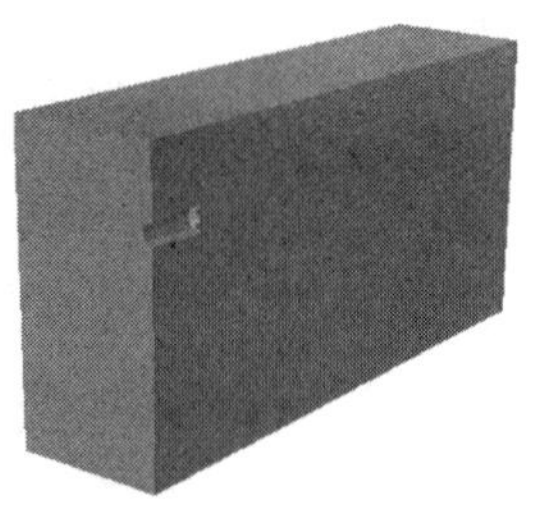

图 7.4-40　二阶段开挖主方向 3 广义位移场

（5）第二阶段支护场变量分布云图

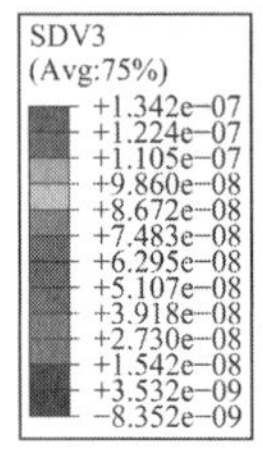

图 7.4-41　二阶段支护常态损伤场

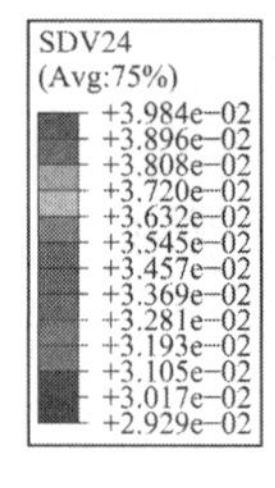

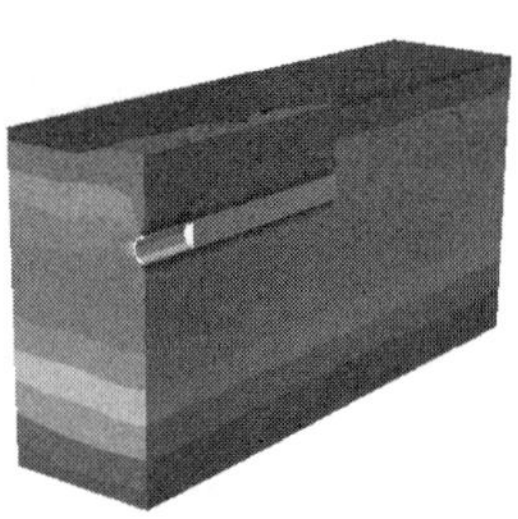

图 7.4-42　二阶段支护广义损伤场

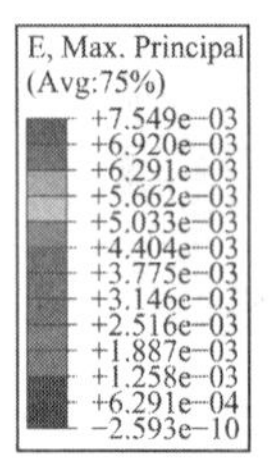

图 7.4-43　二阶段支护大主应变

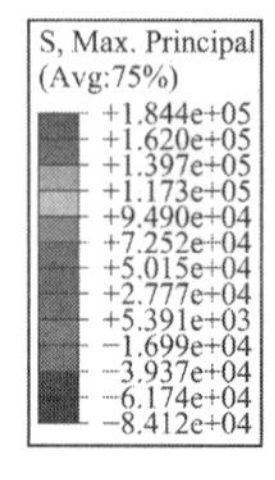

图 7.4-44　二阶段支护大主应力

图 7.4-45　二阶段支护广义失效概率

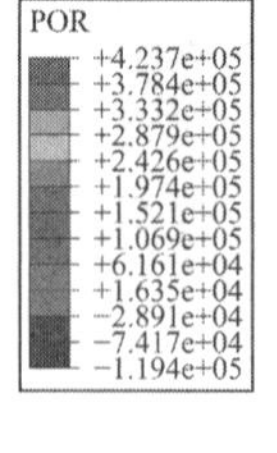

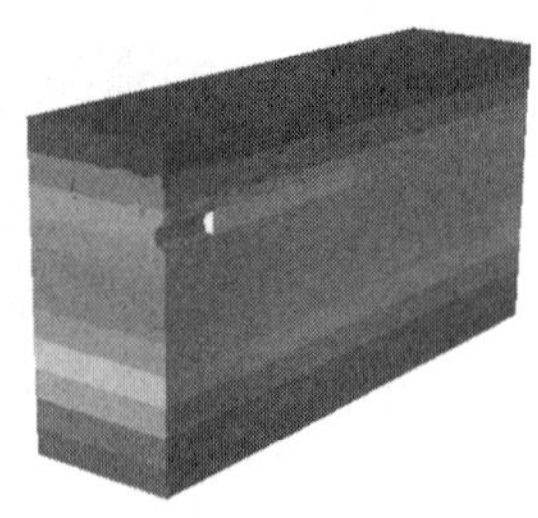

图 7.4-46　二阶段支护渗压场

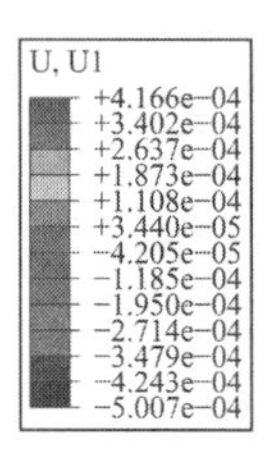

图 7.4-47　二阶段支护主方向 1 广义位移场

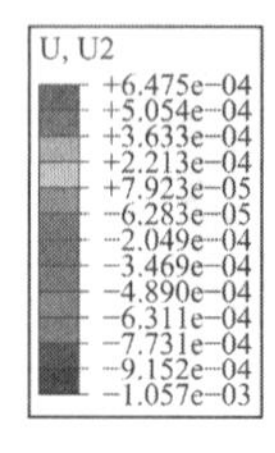

图 7.4-48　二阶段支护主方向 2 广义位移场

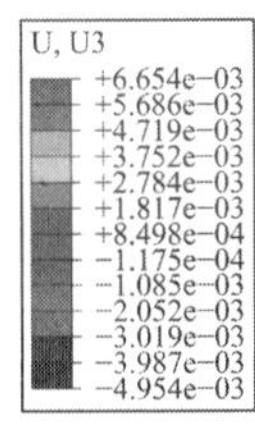

图 7.4-49　二阶段支护主方向 3 广义位移场

（6）第三阶段开挖场变量分布云图

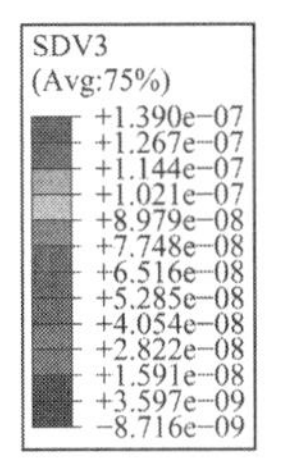

图 7.4-50　三阶段开挖常态损伤场

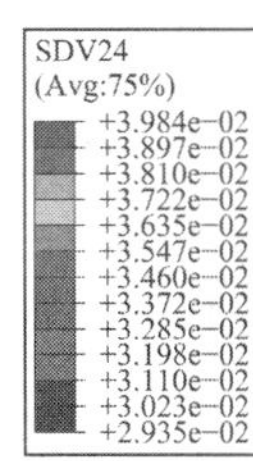

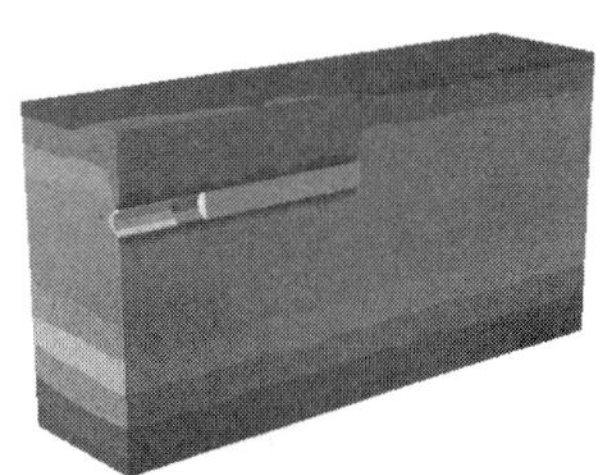

图 7.4-51　三阶段开挖广义损伤场

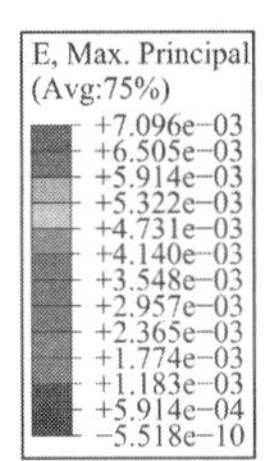

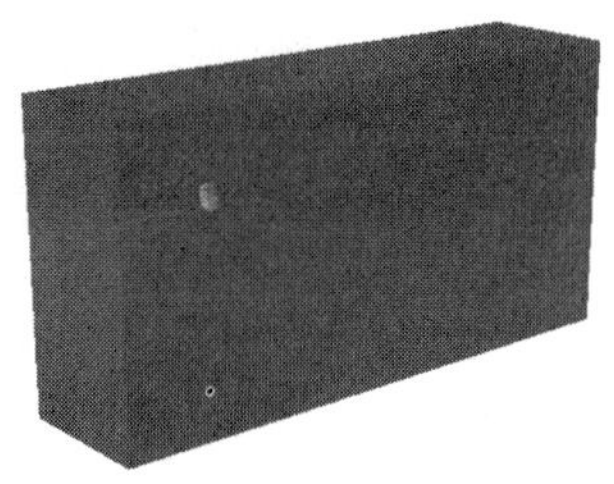

图 7.4-52　三阶段开挖大主应变

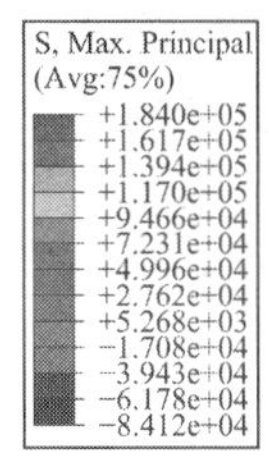

图 7.4-53　三阶段开挖大主应力

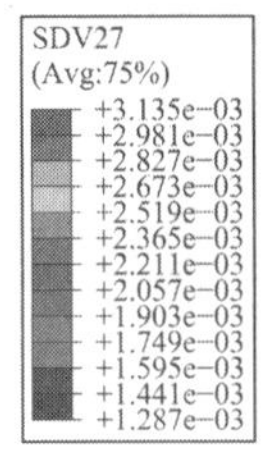

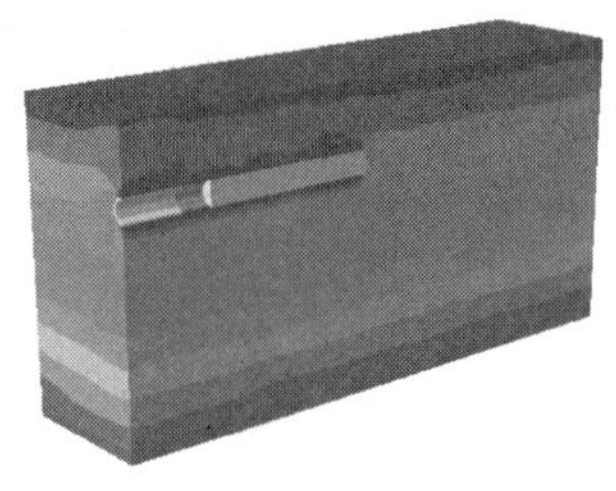

图 7.4-54　三阶段开挖广义失效概率

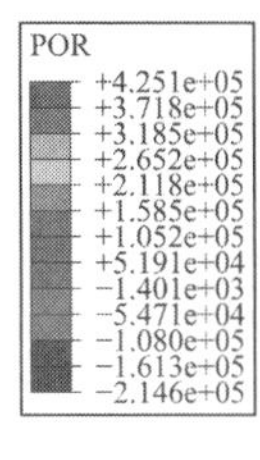

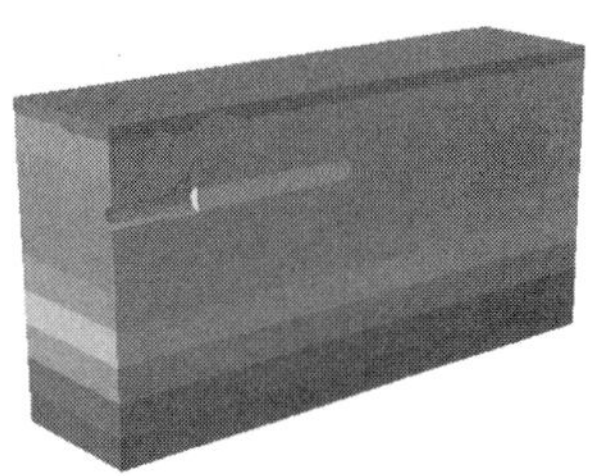

图 7.4-55　三阶段开挖渗压场

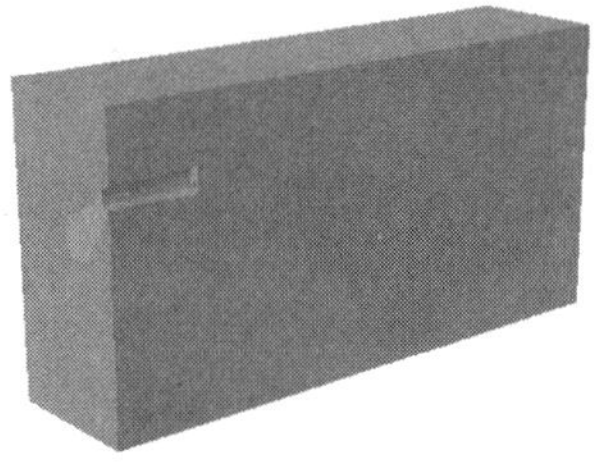

图 7.4-56　三阶段开挖主方向 1 广义位移场

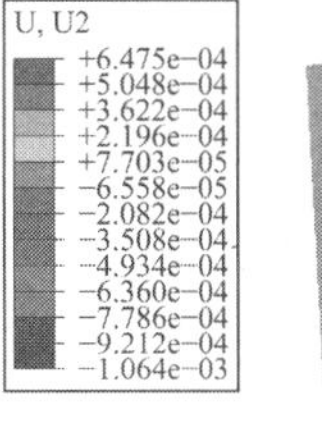

图 7.4-57　三阶段开挖主方向 2 广义位移场

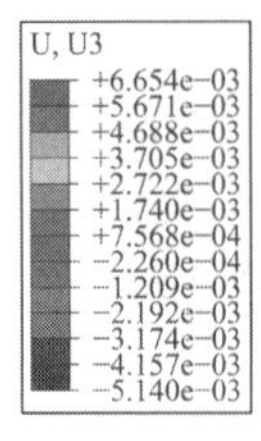

图 7.4-58　三阶段开挖主方向 3 广义位移场

（7）第三阶段支护场变量分布云图

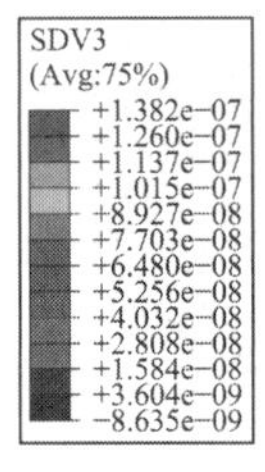

图 7.4-59　三阶段支护常态损伤场

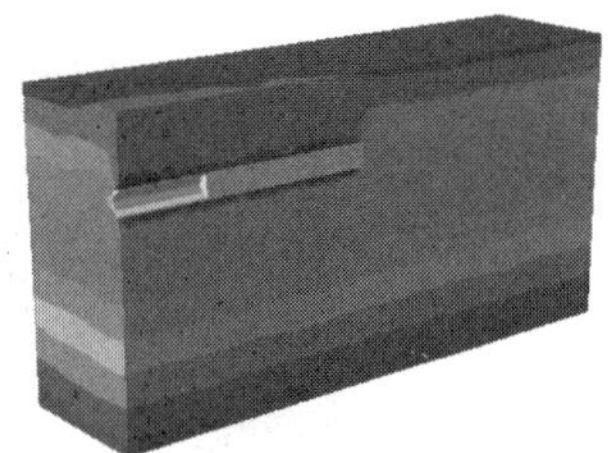

图 7.4-60　三阶段支护广义损伤场

图 7.4-61　三阶段支护大主应变

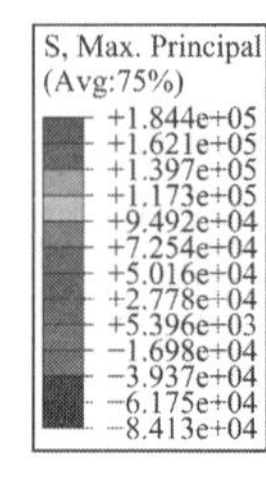

图 7.4-62　三阶段支护大主应力

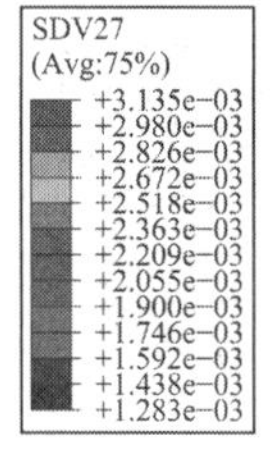

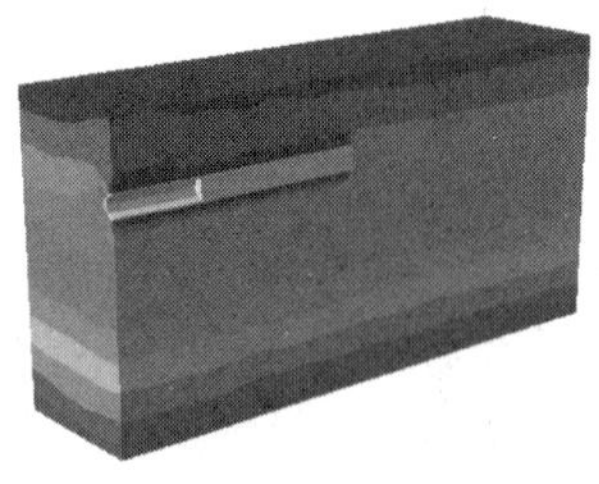

图 7.4-63　三阶段支护广义失效概率

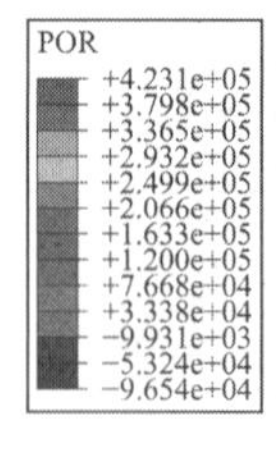

图 7.4-64　三阶段支护渗压场

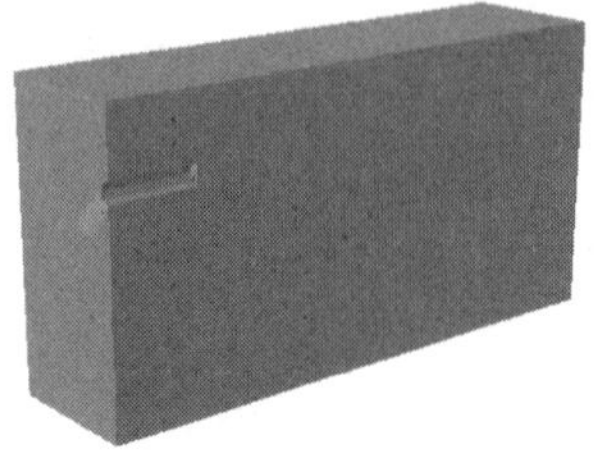

图 7.4-65　三阶段支护主方向 1 广义位移场

图 7.4-66　三阶段支护主方向 2 广义位移场

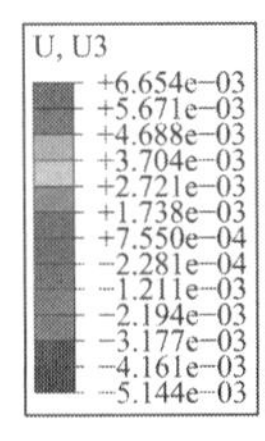

图 7.4-67 三阶段支护主方向3广义位移场

（8）第八阶段开挖场变量分布云图

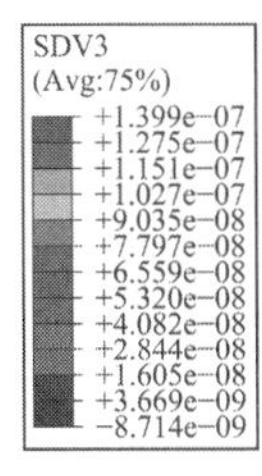

图 7.4-68 八阶段开挖常态损伤场

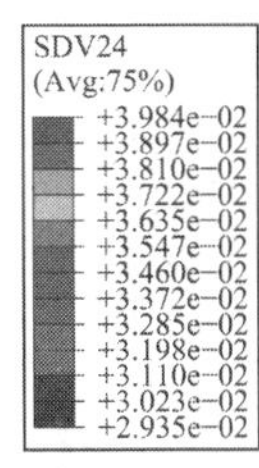

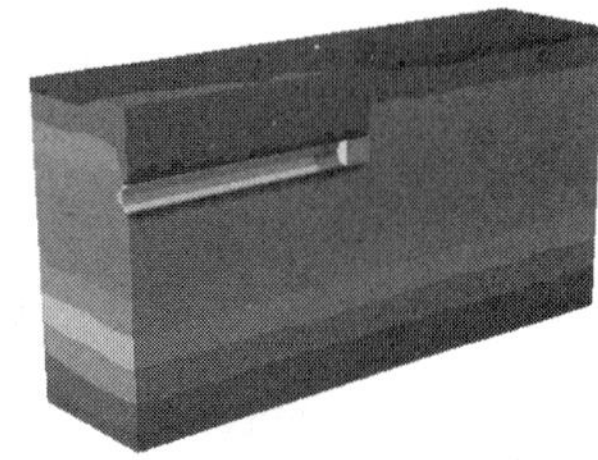

图 7.4-69 八阶段开挖广义损伤场

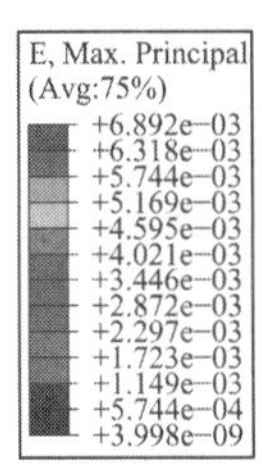

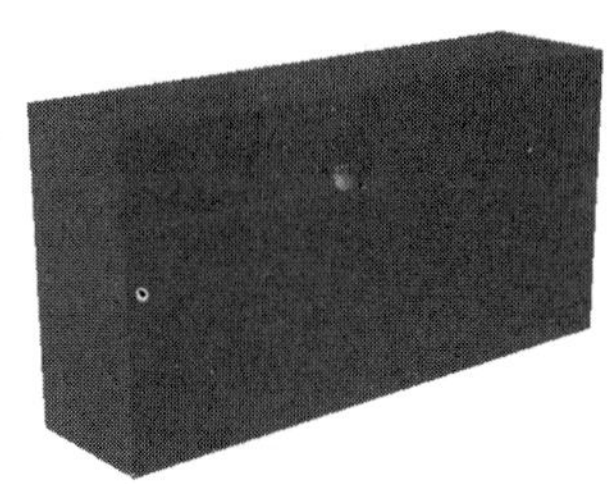

图 7.4-70 八阶段开挖大主应变

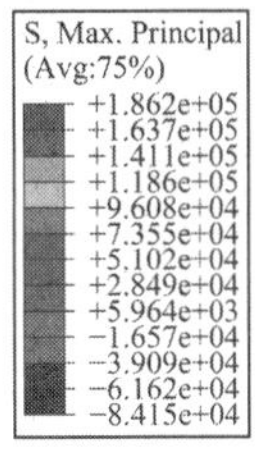

图 7.4-71 八阶段开挖大主应力

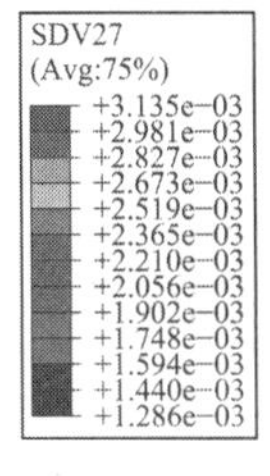

图 7.4-72 八阶段开挖广义失效概率

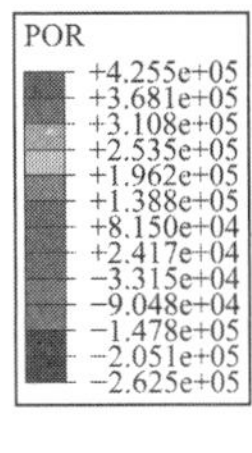

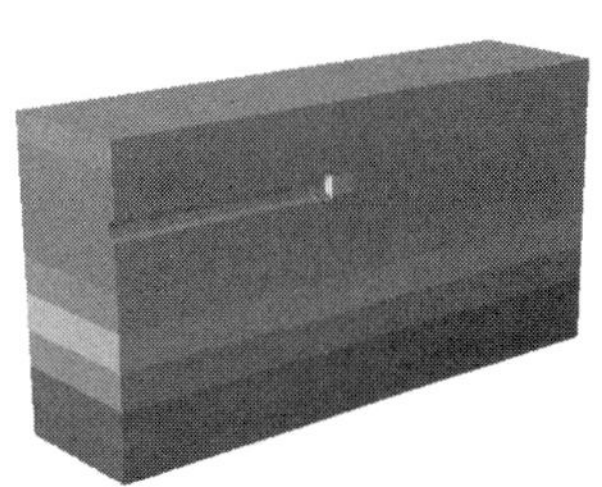

图 7.4-73 八阶段开挖渗压场

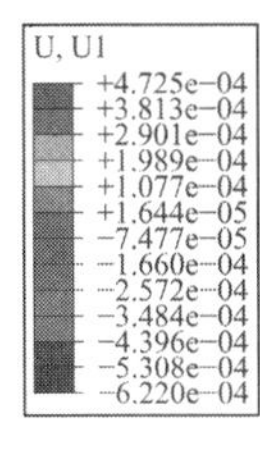

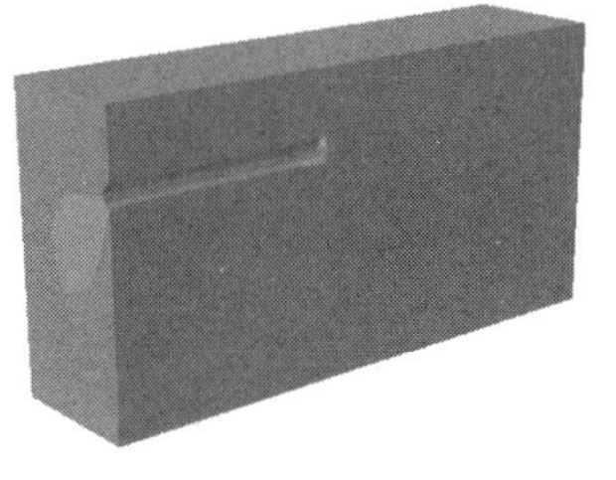

图 7.4-74 八阶段开挖主方向1广义位移场

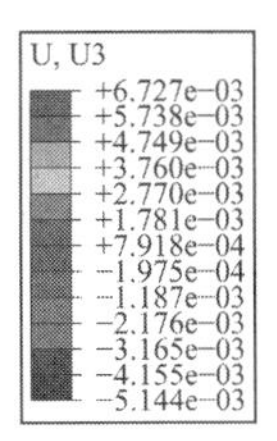

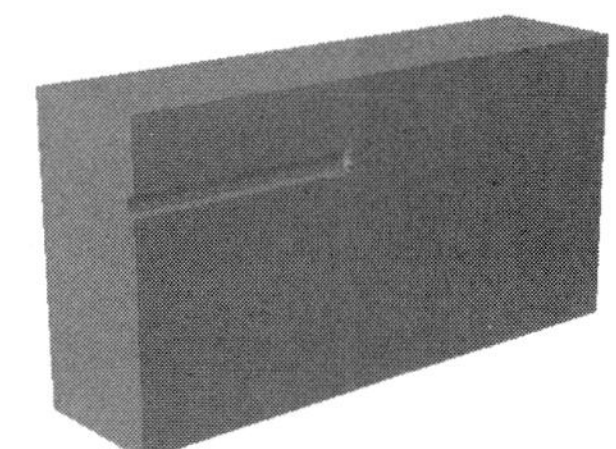

图 7.4-75 八阶段开挖主方向2广义位移场

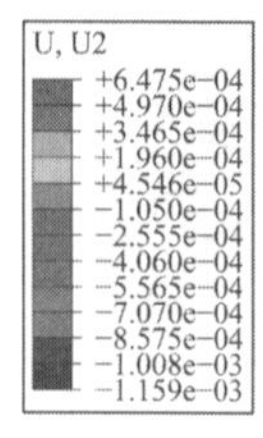

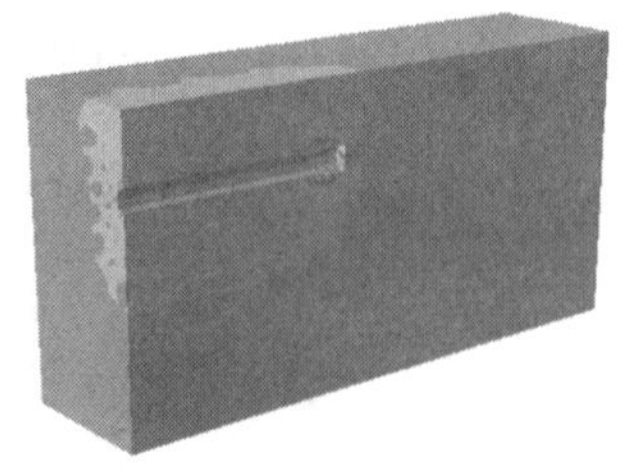

图 7.4-76　八阶段开挖主方向 3 广义位移场

（9）第八阶段支护场变量分布云图

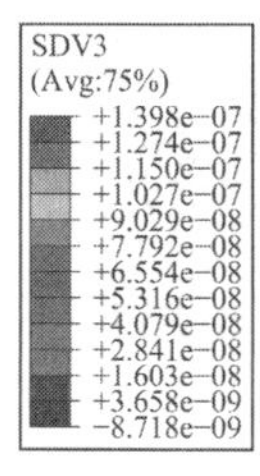

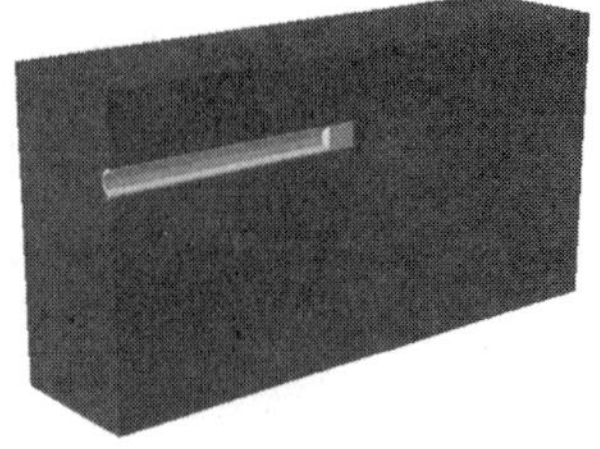

图 7.4-77　八阶段支护常态损伤场

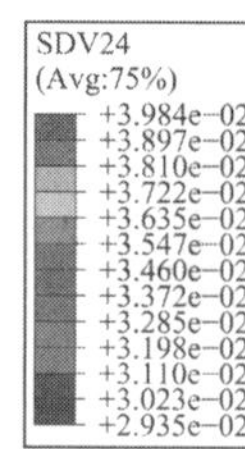

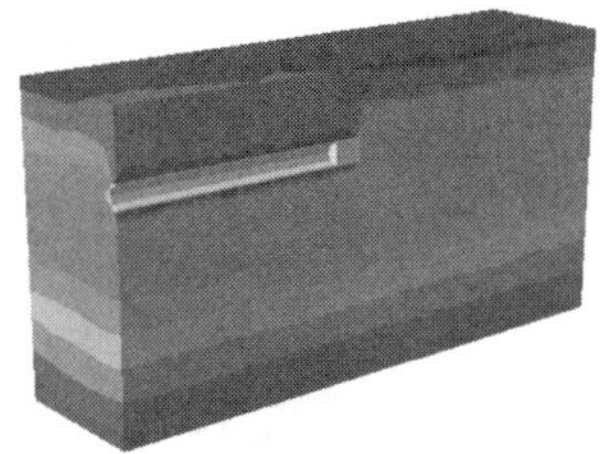

图 7.4-78　八阶段支护广义损伤场

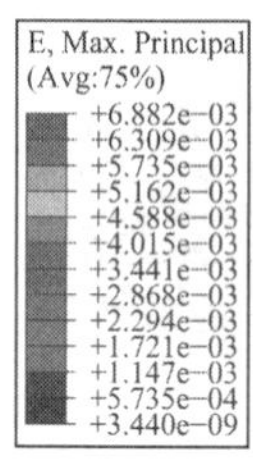

图 7.4-79　八阶段支护大主应变

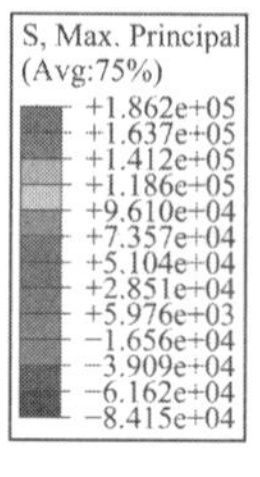

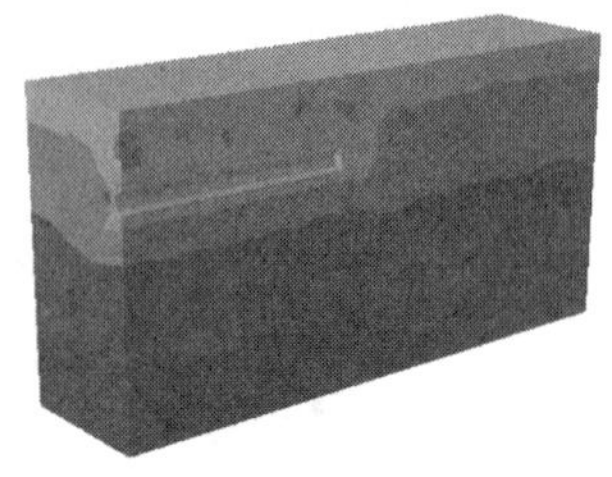

图 7.4-80　八阶段支护大主应力

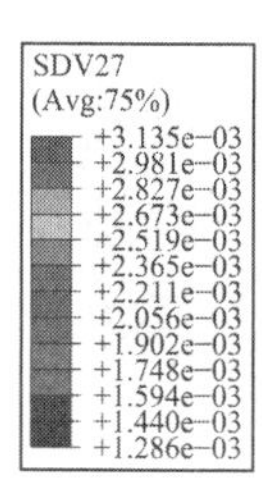

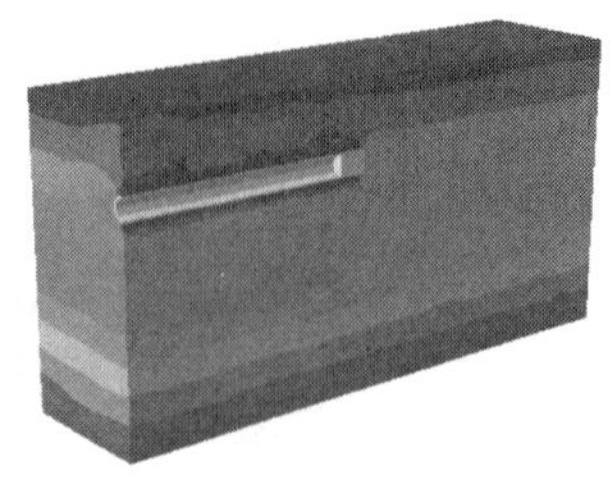

图 7.4-81　八阶段支护广义失效概率

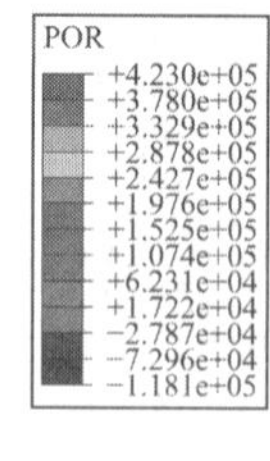

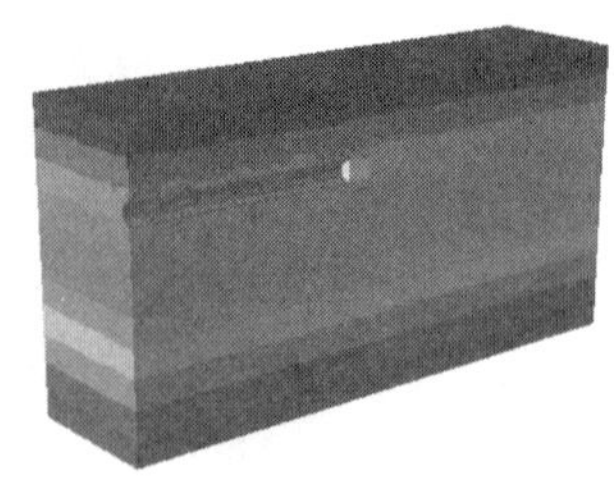

图 7.4-82　八阶段支护渗压场

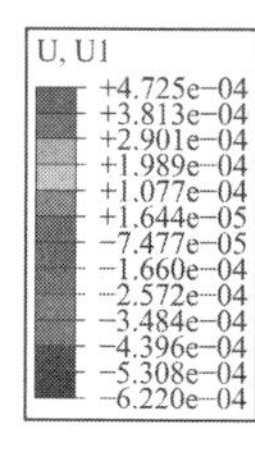

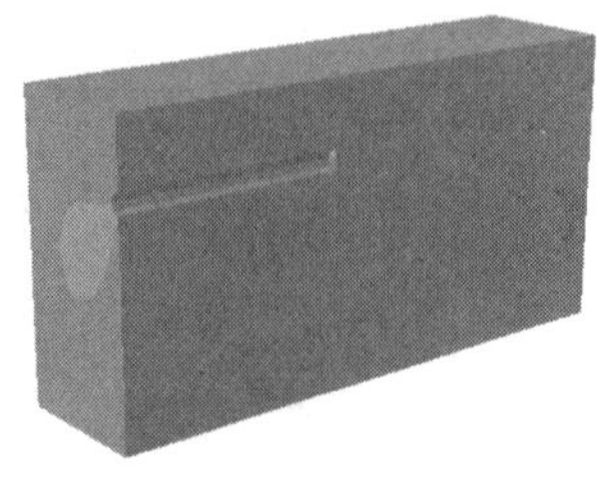

图 7.4-83　八阶段支护主方向 1 广义位移场

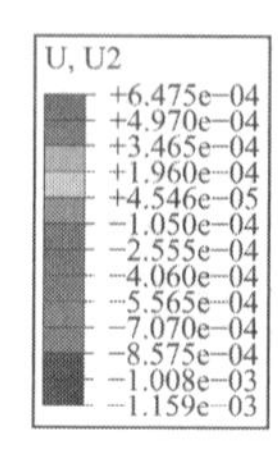

图 7.4-84　八阶段支护主方向 2 广义位移场

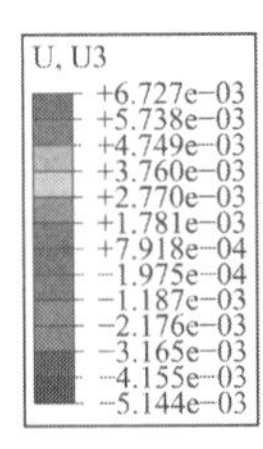

图 7.4-85　八阶段支护主方向 3 广义位移场

（10）第九阶段开挖场变量分布云图

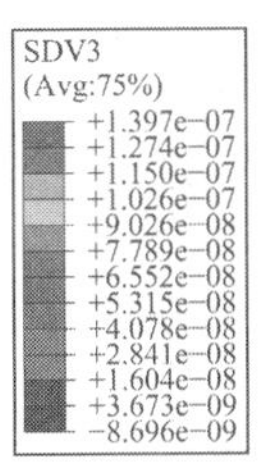

图 7.4-86　九阶段开挖常态损伤场

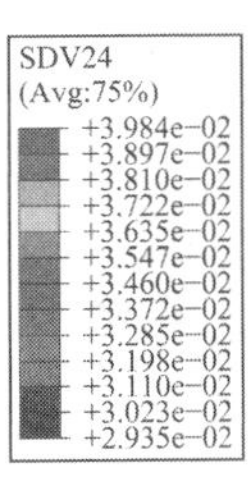

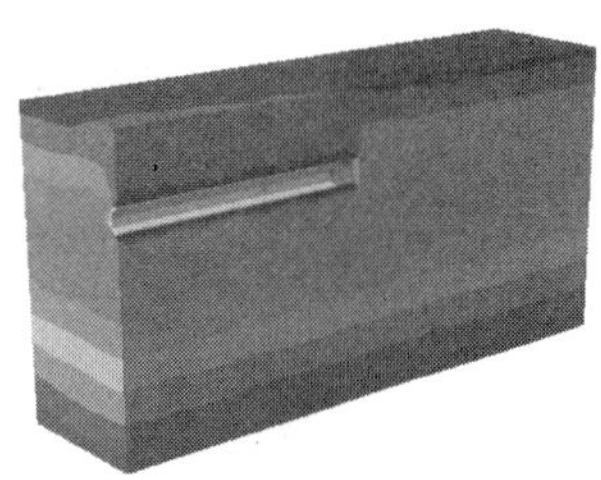

图 7.4-87　九阶段开挖广义损伤场

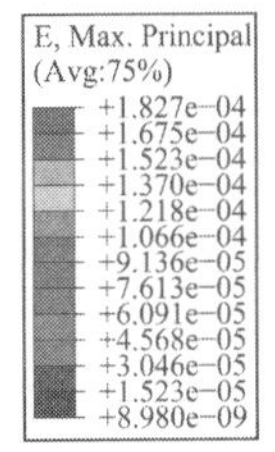

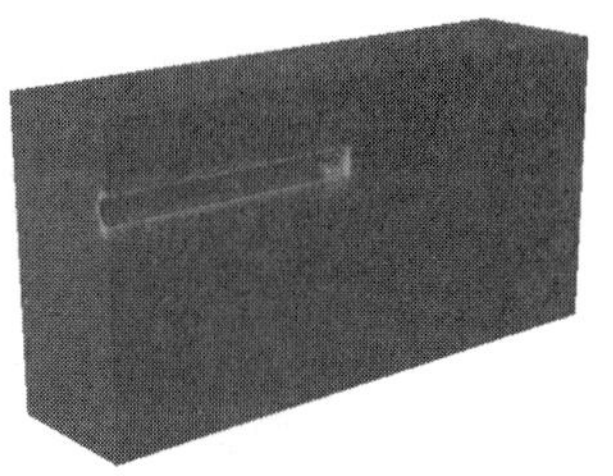

图 7.4-88　九阶段开挖大主应变

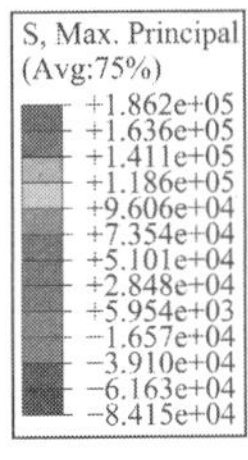

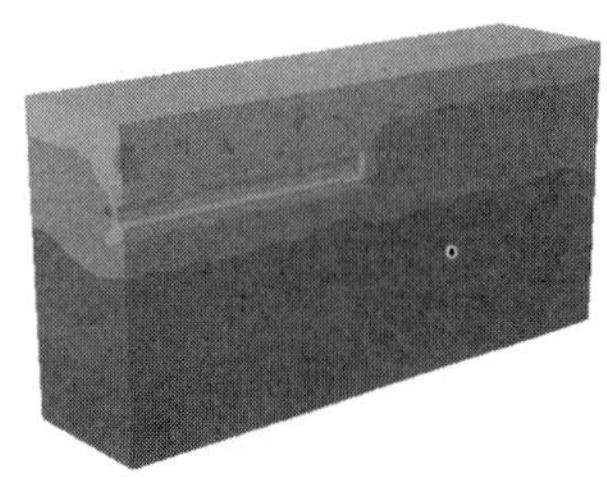

图 7.4-89　九阶段开挖大主应力

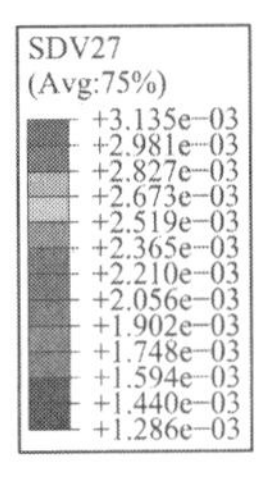

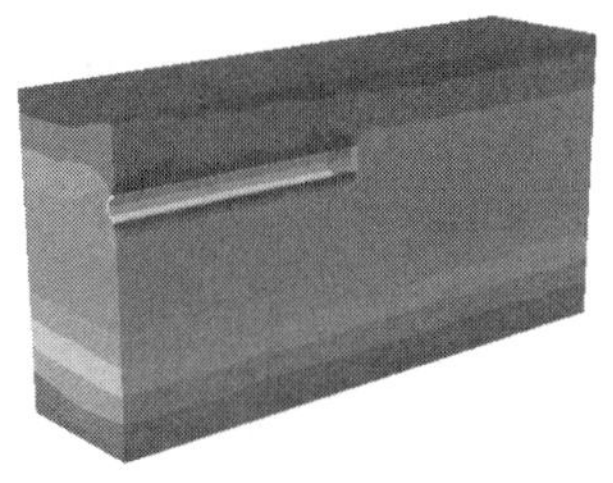

图 7.4-90　九阶段开挖广义失效概率

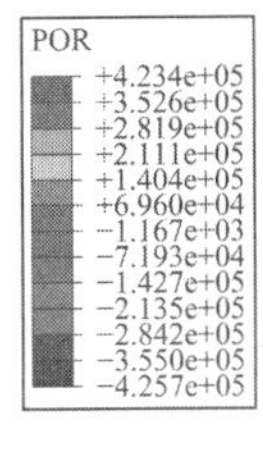

图 7.4-91　九阶段开挖渗压场

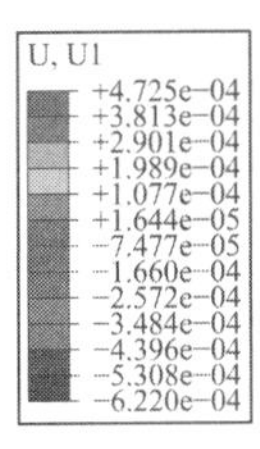

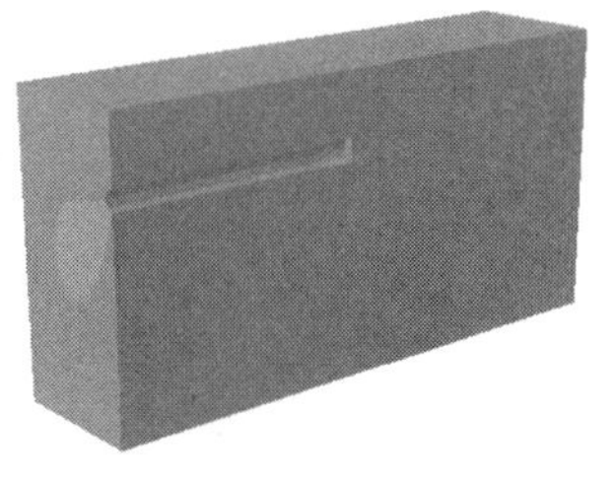

图 7.4-92　九阶段开挖主方向 1 广义位移场

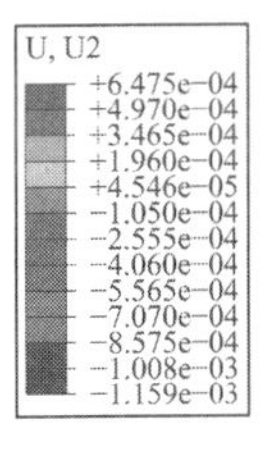

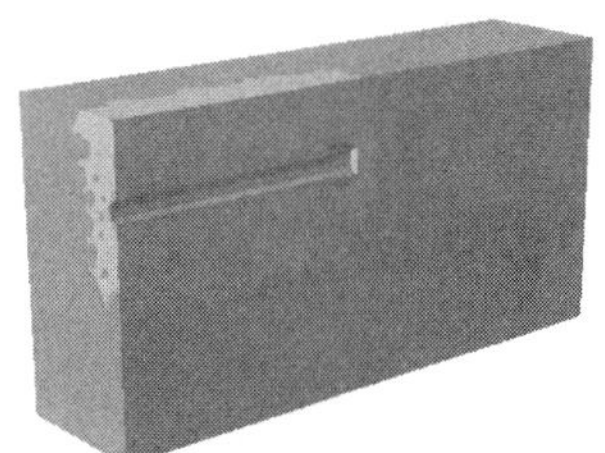

图 7.4-93　九阶段开挖主方向 2 广义位移场

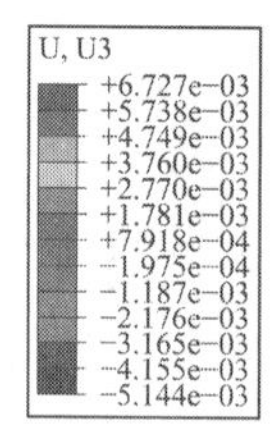

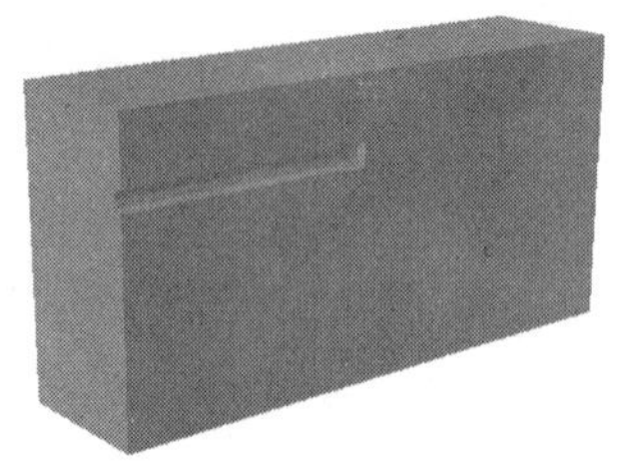

图 7.4-94　九阶段开挖主方向 3 广义位移场

（11）第九阶段支护场变量分布云图

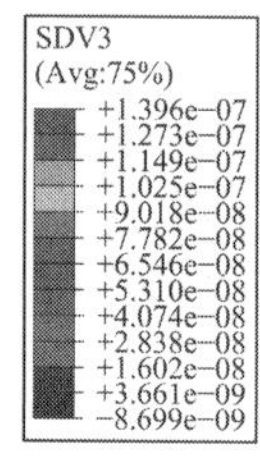

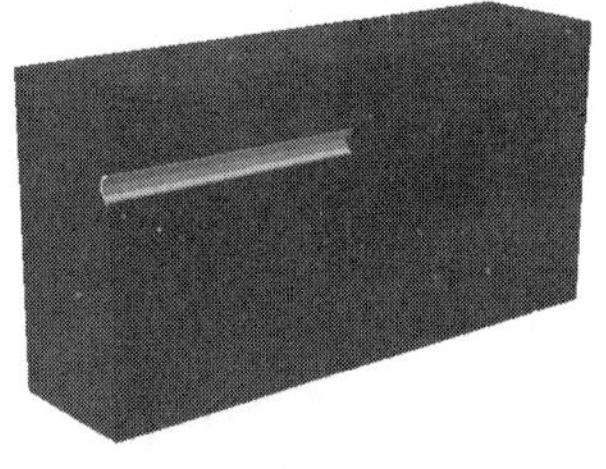

图 7.4-95　九阶段支护常态损伤场

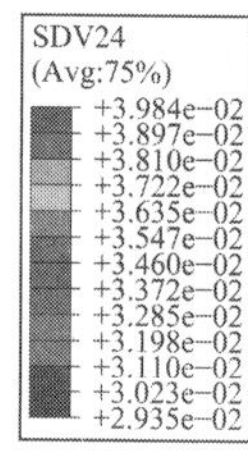

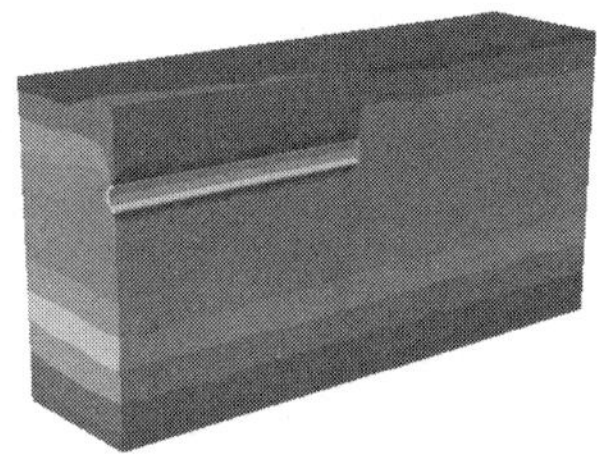

图 7.4-96　九阶段支护广义损伤场

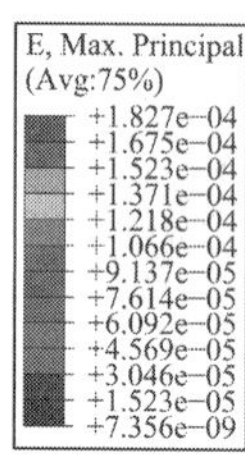

图 7.4-97　九阶段支护大主应变

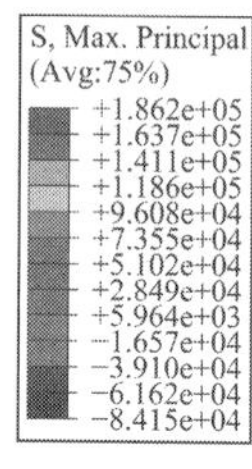

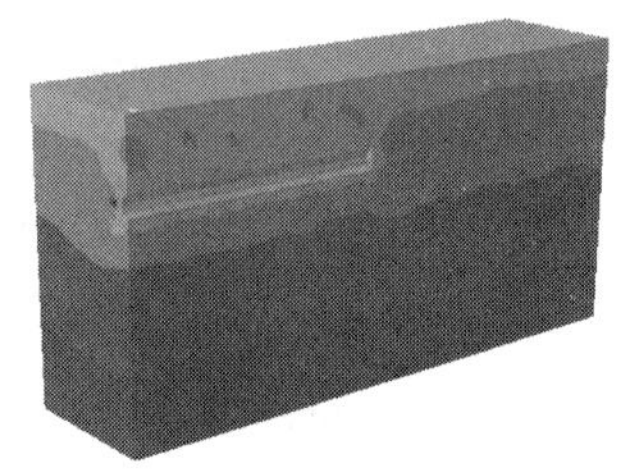

图 7.4-98　九阶段支护大主应力

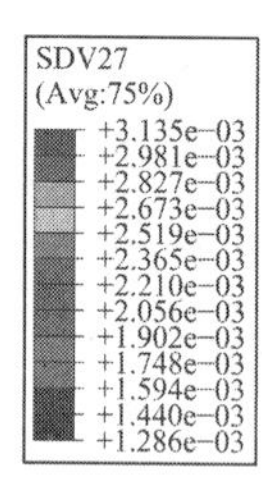

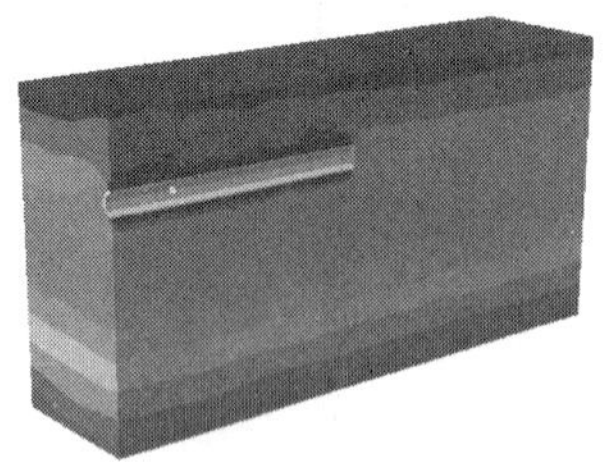

图 7.4-99　九阶段支护广义失效概率

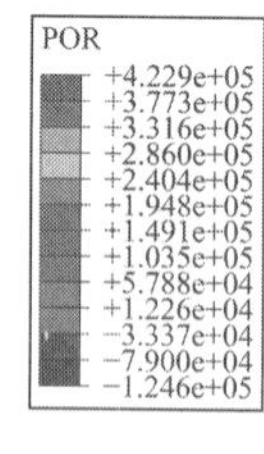

图 7.4-100　九阶段支护渗压场

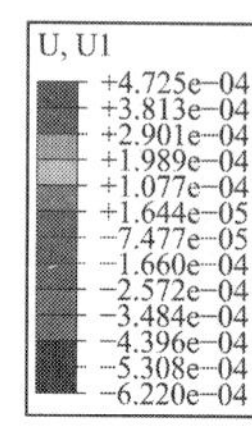

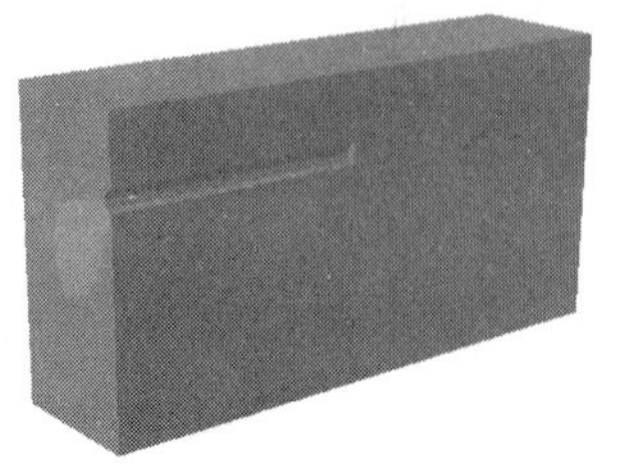

图 7.4-101　九阶段支护主方向 1 广义位移场

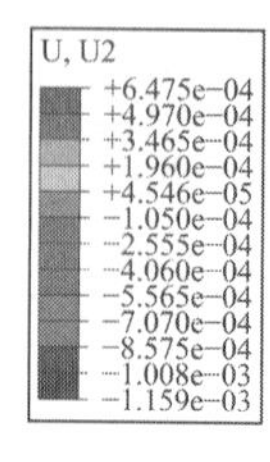

图 7.4-102　九阶段支护主方向 2 广义位移场

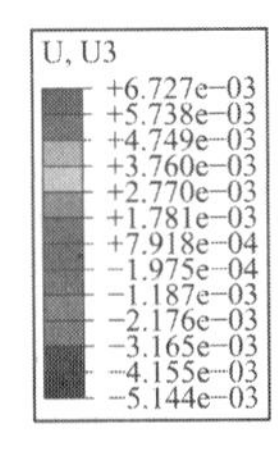

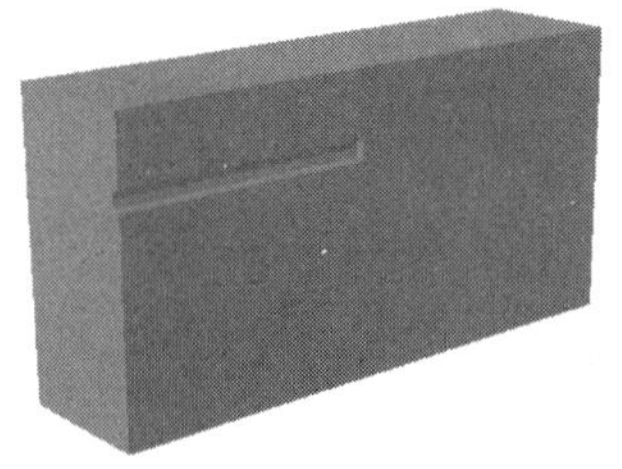

图 7.4-103　九阶段支护主方向 3 广义位移场

2）转弯段工况动态场变量

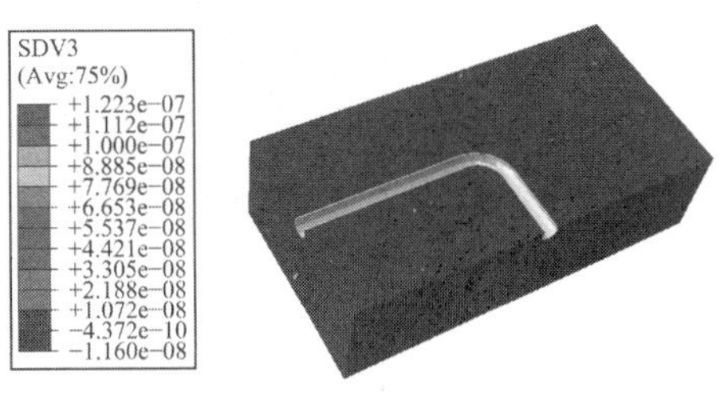

图 7.4-104　转弯段常态损伤场

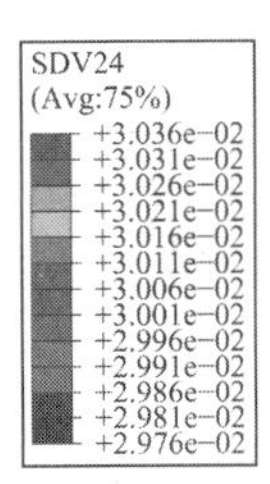

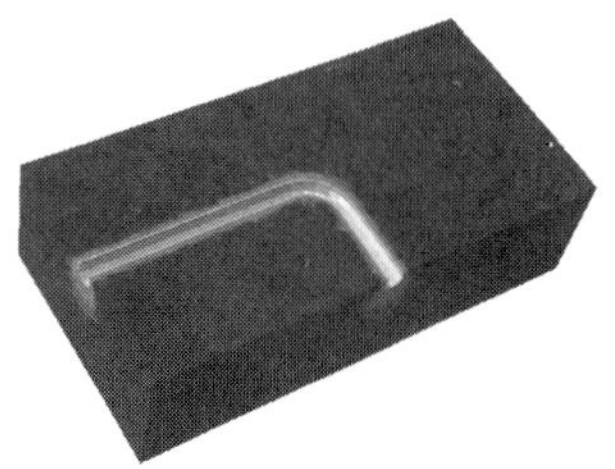

图 7.4-105　转弯段广义损伤场

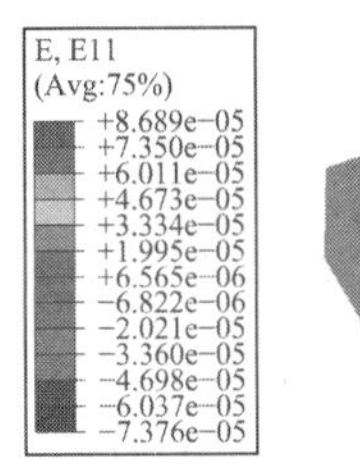

图 7.4-106　转弯段主方向 1 广义应变场

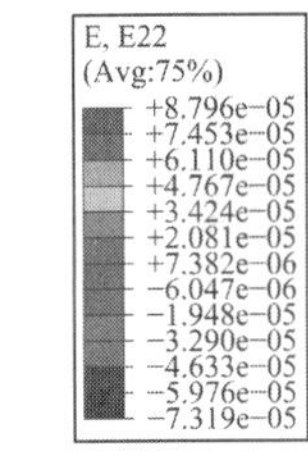

图 7.4-107　转弯段主方向 2 广义应变场

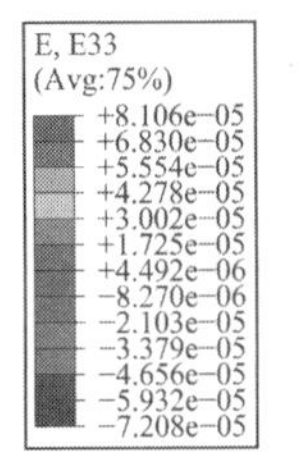

图 7.4-108　转弯段主方向 3 广义应变场

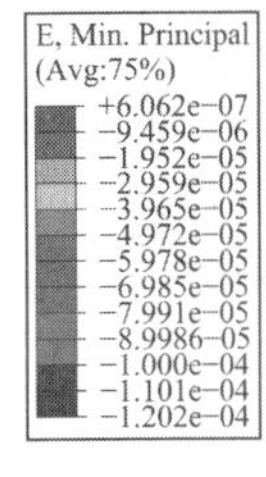

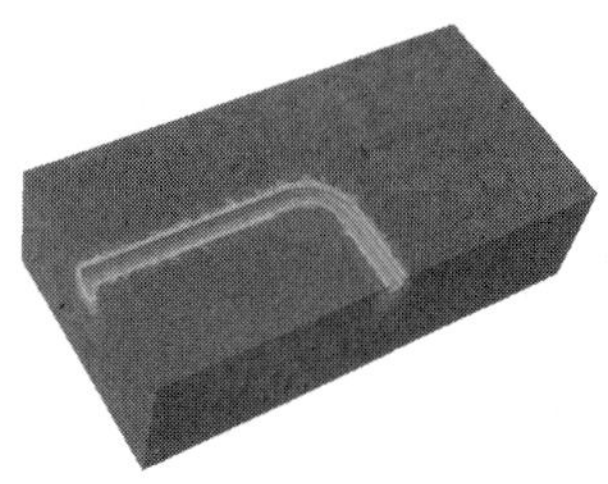

图 7.4-109　转弯段小主应变场

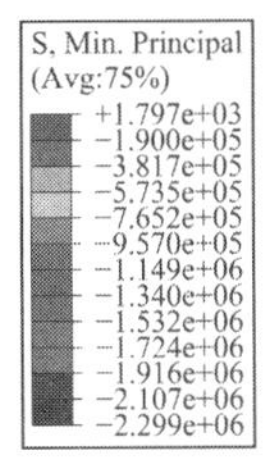

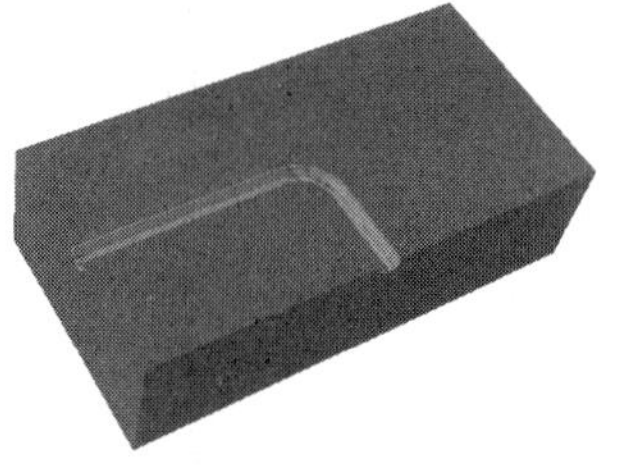

图 7.4-110　转弯段小主应力场

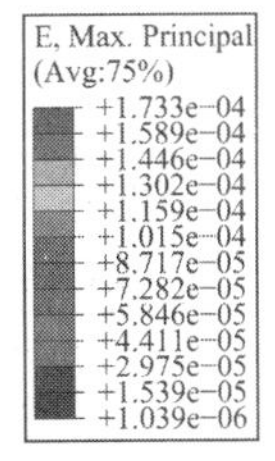

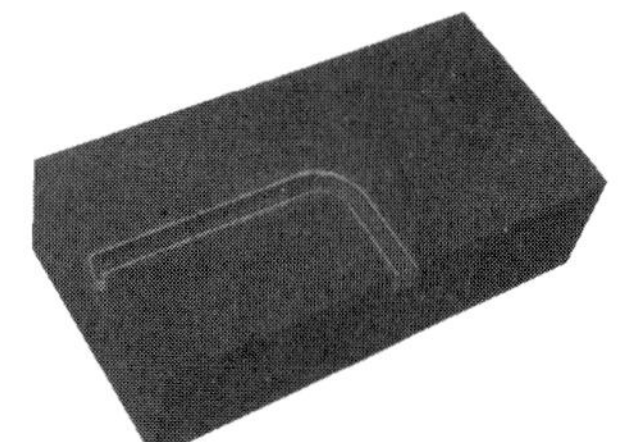

图 7.4-111　转弯段大主应变场

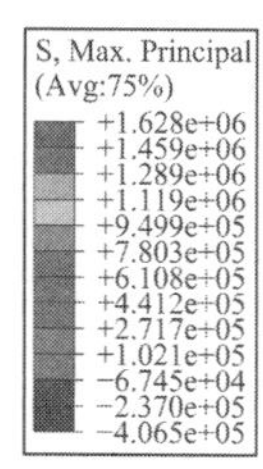

图 7.4-112　转弯段大主应力场

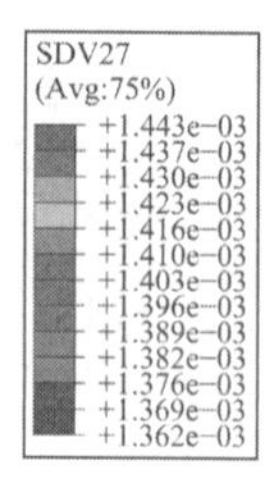

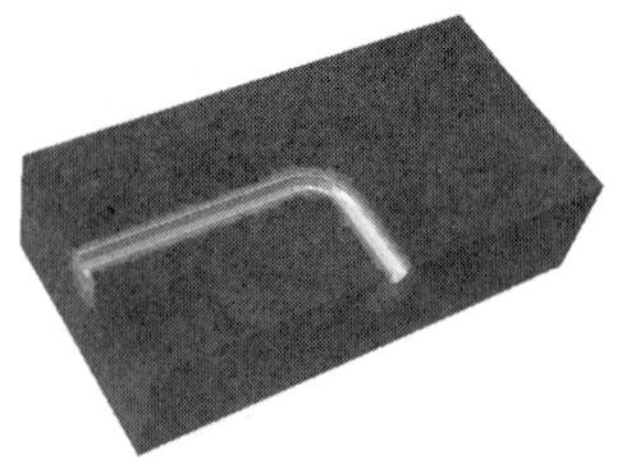

图 7.4-113　转弯段广义失效概率

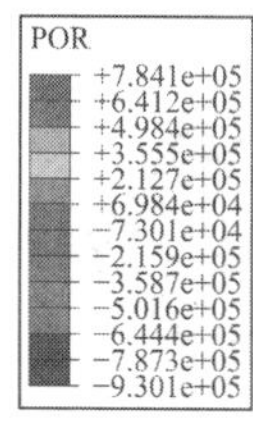

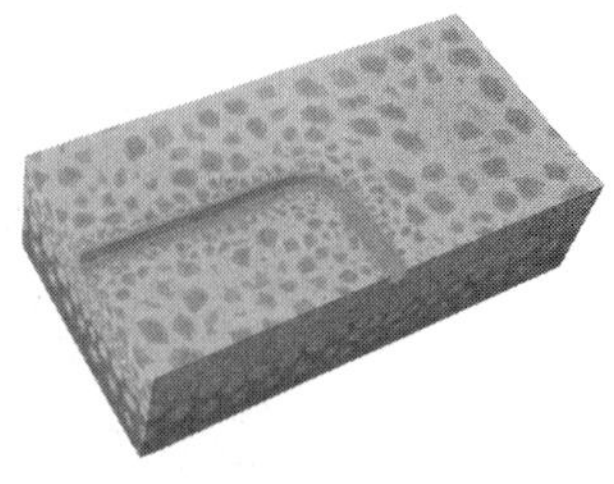

图 7.4-114　转弯段渗压场

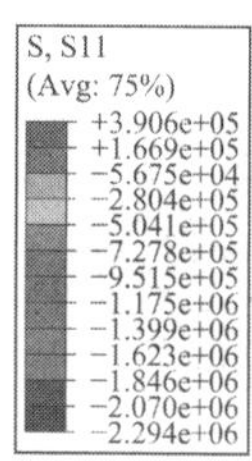

图 7.4-115　转弯段主方向 1 广义应力场

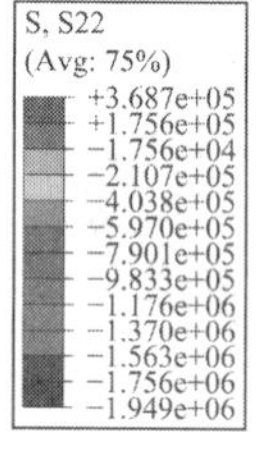

图 7.4-116　转弯段主方向 2 广义应力场

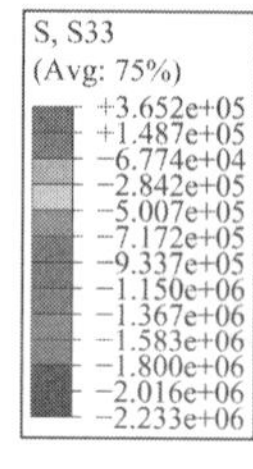

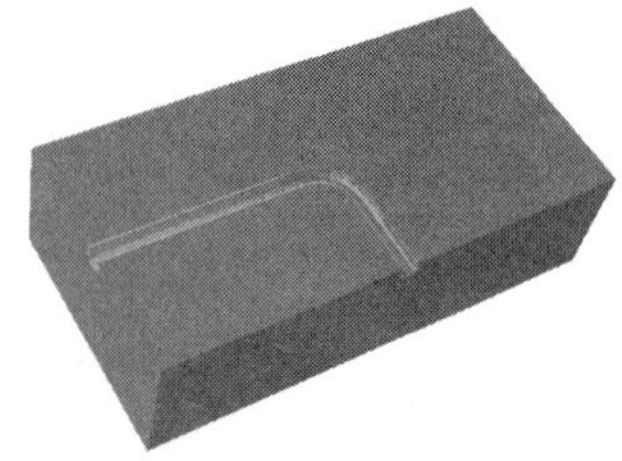

图 7.4-117　转弯段主方向 3 广义应力场

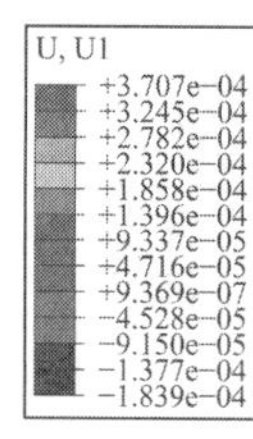

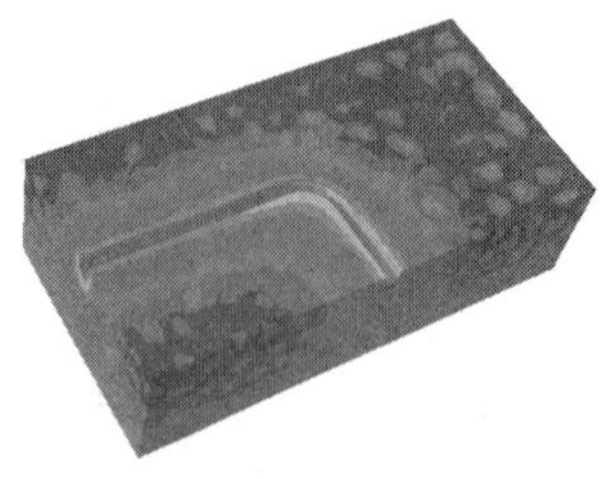

图 7.4-118　转弯段主方向 1 广义位移场

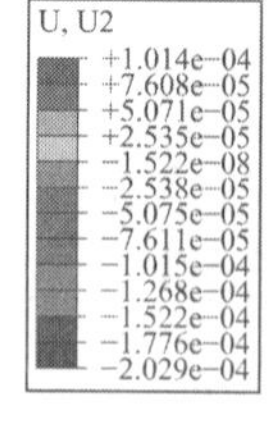

图 7.4-119　转弯段主方向 2 广义位移场

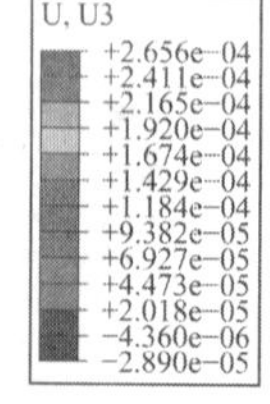

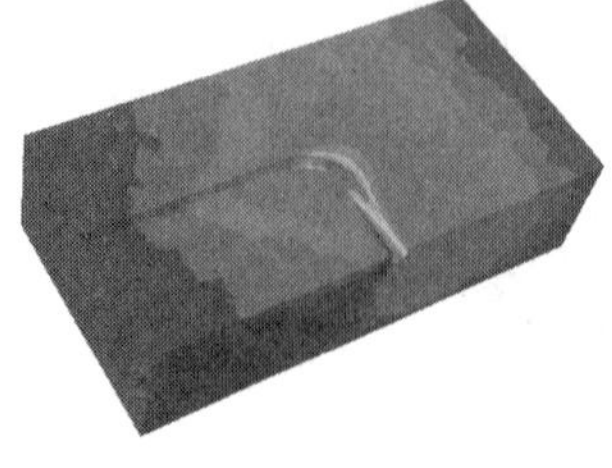

图 7.4-120　转弯段主方向 3 广义位移场

7.4.5　结果分析与讨论

本节研究同时考虑了地质围岩区域的开挖过程及岩体内的超静孔隙水压力作用（图 7.4-10，图 7.4-19，图 7.4-28，图 7.4-37，图 7.4-46，图 7.4-55，图 7.4-64，图 7.4-73，图 7.4-82，图 7.4-91 及图 7.4-100），支护前洞库开挖面形成正超静孔隙水压，量级保持在 400kPa；支护后早期开挖面与衬砌接触区将形成短暂的负超静孔隙水压，量级保持在 20kPa。此时，洞库局部化损伤发育是存在的（图 7.4-6，图 7.4-14，图 7.4-23，图 7.4-32，图 7.4-41，图 7.4-50，图 7.4-59，图 7.4-68，图 7.4-77，图 7.4-86 及图 7.4-95），但对于储水洞库整体安全影响甚为有限，只有初始开挖扰动造成的损伤达到 0.04，在其他各类动态开挖支护工况下，地下储水洞库总体广义损伤值普遍低于 0.1（图 7.4-15，图 7.4-24，图 7.4-33，图 7.4-42，图 7.4-51，图 7.4-60，图 7.4-69，图 7.4-78，图 7.4-87 及图 7.4-96），总体广义失效概率低于 1%（图 7.4-9，图 7.4-18，图 7.4-27，图 7.4-36，图 7.4-45，图 7.4-54，图 7.4-63，图 7.4-72，图 7.4-81，图 7.4-90 及图 7.4-99），安全度较高。

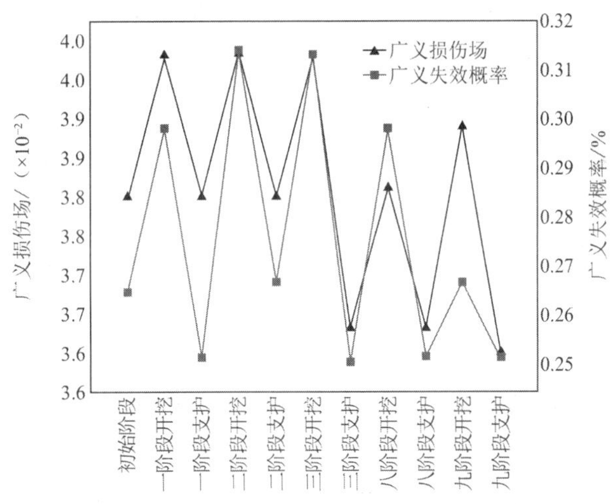

图 7.4-121　地下储水洞库动态开挖施工安度状态

依据图 7.4-121 中成果可知，在各阶段洞库开挖完成后及时进行支护作业，这对于围岩区域的施工安度效果显著（图 7.4-7 及图 7.4-8；图 7.4-16 及图 7.4-17；图 7.4-25 及图 7.4-26；图 7.4-34 及图 7.4-35；图 7.4-43 及图 7.4-44；图 7.4-52 及图 7.4-53；图 7.4-61 及图 7.4-62；图 7.4-70 及图 7.4-71；图 7.4-79 及图 7.4-80；图 7.4-88 及图 7.4-89；图 7.4-97 及图 7.4-98），支护后的洞库失效概率皆得到有效抑制，最大失效概率不超过 0.32%。在考虑多物理场耦合条件下获得的模糊随机广义损伤量级均高于常态损伤场，但是广义损伤量级均未超过 0.04，围岩区岩土体总体处于稳定状态（图 7.4-11～图 7.4-13；图 7.4-20～图 7.4-22；图 7.4-29～图 7.4-31；图 7.4-38～图 7.4-40；图 7.4-47～图 7.4-49；图 7.4-56～图 7.4-58；图 7.4-65～图 7.4-67；图 7.4-74～图 7.4-76；图 7.4-83～图 7.4-85；图 7.4-92～图 7.4-94；图 7.4-101～图 7.4-103），在妥善支护后地下储水洞库施工有充分的安全保证。

在考虑转弯段处的区块破碎及多场耦合损伤条件下（图 7.4-104 及图 7.4-105），该处主方向上的广义位移场量级有明显升高，且普遍可以达到 0.3mm 水平（图 7.4-118～图 7.4-120），对应的该处最大压应力水平达到 2MPa，最大拉应力水平均小于 1MPa（图 7.4-110，图 7.4-112，图 7.4-115，图 7.4-116 及图 7.4-117），由此可以推知，储水洞库转弯段易于形成耦合冲击损伤区域，所以研究认为支护在这些区段应及时跟进，避免应支护限位滞后而导致刚度急速衰减[13]（图 7.4-106～图 7.4-109 及图 7.4-111）。

各类工况下，洞室支护段的超静孔隙水压力量级均低于 200kPa（图 7.4-114），在耦合效应下，虽然局部区域的破碎岩块可能形成水力劈裂损伤，但对于大范围岩体稳定性影响有限，特别是各阶段开挖后及时的支护对抑制水力劈裂损伤效果显著，此时，对应的转弯段广义失效概率普遍低于 0.2%（图 7.4-113）。

7.5 多物理场耦合条件下地下储水洞库开挖断面形态研究

本节研究主要针对舟山普陀临海地区地下储水洞库施工期断面开挖构型进行分析探讨，重点探究洞库围岩区岩体存在破碎与松动情况下不同断面构型的开挖施工安度问题[14-15]。研究过程中还将考虑地质岩体的模糊随机多场耦合损伤发育过程。

研究针对提出的圆形、马蹄形以及门形 3 类洞室开挖断面构型进行整体超精细建模分析（图 7.5-1～图 7.5-3），其中圆形断面开挖直径分别为 3m、4m 及 6m；马蹄形断面径向最大开挖宽度分别为 3m、4m 及 6m；门形断面径向最大开挖宽度及最大开挖高度分别为 3m、4m 及 6m，洞室轴线平均埋深 10m。

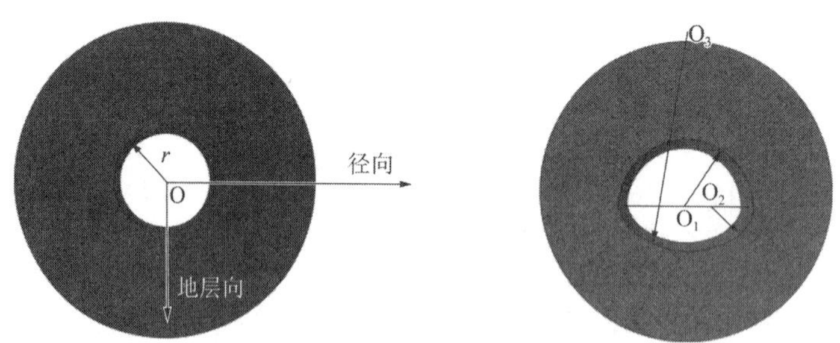

图 7.5-1 圆形洞室断面整体模型图 图 7.5-2 马蹄形洞室断面整体模型图

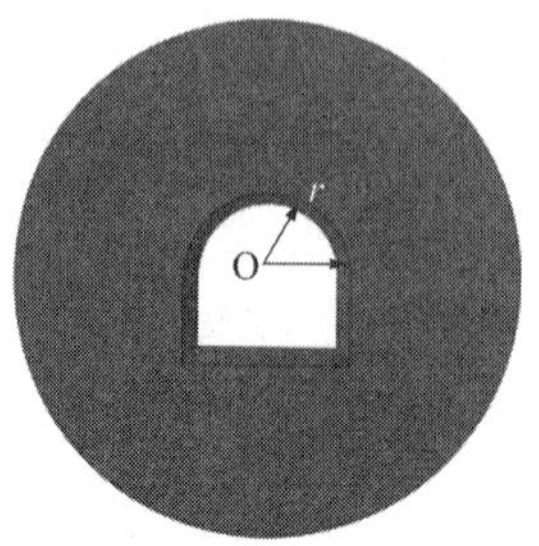

图 7.5-3 门形洞室断面整体模型图

7.5.1　边界条件与加载工况

1）边界条件设计

本节研究主要考虑作用于洞库断面处的内水压力与超静孔隙水压力边界，设定方法同 7.4 节，研究同时还将对局部化的裂隙区域做精细仿真，在该处采用 XFEM 算法定义裂隙单元的起裂点位置。

2）加载工况设计

本节研究共设计仿真计算工况 2 个大项，即洞库断面未出现显著破碎带及开挖松动激活洞库断面破碎带，破碎带激活时考虑洞库内水压力、超静孔隙水压力、损伤场、应力场等多物理场耦合，具体工况信息如下所示：

（1）圆形洞库开挖断面，断面直径 3m，承受地应力、内水压力作用，围岩区岩体未发生显著的破碎与松动；

（2）圆形洞库开挖断面，断面直径 4m，承受地应力、内水压力作用，围岩区岩体未发生显著的破碎与松动；

（3）圆形洞库开挖断面，断面直径 6m，承受地应力、内水压力作用，围岩区岩体未发生显著的破碎与松动；

（4）马蹄形洞库开挖断面，径向最大开挖宽度为 3m，承受地应力、内水压力作用，围岩区岩体未发生显著的破碎与松动；

（5）马蹄形洞库开挖断面，径向最大开挖宽度为 4m，承受地应力、内水压力作用，围岩区岩体未发生显著的破碎与松动；

（6）马蹄形洞库开挖断面，径向最大开挖宽度为 6m，承受地应力、内水压力作用，围岩区岩体未发生显著的破碎与松动；

（7）门形洞库开挖断面，断面径向开挖最大开挖宽度及最大开挖高度为 3m，承受地应力、内水压力作用，围岩区岩体未发生显著的破碎与松动；

（8）门形洞库开挖断面，断面径向开挖最大开挖宽度及最大开挖高度为 4m，承受地应力、内水压力作用，围岩区岩体未发生显著的破碎与松动；

（9）门形洞库开挖断面，断面径向开挖最大开挖宽度及最大开挖高度为 6m，承受地应力、内水压力作用，围岩区岩体未发生显著的破碎与松动；

（10）圆形洞库开挖断面，断面直径 3m，承受地应力、内水压力作用，围岩区岩体发生显著的破碎与松动，由此形成一段倾角为 35°的断裂带，带内超静孔隙水压力发育，断裂逐步张开，采用 SEAM 算法模拟裂隙单元，多场损伤变量输出；

（11）圆形洞库开挖断面，断面直径 4m，承受地应力、内水压力作用，围岩区岩体发生显著的破碎与松动，由此形成一段倾角为 35°的断裂带，带内超静孔隙水压力发育，断裂逐步张开，采用 SEAM 算法模拟裂隙单元，多场损伤变量输出；

（12）圆形洞库开挖断面，断面直径 6m，承受地应力、内水压力作用，围岩区岩体发生显著的破碎与松动，由此形成一段倾角为35°的断裂带，带内超静孔隙水压力发育，断裂逐步张开，采用SEAM算法模拟裂隙单元，多场损伤变量输出；

（13）马蹄形洞库开挖断面，径向最大开挖宽度为3m，承受地应力、内水压力作用，围岩区岩体发生显著的破碎与松动，由此形成一段倾角为 35°的断裂带，带内超静孔隙水压力发育，断裂逐步张开，采用SEAM算法模拟裂隙单元，多场损伤变量输出；

（14）马蹄形洞库开挖断面，径向最大开挖宽度为4m，承受地应力、内水压力作用，围岩区岩体发生显著的破碎与松动，由此形成一段倾角为 35°的断裂带，带内超静孔隙水压力发育，断裂逐步张开，采用SEAM算法模拟裂隙单元，多场损伤变量输出；

（15）马蹄形洞库开挖断面，径向最大开挖宽度为6m，承受地应力、内水压力作用，围岩区岩体发生显著的破碎与松动，由此形成一段倾角为 35°的断裂带，带内超静孔隙水压力发育，断裂逐步张开，采用SEAM算法模拟裂隙单元，多场损伤变量输出；

（16）圆形洞库开挖断面，断面直径3m，承受地应力、内外水压力作用，围岩区岩体发生显著的破碎与松动，由此形成一段倾角为35°的断裂带，不施加超静孔隙水压力，断裂逐步张开，采用XFEM算法模拟裂隙单元，模拟围岩区尖端开裂状态与多场损伤变量输出；

（17）圆形洞库开挖断面，断面直径4m，承受地应力、内外水压力作用，围岩区岩体发生显著的破碎与松动，由此形成一段倾角为35°的断裂带，不施加超静孔隙水压力，断裂逐步张开，采用XFEM算法模拟裂隙单元，模拟围岩区尖端开裂状态与多场损伤变量输出；

（18）圆形洞库开挖断面，断面直径6m，承受地应力、内外水压力作用，围岩区岩体发生显著的破碎与松动，由此形成一段倾角为35°的断裂带，不施加超静孔隙水压力，断裂逐步张开，采用XFEM算法模拟裂隙单元，模拟围岩区尖端开裂状态与多场损伤变量输出；

（19）马蹄形洞库开挖断面，径向最大开挖宽度为3m，承受地应力、内外水压力作用，围岩区岩体发生显著的破碎与松动，由此形成一段倾角为 35°的断裂带，不施加超静孔隙水压力，断裂逐步张开，采用XFEM算法模拟裂隙单元，模拟围岩区尖端开裂状态与多场损伤变量输出；

（20）马蹄形洞库开挖断面，径向最大开挖宽度为4m，承受地应力、内外水压力作用，围岩区岩体发生显著的破碎与松动，由此形成一段倾角为 35°的断裂带，不施加超静孔隙水压力，断裂逐步张开，采用XFEM算法模拟裂隙单元，模拟围岩区尖端开裂状态与多场损伤变量输出；

（21）马蹄形洞库开挖断面，径向最大开挖宽度为6m，承受地应力、内外水压力作用，围岩区岩体发生显著的破碎与松动，由此形成一段倾角为 35°的断裂带，不施加超静孔隙水压力，断裂逐步张开，采用XFEM算法模拟裂隙单元，模拟围岩区尖端开裂状态与多场损伤变量输出。

7.5.2 有限元（FEM）网格模型

本节研究基于超精细数值建模技术对舟山普陀临海地区地下储水洞库系统做三维动态

离散与大变形分析，网格模型采用混合单元技术，大范围岩体与各地质埋层总体采用 Hex 单元离散，畸形严重的空间区块及衬砌与支护区域均采用 TeT 单元过渡，开挖及充水引发的损伤与渗透耦合问题中的单元族类型均为空间三维实体孔压-应力耦合单元；其他问题中的单元族类型均为空间三维实体应力单元；含开挖虚实单元的损伤与渗透耦合网格模型单元总数为 196863，节点总数为 210602（图 7.5-4～图 7.5-6）。

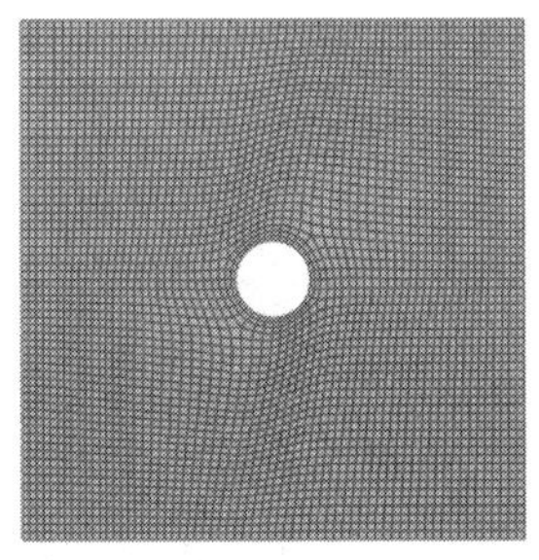

图 7.5-4　圆形洞室断面总体网格模型

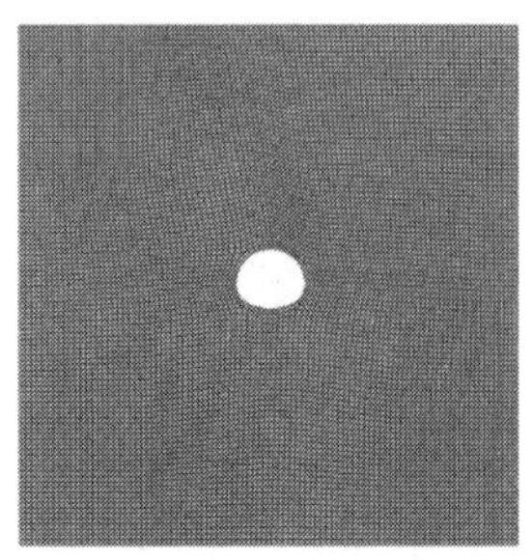

图 7.5-5　马蹄形洞室断面总体网格模型

图 7.5-6　门形洞室断面总体网格模型

7.5.3　模拟结果

本节研究将重点分析探讨的物理力学场变量包括超静孔隙水压力 POR、模糊随机损伤变量 SDV24、模糊随机损伤失效概率 SDV27、断裂带展开状态 STATUSxfem、广义应力场 S、广义应变场 E 及广义位移场 U。图 7.5-7～图 7.5-117 展示的为不同断面构型下部分模拟结果。

（1）工况 1 动态场变量分布

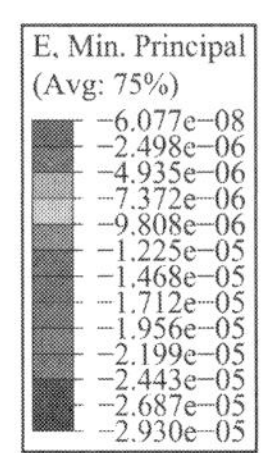

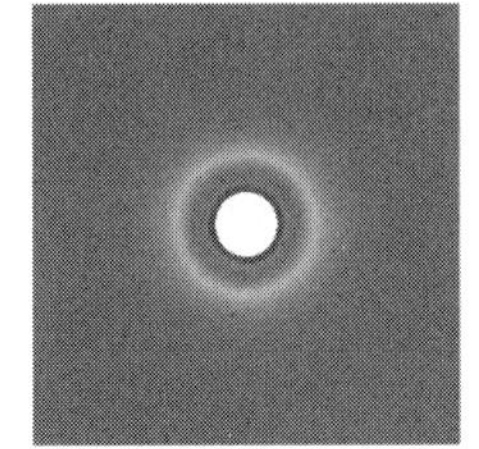

图 7.5-7　圆形洞库开挖断面小主应变

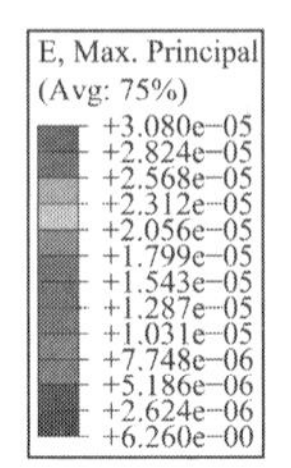

图 7.5-8　圆形洞库开挖断面大主应变

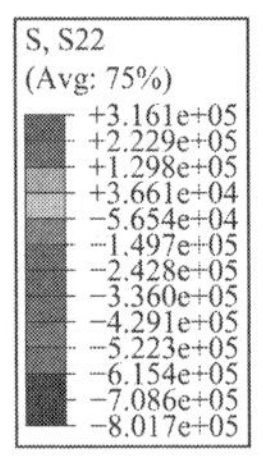

图 7.5-9　圆形洞库开挖断面地层向应力

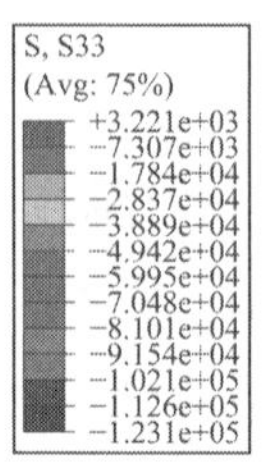

图 7.5-10　圆形洞库开挖断面轴向应力

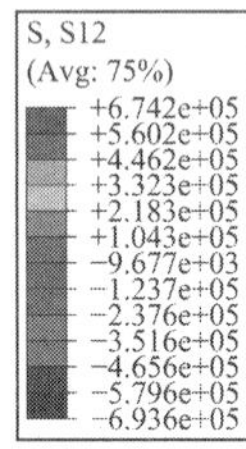

图 7.5-11　圆形洞库开挖断面剪应力

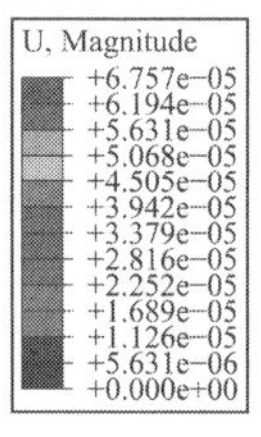

图 7.5-12　圆形洞库开挖断面合位移

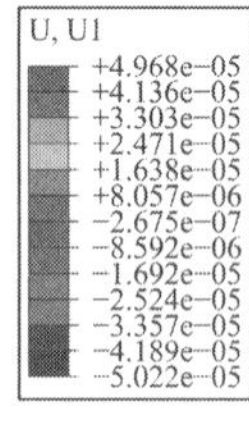

图 7.5-13　圆形洞库开挖断面侧移

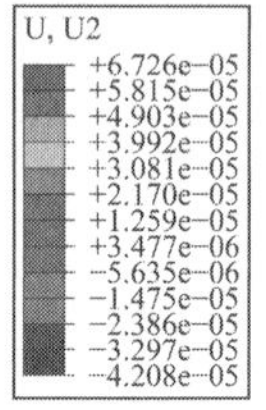

图 7.5-14　圆形洞库开挖断面沉降

（2）工况 2 动态场变量分布

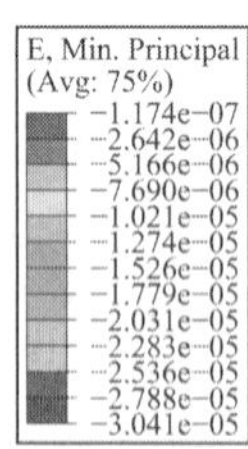

图 7.5-15　圆形洞库开挖断面小主应变

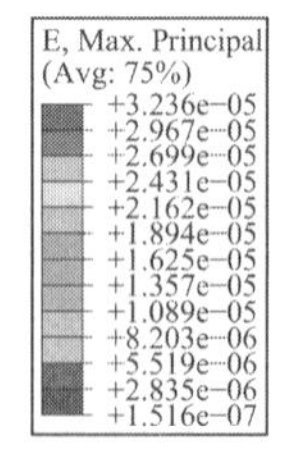

图 7.5-16　圆形洞库开挖断面大主应变

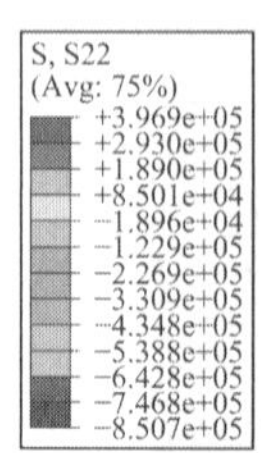

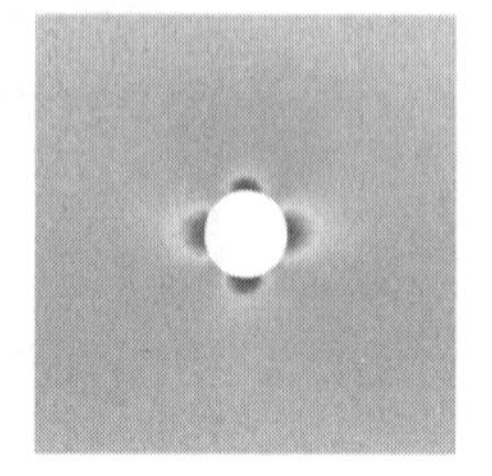

图 7.5-17　圆形洞库开挖断面地层向应力

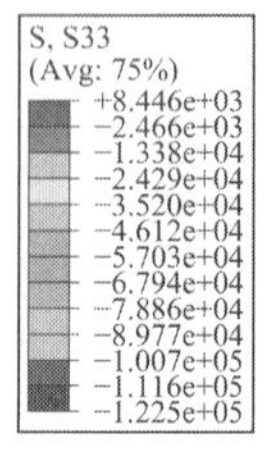

图 7.5-18　圆形洞库开挖断面轴向应力

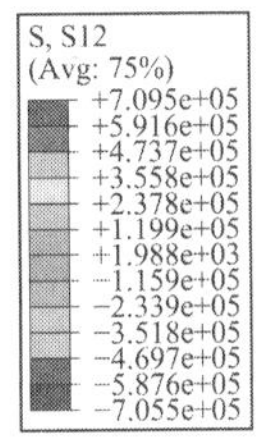

图 7.5-19　圆形洞库开挖断面剪应力

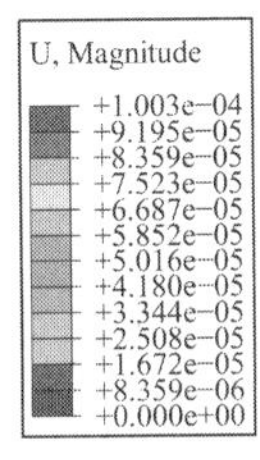

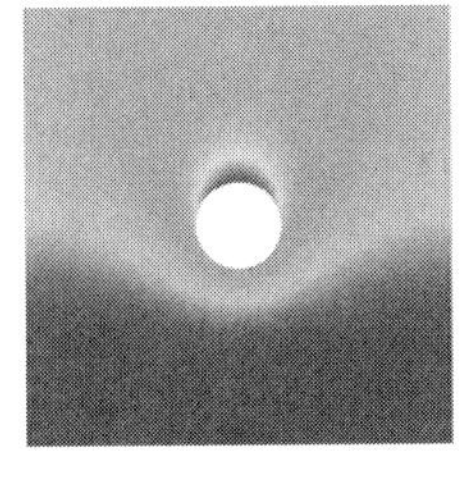

图 7.5-20　圆形洞库开挖断面合位移

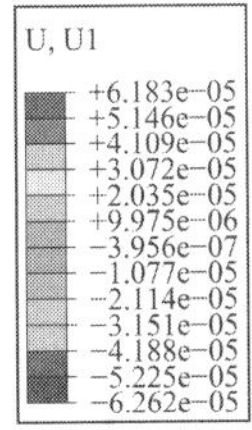

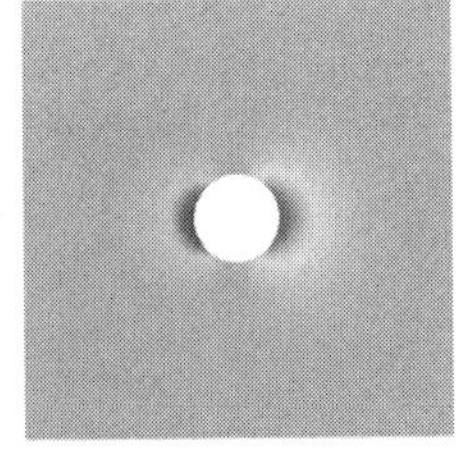

图 7.5-21　圆形洞库开挖断面侧移

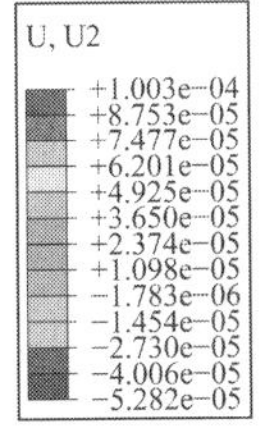

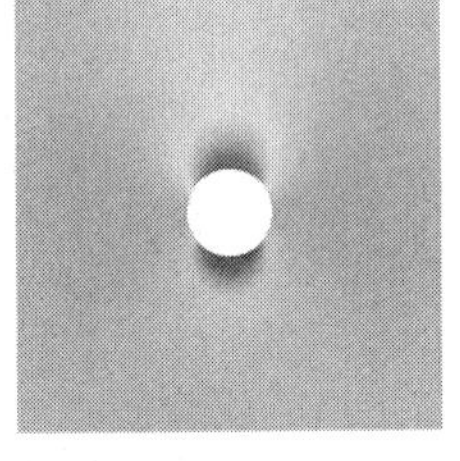

图 7.5-22　圆形洞库开挖断面沉降

（3）工况 3 动态场变量分布

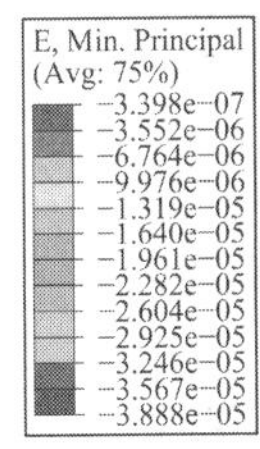

图 7.5-23　圆形洞库开挖断面小主应变

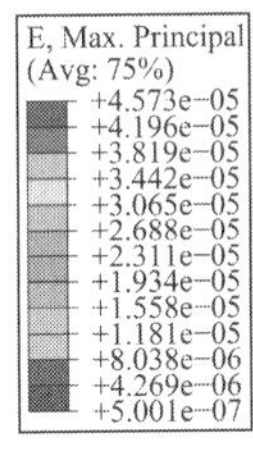

图 7.5-24　圆形洞库开挖断面大主应变

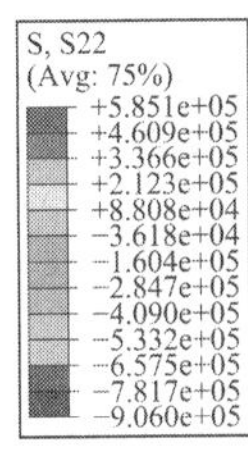

图 7.5-25　圆形洞库开挖断面地层向应力

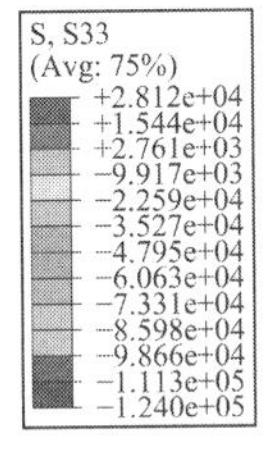

图 7.5-26　圆形洞库开挖断面轴向应力

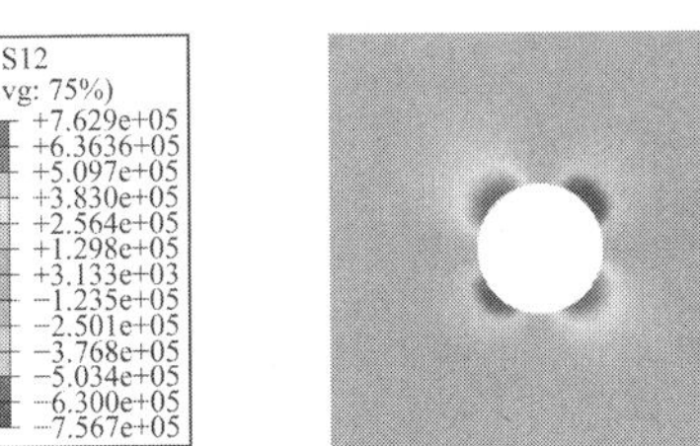

图 7.5-27　圆形洞库开挖断面剪应力

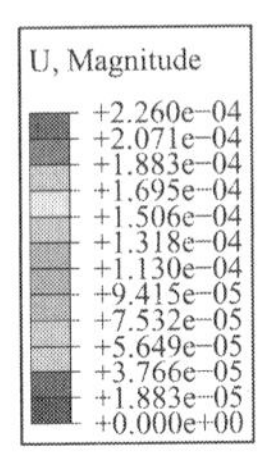

图 7.5-28　圆形洞库开挖断面合位移

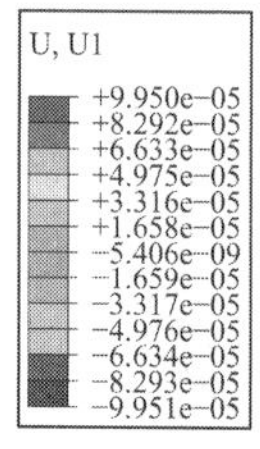

图 7.5-29　圆形洞库开挖断面侧移

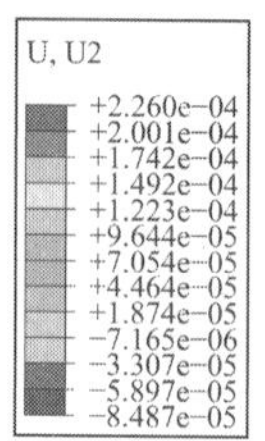

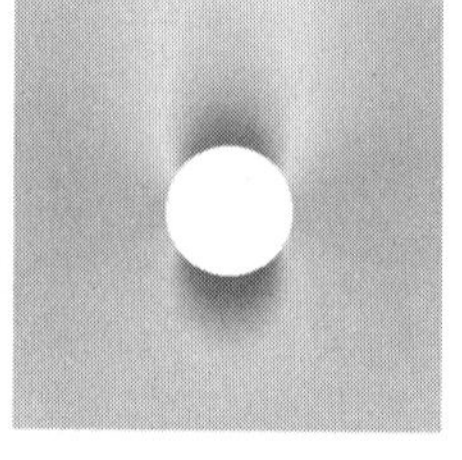

图 7.5-30　圆形洞库开挖断面沉降

（4）工况 4 动态场变量分布

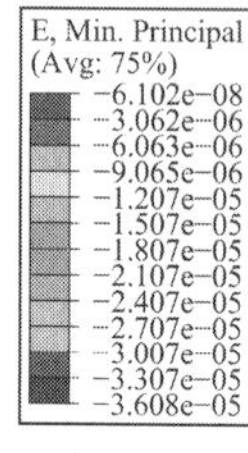

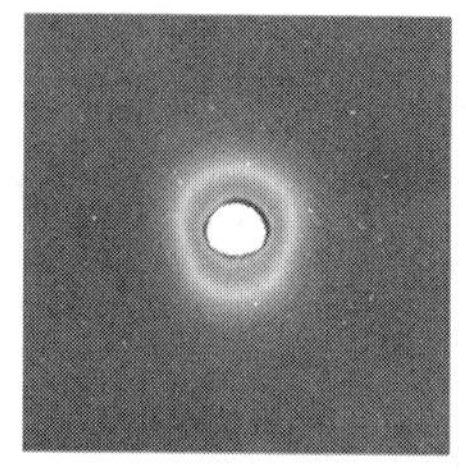

图 7.5-31　马蹄形洞库开挖断面小主应变

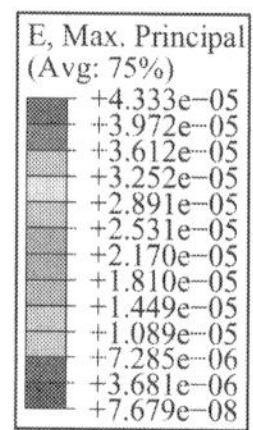

图 7.5-32　马蹄形洞库开挖断面大主应变

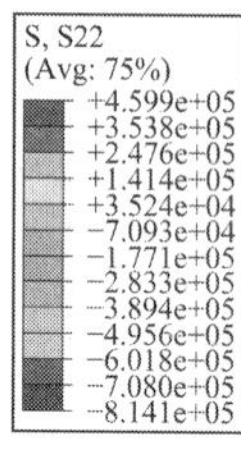

图 7.5-33　马蹄形洞库开挖断面地层向应力

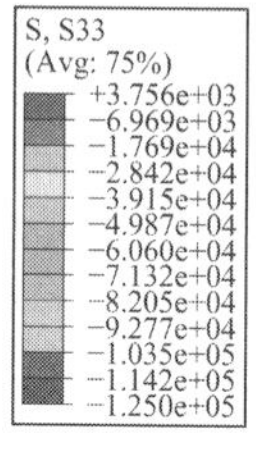

图 7.5-34　马蹄形洞库开挖断面轴向应力

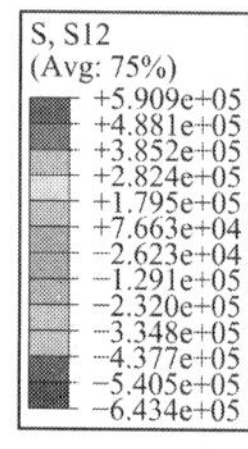

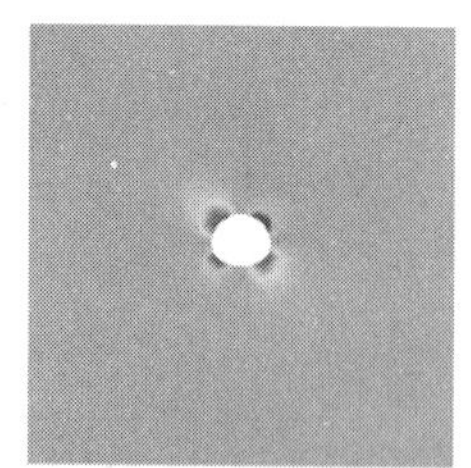

图 7.5-35　马蹄形洞库开挖断面剪应力

图 7.5-36　马蹄形洞库开挖断面 Mises 名义应力

图 7.5-37　马蹄形洞库开挖断面 Tresca 名义应力

图 7.5-38　马蹄形洞库开挖断面合位移

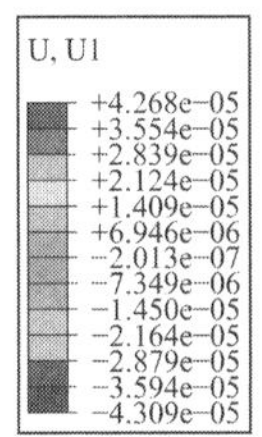

图 7.5-39　马蹄形洞库开挖断面侧移

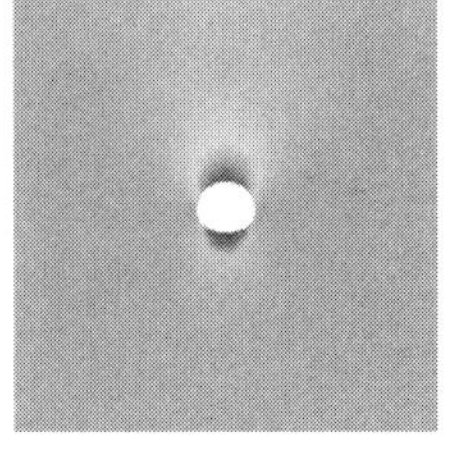

图 7.5-40　马蹄形洞库开挖断面沉降

（5）工况 5 动态场变量分布

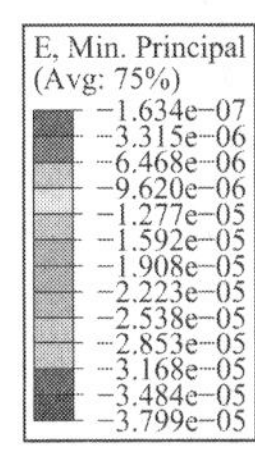

图 7.5-41　马蹄形洞库开挖断面小主应变

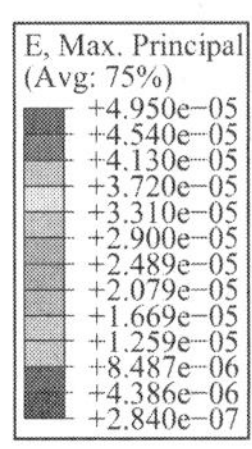

图 7.5-42　马蹄形洞库开挖断面大主应变

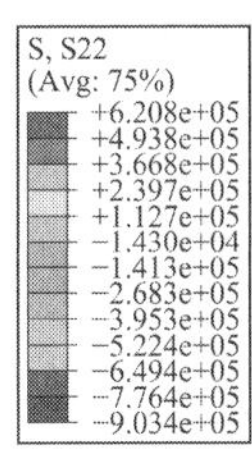

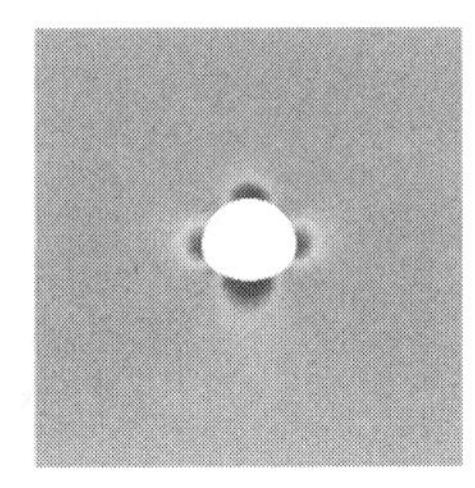

图 7.5-43　马蹄形洞库开挖断面地层向应力

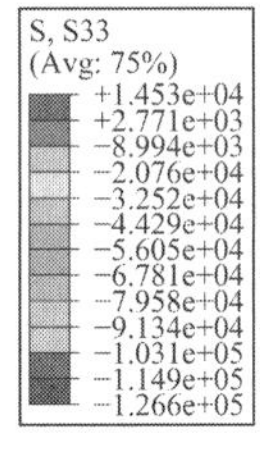

图 7.5-44　马蹄形洞库开挖断面轴向应力

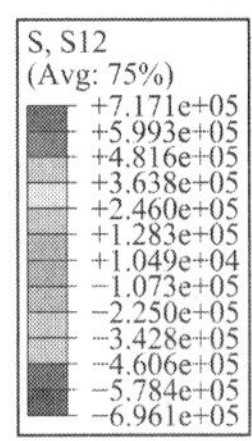

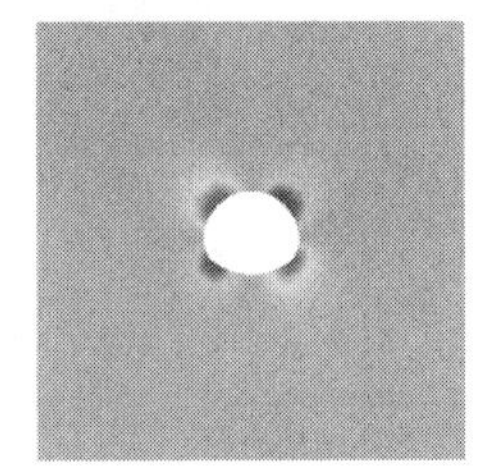

图 7.5-45　马蹄形洞库开挖断面剪应力

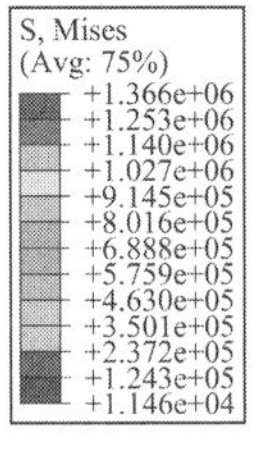

图 7.5-46　马蹄形洞库开挖断面 Mises 名义应力

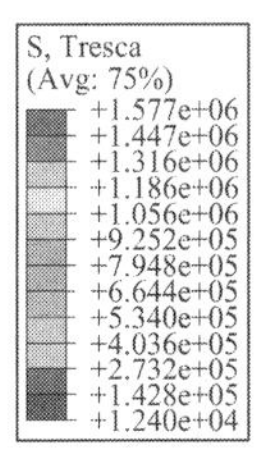

图 7.5-47　马蹄形洞库开挖断面 Tresca 名义应力

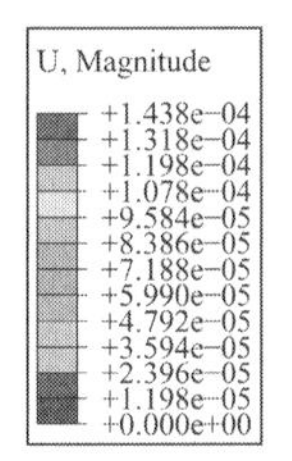

图 7.5-48　马蹄形洞库开挖断面合位移

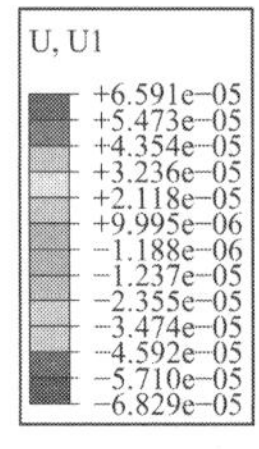

图 7.5-49　马蹄形洞库开挖断面侧移

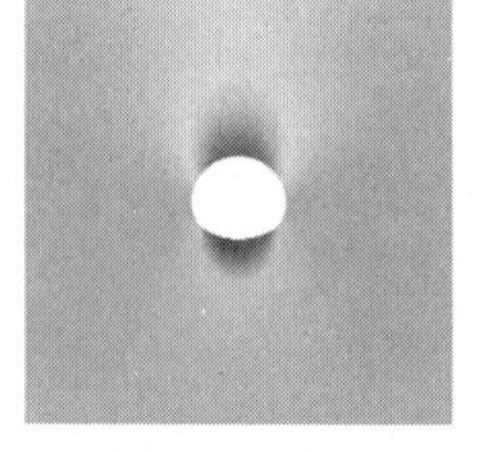

图 7.5-50　马蹄形洞库开挖断面沉降

（6）工况 6 动态场变量分布

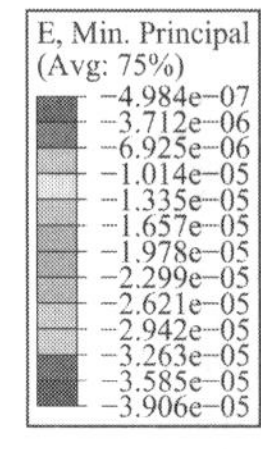

图 7.5-51　马蹄形洞库开挖断面小主应变

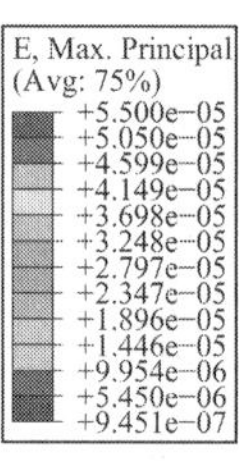

图 7.5-52　马蹄形洞库开挖断面大主应变

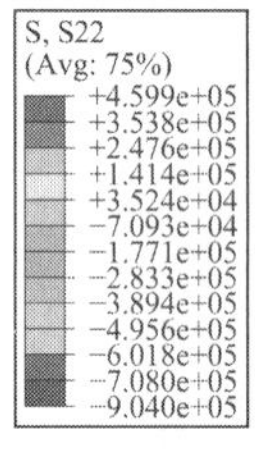

图 7.5-53　马蹄形洞库开挖断面地层向应力

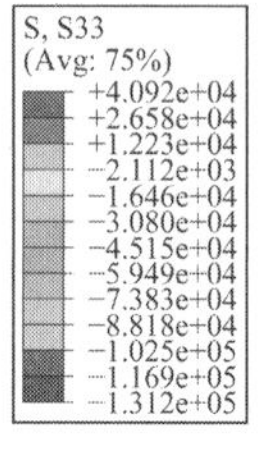

图 7.5-54　马蹄形洞库开挖断面轴向应力

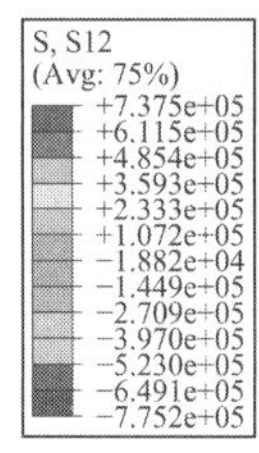

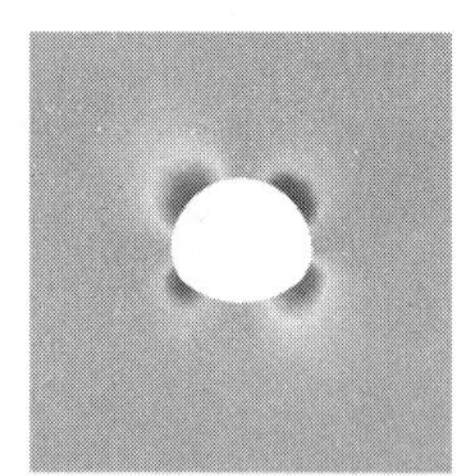

图 7.5-55　马蹄形洞库开挖断面剪应力

图 7.5-56　马蹄形洞库开挖断面 Mises 名义应力

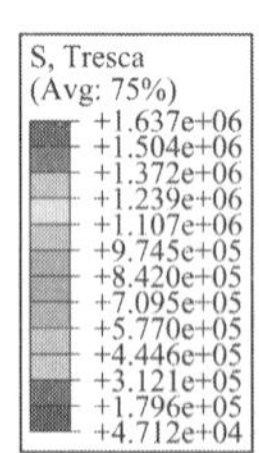

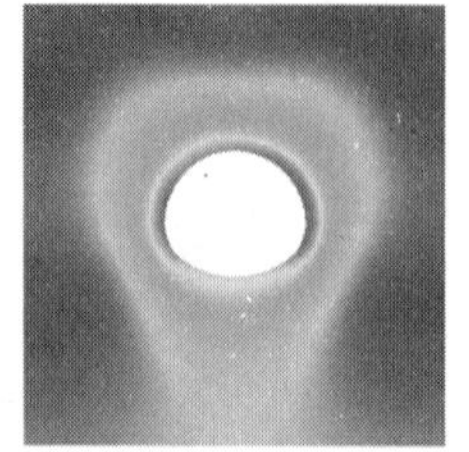

图 7.5-57　马蹄形洞库开挖断面 Tresca 名义应力

图 7.5-58　马蹄形洞库开挖断面合位移

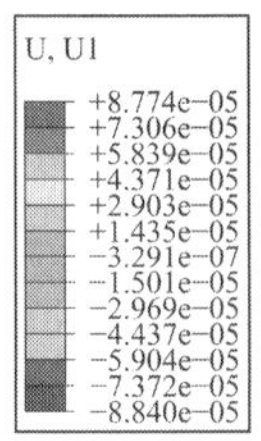

图 7.5-59　马蹄形洞库开挖断面侧移

图 7.5-60　马蹄形洞库开挖断面沉降

（7）工况 7 动态场变量分布

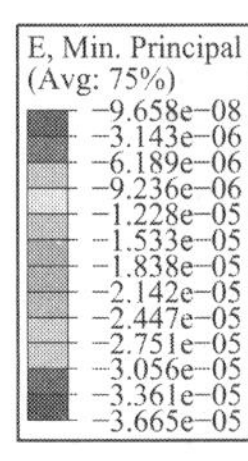

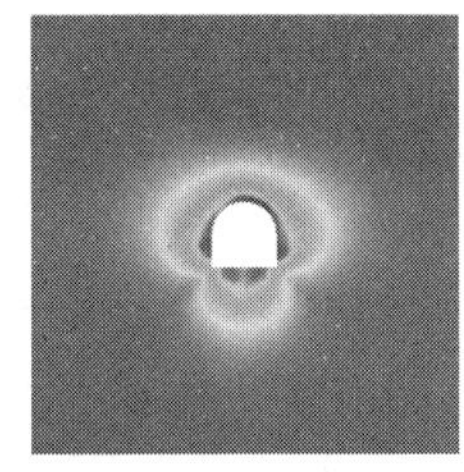

图 7.5-61　门形洞库开挖断面小主应变

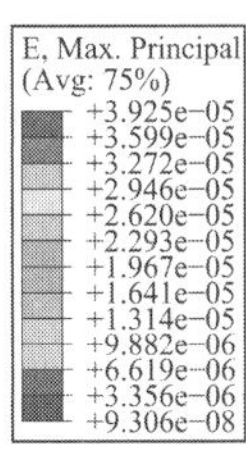

图 7.5-62　门形洞库开挖断面大主应变

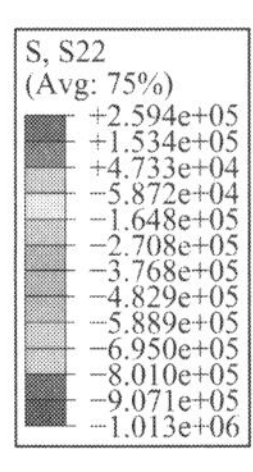

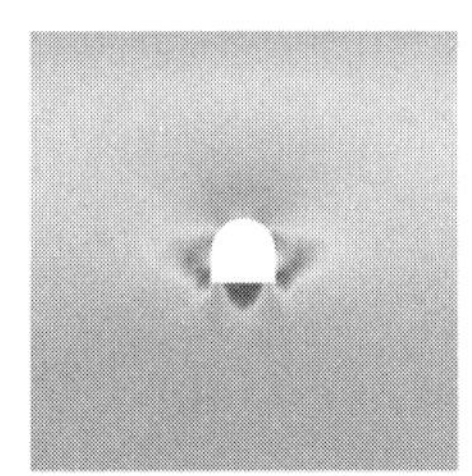

图 7.5-63　门形洞库开挖断面地层向应力

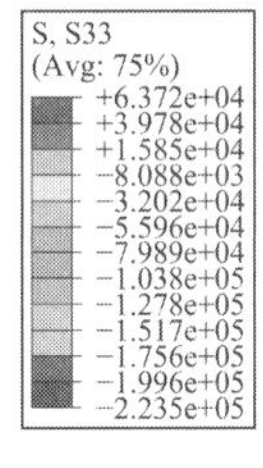

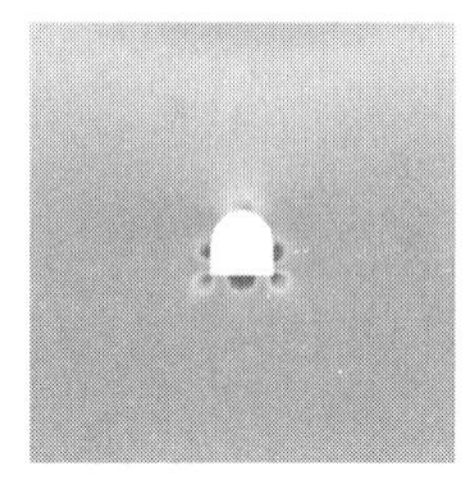

图 7.5-64　门形洞库开挖断面轴向应力

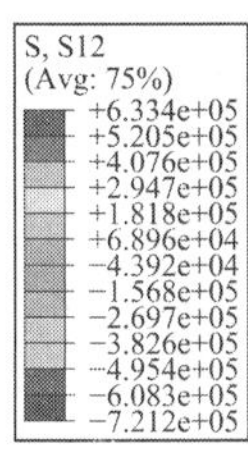

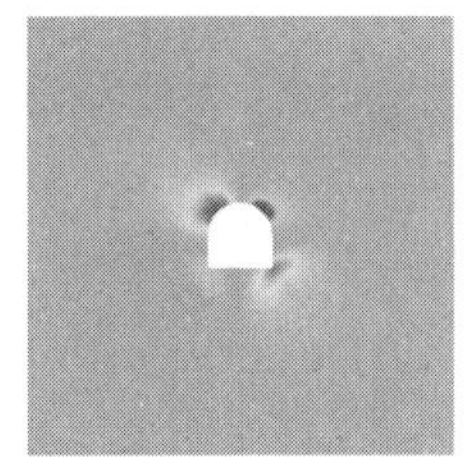

图 7.5-65　门形洞库开挖断面剪应力

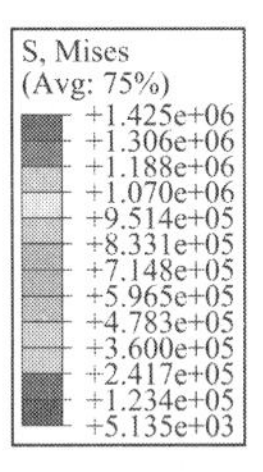

图 7.5-66　门形洞库开挖断面 Mises 名义应力

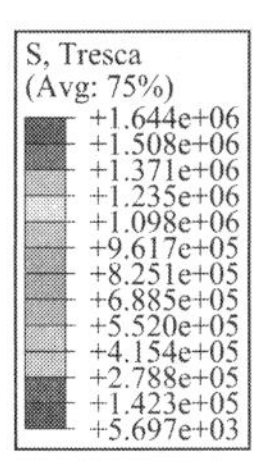

图 7.5-67　门形洞库开挖断面 Tresca 名义应力

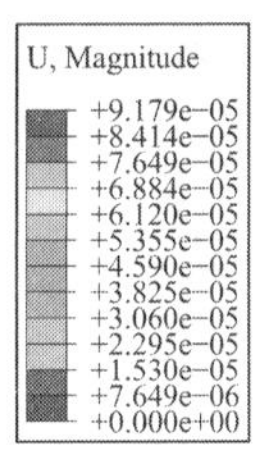

图 7.5-68　门形洞库开挖断面合位移

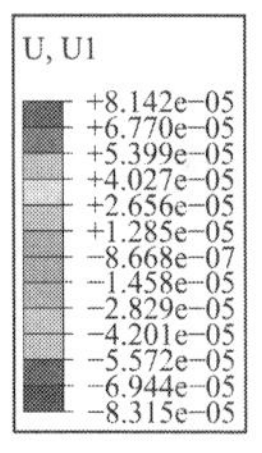

图 7.5-69 门形洞库开挖断面侧移

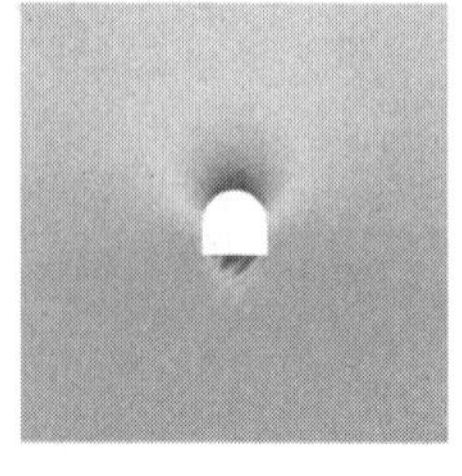

图 7.5-70 门形洞库开挖断面沉降

（8）工况 8 动态场变量分布

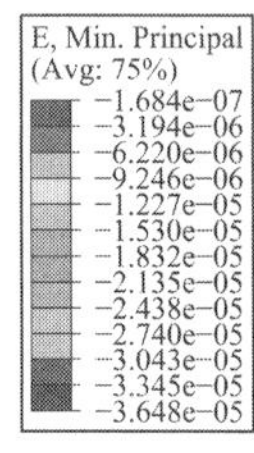

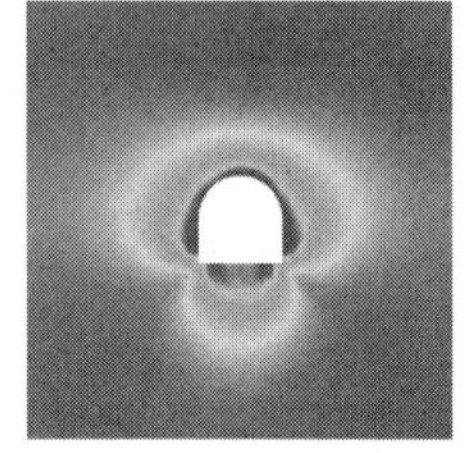

图 7.5-71 门形洞库开挖断面小主应变

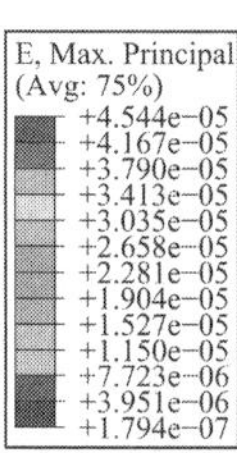

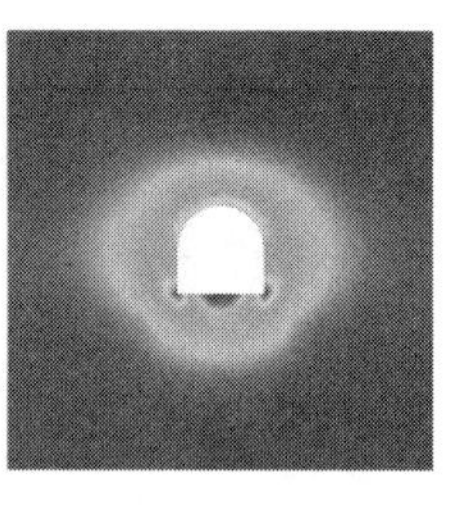

图 7.5-72 门形洞库开挖断面大主应变

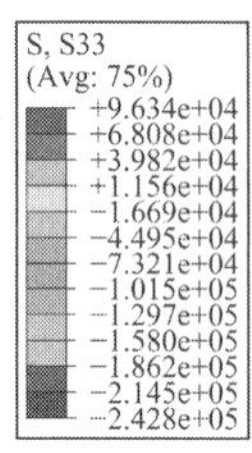

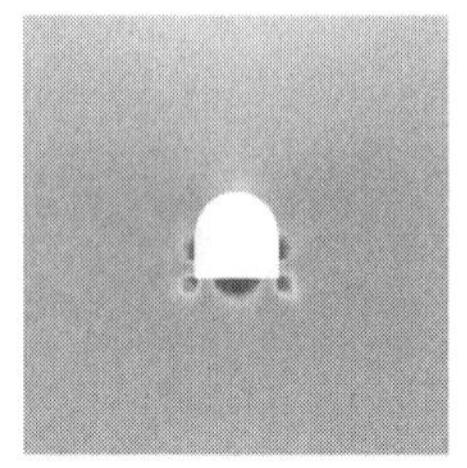

图 7.5-73 门形洞库开挖断面轴向应力

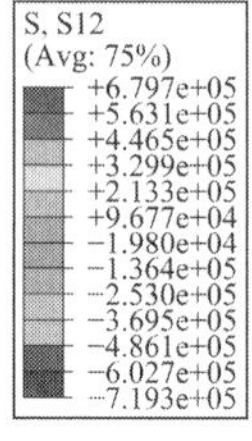

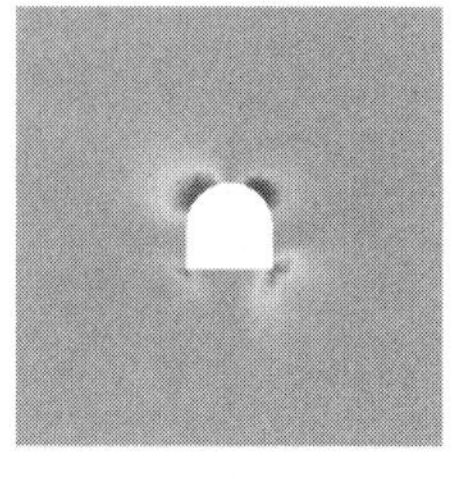

图 7.5-74 门形洞库开挖断面剪应力

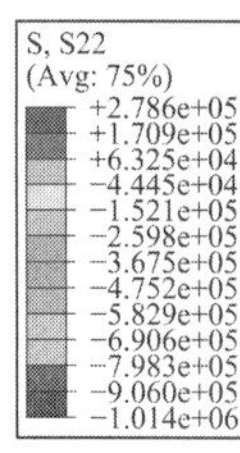

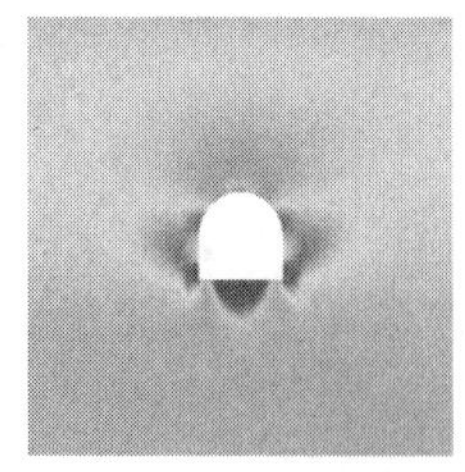

图 7.5-75 门形洞库开挖断面地层向应力

图 7.5-76 门形洞库开挖断面 Mises 名义应力

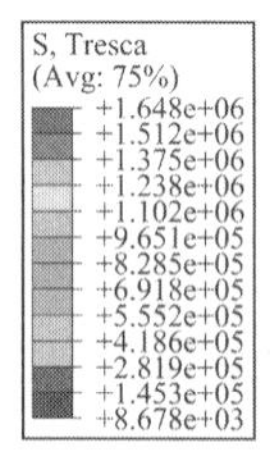

图 7.5-77 门形洞库开挖断面 Tresca 名义应力

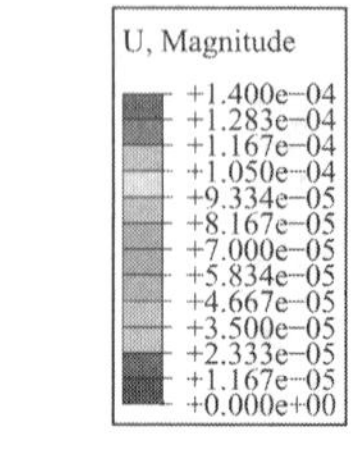

图 7.5-78 门形洞库开挖断面合位移

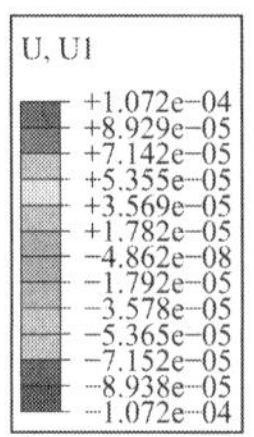

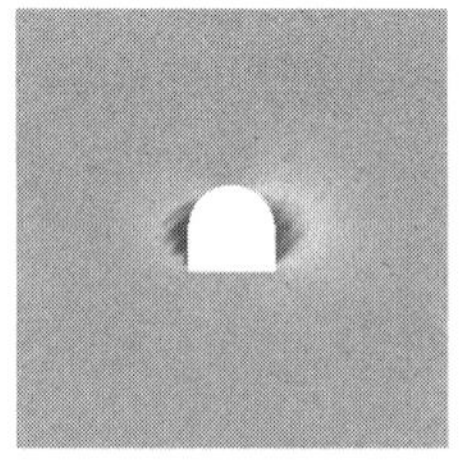

图 7.5-79　门形洞库开挖断面侧移

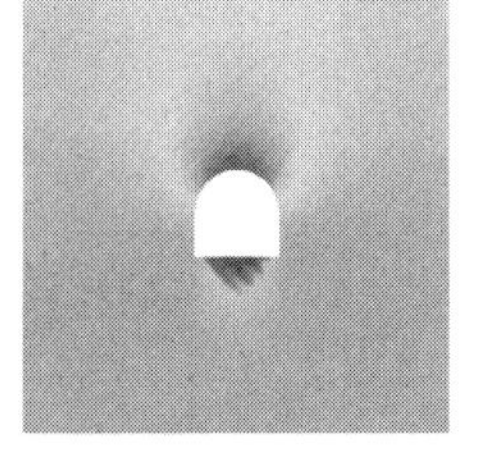

图 7.5-80　门形洞库开挖断面沉降

（9）工况 9 动态场变量分布

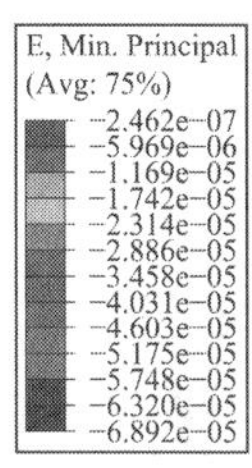

图 7.5-81　门形洞库开挖断面小主应变

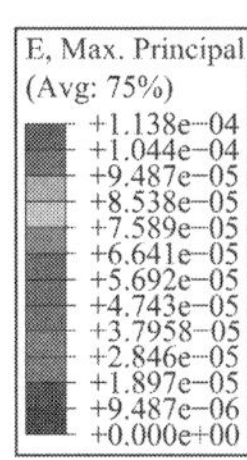

图 7.5-82　门形洞库开挖断面大主应变

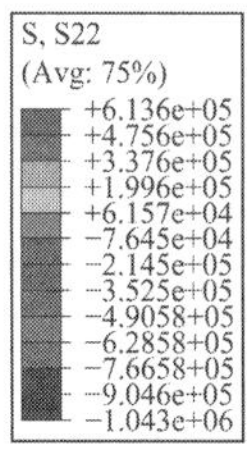

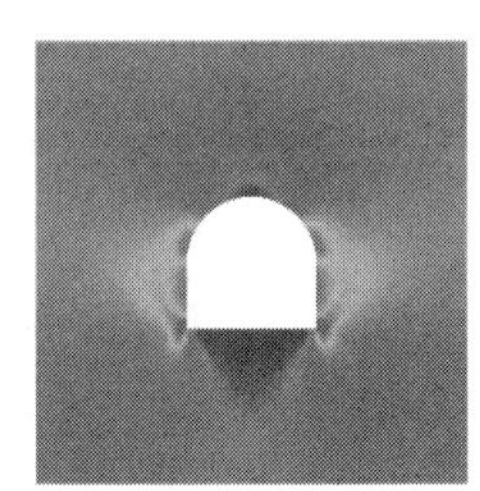

图 7.5-83　门形洞库开挖断面地层向应力

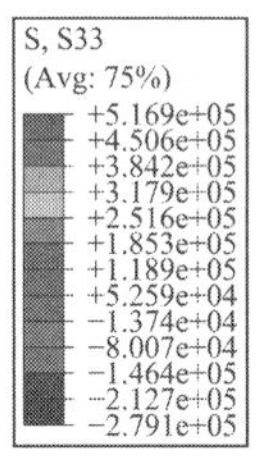

图 7.5-84　门形洞库开挖断面轴向应力

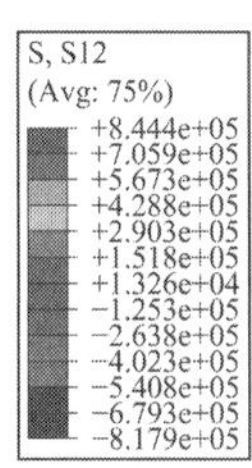

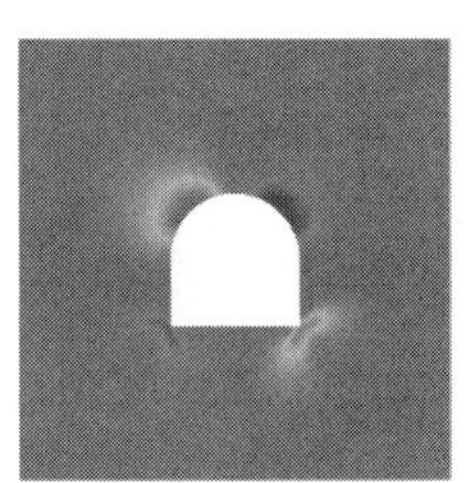

图 7.5-85　门形洞库开挖断面剪应力

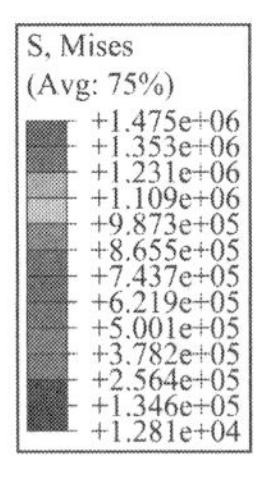

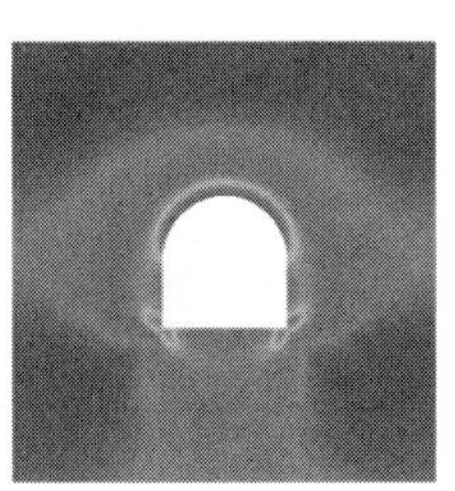

图 7.5-86　门形洞库开挖断面 Mises 名义应力

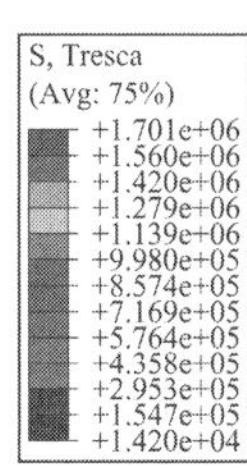

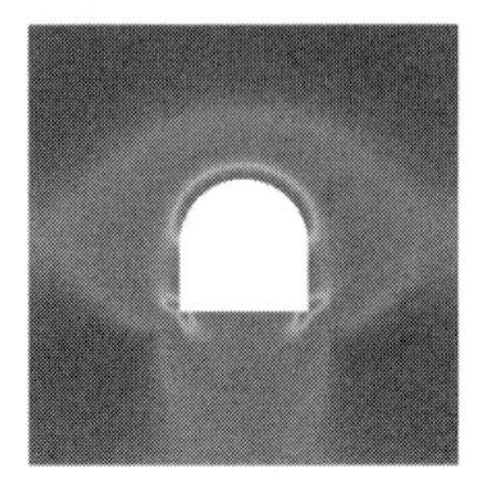

图 7.5-87　门形洞库开挖断面 Tresca 名义应力

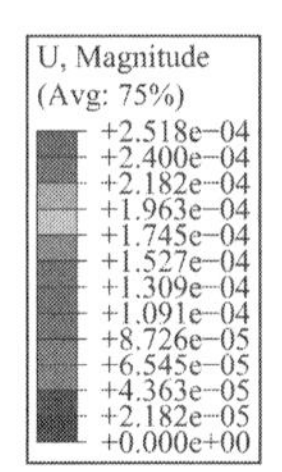

图 7.5-88　门形洞库开挖断面合位移

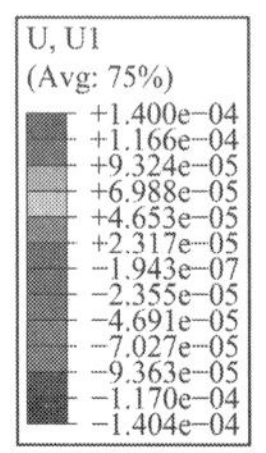

图 7.5-89　门形洞库开挖断面侧移

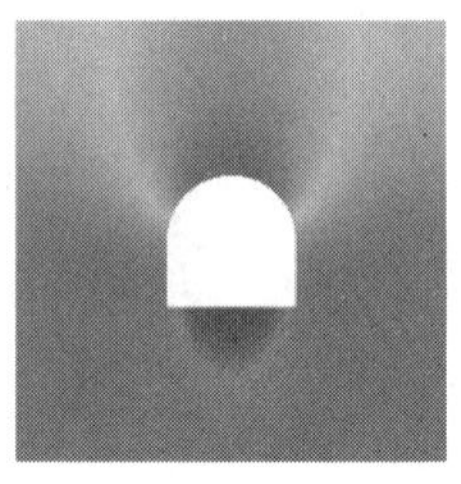

图 7.5-90　门形洞库开挖断面沉降

（10）工况 15 动态场变量分布

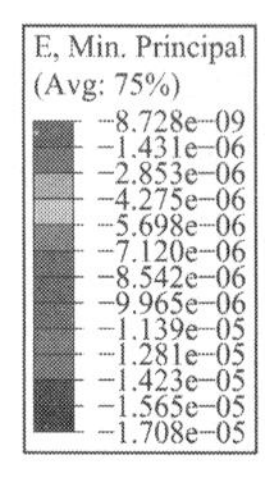

图 7.5-91　马蹄形洞库开挖断面小主应变

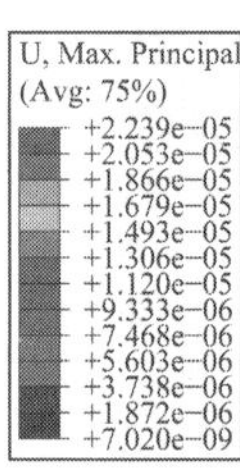

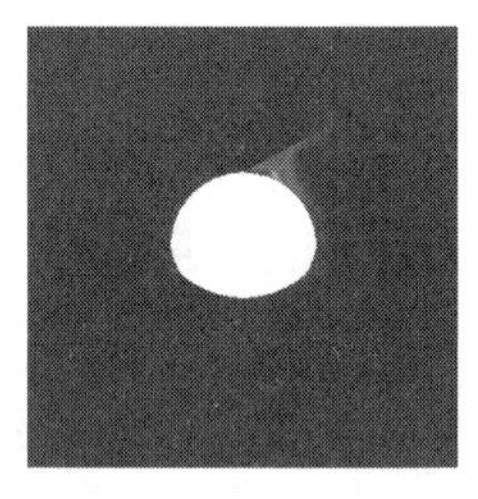

图 7.5-92　马蹄形洞库开挖断面大主应变

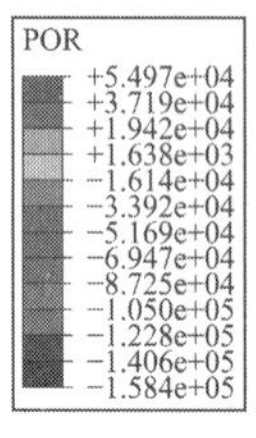

图 7.5-93　马蹄形洞库开挖断面超静孔压

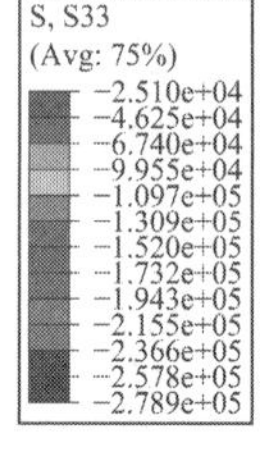

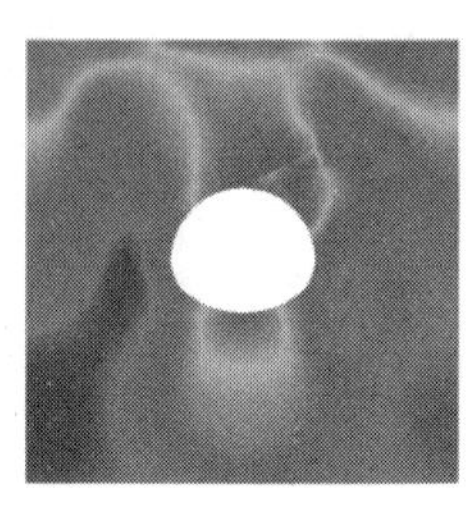

图 7.5-94　马蹄形洞库开挖断面轴向应力

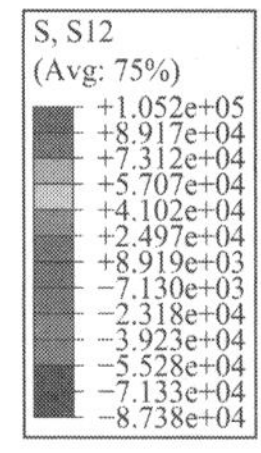

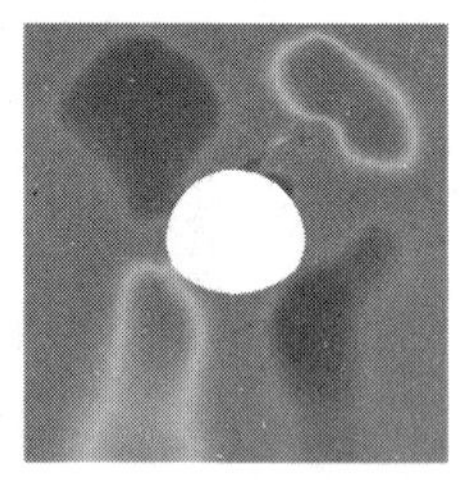

图 7.5-95　马蹄形洞库开挖断面剪应力

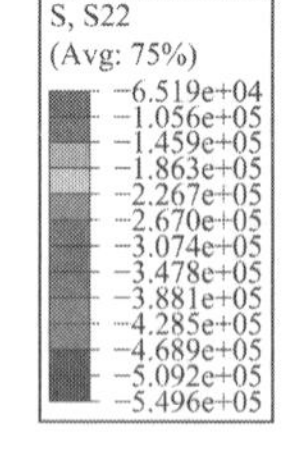

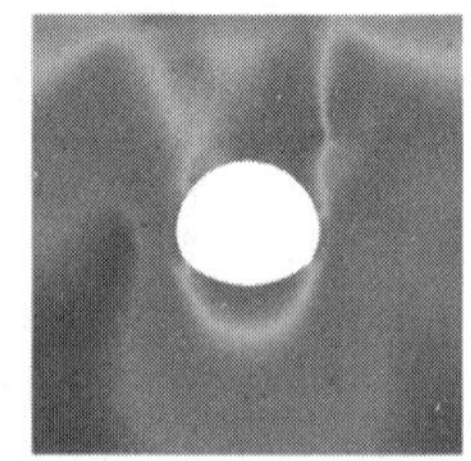

图 7.5-96　马蹄形洞库开挖断面地层向应力

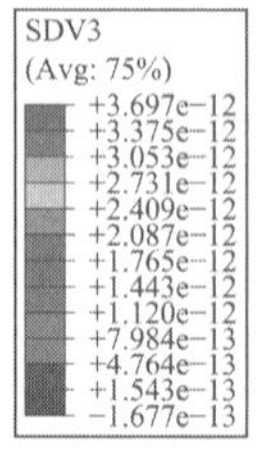

图 7.5-97　马蹄形洞库开挖断面常态损伤

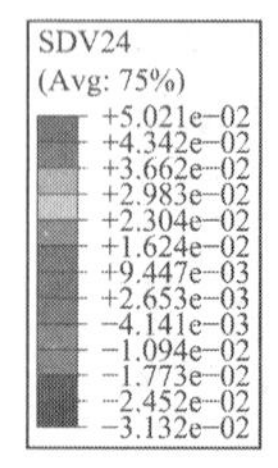

图 7.5-98　马蹄形洞库开挖断面广义损伤

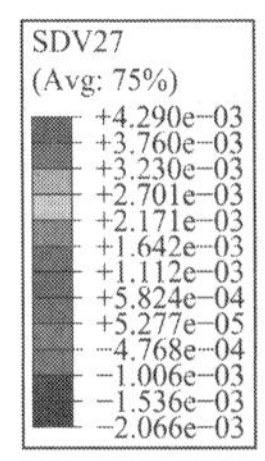

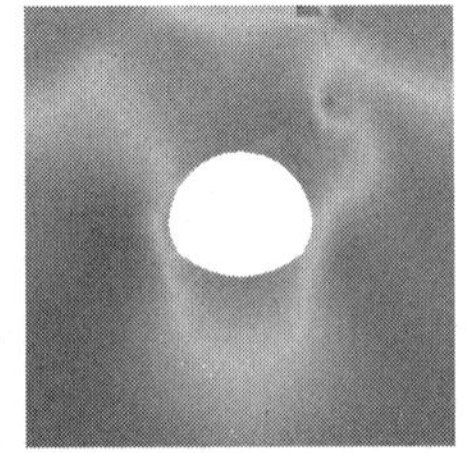

图 7.5-99　马蹄形洞库开挖断面广义失效概率

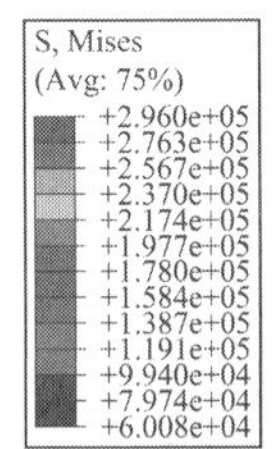

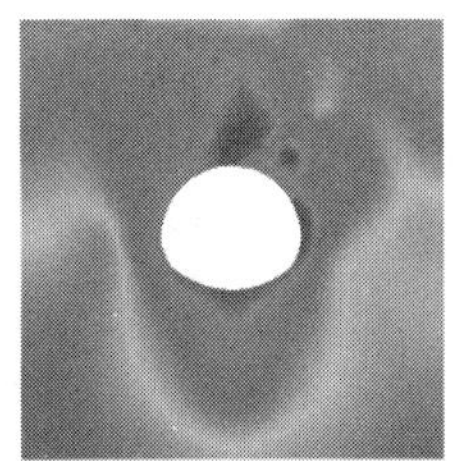

图 7.5-100　马蹄形洞库开挖断面 Mises 名义应力

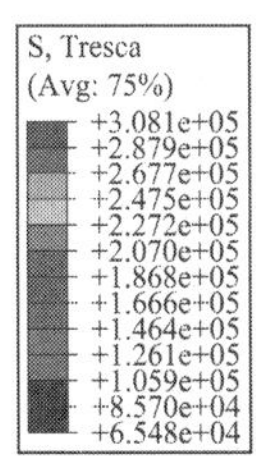

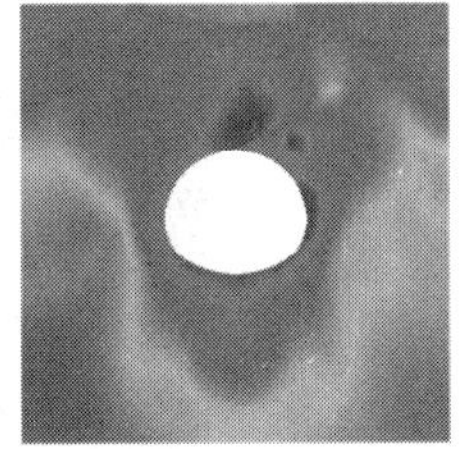

图 7.5-101　马蹄形洞库开挖断面 Tresca 名义应力

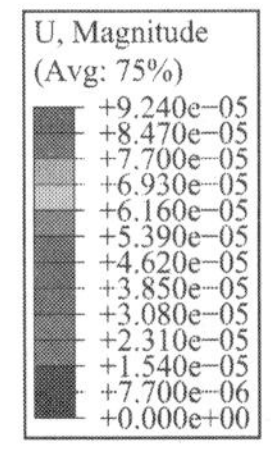

图 7.5-102　门形马蹄形洞库开挖断面合位移

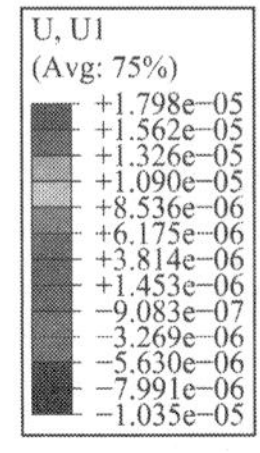

图 7.5-103　马蹄形洞库开挖断面侧移

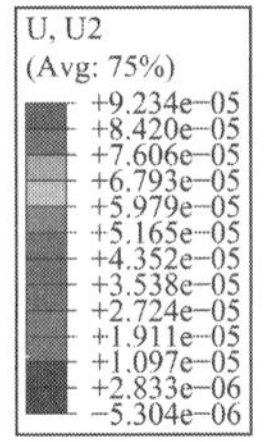

图 7.5-104　马蹄形洞库开挖断面沉降

（11）工况 21 动态场变量分布

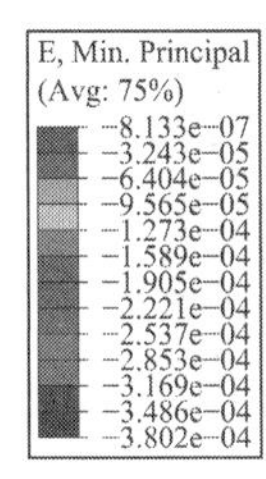

图 7.5-105　马蹄形洞库开挖断面小主应变

图 7.5-106　马蹄形洞库开挖断面大主应变

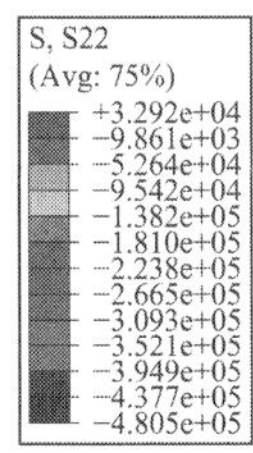

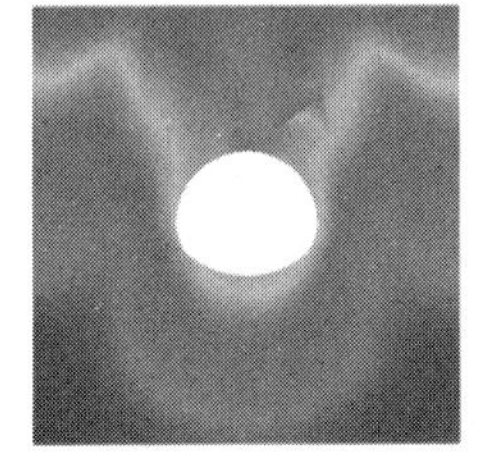

图 7.5-107　马蹄形洞库开挖断面地层向应力

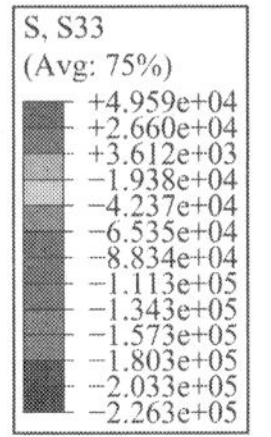

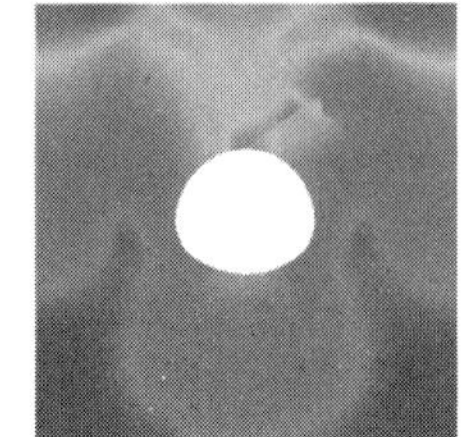

图 7.5-108　马蹄形洞库开挖断面轴向应力

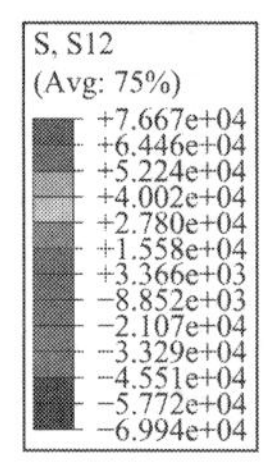

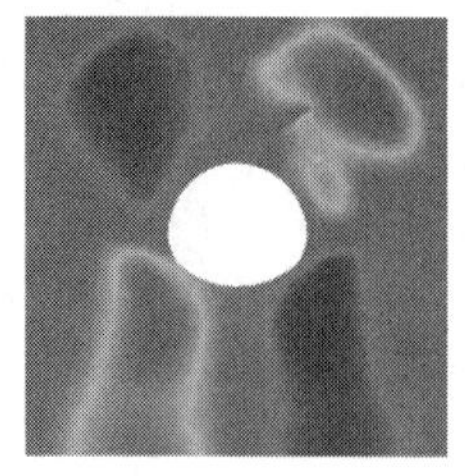

图 7.5-109　马蹄形洞库开挖断面剪应力

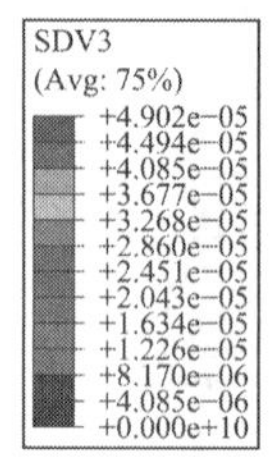

图 7.5-110　马蹄形洞库开挖断面常态损伤

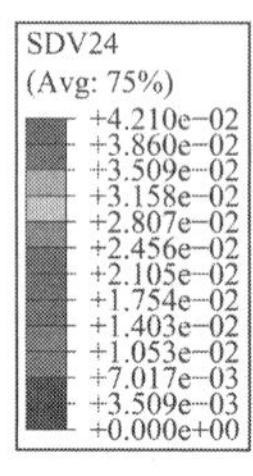

图 7.5-111　马蹄形洞库开挖断面广义损伤

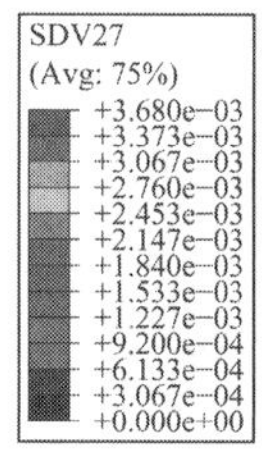

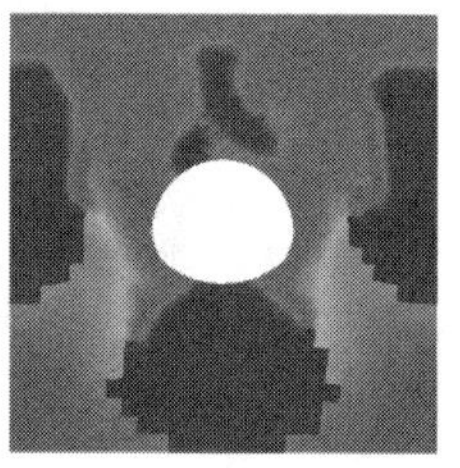

图 7.5-112　马蹄形洞库开挖断面广义失效概率

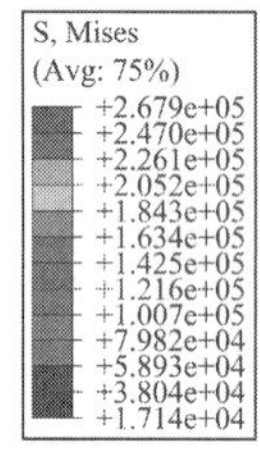

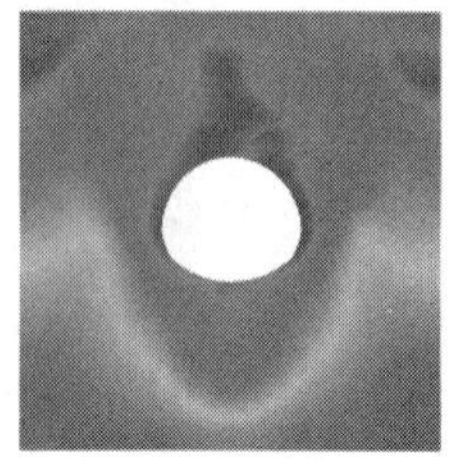

图 7.5-113　马蹄形洞库开挖断面 Mises 名义应力

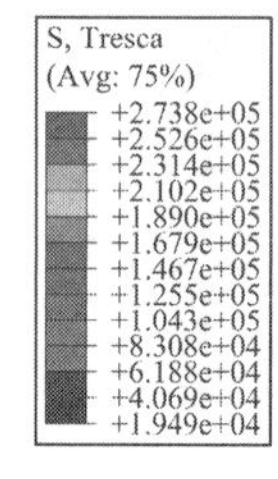

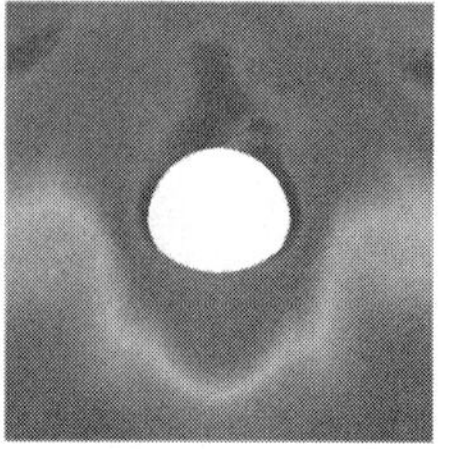

图 7.5-114　马蹄形洞库开挖断面 Tresca 名义应力

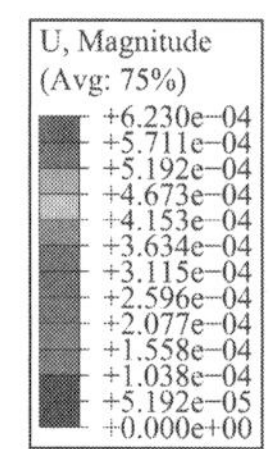

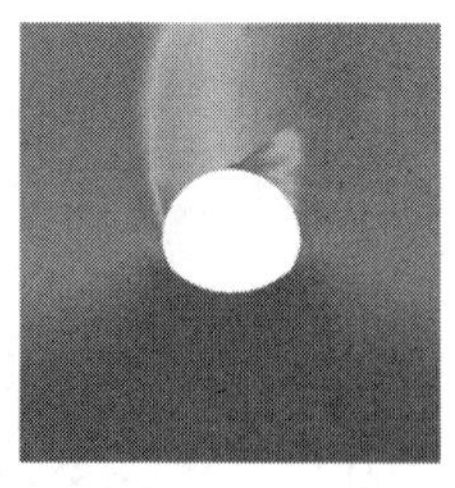

图 7.5-115　马蹄形洞库开挖断面合位移

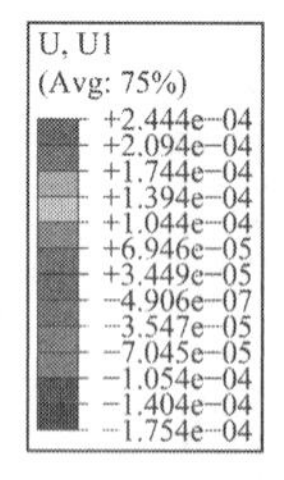

图 7.5-116　马蹄形洞库开挖断面侧移

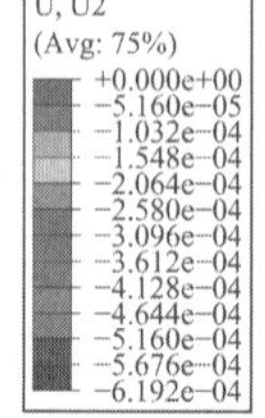

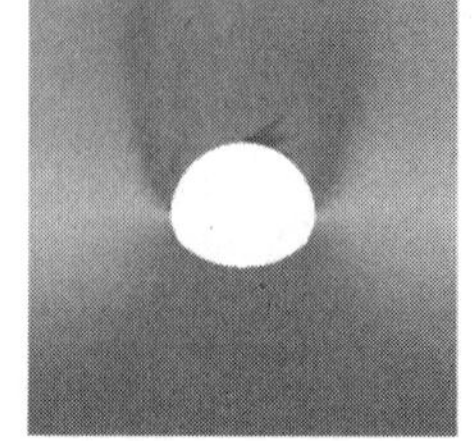

图 7.5-117　马蹄形洞库开挖断面沉降

7.5.4　结果分析与讨论

依据本节成果，研究优先推荐圆形洞库开挖断面，其次是马蹄形一类的多心组合圆弧洞库开挖断面，最后才考虑采用门形洞库开挖断面。圆形开挖断面可适用于有压与无压两类洞库结构，其他形式的开挖断面不建议用作有压运行时的开挖方案。采用门形洞库开挖断面时，直角转折处的支护与加固以及后期监测均应加强，在相关的各类工况下，直角转折处的应力及变形水平均较高（图 7.5-12～图 7.5-14；图 7.5-20～图 7.5-22；图 7.5-28～图 7.5-30；图 7.5-38～图 7.5-40；图 7.5-48～图 7.5-50；图 7.5-58～图 7.5-60；图 7.5-68～图 7.5-70；图 7.5-78～图 7.5-80；图 7.5-88～图 7.5-90；图 7.5-102～图 7.5-104；图 7.5-115～图 7.5-117）。此外，结合本节所得各类工况之成果，研究建议以 3m 作为洞库断面开挖的尺度模数。

依据本节研究成果，在不考虑断裂带激活情况时，各类工况下的洞库拉应力总体不会超过 2MPa，但是当最大开挖尺度达到 2 倍模数后，围岩区的拉应力有进一步累积的趋势，与此对应，一旦考虑围岩区出现活动断裂带，若不加支护，洞库断面自承的塑性极限应力迅速下降至 1MPa 以下（图 7.5-9～图 7.5-11；图 7.5-17～图 7.5-19；图 7.5-25～图 7.5-27；图 7.5-33～图 7.5-37；图 7.5-43～图 7.5-47；图 7.5-53～图 7.5-57；图 7.5-63～图 7.5-67；图 7.5-73～图 7.5-77；图 7.5-83～图 7.5-87；图 7.5-94～图 7.5-96；图 7.5-100 及图 7.5-101；图 7.5-107～图 7.5-109；图 7.5-113 及图 7.5-114）。基于此，洞库断面的开挖范围、形式及支护在考虑技术条件的同时，还应考虑围岩区的极限自承能力（图 7.5-7 及图 7.5-8；图 7.5-15 及图 7.5-16；图 7.5-23 及图 7.5-24；图 7.5-31 及图 7.5-32；图 7.5-41 及图 7.5-42；图 7.5-51 及图 7.5-52；图 7.5-61 及图 7.5-62；图 7.5-71 及图 7.5-72；图 7.5-81 及图 7.5-82；图 7.5-91 及图 7.5-92；图 7.5-105 及图 7.5-106）。

研究还同时考虑了地质山岩开挖过程与岩体内的超静孔隙水压力作用，无支护条件下，超静孔隙水压力量级低于 160kPa，静孔隙水压力量级低于 100kPa（图 7.5-93），在耦合效应下，局部区域的破碎岩块可能形成水力劈裂损伤，但对于大范围岩体影响有限[16]。

各类工况下，洞库总体广义损伤值低于 0.1（图 7.5-97 及图 7.5-98；图 7.5-110 及图 7.5-111），洞库局部化损伤发育是存在的，若开挖尺度不超限，对于洞库整体安全影响不大。

本节研究中的广义失效概率计算是基于局部化损伤场的分析结果实施的，且不包含支护系统的作用，在各类工况下，洞库总体广义失效概率普遍低于 1%（图 7.5-99 及图 7.5-112），该区域内具备较好的地下储水洞库施工条件[17-18]。

7.6　多物理场耦合条件下地下储水洞库断面开挖方量研究

本节研究主要针对舟山普陀临海地区地下储水洞库施工期断面开挖方量及与之相关的围岩区自承能力进行分析探讨，并基于 7.5 节中设计提出的圆形洞库断面，对 $100m^2$、$150m^2$、$200m^2$ 三种标准开挖方案分别进行整体建模分析。

7.6.1 边界条件与加载工况

1）边界条件设计

本节研究首先要考虑作用于洞库断面处的内水压力边界与超静孔隙水压力边界，设定方法同 7.4 节；其次要考虑洞室断面处的外水压力边界，以实现对不利条件下洞库断面开挖方量的模拟仿真，外水压力边界设定如图 7.6-1 所示。

2）加载工况设计

本节研究共设计仿真计算工况三项，分别针对洞库断面开挖方量为 100m^2、150m^2 及 200m^2 三种情况，基于 7.5 节中的研究结果，本节采用圆形断面作为洞库断面的开挖构型，以避免出现直角转折处的应力集中，具体工况信息如下：

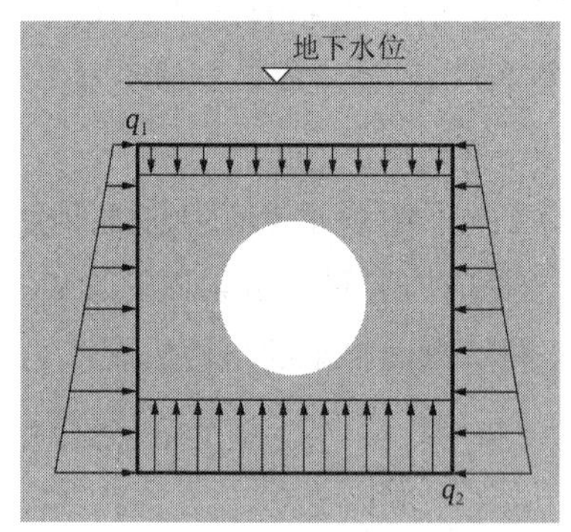

图 7.6-1　洞室断面外水压力边界

（1）圆形洞库开挖断面，断面开挖方量 100m^2，承受地应力、内水压力以及超静孔隙水压力作用；

（2）圆形洞库开挖断面，断面开挖方量 150m^2，承受地应力、内水压力以及超静孔隙水压力作用；

（3）圆形洞库开挖断面，断面开挖方量 200m^2，承受地应力、内水压力以及超静孔隙水压力作用。

7.6.2 模拟结果

本节研究将重点分析探讨的物理力学场变量包括广义应力场 S 及广义位移场 U。模拟结果如图 7.6-2～图 7.6-13 所示。

（1）工况 1 动态场变量分布

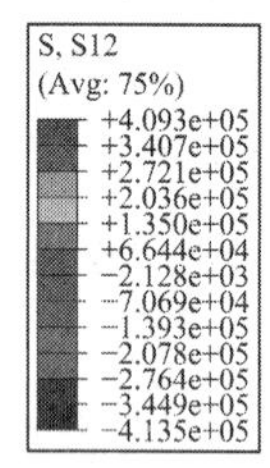

图 7.6-2　100m^2 圆形洞库开挖断面剪应力

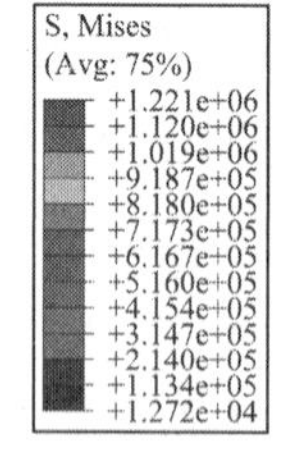

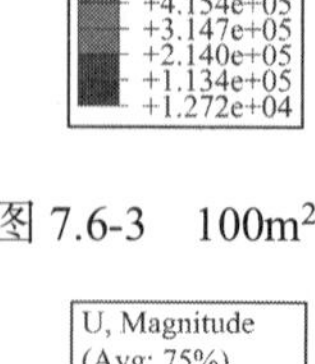

图 7.6-3　100m^2 圆形洞库开挖断面 Mises 名义应力

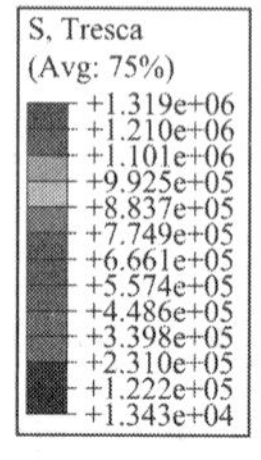

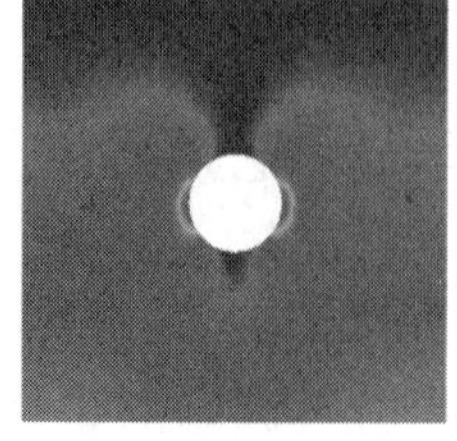

图 7.6-4　100m^2 圆形洞库开挖断面 Tresca 名义应力

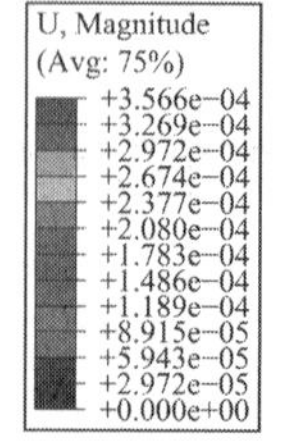

图 7.6-5　100m^2 圆形洞库开挖断面合位移

（2）工况 2 动态场变量分布

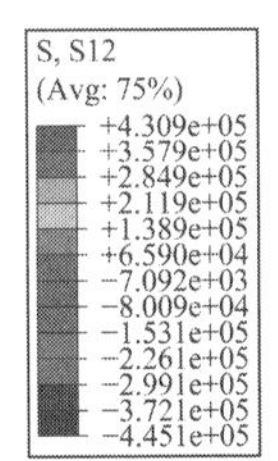

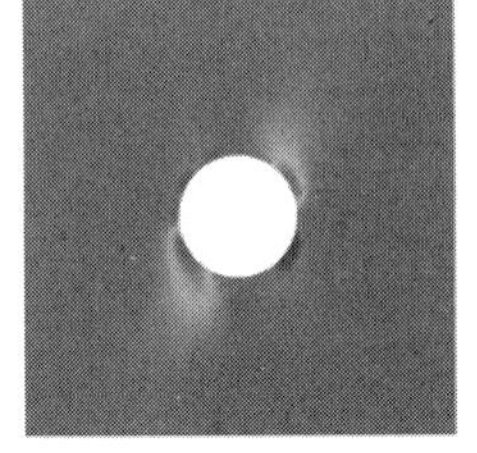

图 7.6-6　150m² 圆形洞库开挖断面剪应力

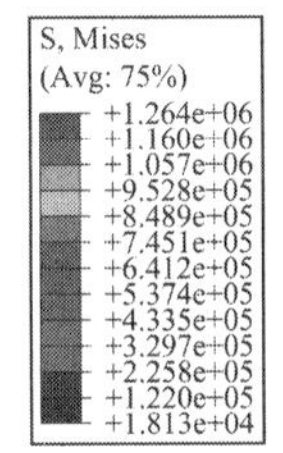

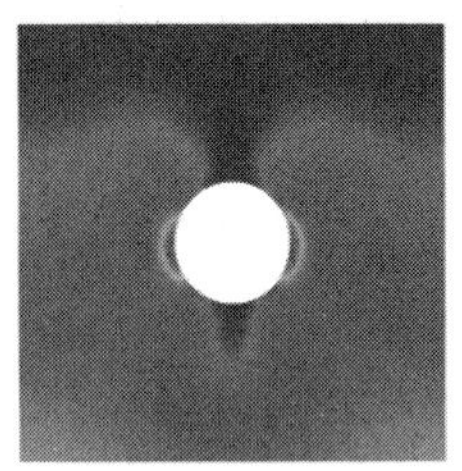

图 7.6-7　150m² 圆形洞库开挖断面 Mises 名义应力

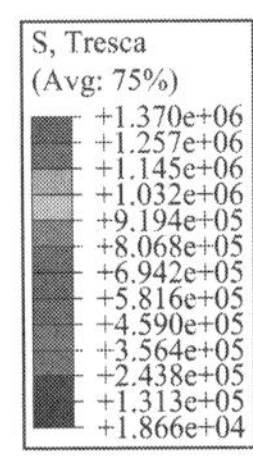

图 7.6-8　150m² 圆形洞库开挖断面 Tresca 名义应力

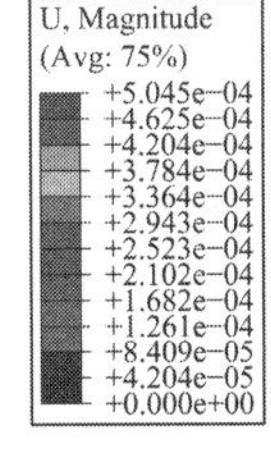

图 7.6-9　150m² 圆形洞库开挖断面合位移

（3）工况 3 动态场变量分布

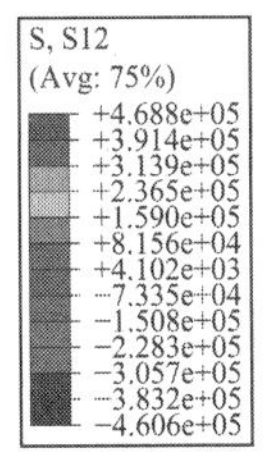

图 7.6-10　200m² 圆形洞库开挖断面剪应力

S, Tresca
(Avg: 75%)
+1.288e+06
+1.182e+06
+1.077e+06
+9.713e+05
+8.658e+05
+7.603e+05
+6.549e+05
+5.494e+05
+4.440e+05
+3.395e+05
+2.330e+05
+1.276e+05
+2.210e+04

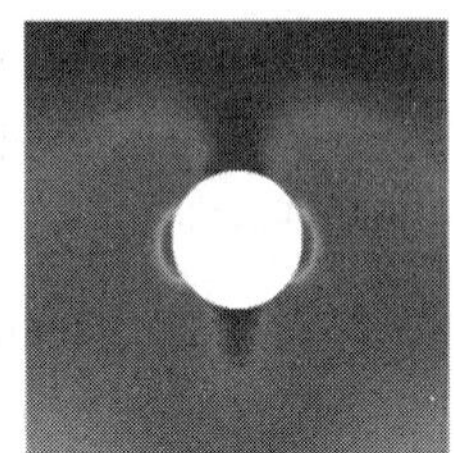

图 7.6-11　200m² 圆形洞库开挖断面 Mises 名义应力

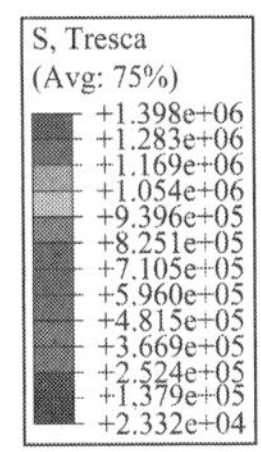

图 7.6-12　200m² 圆形洞库开挖断面 Tresca 名义应力

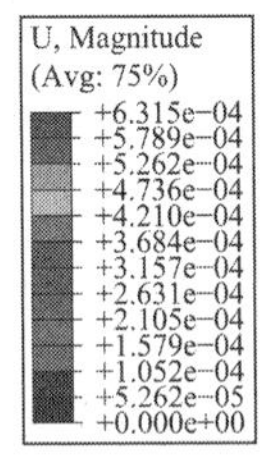

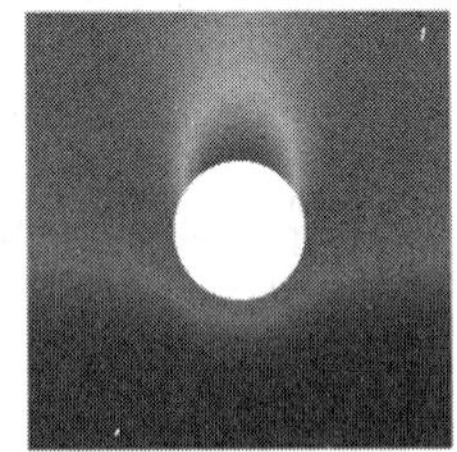

图 7.6-13　200m² 圆形洞库开挖断面合位移

7.6.3　结果分析与讨论

本节研究针对 100m²、150m²、200m² 三种标准开挖方案且无支护体系条件下圆形洞库开挖断面的整体工作性能进行分析探讨。

依据研究结果，本节认为以 1.37MPa 拉应力作为洞库断面开挖的控制标准可以同时照顾到各类材料的工作性能，基于此，在不做支护体系条件下，围岩区自承能力仍可基本保持稳定（图 7.6-5，图 7.6-9 及图 7.6-13），否则，一旦围岩内出现超越 1.37MPa 拉应力的材料区域，研究建议应及时对洞库开挖断面做有效支护[19-20]（图 7.6-2～图 7.6-4；图 7.6-6～图 7.6-8；图 7.6-10～图 7.6-12）。在此控制标准下，150m^{2}的圆形洞库断面开挖是当前较为可行的方案。

参考文献

[1] 孙卓麒，练伟，汪明元，等. 浅析下游近坝区动态开挖影响下的库坝系统安全性能[J]. 中国水运, 2022, (7): 26-28.

[2] 杨永鹏. 舟山海岛丘陵浅埋水工隧洞工程地质条件分析[J]. 资源环境与工程, 2009, 23(05): 558-561.

[3] 王亚军，金峰，张楚汉，等. 舟山海域海相砂土循环激振下的液化破坏孔压模型[J]. 岩石力学与工程学报, 2013, 32(3): 582-597.

[4] Zhang W H, Valliappan S. Analysis of random anisotropic damage mechanics problems of rock mass, part I-probabilistic simulation [J]. J. Rock mechanics and Rock Engineering, 1990, 23(1): 91-112.

[5] Zhang W H, Valliappan S. Continuum Damage Mechanics Theory and Application, Part II-Application[J]. Int. J. Damage Mechanics. 1998, 7: 274-297.

[6] 何翔，冯夏庭，张东晓. 岩体流-固耦合的Taylor展开随机有限元模拟[J]. 岩石力学与工程学报, 2007, 26(A01): 2608-2612.

[7] 石根华. 接触理论及非连续形体的形成约束和积分[M]. 北京：科学出版社, 2017.

[8] 张我华，金伟良，李鸿波. 岩石边坡稳定性的随机损伤力学分析[J]. 水利学报, 2005, 36(4): 413-419.

[9] Yajun Wang. A novel story on rock slope reliability, by an initiative model that incorporated the harmony of damage, probability and fuzziness[J]. Geomechanics and Engineering, 2017, 12(2): 269-294.

[10] 王亚军，张我华. 岩石边坡模糊随机损伤可靠性研究. 沈阳建筑大学学报(自然科学版), 2009, 25(3): 421-425.

[11] Wang Y J, Zhang W H, Zhang C H, et al. Fuzzy stochastic damage mechanics(FSDM) based on fuzzy auto-adaptive control theory[J]. Water Science and Engineering, 2012, 5(2): 230-242.

[12] Yajun Wang, Zhu Xing. Mixed uncertain damage models: Creation and application for one typical rock slope in Northern China[J]. Geotechnical Testing Journal, 2018, 41(4), 759-776.

[13] 高全臣，陆华，王东，等. 多孔隙流固耦合砂岩的冲击损伤效应[J]. 爆炸与冲击, 2012, 32(6): 629-634.

[14] 国家能源局. 水工隧洞设计规范: NB/T 10391—2020[S]. 北京：中国水利水电出版社, 2020.

[15] 水利部. 水工隧洞设计规范: SL 279—2016[S]. 北京：中国水利水电出版社, 2016.

[16] Wang Y J, Zuo Z, Gan X Q, et al. Super arch sam seismic generalized damage[J]. Applied Mechanics and Materials, 2013, 275-277: 1229-1232.

[17] 王亚军，张我华. 龙滩碾压混凝土坝随机损伤力学分析的模糊自适应有限元研究[J]. 岩石力学与工程学报, 2008. 27(6): 1251-1259.

[18] 王亚军，张我华. 非线性模糊随机损伤研究[J]. 水利学报, 2010, 41(2): 189-197.

[19] 闫春岭，丁德馨，唐益群，毕忠伟. 围岩强度参数和变形参数的测试及可靠性分析[C]. 城市地质环境与可持续发展论坛文集，中国，上海, 2010, 75-80.

[20] Yajun Wang. Tests and Models of Hydraulic Concrete Material with High Strength[J]. Advances in Materials Science and Engineering, 2016, Volume 2016: 1-18.